KB132512

개념 PLUS 유형

개념편

CONCEPT

중등 수학

1·2

STRUCTURE ••• 구성과 특징

❶ 핵심 개념을 이해하고!

핵심 개념
자세하고 깔끔한 개념 정리와 필수 문제, 유제

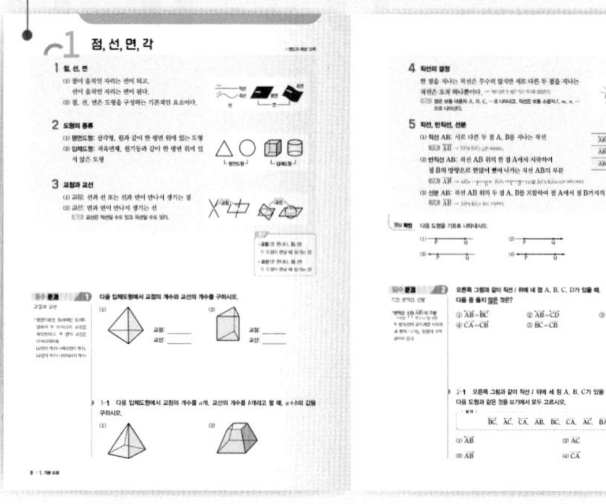

❷ 개념을 익히고!

Step1 쏙쏙 개념 익히기
보다 완벽하게 개념을 이해하기 위한 대표 문제

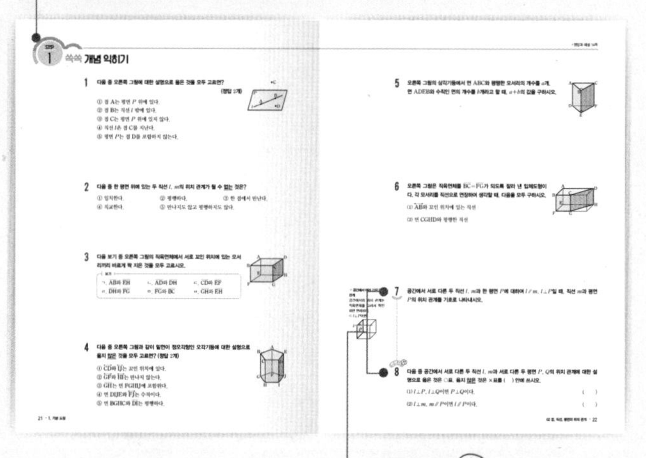

한 번 더
조금 까다로운 문제는
쌍둥이 문제로 한 번 더!

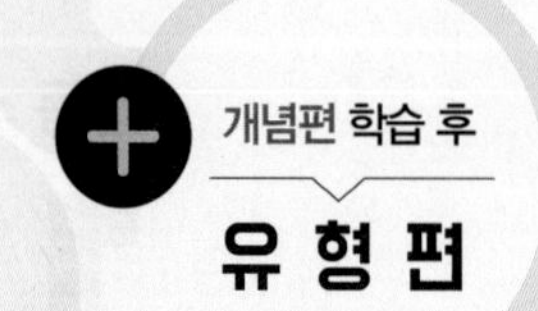

개념편 학습 후

유 형 편

유형별 연습 문제로 **기초**를 **탄탄**하게 하고 싶다면

개념과 유형이 하나로~!

개념+유형의 체계적인 학습 시스템

③ 실전 문제로 다지기!

Step2 탄탄 단원 다지기
교과서 문제와 기출문제로 구성된 단원 마무리 문제

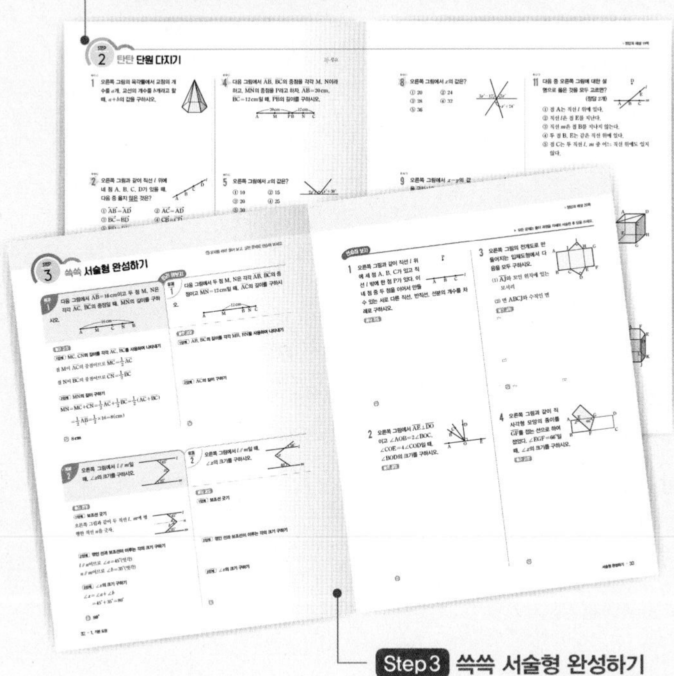

Step3 쓱쓱 서술형 완성하기
연습과 실전이 함께하는 서술형 문제

④ 개념 정리로 마무리!

○○ 속 수학
다양한 분야에서 수학과 관련된 흥미로운 이야기

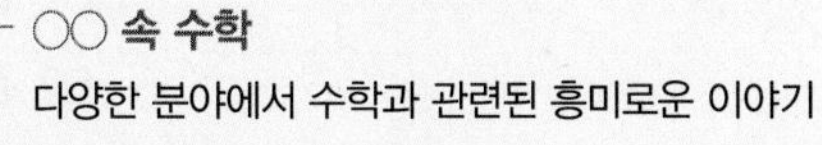

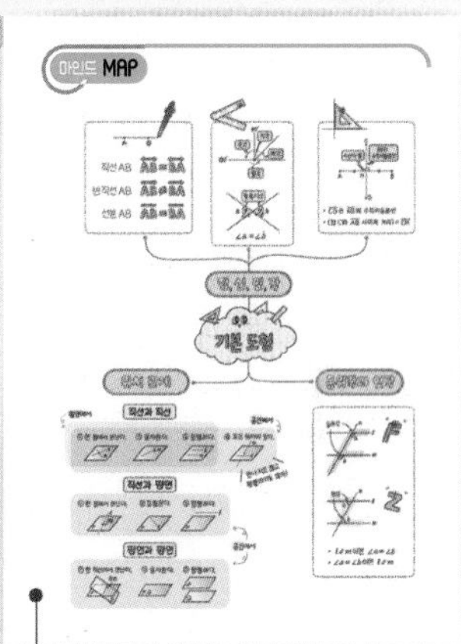

마인드맵
단원의 핵심 개념을 한눈에 보는 개념 정리 마인드맵

다양한 기출문제로 **내신 만점**에 도전한다면

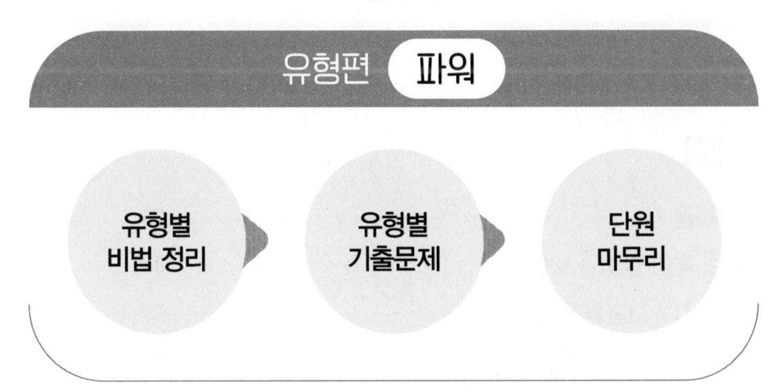

CONTENTS ••• 차례

I 기본 도형

II 평면도형

1 기본 도형

01 점, 선, 면, 각 ········ 8
02 점, 직선, 평면의 위치 관계 ········ 16
03 동위각과 엇각 ········ 24
▶ 단원 다지기 / 서술형 완성하기 ········ 29
▶ 생활 속 수학 / 마인드맵 ········ 34

2 작도와 합동

01 삼각형의 작도 ········ 38
02 삼각형의 합동 ········ 46
▶ 단원 다지기 / 서술형 완성하기 ········ 49
▶ 문학 속 수학 / 마인드맵 ········ 54

3 다각형

01 다각형 ········ 58
02 삼각형의 내각과 외각 ········ 61
03 다각형의 내각과 외각 ········ 64
▶ 단원 다지기 / 서술형 완성하기 ········ 69
▶ 건축 속 수학 / 마인드맵 ········ 74

4 원과 부채꼴

01 원과 부채꼴 ········ 78
02 부채꼴의 호의 길이와 넓이 ········ 83
▶ 단원 다지기 / 서술형 완성하기 ········ 89
▶ 스포츠 속 수학 / 마인드맵 ········ 94

Ⅲ 입체도형

5 다면체와 회전체

01 다면체 ··· 98
02 정다면체 ··· 101
03 회전체 ··· 105
▶ 단원 다지기 / 서술형 완성하기 ··· 109
▶ 역사 속 수학 / 마인드맵 ··· 114

6 입체도형의 겉넓이와 부피

01 기둥의 겉넓이와 부피 ··· 118
02 뿔의 겉넓이와 부피 ··· 121
03 구의 겉넓이와 부피 ··· 125
▶ 단원 다지기 / 서술형 완성하기 ··· 129
▶ 생활 속 수학 / 마인드맵 ··· 134

Ⅳ 통계

7 자료의 정리와 해석

01 줄기와 잎 그림, 도수분포표 ··· 138
02 히스토그램과 도수분포다각형 ··· 143
03 상대도수와 그 그래프 ··· 147
▶ 단원 다지기 / 서술형 완성하기 ··· 152
▶ 생활 속 수학 / 마인드맵 ··· 158

개념플러스유형 1-1

Ⅰ. 수와 연산	1. 소인수분해
	2. 정수와 유리수
Ⅱ. 문자와 식	3. 문자의 사용과 식의 계산
	4. 일차방정식
Ⅲ. 좌표평면과 그래프	5. 좌표와 그래프
	6. 정비례와 반비례

1 기본 도형

01 점, 선, 면, 각 .... P. 8~15

1 점, 선, 면 / 2 도형의 종류 / 3 교점과 교선
4 직선의 결정 / 5 직선, 반직선, 선분
6 두 점 사이의 거리 / 7 선분의 중점
8 각 / 9 각의 분류
10 맞꼭지각
11 직교, 수직이등분선 / 12 수선의 발

02 점, 직선, 평면의 위치 관계 .... P. 16~23

1 점과 직선의 위치 관계
2 점과 평면의 위치 관계
3 평면에서 두 직선의 위치 관계
4 공간에서 두 직선의 위치 관계
5 공간에서 직선과 평면의 위치 관계
6 공간에서 두 평면의 위치 관계

03 동위각과 엇각 .... P. 24~28

1 동위각과 엇각
2 평행선의 성질
3 평행선이 되기 위한 조건

이전에 배운 내용	이번에 배울 내용	이후에 배울 내용
초3~4 • 평면도형 • 각도 • 수직과 평행	1 점, 선, 면, 각 2 점, 직선, 평면의 위치 관계 3 동위각과 엇각	중2 • 도형의 성질 고등 • 선분의 내분점과 외분점 • 두 직선의 평행과 수직

준비 학습

초3~4 평면도형

- 직선: 양쪽으로 끝이 없는 곧은 선
- 반직선: 한 점에서 시작하여 한쪽으로 끝이 없는 곧은 선
- 선분: 두 점을 곧게 이은 선

1 다음에서 서로 알맞은 것끼리 연결하시오.

(1) ㄱ ㄴ •　　　　• 선분 ㄱㄴ

(2) ㄱ ㄴ •　　　　• 반직선 ㄱㄴ

(3) ㄱ ㄴ •　　　　• 직선 ㄱㄴ

초3~4 각도

- 예각: 각도가 0°보다 크고 직각의 크기보다 작은 각
- 둔각: 각도가 직각의 크기보다 크고 180°보다 작은 각

2 다음 각을 예각과 둔각으로 구분하시오.

(1)

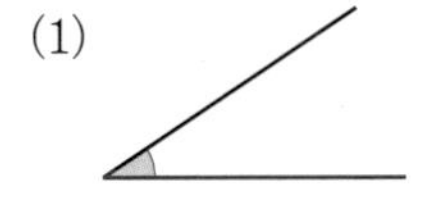

(2)

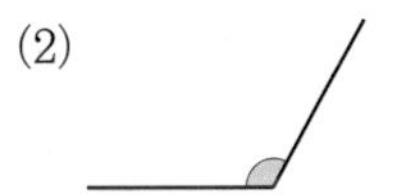

초3~4 수직과 평행

- 두 직선이 서로 수직이다.
  ➡ 만나서 이루는 각이 직각이다.
- 두 직선이 서로 평행하다.
  ➡ 서로 만나지 않는다.

3 오른쪽 그림에서 다음을 찾으시오.

(1) 서로 수직인 직선

(2) 서로 평행한 직선

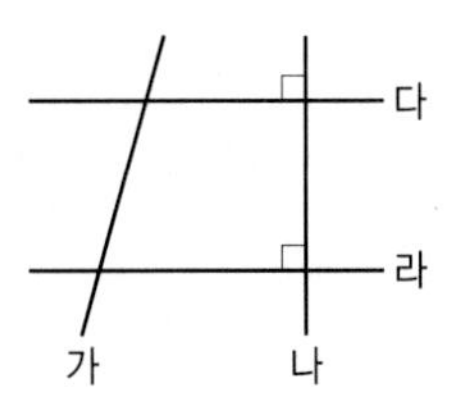

정답 **1.** (1) 직선 ㄱㄴ (2) 선분 ㄱㄴ (3) 반직선 ㄱㄴ **2.** (1) 예각 (2) 둔각 **3.** (1) 나—다, 나—라 (2) 다—라

01 점, 선, 면, 각

• 정답과 해설 13쪽

1 점, 선, 면

(1) 점이 움직인 자리는 선이 되고,
선이 움직인 자리는 면이 된다.

(2) 점, 선, 면은 도형을 구성하는 기본적인 요소이다.

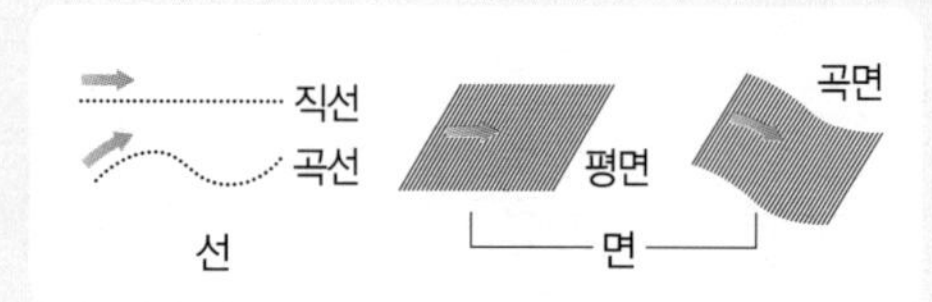

2 도형의 종류

(1) **평면도형**: 삼각형, 원과 같이 한 평면 위에 있는 도형

(2) **입체도형**: 직육면체, 원기둥과 같이 한 평면 위에 있지 않은 도형

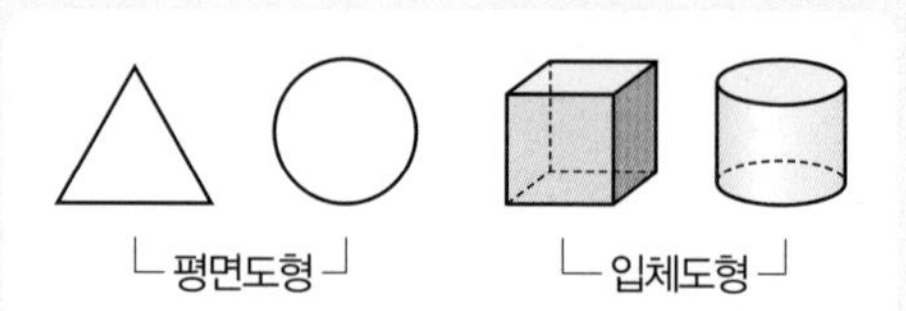

3 교점과 교선

(1) **교점**: 선과 선 또는 선과 면이 만나서 생기는 점

(2) **교선**: 면과 면이 만나서 생기는 선

참고 교선은 직선일 수도 있고 곡선일 수도 있다.

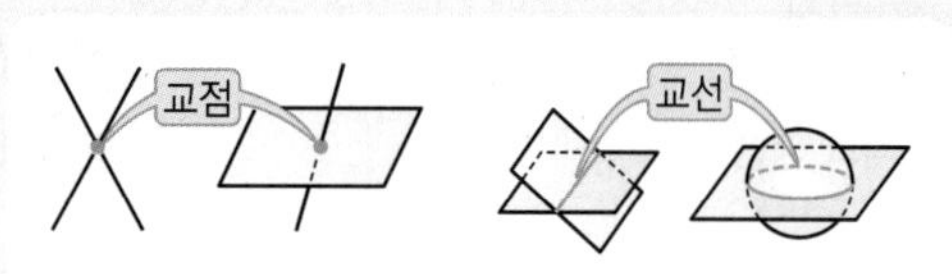

용어
- **교점** (交 만나다, 點 점)
  두 도형이 만날 때 생기는 점
- **교선** (交 만나다, 線 선)
  두 도형이 만날 때 생기는 선

필수 문제 1 다음 입체도형에서 교점의 개수와 교선의 개수를 구하시오.

교점과 교선

▸ 평면으로만 둘러싸인 입체도형에서 두 모서리의 교점은 꼭짓점이고, 두 면의 교선은 모서리이므로
(교점의 개수)=(꼭짓점의 개수),
(교선의 개수)=(모서리의 개수)

(1)

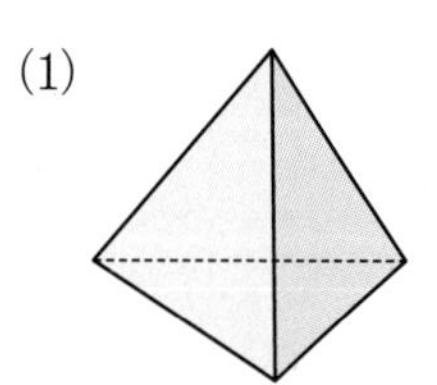

교점: ________
교선: ________

(2)

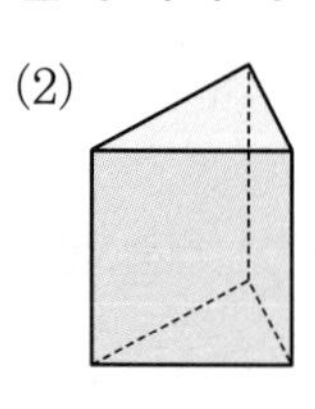

교점: ________
교선: ________

1-1 다음 입체도형에서 교점의 개수를 a개, 교선의 개수를 b개라고 할 때, $a+b$의 값을 구하시오.

(1)

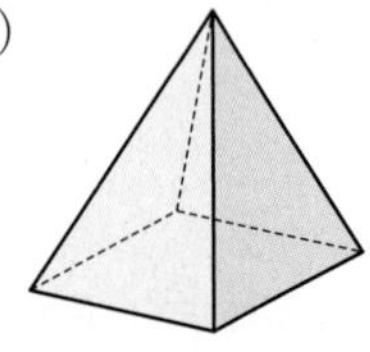

(2)

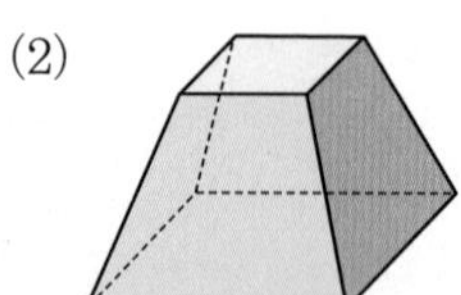

4 직선의 결정

한 점을 지나는 직선은 무수히 많지만 서로 다른 두 점을 지나는 직선은 오직 하나뿐이다. → 서로 다른 두 점은 직선 하나를 결정한다.

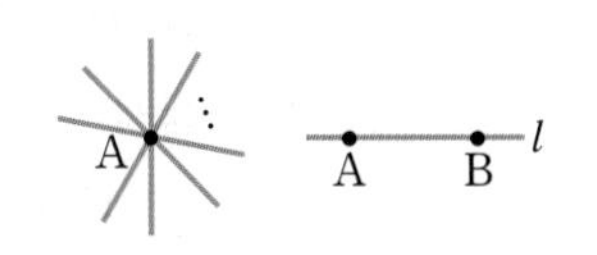

참고 점은 보통 대문자 A, B, C, …로 나타내고, 직선은 보통 소문자 l, m, n, …으로 나타낸다.

5 직선, 반직선, 선분

(1) 직선 AB: 서로 다른 두 점 A, B를 지나는 직선

기호 $\overleftrightarrow{AB}$ → $\overleftrightarrow{AB}$와 $\overleftrightarrow{BA}$는 같은 직선이다.

(2) 반직선 AB: 직선 AB 위의 한 점 A에서 시작하여 점 B의 방향으로 한없이 뻗어 나가는 직선 AB의 부분

기호 $\overrightarrow{AB}$ → $\overrightarrow{AB}$는 ···A—B→, $\overrightarrow{BA}$는 ←A—B···이므로 $\overrightarrow{AB}$와 $\overrightarrow{BA}$는 다른 반직선이다.

(3) 선분 AB: 직선 AB 위의 두 점 A, B를 포함하여 점 A에서 점 B까지의 부분

기호 $\overline{AB}$ → $\overline{AB}$와 $\overline{BA}$는 같은 선분이다.

$\overleftrightarrow{AB}$	←A—B→
$\overrightarrow{AB}$	···A—B→
$\overline{AB}$	···A—B···

개념 확인 다음 도형을 기호로 나타내시오.

(1)

(2) ···P—Q→

(3)

(4) ←P—Q→

용어
- **직선** (直 곧다, 線 선) 곧게 뻗은 선
- **선분** (線 선, 分 나누다) 직선을 나눈 일부분

필수 문제 2 직선, 반직선, 선분

▸반직선 AB($\overrightarrow{AB}$)의 구분
시작점 ┘ └ 뻗어 나가는 방향
두 반직선이 같으려면 시작점과 뻗어 나가는 방향이 모두 같아야 한다.

오른쪽 그림과 같이 직선 l 위에 네 점 A, B, C, D가 있을 때, 다음 중 옳지 않은 것은?

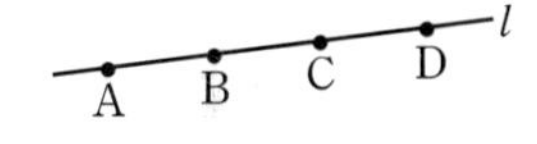

① $\overleftrightarrow{AB}=\overleftrightarrow{BC}$ ② $\overleftrightarrow{AB}=\overleftrightarrow{CD}$ ③ $\overrightarrow{BD}=\overrightarrow{DB}$
④ $\overrightarrow{CA}=\overrightarrow{CB}$ ⑤ $\overline{BC}=\overline{CB}$

2-1 오른쪽 그림과 같이 직선 l 위에 세 점 A, B, C가 있을 때, 다음 도형과 같은 것을 보기에서 모두 고르시오.

—A—B—C— l

보기
$\overleftrightarrow{BC}$, $\overleftrightarrow{AC}$, $\overleftrightarrow{CA}$, $\overline{AB}$, $\overline{BC}$, $\overline{CA}$, $\overrightarrow{AC}$, $\overrightarrow{BA}$, $\overrightarrow{BC}$, $\overline{CB}$

(1) $\overleftrightarrow{AB}$ (2) $\overline{AC}$

(3) $\overrightarrow{AB}$ (4) $\overrightarrow{CA}$

● 정답과 해설 13쪽

6 두 점 사이의 거리

(1) **두 점 A, B 사이의 거리**: 서로 다른 두 점 A, B를 잇는 무수히 많은 선 중에서 길이가 가장 짧은 선인 선분 AB의 길이

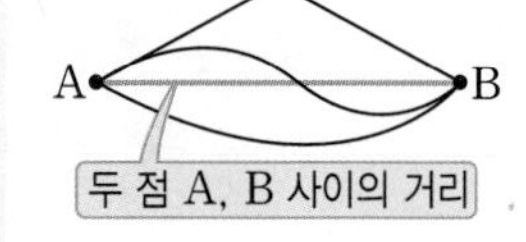

(2) $\overline{AB}$는 선분을 나타내기도 하고, 그 선분의 길이를 나타내기도 한다.

예 • 선분 AB의 길이가 2 cm이다. ➡ $\overline{AB}=2\,cm$
• 두 선분 AB와 CD의 길이가 같다. ➡ $\overline{AB}=\overline{CD}$

7 선분의 중점

선분 AB 위의 한 점 M에 대하여 $\overline{AM}=\overline{MB}$일 때, 점 M을 선분 AB의 **중점**이라고 한다.

➡ $\overline{AM}=\overline{MB}=\frac{1}{2}\overline{AB}$ → $\overline{AB}=2\overline{AM}=2\overline{MB}$

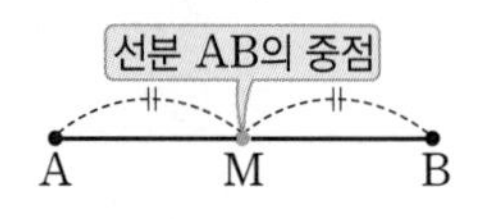

용어
중점 (中 가운데, 點 점)
선분의 한가운데에 있는 점

개념 확인 오른쪽 그림에서 다음을 구하시오.

(1) 두 점 A, B 사이의 거리
(2) 두 점 B, C 사이의 거리

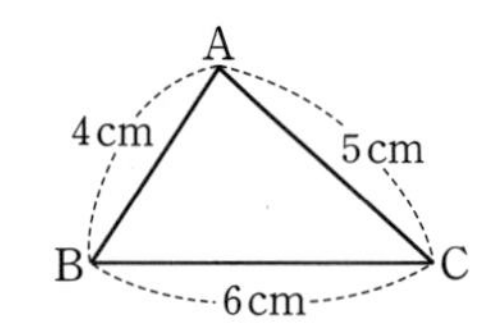

필수 문제 3

두 점 사이의 거리와 선분의 중점

▸중점은 선분의 길이를 이등분한다.

오른쪽 그림에서 점 C는 $\overline{AD}$의 중점이고 점 B는 $\overline{AC}$의 중점일 때, 다음 □ 안에 알맞은 수를 쓰시오.

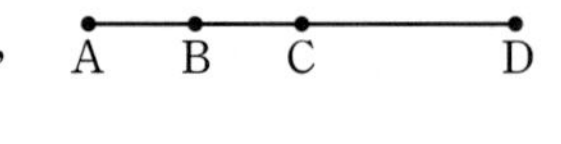

(1) $\overline{AB}=\square\,\overline{AC}$ (2) $\overline{AD}=\square\,\overline{AB}$

(3) $\overline{AD}=20\,cm$이면 $\overline{AC}=\square\,cm$, $\overline{AB}=\square\,cm$

3-1 오른쪽 그림에서 $\overline{AB}=\overline{BC}=\overline{CD}$이고 점 M은 선분 AB의 중점일 때, 다음 중 옳지 않은 것은?

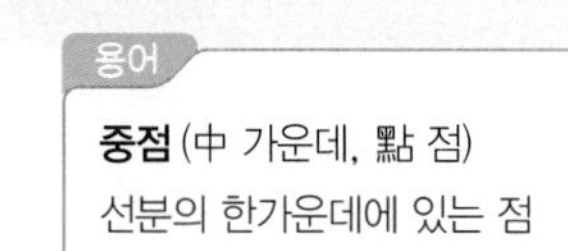

① $\overline{AB}=2\overline{AM}$ ② $\overline{AD}=3\overline{AB}$ ③ $\overline{BC}=\frac{1}{3}\overline{AD}$

④ $\overline{AC}=3\overline{AM}$ ⑤ $\overline{BD}=\frac{2}{3}\overline{AD}$

3-2 오른쪽 그림에서 점 M은 $\overline{AB}$의 중점이고 점 N은 $\overline{MB}$의 중점이다. $\overline{AB}=12\,cm$일 때, 다음 선분의 길이를 구하시오.

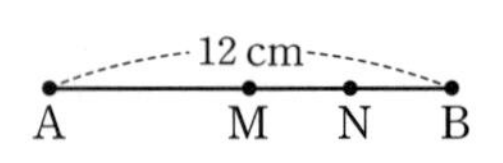

(1) $\overline{AM}$ (2) $\overline{MN}$ (3) $\overline{AN}$

쏙쏙 개념 익히기

1 다음 보기 중 옳지 않은 것을 모두 고르시오.

보기
ㄱ. 선이 움직인 자리는 면이 된다.
ㄴ. 교점은 선과 선이 만나는 경우에만 생긴다.
ㄷ. 면과 면이 만나면 직선 또는 곡선이 생긴다.
ㄹ. 직육면체에서 교선의 개수는 면의 개수와 같다.

2 다음 입체도형 중 점 A를 지나는 교선의 개수가 나머지 넷과 다른 하나는?

① 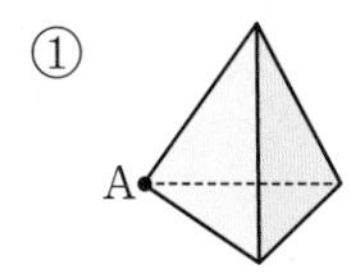

② 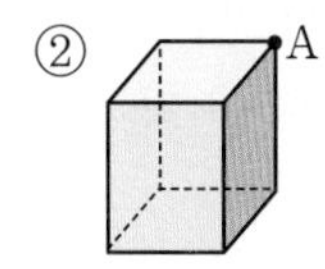

③ 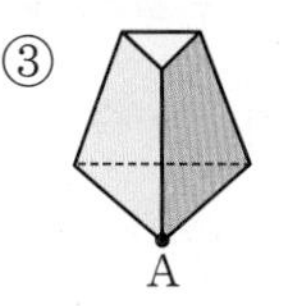

④ 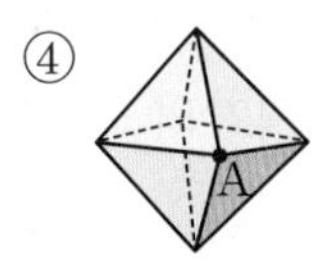

⑤ 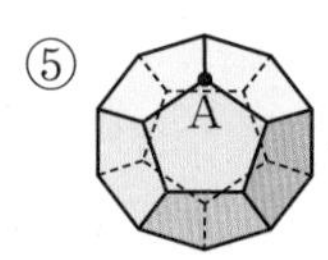

3 오른쪽 그림과 같이 직선 l 위에 네 점 A, B, C, D가 있을 때, 다음 보기 중 $\overline{AB}$를 포함하는 반직선은 모두 몇 개인지 구하시오.

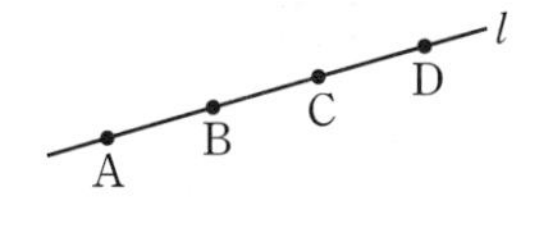

보기
$\overrightarrow{AB}$, $\overrightarrow{BA}$, $\overrightarrow{BC}$, $\overrightarrow{CD}$, $\overrightarrow{DB}$

4 오른쪽 그림과 같이 한 직선 위에 있지 않은 세 점 A, B, C가 있다. 이 중 두 점을 이어서 만들 수 있는 서로 다른 직선, 반직선, 선분의 개수를 차례로 구하시오.

5 오른쪽 그림에서 점 B는 $\overline{AC}$의 중점이고, 점 C는 $\overline{BD}$의 중점이다. $\overline{AC}=6\,cm$일 때, $\overline{AD}$의 길이를 구하시오.

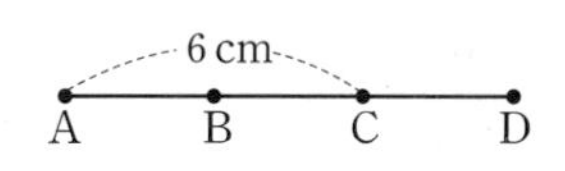

6 오른쪽 그림과 같이 길이가 18 cm인 $\overline{AB}$ 위에 점 C가 있다. 점 M은 $\overline{AC}$의 중점이고 점 N은 $\overline{CB}$의 중점일 때, $\overline{MN}$의 길이를 구하시오.

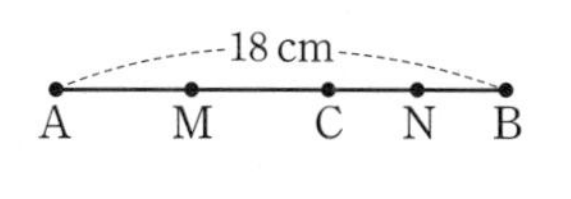

8 각

(1) 각 AOB: 한 점 O에서 시작하는 두 반직선 OA, OB로 이루어진 도형 (반직선 → 또는 선분)

기호 $\angle AOB$, $\angle BOA$, $\angle O$, $\angle a$

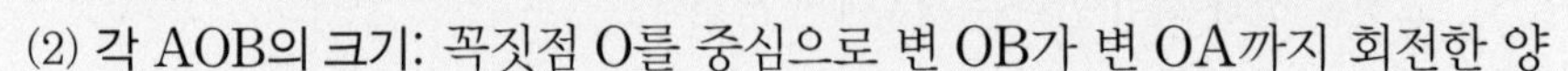

참고 각 AOB에서 점 O를 각의 꼭짓점, 두 반직선 OA, OB를 각의 변이라고 한다.

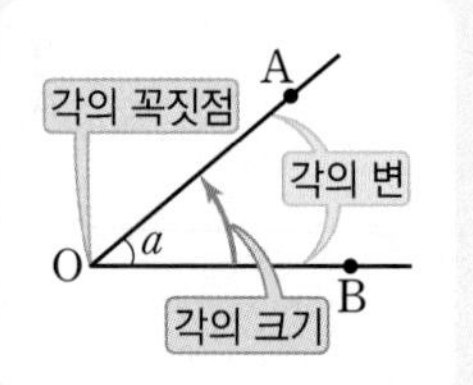

(2) 각 AOB의 크기: 꼭짓점 O를 중심으로 변 OB가 변 OA까지 회전한 양

참고 • $\angle AOB$는 각을 나타내기도 하고, 그 각의 크기를 나타내기도 한다.
• $\angle AOB$는 보통 크기가 작은 쪽의 각을 말한다.

예 A, 120°, 240°, O, B ➡ $\angle AOB = 120°$

9 각의 분류

(1) **평각**: 각의 두 변이 꼭짓점을 중심으로 서로 반대쪽에 있고 한 직선을 이룰 때의 각, 즉 크기가 180°인 각

(2) **직각**: 평각의 크기의 $\frac{1}{2}$인 각, 즉 크기가 90°인 각

(3) **예각**: 크기가 0°보다 크고 90°보다 작은 각

(4) **둔각**: 크기가 90°보다 크고 180°보다 작은 각

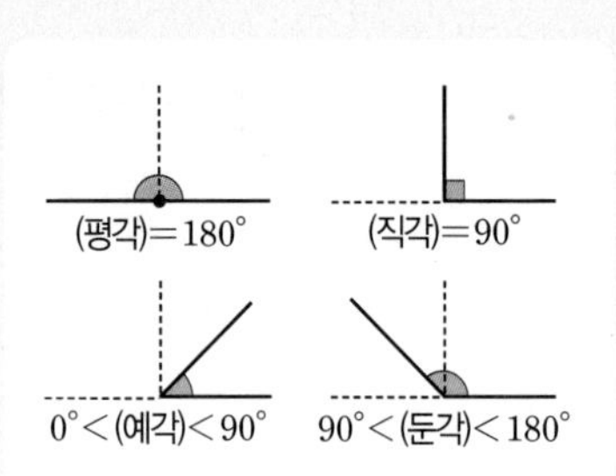

개념 확인 오른쪽 그림에서 $\angle a$, $\angle b$를 각각 점 A, B, C, D를 사용하여 나타내려고 한다. 다음 □ 안에 알맞은 것을 쓰시오.

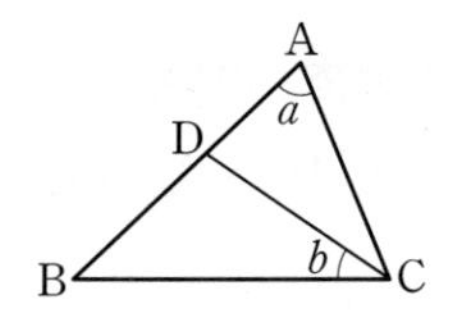

(1) $\angle a = \angle A = \square = \square = \square = \square$

(2) $\angle b = \square = \square$

필수 문제 4 각의 분류

다음 각을 오른쪽 보기에서 모두 고르시오.

(1) 예각 (2) 직각

(3) 둔각 (4) 평각

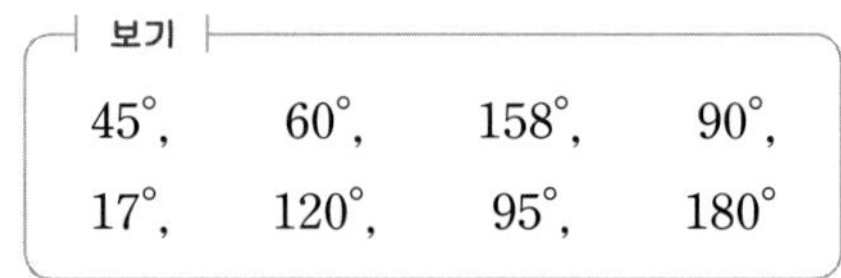
보기
45°, 60°, 158°, 90°,
17°, 120°, 95°, 180°

필수 문제 5 평각, 직각을 이용하여 각의 크기 구하기

다음 그림에서 $\angle x$의 크기를 구하시오.

(1)

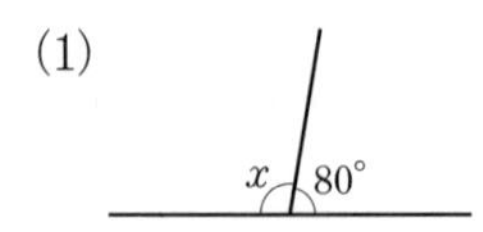

(2)

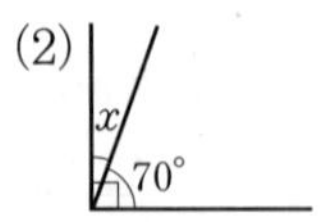

5-1 다음 그림에서 $\angle x$의 크기를 구하시오.

(1) 55°, x

(2)

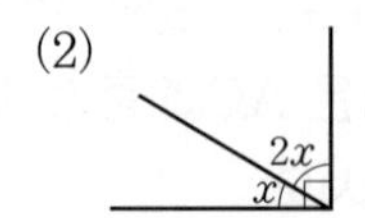

● 정답과 해설 14쪽

10 맞꼭지각

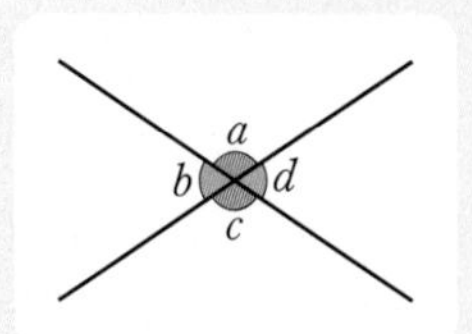

(1) **교각**: 두 직선이 한 점에서 만날 때 생기는 네 개의 각

➡ $\angle a$, $\angle b$, $\angle c$, $\angle d$

(2) **맞꼭지각**: 두 직선의 교각 중에서 서로 마주 보는 각

➡ $\angle a$와 $\angle c$, $\angle b$와 $\angle d$

(3) **맞꼭지각의 성질**: 맞꼭지각의 크기는 서로 같다.

➡ $\angle a=\angle c$, $\angle b=\angle d$

참고 $\angle a+\angle b=180°$, $\angle b+\angle c=180°$이므로
$\angle a=180°-\angle b$, $\angle c=180°-\angle b$
$\therefore\ \angle a=\angle c$
같은 방법으로 하면 $\angle b=\angle d$

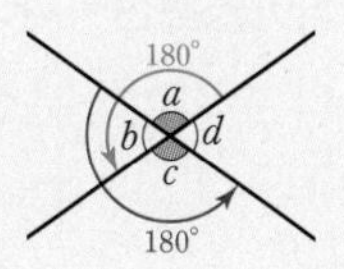

개념 확인 오른쪽 그림과 같이 세 직선이 한 점 O에서 만날 때, 다음 각의 맞꼭지각을 구하시오.

(1) $\angle$AOF (2) $\angle$DOE
(3) $\angle$BOD (4) $\angle$DOF

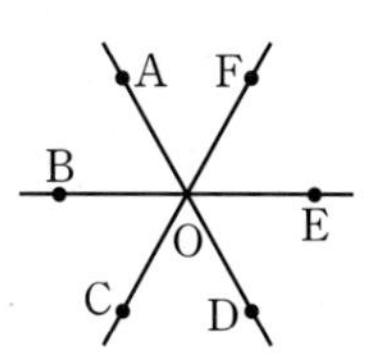

용어
교각(交 만나다, 角 각)
두 직선이 만날 때 생기는 각

필수 문제 6

맞꼭지각의 성질을 이용하여 각의 크기 구하기

다음 그림에서 $\angle x$, $\angle y$의 크기를 각각 구하시오.

(1)

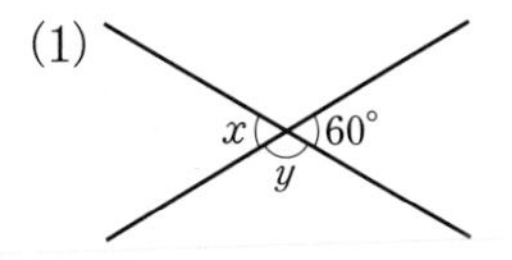

(2)

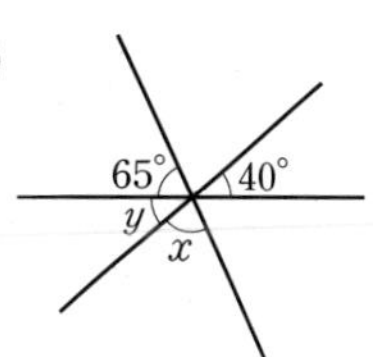

6-1 다음 그림에서 x의 값을 구하시오.

(1)

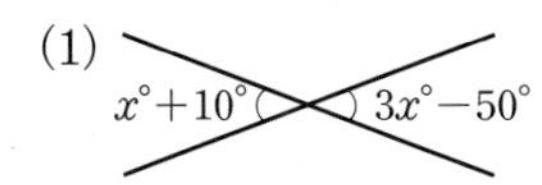

(2)

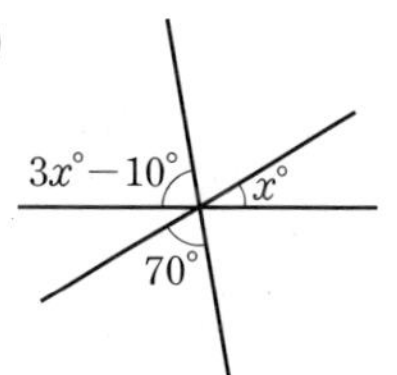

▸ a, b, c

⇨ $\angle a+\angle b=\angle c$

6-2 다음 그림에서 x의 값을 구하시오.

(1)

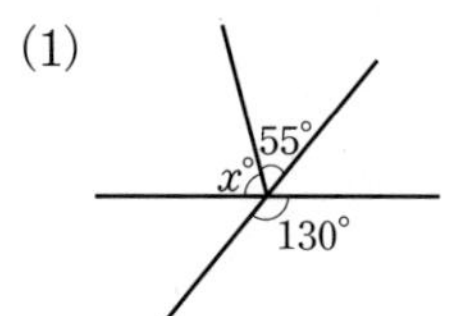

(2)

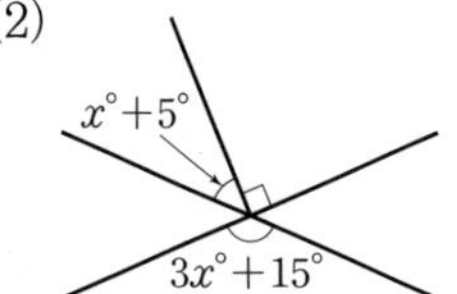

11 직교, 수직이등분선

(1) 직교: 두 직선 AB와 CD의 교각이 직각일 때, 이 두 직선은 **직교**한다 또는 서로 수직이라고 한다. 기호 $\overleftrightarrow{AB} \perp \overleftrightarrow{CD}$

이때 한 직선을 다른 직선의 **수선**이라고 한다.

예 $\overleftrightarrow{AB}$는 $\overleftrightarrow{CD}$의 수선이다.

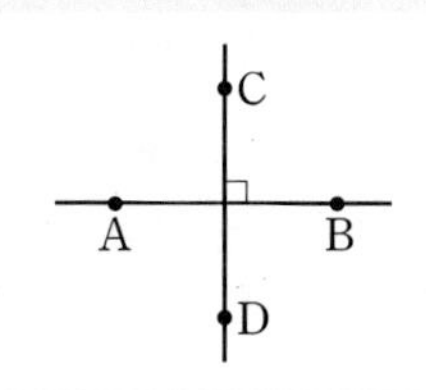

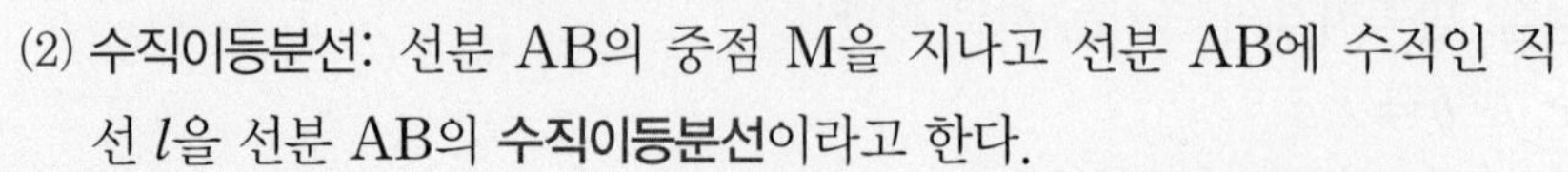

(2) 수직이등분선: 선분 AB의 중점 M을 지나고 선분 AB에 수직인 직선 l을 선분 AB의 **수직이등분선**이라고 한다.

➡ 직선 l이 선분 AB의 수직이등분선이면 $l \perp \overline{AB}$, $\overline{AM}=\overline{MB}$

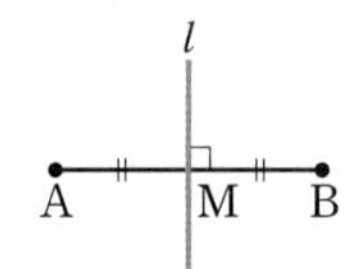

12 수선의 발

(1) 직선 l 위에 있지 않은 점 P에서 직선 l에 수선을 그었을 때 생기는 교점 H를 점 P에서 직선 l에 내린 **수선의 발**이라고 한다.

(2) 점 P와 직선 l 사이의 거리: 점 P와 직선 l 위에 있는 점을 잇는 무수히 많은 선분 중에서 길이가 가장 짧은 선분인 $\overline{PH}$의 길이

➡ 점 P에서 직선 l에 내린 수선의 발 H까지의 거리

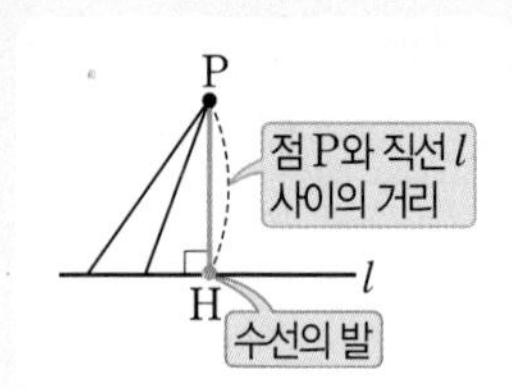

개념 확인 오른쪽 그림에서 $\overleftrightarrow{PO}$가 $\overline{AB}$의 수직이등분선이고 $\overline{AB}=10\,\text{cm}$일 때, 다음을 구하시오.

(1) $\overline{AO}$의 길이

(2) $\angle AOP$의 크기

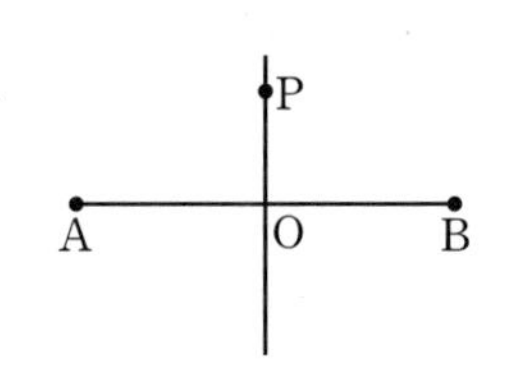

> 용어
> **직교** (直 곧다, 交 만나다)
> 직각을 이루며 만나는 일

필수 문제 7 직교와 수선

오른쪽 그림의 사다리꼴에서 다음을 구하시오.

(1) $\overline{AD}$와 직교하는 선분

(2) 점 D에서 $\overline{AB}$에 내린 수선의 발

(3) 점 A와 $\overline{BC}$ 사이의 거리

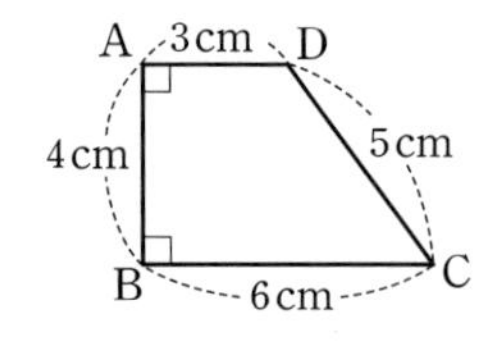

7-1 다음 보기 중 오른쪽 그림의 삼각형에 대한 설명으로 옳은 것을 모두 고르시오.

보기
ㄱ. $\overline{AD}$는 $\overline{BC}$의 수선이다.
ㄴ. 점 A와 $\overline{BC}$ 사이의 거리는 12 cm이다.
ㄷ. 점 C와 $\overline{AB}$ 사이의 거리는 13 cm이다.

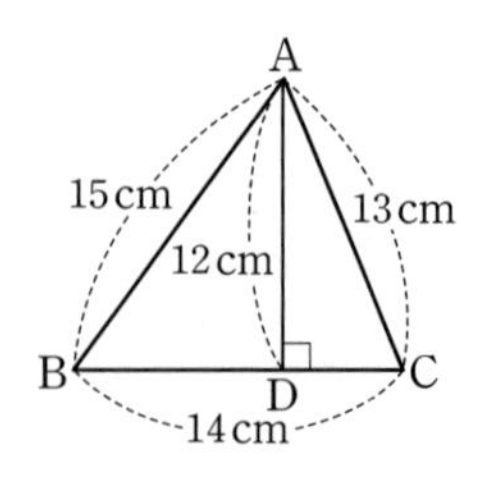

쏙쏙 개념 익히기

1 오른쪽 그림에서 $\angle AOB=50°$, $\angle AOC=\angle BOD=90°$일 때, $\angle x$, $\angle y$의 크기를 각각 구하시오.

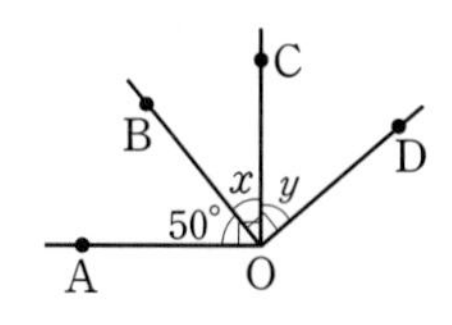

2 오른쪽 그림에서 x의 값을 구하시오.

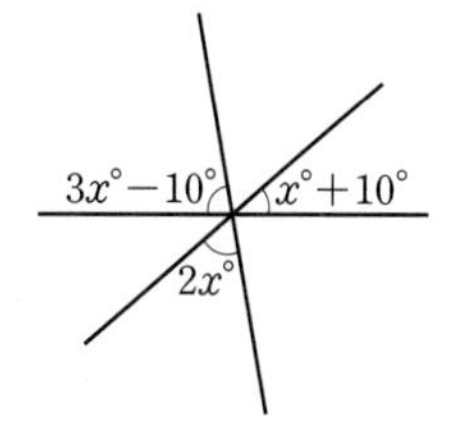

3 오른쪽 그림에서 $\angle a+\angle c=220°$일 때, $\angle b$의 크기를 구하시오.

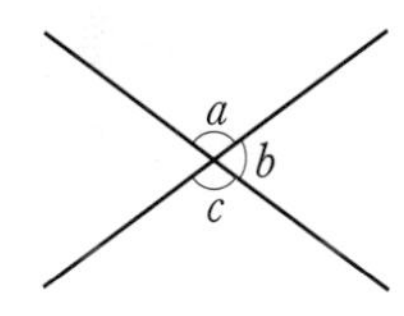

4 다음 중 오른쪽 그림의 두 직선에 대한 설명으로 옳지 않은 것은?

① $\overleftrightarrow{AB}\perp\overleftrightarrow{PQ}$이다.
② $\angle AHQ=90°$이다.
③ $\overleftrightarrow{PQ}$는 $\overleftrightarrow{AB}$의 수선이다.
④ 점 B에서 $\overleftrightarrow{PQ}$에 내린 수선의 발은 점 A이다.
⑤ 점 Q와 $\overline{AB}$ 사이의 거리는 $\overline{HQ}$의 길이와 같다.

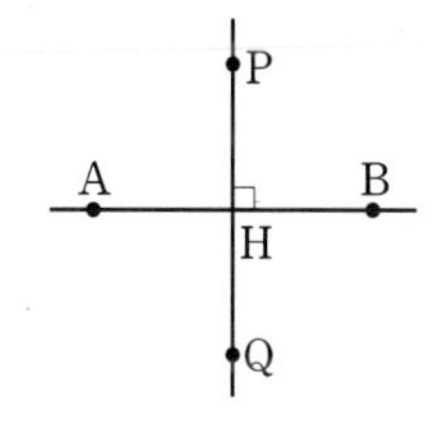

● 각의 크기 사이의 조건이 주어질 때, 각의 크기 구하기
주어진 각을 $\angle x$, $\angle y$, ⋯로 놓고 풀면 편리하다.
예를 들어
$\angle POQ=2\angle QOR$일 때
⇨ $\angle QOR=\angle x$,
$\angle POQ=2\angle x$

5 오른쪽 그림에서 $\angle AOB=\angle BOC$, $\angle COD=\angle DOE$일 때, $\angle BOD$의 크기를 구하시오.

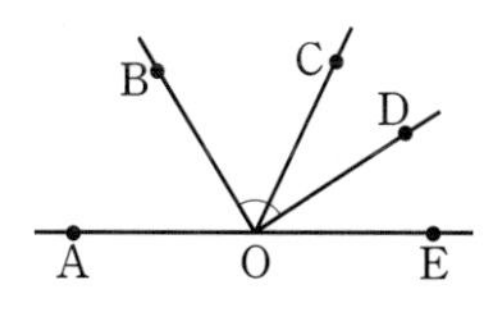

한번 더 체크

6 오른쪽 그림에서 $\angle AOB=3\angle BOC$, $\angle DOE=3\angle COD$일 때, $\angle BOD$의 크기를 구하시오.

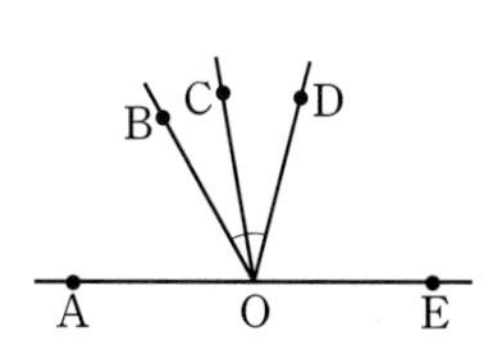

02 점, 직선, 평면의 위치 관계

• 정답과 해설 15쪽

1 점과 직선의 위치 관계

① 점이 직선 위에 있다. → 직선이 점을 지난다.

② 점이 직선 위에 있지 않다. → 직선이 점을 지나지 않는다. 점이 직선 밖에 있다.

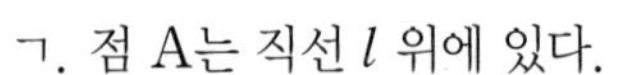

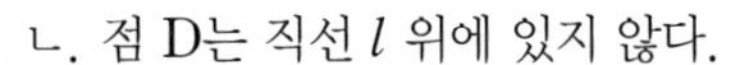

2 점과 평면의 위치 관계

① 점이 평면 위에 있다. → 평면이 점을 포함한다.

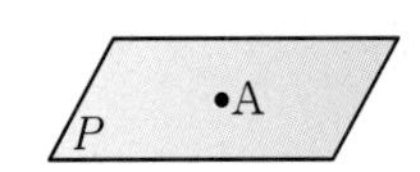

② 점이 평면 위에 있지 않다. → 평면이 점을 포함하지 않는다. 점이 평면 밖에 있다.

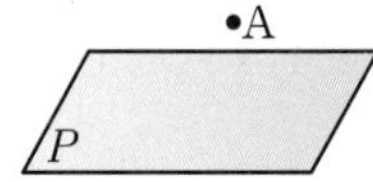

참고 평면은 보통 대문자 P, Q, R, …로 나타낸다.

필수 문제 1 점과 직선의 위치 관계

다음 보기 중 오른쪽 그림에 대한 설명으로 옳은 것을 모두 고르시오.

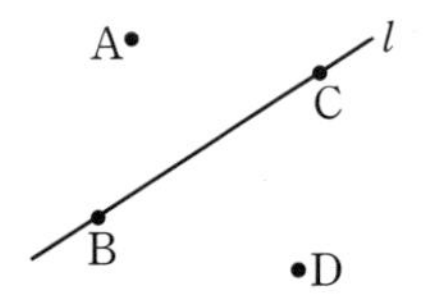

보기

ㄱ. 점 A는 직선 l 위에 있다.

ㄴ. 점 D는 직선 l 위에 있지 않다.

ㄷ. 직선 l은 점 B를 지나지 않는다.

ㄹ. 두 점 B, C는 같은 직선 위에 있다.

1-1 오른쪽 그림의 평행사변형에서 다음을 구하시오.

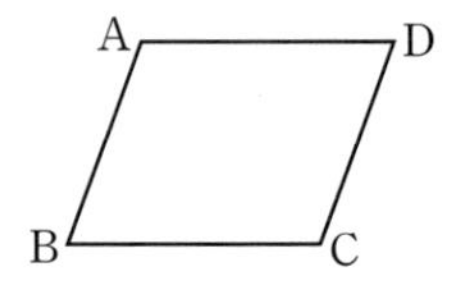

(1) 변 BC 위에 있는 꼭짓점

(2) 점 B를 지나지 않는 변

필수 문제 2 점과 평면의 위치 관계

오른쪽 그림의 직육면체에서 다음을 구하시오.

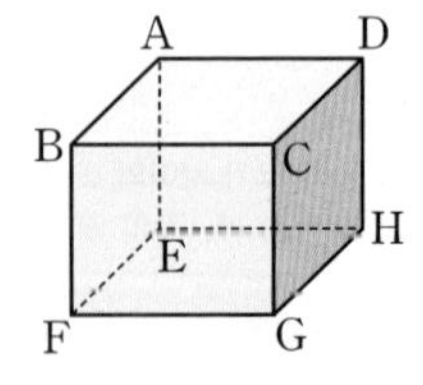

(1) 면 ABFE 위에 있는 꼭짓점

(2) 꼭짓점 C를 포함하는 면

2-1 오른쪽 그림의 삼각뿔에서 다음을 구하시오.

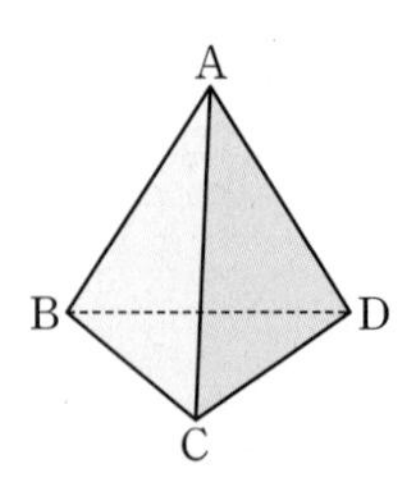

(1) 꼭짓점 B를 포함하는 면

(2) 꼭짓점 B와 꼭짓점 D를 동시에 포함하는 면

(3) 면 ABC 밖에 있는 꼭짓점

3 평면에서 두 직선의 위치 관계

(1) 두 직선의 평행

한 평면 위의 두 직선 l, m이 서로 만나지 않을 때, 두 직선 l, m은 서로 평행하다고 한다.

기호 $l /\!/ m$

참고 평행한 두 직선 l, m을 평행선이라고 한다.

(2) 평면에서 두 직선의 위치 관계

① 한 점에서 만난다.

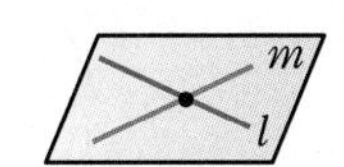

② 일치한다. → 한 직선으로 본다.

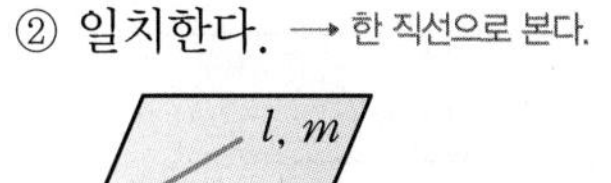

③ 평행하다. → 만나지 않는다.

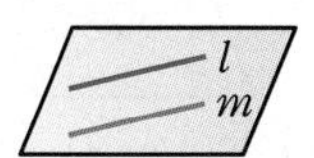

필수 문제 3 평면에서 두 직선의 위치 관계

오른쪽 그림의 직사각형에 대하여 다음 물음에 답하시오.

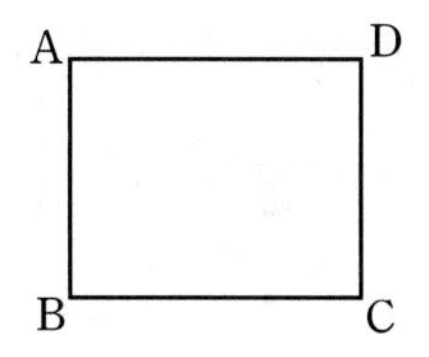

(1) 변 AD와 한 점에서 만나는 변을 모두 구하시오.

(2) 평행한 변을 모두 찾아 기호로 나타내시오.

3-1 다음 보기 중 오른쪽 그림에 대한 설명으로 옳은 것을 모두 고르시오.

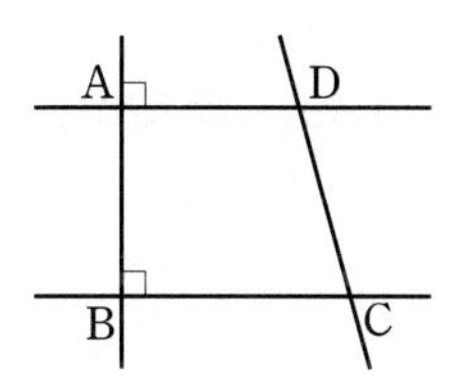

보기

ㄱ. $\overleftrightarrow{AB} /\!/ \overleftrightarrow{CD}$이다.

ㄴ. $\overleftrightarrow{AB} \perp \overleftrightarrow{AD}$이다.

ㄷ. $\overleftrightarrow{BC}$와 $\overleftrightarrow{CD}$는 한 점에서 만난다.

ㄹ. $\overleftrightarrow{AB}$와 $\overleftrightarrow{BC}$의 교점은 점 C이다.

▸도형에서 두 직선의 위치 관계를 파악할 때는 변을 직선으로 연장하여 생각한다.

3-2 오른쪽 그림의 정육각형에서 각 변을 직선으로 연장하여 생각할 때, 다음을 구하시오.

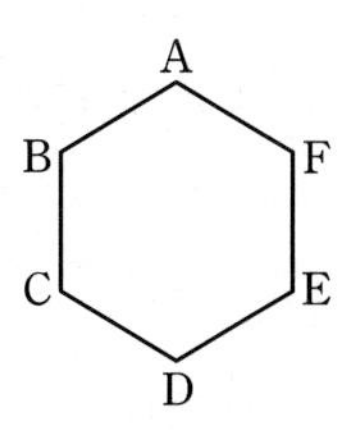

(1) $\overleftrightarrow{AB}$와 평행한 직선

(2) $\overleftrightarrow{AB}$와 한 점에서 만나는 직선

4 공간에서 두 직선의 위치 관계

(1) **꼬인 위치**: 공간에서 두 직선이 서로 만나지도 않고 평행하지도 않을 때, 두 직선은 꼬인 위치에 있다고 한다.

(2) 공간에서 두 직선의 위치 관계

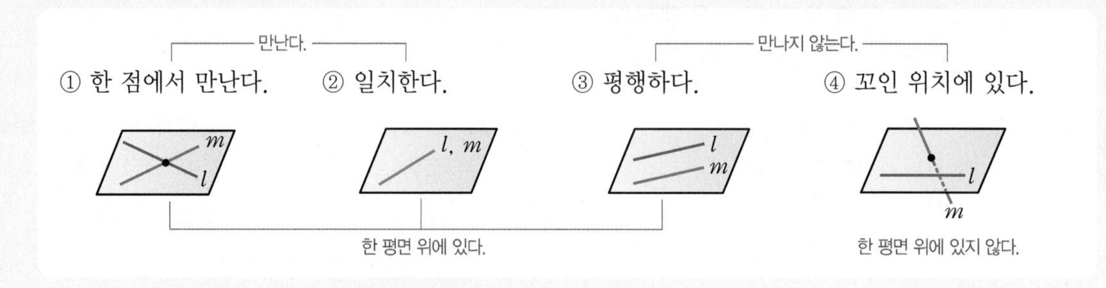

개념 확인 다음 그림의 정육면체에서 색칠한 두 모서리의 위치 관계를 말하시오.

(1) 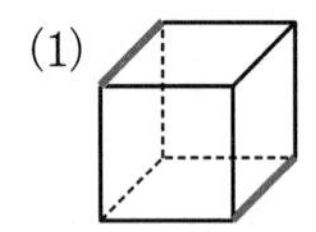

(2) 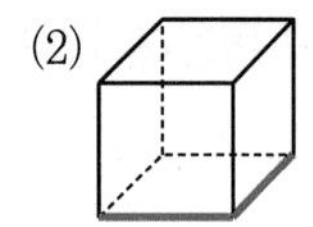

(3) 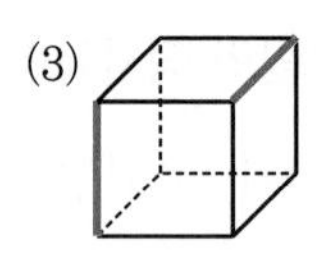

필수 문제 4

공간에서 두 직선의 위치 관계

▸공간에서 두 직선이 한 평면 위에 있지 않으면 두 직선은 꼬인 위치에 있다.

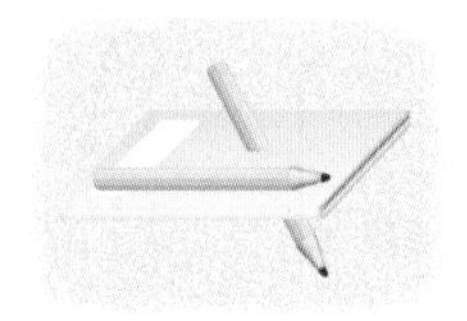

오른쪽 그림의 삼각기둥에서 다음을 구하시오.

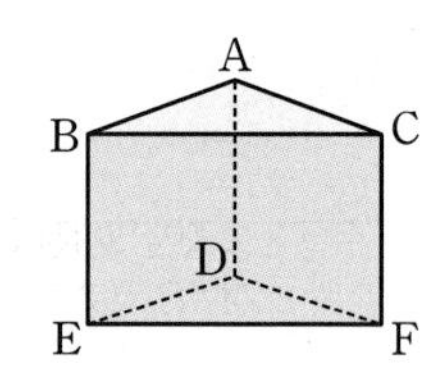

(1) $\overline{AB}$와 한 점에서 만나는 모서리

(2) $\overline{AB}$와 평행한 모서리

(3) $\overline{AB}$와 꼬인 위치에 있는 모서리

4-1 다음 보기 중 오른쪽 그림의 직육면체에 대한 설명으로 옳지 않은 것을 모두 고르시오.

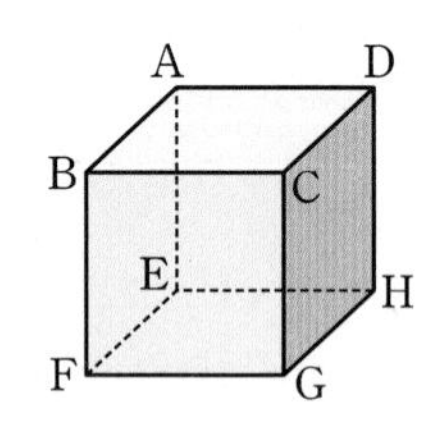

보기

ㄱ. 모서리 AB와 모서리 EF는 평행하다.
ㄴ. 모서리 AD와 모서리 FG는 꼬인 위치에 있다.
ㄷ. 모서리 CD와 한 점에서 만나는 모서리는 4개이다.
ㄹ. 모서리 EH와 평행한 모서리는 1개이다.

4-2 오른쪽 그림의 사각뿔에서 모서리 AE와 꼬인 위치에 있는 모서리의 개수를 구하시오.

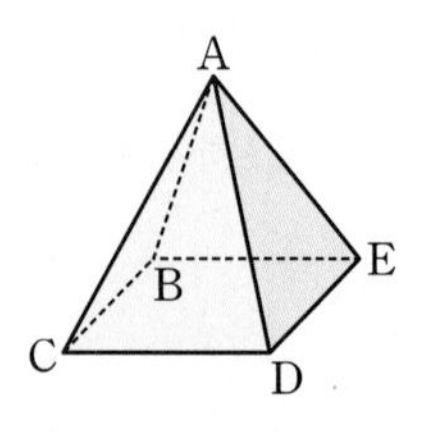

● 정답과 해설 16쪽

5 공간에서 직선과 평면의 위치 관계

(1) 공간에서 직선과 평면의 위치 관계

① 한 점에서 만난다.

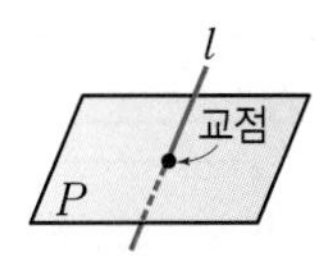

② 포함된다.

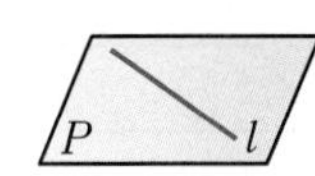

③ 평행하다. → 만나지 않는다.

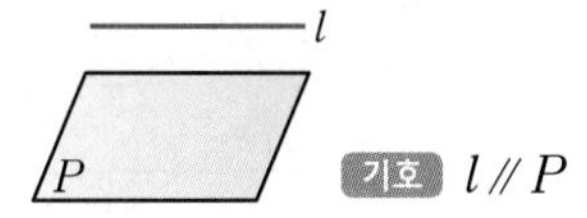

기호 $l /\!/ P$

(2) 직선과 평면의 수직

직선 l이 평면 P와 한 점 H에서 만나면서 점 H를 지나는 평면 P 위의 모든 직선과 수직일 때, 직선 l과 평면 P는 서로 수직이다 또는 직교한다고 한다.

기호 $l \perp P$

참고 직선 l 위의 점 A와 평면 P 사이의 거리 ➡ $\overline{\mathrm{AH}}$의 길이

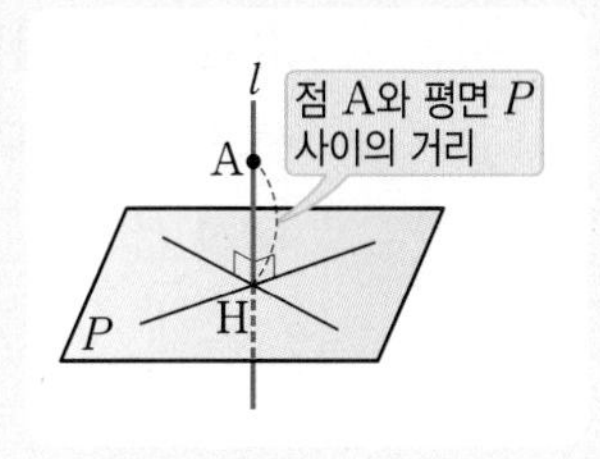

필수 문제 5

공간에서 직선과 평면의 위치 관계

▸직선과 평면이 만나지 않으면 직선과 평면은 서로 평행하다.

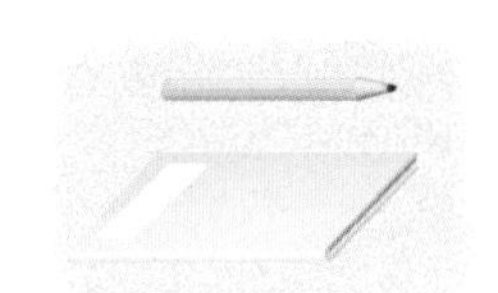

오른쪽 그림의 직육면체에서 다음을 구하시오.

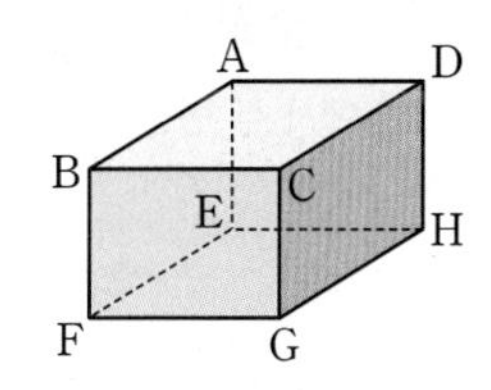

(1) 면 ABCD와 한 점에서 만나는 모서리

(2) 모서리 AB를 포함하는 면

(3) 면 ABCD와 평행한 모서리

5-1 다음 보기 중 오른쪽 그림과 같이 밑면이 사다리꼴인 사각기둥에 대한 설명으로 옳은 것을 모두 고르시오.

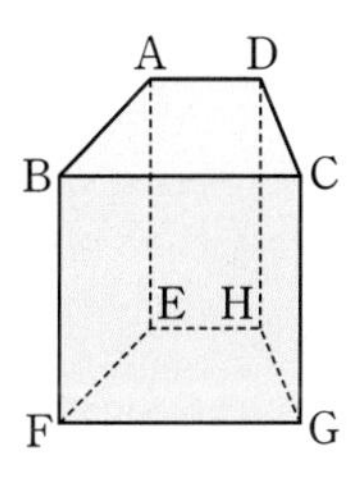

보기

ㄱ. 면 DHGC는 모서리 CG를 포함한다.
ㄴ. 면 ABFE와 모서리 DH는 한 점에서 만난다.
ㄷ. 면 AEHD와 평행한 모서리는 2개이다.
ㄹ. 면 EFGH와 수직인 모서리는 4개이다.

5-2 오른쪽 그림의 삼각기둥에서 점 A와 면 CBEF 사이의 거리를 구하시오.

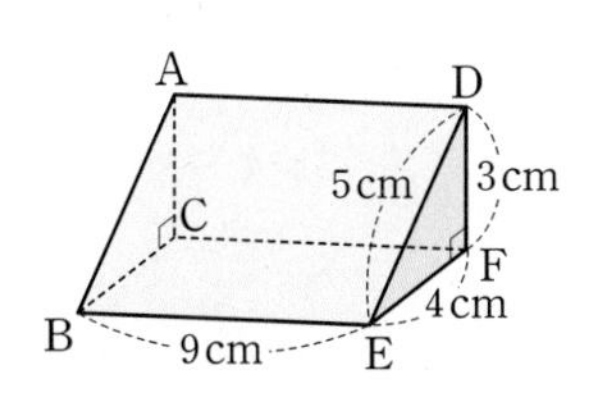

6 공간에서 두 평면의 위치 관계

(1) 공간에서 두 평면의 위치 관계

① 한 직선에서 만난다.

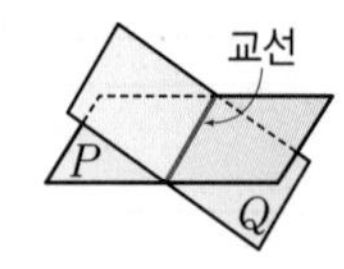

② 일치한다. → 한 평면으로 본다.

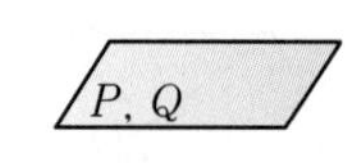

③ 평행하다. → 만나지 않는다.

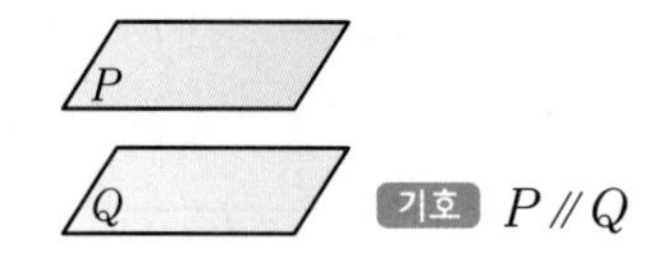

(2) 두 평면의 수직

평면 P가 평면 Q와 수직인 직선 l을 포함할 때, 평면 P와 평면 Q는 서로 수직이다 또는 직교한다고 한다.

기호 $P \perp Q$

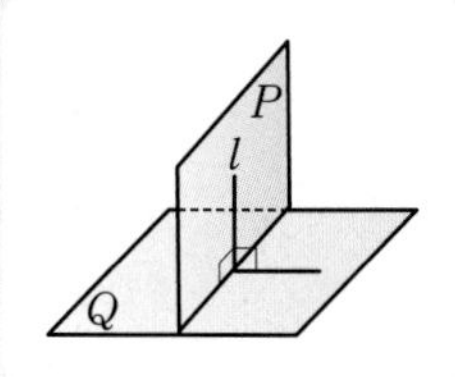

필수 문제 6

공간에서 두 평면의 위치 관계

오른쪽 그림의 직육면체에서 다음을 구하시오.

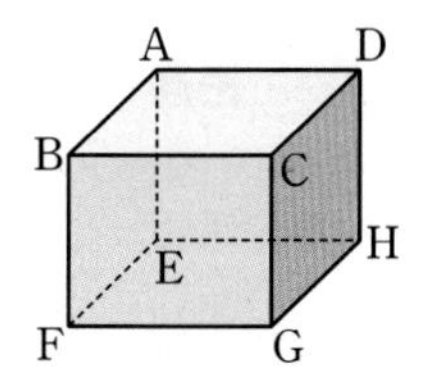

(1) 면 ABCD와 한 모서리에서 만나는 면

(2) 면 ABFE와 수직인 면

(3) 면 EFGH와 평행한 면

6-1 다음 보기 중 오른쪽 그림의 삼각기둥에 대한 설명으로 옳은 것을 모두 고르시오.

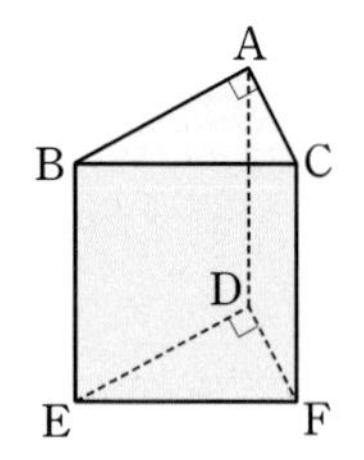

보기

ㄱ. 면 DEF와 면 BEFC는 한 모서리에서 만난다.
ㄴ. 면 ABED와 면 ADFC는 수직이다.
ㄷ. 면 ABC와 평행한 면은 1개이다.
ㄹ. 면 ABC와 수직인 면은 2개이다.

6-2 다음 중 오른쪽 그림의 직육면체에서 면 AEGC와 수직인 면을 모두 고르면? (정답 2개)

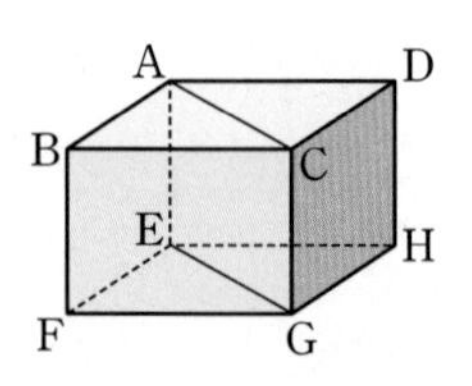

① 면 ABCD ② 면 AEHD ③ 면 ABFE
④ 면 CGHD ⑤ 면 EFGH

STEP 1 쏙쏙 개념 익히기

1 **다음 중 오른쪽 그림에 대한 설명으로 옳은 것을 모두 고르면? (정답 2개)**

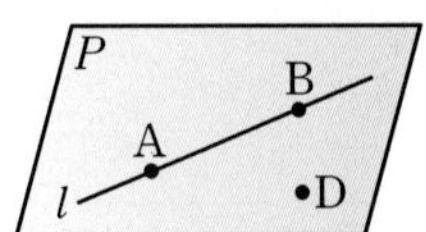

① 점 A는 평면 P 위에 있다.
② 점 B는 직선 l 밖에 있다.
③ 점 C는 평면 P 위에 있지 않다.
④ 직선 l은 점 C를 지난다.
⑤ 평면 P는 점 D를 포함하지 않는다.

2 **다음 중 한 평면 위에 있는 두 직선 l, m의 위치 관계가 될 수 없는 것은?**

① 일치한다.　② 평행하다.　③ 한 점에서 만난다.
④ 직교한다.　⑤ 만나지도 않고 평행하지도 않다.

3 **다음 보기 중 오른쪽 그림의 직육면체에서 서로 꼬인 위치에 있는 모서리끼리 바르게 짝 지은 것을 모두 고르시오.**

보기

ㄱ. $\overline{AB}$와 $\overline{EH}$　ㄴ. $\overline{AD}$와 $\overline{DH}$　ㄷ. $\overline{CD}$와 $\overline{EF}$
ㄹ. $\overline{DH}$와 $\overline{FG}$　ㅁ. $\overline{FG}$와 $\overline{BC}$　ㅂ. $\overline{GH}$와 $\overline{EH}$

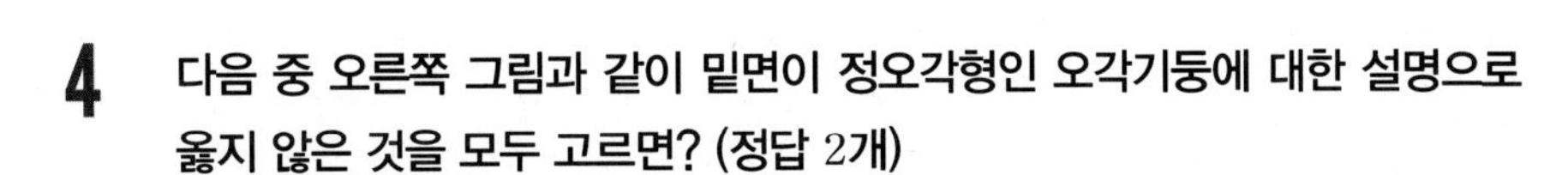

4 **다음 중 오른쪽 그림과 같이 밑면이 정오각형인 오각기둥에 대한 설명으로 옳지 않은 것을 모두 고르면? (정답 2개)**

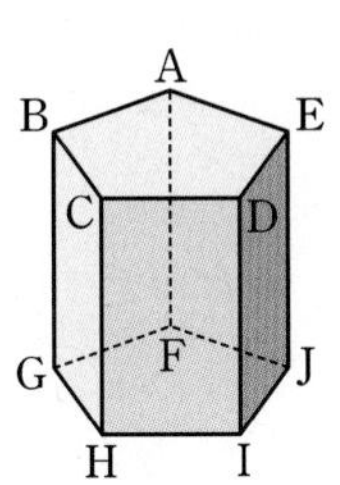

① $\overleftrightarrow{CD}$와 $\overleftrightarrow{IJ}$는 꼬인 위치에 있다.
② $\overleftrightarrow{GF}$와 $\overleftrightarrow{HI}$는 만나지 않는다.
③ $\overline{GH}$는 면 FGHIJ에 포함된다.
④ 면 DIJE와 $\overleftrightarrow{FJ}$는 수직이다.
⑤ 면 BGHC와 $\overline{DI}$는 평행하다.

5 오른쪽 그림의 삼각기둥에서 면 ABC와 평행한 모서리의 개수를 a개, 면 ADEB와 수직인 면의 개수를 b개라고 할 때, $a+b$의 값을 구하시오.

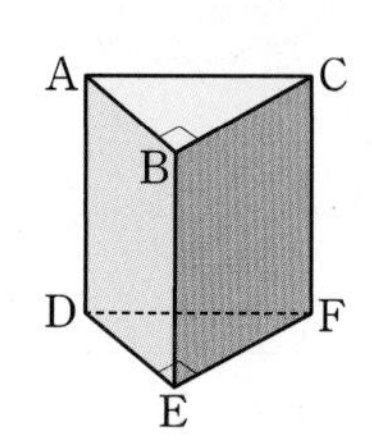

6 오른쪽 그림은 직육면체를 $\overline{BC}=\overline{FG}$가 되도록 잘라 낸 입체도형이다. 각 모서리를 직선으로 연장하여 생각할 때, 다음을 모두 구하시오.

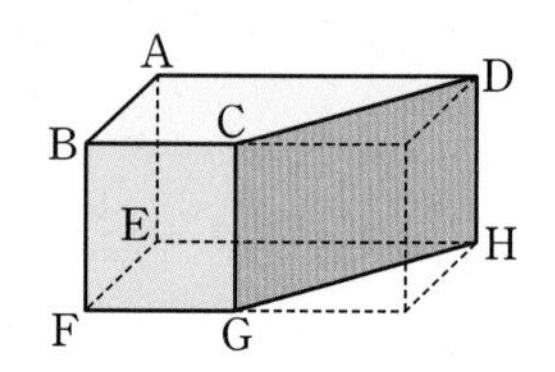

(1) $\overleftrightarrow{AB}$와 꼬인 위치에 있는 직선

(2) 면 CGHD와 평행한 직선

● 공간에서 여러 가지 위치 관계
공간에서의 위치 관계는 직육면체를 그려서 확인하면 편리하다.
⇨ $l\perp P$이면

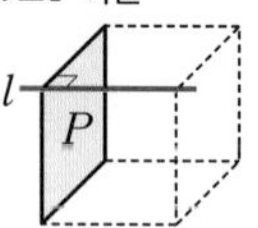

7 공간에서 서로 다른 두 직선 l, m과 한 평면 P에 대하여 $l /\!/ m$, $l\perp P$일 때, 직선 m과 평면 P의 위치 관계를 기호로 나타내시오.

한번 더 체

8 다음 중 공간에서 서로 다른 두 직선 l, m과 서로 다른 두 평면 P, Q의 위치 관계에 대한 설명으로 옳은 것은 ○표, 옳지 않은 것은 ×표를 (　) 안에 쓰시오.

(1) $l\perp P$, $l\perp Q$이면 $P\perp Q$이다. (　　)

(2) $l\perp m$, $m /\!/ P$이면 $l /\!/ P$이다. (　　)

평면과 공간에서의 위치 관계

	평면	공간
점과 직선	① 점 A가 직선 l 위에 있다. ② 점 B가 직선 l 위에 있지 않다.	
점과 평면		① 점 A가 평면 P 위에 있다. ② 점 B가 평면 P 위에 있지 않다.
직선과 직선	① 한 점에서 만난다. 참고 $l \perp m$ ↳ 수직으로 만난다. ② 일치한다. ③ 평행하다. $l /\!/ m$	① 한 점에서 만난다. ② 일치한다. ③ 평행하다. $l /\!/ m$ → 한 평면 위에 있다. ④ 꼬인 위치에 있다. ↳ 한 평면 위에 있지 않다.
직선과 평면		① 한 점에서 만난다. 참고 $l \perp P$ ↳ 수직으로 만난다. ② 포함된다. ③ 평행하다. $l /\!/ P$
평면과 평면		① 한 직선에서 만난다. 참고 $P \perp Q$ ↳ 수직으로 만난다. ② 일치한다. ③ 평행하다. $P /\!/ Q$

03 동위각과 엇각

• 정답과 해설 17쪽

1 동위각과 엇각

한 평면 위의 서로 다른 두 직선 l, m이 다른 한 직선 n과 만나서 생기는 8개의 각 중에서

(1) 동위각: 같은 위치에 있는 각

➡ $\angle a$와 $\angle e$, $\angle b$와 $\angle f$, $\angle c$와 $\angle g$, $\angle d$와 $\angle h$ → 총 4쌍

(2) 엇각: 엇갈린 위치에 있는 각

➡ $\angle b$와 $\angle h$, $\angle c$와 $\angle e$ → 총 2쌍

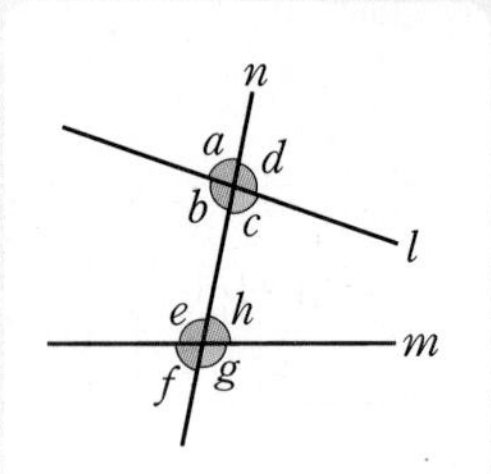

주의 엇각은 두 직선 l, m 사이에 있는 각이므로 바깥쪽에 있는 각은 생각하지 않는다.
➡ $\angle a$와 $\angle g$, $\angle d$와 $\angle f$는 엇각이 아니다.

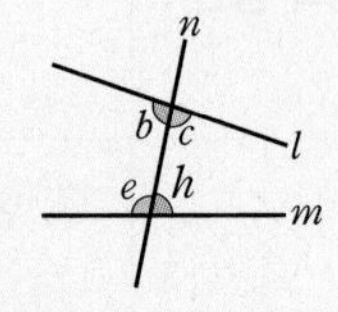

용어
동위각 (同 같다, 位 위치, 角 각)
같은 위치에 있는 각

필수 문제 1

동위각과 엇각

▸다음과 같이 기억하면 쉽다.
① 동위각은 알파벳 F
② 엇각은 알파벳 Z

오른쪽 그림에서 다음을 구하시오.

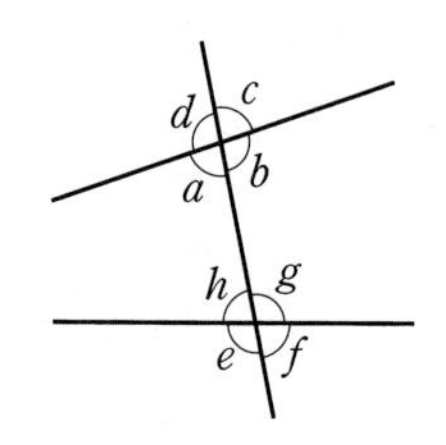

(1) $\angle a$의 동위각

(2) $\angle c$의 동위각

(3) $\angle b$의 엇각

(4) $\angle a$의 엇각

1-1 오른쪽 그림에서 다음 각을 찾고, 그 크기를 구하시오.

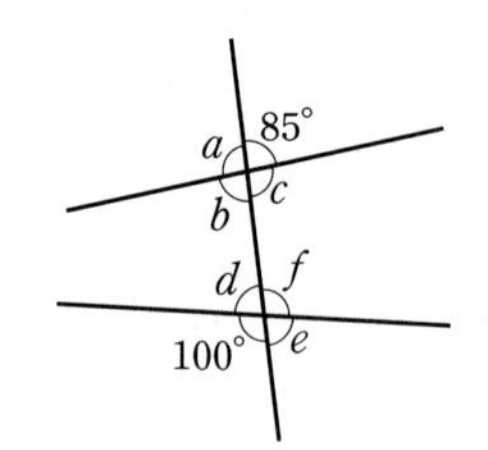

(1) $\angle a$의 동위각

(2) $\angle b$의 엇각

1-2 오른쪽 그림과 같이 서로 다른 세 직선이 다른 한 직선과 만날 때, 다음을 모두 구하시오.

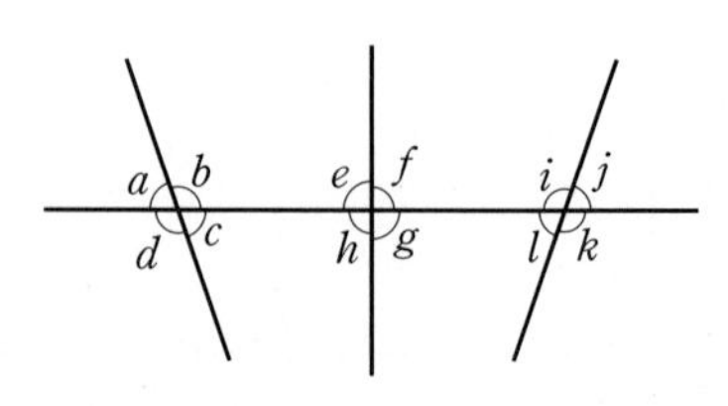

(1) $\angle b$의 동위각

(2) $\angle c$의 엇각

• 정답과 해설 17쪽

2 평행선의 성질

서로 다른 두 직선이 다른 한 직선과 만날 때
(1) 두 직선이 평행하면 동위각의 크기는 서로 같다.
(2) 두 직선이 평행하면 엇각의 크기는 서로 같다.

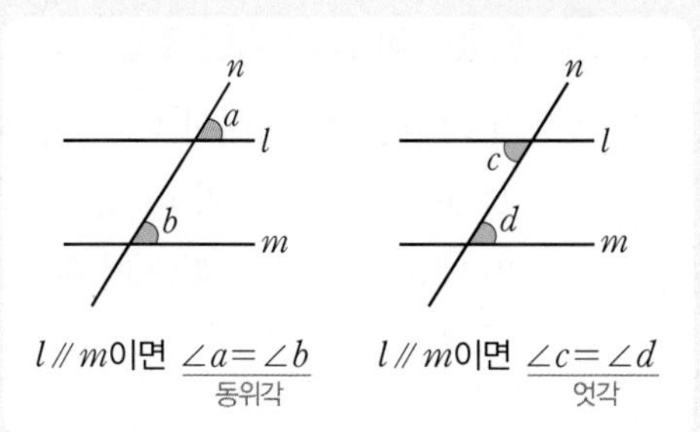

개념 확인 오른쪽 그림에서 $l /\!/ m$일 때, 다음을 구하시오.

(1) $\angle a$의 크기 (2) $\angle b$의 크기

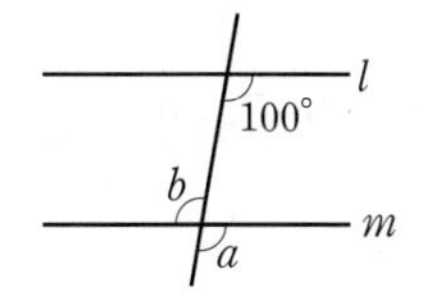

필수 문제 2

평행선의 성질을 이용하여 각의 크기 구하기

▸맞꼭지각의 크기는 항상 같지만 동위각, 엇각의 크기는 두 직선이 평행할 때만 같다.

다음 그림에서 $l /\!/ m$일 때, $\angle x$, $\angle y$의 크기를 각각 구하시오.

(1)
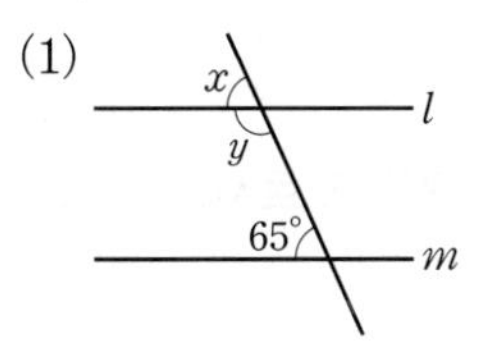

(2)
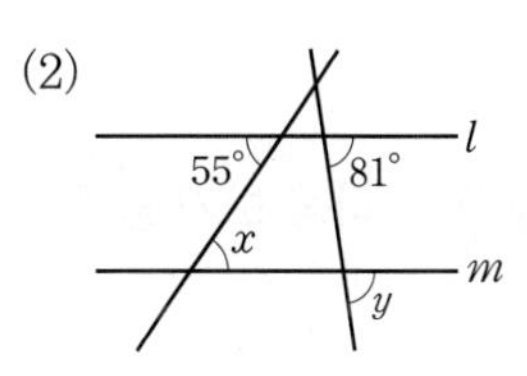

2-1 다음 그림에서 $l /\!/ m$일 때, x의 값을 구하시오.

(1)
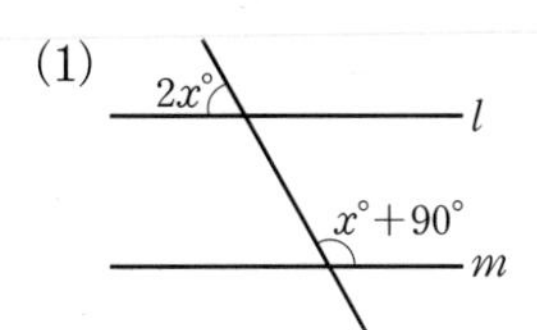

(2)
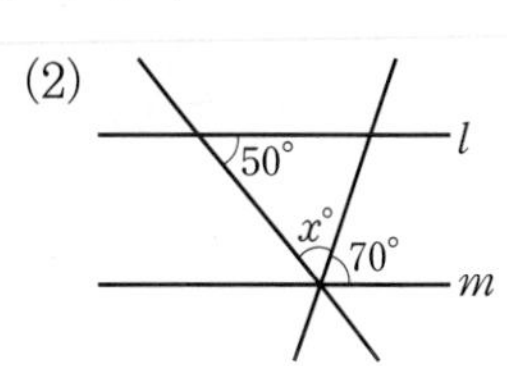

필수 문제 3

평행선에서 보조선을 그어 각의 크기 구하기

다음 그림에서 $l /\!/ m /\!/ n$일 때, $\angle x$, $\angle y$의 크기를 각각 구하시오.

(1)
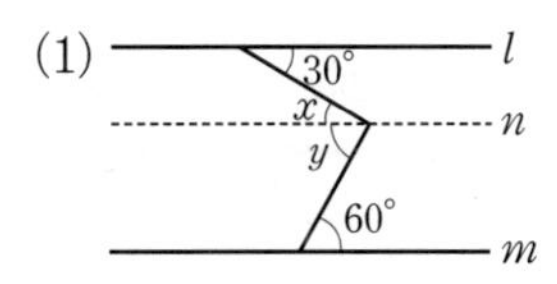

(2)
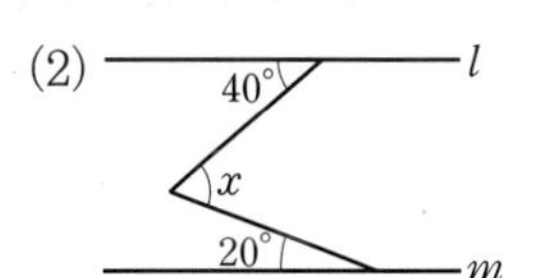

3-1 다음 그림에서 $l /\!/ m$일 때, $\angle x$의 크기를 구하시오.

(1)
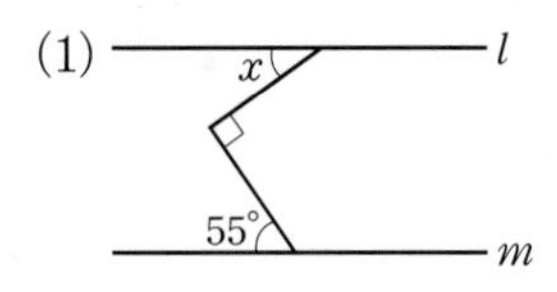

(2)
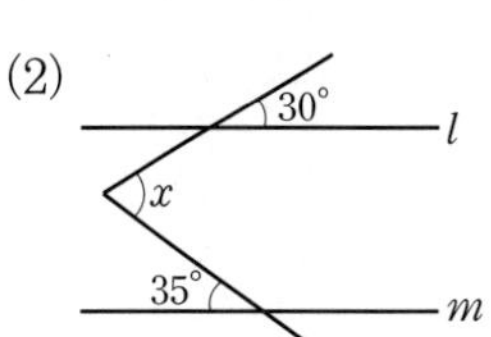

3 평행선이 되기 위한 조건

서로 다른 두 직선이 다른 한 직선과 만날 때

(1) 동위각의 크기가 같으면 두 직선은 평행하다.

(2) 엇각의 크기가 같으면 두 직선은 평행하다.

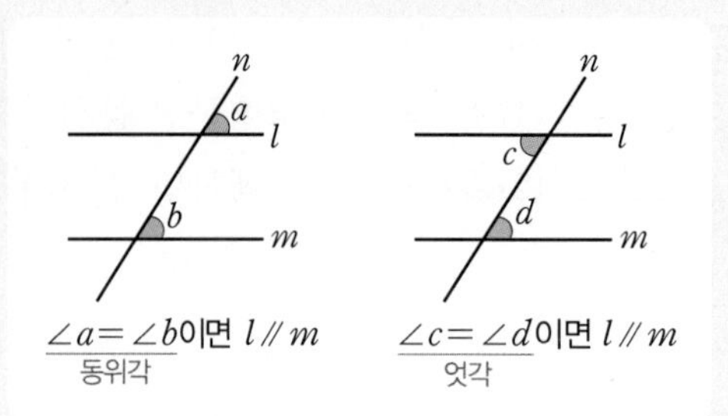

개념 확인 다음 그림에서 두 직선 l, m이 평행한 것은 ○표, 평행하지 않은 것은 ×표를 (　) 안에 쓰시오.

(1)

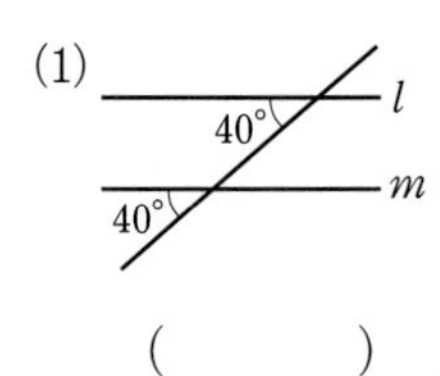

(　　　)

(2)

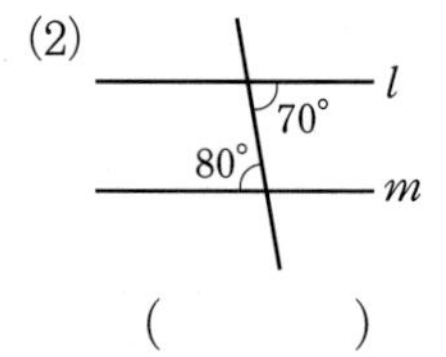

(　　　)

(3)

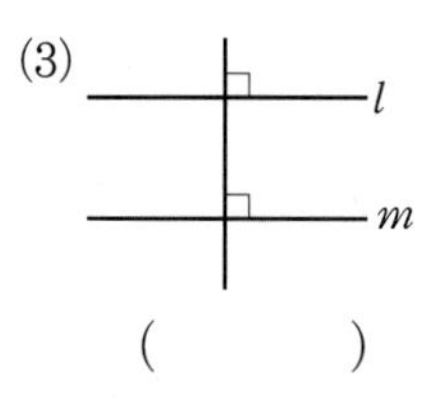

(　　　)

필수 문제 4 다음 보기 중 두 직선 l, m이 평행한 것을 모두 고르시오.

평행선이 되기 위한 조건

▸다음 중 하나에 해당하면 두 직선은 평행하다.
① 동위각의 크기가 같다.
② 엇각의 크기가 같다.

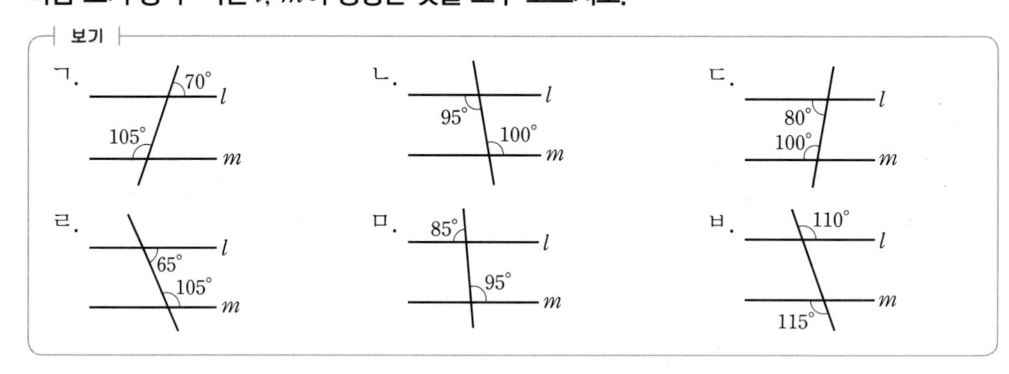

4-1 다음 중 오른쪽 그림에서 $l /\!/ m$이 되게 하는 조건이 아닌 것을 모두 고르면? (정답 2개)

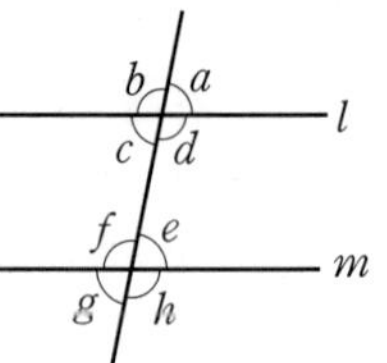

① $\angle a=\angle h$　② $\angle b=\angle f$　③ $\angle c=\angle e$

④ $\angle d=\angle h$　⑤ $\angle g=\angle e$

4-2 오른쪽 그림에서 평행한 직선을 모두 찾아 기호로 나타내시오.

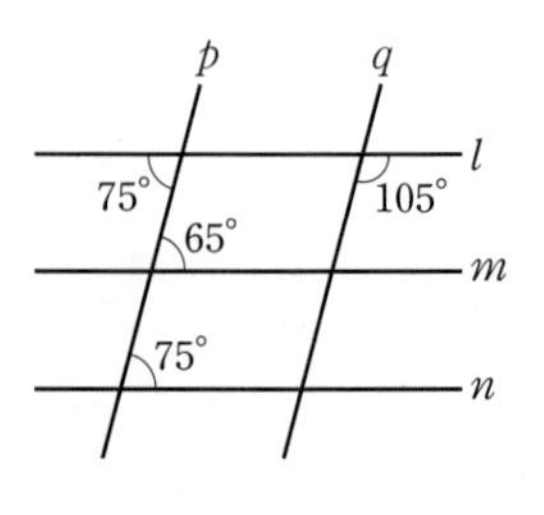

쏙쏙 개념 익히기

1 오른쪽 그림에서 $\angle a=110°$일 때, 다음 중 옳지 않은 것은?

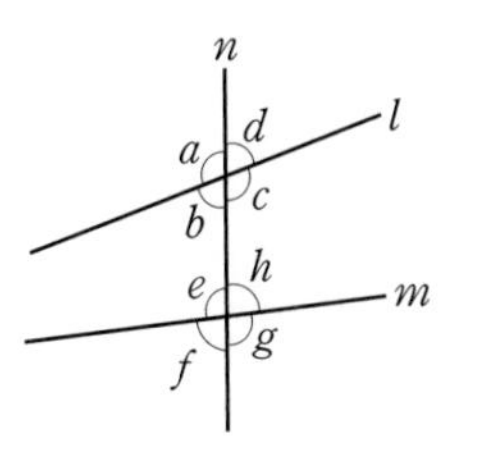

① $\angle a$의 동위각은 $\angle e$이다.
② $\angle b$의 엇각은 $\angle h$이다.
③ $\angle b$의 맞꼭지각은 $\angle d$이다.
④ $\angle d=70°$이다.
⑤ $\angle e=110°$이다.

2 다음 그림에서 $l /\!/ m$일 때, $\angle x$, $\angle y$의 크기를 각각 구하시오.

(1)
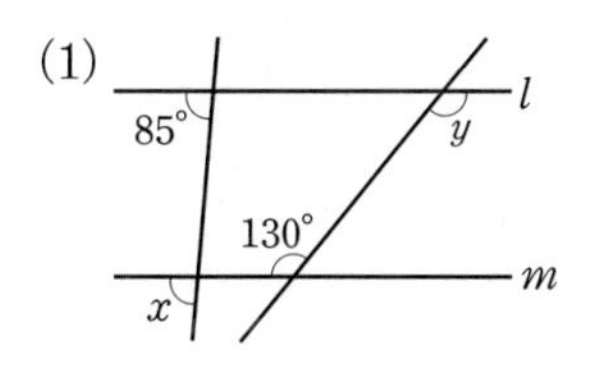

(2)
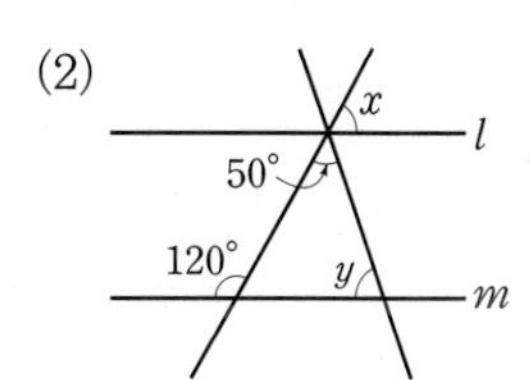

3 오른쪽 그림에서 $l /\!/ m$일 때, $\angle x-\angle y$의 크기를 구하시오.

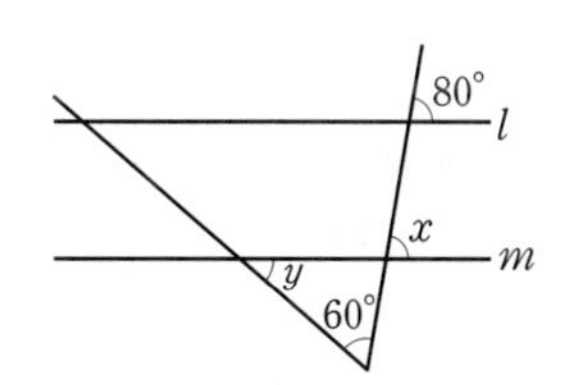

4 다음 그림에서 $l /\!/ m$일 때, $\angle x$의 크기를 구하시오.

(1)
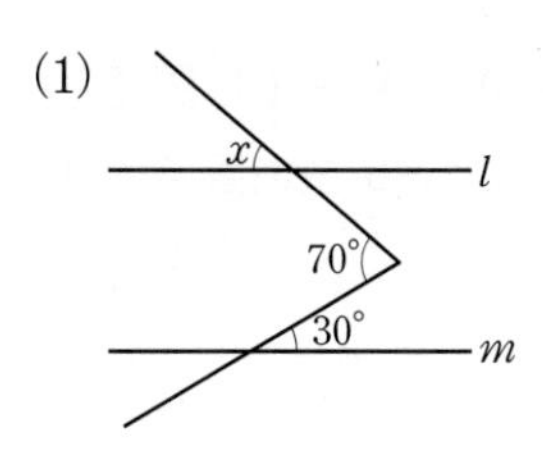

(2)
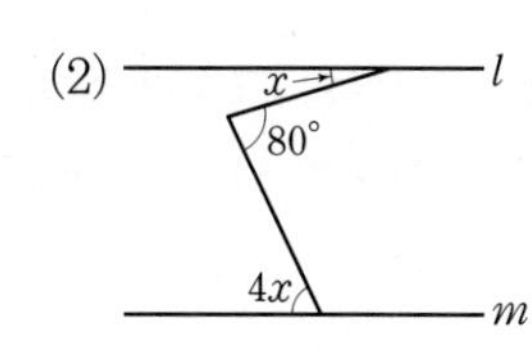

5 다음 그림에서 $l /\!/ m$일 때, $\angle x$의 크기를 구하시오.

(1)

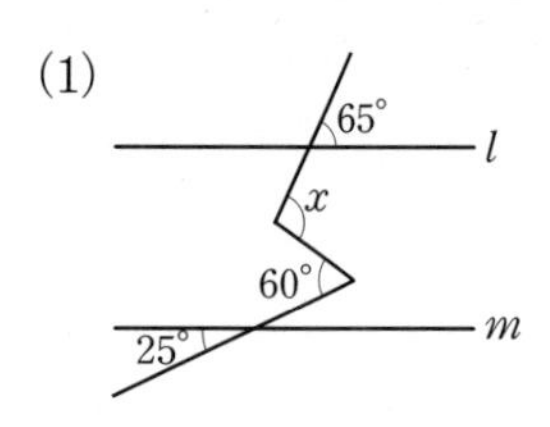

(2)

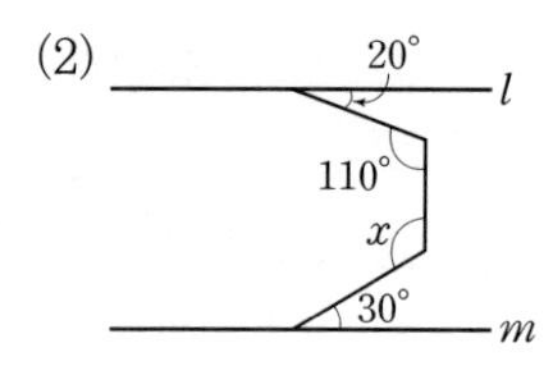

6 다음 보기 중 두 직선 l, m이 평행한 것을 모두 고르시오.

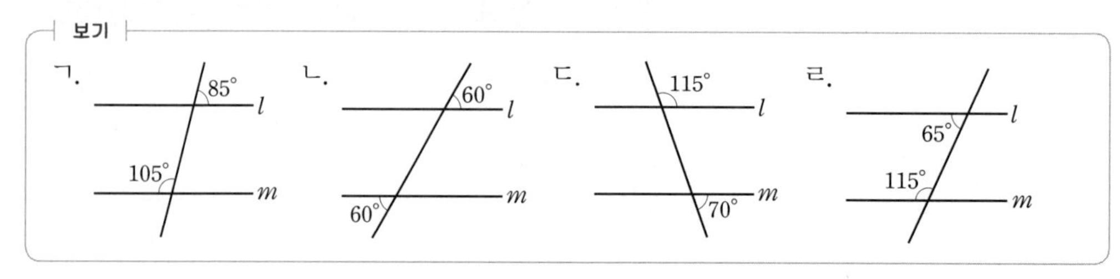

• 종이를 접었을 때, 각의 크기 구하기
직사각형 모양의 종이를 접으면
① 접은 각의 크기가 같다.
② 엇각의 크기가 같다.

7 오른쪽 그림과 같이 직사각형 모양의 종이를 $\overline{BC}$를 접는 선으로 하여 접었다. $\angle CBD=50°$일 때, 다음 물음에 답하시오.

(1) $\angle CBD$와 크기가 같은 각을 모두 구하시오.

(2) $\angle x$의 크기를 구하시오.

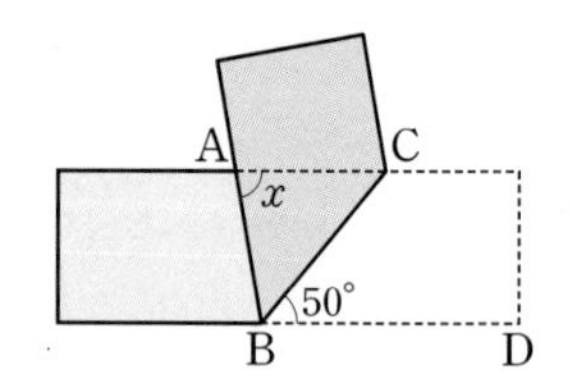

8 오른쪽 그림과 같이 직사각형 모양의 종이테이프를 $\overline{EG}$를 접는 선으로 하여 접었다. $\angle FEG=35°$일 때, $\angle x$의 크기를 구하시오.

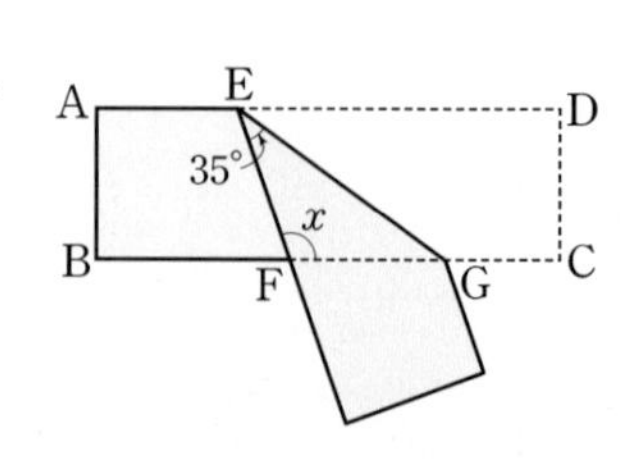

• 정답과 해설 19쪽

중요

●○○

1 오른쪽 그림의 육각뿔에서 교점의 개수를 a개, 교선의 개수를 b개라고 할 때, $a+b$의 값을 구하시오.

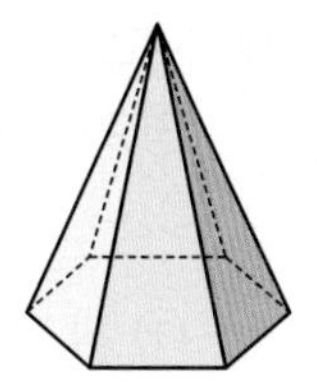

●●○

2 오른쪽 그림과 같이 직선 l 위에 네 점 A, B, C, D가 있을 때, 다음 중 옳지 않은 것은?

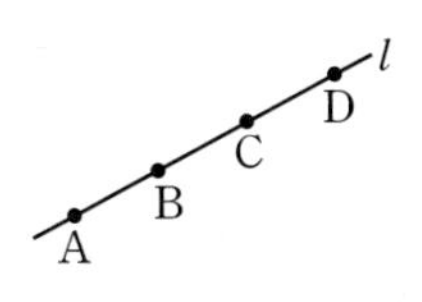

① $\overleftrightarrow{AB}=\overleftrightarrow{AD}$　② $\overrightarrow{AC}=\overrightarrow{AD}$
③ $\overrightarrow{BC}=\overrightarrow{BD}$　④ $\overrightarrow{CB}=\overrightarrow{CD}$
⑤ $\overline{BD}=\overline{DB}$

●●○

3 오른쪽 그림과 같이 원 위에 5개의 점 A, B, C, D, E가 있을 때, 이 중 두 점을 지나는 서로 다른 직선의 개수는?

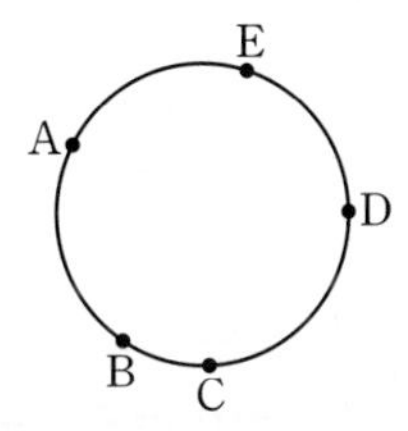
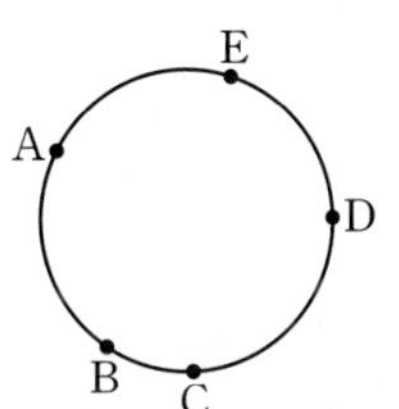

① 5개　② 10개
③ 12개　④ 20개
⑤ 25개

●●○

4 다음 그림에서 $\overline{AB}$, $\overline{BC}$의 중점을 각각 M, N이라 하고, $\overline{MN}$의 중점을 P라고 하자. $\overline{AB}=20\,\text{cm}$, $\overline{BC}=12\,\text{cm}$일 때, $\overline{PB}$의 길이를 구하시오.

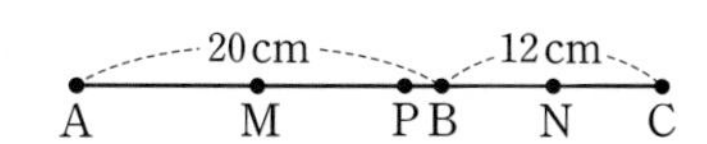

●○○

5 오른쪽 그림에서 x의 값은?

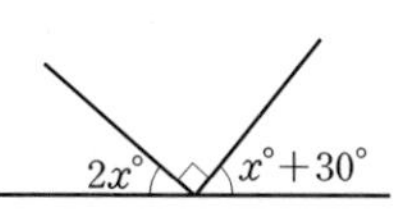

① 10　② 15
③ 20　④ 25
⑤ 30

●●○

6 오른쪽 그림에서 $\angle x : \angle y : \angle z = 2 : 3 : 4$일 때, $\angle y$의 크기를 구하시오.

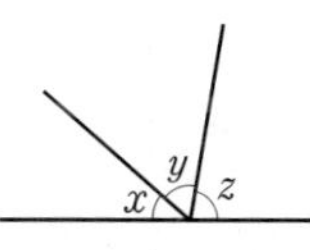

●●○

7 오른쪽 그림과 같이 세 직선이 한 점 O에서 만날 때 생기는 맞꼭지각은 모두 몇 쌍인가?

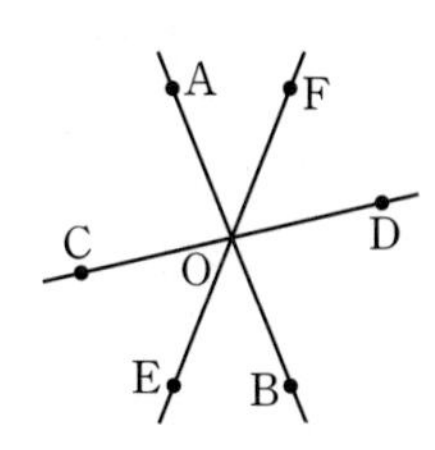

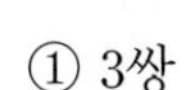

① 3쌍　② 4쌍
③ 5쌍　④ 6쌍
⑤ 7쌍

8 오른쪽 그림에서 x의 값은?

① 20 ② 24
③ 28 ④ 32
⑤ 36

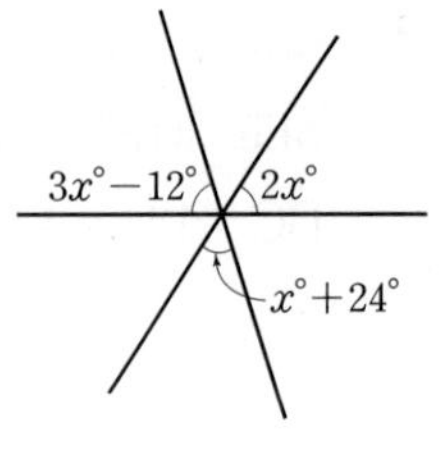

9 오른쪽 그림에서 $x-y$의 값을 구하시오.

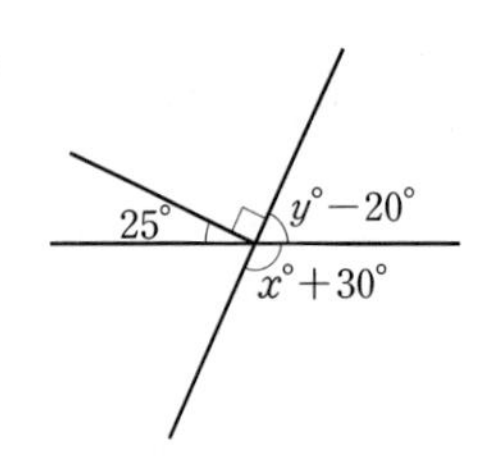

10 오른쪽 그림의 직사각형에 대한 설명으로 옳은 것을 다음 보기에서 모두 고르시오.

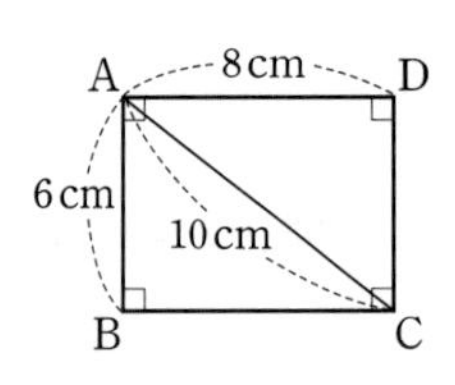

보기

ㄱ. $\overline{AB}\perp\overline{AD}$이다.
ㄴ. $\overline{CD}$와 직교하는 선분은 $\overline{AD}$, $\overline{BC}$이다.
ㄷ. 점 C에서 $\overline{AB}$에 내린 수선의 발은 점 A이다.
ㄹ. 점 C와 $\overline{AB}$ 사이의 거리는 10 cm이다.
ㅁ. 점 D와 $\overline{BC}$ 사이의 거리는 6 cm이다.

11 다음 중 오른쪽 그림에 대한 설명으로 옳은 것을 모두 고르면? (정답 2개)

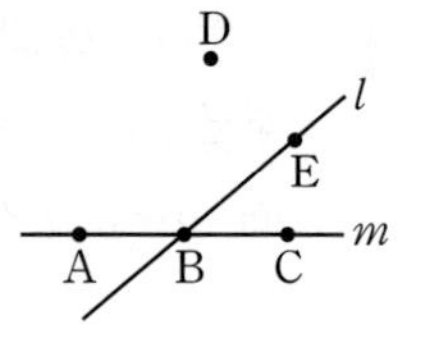

① 점 A는 직선 l 위에 있다.
② 직선 l은 점 E를 지난다.
③ 직선 m은 점 B를 지나지 않는다.
④ 두 점 B, E는 같은 직선 위에 있다.
⑤ 점 C는 두 직선 l, m 중 어느 직선 위에도 있지 않다.

12 오른쪽 그림의 직육면체에서 모서리 CG와는 평행하고 선분 BD와는 꼬인 위치에 있는 모서리는?

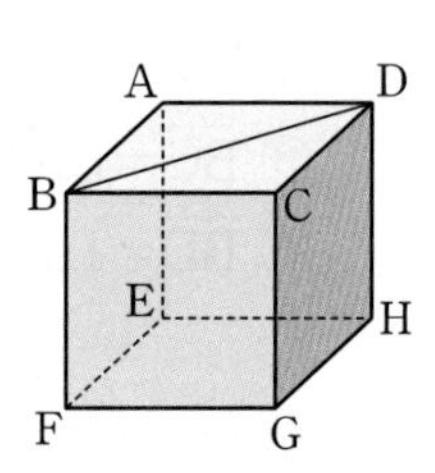

① $\overline{AD}$ ② $\overline{AE}$
③ $\overline{BF}$ ④ $\overline{EF}$
⑤ $\overline{EH}$

13 오른쪽 그림과 같이 밑면이 정육각형인 육각기둥에서 면 ABCDEF와 평행한 모서리의 개수를 x개, $\overline{AB}$와 평행한 모서리의 개수를 y개라고 할 때, $x+y$의 값을 구하시오.

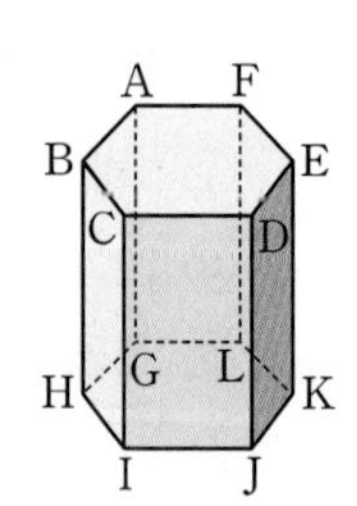

●●○
14 다음 중 공간에서 위치 관계에 대한 설명으로 옳은 것은?

① 한 직선에 평행한 서로 다른 두 직선은 수직이다.
② 한 직선에 수직인 서로 다른 두 직선은 평행하다.
③ 한 평면에 평행한 서로 다른 두 직선은 평행하다.
④ 한 평면에 수직인 서로 다른 두 직선은 평행하다.
⑤ 서로 만나지 않는 두 직선은 항상 평행하다.

●●●
15 오른쪽 그림은 직육면체를 세 꼭짓점 A, B, E를 지나는 평면으로 잘라서 만든 입체도형이다. 다음 중 옳지 않은 것은?

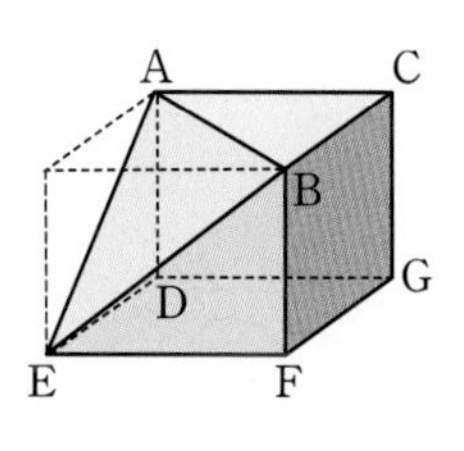

① 모서리 BE와 면 ADGC는 평행하다.
② 면 ABC와 면 BFGC는 수직이다.
③ 면 ABC와 면 DEFG는 평행하다.
④ 모서리 AB와 한 점에서 만나는 면은 5개이다.
⑤ 모서리 BE와 꼬인 위치에 있는 모서리는 5개이다.

●●○
16 오른쪽 그림의 전개도로 정육면체를 만들 때, 면 B와 수직인 면을 모두 구하시오.

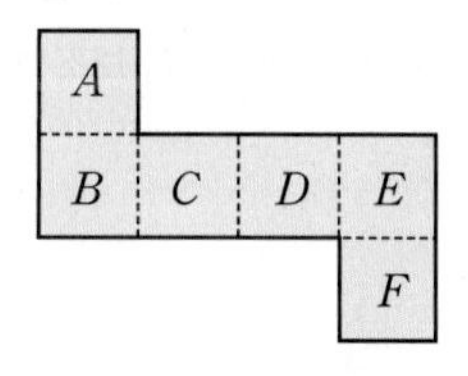

●●○
17 오른쪽 그림과 같이 세 직선이 만날 때, 다음 중 항상 옳은 것을 모두 고르면? (정답 2개)

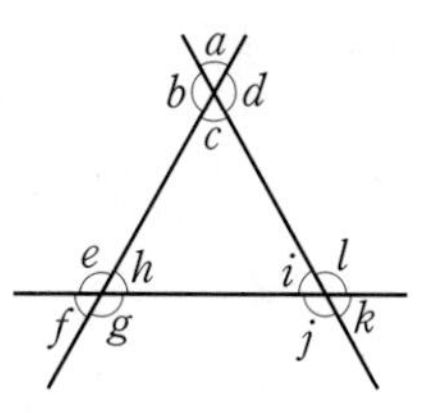

① $\angle a$와 $\angle h$는 동위각이다.
② $\angle b$와 $\angle f$는 동위각이다.
③ $\angle c$와 $\angle e$는 엇각이다.
④ $\angle d$와 $\angle l$은 엇각이다.
⑤ $\angle d$의 크기와 $\angle j$의 크기는 같다.

●●○
18 오른쪽 그림에서 $l /\!/ m$일 때, $\angle x$의 크기는?

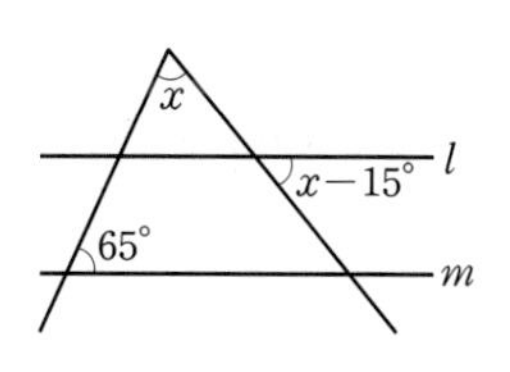

① $50°$ ② $55°$
③ $60°$ ④ $65°$
⑤ $70°$

●●○
19 오른쪽 그림에서 $l /\!/ m$일 때, $\angle x$의 크기를 구하시오.

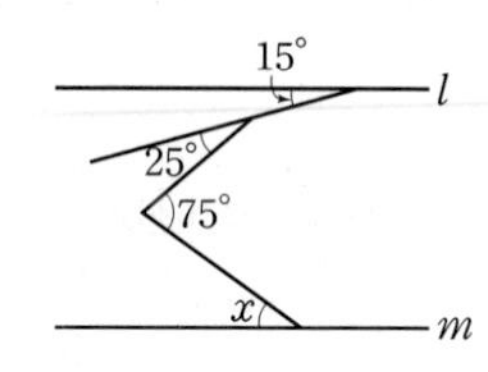

STEP 3

쓱쓱 서술형 완성하기

유제를 따라 풀어 보고, 실전 문제로 연습해 보세요.

따라 해보자

예제 1 다음 그림에서 $\overline{AB}=16\,\text{cm}$이고 두 점 M, N은 각각 $\overline{AC}$, $\overline{BC}$의 중점일 때, $\overline{MN}$의 길이를 구하시오.

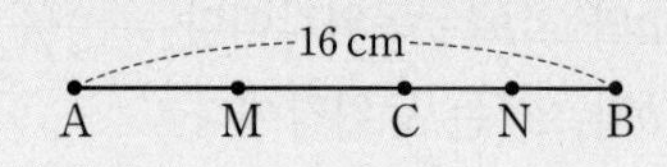

풀이 과정

1단계 $\overline{MC}$, $\overline{CN}$의 길이를 각각 $\overline{AC}$, $\overline{BC}$를 사용하여 나타내기

점 M이 $\overline{AC}$의 중점이므로 $\overline{MC}=\frac{1}{2}\overline{AC}$

점 N이 $\overline{BC}$의 중점이므로 $\overline{CN}=\frac{1}{2}\overline{BC}$

2단계 $\overline{MN}$의 길이 구하기

$\overline{MN}=\overline{MC}+\overline{CN}=\frac{1}{2}\overline{AC}+\frac{1}{2}\overline{BC}=\frac{1}{2}(\overline{AC}+\overline{BC})$

$=\frac{1}{2}\overline{AB}=\frac{1}{2}\times16=8(\text{cm})$

답 **8 cm**

유제 1 다음 그림에서 두 점 M, N은 각각 $\overline{AB}$, $\overline{BC}$의 중점이고 $\overline{MN}=12\,\text{cm}$일 때, $\overline{AC}$의 길이를 구하시오.

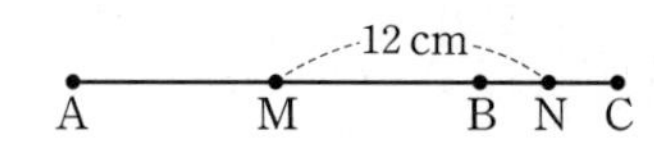

풀이 과정

1단계 $\overline{AB}$, $\overline{BC}$의 길이를 각각 $\overline{MB}$, $\overline{BN}$을 사용하여 나타내기

2단계 $\overline{AC}$의 길이 구하기

답

예제 2 오른쪽 그림에서 $l\,/\!/\,m$일 때, $\angle x$의 크기를 구하시오.

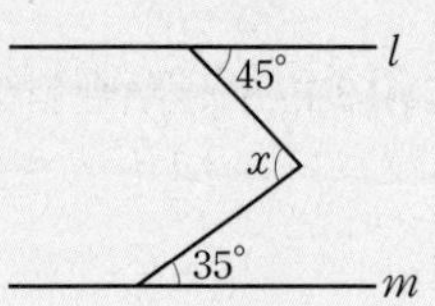

풀이 과정

1단계 보조선 긋기

오른쪽 그림과 같이 두 직선 l, m에 평행한 직선 n을 긋자.

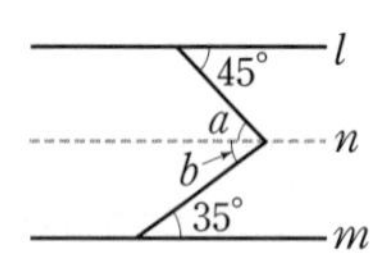

2단계 꺾인 선과 보조선이 이루는 각의 크기 구하기

$l\,/\!/\,n$이므로 $\angle a=45°$(엇각)

$n\,/\!/\,m$이므로 $\angle b=35°$(엇각)

3단계 $\angle x$의 크기 구하기

$\angle x=\angle a+\angle b$

$=45°+35°=80°$

답 **80°**

유제 2 오른쪽 그림에서 $l\,/\!/\,m$일 때, $\angle x$의 크기를 구하시오.

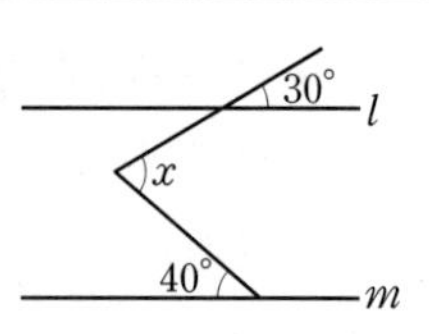

풀이 과정

1단계 보조선 긋기

2단계 꺾인 선과 보조선이 이루는 각의 크기 구하기

3단계 $\angle x$의 크기 구하기

답

연습해 보자

▶ 모든 문제는 풀이 과정을 자세히 서술한 후 답을 쓰세요.

1 오른쪽 그림과 같이 직선 l 위에 세 점 A, B, C가 있고 직선 l 밖에 한 점 P가 있다. 이 네 점 중 두 점을 이어서 만들 수 있는 서로 다른 직선, 반직선, 선분의 개수를 차례로 구하시오.

풀이 과정

답

2 오른쪽 그림에서 $\overline{AE}\perp\overline{DO}$ 이고 $\angle AOB=2\angle BOC$, $\angle COE=4\angle COD$일 때, $\angle BOD$의 크기를 구하시오.

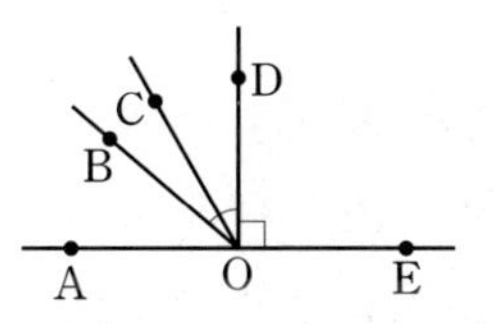

풀이 과정

답

3 오른쪽 그림의 전개도로 만들어지는 입체도형에서 다음을 모두 구하시오.

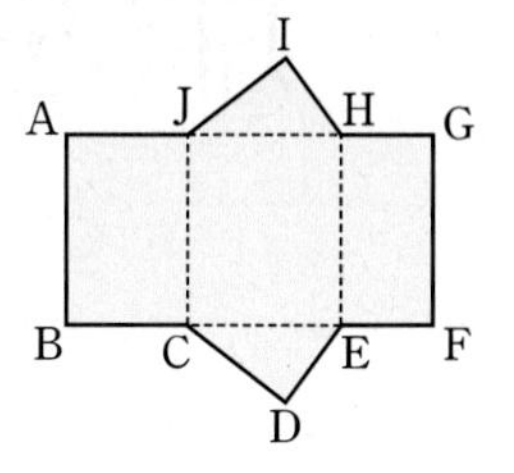

(1) $\overline{AB}$와 꼬인 위치에 있는 모서리

(2) 면 ABCJ와 수직인 면의 개수

풀이 과정

(1)

(2)

답 (1) (2)

4 오른쪽 그림과 같이 직사각형 모양의 종이를 $\overline{GF}$를 접는 선으로 하여 접었다. $\angle EGF=66°$일 때, $\angle x$의 크기를 구하시오.

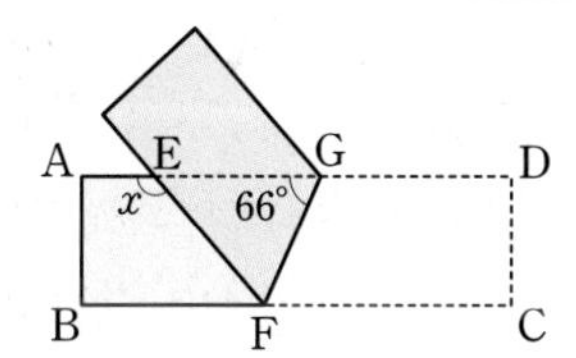

풀이 과정

답

정답과 해설 21쪽

제주도의 옛 민가에서 볼 수 있는 평행선

제주도의 옛 민가에는 대문이 없는 경우가 많았는데, 이는 많은 바람과 잦은 태풍으로 인해 풍압이 심해지는 것을 막기 위함이었다고 한다. 이때 소나 말과 같은 가축들이 집에 들어오지 못하도록 대문 대신에 정낭이라고 불리는 둥글고 긴 나무를 평행하게 걸쳐 두었다.

제주도의 재미있는 생활 풍속 중 하나는 다음과 같이 정낭이 걸쳐 있는 개수에 따라 집 안에 사람이 있는지, 만약 없다면 언제쯤 돌아오는지를 알 수 있게 했다는 것이다.

- 정낭이 하나도 걸쳐 있지 않으면 집 안에 사람이 있다는 의미이다.
- 정낭이 하나만 걸쳐 있으면 집 안에 사람이 없으나 금방 돌아온다는 의미이다.
- 정낭이 두 개 걸쳐 있으면 집 안에 사람이 없으나 저녁때쯤 돌아온다는 의미이다.
- 정낭이 세 개 모두 걸쳐 있으면 집에서 먼 곳으로 나가 오랫동안 집을 비운다는 의미이다.

기출문제는 이렇게!

오른쪽 그림과 같이 직선 모양의 세 정낭 l, m, n 중 두 정낭 l, m을 평행하게 걸쳐 놓았다. 이때 $x+y$의 값을 구하시오.

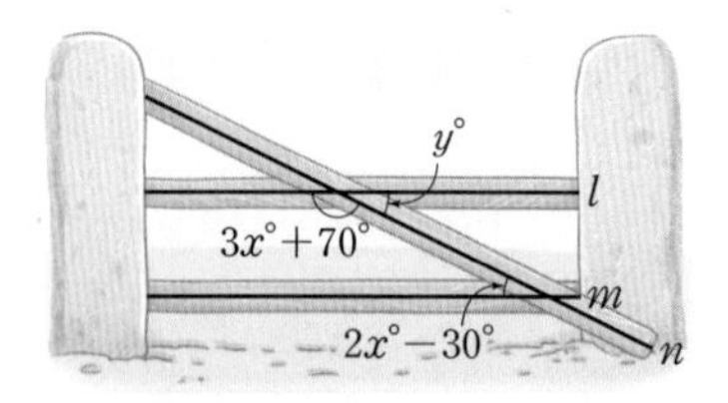

마인드 MAP

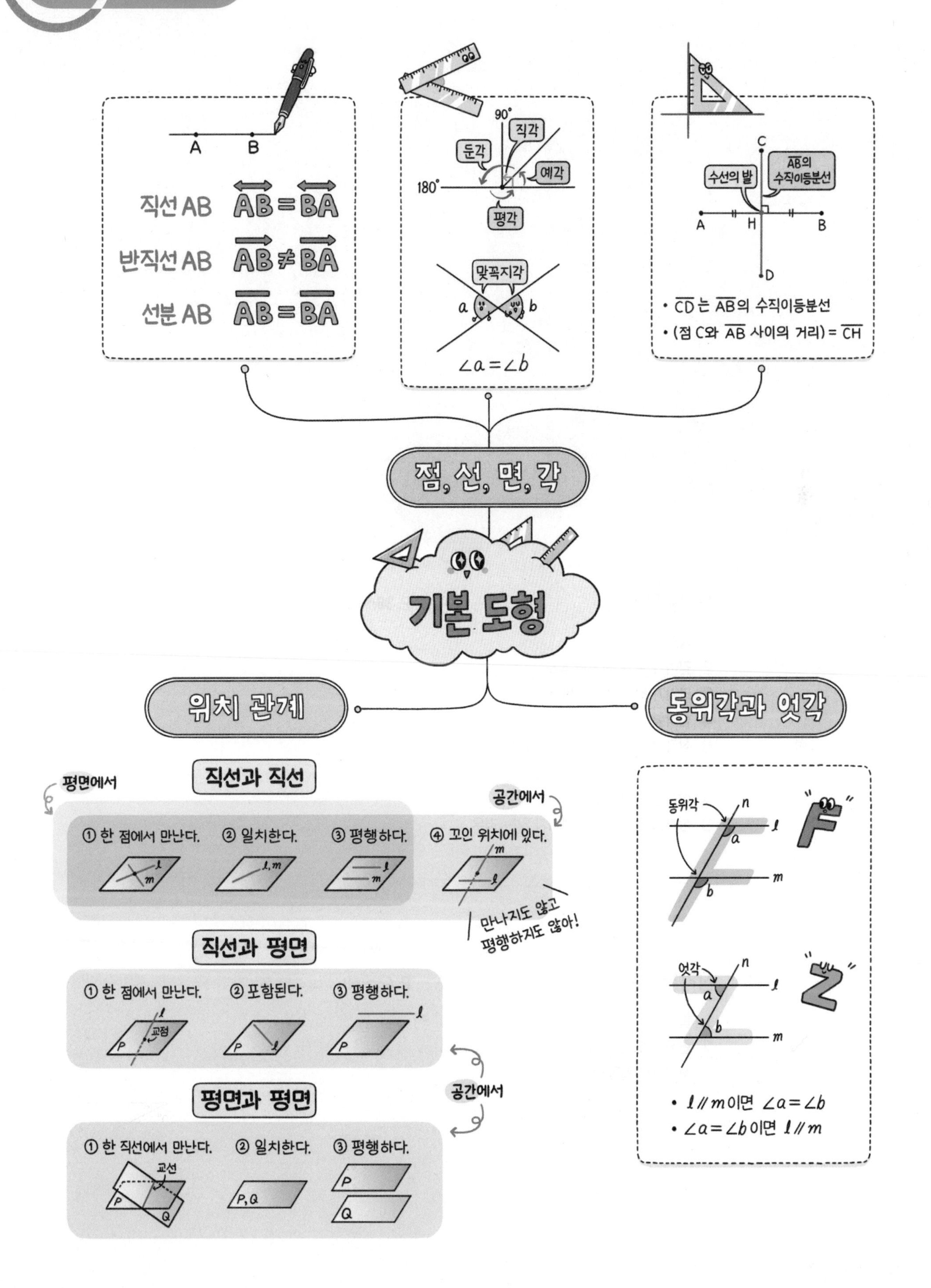

A
B
직선 AB
$\overleftrightarrow{AB}=\overleftrightarrow{BA}$
반직선 AB
$\overrightarrow{AB}\neq\overrightarrow{BA}$
선분 AB
$\overline{AB}=\overline{BA}$
90°
직각
둔각
180°
예각
평각
맞꼭지각
a
b
∠a=∠b
C
수선의 발
$\overline{AB}$의 수직이등분선
A
H
B
D
• $\overline{CD}$는 $\overline{AB}$의 수직이등분선
• (점 C와 $\overline{AB}$ 사이의 거리) = $\overline{CH}$
점, 선, 면, 각
기본 도형
위치 관계
동위각과 엇각
직선과 직선
평면에서
공간에서
① 한 점에서 만난다.
② 일치한다.
③ 평행하다.
④ 꼬인 위치에 있다.
만나지도 않고 평행하지도 않아!
직선과 평면
① 한 점에서 만난다.
교점
② 포함된다.
③ 평행하다.
공간에서
평면과 평면
① 한 직선에서 만난다.
교선
② 일치한다.
③ 평행하다.
동위각
엇각
• $l /\!/ m$이면 ∠a=∠b
• ∠a=∠b이면 $l /\!/ m$

2 작도와 합동

1 삼각형의 작도

P. 38~45

1 작도
2 길이가 같은 선분의 작도
3 크기가 같은 각의 작도
4 삼각형
5 삼각형의 세 변의 길이 사이의 관계
6 삼각형의 작도
7 삼각형이 하나로 정해지는 경우
8 삼각형이 하나로 정해지지 않는 경우

2 삼각형의 합동

P. 46~48

1 합동
2 합동인 도형의 성질
3 삼각형의 합동 조건

이전에 배운 내용

초3~4
- 삼각형

초5~6
- 합동과 대칭

이번에 배울 내용

1 삼각형의 작도
2 삼각형의 합동

이후에 배울 내용

중2
- 피타고라스 정리
- 도형의 닮음

중3
- 삼각비

준비 학습

초5~6 합동
모양과 크기가 같아서 포개었을 때 완전히 겹치는 두 도형을 서로 합동이라고 한다.

1 오른쪽 그림의 두 사각형이 서로 합동일 때, 다음을 구하시오.

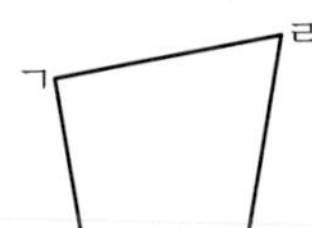

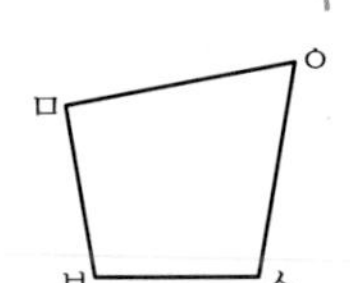

(1) 점 ㄱ의 대응점

(2) 변 ㄴㄷ의 대응변

(3) 각 ㄱㄹㄷ의 대응각

초5~6 선대칭도형
한 직선을 따라 접었을 때 완전히 겹치는 도형

2 오른쪽 그림의 삼각형 ㄱㄴㄷ은 선분 ㄱㄹ을 대칭축으로 하는 선대칭도형이다. (가), (나)에 알맞은 수를 구하시오.

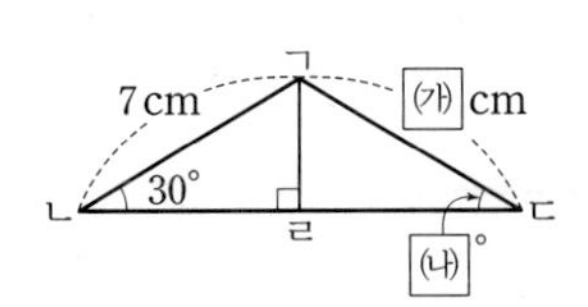

정답 1. (1) 점 ㅁ (2) 변 ㅂㅅ (3) 각 ㅁㅇㅅ 2. (가) 7 (나) 30

삼각형의 작도

• 정답과 해설 22쪽

1 작도

눈금 없는 자와 컴퍼스만을 사용하여 도형을 그리는 것

(1) **눈금 없는 자:** 두 점을 지나는 선분을 그리거나 선분을 연장할 때 사용

(2) **컴퍼스:** 원을 그리거나 주어진 선분의 길이를 재어서 다른 곳으로 옮길 때 사용

2 길이가 같은 선분의 작도

선분 AB와 길이가 같은 선분 CD의 작도

❶ 직선을 긋고, 그 직선 위에 점 C 잡기

❷ $\overline{AB}$의 길이 재기

❸ 점 C를 중심으로 반지름의 길이가 $\overline{AB}$인 원 그리기

용어

작도 (作 그리다, 圖 도형)
도형을 그리는 것

필수 문제 1
길이가 같은 선분의 작도

다음은 선분 XY와 길이가 같은 선분 PQ를 작도하는 과정이다. 작도 순서를 바르게 나열하시오.

㉠ 컴퍼스를 사용하여 선분 XY의 길이를 잰다.
㉡ 눈금 없는 자를 사용하여 직선 l을 긋고, 그 위에 점 P를 잡는다.
㉢ 점 P를 중심으로 반지름의 길이가 $\overline{XY}$인 원을 그려 직선 l과의 교점을 Q라고 한다.

1-1 다음 그림과 같이 직선 l 위에 $\overline{AC}=2\overline{AB}$가 되도록 선분 AC를 작도할 때 사용하는 도구는?

① 컴퍼스　② 각도기　③ 삼각자
④ 눈금 있는 자　⑤ 눈금 없는 자

3 크기가 같은 각의 작도

$\angle XOY$와 크기가 같은 $\angle DPC$의 작도

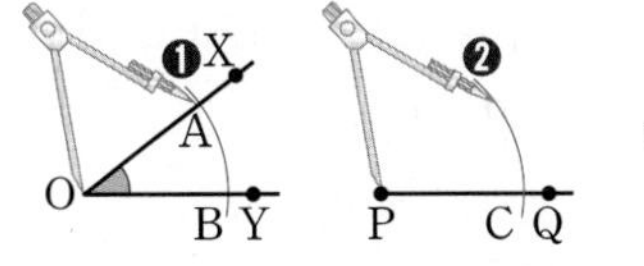

❶ 점 O를 중심으로 적당한 크기의 원을 그려 $\overrightarrow{OX}$, $\overrightarrow{OY}$와의 교점을 각각 A, B로 놓기

❷ 점 P를 중심으로 반지름의 길이가 $\overline{OA}$인 원을 그려 $\overrightarrow{PQ}$와의 교점을 C로 놓기

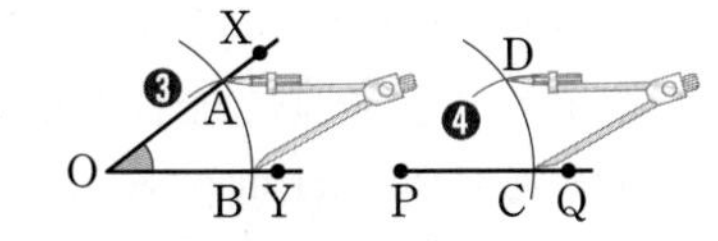

❸ $\overline{AB}$의 길이 재기

❹ 점 C를 중심으로 반지름의 길이가 $\overline{AB}$인 원을 그려 ❷의 원과의 교점을 D로 놓기

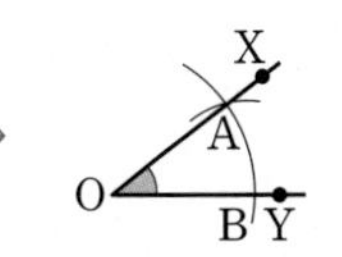

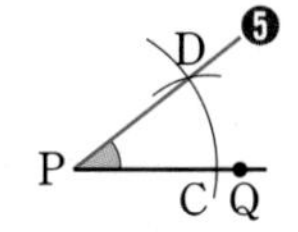

❺ 두 점 P, D를 지나는 $\overrightarrow{PD}$ 긋기

참고 크기가 같은 각의 작도를 이용하면 평행선을 작도할 수 있다.

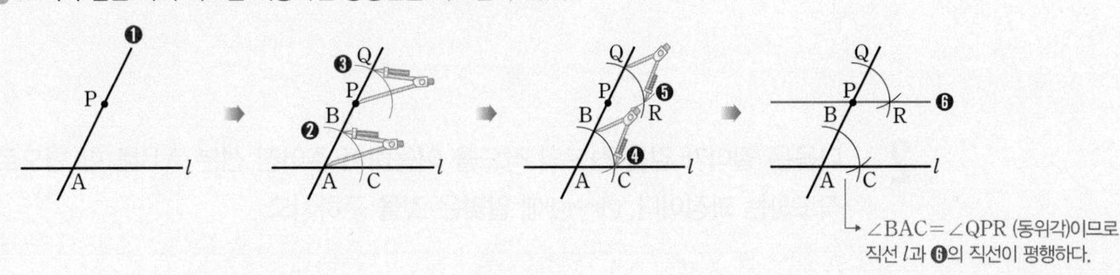

→ $\angle BAC = \angle QPR$ (동위각)이므로 직선 l과 ❻의 직선이 평행하다.

필수 문제 2

크기가 같은 각의 작도

오른쪽 그림에서 ㉠~㉤은 $\angle AOB$와 크기가 같고 $\overrightarrow{CD}$를 한 변으로 하는 각을 작도하는 과정을 나타낸 것이다. 작도 순서를 바르게 나열하시오.

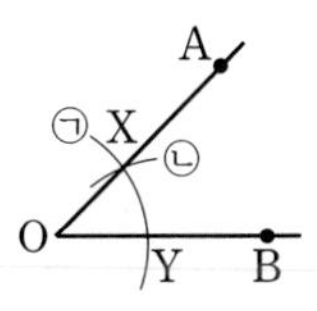

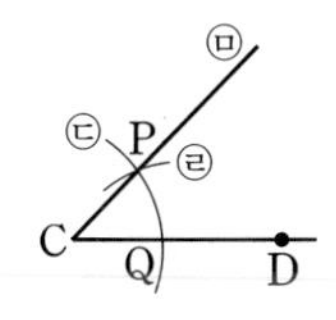

2-1 오른쪽 그림은 $\angle XOY$와 크기가 같고 $\overrightarrow{PQ}$를 한 변으로 하는 각을 작도한 것이다. 다음 중 옳지 <u>않은</u> 것을 모두 고르면? (정답 2개)

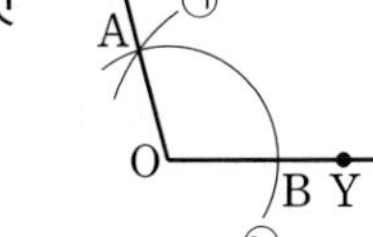

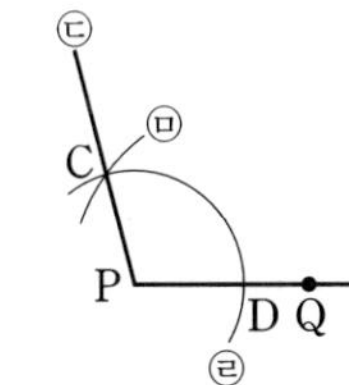

① 작도 순서는 ㉡ → ㉠ → ㉣ → ㉤ → ㉢이다.

② $\overline{OA} = \overline{OB}$　　③ $\overline{OA} = \overline{PC}$

④ $\overline{OB} = \overline{AB}$　　⑤ $\angle AOB = \angle CPD$

2-2 오른쪽 그림은 크기가 같은 각의 작도를 이용하여 직선 l 밖의 한 점 P를 지나고 직선 l과 평행한 직선을 작도한 것이다. 다음 □ 안에 알맞은 것을 쓰시오.

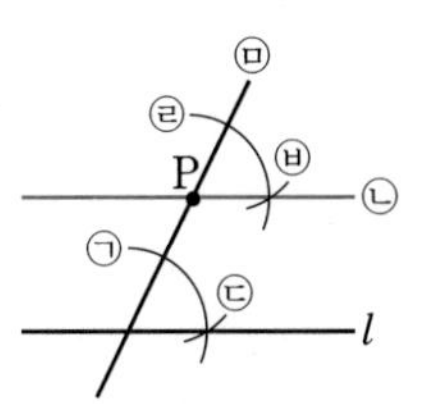

(1) 작도 순서는 ㉤ → ㉠ → □ → □ → □ → ㉡이다.

(2) 작도에 이용한 평행선의 성질을 말하시오.

쏙쏙 개념 익히기

1 다음 중 작도에 대한 설명으로 옳지 않은 것은?

① 눈금 없는 자와 컴퍼스만을 사용하여 도형을 그리는 것을 작도라고 한다.
② 두 선분의 길이를 비교할 때는 눈금 없는 자를 사용한다.
③ 두 점을 지나는 직선을 그릴 때는 눈금 없는 자를 사용한다.
④ 주어진 선분의 길이를 다른 직선 위로 옮길 때는 컴퍼스를 사용한다.
⑤ 원을 그릴 때는 컴퍼스를 사용한다.

2 다음은 길이가 같은 선분의 작도를 이용하여 주어진 선분 AB를 한 변으로 하는 정삼각형을 작도하는 과정이다. (가)~(다)에 알맞은 것을 구하시오.

❶ 두 점 A, B를 중심으로 반지름의 길이가 [(가)]인 원을 각각 그려 두 원의 교점을 C라고 한다.

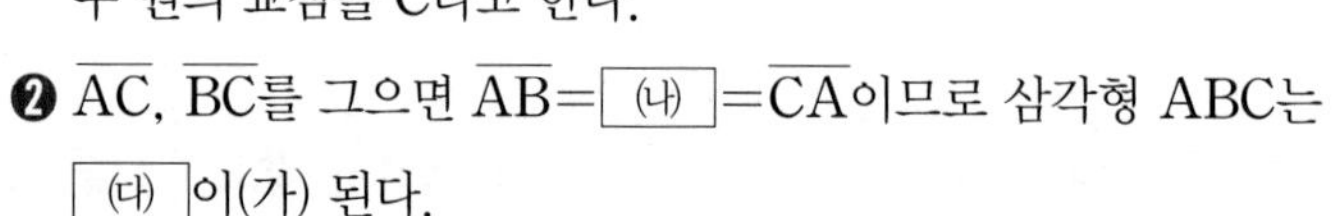

❷ $\overline{AC}$, $\overline{BC}$를 그으면 $\overline{AB}=$[(나)]$=\overline{CA}$이므로 삼각형 ABC는 [(다)]이(가) 된다.

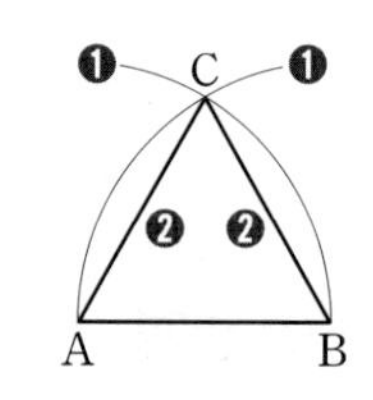

3 오른쪽 그림은 ∠AOB와 크기가 같고 $\overrightarrow{PQ}$를 한 변으로 하는 각을 작도한 것이다. 다음 중 $\overline{OX}$와 길이가 같은 선분이 아닌 것을 모두 고르면? (정답 2개)

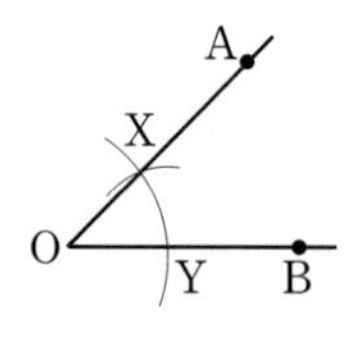

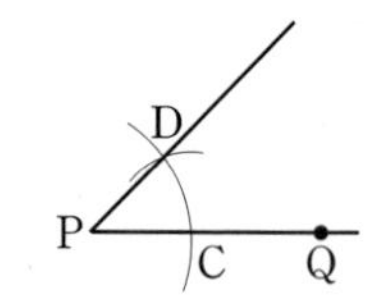

① $\overline{OY}$　② $\overline{XY}$　③ $\overline{PC}$
④ $\overline{PD}$　⑤ $\overline{CD}$

4 오른쪽 그림은 직선 l 밖의 한 점 P를 지나고 직선 l과 평행한 직선을 작도한 것이다. 다음 중 옳지 않은 것은?

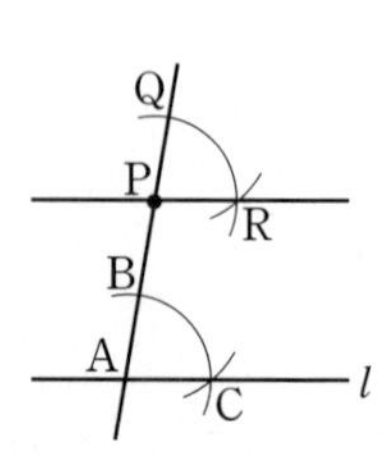

① $l /\!/ \overleftrightarrow{PR}$　② $\overline{AC}=\overline{PQ}$　③ $\overline{BC}=\overline{QR}$
④ $\overline{PQ}=\overline{QR}$　⑤ ∠BAC=∠QPR

4 삼각형

(1) 삼각형 ABC: 세 선분 AB, BC, CA로 이루어진 도형

기호 $\triangle ABC$

(2) **대변**: 한 각과 마주 보는 변

예 $\angle A$의 대변: $\overline{BC}$, $\angle B$의 대변: $\overline{AC}$, $\angle C$의 대변: $\overline{AB}$

(3) **대각**: 한 변과 마주 보는 각

예 $\overline{BC}$의 대각: $\angle A$, $\overline{AC}$의 대각: $\angle B$, $\overline{AB}$의 대각: $\angle C$

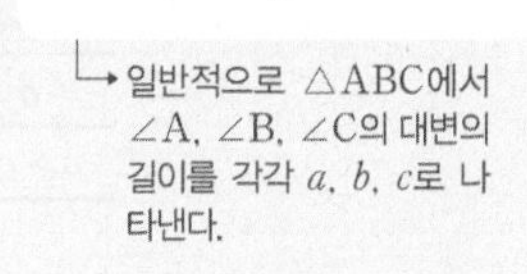

└→ 일반적으로 $\triangle ABC$에서 $\angle A$, $\angle B$, $\angle C$의 대변의 길이를 각각 a, b, c로 나타낸다.

5 삼각형의 세 변의 길이 사이의 관계 → 삼각형이 될 수 있는 조건

삼각형에서 한 변의 길이는 나머지 두 변의 길이의 합보다 작다.

➡ (가장 긴 변의 길이)<(나머지 두 변의 길이의 합)

개념 확인 오른쪽 그림의 삼각형 ABC에 대하여 다음 표의 빈칸을 알맞게 채우시오.

대변	대각
(1) $\angle A$의 대변:	(4) $\overline{AB}$의 대각:
(2) $\angle B$의 대변:	(5) $\overline{BC}$의 대각:
(3) $\angle C$의 대변:	(6) $\overline{AC}$의 대각:

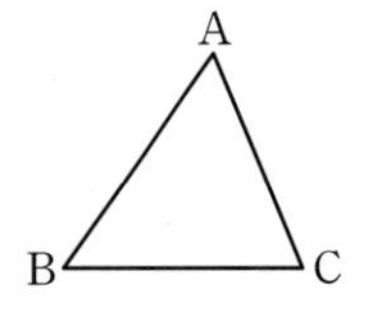

용어
- **대변**(對 마주하다, 邊 변) 마주 보는 변
- **대각**(對 마주하다, 角 각) 마주 보는 각

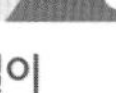

필수 문제 3 삼각형의 세 변의 길이 사이의 관계

다음 중 삼각형의 세 변의 길이가 될 수 <u>없는</u> 것은?

① 2, 5, 6　② 3, 6, 7　③ 4, 5, 9
④ 6, 8, 10　⑤ 7, 15, 17

3-1 삼각형의 세 변의 길이가 5 cm, 11 cm, a cm일 때, 다음 중 a의 값이 될 수 있는 것은?

① 4　② 5　③ 6
④ 9　⑤ 17

6 삼각형의 작도

다음의 각 경우에 삼각형을 하나로 작도할 수 있다.

(1) 세 변의 길이가 주어질 때

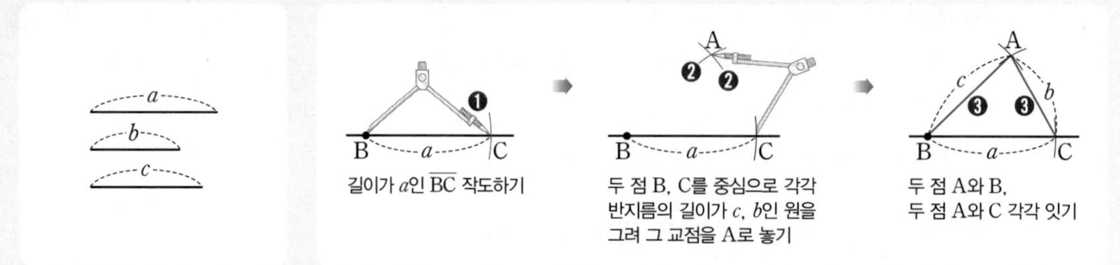

(2) 두 변의 길이와 그 끼인각의 크기가 주어질 때

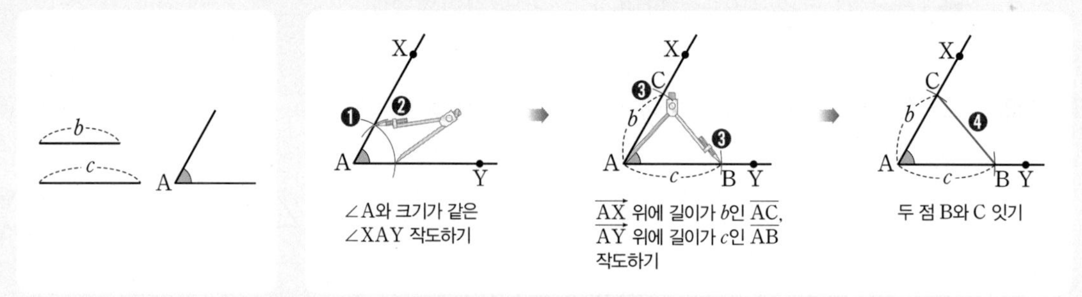

(3) 한 변의 길이와 그 양 끝 각의 크기가 주어질 때

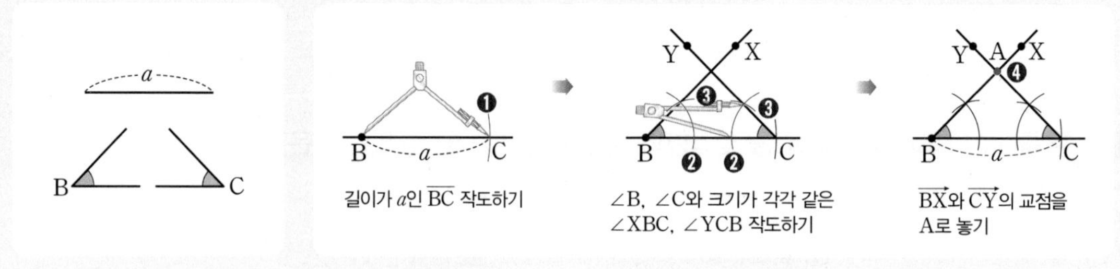

필수 문제 4

삼각형의 작도

오른쪽 그림에서 ㉠~㉢은 세 변의 길이 a, b, c가 주어질 때 길이가 a인 변 BC가 직선 l 위에 있도록 △ABC를 작도하는 과정을 나타낸 것이다. 작도 순서를 바르게 나열하시오.

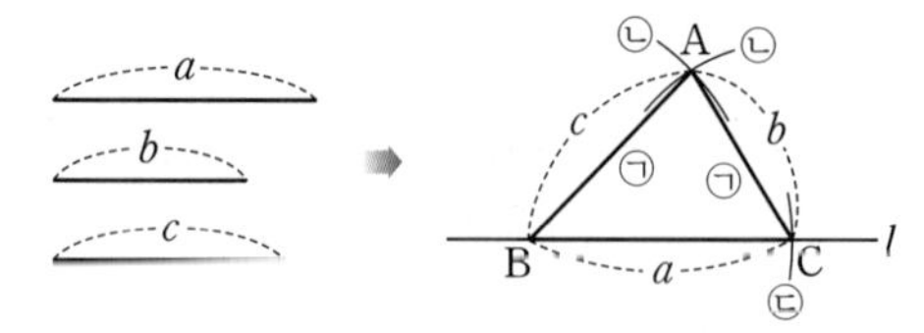

4-1 오른쪽 그림과 같이 한 변의 길이와 그 양 끝 각의 크기가 주어졌을 때, 다음 중 △ABC를 작도하는 순서로 옳지 <u>않은</u> 것은?

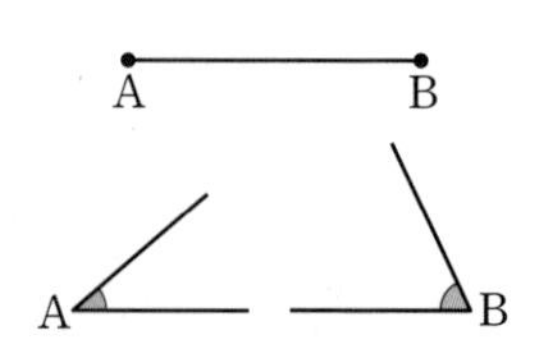

① $\overline{AB} \rightarrow \angle A \rightarrow \angle B$ ② $\overline{AB} \rightarrow \angle B \rightarrow \angle A$
③ $\angle A \rightarrow \overline{AB} \rightarrow \angle B$ ④ $\angle B \rightarrow \overline{AB} \rightarrow \angle A$
⑤ $\angle A \rightarrow \angle B \rightarrow \overline{AB}$

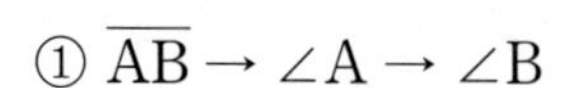

7 삼각형이 하나로 정해지는 경우

(1) 세 변의 길이가 주어질 때

(2) 두 변의 길이와 그 끼인각의 크기가 주어질 때

(3) 한 변의 길이와 그 양 끝 각의 크기가 주어질 때

8 삼각형이 하나로 정해지지 않는 경우

(1) 가장 긴 변의 길이가 나머지 두 변의 길이의 합보다 크거나 같은 경우

➡ 삼각형이 그려지지 않는다.

예 $\overline{AB}=4\,cm$, $\overline{BC}=2\,cm$, $\overline{CA}=1\,cm$ 또는 $\overline{AB}=4\,cm$, $\overline{BC}=3\,cm$, $\overline{CA}=1\,cm$인 $\triangle ABC$는 오른쪽 그림과 같이 그려지지 않는다.

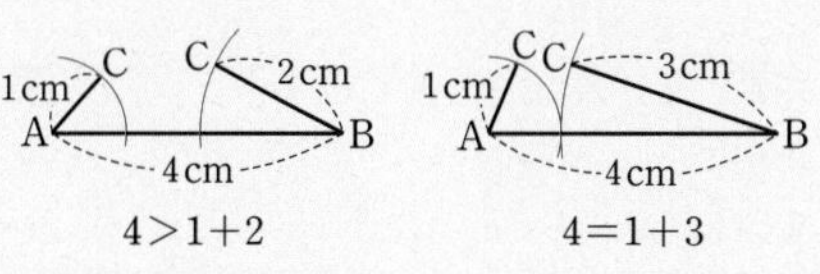

(2) 두 변의 길이와 그 끼인각이 아닌 다른 한 각의 크기가 주어진 경우

➡ 삼각형이 그려지지 않거나, 1개 또는 2개가 그려진다.

예 $\overline{AB}=5\,cm$, $\overline{BC}=4\,cm$, $\angle A=50°$인 $\triangle ABC$는 오른쪽 그림과 같이 2개가 그려진다.

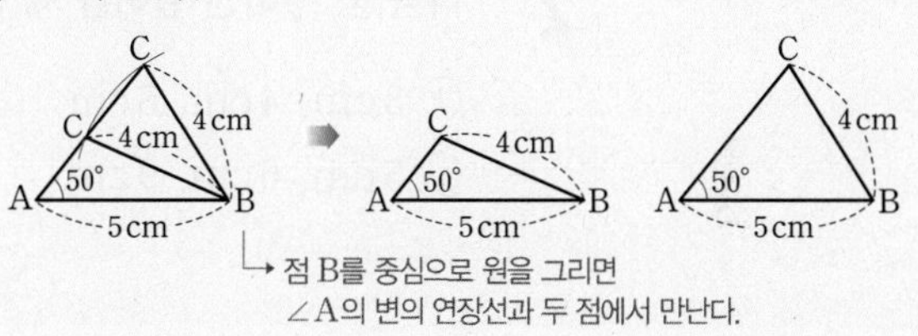

(3) 세 각의 크기가 주어진 경우

➡ 모양은 같고 크기가 다른 삼각형이 무수히 많이 그려진다.

예 $\angle A=40°$, $\angle B=60°$, $\angle C=80°$인 $\triangle ABC$는 오른쪽 그림과 같이 무수히 많이 그려진다.

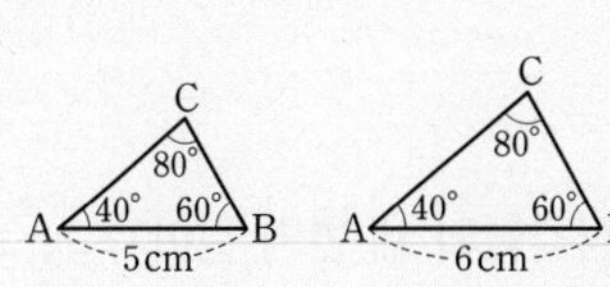

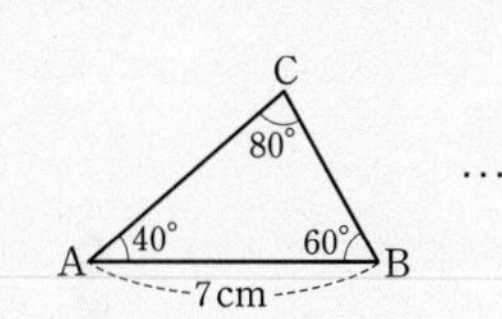

…

필수 문제 5

삼각형이 하나로 정해지는 경우와 하나로 정해지지 않는 경우

▸세 변의 길이가 주어질 때는 삼각형이 그려지지 않을 수 있으므로 세 변의 길이 사이의 관계를 반드시 확인해야 한다.

다음 중 $\triangle ABC$가 하나로 정해지는 것을 모두 고르면? (정답 2개)

① $\overline{AB}=6$, $\overline{BC}=2$, $\overline{CA}=3$

② $\overline{AB}=4$, $\overline{BC}=3$, $\angle A=45°$

③ $\overline{AB}=5$, $\overline{BC}=7$, $\angle B=65°$

④ $\overline{AB}=5$, $\angle A=70°$, $\angle B=50°$

⑤ $\angle A=70°$, $\angle B=50°$, $\angle C=60°$

5-1 $\triangle ABC$에서 $\overline{BC}=7$일 때, 다음 중 $\triangle ABC$가 하나로 정해지지 않는 것은?

① $\overline{AB}=3$, $\overline{CA}=5$

② $\overline{AB}=4$, $\angle B=45°$

③ $\overline{AC}=5$, $\angle B=50°$

④ $\angle A=95°$, $\angle B=40°$

⑤ $\angle B=55°$, $\angle C=70°$

STEP 1 쏙쏙 개념 익히기

1 다음 중 오른쪽 그림의 삼각형에 대한 설명으로 옳지 않은 것은?

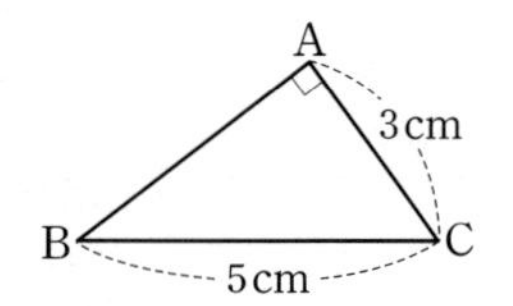

① 삼각형 ABC를 기호로 $\triangle ABC$와 같이 나타낸다.
② $\angle A$의 대변의 길이는 5cm이다.
③ $\overline{BC}$의 대각의 크기는 $90°$이다.
④ $\overline{BC}>\overline{AB}+\overline{CA}$이다.
⑤ $\angle A+\angle B+\angle C=180°$이다.

2 다음 중 주어진 길이를 세 변의 길이로 하는 삼각형을 그릴 수 없는 것은?

① 3cm, 4cm, 5cm　② 4cm, 7cm, 7cm　③ 4cm, 8cm, 10cm
④ 5cm, 6cm, 9cm　⑤ 5cm, 7cm, 12cm

3 삼각형의 세 변의 길이가 x, $x+4$, $x+9$일 때, 다음 중 x의 값이 될 수 있는 것을 모두 고르면? (정답 2개)

① 3　② 4　③ 5　④ 6　⑤ 7

4 다음은 두 변의 길이와 그 끼인각의 크기가 주어질 때 삼각형을 작도하는 과정이다. (가)~(다)에 알맞은 것을 구하시오.

❶ (가) 와 크기가 같은 $\angle XBY$를 작도한다.
❷ 점 B를 중심으로 반지름의 길이가 (나) 인 원을 그려 $\overrightarrow{BX}$와 만나는 점을 A라고 한다.

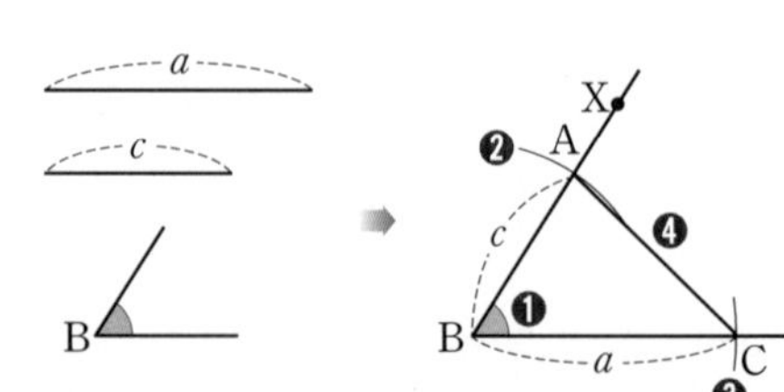

❸ 점 B를 중심으로 반지름의 길이가 (다) 인 원을 그려 $\overrightarrow{BY}$와 만나는 점을 C라고 한다.
❹ $\overline{AC}$를 그으면 $\triangle ABC$가 작도된다.

5 △ABC에서 $\overline{AB}$와 $\overline{BC}$의 길이가 주어졌을 때, 다음 보기 중 △ABC가 하나로 정해지기 위해 필요한 나머지 한 조건이 될 수 있는 것을 모두 고르시오.

(단, $\overline{AB}+\overline{BC}>\overline{CA}$이고, $\overline{CA}$가 가장 긴 변이다.)

보기

ㄱ. $\overline{CA}$ ㄴ. $\angle A$ ㄷ. $\angle B$ ㄹ. $\angle C$

6 다음 중 △ABC가 하나로 정해지지 않는 것은?

① $\overline{AB}=4\,\text{cm}$, $\overline{BC}=5\,\text{cm}$, $\overline{CA}=6\,\text{cm}$
② $\overline{AB}=4\,\text{cm}$, $\overline{BC}=5\,\text{cm}$, $\angle B=50°$
③ $\overline{AB}=4\,\text{cm}$, $\angle A=40°$, $\angle B=60°$
④ $\overline{AB}=4\,\text{cm}$, $\angle B=50°$, $\angle C=80°$
⑤ $\angle A=45°$, $\angle B=60°$, $\angle C=75°$

• **세 변의 길이를 골라 삼각형 만들기**
각 경우의 세 변의 길이 사이의 관계를 확인한다.

7 길이가 3 cm, 4 cm, 5 cm, 7 cm인 막대가 각각 하나씩 있다. 이 중 3개의 막대를 골라서 만들 수 있는 서로 다른 삼각형의 개수는?

① 2개 ② 3개 ③ 4개
④ 5개 ⑤ 6개

한번 더 ✓

8 길이가 1 cm, 2 cm, 3 cm, 4 cm인 4개의 선분 중 3개의 선분을 골라서 만들 수 있는 서로 다른 삼각형의 개수를 구하시오.

02 삼각형의 합동

• 정답과 해설 24쪽

1 합동

한 도형 P를 모양과 크기를 바꾸지 않고 다른 도형 Q에 완전히 포갤 수 있을 때, 이 두 도형을 서로 합동이라고 한다. 기호 $P \equiv Q$

(1) 서로 포개어지는 꼭짓점과 꼭짓점, 변과 변, 각과 각은 서로 대응한다고 한다.

(2) 서로 대응하는 꼭짓점을 대응점, 대응하는 변을 대응변, 대응하는 각을 대응각이라고 한다.

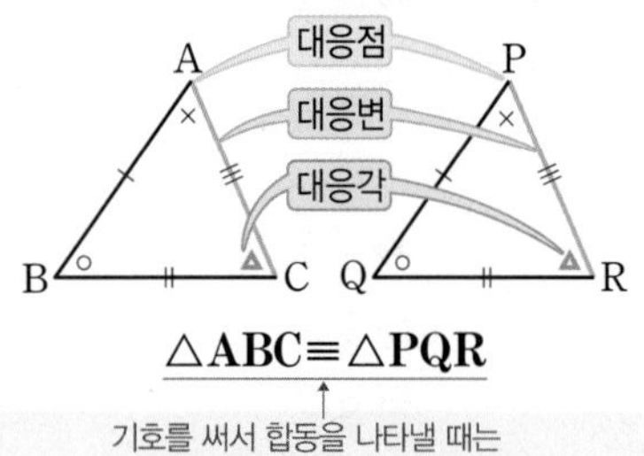

$\triangle ABC \equiv \triangle PQR$

기호를 써서 합동을 나타낼 때는 두 도형의 대응점의 순서를 맞춘다.

참고 =와 ≡의 차이점은 다음과 같다.
- $\triangle ABC = \triangle PQR$ ➡ $\triangle ABC$와 $\triangle PQR$의 넓이가 서로 같다.
- $\triangle ABC \equiv \triangle PQR$ ➡ $\triangle ABC$와 $\triangle PQR$는 서로 합동이다.

주의 합동인 두 도형의 넓이는 항상 같지만 두 도형이 넓이가 같다고 해서 항상 합동인 것은 아니다.

2 합동인 도형의 성질

두 도형이 서로 합동이면

(1) 대응변의 길이는 서로 같다. (2) 대응각의 크기는 서로 같다.

개념 확인 오른쪽 그림에서 $\triangle ABC \equiv \triangle PQR$일 때, 다음 표의 빈칸을 알맞게 채우시오.

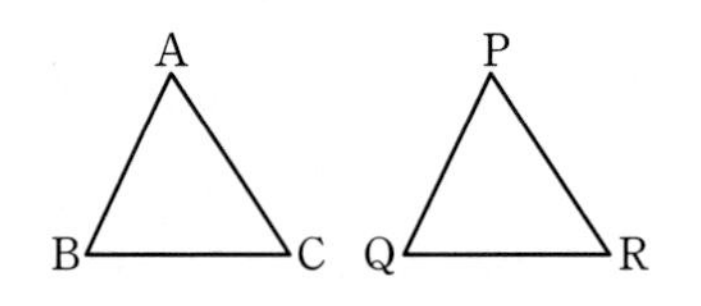

용어
합동 (合 합하다, 同 같다)
합하여 포갤 때 모양과 크기가 서로 똑같은 것

대응변	대응각
(1) $\overline{AB}$의 대응변:	(4) $\angle A$의 대응각:
(2) $\overline{BC}$의 대응변:	(5) $\angle B$의 대응각:
(3) $\overline{CA}$의 대응변:	(6) $\angle C$의 대응각:

필수 문제 1 합동인 도형의 성질

오른쪽 그림에서 사각형 ABCD와 사각형 EFGH가 서로 합동일 때, 다음을 구하시오.

(1) $\angle A$의 크기 (2) $\overline{BC}$의 길이

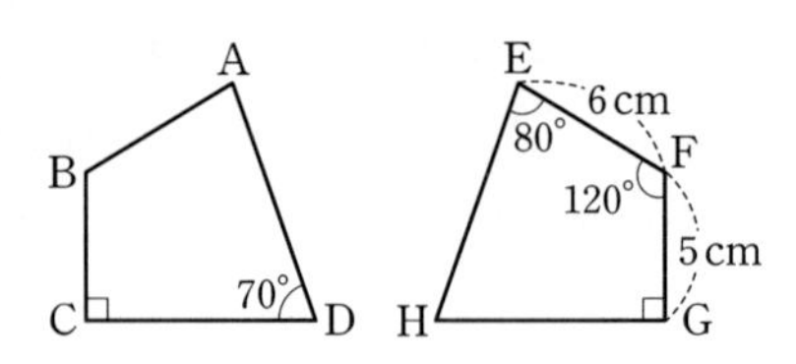

1-1 오른쪽 그림에서 $\triangle ABC \equiv \triangle DEF$일 때, 다음 보기 중 옳은 것을 모두 고르시오.

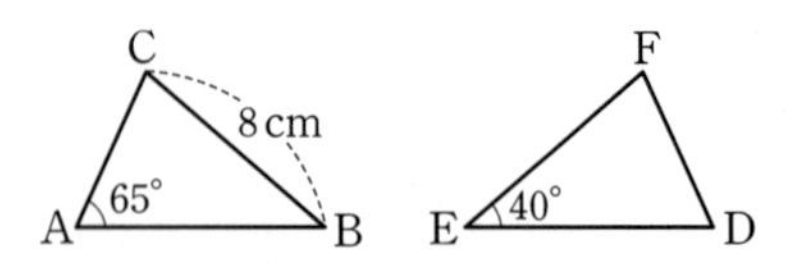

보기

ㄱ. $\angle B = 40°$　　ㄴ. $\angle D = 70°$　　ㄷ. $\angle F = 75°$

ㄹ. $\overline{DF} = 8\,cm$　　ㅁ. $\overline{EF} = 6\,cm$　　ㅂ. $\overline{DE} = 8\,cm$

3 삼각형의 합동 조건

다음의 각 경우에 두 삼각형은 서로 합동이다.

(1) 대응하는 세 변의 길이가 각각 같을 때 (SSS 합동)

➡ $\overline{AB}=\overline{PQ}$, $\overline{BC}=\overline{QR}$, $\overline{AC}=\overline{PR}$

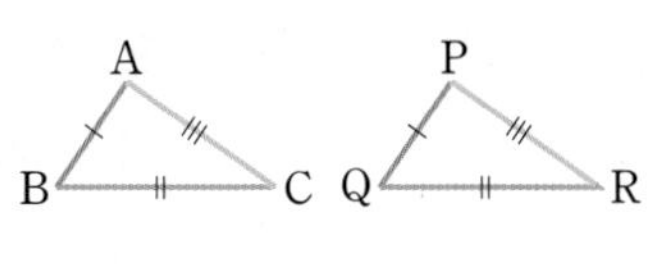

(2) 대응하는 두 변의 길이가 각각 같고, 그 끼인각의 크기가 같을 때 (SAS 합동)

➡ $\overline{AB}=\overline{PQ}$, $\overline{BC}=\overline{QR}$, $\angle B=\angle Q$

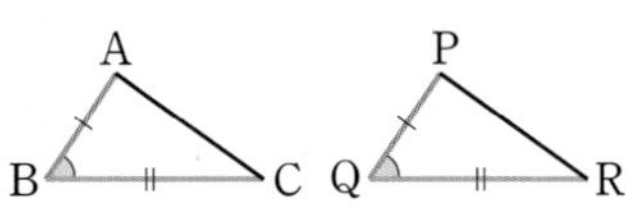

(3) 대응하는 한 변의 길이가 같고, 그 양 끝 각의 크기가 각각 같을 때 (ASA 합동)

➡ $\overline{BC}=\overline{QR}$, $\angle B=\angle Q$, $\angle C=\angle R$

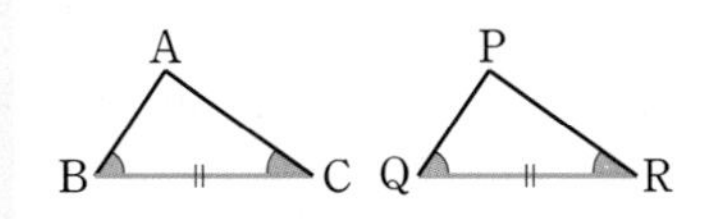

용어

삼각형의 합동 조건에서 S는 Side(변), A는 Angle(각)의 머리글자이다.

필수 문제 2
삼각형의 합동 조건

오른쪽 그림의 두 삼각형이 서로 합동일 때, 기호 ≡를 써서 합동임을 나타내고, 합동 조건을 말하시오.

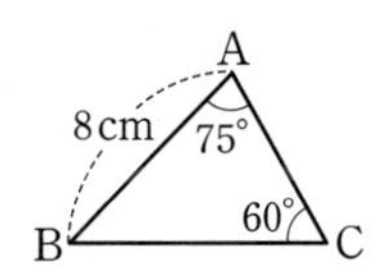

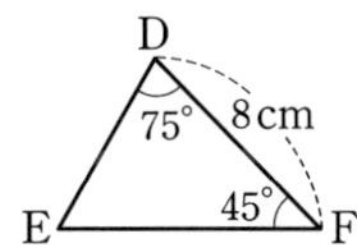

2-1 다음 중 오른쪽 보기의 삼각형과 합동인 것은?

보기

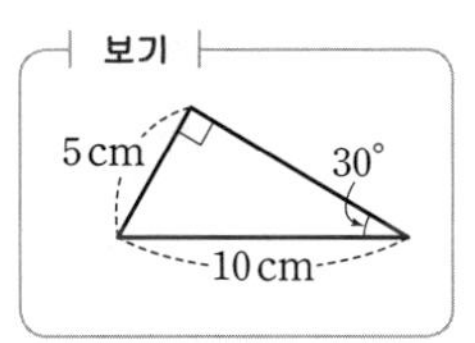

① 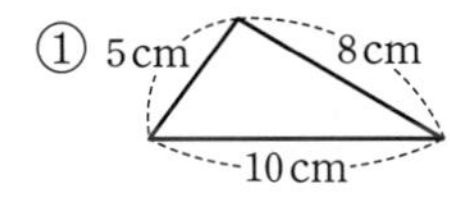

②

③ 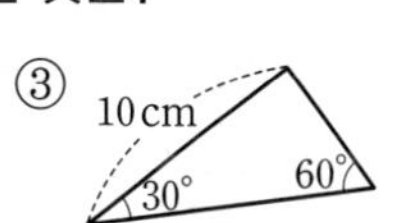

④ 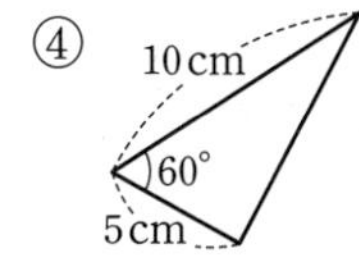

⑤ 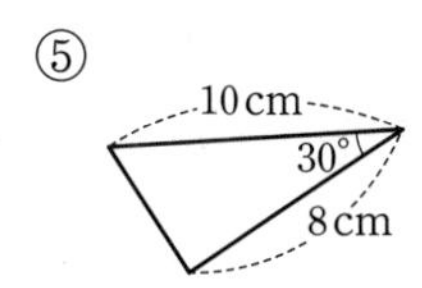

2-2 오른쪽 그림의 △ABC와 △DEF에서 $\overline{AB}=\overline{DE}$, $\angle A=\angle D$일 때, 다음 보기 중 △ABC≡△DEF가 되기 위해 필요한 나머지 한 조건이 될 수 있는 것을 모두 고르시오.

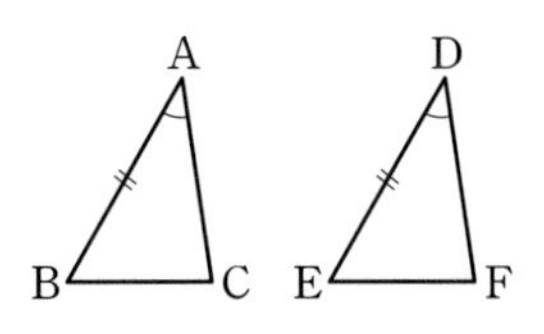

보기

ㄱ. $\overline{AC}=\overline{DF}$　　ㄴ. $\overline{AC}=\overline{EF}$　　ㄷ. $\overline{BC}=\overline{DF}$

ㄹ. $\overline{BC}=\overline{EF}$　　ㅁ. $\angle B=\angle E$　　ㅂ. $\angle C=\angle F$

STEP 1 쏙쏙 개념 익히기

1 오른쪽 그림에서 $\triangle ABC \equiv \triangle FED$일 때, 다음 중 옳지 않은 것은?

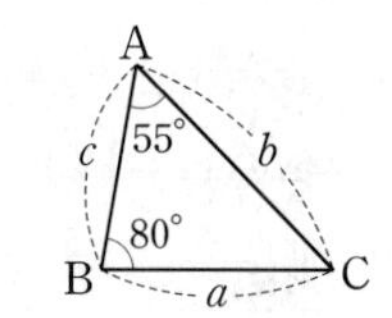

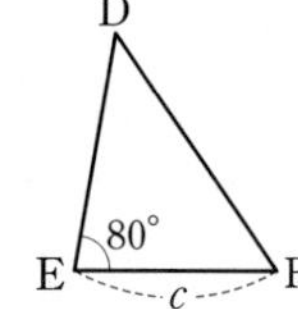

① $\overline{AC}$의 대응변은 $\overline{DE}$이다.
② $\overline{DE}$의 길이는 a이다.
③ $\angle A = \angle F$, $\angle B = \angle E$이다.
④ $\angle D = 45°$이다.
⑤ $\angle F = 55°$이다.

2 다음 보기 중 서로 합동인 삼각형끼리 바르게 짝 지은 것을 모두 고르면? (정답 2개)

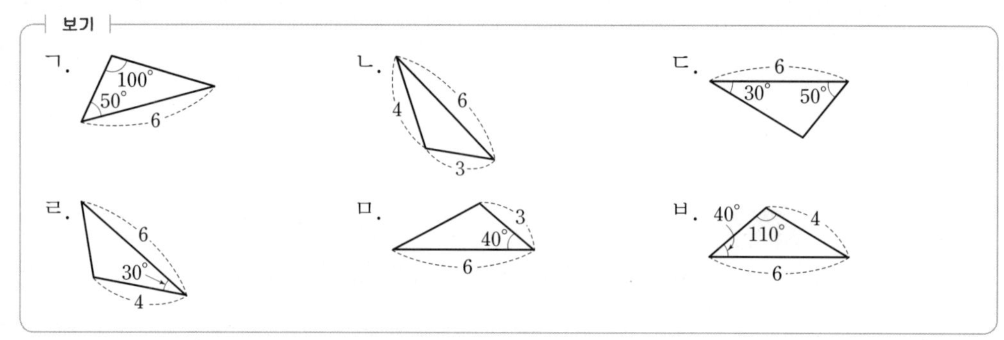

① ㄱ과 ㄷ
② ㄱ과 ㄹ
③ ㄴ과 ㄷ
④ ㄴ과 ㅁ
⑤ ㄹ과 ㅂ

3 오른쪽 그림의 $\triangle ABC$와 $\triangle DEF$에서 $\overline{AB} = \overline{DE}$, $\overline{BC} = \overline{EF}$일 때, 다음 중 $\triangle ABC \equiv \triangle DEF$가 되기 위해 필요한 조건과 그 때의 합동 조건을 바르게 나열한 것을 모두 고르면? (정답 2개)

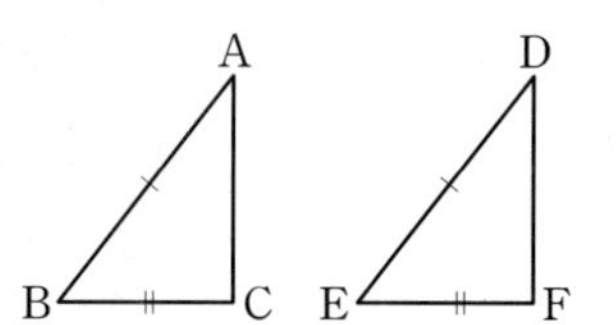

① $\angle A = \angle D$, SAS 합동
② $\angle B = \angle E$, SAS 합동
③ $\angle C = \angle E$, ASA 합동
④ $\overline{AB} = \overline{EF}$, SSS 합동
⑤ $\overline{AC} = \overline{DF}$, SSS 합동

4 오른쪽 그림에서 $\overline{AB} = \overline{CD}$, $\overline{BC} = \overline{DA}$일 때, 다음은 두 삼각형이 서로 합동임을 설명하는 과정이다. 물음에 답하시오.

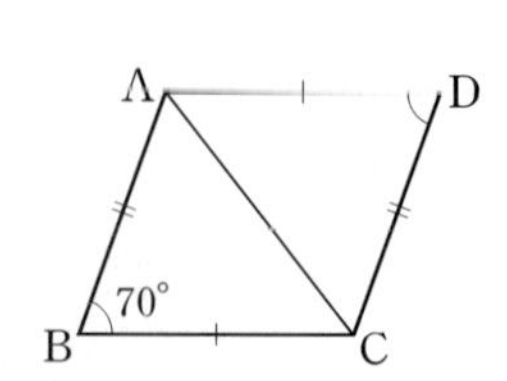

> $\triangle ABC$와 $\triangle CDA$에서
> $\overline{AB} =$ (가), $\overline{BC} = \overline{DA}$, (나)는 공통
> $\therefore \triangle ABC \equiv \triangle CDA$ ((다) 합동)

(1) (가)~(다)에 알맞은 것을 구하시오.

(2) $\angle D$의 크기를 구하시오.

STEP 2 탄탄 단원 다지기

중요

●○○

1 다음 보기에서 작도할 때의 눈금 없는 자와 컴퍼스의 용도를 각각 고르시오.

보기
ㄱ. 원을 그린다.
ㄴ. 두 점을 잇는 선분을 그린다.
ㄷ. 주어진 선분을 연장한다.
ㄹ. 두 선분의 길이를 비교한다.

●●○

2 다음 그림에서 ㉠~㉢은 선분 AB를 점 B의 방향으로 연장하여 $\overline{AC}=2\overline{AB}$가 되도록 선분 AC를 작도하는 과정을 나타낸 것이다. 작도 순서를 바르게 나열하시오.

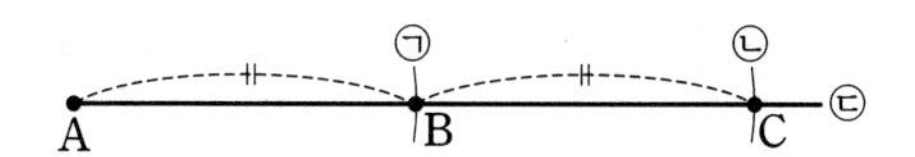

●●○

3 오른쪽 그림은 직선 l 밖의 한 점 P를 지나고 직선 l과 평행한 직선 m을 작도한 것이다. 다음 중 이 작도에서 이용한 성질은?

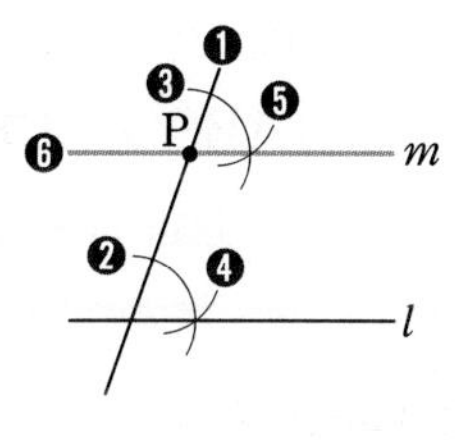

① 맞꼭지각의 크기는 서로 같다.
② 한 직선에 평행한 서로 다른 두 직선은 평행하다.
③ 한 직선에 수직인 서로 다른 두 직선은 평행하다.
④ 서로 다른 두 직선이 다른 한 직선과 만날 때, 엇각의 크기가 같으면 두 직선은 평행하다.
⑤ 서로 다른 두 직선이 다른 한 직선과 만날 때, 동위각의 크기가 같으면 두 직선은 평행하다.

●○○

4 다음 중 삼각형의 세 변의 길이가 될 수 <u>없는</u> 것은?

① 2 cm, 3 cm, 4 cm
② 4 cm, 6 cm, 8 cm
③ 5 cm, 5 cm, 9 cm
④ 5 cm, 7 cm, 12 cm
⑤ 10 cm, 10 cm, 10 cm

●●○

5 삼각형의 세 변의 길이가 3 cm, 5 cm, a cm일 때, a의 값이 될 수 있는 자연수의 개수를 구하시오.

●●○

6 오른쪽 그림과 같이 두 변의 길이와 그 끼인각의 크기가 주어졌을 때, 다음 중 △ABC를 작도하는 순서로 옳지 <u>않은</u> 것은?

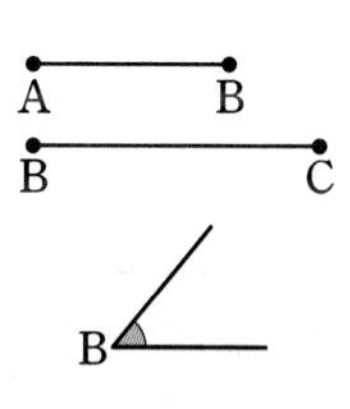

① $\angle B \rightarrow \overline{AB} \rightarrow \overline{BC} \rightarrow \overline{AC}$
② $\angle B \rightarrow \overline{BC} \rightarrow \overline{AB} \rightarrow \overline{AC}$
③ $\overline{AB} \rightarrow \angle B \rightarrow \overline{BC} \rightarrow \overline{AC}$
④ $\overline{BC} \rightarrow \angle B \rightarrow \overline{AB} \rightarrow \overline{AC}$
⑤ $\overline{AB} \rightarrow \overline{BC} \rightarrow \angle B \rightarrow \overline{AC}$

●●○

7 다음 중 △ABC가 하나로 정해지는 것은?

① $\overline{AB}=3\,cm$, $\overline{BC}=4\,cm$, $\overline{CA}=8\,cm$
② $\overline{AB}=3\,cm$, $\overline{BC}=4\,cm$, $\angle C=80°$
③ $\overline{AB}=3\,cm$, $\overline{CA}=8\,cm$, $\angle C=60°$
④ $\overline{AB}=3\,cm$, $\angle B=50°$, $\angle C=70°$
⑤ $\angle A=30°$, $\angle B=60°$, $\angle C=90°$

●●○

8 다음 중 ∠A가 추가로 주어질 때 △ABC가 하나로 정해지지 않는 것은?

① $\overline{AB}$, ∠B ② $\overline{BC}$, ∠B ③ $\overline{CA}$, ∠C
④ $\overline{AB}$, $\overline{BC}$ ⑤ $\overline{AB}$, $\overline{CA}$

●●○

9 다음 중 두 도형이 항상 합동인 것은?

① 한 변의 길이가 같은 두 이등변삼각형
② 한 변의 길이가 같은 두 마름모
③ 둘레의 길이가 같은 두 정삼각형
④ 둘레의 길이가 같은 두 직사각형
⑤ 세 각의 크기가 같은 두 삼각형

●●○

10 아래 그림의 사각형 ABCD와 사각형 EFGH가 서로 합동일 때, 다음 중 옳은 것은?

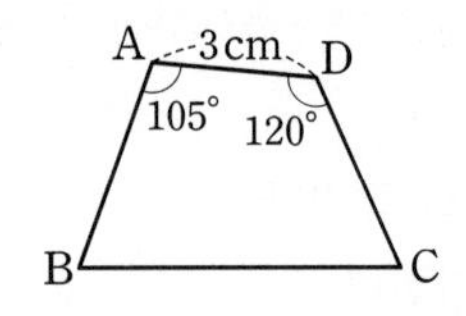

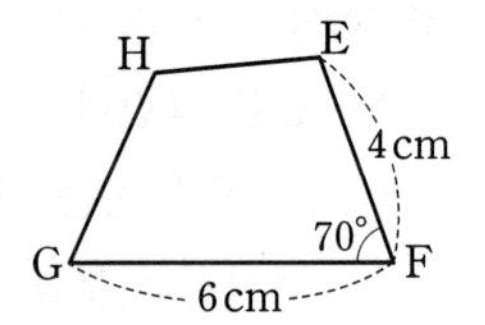

① $\overline{AB}=6\,cm$ ② $\overline{GH}=3\,cm$
③ $\angle C=65°$ ④ $\angle E=120°$
⑤ $\angle H=105°$

●●○

11 다음 보기 중 오른쪽 그림의 삼각형과 합동인 삼각형을 모두 고르시오.

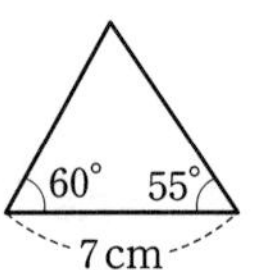

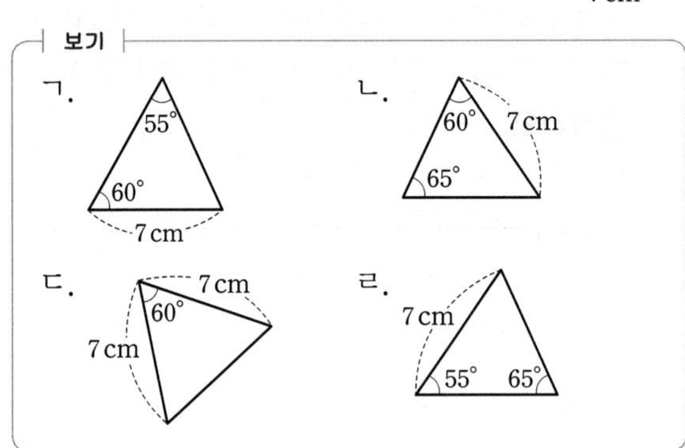

●●○

12 아래 그림의 △ABC와 △DEF에 대하여 다음 중 △ABC≡△DEF라고 할 수 없는 것을 모두 고르면? (정답 2개)

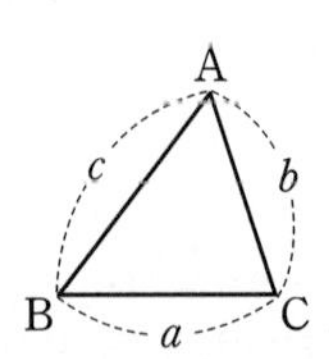

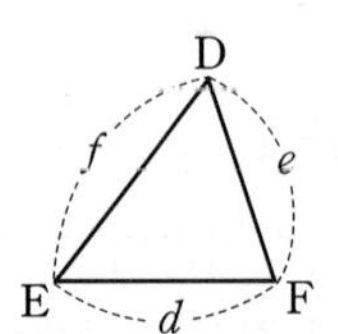

① $a=d$, $b=e$, $c=f$
② $a=d$, $b=e$, $\angle C=\angle F$
③ $a=d$, $c=f$, $\angle C=\angle F$
④ $a=d$, $\angle B=\angle E$, $\angle C=\angle F$
⑤ $\angle A=\angle D$, $\angle B=\angle E$, $\angle C=\angle F$

●●○
13 아래 그림에서 $\angle B=\angle F$, $\angle C=\angle E$일 때, 다음 중 $\triangle ABC \equiv \triangle DFE$가 되기 위해 필요한 나머지 한 조건이 될 수 있는 것을 모두 고르면? (정답 2개)

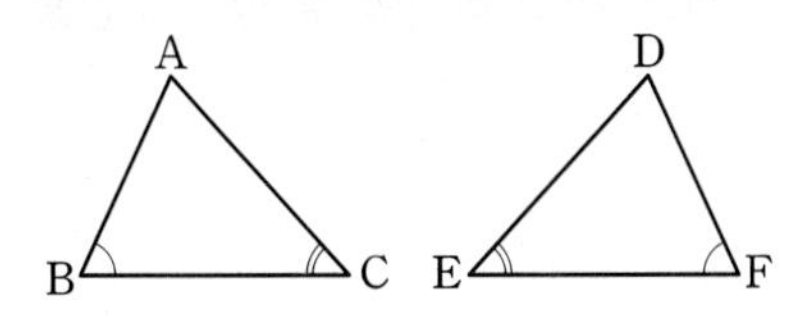

① $\overline{AB}=\overline{DF}$ ② $\overline{AC}=\overline{EF}$
③ $\angle A=\angle D$ ④ $\overline{BC}=\overline{DE}$
⑤ $\overline{BC}=\overline{EF}$

●●○
14 오른쪽 그림에서 $\overline{OA}=\overline{OC}$, $\overline{AB}=\overline{CD}$일 때, 다음은 $\triangle AOD \equiv \triangle COB$임을 설명하는 과정이다. (가)~(다)에 알맞은 것을 차례로 나열하면?

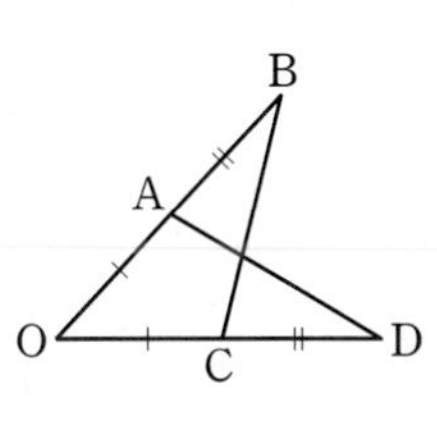

> $\triangle AOD$와 $\triangle COB$에서
> $\overline{OA}=\overline{OC}$, $\overline{OD}=$ (가) , (나) 는 공통
> $\therefore \triangle AOD \equiv \triangle COB$ ((다) 합동)

① $\overline{OB}$, $\overline{AD}$, SSS
② $\overline{OB}$, $\angle O$, SAS
③ $\overline{OB}$, $\angle O$, ASA
④ $\overline{BC}$, $\overline{AD}$, SSS
⑤ $\overline{BC}$, $\angle D$, SAS

●●○
15 오른쪽 그림의 사각형 ABCD에서 $\overline{AB}=\overline{CB}$, $\overline{AD}=\overline{CD}$일 때, 다음 중 옳지 않은 것은?

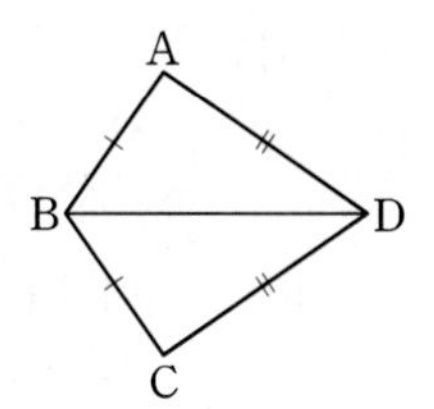

① $\angle BAD=\angle BCD$
② $\angle ADB=\angle CDB$
③ $\angle ABD=\angle BDC$
④ $\angle ABC=2\angle DBC$
⑤ $\triangle ABD \equiv \triangle CBD$

●●○
16 오른쪽 그림에서 점 M은 $\overline{AD}$와 $\overline{BC}$의 교점이고 $\overline{AB} /\!/ \overline{CD}$, $\overline{AM}=\overline{DM}$일 때, 다음 보기 중 옳은 것을 모두 고르시오.

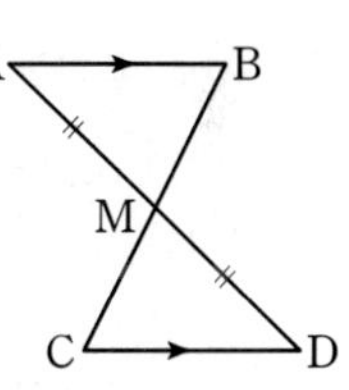

> 보기
> ㄱ. $\overline{AB}=\overline{CD}$ ㄴ. $\overline{BM}=\overline{CM}$
> ㄷ. $\overline{AD}=\overline{BC}$ ㄹ. $\angle ABM=\angle AMB$
> ㅁ. $\angle BAM=\angle CDM$

●●●
17 오른쪽 그림의 두 정사각형 ABCD와 ECFG에서 점 E는 $\overline{DC}$ 위의 점일 때, $\overline{BE}$의 길이를 구하려고 한다. 다음 물음에 답하시오.

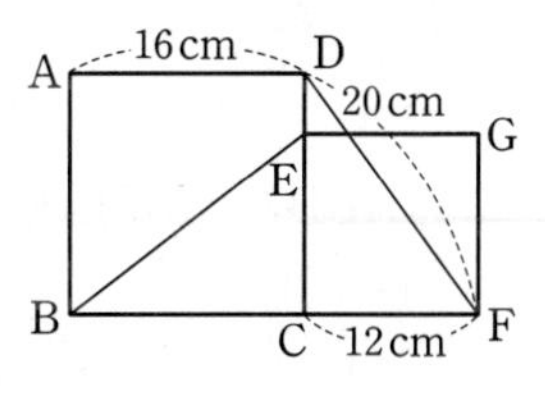

(1) 합동인 두 삼각형을 찾아 기호로 나타내시오.

(2) $\overline{BE}$의 길이를 구하시오.

STEP 3

쓱쓱 서술형 완성하기

유제를 따라 풀어 보고, 실전 문제로 연습해 보세요.

예제 1 $\triangle ABC$에서 $\overline{AB}$의 길이와 $\overline{AC}$의 길이가 주어질 때, $\triangle ABC$가 하나로 정해지도록 한 조건을 추가하려고 한다. 이때 추가할 수 있는 조건을 모두 구하시오.

풀이 과정

1단계 변의 길이에 대한 조건 구하기

$\overline{BC}$의 길이를 추가하면 세 변의 길이가 주어진 경우가 되므로 $\triangle ABC$가 하나로 정해진다.

2단계 각의 크기에 대한 조건 구하기

$\angle A$의 크기를 추가하면 두 변의 길이와 그 끼인각의 크기가 주어진 경우가 되므로 $\triangle ABC$가 하나로 정해진다.

3단계 추가할 수 있는 조건 모두 구하기

따라서 추가할 수 있는 조건은 $\overline{BC}$의 길이 또는 $\angle A$의 크기이다.

답 **$\overline{BC}$의 길이, $\angle A$의 크기**

따라 해보자

유제 1 $\triangle ABC$에서 $\overline{AB}$의 길이와 $\angle A$의 크기가 주어질 때, $\triangle ABC$를 하나로 작도할 수 있도록 한 조건을 추가하려고 한다. 이때 추가할 수 있는 조건을 모두 구하시오.

풀이 과정

1단계 변의 길이에 대한 조건 구하기

2단계 각의 크기에 대한 조건 구하기

3단계 추가할 수 있는 조건 모두 구하기

답

예제 2 오른쪽 그림에서 $\triangle ABC$는 정삼각형이고 $\overline{BD}=\overline{CE}$일 때, $\triangle ABD \equiv \triangle BCE$이다. 이때 이용된 합동 조건을 말하시오.

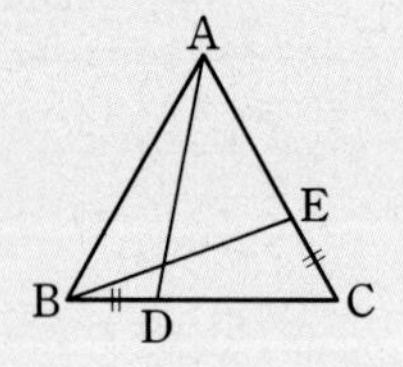

풀이 과정

1단계 $\triangle ABD$와 $\triangle BCE$가 합동인 이유 설명하기

$\triangle ABD$와 $\triangle BCE$에서

$\overline{BD}=\overline{CE}$이고,

$\triangle ABC$는 정삼각형이므로

$\overline{AB}=\overline{BC}$, $\angle ABD=\angle BCE=60°$

2단계 합동 조건 말하기

따라서 대응하는 두 변의 길이가 각각 같고, 그 끼인각의 크기가 같으므로

$\triangle ABD \equiv \triangle BCE$ (SAS 합동)

답 **SAS 합동**

유제 2 오른쪽 그림에서 사각형 ABCD는 정사각형이고 $\overline{CE}=\overline{DF}$일 때, $\triangle BCE \equiv \triangle CDF$이다. 이때 이용된 합동 조건을 말하시오.

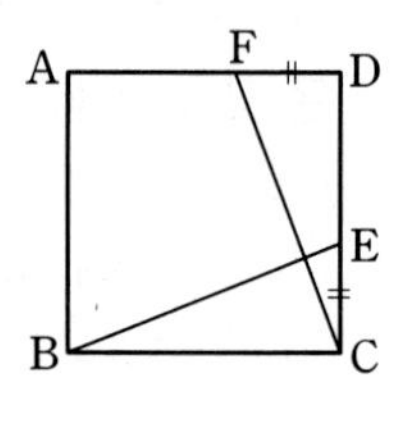

풀이 과정

1단계 $\triangle BCE$와 $\triangle CDF$가 합동인 이유 설명하기

2단계 합동 조건 말하기

답

연습해 보자

▶ 모든 문제는 풀이 과정을 자세히 서술한 후 답을 쓰세요.

1 오른쪽 그림에서 ㉠~㉥은 크기가 같은 각의 작도를 이용하여 직선 l 밖의 한 점 P를 지나고 직선 l과 평행한 직선 m을 작도하는 과정을 나타낸 것이다. 다음 물음에 답하시오.

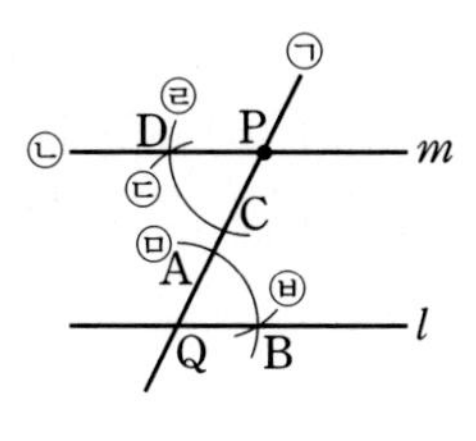

(1) 작도 순서를 바르게 나열하시오.

(2) 이 작도에 이용한 평행선의 성질을 말하시오.

풀이 과정

(1)

(2)

답 (1)　　　　(2)

2 길이가 2 cm, 6 cm, 8 cm, 9 cm인 4개의 막대 중 3개의 막대를 골라서 만들 수 있는 서로 다른 삼각형의 개수를 구하시오.

풀이 과정

답

3 오른쪽 그림의 직사각형 ABCD에서 점 E가 $\overline{BC}$의 중점일 때, △ABE와 합동인 삼각형을 찾고, 합동 조건을 말하시오.

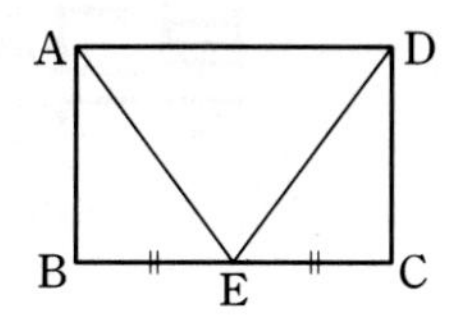

풀이 과정

답

4 오른쪽 그림은 두 지점 A, B 사이의 거리를 구하기 위해 측정한 값을 나타낸 것이다. $\overline{AC}$와 $\overline{BD}$의 교점을 O라고 할 때, 두 지점 A, B 사이의 거리를 구하시오.

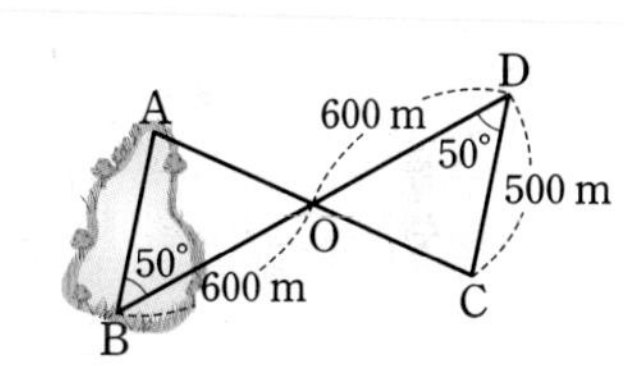

풀이 과정

답

문학 속 수학

● 정답과 해설 27쪽

북극성과 북두칠성

도심을 벗어난 외곽으로 가면 맑은 밤하늘에 반짝이는 수많은 별들을 볼 수 있는데 이 별들 중에서 북극성과 북두칠성은 우리에게 아주 친숙한 별이다. 북극성은 그 위치가 북극 근처에 있기 때문에 붙여진 이름으로, 지구가 자전하는 동안에도 움직이지 않는 것처럼 보이는 유일한 별이다.

다음은 북극성과 북두칠성에 얽힌 그리스 신화이다.

북극성이 있는 작은곰자리와 북두칠성이 있는 큰곰자리의 별들은 신들의 왕인 제우스와 그의 아내인 헤라의 축복과 저주로 만들어졌다고 한다.
제우스가 칼리스토라는 여인과 사랑에 빠지자 화가 난 헤라는 칼리스토를 곰으로 만들어 버렸다.
곰이 된 칼리스토는 숲을 지나던 중, 마침 그곳에서 사냥을 하던 그녀의 아들 아르카스의 창에 찔렸는데, 이를 본 제우스는 칼리스토와 아르카스를 각각 큰곰자리와 작은곰자리로 만들어 주었다.
다시 화가 난 헤라는 이 별자리가 바다로 내려와서 쉴 수 없게 만들었는데, 이 때문에 북쪽 하늘에서 빛나고 있는 큰곰자리와 작은곰자리의 별들은 지평선 아래로 내려올 수 없게 되었다고 한다.

기출문제는 이렇게!

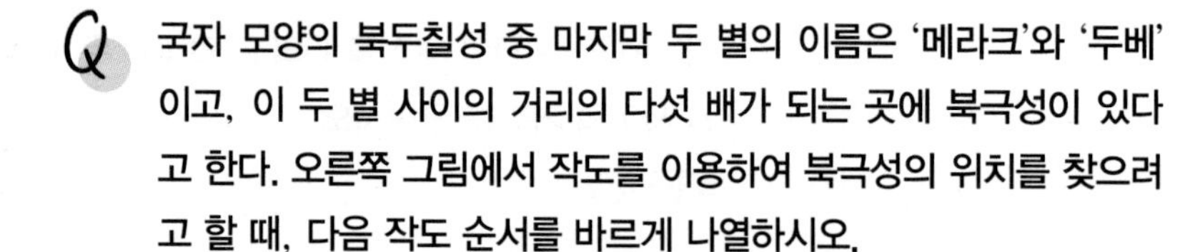
Q **국자 모양의 북두칠성 중 마지막 두 별의 이름은 '메라크'와 '두베'이고, 이 두 별 사이의 거리의 다섯 배가 되는 곳에 북극성이 있다고 한다. 오른쪽 그림에서 작도를 이용하여 북극성의 위치를 찾으려고 할 때, 다음 작도 순서를 바르게 나열하시오.**

㉠ 메라크를 시작점으로 하고 두베를 지나는 반직선 l을 그린다.
㉡ 같은 방법으로 반지름의 길이가 메라크와 두베 사이의 거리와 같은 원을 그리는 과정을 반복하여 반직선 l과의 교점을 각각 C, D, E라고 한다.
㉢ 두베를 중심으로 반지름의 길이가 메라크와 두베 사이의 거리와 같은 원을 그려 반직선 l과의 교점을 A, 점 A를 중심으로 반지름의 길이가 메라크와 두베 사이의 거리와 같은 원을 그려 반직선 l과의 교점을 B라고 한다.
㉣ 메라크와 두베 사이의 길이를 잰다.

마인드 MAP

작도와 합동

작도

작도에서 사용하는 도구

길이가 같은 선분의 작도

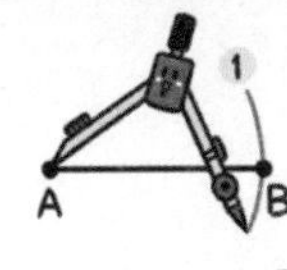

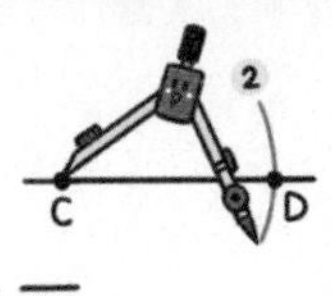

$\overline{AB}=\overline{CD}$

크기가 같은 각의 작도

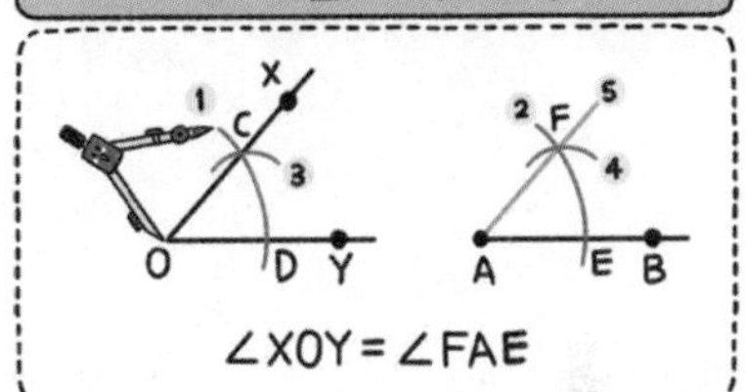

$\angle XOY=\angle FAE$

삼각형 ABC

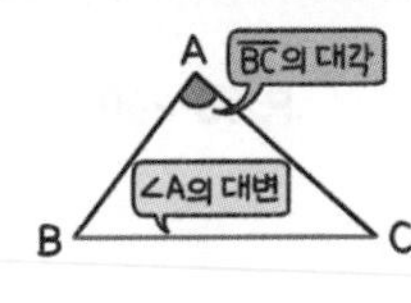

(가장 긴 변의 길이) < (나머지 두 변의 길이의 합)

$\overline{BC}<\overline{AB}+\overline{AC}$

삼각형이 하나로 정해지는 경우

(1) 세 변의 길이가 주어질 때

(2) 두 변의 길이와 그 끼인각의 크기가 주어질 때

(3) 한 변의 길이와 그 양 끝 각의 크기가 주어질 때

합동

삼각형의 합동 조건

SSS 합동   (S, S, S) ≡

SAS 합동

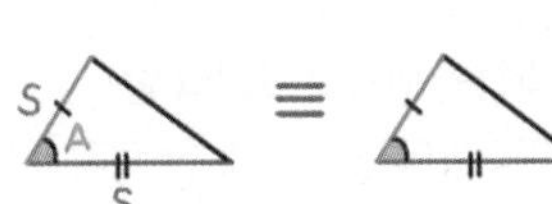

ASA 합동

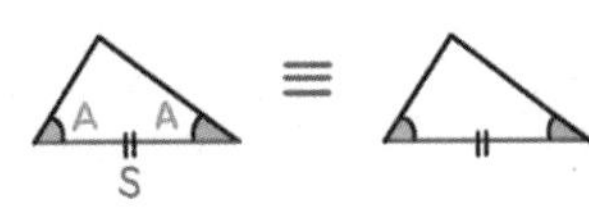

II 평면도형

3 다각형

1 다각형 .... P. 58~60

1 다각형
2 정다각형
3 다각형의 대각선의 개수

2 삼각형의 내각과 외각 .... P. 61~63

1 삼각형의 내각의 크기의 합
2 삼각형의 내각과 외각 사이의 관계

3 다각형의 내각과 외각 .... P. 64~68

1 다각형의 내각의 크기의 합
2 다각형의 외각의 크기의 합
3 정다각형의 한 내각과 한 외각의 크기

이전에 배운 내용

초3~4
- 각도
- 다각형

이번에 배울 내용

1 다각형

2 삼각형의 내각과 외각

3 다각형의 내각과 외각

이후에 배울 내용

중2
- 삼각형과 사각형의 성질

중3
- 삼각비

준비 학습

초3~4 **각도**
- (삼각형의 세 각의 크기의 합) $=180^\circ$
- (사각형의 네 각의 크기의 합) $=360^\circ$

1 다음 그림에서 ㉠의 각도를 구하시오.

(1)

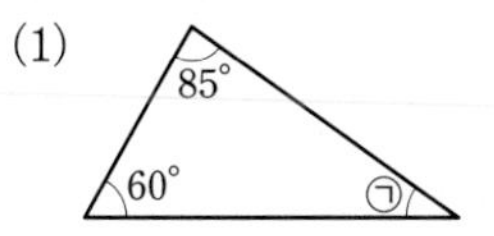

(2)

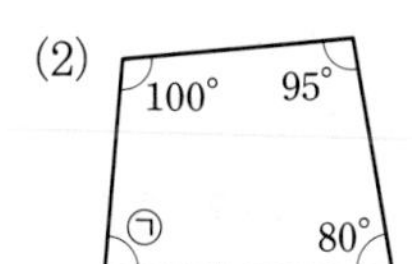

초3~4 **다각형**

선분으로만 둘러싸인 도형

2 다음 보기에서 다각형을 모두 찾고, 그 다각형의 이름을 말하시오.

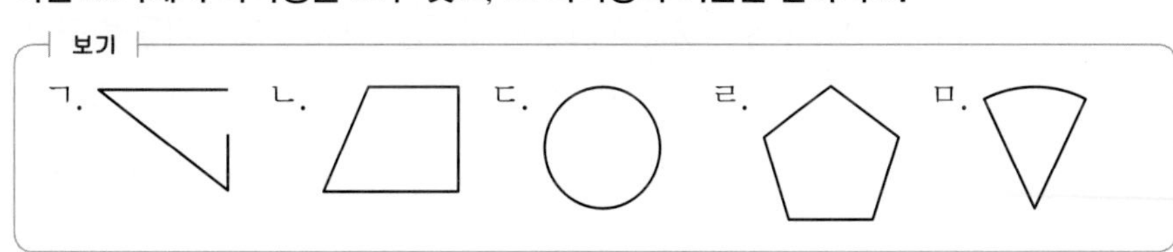

정답 1. (1) 35° (2) 85° 2. ㄴ, 사각형, ㄹ, 오각형

01 다각형

• 정답과 해설 28쪽

1 다각형

3개 이상의 선분으로 둘러싸인 평면도형을 다각형이라 하고, 선분의 개수가 3개, 4개, ⋯, n개인 다각형을 각각 삼각형, 사각형, ⋯, n각형이라고 한다.

(1) **내각**: 다각형의 이웃하는 두 변으로 이루어진 각 중에서 안쪽에 있는 각

(2) **외각**: 다각형의 각 꼭짓점에 이웃하는 두 변 중에서 한 변과 다른 한 변의 연장선이 이루는 각

참고 다각형의 한 꼭짓점에서 (내각의 크기)+(외각의 크기)$=180°$이다.

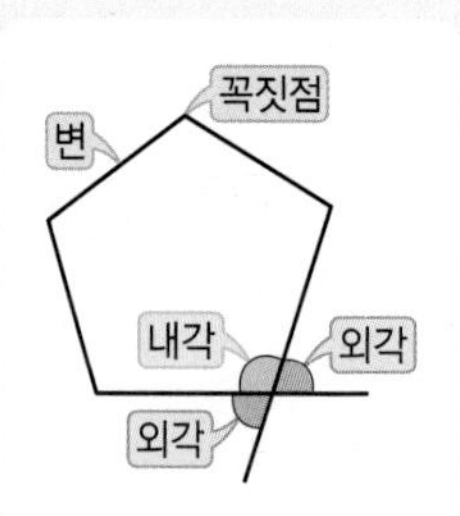

2 정다각형

모든 변의 길이가 같고 모든 내각의 크기가 같은 다각형을 정다각형이라 하고, 변의 개수가 3개, 4개, ⋯, n개인 정다각형을 각각 정삼각형, 정사각형, ⋯, 정n각형이라고 한다.

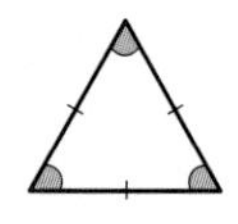
정삼각형

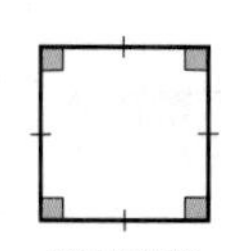
정사각형

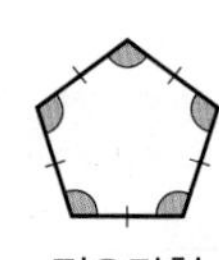
정오각형

개념 확인 다음 중 다각형이 아닌 것을 모두 고르면? (정답 2개)

① 구각형 ② 원 ③ 정오각형
④ 삼각기둥 ⑤ 사다리꼴

용어
- **다각**(多 많다, 角 각)**형**
  여러 각으로 이루어진 도형
- **내각**(內 안, 角 각)
  다각형에서 안쪽의 각
- **외각**(外 바깥, 角 각)
  다각형에서 바깥쪽의 각

필수 문제 1

다각형의 내각과 외각

▸한 내각에 대한 외각은 2개이지만 서로 맞꼭지각으로 그 크기가 같으므로 둘 중 하나만 생각한다.

오른쪽 그림의 △ABC에서 다음을 구하시오.

(1) ∠B의 크기 (2) ∠C의 외각의 크기

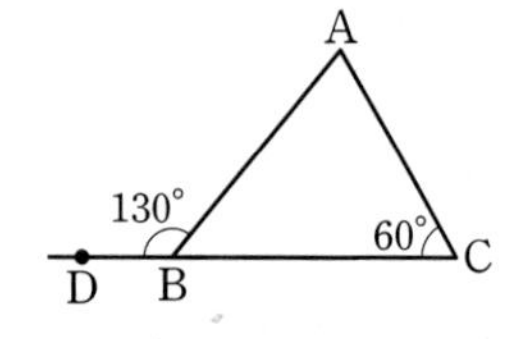

1-1 오른쪽 그림의 사각형 ABCD에서 다음을 구하시오.

(1) ∠A의 외각의 크기 (2) ∠C의 크기

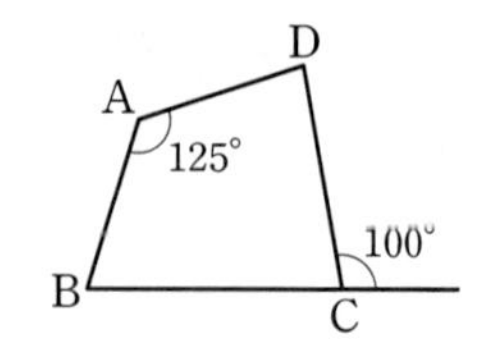

필수 문제 2

정다각형

▸다각형에서 변의 개수와 꼭짓점의 개수는 같다.

다음 조건을 모두 만족시키는 다각형의 이름을 말하시오.

(1) 조건
(가) 6개의 선분으로 둘러싸여 있다.
(나) 모든 변의 길이가 같고, 모든 내각의 크기가 같다.

(2) 조건
(가) 모든 변의 길이가 같다.
(나) 크기가 모두 같은 8개의 내각으로 이루어져 있다.

3 다각형의 대각선의 개수

(1) 대각선: 다각형에서 서로 이웃하지 않는 두 꼭짓점을 이은 선분

(2) 대각선의 개수

꼭짓점 자신과 그와 이웃하는 두 꼭짓점을 제외한 곳에 그으므로 3을 뺀다.

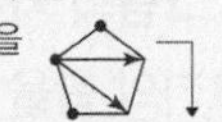

① n각형의 한 꼭짓점에서 그을 수 있는 대각선의 개수 ➡ $(n-3)$개

꼭짓점의 개수 / 한 꼭짓점에서 그을 수 있는 대각선의 개수

② n각형의 대각선의 개수 ➡ $\dfrac{n(n-3)}{2}$개

꼭짓점마다 대각선을 그으면 한 대각선이 2번씩 그어지므로 2로 나눈다.

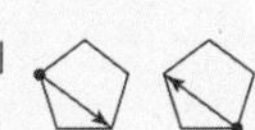

대각선

예 오각형의 한 꼭짓점에서 그을 수 있는 대각선의 개수는 $5-3=2$(개)이고
오각형의 대각선의 개수는 $\dfrac{5\times(5-3)}{2}=5$(개)이다.

참고 n각형의 한 꼭짓점에서 대각선을 모두 그었을 때 만들어지는 삼각형의 개수 ➡ $(n-2)$개

용어
대각(對 마주 보다, 角 각)**선**
마주 보는 각을 이은 선분

개념 확인 다음 다각형의 꼭짓점 A에서 그을 수 있는 대각선을 모두 그리고, 표의 빈칸을 알맞게 채우시오.

다각형	A 사각형	A 오각형	A 육각형	…	n각형
꼭짓점의 개수				…	
한 꼭짓점에서 그을 수 있는 대각선의 개수				…	
대각선의 개수				…	

필수 문제 3 다각형의 대각선의 개수

다음 다각형의 대각선의 개수를 구하시오.

(1) 팔각형 (2) 구각형 (3) 십일각형

3-1 한 꼭짓점에서 그을 수 있는 대각선의 개수가 12개인 다각형에 대하여 다음을 구하시오.

(1) 다각형의 이름 (2) 다각형의 대각선의 개수

3-2 한 꼭짓점에서 대각선을 모두 그었을 때 만들어지는 삼각형의 개수가 10개인 다각형의 대각선의 개수를 구하시오.

STEP 1 쏙쏙 개념 익히기

1 오른쪽 그림의 사각형 ABCD에서 $\angle A$의 외각의 크기와 $\angle D$의 외각의 크기의 합을 구하시오.

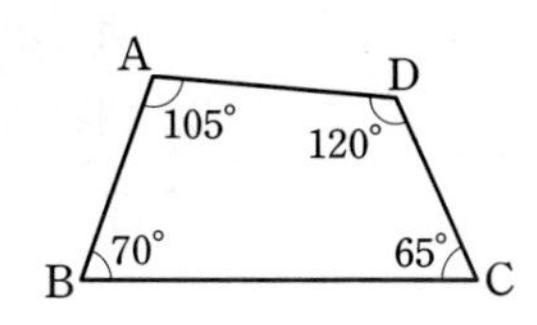

2 다음 중 정팔각형에 대한 설명으로 옳지 않은 것을 모두 고르면? (정답 2개)

① 변의 개수는 8개이다.
② 모든 내각의 크기가 같다.
③ 모든 외각의 크기가 같다.
④ 모든 대각선의 길이가 같다.
⑤ 한 꼭짓점에서 내각과 외각의 크기의 합은 360°이다.

3 칠각형의 한 꼭짓점에서 그을 수 있는 대각선의 개수가 a개, 십육각형의 대각선의 개수가 b개일 때, $a+b$의 값을 구하시오.

4 한 꼭짓점에서 대각선을 모두 그었을 때 만들어지는 삼각형의 개수가 13개인 다각형의 변의 개수를 구하시오.

● **대각선의 개수를 이용하여 다각형 구하기**
n각형으로 놓고, 조건을 만족시키는 n의 값을 구한다.

5 대각선의 개수가 14개인 정다각형은?

① 정육각형 ② 정칠각형 ③ 정팔각형
④ 정십이각형 ⑤ 정십사각형

한번 더 ✓

6 다음 조건을 모두 만족시키는 다각형의 이름을 말하시오.

조건
(가) 모든 변의 길이가 같고, 모든 내각의 크기가 같다.
(나) 대각선의 개수는 35개이다.

02 삼각형의 내각과 외각

• 정답과 해설 29쪽

1 삼각형의 내각의 크기의 합

삼각형의 세 내각의 크기의 합은 **180°**이다.

➡ △ABC에서 ∠A+∠B+∠C=180°

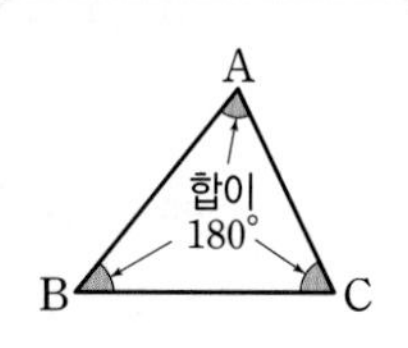

참고 세 내각의 크기의 합이 180°임을 확인하는 방법

방법 1 세 내각을 접어 모으기

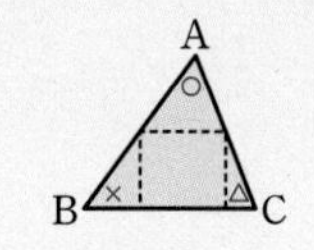

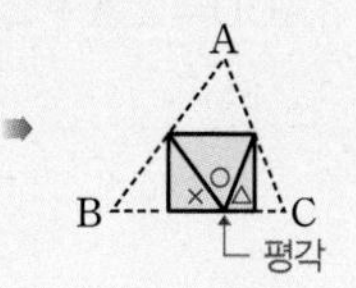

방법 2 합동인 세 삼각형을 이어 붙이기

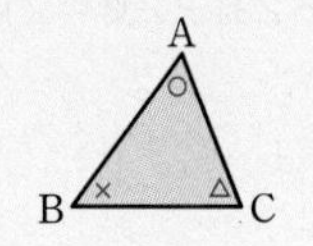

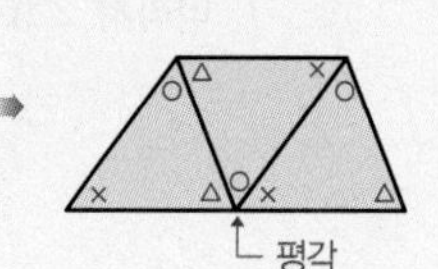

보충

평행선을 이용하여 설명하기

점 A를 지나고 $\overline{BC}$와 평행한 $\overleftrightarrow{DE}$를 그으면
∠B=∠DAB (엇각),
∠C=∠EAC (엇각)이므로
∠A+∠B+∠C=∠A+∠DAB+∠EAC
=180° ← 평각의 크기

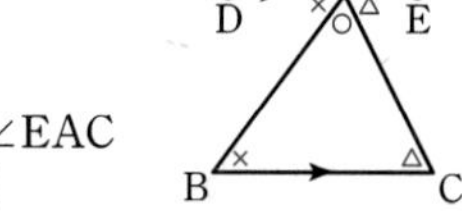

필수 문제 1 삼각형의 내각의 크기의 합

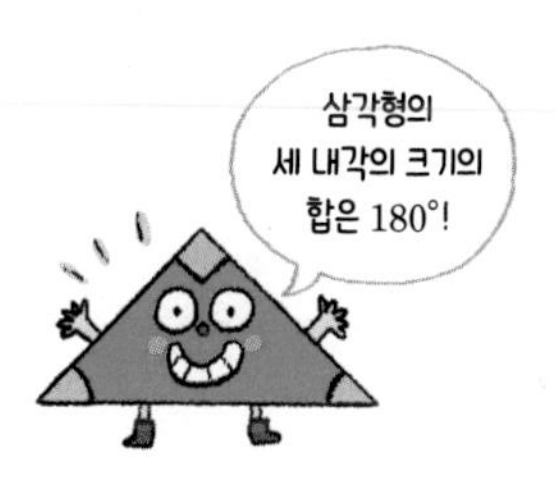

다음 그림에서 ∠x의 크기를 구하시오.

(1)

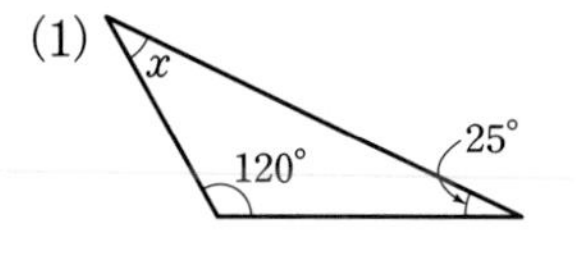

(2)

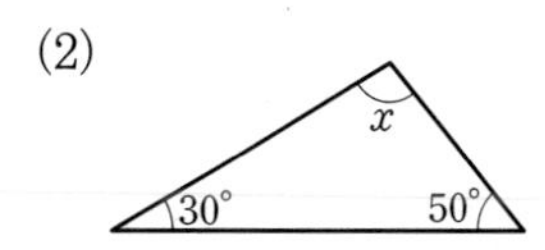

(3)

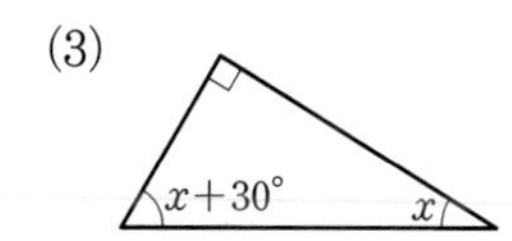

1-1 삼각형의 세 내각의 크기가 $2x°$, $x°+45°$, $3x°+15°$일 때, x의 값을 구하시오.

1-2 오른쪽 그림의 △ABC에서 ∠A : ∠B : ∠C=2 : 3 : 4일 때, ∠A, ∠B, ∠C의 크기를 각각 구하시오.

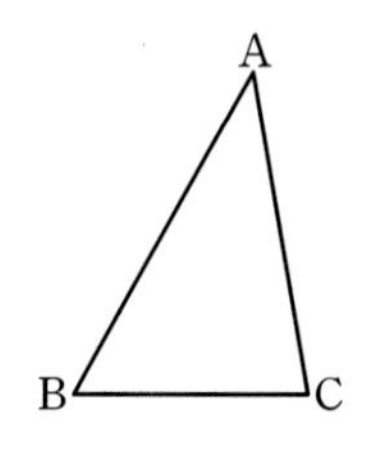

• 정답과 해설 29쪽

2 삼각형의 내각과 외각 사이의 관계

삼각형에서 한 외각의 크기는 그와 이웃하지 않는 두 내각의 크기의 합과 같다.

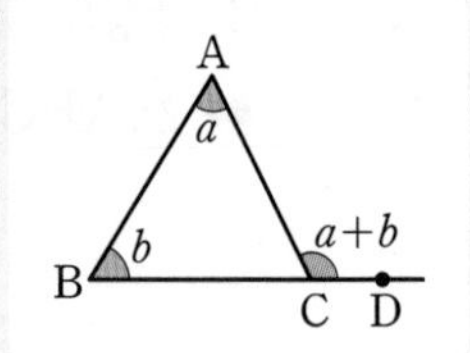

➡ △ABC에서 ∠ACD=∠A+∠B

∠ACD: ∠C의 외각
∠A+∠B: ∠C를 제외한 두 내각의 크기의 합

참고 ∠ACD=∠A+∠B인 이유
➡ △ABC에서 ∠A+∠B+∠C=180°
∠BCD가 평각이므로 ∠C+∠ACD=180°
따라서 ∠A+∠B+∠C=∠C+∠ACD이므로 ∠ACD=∠A+∠B

필수 문제 2

삼각형의 내각과 외각 사이의 관계

다음 그림에서 $\angle x$의 크기를 구하시오.

(1)

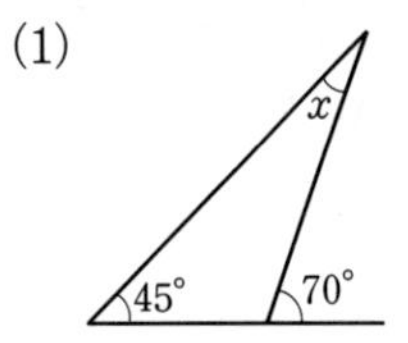

(2)

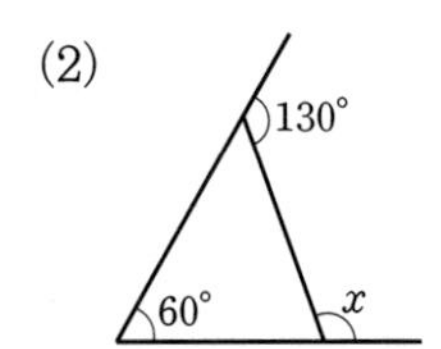

2-1 다음 그림에서 $\angle x$의 크기를 구하시오.

(1)

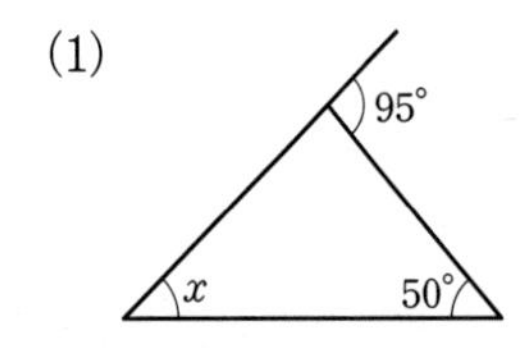

(2)

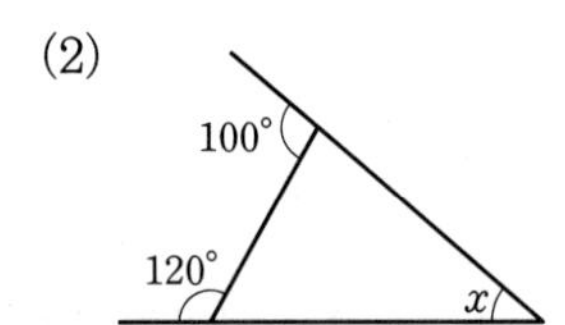

2-2 다음 그림에서 x의 값을 구하시오.

(1)

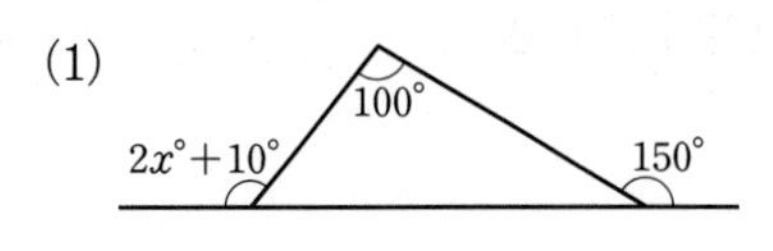

(2)

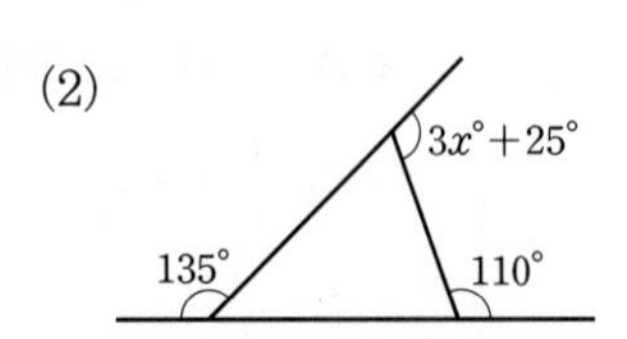

STEP 1 쏙쏙 개념 익히기

1 다음 그림에서 x의 값을 구하시오.

(1)

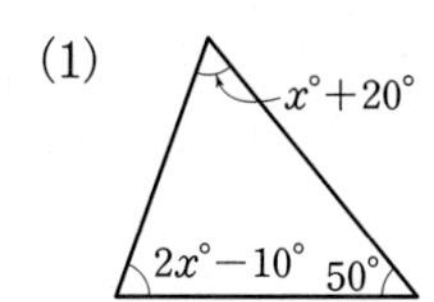

(2)

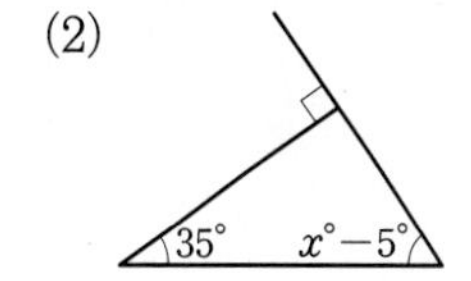

2 다음 그림에서 $\angle x$의 크기를 구하시오.

(1)

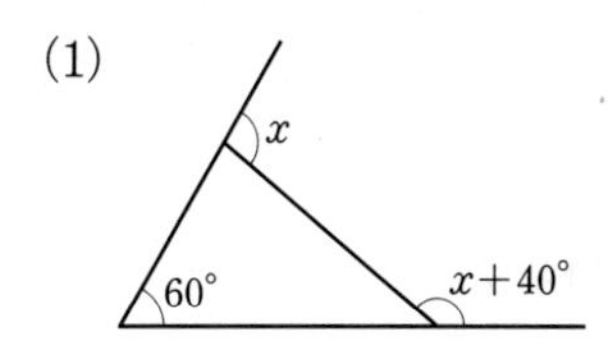

(2)

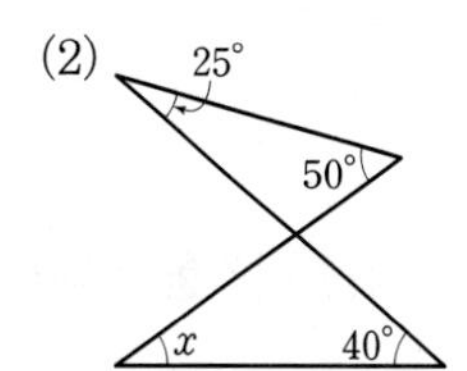

3 오른쪽 그림의 $\triangle ABC$에서 $\angle ACD=\angle DCB$이고 $\angle A=50°$, $\angle B=70°$일 때, $\angle x$의 크기를 구하시오.

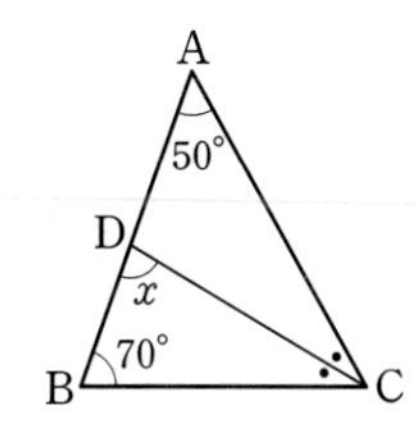

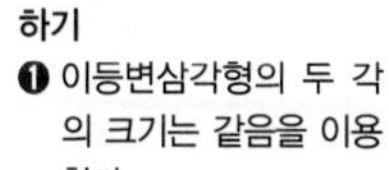

● 이등변삼각형의 성질을 이용하여 각의 크기 구하기

❶ 이등변삼각형의 두 각의 크기는 같음을 이용한다.

❷ 삼각형의 내각과 외각 사이의 관계를 이용한다.

4 오른쪽 그림에서 $\overline{AB}=\overline{AC}=\overline{CD}$이고 $\angle DBC=25°$일 때, $\angle x$의 크기를 구하려고 한다. 다음을 구하시오.

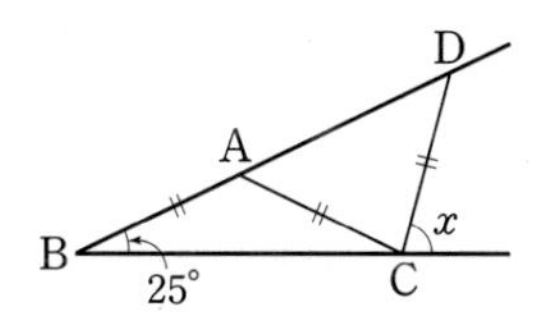

(1) $\angle DAC$의 크기

(2) $\angle x$의 크기

한번 더

5 오른쪽 그림에서 $\overline{AB}=\overline{BD}=\overline{CD}$이고 $\angle DAC=30°$일 때, $\angle x$의 크기를 구하시오.

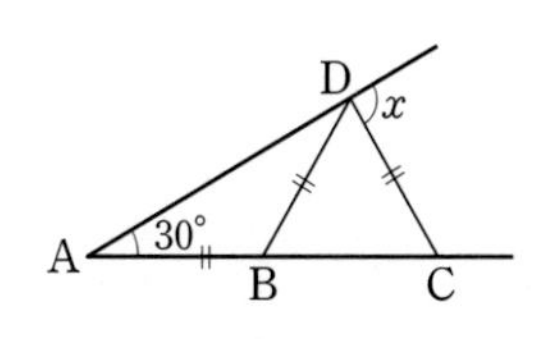

다각형의 내각과 외각

• 정답과 해설 30쪽

1 다각형의 내각의 크기의 합

n각형에서 내각의 크기의 합은 $\mathbf{180^\circ \times (n-2)}$이다.

다각형	사각형	오각형	육각형	…	n각형
한 꼭짓점에서 대각선을 모두 그어 만든 삼각형의 개수	2개	3개	4개	…	$(n-2)$개
내각의 크기의 합	$180^\circ \times 2 = 360^\circ$	$180^\circ \times 3 = 540^\circ$	$180^\circ \times 4 = 720^\circ$	…	$180^\circ \times (n-2)$

← 다각형을 여러 개의 삼각형으로 나눈다.
← (삼각형의 개수) = (변의 개수) − 2
← $180^\circ \times$ (삼각형의 개수)

필수 문제 1 다각형의 내각의 크기의 합

다음 다각형의 내각의 크기의 합을 구하시오.

(1) 팔각형　(2) 십일각형　(3) 십오각형

1-1 오른쪽 그림에서 $\angle x$의 크기를 구하시오.

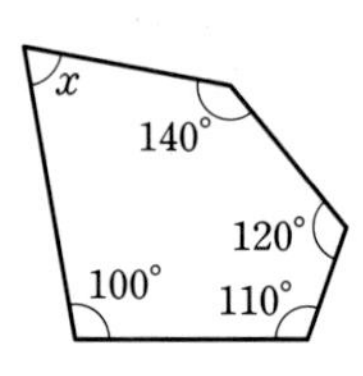

필수 문제 2 다각형의 내각의 크기의 합이 주어진 경우

내각의 크기의 합이 900°인 다각형의 이름을 말하시오.

2-1 내각의 크기의 합이 1800°인 다각형의 꼭짓점의 개수를 구하시오.

• 정답과 해설 30쪽

2 다각형의 외각의 크기의 합

n각형에서 외각의 크기의 합은 항상 **360°**이다.

→ 한 꼭짓점에서 내각과 외각의 크기의 합은 180°이다.

다각형	삼각형	사각형	오각형	…	n각형
❶→ (내각의 크기의 합) +(외각의 크기의 합)	$180° \times 3$	$180° \times 4$	$180° \times 5$	…	$180° \times n$
❷→ 내각의 크기의 합	$180°$	$180° \times 2$	$180° \times 3$	…	$180° \times (n-2)$
❶-❷→ 외각의 크기의 합	$360°$	$360°$	$360°$	…	$360°$

참고 오른쪽 그림과 같이 카메라 렌즈의 덮개가 닫히는 모양을 통해 다각형의 외각의 크기의 합이 360°임을 알 수도 있다.

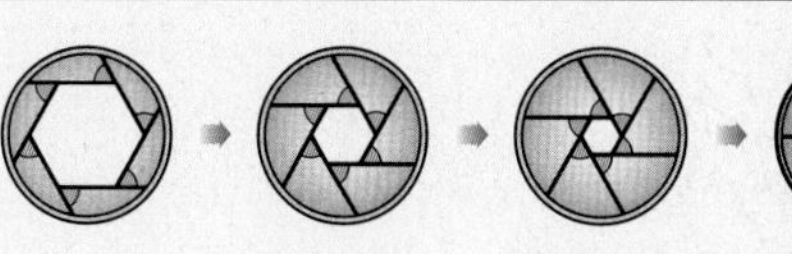

필수 문제 3 다음 그림에서 $\angle x$의 크기를 구하시오.

다각형의 외각의 크기의 합

(1)

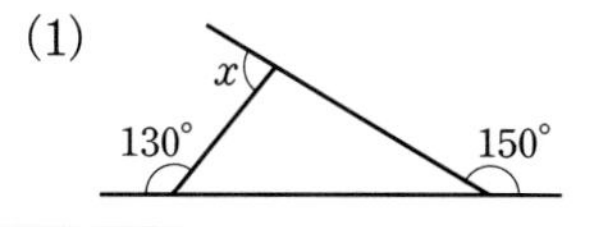

(2)

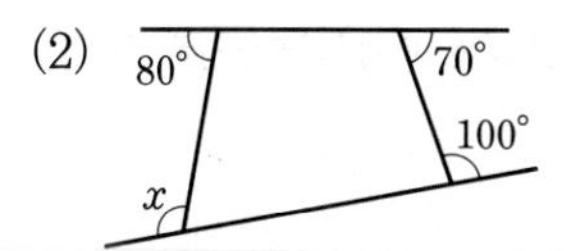

3-1 다음 그림에서 $\angle x$의 크기를 구하시오.

(1)

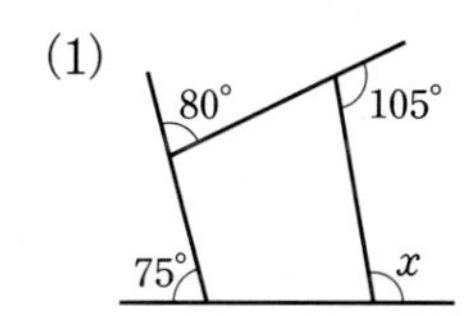

(2)

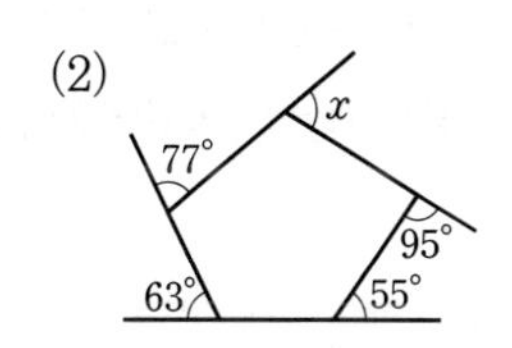

▸ 내각과 외각이 함께 주어질 때, 내각과 외각 중 더 많이 주어진 쪽을 기준으로 식을 세워 문제를 풀면 편리하다.

3-2 오른쪽 그림에서 $\angle x$의 크기를 구하시오.

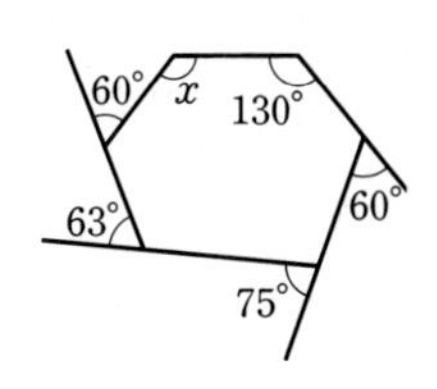

3 정다각형의 한 내각과 한 외각의 크기

(1) 정다각형은 모든 내각의 크기가 서로 같으므로

➡ (정 n각형의 한 내각의 크기)$=\dfrac{180° \times (n-2)}{n}$ ← 내각의 크기의 합 / ← 꼭짓점의 개수

예 정오각형의 한 내각의 크기는 $\dfrac{180° \times (5-2)}{5}=108°$이다.

(2) 정다각형은 모든 외각의 크기가 서로 같으므로

➡ (정 n각형의 한 외각의 크기)$=\dfrac{360°}{n}$ ← 외각의 크기의 합 / ← 꼭짓점의 개수

예 정오각형의 한 외각의 크기는 $\dfrac{360°}{5}=72°$이다.

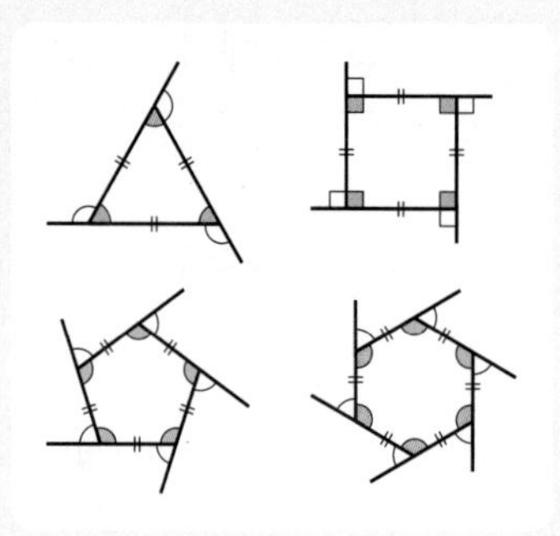

필수 문제 4

정다각형의 한 내각과 한 외각의 크기

▸한 내각과 한 외각의 크기의 합은 180°이므로 한 내각과 한 외각의 크기를 모두 구할 때는 한 외각의 크기를 먼저 구한 후에 이를 이용하여 한 내각의 크기를 구할 수도 있다.

다음 정다각형의 한 내각의 크기와 한 외각의 크기를 차례로 구하시오.

(1) 정팔각형 (2) 정구각형 (3) 정십이각형

4-1 오른쪽 그림의 정다각형에서 $\angle a-\angle b$의 크기를 구하시오.

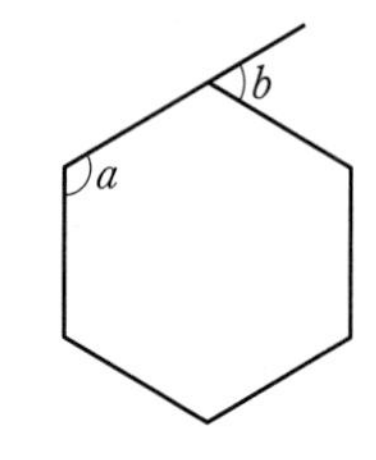

4-2 다음과 같은 정다각형의 이름을 말하시오.

(1) 한 외각의 크기가 20°인 정다각형

(2) 한 내각의 크기가 156°인 정다각형

STEP 1 쏙쏙 개념 익히기

1 십각형의 한 꼭짓점에서 대각선을 모두 그으면 a개의 삼각형으로 나누어지므로 십각형의 내각의 크기의 합은 $b°$이다. 이때 $a+b$의 값을 구하시오.

2 내각의 크기의 합이 $1260°$인 다각형의 한 꼭짓점에서 그을 수 있는 대각선의 개수를 구하시오.

3 다음 그림에서 $\angle x$의 크기를 구하시오.

(1)
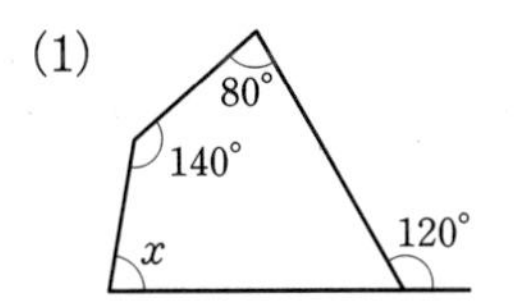

(2)
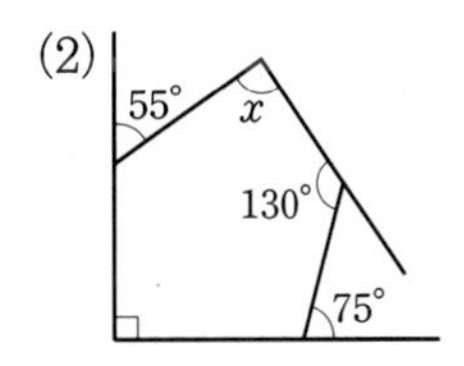

(3)
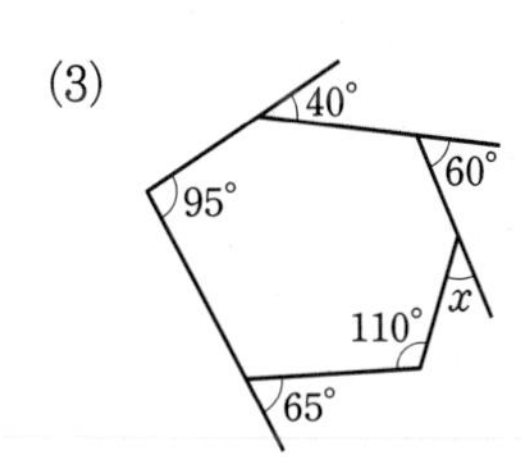

4 n각형의 내각의 크기와 외각의 크기의 총합이 $1440°$일 때, 자연수 n의 값을 구하시오.

5 다음 중 정다각형에 대한 설명으로 옳지 않은 것은?

① 정오각형의 한 내각의 크기는 $108°$이다.
② 정십각형의 한 외각의 크기는 $36°$이다.
③ 정사각형의 한 내각의 크기와 한 외각의 크기는 서로 같다.
④ 정다각형의 한 내각의 크기와 한 외각의 크기의 합은 항상 같다.
⑤ 정육각형의 내각의 크기의 합은 정오각형의 내각의 크기의 합보다 $360°$만큼 더 크다.

6 한 외각의 크기가 $60°$인 정다각형의 대각선의 개수는?

① 5개 ② 9개 ③ 14개
④ 20개 ⑤ 27개

7 오른쪽 그림의 정오각형 ABCDE의 두 변 AB와 DC의 연장선의 교점을 F라고 할 때, $\angle x$, $\angle y$의 크기를 각각 구하시오.

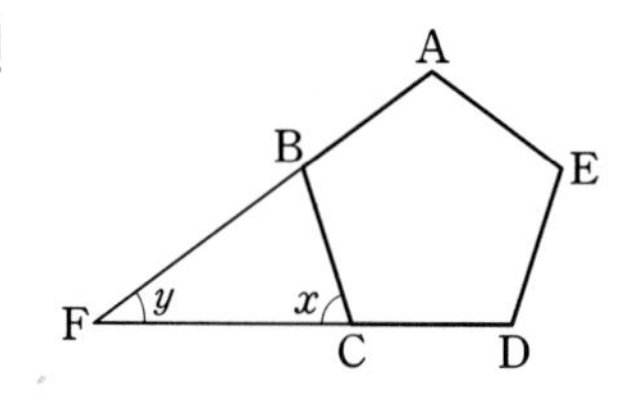

• 한 내각과 한 외각의 크기의 비가 주어진 정다각형
한 내각과 한 외각의 크기의 합이 $180°$임을 이용한다.

8 한 내각의 크기와 한 외각의 크기의 비가 $1:2$인 정다각형을 구하려고 할 때, 다음 물음에 답하시오.

(1) 한 외각의 크기를 구하시오.

(2) (1)을 이용하여 조건을 만족시키는 정다각형의 이름을 말하시오.

한번 더 (才)

9 한 내각의 크기와 한 외각의 크기의 비가 $7:2$인 정다각형의 이름을 말하시오.

STEP 2 탄탄 단원 다지기

중요

●○○
1 오른쪽 그림의 사각형 ABCD에서 $\angle x+\angle y$의 크기는?

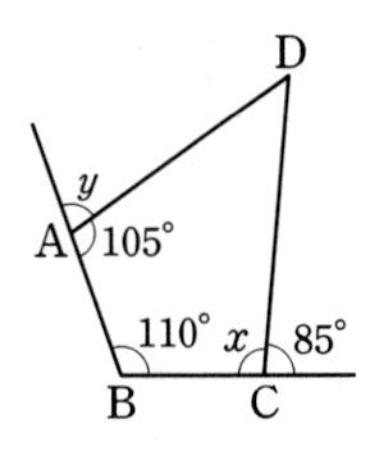

① 155° ② 160° ③ 165° ④ 170° ⑤ 175°

●○○
2 다음 중 옳은 것을 모두 고르면? (정답 2개)

① 다각형에서 변의 개수와 꼭짓점의 개수는 같다.
② 다각형의 한 꼭짓점에 대하여 외각은 1개이다.
③ 내각의 크기가 모두 같은 다각형은 정다각형이다.
④ 내각의 크기가 모두 같은 삼각형은 정삼각형이다.
⑤ 정다각형의 한 내각의 크기와 한 외각의 크기는 서로 같다.

●○○

3 한 꼭짓점에서 대각선을 모두 그었을 때 만들어지는 삼각형의 개수가 8개인 다각형의 대각선의 개수를 구하시오.

4 오른쪽 그림과 같이 7명의 학생이 원탁에 둘러 앉아 있다. 양옆에 앉은 학생과는 각각 악수를 하고, 나머지 학생들과는 각각 눈인사를 하려고 한다. 다음 물음에 답하시오.

(1) 악수를 하는 학생은 모두 몇 쌍인지 구하시오.

(2) 눈인사를 하는 학생은 모두 몇 쌍인지 구하시오.

●●○
5 다음 조건을 모두 만족시키는 다각형은?

조건
(가) 모든 변의 길이가 같고, 모든 내각의 크기가 같다.
(나) 대각선의 개수는 54개이다.

① 정팔각형 ② 구각형 ③ 십이각형 ④ 정구각형 ⑤ 정십이각형

●●○
6 오른쪽 그림의 $\triangle$ABC에서 $\angle$B$=60°$, $\angle$A$=2\angle$C일 때, $\angle$A의 크기를 구하시오.

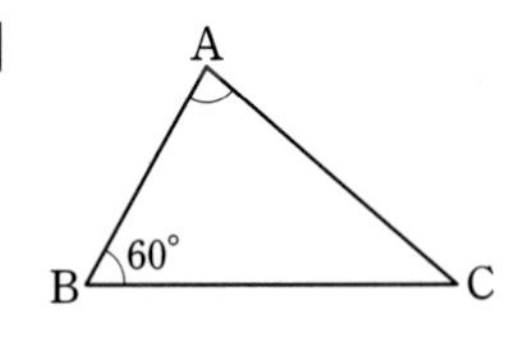

●●○
7 오른쪽 그림의 $\triangle$ABC에서 점 I는 $\angle$B의 이등분선과 $\angle$C의 이등분선의 교점이다. $\angle$BIC$=130°$일 때, $\angle x$의 크기를 구하시오.

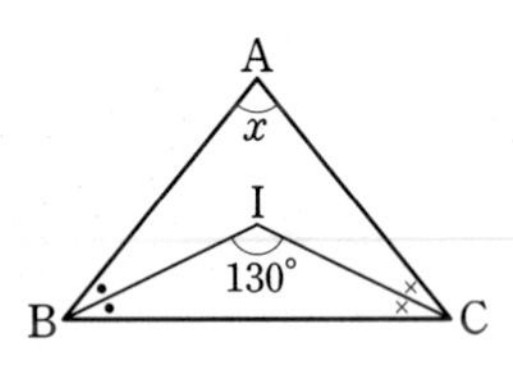

●○○
8 오른쪽 그림에서 $\angle x$의 크기는?

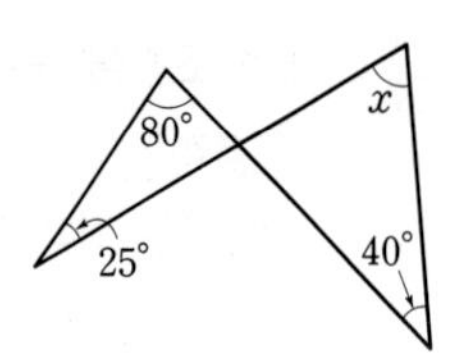

① 50° ② 55°
③ 60° ④ 65°
⑤ 70°

●●○
9 오른쪽 그림에서 $\angle x$, $\angle y$의 크기를 각각 구하시오.

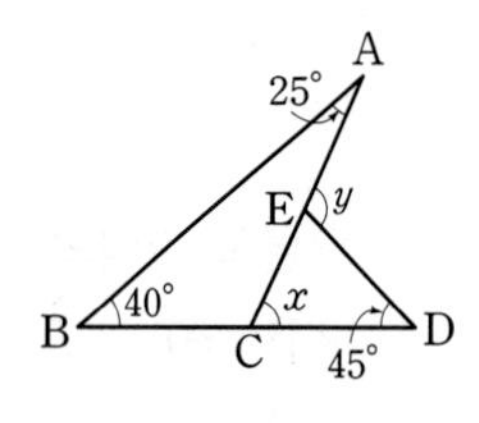

●●○
10 오른쪽 그림의 $\triangle ABC$에서 $\angle BAD = \angle CAD$일 때, $\angle x$의 크기는?

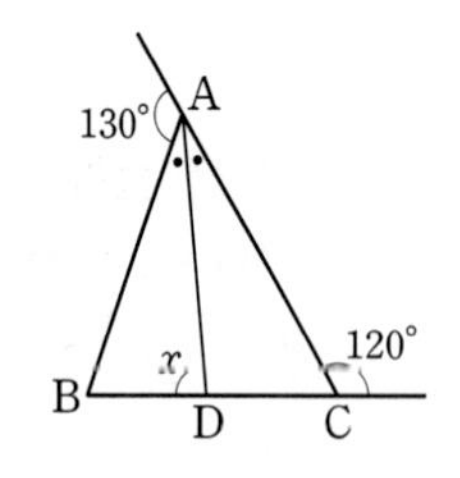

① 65° ② 70°
③ 75° ④ 80°
⑤ 85°

●●○
11 오른쪽 그림의 $\triangle ABC$에서 $\overline{AD} = \overline{BD} = \overline{BC}$이고 $\angle C = 70^\circ$일 때, $\angle x$의 크기는?

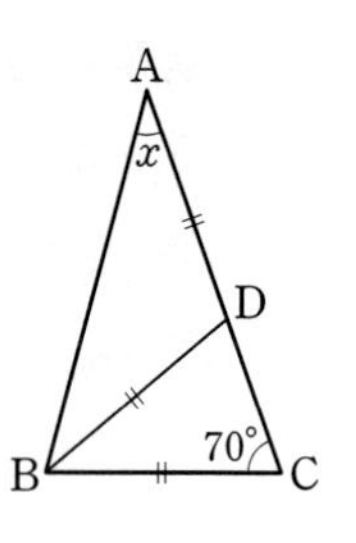

① 29° ② 31°
③ 33° ④ 35°
⑤ 37°

●●○
12 오른쪽 그림에서 $\angle x$의 크기를 구하시오.

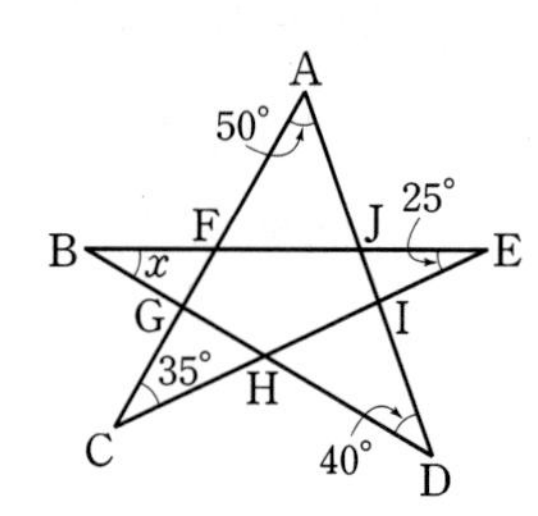

●●○
13 오른쪽 그림에서 $\angle x$의 크기를 구하시오.

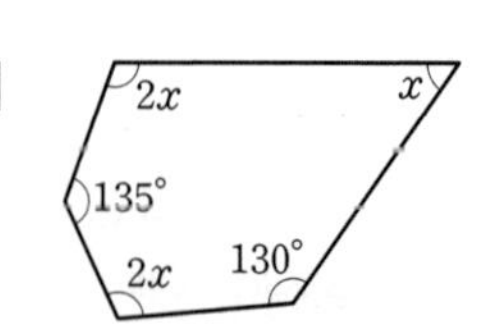

●○○
14 오른쪽 그림에서 $\angle x$의 크기는?

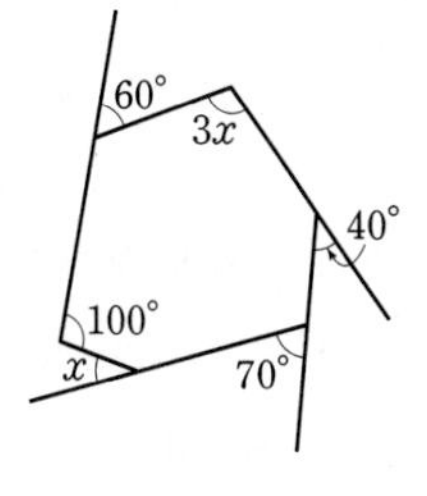

① 35° ② 40°
③ 45° ④ 50°
⑤ 60°

●●○
15 외각의 크기의 비가 $1:4:2:3$인 사각형에서 가장 작은 내각의 크기를 구하시오.

●●●
16 오른쪽 그림에서
$\angle a+\angle b+\angle c+\angle d$
$+\angle e+\angle f$
의 크기를 구하시오.

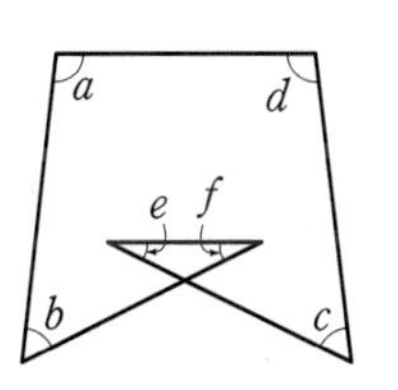

●●○
17 내각의 크기의 합이 2340°인 정다각형의 한 외각의 크기는?

① 24° ② 30° ③ 36°
④ 42° ⑤ 48°

●●○
18 한 내각의 크기가 한 외각의 크기의 4배인 정다각형의 꼭짓점의 개수는?

① 6개 ② 8개 ③ 10개
④ 12개 ⑤ 14개

●●○
19 다음 중 한 내각의 크기가 140°인 정다각형에 대한 설명으로 옳지 않은 것은?

① 정구각형이다.
② 한 꼭짓점에서 그을 수 있는 대각선의 개수는 6개이다.
③ 대각선의 개수는 27개이다.
④ 내각의 크기의 합은 1440°이다.
⑤ 한 내각의 크기와 한 외각의 크기의 비는 $7:2$이다.

●●●
20 오른쪽 그림의 정오각형 ABCDE에서 $\angle x$의 크기를 구하려고 한다. 다음을 구하시오.

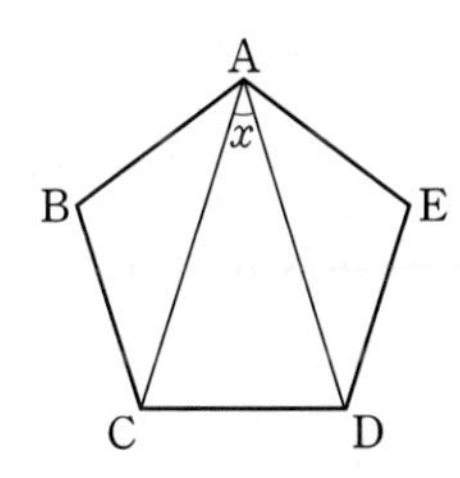

(1) $\angle \mathrm{BAC}$의 크기

(2) $\angle x$의 크기

STEP 3 쓱쓱 서술형 완성하기

유제를 따라 풀어 보고, 실전 문제로 연습해 보세요.

따라 해보자

예제 1 오른쪽 그림의 $\triangle ABC$에서 점 D는 $\angle B$의 이등분선과 $\angle C$의 외각의 이등분선의 교점이다. $\angle A=80^\circ$일 때, $\angle x$의 크기를 구하시오.

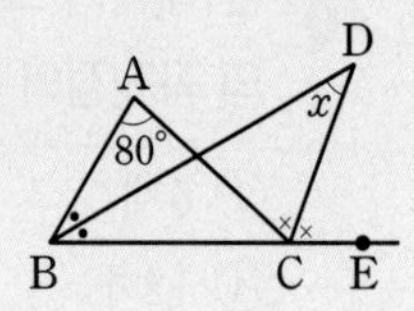

풀이 과정

1단계 $\triangle ABC$에서 식 세우기

$\angle ABD=\angle DBC=\angle a$,

$\angle ACD=\angle DCE=\angle b$라고 하면

$\triangle ABC$에서 $2\angle b=80^\circ+2\angle a$이므로

$\angle b=40^\circ+\angle a$ … ㉠

2단계 $\triangle DBC$에서 식 세우기

$\triangle DBC$에서 $\angle b=\angle x+\angle a$ … ㉡

3단계 $\angle x$의 크기 구하기

㉠, ㉡에서 $\angle x=40^\circ$

답 40°

유제 1 오른쪽 그림의 $\triangle ABC$에서 점 D는 $\angle B$의 이등분선과 $\angle C$의 외각의 이등분선의 교점이다. $\angle D=25^\circ$일 때, $\angle x$의 크기를 구하시오.

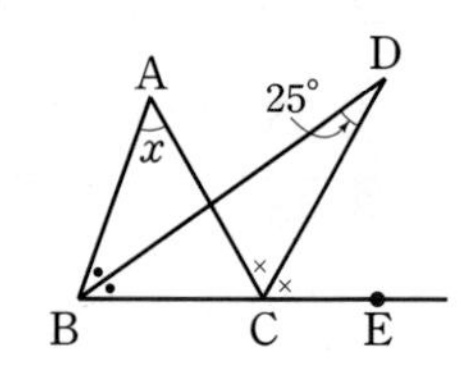

풀이 과정

1단계 $\triangle ABC$에서 식 세우기

2단계 $\triangle DBC$에서 식 세우기

3단계 $\angle x$의 크기 구하기

답

예제 2 한 내각의 크기가 144°인 정다각형의 내각의 크기의 합을 구하시오.

풀이 과정

1단계 한 내각의 크기가 144°인 정다각형 구하기

한 내각의 크기가 144°인 정다각형을 정n각형이라고 하면

$\frac{180^\circ\times(n-2)}{n}=144^\circ$, $180^\circ\times n-360^\circ=144^\circ\times n$

$36^\circ\times n=360^\circ$ $\quad\therefore n=10$, 즉 정십각형

다른 풀이

한 외각의 크기가 $180^\circ-144^\circ=36^\circ$이므로

$\frac{360^\circ}{n}=36^\circ$ $\quad\therefore n=10$, 즉 정십각형

2단계 정다각형의 내각의 크기의 합 구하기

따라서 정십각형의 내각의 크기의 합은

$144^\circ\times10=1440^\circ$

답 1440°

유제 2 한 외각의 크기가 18°인 정다각형의 내각의 크기의 합을 구하시오.

풀이 과정

1단계 한 외각의 크기가 18°인 정다각형 구하기

2단계 정다각형의 내각의 크기의 합 구하기

답

연습해 보자

▶ 모든 문제는 풀이 과정을 자세히 서술한 후 답을 쓰세요.

1 다음 그림에서 $\overline{AB}=\overline{BC}=\overline{CD}$이고 $\angle DCE=66°$일 때, $\angle a$의 크기를 구하시오.

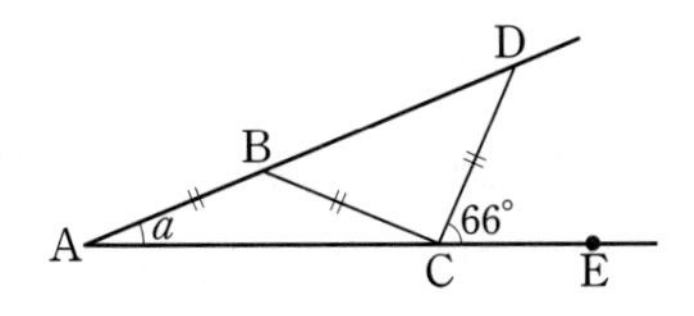

풀이 과정

답

2 오른쪽 그림의 사각형 ABCD에서 점 I는 $\angle B$의 이등분선과 $\angle C$의 이등분선의 교점이다. $\angle A+\angle D=150°$일 때, $\angle BIC$의 크기를 구하시오.

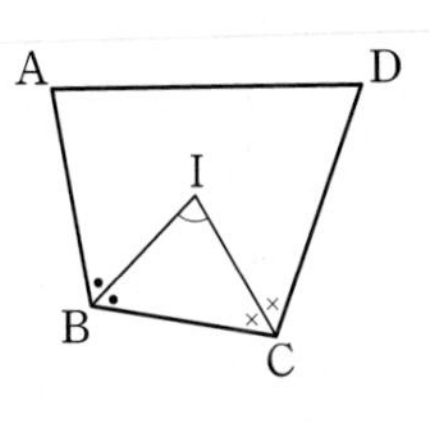

풀이 과정

답

3 한 꼭짓점에서 그을 수 있는 대각선의 개수가 15개인 정다각형의 한 내각의 크기를 구하시오.

풀이 과정

답

4 오른쪽 그림은 한 변의 길이가 같은 정육각형과 정팔각형의 한 변을 붙여 놓은 것이다. 이때 $\angle x$의 크기를 구하시오.

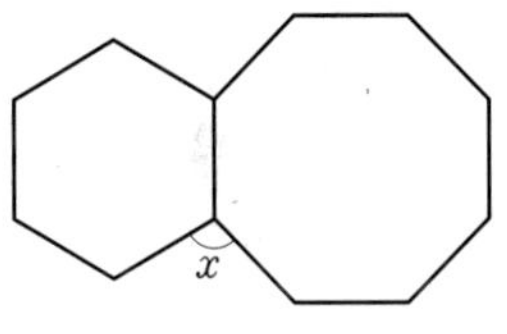

풀이 과정

답

• 정답과 해설 35쪽

경복궁 담장에 새겨진 정다각형

경복궁은 현재 남아 있는 다섯 개의 조선 시대 궁궐 중 맨 처음 지어진 것으로, 조선 왕조의 중심지로서의 역할을 해낸 곳이다. 태조가 한양을 도읍으로 정한 후 궁궐을 짓기 시작하여 바로 다음 해인 1395년에 완성하였으며, '경복(景福)'이라는 이름은 '큰 복을 누리라'는 뜻으로 정도전이 지은 것이라고 한다.

경복궁 안에는 왕족들의 생활 공간, 행정 업무를 보는 정무 시설, 궁의 휴식 공간인 후원 등이 조성되어 있으며, 이외에도 다음과 같은 건물들이 모여 있다.

- 근정전: 조선 왕실을 상징하는 건물이자 국가의 공식 행사나 조회 등을 할 때 사용한 건물
- 사정전: 임금이 평상시에 머물면서 정사를 돌보던 건물
- 강녕전: 임금이 일상을 보내는 거처였으며, 침실로 사용한 건물

광화문부터 흥례문을 지나 근정전, 사정전, 강녕전, 교태전을 잇는 중심부는 경복궁의 핵심 공간이며, 각 건축물들은 대칭적으로 배치되어 질서 정연한 모습을 보여준다. 또 이 중심부를 제외한 나머지 부분의 건축물들은 비대칭적으로 배치되어 변화와 통일의 아름다움도 함께 갖추고 있다.

경복궁에는 아름다운 무늬를 가진 담장들이 많은데, 특히 왕비가 거처했던 교태전에서는 정사각형 또는 정육각형 모양으로 채워진 담장을 볼 수 있다.

기출문제는 이렇게!

다음 보기의 정다각형 중 서로 합동인 것을 겹치지 않게 변끼리 붙였을 때 평면을 빈틈없이 채울 수 있는 것을 모두 고르시오.

보기

ㄱ. 정삼각형 ㄴ. 정사각형 ㄷ. 정오각형 ㄹ. 정육각형 ㅁ. 정팔각형

마인드 MAP

다각형의 내각과 외각

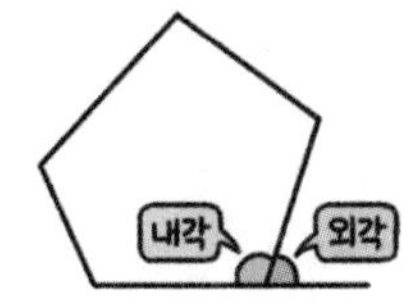

한 내각과 그 외각의 크기의 합은 180°이다.

정다각형

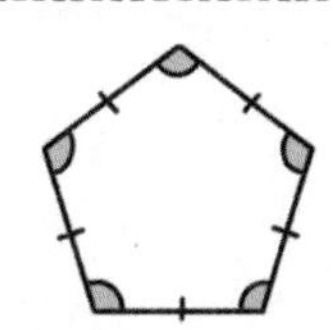

① 모든 변의 길이가 같다.
② 모든 내각의 크기가 같다.

n각형의 대각선의 개수

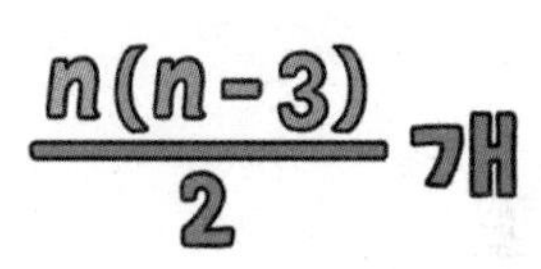

$\frac{n(n-3)}{2}$개

삼각형의 내각과 외각

- (삼각형의 세 내각의 크기의 합) = 180°
- (한 외각의 크기) = (그와 이웃하지 않는 두 내각의 크기의 합)

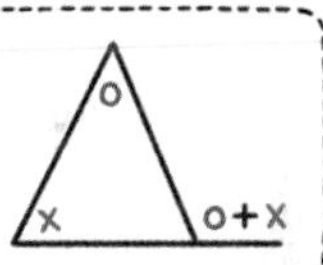

n각형의 내각과 외각

- (n각형의 내각의 크기의 합) = $180° \times (n-2)$
- (n각형의 외각의 크기의 합) = 360°

구호 시작!
외각의 크기의 합은 항상 360°!

정n각형의 한 내각과 한 외각

- (정n각형의 한 내각의 크기) = $\frac{180° \times (n-2)}{n}$
- (정n각형의 한 외각의 크기) = $\frac{360°}{n}$

4 원과 부채꼴

01 원과 부채꼴 ······ P. 78~82

1 원과 부채꼴
2 부채꼴의 중심각의 크기와 호의 길이, 넓이 사이의 관계
3 중심각의 크기와 현의 길이 사이의 관계

02 부채꼴의 호의 길이와 넓이 ······ P. 83~88

1 원주율
2 원의 둘레의 길이와 넓이
3 부채꼴의 호의 길이와 넓이
4 호의 길이를 알 때, 부채꼴의 넓이

이전에 배운 내용

초3~4
• 원

초5~6
• 원의 둘레와 넓이

이번에 배울 내용

1 원과 부채꼴

2 부채꼴의 호의 길이와 넓이

이후에 배울 내용

중3
• 원의 성질

고등
• 원의 방정식

준비 학습

초3~4 원

• 반지름: 원의 중심과 원 위의 한 점을 이은 선분

• 지름: 원 위의 두 점을 이은 선분 중에서 원의 중심을 지나는 선분

1 오른쪽 그림의 원에 대하여 다음 □ 안에 알맞은 것을 쓰시오.

(1) 점 ㅇ은 원의 □이고, 선분 ㄱㄴ은 원의 □이다.

(2) 선분 ㄷㄹ의 길이가 10 cm일 때, 원의 반지름은 □cm이다.

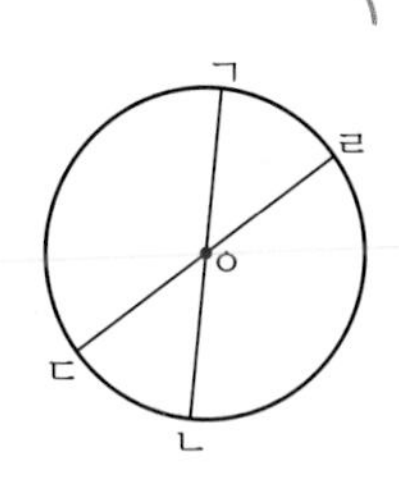

초5~6 원의 둘레와 넓이

• 원주: 원의 둘레

• 원주율: 원의 지름에 대한 원주의 비율 (=3.1415⋯)

• (원주)=(지름)×(원주율)

• (원의 넓이)
=(반지름)×(반지름)×(원주율)

2 오른쪽 그림의 원에서 다음을 구하시오.

(단, 원주율은 3.14로 계산한다.)

(1) 원주

(2) 원의 넓이

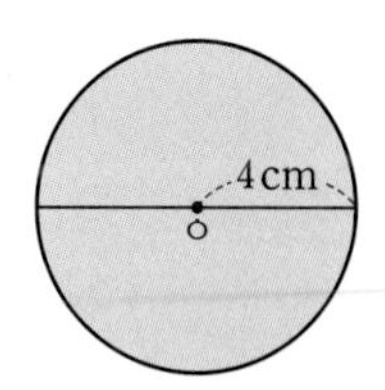

정답 1. (1) 중심, 지름 (2) 5 2. (1) 25.12 cm (2) 50.24 cm^2

01 원과 부채꼴

● 정답과 해설 36쪽

1 원과 부채꼴

(1) 원 O: 평면 위의 한 점 O(원의 중심)에서 일정한 거리(반지름)에 있는 모든 점으로 이루어진 도형

(2) 호 AB: 원 위의 두 점 A, B를 양 끝 점으로 하는 원의 일부분 기호 $\overset{\frown}{AB}$

(3) 할선: 원 위의 두 점을 지나는 직선

(4) 현 CD: 원 위의 두 점 C, D를 이은 선분

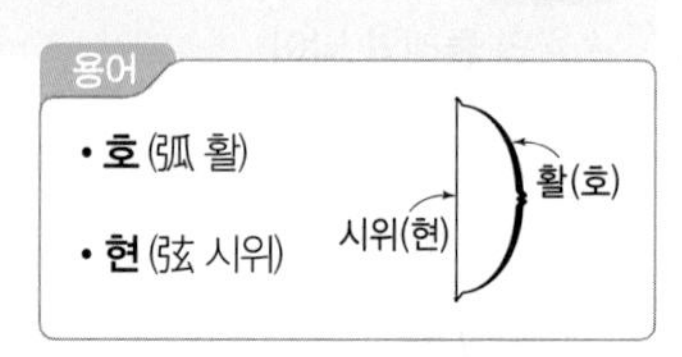

(5) 부채꼴 AOB: 원 O에서 호 AB와 두 반지름 OA, OB로 이루어진 도형

(6) 중심각: 부채꼴 AOB에서 두 반지름 OA, OB가 이루는 각, 즉 ∠AOB를 호 AB에 대한 중심각 또는 부채꼴 AOB의 중심각이라고 한다.

(7) 활꼴: 원 O에서 현 CD와 호 CD로 이루어진 도형

참고
- 보통 $\overset{\frown}{AB}$는 길이가 짧은 쪽의 호를 나타내고, 길이가 긴 쪽의 호는 그 호 위에 한 점 P를 잡아 $\overset{\frown}{APB}$와 같이 나타낸다.
- 원의 중심을 지나는 현은 그 원의 지름이고, 원의 지름은 그 원에서 길이가 가장 긴 현이다.
- 반원은 활꼴인 동시에 부채꼴이다.

용어
- 호 (弧 활)
- 현 (弦 시위)

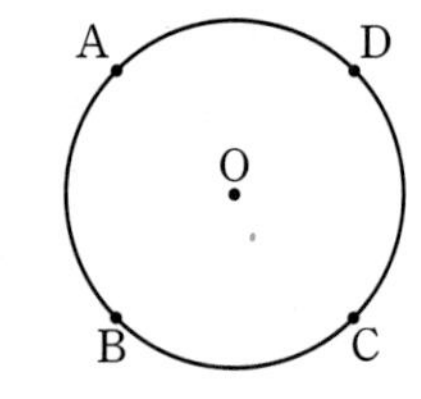

필수 문제 1

원과 부채꼴에 대한 용어의 이해

오른쪽 그림의 원 O 위에 다음을 나타내시오.

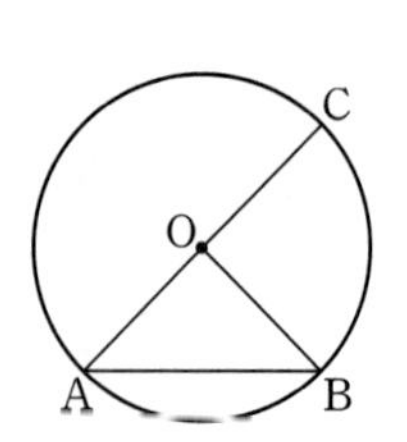

(1) 호 AB　　　　(2) 현 CD

(3) $\overline{OB}$, $\overline{OC}$, $\overset{\frown}{BC}$로 이루어진 부채꼴

(4) $\overline{AD}$, $\overset{\frown}{AD}$로 이루어진 활꼴

1-1 다음 보기 중 오른쪽 그림의 원 O에 대한 설명으로 옳은 것을 모두 고르시오.

보기
ㄱ. ∠AOB에 대한 호는 $\overset{\frown}{AB}$이다.
ㄴ. $\overset{\frown}{BC}$에 대한 중심각은 ∠BAC이다.
ㄷ. $\overline{AB}$와 $\overset{\frown}{AB}$로 둘러싸인 도형은 부채꼴이다.
ㄹ. 원 O에서 길이가 가장 긴 현은 원 O의 지름이다.
ㅁ. $\overset{\frown}{AB}$와 두 반지름 OA, OB로 둘러싸인 도형은 활꼴이다.

1-2 한 원에서 부채꼴과 활꼴이 같을 때, 이 부채꼴의 중심각의 크기를 구하시오.

2 부채꼴의 중심각의 크기와 호의 길이, 넓이 사이의 관계

한 원 또는 합동인 두 원에서

(1) 중심각의 크기가 같은 두 부채꼴의 호의 길이는 같다.
중심각의 크기가 같은 두 부채꼴의 넓이는 같다.

(2) 부채꼴의 호의 길이는 중심각의 크기에 정비례한다.
부채꼴의 넓이는 중심각의 크기에 정비례한다.

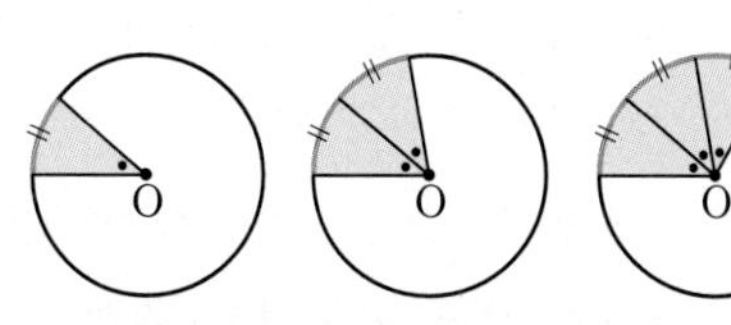

중심각의 크기가 2배, 3배, 4배, …가 되면 부채꼴의 호의 길이와 넓이도 각각 2배, 3배, 4배, …가 된다. ➡ 정비례한다.

필수 문제 2 부채꼴의 중심각의 크기와 호의 길이, 넓이

▸(중심각의 크기의 비)
=(호의 길이의 비)
=(부채꼴의 넓이의 비)

다음 그림의 원 O에서 x의 값을 구하시오.

(1)

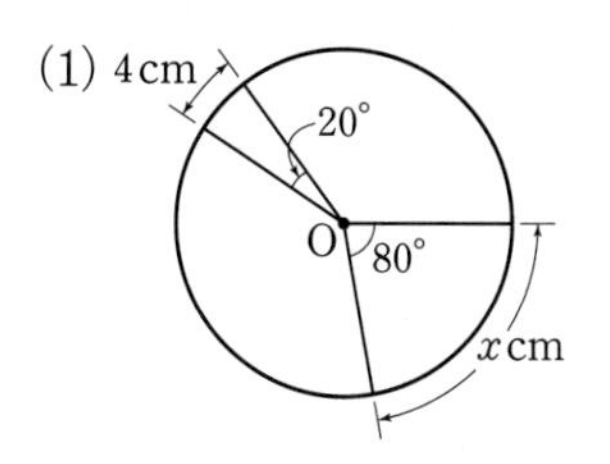

(2)

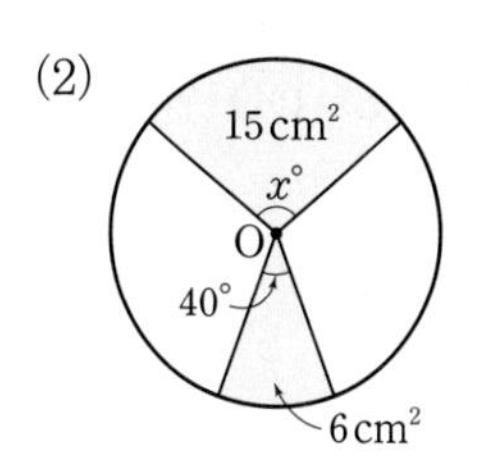

2-1 다음 그림의 원 O에서 x의 값을 구하시오.

(1)

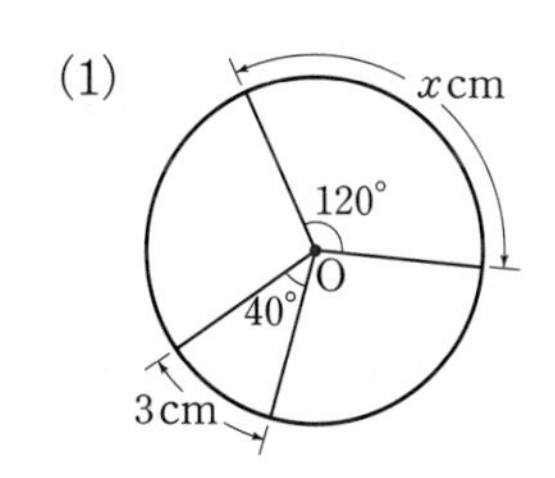

(2)

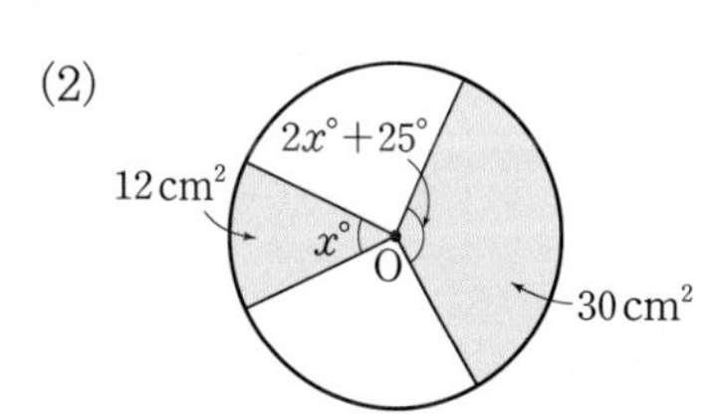

6조각으로
똑같이 자르면
한 조각의 중심각의
크기는 60°네!

2-2 오른쪽 그림의 원 O에서 $\widehat{AB} : \widehat{BC} : \widehat{CA} = 3 : 4 : 5$일 때, $\angle AOC$의 크기를 구하시오.

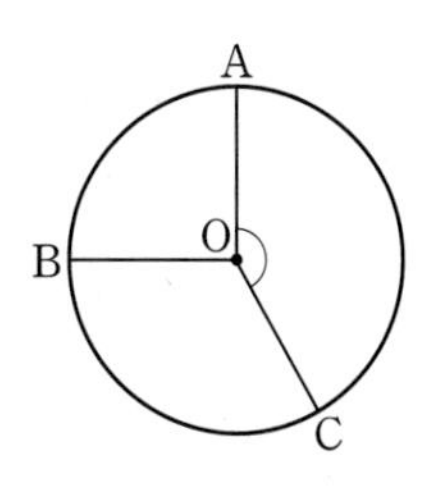

● 정답과 해설 36쪽

3 중심각의 크기와 현의 길이 사이의 관계

한 원 또는 합동인 두 원에서

(1) 중심각의 크기가 같은 두 현의 길이는 같다.

(2) 현의 길이는 중심각의 크기에 정비례하지 않는다.

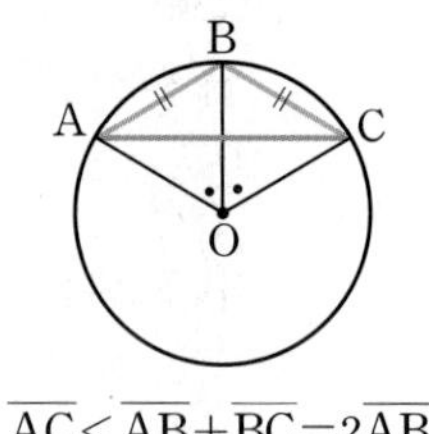

$\overline{AC}<\overline{AB}+\overline{BC}=2\overline{AB}$

주의 오른쪽 그림에서 중심각의 크기가 2배가 될 때, 현의 길이는 2배가 되지 않는다.

➡ $\angle AOC=2\angle AOB$일 때, $\overline{AC}\neq 2\overline{AB}$

개념 확인 다음은 원 O에서 중심각의 크기가 같은 두 현의 길이는 같음을 설명하는 과정이다. □ 안에 알맞은 것을 쓰시오.

△AOB와 △COD에서

$\overline{OA}=\overline{OB}=\overline{OC}=\overline{OD}$ (원의 □) ⋯ ㉠

$\angle AOB=$□ ⋯ ㉡

㉠, ㉡에서 △AOB□△COD (□ 합동)

∴ $\overline{AB}=$□

필수 문제 3 중심각의 크기와 현의 길이

다음 그림의 원 O에서 x의 값을 구하시오.

(1)

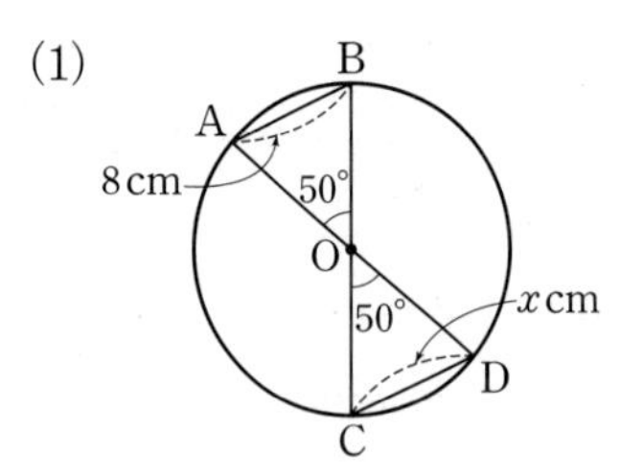

(2)

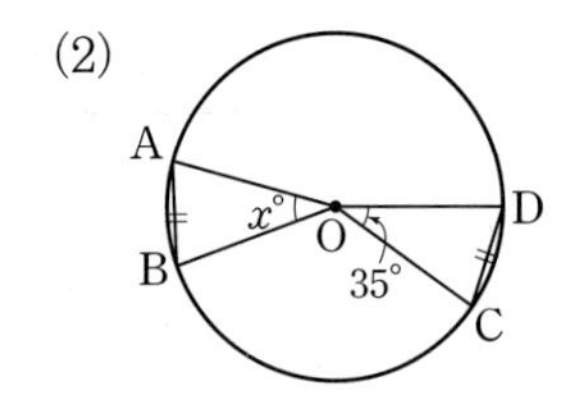

3-1 오른쪽 그림의 원 O에서 $\overline{AB}=\overline{CD}=\overline{DE}$이고 $\angle AOB=45°$일 때, $\angle COE$의 크기를 구하시오.

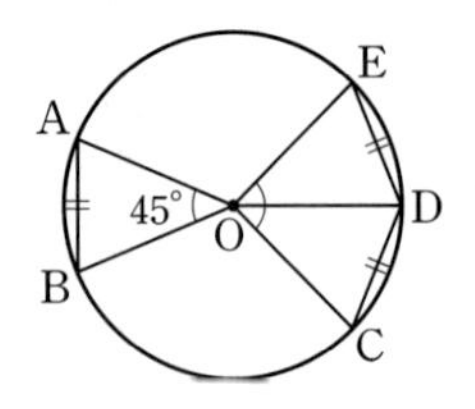

3-2 다음 보기 중 한 원 또는 합동인 두 원에 대한 설명으로 옳은 것을 모두 고르시오.

보기

ㄱ. 크기가 같은 중심각에 대한 현의 길이는 같다.

ㄴ. 호의 길이는 중심각의 크기에 정비례한다.

ㄷ. 부채꼴의 넓이는 중심각의 크기에 정비례한다.

ㄹ. 현의 길이는 중심각의 크기에 정비례한다.

● 정답과 해설 36쪽

STEP 1 쏙쏙 개념 익히기

1 다음 중 오른쪽 그림의 원 O의 각 부분을 나타내는 용어로 옳지 않은 것은?

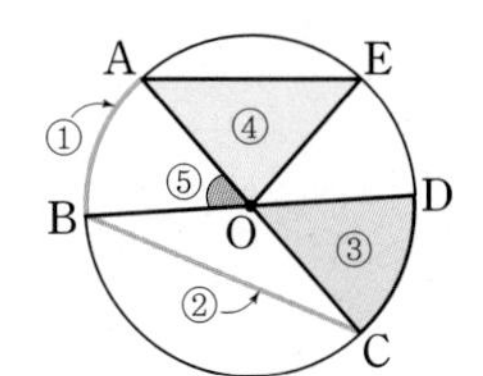

① 호 AB
② 현 BC
③ $\overline{OC}$, $\overline{OD}$, $\widehat{CD}$로 이루어진 부채꼴
④ $\overline{AE}$, $\widehat{AE}$로 이루어진 활꼴
⑤ 호 AB에 대한 중심각

2 반지름의 길이가 5 cm인 원에서 길이가 가장 긴 현의 길이를 구하시오.

3 오른쪽 그림의 원 O에서 $x+y$의 값을 구하시오.

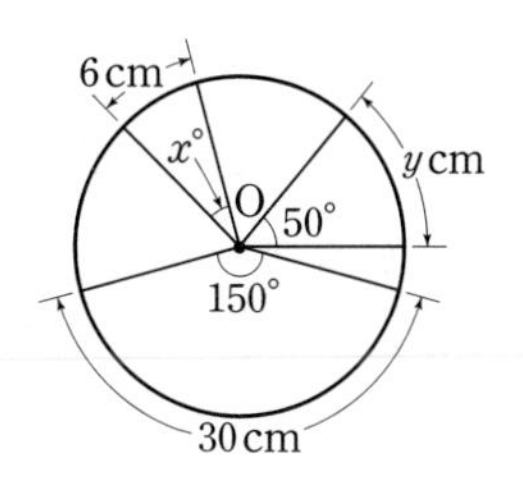

4 오른쪽 그림과 같이 $\overline{BC}$를 지름으로 하는 원 O에서 $\angle AOB=30°$, $\angle COD=90°$이고 부채꼴 COD의 넓이가 27 cm^2일 때, 부채꼴 AOB의 넓이를 구하시오.

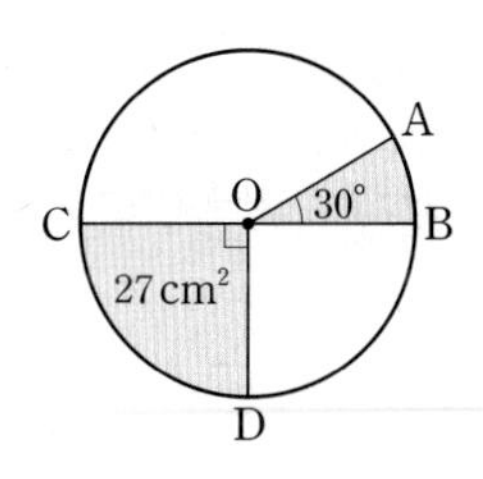

5 오른쪽 그림에서 $\overline{AC}$는 원 O의 지름이고 $\widehat{AB}:\widehat{BC}=5:4$일 때, $\angle BOC$의 크기를 구하시오.

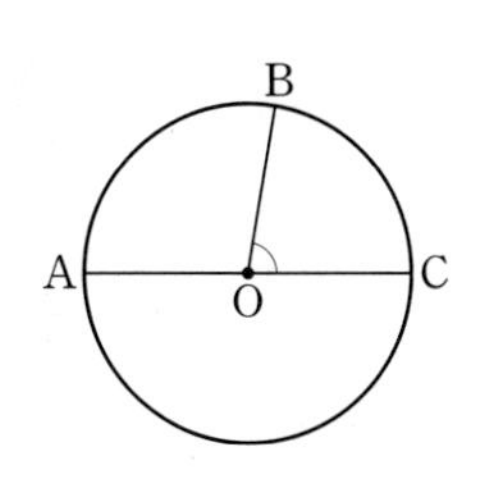

6 오른쪽 그림과 같이 반지름의 길이가 $8\,\text{cm}$인 원 O에서 $\widehat{AC}=\widehat{BC}$이고 $\overline{AC}=7\,\text{cm}$일 때, 색칠한 부분의 둘레의 길이를 구하시오.

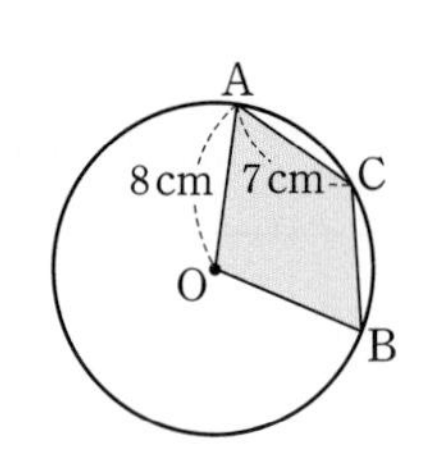

7 오른쪽 그림의 원 O에서 $\angle AOB=60°$, $\angle COD=30°$일 때, 다음 중 옳지 않은 것을 모두 고르면? (정답 2개)

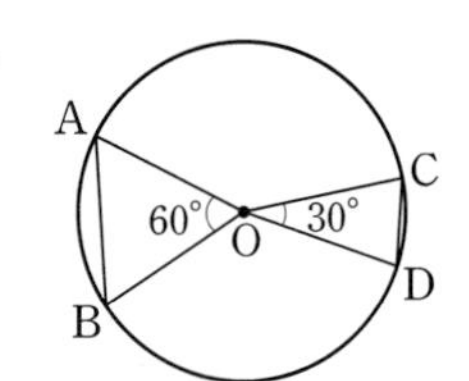

① $\widehat{AB}=2\widehat{CD}$

② $\overline{AB}=2\overline{CD}$

③ (원 O의 둘레의 길이)$=6\widehat{AB}$

④ ($\triangle$OAB의 넓이)$=2\times$($\triangle$ODC의 넓이)

⑤ (부채꼴 COD의 넓이)$=\frac{1}{2}\times$(부채꼴 AOB의 넓이)

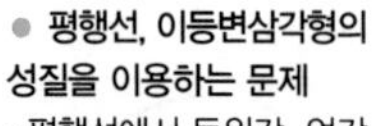

● 평행선, 이등변삼각형의 성질을 이용하는 문제
• 평행선에서 동위각, 엇각의 크기는 각각 같다.
• 이등변삼각형의 두 각의 크기는 서로 같다.

8 오른쪽 그림의 원 O에서 $\overline{AO}\,/\!/\,\overline{BC}$이고 $\widehat{BC}=3\widehat{AB}$일 때, $\angle x$의 크기를 구하시오.

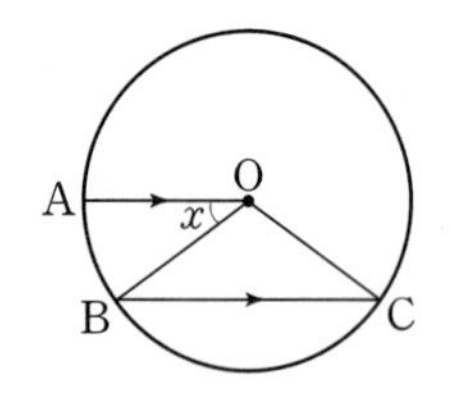

한번 더

9 오른쪽 그림의 원 O에서 $\overline{OC}\,/\!/\,\overline{AB}$이고 $\widehat{AB}:\widehat{BC}=2:1$일 때, $\angle x$의 크기는?

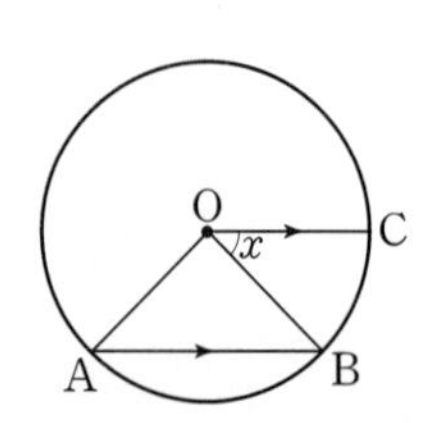

① $30°$　② $35°$　③ $40°$
④ $45°$　⑤ $50°$

부채꼴의 호의 길이와 넓이

• 정답과 해설 37쪽

1 원주율

원의 지름의 길이에 대한 원의 둘레의 길이(→ 원주)의 비의 값을 원주율이라고 한다. 원주율은 기호로 π와 같이 나타내고, '파이'라고 읽는다.

$$(\text{원주율})=\frac{(\text{원의 둘레의 길이})}{(\text{원의 지름의 길이})}=\pi$$

참고 • 원주율(π)은 원의 크기에 관계없이 항상 일정하고, 그 값은 3.141592…와 같이 불규칙하게 한없이 계속되는 소수이다.
• 원주율은 특정한 값으로 주어지지 않는 한 π를 사용하여 나타낸다.

2 원의 둘레의 길이와 넓이

반지름의 길이가 r인 원의 둘레의 길이를 l, 넓이를 S라고 하면

(1) $\boldsymbol{l}=2\times(\text{반지름의 길이})\times(\text{원주율})$

$=2\times r\times\pi=\boldsymbol{2\pi r}$

(2) $\boldsymbol{S}=(\text{반지름의 길이})\times(\text{반지름의 길이})\times(\text{원주율})$

$=r\times r\times\pi=\boldsymbol{\pi r^2}$

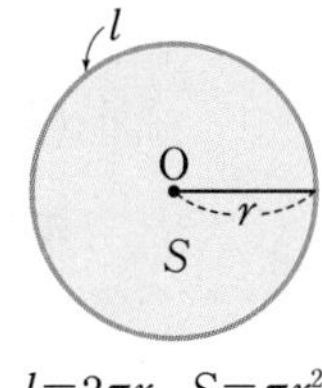

$l=2\pi r,\ S=\pi r^2$

용어
• $\boldsymbol{l}$ length(길이)의 머리글자
• $\boldsymbol{S}$ square(넓이)의 머리글자

필수 문제 1 원의 둘레의 길이와 넓이

다음 그림에서 색칠한 부분의 둘레의 길이와 넓이를 차례로 구하시오.

▸(2) 색칠한 부분의 넓이는 전체 도형의 넓이에서 색칠하지 않은 부분의 넓이를 뺀 것과 같다.

(1)
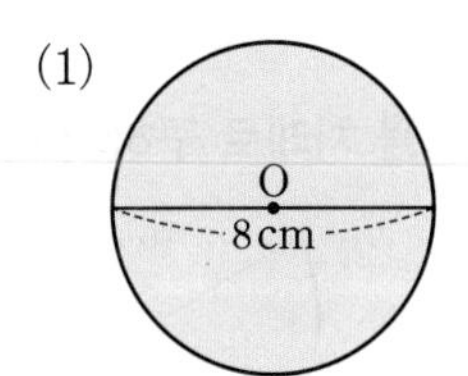

(2)
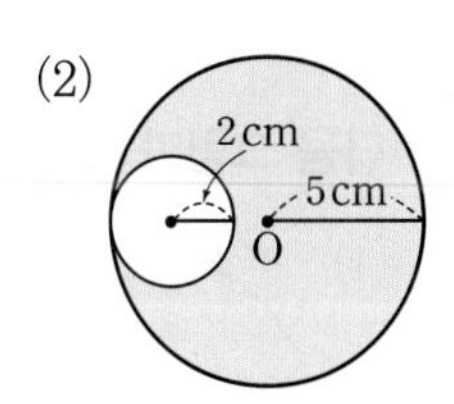

1-1 다음 그림에서 색칠한 부분의 둘레의 길이와 넓이를 차례로 구하시오.

(1)
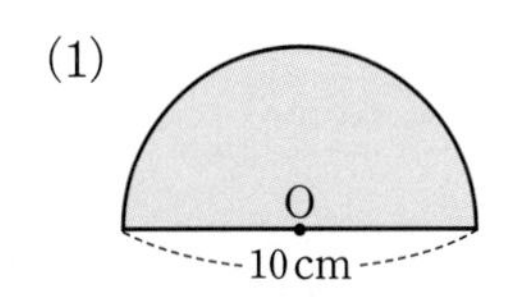

(2)
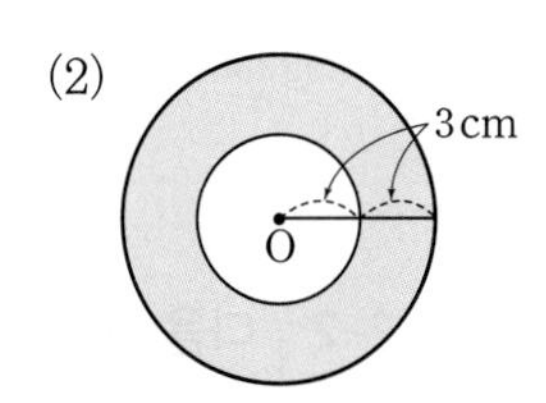

3 부채꼴의 호의 길이와 넓이

반지름의 길이가 r, 중심각의 크기가 $x°$인 부채꼴의 호의 길이를 l, 넓이를 S라고 하면

(1) 부채꼴의 호의 길이는 중심각의 크기에 정비례하므로

(원의 둘레의 길이) : (부채꼴의 호의 길이) $=360° : x°$

$2\pi r : l = 360° : x°$

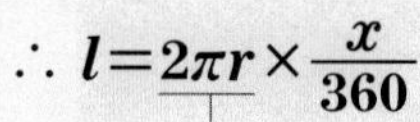

$\therefore\ \boldsymbol{l = 2\pi r \times \frac{x}{360}}$

→ 반지름의 길이가 r인 원의 둘레의 길이

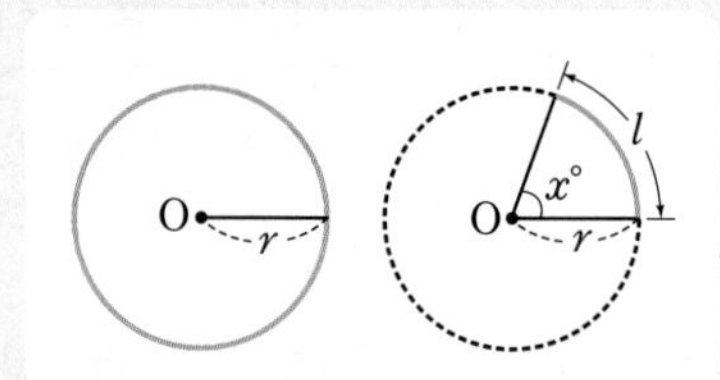

(2) 부채꼴의 넓이는 중심각의 크기에 정비례하므로

(원의 넓이) : (부채꼴의 넓이) $=360° : x°$

$\pi r^2 : S = 360° : x°$

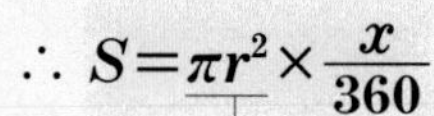

$\therefore\ \boldsymbol{S = \pi r^2 \times \frac{x}{360}}$

→ 반지름의 길이가 r인 원의 넓이

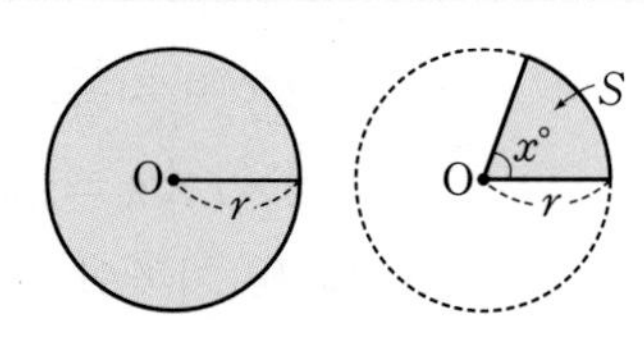

개념 확인 반지름의 길이가 4 cm이고 중심각의 크기가 45°인 부채꼴에 대하여 다음 □ 안에 알맞은 것을 쓰시오.

(1) (부채꼴의 호의 길이) $=2\pi \times \square \times \frac{\square}{360} = \square$(cm)

(2) (부채꼴의 넓이) $=\pi \times \square^2 \times \frac{\square}{360} = \square$(cm^2)

필수 문제 2 부채꼴의 호의 길이와 넓이

다음 그림과 같은 부채꼴의 호의 길이와 넓이를 차례로 구하시오.

(1)

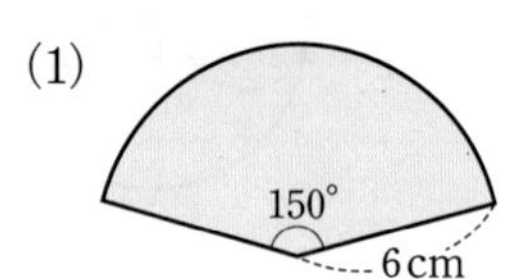

(2)

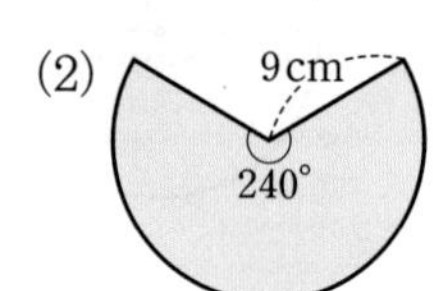

2-1 반지름의 길이가 12 cm이고 중심각의 크기가 30°인 부채꼴의 호의 길이와 넓이를 차례로 구하시오.

▸ 색칠한 부분의 넓이는 전체 넓이에서 색칠하지 않은 부분의 넓이를 뺀 것과 같다.

2-2 다음 그림에서 색칠한 부분의 둘레의 길이와 넓이를 차례로 구하시오.

(1)

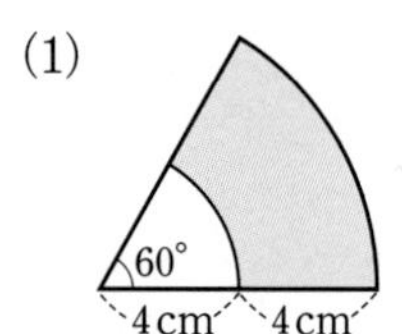

(2)

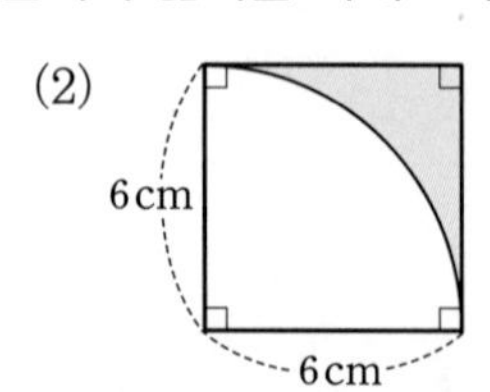

• 정답과 해설 38쪽

4 호의 길이를 알 때, 부채꼴의 넓이

반지름의 길이가 r, 호의 길이가 l인 부채꼴의 넓이를 S라고 하면

$S=\frac{1}{2}rl$ ← 중심각의 크기가 주어지지 않은 부채꼴의 넓이를 구할 때 사용한다.

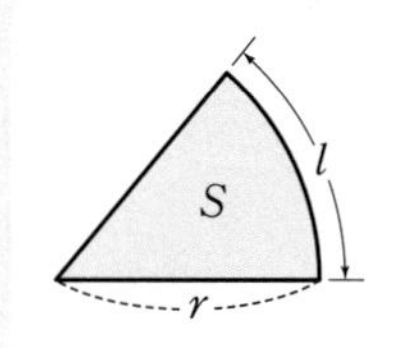

참고 중심각의 크기를 $x°$라고 하면

$l=2\pi r\times\frac{x}{360}$에서 $\frac{x}{360}=\frac{l}{2\pi r}$

$\therefore S=\pi r^2\times\frac{x}{360}=\pi r^2\times\frac{l}{2\pi r}=\frac{1}{2}rl$

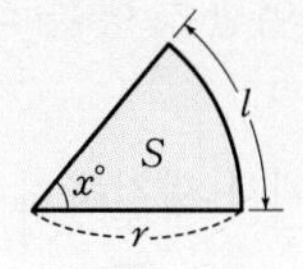

개념 확인 오른쪽 그림과 같이 반지름의 길이가 6cm, 호의 길이가 $2\pi\text{ cm}$인 부채꼴에 대하여 다음 □ 안에 알맞은 것을 쓰시오.

(부채꼴의 넓이)$=\frac{1}{2}\times6\times$□$=$□$(\text{cm}^2)$

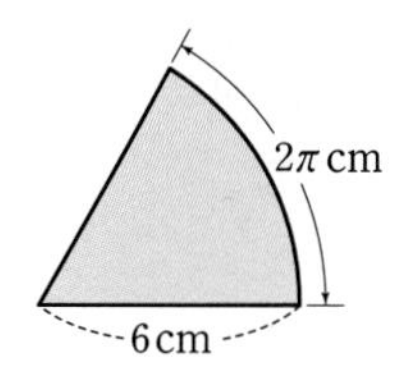

필수 문제 3 다음 그림과 같은 부채꼴의 넓이를 구하시오.

호의 길이를 알 때, 부채꼴의 넓이

(1)

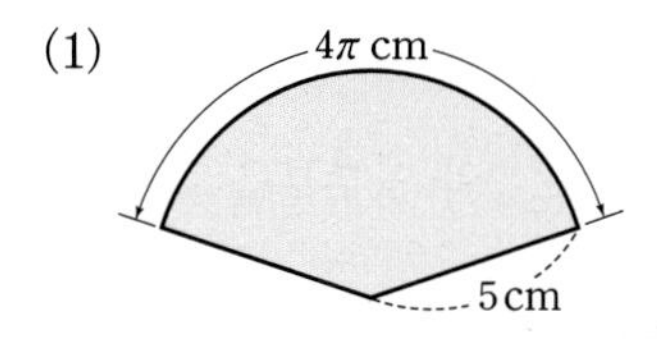

(2)

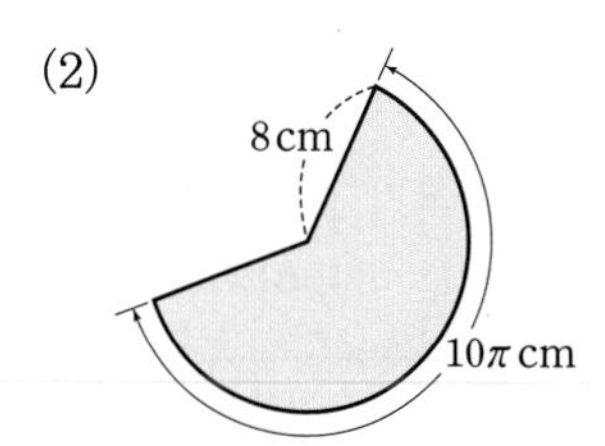

3-1 다음 그림과 같은 부채꼴의 넓이를 구하시오.

(1)

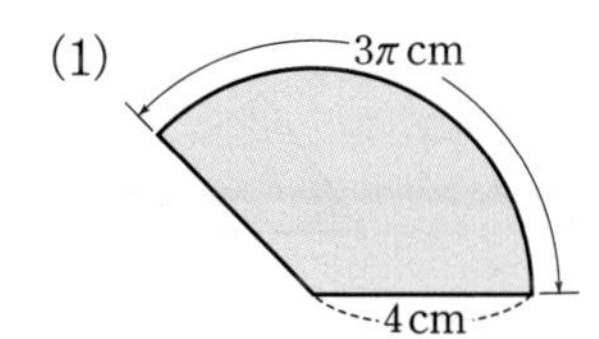

(2)

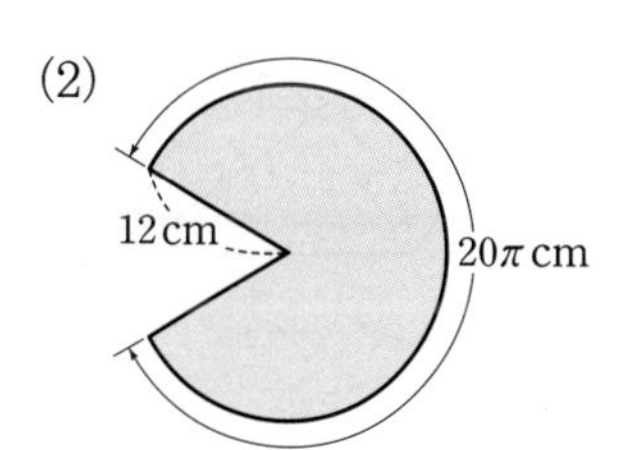

3-2 반지름의 길이가 6 cm이고 넓이가 $15\pi\text{ cm}^2$인 부채꼴의 호의 길이를 구하시오.

색칠한 부분의 넓이 구하기

주어진 도형에서 색칠한 부분의 넓이를 한 번에 구할 수 없을 때는 보통 전체의 넓이에서 색칠하지 않은 부분의 넓이를 빼어서 구한다. 이때 우리가 알고 있는 도형의 넓이 공식을 이용할 수 있도록 주어진 도형을 적당히 나누거나 이동하는 과정이 필요하다.

(1) 전체의 넓이에서 색칠하지 않은 부분의 넓이를 빼어서 색칠한 부분의 넓이를 구한다.

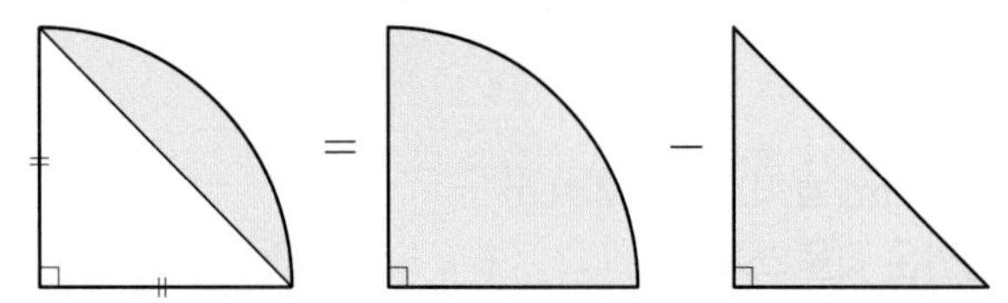

(2) 주어진 도형에 적당한 보조선을 그어서 색칠한 부분의 넓이를 구한다.

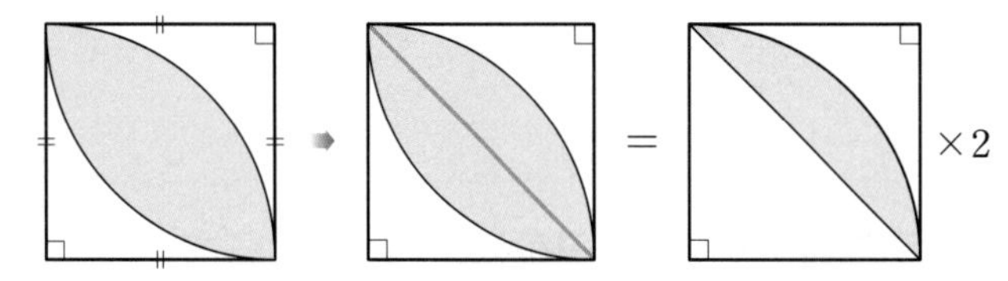

(3) 주어진 도형에 적당한 보조선을 그은 후, 도형의 일부분을 적당히 이동하여 간단한 모양으로 만들어서 색칠한 부분의 넓이를 구한다.

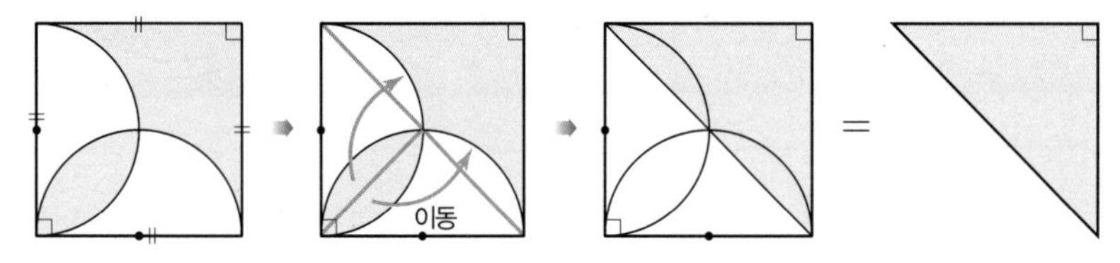

(4) 주어진 도형을 몇 개의 도형으로 나누어 넓이를 구한 후, 각각의 넓이를 더하거나 빼어서 색칠한 부분의 넓이를 구한다.

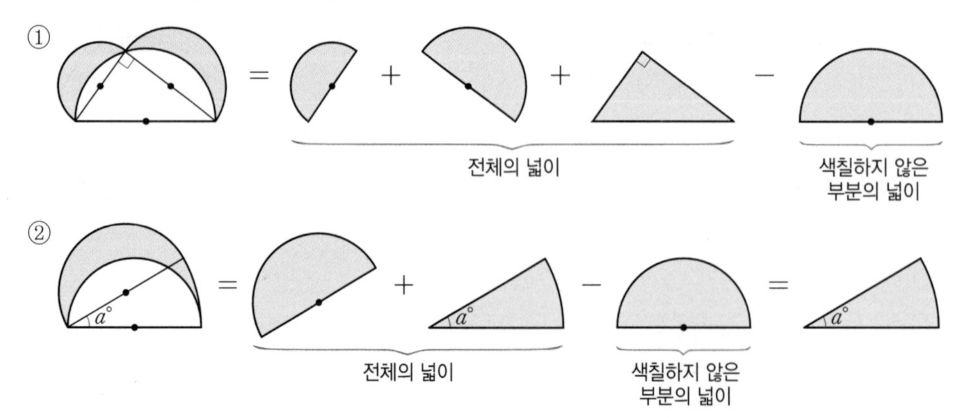

STEP 1

쏙쏙 개념 익히기

1 **다음을 구하시오.**

(1) 둘레의 길이가 14π cm인 원의 반지름의 길이

(2) 둘레의 길이가 6π cm인 원의 넓이

2 **다음 그림에서 색칠한 부분의 둘레의 길이와 넓이를 차례로 구하시오.**

(1)

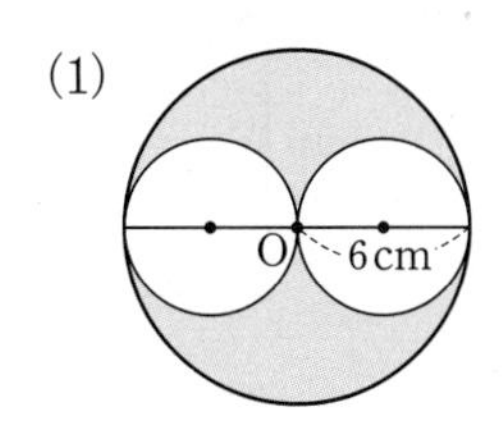

(2)

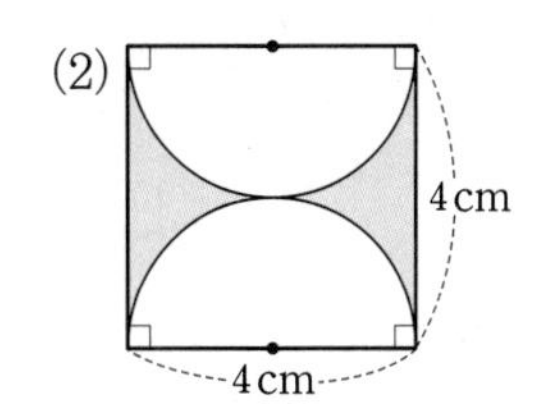

3 **반지름의 길이가 5 cm이고 중심각의 크기가 120°인 부채꼴의 호의 길이와 넓이를 차례로 구하시오.**

4 **오른쪽 그림과 같이 반지름의 길이가 24 cm이고 호의 길이가 10π cm인 부채꼴의 중심각의 크기는?**

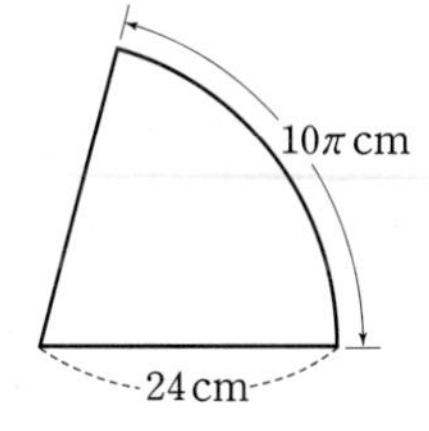

① 55°　② 60°　③ 75°
④ 80°　⑤ 90°

5 **반지름의 길이가 6 cm이고 호의 길이가 10π cm인 부채꼴의 넓이를 구하시오.**

STEP 1 쏙쏙 개념 익히기

6 오른쪽 그림과 같이 호의 길이가 15π cm이고 넓이가 $90\pi\ \text{cm}^2$인 부채꼴에 대하여 다음을 구하시오.

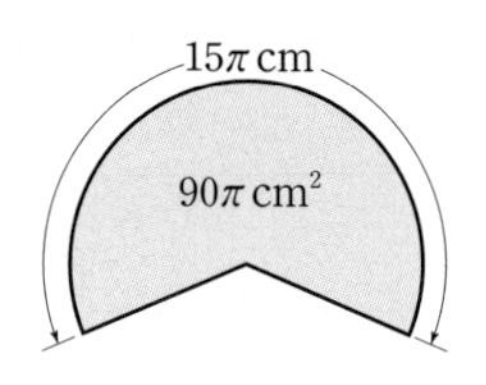

(1) 부채꼴의 반지름의 길이

(2) 부채꼴의 중심각의 크기

7 다음 그림에서 색칠한 부분의 넓이를 구하시오.

(1)

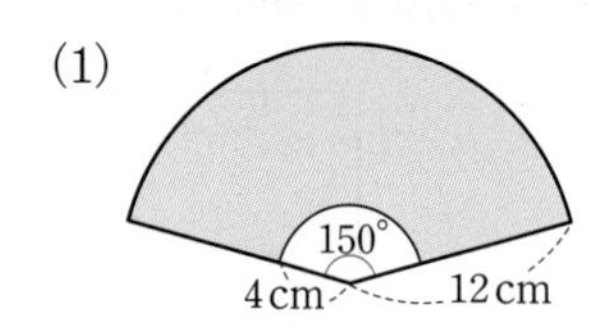

(2)

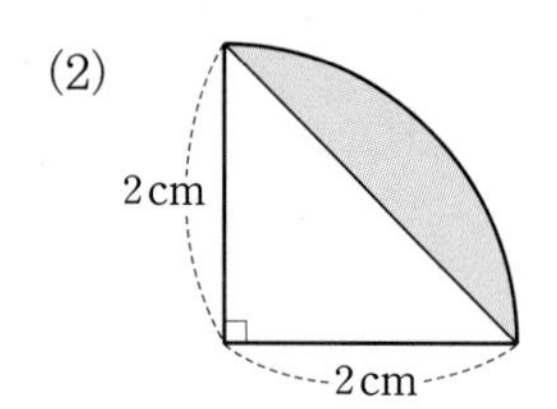

8 오른쪽 그림과 같이 한 변의 길이가 6 cm인 정사각형에서 색칠한 부분의 둘레의 길이와 넓이를 차례로 구하시오.

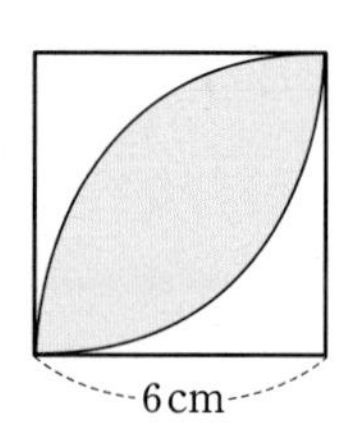

● 색칠한 부분의 넓이 구하기
도형의 일부분을 넓이가 같은 부분으로 적당히 이동하여 간단한 모양의 도형으로 만든다.

9 오른쪽 그림과 같이 한 변의 길이가 16 cm인 정사각형에서 색칠한 부분의 넓이를 구하시오.

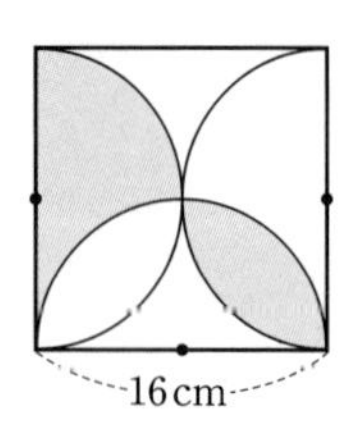

한번 더

10 오른쪽 그림과 같이 한 변의 길이가 30 cm인 정사각형에서 색칠한 부분의 넓이를 구하시오.

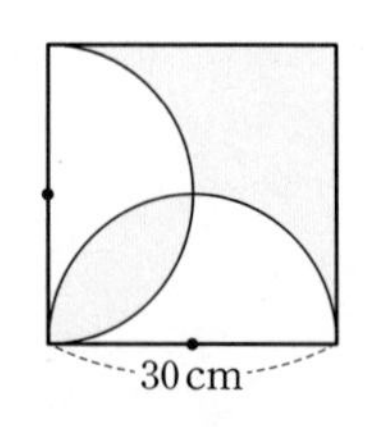

STEP 2 탄탄 단원 다지기

★ 중요

●○○

1 다음 중 옳은 것을 모두 고르면? (정답 2개)

① 반원은 활꼴이 아니다.
② 원 위의 두 점을 이은 선분을 지름이라고 한다.
③ 평면 위의 한 점으로부터 일정한 거리에 있는 점들로 이루어진 도형을 원이라고 한다.
④ 반지름의 길이가 3 cm인 원에서 가장 긴 현의 길이는 9 cm이다.
⑤ 부채꼴은 두 반지름과 호로 이루어진 도형이다.

●○○

2 오른쪽 그림의 원 O에서 반지름의 길이와 현 AB의 길이가 같을 때, 호 AB에 대한 중심각의 크기를 구하시오.

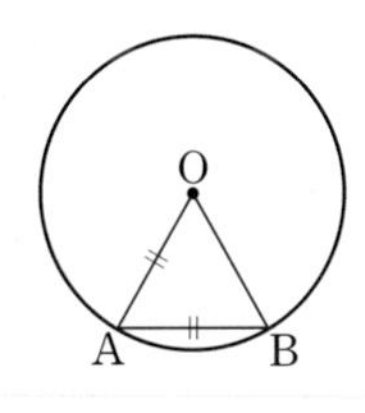

●○○

3 오른쪽 그림과 같이 $\overline{AB}$를 지름으로 하는 원 O에서 $\widehat{AD}=9\,\text{cm}$, $\angle AOD=40°$, $\angle BOC=20°$일 때, $\widehat{CD}$의 길이를 구하시오.

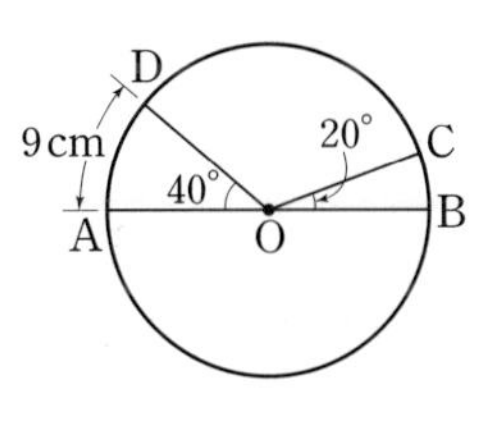

●●○

4 오른쪽 그림의 원 O에서

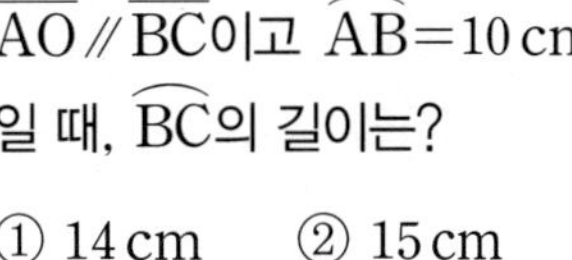

$\overline{AO} /\!/ \overline{BC}$이고 $\widehat{AB}=10\,\text{cm}$일 때, $\widehat{BC}$의 길이는?

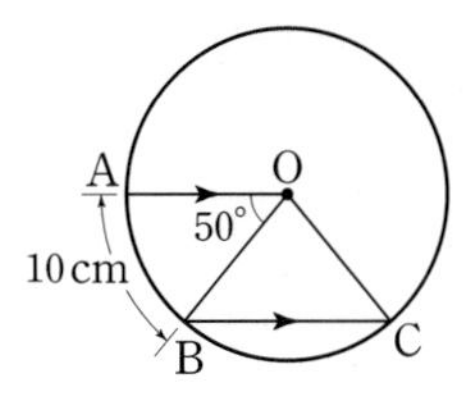

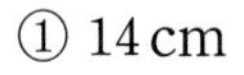

① 14 cm ② 15 cm ③ 16 cm ④ 17 cm ⑤ 18 cm

●●○

5 오른쪽 그림과 같이 원 O의 지름 AB의 연장선과 현 CD의 연장선의 교점을 P라 고 하자. $\overline{OD}=\overline{DP}$이고 $\angle OPD=25°$, $\widehat{BD}=6\,\text{cm}$일 때, $\widehat{AC}$의 길이는?

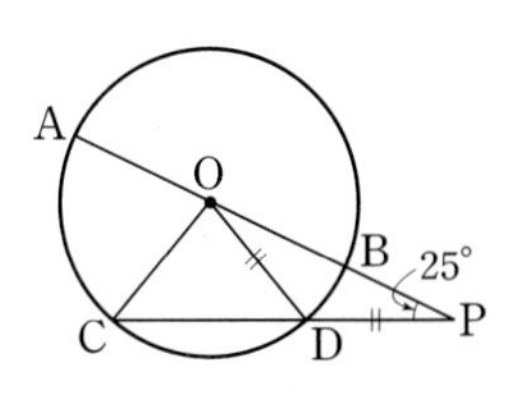

① 9 cm ② 12 cm ③ 15 cm ④ 18 cm ⑤ 21 cm

●○○

6 오른쪽 그림의 원 O에서 x의 값을 구하시오.

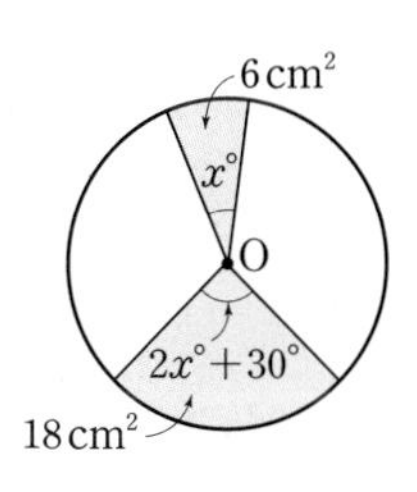

●●○

7 오른쪽 그림의 원 O에서 $\angle AOB : \angle BOC : \angle COA = 6 : 5 : 7$이고 원 O의 넓이가 $144\pi\,\text{cm}^2$일 때, 부채꼴 AOB의 넓이를 구하시오.

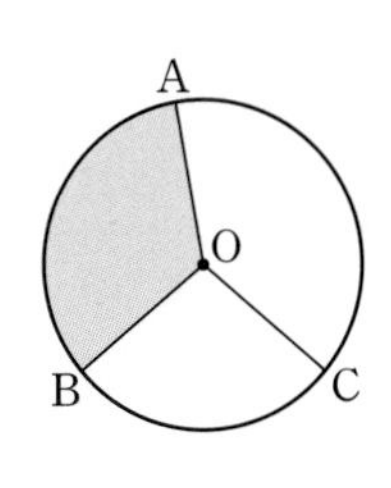

●●○
8 오른쪽 그림과 같이 지름이 $\overline{AB}$인 원 O에서 $\overline{AC} /\!/ \overline{OD}$이고 $\overline{CD}=10\,\text{cm}$일 때, $\overline{BD}$의 길이는?

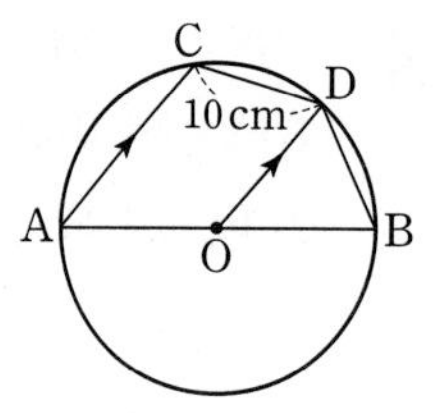

① 6 cm ② 7 cm
③ 8 cm ④ 9 cm
⑤ 10 cm

●○○
9 한 원 또는 합동인 두 원에서 다음 중 옳지 않은 것을 모두 고르면? (정답 2개)

① 부채꼴의 넓이는 현의 길이에 정비례한다.
② 넓이가 같은 두 부채꼴은 중심각의 크기가 같다.
③ 크기가 같은 중심각에 대한 호의 길이는 같지만 현의 길이는 다르다.
④ 부채꼴의 호의 길이는 중심각의 크기에 정비례한다.
⑤ 현의 길이는 중심각의 크기에 정비례하지 않는다.

●●○
10 오른쪽 그림에서 색칠한 부분의 둘레의 길이와 넓이를 차례로 구하시오.

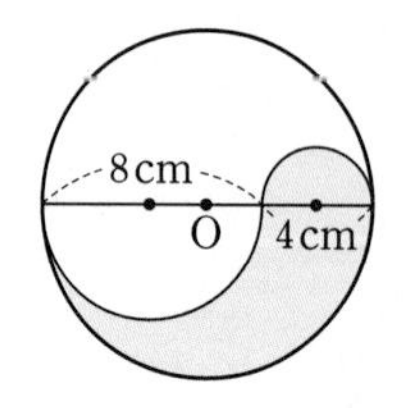

●●○
11 오른쪽 그림과 같이 반지름의 길이가 8 cm이고 넓이가 $\frac{64}{3}\pi\,\text{cm}^2$인 부채꼴의 중심각의 크기는?

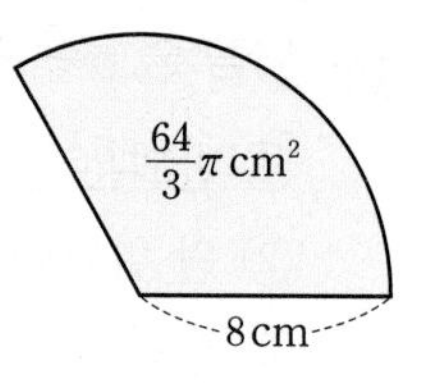

① $100°$ ② $108°$ ③ $115°$
④ $120°$ ⑤ $135°$

●●○
12 반지름의 길이가 9 cm이고 넓이가 $27\pi\,\text{cm}^2$인 부채꼴의 둘레의 길이는?

① 3π cm ② 6π cm
③ 12π cm ④ $(3\pi+9)$ cm
⑤ $(6\pi+18)$ cm

●●○
13 오른쪽 그림과 같이 한 변의 길이가 20 cm인 정오각형에서 색칠한 부분의 둘레의 길이는?

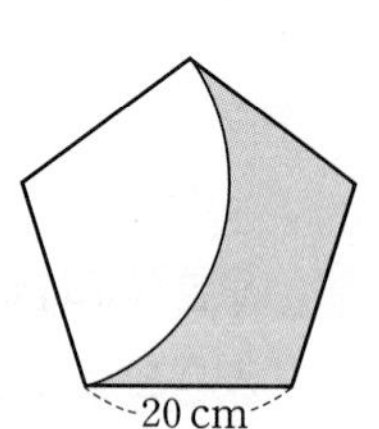

① $(10\pi+40)$ cm
② $(10\pi+60)$ cm
③ $(12\pi+40)$ cm
④ $(12\pi+60)$ cm
⑤ $(14\pi+40)$ cm

●●○
14 오른쪽 그림에서 색칠한 부분의 넓이는?

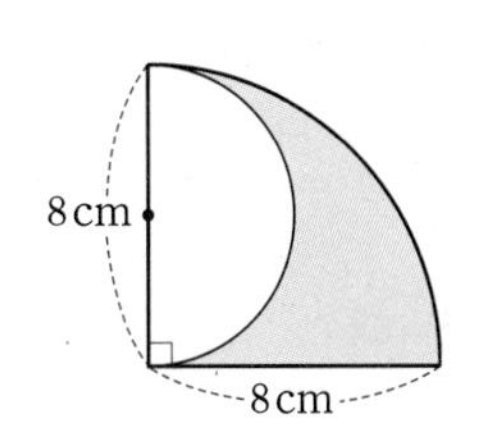

① $4\pi\text{ cm}^2$ ② $8\pi\text{ cm}^2$
③ $12\pi\text{ cm}^2$ ④ $16\pi\text{ cm}^2$
⑤ $20\pi\text{ cm}^2$

●●○
15 오른쪽 그림과 같이 한 변의 길이가 20 cm인 정사각형에서 색칠한 부분의 넓이를 구하시오.

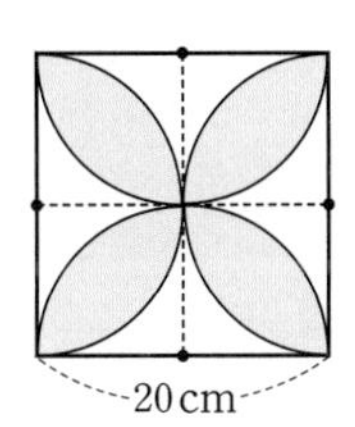

●●●
16 오른쪽 그림은 정사각형 ABCD에서 두 점 B, C를 중심으로 하는 부채꼴을 각각 그린 것이다. 이때 색칠한 부분의 넓이를 구하시오.

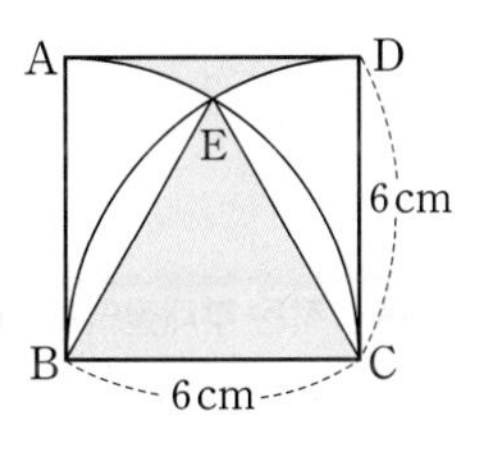

●●○
17 오른쪽 그림과 같은 부채꼴에서 색칠한 부분의 둘레의 길이와 넓이를 차례로 구하시오.

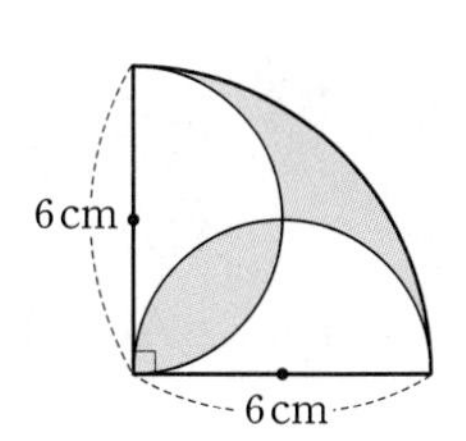

●●○
18 오른쪽 그림은 지름의 길이가 12 cm인 반원을 점 A를 중심으로 45°만큼 회전시킨 것이다. 이때 색칠한 부분의 넓이를 구하시오.

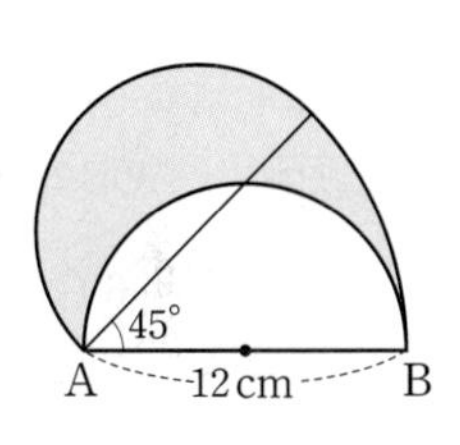

●●●
19 오른쪽 그림은 직각삼각형 ABC를 점 B를 중심으로 점 C가 변 AB의 연장선 위의 점 D에 오도록 회전시킨 것이다.
$\overline{AB}=12$, $\overline{BC}=6$, $\angle ABC=60°$일 때, 점 A가 움직인 거리는?

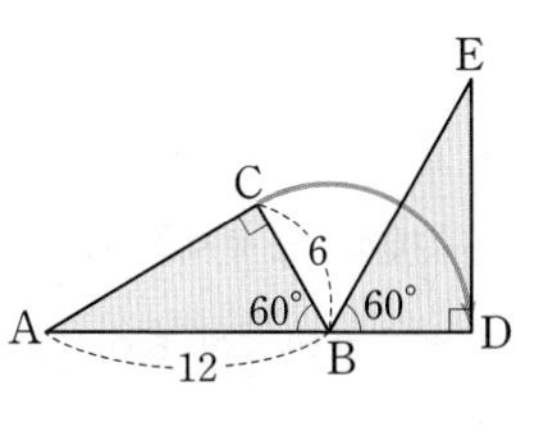

① 8π ② 10π ③ 12π
④ 14π ⑤ 16π

STEP 3

쓱쓱 서술형 완성하기

유제를 따라 풀어 보고, 실전 문제로 연습해 보세요.

예제 1

오른쪽 그림의 원 O에서 $\overset{\frown}{AB} : \overset{\frown}{BC} : \overset{\frown}{CA} = 2 : 6 : 7$ 일 때, $\angle AOB$의 크기를 구하시오.

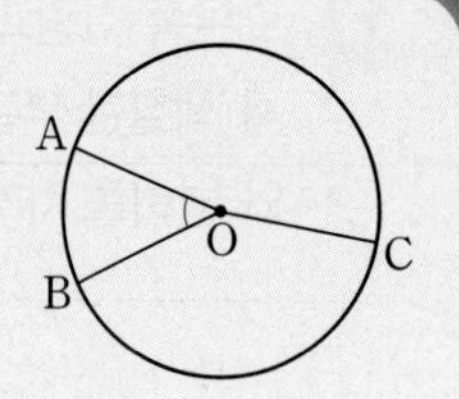

풀이 과정

1단계 $\angle AOB : \angle BOC : \angle COA$를 가장 간단한 자연수의 비로 나타내기

호의 길이는 중심각의 크기에 정비례하고

$\overset{\frown}{AB} : \overset{\frown}{BC} : \overset{\frown}{CA} = 2 : 6 : 7$이므로

$\angle AOB : \angle BOC : \angle COA = 2 : 6 : 7$

2단계 $\angle AOB$의 크기 구하기

$\angle AOB = 360° \times \dfrac{2}{2+6+7} = 360° \times \dfrac{2}{15} = 48°$

답 **48°**

따라 해보자

유제 1

오른쪽 그림의 원 O에서 $\overset{\frown}{AB} : \overset{\frown}{BC} : \overset{\frown}{CA} = 2 : 3 : 4$ 일 때, $\angle AOC$의 크기를 구하시오.

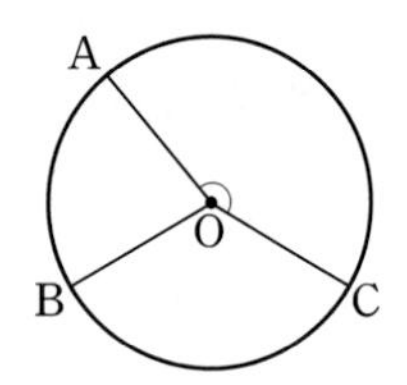

풀이 과정

1단계 $\angle AOB : \angle BOC : \angle COA$를 가장 간단한 자연수의 비로 나타내기

2단계 $\angle AOC$의 크기 구하기

답

예제 2

오른쪽 그림에서 색칠한 부분의 둘레의 길이를 구하시오.

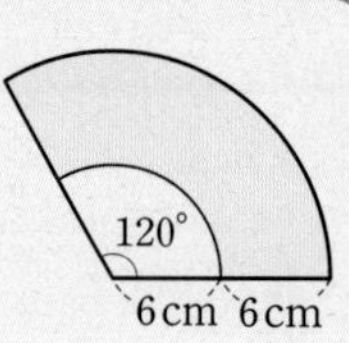

풀이 과정

1단계 큰 부채꼴의 호의 길이 구하기

(큰 부채꼴의 호의 길이) $= 2\pi \times (6+6) \times \dfrac{120}{360} = 8\pi$(cm)

2단계 작은 부채꼴의 호의 길이 구하기

(작은 부채꼴의 호의 길이) $= 2\pi \times 6 \times \dfrac{120}{360} = 4\pi$(cm)

3단계 색칠한 부분의 둘레의 길이 구하기

(색칠한 부분의 둘레의 길이) $= 8\pi + 4\pi + 6 \times 2$

$= 12\pi + 12$(cm)

답 **$(12\pi+12)$ cm**

유제 2

오른쪽 그림에서 색칠한 부분의 둘레의 길이를 구하시오.

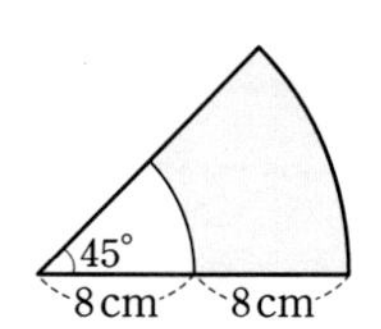

풀이 과정

1단계 큰 부채꼴의 호의 길이 구하기

2단계 작은 부채꼴의 호의 길이 구하기

3단계 색칠한 부분의 둘레의 길이 구하기

답

연습해 보자

▶ 모든 문제는 풀이 과정을 자세히 서술한 후 답을 쓰세요.

1 오른쪽 그림의 반원 O에서 $\overline{AC} /\!/ \overline{OD}$이고 $\angle BOD=20°$, $\widehat{BD}=4\,cm$일 때, $\widehat{AC}$의 길이를 구하시오.

풀이 과정

답

2 중심각의 크기가 $60°$이고 호의 길이가 $3\pi\,cm$인 부채꼴의 넓이를 구하시오.

풀이 과정

답

3 오른쪽 그림은 직각삼각형 ABC의 각 변을 지름으로 하는 세 반원을 그린 것이다. 이때 색칠한 부분의 넓이를 구하시오.

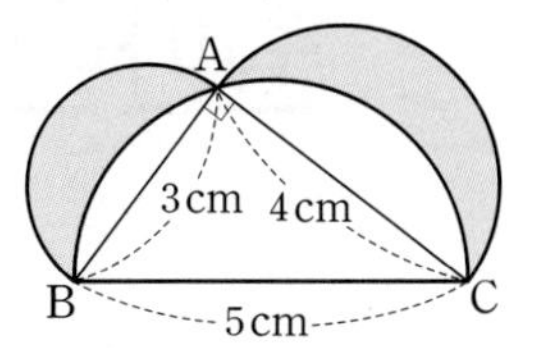

풀이 과정

답

4 다음 그림과 같이 가로, 세로의 길이가 각각 10 m, 8 m인 직사각형 모양의 울타리의 A 지점에 길이가 12 m인 끈으로 강아지를 묶어 놓았을 때, 강아지가 울타리 밖에서 최대한 움직일 수 있는 영역의 넓이를 구하시오. (단, 끈의 매듭의 길이와 강아지의 크기는 생각하지 않는다.)

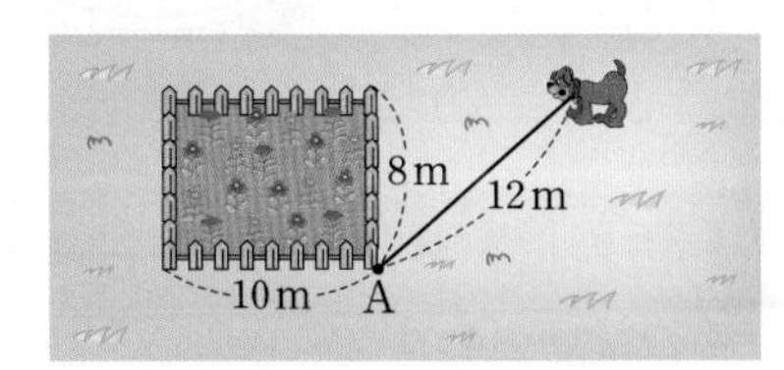

풀이 과정

답

• 정답과 해설 41쪽

원반던지기 속의 수학

병사가 강을 건널 때 무게를 줄이기 위해 방패를 강 건너편으로 던진 것에서 유래된 원반던지기는 원반을 한 손에 쥐고 몸을 회전시켜 얻은 원심력을 이용하여 가장 멀리 던진 거리로 순위를 매기는 경기이다.

고대 올림픽에서부터 인기가 많았던 원반던지기는 1896년에 열린 제1회 근대 올림픽 이후로 지금까지도 꾸준히 정식 종목으로 채택되어 왔으며, 올림픽 포스터에 등장할 만큼 대중에게 잘 알려진 스포츠이기도 하다.

원반던지기 선수들은 지름 $2.5\,\mathrm{m}$의 원 안에서 몸을 최대한 비틀어 회전하면서 원반을 던진다. 이때 던진 원반이 중심각의 크기가 $34.92°$인 부채꼴 모양의 필드 안에 떨어져야 기록으로 인정받을 수 있고, 원반이 지면에 닿기 전 선수가 앞 선을 밟거나 넘어가면 실격된다.

구 모양의 공과 같은 물체는 $45°$ 정도의 각도로 공중에 던질 때 공기의 저항을 가장 적게 받아 멀리 날아갈 수 있지만, 원반은 가운데 부분이 두껍고 가장자리로 갈수록 얇아지는 타원형이므로 $30° \sim 35°$ 정도의 각도로 공중에 던져야 공기의 저항을 적게 받고 멀리 날아갈 수 있다고 한다.

기출문제는 이렇게!

Q 원반던지기 경기를 하기 위해 운동장에 오른쪽 그림과 같은 부채꼴 모양의 경기장을 그렸다. 이때 색칠한 부분의 넓이를 구하시오.

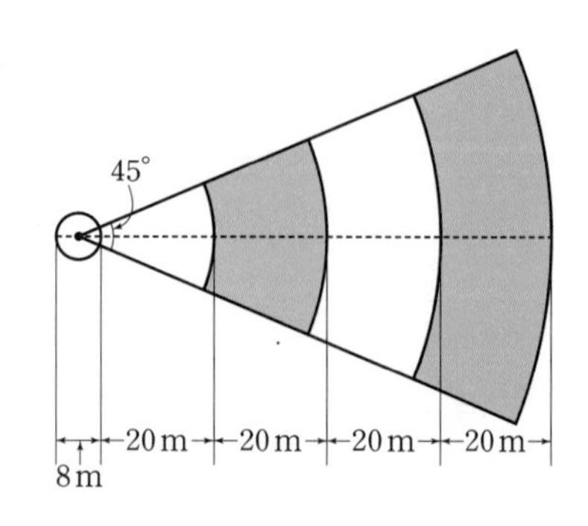

마인드 MAP

원과 부채꼴

원

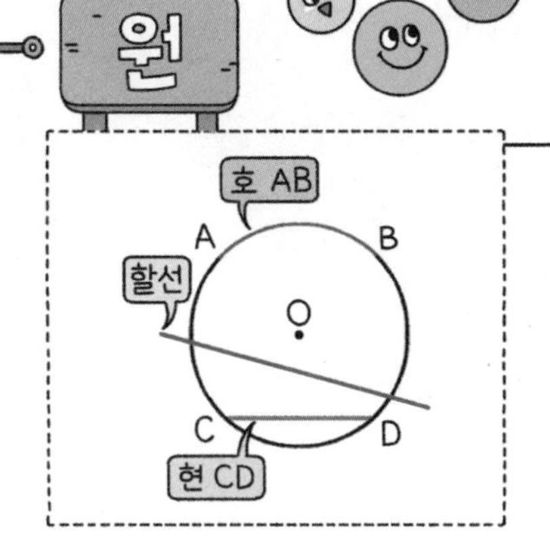

원의 둘레의 길이와 넓이

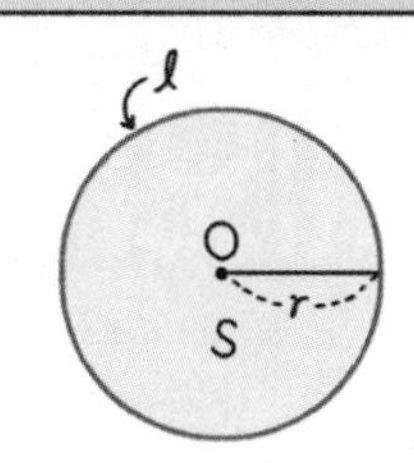

- 원의 둘레의 길이
  $l=2\pi r$
- 원의 넓이
  $S=\pi r^2$

부채꼴

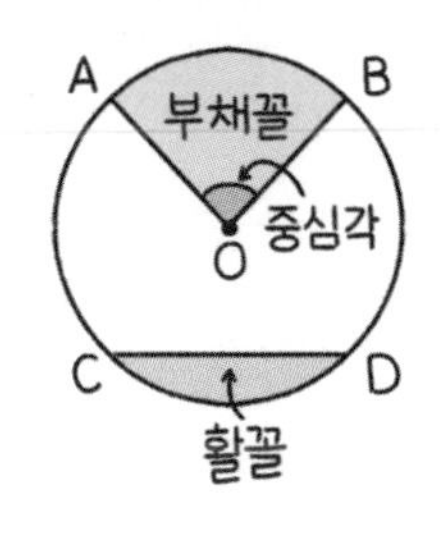

중심각의 크기와 부채꼴 사이의 관계

한 원 또는 합동인 두 원에서

- 부채꼴의 호의 길이와 넓이는 각각 중심각의 크기에 정비례한다.

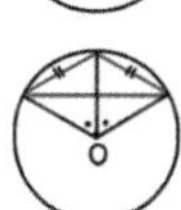

- 현의 길이는 중심각의 크기에 정비례하지 않는다.

부채꼴의 호의 길이와 넓이

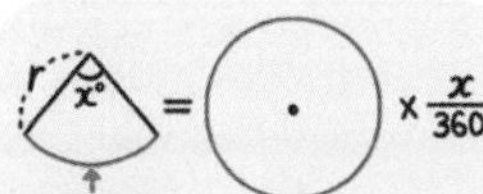

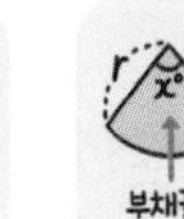

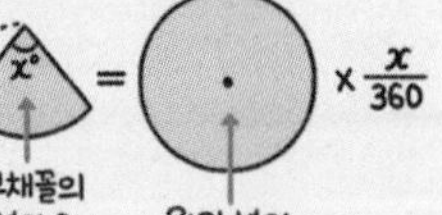

$l=2\pi r\times\frac{x}{360}$ $S=\pi r^2\times\frac{x}{360}$

호의 길이를 알 때, 부채꼴의 넓이

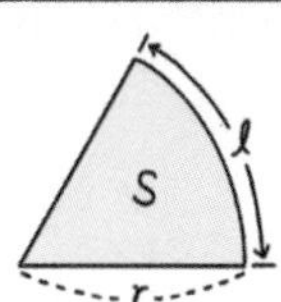

$S=\frac{1}{2}rl$

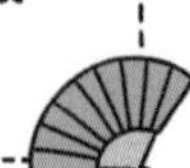

5 다면체와 회전체

1 다면체 ········· P. 98~100

1 다면체
2 다면체의 종류

2 정다면체 ········· P. 101~104

1 정다면체
2 정다면체의 종류
3 정다면체의 전개도

3 회전체 ········· P. 105~108

1 회전체
2 회전체의 성질
3 회전체의 전개도

이전에 배운 내용

초5~6
- 직육면체와 정육면체
- 각기둥과 각뿔
- 원기둥, 원뿔, 구

이번에 배울 내용

1 다면체
2 정다면체
3 회전체

이후에 배울 내용

중2
- 도형의 닮음

중3
- 삼각비

준비 학습

초5~6 각기둥과 각뿔
- 각기둥: 위와 아래의 면이 서로 평행하고 합동인 다각형으로 이루어진 입체도형
- 각뿔: 밑면이 다각형이고 옆면이 모두 삼각형인 입체도형

1 다음 각기둥과 각뿔의 밑면과 옆면의 모양을 각각 말하시오.

(1)

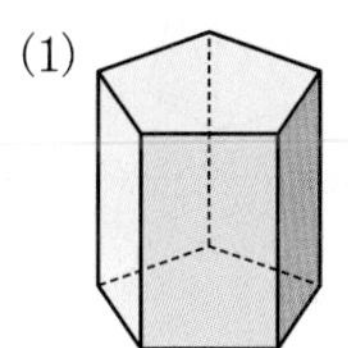

(2)

초5~6 원기둥, 원뿔, 구
- 원기둥: 위와 아래의 면이 서로 평행하고 합동인 원으로 이루어진 입체도형
- 원뿔: 밑면이 원이고 옆면이 굽은 면인 뿔 모양의 입체도형
- 구: 공 모양의 입체도형

2 오른쪽 그림과 같은 원뿔에서 다음을 구하시오.

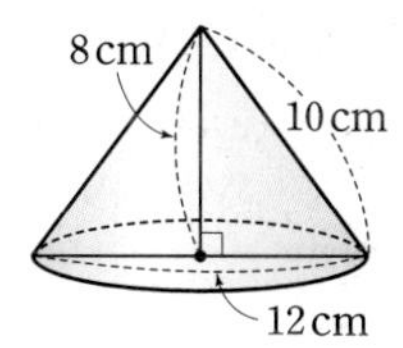

(1) 모선의 길이

(2) 높이

정답 1. (1) 밑면: 오각형, 옆면: 직사각형 (2) 밑면: 육각형, 옆면: 삼각형 2. (1) 10 cm (2) 8 cm

01 다면체

• 정답과 해설 42쪽

1 다면체

다각형인 면으로만 둘러싸인 입체도형을 다면체라 하고, 면의 개수가 4개, 5개, 6개, …인 다면체를 각각 사면체, 오면체, 육면체, …라고 한다.

(1) 면: 다면체를 둘러싸고 있는 다각형

(2) 모서리: 다각형의 변

(3) 꼭짓점: 다각형의 꼭짓점

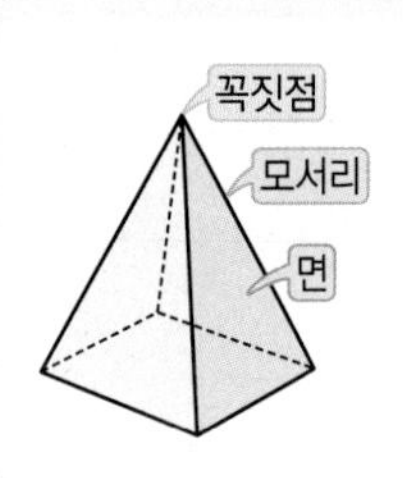

참고 다음 그림과 같이 다각형이 아닌 원이나 곡면으로 둘러싸인 입체도형은 다면체가 아니다.

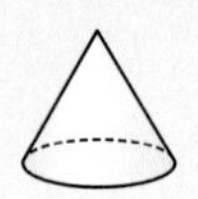
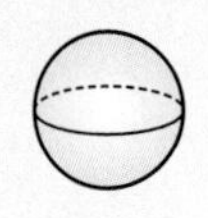

보충

다각형과 다면체의 비교

다각형	다면체
여러 개의 선분으로 둘러싸인 평면도형	다각형인 면으로만 둘러싸인 입체도형

필수 문제 1 다면체의 이해

다음 보기 중 다면체를 모두 고르시오.

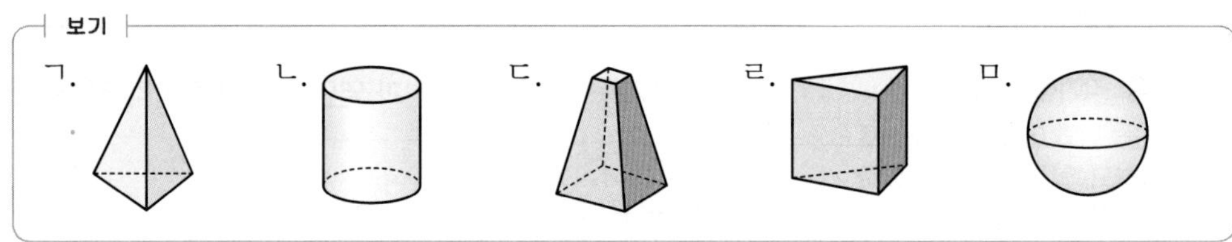

1-1 다음 중 오른쪽 그림의 다면체에 대한 설명으로 옳지 않은 것은?

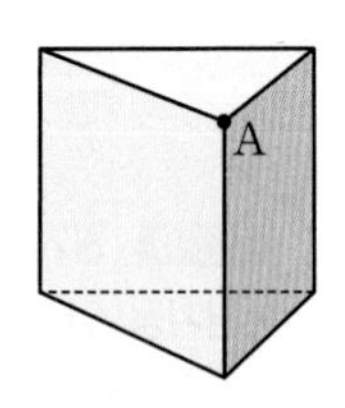

① 오면체이다.
② 면의 개수는 5개이다.
③ 꼭짓점의 개수는 6개이다.
④ 모서리의 개수는 8개이다.
⑤ 꼭짓점 A에 모인 면의 개수는 3개이다.

1-2 오른쪽 그림의 다면체는 몇 면체인지 말하시오.

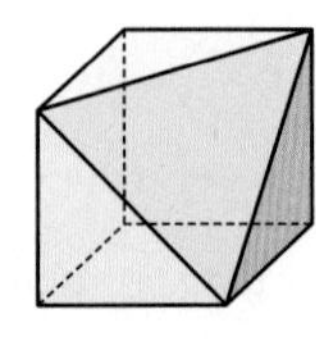

2 다면체의 종류

(1) **각기둥**: 두 밑면은 서로 평행하고 합동인 다각형이며, 옆면은 모두 직사각형인 다면체

(2) **각뿔**: 밑면은 다각형이고, 옆면은 모두 삼각형인 다면체

(3) **각뿔대**: 각뿔을 밑면에 평행한 평면으로 잘라서 생기는 두 다면체 중 각뿔이 아닌 쪽의 도형

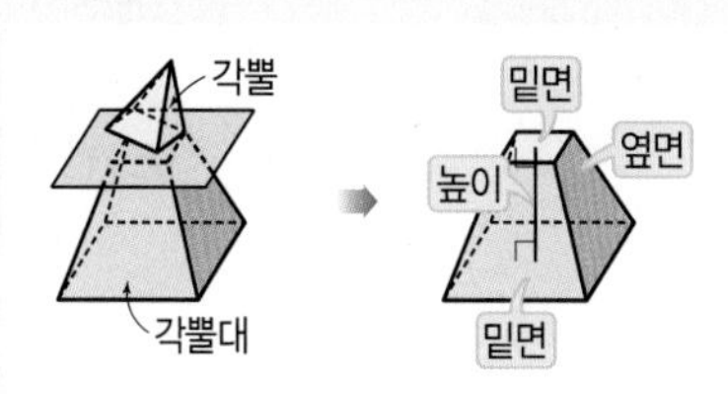

참고 각뿔대에서 서로 평행한 두 면을 밑면이라 하고, 두 밑면에 수직인 선분의 길이를 각뿔대의 높이라고 한다. 이때 각뿔대의 옆면은 모두 사다리꼴이다.

다면체	n각기둥	n각뿔	n각뿔대
겨냥도	삼각기둥 사각기둥 …	삼각뿔 사각뿔 …	삼각뿔대 사각뿔대 …
밑면의 개수	2개	1개	2개
밑면의 모양	n각형	n각형	n각형
옆면의 모양	직사각형	삼각형	사다리꼴
면의 개수 ➡ 몇 면체?	$(n+2)$개 ➡ $(n+2)$면체	$(n+1)$개 ➡ $(n+1)$면체	$(n+2)$개 ➡ $(n+2)$면체

└→ (면의 개수)=(옆면의 개수)+(밑면의 개수)

보충

다면체의 꼭짓점, 모서리, 면의 개수

다면체	n각기둥	n각뿔	n각뿔대
꼭짓점	$2n$	$n+1$	$2n$
모서리	$3n$	$2n$	$3n$
면	$n+2$	$n+1$	$n+2$

개념 확인 다음 표의 빈칸을 알맞게 채우시오.

겨냥도			
이름			
옆면의 모양			
꼭짓점의 개수			
모서리의 개수			
면의 개수			

필수 문제 

다면체의 종류

다음 다면체 중 면의 개수가 가장 많은 것은?

① 삼각뿔대 ② 오각기둥 ③ 직육면체
④ 칠각뿔 ⑤ 오각뿔대

2-1 다음 다면체 중 면의 개수와 꼭짓점의 개수가 같은 것은?

① 사각뿔대 ② 육각기둥 ③ 육각뿔
④ 팔각뿔대 ⑤ 구각기둥

쏙쏙 개념 익히기

1 다음 보기의 입체도형 중 다면체의 개수를 구하시오.

보기

ㄱ. 직육면체　ㄴ. 삼각뿔대　ㄷ. 원뿔　ㄹ. 팔각기둥
ㅁ. 원기둥　ㅂ. 구　ㅅ. 사각뿔　ㅇ. 정육면체

2 다음 중 육면체를 모두 고르면? (정답 2개)

① 사각기둥　② 오각기둥　③ 오각뿔
④ 육각뿔　⑤ 육각뿔대

3 다음 중 다면체와 그 옆면의 모양을 짝 지은 것으로 옳지 <u>않은</u> 것은?

① 삼각기둥 − 직사각형　② 사각뿔 − 삼각형　③ 삼각뿔대 − 사다리꼴
④ 정육면체 − 정사각형　⑤ 오각뿔 − 오각형

● **조건을 모두 만족시키는 입체도형 구하기**
옆면의 모양, 밑면의 모양 등 입체도형의 성질을 이용하여 그 종류를 결정한다.

4 다음 조건을 모두 만족시키는 입체도형을 구하려고 한다. 물음에 답하시오.

조건

(가) 두 밑면은 서로 평행하다.
(나) 옆면의 모양은 직사각형이 아닌 사다리꼴이다.
(다) 팔면체이다.

(1) 조건 (가), (나)에서 이 입체도형은 각기둥, 각뿔, 각뿔대 중 어느 것인지 말하시오.

(2) 주어진 조건을 모두 만족시키는 입체도형의 이름을 말하시오.

한번 더

5 다음 조건을 모두 만족시키는 다면체는?

조건

(가) 두 밑면은 서로 평행하다.　(나) 옆면의 모양은 직사각형이다.
(다) 꼭짓점의 개수는 14개이다.

① 육각기둥　② 칠각기둥　③ 칠각뿔대
④ 팔각기둥　⑤ 팔각뿔대

정다면체

• 정답과 해설 42쪽

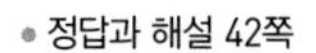

1 정다면체

다음 조건을 모두 만족시키는 다면체를 **정다면체**라고 한다.

(1) 모든 면이 합동인 정다각형이다.
(2) 각 꼭짓점에 모인 면의 개수가 같다.

두 조건 중 어느 하나만 만족시키는 다면체는 정다면체가 아니다.

2 정다면체의 종류

정사면체, 정육면체, 정팔면체, 정십이면체, 정이십면체의 다섯 가지뿐이다. ← 103쪽 〈개념 플러스〉 참고

정다면체	정사면체	정육면체	정팔면체	정십이면체	정이십면체
겨냥도					
면의 모양	정삼각형	정사각형	정삼각형	정오각형	정삼각형
한 꼭짓점에 모인 면의 개수	3개	3개	4개	3개	5개
꼭짓점의 개수	4개	8개	6개	20개	12개
모서리의 개수	6개	12개	12개	30개	30개
면의 개수	4개	6개	8개	12개	20개

필수 문제 1
정다면체의 이해

다음 조건을 만족시키는 정다면체를 오른쪽 보기에서 모두 고르시오.

보기
ㄱ. 정사면체　ㄴ. 정육면체
ㄷ. 정팔면체　ㄹ. 정십이면체
ㅁ. 정이십면체

(1) 면의 모양이 정삼각형인 정다면체

(2) 면의 모양이 정오각형인 정다면체

(3) 한 꼭짓점에 모인 면의 개수가 3개인 정다면체

(4) 한 꼭짓점에 모인 면의 개수가 4개인 정다면체

1-1 다음 조건을 모두 만족시키는 다면체의 이름을 말하시오.

조건
(가) 모든 면이 합동인 정삼각형이다.
(나) 각 꼭짓점에 모인 면의 개수는 4개이다.

1-2 정육면체의 면의 개수를 a개, 정팔면체의 모서리의 개수를 b개, 정이십면체의 꼭짓점의 개수를 c개라고 할 때, $a+b+c$의 값을 구하시오.

• 정답과 해설 43쪽

3 정다면체의 전개도

(1)
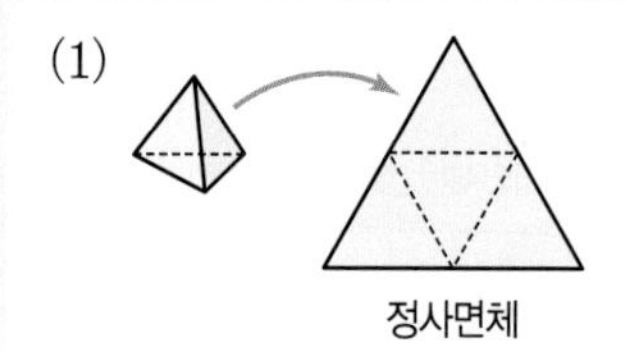

(2)
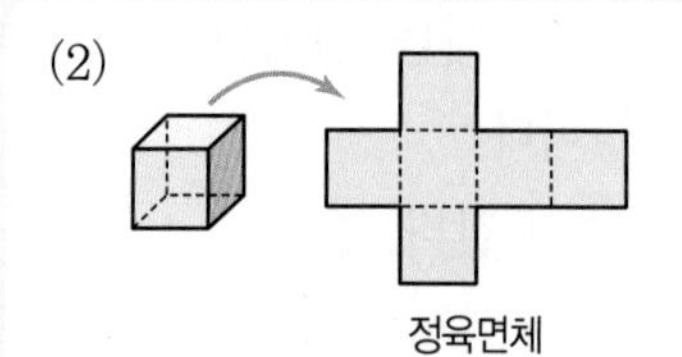

(3)
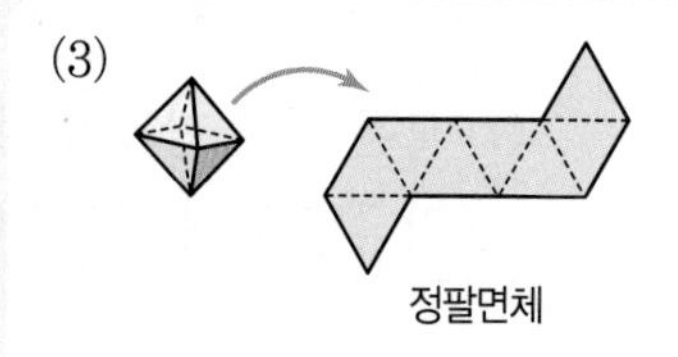

(4)
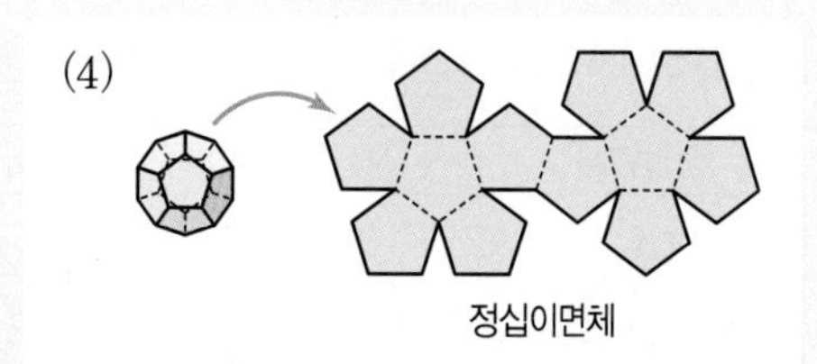

(5)
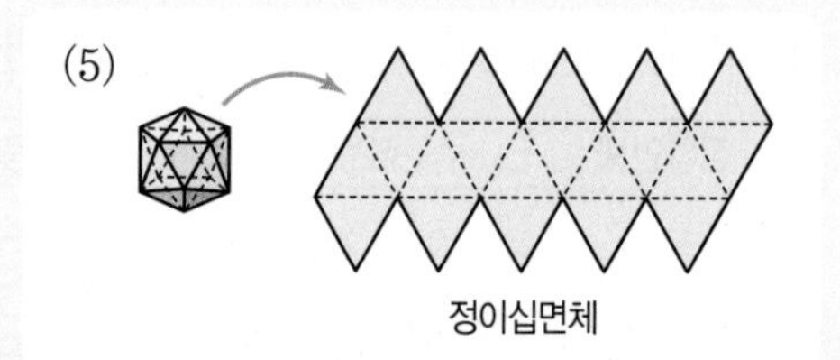

참고 정다면체의 전개도를 이용하여 직접 정다면체를 만들어 본다. (➡ 교재 뒷부분 참조)

개념 확인 다음 그림과 같은 전개도로 정다면체를 만들 때, □ 안에 알맞은 것을 쓰시오.

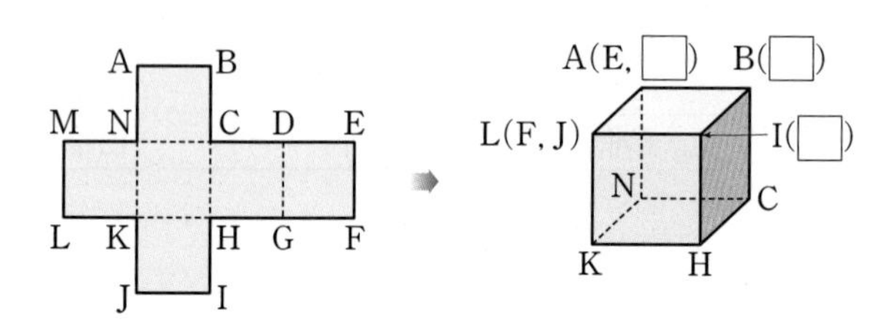

(1) 전개도로 만들어지는 정다면체의 이름은 □이다.

(2) 점 A와 겹치는 꼭짓점은 점 E, 점 □이고, $\overline{AB}$와 겹치는 모서리는 □이다.

필수 문제 2

정다면체의 전개도

▸주어진 전개도의 면의 개수로부터 어떤 정다면체가 만들어지는지 알 수 있다.

오른쪽 그림과 같은 전개도로 만들어지는 정다면체에 대하여 다음 물음에 답하시오.

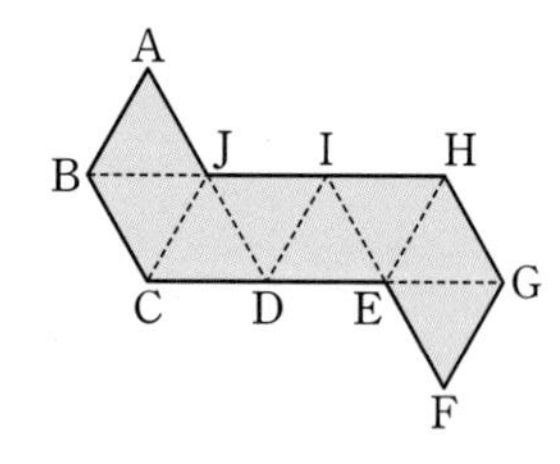

(1) 이 정다면체의 이름을 말하시오.

(2) 점 A와 겹치는 꼭짓점을 구하시오.

(3) $\overline{CD}$와 겹치는 모서리를 구하시오.

(4) BJ와 평행한 모서리를 구하시오.

2-1 오른쪽 그림과 같은 전개도로 만들어지는 정다면체에 대하여 다음 물음에 답하시오.

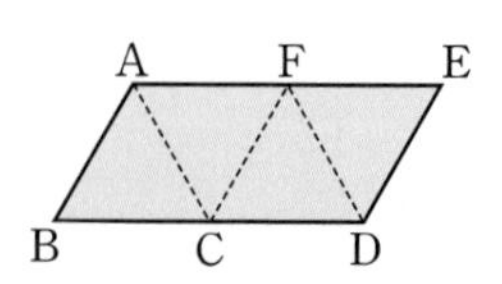

(1) 이 정다면체의 이름을 말하시오.

(2) $\overline{AB}$와 꼬인 위치에 있는 모서리를 구하시오.

정다면체가 다섯 가지뿐인 이유

정다면체는 입체도형이므로
① 한 꼭짓점에 3개 이상의 면이 모여야 하고,
② 한 꼭짓점에 모인 각의 크기의 합은 360°보다 작아야 한다.

이때 정다면체가 되는 경우를 면의 모양과 한 꼭짓점에 모인 면의 개수에 따라 살펴보자.

(1) 면의 모양이 정삼각형인 경우

3개가 모인 경우	4개가 모인 경우	5개가 모인 경우
60° → 정사면체	60° → 정팔면체	60° → 정이십면체

⇨ 한 꼭짓점에 6개 이상의 정삼각형이 모이면 그 꼭짓점에 모인 각의 크기의 합이 360°이거나 360°보다 크게 되어 정다면체를 만들 수 없다.

(2) 면의 모양이 정사각형인 경우

3개가 모인 경우

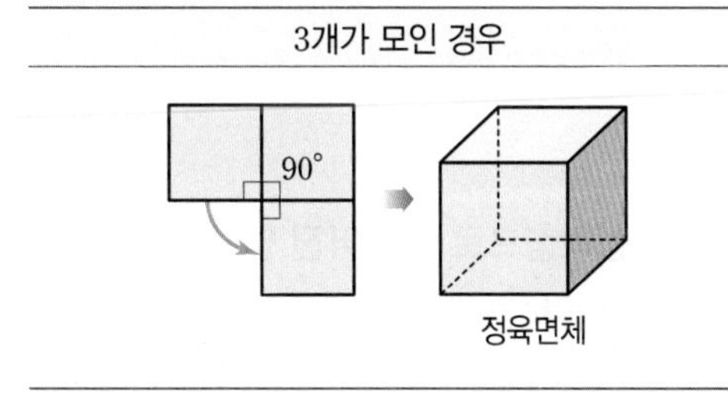

⇨ 한 꼭짓점에 4개 이상의 정사각형이 모이면 그 꼭짓점에 모인 각의 크기의 합이 360°이거나 360°보다 크게 되어 정다면체를 만들 수 없다.

(3) 면의 모양이 정오각형인 경우

3개가 모인 경우

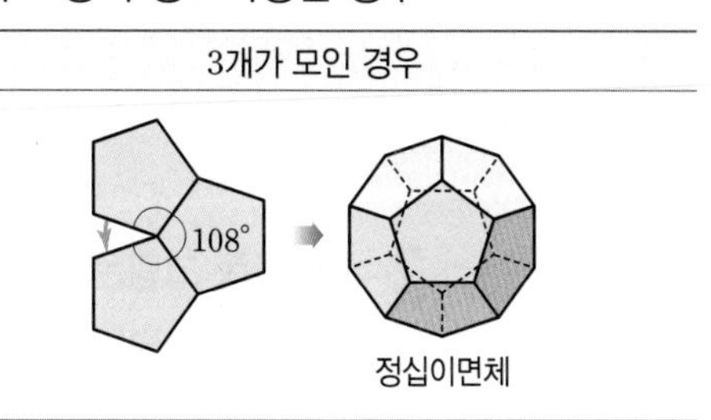

⇨ 한 꼭짓점에 4개 이상의 정오각형이 모이면 그 꼭짓점에 모인 각의 크기의 합이 360°보다 크게 되어 정다면체를 만들 수 없다.

(4) 면의 모양이 정육각형, 정칠각형, 정팔각형, …인 경우

면의 모양이 정육각형, 정칠각형, 정팔각형, …이면 한 꼭짓점에 모인 면의 개수가 3개일 때, 그 꼭짓점에 모인 각의 크기의 합이 360°이거나 360°보다 크게 되어 정다면체를 만들 수 없다.

따라서 정다면체의 종류는 정사면체, 정육면체, 정팔면체, 정십이면체, 정이십면체의 다섯 가지뿐이다.

쏙쏙 개념 익히기

1 **다음 중 정다면체에 대한 아래 표의 ①~⑤에 들어갈 것으로 옳지 않은 것은?**

정다면체	정사면체	정육면체	정팔면체	정십이면체	①
면의 모양	정삼각형	②	정삼각형	③	정삼각형
한 꼭짓점에 모인 면의 개수	④	3개	4개	⑤	5개

① 정이십면체 ② 정사각형 ③ 정삼각형
④ 3개 ⑤ 3개

2 **다음 중 정다면체에 대한 설명으로 옳지 않은 것을 모두 고르면? (정답 2개)**

① 모든 면이 합동인 정다각형이다.
② 정다면체의 종류는 다섯 가지뿐이다.
③ 정사면체의 꼭짓점의 개수는 6개이다.
④ 정사면체, 정팔면체, 정이십면체는 면의 모양이 모두 같다.
⑤ 한 꼭짓점에 모인 면의 개수가 3개인 정다면체는 정육면체뿐이다.

3 **오른쪽 그림은 각 면이 모두 합동인 정삼각형으로 이루어진 입체도형이다. 이 입체도형이 정다면체가 아닌 이유를 설명하시오.**

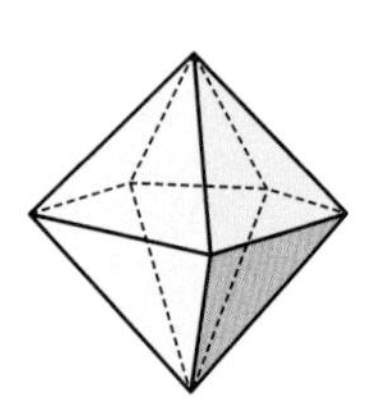

4 **다음 중 오른쪽 그림과 같은 전개도로 만들어지는 정다면체에 대한 설명으로 옳은 것은?**

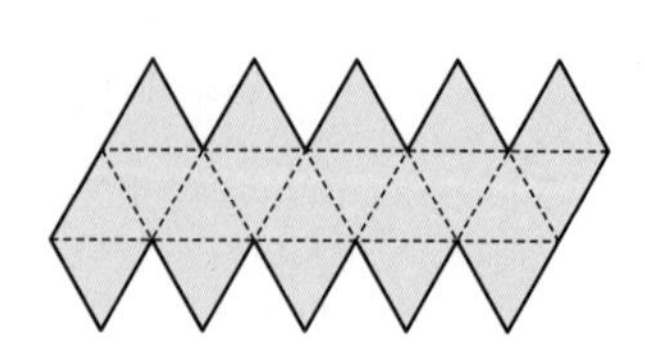

① 이 정다면체의 이름은 정십이면체이다.
② 모든 면의 모양은 평행사변형이다.
③ 꼭짓점의 개수는 20개이다.
④ 모서리의 개수는 30개이다.
⑤ 한 꼭짓점에 모인 면의 개수는 4개이다.

03 회전체

• 정답과 해설 43쪽

1 회전체

(1) **회전체**: 평면도형을 한 직선 l을 축으로 하여 1회전 시킬 때 생기는 입체도형

① **회전축**: 회전시킬 때 축이 되는 직선 l

② **모선**: 회전하여 옆면을 만드는 선분

(2) **원뿔대**: 원뿔을 밑면에 평행한 평면으로 잘라서 생기는 두 입체도형 중 원뿔이 아닌 쪽의 도형

(3) **회전체의 종류**: 원기둥, 원뿔, 원뿔대, 구 등이 있다.

회전체	원기둥	원뿔	원뿔대	구
겨냥도	l, 밑면, 모선, 옆면, 밑면, 회전축	l, 모선, 옆면, 밑면, 회전축	l, 밑면, 옆면, 모선, 밑면, 회전축	l, 회전축
회전시킨 평면도형	직사각형	직각삼각형	사다리꼴	반원

참고 구의 옆면을 만드는 것은 곡선이므로 구에서는 모선을 생각하지 않는다.

필수 문제 1

회전체의 이해

다음 보기 중 회전체를 모두 고르시오.

보기

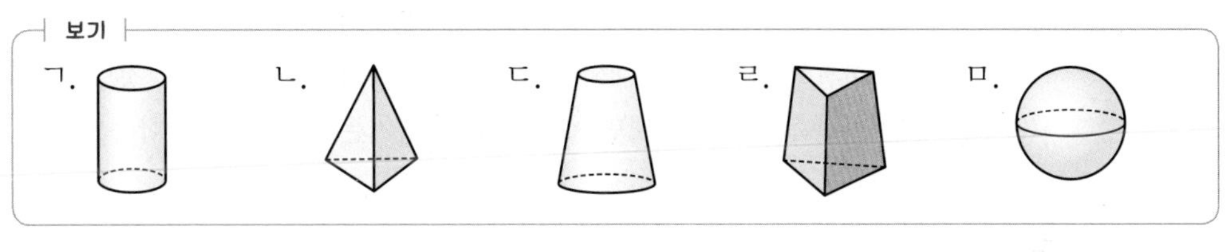

1-1 다음 보기 중 회전체를 모두 고르시오.

보기

ㄱ. 삼각기둥	ㄴ. 원기둥	ㄷ. 사각뿔	ㄹ. 정육면체
ㅁ. 원뿔	ㅂ. 오각뿔대	ㅅ. 정십이면체	ㅇ. 구

▸회전체를 그리는 방법

❶ 회전축을 대칭축으로 하는 선대칭도형을 그린다.

❷ ❶의 도형을 회전축을 중심으로 1회전 시킬 때 생기는 회전체의 겨냥도를 그린다.

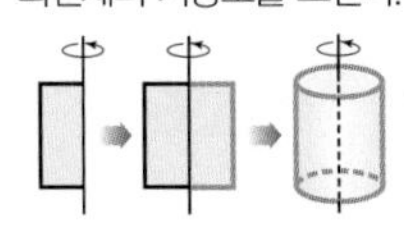

1-2 다음 평면도형을 직선 l을 회전축으로 하여 1회전 시킬 때 생기는 회전체를 그리시오.

(1)

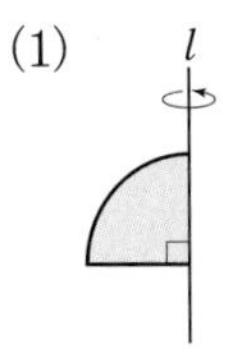

(2)

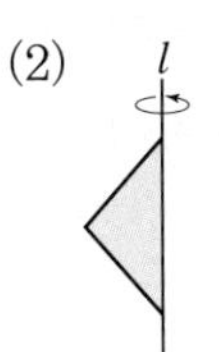

(3)

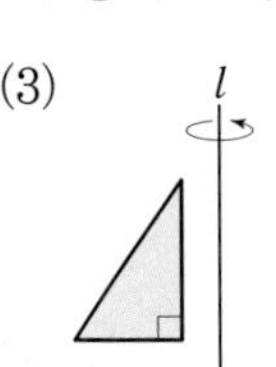

2 회전체의 성질

(1) 회전체를 회전축에 수직인 평면으로 자르면 그 단면의 경계는 항상 원이다.

(2) 회전체를 회전축을 포함하는 평면으로 자르면 그 단면은

① 모두 합동이고,

② 회전축에 대하여 선대칭도형이다. ← 한 직선을 기준으로 반으로 접었을 때 완전히 겹쳐지는 도형을 선대칭도형이라고 한다.

회전체	원기둥	원뿔	원뿔대	구
회전축에 수직인 평면으로 자른 단면	원	원	원	원
회전축을 포함하는 평면으로 자른 단면	직사각형	이등변삼각형	사다리꼴	원

개념 확인 다음 중 회전체에 대한 설명으로 옳은 것은 ○표, 옳지 않은 것은 ×표를 ( ) 안에 쓰시오.

(1) 회전체를 회전축을 포함하는 평면으로 자를 때 생기는 단면의 경계는 항상 원이다. ( )

(2) 회전체를 회전축을 포함하는 평면으로 자를 때 생기는 단면은 선대칭도형이다. ( )

(3) 회전체를 회전축에 수직인 평면으로 자를 때 생기는 단면은 모두 합동인 원이다. ( )

필수 문제 2

회전체를 평면으로 자를 때 생기는 단면의 모양

다음 중 회전체와 그 회전체를 회전축을 포함하는 평면으로 자를 때 생기는 단면의 모양을 짝 지은 것으로 옳지 않은 것은?

① 원기둥 – 직사각형　② 구 – 원　③ 원뿔 – 직각삼각형

④ 반구 – 반원　⑤ 원뿔대 – 사다리꼴

2-1 오른쪽 그림은 어떤 회전체를 회전축에 수직인 평면으로 자른 단면과 회전축을 포함하는 평면으로 자른 단면을 차례로 나타낸 것이다. 이 회전체의 이름을 말하시오.

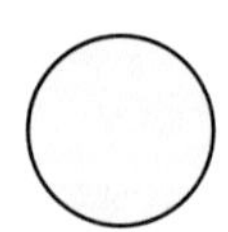
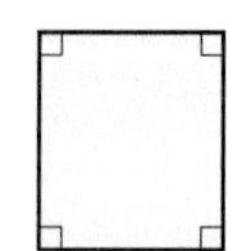

2-2 다음 회전체 중 회전축을 포함하는 평면으로 자르거나 회전축에 수직인 평면으로 자를 때 생기는 단면의 모양이 같은 것은?

① 원기둥　② 원뿔　③ 반구

④ 구　⑤ 원뿔대

• 정답과 해설 44쪽

3 회전체의 전개도

회전체	원기둥	원뿔	원뿔대
겨냥도	모선	모선	모선
전개도	모선 (밑면인 원의 둘레의 길이) =(옆면인 직사각형의 가로의 길이)	모선 (밑면인 원의 둘레의 길이) =(옆면인 부채꼴의 호의 길이)	모선 밑면인 두 원의 둘레의 길이는 각각 전개도의 옆면에서 곡선으로 된 두 부분의 길이와 같다.

참고 구는 전개도를 그릴 수 없다.

개념 확인 다음 그림과 같은 회전체의 전개도에서 a, b의 값을 각각 구하시오.

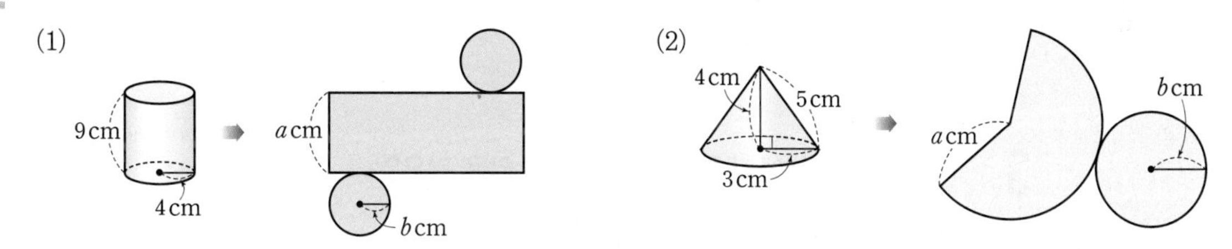

필수 문제 3

회전체의 전개도

▸원기둥, 원뿔, 원뿔대의 전개도

• 원기둥

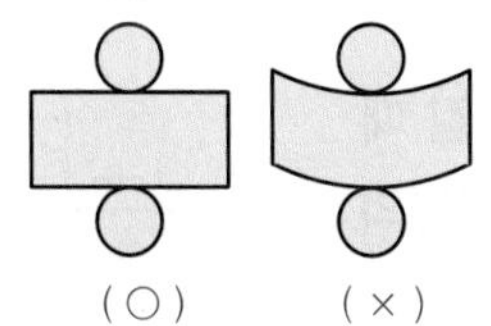

(○) (×)

• 원뿔

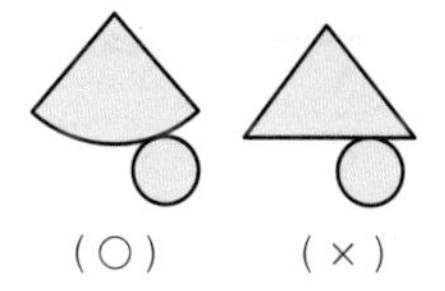

(○) (×)

• 원뿔대

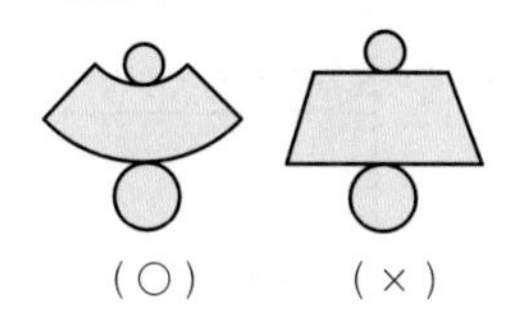

(○) (×)

오른쪽 그림은 원뿔대와 그 전개도이다. 이때 a, b, c의 값을 각각 구하시오.

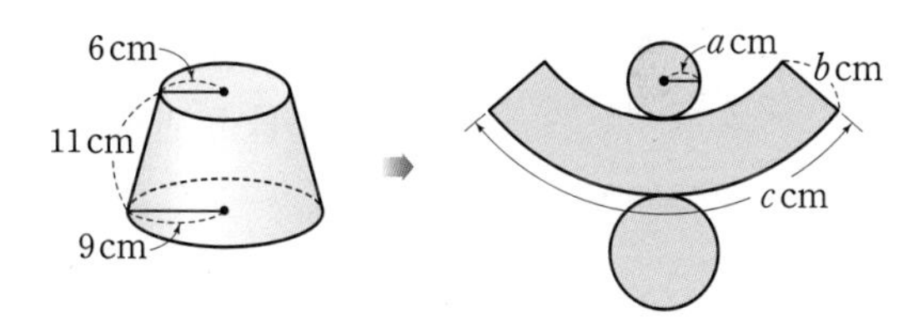

3-1 오른쪽 그림과 같은 원뿔의 전개도에서 옆면인 부채꼴의 호의 길이를 구하시오.

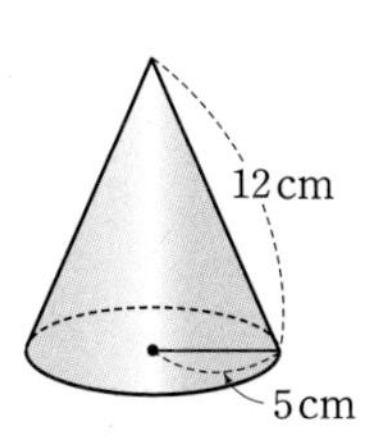

쏙쏙 개념 익히기

1 다음 중 회전체가 아닌 것을 모두 고르면? (정답 2개)

① 원뿔 ② 원기둥 ③ 삼각뿔대 ④ 정육면체 ⑤ 구

2 오른쪽 그림의 △ABC에서 변 AB를 회전축으로 하여 1회전 시킬 때 생기는 회전체는?

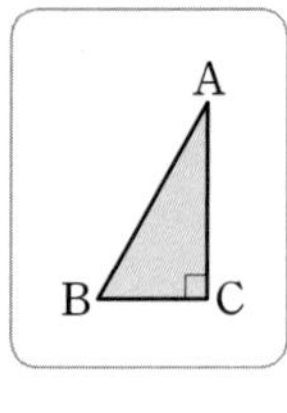

① 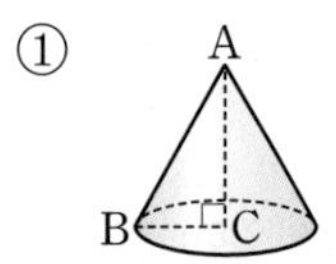

② 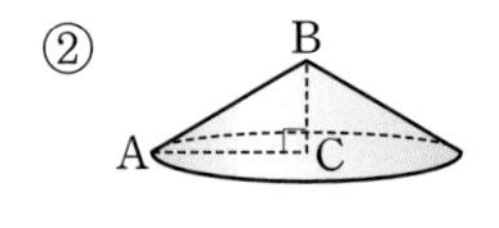

③ 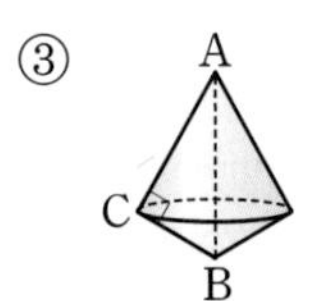

④ 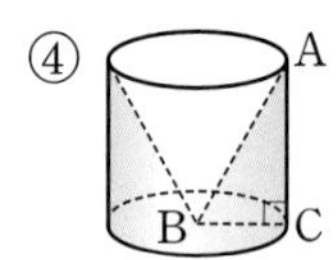

⑤ 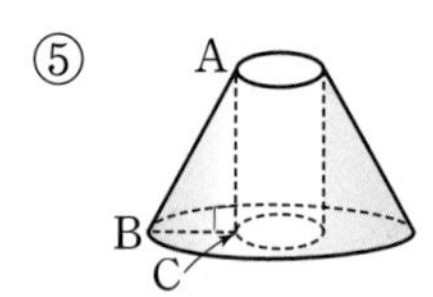

3 다음 중 회전체에 대한 설명으로 옳지 않은 것은?

① 구를 평면으로 자른 단면은 항상 원이다.
② 원기둥을 회전축에 수직인 평면으로 자른 단면은 원이다.
③ 원뿔대를 회전축에 수직인 평면으로 자른 단면은 모두 합동이다.
④ 원뿔을 회전축을 포함하는 평면으로 자른 단면은 이등변삼각형이다.
⑤ 구를 평면으로 자른 단면의 넓이는 구의 중심을 지나도록 잘랐을 때 가장 크다.

4 오른쪽 그림과 같은 평면도형을 직선 l을 회전축으로 하여 1회전 시킬 때 생기는 회전체를 회전축을 포함하는 평면으로 잘랐다. 이때 생기는 단면의 넓이를 구하시오.

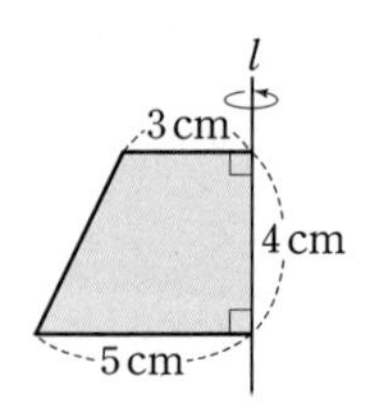

5 오른쪽 그림과 같은 전개도로 만들어지는 원기둥에서 밑면인 원의 반지름의 길이를 구하시오.

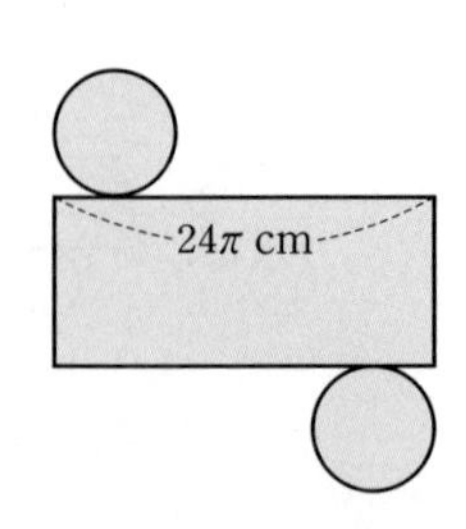

STEP 2 탄탄 단원 다지기

중요

●○○

1 다음 중 입체도형과 그 다면체의 이름을 짝 지은 것으로 옳지 않은 것은?

① 사각뿔대 – 육면체
② 칠각기둥 – 구면체
③ 구각뿔 – 십일면체
④ 팔각기둥 – 십면체
⑤ 십각뿔대 – 십이면체

●●○

2 (중요) 사각기둥의 모서리의 개수를 a개, 오각뿔의 꼭짓점의 개수를 b개, 육각뿔대의 면의 개수를 c개라고 할 때, $a+b-c$의 값을 구하시오.

●○○

3 다음 중 다면체와 그 옆면의 모양을 바르게 짝 지은 것은?

① 사각뿔 – 사각형
② 삼각뿔대 – 삼각형
③ 육각기둥 – 직사각형
④ 오각기둥 – 오각형
⑤ 사각뿔대 – 직사각형

●●○

4 (중요) 다음 보기 중 다면체에 대한 설명으로 옳은 것을 모두 고른 것은?

보기
ㄱ. 육각기둥은 팔면체이다.
ㄴ. 팔각뿔의 모서리의 개수는 9개이다.
ㄷ. 면의 개수가 가장 적은 다면체는 사면체이다.
ㄹ. 각뿔의 면의 개수와 꼭짓점의 개수는 같다.
ㅁ. 각뿔대의 두 밑면은 서로 평행하고 합동이다.

① ㄱ, ㄴ　② ㄱ, ㅁ　③ ㄴ, ㄹ
④ ㄱ, ㄷ, ㄹ　⑤ ㄷ, ㄹ, ㅁ

●●○

5 다음 조건을 모두 만족시키는 다면체의 이름을 말하시오.

조건
(가) 밑면이 1개이다.
(나) 옆면의 모양은 삼각형이다.
(다) 모서리의 개수는 20개이다.

●○○

6 다음 정다면체 중 면의 모양이 정삼각형이 아닌 것을 모두 고르면? (정답 2개)

① 정사면체　② 정육면체　③ 정팔면체
④ 정십이면체　⑤ 정이십면체

●●○

7 다음 조건을 모두 만족시키는 다면체의 이름을 말하시오.

> 조건
>
> (가) 각 꼭짓점에 모인 면의 개수가 같다.
>
> (나) 모든 면이 합동인 정삼각형이다.
>
> (다) 모서리의 개수는 30개이다.

●●○

8 다음 중 정다면체에 대한 설명으로 옳지 않은 것을 모두 고르면? (정답 2개)

① 각 면이 모두 합동인 정다각형이다.

② 정다면체의 면의 모양은 정삼각형, 정사각형, 정육각형뿐이다.

③ 면의 모양이 정오각형인 정다면체는 정십이면체이다.

④ 정팔면체의 모서리의 개수는 10개이다.

⑤ 한 꼭짓점에 모인 면의 개수가 5개인 정다면체는 정이십면체이다.

●●○

9 오른쪽 그림과 같은 전개도로 만들어지는 정팔면체에 대하여 다음 중 $\overline{AJ}$와 꼬인 위치에 있는 모서리가 아닌 것은?

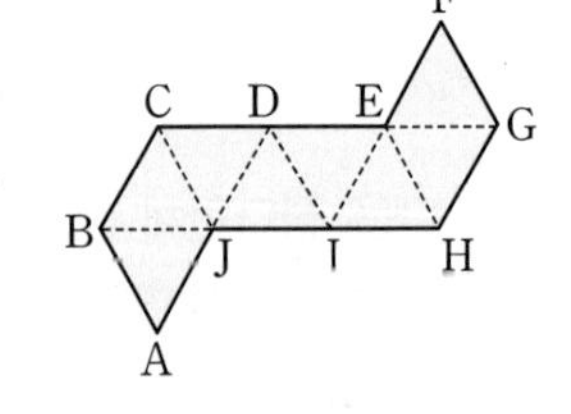

① $\overline{BC}$ ② $\overline{CD}$ ③ $\overline{DE}$

④ $\overline{EG}$ ⑤ $\overline{HE}$

●●○

10 다음 중 오른쪽 그림과 같은 전개도로 만들어지는 정다면체에 대한 설명으로 옳지 않은 것은?

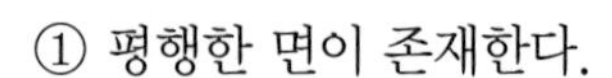

① 평행한 면이 존재한다.

② 꼭짓점의 개수는 20개이다.

③ 정팔면체와 모서리의 개수가 같다.

④ 한 꼭짓점에 모인 면의 개수는 3개이다.

⑤ 정다면체 중에서 꼭짓점의 개수가 가장 많다.

●○○

11 다음 조건에 맞는 입체도형을 보기에서 모두 고른 것 중 옳지 않은 것은?

> 보기
>
> ㄱ. 오각기둥 ㄴ. 원뿔대 ㄷ. 사각뿔
>
> ㄹ. 원뿔 ㅁ. 구 ㅂ. 삼각뿔대
>
> ㅅ. 정사면체 ㅇ. 정육면체 ㅈ. 팔각뿔

① 다면체: ㄱ, ㄷ, ㅂ, ㅅ, ㅇ, ㅈ

② 회전체: ㄴ, ㄹ, ㅁ

③ 옆면의 모양이 직사각형인 입체도형: ㄱ, ㅂ, ㅇ

④ 두 밑면이 평행한 입체도형: ㄱ, ㄴ, ㅂ, ㅇ

⑤ 각 면이 모두 합동이고, 각 꼭짓점에 모인 면의 개수가 같은 다면체: ㅅ, ㅇ

●●○

12 다음 중 주어진 평면도형을 직선 l을 회전축으로 하여 1회전 시킬 때 생기는 입체도형으로 옳지 않은 것은?

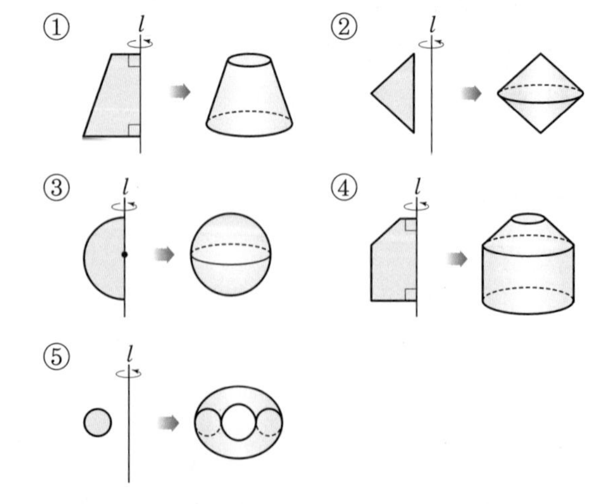

●○○

13 원뿔대를 회전축에 수직인 평면으로 자를 때 생기는 단면의 모양은?

① 사다리꼴 ② 부채꼴 ③ 직사각형
④ 원 ⑤ 이등변삼각형

●●○

14 다음 중 오른쪽 그림과 같은 원뿔을 자른 단면의 모양이 될 수 <u>없는</u> 것은?

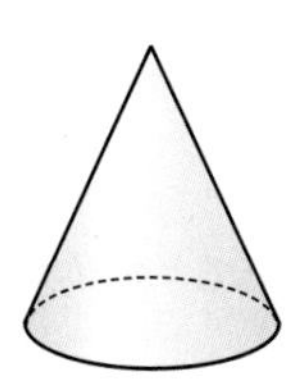

① 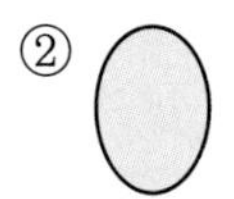 ② 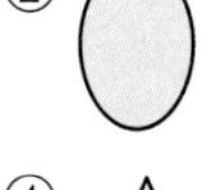
③ ④ 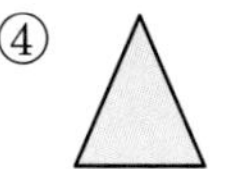 ⑤ 

●●○

15 오른쪽 그림과 같은 평면도형을 직선 l을 회전축으로 하여 1회전 시킬 때 생기는 회전체를 회전축에 수직인 평면으로 잘랐다. 이때 자른 단면 중 넓이가 가장 작은 단면의 넓이를 구하시오.

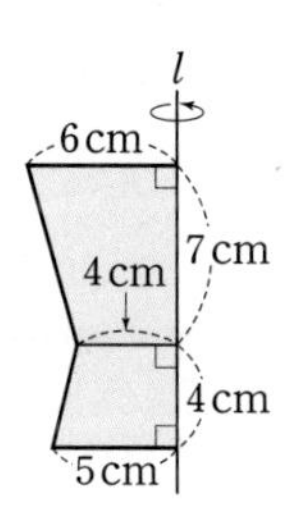

●●○

16 오른쪽 그림과 같이 $\overline{AB}=\overline{AC}$인 이등변삼각형 ABC를 변 BC를 회전축으로 하여 1회전 시켰다. 이때 생기는 회전체를 회전축을 포함하는 평면으로 자른 단면의 모양은?

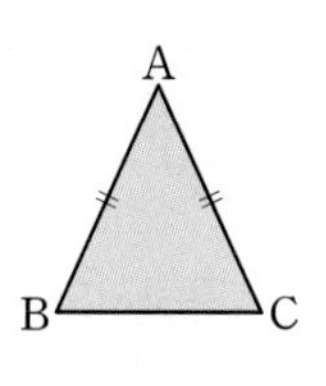

① 직사각형 ② 정사각형 ③ 마름모
④ 원 ⑤ 이등변삼각형

●●○

17 오른쪽 그림과 같은 전개도로 만들어지는 원뿔대의 두 밑면 중 큰 원의 반지름의 길이를 구하시오.

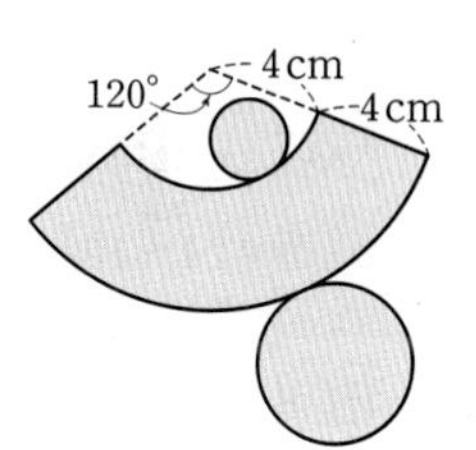

●●○

18 다음 중 회전체에 대한 설명으로 옳지 <u>않은</u> 것을 모두 고르면? (정답 2개)

① 회전체를 회전축에 수직인 어느 평면으로 잘라도 그 단면은 항상 합동이다.
② 회전체를 회전축에 수직인 평면으로 자른 단면의 경계는 항상 원이다.
③ 직각삼각형의 한 변을 회전축으로 하여 1회전 시키면 항상 원뿔이 된다.
④ 원뿔과 원기둥에서 회전하면서 옆면을 만드는 선분을 모선이라고 한다.
⑤ 구의 회전축은 무수히 많다.

STEP 3

쓱쓱 서술형 완성하기

유제를 따라 풀어 보고, 실전 문제로 연습해 보세요.

예제 1 면의 개수가 10개인 각뿔대의 모서리의 개수를 a개, 꼭짓점의 개수를 b개라고 할 때, $a-b$의 값을 구하시오.

풀이 과정

1단계 각뿔대 구하기

면의 개수가 10개인 각뿔대를 n각뿔대라고 하면

$n+2=10$ $\therefore n=8$, 즉 팔각뿔대

2단계 a, b의 값 구하기

팔각뿔대의 모서리의 개수는 $8\times3=24$(개)이고,

꼭짓점의 개수는 $8\times2=16$(개)이므로

$a=24$, $b=16$

3단계 $a-b$의 값 구하기

$a-b=24-16=8$

답 8

따라 해보자

유제 1 꼭짓점의 개수가 24개인 각기둥의 면의 개수를 a개, 모서리의 개수를 b개라고 할 때, $a+b$의 값을 구하시오.

풀이 과정

1단계 각기둥 구하기

2단계 a, b의 값 구하기

3단계 $a+b$의 값 구하기

답

예제 2 오른쪽 그림과 같은 전개도로 만든 원뿔의 밑면의 넓이를 구하시오.

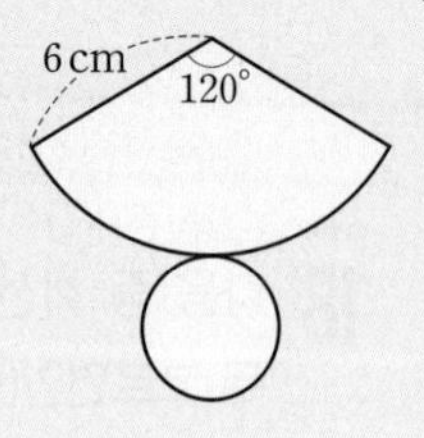

풀이 과정

1단계 밑면인 원의 반지름의 길이 구하기

밑면인 원의 반지름의 길이를 r cm라고 하면

(부채꼴의 호의 길이)=(밑면인 원의 둘레의 길이)이므로

$2\pi\times6\times\frac{120}{360}=2\pi r$

$4\pi=2\pi r$ $\therefore r=2$

따라서 밑면인 원의 반지름의 길이는 2 cm이다.

2단계 밑면인 원의 넓이 구하기

전개도로 만든 원뿔의 밑면인 원의 넓이는

$\pi\times2^2=4\pi(\text{cm}^2)$

답 4π cm²

유제 2 오른쪽 그림과 같은 전개도로 만든 원뿔의 밑면의 넓이를 구하시오.

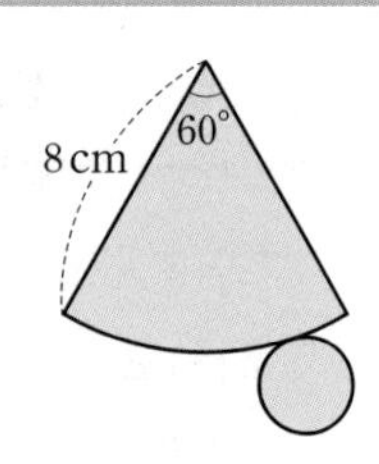

풀이 과정

1단계 밑면인 원의 반지름의 길이 구하기

2단계 밑면인 원의 넓이 구하기

답

● 정답과 해설 46쪽

연습해 보자

▶ 모든 문제는 풀이 과정을 자세히 서술한 후 답을 쓰세요.

1 다음 조건을 모두 만족시키는 다면체는 몇 면체인지 구하시오.

조건
(가) 밑면의 대각선의 개수는 5개이다.
(나) 밑면의 개수는 1개이다.
(다) 옆면의 모양은 삼각형이다.

풀이 과정

답

2 한 꼭짓점에 모인 면의 개수가 4개인 정다면체의 꼭짓점의 개수를 x개, 면의 모양이 정오각형인 정다면체의 모서리의 개수를 y개라고 할 때, $x+y$의 값을 구하시오.

풀이 과정

답

3 오른쪽 그림과 같은 직사각형을 직선 l을 회전축으로 하여 1회전 시킬 때 생기는 회전체를 회전축에 수직인 평면으로 잘랐다. 이때 생기는 단면의 모양을 그리고, 그 단면의 넓이를 구하시오.

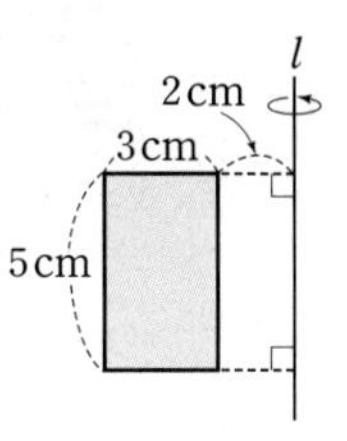

풀이 과정

답

4 오른쪽 그림과 같은 원뿔대 모양의 종이컵의 전개도에서 옆면을 만드는 데 사용된 종이의 둘레의 길이를 구하시오.

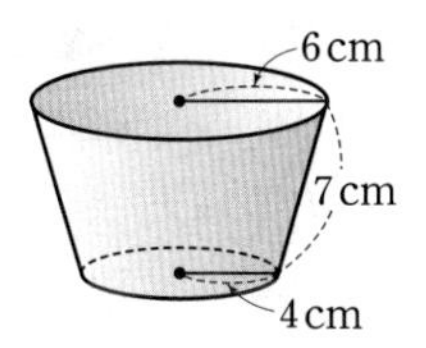

풀이 과정

답

• 정답과 해설 46쪽

플라톤의 도형 "정다면체"

"정다면체는 우주의 삼라만상을 지탱하는 근원적인 힘이다."

위의 말은 고대 그리스의 철학자인 플라톤이 한 말로, 그는 정다면체를 가장 아름답고 가치 있는 도형으로 생각하여 우주를 구성하는 물, 불, 흙, 공기의 네 가지 원소와 우주가 정다면체 꼴이라고 주장하였다.

플라톤은 가장 가볍고 날카로운 원소인 '불'은 불처럼 타오르는 듯한 '정사면체'에, 가장 견고하고 안정된 원소인 '흙'은 흙처럼 안정감 있는 '정육면체'에 비유하였고, 또 자유롭게 움직이는 불안정성을 가진 원소인 '공기'는 입으로 바람을 불어 쉽게 돌릴 수 있는 '정팔면체'에, 가장 활동적이고 유동적인 원소인 '물'은 물처럼 쉽게 구를 수 있는 '정이십면체'에 비유하였다. 마지막으로 네 가지의 원소를 모두 포함하고 12개의 별자리를 가지고 있는 '우주'는 구에 가깝고 12개의 면을 가지고 있는 '정십이면체'에 비유하였다.

기출문제는 이렇게!

정다면체의 각 면의 한가운데에 있는 점을 연결하면 새로운 정다면체가 만들어진다. 오른쪽 그림과 같은 정팔면체의 각 면의 한가운데에 있는 점을 연결할 때 만들어지는 정다면체의 이름을 말하시오.

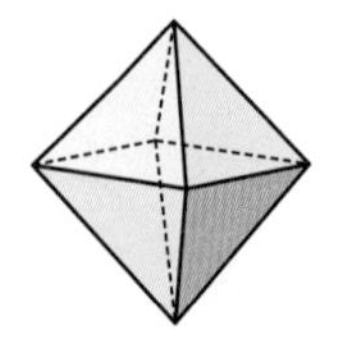

마인드 MAP

다면체와 회전체

"각뿔을 잘라서 각뿔대를 만들자!"

다면체

모든 면이 다각형이니까 다면체구나!

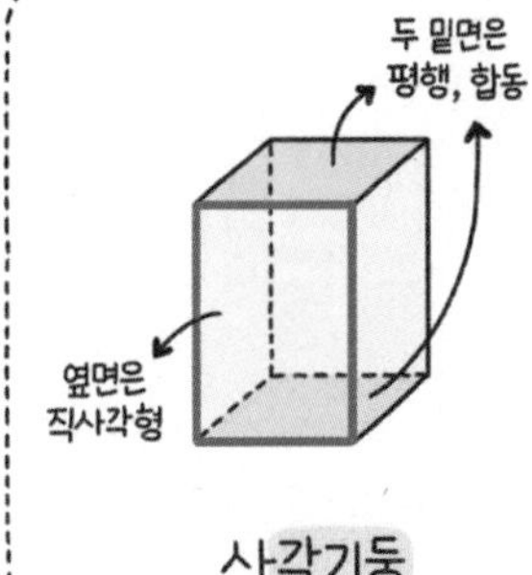

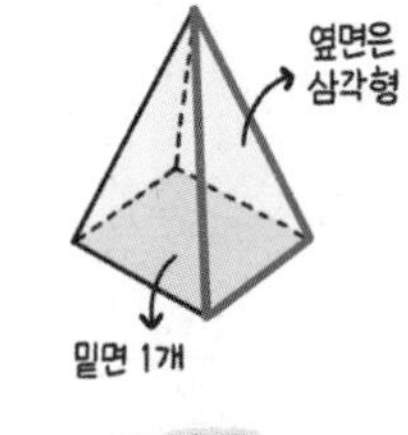

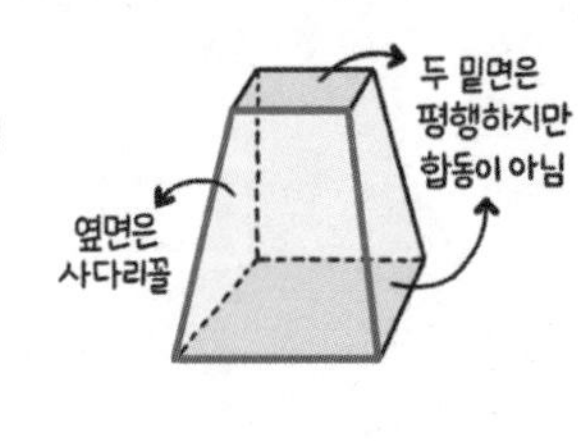

정다면체

① 모든 면이 합동인 정다각형이다.

② 각 꼭짓점에 모인 면의 개수가 같다.

"정다면체는 5가지뿐!"

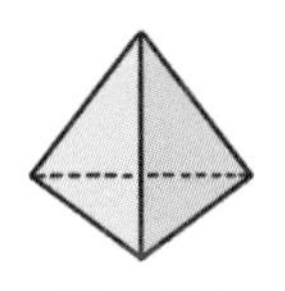

정사면체

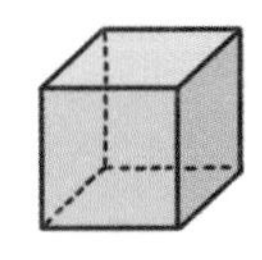

정육면체

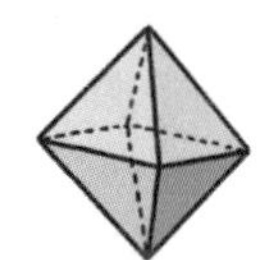

정팔면체

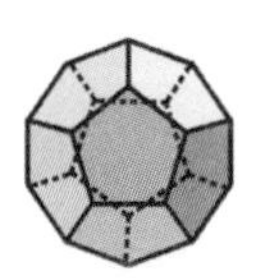

정십이면체

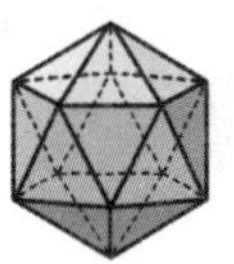

정이십면체

회전체

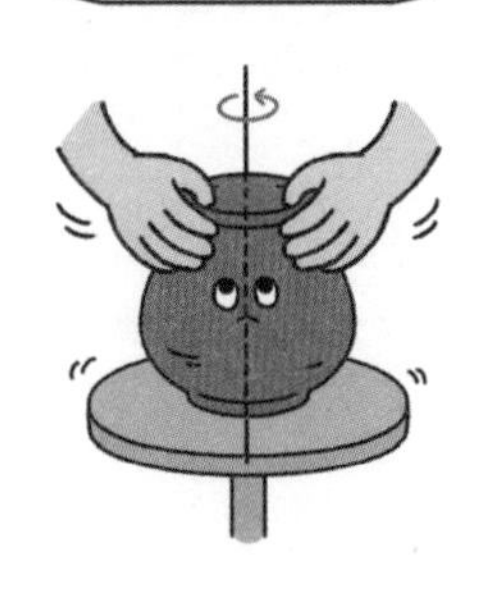

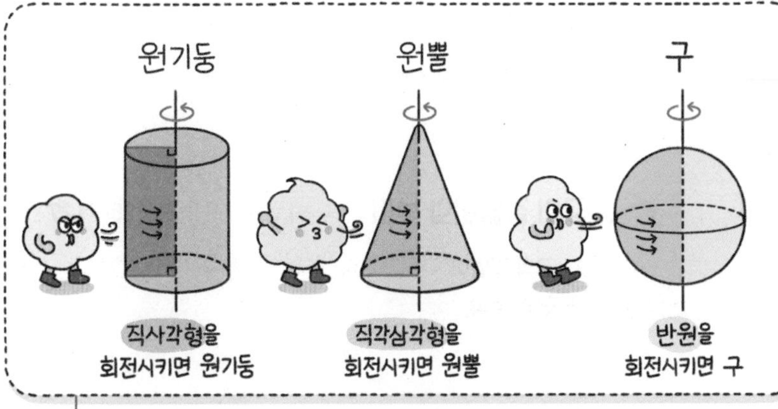

회전체를 회전축에 수직인 평면으로 자른 단면의 경계: 원

회전체를 회전축을 포함하는 평면으로 자른 단면: 선대칭도형

6 입체도형의 겉넓이와 부피

1 기둥의 겉넓이와 부피 ········ P. 118~120

1 기둥의 겉넓이
2 기둥의 부피

2 뿔의 겉넓이와 부피 ········ P. 121~124

1 뿔의 겉넓이
2 뿔대의 겉넓이
3 뿔의 부피
4 뿔대의 부피

3 구의 겉넓이와 부피 ········ P. 125~127

1 구의 겉넓이
2 구의 부피

이전에 배운 내용

초5~6
- 직육면체의 겉넓이와 부피

이번에 배울 내용

1 기둥의 겉넓이와 부피
2 뿔의 겉넓이와 부피
3 구의 겉넓이와 부피

이후에 배울 내용

중2
- 피타고라스 정리

준비 학습

초5~6 직육면체의 겉넓이

방법 1 합동인 면이 3쌍임을 이용하기
⇨ (한 꼭짓점에서 만나는 세 면의 넓이의 합)$\times 2$

방법 2 밑면과 옆면으로 나누기
⇨ (한 밑면의 넓이)$\times 2$
+(옆면 전체의 넓이)

1 오른쪽 그림과 같은 전개도로 만들어지는 직육면체의 겉넓이를 구하시오.

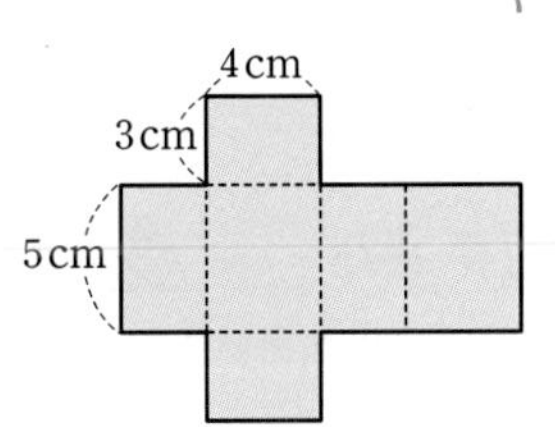

초5~6 직육면체의 부피

⇨ (가로)$\times$(세로)$\times$(높이)

2 오른쪽 그림과 같은 정육면체의 부피를 구하시오.

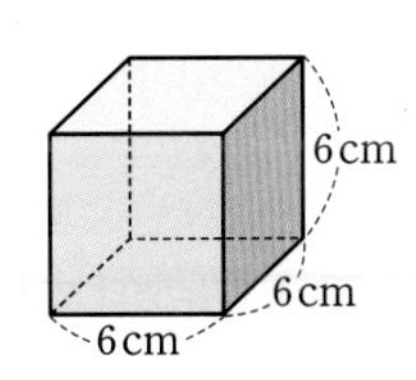

정답 1. 94cm^2 2. 216cm^3

01 기둥의 겉넓이와 부피

• 정답과 해설 47쪽

1 기둥의 겉넓이

기둥의 겉넓이는 전개도를 이용하여 다음과 같이 구한다.

(기둥의 겉넓이)=(밑넓이)×2+(옆넓이)

→ 기둥의 밑면은 2개이다.

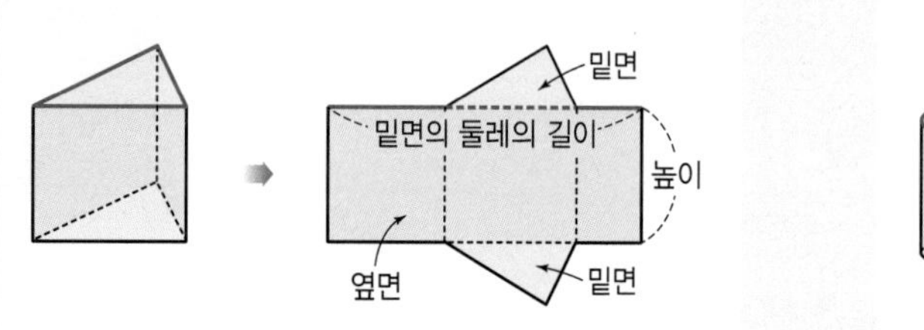

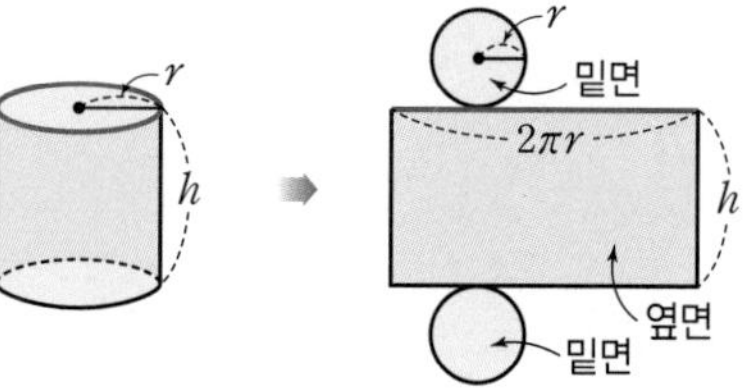

참고 밑면인 원의 반지름의 길이가 r이고, 높이가 h인 원기둥의 겉넓이를 S라고 하면

$S=\pi r^2\times 2+2\pi r\times h=2\pi r^2+2\pi rh$

개념 확인 오른쪽 그림과 같은 원기둥과 그 전개도에 대하여 다음을 구하시오.

(1) ㉠, ㉡, ㉢에 알맞은 값

(2) 원기둥의 밑넓이

(3) 원기둥의 옆넓이

(4) 원기둥의 겉넓이

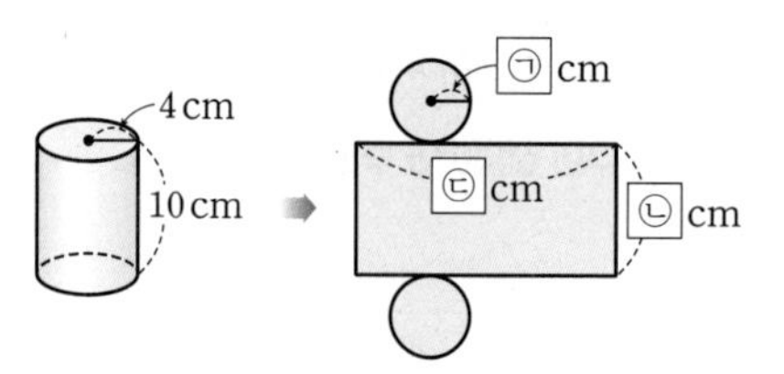

용어

입체도형에서

• 밑넓이: 한 밑면의 넓이

• 옆넓이: 옆면 전체의 넓이

필수 문제 1 기둥의 겉넓이 구하기

다음 그림과 같은 기둥의 겉넓이를 구하시오.

(1)

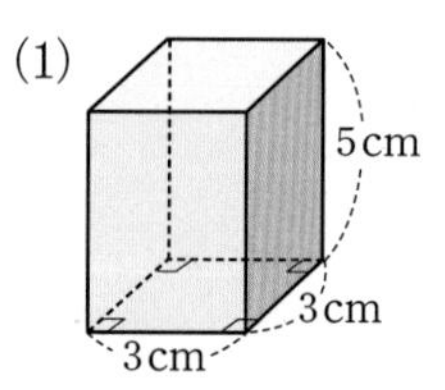

(2)

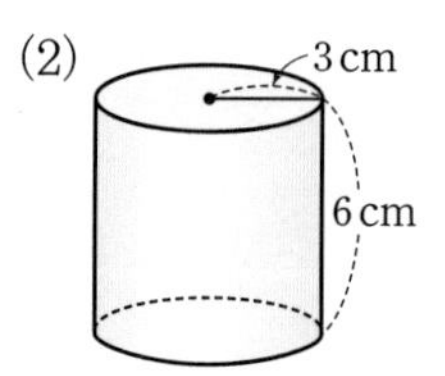

◆ 여러 가지 다각형의 넓이

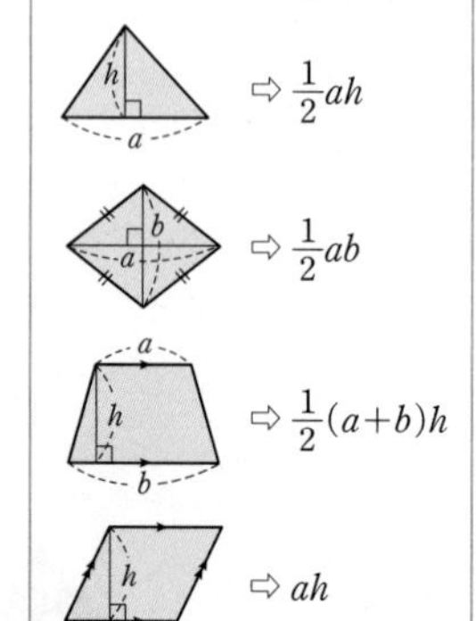

⇨ $\frac{1}{2}ah$

⇨ $\frac{1}{2}ab$

⇨ $\frac{1}{2}(a+b)h$

⇨ ah

1-1 다음 그림과 같은 기둥의 겉넓이를 구하시오.

(1)

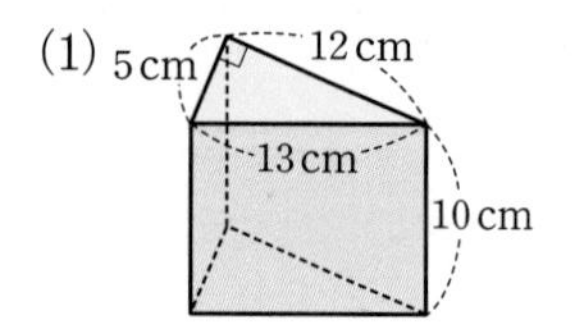

(2)

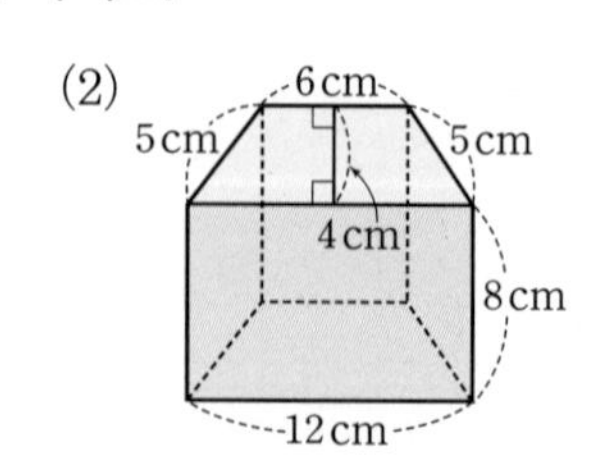

2 기둥의 부피

기둥의 밑넓이를 S, 높이를 h, 부피를 V라고 하면
(기둥의 부피)=(밑넓이)×(높이)

$\therefore V=Sh$

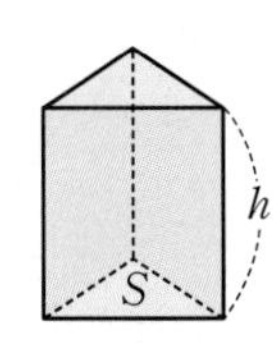

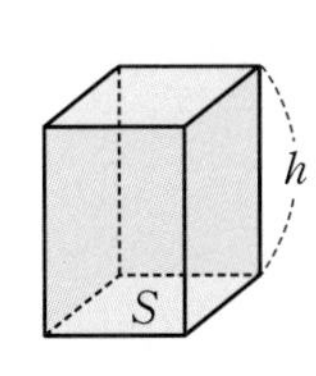

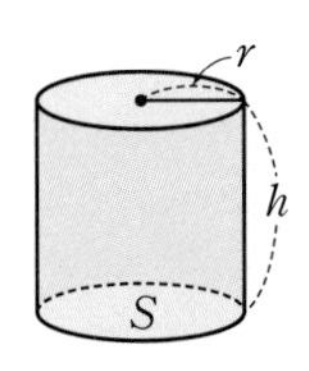

참고 밑면인 원의 반지름의 길이가 r이고, 높이가 h인 원기둥의 부피를 V라고 하면
$V=Sh=\pi r^2\times h=\pi r^2 h$

개념 확인 오른쪽 그림과 같은 원기둥에서 다음을 구하시오.

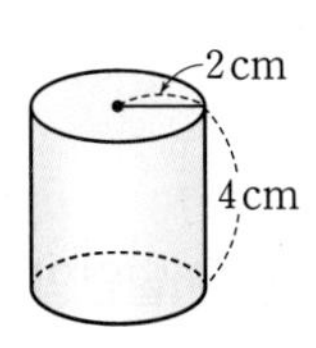

(1) 밑넓이
(2) 높이
(3) 부피

용어
- $\boldsymbol{h}$ height(높이)의 첫 글자
- $\boldsymbol{S}$ square(넓이)의 첫 글자
- $\boldsymbol{V}$ volume(부피)의 첫 글자

필수 문제 2 다음 그림과 같은 기둥의 부피를 구하시오.

기둥의 부피 구하기

(1)
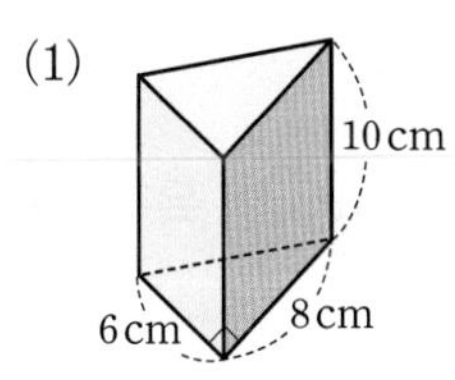

(2)
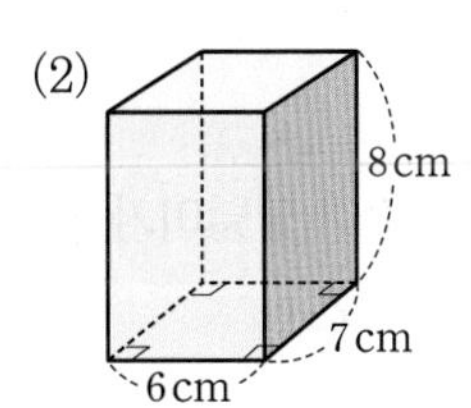

(3)
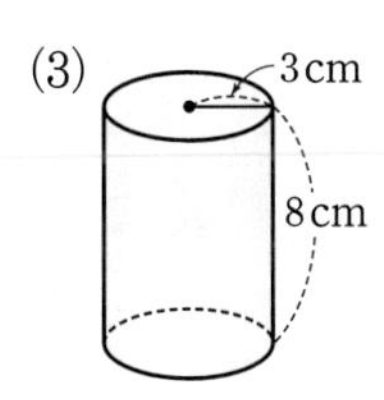

▸(구멍이 뚫린 원기둥의 부피)
=(큰 원기둥의 부피)
−(작은 원기둥의 부피)

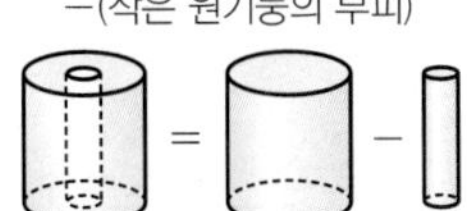

2-1 오른쪽 그림과 같이 구멍이 뚫린 원기둥의 부피를 구하시오.

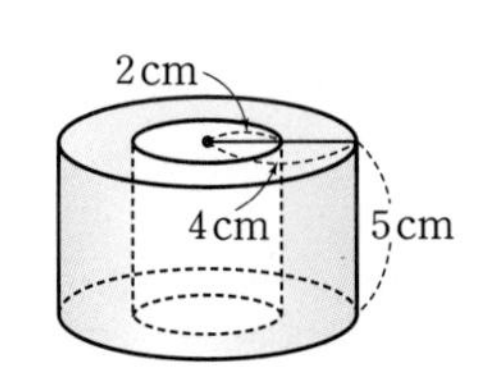

쏙쏙 개념 익히기

1 오른쪽 그림과 같은 전개도로 만들어지는 삼각기둥의 겉넓이를 구하시오.

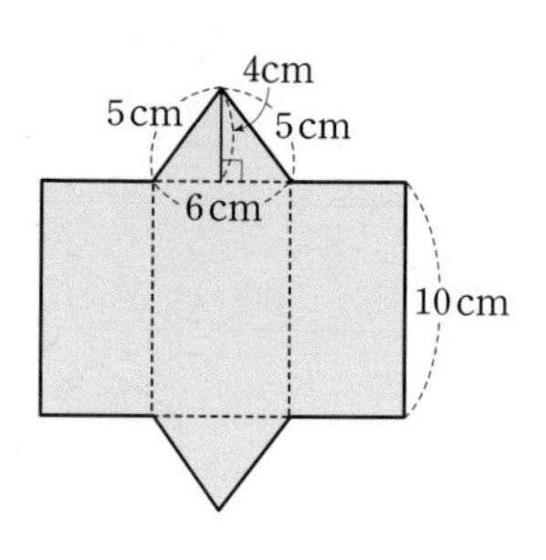

2 겉넓이가 $96\,\text{cm}^2$인 정육면체의 한 모서리의 길이를 구하시오.

3 오른쪽 그림은 밑면의 반지름의 길이가 $4\,\text{cm}$, 높이가 $10\,\text{cm}$인 원기둥을 회전축을 포함하는 평면으로 잘라서 만든 입체도형이다. 이 입체도형의 겉넓이를 구하시오.

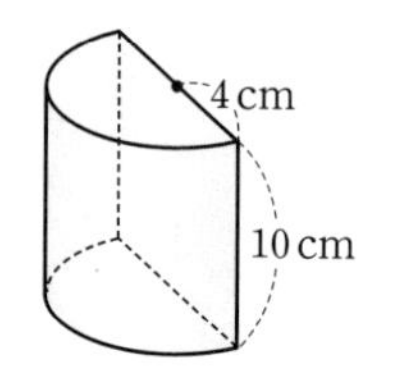

4 오른쪽 그림과 같이 밑넓이가 $20\,\text{cm}^2$, 높이가 $9\,\text{cm}$인 육각기둥의 부피를 구하시오.

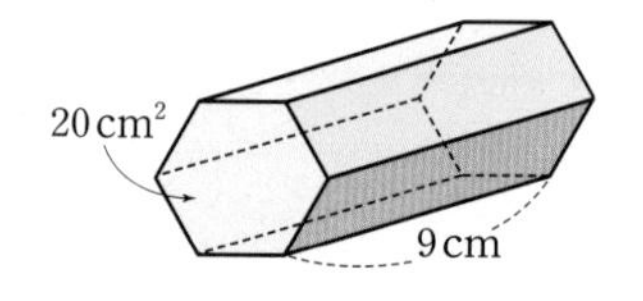

5 오른쪽 그림과 같은 사각형을 밑면으로 하는 사각기둥의 부피가 $64\,\text{cm}^3$일 때, 이 사각기둥의 높이는?

① 2 cm　② 3 cm　③ 4 cm
④ 5 cm　⑤ 6 cm

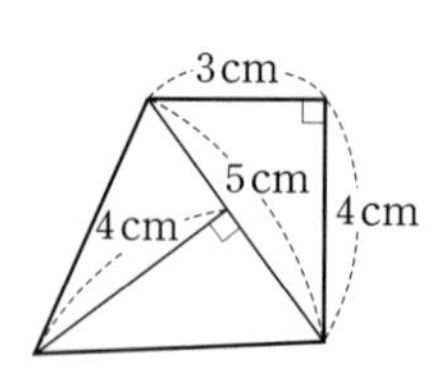

6 오른쪽 그림과 같이 구멍이 뚫린 입체도형의 부피를 구하시오.

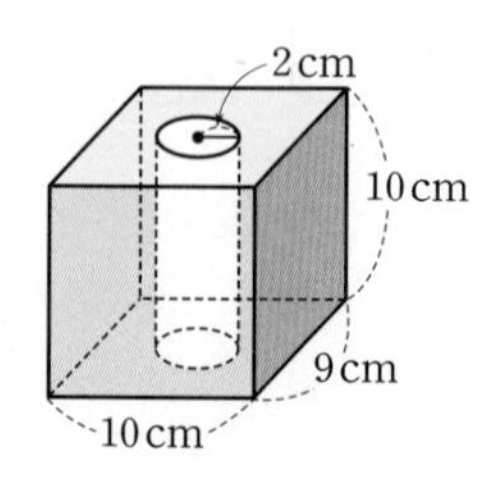

뿔의 겉넓이와 부피

• 정답과 해설 48쪽

1 뿔의 겉넓이

뿔의 겉넓이는 전개도를 이용하여 다음과 같이 구한다.

(뿔의 겉넓이)=(밑넓이)+(옆넓이)

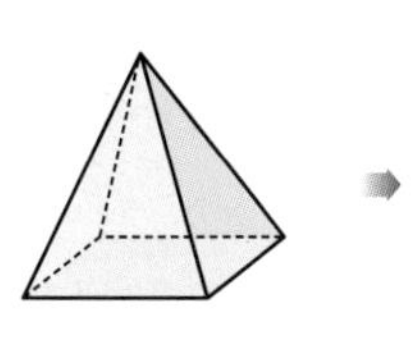

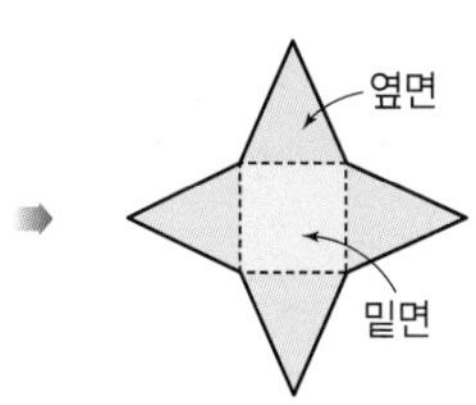

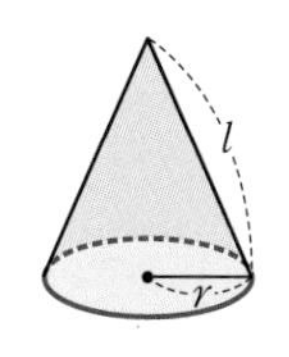

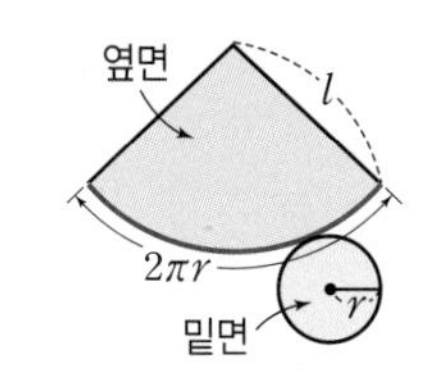

참고 밑면인 원의 반지름의 길이가 r이고, 모선의 길이가 l인 원뿔의 겉넓이를 S라고 하면

$$S=\pi r^2+\frac{1}{2}\times l\times 2\pi r=\pi r^2+\pi rl$$

2 뿔대의 겉넓이

(뿔대의 겉넓이)=(두 밑면의 넓이의 합)+(옆넓이)

개념 확인 오른쪽 그림과 같은 원뿔과 그 전개도에서 다음을 구하시오.

(1) ㉠, ㉡, ㉢에 알맞은 값

(2) 원뿔의 밑넓이

(3) 원뿔의 옆넓이

(4) 원뿔의 겉넓이

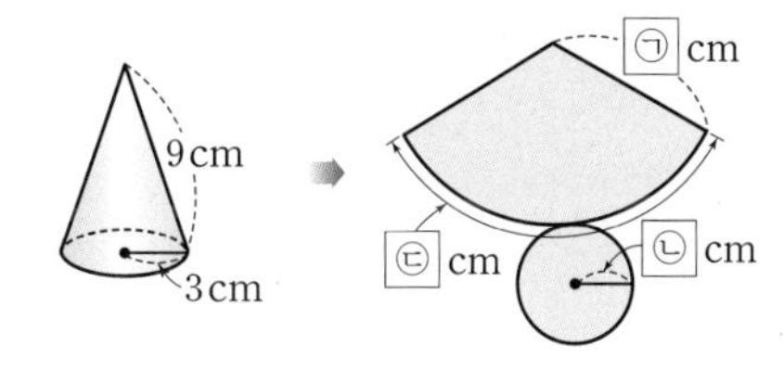

필수 문제 1 뿔의 겉넓이 구하기

다음 그림과 같은 뿔의 겉넓이를 구하시오. (단, (1)에서 옆면은 모두 합동이다.)

(1)

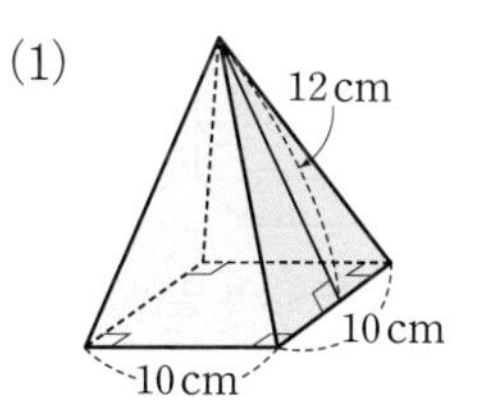

(2)

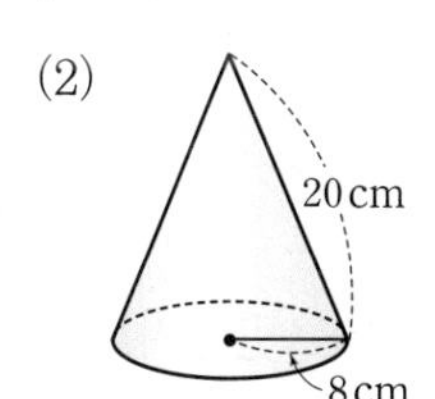

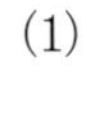

1-1 다음 그림과 같은 뿔의 겉넓이를 구하시오. (단, (1)에서 옆면은 모두 합동이다.)

(1)

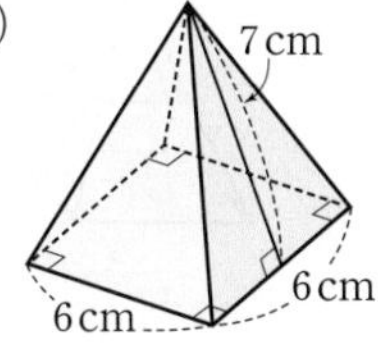

(2)

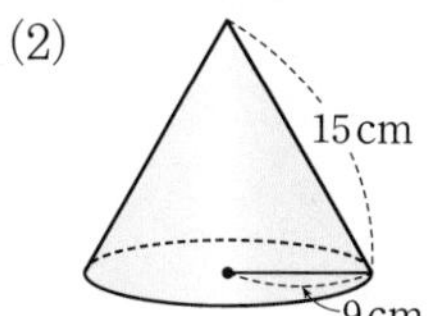

필수 문제 2

뿔대의 겉넓이 구하기

▶(원뿔대의 옆넓이)
=(큰 부채꼴의 넓이)
−(작은 부채꼴의 넓이)

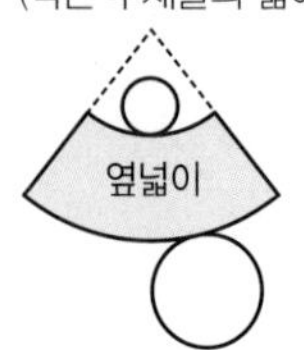

오른쪽 그림과 같은 원뿔대의 겉넓이를 구하려고 한다. 다음을 구하시오.

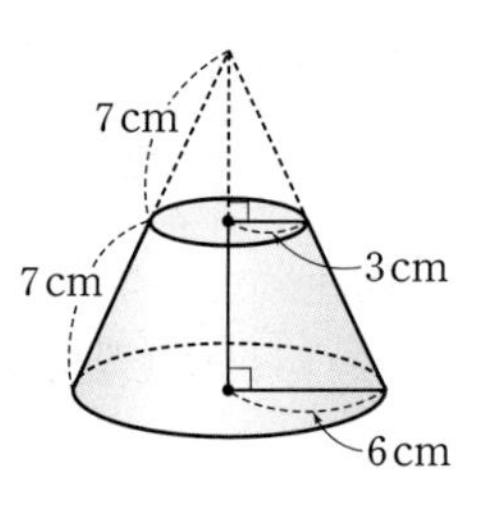

(1) 작은 밑면의 넓이

(2) 큰 밑면의 넓이

(3) 옆넓이

(4) 겉넓이

2-1 오른쪽 그림과 같이 두 밑면은 모두 정사각형이고, 옆면은 모두 합동인 사각뿔대의 겉넓이는?

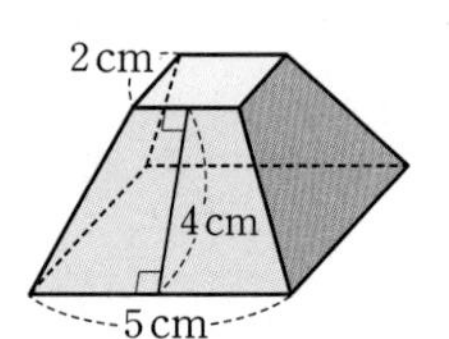

① $64\,\text{cm}^2$ ② $75\,\text{cm}^2$ ③ $80\,\text{cm}^2$
④ $85\,\text{cm}^2$ ⑤ $94\,\text{cm}^2$

● 정답과 해설 48쪽

3 뿔의 부피

뿔의 밑넓이를 S, 높이를 h, 부피를 V라고 하면

(뿔의 부피)$=\frac{1}{3}\times$(기둥의 부피)

$=\frac{1}{3}\times$(밑넓이)$\times$(높이)

$\therefore V=\frac{1}{3}Sh$

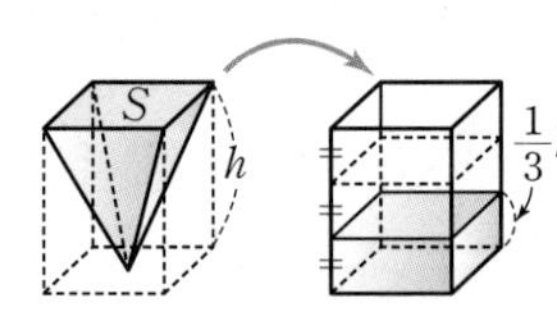

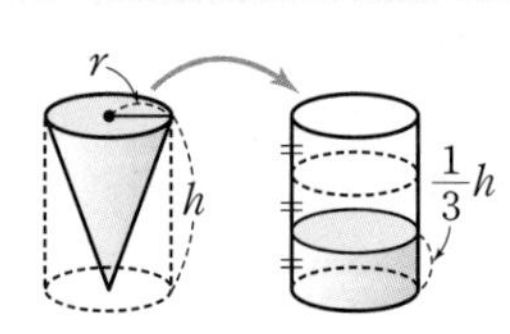

뿔 모양의 그릇에 물을 담아 밑면이 합동이고 높이가 같은 기둥 모양의 그릇에 옮겨 부으면 기둥 모양의 그릇을 세 번만에 채울 수 있다. 즉, 뿔의 부피는 기둥의 부피의 $\frac{1}{3}$임을 알 수 있다.

참고 밑면인 원의 반지름의 길이가 r이고, 높이가 h인 원뿔의 부피를 V라고 하면
$V=\frac{1}{3}\times\pi r^2\times h=\frac{1}{3}\pi r^2 h$

4 뿔대의 부피

(뿔대의 부피)=(큰 뿔의 부피)−(작은 뿔의 부피)

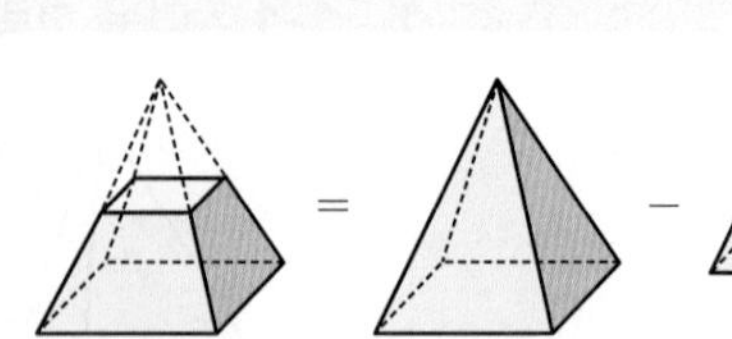

필수 문제 3

뿔의 부피 구하기

▸(뿔의 부피)
$=\frac{1}{3}\times$(밑넓이)$\times$(높이)

다음 그림과 같은 뿔의 부피를 구하시오.

(1)

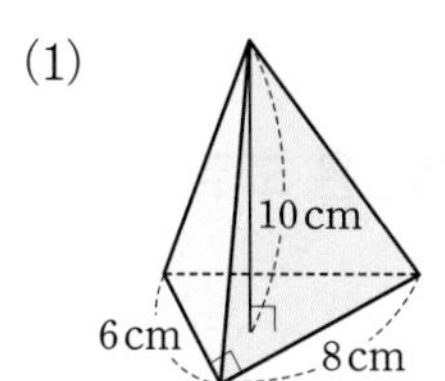

(2)

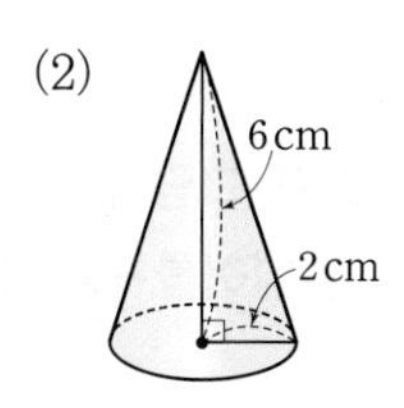

3-1 오른쪽 그림과 같은 사각뿔의 부피가 $112\,\text{cm}^3$일 때, h의 값을 구하시오.

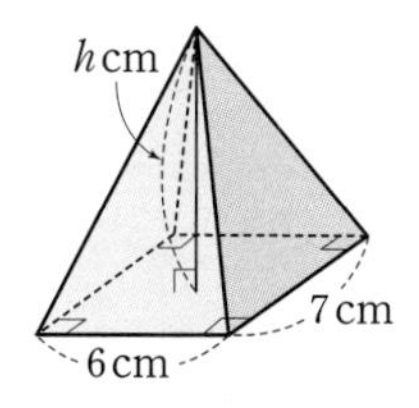

3-2 높이가 $12\,\text{cm}$이고 부피가 $36\pi\,\text{cm}^3$인 원뿔의 밑면인 원의 반지름의 길이를 구하시오.

필수 문제 4

뿔대의 부피 구하기

▸ • 각뿔대의 부피

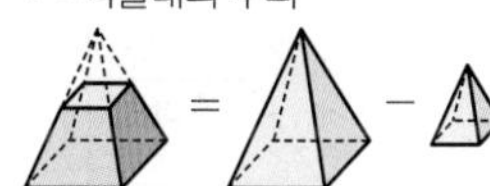

• 원뿔대의 부피

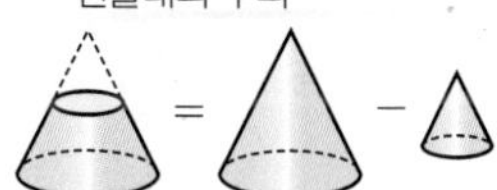

오른쪽 그림과 같이 두 밑면이 모두 정사각형인 사각뿔대의 부피를 구하려고 한다. 다음을 구하시오.

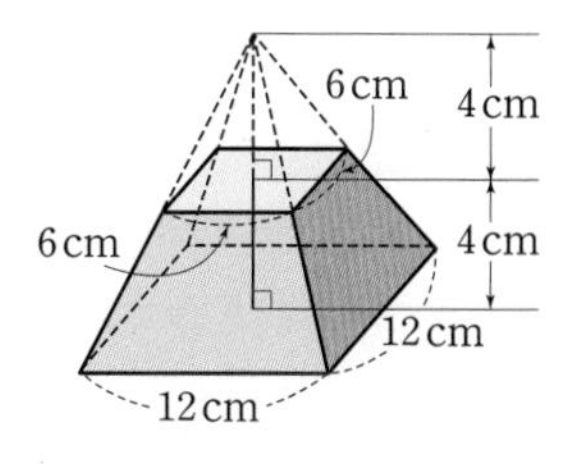

(1) 큰 사각뿔의 부피

(2) 작은 사각뿔의 부피

(3) 사각뿔대의 부피

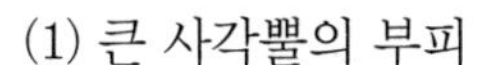

4-1 오른쪽 그림과 같은 원뿔대의 부피를 구하시오.

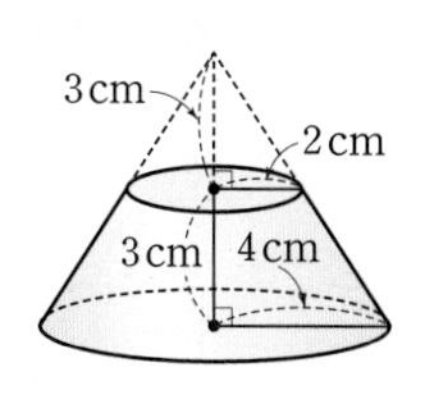

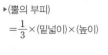

쏙쏙 개념 익히기

1 오른쪽 그림과 같이 밑면은 정사각형이고, 옆면은 모두 합동인 사각뿔의 겉넓이를 구하시오.

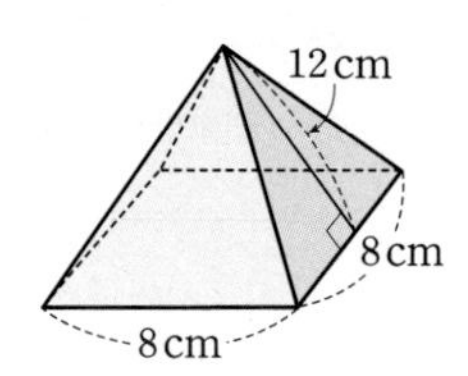

2 오른쪽 그림과 같은 전개도로 만들어지는 원뿔에서 다음을 구하시오.

(1) 옆면인 부채꼴의 호의 길이

(2) 밑면인 원의 반지름의 길이

(3) 원뿔의 겉넓이

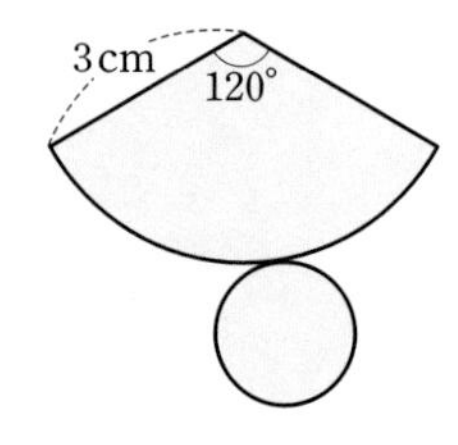

3 오른쪽 그림은 한 모서리의 길이가 6 cm인 정육면체에서 세 꼭짓점을 지나는 삼각뿔을 잘라 내고 남은 입체도형이다. 다음을 구하시오.

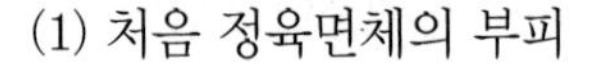
(1) 처음 정육면체의 부피

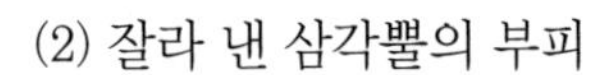
(2) 잘라 낸 삼각뿔의 부피

(3) 남은 입체도형의 부피

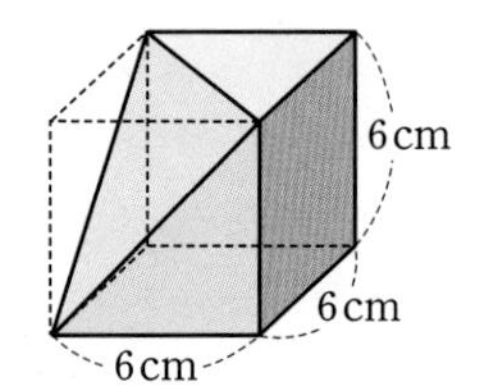

4 오른쪽 그림과 같은 평면도형을 직선 l을 회전축으로 하여 1회전 시킬 때 생기는 입체도형의 겉넓이와 부피를 차례로 구하시오.

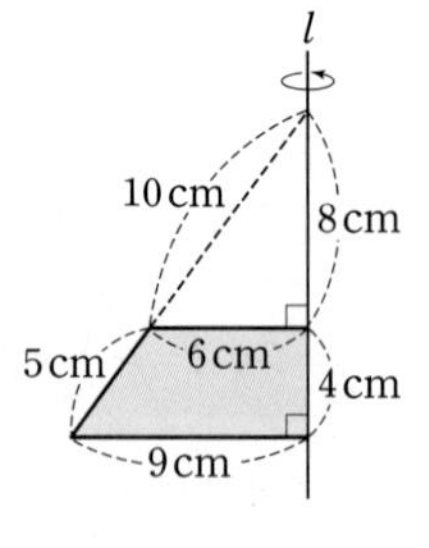

● 원뿔 모양의 빈 그릇에 물을 채우는 데 걸리는 시간
(그릇의 부피)
÷(시간당 채우는 물의 부피)

5 오른쪽 그림과 같은 원뿔 모양의 빈 그릇에 1초에 $3\pi\text{ cm}^3$씩 물을 넣으면 몇 초 후에 처음으로 물이 가득 차겠는가? (단, 그릇의 두께는 생각하지 않는다.)

① 40초 후 ② 50초 후 ③ 60초 후
④ 70초 후 ⑤ 80초 후

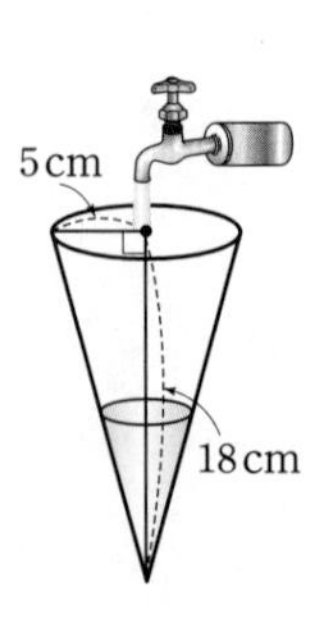

03 구의 겉넓이와 부피

• 정답과 해설 49쪽

1 구의 겉넓이

반지름의 길이가 r인 구의 겉넓이를 S라고 하면

(구의 겉넓이)$=4\times$(반지름의 길이가 r인 원의 넓이)

$=4\times\pi r^2$

$\therefore$ $\boldsymbol{S=4\pi r^2}$

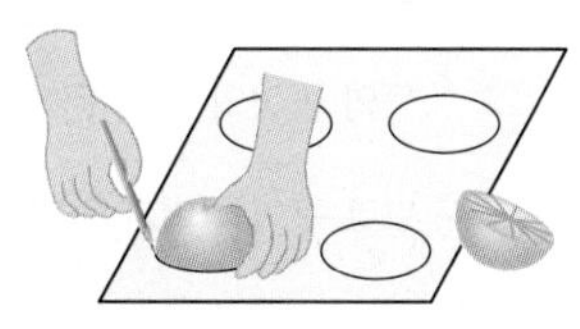

구 모양의 오렌지 1개를 구의 중심을 지나도록 자른 후 그 오렌지를 종이에 대고 원 4개를 그린다.

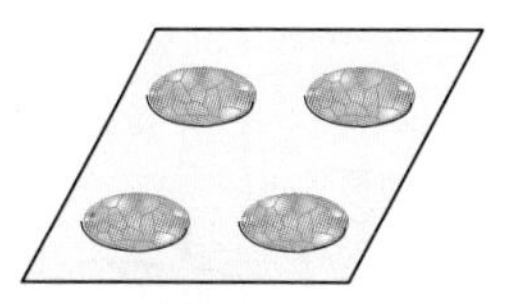

오렌지 껍질을 잘라 원을 채우면 오렌지 1개의 껍질로 원 4개를 채울 수 있다. 즉, 구의 겉넓이는 반지름의 길이가 같은 원의 넓이의 4배임을 알 수 있다.

개념 확인 다음은 구와 끈을 이용하여 구의 겉넓이를 알아보는 과정이다. □ 안에 알맞은 것을 쓰시오.

오른쪽 그림과 같이 반지름의 길이가 r인 구의 겉면을 끈으로 감은 후 그 끈을 풀어 평면 위에 원 모양으로 만들면 그 원의 반지름의 길이는 $2r$가 된다. 즉, 반지름의 길이가 r인 구의 겉넓이는 반지름의 길이가 $2r$인 원의 넓이와 같다.

$\therefore$ (구의 겉넓이)$=\pi\times(\square)^2=\square\pi r^2$

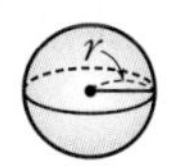

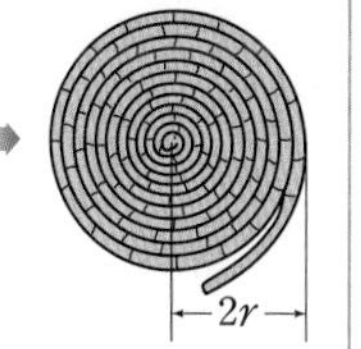

필수 문제 1 다음 그림과 같은 입체도형의 겉넓이를 구하시오.

구의 겉넓이 구하기

▸반지름의 길이가 r인
- (구의 겉넓이)$=4\pi r^2$
- (반구의 겉넓이)
$=\frac{1}{2}\times4\pi r^2+\pi r^2=3\pi r^2$
(πr^2: 잘린 단면인 원의 넓이)

(1)

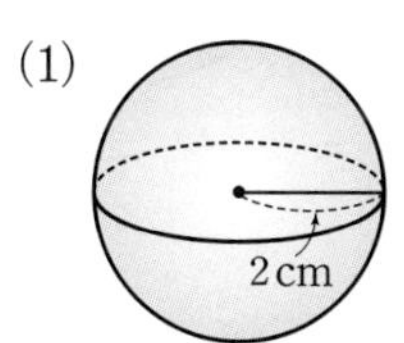

(2)

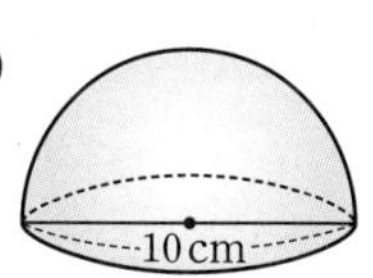

1-1 오른쪽 그림은 반지름의 길이가 4 cm인 구의 $\frac{1}{4}$을 잘라 내고 남은 입체도형이다. 이 입체도형의 겉넓이를 구하시오.

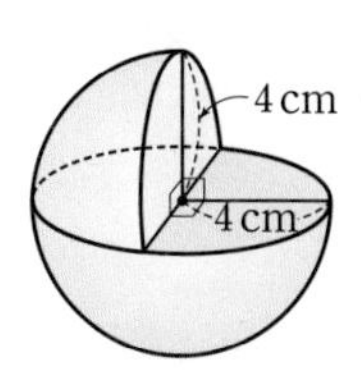

2 구의 부피

반지름의 길이가 r인 구의 부피를 V라고 하면

$$(\text{구의 부피})=\frac{2}{3}\times(\text{원기둥의 부피})$$
$$=\frac{2}{3}\times(\text{밑넓이})\times(\text{높이})$$
$$=\frac{2}{3}\times\pi r^2\times 2r$$
$$\therefore V=\frac{4}{3}\pi r^3$$

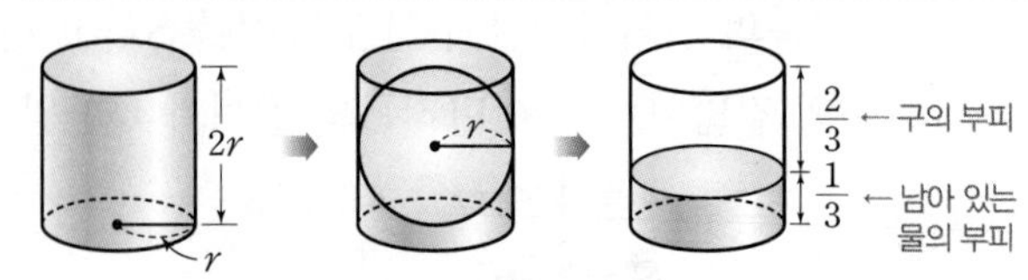

구가 꼭 맞게 들어가는 원기둥 모양의 그릇에 물을 가득 채우고, 구를 물속에 완전히 잠기도록 넣었다가 빼면 남아 있는 물의 높이는 원기둥의 높이의 $\frac{1}{3}$이 된다. 즉, 구의 부피는 넘쳐 흐른 물의 부피와 같으므로 구의 부피가 원기둥의 부피의 $\frac{2}{3}$임을 알 수 있다.

개념 확인 오른쪽 그림과 같이 밑면인 원의 반지름의 길이가 3 cm이고, 높이가 6 cm인 원기둥 안에 구가 꼭 맞게 들어 있을 때, 다음을 구하시오. (단, 부피의 비는 가장 간단한 자연수의 비로 나타내시오.)

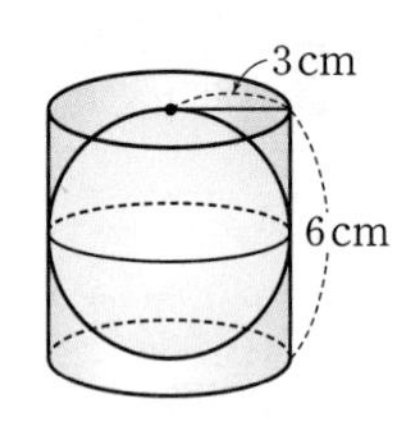

(1) 원기둥의 부피
(2) 구의 부피
(3) 원기둥과 구의 부피의 비

보충

아르키메데스는 원기둥 안에 꼭 맞게 들어 있는 원뿔, 구에 대하여 원뿔, 구, 원기둥 사이의 부피의 비가 항상 다음과 같음을 알아냈다.

(원뿔의 부피) : (원기둥의 부피)=1 : 3
(구의 부피) : (원기둥의 부피)=2 : 3
➡ (원뿔) : (구) : (원기둥)=1 : 2 : 3

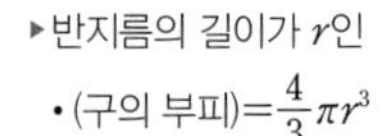

구의 부피 구하기

▸반지름의 길이가 r인
• (구의 부피)$=\frac{4}{3}\pi r^3$
• (반구의 부피)$=\frac{1}{2}\times\frac{4}{3}\pi r^3=\frac{2}{3}\pi r^3$

다음 그림과 같은 입체도형의 부피를 구하시오.

(1)

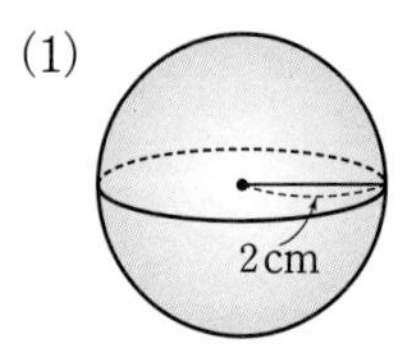

(2)

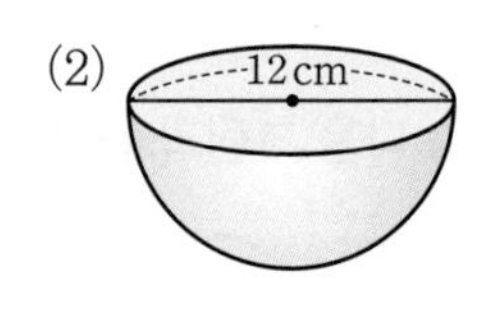

2-1 오른쪽 그림과 같은 입체도형의 부피를 구하시오.

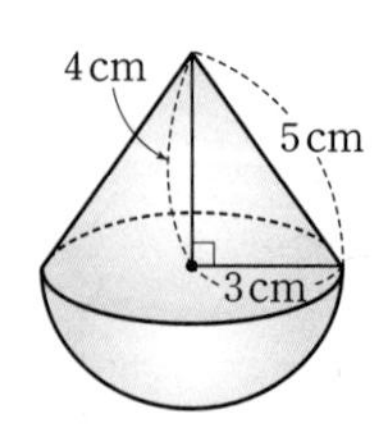

쏙쏙 개념 익히기

1 겉넓이가 $144\pi\ \mathrm{cm}^2$인 구의 반지름의 길이를 구하시오.

2 오른쪽 그림과 같은 입체도형의 겉넓이를 구하시오.

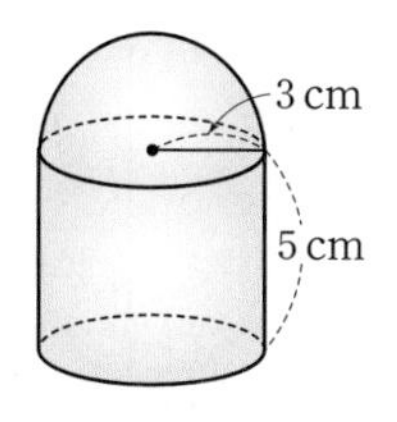

3 오른쪽 그림과 같은 입체도형의 겉넓이를 구하시오.

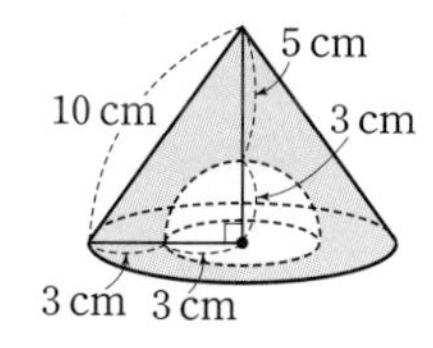

4 오른쪽 그림은 반지름의 길이가 $4\ \mathrm{cm}$인 구의 $\frac{1}{8}$을 잘라 내고 남은 입체도형이다. 이 입체도형의 부피를 구하시오.

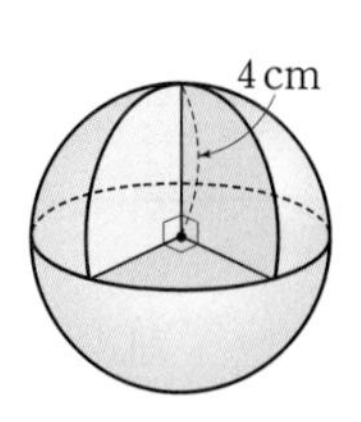

5 오른쪽 그림과 같은 평면도형을 직선 l을 회전축으로 하여 1회전 시킬 때 생기는 입체도형의 부피를 구하시오.

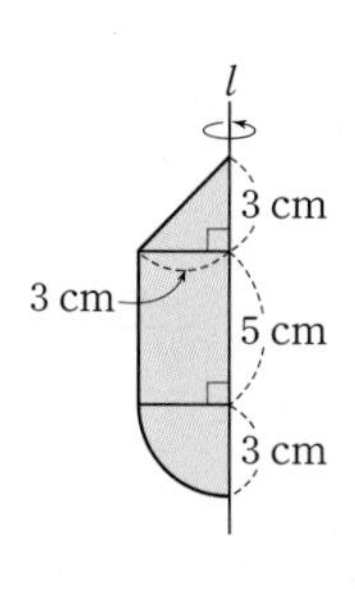

입체도형 한눈에 정리하기

입체도형		회전시킨 평면도형	겨냥도	전개도	겉넓이	부피
다면체	각기둥				(밑넓이)×2 +(옆넓이)	(밑넓이)×(높이)
	각뿔				(밑넓이)+(옆넓이)	$\frac{1}{3}$×(밑넓이)×(높이)
	각뿔대				(두 밑면의 넓이의 합) +(옆넓이)	(큰 각뿔의 부피) −(작은 각뿔의 부피)
회전체	원기둥	직사각형			$2\pi r^2+2\pi rh$	$\pi r^2 h$
	원뿔	직각삼각형			$\pi r^2+\pi rl$	$\frac{1}{3}\pi r^2 h$
	원뿔대	사다리꼴			(두 밑면의 넓이의 합) +(옆넓이)	(큰 원뿔의 부피) −(작은 원뿔의 부피)
	구	반원			$4\pi r^2$	$\frac{4}{3}\pi r^3$

STEP 2 탄탄 단원 다지기

★ 중요

●○○
1 오른쪽 그림과 같은 삼각기둥의 겉넓이가 $60\,\text{cm}^2$일 때, 이 삼각기둥의 높이는?

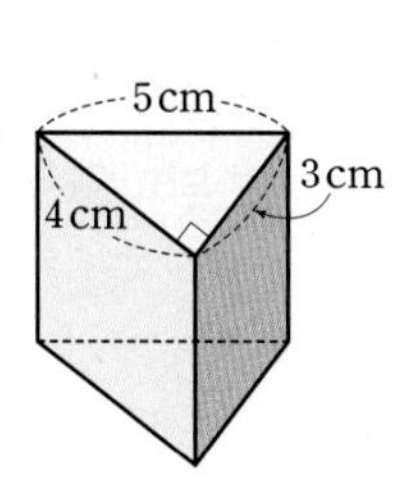

① 2 cm ② 3 cm
③ 4 cm ④ 5 cm
⑤ 6 cm

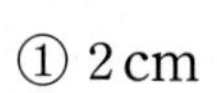

●●○
2 오른쪽 그림과 같이 밑면이 부채꼴인 기둥의 겉넓이를 구하시오.

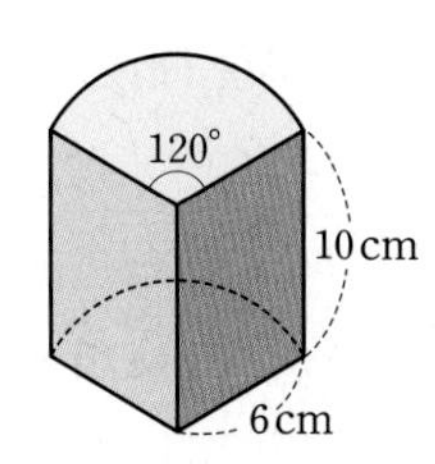

●●○
3 오른쪽 그림과 같은 전개도로 만들어지는 원기둥의 부피를 구하시오.

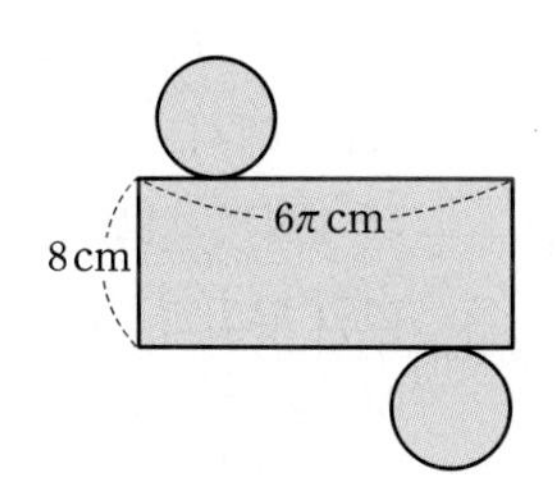

●●○
4 오른쪽 그림은 사각뿔과 사각기둥을 붙여서 만든 입체도형이다. 이 입체도형의 겉넓이를 구하시오. (단, 사각뿔의 옆면은 모두 합동이다.)

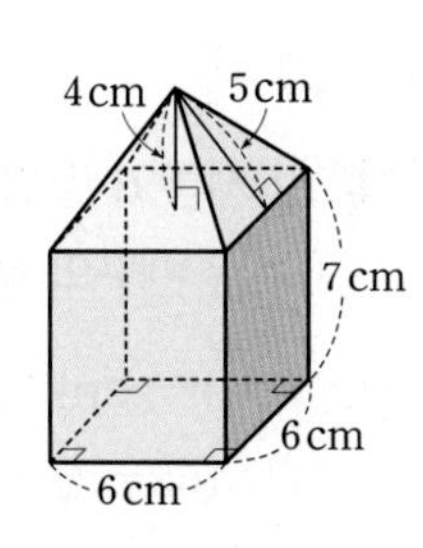

●●○
5 오른쪽 그림과 같은 입체도형의 겉넓이는?

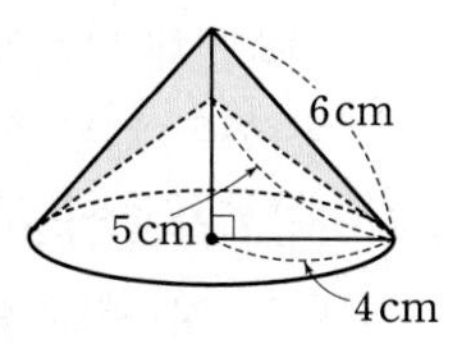

① $20\pi\,\text{cm}^2$
② $24\pi\,\text{cm}^2$
③ $30\pi\,\text{cm}^2$
④ $36\pi\,\text{cm}^2$
⑤ $44\pi\,\text{cm}^2$

●●●
6 오른쪽 그림과 같이 밑면인 원의 반지름의 길이가 3 cm인 원뿔을 꼭짓점 O를 중심으로 6바퀴 굴렸더니 원래의 자리로 돌아왔다. 이 원뿔의 겉넓이를 구하시오.

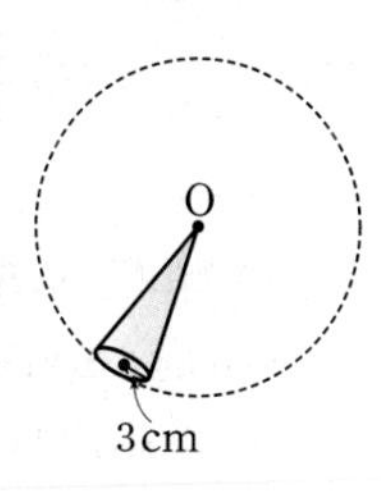

●●○
7 오른쪽 그림과 같이 두 밑면은 모두 정사각형이고, 옆면은 모두 합동인 사각뿔대의 겉넓이를 구하시오.

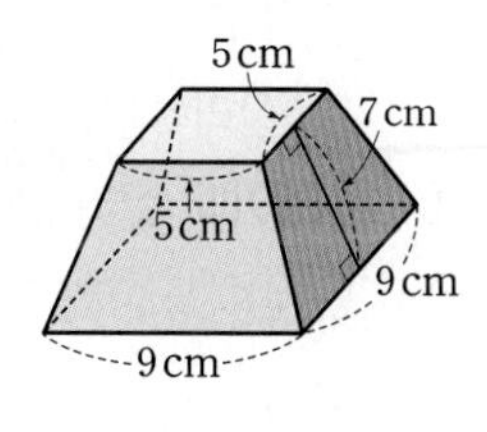

8 직육면체 모양의 그릇에 물을 가득 채운 후 오른쪽 그림과 같이 그릇을 기울였더니 남아 있는 물의 부피가 $63\,\text{cm}^3$이었다. 이때 x의 값은? (단, 그릇의 두께는 생각하지 않는다.)

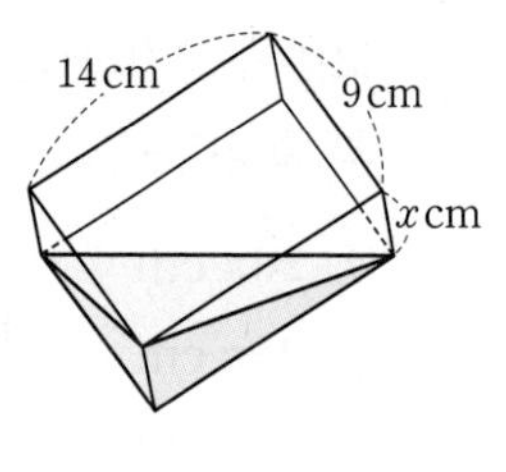

① 1 ② 2 ③ 3 ④ 4 ⑤ 5

9 오른쪽 그림과 같이 한 변의 길이가 24 cm인 정사각형 모양의 색종이를 점선을 따라 접었을 때 만들어지는 삼각뿔의 부피를 구하시오.

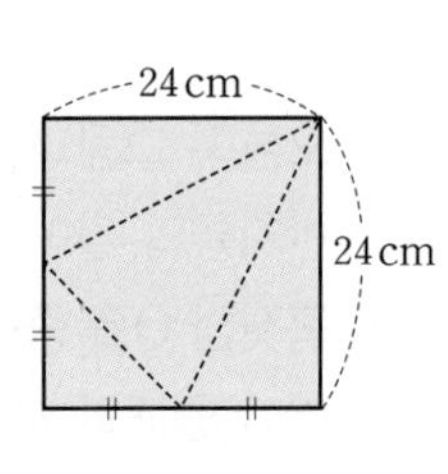

10 오른쪽 그림은 한 모서리의 길이가 4 cm인 정육면체를 세 꼭짓점 B, F, C를 지나는 평면으로 잘라 내고 남은 입체도형이다. 이때 잘라 낸 입체도형과 남은 입체도형의 부피의 비는?

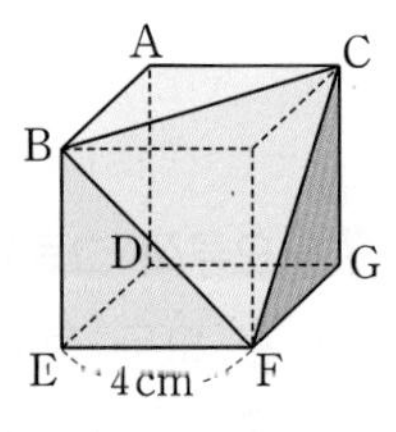

① 1 : 2 ② 1 : 3 ③ 1 : 4 ④ 1 : 5 ⑤ 1 : 6

11 오른쪽 그림과 같은 원뿔대의 부피를 구하시오.

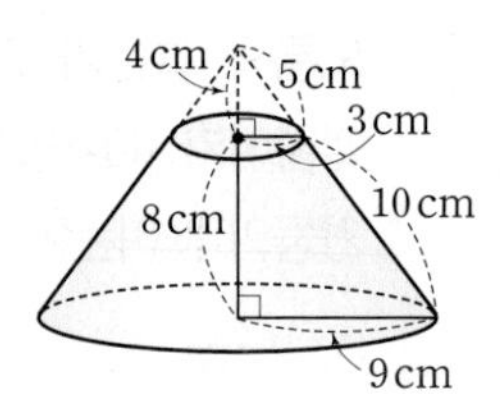

12 오른쪽 그림과 같은 평면도형을 직선 l을 회전축으로 하여 1회전 시킬 때 생기는 입체도형의 부피는?

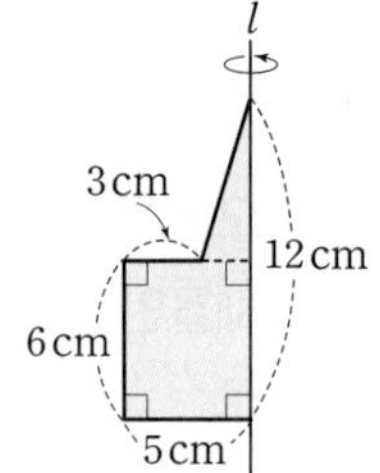

① $142\pi\,\text{cm}^3$ ② $150\pi\,\text{cm}^3$ ③ $158\pi\,\text{cm}^3$ ④ $160\pi\,\text{cm}^3$ ⑤ $164\pi\,\text{cm}^3$

13 오른쪽 그림과 같은 직각삼각형 ABC에서 $\overline{AC}$를 회전축으로 하여 1회전 시킬 때 생기는 입체도형의 부피와 $\overline{BC}$를 회전축으로 하여 1회전 시킬 때 생기는 입체도형의 부피의 비는?

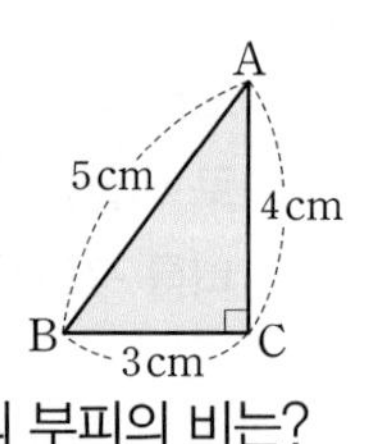

① 1 : 2 ② 1 : 3 ③ 2 : 3 ④ 3 : 4 ⑤ 4 : 5

14 반지름의 길이가 7 cm인 구를 반으로 잘랐을 때 생기는 반구의 겉넓이는?

① $98\pi\,\text{cm}^2$ ② $126\pi\,\text{cm}^2$ ③ $147\pi\,\text{cm}^2$ ④ $168\pi\,\text{cm}^2$ ⑤ $196\pi\,\text{cm}^2$

●●○

15 지름의 길이가 $7\,\mathrm{cm}$인 야구공의 겉면은 다음 그림과 같이 서로 합동인 두 조각의 가죽으로 이루어져 있다. 이때 가죽 한 조각의 넓이를 구하시오.

●●○

16 오른쪽 그림과 같이 반지름의 길이가 $6\,\mathrm{cm}$인 반구 위에 반지름의 길이가 $3\,\mathrm{cm}$인 반구를 중심이 일치하도록 포개어 놓았을 때, 이 입체도형의 부피를 구하시오.

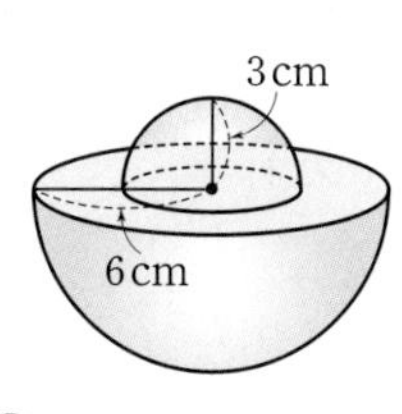

●●○

17 다음 그림과 같이 반지름의 길이가 각각 r, $3r$인 두 구 A, B의 부피의 비는?

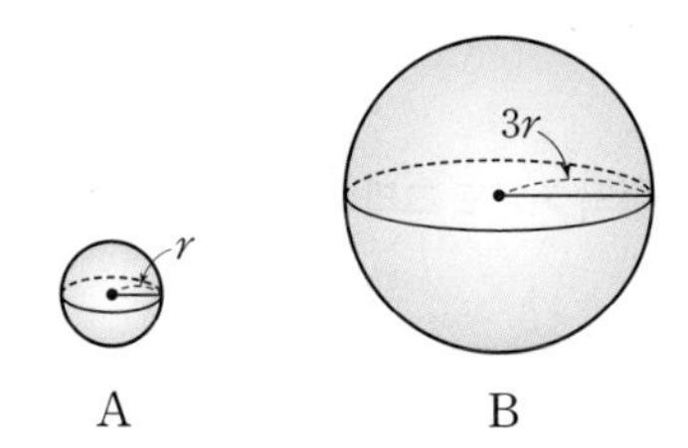

① 1 : 4　② 1 : 8　③ 1 : 9
④ 1 : 27　⑤ 1 : 64

●●○

18 다음 그림과 같은 원뿔 모양의 그릇에 담긴 물의 부피가 반지름의 길이가 $8\,\mathrm{cm}$인 구의 부피와 같다고 할 때, 원뿔 모양의 그릇에 담긴 물의 높이는?
(단, 그릇의 두께는 생각하지 않는다.)

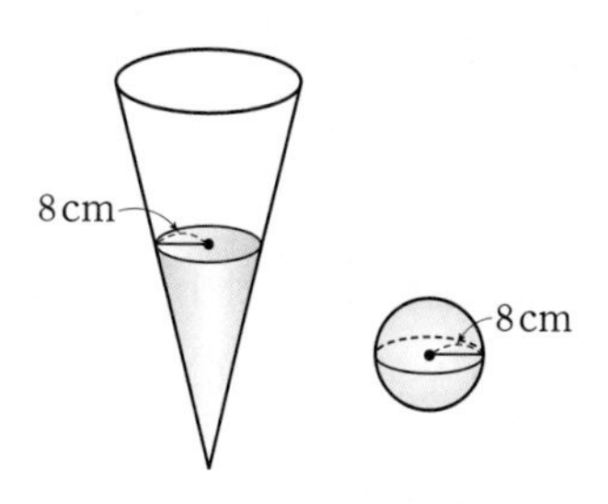

① 24 cm　② 28 cm　③ 32 cm
④ 36 cm　⑤ 40 cm

●●○

19 오른쪽 그림과 같이 반지름의 길이가 $2\,\mathrm{cm}$인 구가 원기둥 안에 꼭 맞게 들어 있다. 이때 구와 원기둥의 부피의 비를 가장 간단한 자연수의 비로 나타내시오.

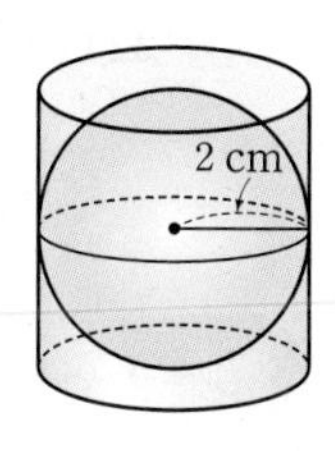

●●○

20 오른쪽 그림과 같이 부피가 $162\pi\,\mathrm{cm}^3$인 원기둥 모양의 통 안에 구 3개가 꼭 맞게 들어 있다. 이 통에서 구 3개를 제외한 빈 공간의 부피는?
(단, 통의 두께는 생각하지 않는다.)

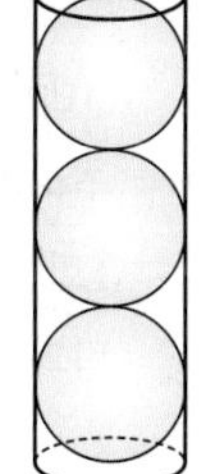

① $18\pi\,\mathrm{cm}^3$　② $24\pi\,\mathrm{cm}^3$
③ $36\pi\,\mathrm{cm}^3$　④ $48\pi\,\mathrm{cm}^3$
⑤ $54\pi\,\mathrm{cm}^3$

STEP 3

쓱쓱 서술형 완성하기

유제를 따라 풀어 보고, 실전 문제로 연습해 보세요.

따라 해보자

예제 1 오른쪽 그림과 같이 구멍이 뚫린 사각기둥의 부피를 구하시오.

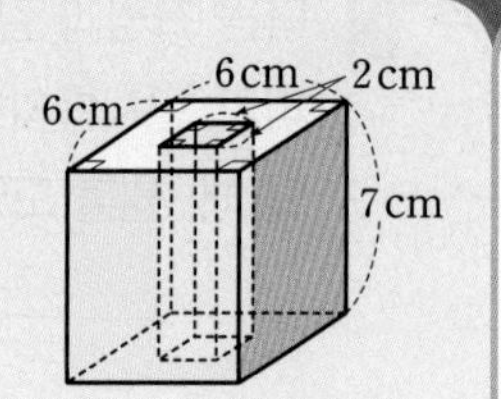

풀이 과정

1단계 **큰 사각기둥의 부피 구하기**

(큰 사각기둥의 부피)$=(6\times6)\times7=252(\text{cm}^3)$

2단계 **작은 사각기둥의 부피 구하기**

(작은 사각기둥의 부피)$=(2\times2)\times7=28(\text{cm}^3)$

3단계 **구멍이 뚫린 사각기둥의 부피 구하기**

(구멍이 뚫린 사각기둥의 부피)

=(큰 사각기둥의 부피)−(작은 사각기둥의 부피)

$=252-28=224(\text{cm}^3)$

답 **$224\,\text{cm}^3$**

유제 1 오른쪽 그림과 같이 구멍이 뚫린 원기둥의 부피를 구하시오.

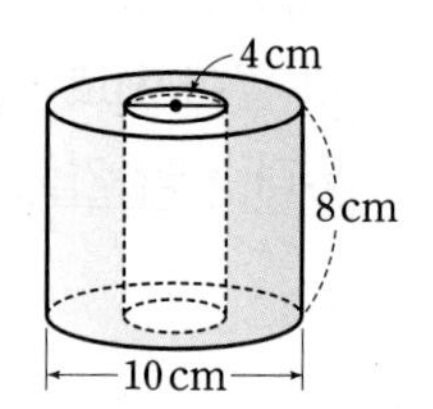

풀이 과정

1단계 **큰 원기둥의 부피 구하기**

2단계 **작은 원기둥의 부피 구하기**

3단계 **구멍이 뚫린 원기둥의 부피 구하기**

답

예제 2 오른쪽 그림과 같은 평면도형을 직선 l을 회전축으로 하여 1회전 시킬 때 생기는 입체도형의 겉넓이를 구하시오.

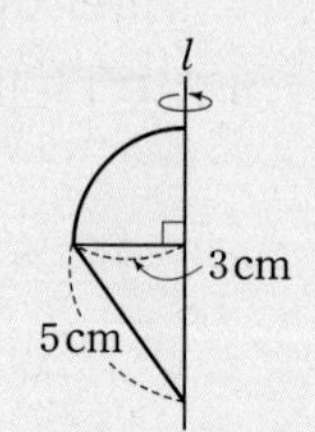

풀이 과정

1단계 **입체도형의 겨냥도 그리기**

주이진 평면도형을 직선 l을 회전축으로 하여 1회전 시킬 때 생기는 입체도형은 오른쪽 그림과 같다.

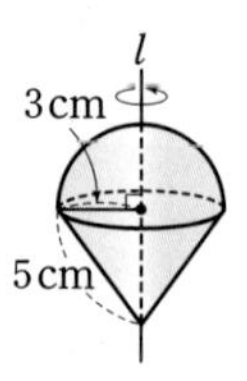

2단계 **입체도형의 겉넓이 구하기**

(겉넓이)$=\frac{1}{2}\times(4\pi\times3^2)+\frac{1}{2}\times5\times(2\pi\times3)$

$=18\pi+15\pi=33\pi(\text{cm}^2)$

답 **$33\pi\,\text{cm}^2$**

유제 2 오른쪽 그림과 같은 평면도형을 직선 l을 회전축으로 하여 1회전 시킬 때 생기는 입체도형의 겉넓이를 구하시오.

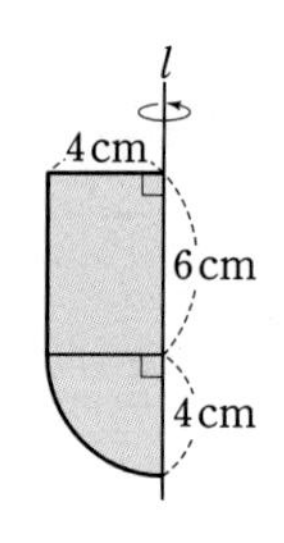

풀이 과정

1단계 **입체도형의 겨냥도 그리기**

2단계 **입체도형의 겉넓이 구하기**

답

연습해 보자

▶ 모든 문제는 풀이 과정을 자세히 서술한 후 답을 쓰세요.

1 오른쪽 그림은 큰 직육면체에서 작은 직육면체를 잘라 내고 남은 입체도형이다. 이 입체도형의 겉넓이를 구하시오.

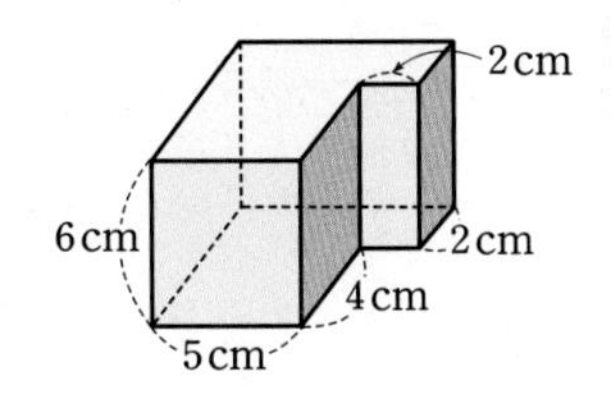

풀이 과정

답

2 오른쪽 그림과 같은 원뿔의 겉넓이가 $36\pi \text{ cm}^2$일 때, 이 원뿔의 전개도에서 부채꼴의 중심각의 크기를 구하시오.

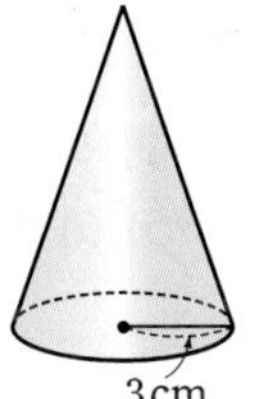

풀이 과정

답

3 오른쪽 그림과 같은 입체도형의 부피를 구하시오.

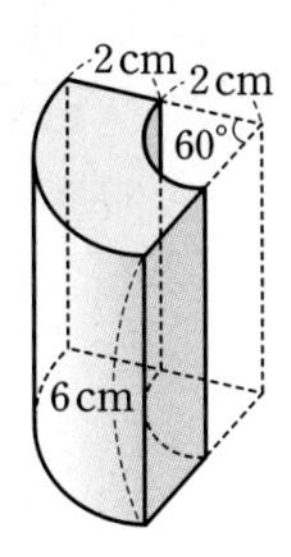

풀이 과정

답

4 오른쪽 그림과 같이 아랫부분이 원기둥 모양인 병에 물의 높이가 12 cm가 되도록 물을 넣은 후, 이 병을 거꾸로 하여 물의 수면이 병의 밑면과 평행이 되도록 세웠더니 물이 없는 부분의 높이가 10 cm가 되었다. 이 병에 물을 가득 채웠을 때, 물의 부피를 구하시오. (단, 병의 두께는 생각하지 않는다.)

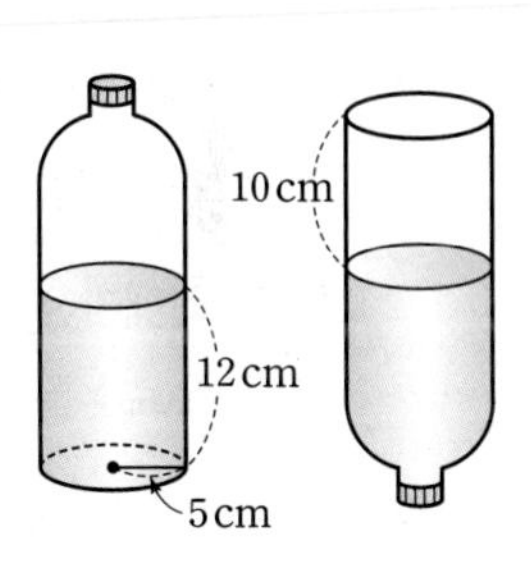

풀이 과정

답

• 정답과 해설 53쪽

음료수 캔의 모양의 비밀

음료수 캔의 모양을 삼각기둥, 육각기둥 등과 같이 여러 가지 모양으로 만들지 않고 원기둥 모양으로 만드는 이유는 무엇일까?

원기둥 모양의 캔은 옆면이 곡면이기 때문에 손에 쥐기 편리하고, 다른 기둥 모양의 캔에 비해 내부의 압력을 잘 견딜 수 있다. 또한 같은 양의 재료로 기둥 모양의 캔을 만들 때 원기둥 모양의 캔이 가장 많은 음료수를 담을 수 있어서 경제적이다.

다음 그림과 같이 둘레의 길이가 12 cm인 각 도형을 밑면으로 하고 높이가 같은 기둥 모양의 음료수 캔으로 생각해 보자.

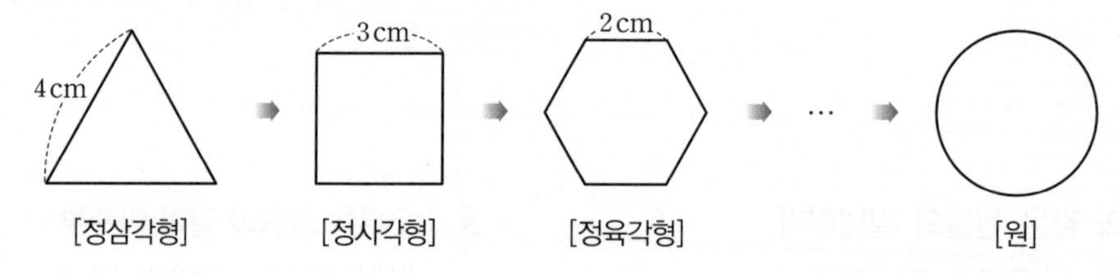

각 기둥 모양의 캔의 옆넓이는 모두 같으므로 밑넓이가 최대가 되면 캔의 부피, 즉 캔에 담을 수 있는 음료수의 양도 최대가 된다. 이때 둘레의 길이가 같은 평면도형 중 넓이가 가장 큰 것은 원이므로 원기둥 모양의 캔이 가장 많은 음료수를 담을 수 있다.

기출문제는 이렇게!

Q 오른쪽 그림과 같이 같은 양의 음료수를 담을 수 있는 원기둥 모양의 A, B 두 캔이 있다. 두 캔 모두 같은 재료를 사용하여 만든다고 할 때, A, B 두 캔 중 어느 캔이 더 경제적인지 말하시오.

(단, 캔의 두께는 생각하지 않는다.)

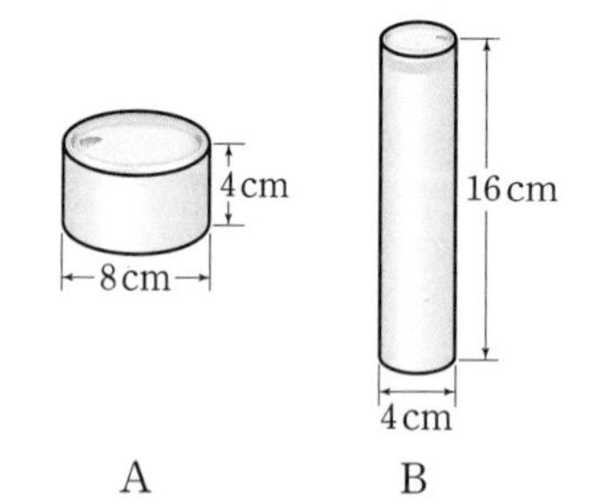

마인드 MAP

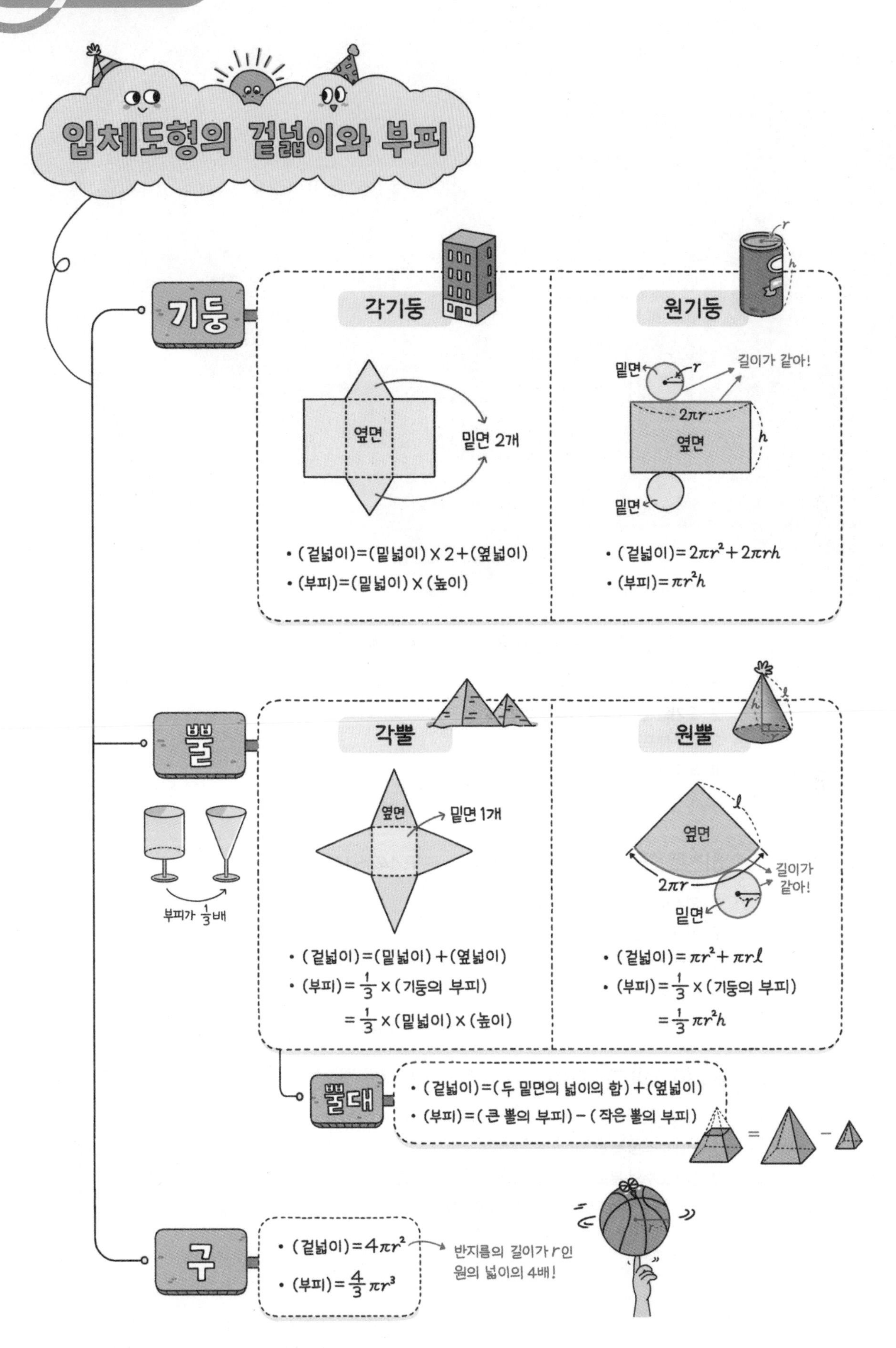

입체도형의 겉넓이와 부피
기둥
각기둥
옆면
밑면 2개
• (겉넓이)=(밑넓이)×2+(옆넓이)
• (부피)=(밑넓이)×(높이)
원기둥
밑면
길이가 같아!
$2\pi r$
옆면
밑면
• (겉넓이)$=2\pi r^2+2\pi rh$
• (부피)$=\pi r^2 h$
뿔
부피가 $\frac{1}{3}$배
각뿔
옆면
밑면 1개
• (겉넓이)=(밑넓이)+(옆넓이)
• (부피)$=\frac{1}{3}\times$(기둥의 부피)
$=\frac{1}{3}\times$(밑넓이)×(높이)
원뿔
옆면
길이가 같아!
$2\pi r$
밑면
• (겉넓이)$=\pi r^2+\pi rl$
• (부피)$=\frac{1}{3}\times$(기둥의 부피)
$=\frac{1}{3}\pi r^2 h$
뿔대
• (겉넓이)=(두 밑면의 넓이의 합)+(옆넓이)
• (부피)=(큰 뿔의 부피)−(작은 뿔의 부피)
구
• (겉넓이)$=4\pi r^2$
• (부피)$=\frac{4}{3}\pi r^3$
반지름의 길이가 r인 원의 넓이의 4배!

7 자료의 정리와 해석

1 줄기와 잎 그림, 도수분포표 ········· P. 138~142

1 줄기와 잎 그림
2 줄기와 잎 그림을 그리는 방법
3 도수분포표
4 도수분포표를 만드는 방법

2 히스토그램과 도수분포다각형 ······ P. 143~146

1 히스토그램
2 히스토그램의 특징
3 도수분포다각형
4 도수분포다각형의 특징

3 상대도수와 그 그래프 ························ P. 147~151

1 상대도수
2 상대도수의 특징
3 상대도수의 분포를 나타낸 그래프
4 도수의 총합이 다른 두 집단의 분포 비교

이전에 배운 내용	이번에 배울 내용	이후에 배울 내용
초3~4 • 막대그래프, 꺾은선그래프 초5~6 • 비와 비율 • 비율 그래프	1 줄기와 잎 그림, 도수분포표 2 히스토그램과 도수분포다각형 3 상대도수와 그 그래프	중2 • 확률 중3 • 대푯값과 산포도 • 상관관계

준비 학습

초3~4 막대그래프
조사한 자료의 양을 막대의 길이로 표현하여 나타낸 그래프

1 **오른쪽 막대그래프는 민아네 반 학생들을 대상으로 가장 좋아하는 색을 조사하여 나타낸 것이다. 다음을 구하시오.**

(1) 가장 많은 학생이 좋아하는 색

(2) 반 전체 학생 수

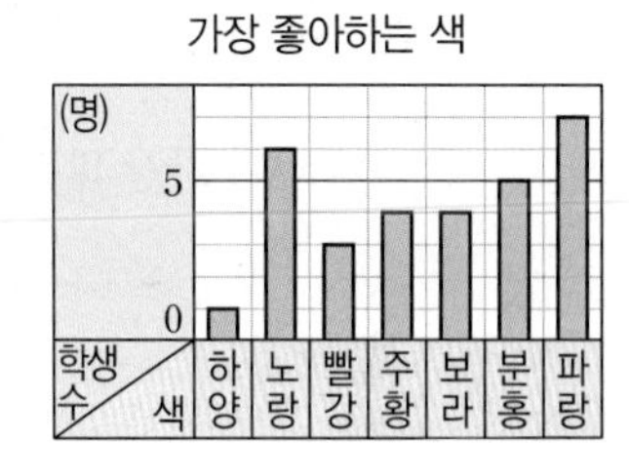

초5~6 원그래프
전체에 대한 각 부분의 비율을 원 모양에 나타낸 그래프
참고 300의 40 %
➡ $300\times\frac{40}{100}=120$

2 **오른쪽 원그래프는 어느 학교 학생 60명의 혈액형을 조사하여 나타낸 것이다. 각 혈액형에 해당하는 학생 수를 구하시오.**

A형:　　　　　B형:
O형:　　　　　AB형:

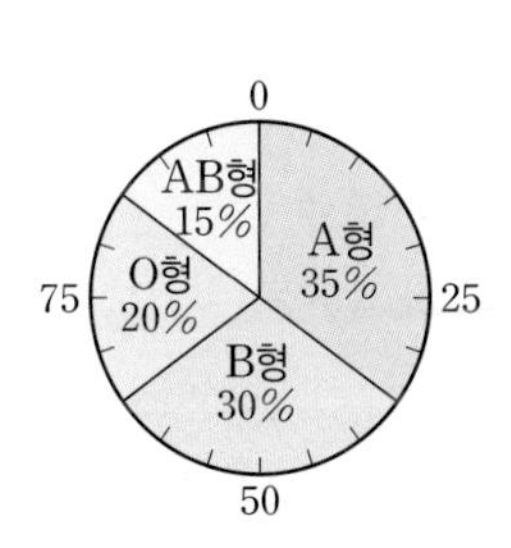

정답 1. (1) 파랑 (2) 30명　2. A형: 21명, B형: 18명, O형: 12명, AB형: 9명

줄기와 잎 그림, 도수분포표

• 정답과 해설 54쪽

1 줄기와 잎 그림

(1) **변량**: 나이, 점수 등과 같은 자료를 수량으로 나타낸 것

(2) **줄기와 잎 그림**: 자료의 분포 상태를 파악하기 위해 변량을 줄기와 잎으로 구분하여 나타낸 그림

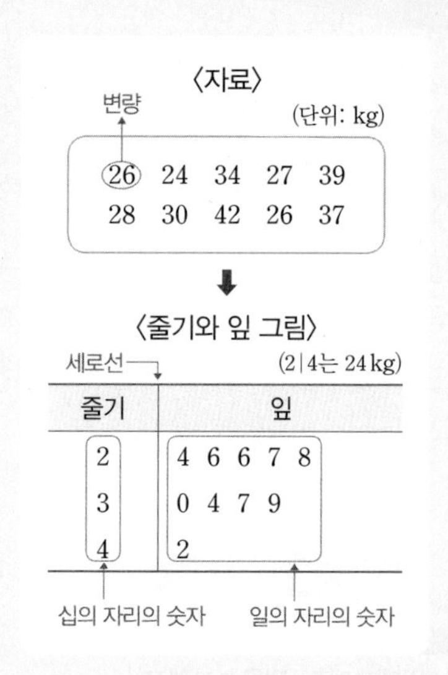

2 줄기와 잎 그림을 그리는 방법

❶ 변량을 자릿수를 기준으로 줄기와 잎으로 구분한다.

❷ 세로선을 긋고, 세로선의 왼쪽에 줄기를 작은 수부터 세로로 나열한다.

❸ 세로선의 오른쪽에 각 줄기에 해당하는 잎을 가로로 일정하게 띄어서 나열한다. 이때 중복되는 변량의 잎은 중복된 횟수만큼 나열한다.

❹ 줄기 a와 잎 b를 그림 위에 $a|b$로 나타내고 그 뜻을 설명한다.

주의 줄기는 중복되는 수를 한 번만 쓰고, 잎은 중복되는 수를 모두 쓴다.

개념 확인 오른쪽 줄기와 잎 그림은 다미네 반 학생 9명의 줄넘기 기록을 조사하여 나타낸 것이다. 다음 물음에 답하시오.

줄넘기 기록

(3|5는 35회)

줄기	잎
3	5 8
4	1 3 3 6
5	2 4 7

(1) 줄기 5에 해당하는 잎을 모두 구하시오.

➡ 2, ☐, ☐

(2) 잎이 가장 많은 줄기를 구하시오.

필수 문제 1

줄기와 잎 그림 그리기

▸변량이 1.5와 같은 소수일 때, 줄기와 잎은 보통 다음과 같이 구분한다.

• 줄기: 일의 자리의 숫자

• 잎: 소수점 아래 첫째 자리의 숫자

예 1.5 ⇨ 1|5

다음 자료는 찬혁이네 반 학생 12명의 가방 무게를 조사하여 나타낸 것이다. 이 자료에 대한 줄기와 잎 그림을 완성하고, 물음에 답하시오.

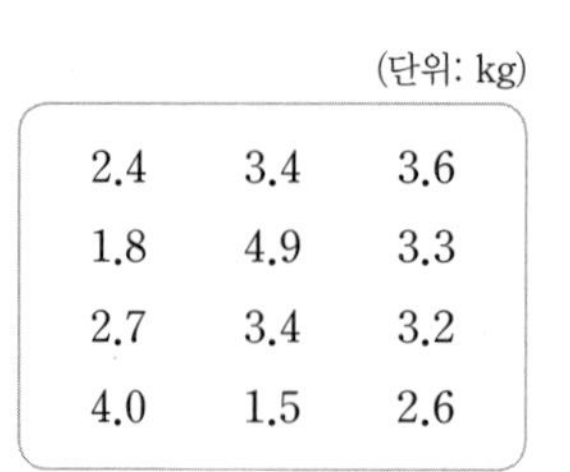

(단위: kg)

2.4	3.4	3.6
1.8	4.9	3.3
2.7	3.4	3.2
4.0	1.5	2.6

가방 무게

(1|5는 1.5 kg)

줄기	잎
1	5 8

(1) 줄기 2에 해당하는 잎을 모두 구하시오.

(2) 잎이 가장 많은 줄기를 구하시오.

1-1 다음 자료는 설하네 반 학생 20명의 1분당 맥박 수를 조사하여 나타낸 것이다. 이 자료에 대한 줄기와 잎 그림을 완성하고, 물음에 답하시오.

(단위: 회)

83	76	68	80	69
73	84	71	91	82
68	72	79	67	90
74	69	69	73	79

⇨

1분당 맥박 수

(6|7은 67회)

줄기	잎
6	7

(1) 줄기 8에 해당하는 잎을 모두 구하시오.

(2) 잎이 가장 적은 줄기를 구하시오.

(3) 맥박 수가 가장 높은 학생과 가장 낮은 학생의 맥박 수를 차례로 구하시오.

필수 문제 2

줄기와 잎 그림의 분석

▸줄기와 잎 그림에서
(변량의 개수)
=(전체 잎의 개수)

오른쪽 줄기와 잎 그림은 태웅이네 반 학생들의 키를 조사하여 나타낸 것이다. 다음 물음에 답하시오.

학생들의 키

(14|2는 142 cm)

줄기	잎
14	2 5 7 9
15	0 3 4 5 6 6 8 9
16	1 2 3 3 4 6
17	1 3

(1) 반 전체 학생 수를 구하시오.

(2) 키가 큰 쪽에서 3번째인 학생의 키를 구하시오.

(3) 키가 150 cm 미만인 학생 수를 구하시오.

2-1 오른쪽 줄기와 잎 그림은 어느 스포츠 센터의 수영반 회원들의 나이를 조사하여 나타낸 것이다. 다음 물음에 답하시오.

회원들의 나이

(2|3은 23세)

줄기	잎
2	3 5 8 9
3	1 3 5 7 8 9
4	0 2 3 3 4 6 7 8
5	0 1 4 7 8
6	2

(1) 전체 회원 수를 구하시오.

(2) 나이가 적은 쪽에서 5번째인 회원의 나이를 구하시오.

(3) 나이가 50세 이상인 회원 수를 구하시오.

▸백분율: 기준량을 100으로 할 때 비교하는 양의 비율

(4) 나이가 50세 이상인 회원은 전체의 몇 %인지 구하시오.

3 도수분포표

(1) **계급**: 변량을 일정한 간격으로 나눈 구간

계급의 크기: 변량을 나눈 구간의 너비 ← 계급의 양 끝 값의 차

참고 계급값: 각 계급의 가운데 값 ← $\frac{(\text{계급의 양 끝 값의 합})}{2}$

(2) **도수**: 각 계급에 속하는 변량의 개수

(3) **도수분포표**: 자료를 정리하여 계급과 도수로 나타낸 표

참고 도수분포표는 변량의 개수가 많은 자료의 분포 상태를 파악할 때 편리하지만, 각 계급에 속하는 변량의 정확한 값은 알 수 없다.

주의 계급, 계급의 크기, 도수는 항상 단위를 포함하여 쓴다.

〈자료〉

(단위: kg)

26	24	34	27	39
28	30	42	26	37

⬇

〈도수분포표〉

무게(kg)	상자 수(개)
$20^{이상}\sim 25^{미만}$	1
25 ~ 30	4
30 ~ 35	2
35 ~ 40	2
40 ~ 45	1
합계	10

계급 / 도수

4 도수분포표를 만드는 방법

❶ 주어진 자료에서 가장 작은 변량과 가장 큰 변량을 찾는다.

❷ ❶에서 찾은 두 변량이 속하는 구간을 일정한 간격으로 나누어 계급을 정한다. (계급의 크기가 모두 같게 한다.)

❸ 각 계급에 속하는 변량의 개수를 세어 각 계급의 도수와 그 합을 구한다.

참고 계급의 개수가 너무 많거나 너무 적으면 자료의 분포 상태를 파악하기 어려우므로 계급의 개수를 적절히 정해야 한다. ← 보통 5~15개 정도로 한다.

개념 확인 다음 자료는 혁이네 반 학생들이 1년 동안 읽은 책의 수를 조사하여 나타낸 것이다. 이 자료에 대한 도수분포표를 완성하시오.

(단위: 권)

9	11	5	17	10
11	24	21	12	19
10	18	7	22	18

➡

책의 수(권)	학생 수(명)	
$5^{이상}\sim 10^{미만}$	///	3
합계		

용어

• **도수** (度 횟수, 數 수)
횟수를 기록한 숫자

• **도수분포표**
도수의 분포 상태를 나타낸 표

변량의 개수를 셀 때는 /, //, ///, ////, 𝍸 또는 ㅡ, T, 下, 正, 正으로 나타내면 편리하다.

필수 문제 3 도수분포표 만들기

▸ 계급이 a 이상 b 미만일 때 (계급의 크기)$=b-a$

▸ 도수분포표에서 (변량의 개수)=(도수의 총합)

다음 자료는 민수네 반 학생 20명의 가슴둘레를 조사하여 나타낸 것이다. 이 자료에 대한 도수분포표를 완성하고, 물음에 답하시오.

(단위: cm)

62	75	79	76	69
70	72	65	74	78
73	66	72	67	73
74	60	68	71	69

⇨

가슴둘레(cm)	학생 수(명)
$60^{이상}\sim 65^{미만}$	
합계	

(1) 계급의 개수를 구하시오.

(2) 계급의 크기를 구하시오.

(3) 가슴둘레가 65 cm인 민수가 속하는 계급의 도수를 구하시오.

3-1 다음 자료는 어느 환경 보호 활동에 참가한 자원 봉사자 18명의 나이를 조사하여 나타낸 것이다. 물음에 답하시오.

(단위: 세)

32	45	16	23	31	18	28	36	19
46	35	21	34	43	39	37	28	20

(1) 위의 자료를 10세에서 시작하고 계급의 크기가 10세인 도수분포표로 나타내시오.

(2) 도수가 가장 큰 계급을 구하시오.

(3) 나이가 21세인 참가자가 속하는 계급의 도수를 구하시오.

나이(세)	참가자 수(명)
합계	

필수 문제 4

도수분포표의 분석

▸ 많은(적은) 쪽에서 ★번째인 변량이 속하는 계급 구하기
가장 많은(적은) 계급에서부터 차례로 도수를 더한 값이 처음으로 ★과 같거나 ★보다 커질 때의 계급이다.

오른쪽 도수분포표는 40개 식품의 100 g당 열량을 조사하여 나타낸 것이다. 다음 물음에 답하시오.

(1) A의 값을 구하시오.

(2) 열량이 500 kcal 이상 700 kcal 미만인 식품 수를 구하시오.

(3) 열량이 높은 쪽에서 8번째인 식품이 속하는 계급을 구하시오.

열량(kcal)	식품 수(개)
100이상 ~ 200미만	4
200 ~ 300	7
300 ~ 400	A
400 ~ 500	10
500 ~ 600	8
600 ~ 700	2
합계	40

4-1 오른쪽 도수분포표는 어느 반 학생들의 하루 동안의 컴퓨터 사용 시간을 조사하여 나타낸 것이다. 다음 보기 중 옳은 것을 모두 고르시오.

보기
ㄱ. 계급의 크기는 10분이다.
ㄴ. 반 전체 학생 수는 35명이다.
ㄷ. 컴퓨터 사용 시간이 긴 쪽에서 7번째인 학생이 속하는 계급은 60분 이상 80분 미만이다.
ㄹ. 컴퓨터 사용 시간이 80분 이상인 학생은 전체의 20 %이다.

사용 시간(분)	학생 수(명)
0이상 ~ 20미만	1
20 ~ 40	3
40 ~ 60	10
60 ~ 80	14
80 ~ 100	5
100 ~ 120	2
합계	

▸ 도수분포표에서의 백분율

$(\text{백분율}) = \frac{(\text{해당 계급의 도수})}{(\text{도수의 총합})} \times 100(\%)$

쏙쏙 개념 익히기

1 **오른쪽 줄기와 잎 그림은 호진이네 반 학생들의 수학 수행평가 점수를 조사하여 나타낸 것이다. 다음 보기 중 옳지 않은 것을 모두 고르시오.**

수학 수행평가 점수

(0|6은 6점)

줄기	잎
0	6 7 9
1	0 2 5 6 9
2	0 0 3 4 6 7
3	0 2 2 3 5 7 8
4	0 1 2 6

보기

ㄱ. 학생 수가 가장 많은 점수대는 30점대이다.
ㄴ. 반 전체 학생 수는 25명이다.
ㄷ. 점수가 10점 미만인 학생은 전체의 15 %이다.
ㄹ. 점수가 높은 쪽에서 6번째인 학생의 점수는 37점이다.
ㅁ. 호진이의 점수가 33점일 때, 호진이보다 점수가 높은 학생 수는 3명이다.

2 **오른쪽 도수분포표는 유진이네 반 학생 20명의 일주일 동안의 독서 시간을 조사하여 나타낸 것이다. 다음 물음에 답하시오.**

독서 시간(분)	학생 수(명)
0이상 ~ 30미만	2
30 ~ 60	4
60 ~ 90	6
90 ~ 120	5
120 ~ 150	3
합계	20

(1) 계급의 크기를 a분, 계급의 개수를 b개라고 할 때, $a-b$의 값을 구하시오.

(2) 독서 시간이 적은 쪽에서 6번째인 학생이 속하는 계급을 구하시오.

(3) 독서 시간이 90분 이상인 학생은 전체의 몇 %인지 구하시오.

3 **오른쪽 도수분포표는 어느 등산 동호회 회원들이 1년 동안 등산한 횟수를 조사하여 나타낸 것이다. 다음 보기 중 옳지 않은 것을 모두 고르시오.**

등산 횟수(회)	회원 수(명)
5이상 ~ 10미만	5
10 ~ 15	
15 ~ 20	4
20 ~ 25	3
25 ~ 30	1
합계	20

보기

ㄱ. 도수가 가장 큰 계급은 10회 이상 15회 미만이다.
ㄴ. 등산 횟수가 가장 많은 회원의 등산 횟수는 29회이다.
ㄷ. 등산 횟수가 많은 쪽에서 4번째인 회원이 속하는 계급은 20회 이상 25회 미만이다.
ㄹ. 등산 횟수가 15회 미만인 회원은 전체의 55 %이다.

02 히스토그램과 도수분포다각형

● 정답과 해설 55쪽

1 히스토그램

(1) **히스토그램**: 가로축에 계급을, 세로축에 도수를 표시하여 도수분포표를 직사각형 모양으로 나타낸 그래프

(2) 히스토그램을 그리는 방법

❶ 가로축에 각 계급의 양 끝 값을 차례로 표시한다.

❷ 세로축에 도수를 차례로 표시한다.

❸ 각 계급의 크기를 가로로 하고, 도수를 세로로 하는 직사각형을 차례로 그린다.

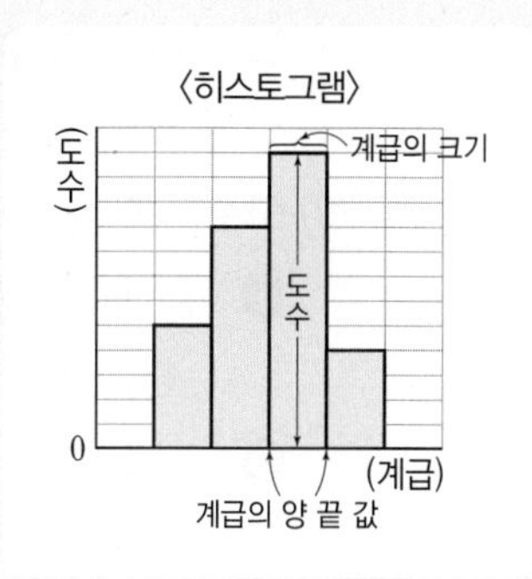

2 히스토그램의 특징

(1) 자료의 전체적인 분포 상태를 한눈에 쉽게 알아볼 수 있다.

(2) (모든 직사각형의 넓이의 합) = {(계급의 크기) × (각 계급의 도수)의 총합}
= (계급의 크기) × (도수의 총합)

(3) 직사각형의 가로의 길이는 일정하므로 각 직사각형의 넓이는 각 계급의 도수에 정비례한다.

개념 확인 다음 도수분포표는 지연이네 반 학생들이 가지고 있는 펜의 수를 조사하여 나타낸 것이다. 이 도수분포표를 히스토그램으로 나타내시오.

펜의 수(개)	학생 수(명)
0이상 ~ 5미만	1
5 ~ 10	4
10 ~ 15	6
15 ~ 20	3
합계	14

➡

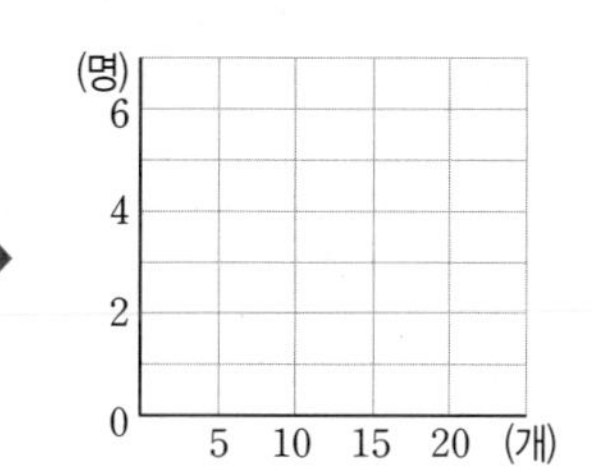

용어

히스토그램 (histogram)
역사를 뜻하는 history와 그림을 뜻하는 접미어 –gram의 합성어이다.

필수 문제 1 히스토그램

▸ 직사각형의 넓이는 단위를 쓰지 않는다.

오른쪽 히스토그램은 민정이네 반 학생들의 영어 말하기 대회 점수를 조사하여 나타낸 것이다. 다음을 구하시오.

(1) 계급의 크기

(2) 점수가 12점 이상 16점 미만인 학생 수

(3) 모든 직사각형의 넓이의 합

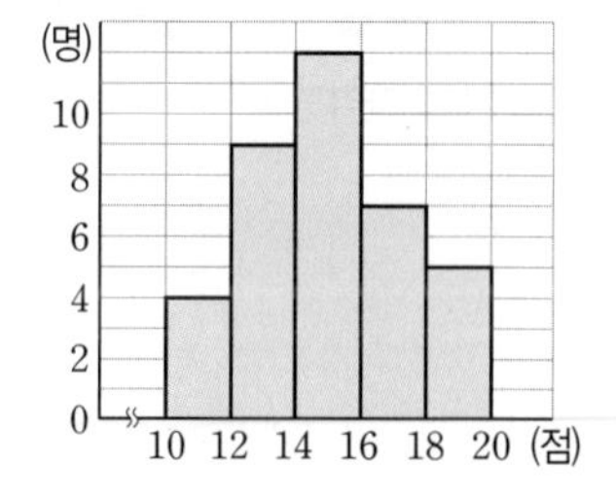

▸ 히스토그램에서
(계급의 개수)
=(직사각형의 개수)

1-1 오른쪽 히스토그램은 준서네 반 학생들이 1년 동안 성장한 키를 조사하여 나타낸 것이다. 다음을 구하시오.

(1) 계급의 개수 (2) 반 전체 학생 수

(3) 모든 직사각형의 넓이의 합

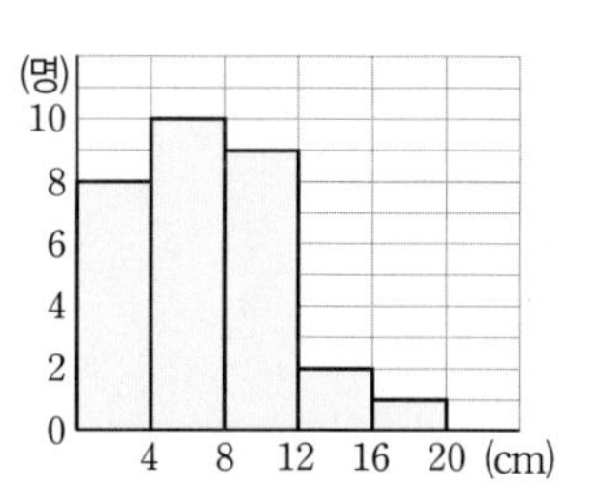

3 도수분포다각형

(1) **도수분포다각형**: 히스토그램에서 각 직사각형의 윗변의 중앙에 점을 찍어 선분으로 연결한 그래프

(2) 도수분포다각형을 그리는 방법

❶ 히스토그램에서 각 직사각형의 윗변의 중앙에 점을 찍는다.

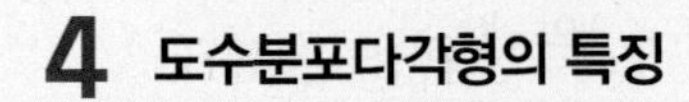

계급의 개수를 셀 때는 포함하지 않는다.

❷ 히스토그램의 양 끝에 도수가 0인 계급이 있는 것으로 생각하고 그 중앙에 점을 찍는다.

❸ ❶, ❷에서 찍은 점을 선분으로 연결한다.

참고 도수분포다각형에서 점의 좌표는 (계급값, 도수)이므로 히스토그램을 그리지 않고 바로 점을 찍어 그릴 수도 있다.

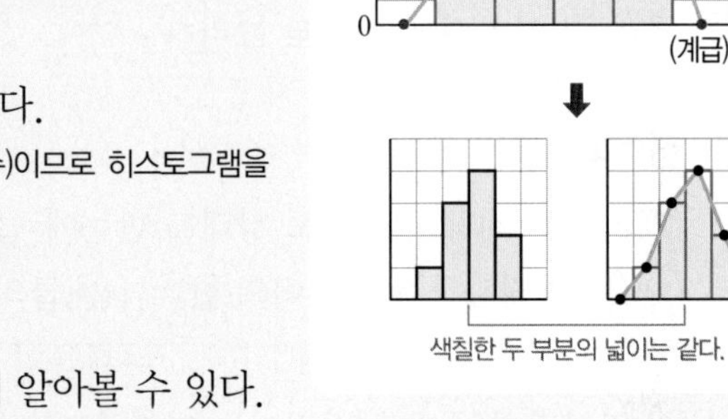

4 도수분포다각형의 특징

(1) 자료의 전체적인 분포 상태를 한눈에 쉽게 알아볼 수 있다.

(2) (도수분포다각형과 가로축으로 둘러싸인 도형의 넓이)

=(히스토그램의 모든 직사각형의 넓이의 합)=(계급의 크기)×(도수의 총합)

(3) 두 개 이상의 자료의 분포를 함께 나타낼 수 있어 그 특징을 비교할 때 히스토그램보다 편리하다.

개념 확인 오른쪽 도수분포표는 하니네 반 학생들이 등교하는 데 걸리는 시간을 조사하여 나타낸 것이다. 이 도수분포표를 히스토그램과 도수분포다각형으로 나타내시오.

걸리는 시간(분)	학생 수(명)
5이상 ~ 10미만	3
10 ~ 15	6
15 ~ 20	4
20 ~ 25	2
합계	15

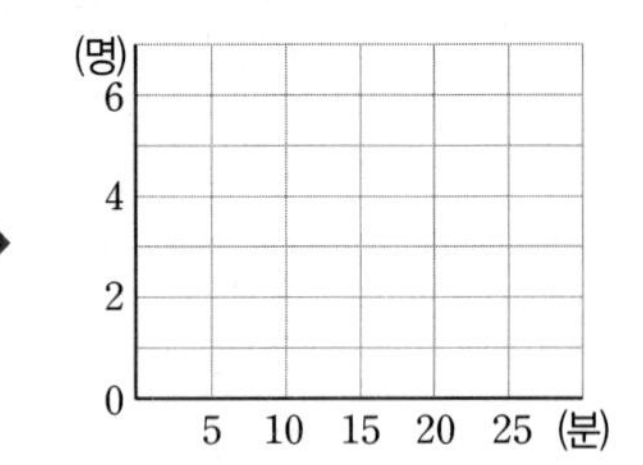

필수 문제 2
도수분포다각형

오른쪽 도수분포다각형은 지혜네 반 학생들이 가지고 있는 인형의 수를 조사하여 나타낸 것이다. 다음 물음에 답하시오.

(1) 도수가 가장 큰 계급을 구하시오.

(2) 인형의 수가 8개 이상인 학생은 전체의 몇 %인지 구하시오.

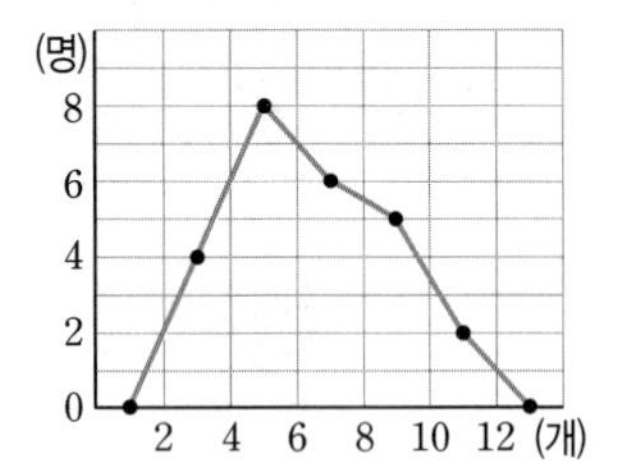

2-1 오른쪽 도수분포다각형은 어느 반 학생들의 턱걸이 횟수를 조사하여 나타낸 것이다. 다음 물음에 답하시오.

(1) 턱걸이 횟수가 많은 쪽에서 7번째인 학생이 속하는 계급을 구하시오.

(2) 도수분포다각형과 가로축으로 둘러싸인 도형의 넓이를 구하시오.

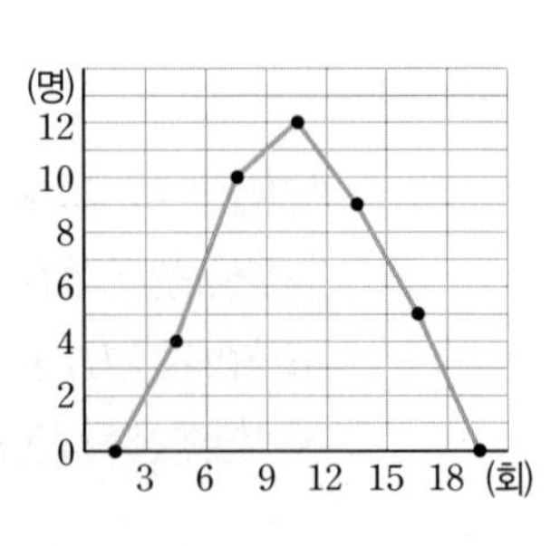

• 정답과 해설 56쪽

STEP 1 쏙쏙 개념 익히기

1 **오른쪽 히스토그램은 어느 반 학생 50명의 던지기 기록을 조사하여 나타낸 것이다. 다음 물음에 답하시오.**

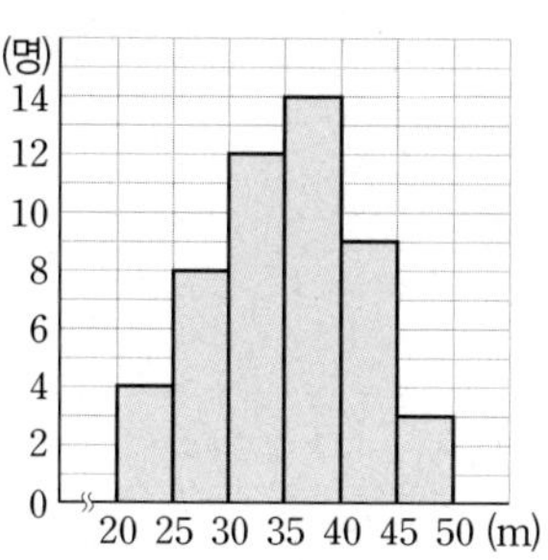

(1) 계급의 개수를 구하시오.

(2) 던지기 기록이 26 m인 학생이 속하는 계급의 도수를 구하시오.

(3) 던지기 기록이 30 m 미만인 학생은 전체의 몇 %인지 구하시오.

(4) 10번째로 멀리 던진 학생이 속하는 계급을 구하시오.

2 **오른쪽 히스토그램은 혜인이네 반 학생들의 발 길이를 조사하여 나타낸 것이다. 도수가 가장 큰 계급의 직사각형의 넓이와 도수가 가장 작은 계급의 직사각형의 넓이의 합을 구하시오.**

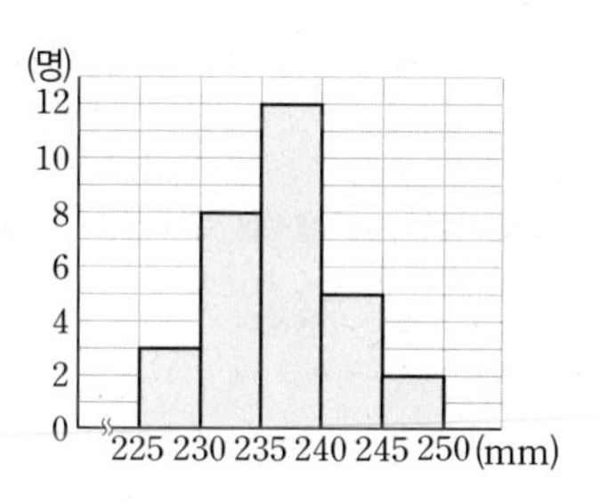

3 **오른쪽 도수분포다각형은 의건이네 반 학생들의 수학 성적을 조사하여 나타낸 것이다. 다음 물음에 답하시오.**

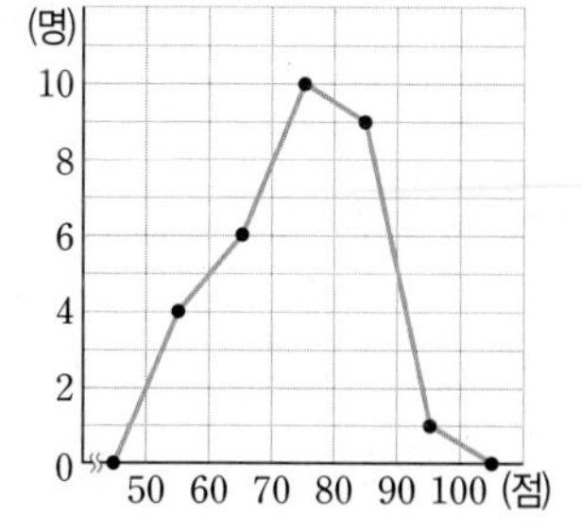

(1) 다음 중 도수분포다각형에서 알 수 없는 것은?

① 계급의 크기

② 반 전체 학생 수

③ 성적이 5번째로 좋은 학생의 점수

④ 성적이 72점인 학생이 속하는 계급

⑤ 성적이 60점 미만인 학생 수

(2) 수학 성적이 80점 이상 90점 미만인 학생은 전체의 몇 %인지 구하시오.

(3) 도수분포다각형과 가로축으로 둘러싸인 도형의 넓이를 구하시오.

4 오른쪽 도수분포다각형은 어느 중학교 1학년 1반과 2반 학생들의 오래 매달리기 기록을 조사하여 함께 나타낸 것이다. 다음 보기 중 옳은 것을 모두 고르시오.

보기

ㄱ. 1반 학생 수가 2반 학생 수보다 많다.

ㄴ. 기록이 가장 좋은 학생은 1반에 있다.

ㄷ. 기록이 16초 이상 17초 미만인 학생은 1반보다 2반이 더 많다.

ㄹ. 2반이 1반보다 기록이 대체적으로 더 좋은 편이다.

● 찢어진 히스토그램 또는 도수분포다각형
도수의 총합을 이용하여 찢어진 부분에 속하는 계급의 도수를 구한다.

5 오른쪽 히스토그램은 어느 반 학생 25명의 작년 독서량을 조사하여 나타낸 것인데 일부가 찢어져 보이지 않는다. 독서량이 8권 이상 12권 미만인 학생은 전체의 몇 %인지 구하려고 할 때, 다음 물음에 답하시오.

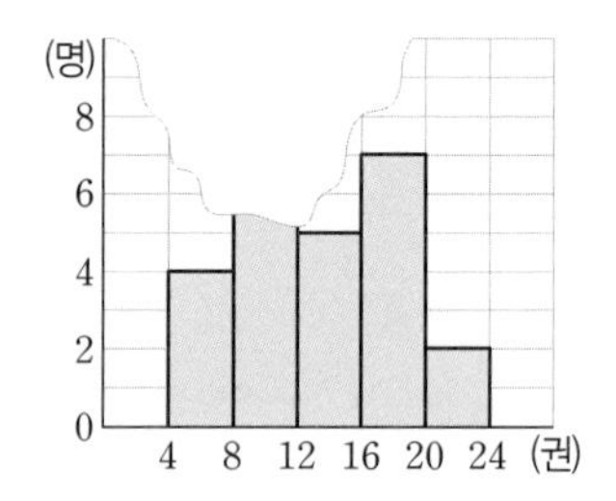

(1) 독서량이 8권 이상 12권 미만인 학생 수를 구하시오.

(2) 독서량이 8권 이상 12권 미만인 학생은 전체의 몇 %인지 구하시오.

한번 더 체크

6 오른쪽 도수분포다각형은 어느 중학교 학생 40명의 통학 시간을 조사하여 나타낸 것인데 일부가 찢어져 보이지 않는다. 통학 시간이 30분 이상 35분 미만인 학생은 전체의 몇 %인지 구하시오.

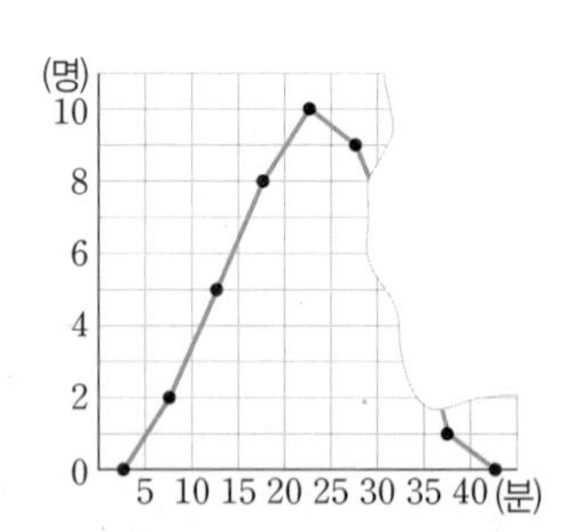

3 상대도수와 그 그래프

● 정답과 해설 57쪽

1 상대도수

(1) **상대도수**: 도수분포표에서 전체 도수에 대한 각 계급의 도수의 비율

➡ (어떤 계급의 상대도수)$=\dfrac{\text{(그 계급의 도수)}}{\text{(도수의 총합)}}$ ← 보통 소수로 나타낸다.

(2) **상대도수의 분포표**: 각 계급의 상대도수를 나타낸 표

2 상대도수의 특징

(1) 상대도수의 총합은 항상 1이고,
상대도수는 0 이상이고 1 이하의 수이다.

(2) 각 계급의 상대도수는 그 계급의 도수에 정비례한다.

(3) 도수의 총합이 다른 두 집단의 분포를 비교할 때 편리하다.

〈상대도수의 분포표〉

수학 점수(점)	학생 수(명)	상대도수
60이상~ 70미만	②	$\frac{2}{8}=0.25$
70 ~ 80	2	$\frac{2}{8}=0.25$
80 ~ 90	3	$\frac{3}{8}=0.375$
90 ~ 100	1	$\frac{1}{8}=0.125$
합계	⑧	1

개념 확인 오른쪽 상대도수의 분포표는 어느 중학교 학생 20명이 여름 방학 동안 읽은 책의 수를 조사하여 나타낸 것이다. □ 안에 알맞은 수를 쓰시오.

책의 수(권)	학생 수(명)	상대도수
0이상~ 2미만	3	$\frac{3}{20}=0.15$
2 ~ 4	5	$\frac{\square}{20}=\square$
4 ~ 6	10	□
6 ~ 8	2	□
합계	20	□

용어

상대 (相 서로, 對 대하다) **도수**
전체에 대한 상대적 크기를 나타낸 도수

필수 문제 1
상대도수의 분포표

▸ • (어떤 계급의 상대도수) $=\dfrac{\text{(그 계급의 도수)}}{\text{(도수의 총합)}}$
• (어떤 계급의 도수) =(도수의 총합) ×(그 계급의 상대도수)
• (도수의 총합) $=\dfrac{\text{(그 계급의 도수)}}{\text{(어떤 계급의 상대도수)}}$

오른쪽 상대도수의 분포표는 현우네 반 학생 40명의 한 달 용돈을 조사하여 나타낸 것이다. 다음 물음에 답하시오.

(1) A, B, C, D, E의 값을 각각 구하시오.

(2) 용돈이 적은 쪽에서 10번째인 학생이 속하는 계급의 상대도수를 구하시오.

용돈(만 원)	학생 수(명)	상대도수
1이상~ 2미만	4	A
2 ~ 3	6	0.15
3 ~ 4	B	0.3
4 ~ 5	C	0.25
5 ~ 6	8	D
합계	40	E

1-1 오른쪽 상대도수의 분포표는 우영이네 중학교 1학년 학생 400명의 키를 조사하여 나타낸 것이다. 다음 물음에 답하시오.

(1) A, B, C, D, E의 값을 각각 구하시오.

(2) 키가 155 cm 미만인 학생은 전체의 몇 %인지 구하시오.

▸(어떤 도수가 차지하는 백분율) =(그 계급의 상대도수)×100

키(cm)	학생 수(명)	상대도수
145이상~ 150미만	60	A
150 ~ 155	B	0.25
155 ~ 160	120	C
160 ~ 165	D	0.2
165 ~ 170	40	0.1
합계	400	E

3 상대도수의 분포를 나타낸 그래프

(1) 상대도수의 분포를 나타낸 그래프

상대도수의 분포표를 히스토그램이나 도수분포다각형 모양으로 나타낸 그래프

(2) 상대도수의 그래프를 그리는 방법

❶ 가로축에 각 계급의 양 끝 값을 차례로 표시한다.

❷ 세로축에 상대도수를 차례로 표시한다.

❸ 히스토그램이나 도수분포다각형 모양으로 그린다.

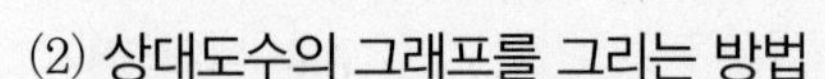

〈상대도수의 분포를 나타낸 그래프〉

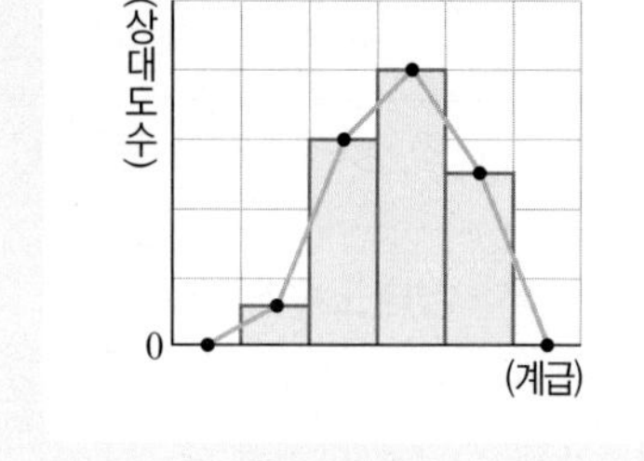

참고 상대도수는 여러 개의 자료를 비교할 때 많이 이용하므로 상대도수의 그래프는 보통 도수분포다각형 모양으로 나타낸다.

➡ (상대도수의 그래프와 가로축으로 둘러싸인 도형의 넓이)

=(계급의 크기)×(상대도수의 총합)=(계급의 크기)

(상대도수의 총합 = 1)

개념 확인 다음 상대도수의 분포표는 예린이네 반 학생들이 한 학기 동안 봉사 활동을 한 시간을 조사하여 나타낸 것이다. 이 표를 도수분포다각형 모양의 그래프로 나타내시오.

봉사 활동 시간(시간)	상대도수
$5^{이상}\sim10^{미만}$	0.1
10 ~ 15	0.4
15 ~ 20	0.25
20 ~ 25	0.2
25 ~ 30	0.05
합계	1

➡

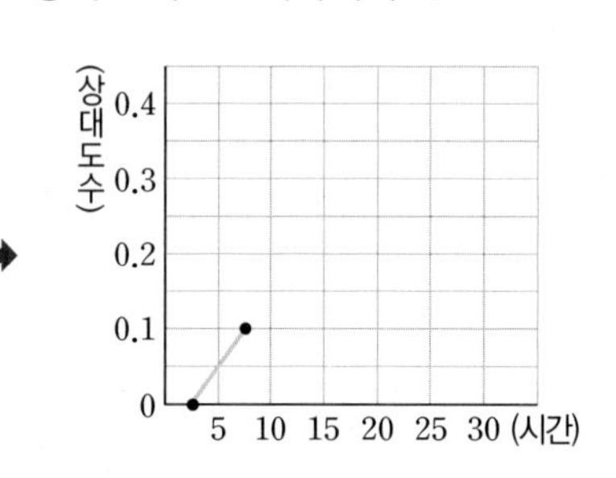

필수 문제 2

상대도수의 분포를 나타낸 그래프

오른쪽 그래프는 어느 전시회에 입장한 관람객 40명의 나이에 대한 상대도수의 분포를 나타낸 것이다. 다음 물음에 답하시오.

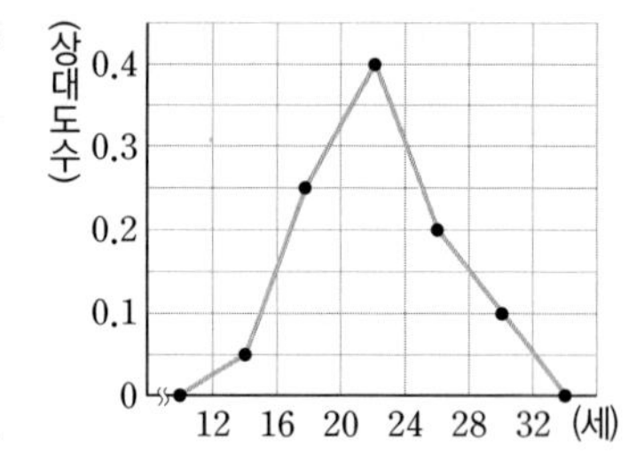

(1) 도수가 가장 작은 계급을 구하시오.

(2) 나이가 20세 이상 24세 미만인 계급의 도수를 구하시오.

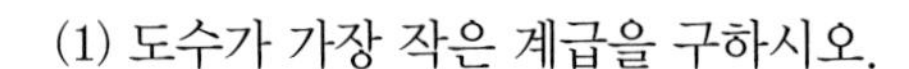

2-1 오른쪽 그래프는 어느 극장에서 1년 동안 상영한 영화 80편의 상영 시간에 대한 상대도수의 분포를 나타낸 것이다. 다음 물음에 답하시오.

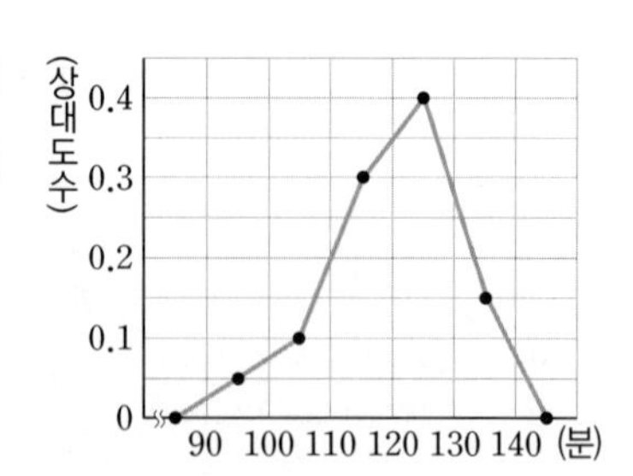

(1) 도수가 가장 큰 계급의 상대도수를 구하시오.

(2) 상영 시간이 110분 미만인 영화의 수를 구하시오.

4 도수의 총합이 다른 두 집단의 분포 비교

도수의 총합이 다른 두 집단의 분포 상태를 비교할 때는

(1) 각 계급의 도수를 그대로 비교하는 것보다 상대도수를 구하여 비교하는 것이 적합하다.

(2) 두 자료에 대한 상대도수의 분포를 그래프로 함께 나타내면 한눈에 쉽게 비교할 수 있다.

예 두 반의 영어 성적에 대한 상대도수의 분포를 함께 나타낸 오른쪽 그래프에서

① 영어 성적이 60점 이상 70점 미만인 계급의 상대도수는 1반이 2반보다 크다.

➡ 영어 성적이 60점 이상 70점 미만인 학생의 비율은 1반이 2반보다 높다.

② 2반에 대한 그래프가 1반에 대한 그래프보다 전체적으로 오른쪽으로 치우쳐 있다.

➡ 영어 성적은 대체적으로 2반이 1반보다 더 좋다.

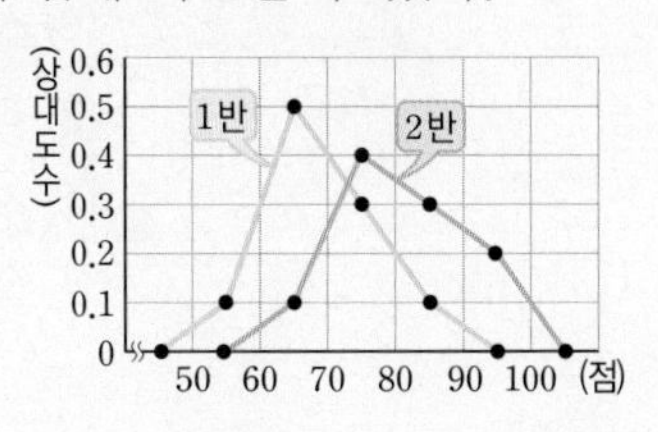

개념 확인 오른쪽 상대도수의 분포표는 어느 학교 1학년 여학생 40명과 남학생 25명의 앉은키를 조사하여 함께 나타낸 것이다. 다음 물음에 답하시오.

(1) 상대도수의 분포표를 완성하시오.

(2) 앉은키가 75 cm 이상 80 cm 미만인 학생의 비율은 여학생과 남학생 중 어느 쪽이 더 낮은지 구하시오.

앉은키(cm)	여학생		남학생	
	학생 수(명)	상대도수	학생 수(명)	상대도수
75이상 ~ 80미만	6	0.15	4	
80 ~ 85	8			0.2
85 ~ 90		0.4	7	
90 ~ 95	10			0.36
합계	40	1	25	

필수 문제 3

도수의 총합이 다른 두 집단의 분포 비교

오른쪽 그래프는 어느 진로 체험에 참가한 A 중학교 학생 100명과 B 중학교 학생 200명의 만족도에 대한 상대도수의 분포를 함께 나타낸 것이다. 다음 물음에 답하시오.

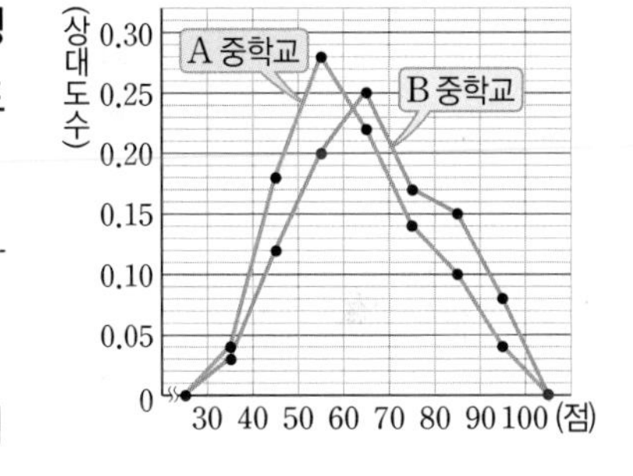

(1) 만족도가 50점 이상 60점 미만인 계급에서 두 중학교의 학생 수의 차를 구하시오.

(2) 두 중학교 중 만족도가 60점 미만인 학생의 비율이 더 높은 학교는 어느 곳인지 말하시오.

(3) 두 중학교 중 만족도가 대체적으로 더 높은 학교는 어느 곳인지 말하시오.

3-1 오른쪽 그래프는 A 정류장과 B 정류장에서 사람들이 버스를 기다리는 시간에 대한 상대도수의 분포를 함께 나타낸 것이다. 다음 물음에 답하시오.

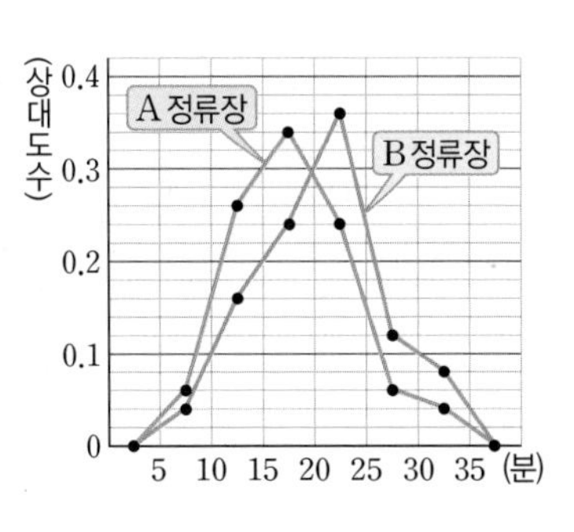

(1) B 정류장보다 A 정류장의 상대도수가 더 큰 계급은 모두 몇 개인지 구하시오.

(2) 두 정류장 중 버스를 기다리는 시간이 대체적으로 더 적은 정류장은 어느 곳인지 말하시오.

STEP 1

쏙쏙 개념 익히기

1 다음 중 상대도수에 대한 설명으로 옳은 것은 ○표, 옳지 않은 것은 ×표를 ( ) 안에 쓰시오.

(1) 어떤 계급의 상대도수는 그 계급의 도수를 도수의 총합으로 나눈 값이다. ( )

(2) 상대도수의 총합은 1보다 작다. ( )

(3) 각 계급의 상대도수는 그 계급의 도수에 정비례한다. ( )

(4) 상대도수의 분포를 나타낸 도수분포다각형 모양의 그래프와 가로축으로 둘러싸인 도형의 넓이는 1이다. ( )

2 오른쪽 히스토그램은 여진이네 반 학생들의 한문 성적을 조사하여 나타낸 것이다. 한문 성적이 85점인 학생이 속하는 계급의 상대도수를 구하시오.

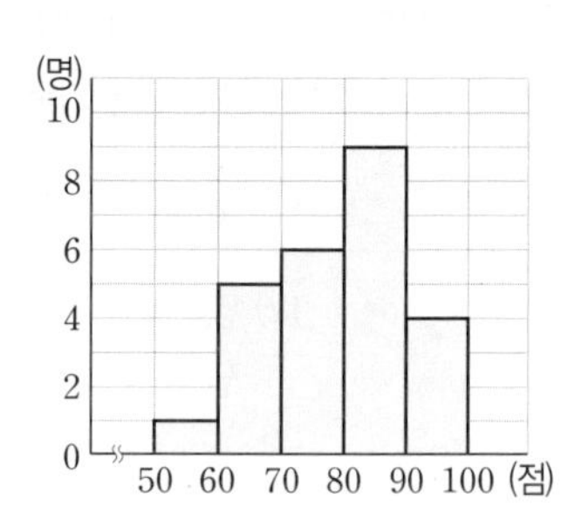

3 승욱이네 반 학생들의 시력을 조사하여 나타낸 도수분포표에서 도수가 8명인 계급의 상대도수가 0.2이었을 때, 승욱이네 반 전체 학생 수를 구하시오.

4 오른쪽 상대도수의 분포표는 어느 과일 가게에서 파는 토마토 40개의 무게를 조사하여 나타낸 것이다. 다음 물음에 답하시오.

(1) 무게가 60 g 이상 80 g 미만인 토마토는 전체의 몇 %인지 구하시오.

(2) 무게가 50 g 이상 60 g 미만인 토마토의 개수를 구하시오.

토마토 무게(g)	상대도수
40이상 ~ 50미만	0.1
50 ~ 60	
60 ~ 70	0.3
70 ~ 80	0.25
80 ~ 90	0.2
합계	1

5 오른쪽 상대도수의 분포표는 어느 연극 동호회 회원들의 하루 동안의 TV 시청 시간을 조사하여 나타낸 것이다. 다음 물음에 답하시오.

(1) 전체 회원 수를 구하시오.

(2) A, B, C, D, E의 값을 각각 구하시오.

시청 시간(분)	회원 수(명)	상대도수
10이상 ~ 20미만	7	0.14
20 ~ 30	A	0.4
30 ~ 40	10	B
40 ~ 50	C	D
50 ~ 60	5	0.1
합계		E

6 **오른쪽 그래프는 어느 콘서트장에 입장한 관객 200명의 입장 대기 시간에 대한 상대도수의 분포를 나타낸 것이다. 다음을 구하시오.**

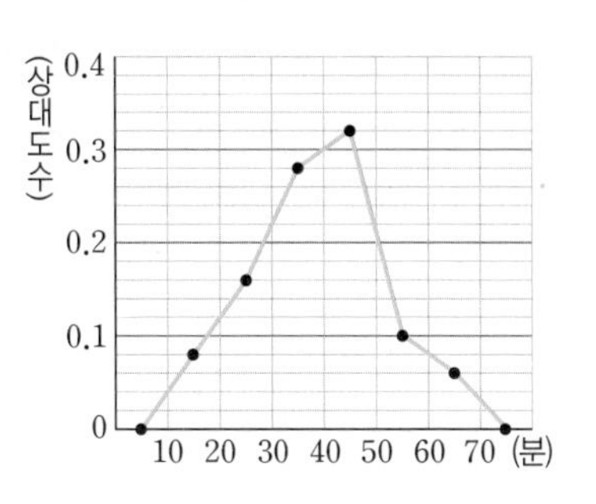

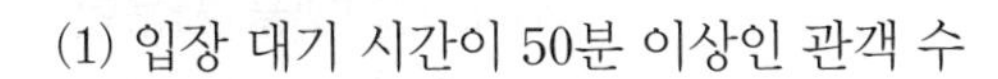

(1) 입장 대기 시간이 50분 이상인 관객 수

(2) 입장 대기 시간이 40번째로 적은 관객이 속하는 계급의 상대도수

7 **오른쪽 그래프는 어느 중학교 1학년 학생들의 몸무게에 대한 상대도수의 분포를 나타낸 것인데 일부가 찢어져 보이지 않는다. 몸무게가 45 kg 이상 50 kg 미만인 학생 수가 70명일 때, 다음을 구하시오.**

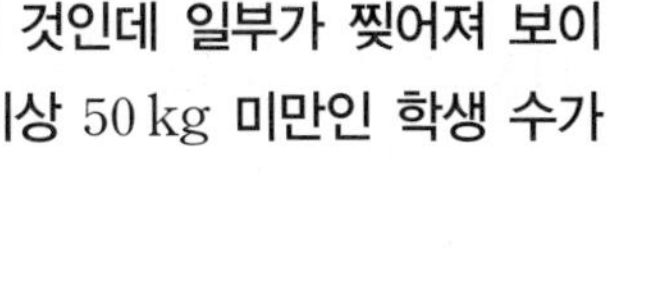

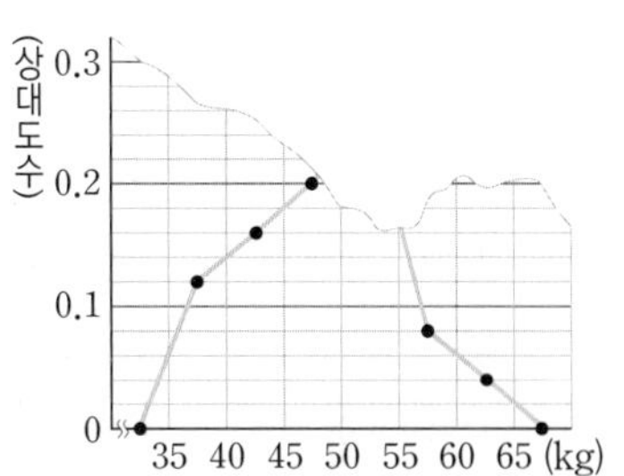

(1) 전체 학생 수

(2) 몸무게가 50 kg 이상 55 kg 미만인 계급의 상대도수

(3) 몸무게가 50 kg 이상 55 kg 미만인 학생 수

8 **오른쪽 도수분포표는 어느 중학교 남학생과 여학생의 국어 성적을 조사하여 함께 나타낸 것이다. 남학생과 여학생 중 국어 성적이 80점 이상 90점 미만인 학생의 비율은 어느 쪽이 더 높은지 말하시오.**

국어 성적(점)	학생 수(명)	
	남학생	여학생
50이상 ~ 60미만	11	5
60 ~ 70	22	15
70 ~ 80	34	16
80 ~ 90	15	8
90 ~ 100	18	6
합계	100	50

9 **오른쪽 그래프는 어느 중학교 1학년 학생 200명과 2학년 학생 150명의 하루 동안의 음악 감상 시간에 대한 상대도수의 분포를 함께 나타낸 것이다. 다음 보기 중 옳은 것을 모두 고르시오.**

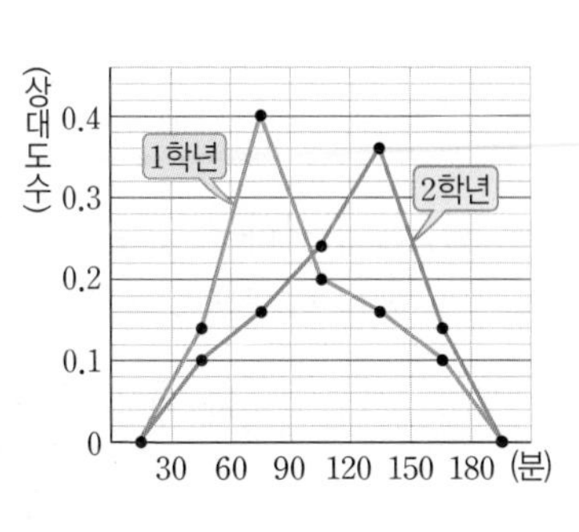

보기

ㄱ. 음악 감상 시간이 90분 이상 120분 미만인 학생은 1학년이 더 많다.

ㄴ. 1학년이 2학년보다 음악 감상 시간이 더 긴 편이다.

ㄷ. 1학년과 2학년에 대한 각각의 그래프와 가로축으로 둘러싸인 부분의 넓이는 서로 같다.

STEP 2 탄탄 단원 다지기

중요

1 아래 줄기와 잎 그림은 은정이네 반 학생들이 1분 동안 실시한 팔굽혀펴기 기록을 조사하여 나타낸 것이다. 다음 중 옳은 것은?

팔굽혀펴기 기록

(0|4는 4회)

줄기	잎
0	4 5 6 7 8 9
1	0 1 2 3 4 6 6 8
2	1 1 2 5 7 9 9
3	3 3 4 6 8
4	2 5

① 잎이 가장 많은 줄기는 2이다.
② 반 전체 학생 수는 27명이다.
③ 팔굽혀펴기 기록이 24회인 학생이 있다.
④ 팔굽혀펴기 기록이 30회 이상인 학생은 7명이다.
⑤ 팔굽혀펴기 기록이 적은 쪽에서 10번째인 학생의 기록은 12회이다.

2 다음 줄기와 잎 그림은 어느 반 남학생과 여학생의 휴대 전화에 등록된 친구 수를 조사하여 함께 나타낸 것이다. 물음에 답하시오.

휴대 전화에 등록된 친구 수

(2|3은 23명)

잎(남학생)	줄기	잎(여학생)
8 6 5	2	3 9
8 7 7 5 5 1	3	0 5 6
9 5 3 2	4	0 1 1 2 4 5
1 0	5	1 2 2 3

(1) 휴대 전화에 등록된 친구 수가 많은 쪽에서 7번째인 학생은 남학생인지 여학생인지 말하시오.

(2) 휴대 전화에 등록된 친구 수가 43명인 학생은 이 반에서 등록된 친구 수가 많은 편인지 적은 편인지 말하시오.

3 오른쪽 도수분포표는 동우네 반 학생 30명이 어떤 과제를 수행하기 위해 인터넷을 사용한 시간을 조사하여 나타낸 것이다. 다음 물음에 답하시오.

사용 시간(분)	학생 수(명)
30이상 ~ 50미만	3
50 ~ 70	7
70 ~ 90	11
90 ~ 110	
110 ~ 130	1
합계	30

(1) 도수가 두 번째로 큰 계급을 구하시오.

(2) 인터넷을 사용한 시간이 90분 이상인 학생은 전체의 몇 %인지 구하시오.

4 오른쪽 도수분포표는 유나네 반 학생들의 줄넘기 기록을 조사하여 나타낸 것이다. 줄넘기 기록이 80회 이상 100회 미만인 학생이 전체의 35 %일 때, $A-B$의 값을 구하시오.

줄넘기 기록(회)	학생 수(명)
40이상 ~ 60미만	6
60 ~ 80	8
80 ~ 100	A
100 ~ 120	B
120 ~ 140	2
합계	40

5 오른쪽 도수분포표는 어느 반 학생들의 일주일 동안의 통화 시간을 조사하여 나타낸 것이다. 통화 시간이 40분 이상인 학생 수가 40분 미만인 학생 수의 2배일 때, 통화 시간이 40분 미만인 학생 수를 구하시오.

통화 시간(분)	학생 수(명)
0이상 ~ 20미만	4
20 ~ 40	
40 ~ 60	
60 ~ 80	7
80 ~ 100	3
합계	27

●○○
6 오른쪽 히스토그램은 현주네 반 학생들의 키를 조사하여 나타낸 것이다. 다음 중 옳지 않은 것은?

① 계급의 크기는 10 cm 이다.
② 반 전체 학생 수는 32명이다.
③ 도수가 7명 이하인 계급의 개수는 3개이다.
④ 키가 12번째로 작은 학생이 속하는 계급은 150 cm 이상 160 cm 미만이다.
⑤ 모든 직사각형의 넓이의 합은 300이다.

●●●
7 오른쪽 히스토그램은 승민이네 반 학생들의 멀리뛰기 기록을 조사하여 나타낸 것인데 일부가 찢어져 보이지 않는다. 기록이 190 cm 미만인 학생이 전체의 28 %일 때, 다음 물음에 답하시오.

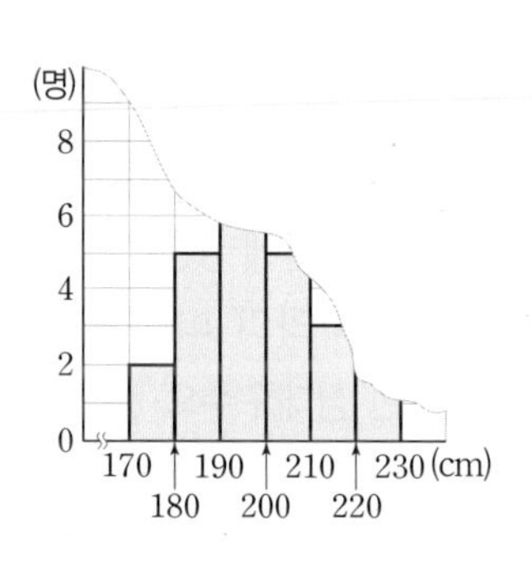

(1) 반 전체 학생 수를 구하시오.

(2) 기록이 210 cm 미만인 학생 수와 210 cm 이상인 학생 수의 비가 4 : 1일 때, 190 cm 이상 200 cm 미만인 계급의 도수를 구하시오.

●○○
8 오른쪽 도수분포다각형은 은수네 반 학생들이 자유투를 13회 던져 성공한 횟수를 조사하여 나타낸 것이다. 다음 보기 중 옳지 않은 것을 모두 고르시오.

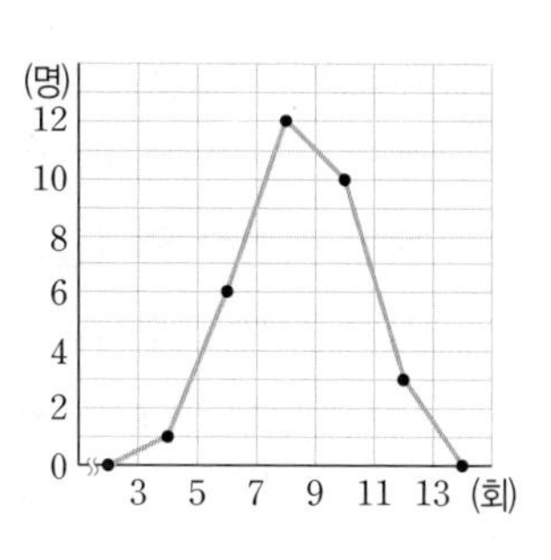

보기
ㄱ. 반 전체 학생 수는 32명이다.
ㄴ. 계급의 크기는 2회이고, 계급의 개수는 7개이다.
ㄷ. 자유투 성공 횟수가 7회 미만인 학생은 7명이다.
ㄹ. 자유투 성공 횟수가 많은 쪽에서 10번째인 학생이 속하는 계급은 7회 이상 9회 미만이다.

●●○
9 다음 보기 중 옳은 것을 모두 고른 것은?

보기
ㄱ. 줄기와 잎 그림에서는 실제 변량의 정확한 값을 알 수 없다.
ㄴ. 도수분포표에서 계급의 개수가 많을수록 자료의 분포 상태를 알기 쉽다.
ㄷ. 히스토그램에서 각 직사각형의 가로의 길이는 일정하다.
ㄹ. 도수분포다각형과 가로축으로 둘러싸인 도형의 넓이는 히스토그램의 모든 직사각형의 넓이의 합과 같다.
ㅁ. 도수의 총합이 다른 두 집단을 비교할 때, 같은 계급에서 도수가 큰 쪽의 상대도수가 더 크다.

① ㄱ, ㄴ　② ㄱ, ㅁ　③ ㄷ, ㄹ
④ ㄹ, ㅁ　⑤ ㄴ, ㄷ, ㅁ

●○○
10 오른쪽 도수분포다각형은 어느 극장에서 1년 동안 공연한 연극들의 공연 시간을 조사하여 나타낸 것이다. 이때 도수가 가장 큰 계급의 상대도수를 구하시오.

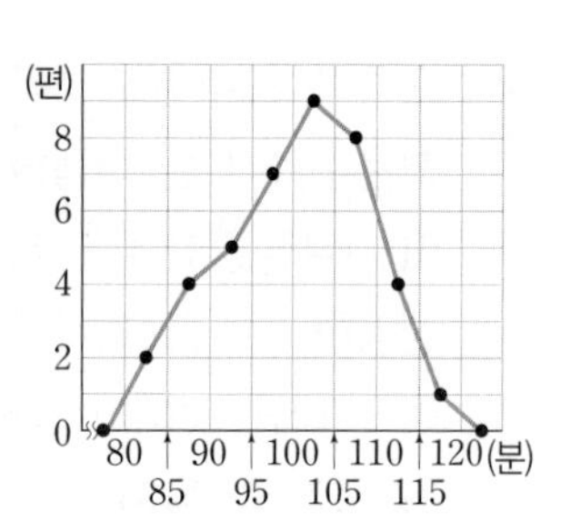

●○○
11 다음 중 변량의 개수가 다른 두 자료의 분포를 비교할 때 가장 편리한 것은?

① 줄기와 잎 그림　② 도수분포표
③ 히스토그램　④ 도수분포다각형
⑤ 상대도수의 분포표

●○○
12 40마리의 유기견을 보호하고 있는 어느 유기견 보호 센터에서 유기견의 나이가 4세 이상 6세 미만인 계급의 상대도수가 0.15일 때, 나이가 4세 이상 6세 미만인 유기견의 수를 구하시오.

●●○
13 아래 상대도수의 분포표는 민환이네 반 학생들의 공 던지기 기록을 조사하여 나타낸 것인데 일부가 찢어져 보이지 않는다. 다음을 구하시오.

던지기 기록(m)	학생 수(명)	상대도수
0이상 ~ 10미만	2	0.05
10 ~ 20	12	
20 ~ 30		
30 ~ 40		
40 ~ 50		
합계		

(1) 반 전체 학생 수

(2) 기록이 10 m인 학생이 속하는 계급의 상대도수

●●○
14 오른쪽 그래프는 어느 동물원에 있는 동물 80마리의 나이에 대한 상대도수의 분포를 나타낸 것이다. 나이가 많은 쪽에서 16번째인 동물이 속하는 계급의 상대도수는?

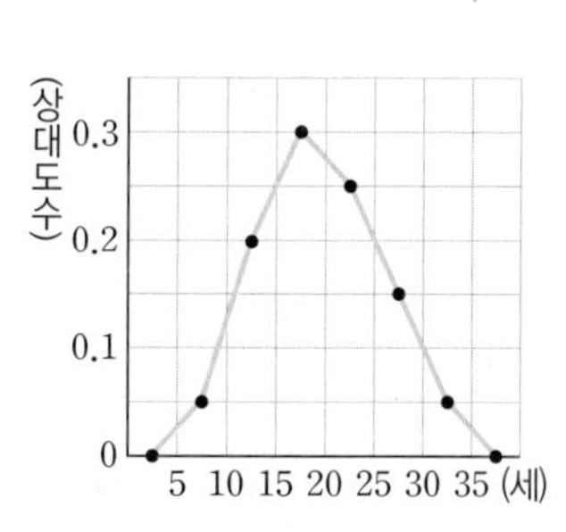

① 0.05　② 0.15　③ 0.2
④ 0.25　⑤ 0.3

●●○
15 오른쪽 그래프는 이정이네 반 학생들의 앉은키에 대한 상대도수의 분포를 나타낸 것인데 일부가 찢어져 보이지 않는다. 앉은키가 70 cm 이상 75 cm 미만인 학생 수가 4명일 때, 앉은키가 80 cm 이상 85 cm 미만인 학생 수를 구하시오.

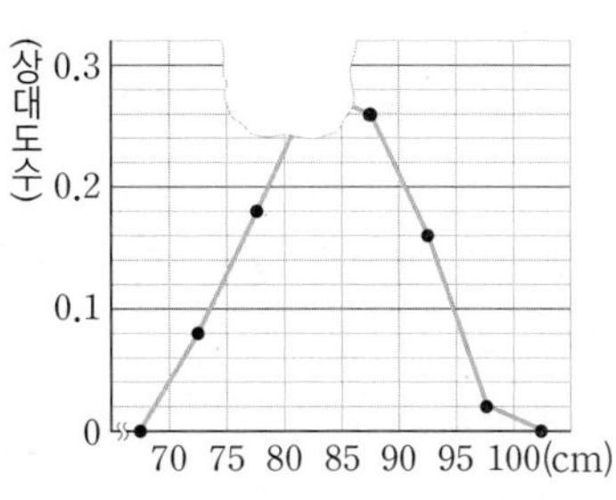

●●○
16 다음 상대도수의 분포표는 A 제품과 B 제품의 구매 고객의 나이를 조사하여 함께 나타낸 것이다. A 제품을 구매한 고객은 1800명, B 제품을 구매한 고객은 2200명일 때, 물음에 답하시오.

나이(세)	상대도수	
	A 제품	B 제품
10이상~ 20미만	0.09	0.16
20 ~ 30	0.18	0.17
30 ~ 40	0.22	0.18
40 ~ 50	0.31	0.26
50 ~ 60	0.2	0.23
합계	1	1

(1) A, B 두 제품 중 20대 고객들이 더 많이 구매한 제품을 구하시오.

(2) A, B 두 제품의 구매 고객 수가 같은 계급을 구하시오.

●●○
17 도수의 총합의 비가 1 : 2인 두 집단에서 어떤 계급의 도수의 비가 5 : 4일 때, 이 계급의 상대도수의 비를 가장 간단한 자연수의 비로 나타내시오.

●●○
18 아래 그래프는 어느 중학교 1학년과 2학년 학생들의 일주일 동안의 독서 시간에 대한 상대도수의 분포를 함께 나타낸 것이다. 다음 보기 중 옳은 것을 모두 고르시오.

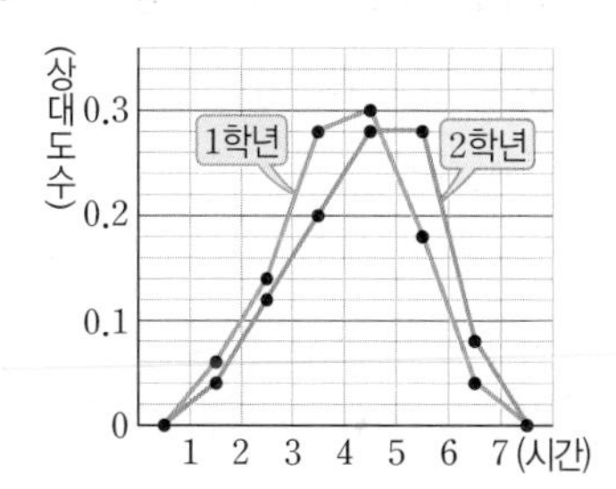

보기

ㄱ. 1학년이 2학년보다 독서 시간이 더 긴 편이다.

ㄴ. 2학년의 상대도수가 1학년의 상대도수보다 높은 계급은 5시간 이상 6시간 미만, 6시간 이상 7시간 미만이다.

ㄷ. 1학년과 2학년의 전체 학생 수가 각각 100명, 125명일 때, 독서 시간이 4시간 이상 5시간 미만인 학생은 1학년보다 2학년이 더 많다.

ㄹ. 2학년에서 독서 시간이 5시간 이상인 학생은 2학년 전체의 26 %이다.

STEP 3 쓱쓱 서술형 완성하기

유제를 따라 풀어 보고, 실전 문제로 연습해 보세요.

예제 1 오른쪽 히스토그램은 일권이네 반 학생 30명이 한 달 동안 실험실을 이용한 횟수를 조사하여 나타낸 것인데 일부가 찢어져 보이지 않는다. 이용 횟수가 16회 이상 20회 미만인 학생이 전체의 30%일 때, 이용 횟수가 12회 이상 16회 미만인 학생 수를 구하시오.

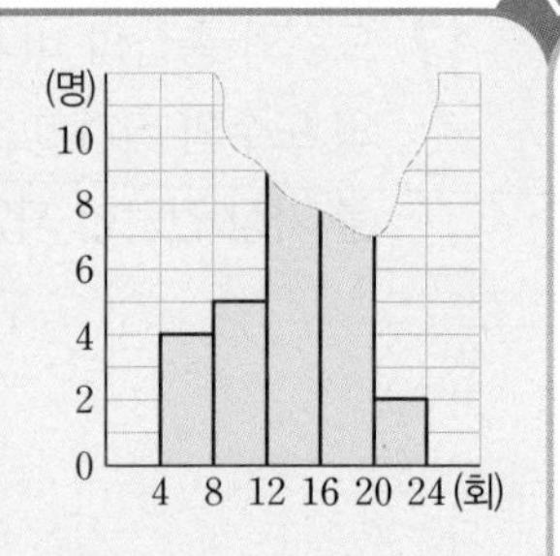

풀이 과정

1단계 이용 횟수가 16회 이상 20회 미만인 학생 수 구하기

이용 횟수가 16회 이상 20회 미만인 학생 수는 전체의 30 %이므로 $30\times\frac{30}{100}=9$(명)

2단계 이용 횟수가 12회 이상 16회 미만인 학생 수 구하기

이용 횟수가 12회 이상 16회 미만인 학생 수는
$30-(4+5+9+2)=10$(명)

답 10명

따라 해보자

유제 1 오른쪽 히스토그램은 어느 도시의 하루 중 최고 기온을 40일 동안 조사하여 나타낸 것인데 일부가 찢어져 보이지 않는다. 기온이 20 ℃ 이상 22 ℃ 미만인 날수가 전체의 20 %일 때, 기온이 22 ℃ 이상 24 ℃ 미만인 날수는 며칠인지 구하시오.

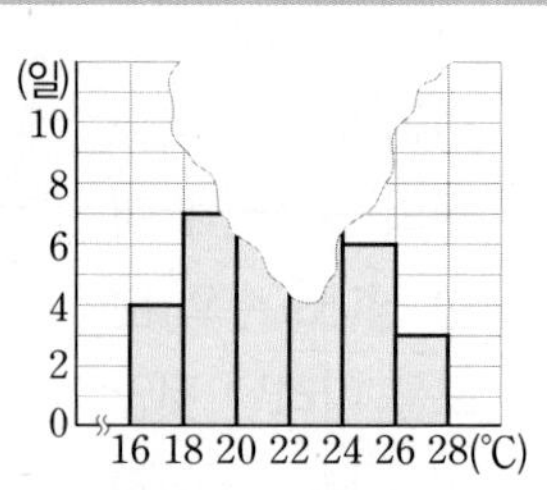

풀이 과정

1단계 기온이 20 ℃ 이상 22 ℃ 미만인 날수 구하기

2단계 기온이 22 ℃ 이상 24 ℃ 미만인 날수 구하기

답

예제 2 오른쪽 그래프는 은지네 반 학생들의 통학 시간에 대한 상대도수의 분포를 나타낸 것이다. 상대도수가 가장 큰 계급의 도수가 15명일 때, 통학 시간이 30분 미만인 학생 수를 구하시오.

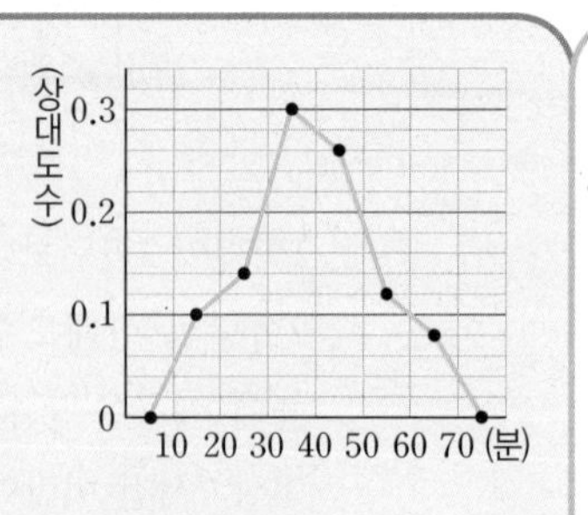

풀이 과정

1단계 전체 학생 수 구하기

상대도수가 가장 큰 계급은 30분 이상 40분 미만이므로
(전체 학생 수)$=\frac{15}{0.3}=50$(명)

2단계 통학 시간이 30분 미만인 학생 수 구하기

통학 시간이 30분 미만인 계급의 상대도수의 합은
$0.1+0.14=0.24$이므로
구하는 학생 수는 $50\times0.24=12$(명)

답 12명

유제 2 오른쪽 그래프는 어느 반 학생들의 던지기 기록에 대한 상대도수의 분포를 나타낸 것이다. 기록이 10 m 이상 15 m 미만인 학생이 2명일 때, 기록이 30 m 이상인 학생 수를 구하시오.

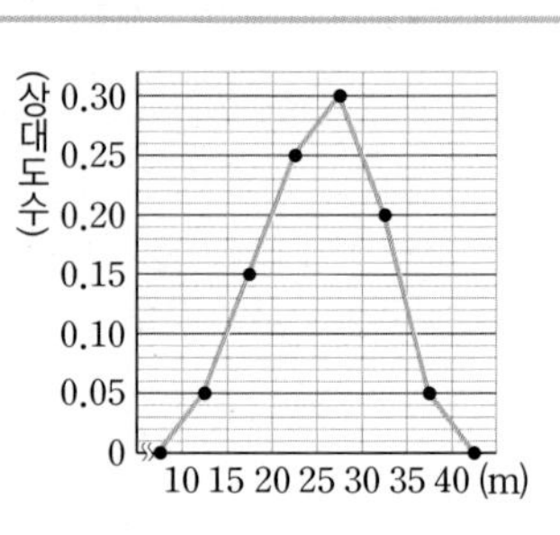

풀이 과정

1단계 전체 학생 수 구하기

2단계 기록이 30 m 이상인 학생 수 구하기

답

연습해 보자

▶ 모든 문제는 풀이 과정을 자세히 서술한 후 답을 쓰세요.

1 다음 줄기와 잎 그림은 영서네 반 학생들의 몸무게를 조사하여 나타낸 것이다. 전체 학생 수와 몸무게가 가벼운 쪽에서 5번째인 학생의 몸무게를 차례로 구하시오.

몸무게

(4|1은 41 kg)

줄기	잎
4	1 3 5 6 7 9
5	0 1 4 5 5 6 8
6	1 2 5 7 9
7	0 2 3 3

풀이 과정

답

2 오른쪽 히스토그램은 독서반 학생들이 지난 학기 동안 읽은 책의 수를 조사하여 나타낸 것이다. 읽은 책의 수가 상위 30 % 이내에 속하려면 몇 권 이상의 책을 읽어야 하는지 구하시오.

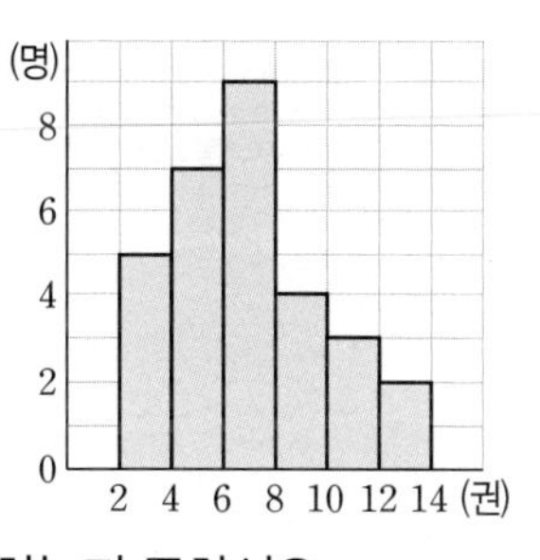

풀이 과정

답

3 다음 상대도수의 분포표는 은석이네 학교 학생들의 1분당 칠 수 있는 한글 타자 수를 조사하여 나타낸 것이다. 1분당 한글 타자 수가 300타 이상인 학생은 전체의 몇 %인지 구하시오.

한글 타자 수(타)	학생 수(명)	상대도수
150이상 ~ 200미만	5	0.1
200 ~ 250		0.24
250 ~ 300	18	
300 ~ 350	11	
350 ~ 400		0.08
합계		1

풀이 과정

답

4 오른쪽 그래프는 성범이가 가입한 테니스 동호회와 볼링 동호회 회원들의 나이에 대한 상대도수의 분포를 함께 나타낸 것이다. 20대 회원 수가 테니스 동호회는 120명, 볼링 동호회는 80명일 때, 다음 물음에 답하시오.

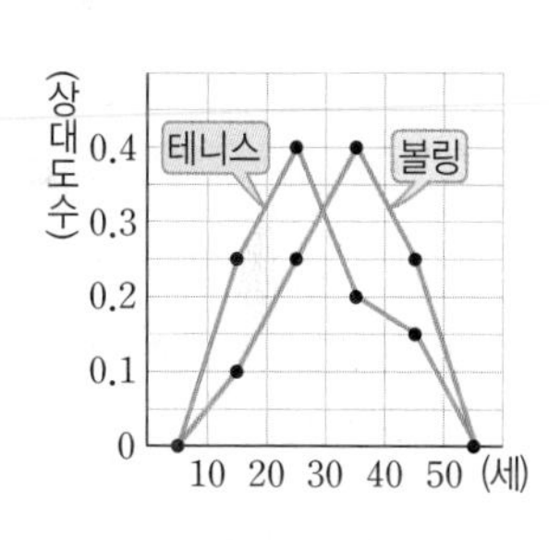

(1) 두 동호회 중 전체 회원 수가 더 많은 동호회는 어느 곳인지 말하시오.

(2) 두 동호회 중 회원들의 연령대가 대체적으로 더 높은 동호회는 어느 곳인지 말하시오.

풀이 과정

(1)

(2)

답 (1) (2)

• 정답과 해설 61쪽

초미세 먼지의 위험성!

먼지는 입자의 크기에 따라 총먼지, 지름이 10 μm 이하인 미세 먼지, 지름이 2.5 μm 이하인 초미세 먼지로 나뉘는데, 초미세 먼지는 머리카락의 약 $\frac{1}{20}$~$\frac{1}{30}$에 불과할 정도로 작다.

이 미세 먼지와 초미세 먼지는 자동차나 화석 연료에서 발생하며 각종 호흡기 질환을 일으키는 직접적인 원인이 된다.

특히 초미세 먼지는 미세 먼지보다 훨씬 작기 때문에 기도에서 걸러지지 못하고 대부분 폐포까지 침투하므로 입자가 큰 먼지와 달리 단기간만 노출되어도 인체에 영향을 미친다.

기상청과 환경부에서는 초미세 먼지 농도에 따라 다음과 같이 등급을 나누어 미세 먼지 예보를 하고 있는데, 초미세 먼지 농도가 나쁨, 매우 나쁨인 경우에는 장시간 또는 무리한 실외 활동을 피하는 것이 좋다.

0~15	16~35	36~75	76~
좋음	보통	나쁨	매우 나쁨

(단위: μg/m³)

기출문제는 이렇게!

오른쪽 그래프는 어느 날 같은 시각에 우리나라 지역 200곳에서 초미세 먼지 농도에 대한 상대도수의 분포를 나타낸 것인데 일부가 찢어져 보이지 않는다. 초미세 먼지 농도가 $60\,\mu g/m^3$ 이상 $70\,\mu g/m^3$ 미만인 지역의 수를 구하시오.

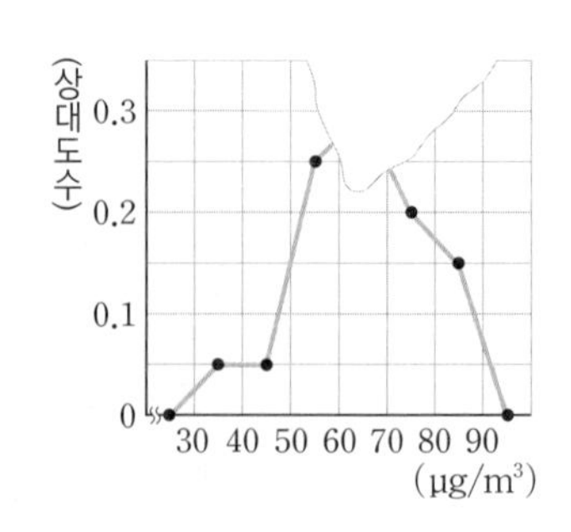

마인드 MAP

자료의 정리와 해석

1반의 수학 성적 (단위: 점)

변량 → 51

51	60	62	89	66
74	53	54	62	75

줄기와 잎 그림

수학 성적 (5|1은 51점)

줄기	잎
5	1 3 4
6	0 2 2 6
7	4 5
8	9

↑ 십의 자리 ↑ 일의 자리

도수분포표

	수학 성적(점)	학생 수(명)	
계급	50이상 ~ 60미만	3	도수
	60 ~ 70	4	
	70 ~ 80	2	
	80 ~ 90	1	
	합계	10	

그래프 →

히스토그램 / 도수분포다각형

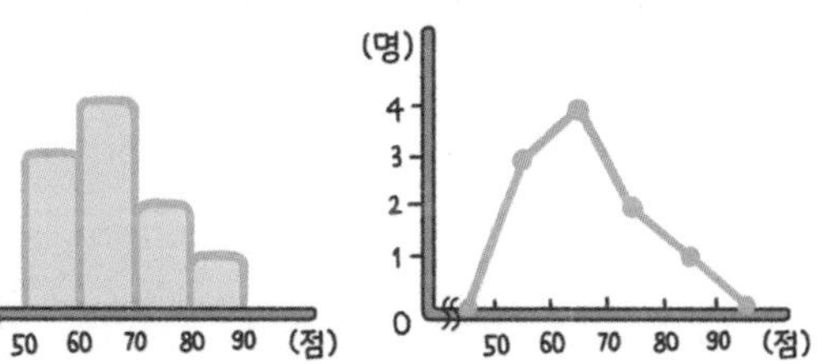

자료의 분포 상태를 알아보기 쉬워!

상대도수와 그 그래프

- $(\text{어떤 계급의 상대도수}) = \dfrac{(\text{그 계급의 도수})}{(\text{도수의 총합})}$
- 상대도수의 총합은 항상 1이다.
- 도수의 총합이 다른 두 자료의 분포 상태를 비교할 때 이용한다. →

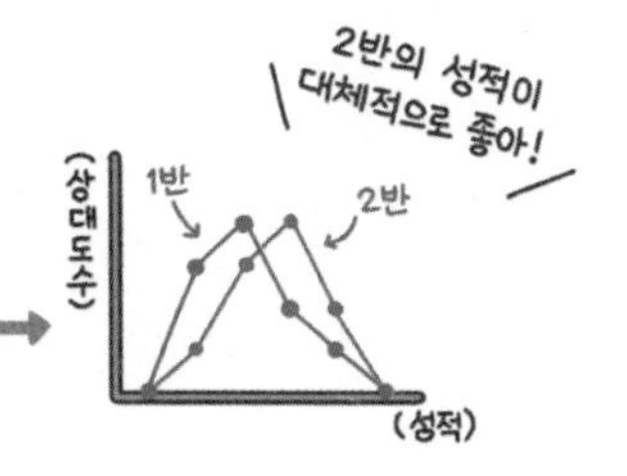

정다면체의 전개도

❶ 정사면체

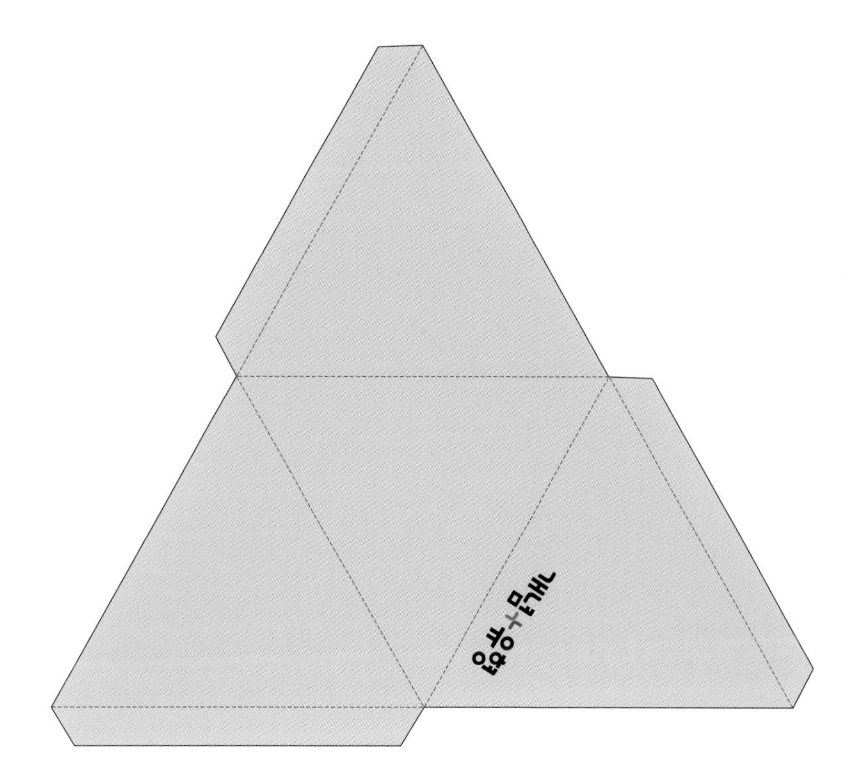

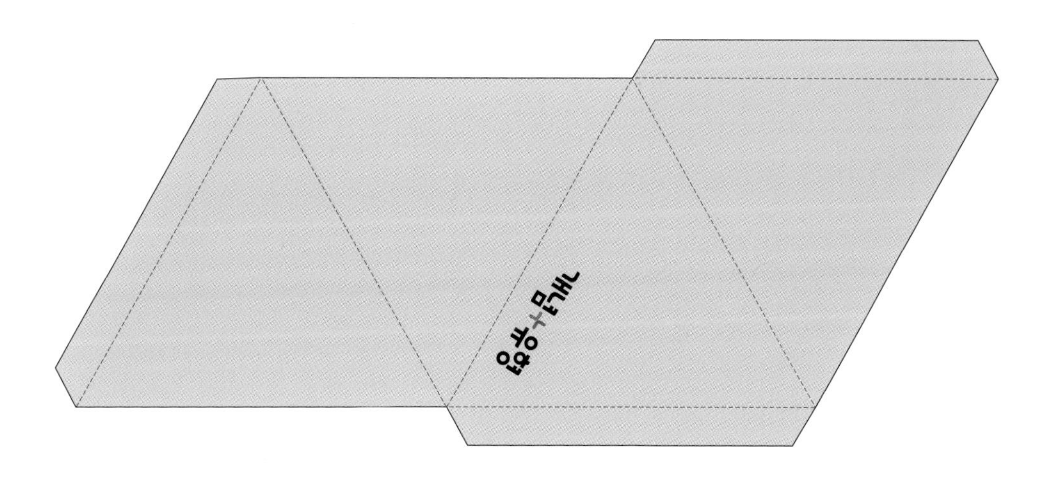

❷ 정육면체

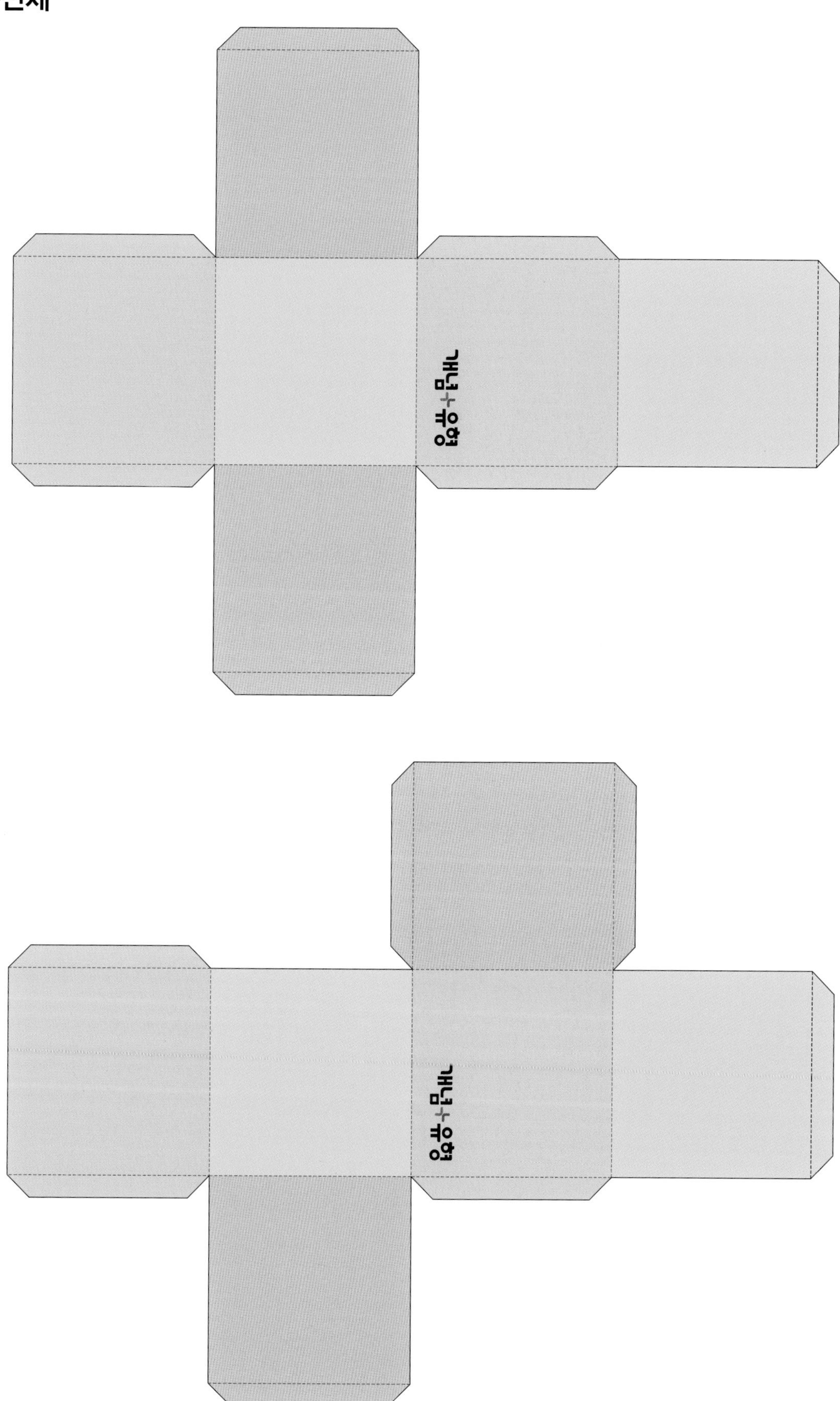

❸ 정팔면체

④ 정십이면체

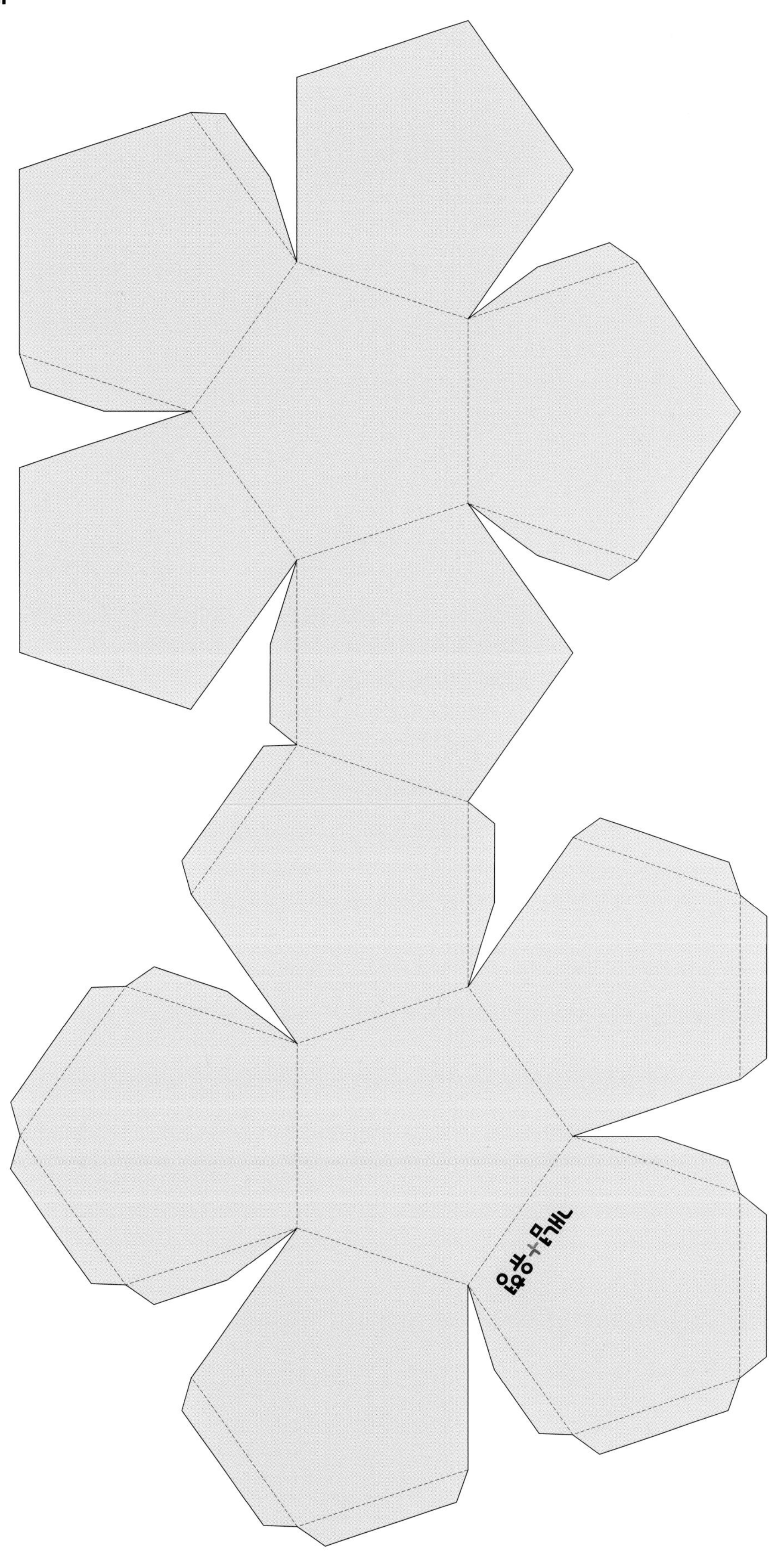

⑤ 정이십면체

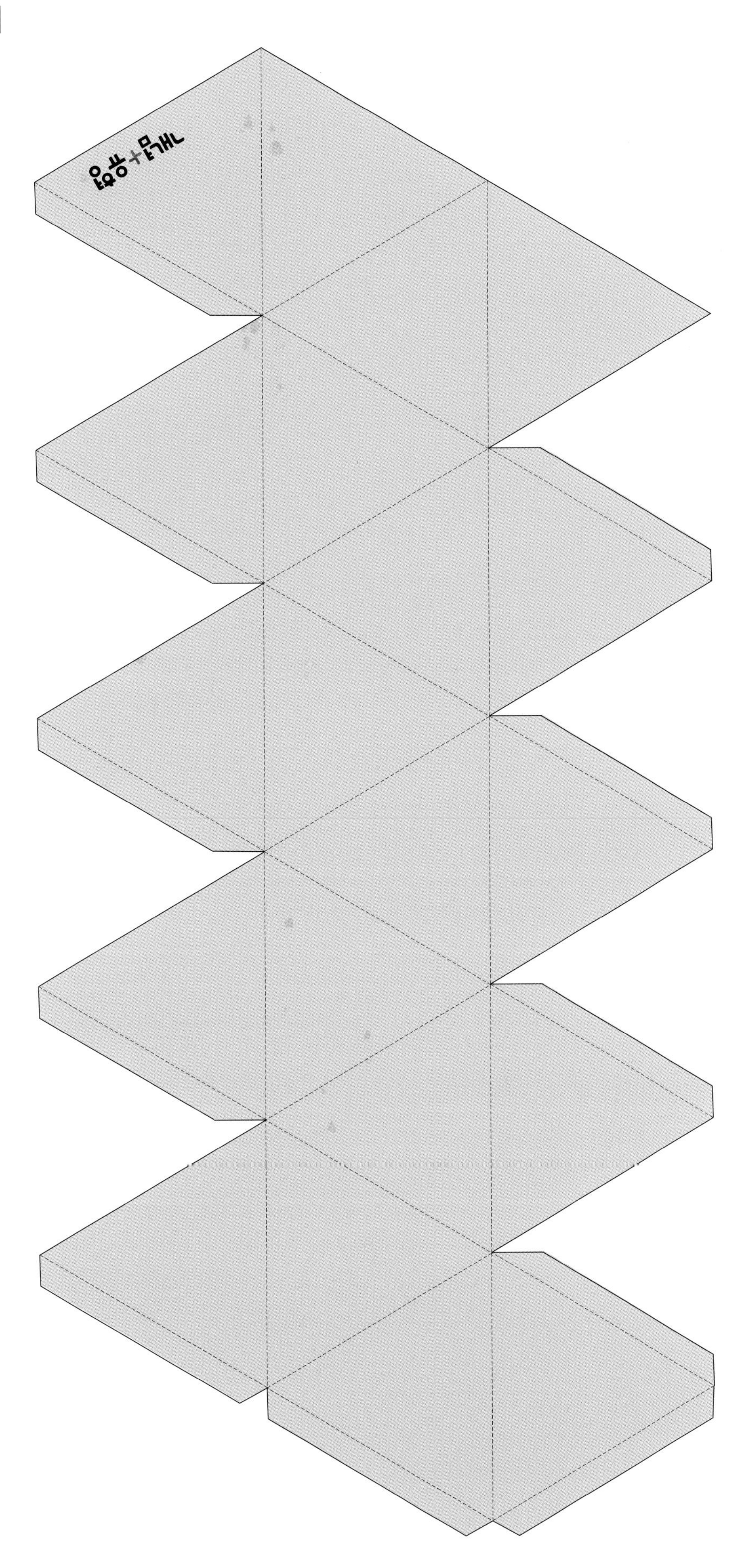

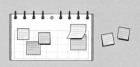

✣ 개념·플러스·유형·시리즈 개념과 유형이 하나로! 가장 효과적인 수학 공부 방법을 제시합니다.

비상교재 누리집에 방문해보세요

http://book.visang.com/

발간 이후에 발견되는 오류 비상교재 누리집 〉 학습자료실 〉 중등교재 〉 정오표

본 교재의 정답 비상교재 누리집 〉 학습자료실 〉 중등교재 〉 정답 • 해설

개념+유형

기초탄탄

LITE

중학 수학

1·2

visang

ABOVE IMAGINATION

우리는 남다른 상상과 혁신으로
교육 문화의 새로운 전형을 만들어
모든 이의 행복한 경험과 성장에 기여한다

개념+유형

PLUS

유형편

기초탄탄 LITE

중등 수학

1·2

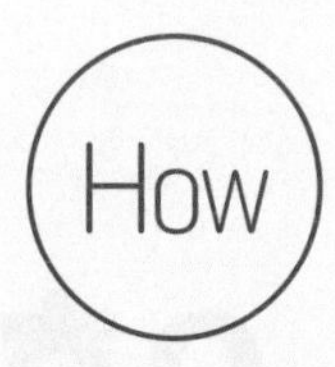

어떻게 만들어졌나요?

유형편 라이트는 수학에 왠지 어려움이 느껴지고 자신감이 부족한 학생들을 위해 만들어졌습니다.

언제 활용할까요?

개념편 진도를 나간 후 한 번 더 정리하고 싶을 때! 앞으로 배울 내용의 문제를 확인하고 싶을 때!
부족한 유형 문제를 반복 연습하고 싶을 때! 시험에 자주 출제되는 문제를 알고 싶을 때!

왜 유형편 라이트를 보아야 하나요?

다양한 유형의 문제를 기초부터 반복하여 연습할 수 있도록 구성하였으므로 앞으로 배울 내용을 예습하거나
부족한 유형을 학습하려는 친구라면 누구나 꼭 갖고 있어야 할 교재입니다.
아무리 기초가 부족하더라도 이 한 권만 내 것으로 만든다면 상위권으로 도약할 수 있습니다.

유형편 라이트 의 구성

- 문제 풀이의 비법을 담은 내용 정리

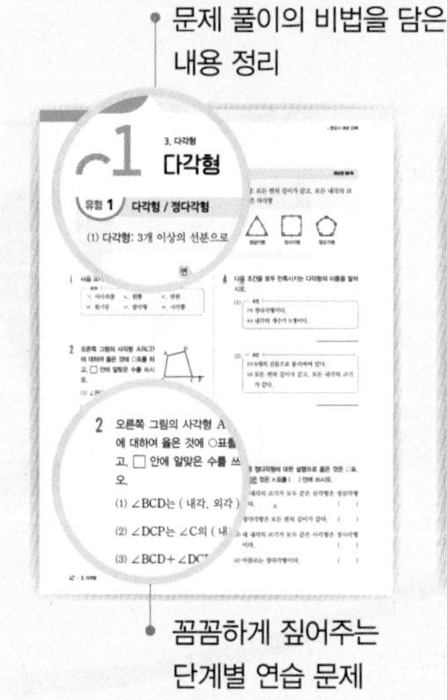

- 꼼꼼하게 짚어주는 단계별 연습 문제

- 부족한 유형은 한 번 더 연습

- 발전된 유형은 한 걸음 더 연습

- 자주 출제되는 문제를 두 번씩 보는 쌍둥이 기출문제

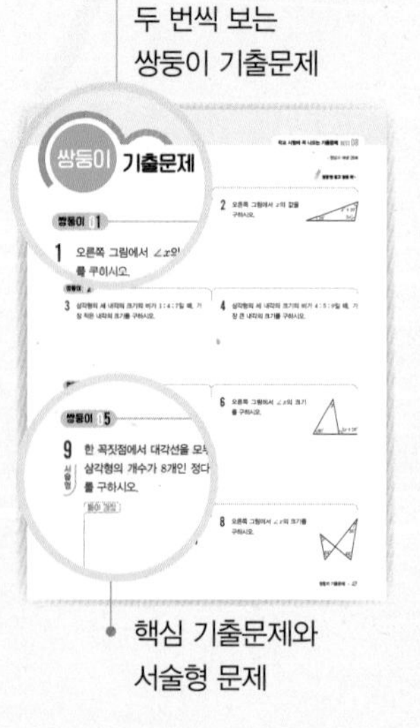

- 핵심 기출문제와 서술형 문제

- 쌍둥이 기출문제 중 핵심 문제만을 모아 단원 마무리

차례 CONTENTS

Ⅰ. 기본 도형

1 기본 도형 ······ 4
- 쌍둥이 기출문제 ······ 11
- 쌍둥이 기출문제 ······ 16
- 쌍둥이 기출문제 ······ 20
- ▶ 단원 마무리 ······ 22

2 작도와 합동 ······ 24
- 쌍둥이 기출문제 ······ 31
- 쌍둥이 기출문제 ······ 36
- ▶ 단원 마무리 ······ 38

Ⅱ. 평면도형

3 다각형 ······ 40
- 쌍둥이 기출문제 ······ 44
- 쌍둥이 기출문제 ······ 47
- 쌍둥이 기출문제 ······ 52
- ▶ 단원 마무리 ······ 54

4 원과 부채꼴 ······ 56
- 쌍둥이 기출문제 ······ 60
- 쌍둥이 기출문제 ······ 65
- ▶ 단원 마무리 ······ 68

Ⅲ. 입체도형

5 다면체와 회전체 ······ 70
- 쌍둥이 기출문제 ······ 74
- 쌍둥이 기출문제 ······ 78
- 쌍둥이 기출문제 ······ 82
- ▶ 단원 마무리 ······ 84

6 입체도형의 겉넓이와 부피 ······ 86
- 쌍둥이 기출문제 ······ 90
- 쌍둥이 기출문제 ······ 95
- 쌍둥이 기출문제 ······ 99
- ▶ 단원 마무리 ······ 100

Ⅳ. 통계

7 자료의 정리와 해석 ······ 102
- 쌍둥이 기출문제 ······ 106
- 쌍둥이 기출문제 ······ 111
- 쌍둥이 기출문제 ······ 116
- ▶ 단원 마무리 ······ 119

1 기본 도형

유형 1 점, 선, 면 / 직선, 반직선, 선분
유형 2 두 점 사이의 거리 / 선분의 중점
유형 3 각
유형 4 맞꼭지각
유형 5 직교, 수직이등분선, 수선의 발
유형 6 점과 직선(평면)의 위치 관계 / 두 직선의 위치 관계
유형 7 직선과 평면의 위치 관계 / 두 평면의 위치 관계
유형 8 동위각과 엇각 / 평행선의 성질
유형 9 평행선에서 보조선을 그어 각의 크기 구하기
유형 10 평행선이 되기 위한 조건

01 1. 기본 도형
점, 선, 면, 각

유형 1 점, 선, 면 / 직선, 반직선, 선분

개념편 8~9쪽

(1) 점, 선, 면은 도형을 구성하는 기본 요소이다.
└ 점이 움직인 자리는 선이 되고, 선이 움직인 자리는 면이 된다.

① **교점**: 선과 선 또는 선과 면이 만나서 생기는 점

② **교선**: 면과 면이 만나서 생기는 선

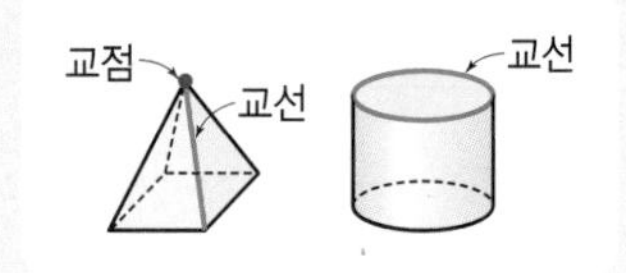

(2) 직선, 반직선, 선분

직선 AB	반직선 AB	선분 AB
A B	A(시작점) B(방향)	A B
$\overleftrightarrow{AB}(=\overleftrightarrow{BA})$	$\overrightarrow{AB}(\neq\overrightarrow{BA})$	$\overline{AB}(=\overline{BA})$

참고 한 점을 지나는 직선은 무수히 많지만 서로 다른 두 점을 지나는 직선은 오직 하나뿐이다.

1 다음 중 옳은 것은 ○표, 옳지 않은 것은 ×표를 (   ) 안에 쓰시오.

(1) 선이 움직인 자리는 면이 된다. (   )

(2) 선은 무수히 많은 점으로 이루어져 있다. (   )

(3) 교점은 선과 선이 만나는 경우에만 생긴다. (   )

2 오른쪽 그림의 직육면체에서 교점의 개수와 교선의 개수를 구하시오.

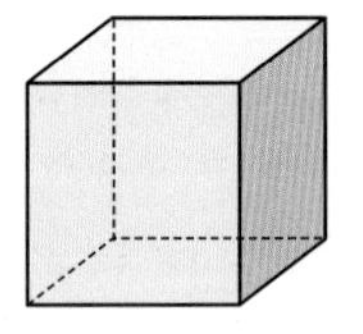

교점: ____________

교선: ____________

3 다음 주어진 점을 지나는 직선을 가능한 한 그리고, 그 개수를 구하시오.

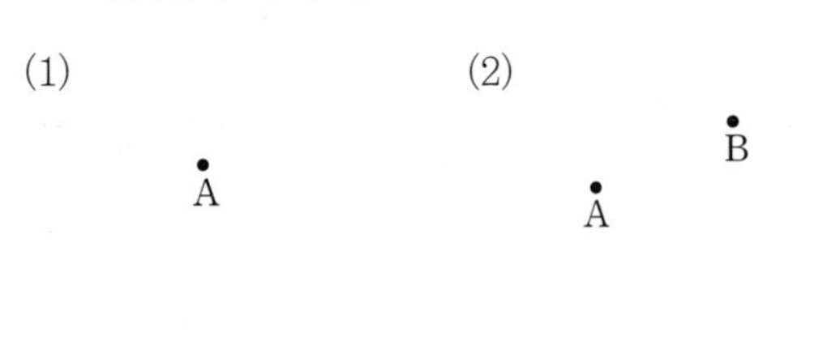

____________ ____________

4 오른쪽 그림의 세 점 A, B, C에 대하여 다음 도형을 그리시오.

A• C• B•

(1) $\overline{AB}$ (2) $\overleftrightarrow{AC}$ (3) $\overrightarrow{BC}$

5 다음 도형을 기호로 나타내시오.

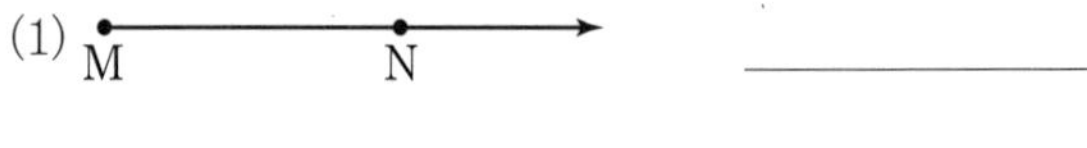

____

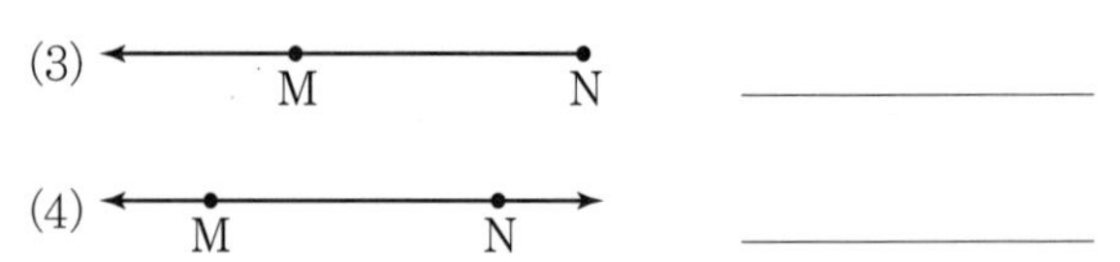

____

____

____

6 오른쪽 그림과 같이 직선 l 위에 세 점 A, B, C가 있을 때, 다음 □ 안에 =, ≠ 중 알맞은 것을 쓰시오.

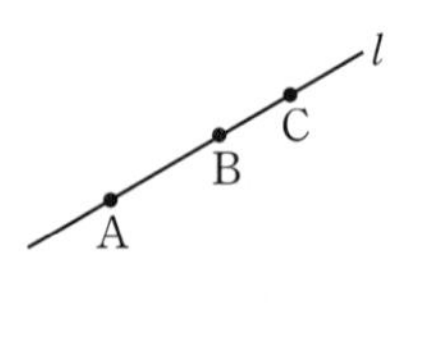

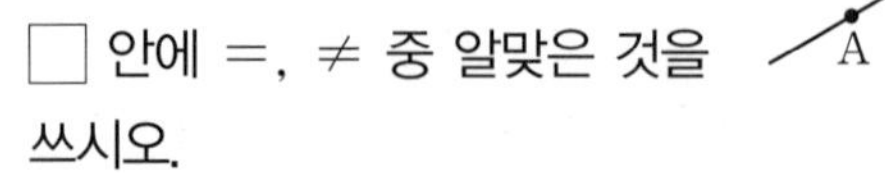

(1) $\overleftrightarrow{AC}$ □ $\overleftrightarrow{BC}$ (2) $\overrightarrow{BA}$ □ $\overrightarrow{BC}$

(3) $\overline{AB}$ □ $\overline{BA}$ (4) $\overrightarrow{CA}$ □ $\overrightarrow{CB}$

● 정답과 해설 12쪽

유형 2 두 점 사이의 거리 / 선분의 중점

개념편 10쪽

(1) **두 점 A, B 사이의 거리**: 서로 다른 두 점 A, B를 잇는 무수히 많은 선 중에서 길이가 가장 짧은 선인 선분 AB의 길이

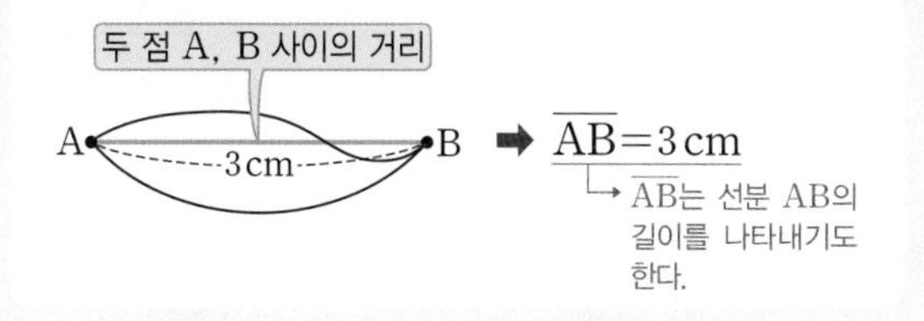

➡ $\overline{AB}=3\,cm$
↳ $\overline{AB}$는 선분 AB의 길이를 나타내기도 한다.

(2) **선분의 중점**: 선분 AB 위의 한 점 M에 대하여 $\overline{AM}=\overline{MB}$일 때, 점 M을 선분 AB의 중점이라고 한다.

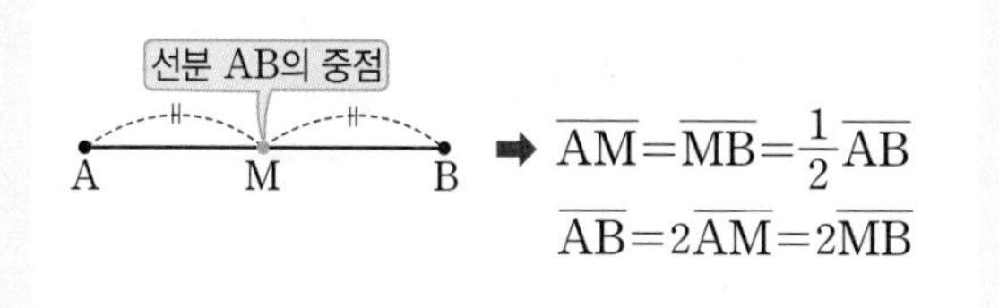

➡ $\overline{AM}=\overline{MB}=\frac{1}{2}\overline{AB}$
$\overline{AB}=2\overline{AM}=2\overline{MB}$

1 오른쪽 그림에서 다음을 구하시오.

(1) 두 점 B, D 사이의 거리 ________

(2) 두 점 A, B 사이의 거리 ________

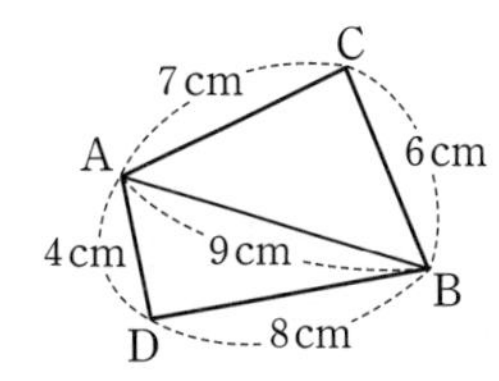

2 다음 그림에서 점 M이 $\overline{AB}$의 중점일 때, □ 안에 알맞은 수를 쓰시오.

(1)

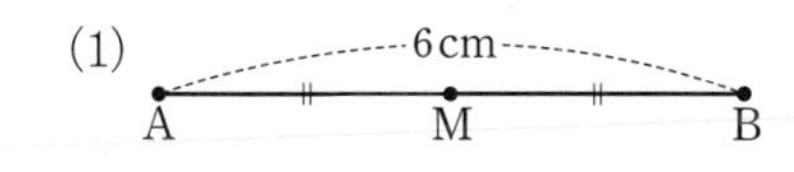

⇨ $\overline{AM}$의 길이는 $\overline{AB}$의 길이의 □배이므로

$\overline{AM}=$□$\overline{AB}=$□(cm)

(2)

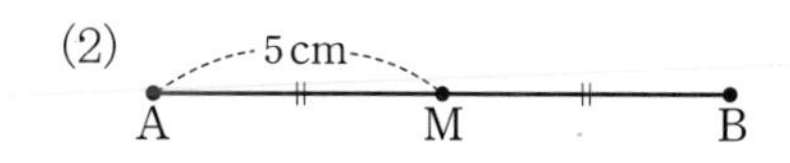

⇨ $\overline{AB}$의 길이는 $\overline{AM}$의 길이의 □배이므로

$\overline{AB}=$□$\overline{AM}=$□(cm)

3 오른쪽 그림에서 두 점 M, N이 각각 $\overline{AB}$, $\overline{AM}$의 중점일 때, 다음 □ 안에 알맞은 수를 쓰시오.

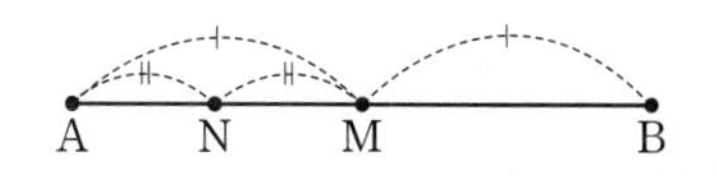

(1) $\overline{AM}=\overline{MB}=$□$\overline{AB}$

(2) $\overline{AN}=\overline{NM}=$□$\overline{AM}=$□$\overline{AB}$

(3) $\overline{AB}=$□$\overline{AM}=$□$\overline{AN}$

(4) $\overline{AN}=4\,cm$이면 $\overline{AM}=$□cm, $\overline{AB}=$□cm

4 오른쪽 그림에서 두 점 M, N이 각각 $\overline{AB}$, $\overline{BC}$의 중점일 때, 다음 물음에 답하시오.

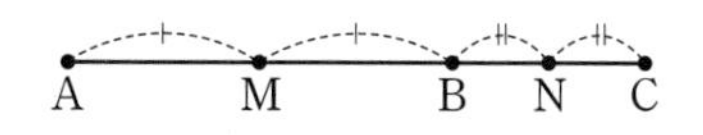

(1) $\overline{AC}$의 길이는 $\overline{MN}$의 길이의 몇 배인지 구하시오. ________

(2) $\overline{AC}=12\,cm$일 때, $\overline{MN}$의 길이를 구하시오. ________

유형 3 각

개념편 12쪽

(1) 각 AOB: 한 점 O에서 시작하는 두 반직선 OA, OB로 이루어진 도형

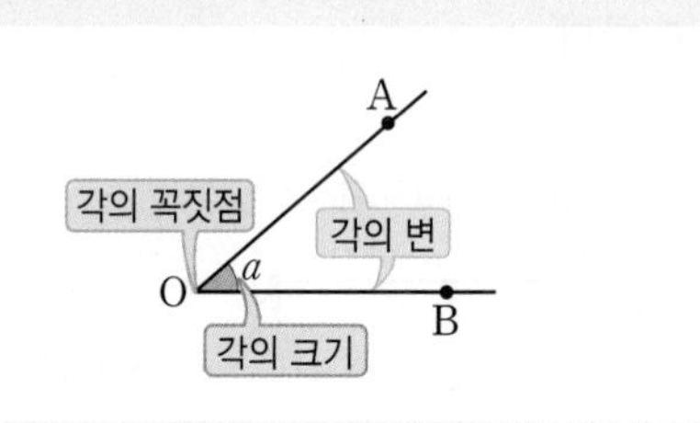

기호 $\angle AOB$, $\angle BOA$, $\angle O$, $\angle a$

➡ 각을 나타내기도 하고, 그 각의 크기를 나타내기도 한다.

참고 $\angle AOB$는 보통 크기가 작은 쪽의 각을 말한다.

(2) 각의 분류

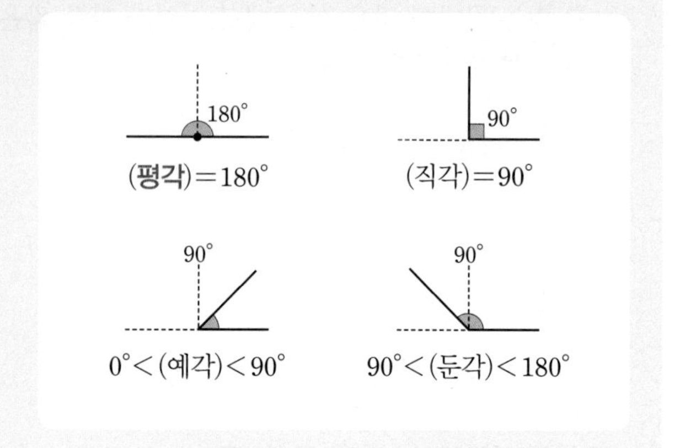

1 다음 각도가 예각이면 '예', 직각이면 '직', 둔각이면 '둔', 평각이면 '평'을 ( ) 안에 쓰시오.

(1) 80° ( )

(2) 110° ( )

(3) 55° ( )

(4) 90° ( )

(5) 180° ( )

(6) 30° ( )

(7) 150° ( )

2 다음 그림에서 $\angle x$의 크기를 구하려고 할 때, □ 안에 알맞은 수를 쓰시오.

(1)

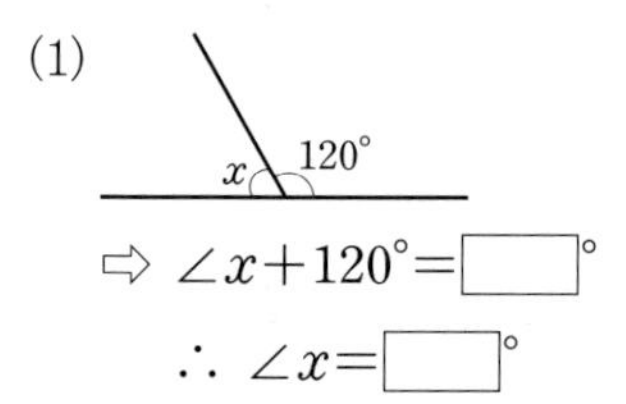

⇨ $\angle x+120°=$□°

∴ $\angle x=$□°

(2)

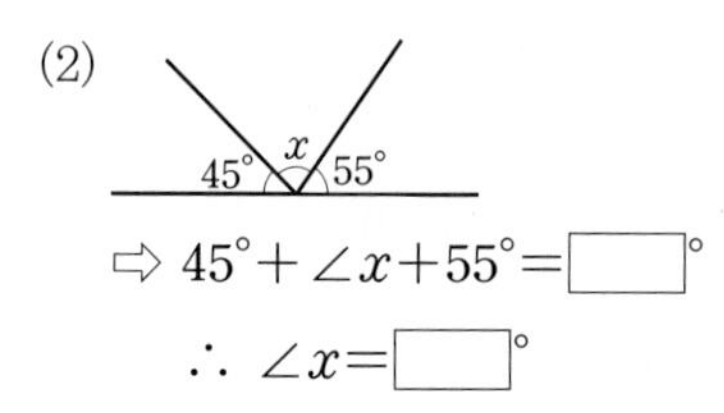

⇨ $45°+\angle x+55°=$□°

∴ $\angle x=$□°

3 다음 그림에서 $\angle x$의 크기를 구하시오.

(1)

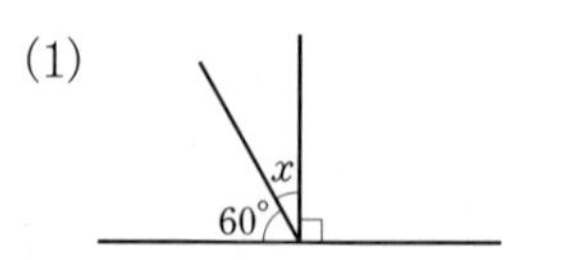

______

(2)

______

• 정답과 해설 13쪽

유형 4 맞꼭지각

개념편 13쪽

(1) **교각**: 두 직선이 한 점에서 만날 때 생기는 네 개의 각

(2) **맞꼭지각**: 교각 중에서 서로 마주 보는 각

(3) **맞꼭지각의 성질**: 맞꼭지각의 크기는 서로 같다.

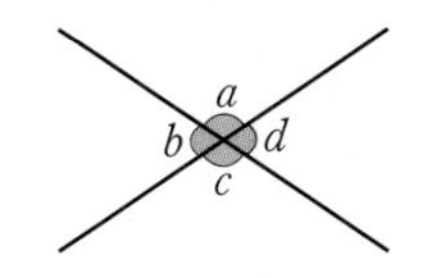

$\angle a=\angle c$, $\angle b=\angle d$

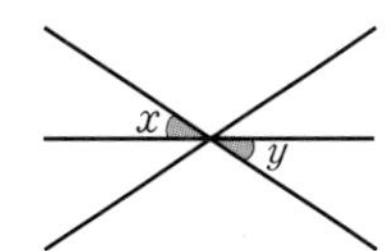

$\angle x=\angle y$

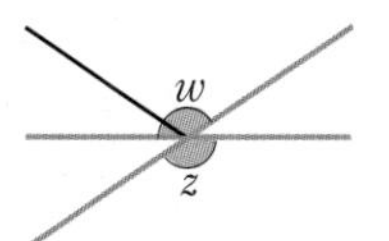

$\angle w=\angle z$

1 오른쪽 그림에서 다음 각의 맞꼭지각을 구하시오.

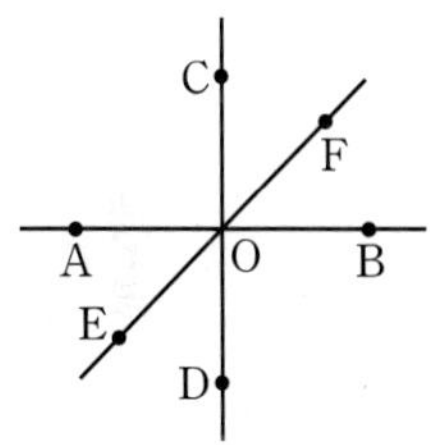

(1) $\angle$AOC ________ (2) $\angle$BOE ________

(3) $\angle$DOF ________ (4) $\angle$COF ________

(5) $\angle$AOD ________ (6) $\angle$AOE ________

2 다음 그림에서 $\angle x$, $\angle y$의 크기를 각각 구하려고 할 때, □ 안에 알맞은 것을 쓰시오.

(1)

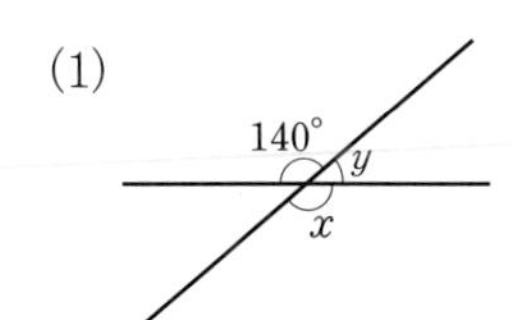

⇨ 맞꼭지각의 크기는 서로 같으므로

$\angle x=$□$°$

이때 $\angle x+\angle y=$□$°$이므로 $\angle y=$□$°$

(2)

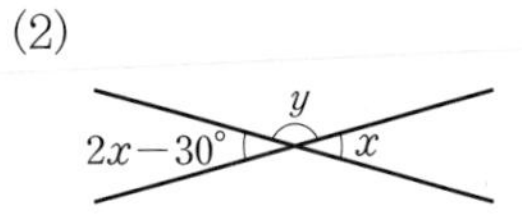

⇨ 맞꼭지각의 크기는 서로 같으므로

$2\angle x-30°=\angle$□ ∴ $\angle x=$□$°$

이때 $\angle x+\angle y=$□$°$이므로 $\angle y=$□$°$

3 다음 그림에서 x의 값을 구하시오.

(1)

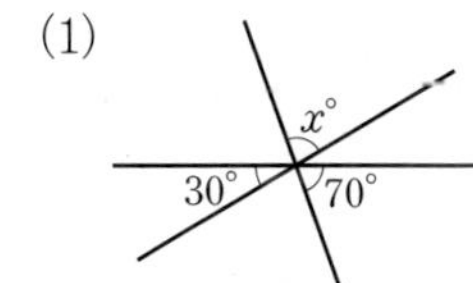

____

(2)

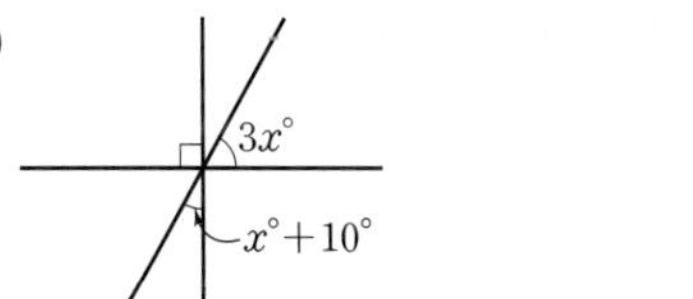

____

4 다음 그림에서 $\angle x$의 크기를 구하시오.

(1)

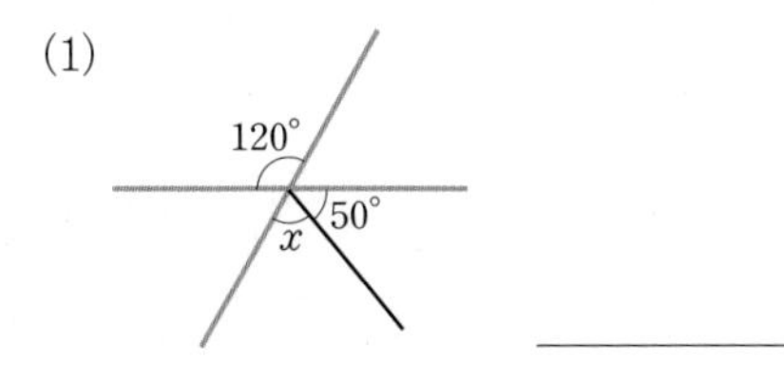

____

(2)

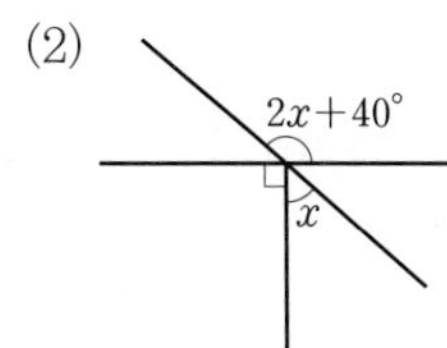

____

• 정답과 해설 13쪽

유형 5 직교, 수직이등분선, 수선의 발

개념편 14쪽

(1) 두 직선 l과 m이 **직교**한다. → 서로 수직이다.

➡ 두 직선의 교각이 직각이다. 기호 $l\perp m$

(2) 직선 l이 $\overline{AB}$의 **수직이등분선**이다.

➡ $l\perp\overline{AB}$, $\overline{AM}=\overline{MB}$

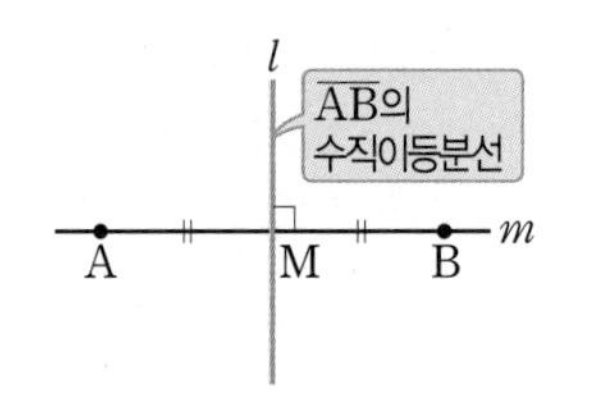

(3) 점 P에서 직선 l에 내린 **수선의 발**

➡ 점 P에서 직선 l에 수선을 그었을 때 생기는 교점 H

참고 (점 P와 직선 l 사이의 거리)$=\overline{PH}$

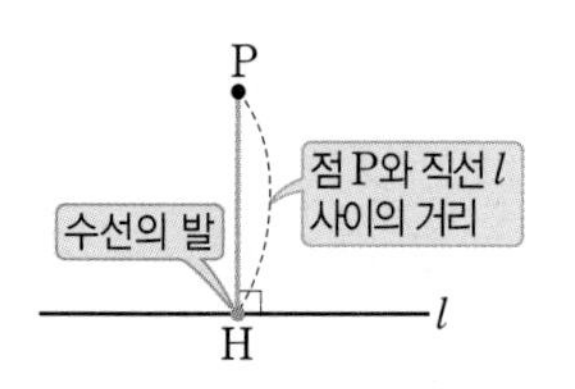

1 오른쪽 그림의 두 직선에 대하여 다음 물음에 답하시오.

(1) 직선 AB와 직교하는 직선을 구하시오. ________

(2) 점 B에서 직선 CD에 내린 수선의 발을 구하시오. ________

(3) 직선 AB와 직선 CD 사이의 관계를 기호로 나타내시오. ________

(4) 점 A와 직선 CD 사이의 거리를 나타내는 선분을 구하시오. ________

(5) 선분 CD의 수직이등분선을 구하시오. ________

[2~3] 주어진 그림에서 다음을 구하시오.

2

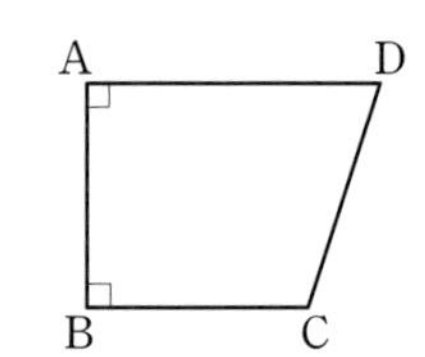

(1) 점 A에서 $\overline{BC}$에 내린 수선의 발 ________

(2) 점 D에서 $\overline{AB}$에 내린 수선의 발 ________

(3) 점 A와 $\overline{BC}$ 사이의 거리를 나타내는 선분 ________

3

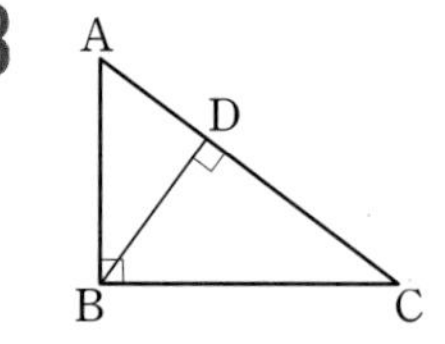

(1) 점 C에서 $\overline{AB}$에 내린 수선의 발 ________

(2) 점 B에서 $\overline{AC}$에 내린 수선의 발 ________

(3) 점 B와 $\overline{AC}$ 사이의 거리를 나타내는 선분 ________

4 오른쪽 그림에서 $\overline{PB}\perp l$이고 $\overline{PA}=13\,\text{cm}$, $\overline{PB}=6\,\text{cm}$, $\overline{PC}=10\,\text{cm}$일 때, 점 P와 직선 l 사이의 거리를 구하시오. ________

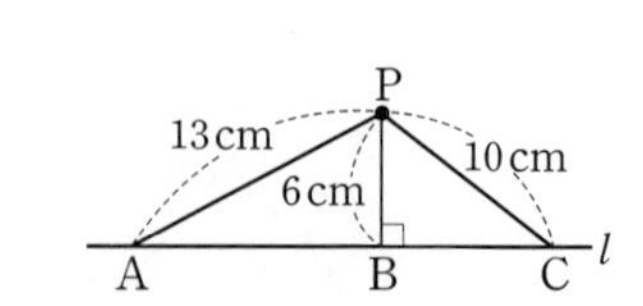

쌍둥이 기출문제

• 정답과 해설 13쪽

형광펜 들고 밑줄 쫙~

쌍둥이 01

1 다음 중 점, 선, 면에 대한 설명으로 옳지 <u>않은</u> 것은?

① 면은 무수히 많은 선으로 이루어져 있다.
② 한 점을 지나는 직선은 무수히 많다.
③ 서로 다른 두 점을 지나는 직선은 하나뿐이다.
④ 서로 다른 세 점이 있을 때, 이 세 점을 모두 지나는 직선은 항상 존재한다.
⑤ 서로 다른 두 점을 잇는 선 중에서 길이가 가장 짧은 것은 그 두 점을 잇는 선분이다.

2 다음 중 옳은 것은?

① 점이 움직인 자리는 면이 된다.
② 평면과 평면이 만나면 교점이 생긴다.
③ 교선은 곡선이 될 수도 있다.
④ 삼각기둥에서 교점의 개수는 모서리의 개수와 같다.
⑤ 점 A에서 점 B에 이르는 가장 짧은 거리는 $\overrightarrow{AB}$이다.

쌍둥이 02

3 오른쪽 그림의 오각뿔에서 교점의 개수를 a개, 교선의 개수를 b개라고 할 때, $a+b$의 값은?

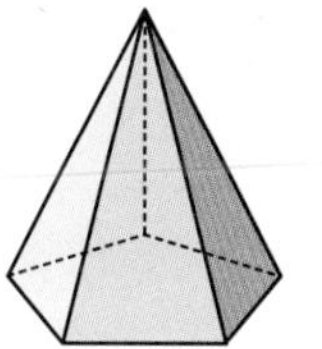

① 14 ② 15
③ 16 ④ 17
⑤ 18

4 오른쪽 그림의 육각기둥에서 교점의 개수를 x개, 교선의 개수를 y개라고 할 때, $y-x$의 값을 구하시오.

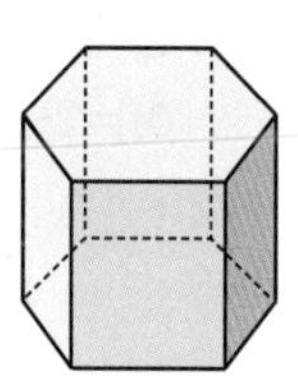

쌍둥이 03

5 다음 그림과 같이 직선 l 위에 세 점 A, B, C가 있을 때, 반직선 AC와 같은 반직선은?

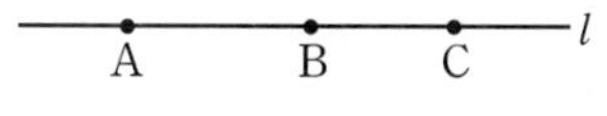

① $\overrightarrow{AB}$ ② $\overrightarrow{BC}$ ③ $\overrightarrow{BA}$
④ $\overrightarrow{CA}$ ⑤ $\overrightarrow{CB}$

6 아래 그림과 같이 직선 l 위에 네 점 A, B, C, D가 있을 때, 다음 중 옳지 <u>않은</u> 것은?

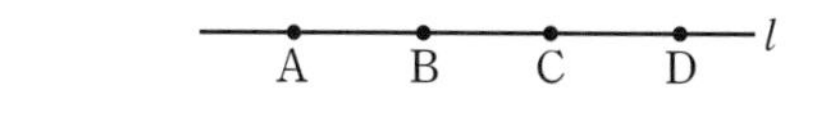

① $\overline{AB}=\overline{BA}$ ② $\overrightarrow{BC}=\overrightarrow{BD}$
③ $\overrightarrow{CA}=\overrightarrow{CD}$ ④ $\overleftrightarrow{BC}=\overleftrightarrow{AB}$
⑤ $\overleftrightarrow{CD}=\overleftrightarrow{DC}$

쌍둥이 기출문제

쌍둥이 04

7 오른쪽 그림과 같이 한 직선 위에 있지 않은 세 점 A, B, C에 대하여 다음을 구하시오.

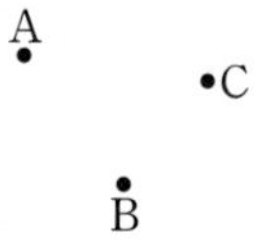

(1) 두 점을 이은 서로 다른 직선의 개수

(2) 두 점을 이은 서로 다른 반직선의 개수

8 오른쪽 그림과 같이 어느 세 점도 한 직선 위에 있지 않은 네 점 A, B, C, D에 대하여 다음을 구하시오.

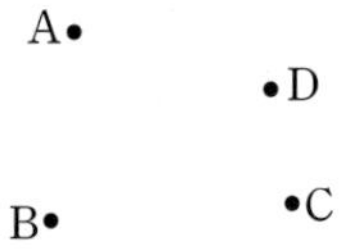

(1) 두 점을 이은 서로 다른 선분의 개수

(2) 두 점을 이은 서로 다른 반직선의 개수

쌍둥이 05

9 다음 그림에서 두 점 M, N이 각각 $\overline{AB}$, $\overline{BC}$의 중점이고 $\overline{AB}=12\,\text{cm}$, $\overline{MN}=10\,\text{cm}$일 때, $\overline{BC}$의 길이는?

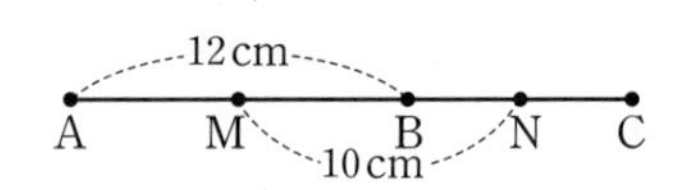

① 7 cm ② 8 cm ③ 9 cm
④ 10 cm ⑤ 11 cm

10 서술형

다음 그림에서 두 점 M, N이 각각 $\overline{AB}$, $\overline{BC}$의 중점이고 $\overline{MN}=15\,\text{cm}$일 때, $\overline{AC}$의 길이를 구하시오.

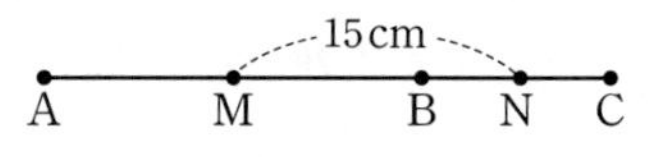

풀이 과정

답

쌍둥이 06

11 오른쪽 그림에서 $\angle x$의 크기는?

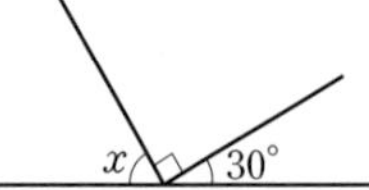

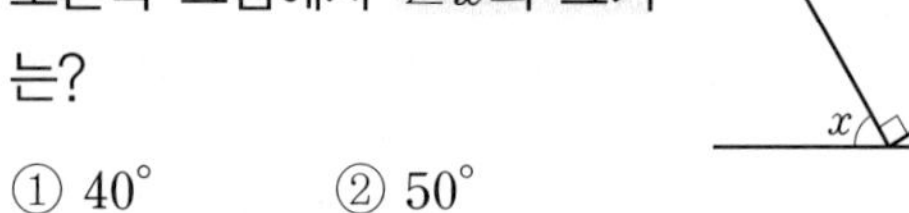

① 40° ② 50°
③ 60° ④ 70°
⑤ 80°

12 오른쪽 그림에서 $\angle COE=\angle DOB=90^\circ$, $\angle BOE=50^\circ$일 때, $\angle x$의 크기를 구하시오.

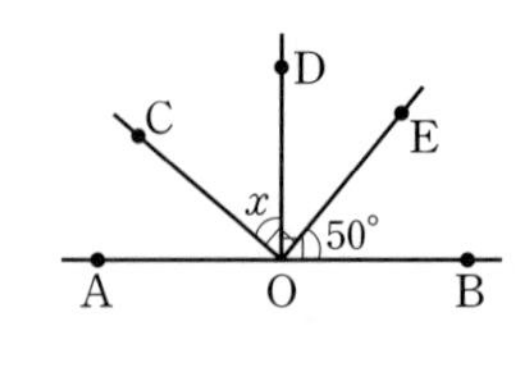

쌍둥이 07

13 오른쪽 그림에서 $\angle a$, $\angle b$의 크기를 각각 구하시오.

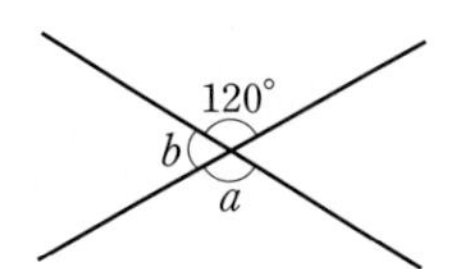

14 오른쪽 그림에서 x의 값은?

① 10　② 20　③ 30　④ 40　⑤ 50

쌍둥이 08

15 오른쪽 그림에서 $\angle x$의 크기는?

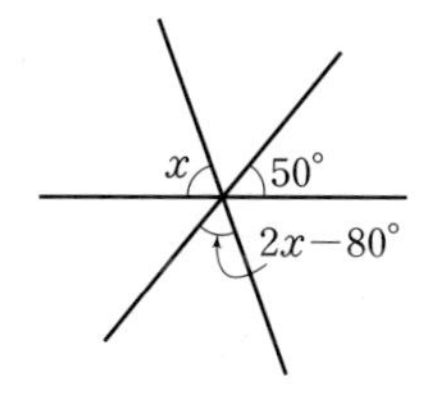

① 50°　② 60°　③ 70°　④ 80°　⑤ 90°

16 오른쪽 그림에서 x의 값을 구하시오.

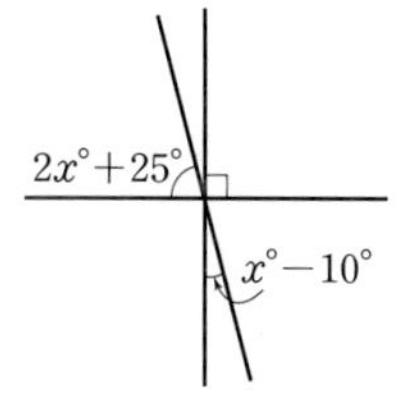

쌍둥이 09

17 다음 중 오른쪽 그림의 직사각형에 대한 설명으로 옳은 것을 모두 고르면? (정답 2개)

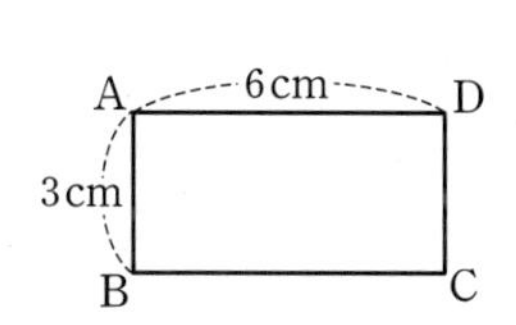

① $\overline{AB}$와 $\overline{BC}$는 직교한다.
② $\overline{BC}$는 $\overline{AD}$의 수선이다.
③ $\overline{AD}$와 $\overline{CD}$의 교점은 점 C이다.
④ 점 D에서 $\overline{AB}$에 내린 수선의 발은 점 B이다.
⑤ 점 A와 $\overline{BC}$ 사이의 거리는 3 cm이다.

18 다음 중 오른쪽 그림의 사다리꼴에 대한 설명으로 옳지 않은 것은?

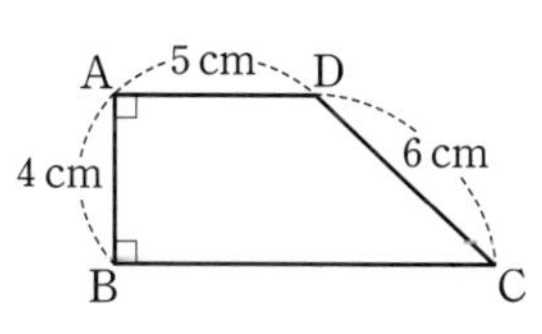

① $\overline{AB}\perp\overline{BC}$이다.
② 점 A와 $\overline{BC}$ 사이의 거리는 4 cm이다.
③ 점 C에서 $\overline{AB}$에 내린 수선의 발은 점 B이다.
④ 점 D와 $\overline{BC}$ 사이의 거리는 6 cm이다.
⑤ $\overline{AD}$의 수선은 $\overline{AB}$이다.

1. 기본 도형

02 점, 직선, 평면의 위치 관계

유형 6 점과 직선(평면)의 위치 관계 / 두 직선의 위치 관계

개념편 16~18쪽

(1) 점과 직선의 위치 관계

① 점이 직선 위에 있다.
↳ 직선이 점을 지난다.

② 점이 직선 위에 있지 않다.
↳ 점이 직선 밖에 있다.

(2) 점과 평면의 위치 관계

① 점이 평면 위에 있다.
↳ 평면이 점을 포함한다.

② 점이 평면 위에 있지 않다.
↳ 점이 평면 밖에 있다.

(3) 두 직선의 위치 관계

평면에서 두 직선의 위치 관계

① 한 점에서 만난다.

② 일치한다.

③ 평행하다. $l \,/\!/\, m$

공간에서 두 직선의 위치 관계

④ **꼬인 위치**에 있다. → 서로 만나지도 않고 평행하지도 않다.

1 오른쪽 그림에서 다음을 모두 구하시오.

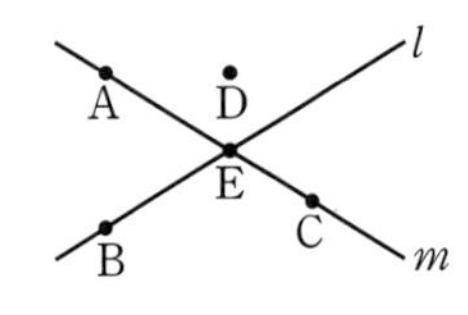

(1) 직선 l 위에 있는 점 ______

(2) 직선 m 위에 있는 점 ______

(3) 직선 l 위에 있지 않은 점 ______

(4) 두 직선 l, m 중 어느 직선 위에도 있지 않은 점 ______

2 오른쪽 그림의 삼각기둥에서 다음을 모두 구하시오.

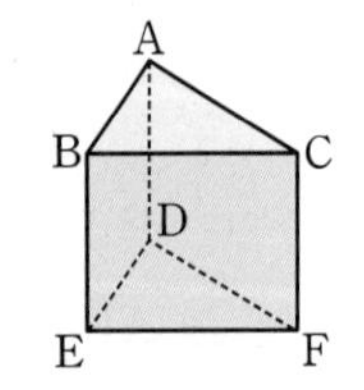

(1) 모서리 AB 위에 있는 꼭짓점 ______

(2) 모서리 EF 밖에 있는 꼭짓점 ______

(3) 꼭짓점 C를 지나는 모서리 ______

(4) 면 BEFC 밖에 있는 꼭짓점 ______

3 오른쪽 그림의 직육면체에서 다음을 모두 구하시오.

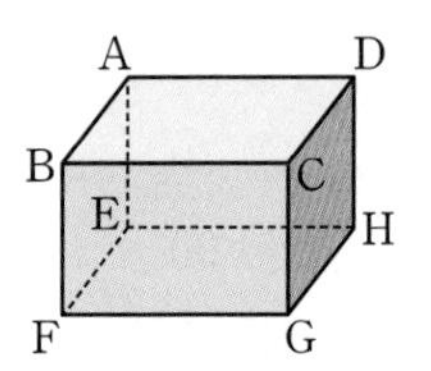

(1) 모서리 BC와 한 점에서 만나는 모서리 ______

(2) 모서리 BC와 평행한 모서리 ______

(3) 모서리 BC와 꼬인 위치에 있는 모서리 ______

4 오른쪽 그림의 삼각뿔에서 다음을 구하시오.

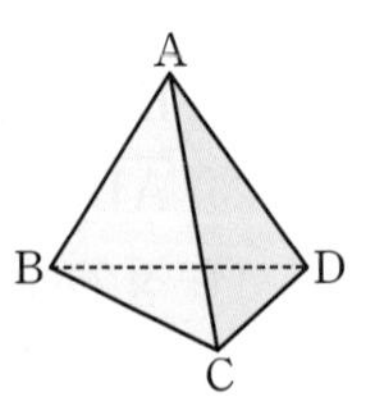

(1) 모서리 AB와 꼬인 위치에 있는 모서리 ______

(2) 모서리 AC와 꼬인 위치에 있는 모서리

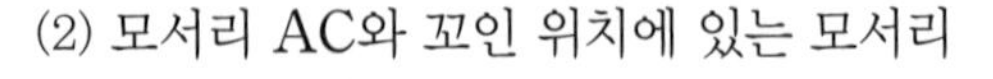

(3) 모서리 AD와 꼬인 위치에 있는 모서리 ______

유형 7 직선과 평면의 위치 관계 / 두 평면의 위치 관계

개념편 19~20쪽

(1) 공간에서 직선과 평면의 위치 관계

① 한 점에서 만난다. ② 포함된다. ③ 평행하다.

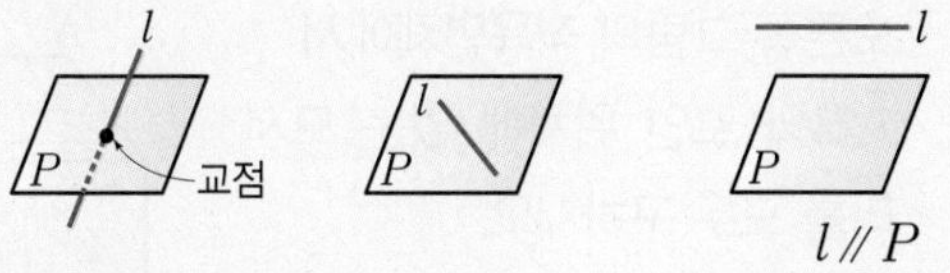

l, P, 교점 / l, P / l, P, $l /\!/ P$

(2) 직선과 평면의 수직

직선 l과 평면 P의 교점 H를 지나는 평면 P 위의 모든 직선이 직선 l과 수직이면

➡ $l \perp P$

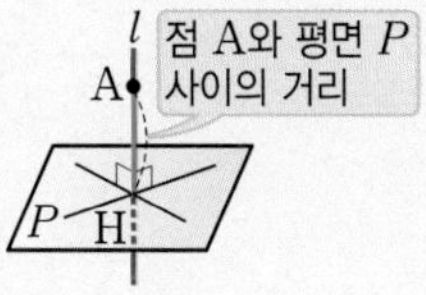

l, A, 점 A와 평면 P 사이의 거리, P, H

(3) 공간에서 두 평면의 위치 관계

① 한 직선에서 만난다. ② 일치한다. ③ 평행하다.

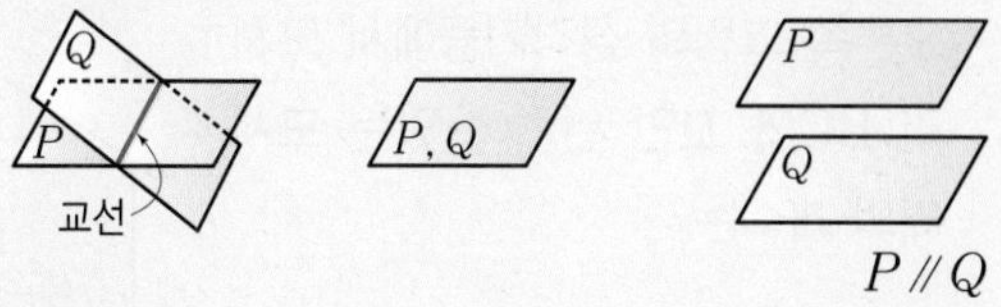

Q, P, 교선 / P, Q / P, Q, $P /\!/ Q$

(4) 두 평면의 수직

평면 P가 평면 Q와 수직인 직선 l을 포함하면

➡ $P \perp Q$

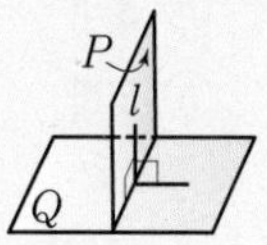

P, l, Q

1 오른쪽 그림의 직육면체에서 다음을 모두 구하시오.

A, D, B, C, E, H, F, G

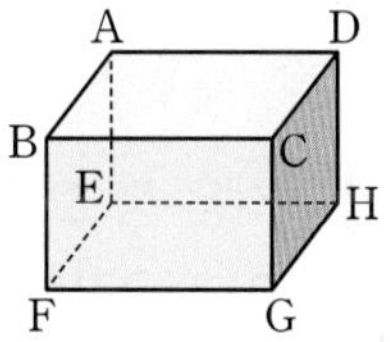

(1) 모서리 AD를 포함하는 면 ____________

(2) 모서리 AD와 수직인 면 ____________

(3) 모서리 AD와 평행한 면 ____________

2 오른쪽 그림의 직육면체에서 다음을 모두 구하시오.

A, D, B, C, E, H, F, G

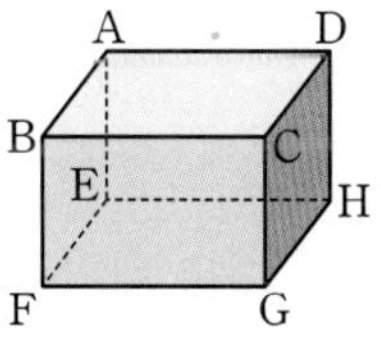

(1) 면 EFGH와 평행한 모서리 ____________

(2) 면 ABCD와 한 점에서 만나는 모서리 ____________

(3) 면 BFGC와 수직인 모서리 ____________

(4) 면 ABCD에 포함되는 모서리 ____________

3 오른쪽 그림의 직육면체에서 다음을 모두 구하시오.

A, D, B, C, E, H, F, G

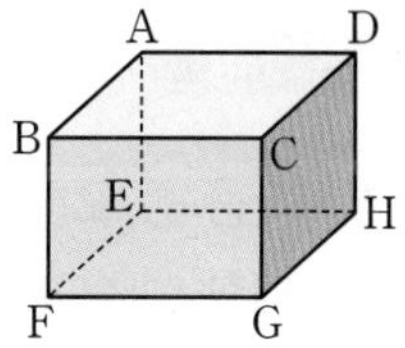

(1) 면 ABCD와 면 BFGC의 교선 ____________

(2) 면 BFGC와 한 모서리에서 만나는 면 ____________

(3) 면 CGHD와 수직인 면 ____________

(4) 면 AEHD와 평행한 면 ____________

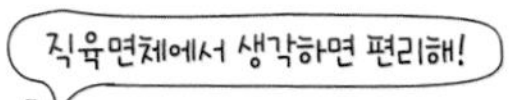

직육면체에서 생각하면 편리해!

4 다음 중 공간에서 서로 다른 두 직선 l, m과 서로 다른 세 평면 P, Q, R에 대한 설명으로 옳은 것은 ○표, 옳지 않은 것은 ×표를 ( ) 안에 쓰시오.

(1) $l /\!/ P$, $m /\!/ P$이면 $l /\!/ m$이다. ( )

(2) $l \perp P$, $m \perp P$이면 $l /\!/ m$이다. ( )

(3) $P \perp Q$, $P \perp R$이면 $Q \perp R$이다. ( )

쌍둥이 기출문제

● 정답과 해설 15쪽

형광펜 들고 밑줄 쫙~

쌍둥이 01

1 오른쪽 그림의 삼각기둥에서 모서리 BC와 꼬인 위치에 있는 모서리의 개수는?

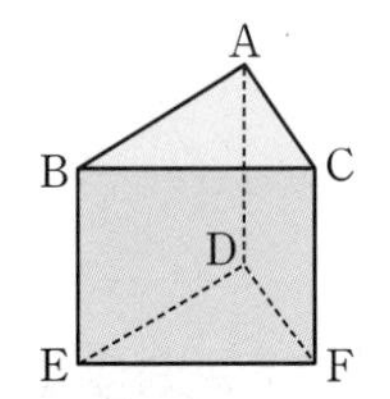

① 1개 ② 2개
③ 3개 ④ 4개
⑤ 5개

2 오른쪽 그림의 직육면체에서 $\overline{AB}$와 꼬인 위치에 있는 모서리를 모두 구하시오.

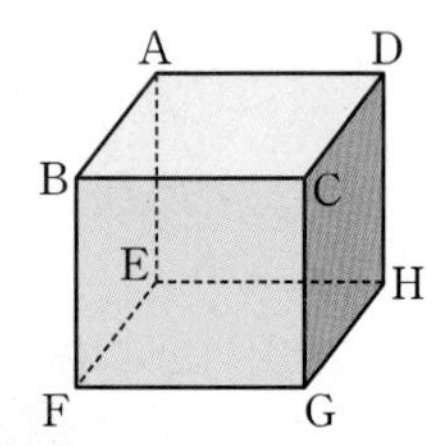

쌍둥이 02

3 다음 중 오른쪽 그림의 삼각기둥에 대한 설명으로 옳지 않은 것은?

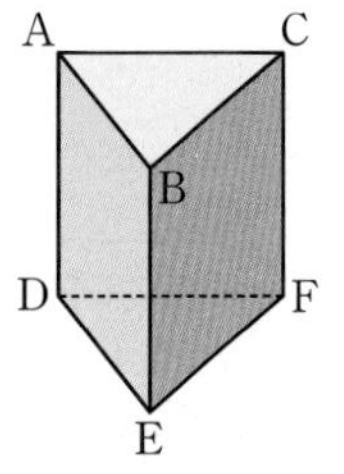

① $\overline{AB} /\!/ \overline{DE}$이다.
② $\overline{AC} \perp \overline{AD}$이다.
③ 면 DEF와 평행한 모서리는 3개이다.
④ 면 ABC와 수직인 면은 3개이다.
⑤ 모서리 AD와 꼬인 위치에 있는 모서리는 3개이다.

4 다음 중 오른쪽 그림과 같이 밑면이 정오각형인 오각기둥에 대한 설명으로 옳은 것은?

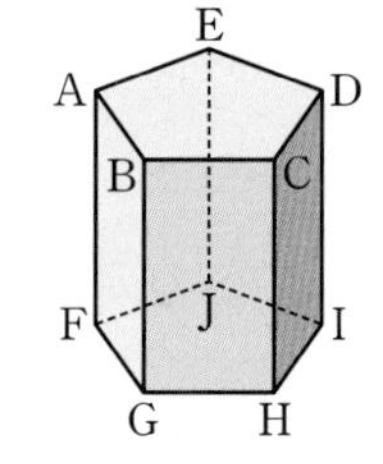

① $\overline{AB}$와 수직인 모서리는 4개이다.
② $\overleftrightarrow{AB}$와 $\overleftrightarrow{CD}$는 꼬인 위치에 있다.
③ $\overline{BG}$와 평행한 면은 1개이다.
④ 면 BGHC와 수직인 면은 4개이다.
⑤ 면 ABCDE와 $\overline{CH}$는 수직이다.

쌍둥이 03

5 다음 중 공간에서 위치 관계에 대한 설명으로 옳은 것은?

① 한 평면에 평행한 서로 다른 두 직선은 수직이다.
② 한 평면에 평행한 서로 다른 두 평면은 평행하다.
③ 한 평면에 수직인 서로 다른 두 평면은 평행하다.
④ 한 직선에 수직인 서로 다른 두 직선은 평행하다.
⑤ 한 직선에 평행한 서로 다른 두 평면은 평행하다.

6 다음 보기 중 공간에서 서로 다른 세 직선 l, m, n과 서로 다른 세 평면 P, Q, R에 대한 설명으로 옳은 것을 모두 고르시오.

보기
ㄱ. 두 직선 l과 m이 만나지 않으면 $l /\!/ m$이다.
ㄴ. $l \perp P$, $l \perp Q$이면 $P /\!/ Q$이다.
ㄷ. $P /\!/ Q$, $P \perp R$이면 $Q \perp R$이다.
ㄹ. $l /\!/ m$, $l /\!/ n$이면 $m \perp n$이다.

• 정답과 해설 16쪽

동위각과 엇각

유형 8 동위각과 엇각 / 평행선의 성질

개념편 24~25쪽

한 평면 위의 서로 다른 두 직선 l, m이 다른 한 직선 n과 만날 때

(1)

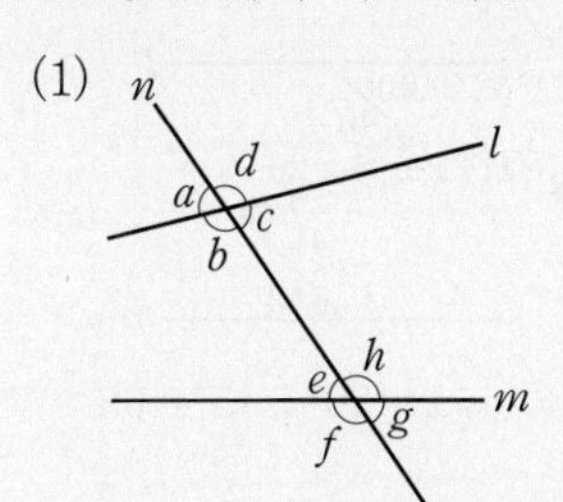

① 동위각

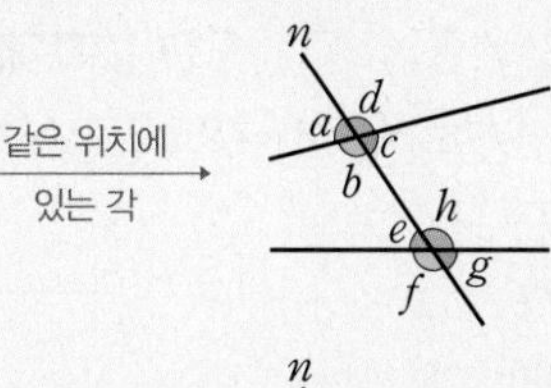

→ $\angle a$와 $\angle e$, $\angle b$와 $\angle f$, $\angle c$와 $\angle g$, $\angle d$와 $\angle h$

② 엇각

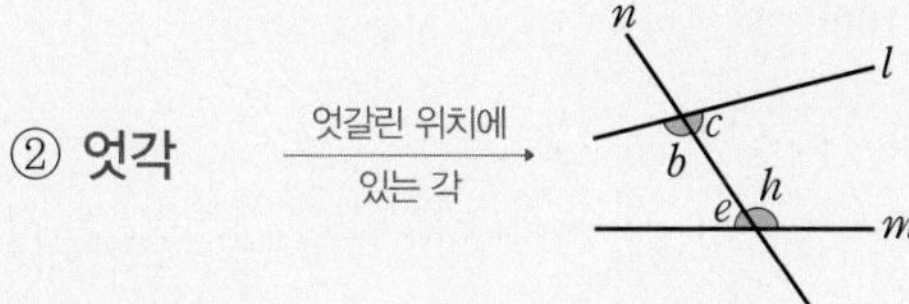

→ $\angle b$와 $\angle h$, $\angle c$와 $\angle e$

↳ 엇각은 두 직선 l, m 사이에 있는 각에 대해서만 생각한다.

(2) 평행선의 성질: 두 직선이 평행하면

① 동위각의 크기는 서로 같다.

② 엇각의 크기는 서로 같다.

1 오른쪽 그림과 같이 세 직선이 만날 때, 다음 □ 안에 알맞은 것을 쓰시오.

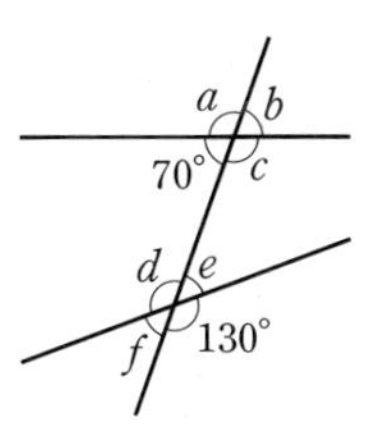

(1) $\angle a$의 동위각: $\angle d=$□°

(2) $\angle b$의 동위각: $\angle$□$=$□°

(3) $\angle d$의 엇각: $\angle$□$=$□°

(4) $\angle e$의 엇각: □°

[2~3] 다음 그림에서 $l /\!/ m$일 때, 8개의 각 $\angle a\sim\angle h$의 크기를 각각 구하시오.

2

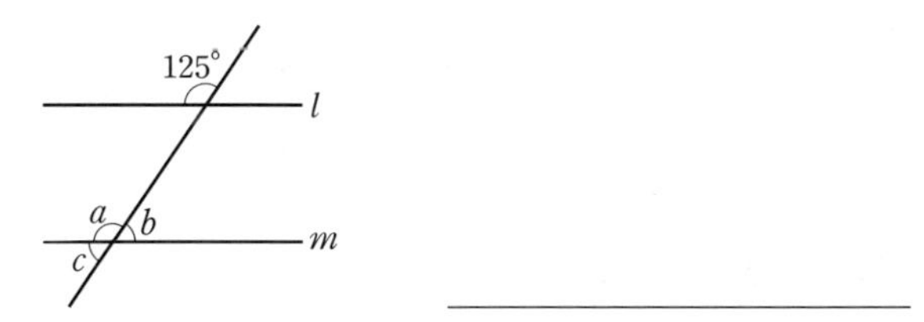

3

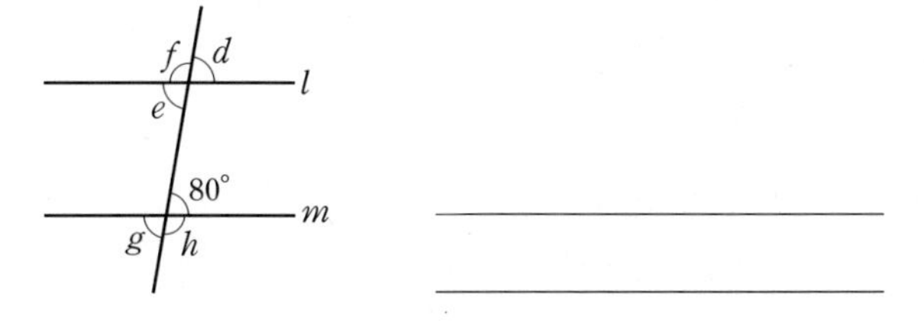

[4~6] 다음 그림에서 $l /\!/ m$, $p /\!/ q$일 때, $\angle x$, $\angle y$, $\angle z$의 크기를 각각 구하시오.

4

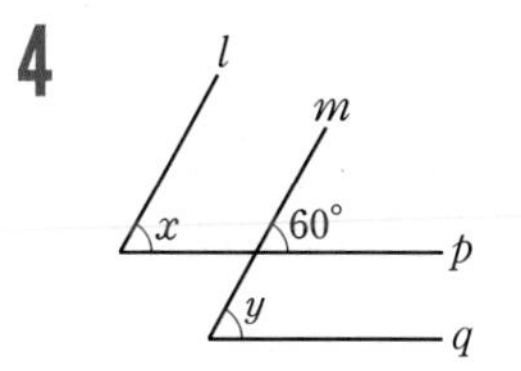

5

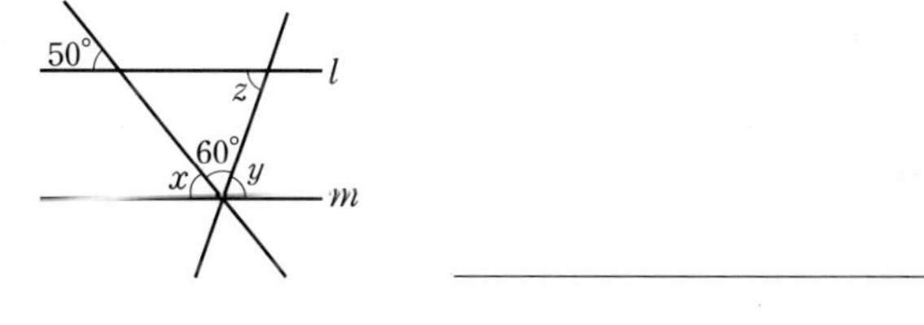

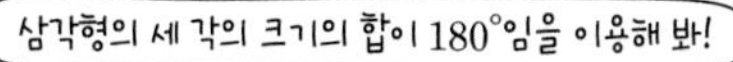

삼각형의 세 각의 크기의 합이 180°임을 이용해 봐!

6

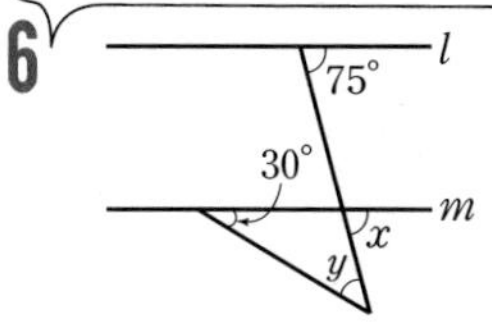

유형 9 평행선에서 보조선을 그어 각의 크기 구하기

개념편 25쪽

$l /\!/ m$이고 꺾인 점이 있으면 그 점을 지나면서 두 직선 l, m에 평행한 보조선을 그어 각의 크기를 구한다.

(1) 보조선을 1개 긋는 경우

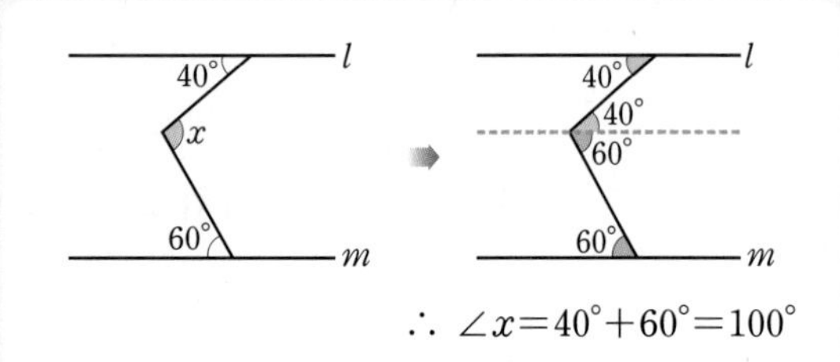

$\therefore\ \angle x = 40° + 60° = 100°$

(2) 보조선을 2개 긋는 경우

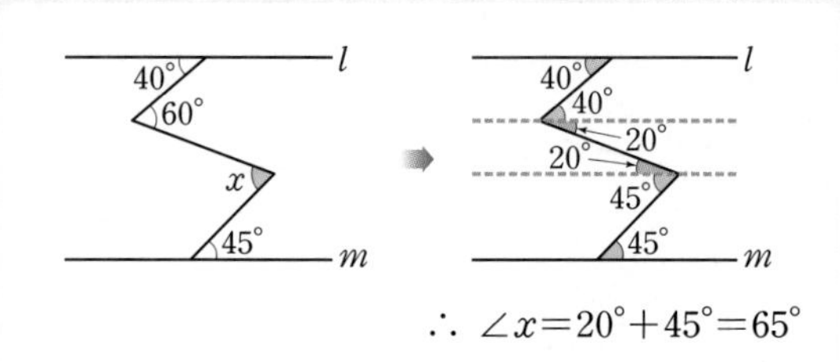

$\therefore\ \angle x = 20° + 45° = 65°$

[1~4] 다음 그림에서 $l /\!/ m$일 때, $\angle x$의 크기를 구하시오.

1

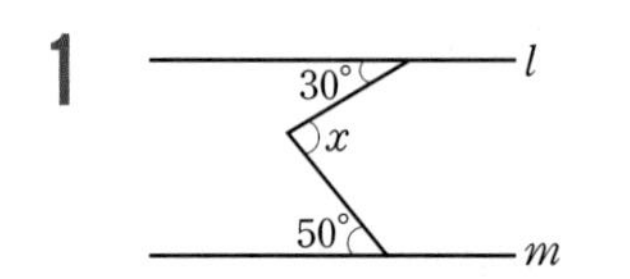

2

60°, x, 40°

3

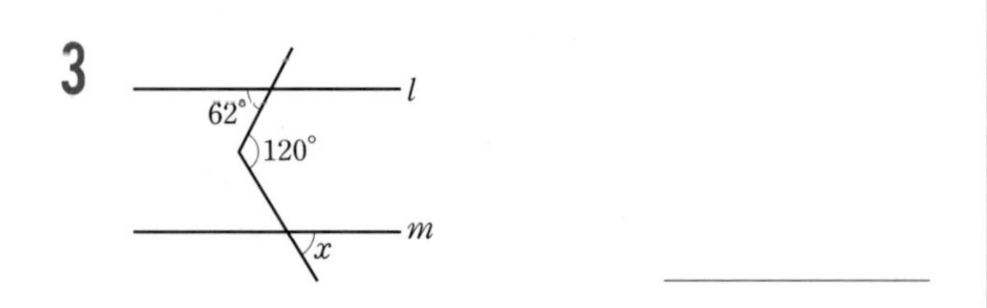

4

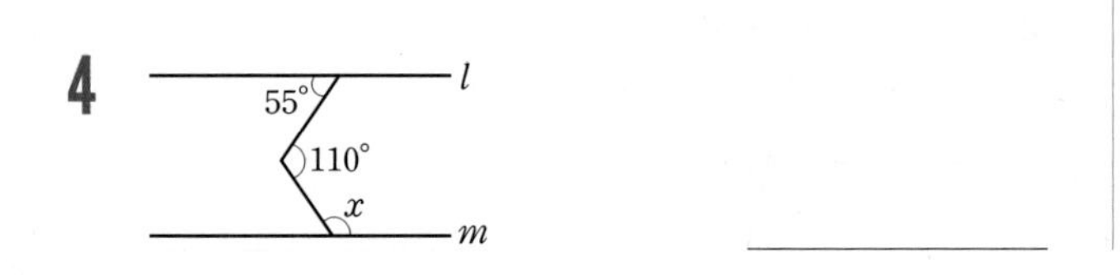

[5~8] 다음 그림에서 $l /\!/ m$일 때, $\angle x$의 크기를 구하시오.

5

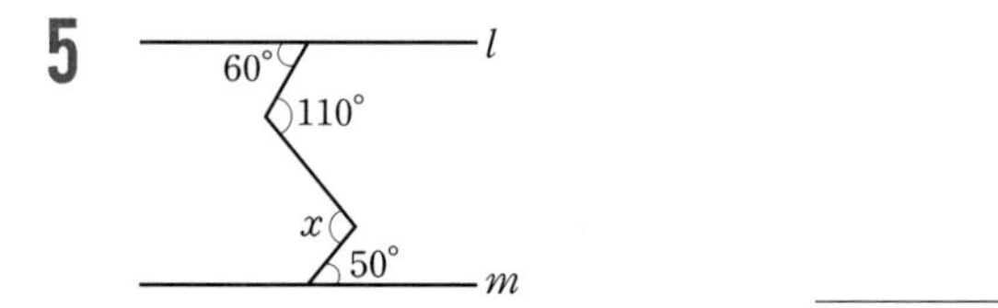

6

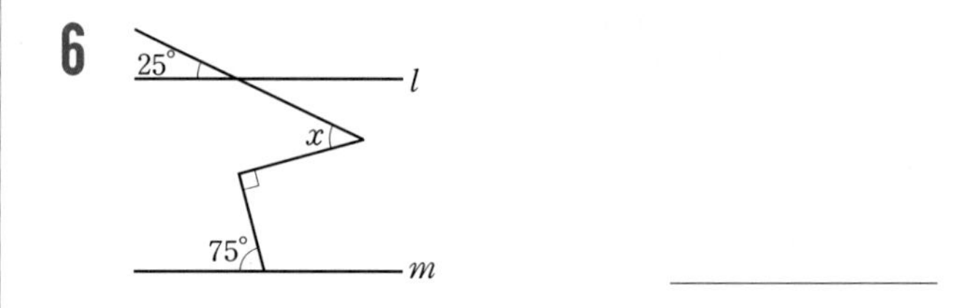

7

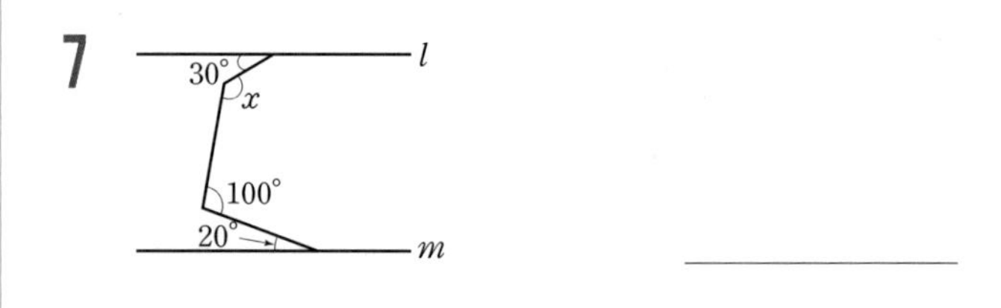

8

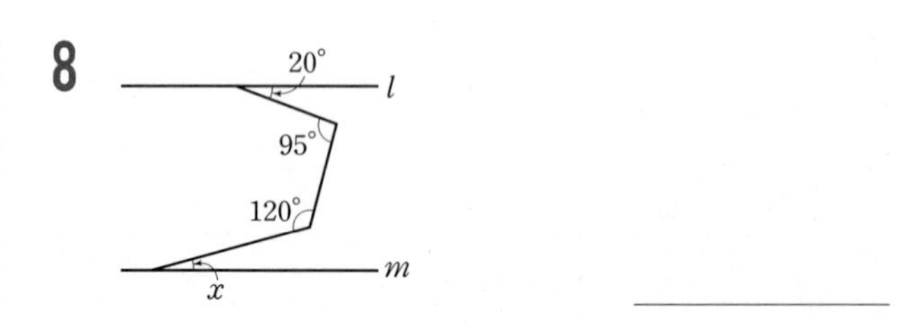

유형10 평행선이 되기 위한 조건

개념편 26쪽

서로 다른 두 직선이 다른 한 직선과 만날 때

(1) 동위각의 크기가 같으면 두 직선은 평행하다.

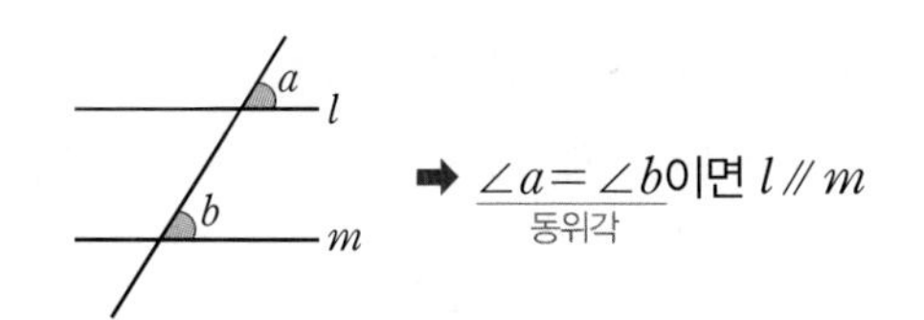

(2) 엇각의 크기가 같으면 두 직선은 평행하다.

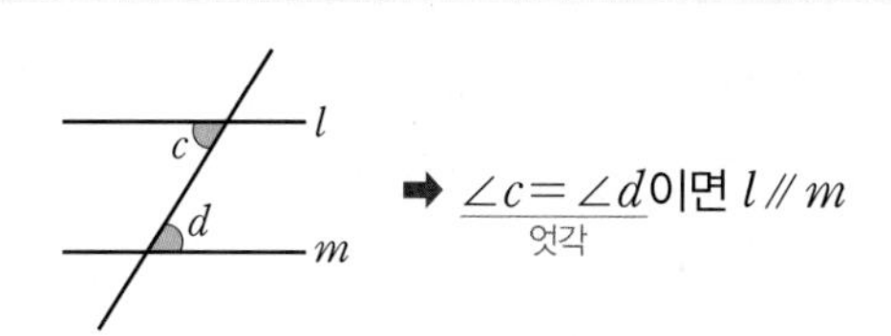

1 다음 그림에서 $\angle x$의 크기를 구하고, 두 직선 l, m이 평행한지 평행하지 않은지 말하시오.

(1)

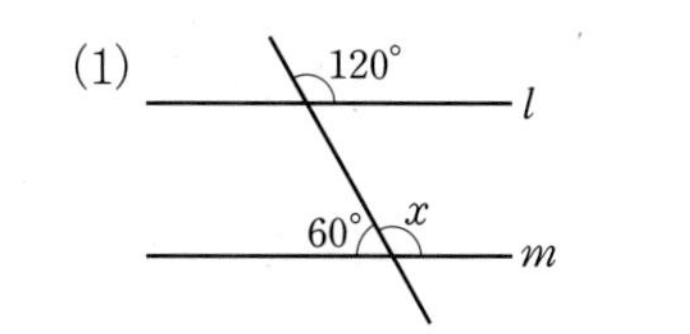

(2) 120°, 70°, x, l, m

(3)

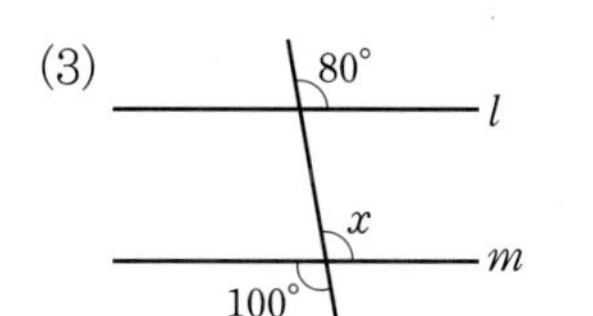

(4)

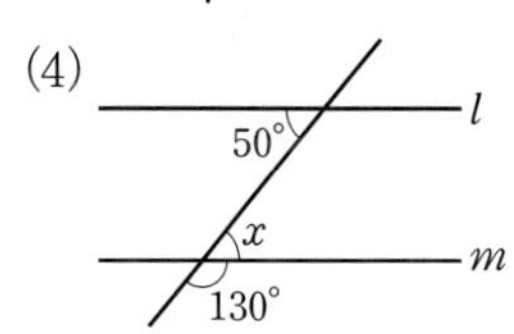

2 다음 보기 중 두 직선 l, m이 평행한 것을 모두 고르시오.

보기

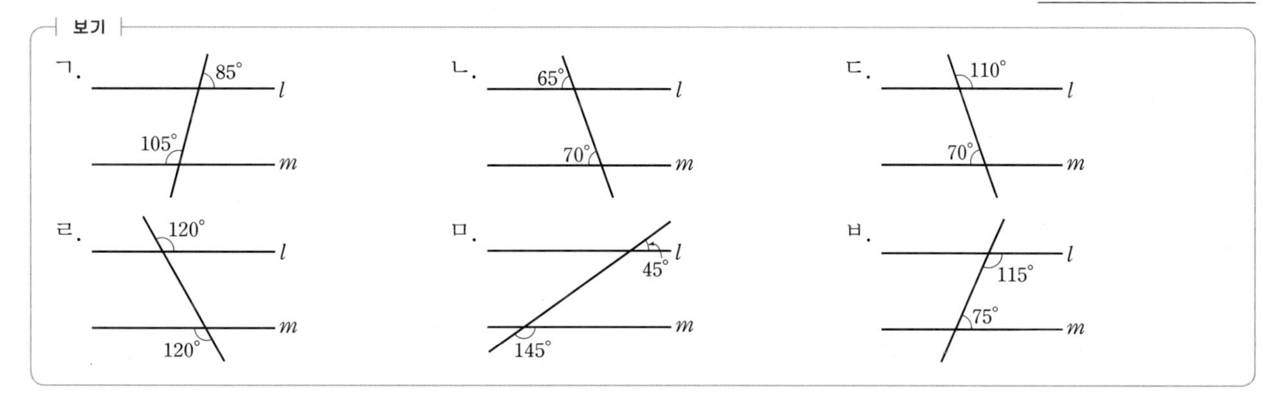

3 다음 중 오른쪽 그림에 대한 설명으로 옳은 것은 ○표, 옳지 않은 것은 ×표를 ( ) 안에 쓰시오.

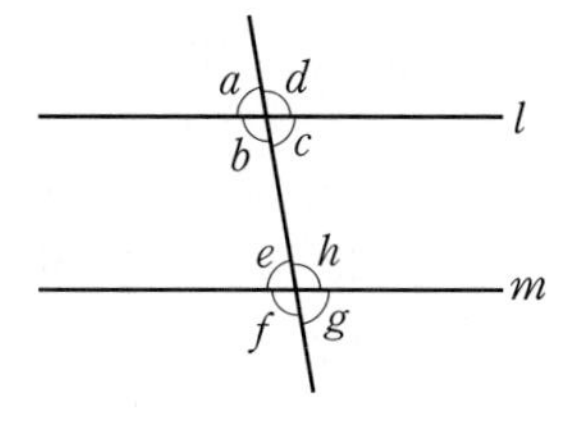

(1) $l /\!/ m$이면 $\angle a=\angle e$이다. ( )

(2) $\angle c=\angle f$이면 $l /\!/ m$이다. ( )

(3) $l /\!/ m$이면 $\angle b=\angle g$이다. ( )

(4) $\angle c=\angle e$이면 $l /\!/ m$이다. ( )

쌍둥이 기출문제

형광펜 들고 밑줄 쫙~

쌍둥이 01

1 오른쪽 그림과 같이 세 직선 l, m, n이 만날 때, 다음 중 옳은 것은?

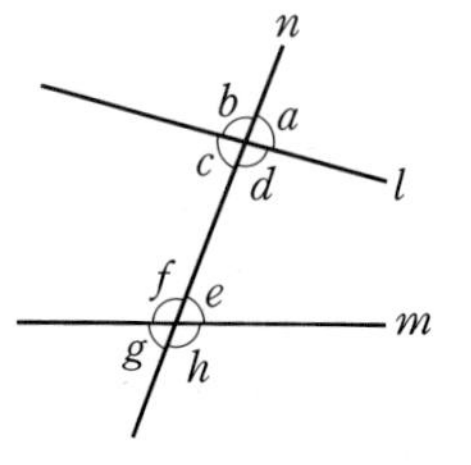

① $\angle a$의 맞꼭지각은 $\angle d$이다.
② $\angle b$의 동위각은 $\angle h$이다.
③ $\angle d$의 엇각은 $\angle g$이다.
④ $\angle e$의 엇각은 $\angle c$이다.
⑤ $\angle g$의 동위각은 $\angle b$이다.

2 오른쪽 그림과 같이 세 직선 l, m, n이 만날 때, 다음 중 옳지 않은 것은?

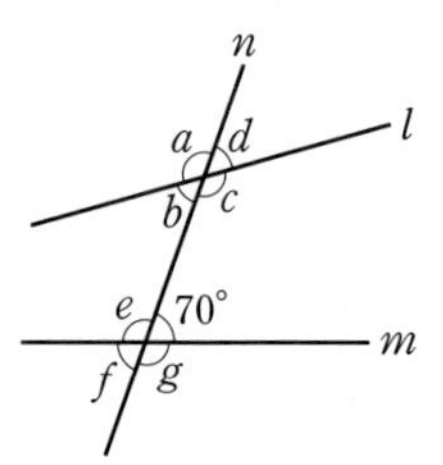

① $\angle a$의 동위각의 크기는 $110°$이다.
② $\angle b$의 엇각의 크기는 $70°$이다.
③ $\angle c$의 엇각의 크기는 $70°$이다.
④ 두 직선 l, m이 평행하면 $\angle c$와 $\angle g$의 크기는 같다.
⑤ $\angle c=110°$이면 두 직선 l, m은 평행하다.

쌍둥이 02

3 오른쪽 그림에서 $l /\!/ m$일 때, $\angle x+\angle y$의 크기는?

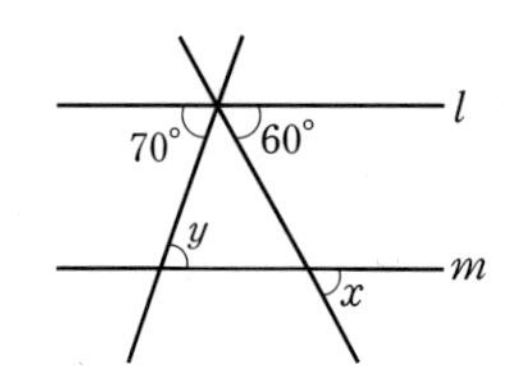

① $100°$ ② $120°$
③ $130°$ ④ $150°$
⑤ $180°$

4 오른쪽 그림에서 $l /\!/ m$일 때, $\angle x-\angle y$의 크기를 구하시오.

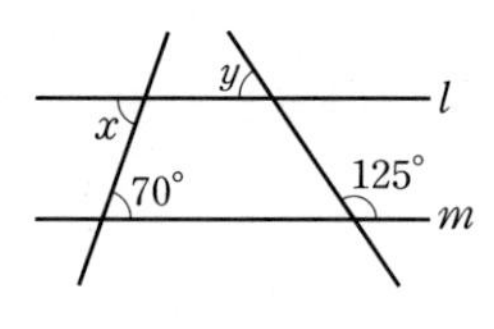

쌍둥이 03

5 오른쪽 그림에서 $l /\!/ m$일 때, $\angle x$의 크기는?

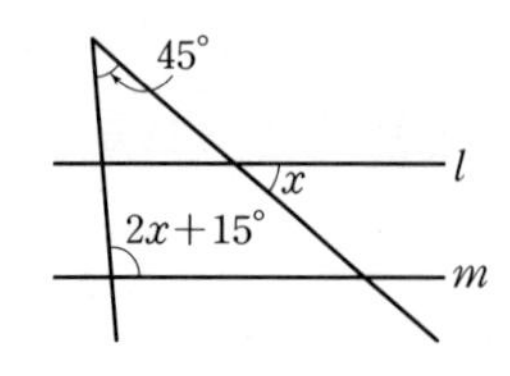

① $25°$ ② $30°$
③ $35°$ ④ $40°$
⑤ $45°$

6 오른쪽 그림에서 $l /\!/ m$일 때, $\angle x$의 크기는?

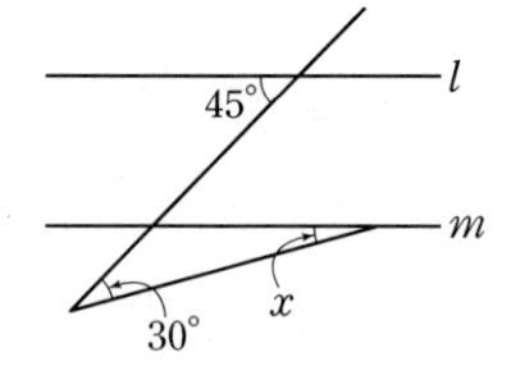

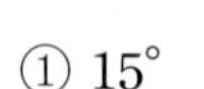

① $15°$ ② $17°$
③ $20°$ ④ $23°$
⑤ $25°$

쌍둥이 04

7 오른쪽 그림에서 $l /\!/ m$일 때, $\angle x$의 크기를 구하시오.

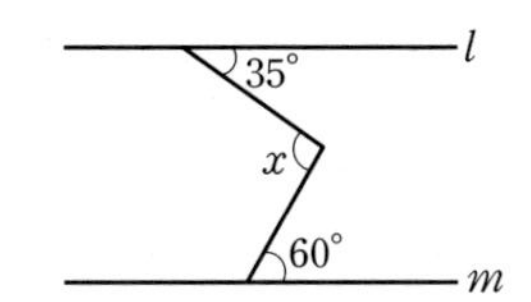

8 오른쪽 그림에서 $l /\!/ m$일 때, $\angle x$의 크기를 구하시오.

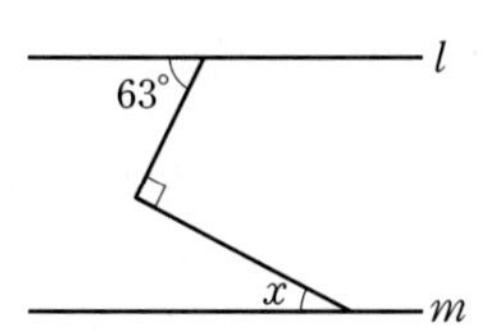

쌍둥이 05

9 오른쪽 그림에서 $l /\!/ m$일 때, $\angle x$의 크기는?

① 40° ② 45°
③ 50° ④ 55°
⑤ 60°

10 

오른쪽 그림에서 $l /\!/ m$일 때, $\angle x$의 크기를 구하시오.

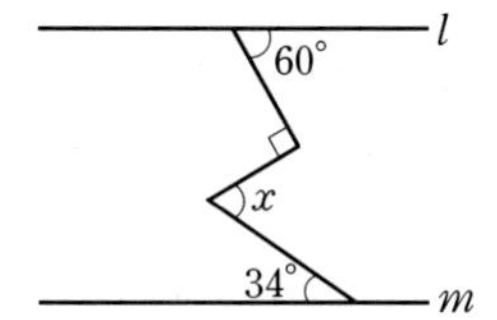

풀이 과정

답

쌍둥이 06

11 다음 중 두 직선 l, m이 평행하지 않은 것은?

① 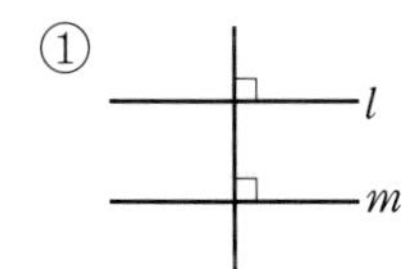

② 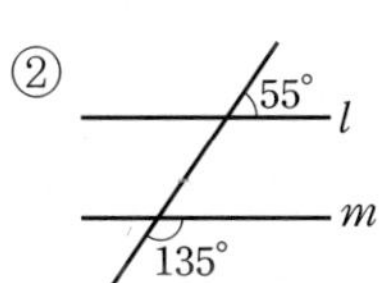

③ 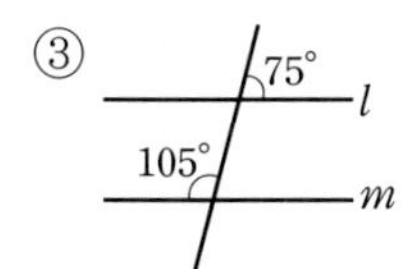

④ 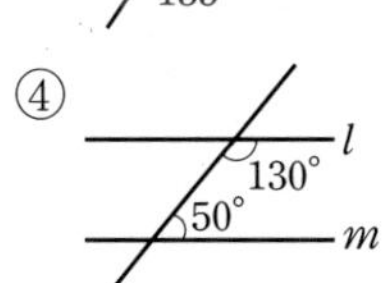

⑤ 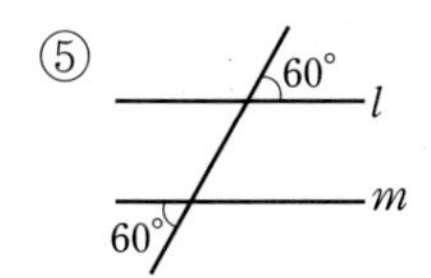

12 다음 보기 중 두 직선 l, m이 평행한 것을 모두 고르시오.

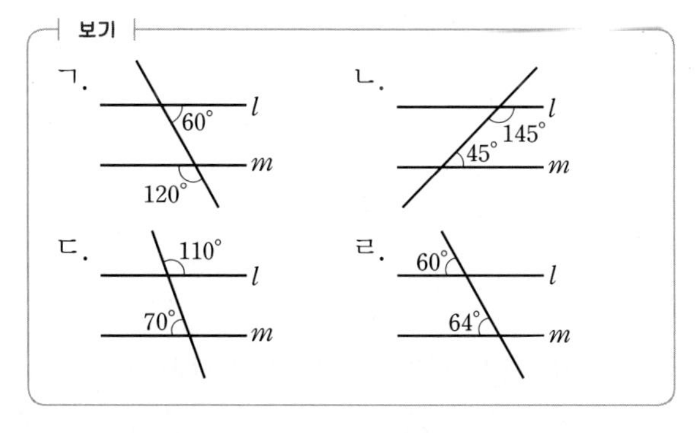

단원 마무리

1 오른쪽 그림과 같이 네 점 A, B, C, D가 한 직선 위에 있다. 이 중 두 점을 이어서 만들 수 있는 서로 다른 직선의 개수를 x개, 반직선의 개수를 y개, 선분의 개수를 z개라고 할 때, $x-y+z$의 값을 구하시오.

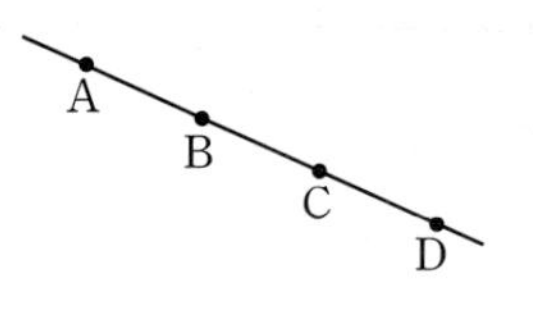

▸ 직선, 반직선, 선분의 개수

2 오른쪽 그림에서 두 점 B, D가 각각 $\overline{AC}$, $\overline{CE}$의 중점이고 $\overline{AE}=18\,cm$일 때, $\overline{BD}$의 길이를 구하시오.

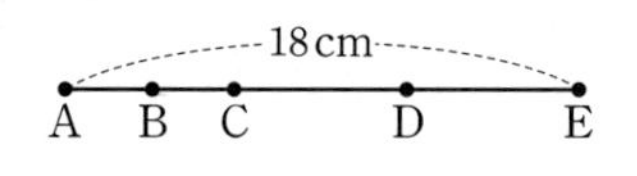

▸ 두 점 사이의 거리

3 오른쪽 그림에서 $\angle x$의 크기를 구하시오.

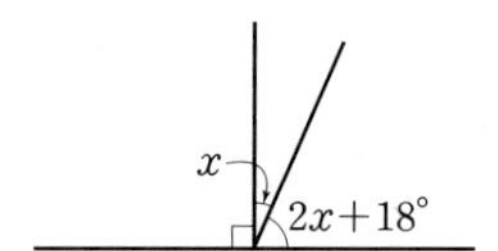

▸ 평각, 직각을 이용하여 각의 크기 구하기

4 오른쪽 그림에서 x의 값을 구하시오.

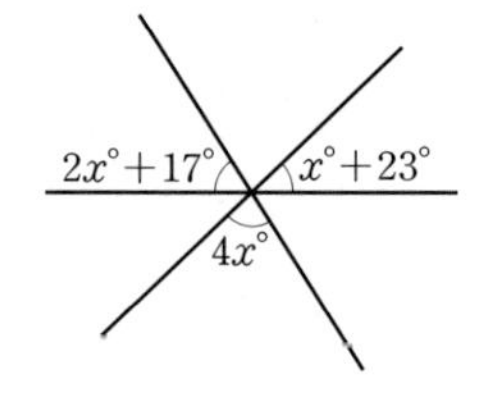

▸ 맞꼭지각의 성질의 활용

5 다음 중 오른쪽 그림의 사각뿔에서 모서리 AB와 만나지도 않고 평행하지도 않은 모서리를 모두 고르면? (정답 2개)

① $\overline{AE}$ ② $\overline{BC}$ ③ $\overline{BE}$
④ $\overline{CD}$ ⑤ $\overline{DE}$

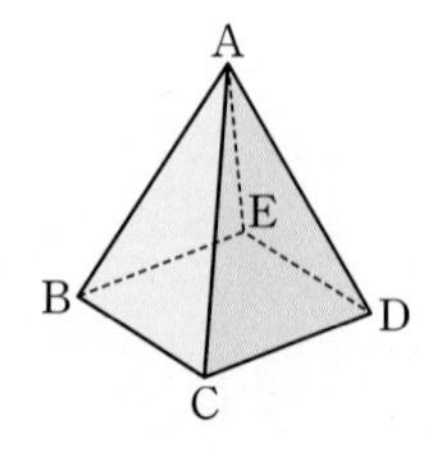

▸ 공간에서 두 직선의 위치 관계

6 다음 중 오른쪽 그림의 직육면체에 대한 설명으로 옳은 것은?

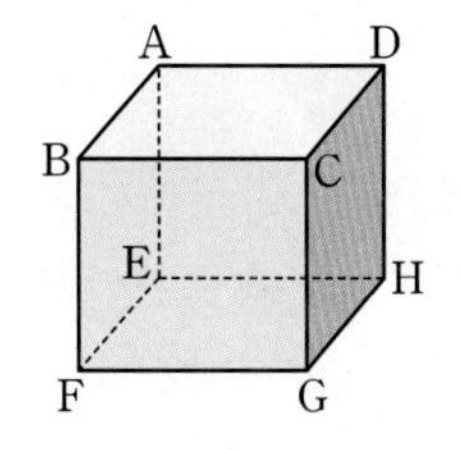

▸ 공간에서 여러 가지 위치 관계

① $\overline{\text{AB}}$와 $\overline{\text{DH}}$는 수직이다.
② 면 ABCD와 $\overline{\text{EH}}$는 평행하다.
③ 서로 평행한 면은 총 2쌍이다.
④ $\overline{\text{BC}}$와 꼬인 위치에 있는 모서리는 2개이다.
⑤ 면 ABFE와 평행한 모서리는 2개이다.

7 오른쪽 그림과 같이 세 직선이 만날 때, 다음 중 옳지 않은 것은?

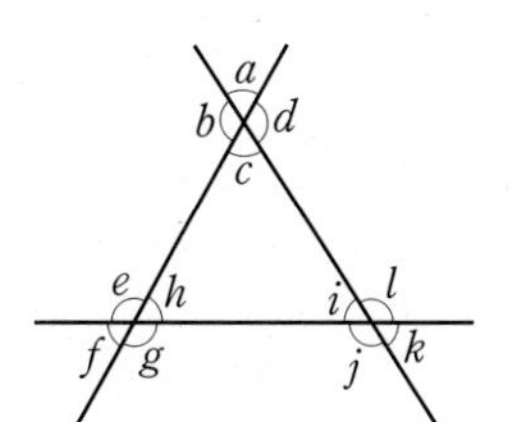

▸ 동위각과 엇각

① $\angle a$의 동위각은 $\angle e$와 $\angle l$이다.
② $\angle b$의 동위각은 $\angle f$와 $\angle i$이다.
③ $\angle b$의 엇각은 $\angle h$이다.
④ $\angle f$의 맞꼭지각은 $\angle h$이다.
⑤ $\angle d$의 크기와 $\angle g$의 크기는 같다.

서술형

8 오른쪽 그림에서 $l /\!/ m$일 때, x의 값을 구하시오.

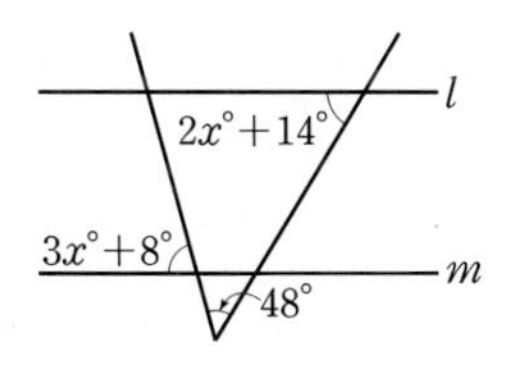

▸ 평행선의 성질을 이용하여 각의 크기 구하기

풀이 과정

답

9 오른쪽 그림에서 $l /\!/ m$일 때, $\angle x$의 크기를 구하시오.

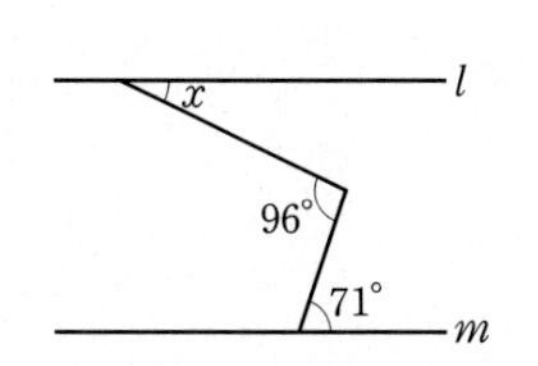

▸ 평행선에서 보조선을 그어 각의 크기 구하기

2 작도와 합동

유형 1 작도 / 길이가 같은 선분의 작도

유형 2 크기가 같은 각의 작도

유형 3 삼각형 / 삼각형의 세 변의 길이 사이의 관계

유형 4 삼각형의 작도

유형 5 삼각형이 하나로 정해지는 경우 / 삼각형이 하나로 정해지지 않는 경우

유형 6 합동

유형 7 삼각형의 합동 조건

• 정답과 해설 20쪽

삼각형의 작도

유형 1 작도 / 길이가 같은 선분의 작도

개념편 38쪽

(1) 작도: 눈금 없는 자와 컴퍼스만을 사용하여 도형을 그리는 것
① 눈금 없는 자: 두 점을 지나는 선분을 그리거나 선분을 연장할 때 사용
② 컴퍼스: 원을 그리거나 주어진 선분의 길이를 재어서 다른 곳으로 옮길 때 사용
(2) 선분 AB와 길이가 같은 선분 CD의 작도

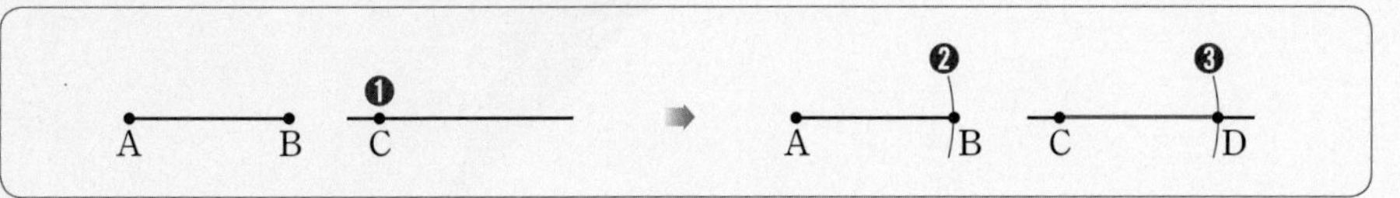

1 다음 보기 중 작도할 때 사용하는 도구를 모두 고르시오. ________

보기
ㄱ. 컴퍼스 ㄴ. 각도기
ㄷ. 삼각자 ㄹ. 눈금 없는 자

2 다음 중 옳은 것은 ○표, 옳지 않은 것은 ×표를 ( ) 안에 쓰시오.

(1) 두 선분의 길이를 비교할 때는 눈금 없는 자를 사용한다. ( )

(2) 두 점을 연결하는 선분을 그릴 때는 컴퍼스를 사용한다. ( )

(3) 선분을 연장할 때는 눈금 없는 자를 사용한다. ( )

(4) 선분의 길이를 재어서 다른 직선 위로 옮길 때는 컴퍼스를 사용한다. ( )

3 다음 그림과 같이 두 점 A, B를 지나는 직선 l 위에 $\overline{AB}=\overline{BC}$인 점 C를 잡을 때 사용하는 도구를 말하시오. ________

A B l ➡ A B C l

4 다음은 선분 AB와 길이가 같은 선분 PQ를 작도하는 과정이다. □ 안에 알맞은 것을 쓰시오.

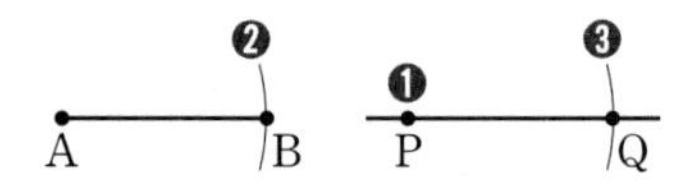

❶ 눈금 없는 자를 사용하여 직선을 긋고 그 위에 점 □를 잡는다.
❷ 컴퍼스를 사용하여 □의 길이를 잰다.
❸ 점 □를 중심으로 반지름의 길이가 □인 원을 그려 ❶의 직선과의 교점을 □라고 하면 $\overline{PQ}$가 작도된다.

5 다음은 선분 AB를 점 B의 방향으로 연장하여 $\overline{AC}=2\overline{AB}$가 되는 선분 AC를 작도하는 과정이다. 작도 순서를 바르게 나열하시오. ________

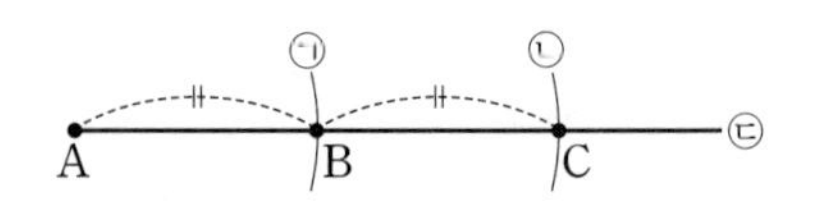

㉠ 컴퍼스를 사용하여 $\overline{AB}$의 길이를 잰다.
㉡ 점 B를 중심으로 반지름의 길이가 $\overline{AB}$인 원을 그려 $\overline{AB}$의 연장선과의 교점을 C라고 하면 $\overline{AC}=2\overline{AB}$이다.
㉢ 눈금 없는 자를 사용하여 $\overline{AB}$를 점 B의 방향으로 연장한다.

유형 2 크기가 같은 각의 작도

개념편 39쪽

(1) $\angle XOY$와 크기가 같은 $\angle DPC$의 작도

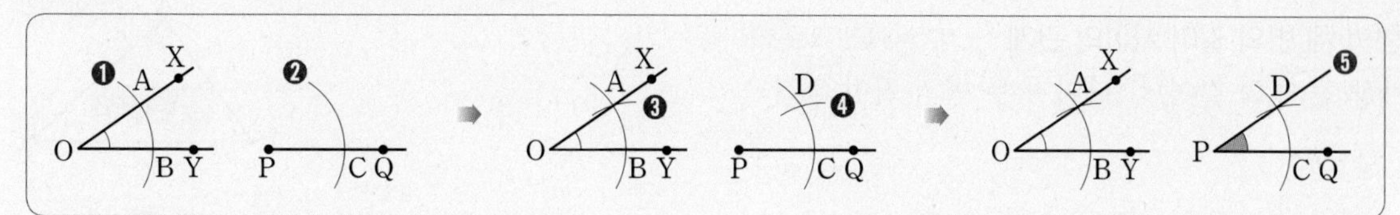

(2) 직선 l과 평행한 직선 m의 작도

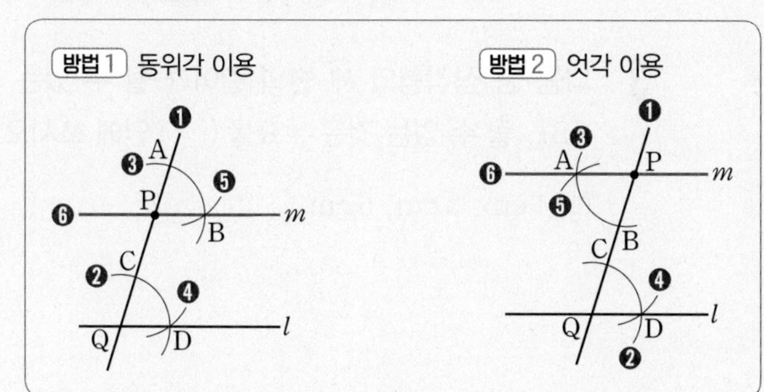

➡ $\angle CQD = \angle APB$이므로 $l /\!/ m$

1 다음은 $\angle XOY$와 크기가 같고 $\overrightarrow{PQ}$를 한 변으로 하는 각을 작도하는 과정이다. □ 안에 알맞은 것을 쓰시오.

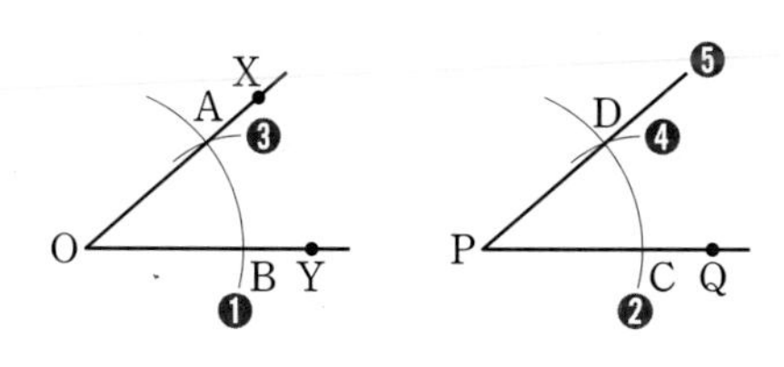

❶ 점 O를 중심으로 적당한 크기의 원을 그려 $\overrightarrow{OX}$, $\overrightarrow{OY}$와의 교점을 각각 □, □라고 한다.
❷ 점 P를 중심으로 반지름의 길이가 $\overline{OA}$인 원을 그려 $\overrightarrow{PQ}$와의 교점을 □라고 한다.
❸ $\overline{AB}$의 길이를 잰다.
❹ 점 C를 중심으로 반지름의 길이가 □인 원을 그려 ❷의 원과의 교점을 D라고 한다.
❺ $\overrightarrow{PD}$를 그으면 $\angle DPC$가 작도된다.

2 오른쪽 그림은 직선 l 밖의 한 점 P를 지나고 직선 l과 평행한 직선을 작도한 것이다. 다음 □ 안에 알맞은 것을 쓰시오.

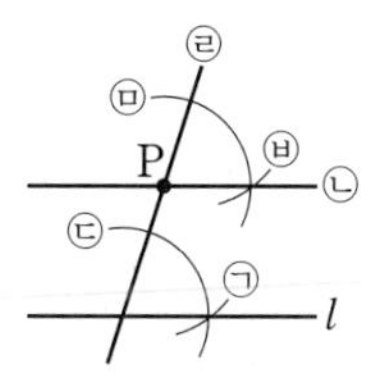

(1) 작도 순서는 □ → ㉢ → □ → ㉠ → □ → ㉡

(2) 위의 작도는 '서로 다른 두 직선이 다른 한 직선과 만날 때, □의 크기가 같으면 두 직선은 평행하다.'는 성질을 이용한 것이다.

3 오른쪽 그림은 직선 l 밖의 한 점 P를 지나고 직선 l과 평행한 직선을 작도한 것이다. 다음 □ 안에 알맞은 것을 쓰시오.

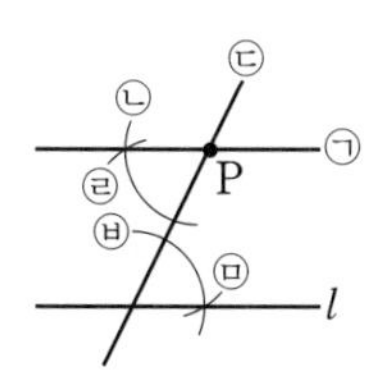

(1) 작도 순서는 ㉢ → □ → ㉡ → □ → ㉣ → □

(2) 위의 작도는 '서로 다른 두 직선이 다른 한 직선과 만날 때, □의 크기가 같으면 두 직선은 평행하다.'는 성질을 이용한 것이다.

유형 3 삼각형 / 삼각형의 세 변의 길이 사이의 관계

개념편 41쪽

(1) 삼각형 ABC: 세 선분 AB, BC, CA로 이루어진 도형 기호 △ABC

(2) 삼각형의 세 변의 길이 사이의 관계 → 삼각형이 될 수 있는 조건

➡ (가장 긴 변의 길이)<(나머지 두 변의 길이의 합)

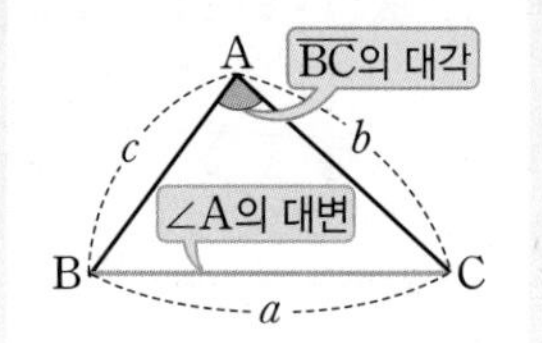

1 오른쪽 그림의 △ABC에서 다음을 구하시오.

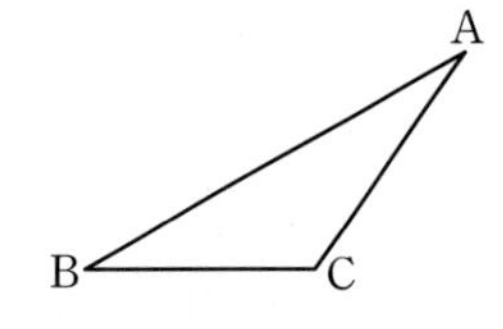

(1) ∠A의 대변 ________

(2) ∠B의 대변 ________

(3) ∠C의 대변 ________

(4) 변 AB의 대각 ________

(5) 변 BC의 대각 ________

(6) 변 AC의 대각 ________

2 오른쪽 그림의 △ABC에서 다음을 구하시오.

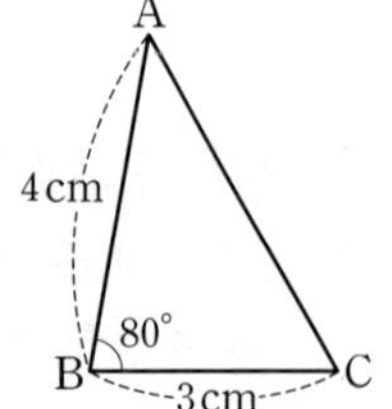

(1) ∠A의 대변의 길이 ________

(2) ∠C의 대변의 길이 ________

(3) 변 AC의 대각의 크기 ________

3 다음 중 삼각형의 세 변의 길이가 될 수 있는 것은 ○표, 될 수 <u>없는</u> 것은 ×표를 ( ) 안에 쓰시오.

(1) 1 cm, 3 cm, 6 cm ( )

(2) 2 cm, 7 cm, 9 cm ( )

(3) 4 cm, 4 cm, 5 cm ( )

(4) 5 cm, 6 cm, 13 cm ( )

(5) 6 cm, 8 cm, 12 cm ( )

(6) 7 cm, 9 cm, 15 cm ( )

(7) 8 cm, 10 cm, 10 cm ( )

(8) 11 cm, 12 cm, 24 cm ( )

유형 4 삼각형의 작도

개념편 42쪽

(1) 세 변의 길이가 주어질 때

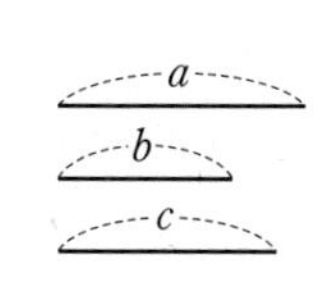

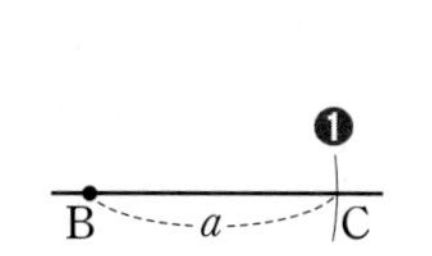

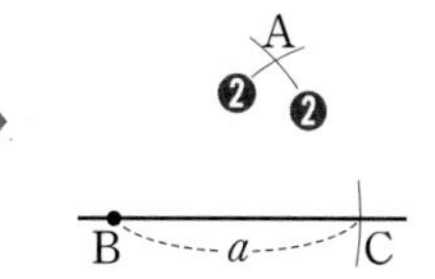

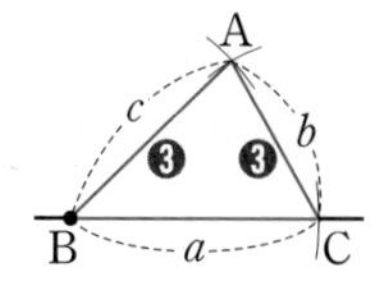

(2) 두 변의 길이와 그 끼인각의 크기가 주어질 때

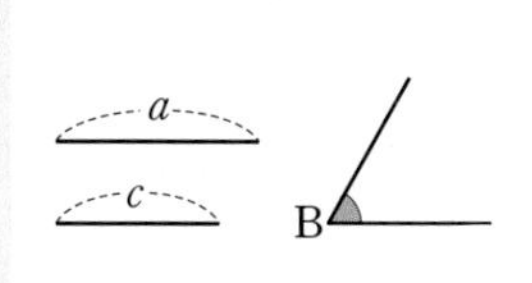

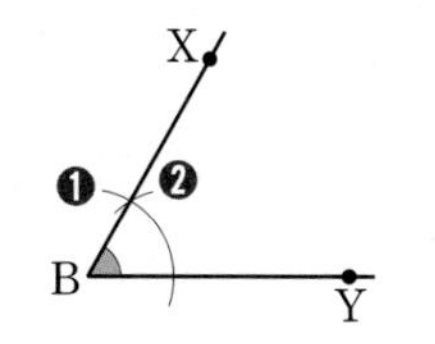

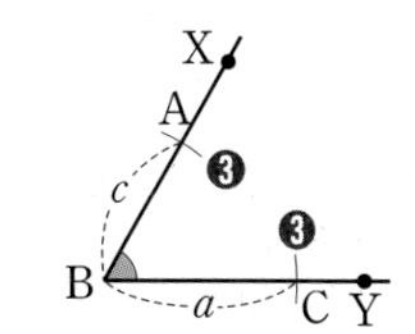

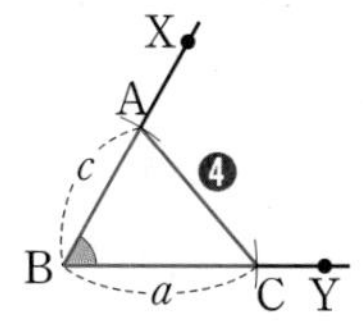

(3) 한 변의 길이와 그 양 끝 각의 크기가 주어질 때

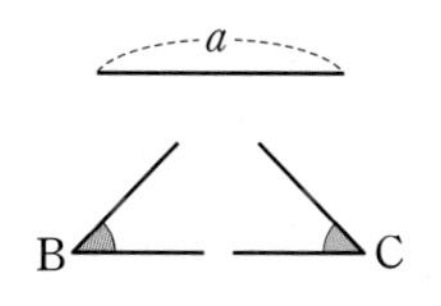

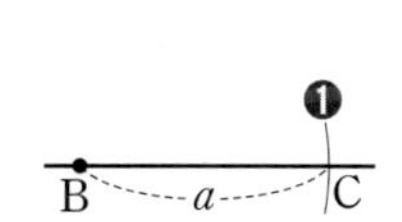

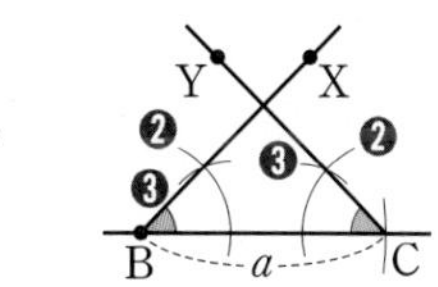

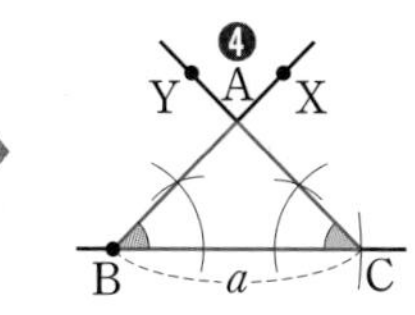

1 다음 그림과 같이 변의 길이와 각의 크기가 주어졌을 때, △ABC를 하나로 작도할 수 있는 것은 ○표, 작도할 수 <u>없는</u> 것은 ×표를 (　) 안에 쓰시오.

(1) 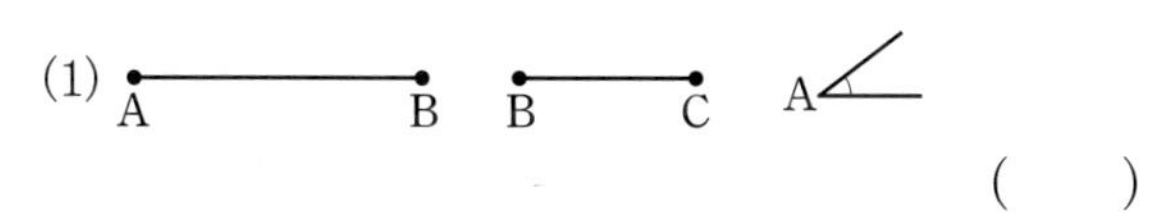

(　　)

(2) 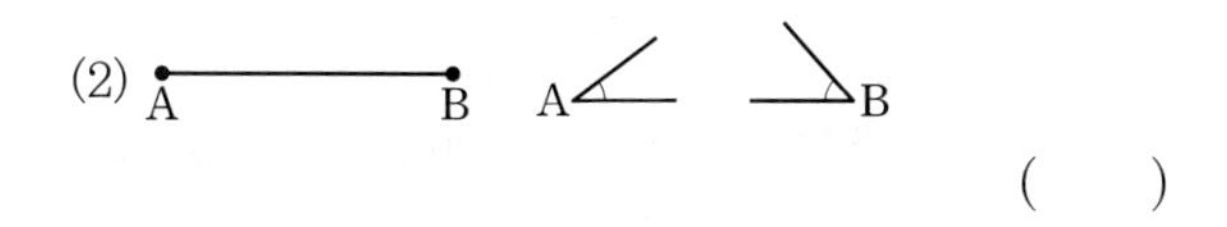

(　　)

(3) 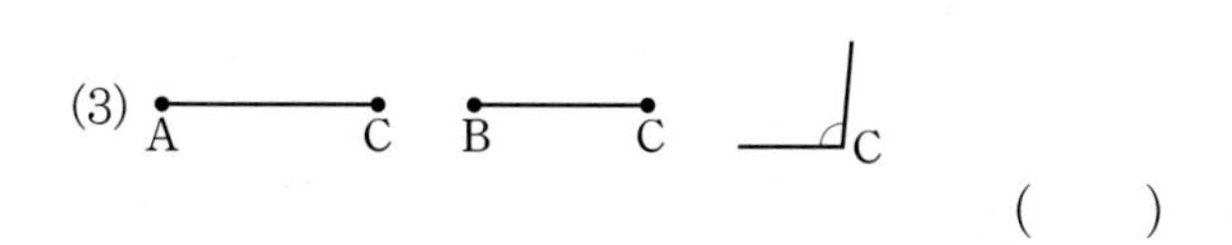

(　　)

(4) 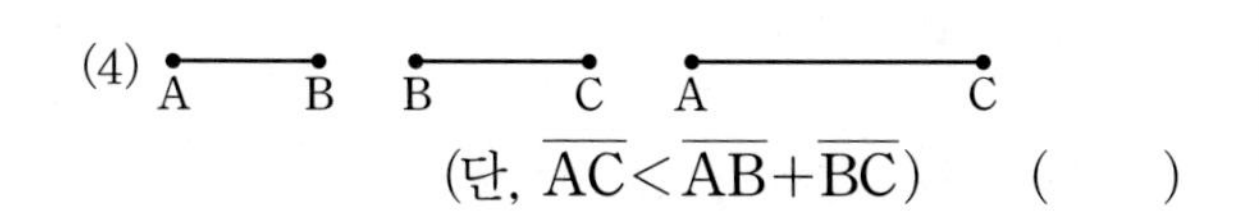

(단, $\overline{AC}<\overline{AB}+\overline{BC}$) (　　)

2 다음은 한 변의 길이가 a이고 그 양 끝 각의 크기가 ∠B, ∠C인 삼각형을 작도하는 과정이다. □ 안에 알맞은 것을 보기에서 골라 쓰시오.

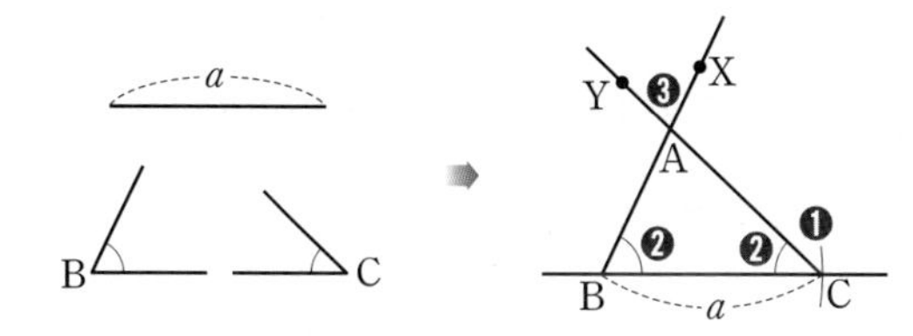

❶ 길이가 □인 $\overline{BC}$를 작도한다.
❷ ∠B와 크기가 같은 □를, ∠C와 크기가 같은 □를 작도한다.
❸ $\overrightarrow{BX}$와 $\overrightarrow{CY}$의 교점을 □라고 하면 △ABC가 작도된다.

보기

a, A, B, C, ∠XBC, ∠YCB, ∠BAC

유형 5 삼각형이 하나로 정해지는 경우 / 삼각형이 하나로 정해지지 않는 경우

개념편 43쪽

삼각형이 하나로 정해지는 경우	삼각형이 하나로 정해지지 않는 경우
(1) 세 변의 길이가 주어진 경우 └→ (가장 긴 변의 길이) < (나머지 두 변의 길이의 합)이어야 한다.	(1) (가장 긴 변의 길이) ≥ (나머지 두 변의 길이의 합) ➡ 삼각형이 그려지지 않는다.
(2) 두 변의 길이와 그 끼인각의 크기가 주어진 경우	(2) 두 변의 길이와 그 끼인각이 아닌 다른 한 각의 크기가 주어진 경우 ➡ 삼각형이 그려지지 않거나, 1개 또는 2개로 그려진다.
(3) 한 변의 길이와 그 양 끝 각의 크기가 주어진 경우	(3) 세 각의 크기가 주어진 경우 ➡ 모양은 같고 크기가 다른 삼각형이 무수히 많이 그려진다.

1 다음 중 $\triangle ABC$가 하나로 정해지는 것은 ○표, 하나로 정해지지 않는 것은 ×표를 (　) 안에 쓰고, 그 이유를 쓰시오.

(1) $\overline{AB}=3\,\text{cm}$, $\overline{BC}=7\,\text{cm}$, $\overline{CA}=2\,\text{cm}$ (　)
이유: ______________________

(2) $\overline{AB}=5\,\text{cm}$, $\overline{BC}=4\,\text{cm}$, $\overline{CA}=8\,\text{cm}$ (　)
이유: ______________________

(3) $\overline{BC}=4\,\text{cm}$, $\overline{CA}=3\,\text{cm}$, $\angle B=40°$ (　)
이유: ______________________

(4) $\overline{BC}=3\,\text{cm}$, $\overline{CA}=8\,\text{cm}$, $\angle C=100°$ (　)
이유: ______________________

(5) $\overline{BC}=5\,\text{cm}$, $\angle B=50°$, $\angle C=70°$ (　)
이유: ______________________

(6) $\overline{AB}=5\,\text{cm}$, $\angle A=30°$, $\angle C=60°$ (　)
이유: ______________________

(7) $\angle A=30°$, $\angle B=70°$, $\angle C=80°$ (　)
이유: ______________________

2 $\triangle ABC$에서 $\overline{AB}$와 $\overline{AC}$의 길이가 주어졌을 때, 다음 중 $\triangle ABC$가 하나로 정해지기 위해 필요한 나머지 한 조건이 될 수 있는 것은 ○표, 될 수 없는 것은 ×표를 (　) 안에 쓰시오.
(단, $\overline{AB}+\overline{AC}>\overline{BC}$이고, $\overline{BC}$가 가장 긴 변이다.)

(1) $\overline{BC}$ (　)

(2) $\angle A$ (　)

(3) $\angle B$ (　)

(4) $\angle C$ (　)

쌍둥이 기출문제

• 정답과 해설 21쪽

쌍둥이 01

1 다음 중 작도할 때의 눈금 없는 자와 컴퍼스의 용도를 보기에서 골라 바르게 짝 지은 것은?

보기
ㄱ. 원을 그린다.
ㄴ. 서로 다른 두 점을 연결한다.
ㄷ. 선분의 길이를 재어서 옮긴다.
ㄹ. 선분의 연장선을 긋는다.

	눈금 없는 자	컴퍼스
①	ㄱ, ㄴ	ㄷ, ㄹ
②	ㄱ, ㄷ	ㄴ, ㄹ
③	ㄱ, ㄹ	ㄴ, ㄷ
④	ㄴ, ㄷ	ㄱ, ㄹ
⑤	ㄴ, ㄹ	ㄱ, ㄷ

2 다음 중 작도에 대한 설명으로 옳지 않은 것을 모두 고르면? (정답 2개)

① 눈금 있는 자는 사용하지 않는다.
② 각의 크기를 옮길 때는 각도기를 사용한다.
③ 선분의 길이를 옮길 때는 컴퍼스를 사용한다.
④ 선분의 길이를 잴 때는 자를 사용한다.
⑤ 직선이나 선분을 그릴 때는 눈금 없는 자를 사용한다.

쌍둥이 02

3 다음은 $\overline{AB}$와 길이가 같은 $\overline{CD}$를 작도하는 과정이다. 작도 순서를 바르게 나열하시오.

㉠ 컴퍼스를 사용하여 $\overline{AB}$의 길이를 잰다.
㉡ 눈금 없는 자를 사용하여 점 C를 지나는 직선 l을 그린다.
㉢ 점 C를 중심으로 반지름의 길이가 $\overline{AB}$인 원을 그려 직선 l과 만나는 점을 D라고 한다.

4 오른쪽 그림에서 ㉠~㉢은 $\overline{AB}$를 한 변으로 하는 정삼각형 ABC를 작도하는 과정을 나타낸 것이다. 다음 중 작도 순서를 바르게 나열한 것은?

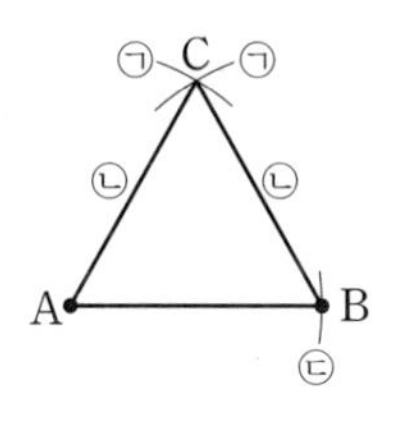

① ㉠ → ㉡ → ㉢
② ㉠ → ㉢ → ㉡
③ ㉡ → ㉠ → ㉢
④ ㉢ → ㉠ → ㉡
⑤ ㉢ → ㉡ → ㉠

쌍둥이 기출문제

쌍둥이 03

5 다음 그림에서 ㉠~㉤은 $\angle XOY$와 크기가 같고 $\overrightarrow{PQ}$를 한 변으로 하는 각을 작도하는 과정을 나타낸 것이다. 작도 순서를 바르게 나열하시오.

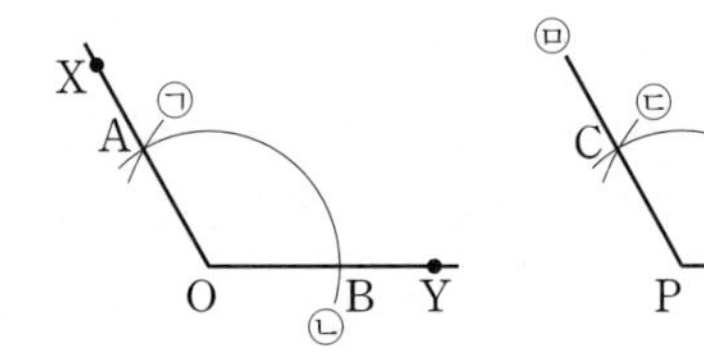

6 아래 그림은 $\angle XOY$와 크기가 같고 $\overrightarrow{PQ}$를 한 변으로 하는 각을 작도한 것이다. 다음 중 옳지 않은 것은?

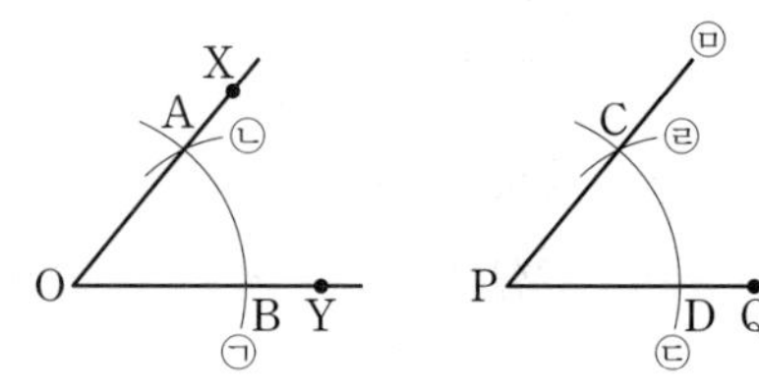

① $\overline{AB}=\overline{CD}$　② $\overline{OA}=\overline{PD}$
③ $\overline{OX}=\overline{PQ}$　④ $\angle AOB=\angle CPD$
⑤ 작도 순서는 ㉠ → ㉢ → ㉡ → ㉣ → ㉤이다.

쌍둥이 04

7 오른쪽 그림은 직선 l 밖의 한 점 P를 지나고 직선 l과 평행한 직선 m을 작도한 것이다. 다음 중 $\overline{AB}$와 길이가 같은 선분이 아닌 것을 모두 고르면? (정답 2개)

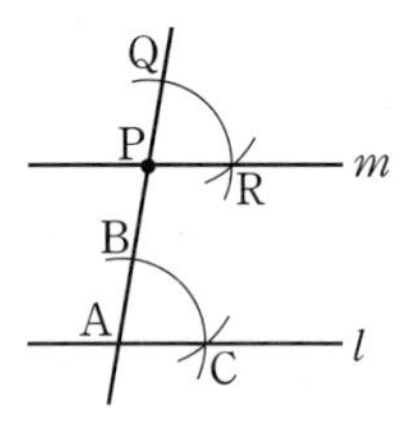

① $\overline{AC}$　② $\overline{BC}$　③ $\overline{PQ}$
④ $\overline{PR}$　⑤ $\overline{QR}$

8 오른쪽 그림은 직선 l 밖의 한 점 P를 지나고 직선 l과 평행한 직선을 작도한 것이다. 다음 중 옳지 않은 것은?

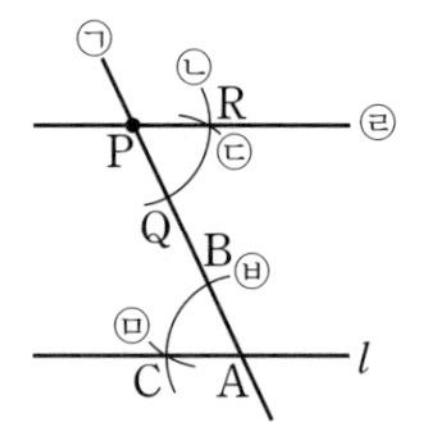

① $\overline{AC}=\overline{PQ}$
② $\overline{BC}=\overline{QR}$
③ $\angle QPR=\angle QRP$
④ 작도 순서는 ㉠ → ㉥ → ㉡ → ㉤ → ㉢ → ㉣이다.
⑤ '서로 다른 두 직선이 다른 한 직선과 만날 때, 엇각의 크기가 같으면 두 직선은 평행하다.'는 성질을 이용한다.

쌍둥이 05

9 다음 중 삼각형의 세 변의 길이가 될 수 없는 것은?

① 4 cm, 3 cm, 3 cm
② 5 cm, 4 cm, 2 cm
③ 7 cm, 4 cm, 2 cm
④ 8 cm, 6 cm, 6 cm
⑤ 9 cm, 6 cm, 4 cm

10 세 선분의 길이가 다음과 같이 주어질 때, 이를 세 변으로 하는 삼각형을 작도할 수 없는 것은?

① 1 cm, 1 cm, 1 cm
② 2 cm, 2 cm, 1 cm
③ 3 cm, 4 cm, 2 cm
④ 4 cm, 4 cm, 5 cm
⑤ 5 cm, 2 cm, 3 cm

쌍둥이 06

11 오른쪽 그림과 같이 $\overline{AB}$의 길이와 $\angle A$, $\angle B$의 크기가 주어졌을 때, 다음 보기 중 $\triangle ABC$의 작도 순서로 옳은 것을 모두 고르시오.

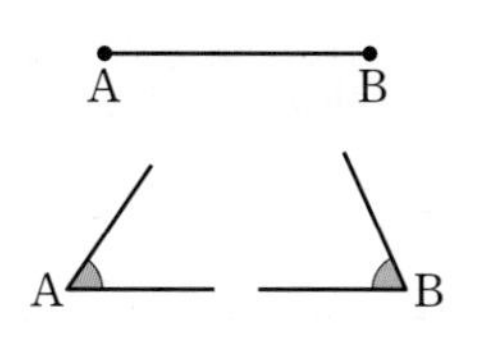

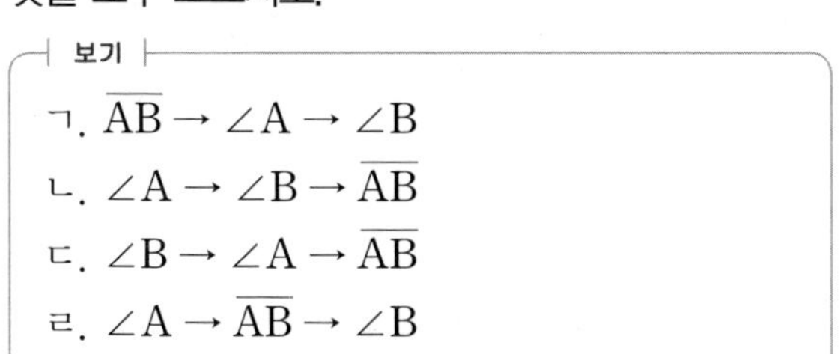

보기

ㄱ. $\overline{AB} \to \angle A \to \angle B$

ㄴ. $\angle A \to \angle B \to \overline{AB}$

ㄷ. $\angle B \to \angle A \to \overline{AB}$

ㄹ. $\angle A \to \overline{AB} \to \angle B$

12 오른쪽 그림과 같이 $\overline{AB}$, $\overline{BC}$의 길이와 $\angle B$의 크기가 주어졌을 때, $\triangle ABC$의 작도 순서 중 가장 마지막에 해당하는 것은?

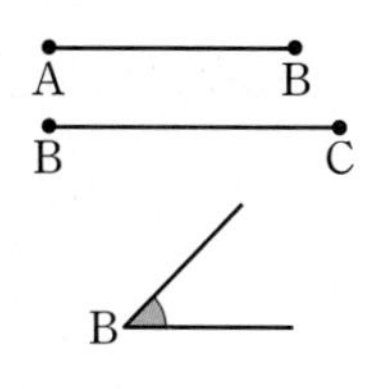

① $\overline{AB}$를 긋는다.
② $\overline{BC}$를 긋는다.
③ $\overline{AC}$를 긋는다.
④ $\angle B$를 작도한다.
⑤ $\angle C$를 작도한다.

쌍둥이 07

13 다음 중 $\triangle ABC$가 하나로 정해지는 것은?

① $\overline{AB}=4\,cm$, $\overline{BC}=5\,cm$, $\overline{CA}=10\,cm$
② $\overline{AB}=4\,cm$, $\overline{BC}=2\,cm$, $\angle A=50°$
③ $\overline{BC}=3\,cm$, $\overline{CA}=5\,cm$, $\angle A=60°$
④ $\overline{BC}=6\,cm$, $\angle A=30°$, $\angle C=75°$
⑤ $\angle A=40°$, $\angle B=55°$, $\angle C=85°$

14 다음 중 $\triangle ABC$가 하나로 정해지지 않는 것은?

① $\angle A=40°$, $\angle B=60°$, $\angle C=80°$
② $\overline{AB}=6\,cm$, $\overline{BC}=12\,cm$, $\overline{CA}=8\,cm$
③ $\overline{AB}=5\,cm$, $\overline{BC}=7\,cm$, $\angle B=60°$
④ $\overline{AB}=3\,cm$, $\angle A=40°$, $\angle B=60°$
⑤ $\overline{BC}=4\,cm$, $\angle A=40°$, $\angle B=60°$

쌍둥이 08

15 $\triangle ABC$에서 $\overline{AB}$의 길이와 $\angle B$의 크기가 주어졌을 때, 다음 보기 중 $\triangle ABC$가 하나로 정해지기 위해 필요한 나머지 한 조건이 될 수 없는 것을 모두 고르시오.

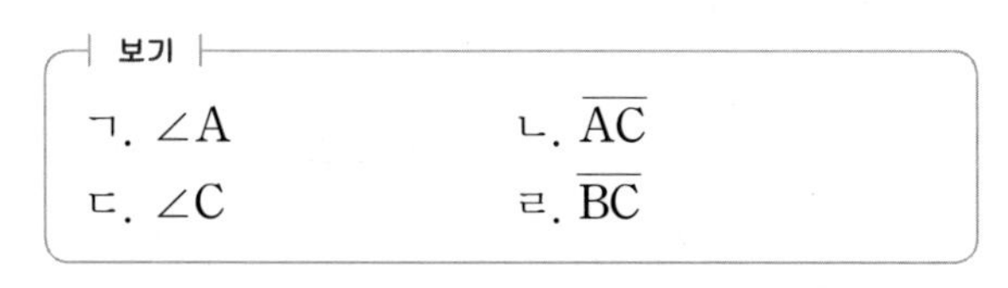

보기

ㄱ. $\angle A$　　ㄴ. $\overline{AC}$

ㄷ. $\angle C$　　ㄹ. $\overline{BC}$

16 $\triangle ABC$에서 $\angle A=65°$, $\angle B=40°$일 때, 다음 보기 중 $\triangle ABC$가 하나로 정해지기 위해 필요한 나머지 한 조건이 될 수 있는 것을 모두 고르시오.

보기

ㄱ. $\overline{AB}=5\,cm$　　ㄴ. $\overline{BC}=6\,cm$

ㄷ. $\overline{CA}=4\,cm$　　ㄹ. $\angle C=75°$

02 2. 작도와 합동
삼각형의 합동

유형 6 합동

개념편 46쪽

모양과 크기를 바꾸지 않고 서로를 완전히 포갤 수 있는 두 도형을 서로 합동이라고 한다.

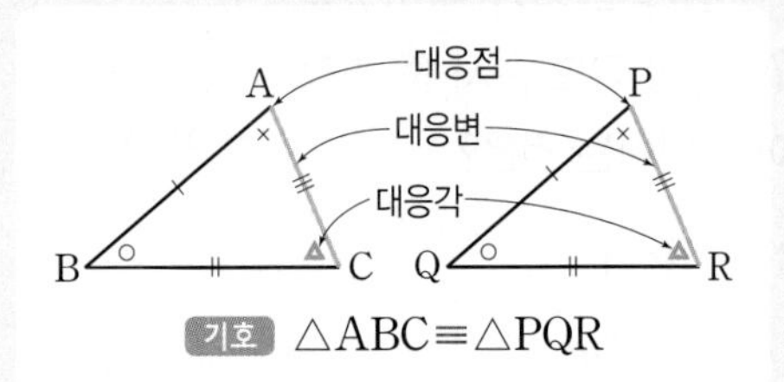

➡ 두 도형이 서로 합동이면
- 대응변의 길이는 서로 같다.
- 대응각의 크기는 서로 같다.

1 아래 그림에서 △ABC≡△DEF일 때, 다음을 구하시오.

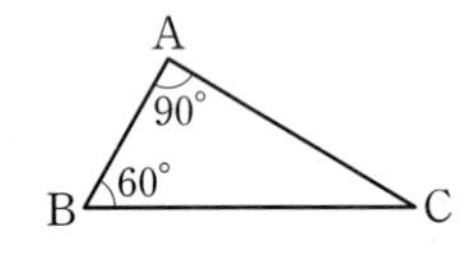

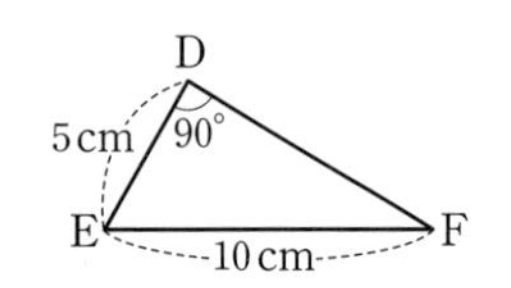

(1) $\overline{BC}$의 길이
⇨ $\overline{BC}$의 대응변은 ☐이므로
$\overline{BC}$=☐cm

(2) $\overline{AB}$의 길이 ____________

(3) ∠E의 크기 ____________

(4) ∠F의 크기 ____________

2 다음 그림에서 사각형 ABCD와 사각형 EFGH가 서로 합동일 때, a, b, c, x의 값을 각각 구하시오.

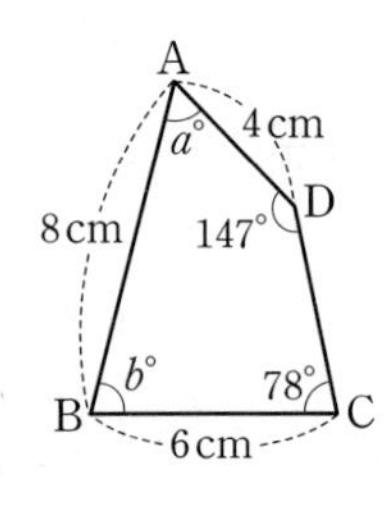

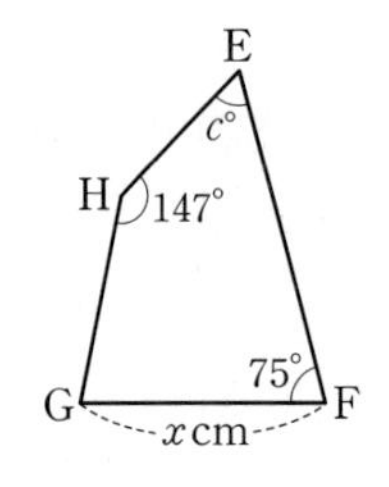

____

3 다음 중 옳은 것은 ○표, 옳지 않은 것은 ×표를 ( ) 안에 쓰시오.

(1) 두 도형 A와 B가 서로 합동인 것을 기호로 A≡B와 같이 나타낸다. ( )

(2) 합동인 두 도형은 대응각의 크기가 서로 같다. ( )

(3) 합동인 두 도형은 넓이가 서로 같다. ( )

(4) 모양이 같은 두 도형은 서로 합동이다. ( )

(5) 넓이가 같은 두 직사각형은 서로 합동이다. ( )

(6) 넓이가 같은 두 정사각형은 서로 합동이다. ( )

(7) 합동인 두 도형은 한 도형을 다른 도형에 완전히 포갤 수 있다. ( )

유형 7 삼각형의 합동 조건

개념편 47쪽

(1) 대응하는 세 변의 길이가 각각 같다.
➡ SSS 합동

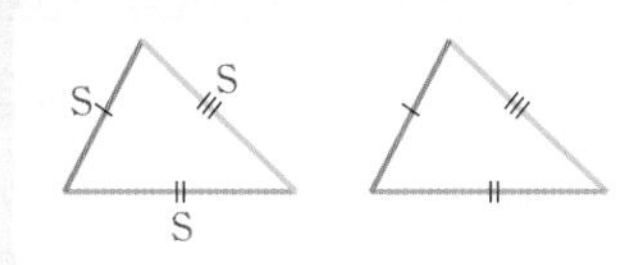

(2) 대응하는 두 변의 길이가 각각 같고, 그 끼인각의 크기가 같다. ➡ SAS 합동

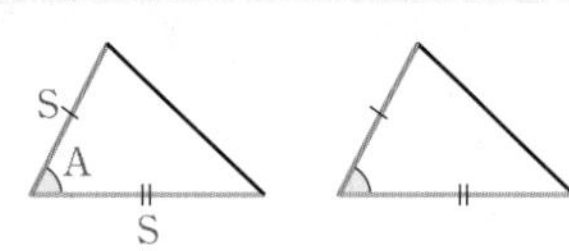

(3) 대응하는 한 변의 길이가 같고, 그 양 끝 각의 크기가 각각 같다. ➡ ASA 합동

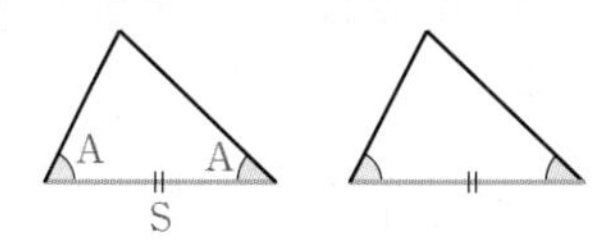

1 다음 그림의 △ABC와 △DEF가 서로 합동일 때, 합동 조건을 말하시오.

(1)

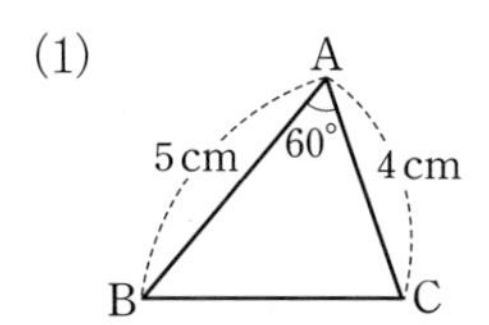

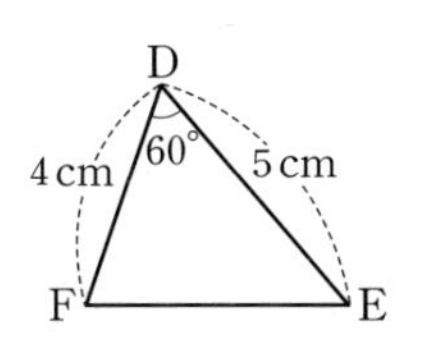

(2)

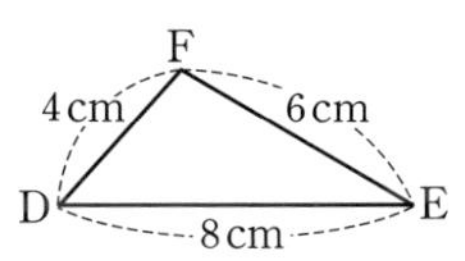

(3)

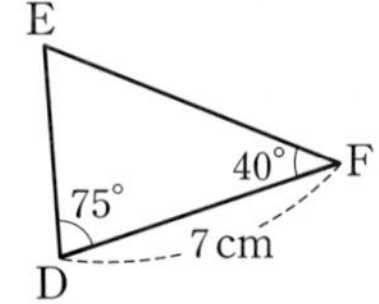

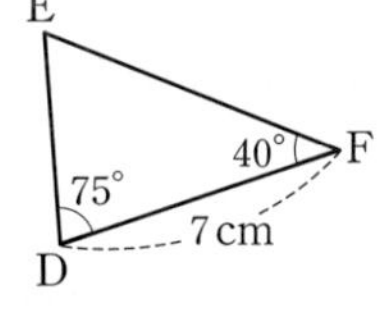

2 오른쪽 그림의 △ABC와 합동인 삼각형을 다음 보기에서 모두 찾아 기호 ≡를 써서 나타내시오.

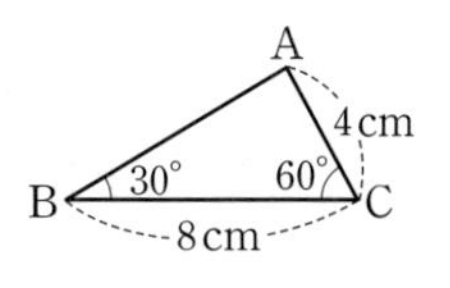

보기

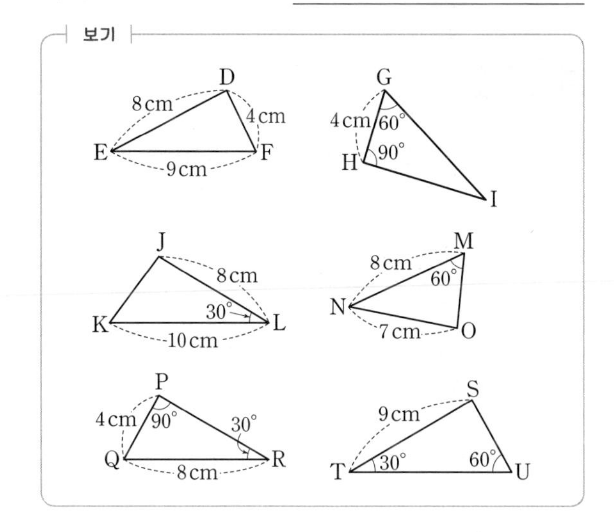

3 오른쪽 그림의 사각형 ABCD에서 ∠A=∠C, ∠ADB=∠DBC일 때, 다음 물음에 답하시오.

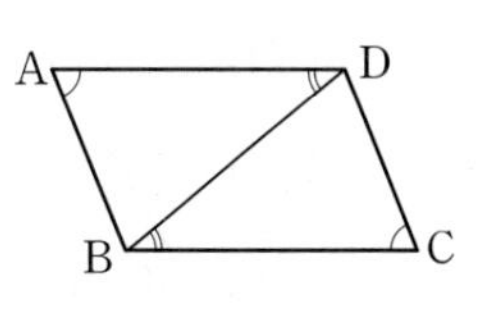

(1) 합동인 두 삼각형을 찾아 기호로 나타내시오.

(2) (1)에서 이용한 합동 조건을 말하시오.

형광펜 들고 밑줄 쫙~

쌍둥이 01

1 다음 중 합동인 두 도형에 대한 설명으로 옳지 <u>않은</u> 것은?

① 넓이가 같다.
② 대응변의 길이가 같다.
③ 대응각의 크기가 같다.
④ 모양은 같으나 크기가 다를 수도 있다.
⑤ 한 도형을 다른 도형에 완전히 포갤 수 있다.

2 다음 중 두 도형이 항상 합동인 것을 모두 고르면? (정답 2개)

① 넓이가 같은 두 정삼각형
② 한 변의 길이가 같은 두 평행사변형
③ 둘레의 길이가 같은 두 이등변삼각형
④ 둘레의 길이가 같은 두 원
⑤ 세 각의 크기가 같은 두 삼각형

쌍둥이 02

3 다음 그림에서 $\triangle ABC \equiv \triangle PQR$일 때, $\angle C$의 크기는?

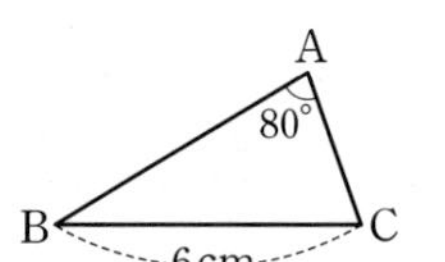

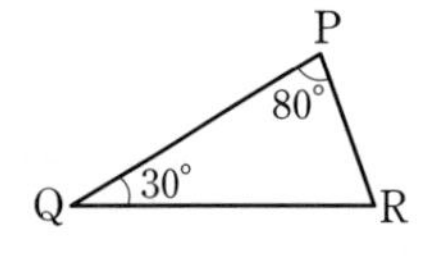

① $30°$ ② $60°$ ③ $70°$
④ $80°$ ⑤ $100°$

4 다음 그림의 사각형 ABCD와 사각형 EFGH가 서로 합동일 때, x, a의 값을 각각 구하시오.

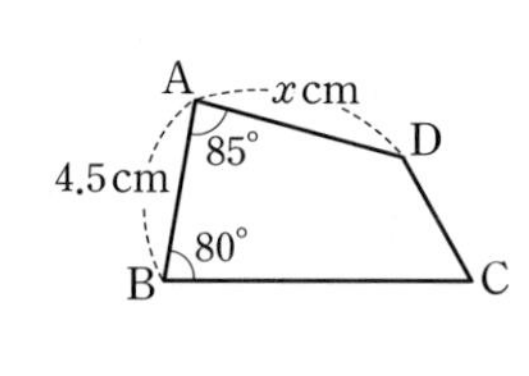

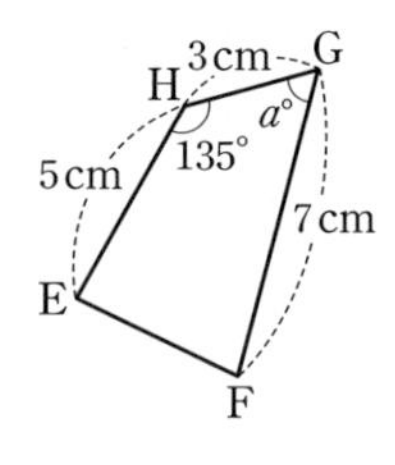

쌍둥이 03

5 다음 중 오른쪽 보기의 삼각형과 합동인 것은?

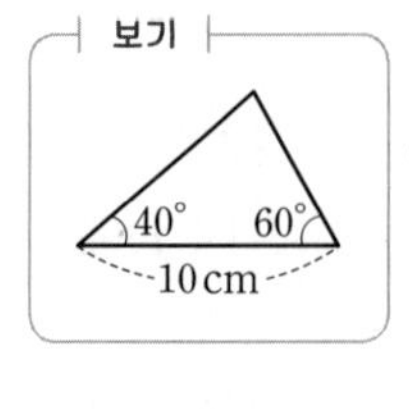

①
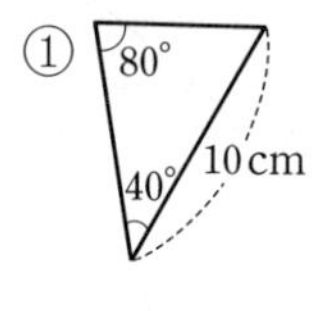

②
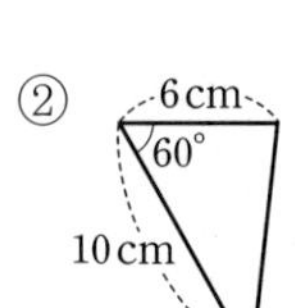

③
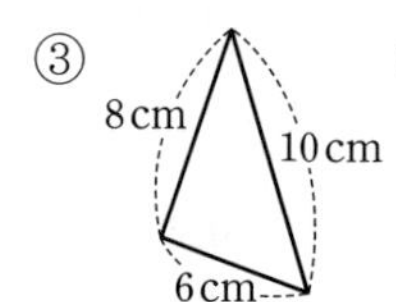

④
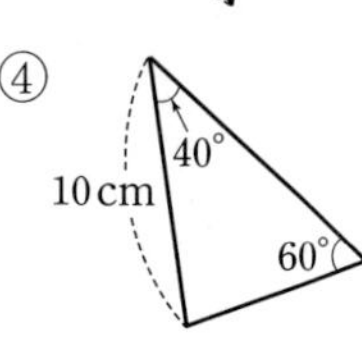

⑤
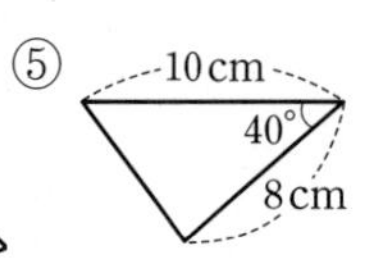

6 다음 보기 중 서로 합동인 두 삼각형을 찾고, 이때 이용된 합동 조건을 말하시오.

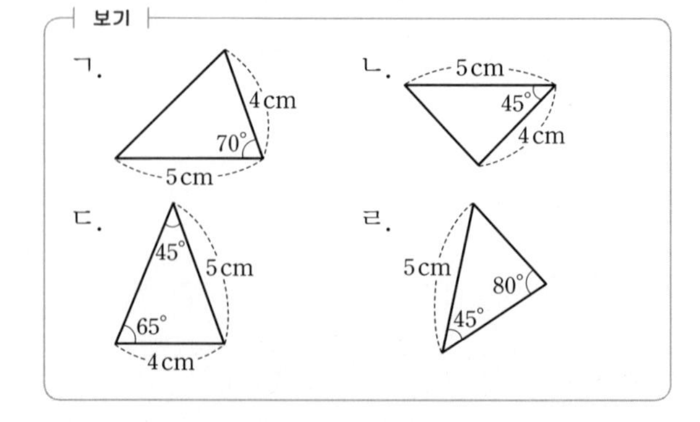

쌍둥이 04

7 $\triangle ABC$와 $\triangle DEF$에서 $\overline{AB}=\overline{DE}$, $\angle A=\angle D$일 때, 다음 중 $\triangle ABC\equiv\triangle DEF$가 되기 위해 필요한 나머지 한 조건이 될 수 있는 것을 모두 고르면? (정답 2개)

① $\angle B=\angle E$ ② $\angle B=\angle F$
③ $\overline{BC}=\overline{EF}$ ④ $\overline{AC}=\overline{DF}$
⑤ $\overline{BC}=\overline{DF}$

8 아래 그림의 $\triangle ABC$와 $\triangle DFE$에서 $\overline{AB}=\overline{DF}$, $\overline{AC}=\overline{DE}$일 때, 다음 중 $\triangle ABC\equiv\triangle DFE$가 되기 위해 필요한 나머지 한 조건이 될 수 있는 것은?

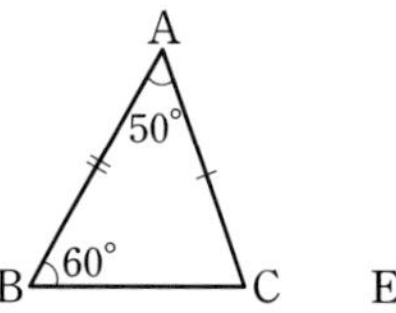

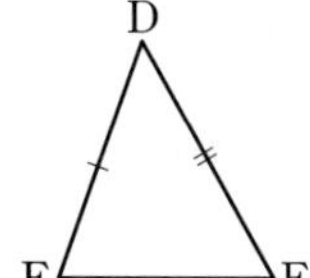

① $\overline{AC}=\overline{EF}$ ② $\overline{BC}=\overline{DE}$ ③ $\angle D=50°$
④ $\angle E=50°$ ⑤ $\angle F=60°$

쌍둥이 05

9 오른쪽 그림에서 $\overline{AB}=\overline{CD}$, $\angle B=\angle C$일 때, 다음은 $\triangle ABM\equiv\triangle DCM$임을 설명하는 과정이다. (가)~(다)에 알맞은 것을 구하시오.

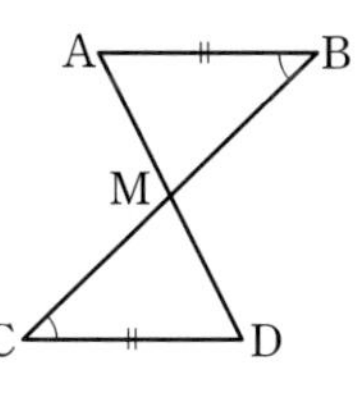

> $\triangle ABM$과 $\triangle DCM$에서
> $\overline{AB}=\overline{DC}$, $\angle B=\angle C$,
> $\angle AMB=$ (가) (맞꼭지각)이므로 $\angle A=$ (나)
> $\therefore$ $\triangle ABM\equiv\triangle DCM$ ((다) 합동)

10 오른쪽 그림에서 점 M은 $\overline{AD}$와 $\overline{BC}$의 교점이고 $\overline{AB}/\!/\overline{CD}$, $\overline{AM}=\overline{DM}$일 때, 다음 중 옳지 않은 것은?

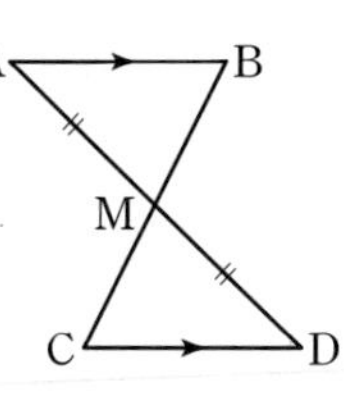

① $\overline{AB}=\overline{CD}$ ② $\overline{BM}=\overline{CM}$
③ $\overline{AD}=\overline{BC}$ ④ $\angle ABM=\angle DCM$
⑤ $\angle BAM=\angle CDM$

쌍둥이 06

11 오른쪽 그림에서 $\overline{OA}=\overline{OC}$, $\overline{AB}=\overline{CD}$일 때, 다음은 $\triangle AOD\equiv\triangle COB$임을 설명하는 과정이다. (가)~(라)에 알맞은 것을 구하시오.

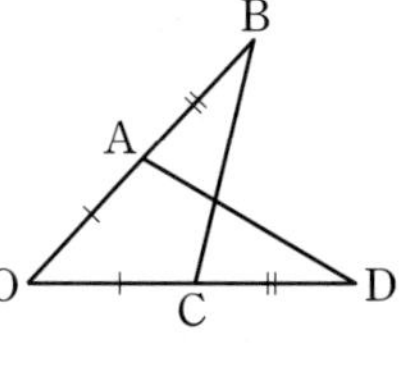

> $\triangle AOD$와 $\triangle COB$에서
> $\overline{OA}=$ (가), (나) $=\overline{OB}$, (다) 는 공통
> $\therefore$ $\triangle AOD\equiv\triangle COB$ ((라) 합동)

12 오른쪽 그림에서 $\overline{OA}=\overline{OC}$, $\overline{AB}=\overline{CD}$이고 $\angle O=32°$, $\angle D=50°$일 때, 다음 물음에 답하시오.

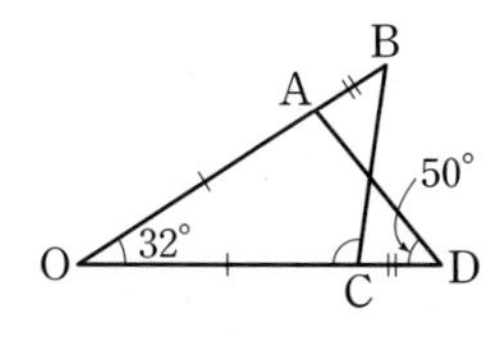

(1) $\triangle AOD$와 합동인 삼각형을 찾고, 합동 조건을 말하시오.

(2) $\angle OCB$의 크기를 구하시오.

단원 마무리

1 오른쪽 그림과 같이 $\angle XOY$와 크기가 같고 $\overrightarrow{PQ}$를 한 변으로 하는 각을 작도하려고 한다. 다음 보기의 작도 순서를 바르게 나열하시오.

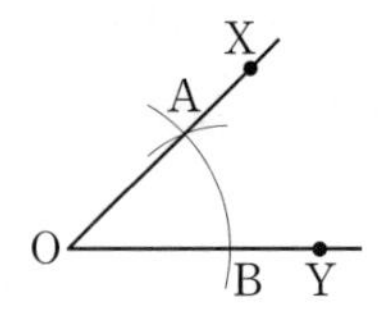

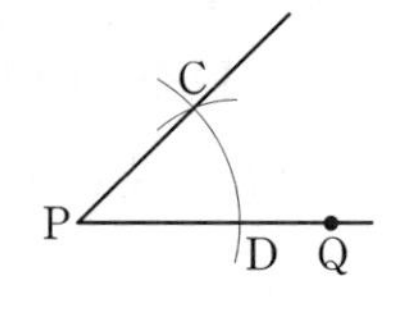

▶ 크기가 같은 각의 작도

보기
- ㉠ $\overline{AB}$의 길이를 잰다.
- ㉡ $\overrightarrow{PC}$를 긋는다.
- ㉢ 점 P를 중심으로 반지름의 길이가 $\overline{OA}$인 원을 그려 $\overrightarrow{PQ}$와의 교점을 D라고 한다.
- ㉣ 점 D를 중심으로 반지름의 길이가 $\overline{AB}$인 원을 그려 ㉢의 원과의 교점을 C라고 한다.
- ㉤ 점 O를 중심으로 원을 그려 $\overrightarrow{OX}$, $\overrightarrow{OY}$와의 교점을 각각 A, B라고 한다.

2 오른쪽 그림은 직선 l 밖의 한 점 P를 지나고 직선 l과 평행한 직선 m을 작도한 것이다. 다음 중 옳지 않은 것은?

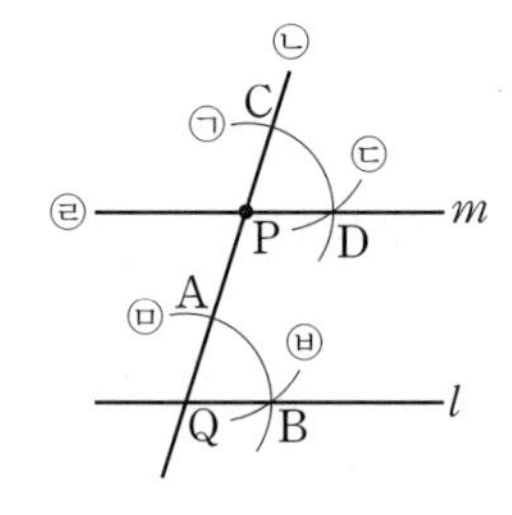

▶ 평행선의 작도

① $\overline{AQ}=\overline{CP}$ ② $\overline{AB}=\overline{CD}$
③ $\overline{AB}=\overline{CP}$ ④ $\angle AQB=\angle CPD$
⑤ 작도 순서는 ㉡ → ㉤ → ㉠ → ㉥ → ㉢ → ㉣이다.

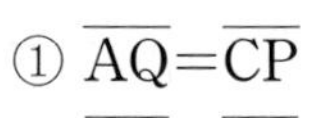

3 삼각형의 세 변의 길이가 5, 9, a일 때, 다음 중 a의 값이 될 수 없는 것은?

▶ 삼각형의 세 변의 길이 사이의 관계

① 7 ② 9 ③ 11 ④ 13 ⑤ 15

4 다음 보기 중 △ABC가 하나로 정해지는 것을 모두 고르시오.

▶ 삼각형이 하나로 정해지는 경우

보기
- ㄱ. $\overline{AB}=4\,\text{cm}$, $\overline{BC}=5\,\text{cm}$, $\overline{CA}=9\,\text{cm}$
- ㄴ. $\overline{AB}=7\,\text{cm}$, $\overline{BC}=10\,\text{cm}$, $\angle B=45°$
- ㄷ. $\overline{AB}=8\,\text{cm}$, $\overline{CA}=6\,\text{cm}$, $\angle B=40°$
- ㄹ. $\overline{BC}=5\,\text{cm}$, $\angle A=35°$, $\angle C=60°$

5 $\triangle$ABC에서 $\angle$B의 크기가 주어졌을 때, 다음 중 $\triangle$ABC가 하나로 정해지기 위해 더 필요한 조건이 아닌 것은?

▶ 삼각형이 하나로 정해지는 경우

① $\overline{AB}$와 $\overline{BC}$ ② $\angle$A와 $\overline{AB}$ ③ $\angle$A와 $\angle$C
④ $\angle$C와 $\overline{AC}$ ⑤ $\angle$C와 $\overline{BC}$

6 오른쪽 그림에서 $\triangle ABC \equiv \triangle DEF$일 때, 다음 중 옳은 것을 모두 고르면? (정답 2개)

▶ 합동인 도형의 성질

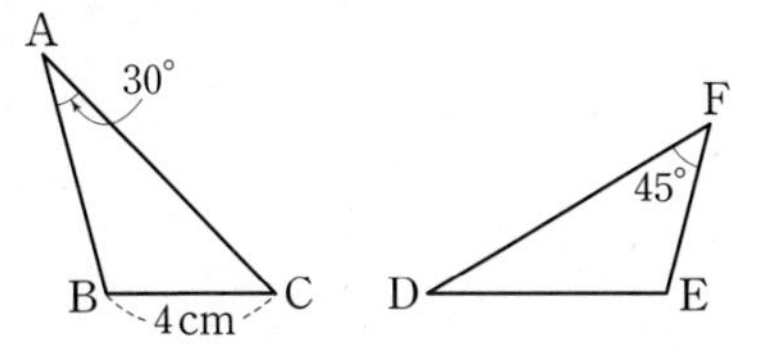

① $\angle C=50°$ ② $\angle D=35°$
③ $\angle E=105°$ ④ $\overline{AB}=7\,\text{cm}$
⑤ $\overline{EF}=4\,\text{cm}$

7 다음 보기 중 오른쪽 그림의 $\triangle$ABC와 합동인 삼각형의 개수를 구하시오.

▶ 합동인 삼각형 찾기

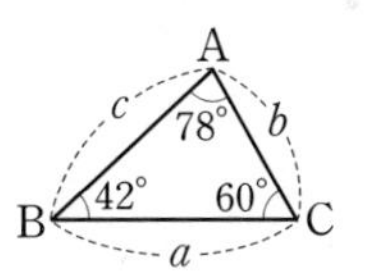

보기

ㄱ.
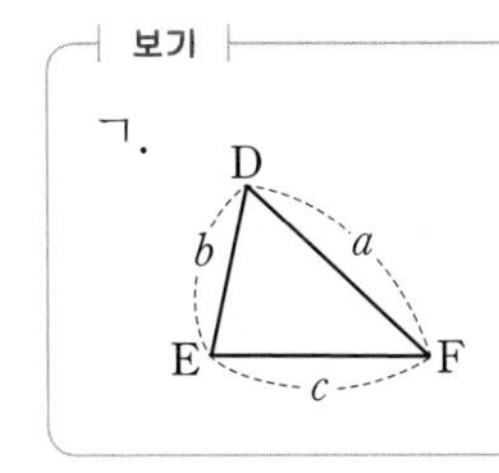

ㄴ.
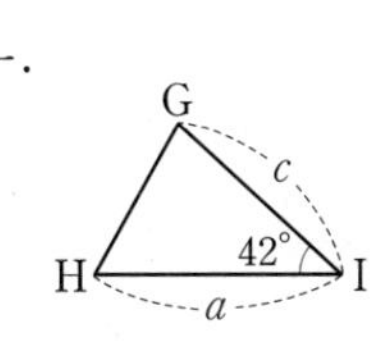

ㄷ.
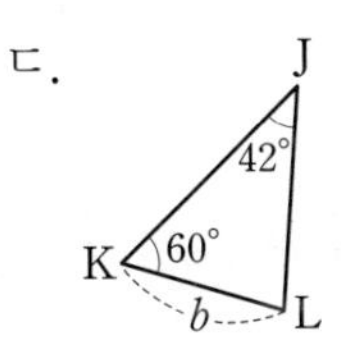

ㄹ.
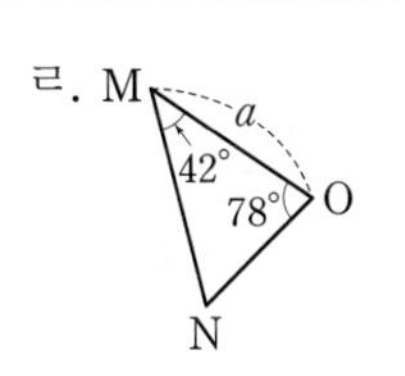

8 오른쪽 그림에서 점 M은 $\overline{BC}$의 중점이고 $\overline{AC} /\!/ \overline{BD}$일 때, 다음 중 옳지 않은 것은?

▶ 삼각형의 합동 조건

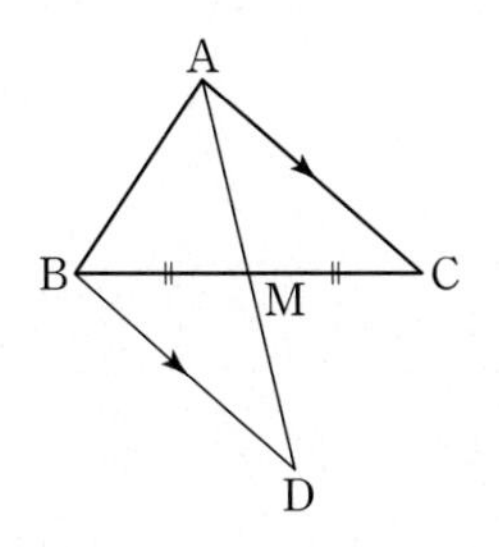

① $\triangle AMC \equiv \triangle DMB$ ② $\angle ACM = \angle DBM$
③ $\overline{AC}=\overline{BD}$ ④ $\overline{AM}=\overline{DM}$
⑤ $\overline{AD}=\overline{BC}$

3 다각형

유형 1 다각형 / 정다각형
유형 2 다각형의 대각선의 개수
유형 3 삼각형의 내각과 외각의 크기
유형 4 다각형의 내각의 크기의 합
유형 5 다각형의 외각의 크기의 합
유형 6 정다각형의 한 내각과 한 외각의 크기

• 정답과 해설 26쪽

1 3. 다각형

다각형

유형 1 다각형 / 정다각형

개념편 58쪽

(1) 다각형: 3개 이상의 선분으로 둘러싸인 평면도형

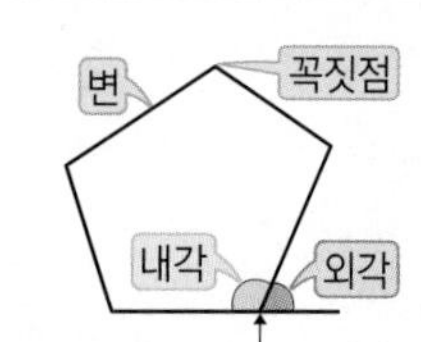

한 꼭짓점에서 내각과 외각의 크기의 합은 180°이다.

(2) 정다각형: 모든 변의 길이가 같고, 모든 내각의 크기가 같은 다각형

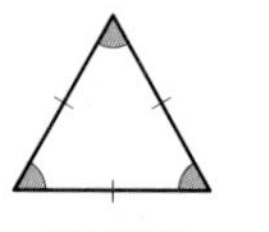
정삼각형

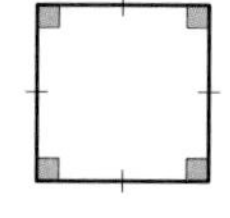
정사각형

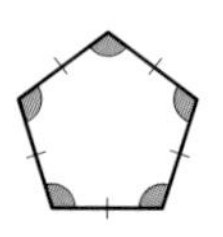
정오각형

1 다음 보기 중 다각형을 모두 고르시오. ________

보기
ㄱ. 사다리꼴　ㄴ. 원뿔　ㄷ. 반원
ㄹ. 원기둥　ㅁ. 팔각형　ㅂ. 사각뿔

2 오른쪽 그림의 사각형 ABCD에 대하여 옳은 것에 ○표를 하고, □ 안에 알맞은 수를 쓰시오.

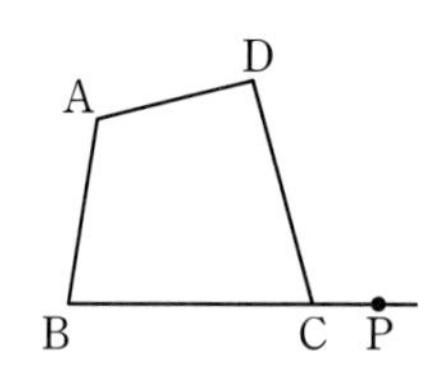

(1) $\angle$BCD는 (내각, 외각)이다.

(2) $\angle$DCP는 $\angle$C의 (내각, 외각)이다.

(3) $\angle\text{BCD}+\angle\text{DCP}=\square^\circ$

3 다음 다각형에서 $\angle$A의 외각의 크기를 구하시오.

(1)

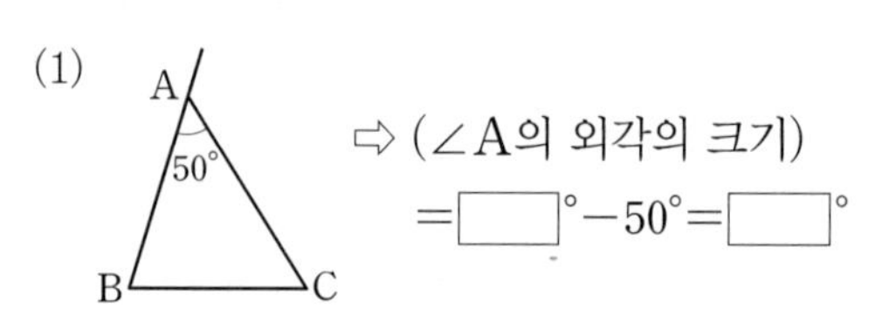

⇨ ($\angle$A의 외각의 크기)
$=\square^\circ-50^\circ=\square^\circ$

(2)

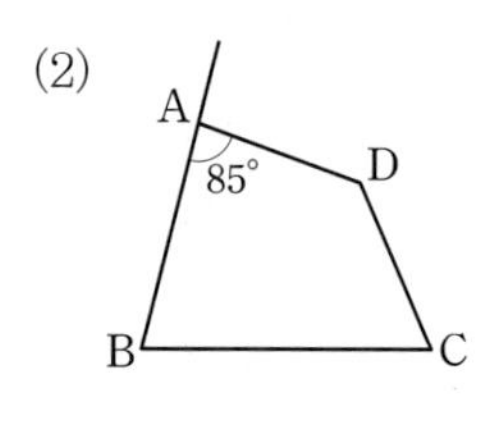

(3)

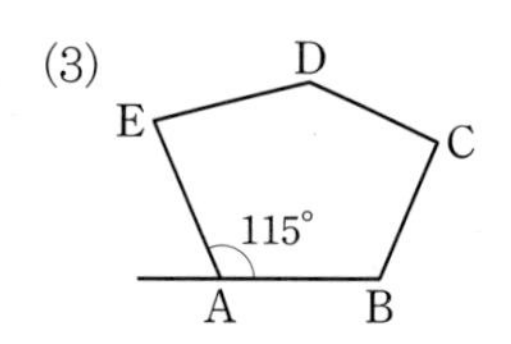

________　________

4 다음 조건을 모두 만족시키는 다각형의 이름을 말하시오.

(1) 조건
(가) 정다각형이다.
(나) 내각의 개수가 5개이다.

____

(2) 조건
(가) 9개의 선분으로 둘러싸여 있다.
(나) 모든 변의 길이가 같고, 모든 내각의 크기가 같다.

____

5 다음 중 정다각형에 대한 설명으로 옳은 것은 ○표, 옳지 않은 것은 ×표를 (　) 안에 쓰시오.

(1) 세 변의 길이가 모두 같은 삼각형은 정삼각형이다. (　　)

(2) 정다각형은 모든 변의 길이가 같다. (　　)

(3) 네 내각의 크기가 모두 같은 사각형은 정사각형이다. (　　)

(4) 마름모는 정다각형이다. (　　)

유형 2 다각형의 대각선의 개수

개념편 59쪽

대각선: 다각형에서 서로 이웃하지 않는 두 꼭짓점을 이은 선분

(1) n각형의 한 꼭짓점에서 그을 수 있는 대각선의 개수 ➡ $(n-3)$개

(2) n각형의 대각선의 개수 ➡ $\frac{n(n-3)}{2}$개

참고 n각형의 한 꼭짓점에서 대각선을 모두 그었을 때 만들어지는 삼각형의 개수 ➡ $(n-2)$개

1 다음 다각형의 한 꼭짓점에서 그을 수 있는 대각선의 개수를 구하시오.

(1)

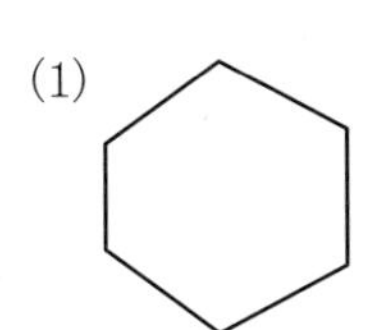

(2)

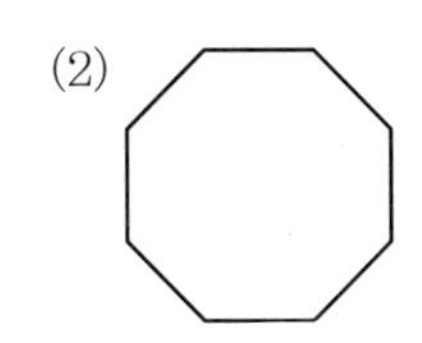

________ ________

2 다음 표의 빈칸을 알맞게 채우시오.

다각형	꼭짓점의 개수	한 꼭짓점에서 그을 수 있는 대각선의 개수	대각선의 개수
(1) 사각형			
(2) 오각형			
(3) 육각형			
(4) 칠각형			

3 다음 다각형의 대각선의 개수를 구하시오.

(1) 십각형 ________

(2) 십이각형 ________

(3) 십오각형 ________

(4) 이십각형 ________

n각형으로 놓고, 조건을 만족시키는 n의 값을 구하자.

4 한 꼭짓점에서 그을 수 있는 대각선의 개수가 8개인 다각형에 대하여 다음 물음에 답하시오.

(1) 이 다각형의 이름을 말하시오. ________

(2) 이 다각형의 대각선의 개수를 구하시오.

____

5 다음은 대각선의 개수가 20개인 다각형을 구하는 과정이다. □ 안에 알맞은 것을 쓰시오.

> 대각선의 개수가 20개인 다각형을 n각형이라고 하면
>
> $\frac{n(n-3)}{2}=\square$에서
>
> $n(n-3)=\square=\square\times5$이므로 $n=\square$
>
> ↳ 차가 3인 두 자연수를 찾는다.
>
> 따라서 주어진 다각형은 □이다.

6 대각선의 개수가 65개인 다각형의 이름을 말하시오.

____

쌍둥이 기출문제

• 정답과 해설 26쪽

형광펜 들고 밑줄 쫙~

쌍둥이 01

1 팔각형의 한 꼭짓점에서 그을 수 있는 대각선의 개수를 a개, 모든 대각선의 개수를 b개라고 할 때, $a+b$의 값을 구하시오.

2 한 꼭짓점에서 그을 수 있는 대각선의 개수가 13개인 다각형의 대각선의 개수는?

① 64개 ② 70개 ③ 88개
④ 90개 ⑤ 104개

쌍둥이 02

3 대각선의 개수가 27개인 다각형은?

① 칠각형 ② 팔각형 ③ 구각형
④ 십각형 ⑤ 십이각형

4 대각선의 개수가 44개인 다각형의 변의 개수는?

① 11개 ② 12개 ③ 13개
④ 14개 ⑤ 15개

쌍둥이 03

5 다음 조건을 모두 만족시키는 다각형의 이름을 말하시오.

조건
(가) 한 꼭짓점에서 그을 수 있는 대각선의 개수는 15개이다.
(나) 모든 변의 길이가 같고, 모든 내각의 크기가 같다.

6 다음 조건을 모두 만족시키는 다각형은?

조건
(가) 모든 변의 길이가 같고, 모든 내각의 크기가 같다.
(나) 대각선의 개수는 14개이다.

① 칠각형 ② 정칠각형 ③ 정팔각형
④ 십각형 ⑤ 정십각형

쌍둥이 04

7 다음 중 다각형에 대한 설명으로 옳지 않은 것은?

① 변의 개수가 가장 적은 다각형은 삼각형이다.
② 삼각형은 대각선을 그을 수 없다.
③ 다각형에서 서로 이웃하지 않는 두 꼭짓점을 이은 선분을 대각선이라고 한다.
④ n각형의 한 꼭짓점에서 그을 수 있는 대각선의 개수는 $(n-2)$개이다.
⑤ 오각형의 대각선의 개수는 5개이다.

8 다음 중 옳지 않은 것은?

① 다각형의 한 꼭짓점에서 내각의 크기와 외각의 크기의 합은 180°이다.
② 변의 길이가 모두 같은 사각형은 정사각형이다.
③ 칠각형의 한 꼭짓점에서 그을 수 있는 대각선의 개수는 4개이다.
④ 육각형과 정육각형의 대각선의 개수는 같다.
⑤ 내각의 크기가 모두 같은 삼각형은 정삼각형이다.

● 정답과 해설 27쪽

02 삼각형의 내각과 외각

3. 다각형

유형 3 삼각형의 내각과 외각의 크기

개념편 61~62쪽

(1) 삼각형의 세 내각의 크기의 합은 180°이다.

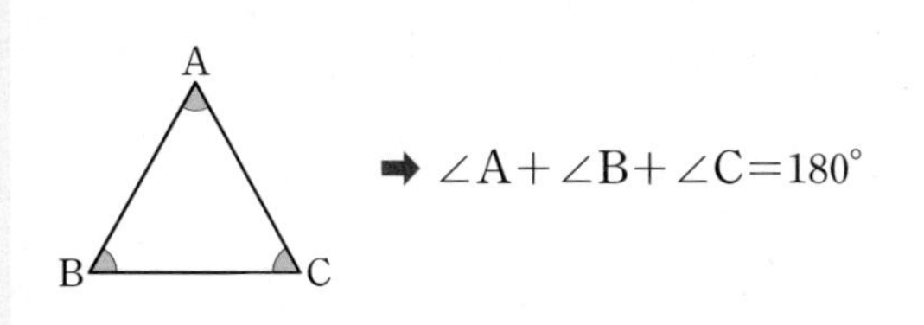

(2) 삼각형의 한 외각의 크기는 그와 이웃하지 않는 두 내각의 크기의 합과 같다.

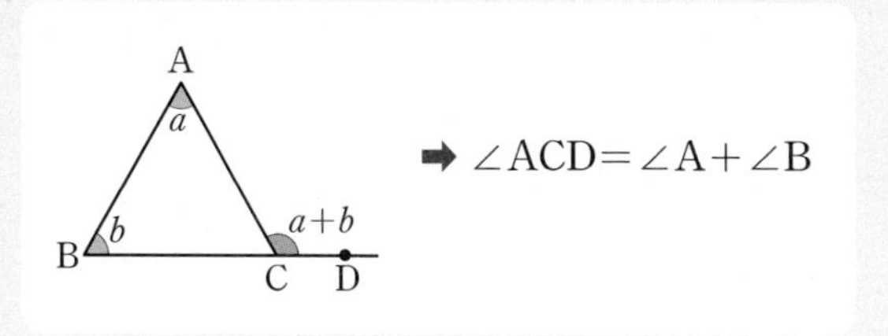

1 다음 그림에서 $\angle x$의 크기를 구하시오.

(1)

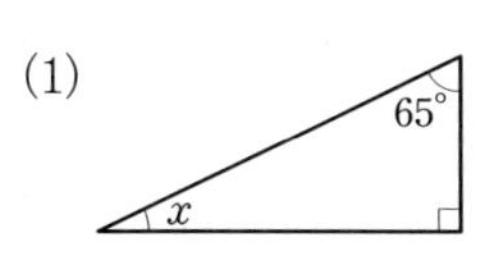

(2)

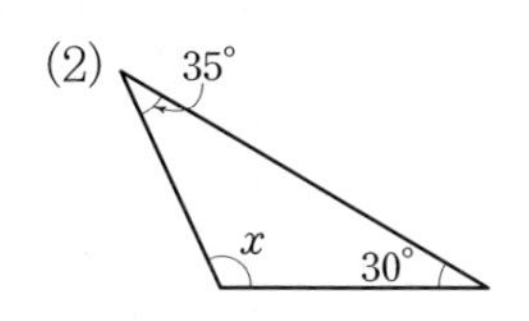

2 다음 그림에서 x의 값을 구하시오.

(1)

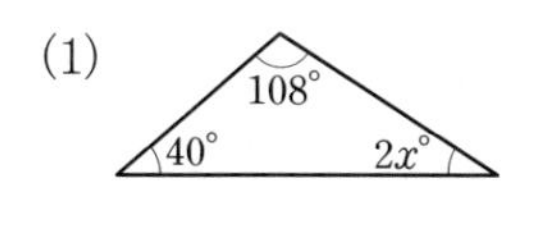

(2)

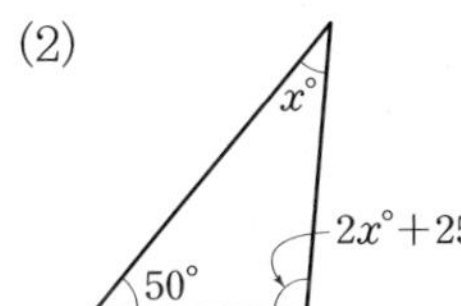

3 삼각형의 세 내각의 크기의 비가 $3:4:5$일 때, 가장 작은 내각의 크기를 구하시오.

4 다음 그림에서 $\angle x$의 크기를 구하시오.

(1)

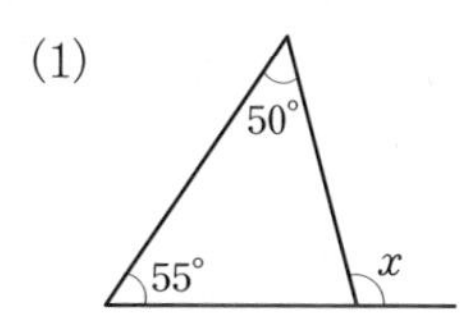

(2)

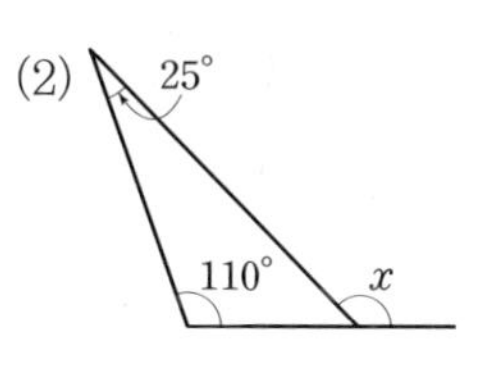

5 다음 그림에서 $\angle x$의 크기를 구하시오.

(1)

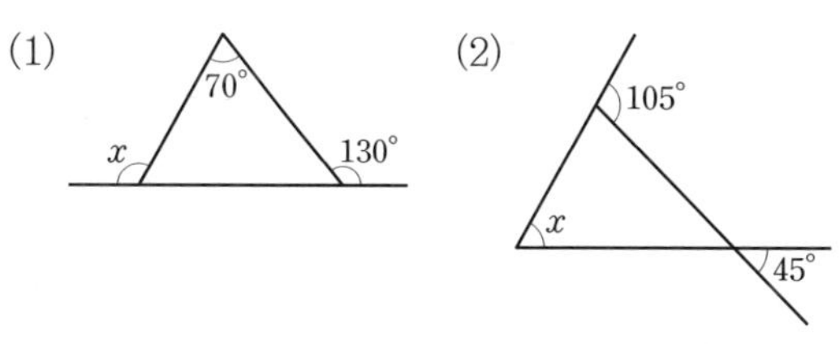

(2)

6 다음 그림에서 $\angle x$의 크기를 구하시오.

(1)

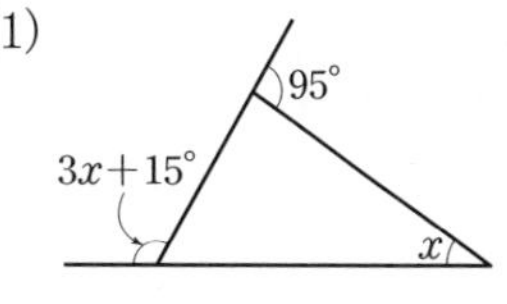

(2)

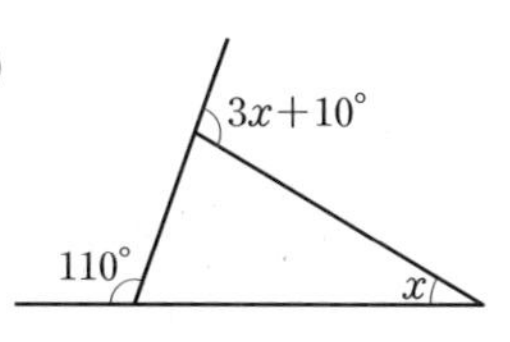

한 걸음 더 연습

유형 3

1 오른쪽 그림의 $\triangle ABC$에서 $\angle BAD=\angle CAD$일 때, 다음을 구하시오.

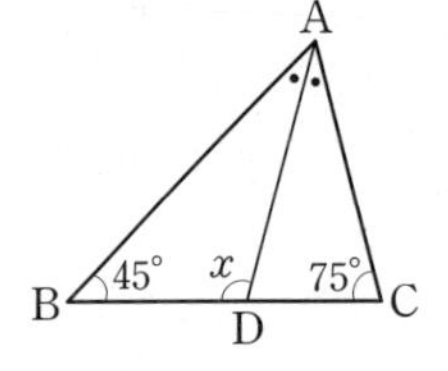

(1) $\angle BAD$의 크기 ________

(2) $\angle x$의 크기 ________

2 오른쪽 그림의 $\triangle ABC$에서 $\angle x$의 크기를 구하려고 한다. 다음 □ 안에 알맞은 수를 쓰시오.

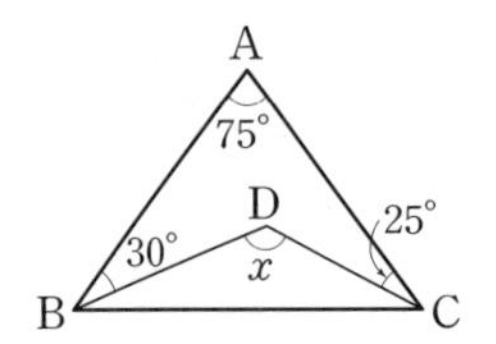

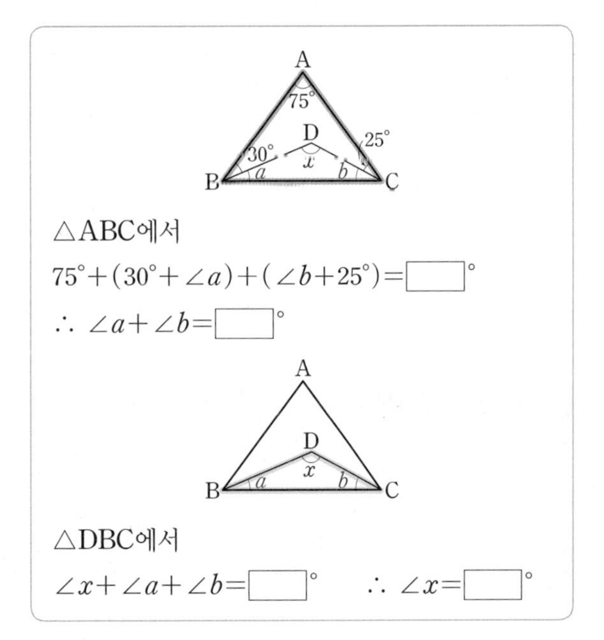

$\triangle ABC$에서

$75^\circ+(30^\circ+\angle a)+(\angle b+25^\circ)=$□$^\circ$

$\therefore\ \angle a+\angle b=$□$^\circ$

$\triangle DBC$에서

$\angle x+\angle a+\angle b=$□$^\circ$ $\therefore\ \angle x=$□$^\circ$

3 오른쪽 그림에서 $\overline{AB}=\overline{AC}=\overline{CD}$이고 $\angle B=30^\circ$일 때, $\angle x$의 크기를 구하려고 한다. 다음 □ 안에 알맞은 수를 쓰시오.

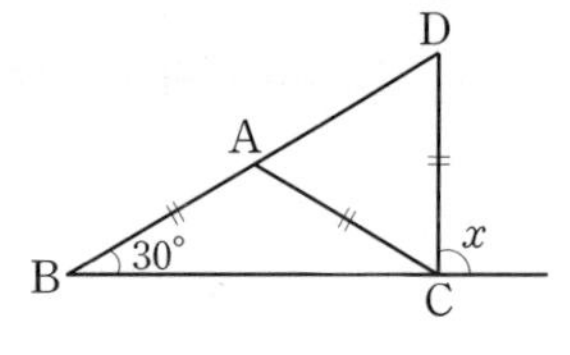

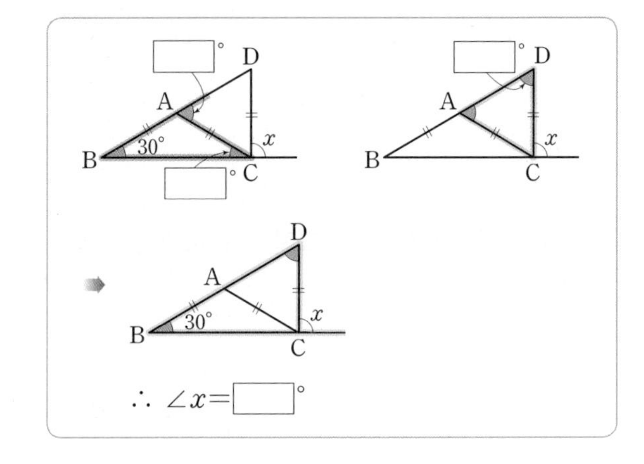

$\therefore\ \angle x=$□$^\circ$

4 오른쪽 그림에서 $\angle a+\angle b+\angle c+\angle d+\angle e$의 크기를 구하려고 한다. 다음 □ 안에 알맞은 것을 쓰시오.

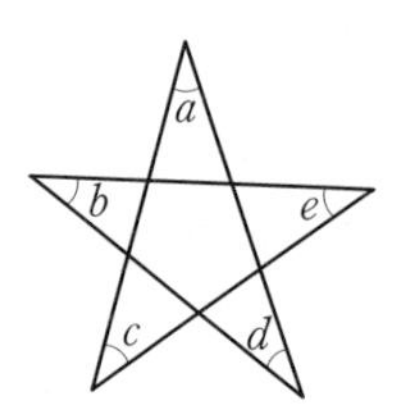

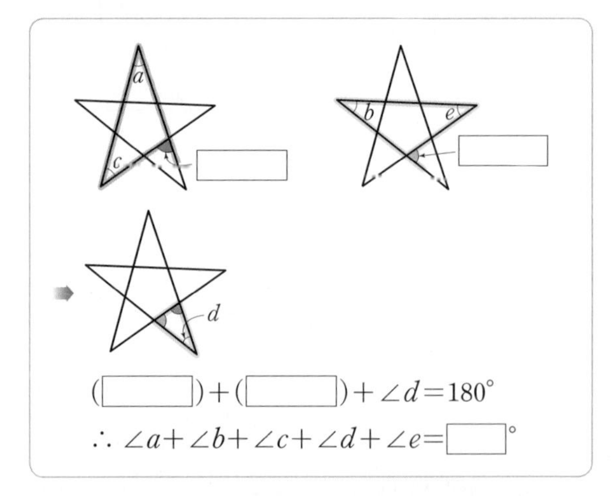

(□)+(□)$+\angle d=180^\circ$

$\therefore\ \angle a+\angle b+\angle c+\angle d+\angle e=$□$^\circ$

쌍둥이 기출문제

• 정답과 해설 28쪽

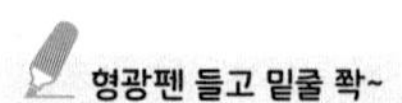

쌍둥이 01

1 오른쪽 그림에서 $\angle x$의 크기를 구하시오.

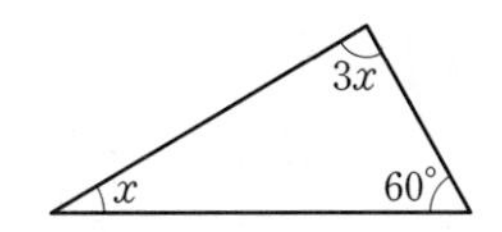

2 오른쪽 그림에서 x의 값을 구하시오.

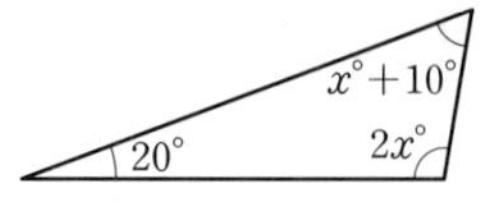

쌍둥이 02

3 삼각형의 세 내각의 크기의 비가 $1:4:7$일 때, 가장 작은 내각의 크기를 구하시오.

4 삼각형의 세 내각의 크기의 비가 $4:5:9$일 때, 가장 큰 내각의 크기를 구하시오.

쌍둥이 03

5 오른쪽 그림에서 $\angle x$의 크기는?

① $36°$　② $43°$　③ $45°$　④ $53°$　⑤ $63°$

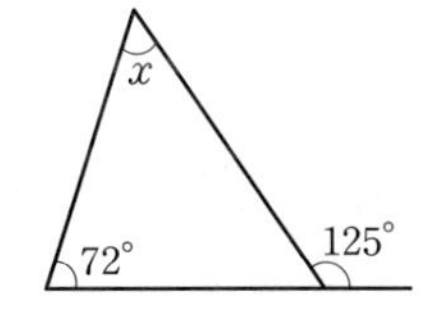

6 오른쪽 그림에서 $\angle x$의 크기를 구하시오.

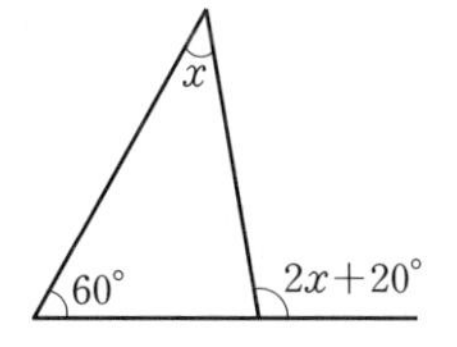

쌍둥이 04

7 오른쪽 그림에서 $\angle x$의 크기는?

① $40°$　② $45°$　③ $50°$　④ $55°$　⑤ $60°$

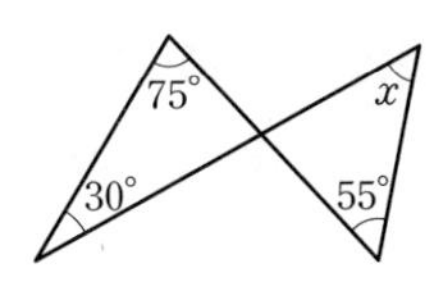

8 오른쪽 그림에서 $\angle x$의 크기를 구하시오.

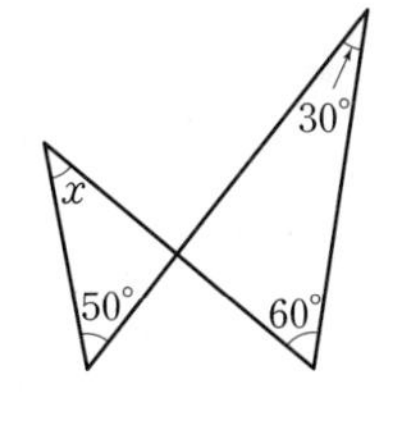

쌍둥이 05

9 오른쪽 그림의 △ABC에서 $\overline{CD}$는 ∠C의 이등분선일 때, ∠x의 크기를 구하려고 한다. 다음을 구하시오.

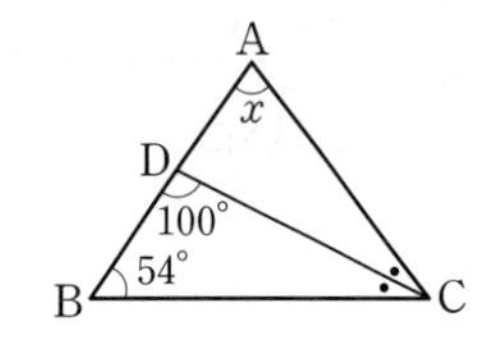

(1) ∠BCD의 크기

(2) ∠x의 크기

10 오른쪽 그림의 △ABC에서 ∠BAD=∠CAD일 때, ∠x의 크기를 구하시오.

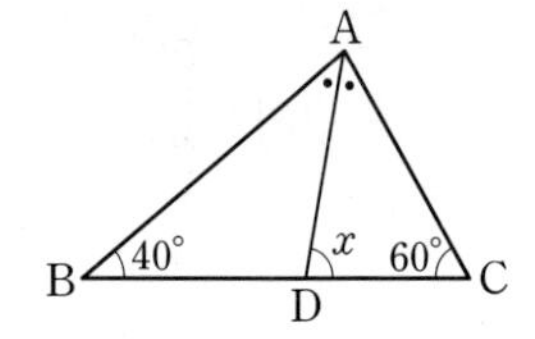

쌍둥이 06

11 오른쪽 그림에서 점 D가 △ABC의 내부의 한 점일 때, ∠x의 크기를 구하시오.

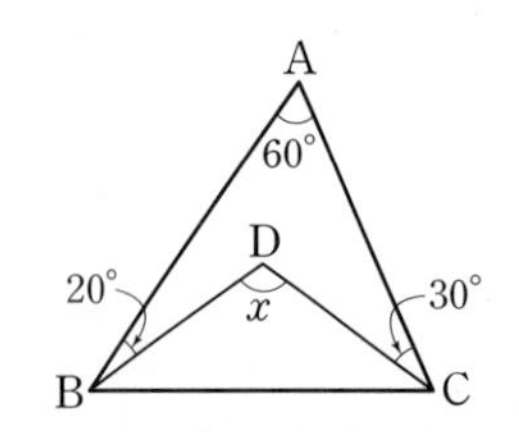

12 오른쪽 그림에서 점 D가 △ABC의 내부의 한 점일 때, ∠x의 크기를 구하시오.

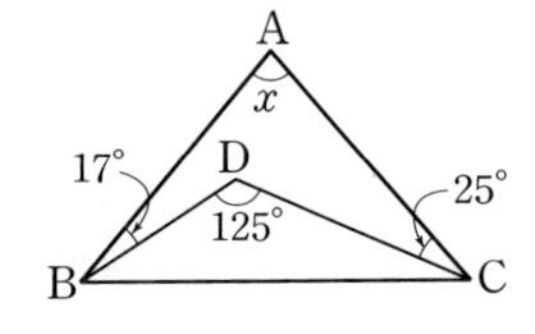

쌍둥이 07

13 오른쪽 그림에서 $\overline{AB}=\overline{AC}=\overline{CD}$이고 ∠B=35°일 때, ∠$x$의 크기를 구하시오.

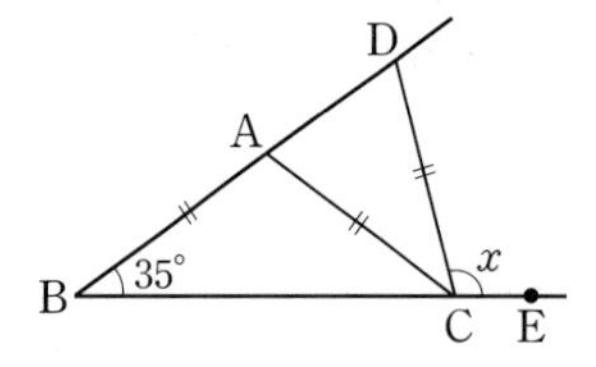

14 오른쪽 그림에서 $\overline{AB}=\overline{AC}=\overline{CD}$이고 ∠DCE=102°일 때, ∠$x$의 크기를 구하시오.

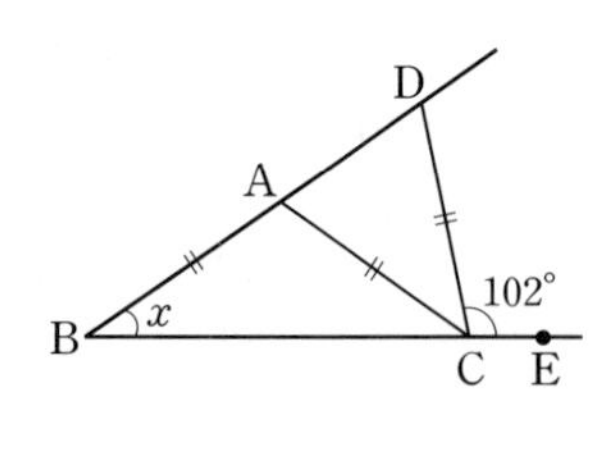

쌍둥이 08

15 오른쪽 그림에서 ∠x의 크기는?

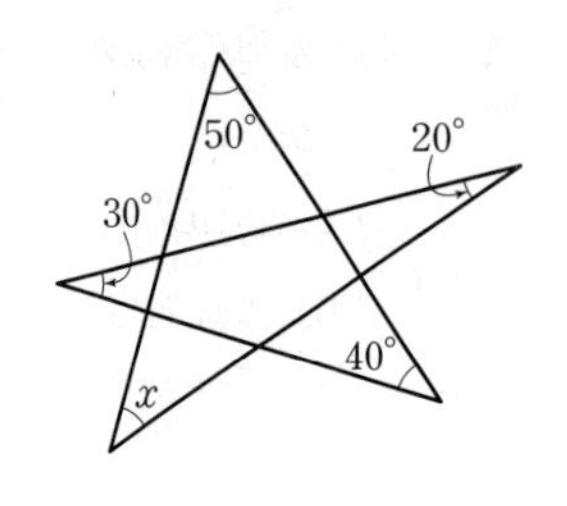

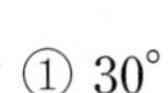
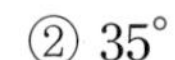

① 30°　② 35°
③ 40°　④ 45°
⑤ 50°

16 오른쪽 그림에서 ∠x의 크기를 구하시오.

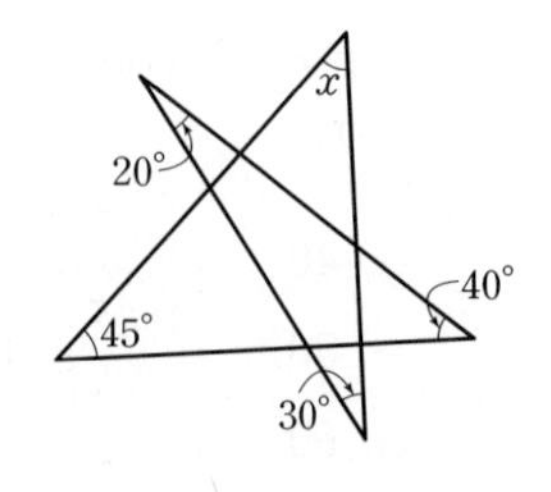

• 정답과 해설 29쪽

3. 다각형

03 다각형의 내각과 외각

유형 4 다각형의 내각의 크기의 합

개념편 64쪽

n각형의 내각의 크기의 합은 $180° \times (n-2)$이다.

- $180°$ → 삼각형의 세 내각의 크기의 합
- $(n-2)$ → 한 꼭짓점에서 대각선을 모두 그었을 때 만들어지는 삼각형의 개수

예

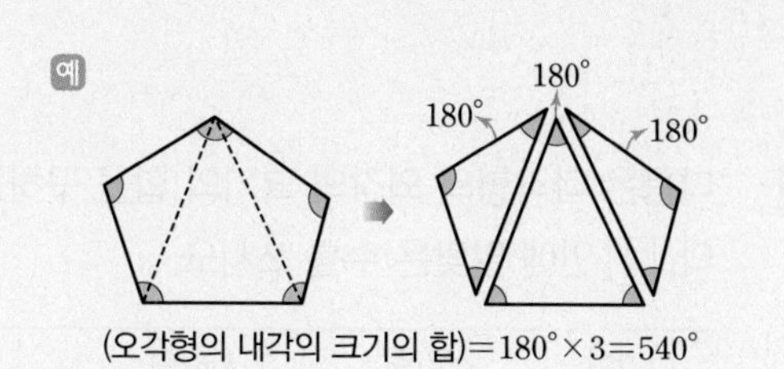

(오각형의 내각의 크기의 합)$=180° \times 3=540°$

1 다음 표의 빈칸을 알맞게 채우시오.

다각형	한 꼭짓점에서 대각선을 모두 그었을 때 만들어지는 삼각형의 개수	내각의 크기의 합
오각형	3개	$180° \times 3=540°$
육각형		
칠각형		
팔각형		
⋮	⋮	⋮
n각형		

2 다음 다각형의 내각의 크기의 합을 구하시오.

(1) 십각형 ________

(2) 십이각형 ________

(3) 십오각형 ________

(4) 십팔각형 ________

(n각형으로 놓고, 조건을 만족시키는 n의 값을 구하자.)

3 내각의 크기의 합이 다음과 같은 다각형의 이름을 말하시오.

(1) $720°$ ________

(2) $1260°$ ________

(3) $1620°$ ________

(4) $2160°$ ________

4 다음 그림에서 $\angle x$의 크기를 구하시오.

(1)

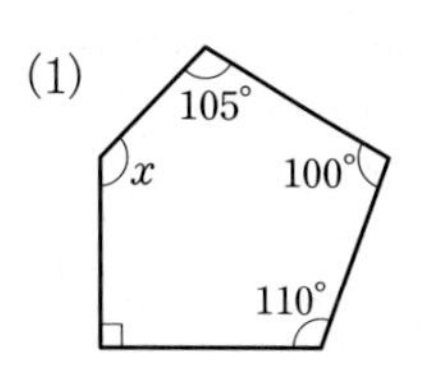

____

(2)

____

5 다음 그림에서 $\angle x$의 크기를 구하시오.

(1)

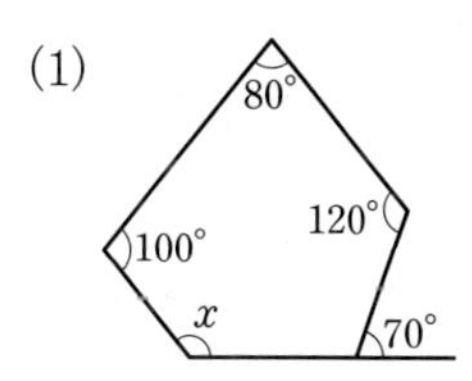

____

(2)

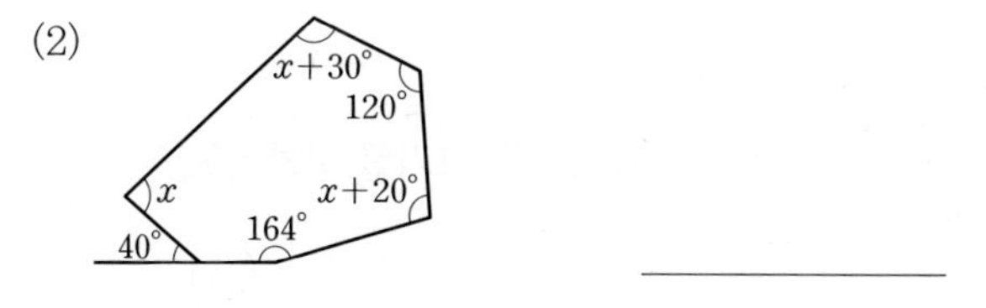

____

유형 5 다각형의 외각의 크기의 합

개념편 65쪽

n각형의 외각의 크기의 합은 항상 **360°**이다.

1 다음은 다각형의 외각의 크기의 합을 구하는 과정이다. □ 안에 알맞은 수를 쓰시오.

다각형	삼각형	사각형	오각형
내각과 외각의 크기의 합	$180° \times 3$	$180° \times 4$	$180° \times$ □
내각의 크기의 합	$180° \times 1$	$180° \times 2$	$180° \times$ □
외각의 크기의 합	$180° \times 3$ $-180° \times 1$ $=360°$	$180° \times 4$ $-180° \times 2$ $=360°$	$180° \times$ □ $-180° \times$ □ $=$ □°

⇨ 다각형의 외각의 크기의 합은 항상 □°이다.

2 다음 다각형의 외각의 크기의 합을 구하시오.

(1) 팔각형 ________

(2) 십이각형 ________

3 다음 그림에서 $\angle x$의 크기를 구하시오.

(1)

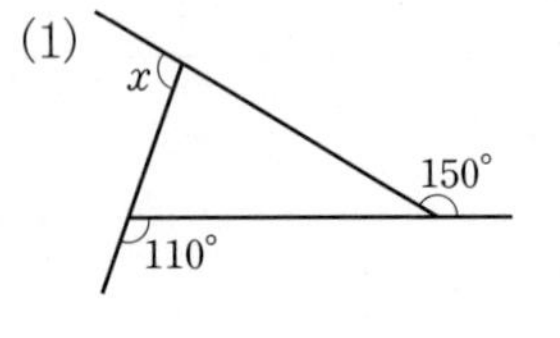

____

(2)

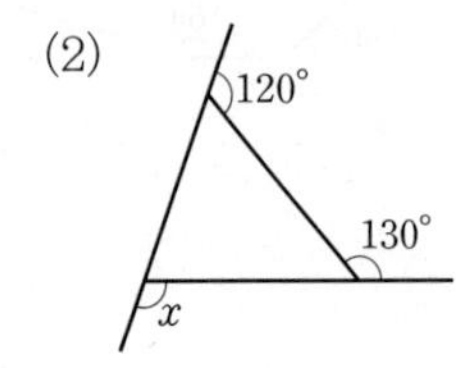

____

4 다음 그림에서 $\angle x$의 크기를 구하시오.

(1)

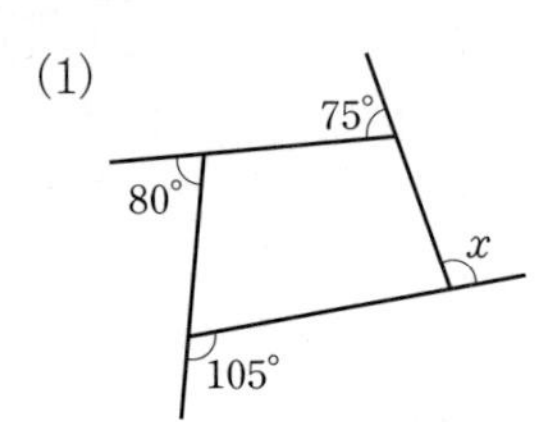

____

(2)

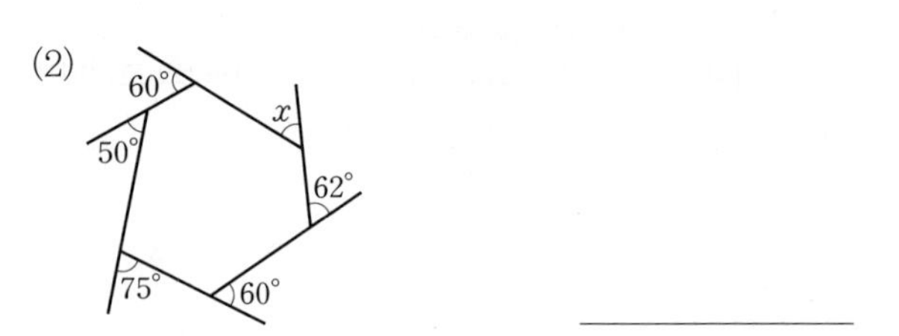

____

5 다음 그림에서 $\angle x$의 크기를 구하시오.

(1)

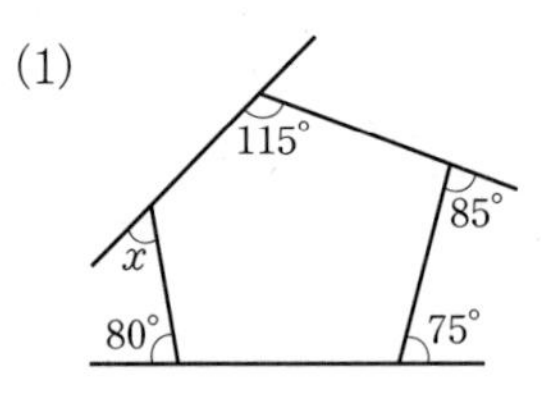

____

(2)

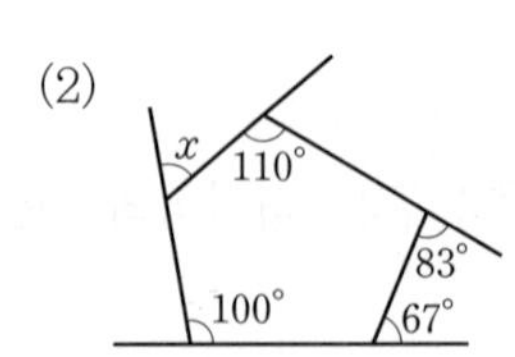

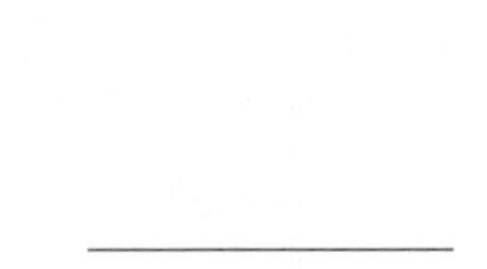

____

(3)

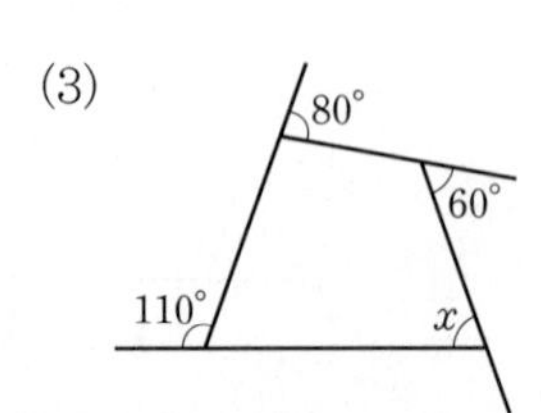

____

유형 6 정다각형의 한 내각과 한 외각의 크기

개념편 66쪽

(1) (정n각형의 한 내각의 크기)$=\frac{(\text{정}n\text{각형의 내각의 크기의 합})}{n}=\frac{180^\circ\times(n-2)}{n}$

(2) (정n각형의 한 외각의 크기)$=\frac{(\text{정}n\text{각형의 외각의 크기의 합})}{n}=\frac{360^\circ}{n}$

1 다음은 정십각형의 한 내각의 크기와 한 외각의 크기를 구하는 과정이다. □ 안에 알맞은 수를 쓰시오.

(1) 정십각형의 내각의 크기의 합은
$180^\circ\times(\square-2)=180^\circ\times\square=\square^\circ$이므로
정십각형의 한 내각의 크기는 $\square^\circ$이다.

(2) 정십각형의 외각의 크기의 합은 $\square^\circ$이므로
정십각형의 한 외각의 크기는 $\square^\circ$이다.

2 다음 표의 빈칸을 알맞게 채우시오.

정다각형	한 내각의 크기
(1) 정오각형	$\frac{180^\circ\times(5-2)}{\square}=\square^\circ$
(2) 정팔각형	
(3) 정십오각형	

3 다음 표의 빈칸을 알맞게 채우시오.

정다각형	한 외각의 크기
(1) 정육각형	$\frac{360^\circ}{\square}=\square^\circ$
(2) 정구각형	
(3) 정십이각형	

정n각형으로 놓고, 조건을 만족시키는 n의 값을 구하자.

4 한 내각의 크기가 다음과 같은 정다각형의 이름을 말하시오.

(1) 140° ________

(2) 160° ________

5 한 외각의 크기가 다음과 같은 정다각형의 이름을 말하시오.

(1) 24° ________

(2) 18° ________

6 다음은 한 내각의 크기와 한 외각의 크기의 비가 $3:1$인 정다각형을 구하는 과정이다. □ 안에 알맞은 것을 쓰시오.

> 정다각형의 한 내각과 한 외각의 크기의 합이 180°이므로
>
> (한 외각의 크기)$=180^\circ\times\frac{\square}{3+1}=\square^\circ$
>
> 주어진 정다각형을 정n각형이라고 하면
>
> $\frac{360^\circ}{n}=\square^\circ$ $\quad\therefore n=\square$
>
> 따라서 주어진 정다각형은 □이다.

형광펜 들고 밑줄 쫙~

쌍둥이 01

1 구각형은 한 꼭짓점에서 그은 대각선에 의해 a개의 삼각형으로 나누어지므로 구각형의 내각의 크기의 합은 $b°$이다. 이때 $a+b$의 값을 구하시오.

2 한 꼭짓점에서 그을 수 있는 대각선의 개수가 4개인 다각형의 내각의 크기의 합을 구하시오.

쌍둥이 02

3 내각의 크기의 합이 $1080°$인 다각형의 꼭짓점의 개수는?

① 6개 ② 7개 ③ 8개
④ 9개 ⑤ 10개

4 내각의 크기의 합이 $1440°$이고, 모든 변의 길이와 모든 내각의 크기가 각각 같은 다각형의 이름을 말하시오.

쌍둥이 03

5 오른쪽 그림에서 $\angle x$의 크기를 구하시오.

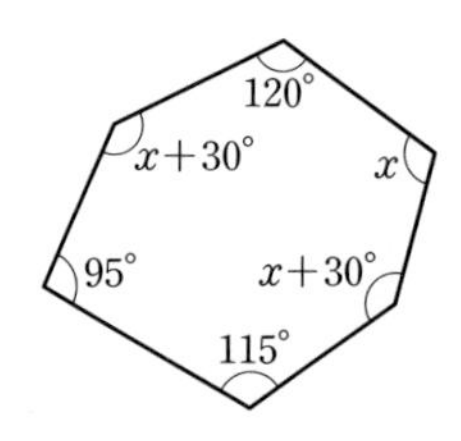

6 오른쪽 그림에서 $\angle x$의 크기를 구하시오.

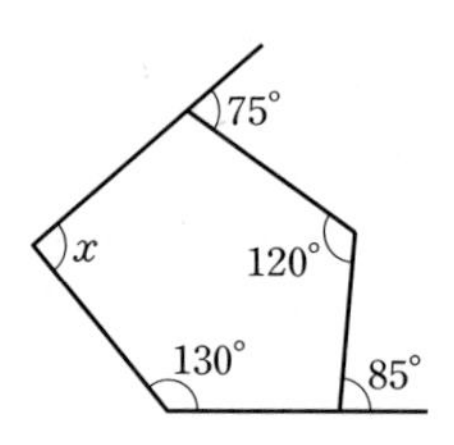

쌍둥이 04

7 오른쪽 그림에서 $\angle x$의 크기는?

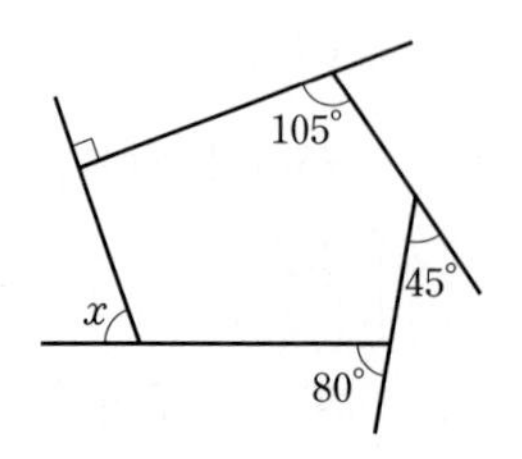

① $60°$ ② $65°$
③ $70°$ ④ $75°$
⑤ $80°$

8 오른쪽 그림에서 $\angle x$의 크기는?

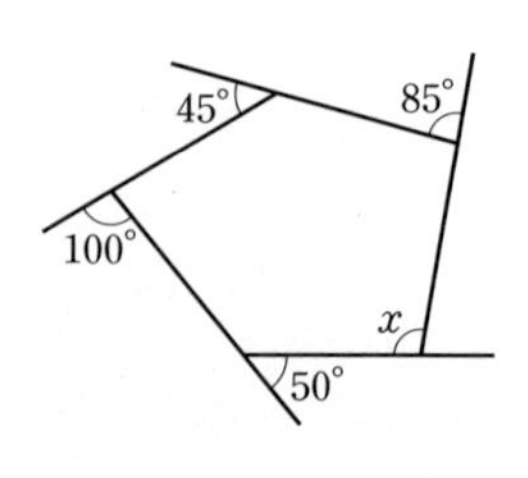

① $95°$ ② $100°$
③ $105°$ ④ $110°$
⑤ $115°$

쌍둥이 05

9 서술형 한 꼭짓점에서 대각선을 모두 그었을 때 만들어지는 삼각형의 개수가 8개인 정다각형의 한 내각의 크기를 구하시오.

풀이 과정

답

10 대각선의 개수가 9개인 정다각형의 한 외각의 크기는?

① $24°$ ② $30°$ ③ $40°$
④ $45°$ ⑤ $60°$

쌍둥이 06

11 한 외각의 크기가 $36°$인 정다각형은?

① 정십각형 ② 정십이각형 ③ 정십육각형
④ 정십팔각형 ⑤ 정이십각형

12 한 내각의 크기가 $150°$인 정다각형의 이름을 말하시오.

쌍둥이 07

13 한 내각의 크기와 한 외각의 크기의 비가 $8:1$인 정다각형을 구하려고 할 때, 다음을 구하시오.

(1) 한 외각의 크기

(2) 정다각형의 이름

14 한 내각의 크기와 한 외각의 크기의 비가 $3:2$인 정다각형은?

① 정오각형 ② 정팔각형 ③ 정구각형
④ 정십일각형 ⑤ 정십이각형

단원 마무리

▶ 쌍둥이 기출문제 중에서 연습이 더 필요한 문제들로 구성하였습니다.

1 **한 꼭짓점에서 대각선을 모두 그었을 때 만들어지는 삼각형의 개수가 9개인 n각형의 대각선의 개수가 m개일 때, $n+m$의 값을 구하시오.**

▸ 다각형의 대각선의 개수

2 **다음 중 옳지 않은 것을 모두 고르면? (정답 2개)**

▸ 다각형의 이해

① 다각형에서 변의 개수와 꼭짓점의 개수는 항상 같다.
② 정육각형은 내각의 크기가 모두 같다.
③ 정다각형의 대각선의 길이는 모두 같다.
④ 십각형의 대각선의 개수는 35개이다.
⑤ 대각선이 27개인 다각형은 칠각형이다.

3 **오른쪽 그림에서 x의 값은?**

▸ 삼각형의 내각과 외각 사이의 관계

① 30　② 35　③ 40
④ 45　⑤ 50

$3x°-30°$, $50°$, $x°+20°$

4 **오른쪽 그림에서 점 D가 $\triangle ABC$의 내부의 한 점일 때, $\angle x$의 크기를 구하시오.**

▸ 삼각형의 내각의 크기의 합의 활용

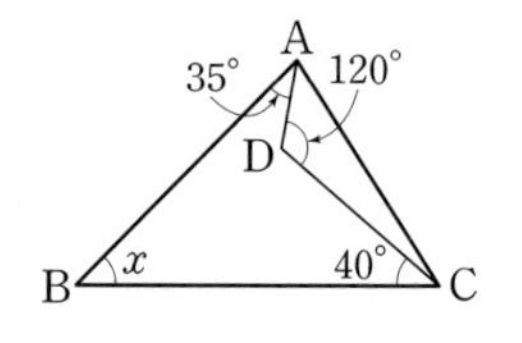

서술형

5 **오른쪽 그림에서 $\overline{AB}=\overline{AC}=\overline{CD}$이고 $\angle DCE=108°$일 때, $\angle x$의 크기를 구하시오.**

▸ 이등변삼각형의 성질을 이용하여 각의 크기 구하기

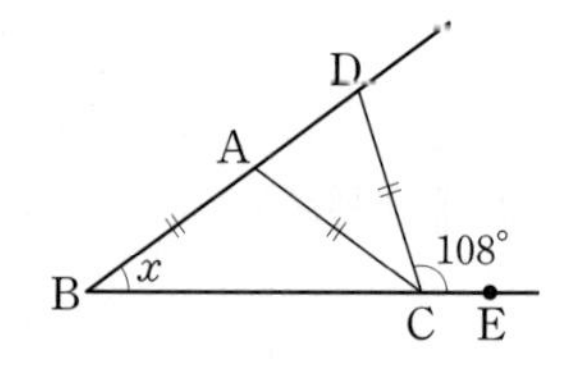

풀이 과정

답

6 내각의 크기의 합이 $1980°$인 다각형의 변의 개수는?

① 9개 ② 10개 ③ 11개 ④ 12개 ⑤ 13개

▶ 다각형의 내각의 크기의 합

7 오른쪽 그림에서 $\angle x+\angle y$의 크기는?

① $126°$ ② $128°$ ③ $130°$
④ $132°$ ⑤ $134°$

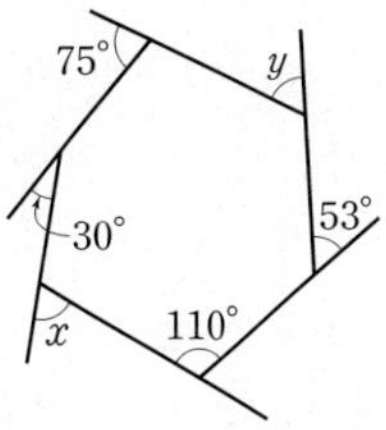

75°
y
30°
53°
x
110°

▶ 다각형의 외각의 크기의 합

8 정이십각형의 한 내각의 크기를 $a°$, 정이십사각형의 한 외각의 크기를 $b°$라고 할 때, $a+b$의 값을 구하시오.

▶ 정다각형의 한 내각과 한 외각의 크기

9 한 내각의 크기가 $135°$인 정다각형의 한 꼭짓점에서 그을 수 있는 대각선의 개수를 구하시오.

▶ 정다각형의 한 내각과 한 외각의 크기

서술형

10 한 내각의 크기와 한 외각의 크기의 비가 $2:1$인 정다각형의 이름을 말하시오.

풀이 과정

답

▶ 한 내각과 한 외각의 크기의 비가 주어진 정다각형

4 원과 부채꼴

유형 **1** 원과 부채꼴

유형 **2** 부채꼴의 중심각의 크기와 호의 길이, 넓이, 현의 길이 사이의 관계

유형 **3** 원의 둘레의 길이와 넓이

유형 **4** 부채꼴의 호의 길이와 넓이

● 정답과 해설 33쪽

1

4. 원과 부채꼴

원과 부채꼴

유형 1 원과 부채꼴

개념편 78쪽

호 AB($\overset{\frown}{AB}$)	할선	현 AB($\overline{AB}$)	부채꼴 AOB와 그 중심각 ∠AOB	호 AB와 현 AB로 이루어진 활꼴
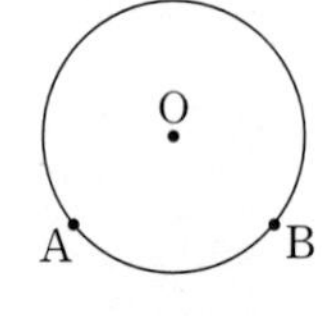	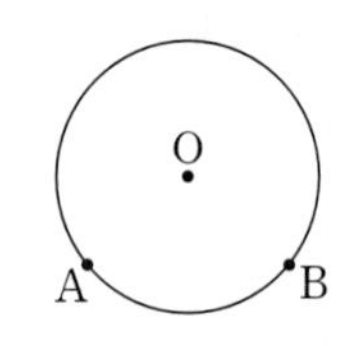	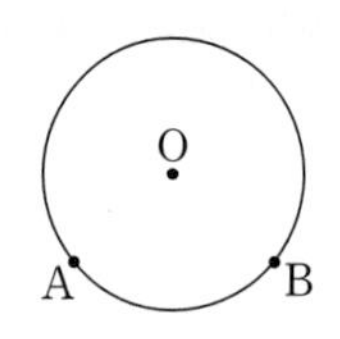	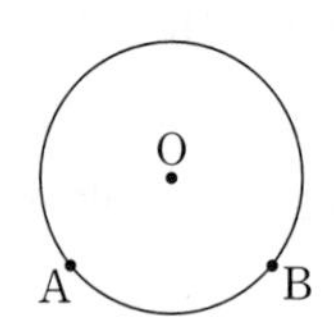	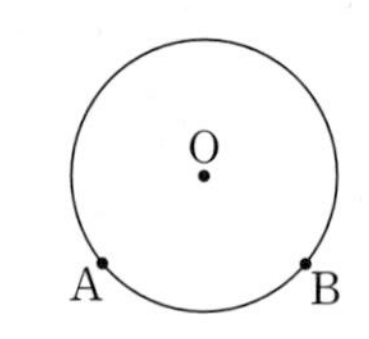

1 다음을 원 위에 나타내시오.

호 AB　　현 AB　　호 AB와 현 AB로 이루어진 활꼴　　부채꼴 AOB　　호 AB에 대한 중심각 또는 부채꼴 AOB의 중심각

2 오른쪽 그림과 같이 $\overline{BE}$를 지름으로 하는 원 O에서 다음을 기호로 나타내시오.

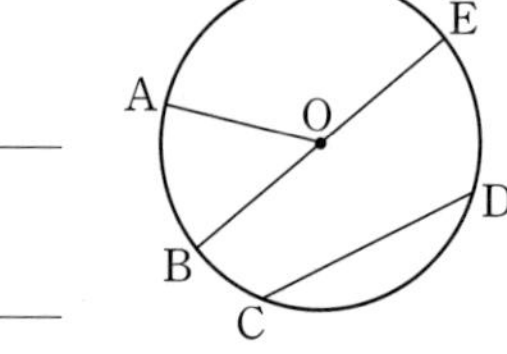

(1) 반지름 ________　　(2) 현 ________

(3) 길이가 가장 긴 현 ________　　(4) ∠AOB에 대한 호 ________

(5) $\overset{\frown}{AE}$에 대한 중심각 ________　　(6) $\overset{\frown}{BE}$에 대한 중심각의 크기 ________

3 다음 중 옳은 것은 ○표, 옳지 않은 것은 ×표를 (　) 안에 쓰시오.

(1) 현은 원 위의 두 점을 이은 직선이다. (　)

(2) 원의 현 중에서 가장 긴 것은 그 원의 지름이다. (　)

(3) 부채꼴은 원의 두 점을 이은 현과 호로 이루어진 도형이다. (　)

(4) 한 원에서 부채꼴과 활꼴이 같을 때, 그 모양은 반원이다. (　)

유형 2 부채꼴의 중심각의 크기와 호의 길이, 넓이, 현의 길이 사이의 관계

개념편 79~80쪽

한 원 또는 합동인 두 원에서

(1) 부채꼴의 중심각의 크기와 호의 길이, 넓이 사이의 관계

① 중심각의 크기가 같은 두 부채꼴의 호의 길이와 넓이는 각각 같다.

② 부채꼴의 호의 길이와 넓이는 각각 중심각의 크기에 정비례한다.

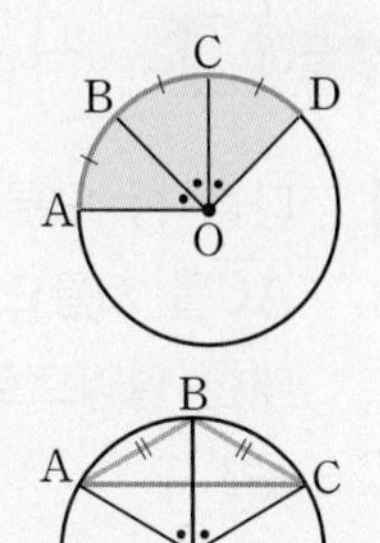

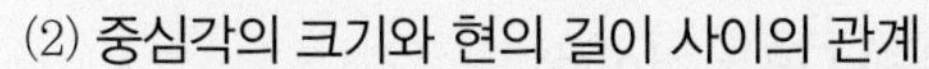

(2) 중심각의 크기와 현의 길이 사이의 관계

① 중심각의 크기가 같은 두 현의 길이는 같다.

② 현의 길이는 중심각의 크기에 정비례하지 않는다.

1 오른쪽 그림의 원 O에 대하여 다음 표의 빈칸을 알맞게 채우고, □ 안에 알맞은 것을 쓰시오.

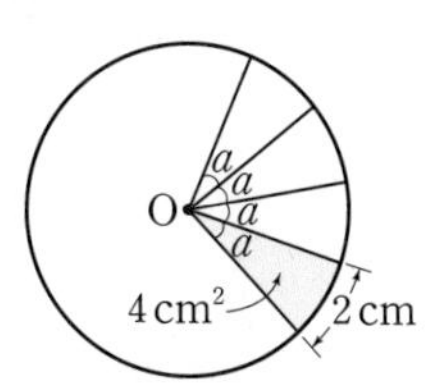

중심각의 크기	호의 길이	부채꼴의 넓이
$\angle a$	2 cm	4 cm^2
2배 $2\angle a$		
3배 $3\angle a$		
4배 $4\angle a$		

⇨ 부채꼴의 호의 길이와 넓이는 각각 중심각의 크기에 □ 한다.

[2~5] 다음 그림의 원 O에서 x의 값을 구하시오.

2 (1)

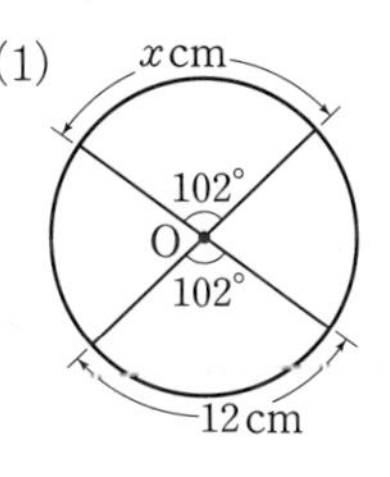

(2)

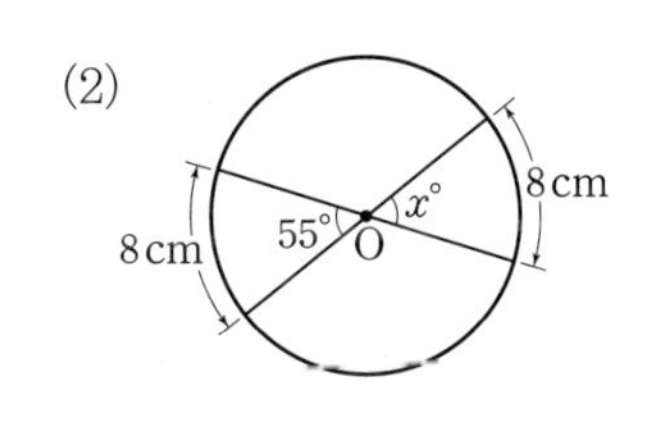

3 (1)

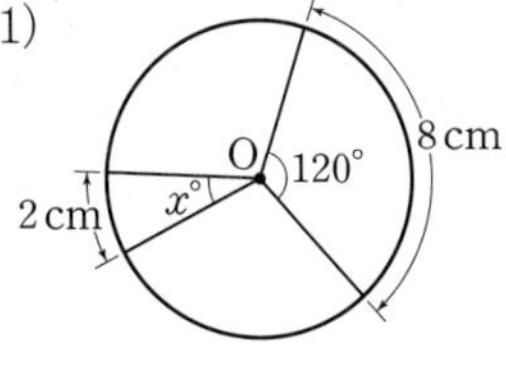

(2) 3 cm, 45°, O, x cm

4 (1)

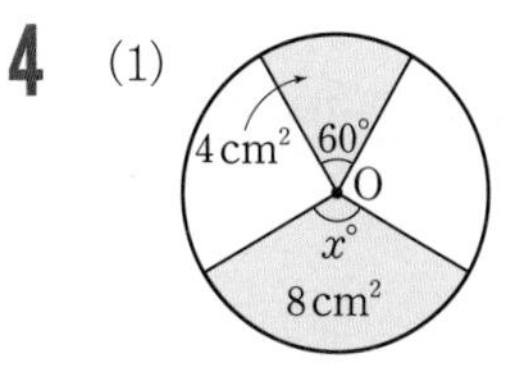

(2)

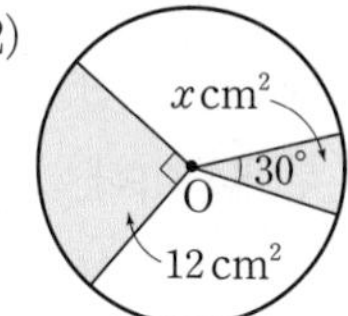

5 (1)

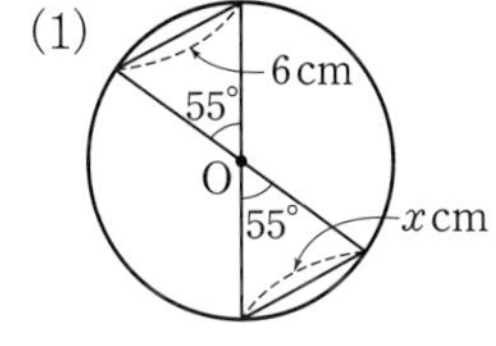

(2)

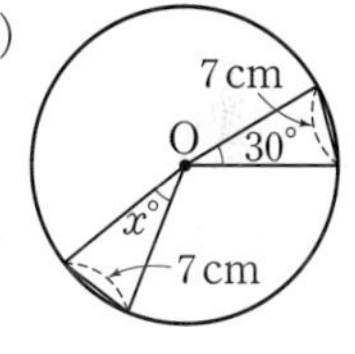

6 오른쪽 그림의 원 O에서 $\widehat{AB}=\widehat{BC}$일 때, 다음 보기 중 옳은 것을 모두 고르시오.

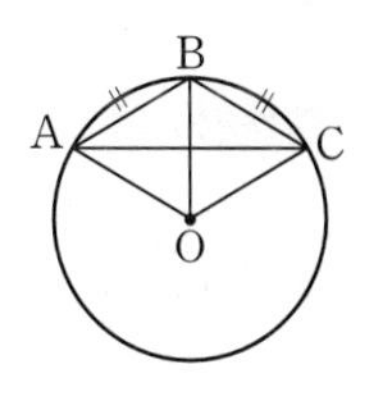

보기

ㄱ. $\overline{AB}=\overline{BC}$ ㄴ. $\widehat{AC}=2\widehat{BC}$

ㄷ. $\overline{AC}=2\overline{AB}$ ㄹ. $2\angle AOB=\angle AOC$

ㅁ. (부채꼴 AOC의 넓이) $=2\times$(부채꼴 AOB의 넓이)

ㅂ. ($\triangle$AOC의 넓이)$=2\times$($\triangle$AOB의 넓이)

쌍둥이 기출문제

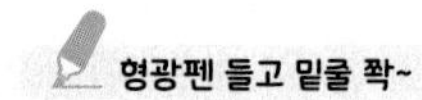

쌍둥이 01

1 다음 중 오른쪽 그림과 같이 $\overline{AC}$를 지름으로 하는 원 O에 대한 설명으로 옳지 <u>않은</u> 것은?

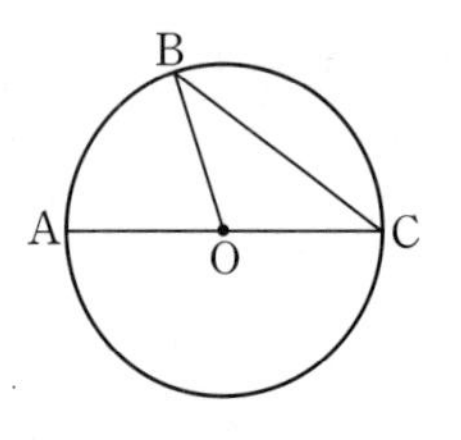

① 부채꼴 AOB에 대한 중심각은 ∠AOB이다.
② $\overline{AC}$는 길이가 가장 긴 현이다.
③ $\widehat{BC}$와 $\overline{BC}$로 둘러싸인 도형은 활꼴이다.
④ ∠BOC에 대한 호는 $\overline{BC}$이다.
⑤ $\widehat{BC}$와 두 반지름 OB, OC로 둘러싸인 도형은 부채꼴이다.

2 서로 다른 두 점 A, B가 원 O 위에 있을 때, 다음 중 옳은 것을 모두 고르면? (정답 2개)

① $\overline{OA}$와 $\overline{OB}$는 현이다.
② $\widehat{AB}$에 대한 중심각은 ∠AOB이다.
③ ∠AOB=180°일 때, $\overline{AB}$는 원 O의 지름이다.
④ $\widehat{AB}$와 두 반지름 OA, OB로 둘러싸인 도형은 활꼴이다.
⑤ $\widehat{AB}$와 $\overline{AB}$로 둘러싸인 도형은 부채꼴이다.

쌍둥이 02

3 오른쪽 그림의 원 O에서 $\widehat{AB}$에 대한 중심각의 크기를 구하시오.

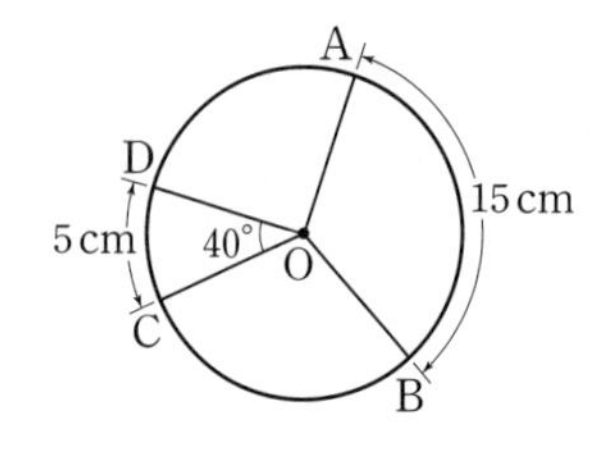

4 오른쪽 그림의 원 O에서 $\widehat{BC}$의 길이는?

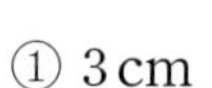

① 3 cm ② 5 cm
③ 7 cm ④ 9 cm
⑤ 10 cm

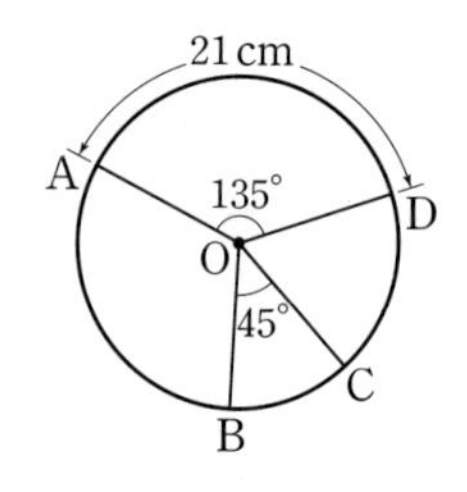

쌍둥이 03

5 오른쪽 그림의 원 O에서 ∠AOB=60°, ∠COD=40°이고 부채꼴 AOB의 넓이가 3 cm^2일 때, 부채꼴 COD의 넓이를 구하시오.

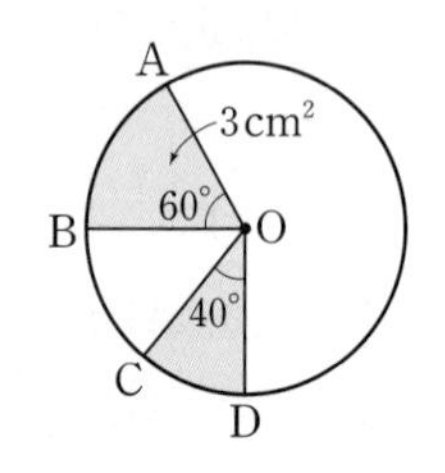

6 오른쪽 그림의 원 O에서 ∠AOB=20°이고 부채꼴 AOB의 넓이가 8 cm^2, 부채꼴 COD의 넓이가 24 cm^2일 때, x의 값을 구하시오.

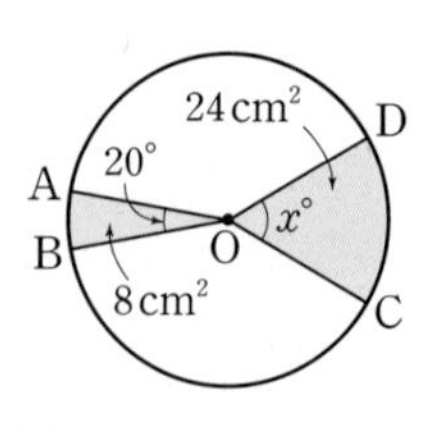

쌍둥이 04

7 오른쪽 그림의 원 O에서 $\widehat{AB} : \widehat{BC} : \widehat{CA} = 2 : 6 : 7$일 때, $\angle AOC$의 크기를 구하시오.

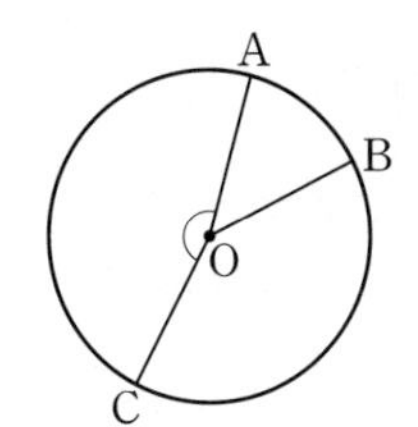

8 오른쪽 그림에서 $\overline{AC}$는 원 O의 가장 긴 현이고 $\widehat{AB} : \widehat{BC} = 3 : 2$일 때, $\angle BOC$의 크기를 구하시오.

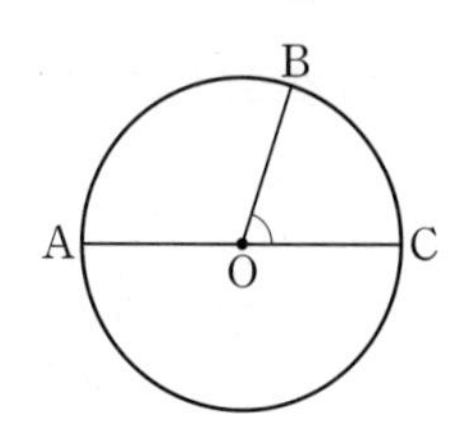

쌍둥이 05

9 오른쪽 그림의 원 O에서 $\overline{AB} /\!/ \overline{CD}$일 때, 다음은 $\widehat{AC}$의 길이를 구하는 과정이다. □ 안에 알맞은 수를 쓰시오.

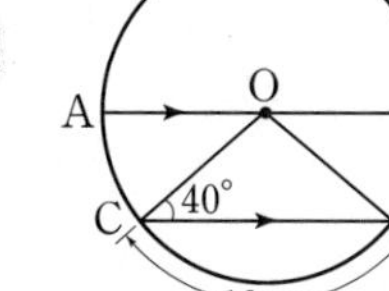

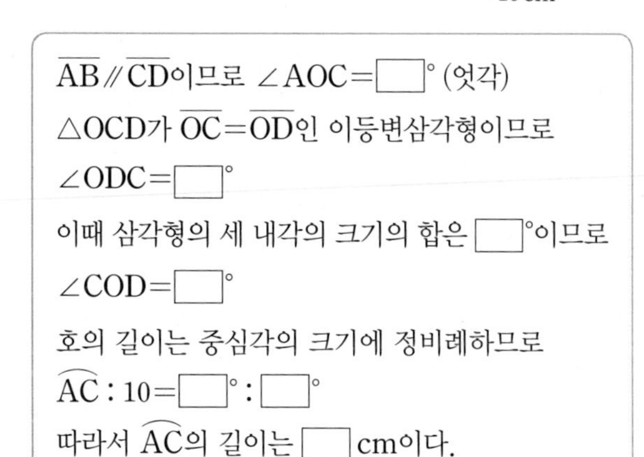

$\overline{AB} /\!/ \overline{CD}$이므로 $\angle AOC = \square°$ (엇각)
$\triangle OCD$가 $\overline{OC} = \overline{OD}$인 이등변삼각형이므로
$\angle ODC = \square°$
이때 삼각형의 세 내각의 크기의 합은 $\square°$이므로
$\angle COD = \square°$
호의 길이는 중심각의 크기에 정비례하므로
$\widehat{AC} : 10 = \square° : \square°$
따라서 $\widehat{AC}$의 길이는 $\square$ cm이다.

10 오른쪽 그림의 원 O에서 $\overline{AB} /\!/ \overline{CD}$이고 $\angle OCD = 30°$, $\widehat{CD} = 26\text{ cm}$일 때, $\widehat{BD}$의 길이는?

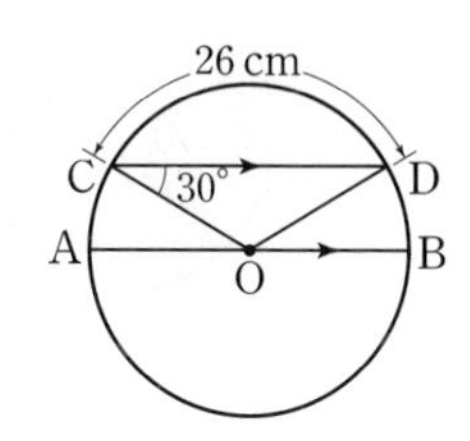

① 6 cm ② $\frac{13}{2}$ cm ③ 7 cm
④ $\frac{15}{2}$ cm ⑤ 8 cm

쌍둥이 06

11 다음 중 한 원에 대한 설명으로 옳지 않은 것은?

① 호의 길이는 중심각의 크기에 정비례한다.
② 현의 길이는 중심각의 크기에 정비례한다.
③ 부채꼴의 넓이는 중심각의 크기에 정비례한다.
④ 크기가 같은 중심각에 대한 호의 길이는 같다.
⑤ 크기가 같은 중심각에 대한 현의 길이는 같다.

12 오른쪽 그림의 원 O에서 $\angle COD = 2\angle AOB$일 때, 다음 중 옳은 것은?

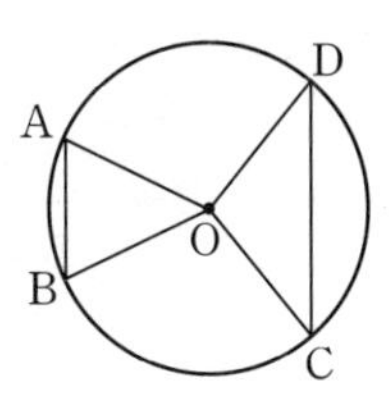

① $\overline{AB} /\!/ \overline{CD}$
② $\widehat{AB} = 2\widehat{CD}$
③ $\overline{AB} = \frac{1}{2}\overline{CD}$
④ ($\triangle COD$의 넓이)$= 2 \times$($\triangle AOB$의 넓이)
⑤ (부채꼴 COD의 넓이)$= 2 \times$(부채꼴 AOB의 넓이)

• 정답과 해설 34쪽

02 4. 원과 부채꼴
부채꼴의 호의 길이와 넓이

유형 3 원의 둘레의 길이와 넓이

개념편 83쪽

반지름의 길이가 r인 원의 둘레의 길이를 l, 넓이를 S라고 하면

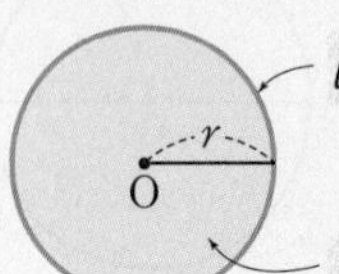

$l=2\times$(반지름의 길이)$\times$(원주율)$=2\times r\times\pi=2\pi r$

$S=$(반지름의 길이)$\times$(반지름의 길이)$\times$(원주율)$=r\times r\times\pi=\pi r^2$

(원주율)$=\dfrac{(\text{원의 둘레의 길이})}{(\text{원의 지름의 길이})}$

$=\pi$ ← '파이'라고 읽는다.

1 다음 그림과 같은 도형의 둘레의 길이 l과 넓이 S를 구하시오.

(1)

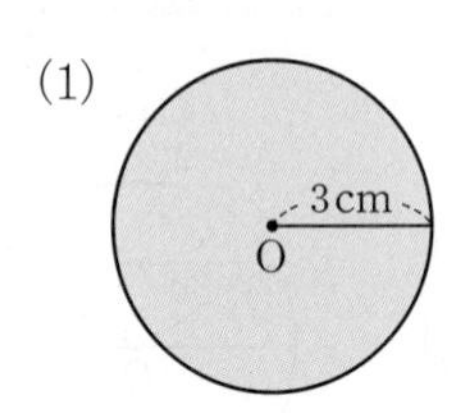

l: ______________

S: ______________

(2)

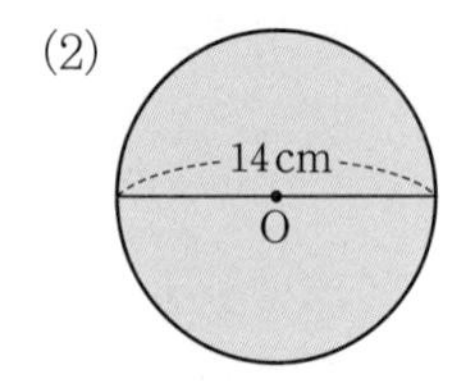

l: ______________

S: ______________

(3)

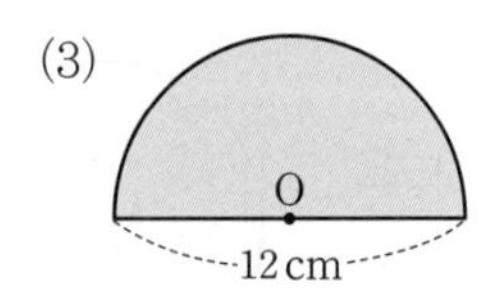

l: ______________

S: ______________

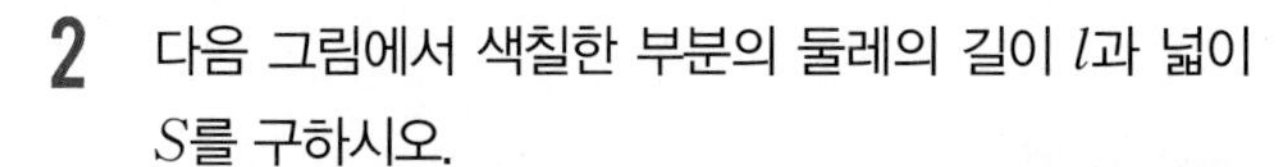

2 다음 그림에서 색칠한 부분의 둘레의 길이 l과 넓이 S를 구하시오.

(1)

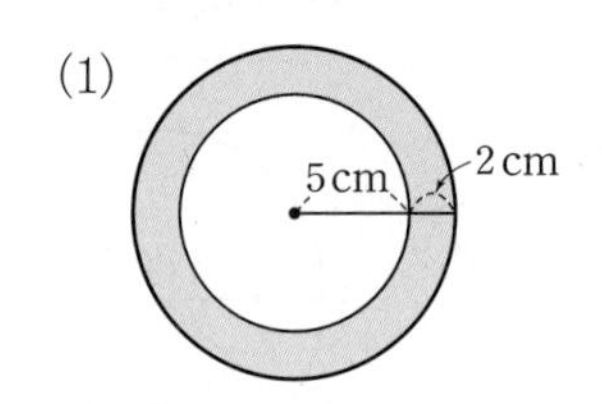

l: ______________

S: ______________

(2)

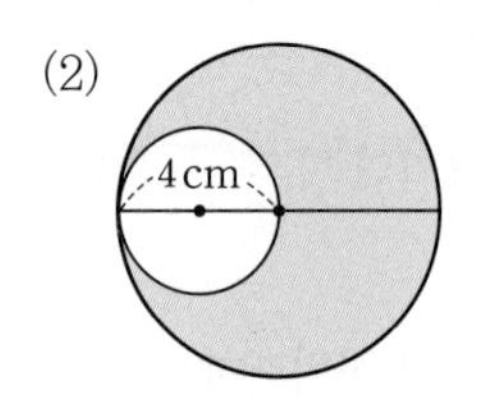

l: ______________

S: ______________

(3)

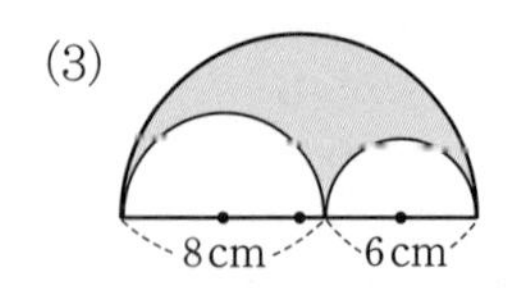

l: ______________

S: ______________

(4)

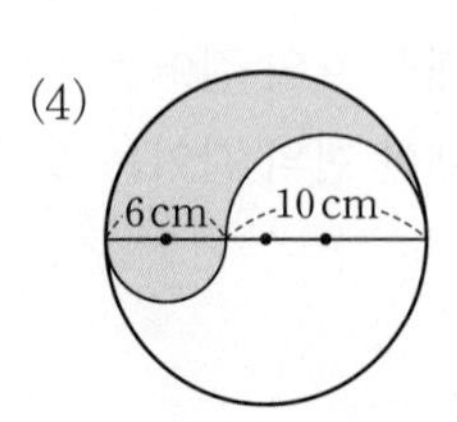

l: ______________

S: ______________

유형 4 부채꼴의 호의 길이와 넓이

개념편 84~85쪽

(1) 반지름의 길이가 r, 중심각의 크기가 $x°$인 부채꼴의 호의 길이를 l, 넓이를 S라고 하면

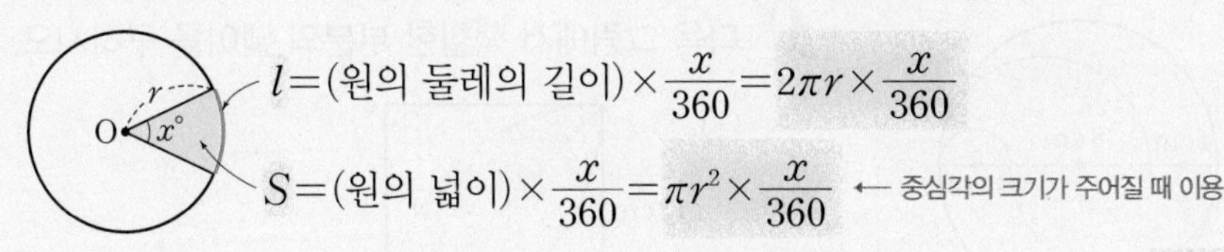

$l=(\text{원의 둘레의 길이})\times\frac{x}{360}=2\pi r\times\frac{x}{360}$

$S=(\text{원의 넓이})\times\frac{x}{360}=\pi r^2\times\frac{x}{360}$ ← 중심각의 크기가 주어질 때 이용

(2) 반지름의 길이가 r, 호의 길이가 l인 부채꼴의 넓이를 S라고 하면 $S=\frac{1}{2}rl$ ← 중심각의 크기가 주어지지 않을 때 이용

1 다음 그림과 같은 부채꼴의 호의 길이 l과 넓이 S를 구하시오.

(1)

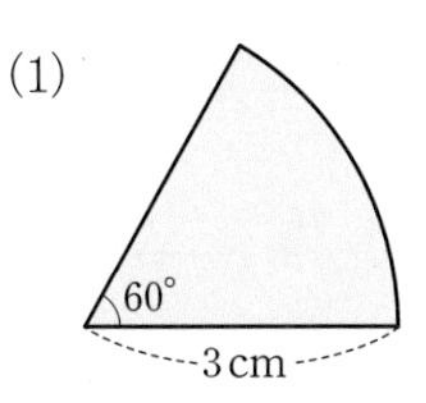

l: ________

S: ________

(2)

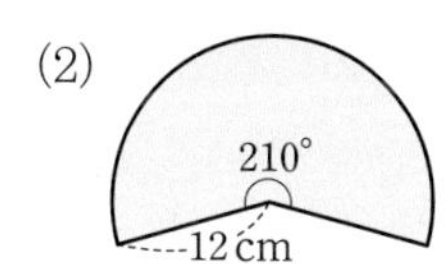

l: ________

S: ________

2 다음 그림과 같은 부채꼴의 중심각의 크기를 구하시오.

(1)

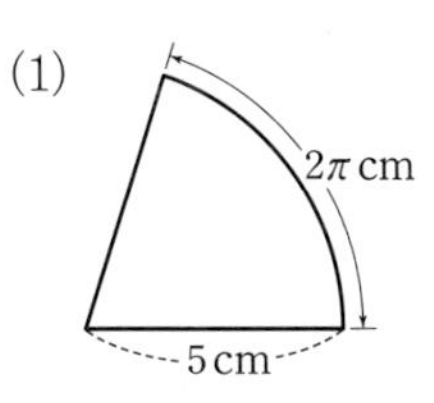

____

(2)

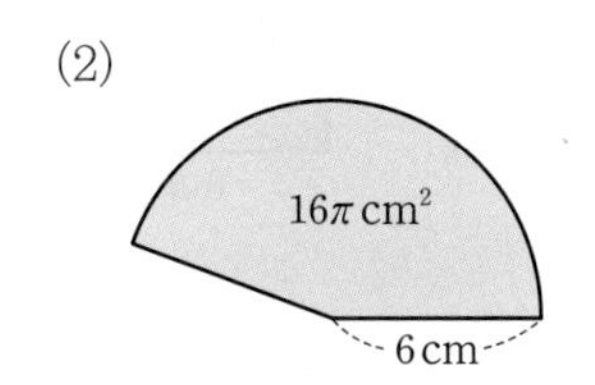

____

3 다음 그림과 같은 부채꼴의 넓이를 구하시오.

(1)

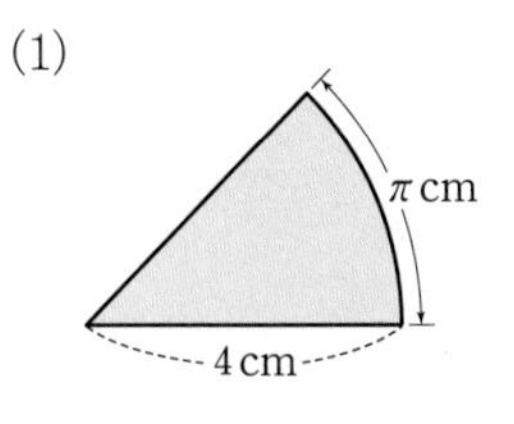

____

(2)

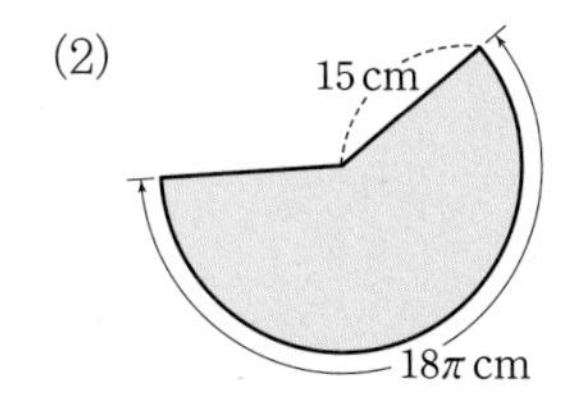

____

[4~5] 다음과 같은 조건이 주어진 부채꼴에 대하여 표의 빈칸을 알맞게 채우시오.

4

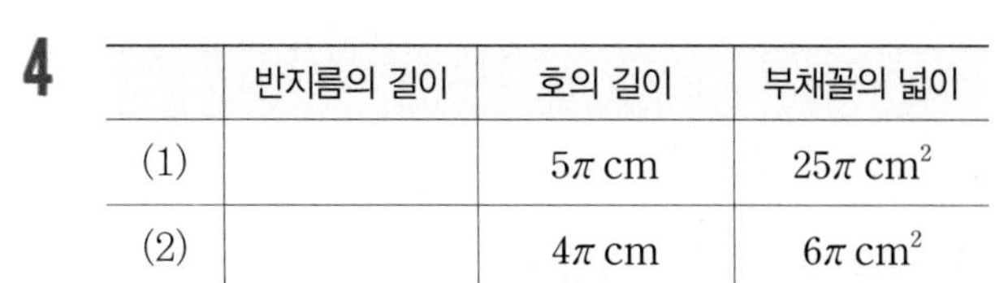

	반지름의 길이	호의 길이	부채꼴의 넓이
(1)		5π cm	25π cm²
(2)		4π cm	6π cm²

5

	반지름의 길이	호의 길이	부채꼴의 넓이
(1)	9 cm		6π cm²
(2)	10 cm		15π cm²

6 다음 그림에서 색칠한 부분의 둘레의 길이와 넓이를 구하시오.

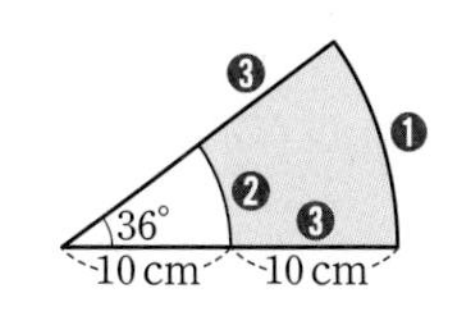

(1) 둘레의 길이

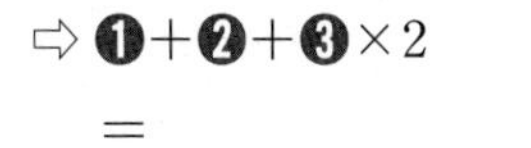

= ________

(2) 넓이

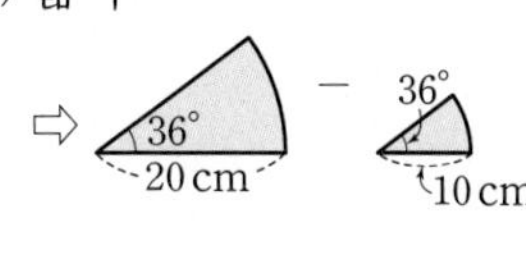

= ________

한 걸음 더 연습 유형 3~4

1 오른쪽 그림에서 색칠한 부분의 둘레의 길이 l과 넓이 S를 구하시오.

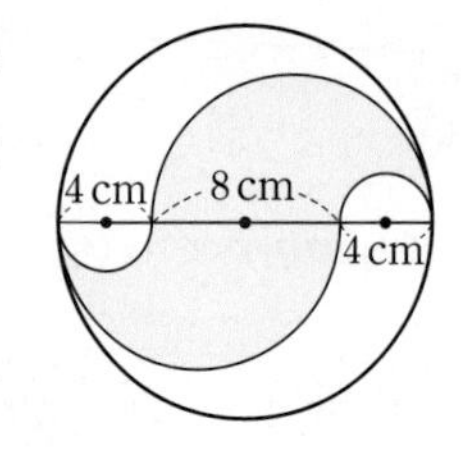

l: ______

S: ______

2 오른쪽 그림과 같이 반지름의 길이가 5 cm인 원 O에서 $\widehat{AB}:\widehat{BC}:\widehat{CA}=2:3:4$일 때, 부채꼴 BOC의 호의 길이를 구하시오.

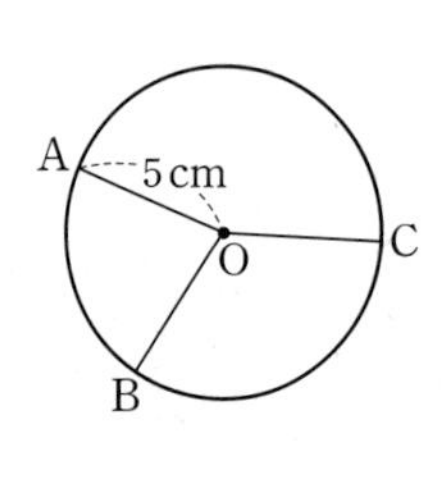

______

3 오른쪽 그림과 같이 호의 길이가 12π cm이고 넓이가 $60\pi\ \text{cm}^2$인 부채꼴의 중심각의 크기를 구하시오.

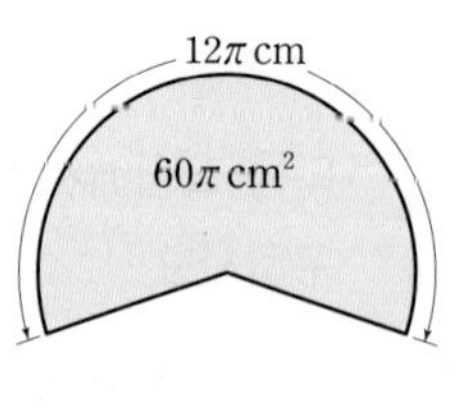

______

보조선을 그어 도형을 나누어 보자.

4 다음 그림에서 색칠한 부분의 넓이를 구하시오.

(1)

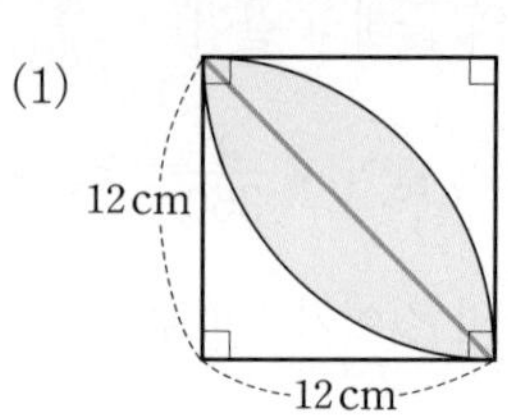

______

(2)

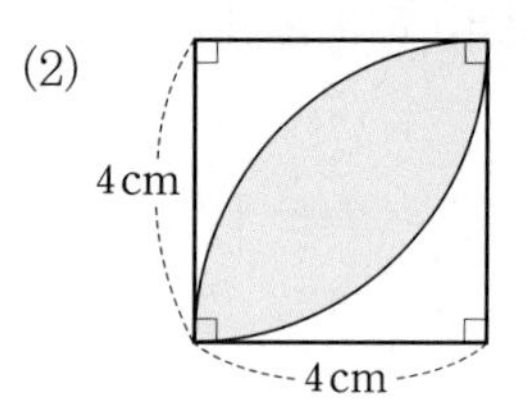

______

보조선을 긋고, 도형의 일부분을 이동해 보자.

5 다음 그림에서 색칠한 부분의 넓이를 구하시오.

(1)

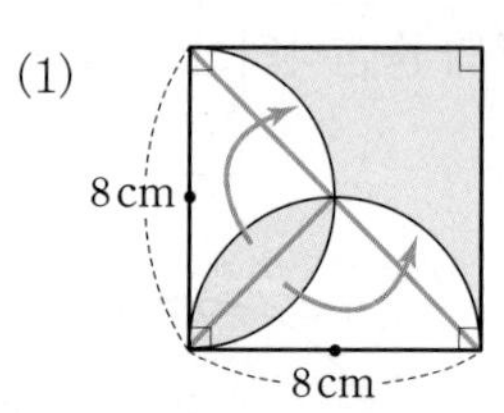

______

(2)

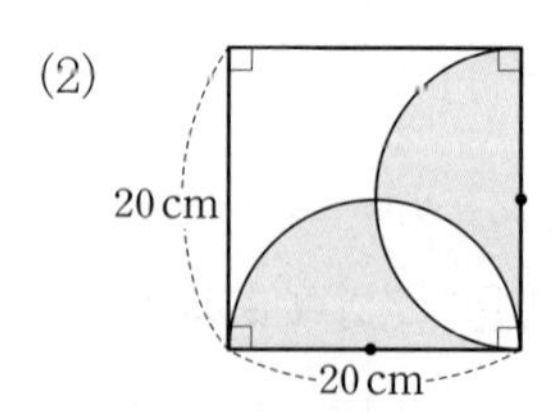

______

쌍둥이 기출문제

• 정답과 해설 36쪽

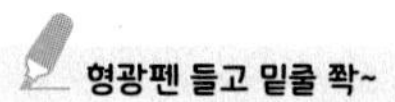

쌍둥이 01

1 오른쪽 그림에서 다음을 구하시오.

(1) 색칠한 부분의 둘레의 길이

(2) 색칠한 부분의 넓이

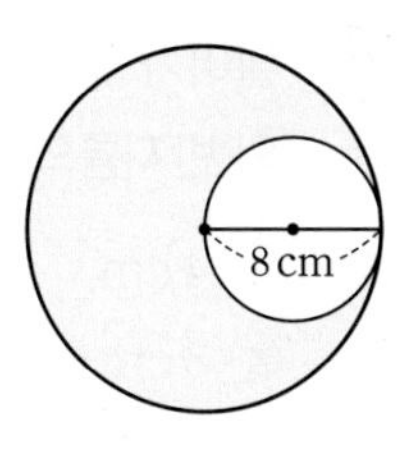

2 오른쪽 그림에서 색칠한 부분의 둘레의 길이와 넓이를 차례로 구하시오.

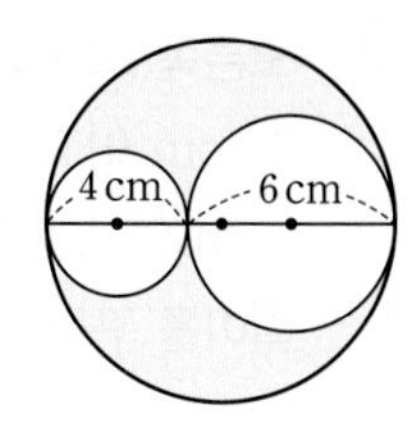

쌍둥이 02

3 오른쪽 그림과 같은 부채꼴의 둘레의 길이와 넓이를 차례로 구하시오.

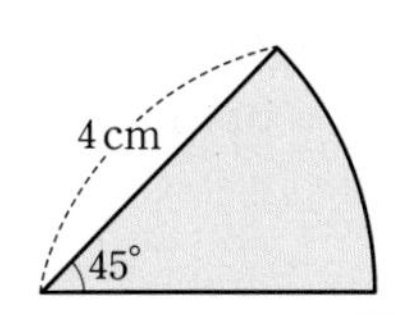

4 오른쪽 그림과 같은 부채꼴의 둘레의 길이와 넓이를 차례로 구하시오.

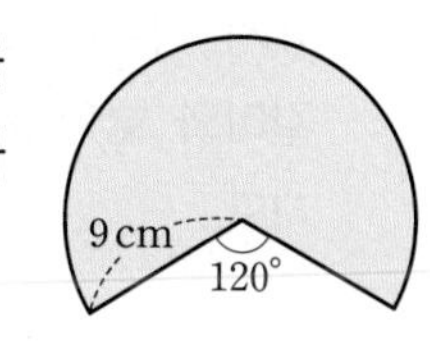

쌍둥이 03

5 반지름의 길이가 5 cm이고 호의 길이가 $4\pi\text{ cm}$인 부채꼴의 중심각의 크기는?

① 80° ② 95° ③ 120°
④ 126° ⑤ 144°

6 오른쪽 그림과 같이 반지름의 길이가 3 cm이고 넓이가 $2\pi\text{ cm}^2$인 부채꼴의 중심각의 크기를 구하시오.

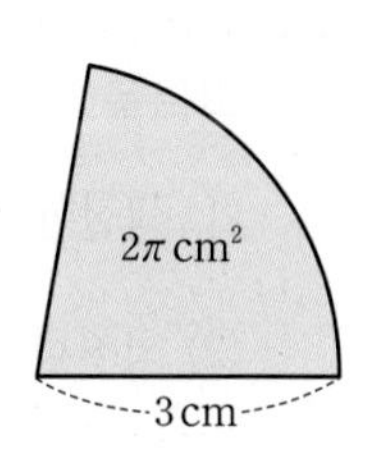

쌍둥이 04

7 오른쪽 그림과 같이 넓이가 $3\pi\ \text{cm}^2$이고 호의 길이가 $\pi\ \text{cm}$인 부채꼴의 반지름의 길이를 구하시오.

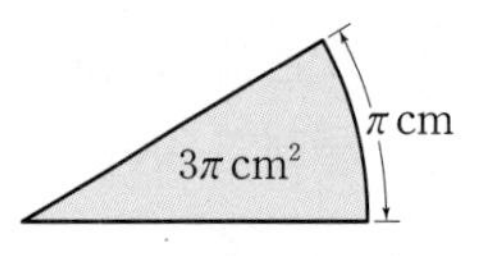

8 넓이가 $5\pi\ \text{cm}^2$이고 호의 길이가 $2\pi\ \text{cm}$인 부채꼴의 반지름의 길이는?

① 4 cm ② 5 cm ③ 6 cm
④ 8 cm ⑤ 10 cm

쌍둥이 05

9 오른쪽 그림과 같은 부채꼴에서 색칠한 부분의 둘레의 길이와 넓이를 차례로 구하시오.

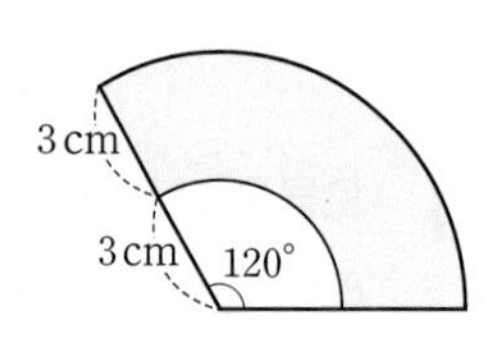

10 오른쪽 그림과 같은 부채꼴에서 색칠한 부분의 둘레의 길이와 넓이를 차례로 구하시오.

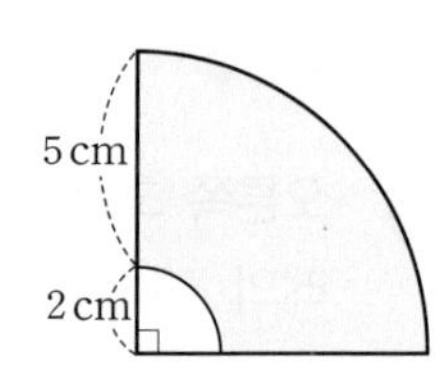

쌍둥이 06

11 서술형 오른쪽 그림과 같이 반지름의 길이가 10 cm인 부채꼴에서 다음을 구하시오.

(1) 색칠한 부분의 둘레의 길이

(2) 색칠한 부분의 넓이

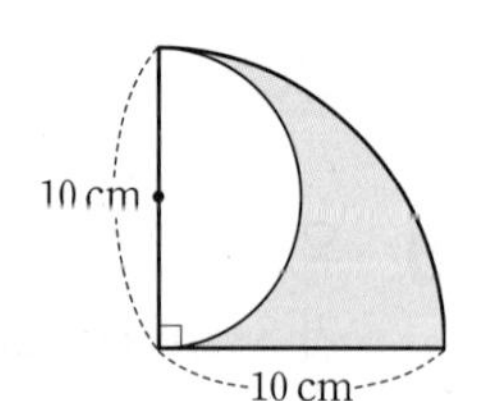

풀이 과정

(1)

(2)

답 (1) (2)

12 오른쪽 그림과 같이 한 변의 길이가 8 cm인 정사각형에서 색칠한 부분의 둘레의 길이와 넓이를 차례로 구하시오.

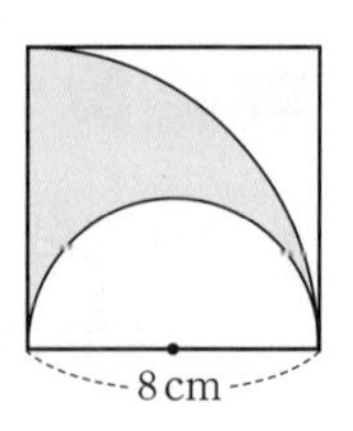

쌍둥이 07

13 오른쪽 그림과 같이 한 변의 길이가 9 cm인 정사각형에서 색칠한 부분의 둘레의 길이와 넓이를 차례로 구하시오.

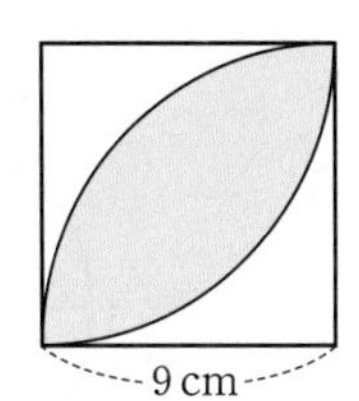

14 오른쪽 그림과 같이 한 변의 길이가 6 cm인 정사각형에서 색칠한 부분의 둘레의 길이와 넓이를 차례로 구하시오.

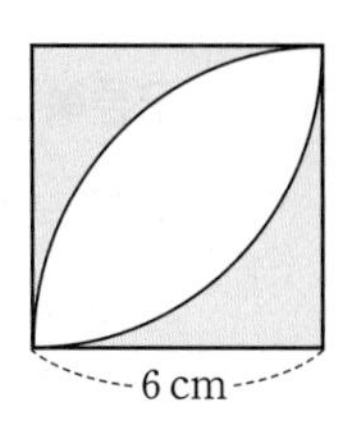

쌍둥이 08

15 오른쪽 그림에서 색칠한 부분의 넓이를 구하시오.

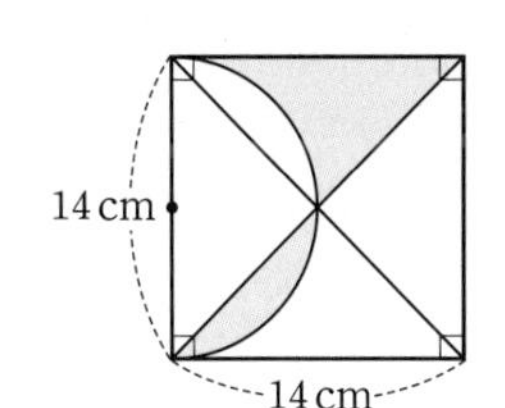

16 오른쪽 그림에서 색칠한 부분의 넓이를 구하시오.

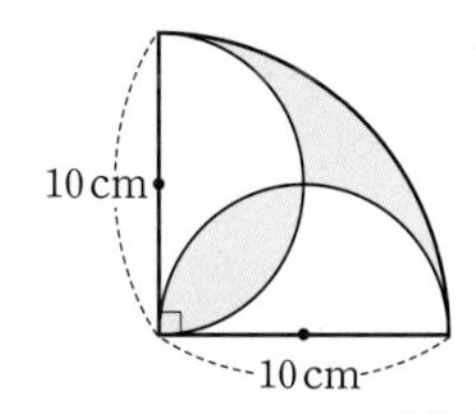

쌍둥이 09

17 오른쪽 그림은 지름의 길이가 12 cm인 반원을 점 A를 중심으로 30°만큼 회전시킨 것이다. 이때 색칠한 부분의 넓이를 구하시오.

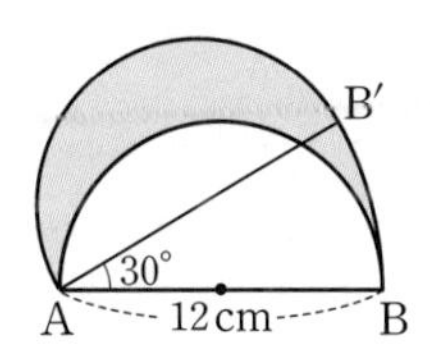

18 오른쪽 그림은 반지름의 길이가 4 cm인 반원을 점 A를 중심으로 45°만큼 회전시킨 것이다. 이때 색칠한 부분의 넓이를 구하시오.

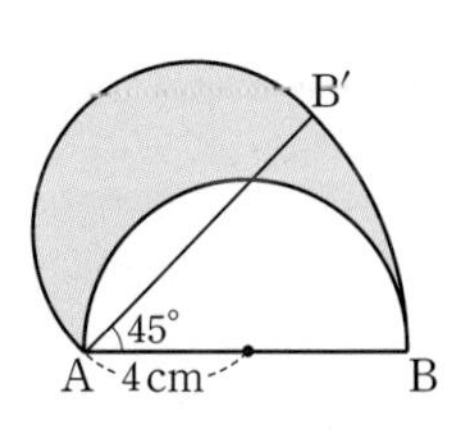

단원 마무리

1 오른쪽 그림의 원 O에서 x, y의 값은?

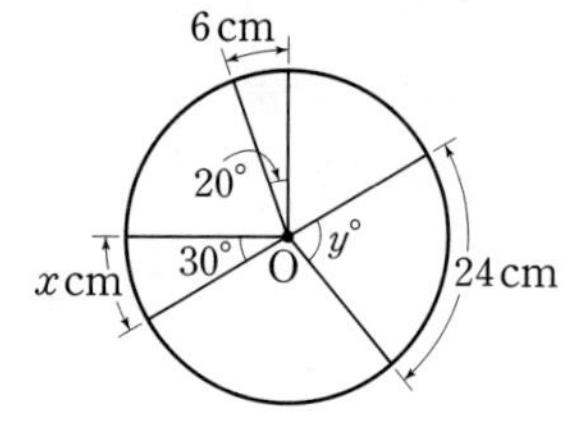

① $x=4$, $y=80$　② $x=4$, $y=100$
③ $x=9$, $y=80$　④ $x=9$, $y=100$
⑤ $x=9$, $y=120$

중심각의 크기와 호의 길이

2 오른쪽 그림과 같이 $\overline{AB}$가 지름인 원 O에서 $\widehat{AC} : \widehat{CB}=1 : 3$일 때, $\angle AOC$의 크기는?

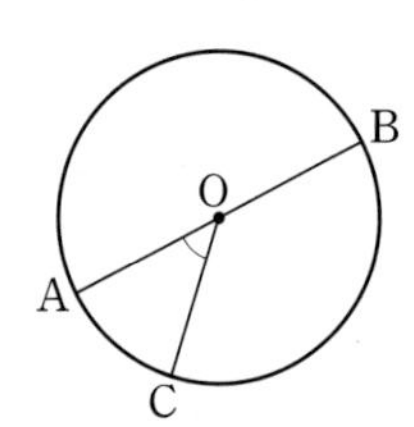

① 36°　② 42°　③ 45°
④ 50°　⑤ 60°

중심각의 크기와 호의 길이의 비

서술형

3 오른쪽 그림과 같이 $\overline{AB}$를 지름으로 하는 반원 O에서 $\overline{AC} /\!/ \overline{OD}$이고 $\angle BOD=40°$, $\widehat{BD}=6\,cm$일 때, $\widehat{AC}$의 길이를 구하시오.

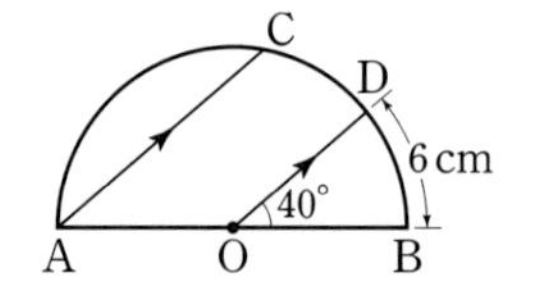

풀이 과정

답

보조선을 그어 호의 길이 구하기

4 오른쪽 그림의 원 O에서 $\overline{AB}=\overline{CD}=\overline{DE}$이고 $\angle AOB=40°$일 때, $\angle COE$의 크기는?

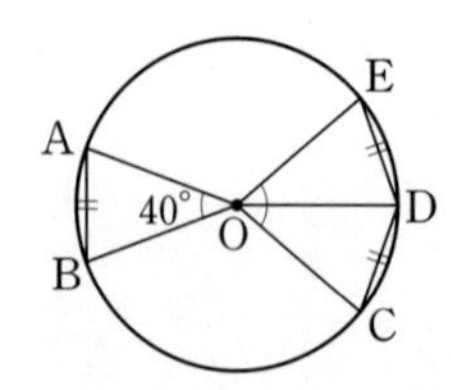

① 65°　② 70°　③ 75°
④ 80°　⑤ 85°

중심각의 크기와 현의 길이

5 오른쪽 그림에서 색칠한 부분의 둘레의 길이는?

① 8π cm ② 12π cm ③ 15π cm
④ 16π cm ⑤ $(6\pi+2)$ cm

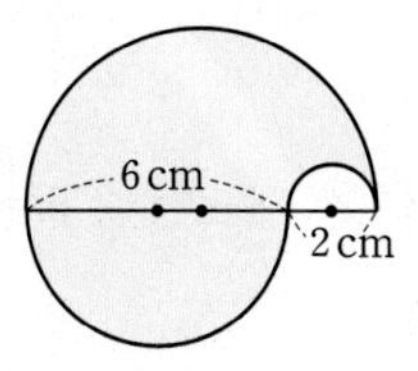

▶ 원의 둘레의 길이 구하기

6 반지름의 길이가 10 cm이고 넓이가 30π cm^{2}인 부채꼴의 호의 길이를 구하시오.

▶ 호의 길이를 알 때, 부채꼴의 넓이

7 오른쪽 그림과 같은 부채꼴에서 색칠한 부분의 둘레의 길이는?

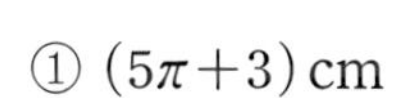
① $(5\pi+3)$ cm ② $\left(\frac{26}{5}\pi+3\right)$ cm
③ $(5\pi+6)$ cm ④ $\left(\frac{26}{5}\pi+6\right)$ cm
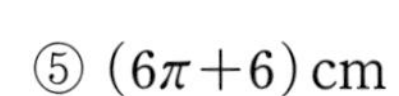
⑤ $(6\pi+6)$ cm

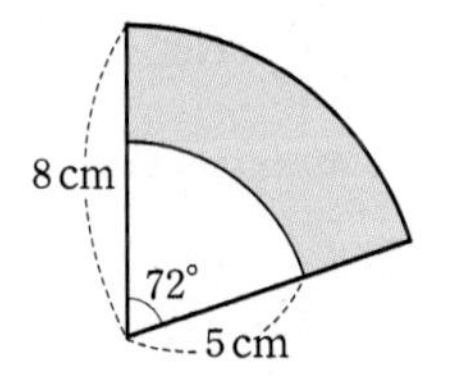

▶ 색칠한 부분의 둘레의 길이 구하기

8 오른쪽 그림에서 색칠한 부분의 넓이를 구하시오.

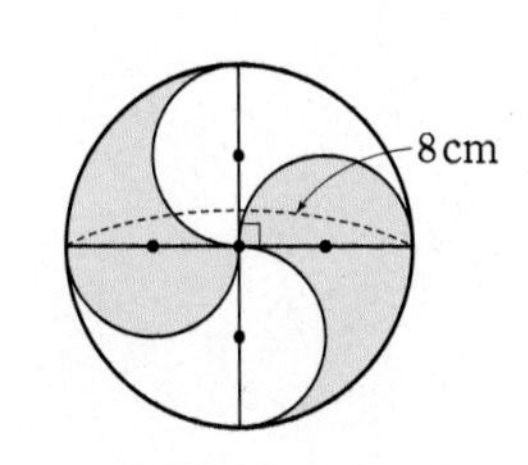

▶ 색칠한 부분의 넓이 구하기

5 다면체와 회전체

유형 1 다면체
유형 2 정다면체
유형 3 정다면체의 전개도
유형 4 회전체
유형 5 회전체의 성질
유형 6 회전체의 전개도

● 정답과 해설 39쪽

01 5. 다면체와 회전체

다면체

유형 1 다면체

개념편 98~99쪽

(1) **다면체**: 다각형인 면으로만 둘러싸인 입체도형

예 각기둥, 각뿔 등

참고 면의 개수가 4개, 5개, 6개, …인 다면체를 각각 사면체, 오면체, 육면체, …라고 한다.

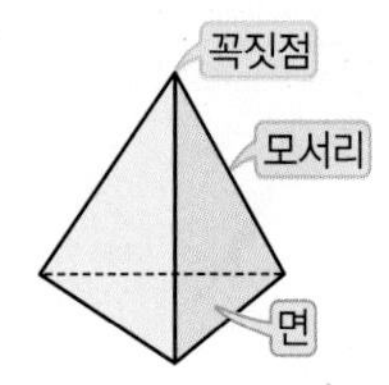

(2) **각뿔대**: 각뿔을 밑면에 평행한 평면으로 잘라서 생기는 두 다면체 중 각뿔이 아닌 쪽의 도형

참고 밑면의 모양에 따라 삼각뿔대, 사각뿔대, 오각뿔대, …라고 한다.

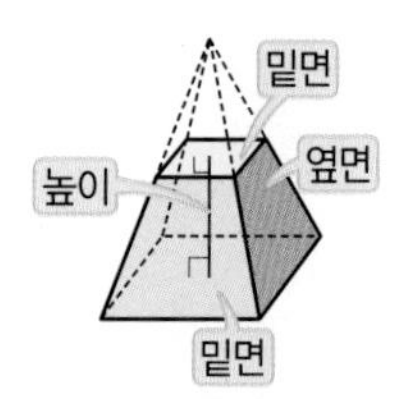

1 다음 표의 빈칸을 알맞게 채우시오.

입체도형							
다면체이면 ○, 다면체가 아니면 ×							

2 각기둥에 대한 다음 표의 빈칸을 알맞게 채우시오.

입체도형					n각기둥
이름	삼각기둥				
몇 면체?		육면체			$(n+2)$면체
꼭짓점의 개수			10개		$2n$개
모서리의 개수				18개	

3 각뿔에 대한 다음 표의 빈칸을 알맞게 채우시오.

입체도형					n각뿔
이름	삼각뿔				
몇 면체?		오면체			
꼭짓점의 개수			6개		
모서리의 개수				12개	

4 각뿔대에 대한 다음 표의 빈칸을 알맞게 채우시오.

입체도형					n각뿔대
이름	삼각뿔대				
몇 면체?		육면체			
꼭짓점의 개수			10개		
모서리의 개수				18개	

5 다음 입체도형은 몇 면체인지 말하시오.

(1) 칠각기둥 ______ (2) 팔각뿔 ______ (3) 구각뿔대 ______

6 다음 입체도형의 옆면의 모양을 말하시오.

(1) 육각기둥 ______ (2) 오각뿔 ______ (3) 육각뿔대 ______

7 다음 입체도형의 꼭짓점의 개수와 모서리의 개수를 차례로 구하시오.

(1) 팔각기둥 ______ (2) 구각뿔 ______ (3) 칠각뿔대 ______

[8~10] 다음 조건을 모두 만족시키는 다면체의 이름을 말하시오.

8

조건

(가) 두 밑면은 서로 평행하다.
(나) 두 밑면은 합동이다.
(다) 옆면의 모양은 직사각형이다.
(라) 십면체이다.

______

9

조건

(가) 두 밑면은 서로 평행하다.
(나) 옆면의 모양은 직사각형이 아닌 사다리꼴이다.
(다) 꼭짓점의 개수는 12개이다.

______

10

조건

(가) 밑면의 개수는 1개이다.
(나) 옆면의 모양은 삼각형이다.
(다) 모서리의 개수는 10개이다.

______

쌍둥이 기출문제

형광펜 들고 밑줄 쫙~

쌍둥이 01

1 다음 중 다면체가 아닌 것은?

① 삼각뿔 ② 사각뿔대 ③ 오각기둥
④ 정사면체 ⑤ 원뿔

2 다음 보기의 입체도형 중 다면체의 개수를 구하시오.

보기
ㄱ. 원기둥 ㄴ. 사각뿔 ㄷ. 정육면체
ㄹ. 오각뿔대 ㅁ. 구 ㅂ. 원뿔

쌍둥이 02

3 오른쪽 그림의 입체도형은 몇 면체인가?

① 사면체 ② 오면체
③ 육면체 ④ 칠면체
⑤ 팔면체

4 다음 중 칠면체인 것은?

① 사각뿔대 ② 삼각뿔 ③ 삼각뿔대
④ 오각기둥 ⑤ 오각뿔

쌍둥이 03

5 다음 중 다면체와 그 꼭짓점의 개수를 바르게 짝 지은 것은?

① 오각뿔 – 7개 ② 정육면체 – 6개
③ 오각뿔대 – 10개 ④ 육각기둥 – 8개
⑤ 십각뿔 – 10개

6 다음 다면체 중 모서리의 개수가 가장 많은 것은?

① 오각기둥 ② 육각뿔 ③ 사각뿔대
④ 사각뿔 ⑤ 삼각기둥

쌍둥이 04

7 삼각기둥의 면의 개수를 a개, 오각뿔의 모서리의 개수를 b개, 사각뿔대의 꼭짓점의 개수를 c개라고 할 때, $a+b-c$의 값은?

① 6 ② 7 ③ 8
④ 9 ⑤ 10

8 서술형 육각기둥의 모서리의 개수를 a개, 칠각뿔의 면의 개수를 b개, 십각뿔대의 꼭짓점의 개수를 c개라고 할 때, $a+b+c$의 값을 구하시오.

풀이 과정

답

쌍둥이 05

9 모서리의 개수가 24개인 각기둥의 면의 개수는?

① 6개 ② 7개 ③ 8개
④ 9개 ⑤ 10개

10 꼭짓점의 개수가 18개인 각뿔대의 밑면의 모양은?

① 육각형 ② 칠각형 ③ 팔각형
④ 구각형 ⑤ 십각형

쌍둥이 06

11 다음 중 다면체와 그 옆면의 모양을 바르게 짝 지은 것은?

① 삼각기둥 – 삼각형 ② 사각뿔대 – 사다리꼴
③ 오각뿔 – 사각형 ④ 육각뿔대 – 직사각형
⑤ 칠각기둥 – 칠각형

12 다음 다면체 중 옆면의 모양이 사각형이 아닌 것은?

① 삼각뿔대 ② 오각기둥 ③ 직육면체
④ 육각뿔 ⑤ 칠각뿔대

쌍둥이 07

13 다음 중 다면체에 대한 설명으로 옳은 것을 모두 고르면? (정답 2개)

① 사각기둥은 육면체이다.
② 육각뿔의 꼭짓점의 개수는 12개이다.
③ 각뿔대의 옆면의 모양은 삼각형이다.
④ 각기둥의 두 밑면은 서로 평행하지 않다.
⑤ 사면체는 삼각형인 면으로만 둘러싸여 있다.

14 다음 중 각뿔대에 대한 설명으로 옳지 않은 것을 모두 고르면? (정답 2개)

① 두 밑면은 서로 평행하다.
② 옆면의 모양은 직사각형이다.
③ n각뿔대의 꼭짓점의 개수는 $2n$개이다.
④ n각뿔대의 면의 개수는 $(n+2)$개이다.
⑤ n각뿔대의 모서리의 개수는 $2n$개이다.

쌍둥이 08

15 다음 조건을 모두 만족시키는 입체도형은?

조건
(가) 면의 개수는 6개이다.
(나) 옆면의 모양은 직사각형이 아닌 사다리꼴이다.
(다) 두 밑면은 서로 평행하다.

① 삼각뿔대 ② 삼각기둥 ③ 사각뿔대
④ 오각기둥 ⑤ 오각뿔

16 다음 조건을 모두 만족시키는 다면체의 이름을 말하시오.

조건
(가) 밑면의 개수는 1개이다.
(나) 옆면의 모양은 삼각형이다.
(다) 모서리의 개수는 16개이다.

• 정답과 해설 41쪽

2 정다면체

5. 다면체와 회전체

유형 2 정다면체

개념편 101 쪽

(1) 정다면체: 다음 조건을 모두 만족시키는 다면체
① 모든 면이 합동인 정다각형이다.
② 각 꼭짓점에 모인 면의 개수가 같다.
두 조건 중 어느 하나만 만족시키는 다면체는 정다면체가 아니다.

(2) 정다면체의 종류: 정사면체, 정육면체, 정팔면체, 정십이면체, 정이십면체의 다섯 가지뿐이다.

1 정다면체의 겨냥도를 보고, 다음 표의 빈칸을 알맞게 채우시오.

겨냥도					
이름	정사면체				
면의 모양			정삼각형		
한 꼭짓점에 모인 면의 개수					5개
꼭짓점의 개수	4개		6개		
모서리의 개수		12개			
면의 개수				12개	20개

2 다음 중 정다면체에 대한 설명으로 옳은 것은 ○표, 옳지 않은 것은 ×표를 (   ) 안에 쓰시오.

(1) 정다면체의 종류는 무수히 많다. (   )

(2) 정다면체의 각 면은 모두 합동이고 면의 모양은 모두 정다각형이다. (   )

(3) 정다면체의 한 면이 될 수 있는 다각형은 정삼각형, 정사각형, 정오각형이다. (   )

(4) 정다면체의 이름은 정다면체를 둘러싸고 있는 정다각형의 모양에 따라 결정된다. (   )

(5) 각 꼭짓점에 모인 면의 개수가 같은 다면체를 정다면체라고 한다. (   )

[3~4] 다음 조건을 모두 만족시키는 정다면체의 이름을 말하시오.

3

조건
(가) 모든 면이 합동인 정삼각형이다.
(나) 한 꼭짓점에 모인 면의 개수는 3개이다.

______

4

조건
(가) 한 꼭짓점에 모인 면의 개수는 3개이다.
(나) 모서리의 개수는 12개이다.

______

유형 3 정다면체의 전개도

개념편 102쪽

	정사면체	정육면체	정팔면체	정십이면체	정이십면체
겨냥도					
전개도					

참고 정다면체의 전개도에서 면의 개수를 세면 정다면체의 종류를 알 수 있다.

1 오른쪽 그림과 같은 전개도로 만들어지는 정다면체에 대하여 다음 □ 안에 알맞은 것을 쓰고 물음에 답하시오.

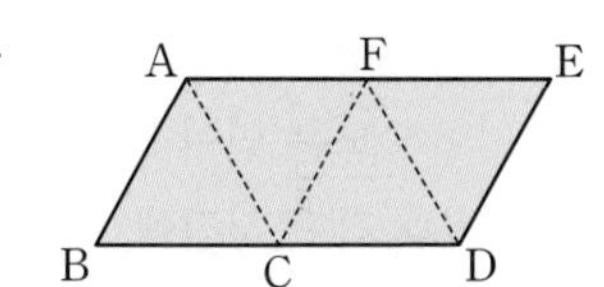

(1) 이 정다면체의 이름은 □이다.

(2) 꼭짓점은 □개, 모서리는 □개이다.

(3) 이 정다면체의 겨냥도를 그리시오.

(4) 점 A와 겹치는 꼭짓점은 점 □, $\overline{AB}$와 겹치는 모서리는 □이다.

2 오른쪽 그림과 같은 전개도로 만들어지는 정다면체에 대하여 다음 물음에 답하시오.

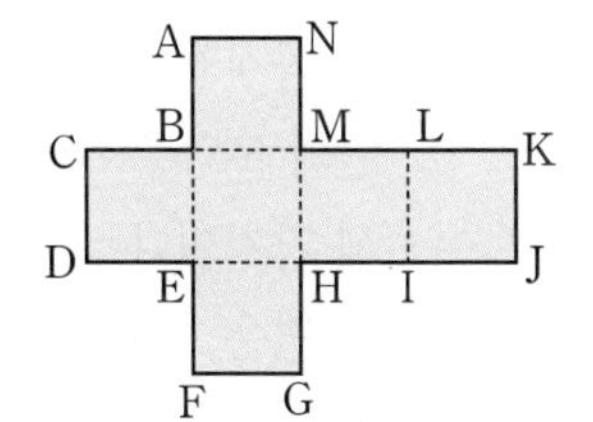

(1) 이 정다면체의 이름을 말하시오.

(2) 꼭짓점의 개수와 모서리의 개수를 차례로 구하시오.

(3) 이 정다면체의 겨냥도를 그리시오.

(4) $\overline{AB}$와 꼬인 위치에 있는 모서리의 개수를 구하시오.

3 오른쪽 그림과 같은 전개도로 만들어지는 정다면체에 대하여 다음 물음에 답하시오.

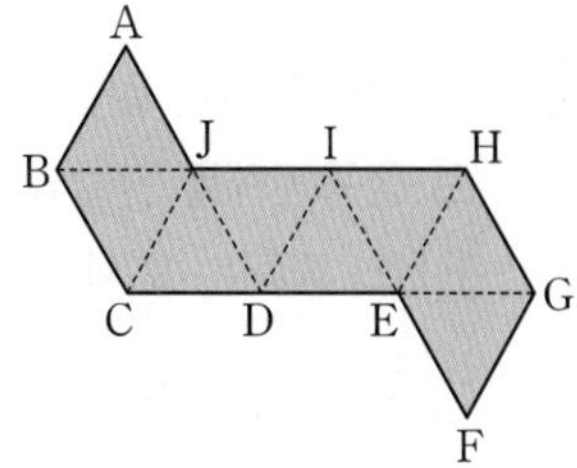

(1) 이 정다면체의 이름을 말하시오.

(2) 꼭짓점의 개수와 모서리의 개수를 차례로 구하시오.

(3) 한 꼭짓점에 모인 면의 개수를 구하시오.

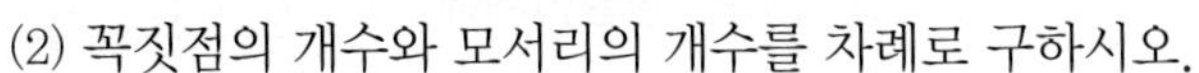

(4) 이 정다면체의 겨냥도를 그리시오.

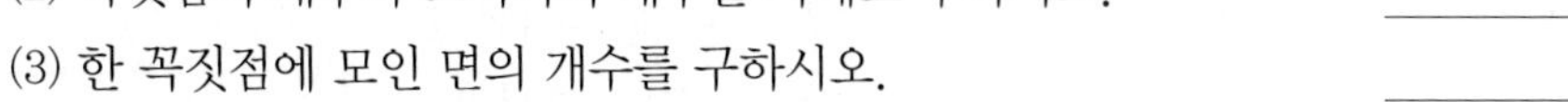

(5) 점 A와 겹치는 꼭짓점과 $\overline{BC}$와 겹치는 모서리를 차례로 구하시오.

쌍둥이 기출문제

• 정답과 해설 41쪽

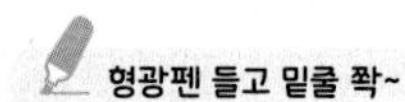

쌍둥이 01

1 정육면체의 모서리의 개수를 a개, 정팔면체의 꼭짓점의 개수를 b개라고 할 때, $a+b$의 값을 구하시오.

2 정십이면체의 꼭짓점의 개수를 a개, 정이십면체의 모서리의 개수를 b개라고 할 때, $2a+b$의 값을 구하시오.

쌍둥이 02

3 다음 조건을 모두 만족시키는 다면체의 모서리의 개수를 구하시오.

조건
(가) 모든 면이 합동인 정삼각형이다.
(나) 각 꼭짓점에 모인 면의 개수는 4개이다.

4 다음 조건을 모두 만족시키는 다면체의 꼭짓점의 개수를 a개, 모서리의 개수를 b개라고 할 때, $a+b$의 값을 구하시오.

조건
(가) 모든 면이 합동인 정삼각형이다.
(나) 각 꼭짓점에 모인 면의 개수는 5개이다.

쌍둥이 03

5 다음 중 정다면체에 대한 설명으로 옳지 않은 것은?

① 정다면체의 종류는 다섯 가지뿐이다.
② 각 꼭짓점에 모인 면의 개수가 같다.
③ 면의 모양은 정삼각형, 정사각형, 정육각형의 세 가지이다.
④ 각 면은 모두 합동인 정다각형이다.
⑤ 정사면체, 정팔면체, 정이십면체는 면의 모양이 모두 같다.

6 다음 보기 중 정다면체에 대한 설명으로 옳은 것을 모두 고르시오.

보기
ㄱ. 정다면체의 모든 면은 합동인 정다각형이다.
ㄴ. 정사면체의 면의 모양은 정사각형이다.
ㄷ. 정다면체의 종류는 무수히 많다.
ㄹ. 정십이면체의 면의 모양은 정오각형이다.

쌍둥이 04

7 오른쪽 그림과 같은 전개도로 정육면체를 만들었을 때, $\overline{EF}$와 겹치는 모서리는?

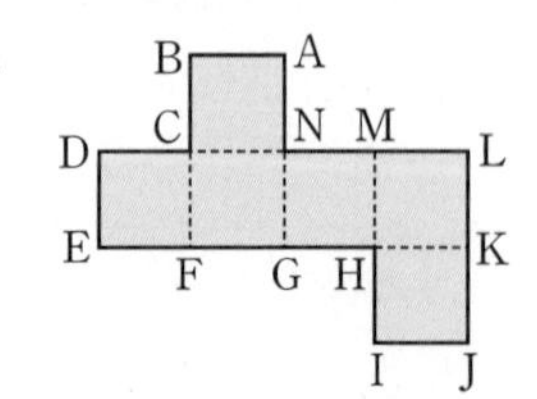

① $\overline{AN}$ ② $\overline{LK}$
③ $\overline{HI}$ ④ $\overline{IJ}$
⑤ $\overline{KJ}$

8 오른쪽 그림과 같은 전개도로 만들어지는 정팔면체에 대하여 다음 중 $\overline{AB}$와 꼬인 위치에 있는 모서리가 아닌 것은?

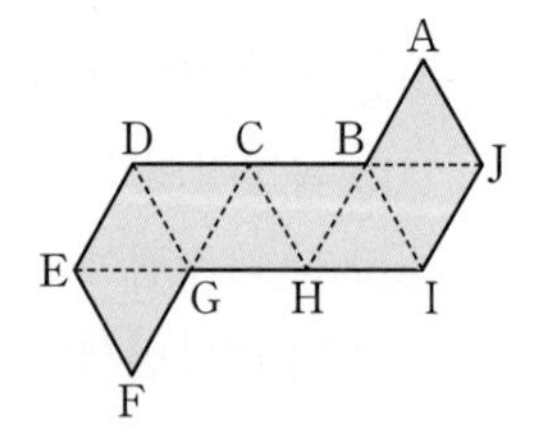

① $\overline{DE}$ ② $\overline{EF}$ ③ $\overline{CG}$
④ $\overline{GH}$ ⑤ $\overline{IJ}$

• 정답과 해설 42쪽

5. 다면체와 회전체

03 회전체

유형 4 회전체

개념편 105쪽

(1) **회전체**: 평면도형을 한 직선 l을 축으로 하여 1회전 시킬 때 생기는 입체도형 예 원기둥, 원뿔, 구 등

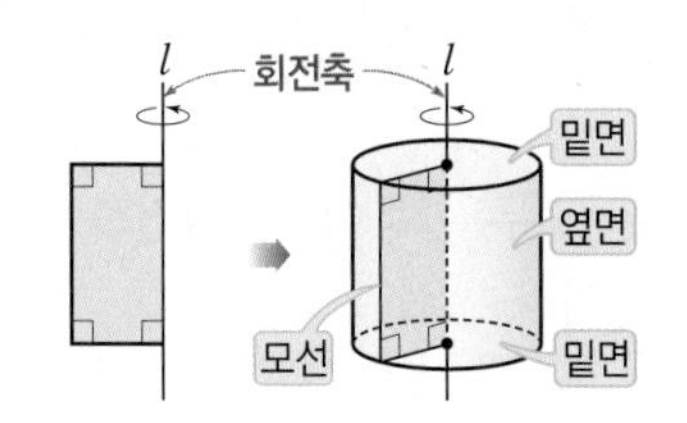

(2) **원뿔대**: 원뿔을 밑면에 평행한 평면으로 잘라서 생기는 두 입체도형 중 원뿔이 아닌 쪽의 도형

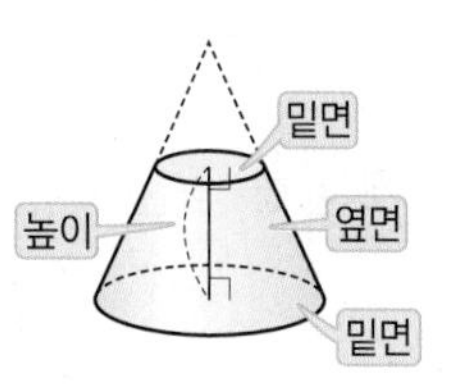

1 다음 보기 중 회전체를 모두 고르시오. ______________

보기

ㄱ. 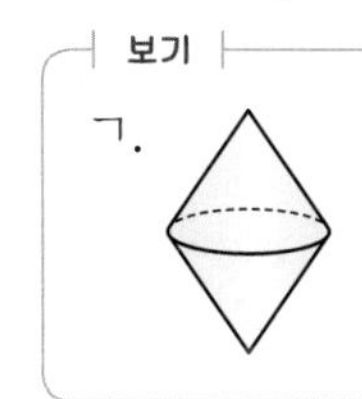
ㄴ. 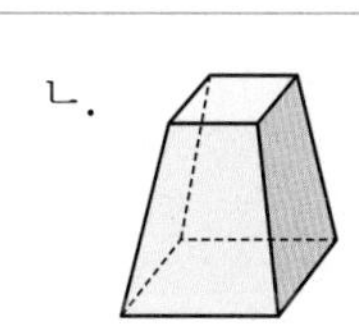
ㄷ. 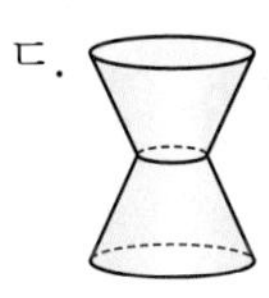
ㄹ. 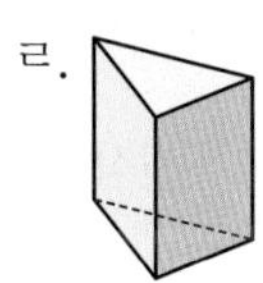
ㅁ. 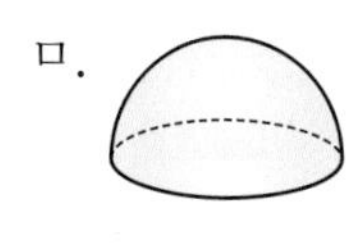
ㅂ. 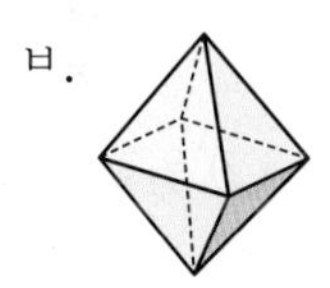

2 다음 그림과 같은 평면도형을 직선 l을 회전축으로 하여 1회전 시킬 때 생기는 회전체를 그리시오.

평면도형				
회전체				

3 다음 그림과 같은 평면도형을 직선 l을 회전축으로 하여 1회전 시킬 때 생기는 회전체의 겨냥도를 보기에서 고르시오.

(1) 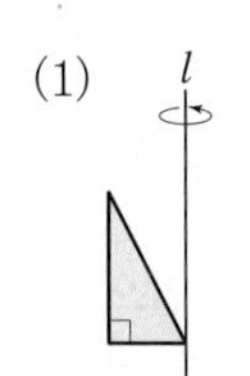
____

(2) 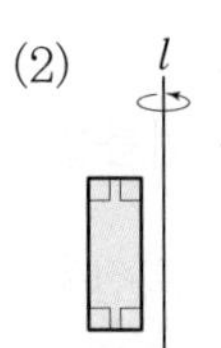
____

(3) 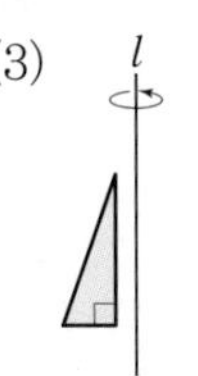
____

보기

ㄱ. 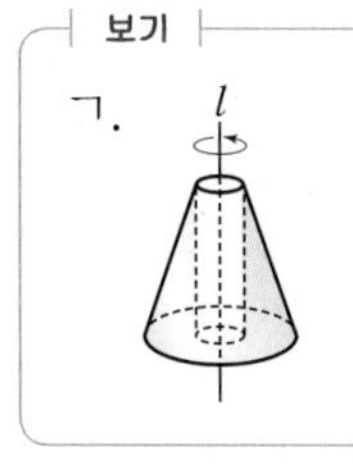
ㄴ. 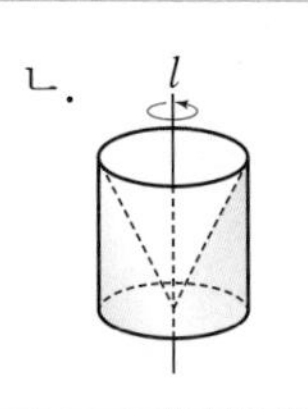
ㄷ. 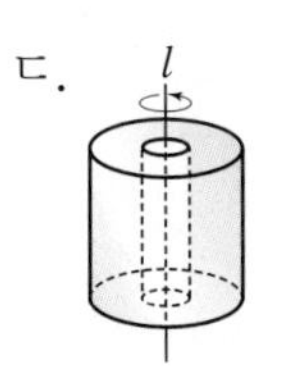

유형 5 회전체의 성질

개념편 106쪽

(1) 회전체를 회전축에 수직인 평면으로 자른 단면

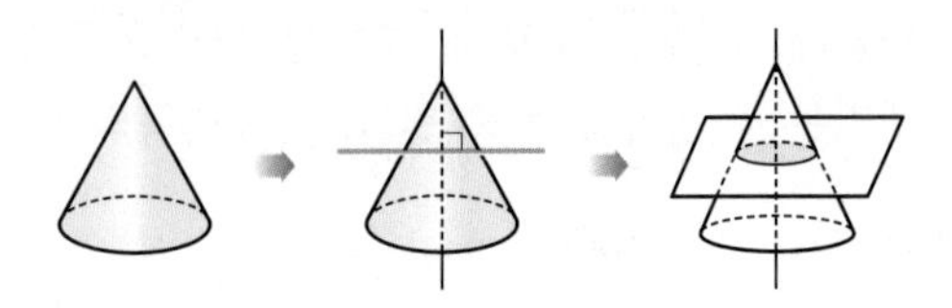

➡ 단면의 경계는 항상 원이다.

(2) 회전체를 회전축을 포함하는 평면으로 자른 단면

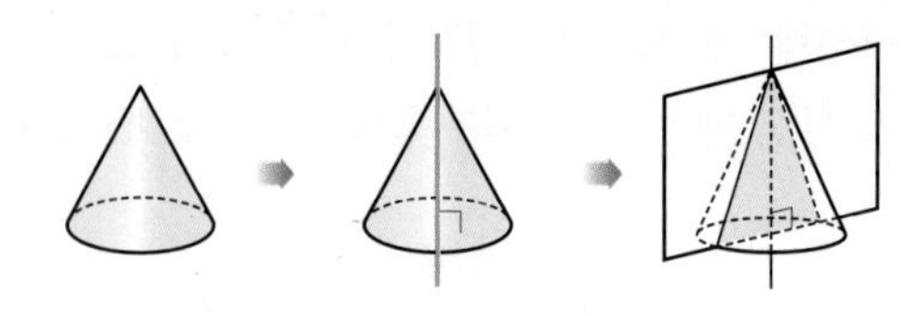

➡ 단면은 모두 합동이고, 회전축에 대하여 선대칭도형이다.
└→ 한 직선을 따라 접었을 때 완전히 겹쳐지는 도형

1 다음 회전체와 그 회전축에 수직인 평면으로 자른 단면의 모양을 바르게 연결하시오.

(1) 구 •   • ㉠ 직사각형

(2) 원뿔 •   • ㉡ 이등변삼각형

(3) 원기둥 •   • ㉢ 사다리꼴

(4) 원뿔대 •   • ㉣ 원

2 다음 회전체와 그 회전축을 포함하는 평면으로 자른 단면의 모양을 바르게 연결하시오.

(1) 구 •   • ㉠ 직사각형

(2) 원뿔 •   • ㉡ 이등변삼각형

(3) 원기둥 •   • ㉢ 사다리꼴

(4) 원뿔대 •   • ㉣ 원

[3~4] 다음 그림과 같은 평면도형을 직선 l을 회전축으로 하여 1회전 시킬 때 생기는 회전체에 대하여 물음에 답하시오.

3

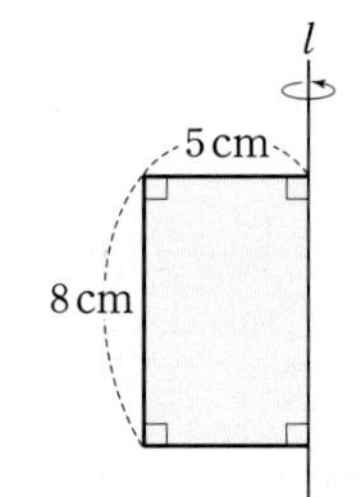

(1) 이 회전체의 이름을 말하시오. ________

(2) 이 회전체를 회전축에 수직인 평면으로 자를 때 생기는 단면의 모양을 말하고, 그 단면의 넓이를 구하시오. ________

(3) 이 회전체를 회전축을 포함하는 평면으로 자를 때 생기는 단면의 모양을 말하고, 그 단면의 넓이를 구하시오. ________

4

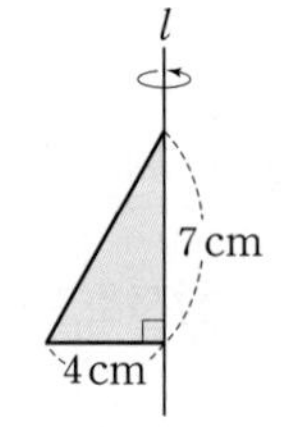

(1) 이 회전체의 이름을 말하시오. ________

(2) 이 회전체를 회전축을 포함하는 평면으로 자를 때 생기는 단면의 모양을 말하고, 그 단면의 넓이를 구하시오. ________

회전체의 전개도

개념편 107쪽

회전체	원기둥	원뿔	원뿔대
전개도	밑면, 옆면, 모선, 밑면 (밑면인 원의 둘레의 길이) =(옆면인 직사각형의 가로의 길이)	모선, 옆면, 밑면 (밑면인 원의 둘레의 길이) =(옆면인 부채꼴의 호의 길이)	모선, 밑면, 옆면, 밑면 밑면인 두 원의 둘레의 길이는 각각 전개도의 옆면에서 곡선으로 된 두 부분의 길이와 같다.

참고 구의 전개도는 그릴 수 없다.

1 다음 그림과 같은 회전체의 전개도에서 a, b의 값을 각각 구하시오.

(1)

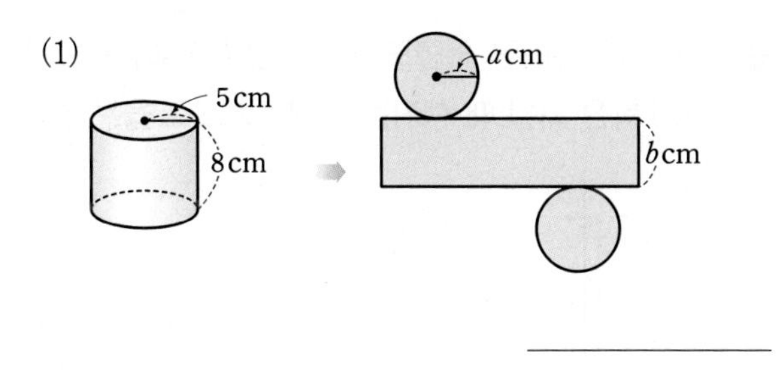

(2)

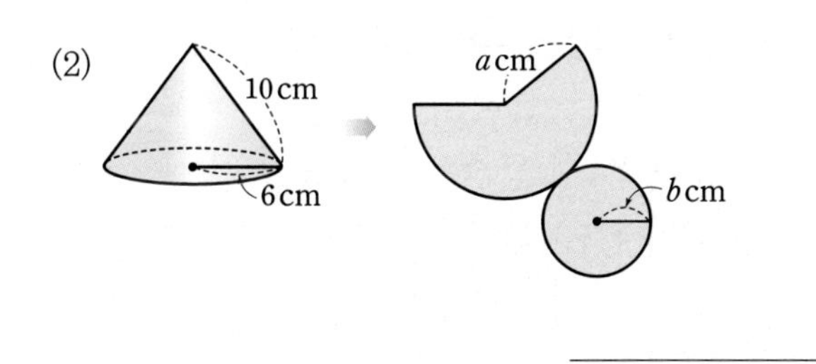

(3)

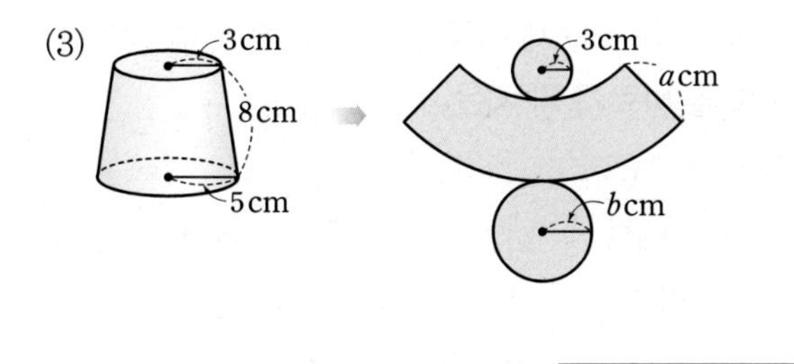

2 다음은 원기둥의 전개도에서 밑면인 원의 반지름의 길이를 구하는 과정이다. □ 안에 알맞은 수를 쓰시오.

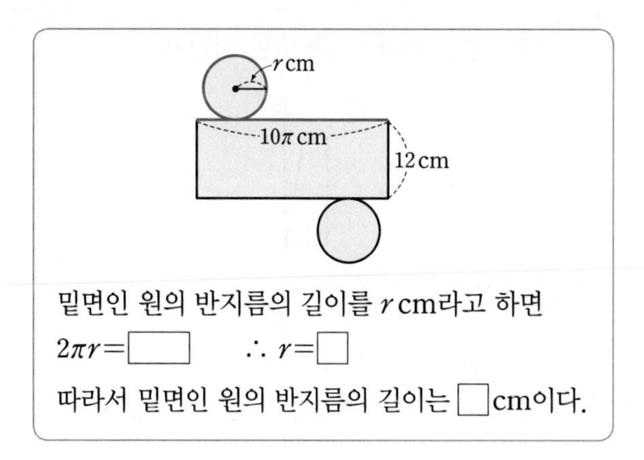

밑면인 원의 반지름의 길이를 $r$cm라고 하면

$2\pi r=$□　　$\therefore r=$□

따라서 밑면인 원의 반지름의 길이는 □cm이다.

3 다음은 원뿔의 전개도에서 옆면인 부채꼴의 호의 길이를 구하는 과정이다. □ 안에 알맞은 것을 쓰시오.

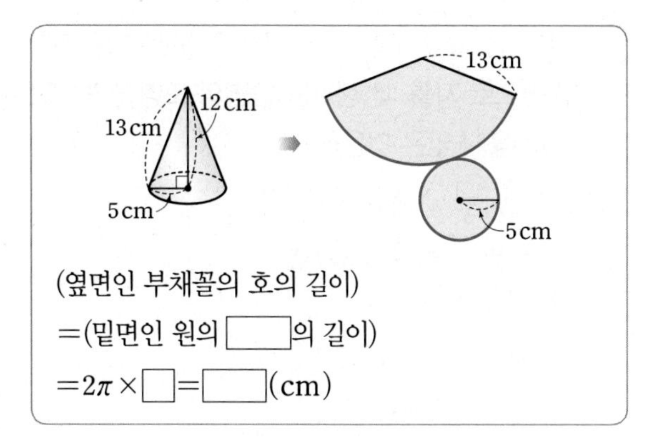

(옆면인 부채꼴의 호의 길이)

=(밑면인 원의 □의 길이)

$=2\pi\times$□$=$□(cm)

쌍둥이 기출문제

형광펜 들고 밑줄 쫙~

쌍둥이 01

1 다음 중 회전체가 아닌 것은?

① 원뿔대　② 원기둥　③ 오각기둥
④ 구　⑤ 원뿔

2 다음 보기 중 회전체를 모두 고른 것은?

보기
ㄱ. 삼각기둥　ㄴ. 원뿔대　ㄷ. 구
ㄹ. 정팔면체　ㅁ. 정사각뿔　ㅂ. 원기둥

① ㄱ, ㄴ, ㄷ　② ㄱ, ㄴ, ㄹ　③ ㄴ, ㄷ, ㅁ
④ ㄴ, ㄷ, ㅂ　⑤ ㄹ, ㅁ, ㅂ

쌍둥이 02

3 오른쪽 그림의 입체도형은 다음 중 어떤 평면도형을 1회전 시켜 만든 것인가?

①

②

③
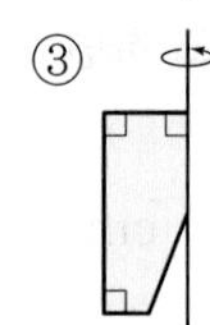

④
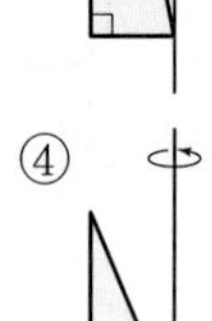

⑤
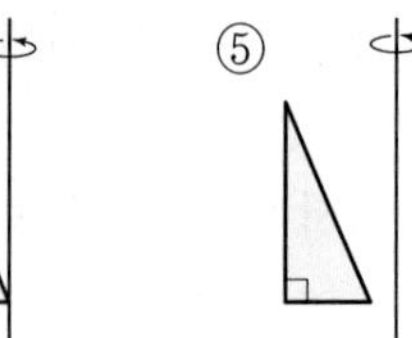

4 다음 중 주어진 평면도형을 직선 l을 회전축으로 하여 1회전 시킬 때 생기는 입체도형으로 옳은 것은?

①
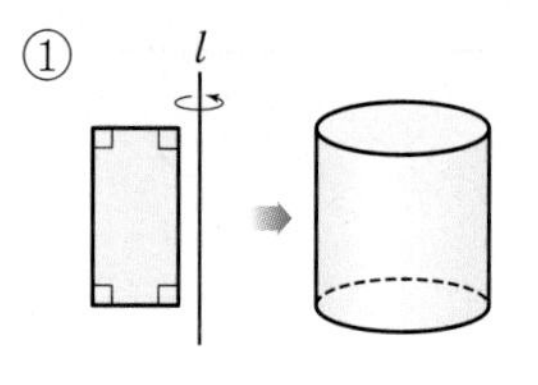

②
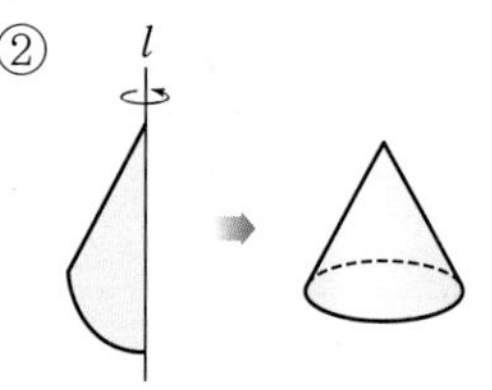

③
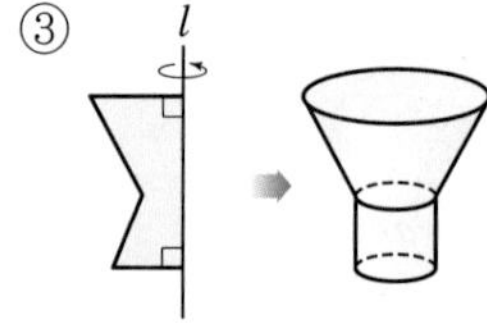

④
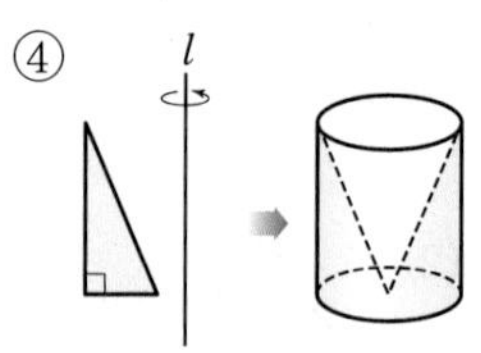

⑤
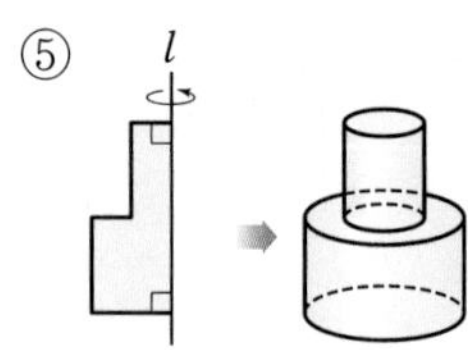

쌍둥이 03

5 다음 중 회전체와 그 회전체를 회전축을 포함하는 평면으로 자를 때 생기는 단면의 모양을 짝 지은 것으로 옳지 않은 것은?

① 원기둥 – 정사각형
② 원뿔 – 이등변삼각형
③ 구 – 원
④ 원뿔대 – 사다리꼴
⑤ 반구 – 반원

6 다음 중 회전체 A를 평면 B로 자를 때 생기는 단면 C를 바르게 짝 지은 것은?

	A		B		C
①	원뿔	–	회전축을 포함하는 평면	–	정삼각형
②	원뿔대	–	회전축을 포함하는 평면	–	직사각형
③	구	–	회전축을 포함하는 평면	–	원
④	반구	–	회전축에 수직인 평면	–	반원
⑤	원기둥	–	회전축에 수직인 평면	–	직사각형

쌍둥이 04

7 오른쪽 그림과 같은 원뿔을 회전축을 포함하는 평면으로 잘랐을 때 생기는 단면의 넓이는?

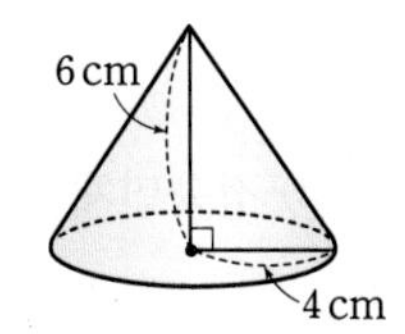

① $22\,\text{cm}^2$ ② $24\,\text{cm}^2$
③ $26\,\text{cm}^2$ ④ $28\,\text{cm}^2$
⑤ $30\,\text{cm}^2$

8 오른쪽 그림과 같은 사다리꼴을 직선 l을 회전축으로 하여 1회전 시킬 때 생기는 회전체를 회전축을 포함하는 평면으로 잘랐다. 이때 생기는 단면의 넓이는?

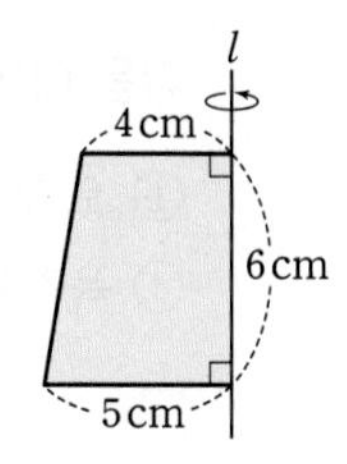

① $50\,\text{cm}^2$ ② $52\,\text{cm}^2$ ③ $54\,\text{cm}^2$
④ $56\,\text{cm}^2$ ⑤ $58\,\text{cm}^2$

쌍둥이 05

9 오른쪽 그림과 같은 전개도로 만들어지는 원기둥에서 밑면인 원의 반지름의 길이는?

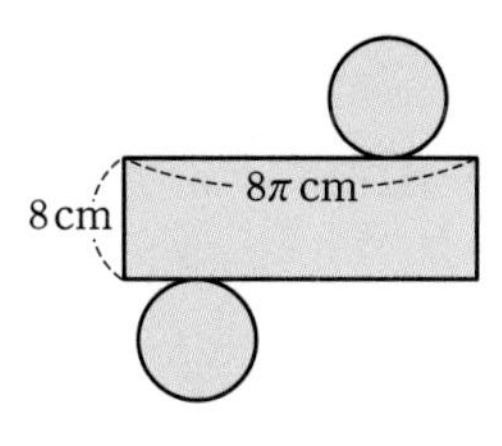

① 2 cm ② 3 cm ③ 3.5 cm
④ 4 cm ⑤ 4.5 cm

10 오른쪽 그림과 같은 원뿔의 전개도에서 옆면인 부채꼴의 호의 길이를 구하시오.

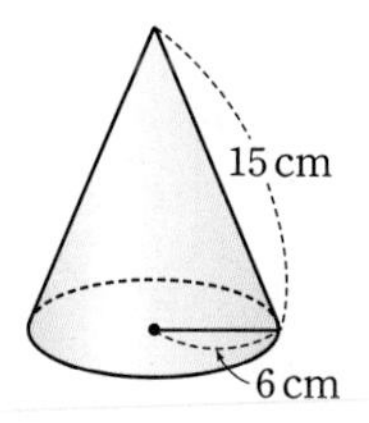

쌍둥이 06

11 다음 중 회전체에 대한 설명으로 옳지 않은 것은?

① 평면도형을 직선 l을 회전축으로 하여 1회전 시킬 때 생기는 입체도형을 회전체라고 한다.
② 회전체를 회전축에 수직인 평면으로 자른 단면의 경계는 항상 원이다.
③ 원기둥을 회전축에 평행한 평면으로 자른 단면은 항상 정사각형이다.
④ 회전체를 회전축을 포함하는 평면으로 자른 단면은 회전축에 대하여 선대칭도형이다.
⑤ 원기둥, 원뿔, 원뿔대, 구는 모두 회전체이다.

12 다음 중 회전체에 대한 설명으로 옳지 않은 것을 모두 고르면? (정답 2개)

① 모든 회전체는 전개도를 그릴 수 있다.
② 구는 어떤 평면으로 잘라도 그 단면은 항상 원이다.
③ 원뿔대를 회전축을 포함하는 평면으로 자른 단면은 모두 합동인 이등변삼각형이다.
④ 원뿔을 회전축에 수직인 평면으로 자른 단면은 항상 원이다.
⑤ 직사각형의 한 변을 회전축으로 하여 1회전 시킬 때 생기는 회전체는 항상 원기둥이다.

1 다음 다면체 중 면의 개수가 가장 많은 것은?

① 오각기둥 ② 팔각뿔 ③ 정육면체
④ 육각뿔대 ⑤ 팔각기둥

▶ 다면체의 면의 개수

서술형

2 십면체인 각뿔의 모서리의 개수를 a개, 꼭짓점의 개수를 b개라고 할 때, $a-b$의 값을 구하시오.

풀이 과정

답

▶ 다면체의 꼭짓점, 모서리, 면의 개수

3 다음 조건을 모두 만족시키는 입체도형의 모서리의 개수를 구하시오.

조건
(가) 꼭짓점의 개수는 14개이다.
(나) 옆면의 모양은 직사각형이다.
(다) 두 밑면은 서로 평행하고 합동이다.

▶ 조건을 만족시키는 다면체 구하기

4 각 면이 정삼각형 또는 정사각형으로 이루어진 다면체에 대하여 다음 두 조건을 동시에 만족시킬 수 있는 것을 모두 고르면? (정답 2개)

조건
(가) 각 면이 모두 합동인 정다각형이다.
(나) 각 꼭짓점에 모인 면의 개수가 모두 같다.

① 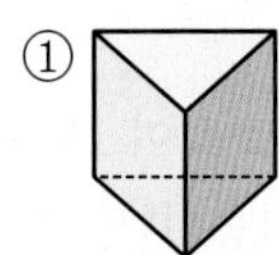
② 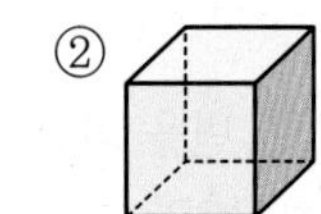
③ 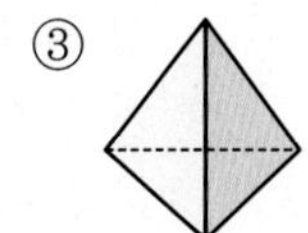
④ 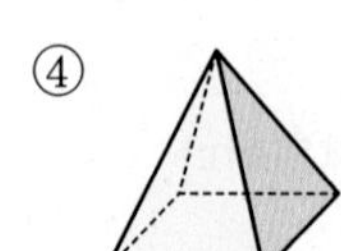
⑤ 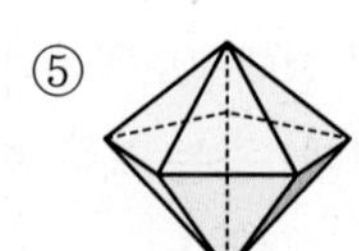

▶ 조건을 만족시키는 정다면체 구하기

5 **다음 중 정다면체에 대한 설명으로 옳은 것은?**

▶ 정다면체의 이해

① 각 면이 모두 합동인 정다각형으로 이루어진 다면체를 정다면체라고 한다.
② 한 꼭짓점에 모인 면의 개수가 4개인 정다면체는 정이십면체이다.
③ 면의 모양이 정육각형인 정다면체도 있다.
④ 정육면체와 정팔면체의 꼭짓점의 개수는 같다.
⑤ 모든 면이 정오각형인 정다면체의 한 꼭짓점에 모인 면의 개수는 3개이다.

6 **오른쪽 그림과 같은 평면도형을 직선 l을 회전축으로 하여 1회전 시킬 때 생기는 입체도형은?**

▶ 회전체

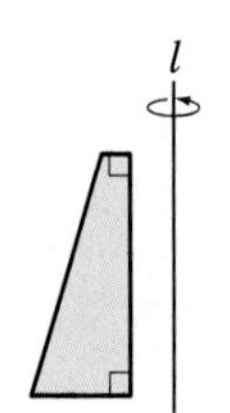

①

② 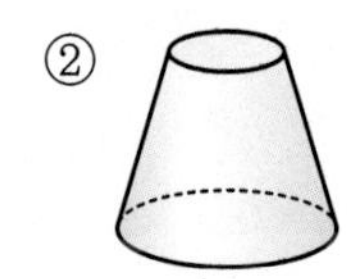

③ 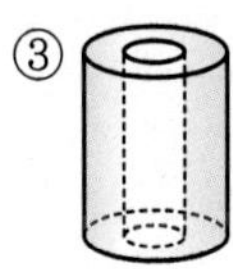

④ 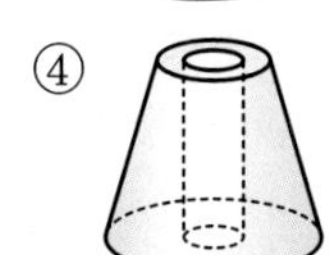

⑤ 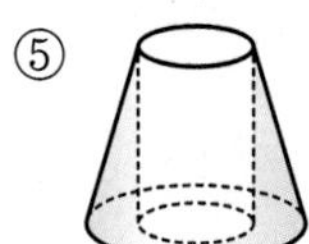

7 **다음 중 회전축에 수직인 어떤 평면으로 잘라도 그 단면이 항상 합동인 회전체는?**

▶ 회전체의 성질

① 구　② 반구　③ 원기둥
④ 원뿔　⑤ 원뿔대

8 **다음 보기 중 회전체에 대한 설명으로 옳은 것을 모두 고르시오.**

▶ 회전체의 이해

보기

ㄱ. 회전체를 회전축에 수직인 평면으로 자른 단면의 경계는 항상 원이다.
ㄴ. 회전체를 회전축을 포함하는 평면으로 자른 단면은 모두 합동이다.
ㄷ. 원뿔대를 회전축을 포함하는 평면으로 자른 단면은 원이다.
ㄹ. 구를 회전축에 수직인 평면으로 자른 단면은 모두 합동인 원이다.
ㅁ. 원뿔의 전개도에서 부채꼴의 반지름의 길이는 밑면인 원의 둘레의 길이와 같다.

6 입체도형의 겉넓이와 부피

유형 1 기둥의 겉넓이
유형 2 기둥의 부피
유형 3 뿔의 겉넓이 / 뿔대의 겉넓이
유형 4 뿔의 부피 / 뿔대의 부피
유형 5 구의 겉넓이
유형 6 구의 부피

• 정답과 해설 45쪽

01 기둥의 겉넓이와 부피

유형 1 기둥의 겉넓이

개념편 118쪽

(1) (각기둥의 겉넓이)=(밑넓이)×2+(옆넓이)
└→ 옆면 전체의 넓이

(2) (원기둥의 겉넓이)=(밑넓이)×2+(옆넓이)
$=\pi r^2\times 2+2\pi r\times h$
└→ 밑면인 원의 둘레의 길이
$=2\pi r^2+2\pi rh$

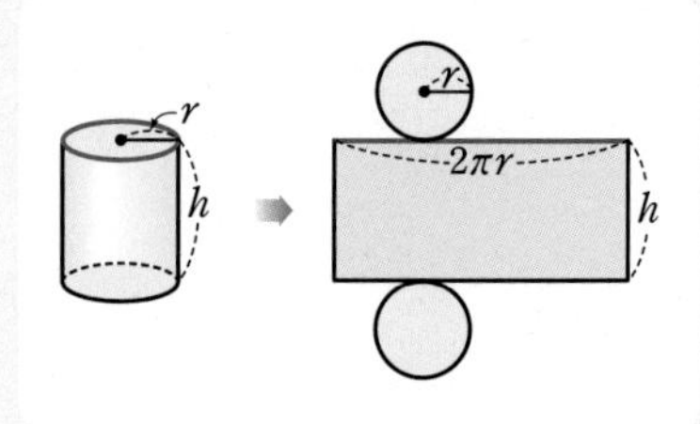

1 아래 그림과 같은 삼각기둥과 그 전개도에서 □ 안에 알맞은 수를 쓰고, 다음을 구하시오.

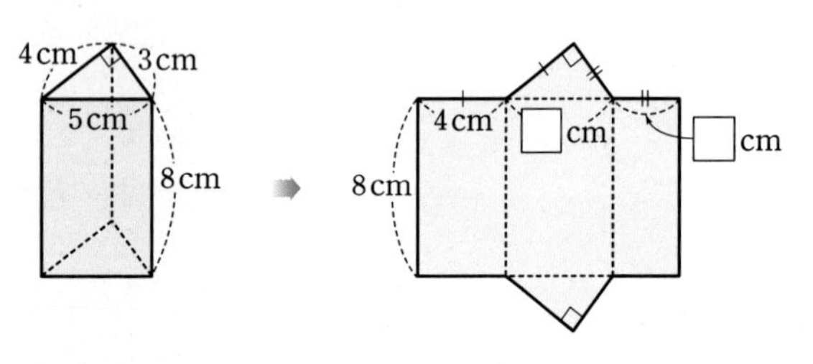

(1) 밑넓이 ______

(2) 옆넓이 ______

(3) 겉넓이 ______

2 아래 그림과 같은 원기둥과 그 전개도에서 □ 안에 알맞은 수를 쓰고, 다음을 구하시오.

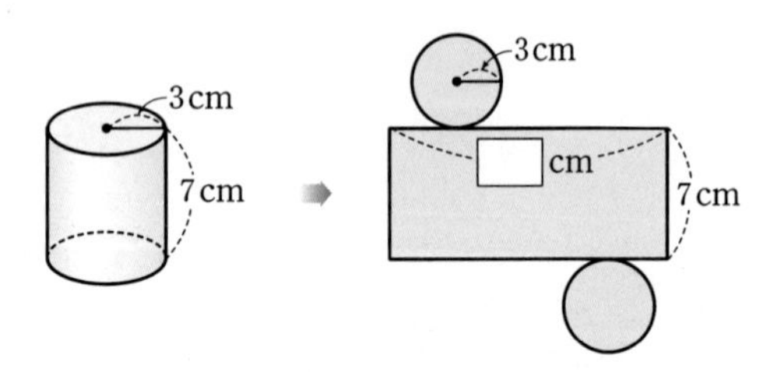

(1) 밑넓이 ______

(2) 옆넓이 ______

(3) 겉넓이 ______

3 다음 그림과 같은 기둥의 겉넓이를 구하시오.

(1)

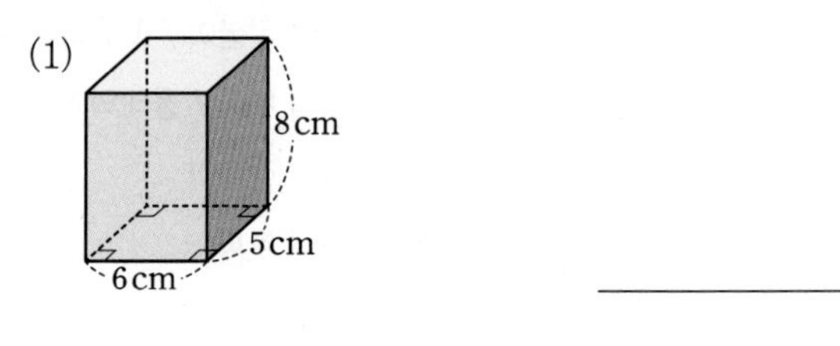

______

(2)

______

(3)

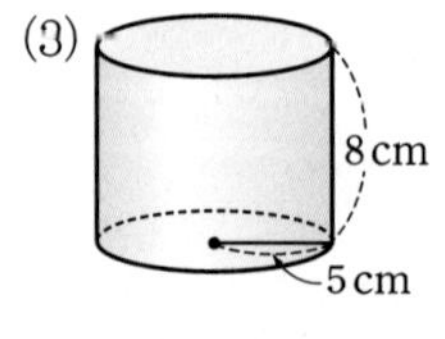

______

(4)

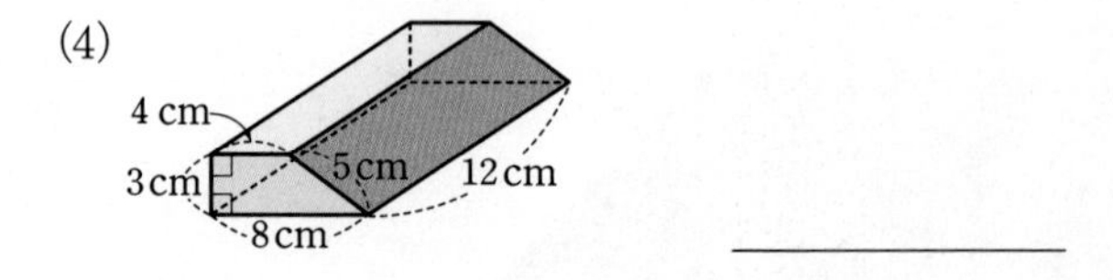

______

• 정답과 해설 45쪽

유형 2 기둥의 부피

개념편 119쪽

(1) (각기둥의 부피)
$=$(밑넓이)$\times$(높이)
$=Sh$

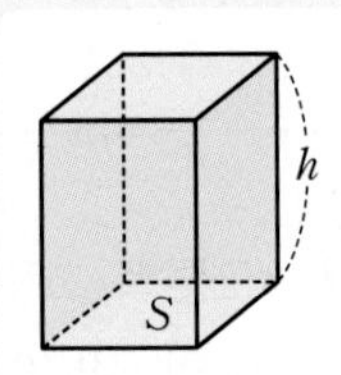

(2) (원기둥의 부피)
$=$(밑넓이)$\times$(높이)
$=\pi r^2 \times h$
$=\pi r^2 h$

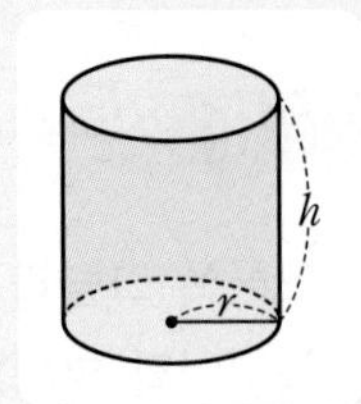

1 다음 입체도형의 부피를 구하시오.

(1) 밑넓이가 $32\,\text{cm}^2$이고, 높이가 $5\,\text{cm}$인 삼각기둥

____

(2) 밑넓이가 $25\pi\,\text{cm}^2$이고, 높이가 $4\,\text{cm}$인 원기둥

____

2 다음 그림의 기둥에서 밑넓이, 높이, 부피를 구하시오.

(1)

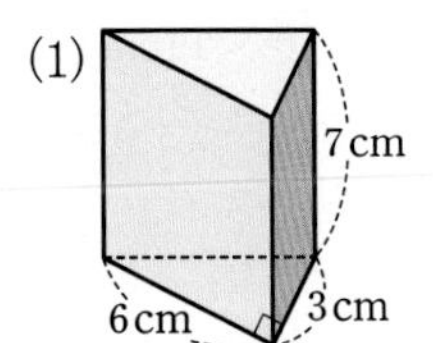

(밑넓이)= ____________
(높이)= ____________
(부피)= ____________

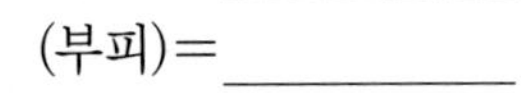

(2)

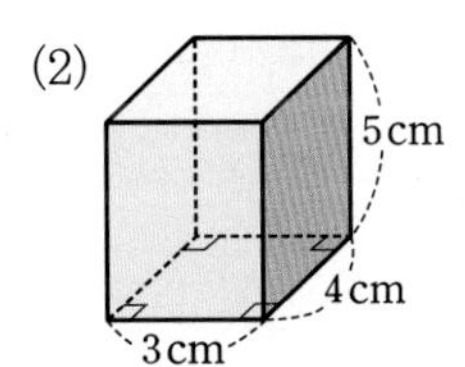

(밑넓이)= ____________
(높이)= ____________
(부피)= ____________

(3)

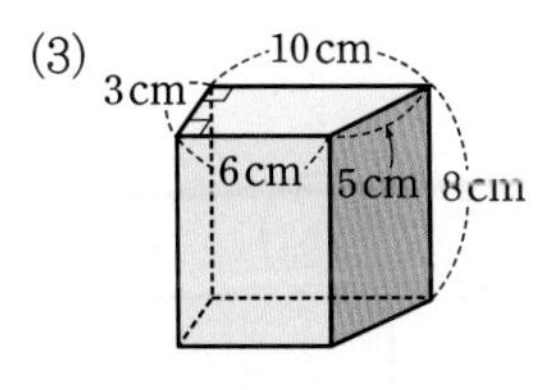

(밑넓이)= ____________
(높이)= ____________
(부피)= ____________

(4)

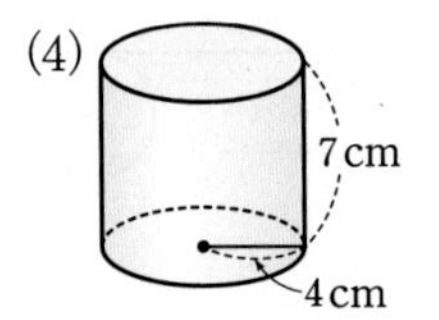

(밑넓이)= ____________
(높이)= ____________
(부피)= ____________

(5)

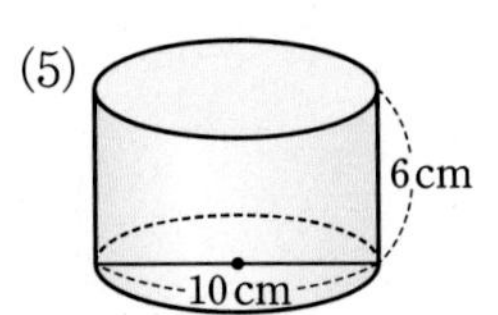

(밑넓이)= ____________
(높이)= ____________
(부피)= ____________

3 밑면이 오른쪽 그림과 같고 높이가 $8\,\text{cm}$인 사각기둥에 대하여 다음을 구하시오.

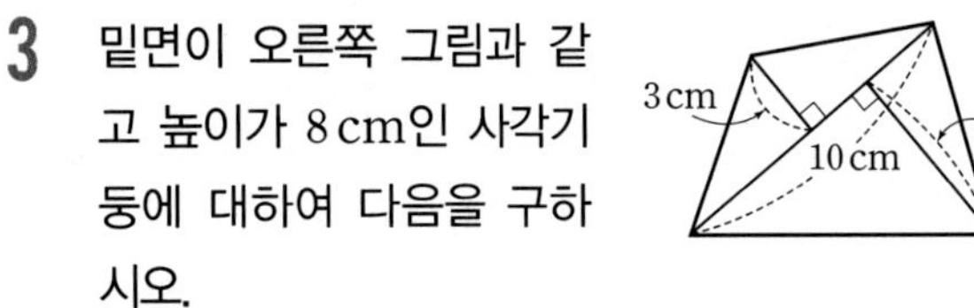

(1) 밑넓이 ____________

(2) 부피 ____________

[4~5] 다음 그림과 같은 입체도형의 부피를 구하려고 한다. □ 안에 알맞은 수를 쓰시오.

4

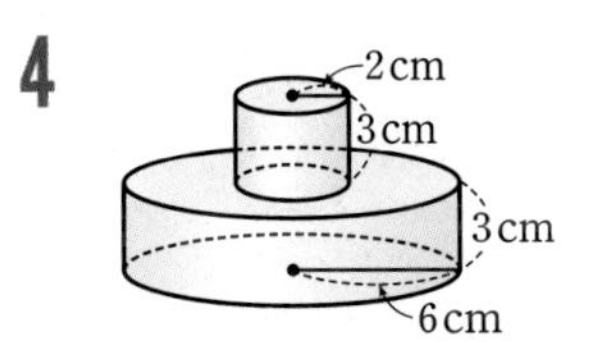

(부피)=(큰 원기둥의 부피)+(작은 원기둥의 부피)
$=$□$+$□
$=$□(cm^3)

5

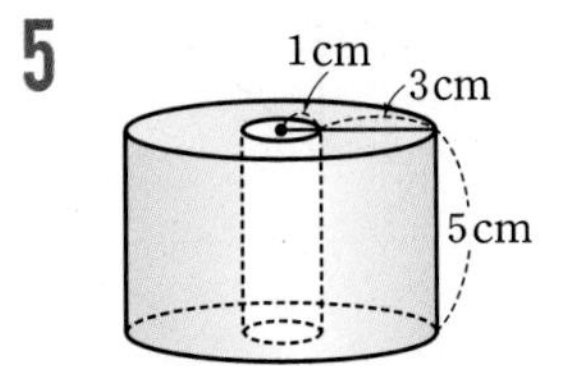

(부피)=(큰 원기둥의 부피)$-$(작은 원기둥의 부피)
$=$□$-$□

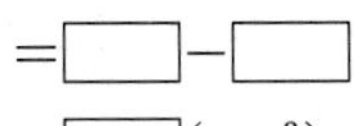

$=$□(cm^3)

기출문제

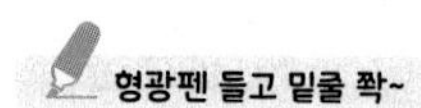

쌍둥이 01

1 오른쪽 그림과 같은 삼각기둥의 겉넓이와 부피를 차례로 구하시오.

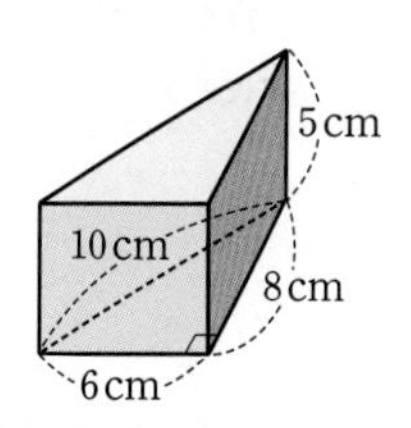

2 오른쪽 그림과 같은 사각기둥의 겉넓이와 부피를 차례로 구하시오.

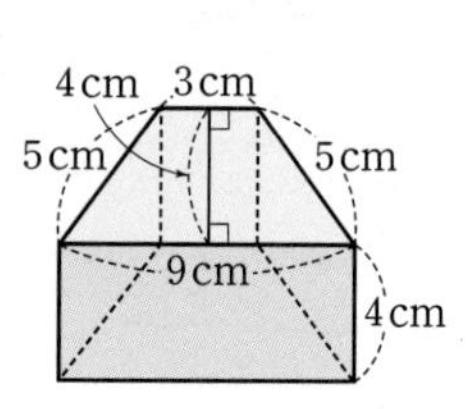

쌍둥이 02

3 오른쪽 그림과 같은 원기둥의 겉넓이와 부피를 차례로 구하시오.

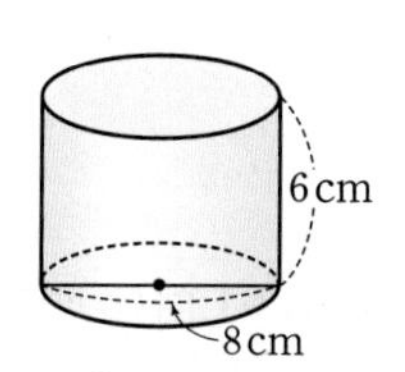

4 오른쪽 그림과 같은 직사각형을 직선 l을 회전축으로 하여 1회전 시킬 때 생기는 입체도형의 겉넓이와 부피를 차례로 구하시오.

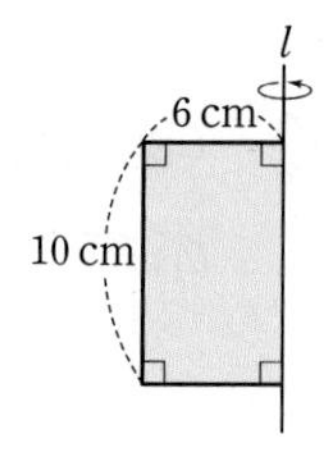

쌍둥이 03

5 오른쪽 그림과 같은 전개도로 만들어지는 삼각기둥의 부피를 구하시오.

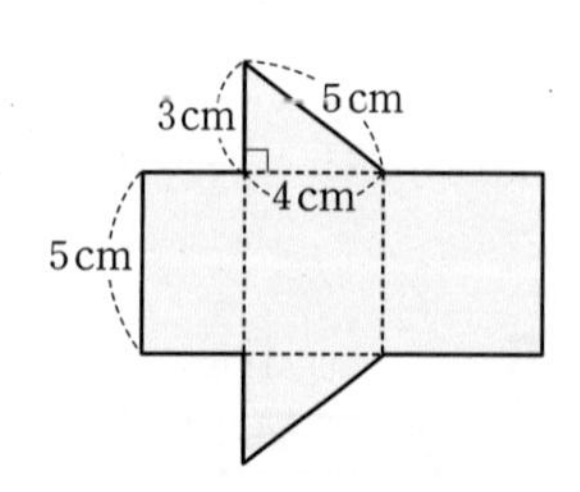

6 오른쪽 그림과 같은 전개도로 만들어지는 원기둥의 부피를 구하시오.

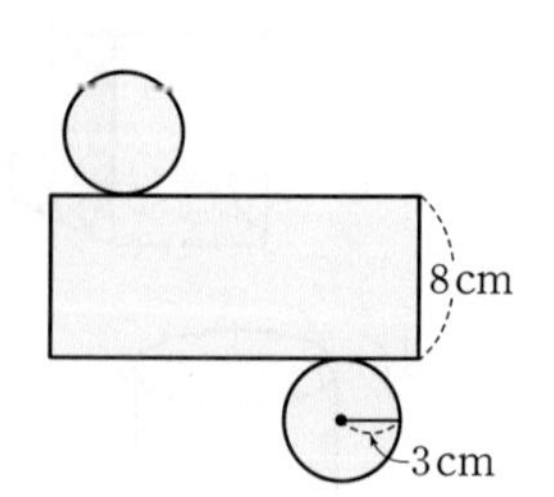

쌍둥이 04

7 오른쪽 그림과 같은 사각기둥의 겉넓이가 $148\,\text{cm}^2$일 때, h의 값을 구하시오.

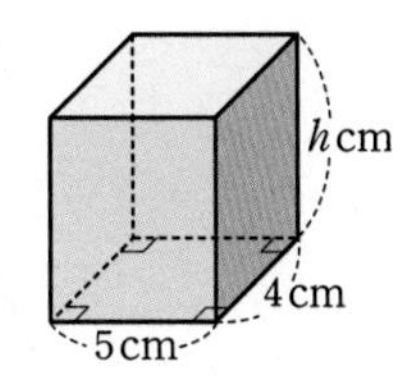

8 오른쪽 그림과 같은 원기둥의 부피가 $20\pi\,\text{cm}^3$일 때, 이 원기둥의 높이를 구하시오.

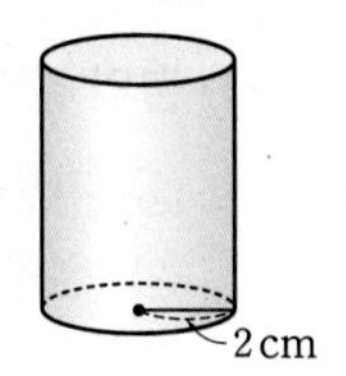

풀이 과정

답

쌍둥이 05

9 오른쪽 그림과 같이 원기둥을 반으로 자른 입체도형의 겉넓이와 부피를 차례로 구하시오.

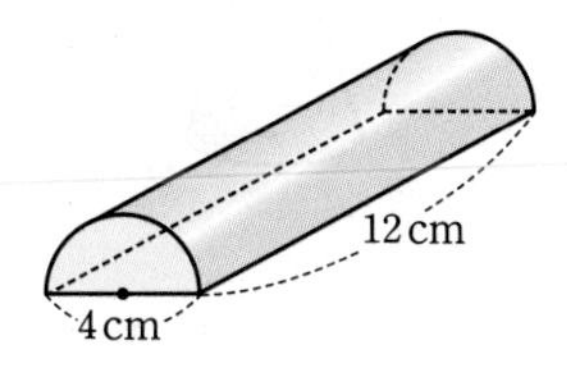

10 오른쪽 그림과 같이 밑면이 부채꼴인 기둥의 겉넓이와 부피를 차례로 구하시오.

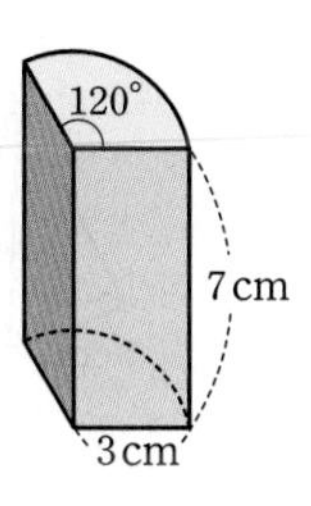

쌍둥이 06

11 오른쪽 그림과 같이 구멍이 뚫린 사각기둥의 부피를 구하시오.

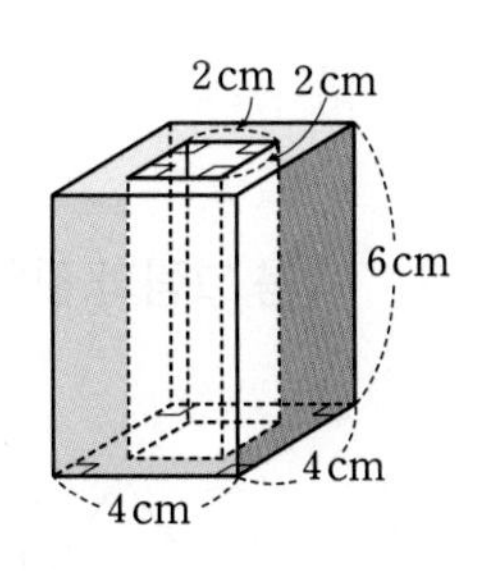

12 오른쪽 그림과 같이 구멍이 뚫린 원기둥의 부피를 구하시오.

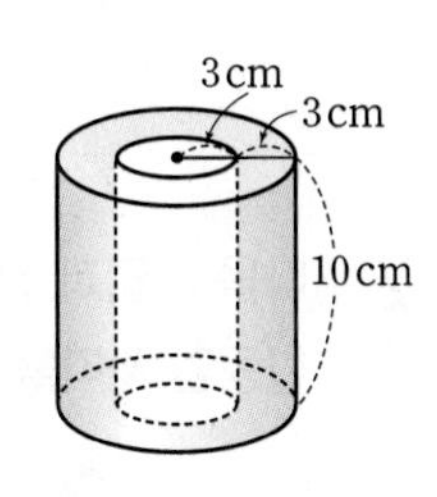

● 정답과 해설 47쪽

02 6. 입체도형의 겉넓이와 부피
뿔의 겉넓이와 부피

유형 3 뿔의 겉넓이 / 뿔대의 겉넓이

개념편 121~122쪽

(1) 뿔의 겉넓이

① (각뿔의 겉넓이)=(밑넓이)+(옆넓이)

② (원뿔의 겉넓이)=(밑넓이)+(옆넓이)

$$=\pi r^2+\frac{1}{2}\times l\times 2\pi r=\pi r^2+\pi rl$$

($2\pi r$: 밑면인 원의 둘레의 길이)

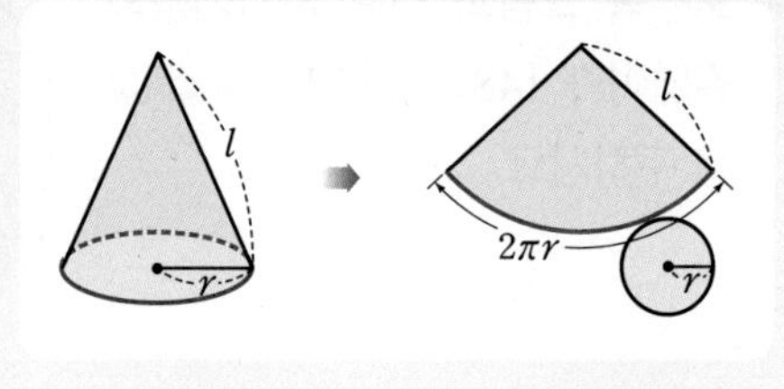

(2) 뿔대의 겉넓이

(뿔대의 겉넓이)=(두 밑면의 넓이의 합)+(옆넓이)

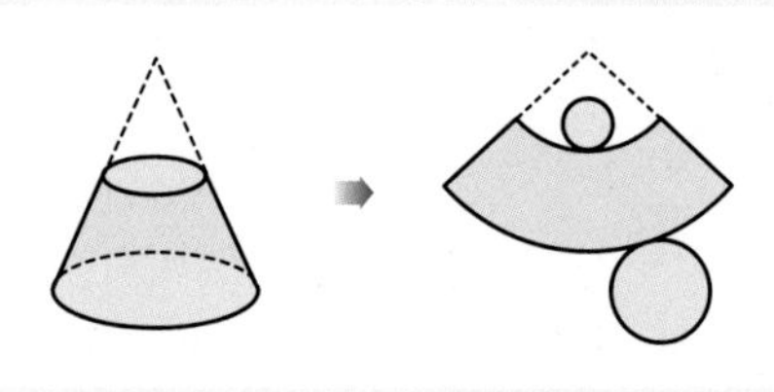

1 아래 그림과 같이 밑면은 정사각형이고 옆면은 모두 합동인 사각뿔과 그 전개도에서 □ 안에 알맞은 수를 쓰고, 다음을 구하시오.

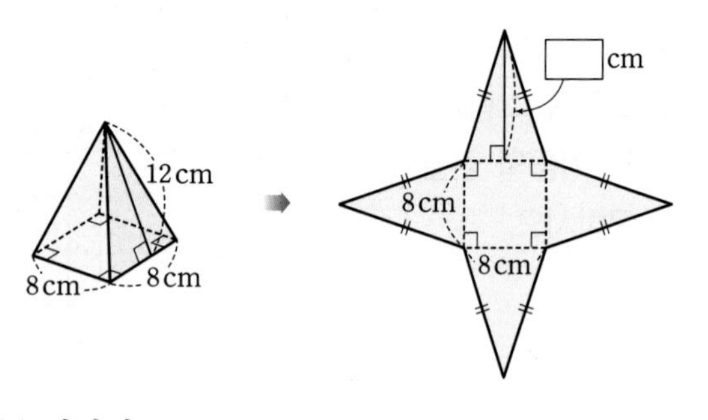

(1) 밑넓이 ________

(2) 옆넓이 ________

(3) 겉넓이 ________

2 다음 그림과 같이 밑면은 정사각형이고 옆면은 모두 합동인 사각뿔의 겉넓이를 구하시오.

(1)

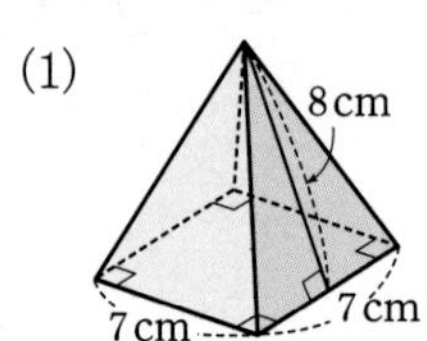

____

(2)

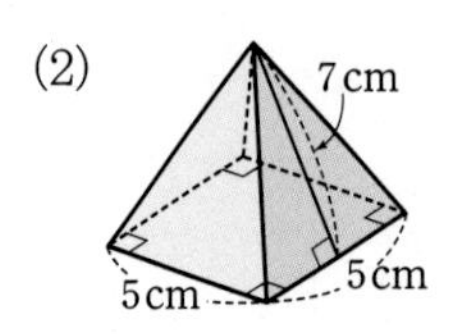

____

3 아래 그림과 같은 원뿔과 그 전개도에서 □ 안에 알맞은 수를 쓰고, 다음을 구하시오.

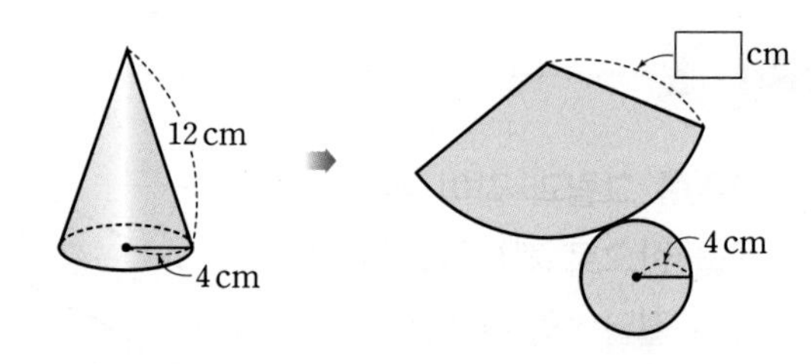

(1) 부채꼴의 호의 길이 ________

(2) 밑넓이 ________

(3) 옆넓이 ________

(4) 겉넓이 ________

4 다음 그림과 같은 원뿔의 겉넓이를 구하시오.

(1)

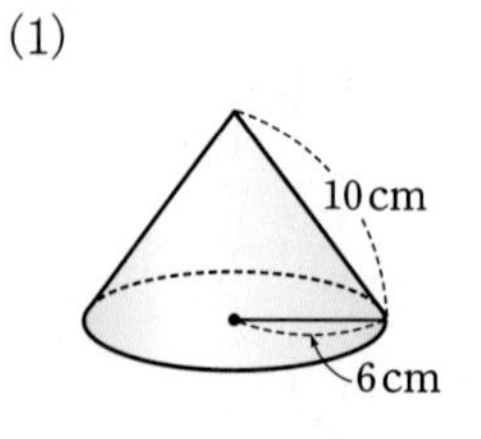

____

(2)

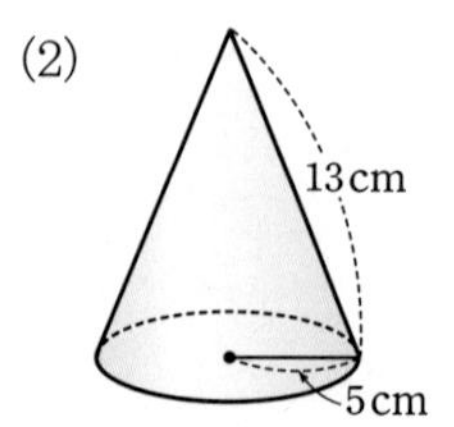

____

5 오른쪽 그림과 같이 두 밑면은 모두 정사각형이고, 옆면은 모두 합동인 사각뿔대의 겉넓이를 구하려고 한다. □ 안에 알맞은 수를 쓰시오.

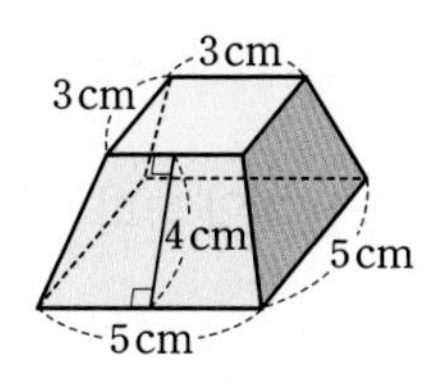

(1) (작은 밑면의 넓이)=□(cm^2)

(2) (큰 밑면의 넓이)=□(cm^2)

(3) (옆넓이)=(사다리꼴의 넓이)×4
=□×4
=□(cm^2)

(4) (겉넓이)=(두 밑면의 넓이의 합)+(옆넓이)
=□+□
=□(cm^2)

6 다음 그림과 같이 두 밑면은 모두 정사각형이고, 옆면은 모두 합동인 사각뿔대의 겉넓이를 구하시오.

(1)

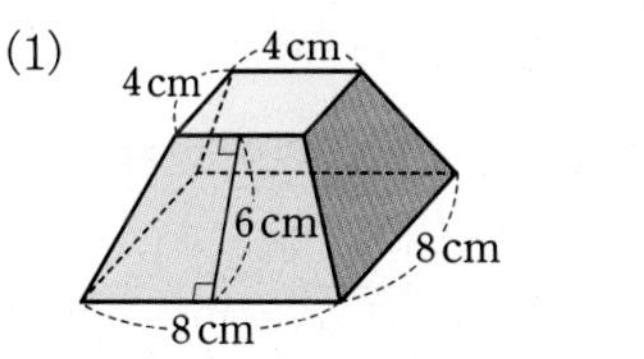

____

(2)

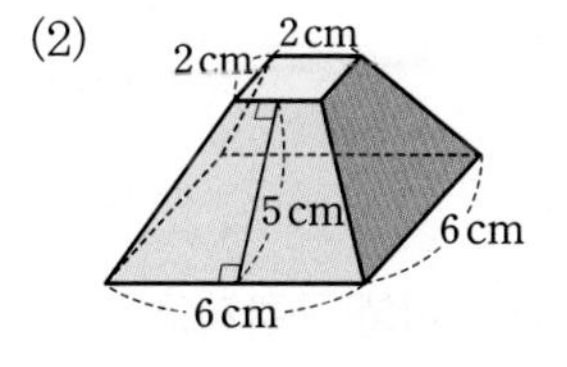

____

7 오른쪽 그림과 같은 원뿔대의 겉넓이를 구하려고 한다. □ 안에 알맞은 수를 쓰시오.

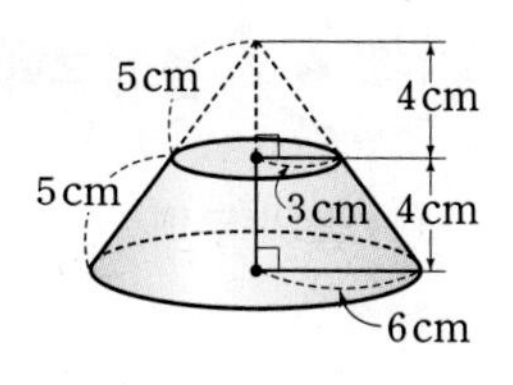

(1) (작은 밑면의 넓이)=□(cm^2)

(2) (큰 밑면의 넓이)=□(cm^2)

(3) (옆넓이)
=(큰 부채꼴의 넓이)−(작은 부채꼴의 넓이)

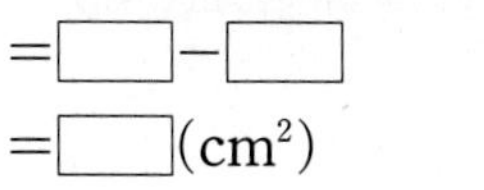

=□−□
=□(cm^2)

(4) (겉넓이)=(두 밑면의 넓이의 합)+(옆넓이)
=□+□
=□(cm^2)

8 다음 그림과 같은 원뿔대의 겉넓이를 구하시오.

(1)

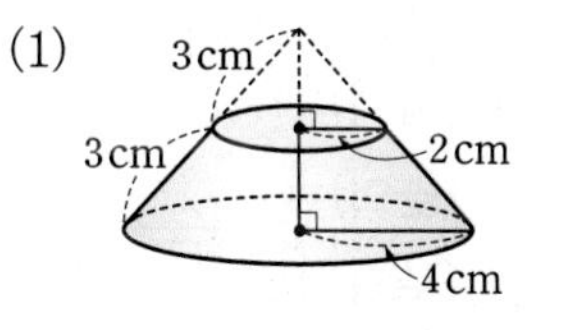

____

(2)

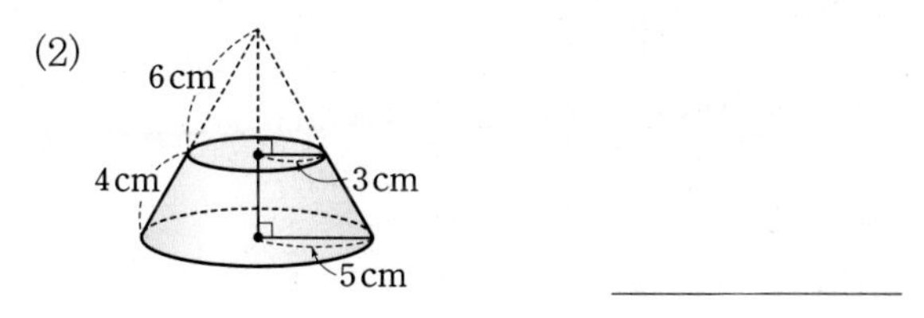

____

유형 4 뿔의 부피 / 뿔대의 부피

개념편 122~123쪽

(1) 뿔의 부피

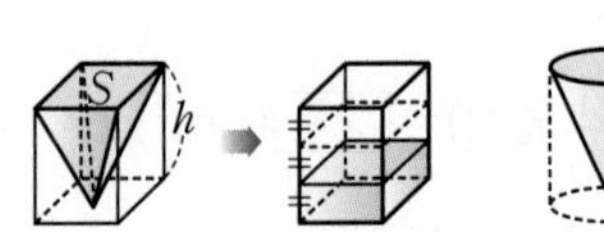

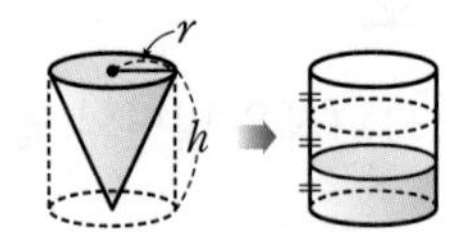

➡ (뿔의 부피) $=\frac{1}{3}\times$(기둥의 부피)

$=\frac{1}{3}\times$(밑넓이)$\times$(높이)

(2) 뿔대의 부피

➡ (뿔대의 부피)

=(큰 뿔의 부피)−(작은 뿔의 부피)

1 다음 입체도형의 부피를 구하시오.

(1) 밑넓이가 48 cm^2이고, 높이가 5 cm인 오각뿔

____

(2) 밑넓이가 30π cm^2이고, 높이가 7 cm인 원뿔

____

2 다음 그림의 뿔에서 밑넓이, 높이, 부피를 구하시오.

(1)

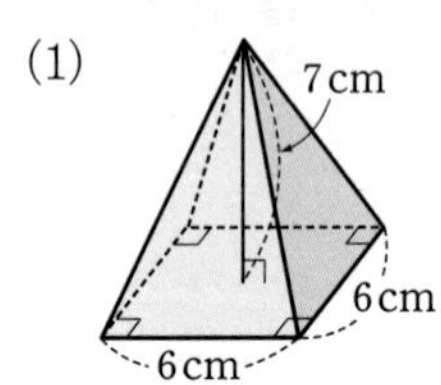

(밑넓이)= __________

(높이)= __________

(부피)= __________

(2)

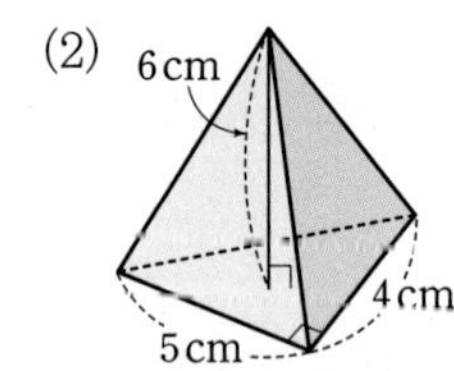

(밑넓이)= __________

(높이)= __________

(부피)= __________

(3)

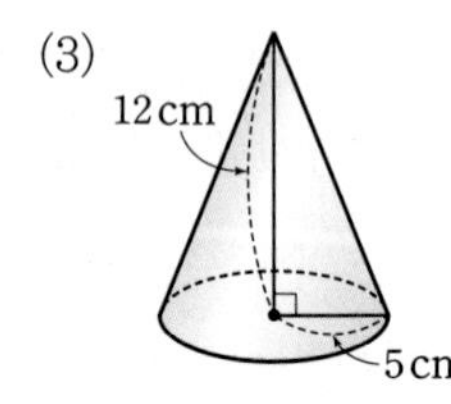

(밑넓이)= __________

(높이)= __________

(부피)= __________

(4)

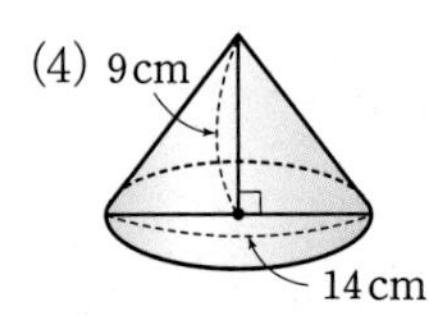

(밑넓이)= __________

(높이)= __________

(부피)= __________

3 다음 그림과 같은 뿔대의 부피를 구하려고 한다. □ 안에 알맞은 수를 쓰시오.

(1)

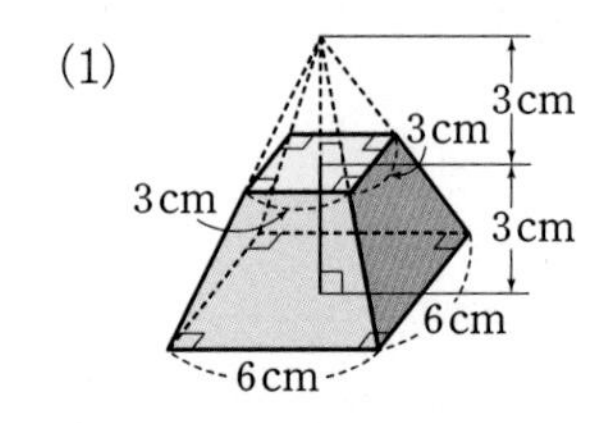

(부피)=(큰 사각뿔의 부피)−(작은 사각뿔의 부피)

=□−□=□(cm^3)

(2)

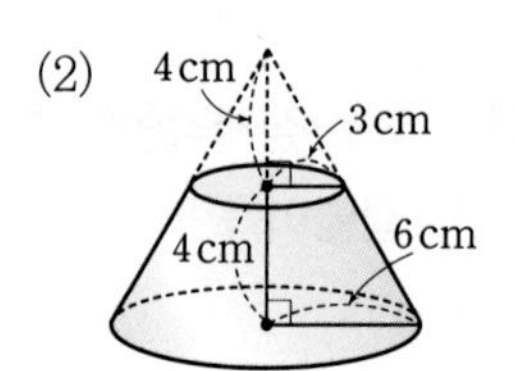

(부피)=(큰 원뿔의 부피)−(작은 원뿔의 부피)

=□−□=□(cm^3)

4 다음 그림과 같은 뿔대의 부피를 구하시오.

(1) (2)

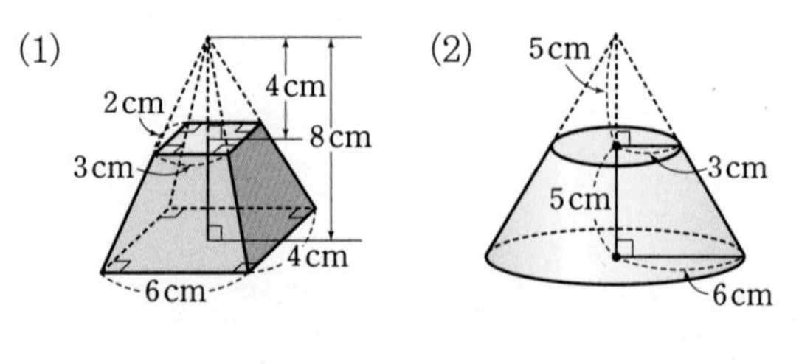

__________ __________

쌍둥이 기출문제

정답과 해설 49쪽

형광펜 들고 밑줄 쫙~

쌍둥이 01

1 오른쪽 그림과 같이 밑면은 정사각형이고, 옆면은 모두 합동인 사각뿔의 겉넓이는?

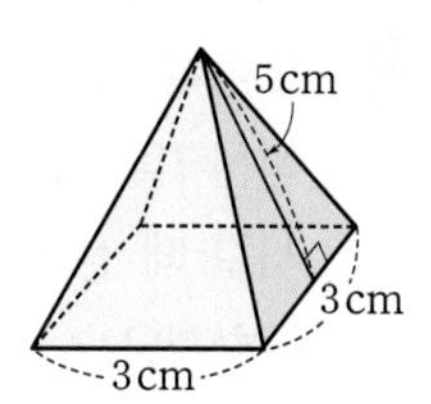

① $27\,cm^2$ ② $31\,cm^2$
③ $35\,cm^2$ ④ $39\,cm^2$
⑤ $43\,cm^2$

2 서술형 오른쪽 그림과 같이 밑면인 원의 반지름의 길이가 4cm이고, 모선의 길이가 8cm인 원뿔의 겉넓이를 구하시오.

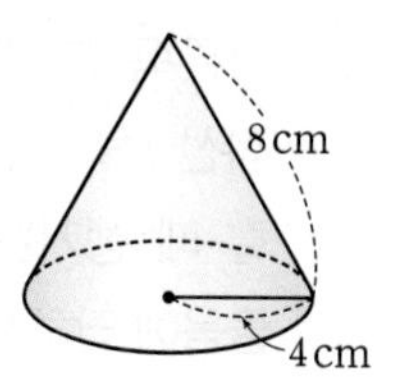

풀이 과정

답

쌍둥이 02

3 오른쪽 그림과 같이 두 밑면은 모두 정사각형이고, 옆면은 모두 합동인 사각뿔대의 겉넓이를 구하시오.

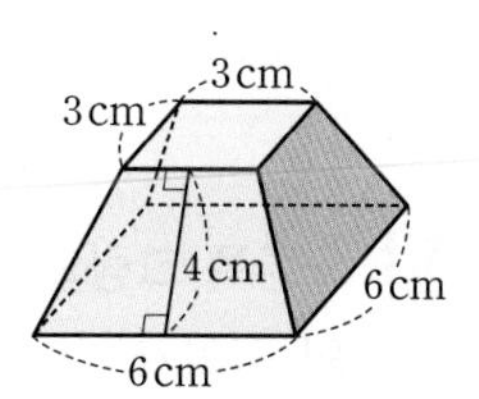

4 오른쪽 그림과 같은 원뿔대의 겉넓이를 구하시오.

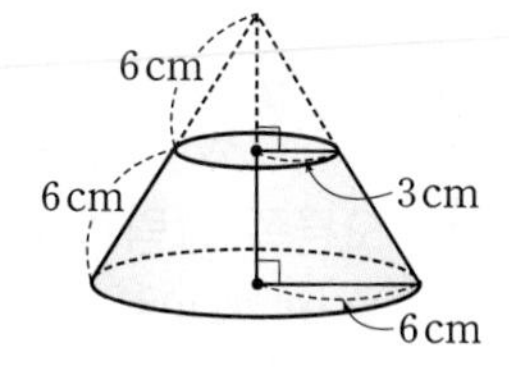

쌍둥이 03

5 다음 그림과 같은 입체도형의 부피를 구하시오.

(1)

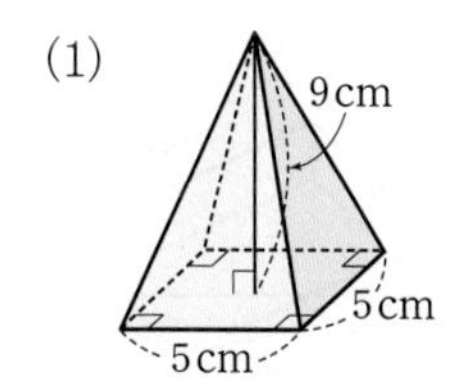

(2)

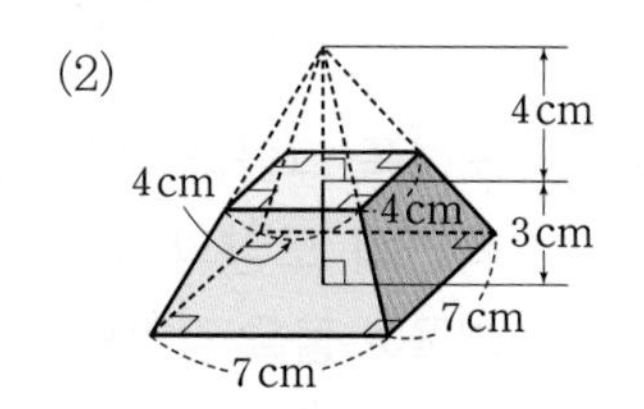

6 다음 그림과 같은 입체도형의 부피를 구하시오.

(1)

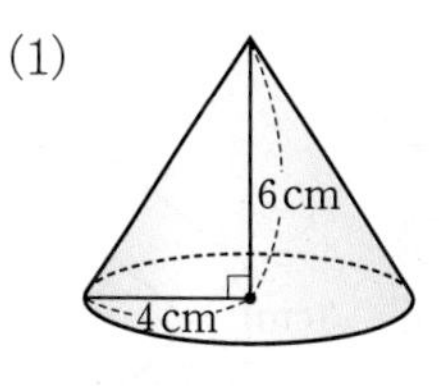

(2)

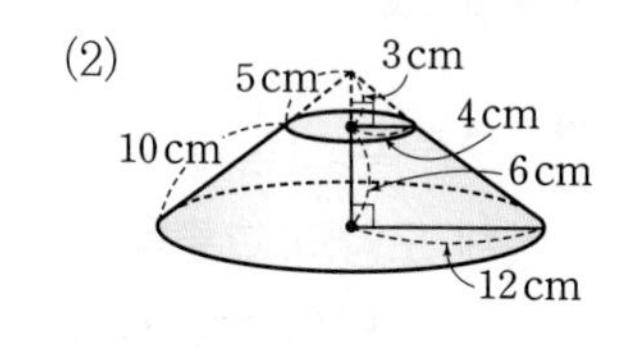

쌍둥이 기출문제

쌍둥이 04

7 서술형 오른쪽 그림과 같은 직각삼각형을 직선 l을 회전축으로 하여 1회전 시킬 때 생기는 회전체에 대하여 다음 물음에 답하시오.

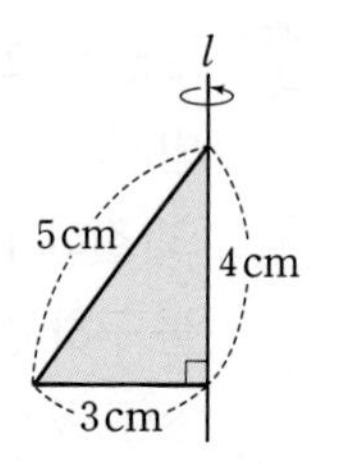

(1) 이 회전체의 겨냥도를 그리시오.
(2) 이 회전체의 부피를 구하시오.

풀이 과정
(1)

(2)

답 (1) (2)

8 오른쪽 그림과 같은 평면도형을 직선 l을 회전축으로 하여 1회전 시킬 때 생기는 회전체의 부피를 구하시오.

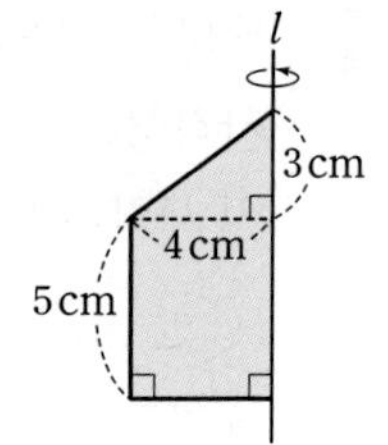

쌍둥이 05

9 오른쪽 그림과 같이 직육면체를 세 꼭짓점 B, D, G를 지나는 평면으로 자를 때 생기는 삼각뿔 G−BCD에 대하여 다음을 구하시오.

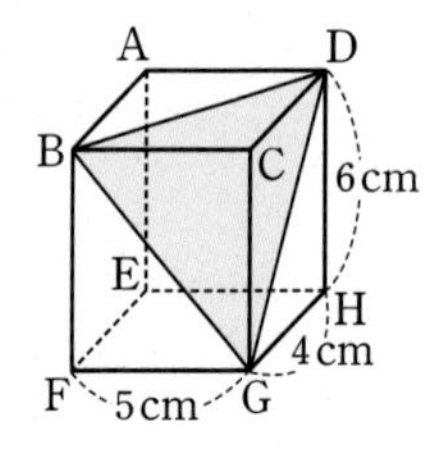

(1) △BCD의 넓이
(2) 삼각뿔 G−BCD의 부피

10 오른쪽 그림과 같이 한 모서리의 길이가 4 cm인 정육면체를 세 꼭짓점 B, D, G를 지나는 평면으로 자를 때 생기는 삼각뿔 G−BCD의 부피를 구하시오.

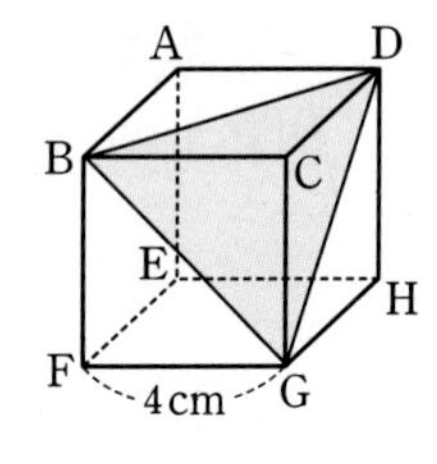

쌍둥이 06

11 오른쪽 그림과 같이 직육면체 모양의 그릇을 기울여 물을 담았을 때, 물의 부피를 구하시오. (단, 그릇의 두께는 생각하지 않는다.)

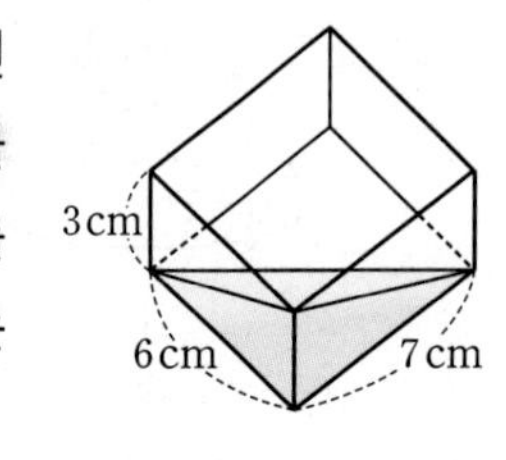

12 오른쪽 그림과 같이 직육면체 모양의 그릇을 기울여 물을 담았을 때, 물의 부피는?

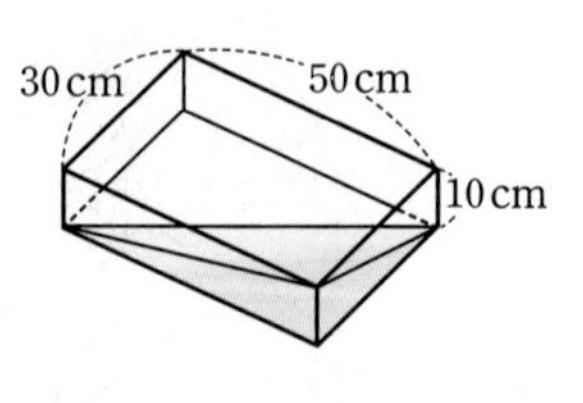

(단, 그릇의 두께는 생각하지 않는다.)

① 2500 cm^3 ② 3500 cm^3 ③ 5000 cm^3
④ 7500 cm^3 ⑤ 15000 cm^3

• 정답과 해설 50쪽

3 구의 겉넓이와 부피

유형 5 구의 겉넓이

개념편 125쪽

반지름의 길이가 r인 구의 겉넓이를 S라고 하면

(구의 겉넓이)$=4\times$(반지름의 길이가 r인 원의 넓이)

$=4\times\pi r^2$

$\therefore S=4\pi r^2$

예 반지름의 길이가 3 cm인 구에서

(구의 겉넓이)$=4\pi\times3^2=36\pi(\text{cm}^2)$

참고 반지름의 길이가 r인 구의 겉넓이는 반지름의 길이가 $2r$인 원의 넓이와 같다.

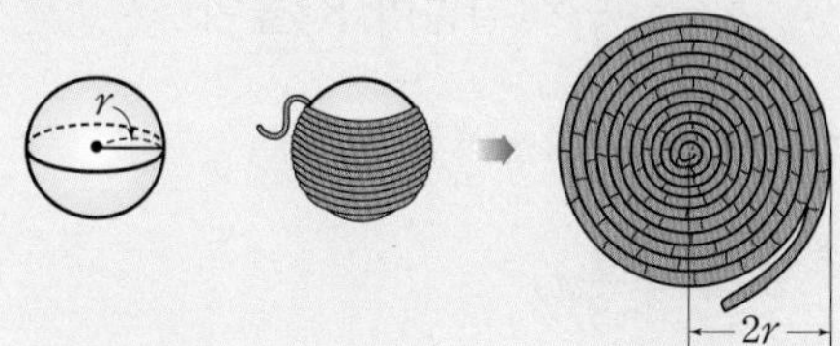

$\therefore$ (구의 겉넓이)$=\pi\times(2r)^2=4\pi r^2$

1 다음 그림과 같은 구의 겉넓이를 구하시오.

(1)

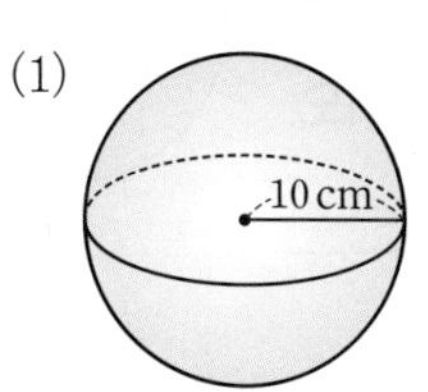

⇨ (구의 겉넓이)$=4\pi\times$☐$=$☐(cm^2)

(2)

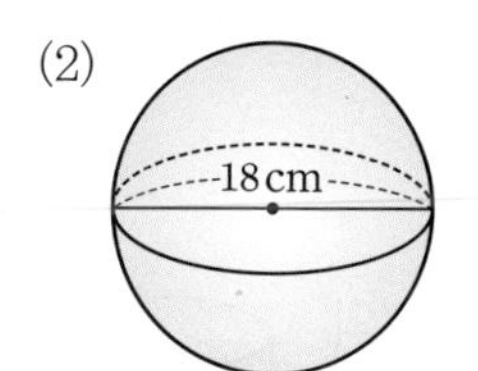

______

2 다음 그림과 같은 반구의 겉넓이를 구하시오.

(1)

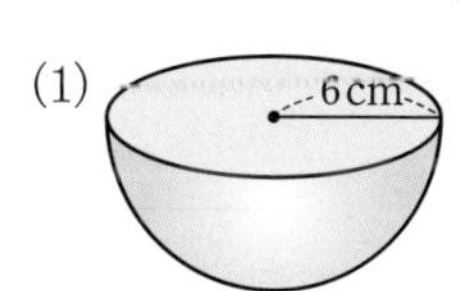

⇨ (반구의 겉넓이)

$=\frac{1}{2}\times$(구의 겉넓이)$+$(원의 넓이)

$=$☐$+$☐$=$☐(cm^2)

(2)

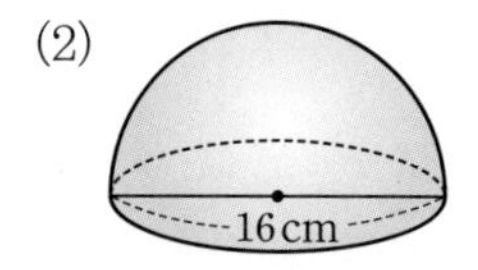

______

3 오른쪽 그림과 같이 원뿔과 반구를 붙여서 만든 입체도형의 겉넓이를 구하려고 한다. 다음을 구하시오.

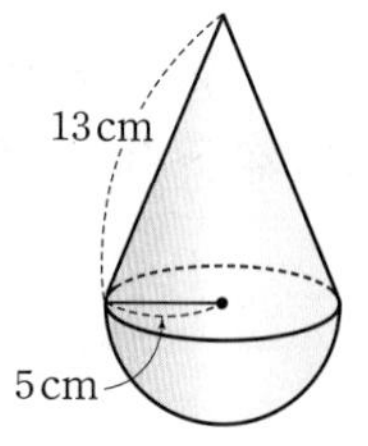

(1) 원뿔의 옆넓이 ______

(2) 반구 부분의 겉넓이 ______

(3) 입체도형의 겉넓이 ______

4 오른쪽 그림과 같이 반지름의 길이가 2 cm인 구의 $\frac{1}{4}$을 잘라 내고 남은 입체도형의 겉넓이를 구하려고 한다. 다음을 구하시오.

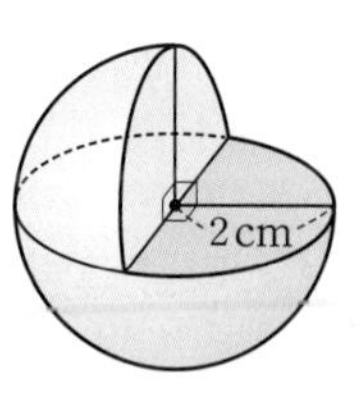

(1) 구의 겉넓이의 $\frac{3}{4}$ ______

(2) 잘린 단면의 넓이의 합 ______

(3) 입체도형의 겉넓이 ______

유형 6 구의 부피

개념편 126쪽

반지름의 길이가 r인 구의 부피를 V라고 하면

(구의 부피)$=\frac{2}{3}\times$(원기둥의 부피)

$=\frac{2}{3}\times$(밑넓이)$\times$(높이)

$=\frac{2}{3}\times\pi r^2\times 2r$

$\therefore V=\frac{4}{3}\pi r^3$

참고 다음 그림과 같이 구가 꼭 맞게 들어가는 원기둥 모양의 그릇에 물을 가득 채우고, 구를 물속에 완전히 잠기도록 넣었다가 빼면 넘쳐 흐른 물의 부피는 구의 부피와 같다.

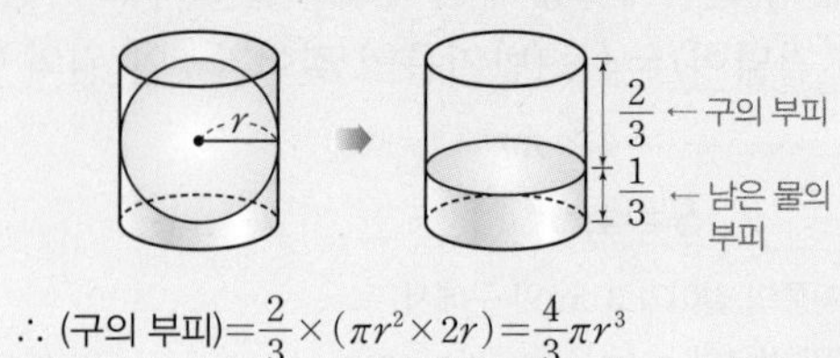

$\therefore$ (구의 부피)$=\frac{2}{3}\times(\pi r^2\times 2r)=\frac{4}{3}\pi r^3$

1 다음 그림과 같은 구의 부피를 구하시오.

(1)

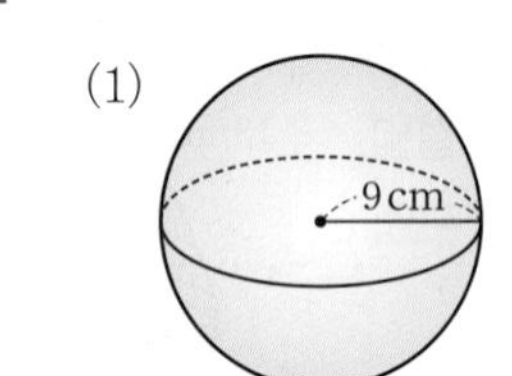

⇨ (구의 부피)$=\frac{4}{3}\pi\times$☐$=$☐(cm^3)

(2)

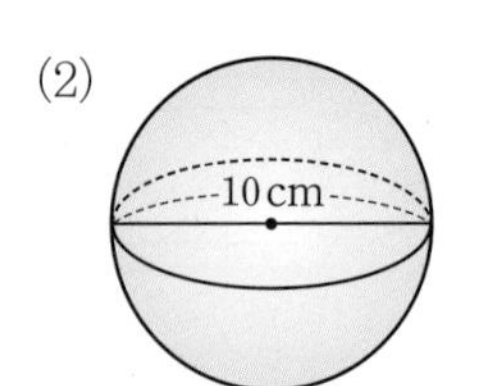

______

2 다음 그림과 같은 반구의 부피를 구하시오.

(1)

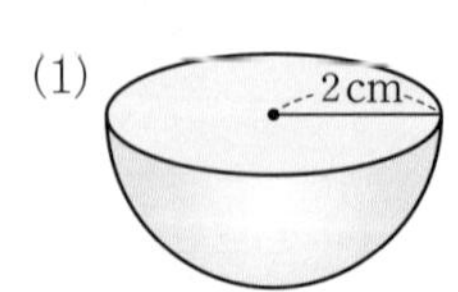

⇨ (반구의 부피)$=\frac{1}{2}\times$(구의 부피)

$=$☐(cm^3)

(2)

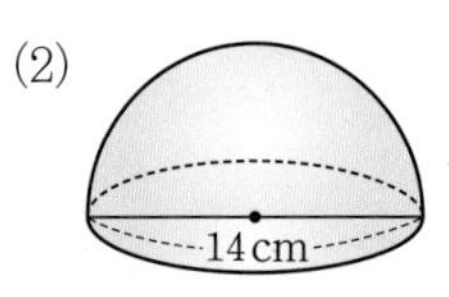

______

남은 입체도형의 부피는 구의 부피의 $\frac{7}{8}$임을 이용하자.

3 오른쪽 그림과 같이 반지름의 길이가 3 cm인 구의 $\frac{1}{8}$을 잘라 내고 남은 입체도형의 부피를 구하시오.

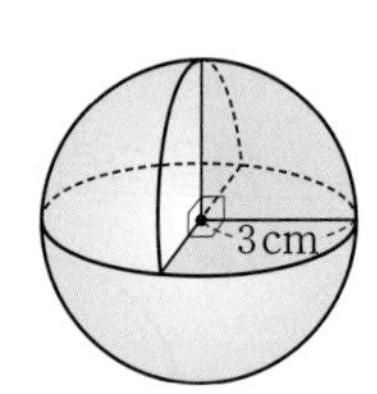

______

4 오른쪽 그림과 같이 밑면인 원의 반지름의 길이가 3 cm이고, 높이가 6 cm인 원기둥 안에 원뿔과 구가 꼭 맞게 들어 있을 때, 다음 물음에 답하시오.

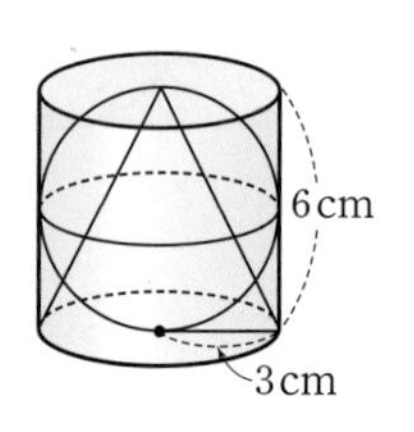

(1) 원뿔의 부피를 구하시오. ______

(2) 구의 부피를 구하시오. ______

(3) 원기둥의 부피를 구하시오. ______

(4) 원뿔, 구, 원기둥의 부피의 비를 가장 간단한 자연수의 비로 나타내시오. ______

쌍둥이 기출문제

• 정답과 해설 51쪽

형광펜 들고 밑줄 쫙~

쌍둥이 01

1 지름의 길이가 $12\,\text{cm}$인 구의 겉넓이를 구하시오.

2 반지름의 길이가 $10\,\text{cm}$인 구를 반으로 잘랐을 때 생기는 반구의 겉넓이를 구하시오.

쌍둥이 02

3 오른쪽 그림과 같이 원뿔 위에 반구를 포개어 놓은 입체도형의 겉넓이를 구하시오.

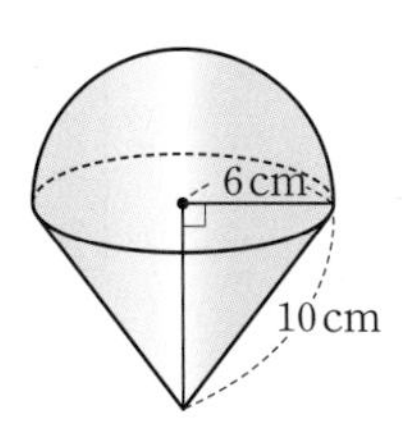

4 오른쪽 그림과 같이 반지름의 길이가 $4\,\text{cm}$인 구의 $\frac{1}{8}$을 잘라 내고 남은 입체도형의 겉넓이를 구하시오.

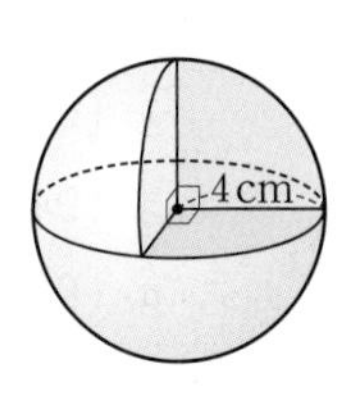

쌍둥이 03

5 오른쪽 그림과 같이 반지름의 길이가 $6\,\text{cm}$인 구의 $\frac{1}{4}$을 잘라 내고 남은 입체도형의 부피를 구하시오.

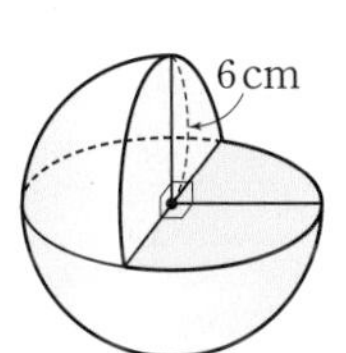

6 오른쪽 그림과 같이 반지름의 길이가 $6\,\text{cm}$인 반구 위에 반지름의 길이가 $4\,\text{cm}$인 반구를 중심이 일치하도록 포개어 놓은 입체도형의 부피를 구하시오.

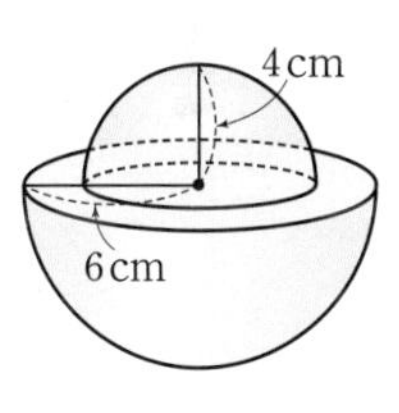

쌍둥이 04

7 오른쪽 그림과 같이 반지름의 길이가 $6\,\text{cm}$인 구가 원기둥 안에 꼭 맞게 들어 있다. 이때 구와 원기둥의 부피의 비를 가장 간단한 자연수의 비로 나타내시오.

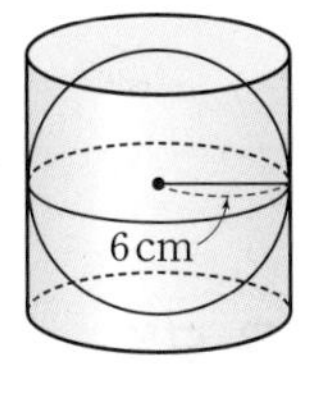

8 오른쪽 그림과 같이 원기둥 안에 원뿔과 구가 꼭 맞게 들어 있다. 원뿔의 부피가 $\frac{16}{3}\pi\,\text{cm}^3$일 때, 원기둥의 부피를 구하시오.

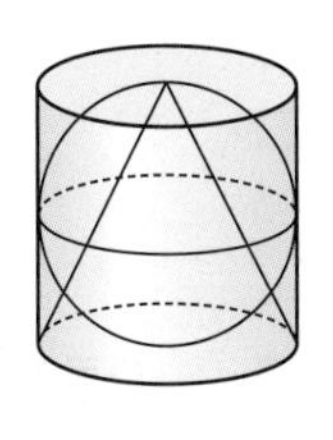

마무리

1 오른쪽 그림과 같은 원기둥의 겉넓이를 구하시오.

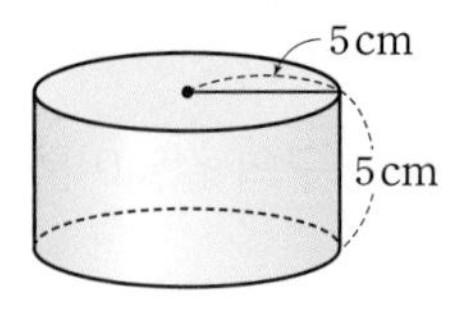

▸ 기둥의 겉넓이

2 오른쪽 그림은 사각기둥에 원기둥 모양의 구멍을 뚫은 입체도형이다. 이 입체도형의 겉넓이는?

① $(60+5\pi)\text{ cm}^2$
② $(78+5\pi)\text{ cm}^2$
③ $(94+8\pi)\text{ cm}^2$
④ $(76-10\pi)\text{ cm}^2$
⑤ $(90-10\pi)\text{ cm}^2$

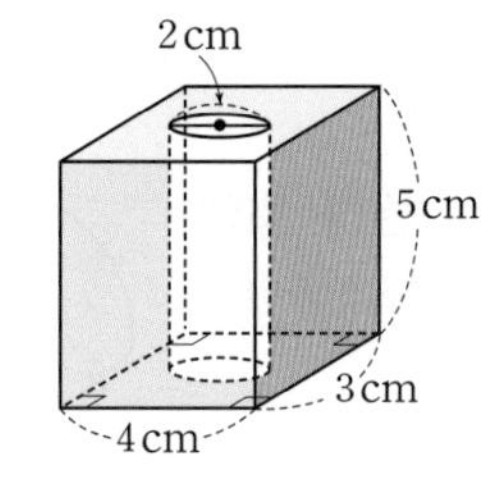

▸ 구멍이 뚫린 기둥의 겉넓이

3 오른쪽 그림과 같이 밑면이 부채꼴인 기둥의 부피를 구하시오.

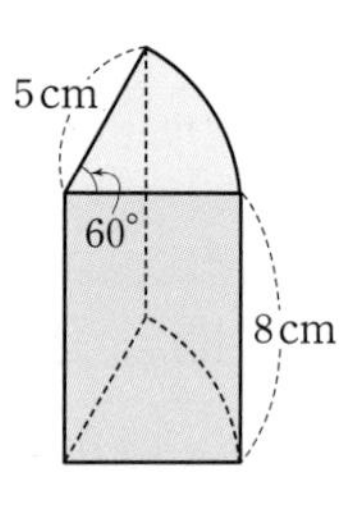

▸ 기둥의 부피

4 오른쪽 그림과 같은 원뿔의 겉넓이가 $126\pi\text{ cm}^2$일 때, 이 원뿔의 모선의 길이를 구하시오.

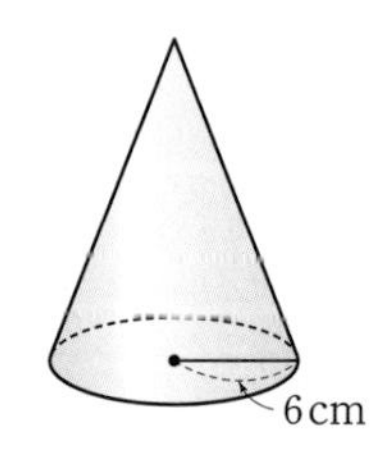

▸ 뿔의 겉넓이

5 오른쪽 그림과 같이 두 밑면은 모두 정사각형이고, 옆면은 모두 합동인 사각뿔대의 부피를 구하시오.

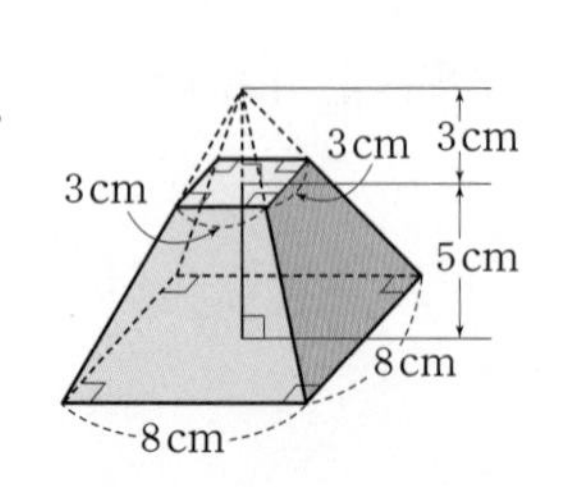

▸ 뿔대의 부피

서술형

6 오른쪽 그림과 같은 정육면체를 세 꼭짓점 A, F, C를 지나는 평면으로 자를 때 생기는 삼각뿔 F－ABC의 부피가 $36\,\text{cm}^3$일 때, 정육면체의 한 모서리의 길이를 구하시오.

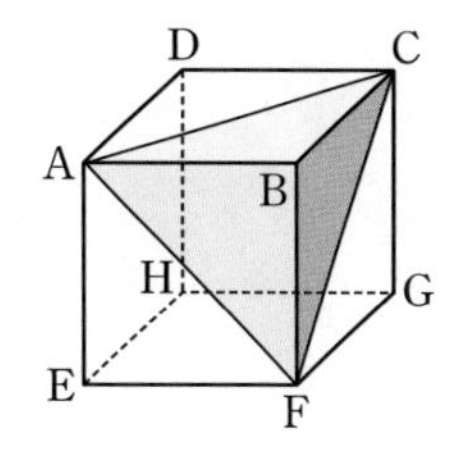

▸ 직육면체에서 잘라 낸 삼각뿔의 부피

풀이 과정

답

7 오른쪽 그림과 같이 지름의 길이가 $6\,\text{cm}$인 반구의 겉넓이는?

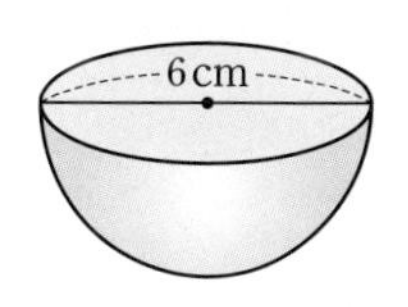

▸ 반구의 겉넓이

① $21\pi\,\text{cm}^2$　② $24\pi\,\text{cm}^2$　③ $27\pi\,\text{cm}^2$
④ $30\pi\,\text{cm}^2$　⑤ $33\pi\,\text{cm}^2$

8 오른쪽 그림과 같은 입체도형의 부피는?

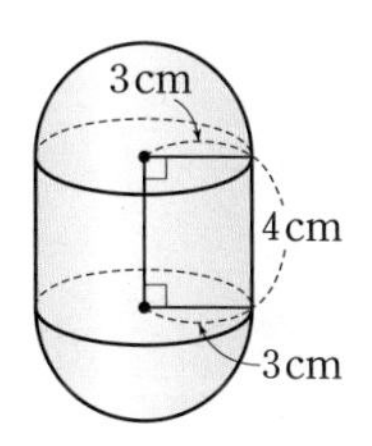

▸ 구의 부피

① $18\pi\,\text{cm}^3$　② $36\pi\,\text{cm}^3$　③ $45\pi\,\text{cm}^3$
④ $64\pi\,\text{cm}^3$　⑤ $72\pi\,\text{cm}^3$

9 오른쪽 그림과 같이 밑면인 원의 반지름의 길이가 $5\,\text{cm}$, 높이가 $10\,\text{cm}$인 원기둥 모양의 그릇에 물이 가득 들어 있다. 이 그릇에 꼭 맞는 구 모양의 공을 넣었을 때, 그릇에 남아 있는 물의 부피는?
(단, 그릇의 두께는 생각하지 않는다.)

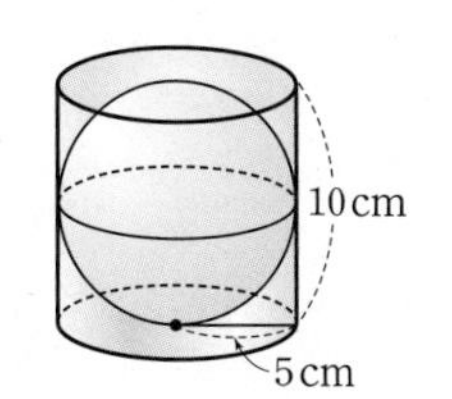

▸ 원뿔, 구, 원기둥의 부피 사이의 관계

① $80\pi\,\text{cm}^3$　② $\frac{250}{3}\pi\,\text{cm}^3$　③ $\frac{280}{3}\pi\,\text{cm}^3$
④ $250\pi\,\text{cm}^3$　⑤ $500\pi\,\text{cm}^3$

7 자료의 정리와 해석

유형 1 줄기와 잎 그림

유형 2 도수분포표

유형 3 히스토그램

유형 4 도수분포다각형

유형 5 상대도수 / 상대도수의 분포표

유형 6 상대도수의 분포를 나타낸 그래프

유형 7 도수의 총합이 다른 두 집단의 분포 비교

● 정답과 해설 53쪽

01

7. 자료의 정리와 해석

줄기와 잎 그림, 도수분포표

유형 1 줄기와 잎 그림

개념편 138~139쪽

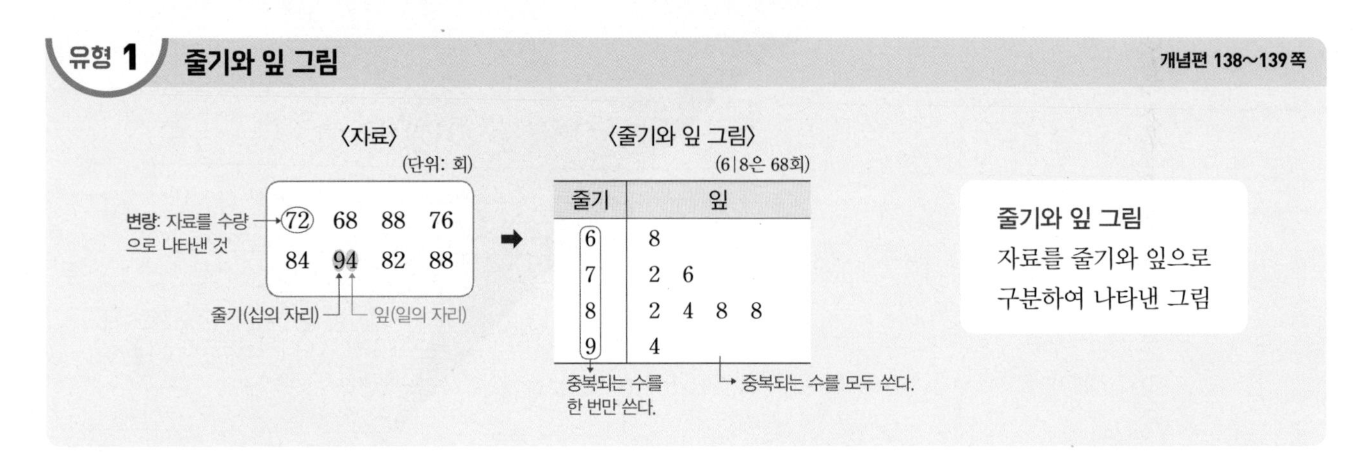

[1~2] 다음 자료는 준호네 아파트에 사는 주민들의 나이를 조사하여 나타낸 것이다. 물음에 답하시오.

(단위: 세)

17	16	11	24	37	29	41	38
36	37	23	44	33	42	10	13
38	57	21	40	24	35	15	52

1 위의 자료에 대한 다음 줄기와 잎 그림을 완성하시오.

주민들의 나이

(1|0은 10세)

줄기	잎
1	0
2	

2 1의 줄기와 잎 그림에 대하여 다음 □ 안에 알맞은 것을 쓰시오.

(1) 줄기는 □의 자리의 숫자, 잎은 □의 자리의 숫자이다.

(2) 줄기는 1, 2, □, □, □이고, 잎의 개수는 총 □개이다.

(3) 줄기가 2인 잎은 1, □, □, □, □이다.

[3~6] 오른쪽 줄기와 잎 그림은 희주네 반 학생들의 제기차기 기록을 조사하여 나타낸 것이다. 다음 물음에 답하시오.

제기차기 기록

(0|1은 1회)

줄기	잎
0	1 2 4 8
1	0 1 2 4 6 7
2	0 3 4 5 7 9 9
3	1 2 5

3 잎이 가장 많은 줄기를 구하시오. ________

4 반 전체 학생 수를 구하시오. ________

5 제기차기 기록이 10회 이상 20회 미만인 학생 수를 구하시오. ________

6 제기차기를 가장 많이 한 학생과 가장 적게 한 학생의 기록의 차를 구하시오. ________

유형 2 도수분포표

개념편 140~141쪽

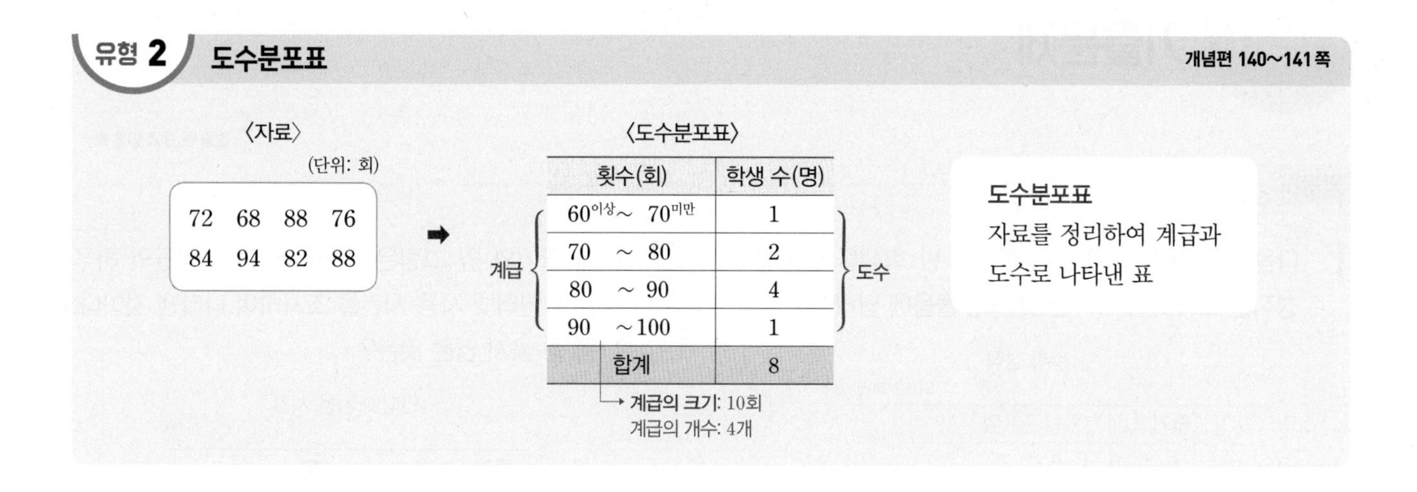
〈자료〉

(단위: 회)

72 68 88 76
84 94 82 88

〈도수분포표〉

횟수(회)	학생 수(명)
$60^{이상}$ ~ $70^{미만}$	1
70 ~ 80	2
80 ~ 90	4
90 ~ 100	1
합계	8

도수분포표
자료를 정리하여 계급과 도수로 나타낸 표

[1~2] 다음 자료는 어느 반 학생들의 여름 방학 동안의 봉사 활동 시간을 조사하여 나타낸 것이다. 물음에 답하시오.

(단위: 시간)

9	16	10	7	13	5	8	11	4
3	11	15	12	8	18	6	10	7
10	7	4	6	13	12	8	10	11

1 위의 자료에 대한 다음 도수분포표를 완성하시오.

봉사 활동 시간(시간)	학생 수(명)	
$0^{이상}$ ~ $4^{미만}$		
4 ~ 8		
8 ~ 12		
12 ~ 16	卌	5
16 ~ 20		
합계		

2 1의 도수분포표에 대하여 다음 □ 안에 알맞은 수를 쓰시오.

(1) 계급의 개수는 □개이다.

(2) 계급의 크기는 □시간이다.

(3) 도수가 가장 큰 계급은 도수가 □명인 □시간 이상 □시간 미만이다.

[3~6] 다음 도수분포표는 태구네 반 학생들이 1년 동안 도서관에서 대출한 책의 수를 조사하여 나타낸 것이다. 물음에 답하시오.

대출한 책의 수(권)	학생 수(명)
$0^{이상}$ ~ $6^{미만}$	4
6 ~ 12	2
12 ~ 18	6
18 ~ 24	10
24 ~ 30	8
합계	30

3 계급의 크기를 구하시오. ________

4 대출한 책의 수가 13권인 학생이 속하는 계급을 구하시오. ________

5 대출한 책의 수가 18권 이상인 학생 수를 구하시오. ________

6 대출한 책의 수가 적은 쪽에서 6번째인 학생이 속하는 계급을 구하시오. ________

형광펜 들고 밑줄 쫙~

쌍둥이 01

1 다음 줄기와 잎 그림은 호연이네 반 학생들의 수학 성적을 조사하여 나타낸 것이다. 물음에 답하시오.

수학 성적

(5|0은 50점)

줄기	잎
5	0 1 6 7
6	2 3 5 7 8
7	0 2 3 6 7 8 8 9 9
8	1 2 3 4 4 5 7 9
9	5 7 8

(1) 학생 수가 가장 많은 점수대를 구하시오.

(2) 수학 성적이 높은 쪽에서 4번째인 학생의 수학 성적을 구하시오.

(3) 수학 성적이 77점 이상 84점 이하인 학생 수를 구하시오.

2 아래 줄기와 잎 그림은 의현이네 반 학생들의 하루 동안의 인터넷 사용 시간을 조사하여 나타낸 것이다. 다음 중 옳지 않은 것은?

인터넷 사용 시간

(1|4는 14분)

줄기	잎
1	4 5 6 9
2	1 3 4 6 7
3	2 2 3 4 5 6 7
4	0 1 5 8

① 잎이 가장 많은 줄기는 3이다.
② 반 전체 학생 수는 20명이다.
③ 인터넷 사용 시간이 가장 긴 학생의 인터넷 사용 시간은 48분이다.
④ 인터넷 사용 시간이 34분 이상인 학생은 전체의 30 %이다.
⑤ 인터넷 사용 시간이 많은 쪽에서 3번째인 학생의 인터넷 사용 시간은 41분이다.

쌍둥이 02

3 다음은 도수분포표에 대한 용어를 설명한 것이다. □ 안에 알맞은 것을 차례로 나열한 것은?

> 변량을 일정한 간격으로 나눈 구간을 □, 계급의 양 끝 값의 차를 □(이)라고 한다. 그리고 각 계급에 속하는 변량의 개수를 그 계급의 □라고 한다.

① 계급의 크기, 계급, 도수
② 변량, 계급, 계급의 크기
③ 변량, 계급의 크기, 도수
④ 계급, 계급의 크기, 도수
⑤ 계급, 변량, 계급의 크기

4 다음 중 옳지 않은 것을 모두 고르면? (정답 2개)

① 자료를 수량으로 나타낸 것을 변량이라고 한다.
② 변량을 나눈 구간의 너비를 계급의 개수라고 한다.
③ 줄기와 잎 그림에서 줄기에는 중복되는 수를 한 번만 쓴다.
④ 도수분포표에서 각 변량의 정확한 값을 알 수 있다.
⑤ 각 계급에 속하는 도수를 조사하여 나타낸 표를 도수분포표라고 한다.

쌍둥이 03

5 오른쪽 도수분포표는 어느 병원에서 지난주에 태어난 신생아 15명의 태어날 때의 몸무게를 조사하여 나타낸 것이다. 다음 물음에 답하시오.

몸무게(kg)	신생아 수(명)
2.0이상 ~ 2.5미만	1
2.5 ~ 3.0	
3.0 ~ 3.5	5
3.5 ~ 4.0	4
4.0 ~ 4.5	3
합계	15

(1) 계급의 개수를 구하시오.

(2) 계급의 크기를 구하시오.

(3) 몸무게가 2.5 kg 이상 3.0 kg 미만인 신생아 수를 구하시오.

(4) 몸무게가 무거운 쪽에서 8번째인 신생아가 속하는 계급을 구하시오.

(5) 몸무게가 3.0 kg 미만인 신생아는 전체의 몇 %인지 구하시오.

6 오른쪽 도수분포표는 어느 야구팀의 한 투수가 30회의 경기에 출전하여 각 경기에서 던진 공의 개수를 조사하여 나타낸 것이다. 다음 중 옳지 <u>않은</u> 것을 모두 고르면? (정답 2개)

공의 개수(개)	경기 수(회)
10이상 ~ 20미만	2
20 ~ 30	3
30 ~ 40	x
40 ~ 50	9
50 ~ 60	6
60 ~ 70	3
합계	30

① 계급의 크기는 10개이다.
② x의 값은 7이다.
③ 도수가 가장 큰 계급은 60개 이상 70개 미만이다.
④ 공의 개수가 40개 미만인 경기 수는 12회이다.
⑤ 공의 개수가 50개 이상인 경기는 전체의 20 %이다.

쌍둥이 04

7 오른쪽 도수분포표는 나린이네 반 학생 35명의 공 던지기 기록을 조사하여 나타낸 것이다. 기록이 24 m 이상 28 m 미만인 학생이 전체의 20 %일 때, 다음을 구하시오.

던지기 기록(m)	학생 수(명)
20이상 ~ 24미만	2
24 ~ 28	
28 ~ 32	14
32 ~ 36	
36 ~ 40	4
합계	35

(1) 기록이 24 m 이상 28 m 미만인 학생 수

(2) 기록이 32 m 이상 36 m 미만인 학생 수

8 서술형

오른쪽 도수분포표는 어느 놀이공원 방문객 30명의 입장 대기 시간을 조사하여 나타낸 것이다. 대기 시간이 15분 이상인 방문객이 전체의 40 %일 때, A, B의 값을 각각 구하시오.

대기 시간(분)	방문객 수(명)
0이상 ~ 5미만	3
5 ~ 10	6
10 ~ 15	A
15 ~ 20	B
20 ~ 25	4
합계	30

풀이 과정

답

02

7. 자료의 정리와 해석

히스토그램과 도수분포다각형

유형 3 히스토그램

개념편 143쪽

(1) **히스토그램**: 도수분포표를 직사각형 모양으로 나타낸 그래프

(2) **히스토그램의 특징**

① (모든 직사각형의 넓이의 합)
$=\{(\text{계급의 크기})\times(\text{각 계급의 도수})\text{의 총합}\}$
$=(\text{계급의 크기})\times(\text{도수의 총합})$

② 각 직사각형의 넓이는 각 계급의 도수에 정비례한다.

〈도수분포표〉

공부 시간(분)	학생 수(명)
10이상~20미만	1
20 ~30	2
30 ~40	4
40 ~50	3
합계	10

〈히스토그램〉

1 다음 도수분포표는 어느 반 학생들의 발 크기를 조사하여 나타낸 것이다. 이 도수분포표를 히스토그램으로 나타내시오.

발 크기(mm)	학생 수(명)
240이상~245미만	3
245 ~250	7
250 ~255	12
255 ~260	11
260 ~265	5
265 ~270	2
합계	40

⇨

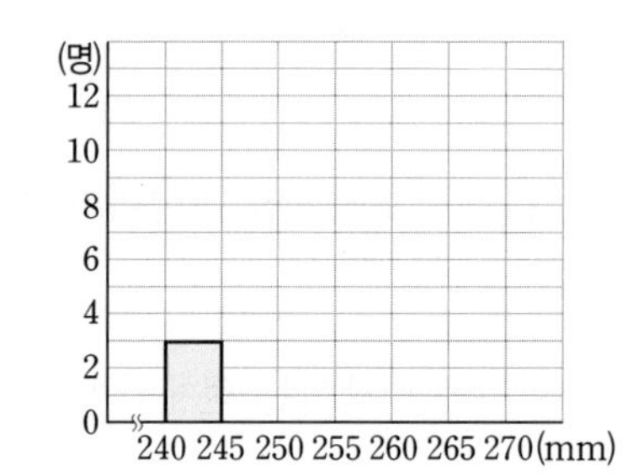

[2~6] 오른쪽 히스토그램은 은화네 반 학생들의 주말 동안의 컴퓨터 사용 시간을 조사하여 나타낸 것이다. 다음 물음에 답하시오.

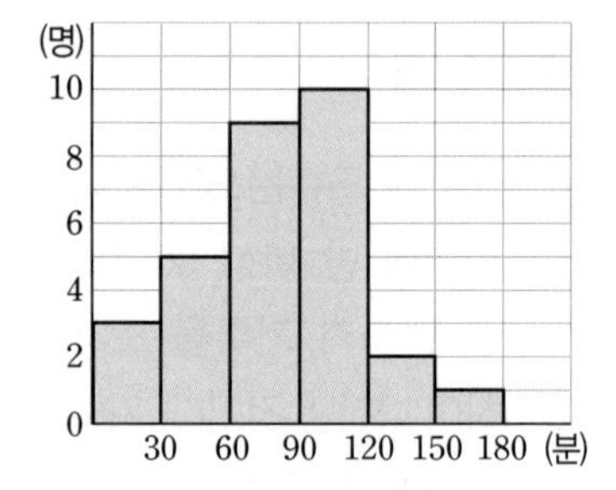

2 계급의 크기와 계급의 개수를 차례로 구하시오.

3 도수가 가장 작은 계급을 구하시오.

4 반 전체 학생 수를 구하시오.

5 컴퓨터 사용 시간이 120분 이상 180분 미만인 학생은 전체의 몇 %인지 구하시오.

6 모든 직사각형의 넓이의 합을 구하시오.

유형 4 도수분포다각형

개념편 144쪽

(1) **도수분포다각형**: 히스토그램에서 각 직사각형의 윗변의 중앙에 점을 찍어 선분으로 연결한 그래프

(2) **도수분포다각형의 특징**

① (도수분포다각형과 가로축으로 둘러싸인 도형의 넓이)
=(히스토그램의 모든 직사각형의 넓이의 합)
=(계급의 크기)×(도수의 총합)

② 두 개 이상의 자료를 비교할 때 히스토그램보다 편리하다.

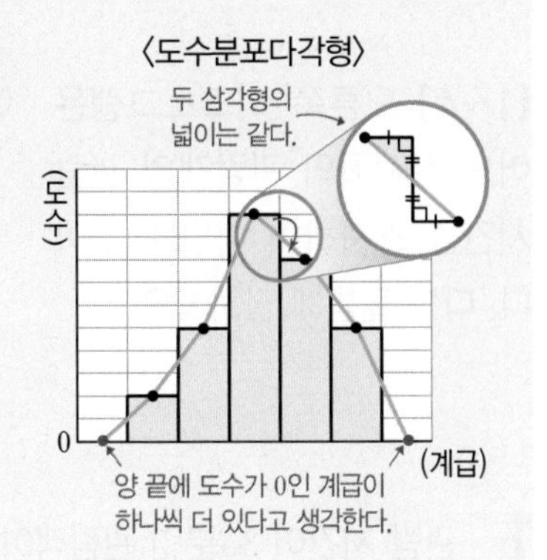

1 다음 도수분포표는 어느 지역의 일정 기간 동안의 최저 기온을 조사하여 나타낸 것이다. 이 도수분포표를 히스토그램과 도수분포다각형으로 각각 나타내시오.

최저 기온(℃)	날수(일)
18이상~20미만	4
20 ~22	8
22 ~24	10
24 ~26	6
26 ~28	2
합계	30

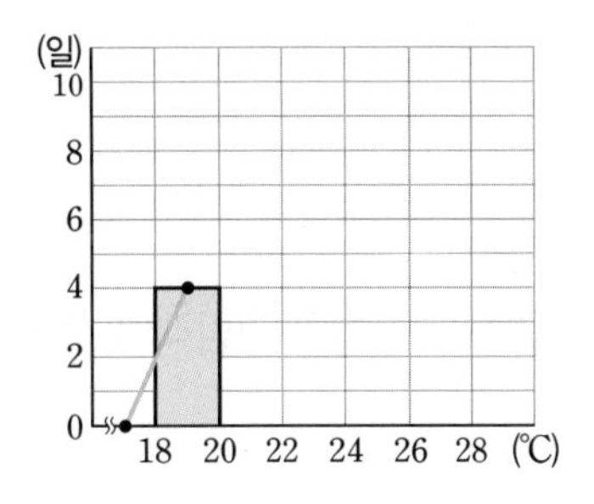

[2~6] 오른쪽 도수분포다각형은 선미네 반 학생들이 1년 동안 저축한 금액을 조사하여 나타낸 것이다. 다음 물음에 답하시오.

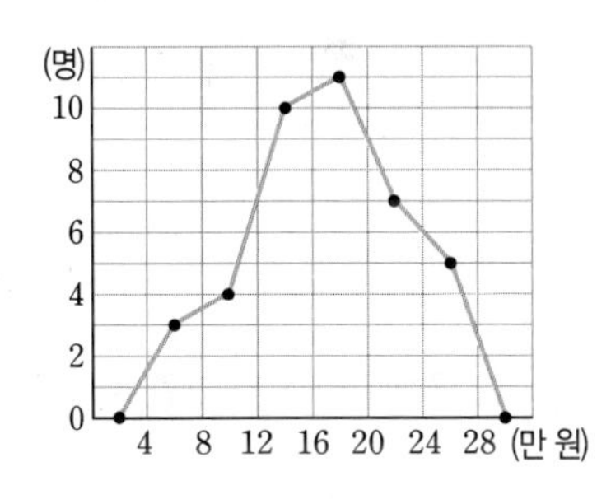

2 계급의 크기와 계급의 개수를 차례로 구하시오. ______

3 도수가 가장 큰 계급을 구하시오. ______

4 반 전체 학생 수를 구하시오. ______

5 저축한 금액이 20만 원 이상 28만 원 미만인 학생은 전체의 몇 %인지 구하시오. ______

6 도수분포다각형과 가로축으로 둘러싸인 도형의 넓이를 구하시오. ______

한 번 더 연습 유형 3~4

[1~4] 오른쪽 히스토그램은 어느 전시회의 관람객의 관람 시간을 조사하여 나타낸 것이다. 다음 물음에 답하시오.

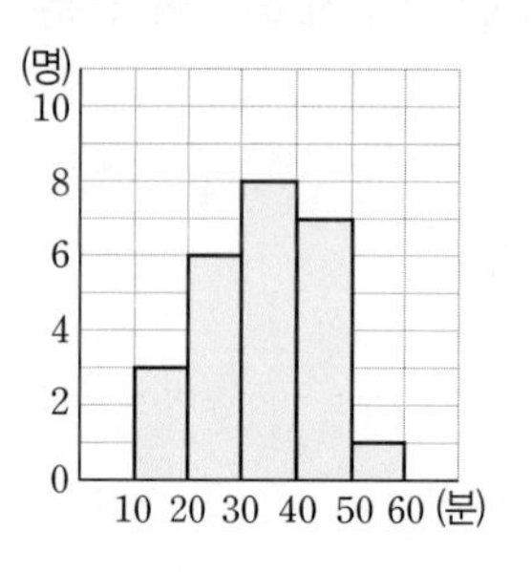

1 관람 시간이 35분인 관람객이 속하는 계급의 도수를 구하시오.

2 전체 관람객 수를 구하시오.

3 관람 시간이 많은 쪽에서 5번째인 관람객이 속하는 계급을 구하시오.

4 관람 시간이 30분 미만인 관람객은 전체의 몇 %인지 구하시오.

5 오른쪽 히스토그램은 승현이네 반 학생들이 하루 동안 마시는 우유의 양을 조사하여 나타낸 것이다. 다음 보기 중 이 그래프에서 알 수 있는 것을 모두 고르시오.

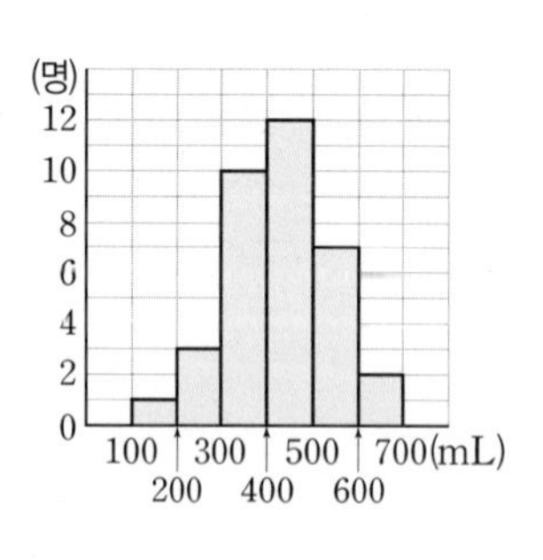

보기
ㄱ. 계급의 크기
ㄴ. 반 전체 학생 수
ㄷ. 우유를 가장 많이 마시는 학생이 마신 우유의 양
ㄹ. 우유를 400 mL 미만으로 마신 학생이 전체에서 차지하는 비율

[6~9] 오른쪽 도수분포다각형은 수지네 반 학생들의 영어 성적을 조사하여 나타낸 것이다. 다음 물음에 답하시오.

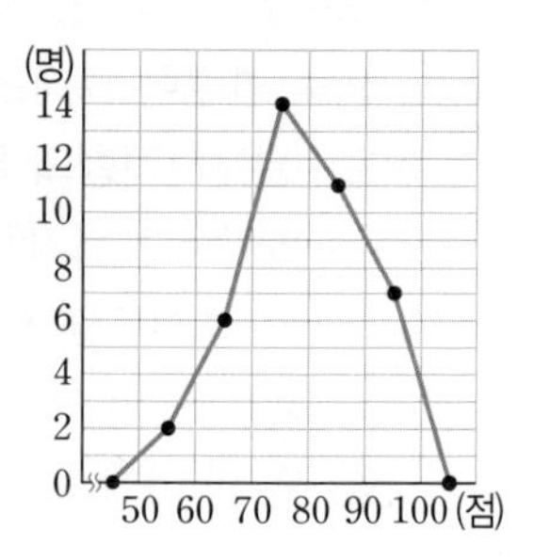

6 반 전체 학생 수를 구하시오.

7 영어 성적이 낮은 쪽에서 9번째인 학생이 속하는 계급을 구하시오.

8 영어 성적이 80점 이상인 학생은 전체의 몇 %인지 구하시오.

9 도수분포다각형과 가로축으로 둘러싸인 도형의 넓이를 구하시오.

10 오른쪽 도수분포다각형은 독서반 학생들의 한 달 동안의 도서관 방문 횟수를 조사하여 나타낸 것이다. 다음 보기 중 옳지 않은 것을 모두 고르시오.

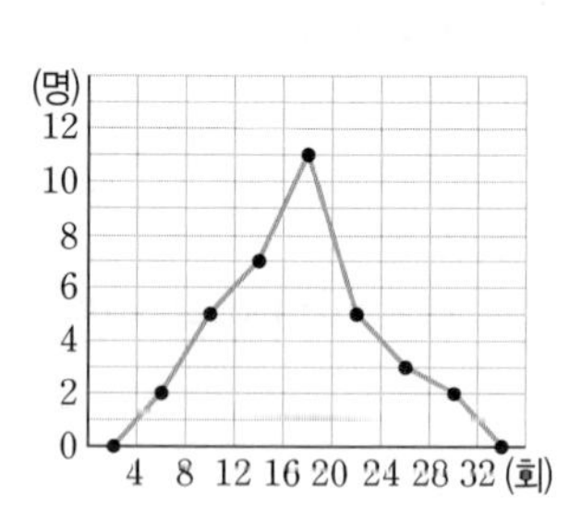

보기
ㄱ. 방문 횟수가 24회 이상인 학생 수는 3명이다.
ㄴ. 독서반 전체 학생 수는 35명이다.
ㄷ. 방문 횟수가 13회인 학생이 속하는 계급의 도수는 7명이다.
ㄹ. 방문 횟수가 12회 미만인 학생은 전체의 15 %이다.

쌍둥이 기출문제

• 정답과 해설 56쪽

형광펜 들고 밑줄 쫙~

쌍둥이 01

1 오른쪽 히스토그램은 유정이네 반 학생들이 여름 방학 동안 읽은 책의 수를 조사하여 나타낸 것이다. 다음 물음에 답하시오.

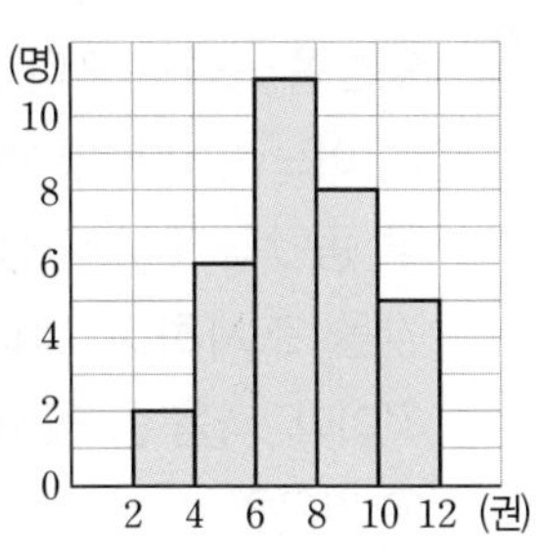

(1) 반 전체 학생 수를 구하시오.

(2) 모든 직사각형의 넓이의 합을 구하시오.

2 오른쪽 히스토그램은 민호네 반 학생들의 국사 성적을 조사하여 나타낸 것이다. 도수가 가장 큰 계급의 직사각형의 넓이를 구하시오.

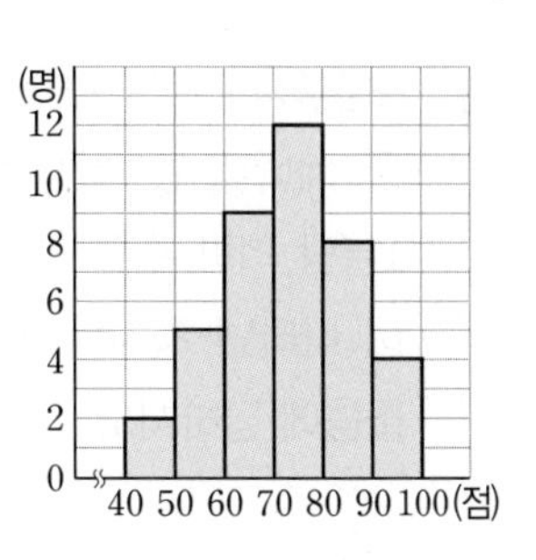

쌍둥이 02

3 오른쪽 히스토그램은 어느 반 학생 35명의 키를 조사하여 나타낸 것인데 일부가 찢어져 보이지 않는다. 다음 물음에 답하시오.

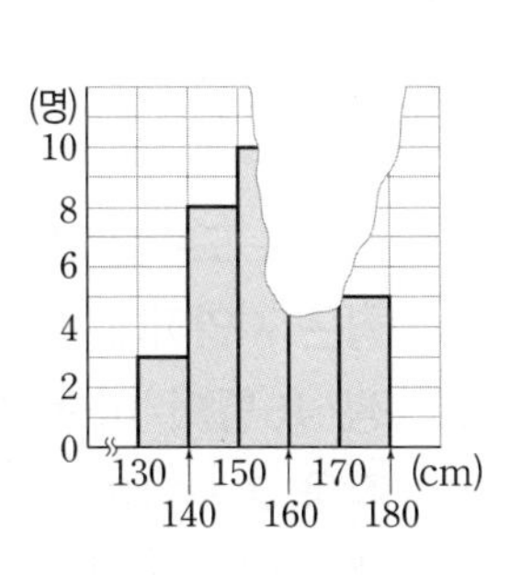

(1) 키가 160 cm 이상 170 cm 미만인 학생 수를 구하시오.

(2) 키가 160 cm 이상인 학생은 전체의 몇 %인지 구하시오.

4 서술형 오른쪽 히스토그램은 현지네 반 학생 40명의 일주일 동안의 운동 시간을 조사하여 나타낸 것인데 일부가 찢어져 보이지 않는다. 운동 시간이 7시간 이상 8시간 미만인 학생은 전체의 몇 %인지 구하시오.

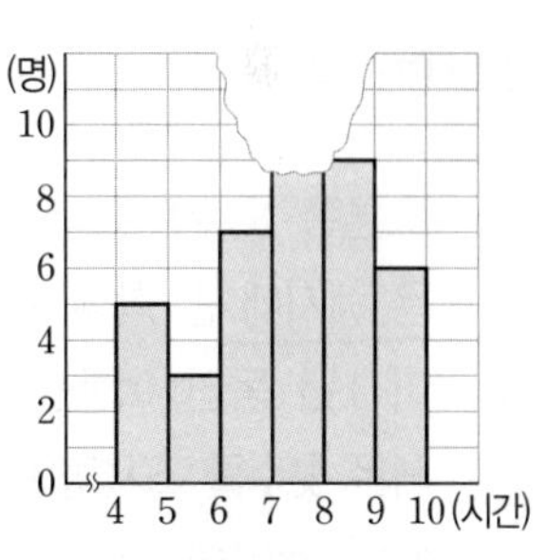

풀이 과정

답

쌍둥이 03

5 오른쪽 도수분포다각형은 혜나네 반 학생들의 1분당 맥박 수를 조사하여 나타낸 것이다. 다음 물음에 답하시오.

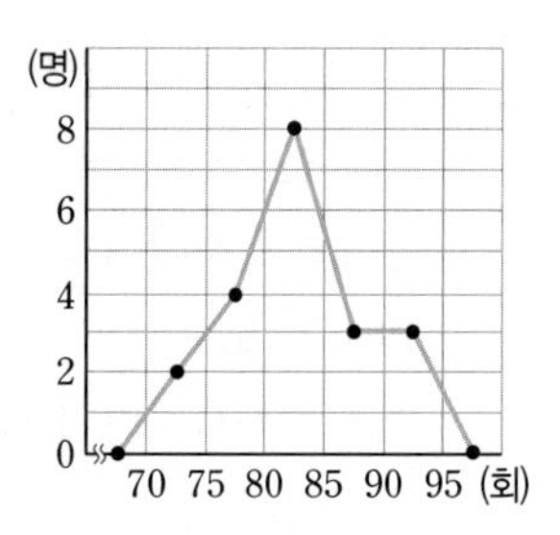

(1) 반 전체 학생 수를 구하시오.

(2) 도수가 두 번째로 큰 계급을 구하시오.

(3) 1분당 맥박 수가 85회 이상인 학생은 전체의 몇 %인지 구하시오.

6 오른쪽 도수분포다각형은 어느 반 학생들의 하루 동안의 TV 시청 시간을 조사하여 나타낸 것이다. 다음 중 옳지 않은 것은?

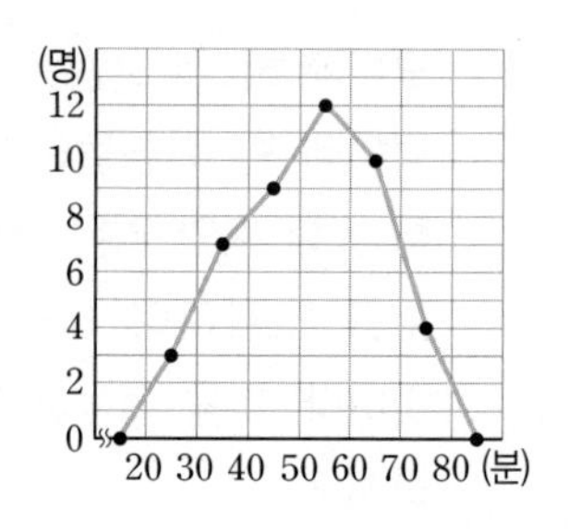

① 계급의 개수는 6개이다.
② 반 전체 학생 수는 45명이다.
③ 도수가 가장 큰 계급은 50분 이상 60분 미만이다.
④ 도수분포다각형과 가로축으로 둘러싸인 도형의 넓이는 470이다.
⑤ TV 시청 시간이 60분 이상인 학생 수는 14명이다.

쌍둥이 04

7 오른쪽 도수분포다각형은 혜지네 반 학생 40명이 1년 동안 여행을 다녀온 횟수를 조사하여 나타낸 것인데 일부가 찢어져 보이지 않는다. 여행을 다녀온 횟수가 8회 이상 10회 미만인 학생이 전체의 25 %일 때, 다음 물음에 답하시오.

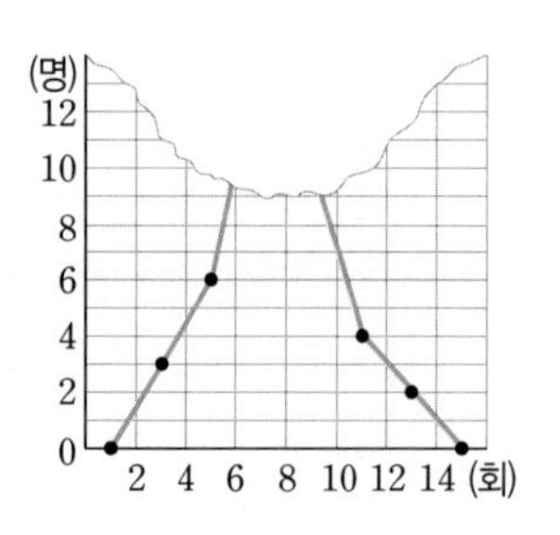

(1) 여행을 다녀온 횟수가 8회 이상 10회 미만인 학생 수를 구하시오.

(2) 여행을 다녀온 횟수가 6회 이상 8회 미만인 학생 수를 구하시오.

8 서술형

오른쪽 도수분포다각형은 지연이네 반 학생 45명의 미술 성적을 조사하여 나타낸 것인데 일부가 찢어져 보이지 않는다. 미술 성적이 70점 이상 80점 미만인 학생이 전체의 20 %일 때, 미술 성적이 60점 이상 70점 미만인 학생 수를 구하시오.

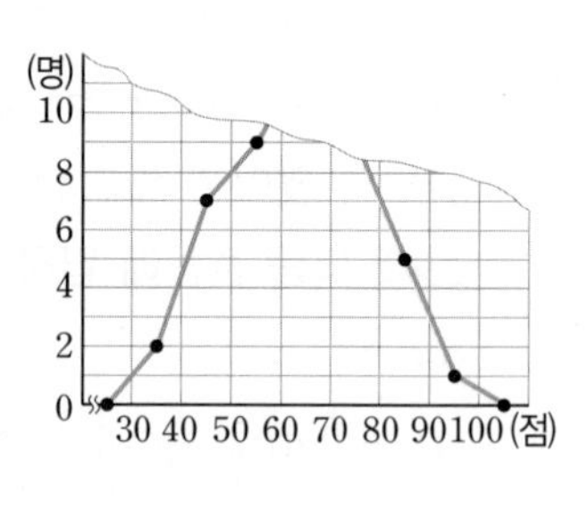

풀이 과정

답

• 정답과 해설 57쪽

03 7. 자료의 정리와 해석 상대도수와 그 그래프

유형 5 상대도수 / 상대도수의 분포표

개념편 147쪽

〈상대도수의 분포표〉

이용 횟수(회)	학생 수(명)	상대도수
10^{이상} ~ 12^{미만}	1	$\frac{1}{20}=0.05$
12 ~ 14	3	$\frac{3}{20}=0.15$
14 ~ 16	6	$\frac{6}{20}=0.3$
16 ~ 18	10	$\frac{10}{20}=0.5$
합계	20	1

각 계급의 상대도수는 그 계급의 도수에 정비례한다.

→ 상대도수의 총합은 항상 1이다.

상대도수

$$(\text{어떤 계급의 상대도수})=\frac{(\text{그 계급의 도수})}{(\text{도수의 총합})}$$

[1~2] 다음 상대도수의 분포표는 어느 중학교 학생 50명의 줄넘기 기록을 조사하여 나타낸 것이다. 물음에 답하시오.

줄넘기 기록(회)	학생 수(명)	상대도수
80^{이상} ~ 100^{미만}	4	0.08
100 ~ 120	6	
120 ~ 140	16	
140 ~ 160	14	
160 ~ 180	8	
180 ~ 200	2	
합계	50	A

1 위의 표의 빈칸을 알맞게 채우시오.

2 A의 값을 구하시오.

3 다음 □ 안에 알맞은 수를 쓰시오.

(1) 어떤 계급의 상대도수가 0.3이고 도수의 총합이 30일 때

⇨ (그 계급의 도수)$=30\times$□$=$□

(2) 어떤 계급의 도수가 12, 상대도수가 0.48일 때

⇨ (도수의 총합)$=\frac{12}{□}=$□

[4~6] 다음 상대도수의 분포표는 논술반 학생들의 국어 성적을 조사하여 나타낸 것이다. 물음에 답하시오.

국어 성적(점)	학생 수(명)	상대도수
75^{이상} ~ 80^{미만}	3	B
80 ~ 85	4	0.2
85 ~ 90	6	0.3
90 ~ 95	C	0.25
95 ~ 100	D	0.1
합계	A	1

4 A, B, C, D의 값을 각각 구하시오.

5 도수가 가장 큰 계급의 상대도수를 구하시오.

6 국어 성적이 75점 이상 80점 미만인 학생은 전체의 몇 %인지 구하시오.

● 정답과 해설 57쪽

유형 6 상대도수의 분포를 나타낸 그래프

개념편 148쪽

〈상대도수의 분포표〉

점수(점)	상대도수
50이상~ 60미만	0.05
60 ~ 70	0.15
70 ~ 80	0.45
80 ~ 90	0.25
90 ~100	0.1
합계	1

➡ 〈상대도수의 분포를 나타낸 그래프〉

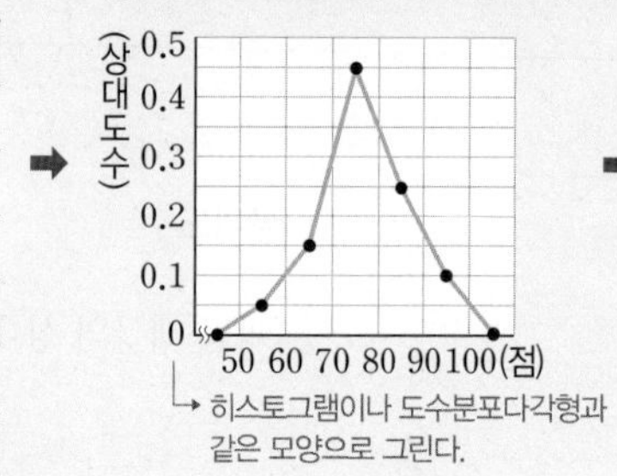

➡ (상대도수의 그래프와 가로축으로 둘러싸인 도형의 넓이)
=(계급의 크기)×(상대도수의 총합) ← =1
=(계급의 크기)

[1~3] 다음 상대도수의 분포표는 경선이네 중학교 학생 50명의 몸무게를 조사하여 나타낸 것이다. 물음에 답하시오.

몸무게(kg)	상대도수
35이상~40미만	0.08
40 ~45	0.18
45 ~50	0.34
50 ~55	0.26
55 ~60	0.12
60 ~65	0.02
합계	1

1 위의 상대도수의 분포표를 도수분포다각형 모양의 그래프로 나타내시오.

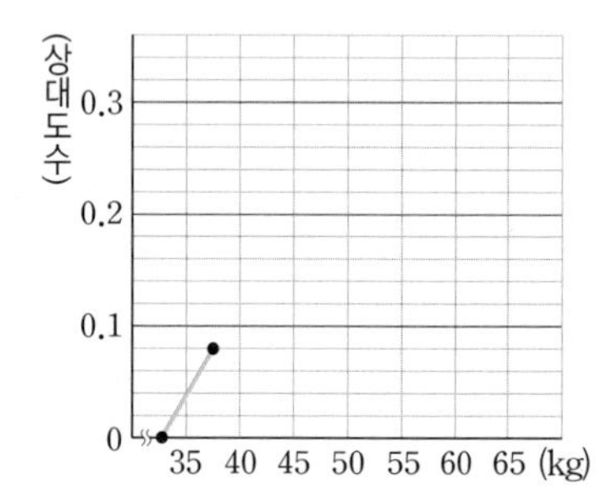

2 몸무게가 50 kg 이상 55 kg 미만인 학생 수를 구하시오.

3 몸무게가 40 kg 이상 50 kg 미만인 학생은 전체의 몇 %인지 구하시오.

[4~7] 다음 그래프는 은정이네 중학교 학생 60명의 키에 대한 상대도수의 분포를 나타낸 것이다. 물음에 답하시오.

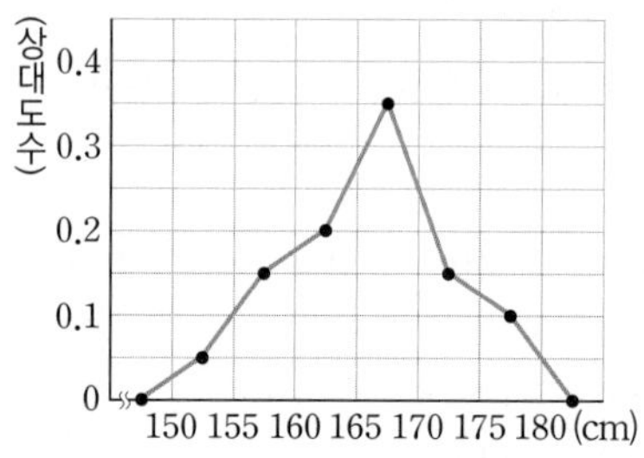

4 도수가 가장 작은 계급의 상대도수를 구하시오.

5 상대도수가 가장 큰 계급의 도수를 구하시오.

6 키가 160 cm 미만인 학생은 전체의 몇 %인지 구하시오.

7 키가 170 cm 이상인 학생 수를 구하시오.

유형 7 도수의 총합이 다른 두 집단의 분포 비교

개념편 149쪽

도수의 총합이 다른 두 자료를 비교할 때는
(1) 각 계급의 도수를 그대로 비교하지 않고 상대도수를 구하여 각 계급별로 비교한다.
(2) 두 자료의 그래프를 함께 나타내어 보면 두 자료의 분포 상태를 한눈에 비교할 수 있다.

[1~3] 다음 상대도수의 분포표는 A 중학교 학생 500명과 B 중학교 학생 400명이 등교하는 데 걸리는 시간을 조사하여 나타낸 것이다. 물음에 답하시오.

걸리는 시간(분)	A 중학교		B 중학교	
	학생 수(명)	상대도수	학생 수(명)	상대도수
10이상 ~ 20미만	40	0.08	8	0.02
20 ~ 30	90		20	
30 ~ 40	150		120	
40 ~ 50	130		128	
50 ~ 60	80		100	
60 ~ 70	10		24	
합계	500		400	

1 위의 상대도수의 분포표를 완성하시오.

2 A, B 두 중학교의 상대도수가 같은 계급을 구하시오.

3 A, B 두 중학교 중 등교하는 데 걸리는 시간이 40분 이상 50분 미만인 학생의 비율이 더 높은 학교는 어느 곳인지 말하시오.

[4~6] 다음 그래프는 어느 반 A 모둠과 B 모둠의 일주일 동안의 공부 시간에 대한 상대도수의 분포를 함께 나타낸 것이다. 물음에 답하시오.

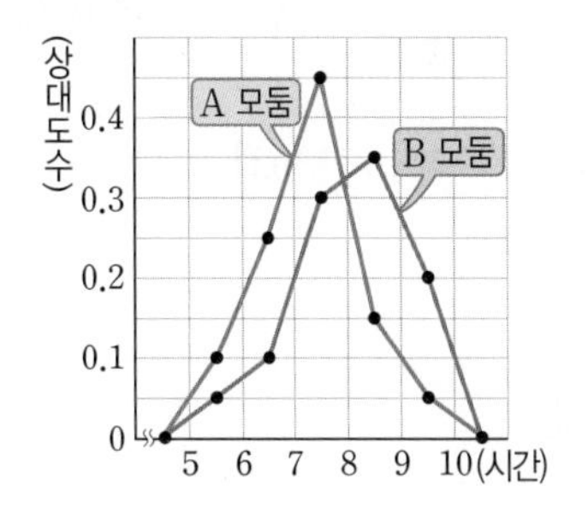

4 A, B 두 모둠 중 공부 시간이 7시간 미만인 학생의 비율이 더 높은 모둠은 어느 곳인지 말하시오.

5 A 모둠보다 B 모둠의 상대도수가 더 큰 계급을 모두 구하시오.

6 A, B 두 모둠 중 공부 시간이 대체적으로 더 많은 모둠은 어느 곳인지 말하시오.

쌍둥이 기출문제

형광펜 들고 밑줄 쫙~

쌍둥이 01

1 오른쪽 히스토그램은 윤정이네 반 학생들의 체육 실기 점수를 조사하여 나타낸 것이다. 다음을 구하시오.

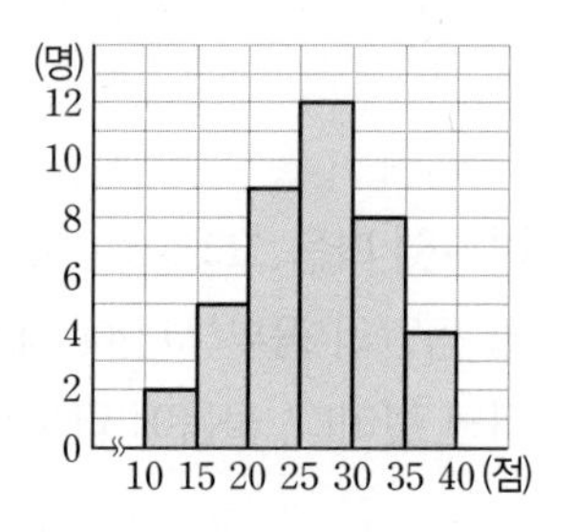

(1) 반 전체 학생 수

(2) 체육 실기 점수가 30점 이상 35점 미만인 계급의 상대도수

2 오른쪽 도수분포다각형은 어느 버스에 탄 승객들이 버스를 기다린 시간을 조사하여 나타낸 것이다. 다음을 구하시오.

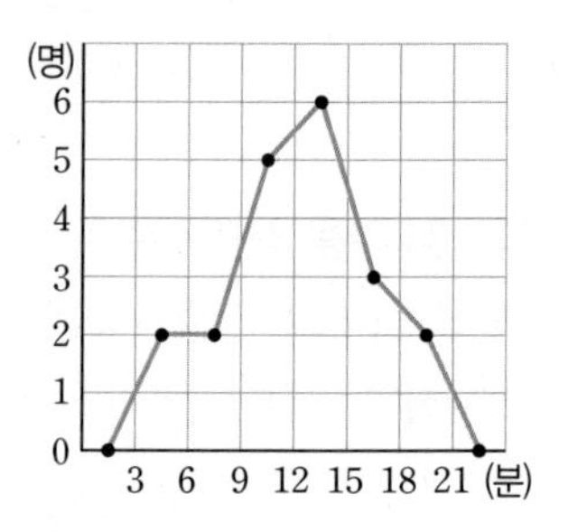

(1) 전체 승객 수

(2) 버스를 기다린 시간이 14분인 승객이 속하는 계급의 상대도수

쌍둥이 02

3 다음 상대도수의 분포표는 어느 수영반 학생들의 50 m 자유형 기록을 조사하여 나타낸 것이다. 물음에 답하시오.

자유형 기록(초)	학생 수(명)	상대도수
15이상 ~ 16미만	4	A
16 ~ 17	B	0.3
17 ~ 18	16	0.4
18 ~ 19		0.15
19 ~ 20	2	
합계	40	C

(1) A, B, C의 값을 각각 구하시오.

(2) 50 m 자유형 기록이 18초 이상인 학생은 전체의 몇 %인지 구하시오.

4 다음 상대도수의 분포표는 어느 반 학생들이 1분 동안 실시한 윗몸일으키기 기록을 조사하여 나타낸 것이다. 물음에 답하시오.

윗몸일으키기 기록(회)	학생 수(명)	상대도수
0이상 ~ 10미만	5	A
10 ~ 20	12	0.24
20 ~ 30	B	0.3
30 ~ 40		C
40 ~ 50	8	0.16
합계		1

(1) 반 전체 학생 수를 구하시오.

(2) A, B, C의 값을 각각 구하시오.

(3) 윗몸일으키기 기록이 30회 미만인 학생은 전체의 몇 %인지 구하시오.

쌍둥이 03

5 오른쪽 그래프는 어느 중학교 학생 25명의 멀리뛰기 기록에 대한 상대도수의 분포를 나타낸 것이다. 다음 물음에 답하시오.

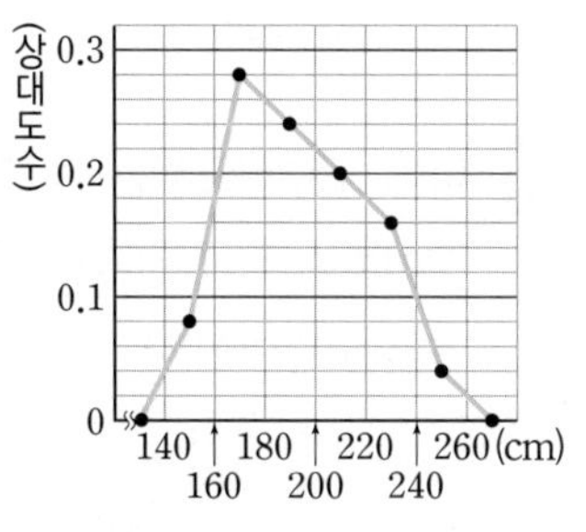

(1) 상대도수가 가장 큰 계급의 도수를 구하시오.

(2) 기록이 좋은 쪽에서 5번째인 학생이 속하는 계급의 상대도수를 구하시오.

6 오른쪽 그래프는 어느 산에서 자라고 있는 나무 60그루의 나이에 대한 상대도수의 분포를 나타낸 것이다. 다음 물음에 답하시오.

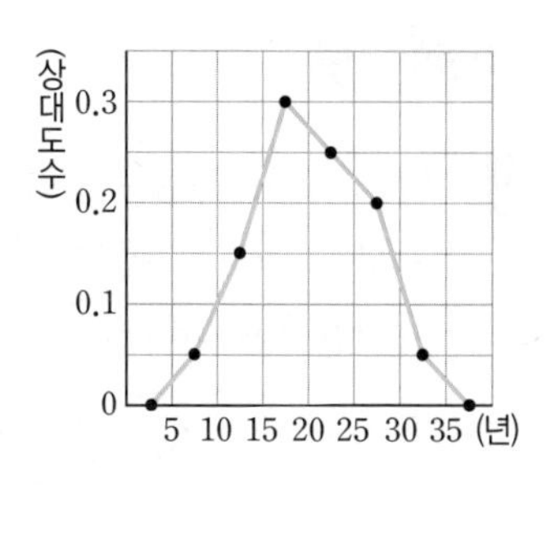

(1) 상대도수가 가장 큰 계급의 도수를 구하시오.

(2) 나이가 많은 쪽에서 16번째인 나무가 속하는 계급의 상대도수를 구하시오.

쌍둥이 04

7 오른쪽 그래프는 어느 반 학생들의 과학 성적에 대한 상대도수의 분포를 나타낸 것인데 일부가 찢어져 보이지 않는다. 과학 성적이 70점 이상 80점 미만인 학생이 10명일 때, 다음 물음에 답하시오.

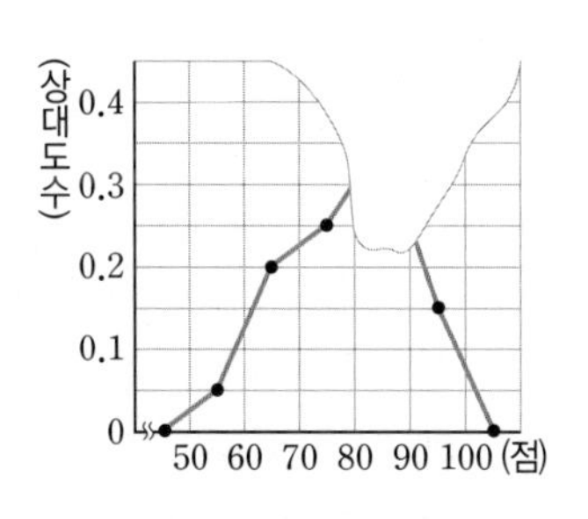

(1) 반 전체 학생 수를 구하시오.

(2) 과학 성적이 80점 이상 90점 미만인 학생 수를 구하시오.

8 서술형

오른쪽 그래프는 어느 중학교 1학년 4반 학생들의 일주일 동안의 독서 시간에 대한 상대도수의 분포를 나타낸 것인데 일부가 찢어져 보이지 않는다. 독서 시간이 8시간 이상 10시간 미만인 학생이 4명일 때, 독서 시간이 6시간 이상 8시간 미만인 학생 수를 구하시오.

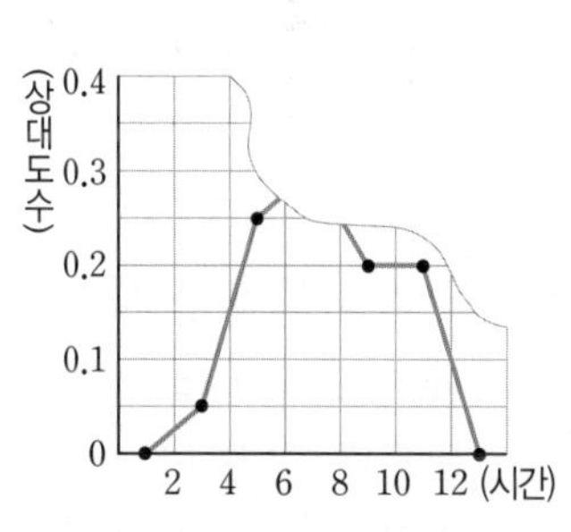

풀이 과정

답

기출문제

쌍둥이 05

9 다음 도수분포표는 윤진이네 중학교 1학년과 2학년 독서 동아리 회원들이 한 달 동안 읽은 책의 수를 조사하여 함께 나타낸 것이다. 물음에 답하시오.

책의 수(권)	회원 수(명)	
	1학년	2학년
2이상 ~ 4미만	4	6
4 ~ 6	10	8
6 ~ 8	14	17
8 ~ 10	8	10
10 ~ 12	4	9
합계	40	50

(1) 두 학년 중 읽은 책의 수가 6권 이상 8권 미만인 회원의 비율이 더 높은 학년을 말하시오.

(2) 읽은 책의 수에 대한 회원의 비율이 1학년보다 2학년이 더 높은 계급의 개수를 구하시오.

10 다음 도수분포표는 A 중학교와 B 중학교의 역도부 학생들의 최고 기록을 조사하여 함께 나타낸 것이다. 물음에 답하시오.

최고 기록(kg)	학생 수(명)	
	A 중학교	B 중학교
100이상 ~ 120미만	2	3
120 ~ 140	11	9
140 ~ 160	5	5
160 ~ 180	4	2
180 ~ 200	3	1
합계	25	20

(1) 두 중학교 중 기록이 160 kg 이상 180 kg 미만인 학생의 비율이 더 높은 학교를 말하시오.

(2) 기록에 대한 학생의 비율이 A 중학교보다 B 중학교가 더 높은 계급의 개수를 구하시오.

쌍둥이 06

11 오른쪽 그래프는 어느 중학교 A반과 B반 학생들의 한 달 동안의 봉사 활동 시간에 대한 상대도수의 분포를 함께 나타낸 것이다. 다음 물음에 답하시오.

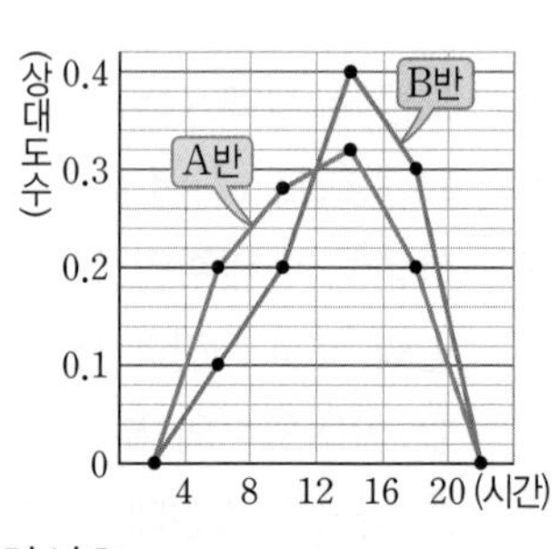

(1) A반 학생 수가 25명일 때, A반에서 봉사 활동 시간이 16시간 이상인 학생 수를 구하시오.

(2) A, B 두 반 중 봉사 활동 시간이 대체적으로 더 긴 반을 말하시오.

12 오른쪽 그래프는 어느 중학교 1학년 남학생과 여학생의 100 m 달리기 기록에 대한 상대도수의 분포를 함께 나타낸 것이다. 다음 보기 중 옳은 것을 모두 고르시오.

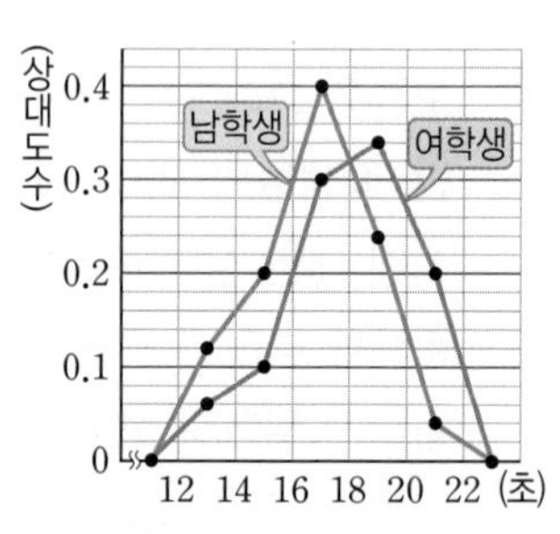

| 보기 |

ㄱ. 전체 여학생 수가 50명일 때, 기록이 17초인 학생이 속하는 계급의 여학생 수는 18명이다.

ㄴ. 남학생 중 기록이 16초 미만인 학생은 전체의 30 %이다.

ㄷ. 전체 남학생 수와 전체 여학생 수는 같다.

ㄹ. 기록이 14초 이상 16초 미만인 학생의 비율은 남학생이 여학생보다 더 높다.

ㅁ. 남학생과 여학생에 대한 각각의 그래프와 가로축으로 둘러싸인 부분의 넓이는 서로 같다.

마무리

● 정답과 해설 60쪽

1 오른쪽 줄기와 잎 그림은 희애가 등록한 요가 동호회의 회원 20명의 나이를 조사하여 나타낸 것이다. 다음 중 옳은 것은?

회원들의 나이

(1|7은 17세)

줄기	잎
1	7 8 9
2	0 1 2 3 5 6 7
3	1 3 5 6 7 9
4	0 0 1 2

① 나이가 30세 이상인 회원 수는 9명이다.
② 회원 수가 가장 많은 줄기는 3이다.
③ 나이가 가장 적은 회원과 가장 많은 회원의 나이의 차는 25세이다.
④ 나이가 적은 쪽에서 4번째인 회원의 나이는 21세이다.
⑤ 나이가 26세 미만인 회원은 전체의 35 %이다.

▶ 줄기와 잎 그림

2 오른쪽 도수분포표는 어느 소극장에 입장한 관객 40명의 입장 대기 시간을 조사하여 나타낸 것이다. 대기 시간이 30분 미만인 관객이 전체의 75 %일 때, A, B의 값을 각각 구하시오.

대기 시간(분)	관객 수(명)
0이상 ~ 10미만	4
10 ~ 20	9
20 ~ 30	A
30 ~ 40	6
40 ~ 50	B
합계	40

▶ 도수분포표

서술형

3 오른쪽 히스토그램은 영화 감상반 학생들이 지난 학기 동안 영화를 관람한 횟수를 조사하여 나타낸 것인데 일부가 찢어져 보이지 않는다. 영화 관람 횟수가 9회 미만인 학생이 전체의 40 %일 때, 영화 관람 횟수가 9회 이상 12회 미만인 학생 수를 구하시오.

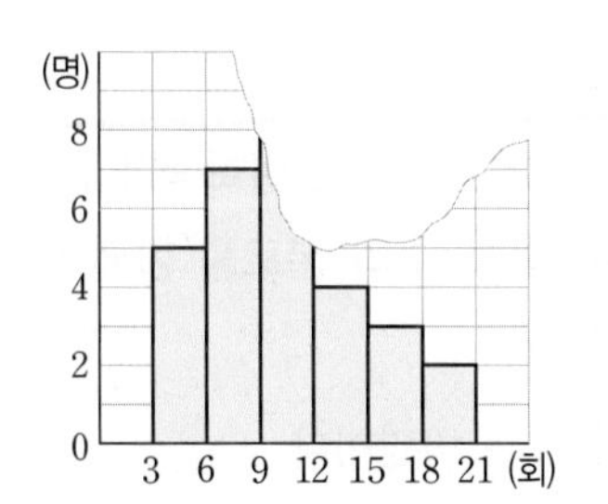

▶ 찢어진 히스토그램

풀이 과정

답

4 **오른쪽 도수분포다각형은 지민이네 중학교 학생 50명의 신발 크기를 조사하여 나타낸 것이다. 다음 중 옳은 것을 모두 고르면? (정답 2개)**

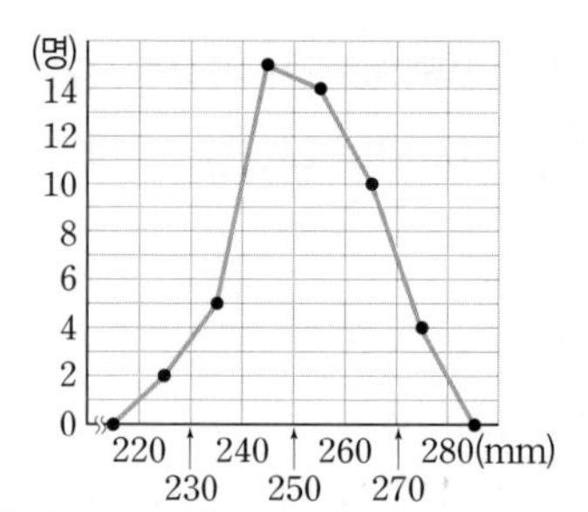

▸ 도수분포다각형

① 계급의 개수는 8개이다.
② 계급의 크기는 10 mm이다.
③ 도수가 10명인 계급은 250 mm 이상 260 mm 미만이다.
④ 신발 크기가 240 mm 이상 250 mm 미만인 학생은 전체의 30 %이다.
⑤ 신발 크기가 작은 쪽에서 9번째인 학생이 속하는 계급은 230 mm 이상 240 mm 미만이다.

5 **오른쪽 상대도수의 분포표는 어느 중학교 1학년 학생들의 통학 거리를 조사하여 나타낸 것이다. 다음 물음에 답하시오.**

▸ 상대도수의 분포표

통학 거리(km)	상대도수
0이상 ~ 1미만	0.36
1 ~ 2	0.28
2 ~ 3	0.23
3 ~ 4	0.11
4 ~ 5	
합계	1

(1) 통학 거리가 2 km 미만인 학생은 전체의 몇 %인지 구하시오.

(2) 1학년 전체 학생 수가 200명일 때, 통학 거리가 4 km 이상 5 km 미만인 학생 수를 구하시오.

6 **오른쪽 그래프는 어느 상자에 들어 있는 감자 50개의 무게에 대한 상대도수의 분포를 나타낸 것이다. 무게가 무거운 쪽에서 10번째인 감자가 속하는 계급의 상대도수를 구하시오.**

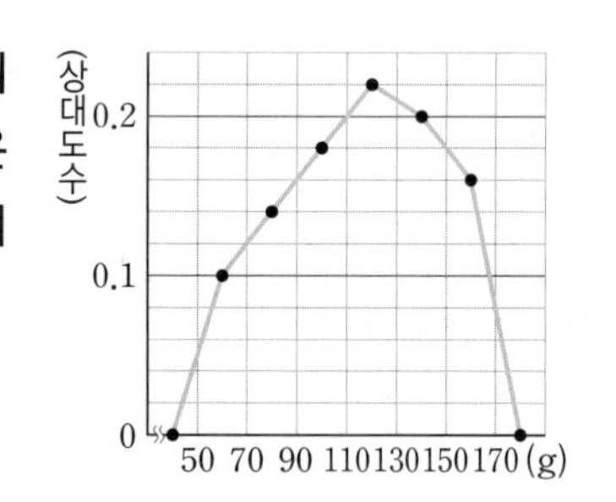

▸ 상대도수의 분포를 나타낸 그래프

7 **오른쪽 그래프는 어느 중학교 여학생과 남학생의 멀리뛰기 기록에 대한 상대도수의 분포를 함께 나타낸 것이다. 다음 중 옳은 것은?**

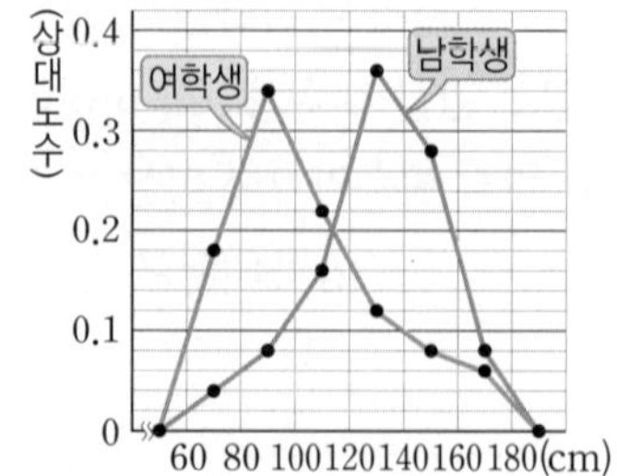

▸ 도수의 총합이 다른 두 집단의 분포 비교

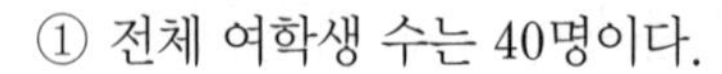
① 전체 여학생 수는 40명이다.
② 기록이 160 cm 이상 180 cm 미만인 학생의 비율은 여학생이 더 높다.
③ 여학생 중 도수가 가장 큰 계급은 100 cm 이상 120 cm 미만이다.
④ 남학생이 여학생보다 기록이 더 좋은 편이다.
⑤ 여학생과 남학생에 대한 각각의 그래프와 가로축으로 둘러싸인 부분의 넓이는 남학생에 대한 그래프 쪽이 더 넓다.

개념+유형

기초탄탄 LITE

정답과 해설

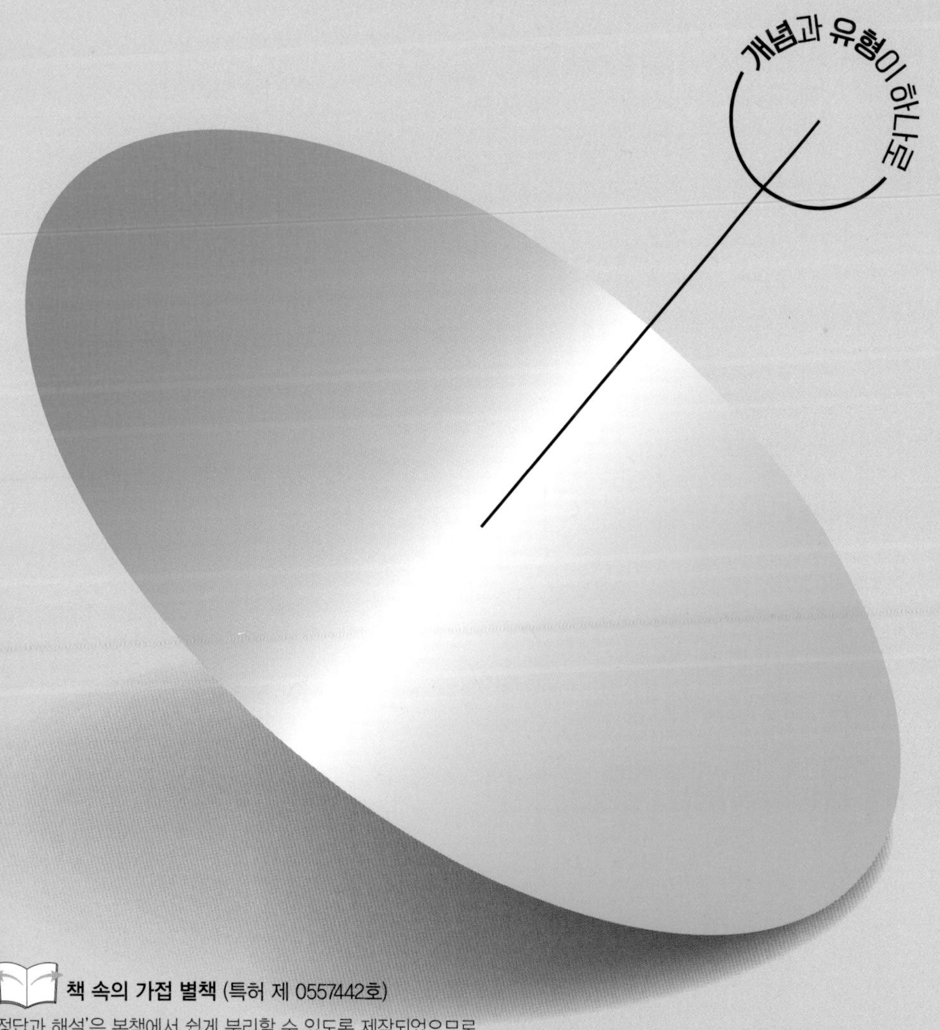

중학 수학

1·2

책 속의 가접 별책 (특허 제 0557442호)

'정답과 해설'은 본책에서 쉽게 분리할 수 있도록 제작되었으므로
유통 과정에서 분리될 수 있으나 파본이 아닌 정상 제품입니다.

visang

정답만 모아 스피드 체크

1 기본 도형

1 점, 선, 면, 각

P. 8

필수 문제 1 (1) 교점: 4개, 교선: 6개
(2) 교점: 6개, 교선: 9개

1-1 (1) 13 (2) 20

P. 9

개념 확인 (1) $\overline{PQ}$(또는 $\overline{QP}$) (2) $\overrightarrow{PQ}$
(3) $\overrightarrow{QP}$ (4) $\overleftrightarrow{PQ}$(또는 $\overleftrightarrow{QP}$)

필수 문제 2 ③

2-1 (1) $\overleftrightarrow{BC}$, $\overleftrightarrow{AC}$, $\overleftrightarrow{CA}$ (2) $\overline{CA}$ (3) $\overrightarrow{AC}$ (4) $\overrightarrow{CB}$

P. 10

개념 확인 (1) 4 cm (2) 6 cm

필수 문제 3 (1) $\frac{1}{2}$ (2) 4 (3) 10, 5

3-1 ④

3-2 (1) 6 cm (2) 3 cm (3) 9 cm

STEP 1 쏙쏙 개념 익히기 P. 11

1 ㄴ, ㄹ **2** ④ **3** 3개
4 3개, 6개, 3개 **5** 9 cm **6** 9 cm

P. 12

개념 확인 (1) $\angle BAC$, $\angle CAB$, $\angle DAC$, $\angle CAD$
(2) $\angle DCB$, $\angle BCD$

필수 문제 4 (1) $45°$, $60°$, $17°$ (2) $90°$
(3) $158°$, $120°$, $95°$ (4) $180°$

필수 문제 5 (1) $100°$ (2) $20°$

5-1 (1) $35°$ (2) $30°$

P. 13

개념 확인 (1) $\angle COD$ (2) $\angle AOB$
(3) $\angle AOE$ (4) $\angle AOC$

필수 문제 6 (1) $\angle x=60°$, $\angle y=120°$
(2) $\angle x=75°$, $\angle y=40°$

6-1 (1) 30 (2) 30

6-2 (1) 75 (2) 40

P. 14

개념 확인 (1) 5 cm (2) $90°$

필수 문제 7 (1) $\overline{AB}$ (2) 점 A (3) 4 cm

7-1 ㄱ, ㄴ

STEP 1 쏙쏙 개념 익히기 P. 15

1 $\angle x=40°$, $\angle y=50°$ **2** 30 **3** $70°$
4 ④ **5** $90°$ **6** $45°$

2 점, 직선, 평면의 위치 관계

P. 16

필수 문제 1 ㄴ, ㄹ

1-1 (1) 점 B, 점 C (2) $\overline{AD}$, $\overline{CD}$

필수 문제 2 (1) 점 A, 점 B, 점 E, 점 F
(2) 면 ABCD, 면 BFGC, 면 CGHD

2-1 (1) 면 ABC, 면 ABD, 면 BCD
(2) 면 ABD, 면 BCD
(3) 점 D

P. 17

필수 문제 3 (1) $\overline{AB}$, $\overline{CD}$ (2) $\overline{AB} /\!/ \overline{CD}$, $\overline{AD} /\!/ \overline{BC}$

3-1 ㄴ, ㄷ

3-2 (1) $\overleftrightarrow{DE}$ (2) $\overleftrightarrow{BC}$, $\overleftrightarrow{CD}$, $\overleftrightarrow{EF}$, $\overleftrightarrow{FA}$

P. 18

개념 확인 (1) 평행하다.
(2) 한 점에서 만난다.
(3) 꼬인 위치에 있다.

필수 문제 4 (1) $\overline{AC}$, $\overline{AD}$, $\overline{BC}$, $\overline{BE}$
(2) $\overline{DE}$
(3) $\overline{CF}$, $\overline{DF}$, $\overline{EF}$

4-1 ㄴ, ㄹ

4-2 2개

P. 19

필수 문제 5 (1) $\overline{AE}$, $\overline{BF}$, $\overline{CG}$, $\overline{DH}$
(2) 면 ABCD, 면 ABFE
(3) $\overline{EF}$, $\overline{FG}$, $\overline{GH}$, $\overline{HE}$

5-1 ㄱ, ㄹ

5-2 3 cm

P. 20

필수 문제 6 (1) 면 ABFE, 면 BFGC, 면 CGHD, 면 AEHD
(2) 면 ABCD, 면 BFGC, 면 EFGH, 면 AEHD
(3) 면 ABCD

6-1 ㄱ, ㄴ, ㄷ

6-2 ①, ⑤

STEP 1 쏙쏙 개념 익히기 P. 21~22

1 ①, ③ **2** ⑤ **3** ㄱ, ㄹ **4** ②, ④
5 6
6 (1) $\overleftrightarrow{CG}$, $\overleftrightarrow{DH}$, $\overleftrightarrow{EH}$, $\overleftrightarrow{FG}$, $\overleftrightarrow{GH}$ (2) $\overleftrightarrow{AE}$, $\overleftrightarrow{BF}$
7 $m \perp P$ **8** (1) × (2) ×

3 동위각과 엇각

P. 24

필수 문제 1 (1) $\angle e$ (2) $\angle g$ (3) $\angle h$ (4) $\angle g$

1-1 (1) $\angle d$, $80°$ (2) $\angle f$, $100°$

1-2 (1) $\angle f$, $\angle j$ (2) $\angle e$, $\angle i$

P. 25

개념 확인 (1) $100°$ (2) $100°$

필수 문제 2 (1) $\angle x=65°$, $\angle y=115°$
(2) $\angle x=55°$, $\angle y=81°$

2-1 (1) 30 (2) 60

필수 문제 3 (1) $\angle x=30°$, $\angle y=60°$ (2) $\angle x=60°$

3-1 (1) $35°$ (2) $65°$

P. 26

개념 확인 (1) ○ (2) × (3) ○

필수 문제 4 ㄷ, ㅁ

4-1 ①, ⑤

4-2 $l /\!/ n$, $p /\!/ q$

STEP 1 쏙쏙 개념 익히기 P. 27~28

1 ⑤
2 (1) $\angle x=85°$, $\angle y=130°$ (2) $\angle x=60°$, $\angle y=70°$
3 40°
4 (1) 40° (2) 16°
5 (1) 100° (2) 120°
6 ㄴ, ㄹ
7 (1) ∠ABC, ∠ACB (2) 80°
8 110°

STEP 2 탄탄 단원 다지기 P. 29~31

1 19 2 ④ 3 ② 4 2 cm 5 ③
6 60° 7 ④ 8 ③ 9 0
10 ㄱ, ㄴ, ㅁ 11 ②, ④ 12 ② 13 9
14 ④ 15 ④ 16 면 A, 면 C, 면 E, 면 F
17 ②, ③ 18 ④ 19 35°

STEP 3 쏙쏙 서술형 완성하기 P. 32~33

〈과정은 풀이 참조〉

따라 해보자 유제 1 24 cm
유제 2 70°

연습해 보자 1 4개, 10개, 6개
2 50°
3 (1) $\overline{CE}$, $\overline{JH}$ (2) 2개
4 132°

생활 속 수학 P. 34

답 54

2 작도와 합동

1 삼각형의 작도

P. 38

필수 문제 1 ㉡ → ㉠ → ㉢

1-1 ①

P. 39

필수 문제 2 ㉠ → ㉢ → ㉡ → ㉣ → ㉤

2-1 ①, ④

2-2 (1) ㉣, ㉢, ㉥
(2) 서로 다른 두 직선이 한 직선과 만날 때, 동위각의 크기가 같으면 두 직선은 평행하다.

STEP 1 쏙쏙 개념 익히기 P. 40

1 ②
2 (가) $\overline{AB}$ (나) $\overline{BC}$ (다) 정삼각형
3 ②, ⑤
4 ④

P. 41

개념 확인 (1) $\overline{BC}$ (2) $\overline{AC}$ (3) $\overline{AB}$
(4) ∠C (5) ∠A (6) ∠B

필수 문제 3 ③

3-1 ④

P. 42

필수 문제 4 ㉢ → ㉡ → ㉠

4-1 ⑤

P. 43

필수 문제 5 ③, ④

5-1 ③

STEP 1 **쏙쏙 개념 익히기** P. 44~45

1 ④ **2** ⑤ **3** ④, ⑤
4 (가) ∠B (나) c (다) a **5** ㄱ, ㄷ **6** ⑤
7 ② **8** 1개

2 삼각형의 합동

P. 46~47

개념 확인 (1) $\overline{PQ}$ (2) $\overline{QR}$ (3) $\overline{RP}$
(4) ∠P (5) ∠Q (6) ∠R

필수 문제 1 (1) 80° (2) 5 cm

1-1 ㄱ, ㄷ

필수 문제 2 △ABC≡△DFE, ASA 합동

2-1 ④

2-2 ㄱ, ㅁ, ㅂ

STEP 1 **쏙쏙 개념 익히기** P. 48

1 ① **2** ①, ⑤ **3** ②, ⑤
4 (1) (가) $\overline{CD}$ (나) $\overline{AC}$ (다) SSS (2) 70°

STEP 2 **탄탄 단원 다지기** P. 49~51

1 눈금 없는 자: ㄴ, ㄷ, 컴퍼스: ㄱ, ㄹ
2 ㉢ → ㉠ → ㉡ **3** ⑤ **4** ④ **5** 5개
6 ⑤ **7** ④ **8** ④ **9** ③ **10** ③
11 ㄴ, ㄹ **12** ③, ⑤ **13** ①, ⑤ **14** ② **15** ③
16 ㄱ, ㄴ, ㅁ **17** (1) △BCE≡△DCF (2) 20 cm

STEP 3 **쏙쏙 서술형 완성하기** P. 52~53

〈과정은 풀이 참조〉

따라 해보자 유제 1 $\overline{AC}$의 길이, ∠B의 크기, ∠C의 크기
유제 2 SAS 합동

연습해 보자 **1** (1) ㉠ → ㉤ → ㉣ → ㉥ → ㉢ → ㉡
(2) 서로 다른 두 직선이 다른 한 직선과 만날 때, 엇각의 크기가 같으면 두 직선은 평행하다.
2 2개
3 △DCE, SAS 합동
4 500 m

문학 속 수학 P. 54

답 ㉠ → ㉣ → ㉢ → ㉡

3 다각형

1 다각형

P. 58

개념 확인 ②, ④

필수 문제 1 (1) 50° (2) 120°

1-1 (1) 55° (2) 80°

필수 문제 2 (1) 정육각형 (2) 정팔각형

P. 59

개념 확인

다각형	사각형	오각형	육각형	…	n각형
꼭짓점의 개수	4개	5개	6개	…	n개
한 꼭짓점에서 그을 수 있는 대각선의 개수	1개	2개	3개	…	$(n-3)$개
대각선의 개수	2개	5개	9개	…	$\frac{n(n-3)}{2}$개

필수 문제 3 (1) 20개 (2) 27개 (3) 44개

3-1 (1) 십오각형 (2) 90개

3-2 54개

STEP 1 쏙쏙 개념 익히기 P. 60

1 135° 2 ④, ⑤ 3 108
4 15개 5 ② 6 정십각형

2 삼각형의 내각과 외각

P. 61

필수 문제 1 (1) 35° (2) 100° (3) 30°

1-1 20

1-2 ∠A=40°, ∠B=60°, ∠C=80°

P. 62

필수 문제 2 (1) 25° (2) 110°

2-1 (1) 45° (2) 40°

2-2 (1) 60 (2) 30

STEP 1 쏙쏙 개념 익히기 P. 63

1 (1) 40 (2) 60 2 (1) 100° (2) 35° 3 80°
4 (1) 50° (2) 75° 5 90°

3 다각형의 내각과 외각

P. 64

필수 문제 1 (1) 1080° (2) 1620° (3) 2340°

1-1 70°

필수 문제 2 칠각형

2-1 12개

P. 65

필수 문제 3 (1) 80° (2) 110°

3-1 (1) 100° (2) 70°

3-2 128°

P. 66

필수 문제 4 (1) 135°, 45° (2) 140°, 40° (3) 150°, 30°

4-1 60°

4-2 (1) 정십팔각형 (2) 정십오각형

STEP 1 쏙쏙 개념 익히기 P. 67~68

1 1448 2 6개
3 (1) 80° (2) 90° (3) 40° 4 8
5 ⑤ 6 ②
7 $\angle x=72°$, $\angle y=36°$
8 (1) 120° (2) 정삼각형 9 정구각형

STEP 2 탄탄 단원 다지기 P. 69~71

1 ④ 2 ①, ④ 3 35개 4 (1) 7쌍 (2) 14쌍
5 ⑤ 6 80° 7 80° 8 ④
9 $\angle x=65°$, $\angle y=110°$ 10 ⑤ 11 ④
12 30° 13 55° 14 ① 15 36° 16 360°
17 ① 18 ③ 19 ④ 20 (1) 36° (2) 36°

STEP 3 쓱쓱 서술형 완성하기 P. 72~73

〈과정은 풀이 참조〉

따라 해보자 유제 1 50° 유제 2 3240°

연습해 보자 1 22° 2 75°
3 160° 4 105°

건축 속 수학 P. 74

답 ㄱ, ㄴ, ㄹ

4 원과 부채꼴

1 원과 부채꼴

P. 78

필수 문제 1

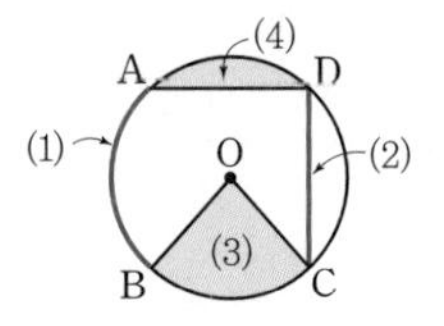

1-1 ㄱ, ㄹ

1-2 180°

P. 79

필수 문제 2 (1) 16 (2) 100

2-1 (1) 9 (2) 50

2-2 150°

P. 80

개념 확인 반지름, $\angle COD$, $\equiv$, SAS, $\overline{CD}$

필수 문제 3 (1) 8 (2) 35

3-1 90°

3-2 ㄱ, ㄴ, ㄷ

STEP 1 쏙쏙 개념 익히기 P. 81~82

1 ④ 2 10 cm 3 40 4 9 cm^2
5 80° 6 30 cm 7 ②, ④ 8 36°
9 ④

2 부채꼴의 호의 길이와 넓이

P. 83

필수 문제 1 (1) 8π cm, 16π cm^2 (2) 14π cm, 21π cm^2

1-1 (1) $(5\pi+10)$ cm, $\frac{25}{2}\pi$ cm^2
(2) 18π cm, 27π cm^2

P. 84

개념 확인 (1) 4, 45, π (2) 4, 45, 2π

필수 문제 2 (1) 5π cm, 15π cm^2 (2) 12π cm, 54π cm^2

2-1 2π cm, 12π cm^2

2-2 (1) $(4\pi+8)$ cm, 8π cm^2
(2) $(3\pi+12)$ cm, $(36-9\pi)$ cm^2

P. 85

개념 확인 2π, 6π

필수 문제 3 (1) 10π cm^2 (2) 40π cm^2

3-1 (1) 6π cm^2 (2) 120π cm^2

3-2 5π cm

STEP 1 쏙쏙 개념 익히기 P. 87~88

1 (1) 7 cm (2) 9π cm^2
2 (1) 24π cm, 18π cm^2 (2) $(4\pi+8)$ cm, $(16-4\pi)$ cm^2
3 $\frac{10}{3}\pi$ cm, $\frac{25}{3}\pi$ cm^2 **4** ③ **5** 30π cm^2
6 (1) 12 cm (2) 225°
7 (1) $\frac{160}{3}\pi$ cm^2 (2) $(\pi-2)$ cm^2
8 6π cm, $(18\pi-36)$ cm^2
9 32π cm^2 **10** 450 cm^2

STEP 2 탄탄 단원 다지기 P. 89~91

1 ③, ⑤ **2** 60° **3** 27 cm **4** ③ **5** ④
6 30 **7** 48π cm^2 **8** ⑤ **9** ①, ③
10 12π cm, 12π cm^2 **11** ④ **12** ⑤
13 ④ **14** ② **15** $(200\pi-400)$ cm^2
16 $(36-6\pi)$ cm^2 **17** 9π cm, $(9\pi-18)$ cm^2
18 18π cm^2 **19** ①

STEP 3 쏙쏙 서술형 완성하기 P. 92~93

〈과정은 풀이 참조〉

따라 해보자 유제 1 160° 유제 2 $(6\pi+16)$ cm

연습해 보자 **1** 28 cm **2** $\frac{27}{2}\pi$ cm^2
3 6 cm^2 **4** 113π m^2

스포츠 속 수학 P. 94

답 540π m^2

5 다면체와 회전체

1 다면체

P. 98

필수 문제 1 ㄱ, ㄷ, ㄹ

1-1 ④

1-2 칠면체

P. 99

개념 확인

겨냥도			
이름	오각기둥	오각뿔	오각뿔대
옆면의 모양	직사각형	삼각형	사다리꼴
꼭짓점의 개수	10개	6개	10개
모서리의 개수	15개	10개	15개
면의 개수	7개	6개	7개

필수 문제 2 ④

2-1 ③

STEP 1 쏙쏙 개념 익히기 P. 100

1 5개 2 ①, ③ 3 ⑤

4 (1) 각뿔대 (2) 육각뿔대 5 ②

2 정다면체

P. 101

필수 문제 1 (1) ㄱ, ㄷ, ㅁ (2) ㄹ
(3) ㄱ, ㄴ, ㄹ (4) ㄷ

1-1 정팔면체

1-2 30

P. 102

개념 확인

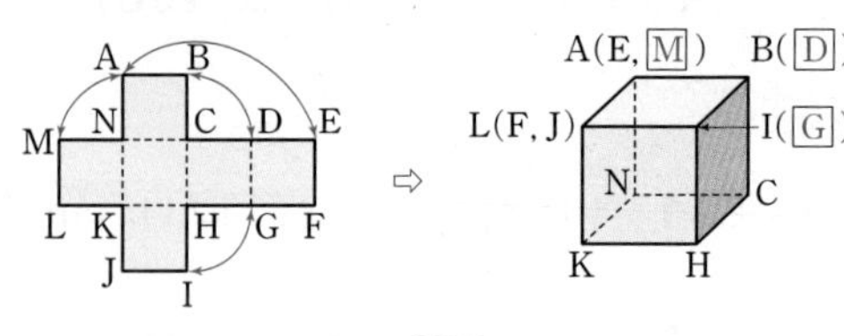

(1) 정육면체 (2) M, $\overline{ED}$

필수 문제 2 (1) 정팔면체 (2) 점 I (3) $\overline{GF}$
(4) $\overline{ED}$ (또는 $\overline{EF}$)

2-1 (1) 정사면체 (2) $\overline{CF}$

STEP 1 쏙쏙 개념 익히기 P. 104

1 ③ 2 ③, ⑤

3 각 꼭짓점에 모인 면의 개수가 모두 같지 않다.

4 ④

3 회전체

P. 105

필수 문제 1 ㄱ, ㄷ, ㅁ

1-1 ㄴ, ㅁ, ㅇ

1-2 (1) 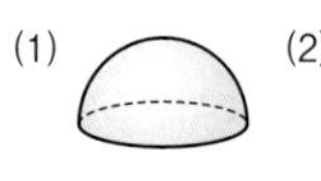 (2) 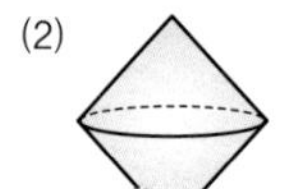 (3) 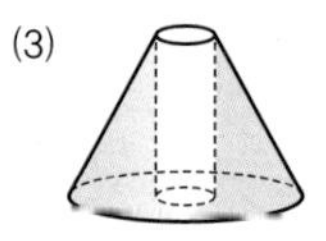

P. 106

개념 확인 (1) × (2) ○ (3) ×

필수 문제 2 ③

2-1 원기둥

2-2 ④

P. 107

개념 확인 (1) $a=9$, $b=4$ (2) $a=5$, $b=3$

필수 문제 3 $a=6$, $b=11$, $c=18\pi$

3-1 10π cm

STEP 1 쏙쏙 개념 익히기 P. 108

1 ③, ④ 2 ③ 3 ③ 4 $32\,\text{cm}^2$
5 12 cm

STEP 2 탄탄 단원 다지기 P. 109~111

1 ③ 2 10 3 ③ 4 ④ 5 십각뿔
6 ②, ④ 7 정이십면체 8 ②, ④ 9 ④
10 ③ 11 ③ 12 ② 13 ④ 14 ⑤
15 $16\pi\,\text{cm}^2$ 16 ③ 17 $\frac{8}{3}$ cm 18 ①, ③

STEP 3 쏙쏙 서술형 완성하기 P. 112~113

〈과정은 풀이 참조〉

따라 해보자 유제 1 50 유제 2 $\frac{16}{9}\pi\,\text{cm}^2$

연습해 보자 1 육면체 2 36

3 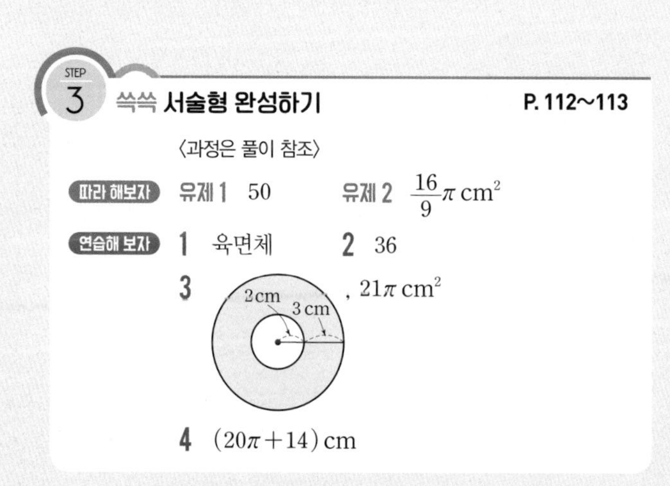

, $21\pi\,\text{cm}^2$

4 $(20\pi+14)$ cm

역사 속 수학 P. 114

답 정육면체

6 입체도형의 겉넓이와 부피

1 기둥의 겉넓이와 부피

P. 118

개념 확인 (1) ㉠ 4 ㉡ 10 ㉢ 8π (2) $16\pi\,\text{cm}^2$
(3) $80\pi\,\text{cm}^2$ (4) $112\pi\,\text{cm}^2$

필수 문제 1 (1) $78\,\text{cm}^2$ (2) $54\pi\,\text{cm}^2$

1-1 (1) $360\,\text{cm}^2$ (2) $296\,\text{cm}^2$

P. 119

개념 확인 (1) $4\pi\,\text{cm}^2$ (2) 4 cm (3) $16\pi\,\text{cm}^3$

필수 문제 2 (1) $240\,\text{cm}^3$ (2) $336\,\text{cm}^3$ (3) $72\pi\,\text{cm}^3$

2-1 $60\pi\,\text{cm}^3$

STEP 1 쏙쏙 개념 익히기 P. 120

1 $184\,\text{cm}^2$ 2 4 cm 3 $(56\pi+80)\,\text{cm}^2$
4 $180\,\text{cm}^3$ 5 ③ 6 $(900-40\pi)\,\text{cm}^3$

2 뿔의 겉넓이와 부피

P. 121~122

개념 확인 (1) ㉠ 9 ㉡ 3 ㉢ 6π (2) $9\pi\,\text{cm}^2$
(3) $27\pi\,\text{cm}^2$ (4) $36\pi\,\text{cm}^2$

필수 문제 1 (1) $340\,\text{cm}^2$ (2) $224\pi\,\text{cm}^2$

1-1 (1) $120\,\text{cm}^2$ (2) $216\pi\,\text{cm}^2$

필수 문제 2 (1) $9\pi\,\text{cm}^2$ (2) $36\pi\,\text{cm}^2$
(3) $63\pi\,\text{cm}^2$ (4) $108\pi\,\text{cm}^2$

2-1 ④

P. 122~123

필수 문제 3 (1) $80\,\text{cm}^3$ (2) $8\pi\,\text{cm}^3$

3-1 8

3-2 3 cm

필수 문제 4 (1) $384\,\text{cm}^3$ (2) $48\,\text{cm}^3$ (3) $336\,\text{cm}^3$

4-1 $28\pi\,\text{cm}^3$

STEP 1 쏙쏙 개념 익히기 P. 124

1 $256\,\text{cm}^2$ **2** (1) $2\pi\,\text{cm}$ (2) $1\,\text{cm}$ (3) $4\pi\,\text{cm}^2$
3 (1) $216\,\text{cm}^3$ (2) $36\,\text{cm}^3$ (3) $180\,\text{cm}^3$
4 $192\pi\,\text{cm}^2$, $228\pi\,\text{cm}^3$ **5** ②

3 구의 겉넓이와 부피

P. 125

개념 확인 $2r$, 4

필수 문제 1 (1) $16\pi\,\text{cm}^2$ (2) $75\pi\,\text{cm}^2$

1-1 $64\pi\,\text{cm}^2$

P. 126

개념 확인 (1) $54\pi\,\text{cm}^3$ (2) $36\pi\,\text{cm}^3$ (3) 3 : 2

필수 문제 2 (1) $\frac{32}{3}\pi\,\text{cm}^3$ (2) $144\pi\,\text{cm}^3$

2-1 $30\pi\,\text{cm}^3$

STEP 1 쏙쏙 개념 익히기 P. 127

1 6 cm **2** $57\pi\,\text{cm}^2$ **3** $105\pi\,\text{cm}^2$
4 $\frac{224}{3}\pi\,\text{cm}^3$ **5** $72\pi\,\text{cm}^3$

STEP 2 탄탄 단원 다지기 P. 129~131

1 ③ **2** $(64\pi+120)\,\text{cm}^2$ **3** $72\pi\,\text{cm}^3$
4 $264\,\text{cm}^2$ **5** ⑤ **6** $63\pi\,\text{cm}^2$
7 $302\,\text{cm}^2$ **8** ③ **9** $576\,\text{cm}^3$
10 ④ **11** $312\pi\,\text{cm}^3$ **12** ③ **13** ④
14 ③ **15** $\frac{49}{2}\pi\,\text{cm}^2$ **16** $162\pi\,\text{cm}^3$
17 ④ **18** ③ **19** 2 : 3 **20** ⑤

STEP 3 쏙쏙 서술형 완성하기 P. 132~133

〈과정은 풀이 참조〉

따라 해보자 유제 1 $168\pi\,\text{cm}^3$ 유제 2 $96\pi\,\text{cm}^2$

연습해 보자 **1** $224\,\text{cm}^2$ **2** $120°$
3 $12\pi\,\text{cm}^3$ **4** $550\pi\,\text{cm}^3$

생활 속 수학 P. 134

답 A 캔

7 자료의 정리와 해석

1 줄기와 잎 그림, 도수분포표

P. 138~139

개념 확인 (1) 4, 7 (2) 4

필수 문제 1

가방 무게

(1|5는 1.5kg)

줄기	잎
1	5 8
2	4 6 7
3	2 3 4 4 6
4	0 9

(1) 4, 6, 7 (2) 3

1-1

1분당 맥박 수

(6|7은 67회)

줄기	잎
6	7 8 8 9 9 9
7	1 2 3 3 4 6 9 9
8	0 2 3 4
9	0 1

(1) 0, 2, 3, 4 (2) 9 (3) 91회, 67회

필수 문제 2 (1) 20명 (2) 166 cm (3) 4명

2-1 (1) 24명 (2) 31세 (3) 6명 (4) 25 %

P. 140~141

개념 확인

책의 수(권)	학생 수(명)	
5이상 ~ 10미만	///	3
10 ~ 15	𝍸	5
15 ~ 20	////	4
20 ~ 25	///	3
합계	15	

필수 문제 3

가슴둘레(cm)	학생 수(명)
60이상 ~ 65미만	2
65 ~ 70	6
70 ~ 75	8
75 ~ 80	4
합계	20

(1) 4개 (2) 5 cm (3) 6명

3-1 (1)

나이(세)	참가자 수(명)
10이상 ~ 20미만	3
20 ~ 30	5
30 ~ 40	7
40 ~ 50	3
합계	18

(2) 30세 이상 40세 미만 (3) 5명

필수 문제 4 (1) 9 (2) 10개
(3) 500 kcal 이상 600 kcal 미만

4-1 ㄴ, ㄹ

STEP 1 쏙쏙 개념 익히기 P. 142

1 ㄷ, ㅁ
2 (1) 25 (2) 30분 이상 60분 미만 (3) 40 %
3 ㄴ, ㄹ

2 히스토그램과 도수분포다각형

P. 143

개념 확인

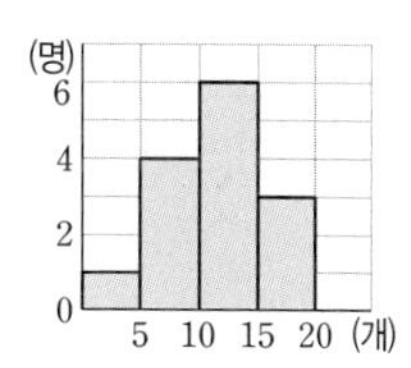

필수 문제 1 (1) 2점 (2) 21명 (3) 74

1-1 (1) 5개 (2) 30명 (3) 120

P. 144

개념 확인

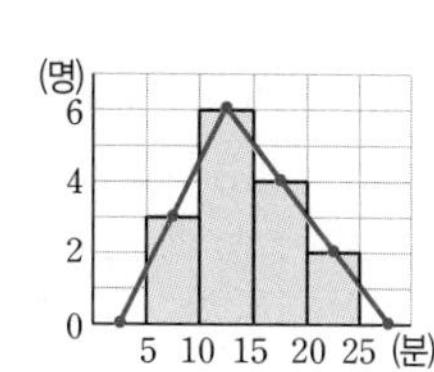

필수 문제 2 (1) 4개 이상 6개 미만 (2) 28 %

2-1 (1) 12회 이상 15회 미만 (2) 120

STEP 1 쏙쏙 개념 익히기 P. 145~146

1 (1) 6개 (2) 8명 (3) 24 % (4) 40 m 이상 45 m 미만
2 70 **3** (1) ③ (2) 30 % (3) 300
4 ㄷ, ㄹ **5** (1) 7명 (2) 28 %
6 12.5 %

3 상대도수와 그 그래프

P. 147

개념 확인 (차례로) 5, 0.25, 0.5, 0.1, 1

필수 문제 1 (1) $A=0.1$, $B=12$, $C=10$, $D=0.2$, $E=1$
(2) 0.15

1-1 (1) $A=0.15$, $B=100$, $C=0.3$, $D=80$, $E=1$
(2) 40 %

P. 148

개념 확인

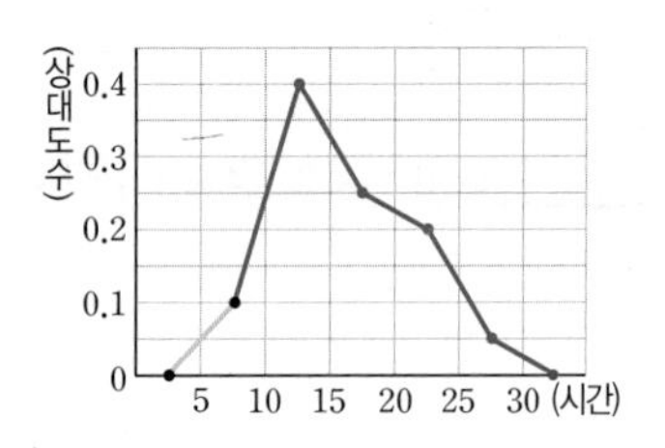

필수 문제 2 (1) 12세 이상 16세 미만 (2) 16명

2-1 (1) 0.4 (2) 12편

P. 149

개념 확인 (1)

앉은키(cm)	여학생		남학생	
	학생 수(명)	상대도수	학생 수(명)	상대도수
75이상 ~ 80미만	6	0.15	4	0.16
80 ~ 85	8	0.2	5	0.2
85 ~ 90	16	0.4	7	0.28
90 ~ 95	10	0.25	9	0.36
합계	40	1	25	1

(2) 여학생

필수 문제 3 (1) 12명 (2) A 중학교 (3) B 중학교

3-1 (1) 3개 (2) A 정류장

STEP 1 쏙쏙 개념 익히기 P. 150~151

1 (1) ○ (2) × (3) ○ (4) ×
2 0.36 **3** 40명 **4** (1) 55 % (2) 6개
5 (1) 50명 (2) $A=20$, $B=0.2$, $C=8$, $D=0.16$, $E=1$
6 (1) 32명 (2) 0.16
7 (1) 350명 (2) 0.4 (3) 140명
8 여학생 **9** ㄱ, ㄷ

STEP 2 탄탄 단원 다지기 P. 152~155

1 ④ **2** (1) 남학생 (2) 많은 편
3 (1) 90분 이상 110분 미만 (2) 30 % **4** 4
5 9명 **6** ⑤ **7** (1) 25명 (2) 8명 **8** ㄴ, ㄹ
9 ③ **10** 0.225 **11** ⑤ **12** 6마리
13 (1) 40명 (2) 0.3 **14** ② **15** 15명
16 (1) B 제품 (2) 30세 이상 40세 미만 **17** 5 : 2
18 ㄴ, ㄷ

STEP 3 쏙쏙 서술형 완성하기 P. 156~157

〈과정은 풀이 참조〉

따라 해보자 유제 1 12일 유제 2 10명

연습해 보자 **1** 22명, 47 kg **2** 8권
3 30 %
4 (1) 볼링 동호회 (2) 볼링 동호회

생활 속 수학 P. 158

답 60곳

1 점, 선, 면, 각

P. 8

필수 문제 1 (1) 교점: 4개, 교선: 6개
(2) 교점: 6개, 교선: 9개

1-1 (1) 13 (2) 20
(1) 교점의 개수는 5개이므로 $a=5$
교선의 개수는 8개이므로 $b=8$
$\therefore a+b=5+8=13$
(2) 교점의 개수는 8개이므로 $a=8$
교선의 개수는 12개이므로 $b=12$
$\therefore a+b=8+12=20$

P. 9

개념 확인 (1) $\overleftrightarrow{PQ}$ (또는 $\overleftrightarrow{QP}$) (2) $\overrightarrow{PQ}$
(3) $\overrightarrow{QP}$ (4) $\overline{PQ}$ (또는 $\overline{QP}$)

필수 문제 2 ③
③ $\overrightarrow{BD}$와 $\overrightarrow{DB}$는 시작점과 뻗어 나가는 방향이 모두 다르므로 서로 다른 반직선이다.

2-1 (1) $\overleftrightarrow{BC}$, $\overleftrightarrow{AC}$, $\overleftrightarrow{CA}$ (2) $\overrightarrow{CA}$ (3) $\overrightarrow{AC}$ (4) $\overline{CB}$

P. 10

개념 확인 (1) 4 cm (2) 6 cm
(1) (두 점 A, B 사이의 거리) $=\overline{AB}=4\,\text{cm}$
(2) (두 점 B, C 사이의 거리) $=\overline{BC}=6\,\text{cm}$

필수 문제 3 (1) $\frac{1}{2}$ (2) 4 (3) 10, 5

(1) 점 B는 $\overline{AC}$의 중점이므로 $\overline{AB}=\overline{BC}$
$\therefore \overline{AB}=\boxed{\frac{1}{2}}\overline{AC}$
(2) 점 C는 $\overline{AD}$의 중점이므로 $\overline{AC}=\overline{CD}$
$\therefore \overline{AD}=2\overline{AC}=2\times 2\overline{AB}=\boxed{4}\overline{AB}$
(3) $\overline{AC}=\frac{1}{2}\overline{AD}=\frac{1}{2}\times 20=\boxed{10}(\text{cm})$
$\overline{AB}=\frac{1}{2}\overline{AC}=\frac{1}{2}\times 10=\boxed{5}(\text{cm})$

3-1 ④

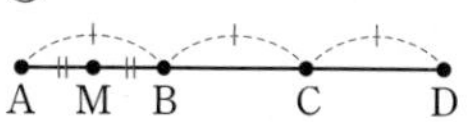

① 점 M은 $\overline{AB}$의 중점이므로 $\overline{AM}=\overline{MB}$
$\therefore \overline{AB}=2\overline{AM}$
② $\overline{AB}=\overline{BC}=\overline{CD}$이므로 $\overline{AD}=3\overline{AB}$
③ $\overline{AB}=\overline{BC}=\overline{CD}$이므로 $\overline{BC}=\frac{1}{3}\overline{AD}$
④ $\overline{AC}=2\overline{AB}=2\times 2\overline{AM}=4\overline{AM}$
⑤ $\overline{BD}=2\overline{CD}$, $\overline{AD}=3\overline{CD}$이므로
$\overline{BD}=2\overline{CD}=2\times\frac{1}{3}\overline{AD}=\frac{2}{3}\overline{AD}$
따라서 옳지 않은 것은 ④이다.

3-2 (1) 6 cm (2) 3 cm (3) 9 cm

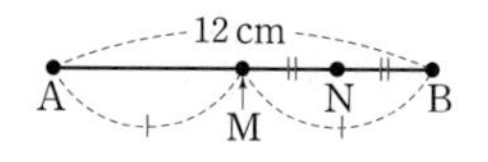

(1) 점 M은 $\overline{AB}$의 중점이므로
$\overline{AM}=\frac{1}{2}\overline{AB}=\frac{1}{2}\times 12=6(\text{cm})$
(2) $\overline{MB}=\overline{AM}=6\,\text{cm}$이고 점 N은 $\overline{MB}$의 중점이므로
$\overline{MN}=\frac{1}{2}\overline{MB}=\frac{1}{2}\times 6=3(\text{cm})$
(3) $\overline{AN}=\overline{AM}+\overline{MN}=6+3=9(\text{cm})$

STEP 1 쏙쏙 개념 익히기 P. 11

1 ㄴ, ㄹ 2 ④ 3 3개
4 3개, 6개, 3개 5 9 cm 6 9 cm

1 ㄴ. 교점은 선과 선 또는 선과 면이 만나는 경우에 생긴다.
ㄹ. 삭육면체에서 교선의 개수는 모서리의 개수와 같다.

2 점 A를 지나는 교선의 개수는 각각 다음과 같다.
① 3개 ② 3개 ③ 3개 ④ 4개 ⑤ 3개
따라서 나머지 넷과 다른 하나는 ④이다.

3 $\overline{AB}$를 포함하는 반직선은 $\overrightarrow{AB}$, $\overrightarrow{BA}$, $\overrightarrow{DB}$의 3개이다.

4 두 점을 이어서 만들 수 있는 서로 다른 직선은
$\overleftrightarrow{AB}$, $\overleftrightarrow{BC}$, $\overleftrightarrow{CA}$의 3개이고,
서로 다른 반직선은
$\overrightarrow{AB}$, $\overrightarrow{AC}$, $\overrightarrow{BA}$, $\overrightarrow{BC}$, $\overrightarrow{CA}$, $\overrightarrow{CB}$의 6개이고,

서로 다른 선분은

$\overline{AB}$, $\overline{BC}$, $\overline{CA}$의 3개이다.

다른 풀이 반직선, 선분의 개수 구하기

세 점이 한 직선 위에 있지 않으므로

(반직선의 개수)=(직선의 개수)×2

=3×2=6(개)

(선분의 개수)=(직선의 개수)=3개

참고 어느 세 점도 한 직선 위에 있지 않을 때, 두 점을 이어서 만들 수 있는 직선, 반직선, 선분 사이의 관계

⇨ • (직선의 개수)=(선분의 개수)

• (반직선의 개수)=(직선의 개수)×2

└→ $\overrightarrow{AB} \neq \overrightarrow{BA}$ └→ $\overleftrightarrow{AB} = \overleftrightarrow{BA}$

5 두 점 B, C가 각각 $\overline{AC}$, $\overline{BD}$의 중점이므로

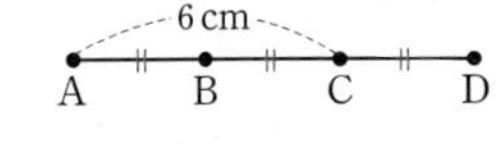

$\overline{AB}=\overline{BC}=\overline{CD}$

이때 $\overline{AB}=\frac{1}{2}\overline{AC}=\frac{1}{2}\times 6=3(\text{cm})$이므로

$\overline{AD}=3\overline{AB}=3\times 3=9(\text{cm})$

6 두 점 M, N이 각각 $\overline{AC}$, $\overline{CB}$의 중점이므로

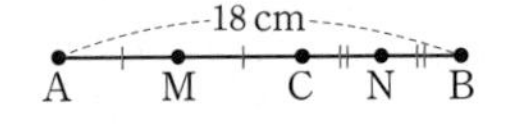

$\overline{MC}=\frac{1}{2}\overline{AC}$, $\overline{CN}=\frac{1}{2}\overline{CB}$

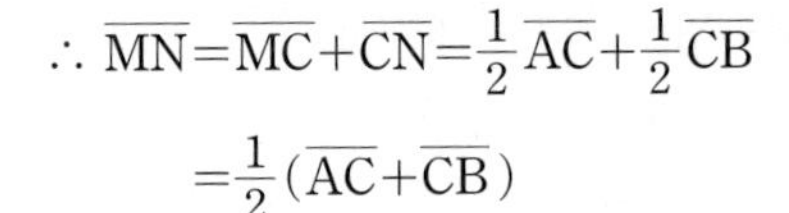

$\therefore \overline{MN}=\overline{MC}+\overline{CN}=\frac{1}{2}\overline{AC}+\frac{1}{2}\overline{CB}$

$=\frac{1}{2}(\overline{AC}+\overline{CB})$

$=\frac{1}{2}\overline{AB}$

$=\frac{1}{2}\times 18=9(\text{cm})$

P. 12

개념 확인 (1) $\angle BAC$, $\angle CAB$, $\angle DAC$, $\angle CAD$
(2) $\angle DCB$, $\angle BCD$

필수 문제 4 (1) $45°$, $60°$, $17°$ (2) $90°$
(3) $158°$, $120°$, $95°$ (4) $180°$

필수 문제 5 (1) $100°$ (2) $20°$

(1) $\angle x+80°=180°$ $\therefore \angle x=100°$

(2) $\angle x+70°=90°$ $\therefore \angle x=20°$

5-1 (1) $35°$ (2) $30°$

(1) $55°+90°+\angle x=180°$ $\therefore \angle x=35°$

(2) $\angle x+2\angle x=90°$, $3\angle x=90°$ $\therefore \angle x=30°$

P. 13

개념 확인 (1) $\angle COD$ (2) $\angle AOB$
(3) $\angle AOE$ (4) $\angle AOC$

필수 문제 6 (1) $\angle x=60°$, $\angle y=120°$
(2) $\angle x=75°$, $\angle y=40°$

(1) $\angle x=60°$(맞꼭지각)

$\angle y+60°=180°$ $\therefore \angle y=120°$

(2) $\angle y=40°$(맞꼭지각)

$65°+\angle y+\angle x=180°$에서

$65°+40°+\angle x=180°$ $\therefore \angle x=75°$

6-1 (1) 30 (2) 30

(1) 맞꼭지각의 크기는 서로 같으므로

$x+10=3x-50$

$2x=60$ $\therefore x=30$

(2) 오른쪽 그림에서 맞꼭지각의 크기는 서로 같으므로

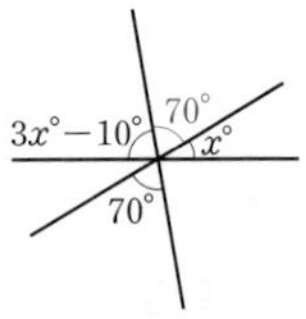

$(3x-10)+70+x=180$

$4x=120$

$\therefore x=30$

6-2 (1) 75 (2) 40

(1) 맞꼭지각의 크기는 서로 같으므로

$x+55=130$ $\therefore x=75$

(2) 맞꼭지각의 크기는 서로 같으므로

$(x+5)+90=3x+15$

$2x=80$ $\therefore x=40$

P. 14

개념 확인 (1) 5 cm (2) $90°$

(1) $\overline{AO}=\overline{BO}$이므로

$\overline{AO}=\frac{1}{2}\overline{AB}=\frac{1}{2}\times 10=5(\text{cm})$

(2) $\overline{AB}\perp\overleftrightarrow{PO}$이므로 $\angle AOP=90°$

필수 문제 7 (1) $\overline{AB}$ (2) 점 A (3) 4 cm

(3) (점 A와 $\overline{BC}$ 사이의 거리)$=\overline{AB}=4\text{ cm}$

7-1 ㄱ, ㄴ

ㄴ. 점 A와 $\overline{BC}$ 사이의 거리는 $\overline{AD}$의 길이와 같으므로 12 cm이다.

ㄷ. $\overline{AB}$와 $\overline{AC}$가 서로 수직이 아니므로 점 C와 $\overline{AB}$ 사이의 거리는 $\overline{AC}$의 길이인 13 cm보다 짧다.

따라서 옳은 것은 ㄱ, ㄴ이다.

쏙쏙 개념 익히기 P. 15

1	$\angle x=40°$, $\angle y=50°$	**2**	30	**3**	70°
4	④	**5**	90°	**6**	45°

1 $50°+\angle x=90°$ $\therefore \angle x=40°$
$\angle x+\angle y=90°$에서
$40°+\angle y=90°$ $\therefore \angle y=50°$

2 오른쪽 그림에서 맞꼭지각의 크기는 서로 같으므로

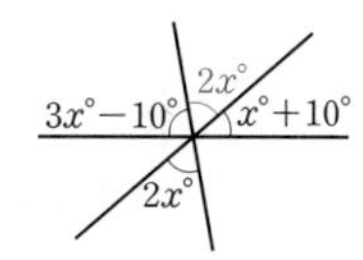

$(3x-10)+2x+(x+10)=180$
$6x=180$ $\therefore x=30$

3 $\angle a=\angle c$ (맞꼭지각)이므로
$\angle a+\angle c=2\angle a=220°$ $\therefore \angle a=110°$
$\angle a+\angle b=180°$에서
$110°+\angle b=180°$ $\therefore \angle b=70°$

4 ④ 점 B에서 $\overleftrightarrow{PQ}$에 내린 수선의 발은 점 H이다.

5 $\angle AOB=\angle BOC=\angle x$,
$\angle COD=\angle DOE=\angle y$라고 하면
$2\angle x+2\angle y=180°$이므로
$\angle x+\angle y=90°$
$\therefore \angle BOD=\angle x+\angle y=90°$

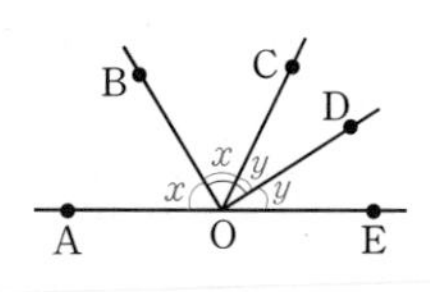

6 $\angle AOB=3\angle BOC$,
$\angle DOE=3\angle COD$이므로
$\angle BOC=\angle x$, $\angle COD=\angle y$라고 하면
$\angle AOB=3\angle x$, $\angle DOE=3\angle y$
즉, $3\angle x+\angle x+\angle y+3\angle y=180°$이므로
$4\angle x+4\angle y=180°$, $\angle x+\angle y=45°$
$\therefore \angle BOD=\angle x+\angle y=45°$

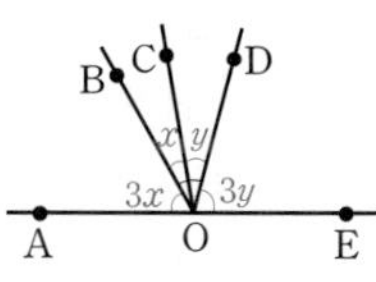

2 점, 직선, 평면의 위치 관계

P. 16

필수 문제 1 ㄴ, ㄹ
ㄱ. 점 A는 직선 l 위에 있지 않다.
ㄷ. 직선 l은 점 B를 지난다.
따라서 옳은 것은 ㄴ, ㄹ이다.

1-1 (1) 점 B, 점 C (2) $\overline{AD}$, $\overline{CD}$

필수 문제 2 (1) 점 A, 점 B, 점 E, 점 F
(2) 면 ABCD, 면 BFGC, 면 CGHD

2-1 (1) 면 ABC, 면 ABD, 면 BCD
(2) 면 ABD, 면 BCD (3) 점 D

P. 17

필수 문제 3 (1) $\overline{AB}$, $\overline{CD}$ (2) $\overline{AB}/\!/\overline{CD}$, $\overline{AD}/\!/\overline{BC}$

3-1 ㄴ, ㄷ
ㄱ. $\overleftrightarrow{AB}$와 $\overleftrightarrow{CD}$는 평행하지 않다.
ㄹ. $\overleftrightarrow{AB}$와 $\overleftrightarrow{BC}$의 교점은 점 B이다.
따라서 옳은 것은 ㄴ, ㄷ이다.

3-2 (1) $\overleftrightarrow{DE}$ (2) $\overleftrightarrow{BC}$, $\overleftrightarrow{CD}$, $\overleftrightarrow{EF}$, $\overleftrightarrow{FA}$
(1) $\overleftrightarrow{AB}$와 평행한, 즉 만나지 않는 직선은 $\overleftrightarrow{DE}$이다.
(2) $\overleftrightarrow{AB}$와 한 점에서 만나는 직선은 $\overleftrightarrow{BC}$, $\overleftrightarrow{CD}$, $\overleftrightarrow{EF}$, $\overleftrightarrow{FA}$이다.

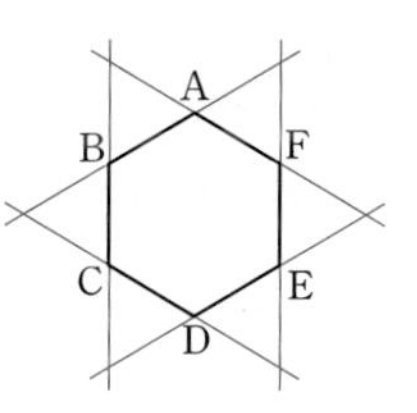

P. 18

개념 확인 (1) 평행하다.
(2) 한 점에서 만난다.
(3) 꼬인 위치에 있다.

필수 문제 4 (1) $\overline{AC}$, $\overline{AD}$, $\overline{BC}$, $\overline{BE}$
(2) $\overline{DE}$
(3) $\overline{CF}$, $\overline{DF}$, $\overline{EF}$

4-1 ㄴ, ㄹ
ㄴ. 모서리 AD와 모서리 FG는 평행하다.
ㄷ. 모서리 CD와 한 점에서 만나는 모서리는 $\overline{BC}$, $\overline{CG}$, $\overline{AD}$, $\overline{DH}$의 4개이다.
ㄹ. 모서리 EH와 평행한 모서리는 $\overline{AD}$, $\overline{BC}$, $\overline{FG}$의 3개이다.
따라서 옳지 않은 것은 ㄴ, ㄹ이다.

4-2 2개
모서리 AE와 한 점에서 만나는 모서리는 $\overline{AB}$, $\overline{AC}$, $\overline{AD}$, $\overline{BE}$, $\overline{DE}$의 5개이고,
모서리 AE와 평행한 모서리는 없으므로
모서리 AE와 꼬인 위치에 있는 모서리는 $\overline{BC}$, $\overline{CD}$의 2개이다.

P. 19

필수 문제 5 (1) $\overline{AE}$, $\overline{BF}$, $\overline{CG}$, $\overline{DH}$
(2) 면 ABCD, 면 ABFE
(3) $\overline{EF}$, $\overline{FG}$, $\overline{GH}$, $\overline{HE}$

5-1 ㄱ, ㄹ
ㄴ. 면 ABFE와 모서리 DH는 평행하므로 만나지 않는다.
ㄷ. 면 AEHD와 평행한 모서리는
$\overline{BC}$, $\overline{BF}$, $\overline{FG}$, $\overline{CG}$의 4개이다.
ㄹ. 면 EFGH와 수직인 모서리는
$\overline{AE}$, $\overline{BF}$, $\overline{CG}$, $\overline{DH}$의 4개이다.
따라서 옳은 것은 ㄱ, ㄹ이다.

5-2 3 cm
점 A와 면 CBEF 사이의 거리는 $\overline{AC}$의 길이와 같으므로
$\overline{AC}=\overline{DF}=3\,\text{cm}$

P. 20

필수 문제 6 (1) 면 ABFE, 면 BFGC, 면 CGHD, 면 AEHD
(2) 면 ABCD, 면 BFGC, 면 EFGH, 면 AEHD
(3) 면 ABCD

6-1 ㄱ, ㄴ, ㄷ
ㄱ. 면 DEF와 면 BEFC는 $\overline{EF}$에서 만난다.
ㄷ. 면 ABC와 평행한 면은
면 DEF의 1개이다.
ㄹ. 면 ABC와 수직인 면은
면 ABED, 면 BEFC, 면 ADFC의 3개이다.
따라서 옳은 것은 ㄱ, ㄴ, ㄷ이다.

6-2 ①, ⑤
면 AEGC와 수직인 면은 면 ABCD, 면 EFGH이다.

STEP 1 쏙쏙 개념 익히기 P. 21~22

1 ①, ③ **2** ⑤ **3** ㄱ, ㄹ **4** ②, ④
5 6
6 (1) $\overleftrightarrow{CG}$, $\overleftrightarrow{DH}$, $\overleftrightarrow{EH}$, $\overleftrightarrow{FG}$, $\overleftrightarrow{GH}$ (2) $\overleftrightarrow{AE}$, $\overleftrightarrow{BF}$
7 $m\perp P$ **8** (1) × (2) ×

1 ② 점 B는 직선 l 위에 있다.
④ 직선 l은 점 C를 지나지 않는다.
⑤ 평면 P는 점 D를 포함한다.
따라서 옳은 것은 ①, ③이다.

2 ⑤ 한 평면 위의 두 직선이 만나지도 않고 평행하지도 않은 경우는 없다.
참고 ④ 직교한다는 것은 한 점에서 만나는 경우 중 하나이다.

3 ㄴ. $\overline{AD}$와 $\overline{DH}$는 한 점 D에서 만난다.
ㄷ. $\overline{CD}$와 $\overline{EF}$는 평행하다.
ㅁ. $\overline{FG}$와 $\overline{BC}$는 평행하다.
ㅂ. $\overline{GH}$와 $\overline{EH}$는 한 점 H에서 만난다.
따라서 바르게 짝 지은 것은 ㄱ, ㄹ이다.

4 ② $\overleftrightarrow{GF}$와 $\overleftrightarrow{HI}$는 한 점에서 만난다.
④ 면 DIJE와 $\overleftrightarrow{FJ}$는 한 점에서 만나지만 수직이 아니다.

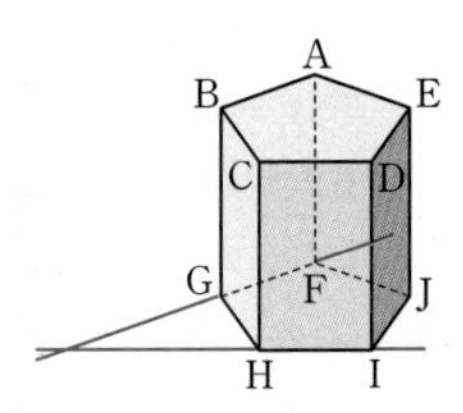

5 면 ABC와 평행한 모서리는
$\overline{DE}$, $\overline{EF}$, $\overline{DF}$의 3개이므로
$a=3$
면 ADEB와 수직인 면은
면 ABC, 면 BEFC, 면 DEF의 3개이므로
$b=3$
$\therefore a+b=3+3=6$

6 (1) $\overleftrightarrow{AB}$와 한 점에서 만나는 직선은
$\overleftrightarrow{AD}$, $\overleftrightarrow{AE}$, $\overleftrightarrow{BC}$, $\overleftrightarrow{BF}$, $\overleftrightarrow{CD}$
$\overleftrightarrow{AB}$와 평행한 직선은 $\overleftrightarrow{EF}$
따라서 $\overleftrightarrow{AB}$와 꼬인 위치에 있는 직선은
$\overleftrightarrow{CG}$, $\overleftrightarrow{DH}$, $\overleftrightarrow{EH}$, $\overleftrightarrow{FG}$, $\overleftrightarrow{GH}$
(2) 면 CGHD와 평행한 직선은 $\overleftrightarrow{AE}$, $\overleftrightarrow{BF}$

7 $l /\!/ m$, $l\perp P$이면 오른쪽 그림과 같이 $m\perp P$이다.

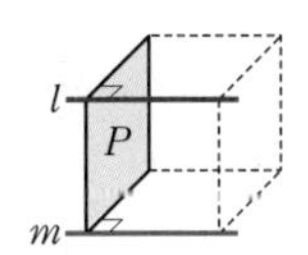

8 (1) $l\perp P$, $l\perp Q$이면 오른쪽 그림과 같이 $P /\!/ Q$이다.

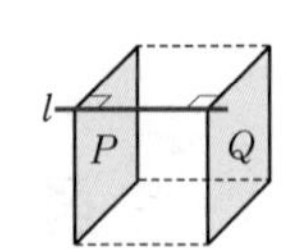

(2) $l\perp m$, $m /\!/ P$이면 직선 l과 평면 P는 다음 그림과 같이 평행하거나 한 점에서 만날 수 있다.

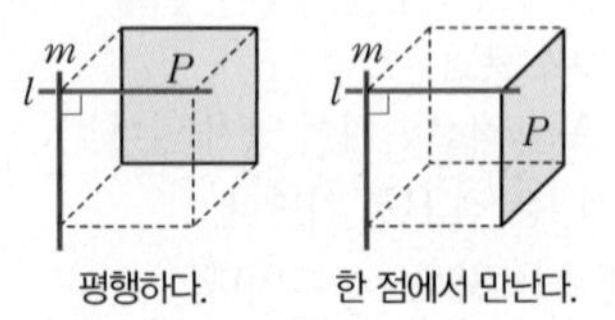

평행하다. 한 점에서 만난다.

3 동위각과 엇각

P. 24

필수 문제 1 (1) $\angle e$ (2) $\angle g$ (3) $\angle h$ (4) $\angle g$

1-1 (1) $\angle d$, $80°$ (2) $\angle f$, $100°$

(1) $\angle a$의 동위각은 $\angle d$이다.
$\angle d=180°-100°=80°$

(2) $\angle b$의 엇각은 $\angle f$이다.
$\angle f=100°$ (맞꼭지각)

1-2 (1) $\angle f$, $\angle j$
(2) $\angle e$, $\angle i$

P. 25

개념 확인 (1) $100°$ (2) $100°$

(1) $l /\!/ m$이고 $\angle a$의 동위각의 크기가 $100°$이므로
$\angle a=100°$

(2) $l /\!/ m$이고 $\angle b$의 엇각의 크기가 $100°$이므로
$\angle b=100°$

필수 문제 2 (1) $\angle x=65°$, $\angle y=115°$
(2) $\angle x=55°$, $\angle y=81°$

(1) $l /\!/ m$이고 $\angle x$의 동위각의 크기가 $65°$이므로
$\angle x=65°$
$\angle x+\angle y=180°$에서
$65°+\angle y=180°$ $\therefore \angle y=115°$

(2) $l /\!/ m$이고 $\angle x$의 엇각의 크기가 $55°$이므로
$\angle x=55°$
또 $\angle y$의 동위각의 크기가 $81°$이므로
$\angle y=81°$

2-1 (1) 30 (2) 60

(1) 오른쪽 그림에서 $l /\!/ m$이므로
$2x+(x+90)=180$
$3x=90$ $\therefore x=30$

(2) 오른쪽 그림에서 $l /\!/ m$이므로
$50+x+70=180$
$\therefore x=60$

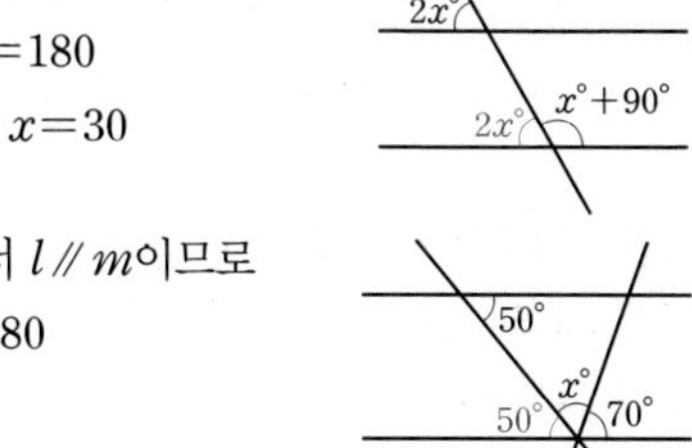

필수 문제 3 (1) $\angle x=30°$, $\angle y=60°$ (2) $\angle x=60°$

(1) $l /\!/ n$이므로 $\angle x=30°$ (엇각)
$n /\!/ m$이므로 $\angle y=60°$ (엇각)

(2) 오른쪽 그림과 같이
$l /\!/ m /\!/ n$인 직선 n을 그으면
$\angle x=40°+20°=60°$

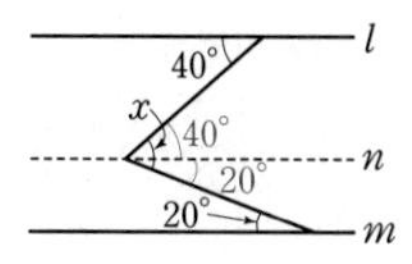

3-1 (1) $35°$ (2) $65°$

(1) 오른쪽 그림과 같이
$l /\!/ m /\!/ n$인 직선 n을 그으면
$\angle x=90°-55°=35°$

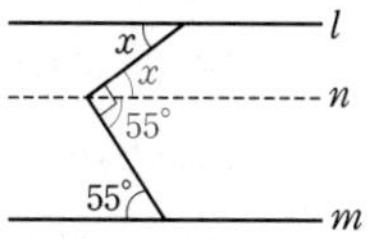

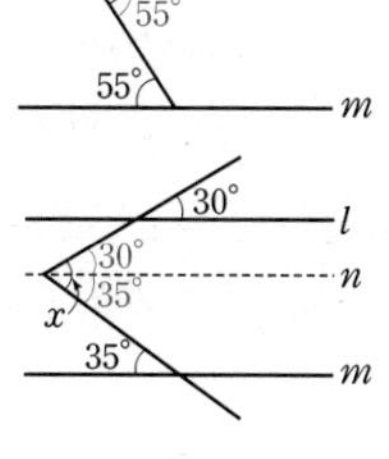

(2) 오른쪽 그림과 같이
$l /\!/ m /\!/ n$인 직선 n을 그으면
$\angle x=30°+35°=65°$

P. 26

개념 확인 (1) ○ (2) × (3) ○

필수 문제 4 ㄷ, ㅁ

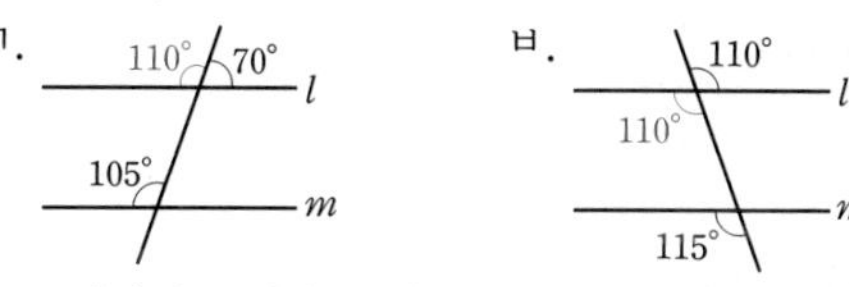

⇨ 동위각의 크기가 같지 않으므로 두 직선 l, m은 평행하지 않다.

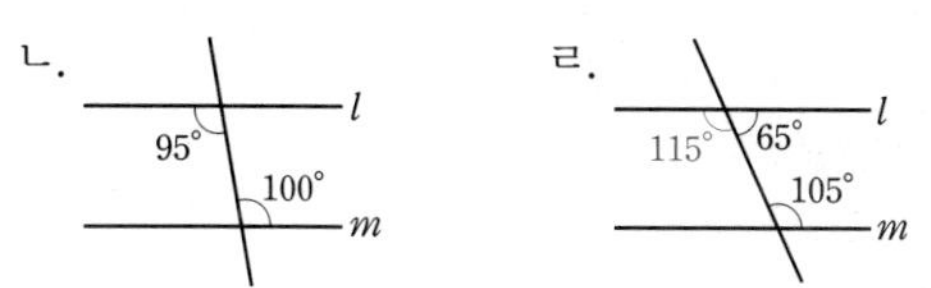

⇨ 엇각의 크기가 같지 않으므로 두 직선 l, m은 평행하지 않다.

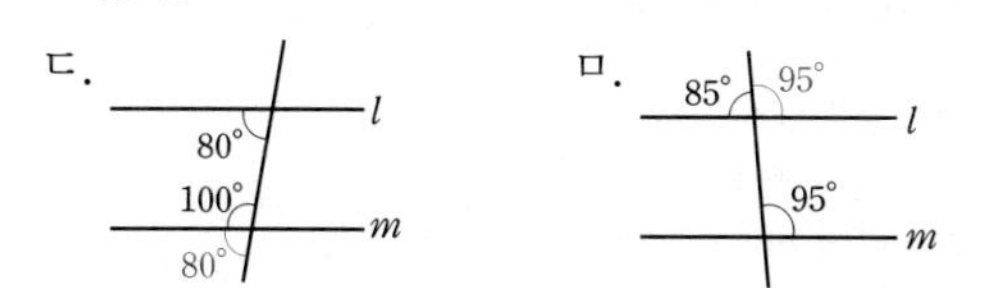

⇨ 동위각의 크기가 같으므로 두 직선 l, m은 평행하다.
따라서 두 직선 l, m이 평행한 것은 ㄷ, ㅁ이다.

4-1 ①, ⑤

②, ④ 동위각의 크기가 같으면 $l /\!/ m$이다.
③ 엇각의 크기가 같으면 $l /\!/ m$이다.
따라서 $l /\!/ m$이 되게 하는 조건이 아닌 것은 ①, ⑤이다.

4-2 $l /\!/ n$, $p /\!/ q$

오른쪽 그림의 두 직선 l, n에서 엇각의 크기가 $75°$로 같으므로 $l /\!/ n$이다.
또 두 직선 p, q에서 동위각의 크기가 $75°$로 같으므로 $p /\!/ q$이다.

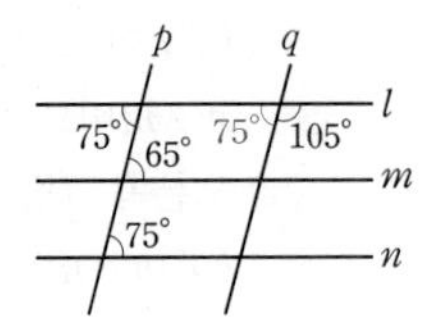

(2) 오른쪽 그림과 같이
$l /\!/ m /\!/ n$인 직선 n을 그으면
$\angle x+4\angle x=80°$
$5\angle x=80°$　　$\therefore \angle x=16°$

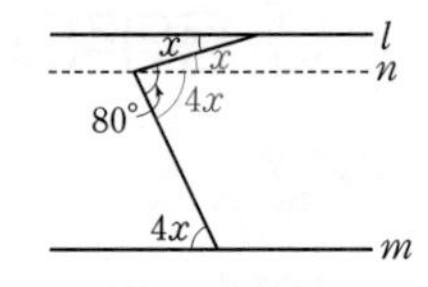

5 (1) 오른쪽 그림과 같이
$l /\!/ m /\!/ p /\!/ q$인 두 직선 p, q를 그으면
$\angle x=65°+35°=100°$

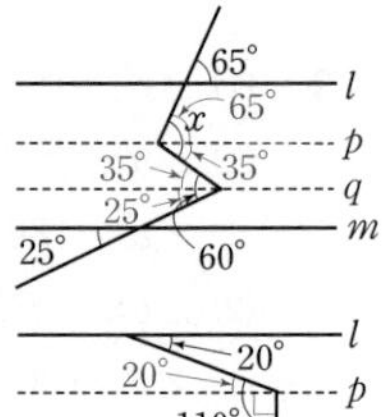

(2) 오른쪽 그림과 같이
$l /\!/ m /\!/ p /\!/ q$인 두 직선 p, q를 그으면
$\angle x=90°+30°=120°$

STEP 1 쏙쏙 개념 익히기　P. 27~28

1 ⑤
2 (1) $\angle x=85°$, $\angle y=130°$
(2) $\angle x=60°$, $\angle y=70°$
3 $40°$　**4** (1) $40°$ (2) $16°$
5 (1) $100°$ (2) $120°$　**6** ㄴ, ㄹ
7 (1) $\angle ABC$, $\angle ACB$ (2) $80°$　**8** $110°$

1 ④ $\angle a+\angle d=180°$에서
$110°+\angle d=180°$　　$\therefore \angle d=70°$
⑤ $l /\!/ m$인 경우에만 $\angle e=\angle a=110°$(동위각)이다.

2 (1) $l /\!/ m$이므로
$\angle x=85°$(동위각), $\angle y=130°$(엇각)
(2) 오른쪽 그림에서 $l /\!/ m$이므로
$120°+\angle x=180°$
$\therefore \angle x=60°$
$50°+\angle y+\angle x=180°$에서
$50°+\angle y+60°=180°$
$\therefore \angle y=70°$

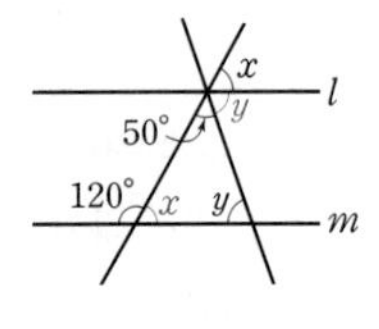

3 오른쪽 그림에서 $l /\!/ m$이므로
$\angle x=80°$(동위각)
삼각형의 세 각의 크기의 합은 $180°$이므로
$\angle y+60°+\angle x=180°$에서
$\angle y+60°+80°=180°$
$\therefore \angle y=40°$
$\therefore \angle x-\angle y=80°-40°=40°$

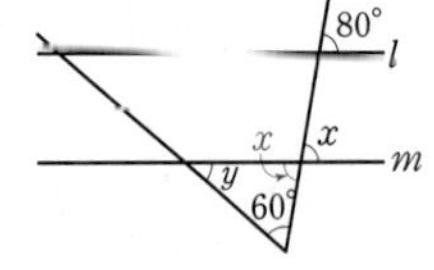

4 (1) 오른쪽 그림과 같이
$l /\!/ m /\!/ n$인 직선 n을 그으면
$\angle x=70°-30°=40°$

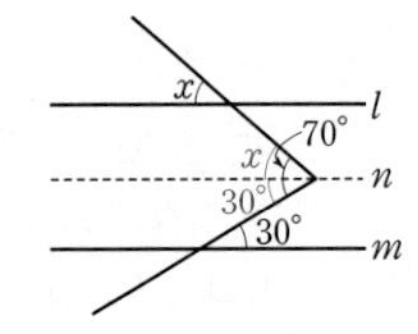

6 ㄴ.
⇨ 동위각의 크기가 같으므로 $l /\!/ m$이다.

ㄹ.

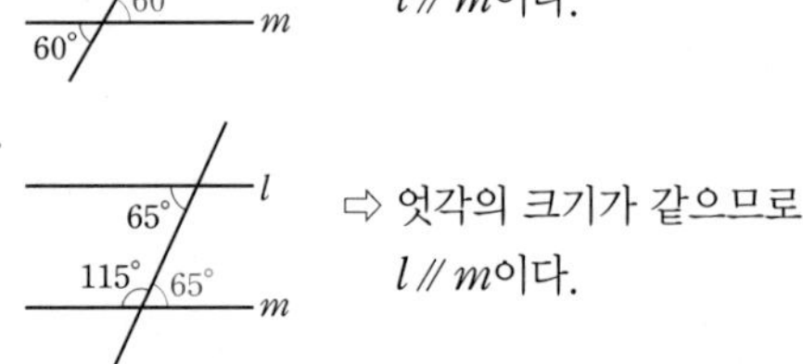

⇨ 엇각의 크기가 같으므로 $l /\!/ m$이다.

7 (1) 오른쪽 그림에서
$\angle ABC=\angle CBD=50°$(접은 각)
$\overline{AC} /\!/ \overline{BD}$이므로
$\angle ACB=\angle CBD=50°$(엇각)
따라서 $\angle CBD$와 크기가 같은 각은 $\angle ABC$, $\angle ACB$이다.

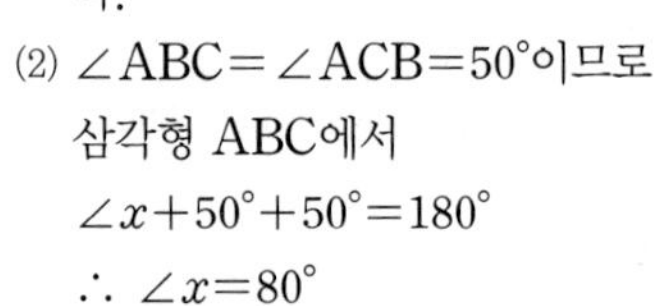

(2) $\angle ABC=\angle ACB=50°$이므로
삼각형 ABC에서
$\angle x+50°+50°=180°$
$\therefore \angle x=80°$

8 오른쪽 그림에서
$\angle DEG=\angle FEG=35°$(접은 각)
$\overline{AD} /\!/ \overline{BC}$이므로
$\angle EGF=\angle DEG=35°$(엇각)
따라서 삼각형 EFG에서
$35°+\angle x+35°=180°$　　$\therefore \angle x=110°$

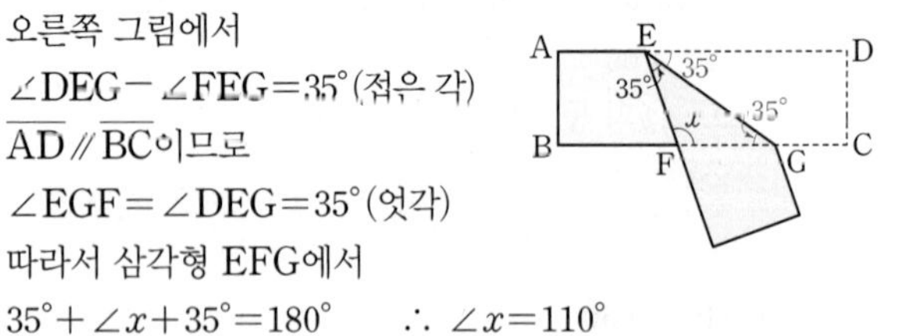

STEP 2 탄탄 단원 다지기 P. 29~31

1 19	**2** ④	**3** ②	**4** 2 cm	**5** ③
6 60°	**7** ④	**8** ③	**9** 0	
10 ㄱ, ㄴ, ㅁ		**11** ②, ④	**12** ②	**13** 9
14 ④	**15** ④	**16** 면 A, 면 C, 면 E, 면 F		
17 ②, ③	**18** ④	**19** 35°		

1 교점의 개수는 7개이므로 $a=7$
교선의 개수는 12개이므로 $b=12$
$\therefore a+b=7+12=19$

2 ④ $\overrightarrow{CB}$와 $\overrightarrow{CD}$는 시작점은 같으나 뻗어 나가는 방향이 다르므로 서로 다른 반직선이다.

3 두 점을 지나는 서로 다른 직선은
$\overleftrightarrow{AB}$, $\overleftrightarrow{AC}$, $\overleftrightarrow{AD}$, $\overleftrightarrow{AE}$, $\overleftrightarrow{BC}$, $\overleftrightarrow{BD}$, $\overleftrightarrow{BE}$, $\overleftrightarrow{CD}$, $\overleftrightarrow{CE}$, $\overleftrightarrow{DE}$
의 10개이다.

4 두 점 M, N이 각각 $\overline{AB}$, $\overline{BC}$의 중점이므로
$\overline{MB}=\frac{1}{2}\overline{AB}=\frac{1}{2}\times 20=10(\text{cm})$
$\overline{BN}=\frac{1}{2}\overline{BC}=\frac{1}{2}\times 12=6(\text{cm})$

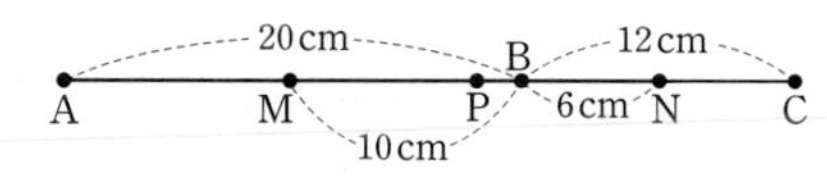

이때 $\overline{MN}=\overline{MB}+\overline{BN}=10+6=16(\text{cm})$이고
점 P는 $\overline{MN}$의 중점이므로
$\overline{PN}=\frac{1}{2}\overline{MN}=\frac{1}{2}\times 16=8(\text{cm})$
$\therefore \overline{PB}=\overline{PN}-\overline{BN}=8-6=2(\text{cm})$

5 $2x+90+(x+30)=180$
$3x=60 \quad \therefore x=20$

6 $\angle y=180^\circ\times\frac{3}{2+3+4}=60^\circ$

7 두 직선 AB와 CD, AB와 EF, CD와 EF가 각각 만날 때 맞꼭지각이 2쌍씩 생기므로 모두 $2\times 3=6$(쌍)이다.

다른 풀이
$\angle$AOF와 $\angle$BOE, $\angle$AOC와 $\angle$BOD, $\angle$COE와 $\angle$DOF, $\angle$AOD와 $\angle$BOC, $\angle$COF와 $\angle$DOE, $\angle$AOE와 $\angle$BOF의 6쌍이다.

8 오른쪽 그림에서 맞꼭지각의 크기는 서로 같으므로
$(3x-12)+(x+24)+2x=180$
$6x=168 \quad \therefore x=28$

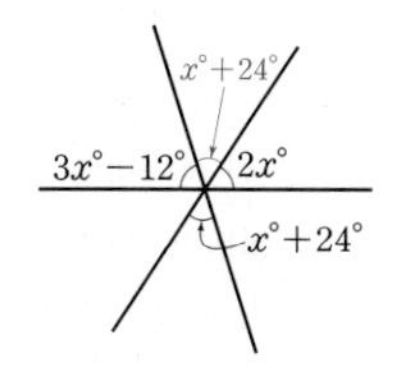

9 맞꼭지각의 크기는 서로 같으므로
$x+30=25+90 \quad \therefore x=85$
$25+90+(y-20)=180 \quad \therefore y=85$
$\therefore x-y=85-85=0$

10 ㄷ. 점 C에서 $\overline{AB}$에 내린 수선의 발은 점 B이다.
ㄹ. 점 C와 $\overline{AB}$ 사이의 거리는 $\overline{BC}$의 길이와 같으므로 8 cm 이다.
따라서 옳은 것은 ㄱ, ㄴ, ㅁ이다.

11 ① 점 A는 직선 l 위에 있지 않다.
③ 직선 m은 점 B를 지난다.
④ 두 점 B, E는 직선 l 위에 있다.
⑤ 점 C는 직선 m 위에 있다.
따라서 옳은 것은 ②, ④이다.

12 $\overline{CG}$와 평행한 모서리는 $\overline{AE}$, $\overline{BF}$, $\overline{DH}$이고,
이 중 $\overline{BD}$와 꼬인 위치에 있는 모서리는 $\overline{AE}$이다.

13 면 ABCDEF와 평행한 모서리는
$\overline{GH}$, $\overline{HI}$, $\overline{IJ}$, $\overline{JK}$, $\overline{KL}$, $\overline{GL}$의 6개이므로 $x=6$
$\overline{AB}$와 평행한 모서리는
$\overline{DE}$, $\overline{GH}$, $\overline{JK}$의 3개이므로 $y=3$
$\therefore x+y=6+3=9$

14 ① 한 직선 l에 평행한 서로 다른 두 직선 m, n은 오른쪽 그림과 같이 평행하다.

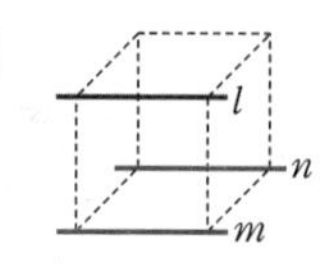

② 한 직선 l에 수직인 서로 다른 두 직선 m, n은 다음 그림과 같이 평행하거나 한 점에서 만나거나 꼬인 위치에 있을 수 있다.

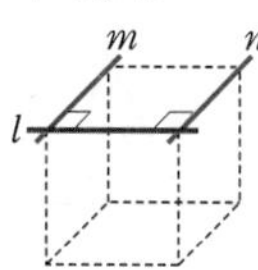

평행하다.

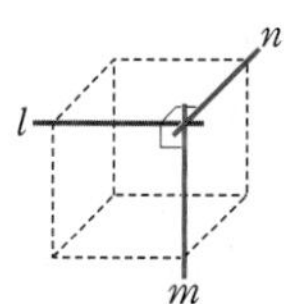

한 점에서 만난다.

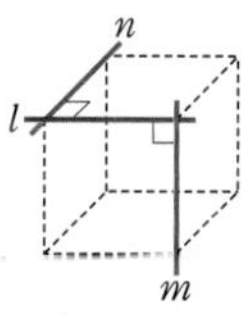

꼬인 위치에 있다.

③ 한 평면 P에 평행한 서로 다른 두 직선 l, m은 다음 그림과 같이 평행하거나 한 점에서 만나거나 꼬인 위치에 있을 수 있다.

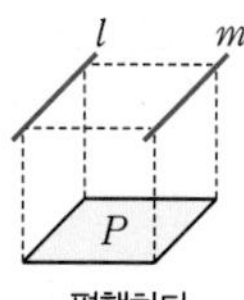

평행하다.

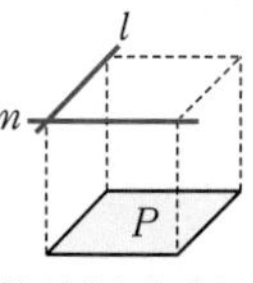

한 점에서 만난다.

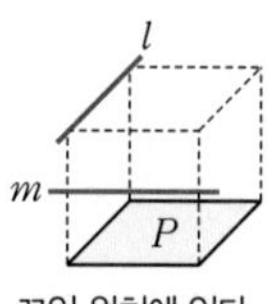

꼬인 위치에 있다.

④ 한 평면 P에 수직인 서로 다른 두 직선 l, m은 오른쪽 그림과 같이 평행하다.

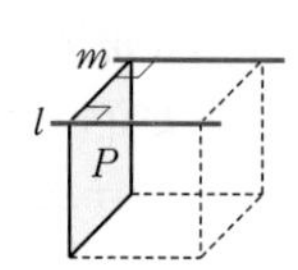

⑤ 서로 만나지 않는 두 직선 l, m은 다음 그림과 같이 평행하거나 꼬인 위치에 있을 수 있다.

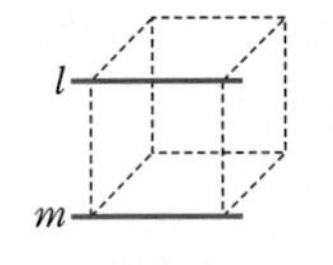

평행하다.

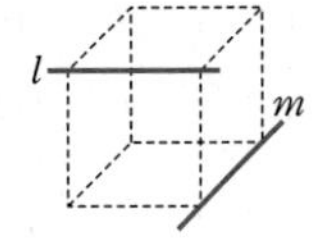

꼬인 위치에 있다.

따라서 옳은 것은 ④이다.

참고 항상 평행한 위치 관계

- 한 직선에 평행한 서로 다른 모든 직선은 평행하다.
- 한 평면에 평행한 서로 다른 모든 평면은 평행하다.
- 한 직선에 수직인 서로 다른 모든 평면은 평행하다.
- 한 평면에 수직인 서로 다른 모든 직선은 평행하다.

15 ④ 모서리 AB와 한 점에서 만나는 면은 면 AED, 면 ADGC, 면 BEF, 면 BFGC의 4개이다.

⑤ 모서리 BE와 꼬인 위치에 있는 모서리는 $\overline{AC}$, $\overline{AD}$, $\overline{CG}$, $\overline{DG}$, $\overline{FG}$의 5개이다.

따라서 옳지 않은 것은 ④이다.

16 주어진 전개도로 만들어지는 정육면체는 오른쪽 그림과 같으므로 면 B와 수직인 면은 면 A, 면 C, 면 E, 면 F이다.

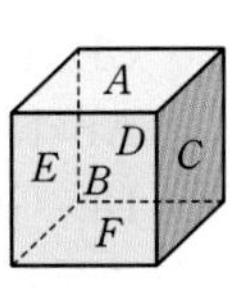

17 ① $\angle a$의 동위각은 $\angle e$, $\angle l$이다.

④ $\angle d$의 엇각은 $\angle i$이다.

⑤ $\angle d$의 크기와 $\angle j$의 크기는 같은지 알 수 없다.

따라서 옳은 것은 ②, ③이다.

참고 삼각형을 이루는 세 직선에서 동위각과 엇각을 찾을 때는 다음 그림과 같이 직선의 일부를 지워서 생각하면 편리하다.

(i)

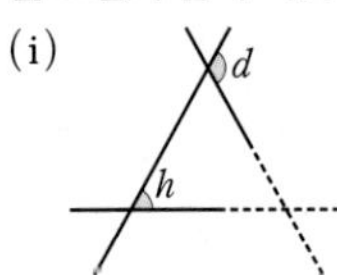

(ii)

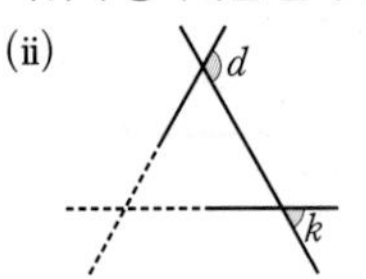

18 오른쪽 그림에서 $l /\!/ m$이므로

$\angle x+65°+(\angle x-15°)=180°$

$2\angle x=130°$

$\therefore\ \angle x=65°$

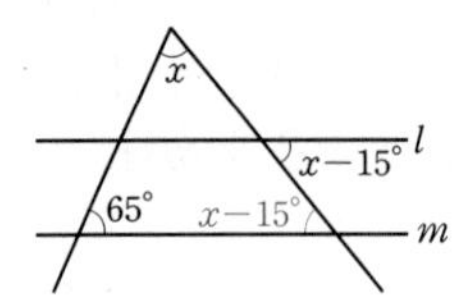

19 오른쪽 그림과 같이 $l /\!/ m /\!/ p /\!/ q$인 두 직선 p, q를 그으면

$\angle x=35°$(엇각)

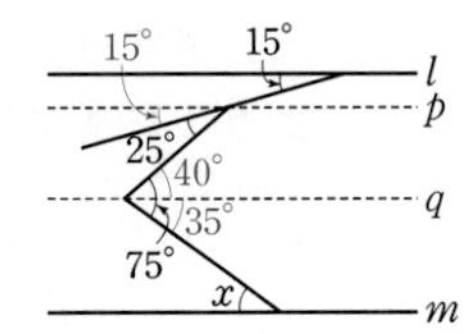

STEP 3 쓱쓱 서술형 완성하기 P. 32~33

〈과정은 풀이 참조〉

따라 해보자 유제 1 24 cm

유제 2 70°

연습해 보자 **1** 4개, 10개, 6개 **2** 50°

3 (1) $\overline{CE}$, $\overline{JH}$ (2) 2개

4 132°

따라 해보자

유제 1 1단계 점 M이 $\overline{AB}$의 중점이므로 $\overline{AB}=2\overline{MB}$

점 N이 $\overline{BC}$의 중점이므로 $\overline{BC}=2\overline{BN}$ ⋯ (i)

2단계 $\overline{AC}=\overline{AB}+\overline{BC}=2\overline{MB}+2\overline{BN}$

$=2(\overline{MB}+\overline{BN})=2\overline{MN}$

$=2\times12=24(\text{cm})$ ⋯ (ii)

채점 기준	비율
(i) $\overline{AB}$, $\overline{BC}$의 길이를 각각 $\overline{MB}$, $\overline{BN}$을 사용하여 나타내기	40 %
(ii) $\overline{AC}$의 길이 구하기	60 %

유제 2 1단계 오른쪽 그림과 같이 두 직선 l, m에 평행한 직선 n을 긋자. ⋯ (i)

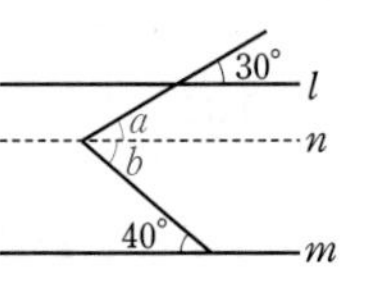

2단계 $l /\!/ n$이므로 $\angle a=30°$(동위각)

$n /\!/ m$이므로 $\angle b=40°$(엇각) ⋯ (ii)

3단계 $\angle x=\angle a+\angle b$

$=30°+40°=70°$ ⋯ (iii)

채점 기준	비율
(i) $l /\!/ m /\!/ n$인 직선 n 긋기	30 %
(ii) $\angle a$, $\angle b$의 크기 구하기	40 %
(iii) $\angle x$의 크기 구하기	30 %

연습해 보자

1 네 점 A, B, C, P 중 두 점을 이어서 만들 수 있는 서로 다른 직선은

$\overleftrightarrow{AB}$, $\overleftrightarrow{PA}$, $\overleftrightarrow{PB}$, $\overleftrightarrow{PC}$의 4개이고, ⋯ (i)

서로 다른 반직선은

$\overrightarrow{AB}$, $\overrightarrow{BA}$, $\overrightarrow{BC}$, $\overrightarrow{CB}$, $\overrightarrow{PA}$, $\overrightarrow{AP}$, $\overrightarrow{PB}$, $\overrightarrow{BP}$, $\overrightarrow{PC}$, $\overrightarrow{CP}$의 10개이고, ⋯ (ii)

서로 다른 선분은

$\overline{AB}$, $\overline{AC}$, $\overline{BC}$, $\overline{PA}$, $\overline{PB}$, $\overline{PC}$의 6개이다. ⋯ (iii)

채점 기준	비율
(i) 서로 다른 직선의 개수 구하기	30 %
(ii) 서로 다른 반직선의 개수 구하기	40 %
(iii) 서로 다른 선분의 개수 구하기	30 %

2 $\angle BOC=\angle x$, $\angle COD=\angle y$라고 하면
$\angle AOB=2\angle x$, $\angle DOE=3\angle y$
즉, $\angle DOE=3\angle y=90^\circ$이므로
$\angle y=30^\circ$ $\cdots$ (i)

이때 $\angle AOC=3\angle x=90^\circ-\angle y$에서
$3\angle x=60^\circ$ $\therefore \angle x=20^\circ$ $\cdots$ (ii)
$\therefore \angle BOD=\angle x+\angle y=20^\circ+30^\circ=50^\circ$ $\cdots$ (iii)

다른 풀이
$\angle COE=4\angle COD$이고 $\angle DOE=90^\circ$이므로
$\angle COD=\frac{1}{3}\angle DOE=\frac{1}{3}\times 90^\circ=30^\circ$ $\cdots$ (i)
$\angle AOC=90^\circ-\angle COD=90^\circ-30^\circ=60^\circ$이고
$\angle AOB=2\angle BOC$이므로
$\angle BOC=\frac{1}{3}\angle AOC=\frac{1}{3}\times 60^\circ=20^\circ$ $\cdots$ (ii)
$\therefore \angle BOD=\angle BOC+\angle COD=20^\circ+30^\circ=50^\circ$ $\cdots$ (iii)

채점 기준	비율
(i) $\angle COD$의 크기 구하기	40 %
(ii) $\angle BOC$의 크기 구하기	40 %
(iii) $\angle BOD$의 크기 구하기	20 %

3 (1) 주어진 전개도로 만들어지는 입체도형은 오른쪽 그림과 같으므로 $\cdots$ (i)
$\overline{AB}$와 꼬인 위치에 있는 모서리는 $\overline{CE}$, $\overline{JH}$이다. $\cdots$ (ii)

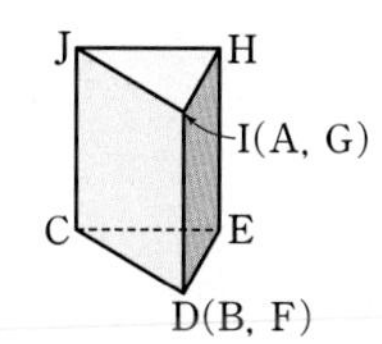

(2) 면 ABCJ와 수직인 면은
면 CDE, 면 JIH의 2개이다. $\cdots$ (iii)

채점 기준	비율
(i) 입체도형의 겨냥도 그리기	30 %
(ii) $\overline{AB}$와 꼬인 위치에 있는 모서리 구하기	40 %
(iii) 면 ABCJ와 수직인 면의 개수 구하기	30 %

4 오른쪽 그림에서 $\overline{AD}/\!/\overline{BC}$이므로
$\angle GFC=\angle EGF=66^\circ$ (엇각) $\cdots$ (i)

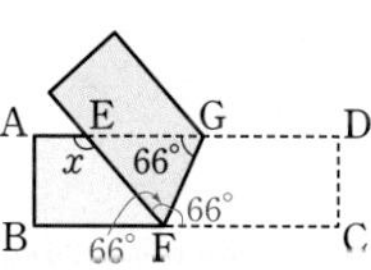

$\angle EFG=\angle GFC=66^\circ$ (접은 각) $\cdots$ (ii)
삼각형 EFG에서
$\angle GEF+66^\circ+66^\circ=180^\circ$ $\therefore \angle GEF=48^\circ$
$\therefore \angle x=180^\circ-\angle GEF=180^\circ-48^\circ=132^\circ$ $\cdots$ (iii)

다른 풀이
$\angle EFC=\angle EFG+\angle GFC=66^\circ+66^\circ=132^\circ$이므로
$\angle x=\angle EFC=132^\circ$ (엇각) $\cdots$ (iii)

채점 기준	비율
(i) $\angle GFC$의 크기 구하기	30 %
(ii) $\angle EFG$의 크기 구하기	30 %
(iii) $\angle x$의 크기 구하기	40 %

생활 속 수학

P. 34

답 **54**

$l/\!/m$이므로 $y=2x-30$ (엇각)
즉, $(3x+70)+y=180$에서
$(3x+70)+(2x-30)=180$이므로
$5x=140$ $\therefore x=28$
$\therefore y=2x-30=2\times 28-30=26$
$\therefore x+y=28+26=54$

1 삼각형의 작도

P. 38

필수 문제 1 ㉡ → ㉠ → ㉢

1-1 ①

선분 AC를 작도할 때는 직선 l 위에서 $\overline{AB}$의 길이를 한 번 옮기면 되므로 컴퍼스를 사용한다.

P. 39

필수 문제 2 ㉠ → ㉢ → ㉡ → ㉣ → ㉤

2-1 ①, ④

① 작도 순서는 ㉡ → ㉣ → ㉠ → ㉤ → ㉢이다.

②, ③ 두 점 O, P를 중심으로 반지름의 길이가 같은 원을 각각 그리므로

$\overline{OA}=\overline{OB}=\overline{PC}=\overline{PD}$

따라서 옳지 않은 것은 ①, ④이다.

2-2 (1) ㉣, ㉢, ㉥

(2) 서로 다른 두 직선이 한 직선과 만날 때, 동위각의 크기가 같으면 두 직선은 평행하다.

(1) 작도 순서는 다음과 같다.

㉤ 점 P를 지나는 직선을 그어 직선 l과의 교점을 Q라고 한다.

㉠ 점 Q를 중심으로 원을 그려 $\overleftrightarrow{PQ}$, 직선 l과의 교점을 각각 A, B라고 한다.

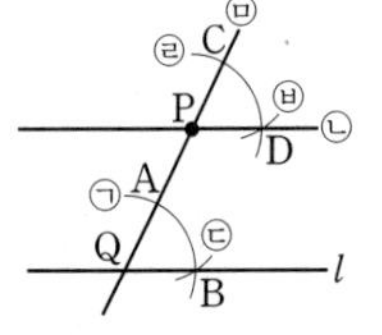

㉣ 점 P를 중심으로 반지름의 길이가 $\overline{QA}$인 원을 그려 $\overleftrightarrow{PQ}$와의 교점을 C라고 한다.

㉢ $\overline{AB}$의 길이를 잰다.

㉥ 점 C를 중심으로 반지름의 길이가 $\overline{AB}$인 원을 그려 ㉣의 원과의 교점을 D라고 한다.

㉡ 두 점 P, D를 지나는 $\overleftrightarrow{PD}$를 그으면 $l /\!/ \overleftrightarrow{PD}$이다.

따라서 작도 순서는 ㉤ → ㉠ → [㉣] → [㉢] → [㉥] → ㉡이다.

STEP 1 **쏙쏙 개념 익히기** P. 40

1	②	**2**	(가) $\overline{AB}$ (나) $\overline{BC}$ (다) 정삼각형
3	②, ⑤	**4**	④

1 ② 눈금 없는 자로는 길이를 잴 수 없으므로 작도에서 두 선분의 길이를 비교할 때는 컴퍼스를 사용한다.

3 두 점 O, P를 중심으로 반지름의 길이가 같은 원을 각각 그리므로

$\overline{OX}=\overline{OY}=\overline{PC}=\overline{PD}$

점 C를 중심으로 반지름의 길이가 $\overline{XY}$인 원을 그리므로

$\overline{XY}=\overline{CD}$

따라서 $\overline{OX}$와 길이가 같은 선분이 아닌 것은 ②, ⑤이다.

4 ①, ⑤ $\angle BAC=\angle QPR$이므로 동위각의 크기가 같다.

$\therefore l /\!/ \overleftrightarrow{PR}$

② 두 점 A, P를 중심으로 반지름의 길이가 같은 원을 각각 그리므로

$\overline{AB}=\overline{AC}=\overline{PQ}=\overline{PR}$

③ 점 Q를 중심으로 반지름의 길이가 $\overline{BC}$인 원을 그리므로

$\overline{BC}=\overline{QR}$

따라서 옳지 않은 것은 ④이다.

P. 41

개념 확인 (1) $\overline{BC}$ (2) $\overline{AC}$ (3) $\overline{AB}$ (4) $\angle C$ (5) $\angle A$ (6) $\angle B$

필수 문제 3 ③

① $6<2+5$

② $7<3+6$

③ $9=4+5$

④ $10<6+8$

⑤ $17<7+15$

따라서 삼각형의 세 변의 길이가 될 수 없는 것은 ③이다.

3-1 ④

① $11>5+4$

② $11>5+5$

③ $11=5+6$

④ $11<5+9$

⑤ $17>5+11$

따라서 a의 값이 될 수 있는 것은 ④이다.

P. 42

필수 문제 4 ㉢ → ㉡ → ㉠

4-1 ⑤
한 변의 길이와 그 양 끝 각의 크기가 주어진 경우 한 변을 작도한 후 그 양 끝 각을 작도하거나 한 각을 작도한 후 한 변을 작도하고 다른 한 각을 작도해야 한다.

P. 43

필수 문제 5 ③, ④
① 세 변의 길이가 주어진 경우이지만 $6>2+3$이므로 삼각형이 그려지지 않는다.
② $\angle A$는 $\overline{AB}$와 $\overline{BC}$의 끼인각이 아니므로 삼각형이 하나로 정해지지 않는다.
③ 두 변의 길이와 그 끼인각의 크기가 주어진 경우이다.
④ 한 변의 길이와 그 양 끝 각의 크기가 주어진 경우이다.
⑤ 세 각의 크기가 주어지면 모양은 같고 크기가 다른 삼각형이 무수히 많이 그려진다.
따라서 $\triangle ABC$가 하나로 정해지는 것은 ③, ④이다.

5-1 ③
① 세 변의 길이가 주어진 경우이고, 이때 $7<3+5$이므로 삼각형이 하나로 정해진다.
② 두 변의 길이와 그 끼인각의 크기가 주어진 경우이다.
③ $\angle B$는 $\overline{AC}$와 $\overline{BC}$의 끼인각이 아니므로 삼각형이 하나로 정해지지 않는다.
④ $\angle C=180°-(95°+40°)=45°$이므로 한 변의 길이와 그 양 끝 각의 크기가 주어진 경우와 같다.
⑤ 한 변의 길이와 그 양 끝 각의 크기가 주어진 경우이다.
따라서 $\triangle ABC$가 하나로 정해지지 않는 것은 ③이다.

STEP 1 **쏙쏙 개념 익히기** P. 44~45

1	④	**2**	⑤	**3**	④, ⑤
4	(가) $\angle B$ (나) c (다) a	**5**	ㄱ, ㄷ	**6**	⑤
7	②	**8**	1개		

1 ④ $\overline{BC}<\overline{AB}+\overline{CA}$

2 ① $5<3+4$
② $7<4+7$
③ $10<4+8$
④ $9<5+6$
⑤ $12=5+7$
따라서 삼각형을 그릴 수 없는 것은 ⑤이다.

3 x, $x+4$, $x+9$에 주어진 x의 값을 각각 대입하면
① 3, 7, 12 ⇨ $12>3+7$ (×)
② 4, 8, 13 ⇨ $13>4+8$ (×)
③ 5, 9, 14 ⇨ $14=5+9$ (×)
④ 6, 10, 15 ⇨ $15<6+10$ (○)
⑤ 7, 11, 16 ⇨ $16<7+11$ (○)
따라서 x의 값이 될 수 있는 것은 ④, ⑤이다.

5 두 변의 길이가 주어졌으므로 나머지 한 변인 $\overline{CA}$의 길이 또는 그 끼인각인 $\angle B$의 크기가 주어지면 $\triangle ABC$가 하나로 정해진다.

6 ① 세 변의 길이가 주어진 경우이고, 이때 $6<4+5$이므로 삼각형이 하나로 정해진다.
② 두 변의 길이와 그 끼인각의 크기가 주어진 경우이다.
③ 한 변의 길이와 그 양 끝 각의 크기가 주어진 경우이다.
④ $\angle A=180°-(50°+80°)=50°$이므로 한 변의 길이와 그 양 끝 각의 크기가 주어진 경우와 같다.
⑤ 세 각의 크기가 주어지면 모양은 같고 크기가 다른 삼각형이 무수히 많이 그려진다.
따라서 $\triangle ABC$가 하나로 정해지지 않는 것은 ⑤이다.

7 3 cm, 4 cm, 5 cm인 경우 ⇨ $5<3+4$ (○)
3 cm, 4 cm, 7 cm인 경우 ⇨ $7=3+4$ (×)
3 cm, 5 cm, 7 cm인 경우 ⇨ $7<3+5$ (○)
4 cm, 5 cm, 7 cm인 경우 ⇨ $7<4+5$ (○)
따라서 만들 수 있는 서로 다른 삼각형의 개수는 3개이다.

8 1 cm, 2 cm, 3 cm인 경우 ⇨ $3=1+2$ (×)
1 cm, 2 cm, 4 cm인 경우 ⇨ $4>1+2$ (×)
1 cm, 3 cm, 4 cm인 경우 ⇨ $4=1+3$ (×)
2 cm, 3 cm, 4 cm인 경우 ⇨ $4<2+3$ (○)
따라서 만들 수 있는 서로 다른 삼각형의 개수는 1개이다.

2 삼각형의 합동

P. 46

개념 확인 (1) $\overline{PQ}$ (2) $\overline{QR}$ (3) $\overline{RP}$
(4) $\angle P$ (5) $\angle Q$ (6) $\angle R$

필수 문제 1 (1) $80°$ (2) $5\,cm$

(1) $\angle A=\angle E=80°$
(2) $\overline{BC}=\overline{FG}=5\,cm$

1-1 ㄱ, ㄷ

ㄱ. $\angle B=\angle E=40°$
ㄴ. $\angle D=\angle A=65°$
ㄷ. $\angle F=180°-(40°+65°)=75°$
ㄹ, ㅂ. 알 수 없다.
ㅁ. $\overline{EF}=\overline{BC}=8\,cm$
따라서 옳은 것은 ㄱ, ㄷ이다.

P. 47

필수 문제 2 $\triangle ABC\equiv\triangle DFE$, ASA 합동

$\triangle ABC$에서
$\angle B=180°-(75°+60°)=45°$
$\triangle ABC$와 $\triangle DFE$에서
$\overline{AB}=\overline{DF}=8\,cm$, $\angle A=\angle D=75°$, $\angle B=\angle F=45°$
$\therefore \triangle ABC\equiv\triangle DFE$ (ASA 합동)

2-1 ④

보기의 삼각형에서 나머지 한 각의 크기는
$180°-(90°+30°)=60°$이므로 ④의 삼각형과 SAS 합동이다.

2-2 ㄱ, ㅁ, ㅂ

ㄱ. $\overline{AC}=\overline{DF}$이면 대응하는 두 변의 길이가 각각 같고, 그 끼인각의 크기가 같으므로 SAS 합동이다.
ㅁ. $\angle B=\angle E$이면 대응하는 한 변의 길이가 같고, 그 양 끝 각의 크기가 각각 같으므로 ASA 합동이다.
ㅂ. $\angle C=\angle F$이면 $\angle B=\angle E$이다.
따라서 대응하는 한 변의 길이가 같고, 그 양 끝 각의 크기가 각각 같으므로 ASA 합동이다.

STEP 1 쏙쏙 개념 익히기 P. 48

1 ① **2** ①, ⑤ **3** ②, ⑤
4 (1) (가) $\overline{CD}$ (나) $\overline{AC}$ (다) SSS (2) $70°$

1 ① $\overline{AC}$의 대응변은 $\overline{FD}$이다.
② $\overline{DE}=\overline{CB}=a$
④ $\angle D=\angle C=180°-(55°+80°)=45°$
⑤ $\angle F=\angle A=55°$
따라서 옳지 않은 것은 ①이다.

2 ㄱ에서 나머지 한 각의 크기는 $180°-(50°+100°)=30°$이므로 ㄱ과 ㄷ은 대응하는 한 변의 길이가 같고, 그 양 끝 각의 크기가 각각 같으므로 ASA 합동이다.
ㅂ에서 나머지 한 각의 크기는 $180°-(110°+40°)=30°$이므로 ㄹ과 ㅂ은 대응하는 두 변의 길이가 각각 같고, 그 끼인 각의 크기가 같으므로 SAS 합동이다.

3 $\overline{AB}=\overline{DE}$, $\overline{BC}=\overline{EF}$이므로
$\overline{AC}=\overline{DF}$이면 SSS 합동이고,
$\angle B=\angle E$이면 SAS 합동이다.

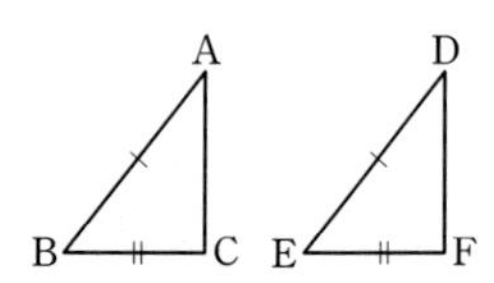

4 (2) 합동인 두 삼각형에서 대응각의 크기는 서로 같으므로
$\angle D=\angle B=70°$

STEP 2 탄탄 단원 다지기 P. 49~51

1 눈금 없는 자: ㄴ, ㄷ, 컴퍼스: ㄱ, ㄹ
2 ㉢ → ㉠ → ㉡ **3** ⑤ **4** ④ **5** 5개
6 ⑤ **7** ④ **8** ④ **9** ③ **10** ③
11 ㄴ, ㄹ **12** ③, ⑤ **13** ①, ⑤ **14** ② **15** ③
16 ㄱ, ㄴ, ㅁ **17** (1) $\triangle BCE\equiv\triangle DCF$ (2) $20\,cm$

2 ㉢ $\overline{AB}$를 점 B의 방향으로 연장한다.
㉠ 컴퍼스를 사용하여 $\overline{AB}$의 길이를 잰다.
㉡ 점 B를 중심으로 하고 반지름의 길이가 $\overline{AB}$인 원을 그려 $\overrightarrow{AB}$와 만나는 점을 C라고 한다.
따라서 작도 순서는 ㉢ → ㉠ → ㉡이다.

3 크기가 같은 각의 작도를 이용하여 $\angle AQB$와 크기가 같은 $\angle CPD$를 작도한 것으로 $\angle AQD=\angle CPD$(동위각)이면 $l /\!/ m$임을 이용한 것이다.
따라서 작도에서 이용한 성질은 ⑤이다.

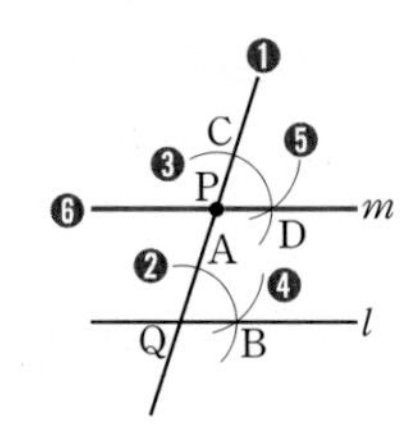

4 ① $4<2+3$
② $8<4+6$
③ $9<5+5$
④ $12=5+7$
⑤ $10<10+10$
따라서 삼각형의 세 변의 길이가 될 수 없는 것은 ④이다.

5 (i) 가장 긴 변의 길이가 a cm일 때, 즉 $a\ge 5$일 때
$a<3+5$, 즉 $a<8$이므로
a의 값이 될 수 있는 자연수는 5, 6, 7이다.
(ii) 가장 긴 변의 길이가 5 cm일 때, 즉 $a\le 5$일 때
$5<3+a$이므로
a의 값이 될 수 있는 자연수는 3, 4, 5이다.
따라서 (i), (ii)에 의해 a의 값이 될 수 있는 자연수는 3, 4, 5, 6, 7의 5개이다.

6 두 변의 길이와 그 끼인각의 크기가 주어진 경우 한 각을 작도하고 두 변을 작도하거나 한 변을 작도한 후 한 각을 작도하고 다른 한 변을 작도해야 한다.

7 ① 세 변의 길이가 주어진 경우이지만 $8>3+4$이므로 삼각형이 그려지지 않는다.
② $\angle C$는 $\overline{AB}$와 $\overline{BC}$의 끼인각이 아니므로 삼각형이 하나로 정해지지 않는다.
③ $\angle C$는 $\overline{AB}$와 $\overline{CA}$의 끼인각이 아니므로 삼각형이 하나로 정해지지 않는다.
④ $\angle A=180^\circ-(50^\circ+70^\circ)=60^\circ$이므로 한 변의 길이와 그 양 끝 각의 크기가 주어진 경우와 같다.
⑤ 세 각의 크기가 주어지면 모양은 같고 크기가 다른 삼각형이 무수히 많이 그려진다.
따라서 $\triangle ABC$가 하나로 정해지는 것은 ④이다.

8 ② $\angle C=180^\circ-(\angle A+\angle B)$이므로 한 변의 길이와 그 양 끝 각의 크기가 주어진 경우와 같다.
④ $\angle A$는 $\overline{AB}$와 $\overline{BC}$의 끼인각이 아니므로 삼각형이 하나로 정해지지 않는다.

9 ① 오른쪽 그림의 두 이등변삼각형은 한 변의 길이가 각각 3으로 같지만 합동은 아니다.

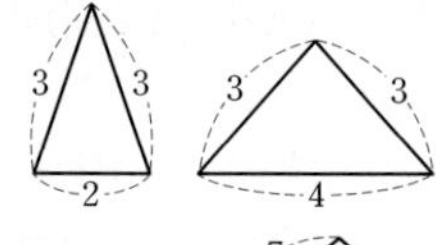

② 오른쪽 그림의 두 마름모는 한 변의 길이가 각각 7로 같지만 합동은 아니다.

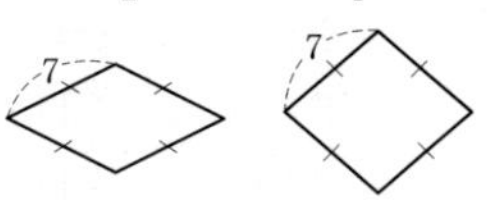

④ 오른쪽 그림의 두 직사각형은 둘레의 길이가 각각 8로 같지만 합동은 아니다.

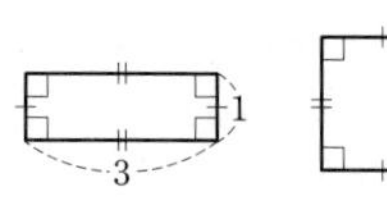

⑤ 오른쪽 그림의 두 삼각형은 세 각의 크기가 같지만 합동은 아니다.

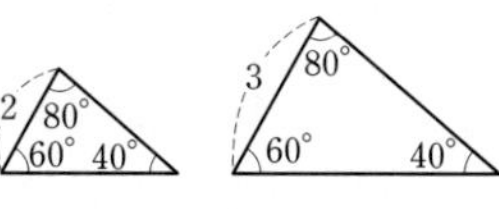

따라서 두 도형이 항상 합동인 것은 ③이다.

참고 항상 합동인 두 도형
(1) 한 변의 길이가 같은 두 정다각형
둘레의 길이가 같은 두 정다각형
넓이가 같은 두 정다각형
(2) 반지름의 길이가 같은 두 원
넓이가 같은 두 원

10 ① $\overline{AB}=\overline{EF}=4$ cm
② $\overline{GH}=\overline{CD}$이지만 $\overline{GH}$의 길이는 알 수 없다.
③ $\angle B=\angle F=70^\circ$이므로
$\angle C=360^\circ-(105^\circ+120^\circ+70^\circ)=65^\circ$
④ $\angle E=\angle A=105^\circ$
⑤ $\angle H=\angle D=120^\circ$
따라서 옳은 것은 ③이다.

11 ㄴ.
60°
7 cm
65°
55°
ASA 합동

ㄹ.

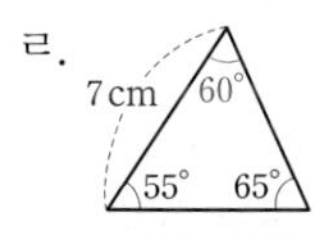

ASA 합동

따라서 주어진 그림의 삼각형과 합동인 삼각형은 ㄴ, ㄹ이다.

12 ① SSS 합동
② SAS 합동
④ ASA 합동

13 $\angle B=\angle F$, $\angle C=\angle E$이면 $\angle A=\angle D$이므로 두 삼각형이 한 쌍의 대응변의 길이가 같으면 ASA 합동이 된다.
②, ④ 대응변이 아니다.
따라서 조건이 될 수 있는 것은 ①, ⑤이다.

15 $\triangle ABD$와 $\triangle CBD$에서

$\overline{AB}=\overline{CB}$, $\overline{AD}=\overline{CD}$, $\overline{BD}$는 공통

따라서 $\triangle ABD \equiv \triangle CBD$ (SSS 합동)(⑤)

이므로 $\angle ADB=\angle CDB$ (②),

$\angle BAD=\angle BCD$ (①)

$\angle ABD=\angle CBD$이므로

$\angle ABC=2\angle DBC$ (④)

③ $\angle ABD=\angle BDC$인지는 알 수 없다.

따라서 옳지 않은 것은 ③이다.

16 $\triangle ABM$과 $\triangle DCM$에서

$\overline{AM}=\overline{DM}$, $\angle AMB=\angle DMC$ (맞꼭지각),

$\overline{AB} /\!/ \overline{CD}$이므로 $\angle BAM=\angle CDM$ (엇각)(ㅁ)

따라서 $\triangle ABM \equiv \triangle DCM$ (ASA 합동)이므로

$\overline{AB}=\overline{CD}$ (ㄱ), $\overline{BM}=\overline{CM}$ (ㄴ)

17 (1) $\triangle BCE$와 $\triangle DCF$에서

사각형 ABCD가 정사각형이므로 $\overline{BC}=\overline{DC}$,

사각형 ECFG가 정사각형이므로 $\overline{CE}=\overline{CF}$,

$\angle BCE=\angle DCF=90°$

$\therefore \triangle BCE \equiv \triangle DCF$ (SAS 합동)

(2) 합동인 두 삼각형에서 대응변의 길이는 서로 같으므로

$\overline{BE}=\overline{DF}=20\,\text{cm}$

STEP 3 쓱쓱 서술형 완성하기 P. 52~53

〈과정은 풀이 참조〉

따라 해보자 유제 1 $\overline{AC}$의 길이, $\angle B$의 크기, $\angle C$의 크기

유제 2 SAS 합동

연습해 보자 1 (1) ㉠ → ㉤ → ㉣ → ㉥ → ㉢ → ㉡

(2) 서로 다른 두 직선이 다른 한 직선과 만날 때, 엇각의 크기가 같으면 두 직선은 평행하다.

2 2개　　3 $\triangle DCE$, SAS 합동

4 500 m

따라 해보자

유제 1 (1단계) $\overline{AC}$의 길이를 추가하면 두 변의 길이와 그 끼인각의 크기가 주어진 경우가 되므로 $\triangle ABC$를 하나로 작도할 수 있다. … (i)

(2단계) $\angle B$의 크기를 추가하면 한 변의 길이와 그 양 끝 각의 크기가 주어진 경우가 되므로 $\triangle ABC$를 하나로 작도할 수 있고, $\angle C$의 크기를 추가하면 $\angle B=180°-(\angle A+\angle C)$에서 $\angle B$의 크기를 알 수 있으므로 이 경우에도 $\triangle ABC$를 하나로 작도할 수 있다. … (ii)

(3단계) 따라서 추가할 수 있는 조건은 $\overline{AC}$의 길이 또는 $\angle B$의 크기 또는 $\angle C$의 크기이다. … (iii)

채점 기준	비율
(i) 변의 길이에 대한 조건 구하기	40 %
(ii) 각의 크기에 대한 조건 구하기	50 %
(iii) 추가할 수 있는 조건 모두 구하기	10 %

유제 2 (1단계) $\triangle BCE$와 $\triangle CDF$에서

$\overline{CE}=\overline{DF}$이고,

사각형 ABCD가 정사각형이므로

$\overline{BC}=\overline{CD}$, $\angle BCE=\angle CDF=90°$ … (i)

(2단계) 따라서 대응하는 두 변의 길이가 각각 같고, 그 끼인각의 크기가 같으므로

$\triangle BCE \equiv \triangle CDF$ (SAS 합동) … (ii)

채점 기준	비율
(i) $\triangle BCE$와 $\triangle CDF$가 합동인 이유 설명하기	60 %
(ii) 합동 조건 말하기	40 %

연습해 보자

1 (1) 작도 순서를 바르게 나열하면

㉠ → ㉤ → ㉣ → ㉥ → ㉢ → ㉡ … (i)

(2) '서로 다른 두 직선이 다른 한 직선과 만날 때, 엇각의 크기가 같으면 두 직선은 평행하다.'는 성질을 이용한 것이다. … (ii)

채점 기준	비율
(i) 작도 순서 바르게 나열하기	50 %
(ii) 작도에 이용한 평행선의 성질 말하기	50 %

참고 작도 순서는 다음과 같다.

㉠ 점 P를 지나는 직선을 그어 직선 l과의 교점을 Q라고 한다.

㉤ 점 Q를 중심으로 원을 그려 $\overleftrightarrow{PQ}$, 직선 l과의 교점을 각각 A, B라고 한다.

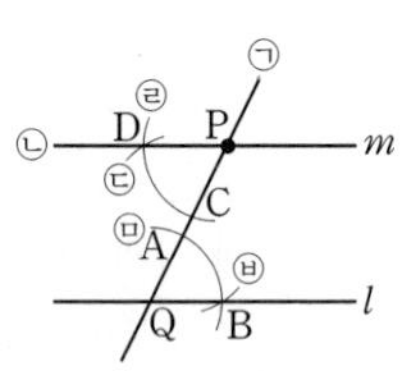

㉣ 점 P를 중심으로 반지름의 길이가 $\overline{QA}$인 원을 그려 $\overleftrightarrow{PQ}$와의 교점을 C라고 한다.

㉥ $\overline{AB}$의 길이를 잰다.

㉢ 점 C를 중심으로 반지름의 길이가 $\overline{AB}$인 원을 그려 ㉣의 원과의 교점을 D라고 한다.

㉡ $\overleftrightarrow{PD}$를 그으면 $l /\!/ m$이다.

따라서 작도 순서는 ㉠ → ㉤ → ㉣ → ㉥ → ㉢ → ㉡이다.

2 3개의 막대를 골라 삼각형을 만들 때, 가장 긴 변의 길이가 나머지 두 변의 길이의 합보다 작아야 한다. … (i)

2 cm, 6 cm, 8 cm인 경우 ⇨ $8=2+6$ (×)

2 cm, 6 cm, 9 cm인 경우 ⇨ $9>2+6$ (×)

2 cm, 8 cm, 9 cm인 경우 ⇨ $9<2+8$ (○)

6 cm, 8 cm, 9 cm인 경우 ⇨ $9<6+8$ (○) … (ii)

따라서 만들 수 있는 서로 다른 삼각형의 개수는 2개이다. … (iii)

채점 기준	비율
(i) 세 변의 길이 사이의 관계 설명하기	30 %
(ii) 각 경우의 세 변의 길이 비교하기	50 %
(iii) 삼각형의 개수 구하기	20 %

3 △ABE와 △DCE에서

사각형 ABCD가 직사각형이므로

$\overline{AB}=\overline{DC}$, ∠ABE=∠DCE=90°,

점 E가 $\overline{BC}$의 중점이므로 $\overline{BE}=\overline{CE}$ … (i)

따라서 대응하는 두 변의 길이가 각각 같고, 그 끼인각의 크기가 같으므로

△ABE≡△DCE (SAS 합동) … (ii)

채점 기준	비율
(i) △ABE와 △DCE가 합동인 이유 설명하기	60 %
(ii) 합동 조건 말하기	40 %

4 △ABO와 △CDO에서

$\overline{BO}=\overline{DO}=600$ m,

∠ABO=∠CDO=50°,

∠AOB=∠COD (맞꼭지각)이므로

△ABO≡△CDO (ASA 합동) … (i)

즉, 합동인 두 삼각형에서 대응변의 길이는 서로 같으므로

$\overline{AB}=\overline{CD}=500$ m

따라서 두 지점 A, B 사이의 거리는 500 m이다. … (ii)

채점 기준	비율
(i) △ABO≡△CDO임을 설명하기	60 %
(ii) 두 지점 A, B 사이의 거리 구하기	40 %

문학 속 수학 P. 54

답 ㉠ → ㉣ → ㉢ → ㉡

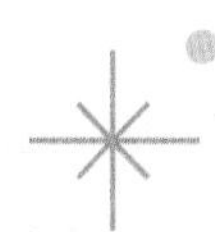

1 다각형

P. 58

개념 확인 ②, ④

② 곡선으로 이루어져 있으므로 다각형이 아니다.
④ 평면도형이 아니므로 다각형이 아니다.

필수 문제 1 (1) $50°$ (2) $120°$

다각형의 한 꼭짓점에서
(내각의 크기)+(외각의 크기)$=180°$이므로
(1) $\angle B=180°-130°=50°$
(2) ($\angle C$의 외각의 크기)$=180°-60°=120°$

1-1 (1) $55°$ (2) $80°$

다각형의 한 꼭짓점에서
(내각의 크기)+(외각의 크기)$=180°$이므로
(1) ($\angle A$의 외각의 크기)$=180°-125°=55°$
(2) $\angle C=180°-100°=80°$

필수 문제 2 (1) 정육각형 (2) 정팔각형

(1) (가)에서 육각형이고, (나)에서 정다각형이므로 주어진 다각형은 정육각형이다.
(2) (가), (나)에서 모든 변의 길이가 같고, 모든 내각의 크기가 같으므로 정다각형이다.
(나)에서 8개의 내각으로 이루어져 있으므로 팔각형이다.
따라서 주어진 다각형은 정팔각형이다.

P. 59

개념 확인

다각형	사각형	오각형	육각형	…	n각형
꼭짓점의 개수	4개	5개	6개	…	n개
한 꼭짓점에서 그을 수 있는 대각선의 개수	1개	2개	3개	…	$(n-3)$개
대각선의 개수	2개	5개	9개	…	$\frac{n(n-3)}{2}$개

필수 문제 3 (1) 20개 (2) 27개 (3) 44개

(1) $\frac{8\times(8-3)}{2}=20$(개) (2) $\frac{9\times(9-3)}{2}=27$(개)
(3) $\frac{11\times(11-3)}{2}=44$(개)

3-1 (1) 십오각형 (2) 90개

(1) 한 꼭짓점에서 그을 수 있는 대각선의 개수가 12개인 다각형을 n각형이라고 하면
$n-3=12$ $\therefore n=15$
따라서 주어진 다각형은 십오각형이다.
(2) 십오각형의 대각선의 개수는
$\frac{15\times(15-3)}{2}=90$(개)

3-2 54개

한 꼭짓점에서 대각선을 모두 그었을 때 만들어지는 삼각형의 개수가 10개인 다각형을 n각형이라고 하면
$n-2=10$ $\therefore n=12$
따라서 십이각형의 대각선의 개수는
$\frac{12\times(12-3)}{2}=54$(개)

STEP 1 쏙쏙 개념 익히기 P. 60

1	$135°$	**2**	④, ⑤	**3**	108
4	15개	**5**	②	**6**	정십각형

1 ($\angle A$의 외각의 크기)$=180°-105°=75°$
($\angle D$의 외각의 크기)$=180°-120°=60°$
따라서 구하는 합은
$75°+60°=135°$

2 ④ 오른쪽 그림의 정팔각형에서 두 대각선의 길이는 다르다.

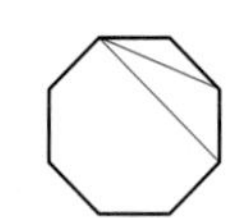

⑤ 한 꼭짓점에서 내각과 외각의 크기의 합은 $180°$이다.

3 칠각형의 한 꼭짓점에서 그을 수 있는 대각선의 개수는
$7-3=4$(개) $\therefore a=4$
십육각형의 대각선의 개수는
$\frac{16\times(16-3)}{2}=104$(개) $\therefore b=104$
$\therefore a+b=4+104=108$

4 한 꼭짓점에서 대각선을 모두 그었을 때 만들어지는 삼각형의 개수가 13개인 다각형을 n각형이라고 하면
$n-2=13$ $\therefore n=15$
따라서 십오각형의 변의 개수는 15개이다.

5 대각선의 개수가 14개인 정다각형을 정n각형이라고 하면

$\frac{n(n-3)}{2}=14$

$n(n-3)=28=7\times4$ (→ 차가 3인 두 수를 찾는다.) $\quad\therefore n=7$

따라서 구하는 정다각형은 정칠각형이다.

다른 풀이

주어진 정다각형의 대각선의 개수를 각각 구하면

① $\frac{6\times(6-3)}{2}=9$(개) ② $\frac{7\times(7-3)}{2}=14$(개)

③ $\frac{8\times(8-3)}{2}=20$(개) ④ $\frac{12\times(12-3)}{2}=54$(개)

⑤ $\frac{14\times(14-3)}{2}=77$(개)

따라서 구하는 정다각형은 ② 정칠각형이다.

6 (가)에서 모든 변의 길이가 같고, 모든 내각의 크기가 같은 다각형은 정다각형이다.

(나)에서 대각선의 개수가 35개인 정다각형을 정n각형이라고 하면

$\frac{n(n-3)}{2}=35$, $n(n-3)=70=10\times7$

$\therefore n=10$

따라서 주어진 다각형은 정십각형이다.

2 삼각형의 내각과 외각

P. 61

필수 문제 1 (1) $35°$ (2) $100°$ (3) $30°$

(1) $\angle x+120°+25°=180°$

$\therefore \angle x=35°$

(2) $\angle x+30°+50°=180°$

$\therefore \angle x=100°$

(3) $90°+(\angle x+30°)+\angle x=180°$

$2\angle x=60° \quad \therefore \angle x=30°$

1-1 20

$2x+(x+45)+(3x+15)=180$

$6x=120 \quad \therefore x=20$

1-2 $\angle A=40°$, $\angle B=60°$, $\angle C=80°$

$\angle A=180°\times\frac{2}{2+3+4}=180°\times\frac{2}{9}=40°$

$\angle B=180°\times\frac{3}{2+3+4}=180°\times\frac{3}{9}=60°$

$\angle C=180°\times\frac{4}{2+3+4}=180°\times\frac{4}{9}=80°$

P. 62

필수 문제 2 (1) $25°$ (2) $110°$

(1) $\angle x+45°=70° \quad \therefore \angle x=25°$

(2) 오른쪽 그림에서

$\angle x=60°+50°=110°$

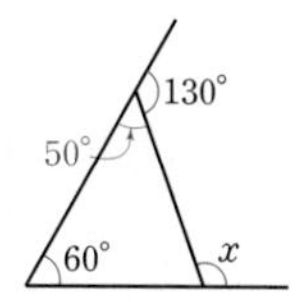

2-1 (1) $45°$ (2) $40°$

(1) $\angle x+50°=95° \quad \therefore \angle x=45°$

(2) 오른쪽 그림에서

$60°+\angle x=100°$

$\therefore \angle x=40°$

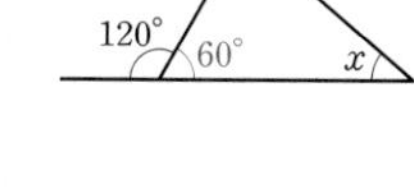

2-2 (1) 60 (2) 30

(1) 오른쪽 그림에서

$2x+10=100+30$

$2x=120 \quad \therefore x=60$

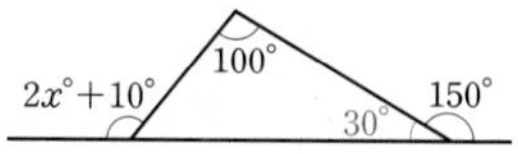

(2) 오른쪽 그림에서

$3x+25=45+70$

$3x=90 \quad \therefore x=30$

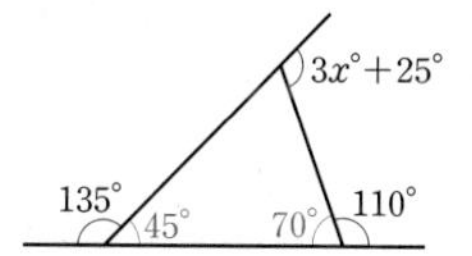

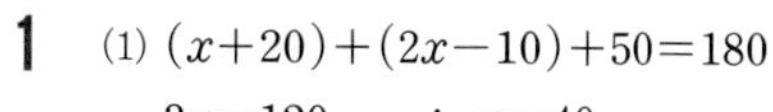

P. 63

1 (1) 40 (2) 60 **2** (1) 100° (2) 35° **3** 80°
4 (1) 50° (2) 75° **5** 90°

1 (1) $(x+20)+(2x-10)+50=180$

$3x=120 \quad \therefore x=40$

(2) $35+(x-5)=90$

$\therefore x=60$

2 (1) $60°+(180°-\angle x)=\angle x+40°$

$2\angle x=200° \quad \therefore \angle x=100°$

(2) 오른쪽 그림에서

$\angle a=25°+50°=75°$

즉, $\angle x+40°=\angle a$이므로

$\angle x+40°=75° \quad \therefore \angle x=35°$

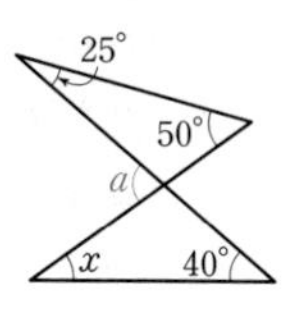

오른쪽 그림에서 맞꼭지각의 크기는 서로 같으므로

$25°+50°+\bullet=\angle x+40°+\bullet$

$\therefore \angle x=35°$

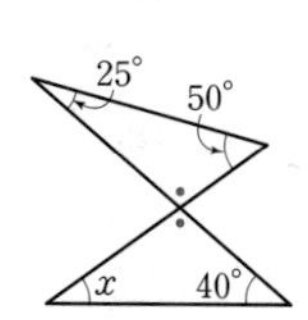

3 △ABC에서

$\angle ACB=180°-(50°+70°)=60°$

$\therefore\ \angle DCB=\frac{1}{2}\angle ACB$

$=\frac{1}{2}\times 60°=30°$

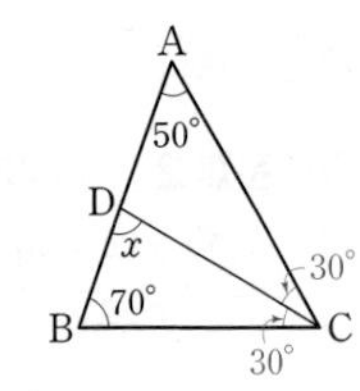

따라서 △DBC에서

$\angle x=180°-(70°+30°)=80°$

다른 풀이

$\angle ACD=\frac{1}{2}\angle ACB=\frac{1}{2}\times 60°=30°$이므로

△ADC에서

$\angle x=\angle CAD+\angle ACD=50°+30°=80°$

4 (1) △ABC가 $\overline{AB}=\overline{AC}$인 이등변삼각형이므로

$\angle ACB=\angle ABC=25°$

$\therefore\ \angle DAC=25°+25°=50°$

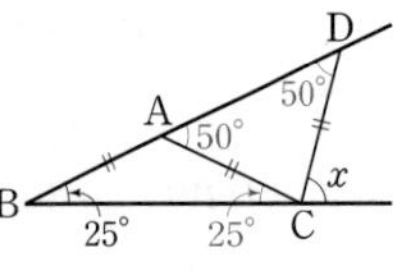

(2) △ACD가 $\overline{AC}=\overline{CD}$인 이등변삼각형이므로

$\angle ADC=\angle DAC=50°$

따라서 △BCD에서

$\angle x=25°+50°=75°$

5 △ABD가 $\overline{AB}=\overline{BD}$인 이등변삼각형이므로

$\angle ADB=\angle DAB=30°$

$\therefore\ \angle DBC=30°+30°=60°$

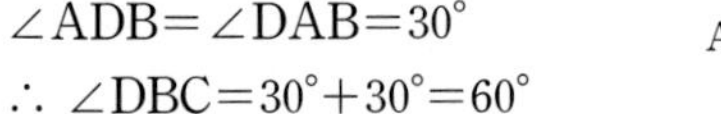

△DBC가 $\overline{BD}=\overline{CD}$인 이등변삼각형이므로

$\angle DCB=\angle DBC=60°$

따라서 △ACD에서

$\angle x=30°+60°=90°$

3 다각형의 내각과 외각

P. 64

필수 문제 1 (1) 1080° (2) 1620° (3) 2340°

(1) $180°\times(8-2)=1080°$

(2) $180°\times(11-2)=1620°$

(3) $180°\times(15-2)=2340°$

1-1 70°

오각형의 내각의 크기의 합은

$180°\times(5-2)=540°$이므로

$\angle x+100°+110°+120°+140°=540°$

$\angle x+470°=540°\qquad \therefore\ \angle x=70°$

필수 문제 2 칠각형

주어진 다각형을 n각형이라고 하면

$180°\times(n-2)=900°$, $n-2=5\qquad \therefore\ n=7$

따라서 주어진 다각형은 칠각형이다.

2-1 12개

주어진 다각형을 n각형이라고 하면

$180°\times(n-2)=1800°$, $n-2=10\qquad \therefore\ n=12$

따라서 십이각형의 꼭짓점의 개수는 12개이다.

P. 65

필수 문제 3 (1) 80° (2) 110°

(1) $\angle x+130°+150°=360°$

$\angle x+280°=360°\qquad \therefore\ \angle x=80°$

(2) $80°+\angle x+100°+70°=360°$

$\angle x+250°=360°\qquad \therefore\ \angle x=110°$

3-1 (1) 100° (2) 70°

(1) $80°+75°+\angle x+105°=360°$

$\angle x+260°=360°\qquad \therefore\ \angle x=100°$

(2) $\angle x+77°+63°+55°+95°=360°$

$\angle x+290°=360°\qquad \therefore\ \angle x=70°$

3-2 128°

$(180°-\angle x)+60°+63°+75°+60°+50°=360°$

$488°-\angle x=360°$

$\therefore\ \angle x=128°$

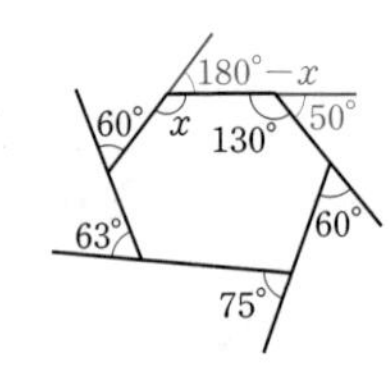

P. 66

필수 문제 4 (1) 135°, 45° (2) 140°, 40° (3) 150°, 30°

(1) (한 내각의 크기)$=\frac{180°\times(8-2)}{8}=135°$

(한 외각의 그기)$=\frac{360°}{8}=45°$

(2) (한 내각의 크기)$=\frac{180°\times(9-2)}{9}=140°$

(한 외각의 크기)$=\frac{360°}{9}=40°$

(3) (한 내각의 크기)$=\frac{180°\times(12-2)}{12}=150°$

(한 외각의 크기)$=\frac{360°}{12}=30°$

다른 풀이

(1) 정팔각형의 한 외각의 크기는 $\frac{360°}{8}=45°$이므로

한 내각의 크기는 $180°-45°=135°$

(2) 정구각형의 한 외각의 크기는 $\frac{360°}{9}=40°$이므로

한 내각의 크기는 $180°-40°=140°$

(3) 정십이각형의 한 외각의 크기는 $\frac{360°}{12}=30°$이므로

한 내각의 크기는 $180°-30°=150°$

4-1 **60°**

주어진 정다각형은 정육각형이므로

$\angle a=\frac{180°\times(6-2)}{6}=120°$, $\angle b=\frac{360°}{6}=60°$

$\therefore \angle a-\angle b=120°-60°=60°$

4-2 **(1) 정십팔각형 (2) 정십오각형**

주어진 정다각형을 정n각형이라고 하면

(1) $\frac{360°}{n}=20°$ $\quad\therefore n=18$

따라서 주어진 정다각형은 정십팔각형이다.

(2) $\frac{180°\times(n-2)}{n}=156°$

$180°\times n-360°=156°\times n$

$24°\times n=360°$ $\quad\therefore n=15$

따라서 주어진 정다각형은 정십오각형이다.

다른 풀이

한 외각의 크기는 $180°-156°=24°$이므로

$\frac{360°}{n}=24°$ $\quad\therefore n=15$

따라서 주어진 정다각형은 정십오각형이다.

STEP 1 쏙쏙 개념 익히기 P. 67~68

1 1448 2 6개
3 (1) 80° (2) 90° (3) 40° 4 8
5 ⑤ 6 ②
7 $\angle x=72°$, $\angle y=36°$
8 (1) 120° (2) 정삼각형 9 정구각형

1 십각형의 한 꼭짓점에서 대각선을 모두 그었을 때 만들어지는 삼각형의 개수는

$10-2=8$(개) $\quad\therefore a=8$

십각형의 내각의 크기의 합은

$180°\times(10-2)=1440°$ $\quad\therefore b=1440$

$\therefore a+b=8+1440=1448$

2 내각의 크기의 합이 1260°인 다각형을 n각형이라고 하면

$180°\times(n-2)=1260°$, $n-2=7$ $\quad\therefore n=9$

따라서 구각형의 한 꼭짓점에서 그을 수 있는 대각선의 개수는

$9-3=6$(개)

3 (1) 사각형의 내각의 크기의 합은 360°이므로

$80°+140°+\angle x+(180°-120°)=360°$

$\angle x+280°=360°$ $\quad\therefore \angle x=80°$

(2) 오각형의 내각의 크기의 합은

$180°\times(5-2)=540°$이므로

$\angle x+(180°-55°)+90°+(180°-75°)+130°=540°$

$\angle x+450°=540°$ $\quad\therefore \angle x=90°$

(3) 육각형의 외각의 크기의 합은 360°이므로

$40°+(180°-95°)+65°+(180°-110°)+\angle x+60°=360°$

$\angle x+320°=360°$ $\quad\therefore \angle x=40°$

4 n각형의 내각의 크기와 외각의 크기의 총합이 1440°이고 한 꼭짓점에서 내각과 외각의 크기의 합은 180°이므로

$180°\times n=1440°$ $\quad\therefore n=8$

5 ① 정오각형의 한 내각의 크기는

$\frac{180°\times(5-2)}{5}=108°$

② 정십각형의 한 외각의 크기는

$\frac{360°}{10}=36°$

③ 정사각형의 한 내각의 크기와 한 외각의 크기는 모두 90°로 같다.

④ 정다각형의 한 내각의 크기와 한 외각의 크기의 합은 항상 180°이다.

⑤ 정육각형의 내각의 크기의 합은 $180°\times(6-2)=720°$

정오각형의 내각의 크기의 합은 $180°\times(5-2)=540°$

따라서 정육각형의 내각의 크기의 합은 정오각형의 내각의 크기의 합보다 $720°-540°=180°$만큼 더 크다.

따라서 옳지 않은 것은 ⑤이다.

참고 ⑤ 다각형의 내각의 크기의 합의 규칙은 다음과 같다.

삼각형	사각형	오각형	육각형	…
180°	360°	540°	720°	…

+180° +180° +180° +180°

6 한 외각의 크기가 60°인 정다각형을 정n각형이라고 하면

$\frac{360°}{n}=60°$ $\quad\therefore n=6$

따라서 정육각형의 대각선의 개수는

$\frac{6\times(6-3)}{2}=9$(개)

7 정오각형의 한 외각의 크기는

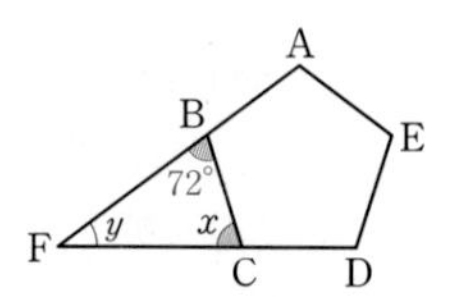

$\frac{360°}{5}=72°$이므로

$\angle x=\angle \mathrm{FBC}=72°$

따라서 $\triangle \mathrm{BFC}$에서

$\angle y=180°-(72°+72°)=36°$

8 (1) 정다각형에서
(한 내각의 크기)+(한 외각의 크기)$=180°$이고
(한 내각의 크기) : (한 외각의 크기)$=1:2$이므로
(한 외각의 크기)$=180° \times \frac{2}{1+2}=180° \times \frac{2}{3}=120°$

(2) 주어진 정다각형을 정n각형이라고 하면
$\frac{360°}{n}=120° \quad \therefore n=3$
따라서 주어진 정다각형은 정삼각형이다.

참고 다음과 같이 한 내각의 크기를 이용하여 주어진 정다각형을 구할 수도 있지만 한 외각의 크기를 이용하는 것이 편리하다.
⇨ (한 내각의 크기)$=180° \times \frac{1}{1+2}=180° \times \frac{1}{3}=60°$
주어진 정다각형을 정n각형이라고 하면
$\frac{180° \times (n-2)}{n}=60°$, $180° \times n-360°=60° \times n$
$120° \times n=360° \quad \therefore n=3$, 즉 정삼각형

9 정다각형에서
(한 내각의 크기)+(한 외각의 크기)$=180°$이고
(한 내각의 크기) : (한 외각의 크기)$=7:2$이므로
(한 외각의 크기)$=180° \times \frac{2}{7+2}=180° \times \frac{2}{9}=40°$
주어진 정다각형을 정n각형이라고 하면
$\frac{360°}{n}=40° \quad \therefore n=9$
따라서 주어진 정다각형은 정구각형이다.

STEP 2 탄탄 단원 다지기 P. 69~71

1 ④	**2** ①, ④	**3** 35개	**4** (1) 7쌍 (2) 14쌍	
5 ⑤	**6** 80°	**7** 80°	**8** ④	
9 $\angle x=65°$, $\angle y=110°$			**10** ⑤	**11** ④
12 30°	**13** 55°	**14** ①	**15** 36°	**16** 360°
17 ①	**18** ③	**19** ④	**20** (1) 36° (2) 36°	

1 $\angle x=180°-85°=95°$, $\angle y=180°-105°=75°$
$\therefore \angle x+\angle y=95°+75°=170°$

2 ② 다각형의 한 꼭짓점에 대하여 외각은 2개가 있고, 그 크기는 서로 같다.
③ 정다각형은 모든 변의 길이가 같고, 모든 내각의 크기가 같은 다각형이다.
⑤ 정삼각형의 한 내각의 크기는 60°, 한 외각의 크기는 120°로 같지 않다.
따라서 옳은 것은 ①, ④이다.

3 한 꼭짓점에서 대각선을 모두 그었을 때 만들어지는 삼각형의 개수가 8개인 다각형을 n각형이라고 하면
$n-2=8 \quad \therefore n=10$
따라서 십각형의 대각선의 개수는
$\frac{10 \times (10-3)}{2}=35$(개)

4 (1) 7명의 학생이 양옆에 앉은 학생과 각각 악수하는 것은 7개의 점을 서로 이웃하는 것끼리 연결하는 것, 즉 칠각형을 그리는 것으로 생각할 수 있으므로
(악수를 하는 학생의 쌍의 수)
=(칠각형의 변의 개수)=7(쌍)
(2) 7명의 학생이 악수하지 않은 학생과 각각 눈인사하는 것은 칠각형의 대각선을 그리는 것으로 생각할 수 있으므로
(눈인사를 하는 학생의 쌍의 수)
=(칠각형의 대각선의 개수)
$=\frac{7 \times (7-3)}{2}=14$(쌍)

5 (가)에서 모든 변의 길이가 같고, 모든 내각의 크기가 같은 다각형은 정다각형이다.
(나)에서 대각선의 개수가 54개인 정다각형을 정n각형이라고 하면
$\frac{n(n-3)}{2}=54$, $\underline{n}(n-3)=108=\underline{12} \times 9 \quad \therefore n=12$
따라서 주어진 다각형은 정십이각형이다.

6 $\angle A+\angle B+\angle C=180°$이므로
$2\angle C+60°+\angle C=180°$
$3\angle C=120° \quad \therefore \angle C=40°$
$\therefore \angle A=2\angle C=2 \times 40°=80°$

7 $\triangle IBC$에서 $\angle BIC=130°$이므로
$\angle IBC+\angle ICB=180°-130°=50°$
$\therefore \angle B+\angle C=2\angle IBC+2\angle ICB$
$=2(\angle IBC+\angle ICB)$
$=2 \times 50°=100°$
따라서 $\triangle ABC$에서
$\angle x=180°-(\angle B+\angle C)=180°-100°=80°$

8 오른쪽 그림에서
$\angle a=25°+80°=105°$
즉, $\angle x+40°=\angle a$이므로
$\angle x+40°=105° \quad \therefore \angle x=65°$

다른 풀이
오른쪽 그림에서 맞꼭지각의 크기는 서로 같으므로
$80°+25°+\bullet=\angle x+40°+\bullet$
$\therefore \angle x=65°$

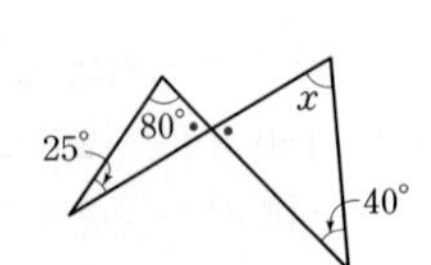

9 △ABC에서
$\angle x=40°+25°=65°$
따라서 △ECD에서
$\angle y=\angle x+45°$
$=65°+45°=110°$

10 $\angle ACD=180°-120°=60°$
$\angle BAC=180°-130°=50°$
$\therefore \angle DAC=\frac{1}{2}\angle BAC$
$=\frac{1}{2}\times 50°=25°$

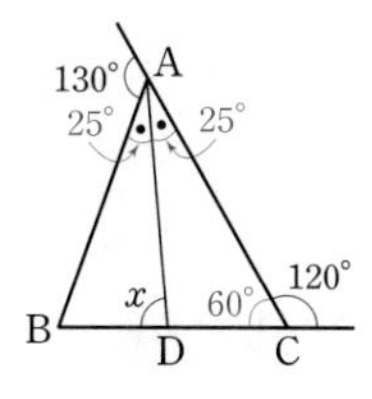

따라서 △ADC에서
$\angle x=25°+60°=85°$

11 △ABD는 $\overline{AD}=\overline{BD}$인 이등변삼각형이므로
$\angle DBA=\angle DAB=\angle x$
△ABD에서
$\angle BDC=\angle x+\angle x=2\angle x$
△BCD는 $\overline{BC}=\overline{BD}$인 이등변삼각형이므로
$2\angle x=70°$ $\therefore \angle x=35°$

12 △AGD에서 $\angle FGB=50°+40°=90°$
△FCE에서 $\angle GFB=35°+25°=60°$
따라서 △BGF에서
$\angle x=180°-(\angle FGB+\angle GFB)$
$=180°-(90°+60°)=30°$

13 오각형의 내각의 크기의 합은
$180°\times(5-2)=540°$이므로
$2\angle x+135°+2\angle x+130°+\angle x=540°$
$5\angle x+265°=540°$
$5\angle x=275°$ $\therefore \angle x=55°$

14 육각형의 외각의 크기의 합은 360°이므로
$60°+\underline{(180°-100°)}+\angle x+70°+40°+\underline{(180°-3\angle x)}$
$=360°$
$430°-2\angle x=360°$
$2\angle x=70°$ $\therefore \angle x=35°$

15 (한 내각의 크기)=180°−(그와 이웃하는 외각의 크기)이므로 크기가 가장 큰 외각과 이웃하는 내각의 크기가 가장 작다.
사각형의 외각의 크기의 합은 360°이므로
가장 큰 외각의 크기는
$360°\times\frac{4}{1+4+2+3}=360°\times\frac{4}{10}=144°$
따라서 가장 작은 내각의 크기는
$180°-144°=36°$

16 오른쪽 그림과 같이 보조선을 그으면
$\angle e+\angle f=\angle g+\angle h$이고, 사각형의 내각의 크기의 합은 360°이므로
$\angle a+\angle b+\angle c+\angle d+\underline{\angle e+\angle f}$
$=\angle a+\angle b+\angle c+\angle d+\underline{\angle g+\angle h}$
$=360°$

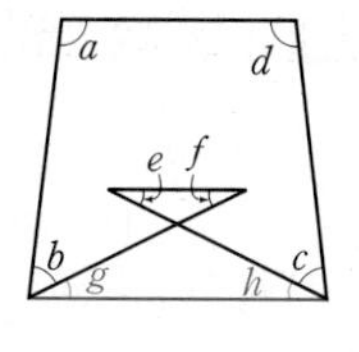

참고 맞꼭지각의 크기는 서로 같으므로
$\angle e+\angle f+\bullet=180°$
$\angle g+\angle h+\bullet=180°$
$\therefore \angle e+\angle f=\angle g+\angle h$

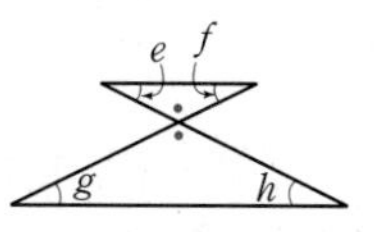

17 내각의 크기의 합이 2340°인 정다각형을 정n각형이라고 하면
$180°\times(n-2)=2340°$
$n-2=13$ $\therefore n=15$
따라서 정십오각형의 한 외각의 크기는
$\frac{360°}{15}=24°$

18 정다각형에서
(한 내각의 크기)+(한 외각의 크기)=180°이고
(한 내각의 크기) : (한 외각의 크기)=4 : 1이므로
(한 외각의 크기)$=180°\times\frac{1}{4+1}=180°\times\frac{1}{5}=36°$
주어진 정다각형을 정n각형이라고 하면
$\frac{360°}{n}=36°$ $\therefore n=10$
따라서 정십각형의 꼭짓점의 개수는 10개이다.
다른 풀이 한 외각의 크기 구하기
주어진 정다각형의 한 외각의 크기를 $\angle a$라고 하면
한 내각의 크기는 $4\angle a$이므로
$\angle a+4\angle a=180°$
$5\angle a=180°$ $\therefore \angle a=36°$
즉, 한 외각의 크기는 36°이다.

19 ① 한 내각의 크기가 140°인 정다각형을 정n각형이라고 하면
$\frac{180°\times(n-2)}{n}=140°$, $180°\times n-360°=140°\times n$
$40°\times n=360°$ $\therefore n=9$, 즉 정구각형
다른 풀이
한 외각의 크기는 $180°-140°=40°$이므로
$\frac{360°}{n}=40°$ $\therefore n=9$, 즉 정구각형
② 한 꼭짓점에서 그을 수 있는 대각선의 개수는
$9-3=6$(개)
③ 대각선의 개수는 $\frac{9\times(9-3)}{2}=27$(개)
④ 내각의 크기의 합은 $140°\times 9=1260°$
⑤ 한 외각의 크기는 $180°-140°=40°$이므로
$140° : 40°=7 : 2$
따라서 옳지 않은 것은 ④이다.

20 (1) 정오각형의 한 내각의 크기는

$\frac{180° \times (5-2)}{5} = 108°$이므로

$\angle B = 108°$

$\triangle ABC$는 $\overline{AB} = \overline{BC}$인 이등변삼각형이므로

$\angle BAC = \frac{1}{2} \times (180° - 108°)$

$= 36°$

(2) 같은 방법으로 하면

$\triangle ADE$에서 $\angle DAE = 36°$

$\therefore \angle x = \angle BAE - \angle BAC - \angle DAE$

$= 108° - 36° - 36°$

$= 36°$

3 쓱쓱 서술형 완성하기 P. 72~73

〈과정은 풀이 참조〉

따라 해보자	유제 1 $50°$	유제 2 $3240°$
연습해 보자	**1** $22°$	**2** $75°$
	3 $160°$	**4** $105°$

따라 해보자

유제 1 1단계 $\angle ABD = \angle DBC = \angle a$,

$\angle ACD = \angle DCE = \angle b$라고 하면

$\triangle ABC$에서

$2\angle b = \angle x + 2\angle a$이므로

$\angle b = \frac{1}{2}\angle x + \angle a$ … ㉠ … (i)

2단계 $\triangle DBC$에서

$\angle b = 25° + \angle a$ … ㉡ … (ii)

3단계 ㉠, ㉡에서 $\frac{1}{2}\angle x = 25°$

$\therefore \angle x = 50°$ … (iii)

채점 기준	비율
(i) $\triangle ABC$에서 식 세우기	40 %
(ii) $\triangle DBC$에서 식 세우기	30 %
(iii) $\angle x$의 크기 구하기	30 %

유제 2 1단계 한 외각의 크기가 $18°$인 정다각형을 정n각형이라고 하면

$\frac{360°}{n} = 18°$ $\therefore n = 20$, 즉 정이십각형 … (i)

2단계 따라서 정이십각형의 내각의 크기의 합은

$180° \times (20-2) = 3240°$ … (ii)

채점 기준	비율
(i) 한 외각의 크기가 $18°$인 정다각형 구하기	50 %
(ii) 정다각형의 내각의 크기의 합 구하기	50 %

연습해 보자

1 $\triangle BAC$가 $\overline{AB} = \overline{BC}$인 이등변삼각형이므로

$\angle BCA = \angle BAC = \angle a$

$\therefore \angle DBC = \angle a + \angle a = 2\angle a$ … (i)

$\triangle BCD$가 $\overline{BC} = \overline{CD}$인 이등변삼각형이므로

$\angle BDC = \angle DBC = 2\angle a$ … (ii)

따라서 $\triangle DAC$에서 $\angle a + 2\angle a = 66°$

$3\angle a = 66°$ $\therefore \angle a = 22°$ … (iii)

채점 기준	비율
(i) $\angle DBC$의 크기를 $\angle a$를 사용하여 나타내기	40 %
(ii) $\angle BDC$의 크기를 $\angle a$를 사용하여 나타내기	30 %
(iii) $\angle a$의 크기 구하기	30 %

2 사각형 ABCD에서 내각의 크기의 합은 $360°$이므로

$\angle B + \angle C = 360° - (\angle A + \angle D)$

$= 360° - 150° = 210°$ … (i)

$\angle IBC + \angle ICB = \frac{1}{2}\angle B + \frac{1}{2}\angle C = \frac{1}{2}(\angle B + \angle C)$

$= \frac{1}{2} \times 210° = 105°$ … (ii)

따라서 $\triangle IBC$에서

$\angle BIC = 180° - (\angle IBC + \angle ICB)$

$= 180° - 105° = 75°$ … (iii)

채점 기준	비율
(i) $\angle B + \angle C$의 크기 구하기	40 %
(ii) $\angle IBC + \angle ICB$의 크기 구하기	30 %
(iii) $\angle BIC$의 크기 구하기	30 %

3 한 꼭짓점에서 그을 수 있는 대각선의 개수가 15개인 정다각형을 정n각형이라고 하면

$n - 3 = 15$ $\therefore n = 18$ … (i)

따라서 정십팔각형의 한 내각의 크기는

$\frac{180° \times (18-2)}{18} = 160°$ … (ii)

채점 기준	비율
(i) 정다각형 구하기	50 %
(ii) 정다각형의 한 내각의 크기 구하기	50 %

4 정육각형의 한 내각의 크기는

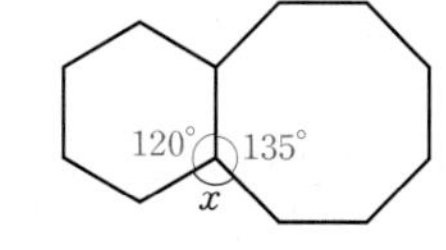

$\dfrac{180^\circ\times(6-2)}{6}=120^\circ$,

정팔각형의 한 내각의 크기는

$\dfrac{180^\circ\times(8-2)}{8}=135^\circ$이므로 … (i)

위의 그림에서

$120^\circ+\angle x+135^\circ=360^\circ$ $\therefore\ \angle x=105^\circ$ … (ii)

다른 풀이

오른쪽 그림과 같이 두 정다각형이 붙어 있는 변의 연장선을 그으면 정육각형의 한 외각의 크기는

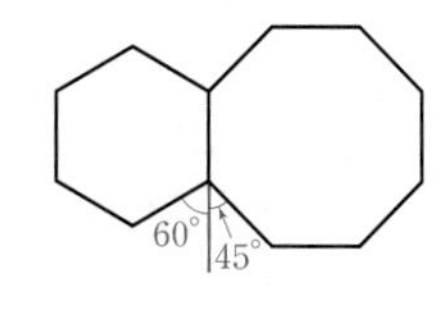

$\dfrac{360^\circ}{6}=60^\circ$,

정팔각형의 한 외각의 크기는 $\dfrac{360^\circ}{8}=45^\circ$이므로 … (i)

$\angle x=60^\circ+45^\circ=105^\circ$ … (ii)

채점 기준	비율
(i) 정육각형, 정팔각형의 한 내각(외각)의 크기 구하기	60 %
(ii) $\angle x$의 크기 구하기	40 %

건축 속 수학

P. 74

답 ㄱ, ㄴ, ㄹ

서로 합동인 것을 겹치지 않게 변끼리 붙였을 때 평면을 빈틈없이 채우려면 한 꼭짓점에 모인 정다각형의 내각의 크기의 합이 360°이어야 한다. 즉, 360°가 정다각형의 한 내각의 크기로 나누어떨어져야 한다.

ㄱ.

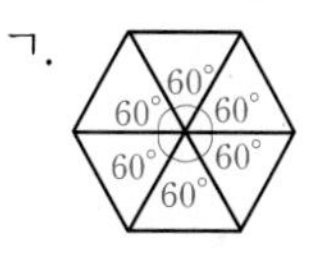

$60^\circ\times6=360^\circ$

ㄴ.

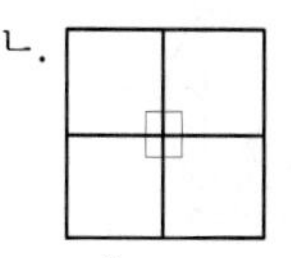

$90^\circ\times4=360^\circ$

ㄹ.

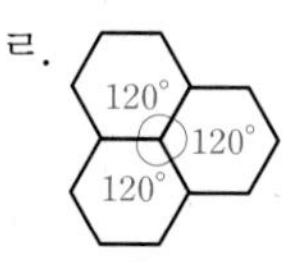

$120^\circ\times3=360^\circ$

따라서 구하는 정다각형은 ㄱ, ㄴ, ㄹ이다.

참고 정다각형으로 평면을 빈틈없이 채우려면 360°가 그 정다각형의 한 내각의 크기로 나누어떨어져야 한다. 즉, 정다각형의 한 내각의 크기가 360°의 약수이어야 하므로 평면을 빈틈없이 채울 수 있는 정다각형은 정삼각형, 정사각형, 정육각형뿐이다.

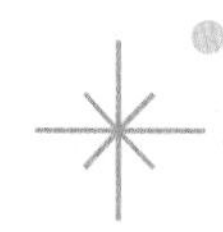

1 원과 부채꼴

P. 78

필수 문제 1

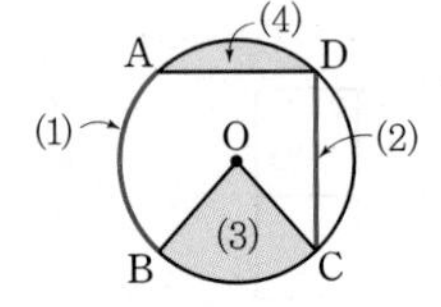

1-1 ㄱ, ㄹ

ㄴ. $\widehat{BC}$에 대한 중심각은 $\angle BOC$이다.
ㄷ. $\overline{AB}$와 $\widehat{AB}$로 둘러싸인 도형은 활꼴이다.
ㅁ. $\widehat{AB}$와 두 반지름 OA, OB로 둘러싸인 도형은 부채꼴이다.

1-2 $180°$

한 원에서 부채꼴과 활꼴이 같을 때는 오른쪽 그림과 같이 활꼴의 현이 지름인 경우, 즉 부채꼴이 반원인 경우이므로 부채꼴의 중심각의 크기는 $180°$이다.

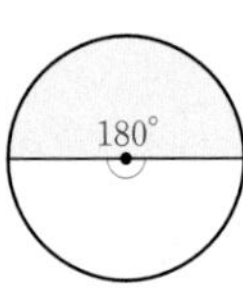

P. 79

필수 문제 2 (1) 16 (2) 100

(1) $4 : x = 20° : 80°$
$20x = 320 \quad \therefore x = 16$
(2) $15 : 6 = x° : 40°$
$6x = 600 \quad \therefore x = 100$

2-1 (1) 9 (2) 50

(1) $3 : x = 40° : 120°$
$40x = 360 \quad \therefore x = 9$
(2) $12 : 30 = x° : (2x° + 25°)$
$30x = 12(2x + 25)$
$30x = 24x + 300$
$6x = 300 \quad \therefore x = 50$

2-2 $150°$

$\widehat{AB} : \widehat{BC} : \widehat{CA} = 3 : 4 : 5$이므로
$\angle AOB : \angle BOC : \angle COA = 3 : 4 : 5$
$\therefore \angle AOC = 360° \times \dfrac{5}{3+4+5}$
$= 360° \times \dfrac{5}{12} = 150°$

P. 80

개념 확인 반지름, $\angle COD$, $\equiv$, SAS, $\overline{CD}$

필수 문제 3 (1) 8 (2) 35

(1) $\angle AOB = \angle COD$이므로
$\overline{CD} = \overline{AB} = 8\,\text{cm}$
$\therefore x = 8$
(2) $\overline{AB} = \overline{CD}$이므로
$\angle AOB = \angle COD = 35°$
$\therefore x = 35$

3-1 $90°$

$\overline{AB} = \overline{CD} = \overline{DE}$이므로
$\angle AOB = \angle COD = \angle DOE = 45°$
$\therefore \angle COE = \angle COD + \angle DOE$
$= 45° + 45° = 90°$

3-2 ㄱ, ㄴ, ㄷ

ㄹ. 현의 길이는 중심각의 크기에 정비례하지 않는다.

STEP 1 쏙쏙 개념 익히기 P. 81~82

1	④	2	10 cm	3	40	4	9 cm^2
5	80°	6	30 cm	7	②, ④	8	36°
9	④						

1 ④ $\overline{AE}$, $\widehat{AE}$로 이루어진 활꼴은 오른쪽 그림의 색칠한 부분과 같다.

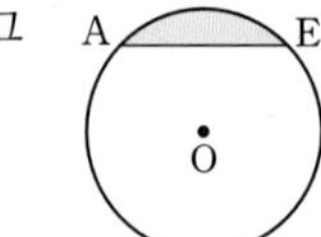

2 원에서 길이가 가장 긴 현은 원의 지름이므로 그 길이는 $5 \times 2 = 10(\text{cm})$

3 $6 : 30 = x° : 150°$, $30x = 900 \quad \therefore x = 30$
$y : 30 = 50° : 150°$, $150y = 1500 \quad \therefore y = 10$
$\therefore x + y = 30 + 10 = 40$

4 부채꼴 AOB의 넓이를 $x\text{cm}^2$라고 하면
$27 : x = 90° : 30°$
$90x = 810 \quad \therefore x = 9$
따라서 부채꼴 AOB의 넓이는 9cm^2이다.

5 $\widehat{AB} : \widehat{BC} = 5 : 4$이므로
$\angle AOB : \angle BOC = 5 : 4$
이때 $\angle AOC = 180°$이므로
$\angle BOC = 180° \times \frac{4}{5+4} = 180° \times \frac{4}{9} = 80°$

6 오른쪽 그림과 같이 $\overline{OC}$를 그으면
$\widehat{AC} = \widehat{BC}$이므로 $\angle AOC = \angle BOC$
즉, $\overline{BC} = \overline{AC} = 7\text{cm}$
따라서 색칠한 부분의 둘레의 길이는
$(8+7) \times 2 = 30(\text{cm})$

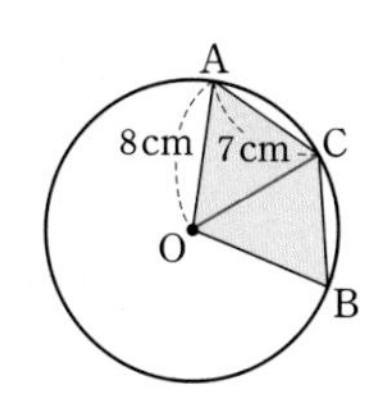

7 ② $\overline{AB} = \overline{ED} < 2\overline{CD}$
④ $2 \times (\triangle ODC$의 넓이$)$
$= (\triangle ODC$의 넓이$)$
$\quad + (\triangle OCE$의 넓이$)$
$= (\triangle ODE$의 넓이$)$
$\quad + (\triangle EDC$의 넓이$)$
$= (\triangle OAB$의 넓이$) + (\triangle EDC$의 넓이$)$
$\therefore (\triangle OAB$의 넓이$) < 2 \times (\triangle ODC$의 넓이$)$

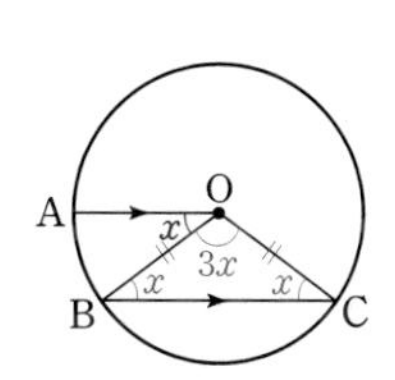

8 $\overline{AO} /\!/ \overline{BC}$이므로
$\angle OBC = \angle AOB = \angle x$ (엇각)
이때 $\triangle OBC$가 $\overline{OB} = \overline{OC}$인 이등변삼각형이므로
$\angle OCB = \angle OBC = \angle x$
또 $\widehat{BC} = 3\widehat{AB}$이므로
$\angle BOC = 3\angle AOB = 3\angle x$
따라서 $\triangle OBC$에서
$3\angle x + \angle x + \angle x = 180°$
$5\angle x = 180° \quad \therefore \angle x = 36°$

9 $\overline{OC} /\!/ \overline{AB}$이므로
$\angle OBA = \angle COB = \angle x$ (엇각)
이때 $\triangle OAB$가 $\overline{OA} = \overline{OB}$인 이등변삼각형이므로
$\angle OAB = \angle OBA = \angle x$
또 $\widehat{AB} : \widehat{BC} = 2 : 1$이므로
$\angle AOB : \angle BOC = 2 : 1 \qquad \therefore \angle AOB = 2\angle x$
따라서 $\triangle OAB$에서
$2\angle x + \angle x + \angle x = 180°$
$4\angle x = 180° \quad \therefore \angle x = 45°$

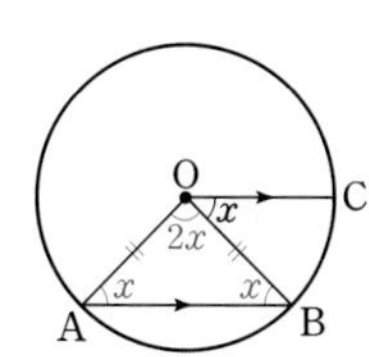

2 부채꼴의 호의 길이와 넓이

P. 83

필수 문제 1 (1) $8\pi\text{ cm}$, $16\pi\text{ cm}^2$ (2) $14\pi\text{ cm}$, $21\pi\text{ cm}^2$

(1) 반지름의 길이가 4 cm이므로
(원의 둘레의 길이)$= 2\pi \times 4 = 8\pi(\text{cm})$
(원의 넓이)$= \pi \times 4^2 = 16\pi(\text{cm}^2)$

(2) (색칠한 부분의 둘레의 길이)$= 2\pi \times 5 + 2\pi \times 2$
$= 14\pi(\text{cm})$
(색칠한 부분의 넓이)$= \pi \times 5^2 - \pi \times 2^2$
$= 21\pi(\text{cm}^2)$

1-1 (1) $(5\pi + 10)\text{ cm}$, $\frac{25}{2}\pi\text{ cm}^2$ (2) $18\pi\text{ cm}$, $27\pi\text{ cm}^2$

(1) 반지름의 길이가 5 cm이므로
(반원의 둘레의 길이)$= (2\pi \times 5) \times \frac{1}{2} + 10$
$= 5\pi + 10(\text{cm})$
(반원의 넓이)$= (\pi \times 5^2) \times \frac{1}{2} = \frac{25}{2}\pi(\text{cm}^2)$

(2) (색칠한 부분의 둘레의 길이)$= 2\pi \times 6 + 2\pi \times 3$
$= 18\pi(\text{cm})$
(색칠한 부분의 넓이)$= \pi \times 6^2 - \pi \times 3^2$
$= 27\pi(\text{cm}^2)$

P. 84

개념 확인 (1) 4, 45, π (2) 4, 45, 2π

필수 문제 2 (1) $5\pi\text{ cm}$, $15\pi\text{ cm}^2$ (2) $12\pi\text{ cm}$, $54\pi\text{ cm}^2$

(1) (호의 길이)$= 2\pi \times 6 \times \frac{150}{360} = 5\pi(\text{cm})$
(넓이)$= \pi \times 6^2 \times \frac{150}{360} = 15\pi(\text{cm}^2)$

(2) (호의 길이)$= 2\pi \times 9 \times \frac{240}{360} = 12\pi(\text{cm})$
(넓이)$= \pi \times 9^2 \times \frac{240}{360} = 54\pi(\text{cm}^2)$

2-1 $2\pi\text{ cm}$, $12\pi\text{ cm}^2$

(호의 길이)$= 2\pi \times 12 \times \frac{30}{360} = 2\pi(\text{cm})$
(넓이)$= \pi \times 12^2 \times \frac{30}{360} = 12\pi(\text{cm}^2)$

2-2 (1) $(4\pi + 8)\text{ cm}$, $8\pi\text{ cm}^2$
(2) $(3\pi + 12)\text{ cm}$, $(36 - 9\pi)\text{ cm}^2$

(1) (색칠한 부분의 둘레의 길이)
$= 2\pi \times 8 \times \frac{60}{360} + 2\pi \times 4 \times \frac{60}{360} + 4 \times 2$
$= \frac{8}{3}\pi + \frac{4}{3}\pi + 8 = 4\pi + 8(\text{cm})$

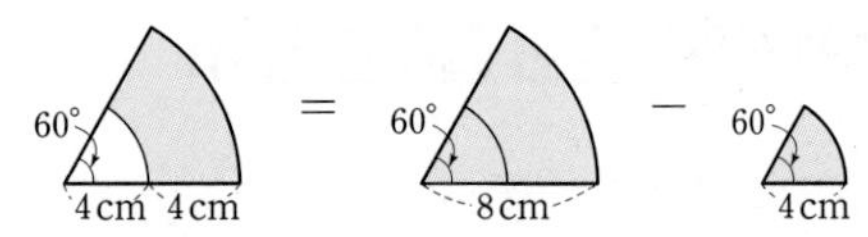

$\therefore$ (색칠한 부분의 넓이)$=\pi\times8^2\times\frac{60}{360}-\pi\times4^2\times\frac{60}{360}$

$=\frac{32}{3}\pi-\frac{8}{3}\pi=8\pi(\text{cm}^2)$

(2) (색칠한 부분의 둘레의 길이)$=2\pi\times6\times\frac{90}{360}+6+6$

$=3\pi+12(\text{cm})$

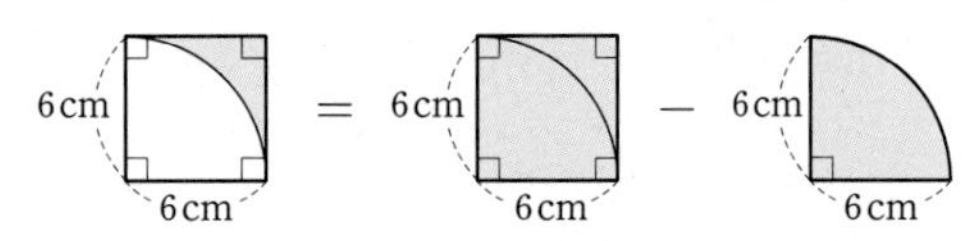

$\therefore$ (색칠한 부분의 넓이)$=6\times6-\pi\times6^2\times\frac{90}{360}$

$=36-9\pi(\text{cm}^2)$

P. 85

개념 확인 2π, 6π

필수 문제 3 (1) 10π cm² (2) 40π cm²

(1) (부채꼴의 넓이)$=\frac{1}{2}\times5\times4\pi=10\pi(\text{cm}^2)$

(2) (부채꼴의 넓이)$=\frac{1}{2}\times8\times10\pi=40\pi(\text{cm}^2)$

3-1 (1) 6π cm² (2) 120π cm²

(1) (부채꼴의 넓이)$=\frac{1}{2}\times4\times3\pi=6\pi(\text{cm}^2)$

(2) (부채꼴의 넓이)$=\frac{1}{2}\times12\times20\pi=120\pi(\text{cm}^2)$

3-2 5π cm

부채꼴의 호의 길이를 l cm라고 하면

$\frac{1}{2}\times6\times l=15\pi$, $3l=15\pi$ $\therefore l=5\pi$

따라서 부채꼴의 호의 길이는 5π cm이다.

STEP 1 쏙쏙 개념 익히기 P. 87~88

1 (1) 7 cm (2) 9π cm²
2 (1) 24π cm, 18π cm² (2) $(4\pi+8)$ cm, $(16-4\pi)$ cm²
3 $\frac{10}{3}\pi$ cm, $\frac{25}{3}\pi$ cm² **4** ③ **5** 30π cm²
6 (1) 12 cm (2) 225°
7 (1) $\frac{160}{3}\pi$ cm² (2) $(\pi-2)$ cm²
8 6π cm, $(18\pi-36)$ cm²
9 32π cm² **10** 450 cm²

1 (1) 원의 반지름의 길이를 r cm라고 하면

$2\pi r=14\pi$ $\therefore r=7$

따라서 원의 반지름의 길이는 7 cm이다.

(2) 원의 반지름의 길이를 r cm라고 하면

$2\pi r=6\pi$ $\therefore r=3$

따라서 원의 반지름의 길이는 3 cm이므로

원의 넓이는 $\pi\times3^2=9\pi(\text{cm}^2)$

2 (1) (색칠한 부분의 둘레의 길이)$=2\pi\times6+(2\pi\times3)\times2$

$=24\pi(\text{cm})$

(색칠한 부분의 넓이)$=\pi\times6^2-(\pi\times3^2)\times2$

$=18\pi(\text{cm}^2)$

(2) (색칠한 부분의 둘레의 길이)$=2\pi\times2+4\times2$

$=4\pi+8(\text{cm})$

(색칠한 부분의 넓이)$=4\times4-\left\{(\pi\times2^2)\times\frac{1}{2}\right\}\times2$

$=16-4\pi(\text{cm}^2)$

3 (호의 길이)$=2\pi\times5\times\frac{120}{360}=\frac{10}{3}\pi(\text{cm})$

(넓이)$=\pi\times5^2\times\frac{120}{360}=\frac{25}{3}\pi(\text{cm}^2)$

4 부채꼴의 중심각의 크기를 $x°$라고 하면

$2\pi\times24\times\frac{x}{360}=10\pi$ $\therefore x=75$

따라서 부채꼴의 중심각의 크기는 75°이다.

5 (부채꼴의 넓이)$=\frac{1}{2}\times6\times10\pi=30\pi(\text{cm}^2)$

6 (1) 부채꼴의 반지름의 길이를 r cm라고 하면

$\frac{1}{2}\times r\times15\pi=90\pi$ $\therefore r=12$

따라서 부채꼴의 반지름의 길이는 12 cm이다.

(2) 부채꼴의 중심각의 크기를 $x°$라고 하면

$2\pi\times12\times\frac{x}{360}=15\pi$ $\therefore x=225$

따라서 부채꼴의 중심각의 크기는 225°이다.

7 (1) (색칠한 부분의 넓이)$=\pi\times12^2\times\frac{150}{360}-\pi\times4^2\times\frac{150}{360}$

$=60\pi-\frac{20}{3}\pi$

$=\frac{160}{3}\pi(\text{cm}^2)$

(2)

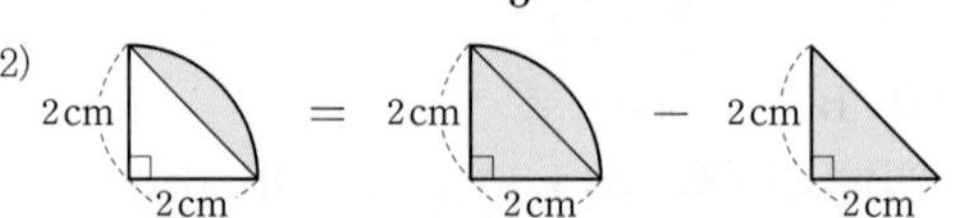

$\therefore$ (색칠한 부분의 넓이)$=\pi\times2^2\times\frac{90}{360}-\frac{1}{2}\times2\times2$

$=\pi-2(\text{cm}^2)$

8 (색칠한 부분의 둘레의 길이)$=\left(2\pi\times6\times\frac{90}{360}\right)\times2$

$=6\pi(\text{cm})$

오른쪽 그림과 같이 보조선을 그으면

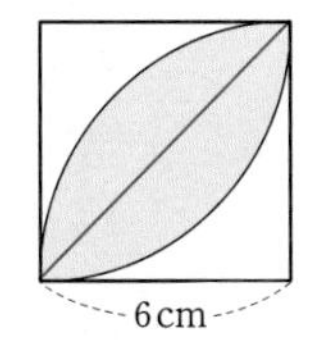

(색칠한 부분의 넓이)

=(두 활꼴의 넓이의 합)

$=\left(\pi\times6^2\times\frac{90}{360}-\frac{1}{2}\times6\times6\right)\times2$

$=18\pi-36(\text{cm}^2)$

9 오른쪽 그림과 같이 색칠한 부분을 이동하면

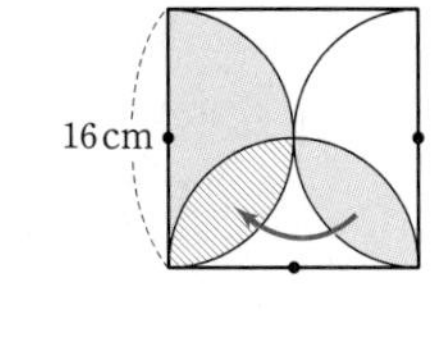

(색칠한 부분의 넓이)

=(반원의 넓이)

$=(\pi\times8^2)\times\frac{1}{2}=32\pi(\text{cm}^2)$

10 오른쪽 그림과 같이 색칠한 부분을 이동하면

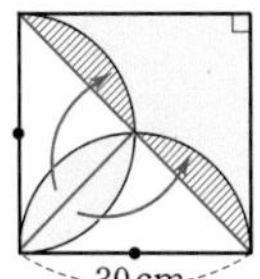

(색칠한 부분의 넓이)

=(직각삼각형의 넓이)

$=\frac{1}{2}\times30\times30=450(\text{cm}^2)$

STEP 2 탄탄 단원 다지기 P. 89~91

1 ③, ⑤ **2** 60° **3** 27 cm **4** ③ **5** ④
6 30 **7** 48π cm² **8** ⑤ **9** ①, ③
10 12π cm, 12π cm² **11** ④ **12** ⑤
13 ④ **14** ② **15** $(200\pi-400)$ cm²
16 $(36-6\pi)$ cm² **17** 9π cm, $(9\pi-18)$ cm²
18 18π cm² **19** ①

1 ① 반원은 활꼴이다.

② 원 위의 두 점을 이은 선분은 현이다.

④ 원에서 길이가 가장 긴 현은 원의 지름이므로 그 길이는 $3\times2=6(\text{cm})$

따라서 옳은 것은 ③, ⑤이다.

2 $\overline{OA}=\overline{OB}=\overline{AB}$이므로 △OAB는 정삼각형이다.

∴ (호 AB에 대한 중심각의 크기)$=\angle AOB=60^\circ$

3 $\angle COD=180^\circ-(40^\circ+20^\circ)=120^\circ$이므로

$9:\widehat{CD}=40^\circ:120^\circ$, $40\widehat{CD}=1080$

$\therefore \widehat{CD}=27(\text{cm})$

4 $\overline{AO}\,/\!/\,\overline{BC}$이므로

$\angle OBC=\angle AOB=50^\circ$ (엇각)

이때 △OBC가 $\overline{OB}=\overline{OC}$인 이등변삼각형이므로

$\angle OCB=\angle OBC=50^\circ$

$\therefore \angle BOC=180^\circ-(50^\circ+50^\circ)=80^\circ$

$10:\widehat{BC}=50^\circ:80^\circ$이므로

$50\widehat{BC}=800$ $\therefore \widehat{BC}=16(\text{cm})$

5 △DPO가 $\overline{OD}=\overline{DP}$인 이등변삼각형이므로

$\angle DOP=\angle DPO=25^\circ$

$\therefore \angle ODC=\angle DOP+\angle DPO=25^\circ+25^\circ=50^\circ$

△OCD가 $\overline{OC}=\overline{OD}$인 이등변삼각형이므로

$\angle OCD=\angle ODC=50^\circ$

△OCP에서

$\angle AOC=\angle OCP+\angle OPC=50^\circ+25^\circ=75^\circ$

따라서 $\widehat{AC}:6=75^\circ:25^\circ$이므로

$25\widehat{AC}=450$ $\therefore \widehat{AC}=18(\text{cm})$

6 $6:18=x^\circ:(2x^\circ+30^\circ)$, $18x=6(2x+30)$

$18x=12x+180$, $6x=180$ $\therefore x=30$

7 부채꼴의 넓이는 중심각의 크기에 정비례하므로

(부채꼴 AOB의 넓이)$=144\pi\times\frac{6}{6+5+7}$

$=144\pi\times\frac{1}{3}=48\pi(\text{cm}^2)$

8 $\overline{AC}\,/\!/\,\overline{OD}$이므로 $\angle CAO=\angle DOB$ (동위각)

오른쪽 그림과 같이 $\overline{OC}$를 그으면

△AOC가 $\overline{OA}=\overline{OC}$인 이등변삼각형이므로

$\angle OCA=\angle OAC$

$\overline{AC}\,/\!/\,\overline{OD}$이므로

$\angle COD=\angle OCA$ (엇각)

따라서 $\angle BOD=\angle COD$이므로

$\overline{BD}=\overline{CD}=10$ cm

9 ① 부채꼴의 넓이는 현의 길이에 정비례하지 않는다.

③ 크기가 같은 중심각에 대한 호의 길이와 현의 길이는 각각 같다.

10 (색칠한 부분의 둘레의 길이)

$=(2\pi\times6)\times\frac{1}{2}+(2\pi\times4)\times\frac{1}{2}+(2\pi\times2)\times\frac{1}{2}$

$=6\pi+4\pi+2\pi=12\pi(\text{cm})$

(색칠한 부분의 넓이)

$=(\pi\times6^2)\times\frac{1}{2}-(\pi\times4^2)\times\frac{1}{2}+(\pi\times2^2)\times\frac{1}{2}$

$=18\pi-8\pi+2\pi=12\pi(\text{cm}^2)$

11 부채꼴의 중심각의 크기를 $x°$라고 하면

$\pi\times8^2\times\dfrac{x}{360}=\dfrac{64}{3}\pi$ $\therefore x=120$

따라서 부채꼴의 중심각의 크기는 120°이다.

12 부채꼴의 호의 길이를 l cm라고 하면

$\dfrac{1}{2}\times9\times l=27\pi$ $\therefore l=6\pi$

따라서 부채꼴의 호의 길이는 6π cm이므로

(부채꼴의 둘레의 길이)$=6\pi+9+9=6\pi+18$(cm)

13 정오각형의 한 내각의 크기는 $\dfrac{180°\times(5-2)}{5}=108°$

$\therefore$ (색칠한 부분의 둘레의 길이)$=2\pi\times20\times\dfrac{108}{360}+20\times3$

$=12\pi+60$(cm)

14 (색칠한 부분의 넓이)$=\pi\times8^2\times\dfrac{90}{360}-(\pi\times4^2)\times\dfrac{1}{2}$

$=16\pi-8\pi=8\pi$(cm^2)

15

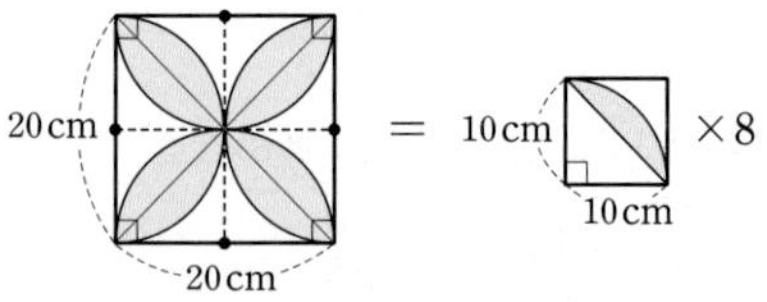

$\therefore$ (색칠한 부분의 넓이)

$=\left(\pi\times10^2\times\dfrac{90}{360}-\dfrac{1}{2}\times10\times10\right)\times8$

$=(25\pi-50)\times8=200\pi-400$(cm^2)

16 $\overline{BE}=\overline{EC}=\overline{BC}$ (원의 반지름)이므로 △EBC는 정삼각형이다.

즉, ∠EBC=60°이므로 ∠ABE=90°−60°=30°

$\therefore$ (색칠한 부분의 넓이)

=(사각형 ABCD의 넓이)−(부채꼴 ABE의 넓이)×2

$=6\times6-\left(\pi\times6^2\times\dfrac{30}{360}\right)\times2$

$=36-6\pi$(cm^2)

17 (색칠한 부분의 둘레의 길이)

$=2\pi\times6\times\dfrac{90}{360}+\left\{(2\pi\times3)\times\dfrac{1}{2}\right\}\times2$

$=3\pi+6\pi=9\pi$(cm)

오른쪽 그림과 같이 도형을 이동시키면 색칠한 부분의 넓이는 활꼴의 넓이와 같으므로

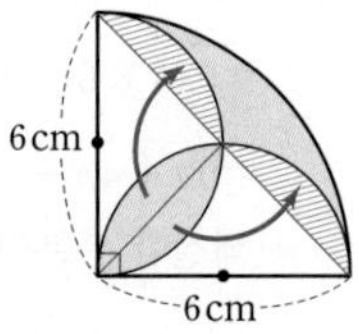

(색칠한 부분의 넓이)

$=\pi\times6^2\times\dfrac{90}{360}-\dfrac{1}{2}\times6\times6$

$=9\pi-18$(cm^2)

18

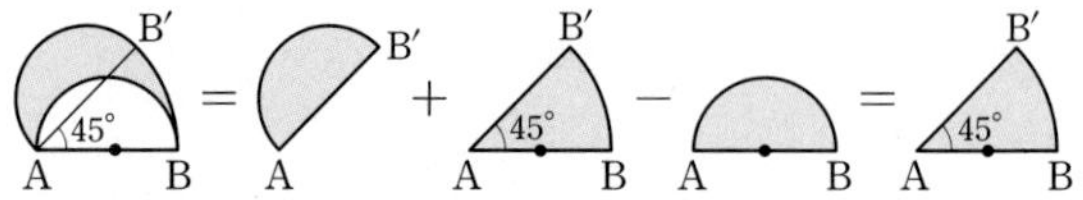

$\therefore$ (색칠한 부분의 넓이)

=(부채꼴 B′AB의 넓이)

$=\pi\times12^2\times\dfrac{45}{360}$

$=18\pi$(cm^2)

19 오른쪽 그림과 같이 점 A가 움직인 거리는 반지름의 길이가 12, 중심각의 크기가 120°인 부채꼴의 호의 길이와 같으므로

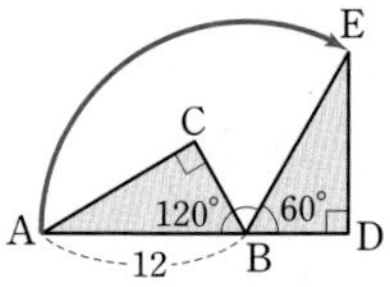

(점 A가 움직인 거리)

$=2\pi\times12\times\dfrac{120}{360}$

$=8\pi$

STEP 3 쓱쓱 서술형 완성하기 P. 92~93

〈과정은 풀이 참조〉

따라 해보자 유제 1 160° 유제 2 $(6\pi+16)$ cm

연습해 보자 **1** 28 cm **2** $\dfrac{27}{2}\pi$ cm^2

3 6 cm^2 **4** 113π m^2

따라 해보자

유제 1 (1단계) 호의 길이는 중심각의 크기에 정비례하고

$\widehat{AB}:\widehat{BC}:\widehat{CA}=2:3:4$이므로

∠AOB : ∠BOC : ∠COA=2 : 3 : 4 ⋯ (i)

(2단계) $\angle AOC=360°\times\dfrac{4}{2+3+4}$

$=360°\times\dfrac{4}{9}=160°$ ⋯ (ii)

채점 기준	비율
(i) ∠AOB : ∠BOC : ∠COA를 가장 간단한 자연수의 비로 나타내기	50 %
(ii) ∠AOC의 크기 구하기	50 %

유제 2 (1단계) (큰 부채꼴의 호의 길이)

$=2\pi\times(8+8)\times\dfrac{45}{360}$

$=4\pi$(cm) ⋯ (i)

2단계 (작은 부채꼴의 호의 길이)

$=2\pi\times8\times\frac{45}{360}$

$=2\pi$(cm) … (ii)

3단계 (색칠한 부분의 둘레의 길이)

$=4\pi+2\pi+8\times2$

$=6\pi+16$(cm) … (iii)

채점 기준	비율
(i) 큰 부채꼴의 호의 길이 구하기	40 %
(ii) 작은 부채꼴의 호의 길이 구하기	40 %
(iii) 색칠한 부분의 둘레의 길이 구하기	20 %

연습해 보자

1 $\overline{AC}/\!/\overline{OD}$이므로

$\angle OAC=\angle BOD=20^\circ$(동위각) … (i)

오른쪽 그림과 같이 $\overline{OC}$를 그으면

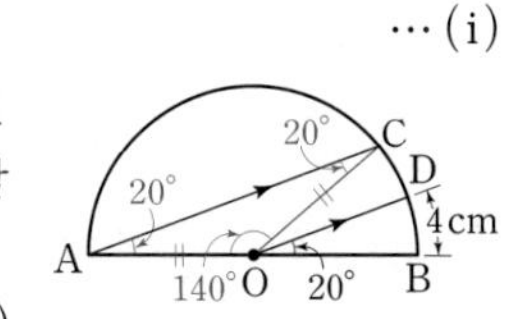

$\triangle AOC$가 $\overline{OA}=\overline{OC}$인 이등변삼각형이므로

$\angle OCA=\angle OAC=20^\circ$ … (ii)

$\therefore\ \angle AOC=180^\circ-(20^\circ+20^\circ)$

$=140^\circ$ … (iii)

따라서 $\widehat{AC}:4=140^\circ:20^\circ$이므로

$20\widehat{AC}=560$ $\therefore\ \widehat{AC}=28$(cm) … (iv)

채점 기준	비율
(i) $\angle OAC$의 크기 구하기	20 %
(ii) $\angle OCA$의 크기 구하기	20 %
(iii) $\angle AOC$의 크기 구하기	20 %
(iv) $\widehat{AC}$의 길이 구하기	40 %

2 부채꼴의 반지름의 길이를 r cm라고 하면

$2\pi r\times\frac{60}{360}=3\pi$ $\therefore\ r=9$

따라서 부채꼴의 반지름의 길이가 9 cm이므로 … (i)

부채꼴의 넓이는

$\pi\times9^2\times\frac{60}{360}=\frac{27}{2}\pi$(cm²) … (ii)

다른 풀이

부채꼴의 반지름의 길이를 r cm라고 하면

$2\pi r\times\frac{60}{360}=3\pi$ $\therefore\ r=9$

따라서 부채꼴의 반지름의 길이가 9 cm이므로 … (i)

부채꼴의 넓이는

$\frac{1}{2}\times9\times3\pi=\frac{27}{2}\pi$(cm²) … (ii)

채점 기준	비율
(i) 부채꼴의 반지름의 길이 구하기	60 %
(ii) 부채꼴의 넓이 구하기	40 %

3 [그림] = [그림] + [그림] + [그림] − [그림]

(색칠한 부분의 넓이)

=(지름이 $\overline{AB}$인 반원의 넓이)+(지름이 $\overline{AC}$인 반원의 넓이)

+($\triangle ABC$의 넓이)−(지름이 $\overline{BC}$인 반원의 넓이)

$=\left\{\pi\times\left(\frac{3}{2}\right)^2\right\}\times\frac{1}{2}+(\pi\times2^2)\times\frac{1}{2}+\frac{1}{2}\times3\times4$

$-\left\{\pi\times\left(\frac{5}{2}\right)^2\right\}\times\frac{1}{2}$ … (i)

$=\frac{9}{8}\pi+2\pi+6-\frac{25}{8}\pi=6$(cm²) … (ii)

채점 기준	비율
(i) 색칠한 부분의 넓이를 구하는 식 세우기	75 %
(ii) 색칠한 부분의 넓이 구하기	25 %

4 강아지가 울타리 밖에서 최대한 움직일 수 있는 영역은 오른쪽 그림의 색칠한 부분과 같다.

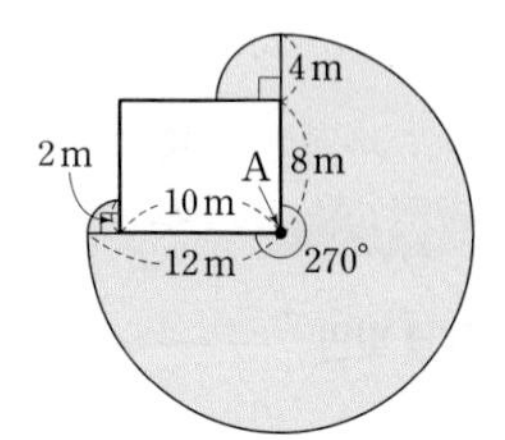

따라서 구하는 넓이는

$\pi\times2^2\times\frac{90}{360}+\pi\times12^2\times\frac{270}{360}$

$+\pi\times4^2\times\frac{90}{360}$ … (i)

$=\pi+108\pi+4\pi=113\pi$(m²) … (ii)

채점 기준	비율
(i) 식 세우기	70 %
(ii) 답 구하기	30 %

스포츠 속 수학 P. 94

답 **540π m²**

(색칠한 부분의 넓이)

=(반지름의 길이가 44 m이고 중심각의 크기가 45°인 부채꼴의 넓이)

−(반지름의 길이가 24 m이고 중심각의 크기가 45°인 부채꼴의 넓이)

+(반지름의 길이가 84 m이고 중심각의 크기가 45°인 부채꼴의 넓이)

−(반지름의 길이가 64 m이고 중심각의 크기가 45°인 부채꼴의 넓이)

$=\pi\times44^2\times\frac{45}{360}-\pi\times24^2\times\frac{45}{360}+\pi\times84^2\times\frac{45}{360}$

$-\pi\times64^2\times\frac{45}{360}$

$=242\pi-72\pi+882\pi-512\pi$

$=540\pi$(m²)

1 다면체

P. 98

필수 문제 1 ㄱ, ㄷ, ㄹ

ㄴ, ㅁ. 다각형이 아닌 원이나 곡면으로 둘러싸여 있다.
따라서 다면체는 ㄱ, ㄷ, ㄹ이다.

1-1 ④

④ 모서리의 개수는 9개이다.

1-2 칠면체

주어진 다면체는 면의 개수가 7개이므로 칠면체이다.

P. 99

개념 확인

겨냥도			
이름	오각기둥	오각뿔	오각뿔대
옆면의 모양	직사각형	삼각형	사다리꼴
꼭짓점의 개수	10개	6개	10개
모서리의 개수	15개	10개	15개
면의 개수	7개	6개	7개

필수 문제 2 ④

면의 개수는 각각 다음과 같다.

① 삼각뿔대: 5개
　3　+2

② 오각기둥: 7개
　5　+2

③ 직육면체: 6개
　6

④ 칠각뿔: 8개
　7　+1

⑤ 오각뿔대: 7개
　5　+2

따라서 면의 개수가 가장 많은 것은 ④이다.

2-1 ③

주어진 다면체의 면의 개수와 꼭짓점의 개수를 각각 구하면 다음과 같다.

다면체	① 사각뿔대	② 육각기둥	③ 육각뿔	④ 팔각뿔대	⑤ 구각기둥
면의 개수	$4+2$ $=6$(개)	$6+2$ $=8$(개)	$6+1$ $=7$(개)	$8+2$ $=10$(개)	$9+2$ $=11$(개)
꼭짓점의 개수	4×2 $=8$(개)	6×2 $=12$(개)	$6+1$ $=7$(개)	8×2 $=16$(개)	9×2 $=18$(개)

따라서 면의 개수와 꼭짓점의 개수가 같은 것은 ③이다.

STEP 1 쏙쏙 개념 익히기 P. 100

1 5개 **2** ①, ③ **3** ⑤
4 (1) 각뿔대 (2) 육각뿔대 **5** ②

1 다면체, 즉 다각형인 면으로만 둘러싸인 입체도형은 ㄱ, ㄴ, ㄹ, ㅅ, ㅇ의 5개이다.

2 면의 개수는 각각 다음과 같다.

① 사각기둥: 6개
　4　+2

② 오각기둥: 7개
　5　+2

③ 오각뿔: 6개
　5　+1

④ 육각뿔: 7개
　6　+1

⑤ 육각뿔대: 8개
　6　+2

따라서 육면체는 ①, ③이다.

3 ⑤ 오각뿔 – 삼각형

4 (1) (가)에서 두 밑면이 서로 평행한 입체도형은 각기둥, 각뿔대이고, (나)에서 옆면의 모양이 직사각형이 아닌 사다리꼴인 입체도형은 각뿔대이다.
(2) (다)에서 팔면체이므로 각뿔대의 밑면 2개를 빼면 6개의 옆면을 가진다. 즉, 밑면의 모양이 육각형이므로 구하는 입체도형은 육각뿔대이다.

5 (가), (나)에서 주어진 다면체는 각기둥이므로 n각기둥이라고 하면
(다)에서 $2n=14$ $\quad\therefore n=7$
따라서 조건을 모두 만족시키는 다면체는 칠각기둥이다.

2 정다면체

P. 101

필수 문제 1 (1) ㄱ, ㄷ, ㅁ (2) ㄹ
(3) ㄱ, ㄴ, ㄹ (4) ㄷ

1-1 정팔면체

(가), (나)에서 모든 면이 합동인 정다각형이고 각 꼭짓점에 모인 면의 개수가 같으므로 정다면체이다.
(가) 모든 면이 합동인 정삼각형이다.
⇨ 정사면체, 정팔면체, 정이십면체
(나) 한 꼭짓점에 모인 면의 개수는 4개이다.
⇨ 정팔면체
따라서 조건을 모두 만족시키는 다면체는 정팔면체이다.

1-2 30

정육면체의 면의 개수는 6개이므로 $a=6$

정팔면체의 모서리의 개수는 12개이므로 $b=12$

정이십면체의 꼭짓점의 개수는 12개이므로 $c=12$

$\therefore a+b+c=6+12+12=30$

P. 102

개념 확인

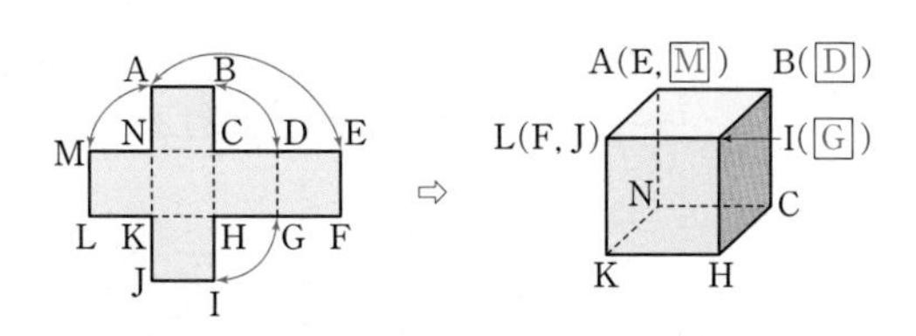

(1) 정육면체 (2) M, $\overline{ED}$

필수 문제 2 (1) 정팔면체 (2) 점 I (3) $\overline{GF}$ (4) $\overline{ED}$(또는 $\overline{EF}$)

(1) 정삼각형 8개로 이루어진 정다면체는 정팔면체이다.

(2) 주어진 전개도로 만들어지는 정팔면체는 다음 그림과 같다.

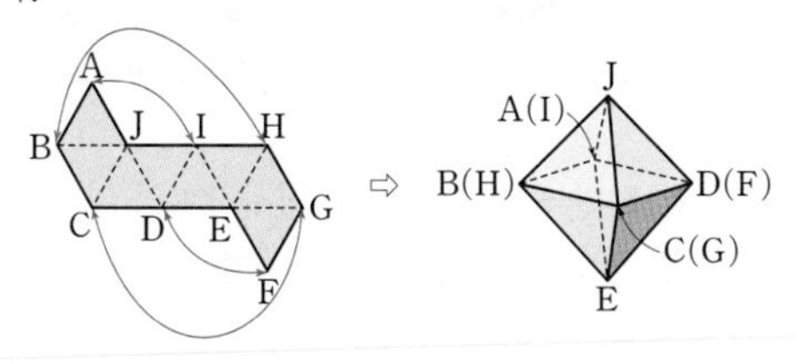

점 A와 겹치는 꼭짓점은 점 I이다.

(3) $\overline{CD}$와 겹치는 모서리는 $\overline{GF}$이다.

(4) $\overline{BJ}$와 평행한 모서리는 $\overline{ED}$(또는 $\overline{EF}$)이다.

2-1 (1) 정사면체 (2) $\overline{CF}$

(1) 정삼각형 4개로 이루어진 정다면체는 정사면체이다.

(2) 주어진 전개도로 만들어지는 정사면체는 다음 그림과 같다.

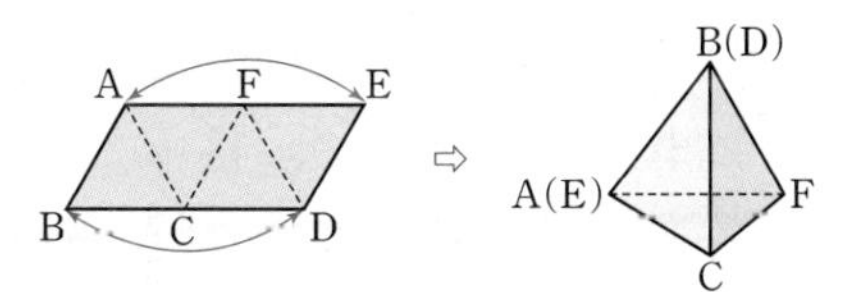

$\overline{AB}$와 꼬인 위치에 있는 모서리는 $\overline{CF}$이다.

STEP 1 쏙쏙 개념 익히기 P. 104

1 ③ **2** ③, ⑤

3 각 꼭짓점에 모인 면의 개수가 모두 같지 않다.

4 ④

1 ③ 정십이면체의 면의 모양은 정오각형이다.

2 ③ 정사면체의 꼭짓점의 개수는 4개이다.

⑤ 한 꼭짓점에 모인 면의 개수가 3개인 정다면체는 정사면체, 정육면체, 정십이면체이다.

3 오른쪽 그림과 같이 각 꼭짓점에 모인 면의 개수가 4개 또는 5개로 같지 않으므로 정다면체가 아니다.

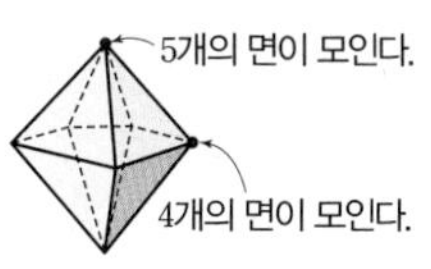

4 ① 정삼각형 20개로 이루어진 정다면체는 정이십면체이다.

② 모든 면의 모양은 정삼각형이다.

③ 꼭짓점의 개수는 12개이다.

⑤ 한 꼭짓점에 모인 면의 개수는 5개이다.

따라서 옳은 것은 ④이다.

3 회전체

P. 105

필수 문제 1 ㄱ, ㄷ, ㅁ

ㄴ, ㄹ. 다면체

1-1 ㄴ, ㅁ, ㅇ

ㄱ, ㄷ, ㄹ, ㅂ, ㅅ. 다면체

1-2 (1) 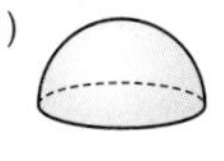 (2) 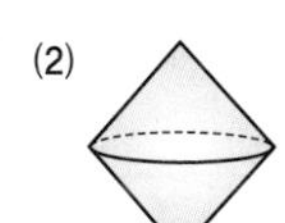 (3) 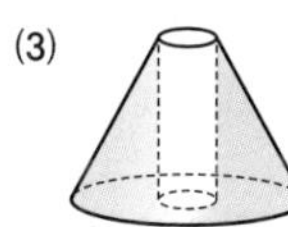

P. 106

개념 확인 (1) × (2) ○ (3) ×

(1) 회전체를 회전축을 포함하는 평면으로 자를 때 생기는 단면은 선대칭도형으로, 원기둥을 이와 같이 자를 때 생기는 단면은 원이 아니라 직사각형이다.

(3) 원뿔을 회전축에 수직인 평면으로 자를 때 생기는 단면은 모두 원이지만 합동은 아니다.

필수 문제 2 ③

③ 원뿔 – 이등변삼각형

2-1 **원기둥**

회전체에 수직인 평면으로 자른 단면이 원, 회전축을 포함하는 평면으로 자른 단면이 직사각형인 회전체는 원기둥이다.

2-2 ④

구는 어떤 방향으로 자르더라도 그 단면이 항상 원이다.

P. 107

개념 확인 (1) $a=9$, $b=4$ (2) $a=5$, $b=3$

(1) a cm는 원기둥의 모선의 길이이므로 $a=9$
b cm는 밑면인 원의 반지름의 길이이므로 $b=4$

(2) a cm는 원뿔의 모선의 길이이므로 $a=5$
b cm는 밑면인 원의 반지름의 길이이므로 $b=3$

필수 문제 3 $a=6$, $b=11$, $c=18\pi$

옆면의 아래쪽 호의 길이는 두 밑면 중 큰 원의 둘레의 길이와 같으므로
$c=2\pi\times9=18\pi$

3-1 10π **cm**

옆면인 부채꼴의 호의 길이는 밑면인 원의 둘레의 길이와 같으므로
(호의 길이)$=2\pi\times5=10\pi$(cm)

STEP 1 쏙쏙 개념 익히기 P. 108

1	③, ④	**2**	③	**3**	③	**4**	32 cm^2
5	12 cm						

1 ③, ④ 다면체

2 직각삼각형 ABC를 변 AB를 회전축으로 하여 1회전 시킬 때 생기는 회전체는 다음 그림과 같다.

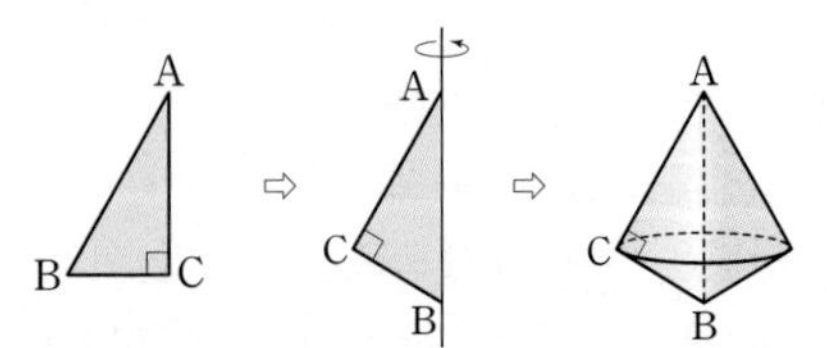

3 ③ 원뿔대를 회전축에 수직인 평면으로 자르면 그 단면은 오른쪽 그림과 같이 모두 원이지만, 그 크기는 서로 다르므로 합동이 아니다.

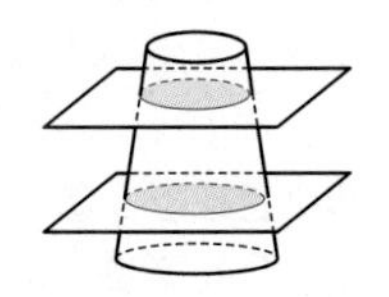

4 주어진 평면도형을 직선 l을 회전축으로 하여 1회전 시킬 때 생기는 회전체는 오른쪽 그림과 같은 원뿔대이다.
이 회전체를 회전축을 포함하는 평면으로 자른 단면은 윗변의 길이가 $3+3=6$(cm), 아랫변의 길이가 $5+5=10$(cm), 높이가 4 cm인 사다리꼴이므로

(단면의 넓이)$=\frac{1}{2}\times(6+10)\times4=32$(cm^2)

참고 [그림 1]을 직선 l을 회전축으로 하여 1회전 시킬 때 생기는 회전체는 [그림 2]와 같고, 이 회전체를 회전축을 포함하는 평면으로 자를 때 생기는 단면은 [그림 3]과 같다.

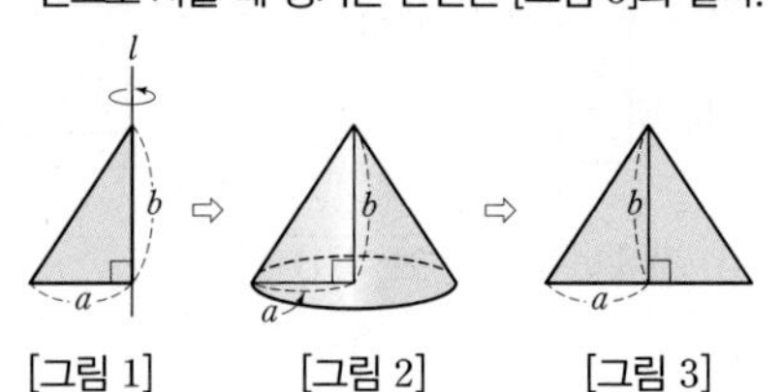

[그림 1] [그림 2] [그림 3]

[그림 1]의 삼각형의 넓이는 $\frac{1}{2}\times a\times b=\frac{1}{2}ab$

[그림 3]의 삼각형의 넓이는 $\frac{1}{2}\times2a\times b=ab$

∴ (회전축을 포함하는 평면으로 자를 때 생기는 단면의 넓이)
=(회전시키기 전 평면도형의 넓이)×2

5 밑면인 원의 둘레의 길이는 직사각형의 가로의 길이와 같으므로 밑면인 원의 반지름의 길이를 r cm라고 하면
$2\pi r=24\pi$ ∴ $r=12$
따라서 밑면인 원의 반지름의 길이는 12 cm이다.

STEP 2 탄탄 단원 다지기 P. 109~111

1	③	**2**	10	**3**	③	**4**	④	**5**	십각뿔
6	②, ④	**7**	정이십면체			**8**	②, ④	**9**	④
10	③	**11**	③	**12**	②	**13**	④	**14**	⑤
15	16π cm^2			**16**	③	**17**	$\frac{8}{3}$cm	**18**	①, ③

1 면의 개수는 각각 다음과 같다.

① 사각뿔대: 6개 ⇨ 육면체 (4 +2)

② 칠각기둥: 9개 ⇨ 구면체 (7 +2)

③ 구각뿔: 10개 ⇨ 십면체 (9 +1)

④ 팔각기둥: 10개 ⇨ 십면체 (8 +2)

⑤ 십각뿔대: 12개 ⇨ 십이면체 (10 +2)

따라서 짝 지은 것으로 옳지 않은 것은 ③이다.

2 사각기둥의 모서리의 개수는 $4\times3=12$(개)이므로 $a=12$
오각뿔의 꼭짓점의 개수는 $5+1=6$(개)이므로 $b=6$
육각뿔대의 면의 개수는 $6+2=8$(개)이므로 $c=8$
$\therefore a+b-c=12+6-8=10$

3 ① 사각뿔 – 삼각형 ② 삼각뿔대 – 사다리꼴
④ 오각기둥 – 직사각형 ⑤ 사각뿔대 – 사다리꼴
따라서 바르게 짝 지은 것은 ③이다.

4 ㄴ. 팔각뿔의 모서리의 개수는 $8\times2=16$(개)이다.
ㅁ. 각뿔대의 두 밑면은 서로 평행하지만 합동은 아니다.
따라서 옳은 것은 ㄱ, ㄷ, ㄹ이다.

5 (가), (나)에서 주어진 다면체는 각뿔이므로 n각뿔이라고 하면
(다)에서 $2n=20$ $\therefore n=10$
따라서 조건을 모두 만족시키는 다면체는 십각뿔이다.

6 ② 정육면체의 면의 모양은 정사각형이다.
④ 정십이면체의 면의 모양은 정오각형이다.

7 (가), (나)에서 구하는 다면체는 정다면체이다.
(나) 모든 면이 합동인 정삼각형이다.
⇨ 정사면체, 정팔면체, 정이십면체
(다) 모서리의 개수는 30개이다.
⇨ 정십이면체, 정이십면체
따라서 조건을 모두 만족시키는 다면체는 정이십면체이다.

8 ② 정다면체의 면의 모양은 정삼각형, 정사각형, 정오각형뿐이다.
④ 정팔면체의 모서리의 개수는 12개이다.

9 주어진 전개도로 만들어지는 정다면체는 오른쪽 그림과 같은 정팔면체이다.
이때 $\overline{AJ}$와 꼬인 위치에 있는 모서리는 $\overline{BC}$(또는 $\overline{HG}$), $\overline{CD}$(또는 $\overline{GF}$), $\overline{BE}$(또는 $\overline{HE}$), $\overline{DE}$(또는 $\overline{FE}$)이다.

10 주어진 전개도로 만들어지는 정다면체는 정십이면체이다.
③ 정팔면체의 모서리의 개수는 12개이고, 정십이면체의 모서리의 개수는 30개이다.

11 ③ 옆면의 모양이 직사각형인 입체도형: ㄱ, ㅇ

12 ②

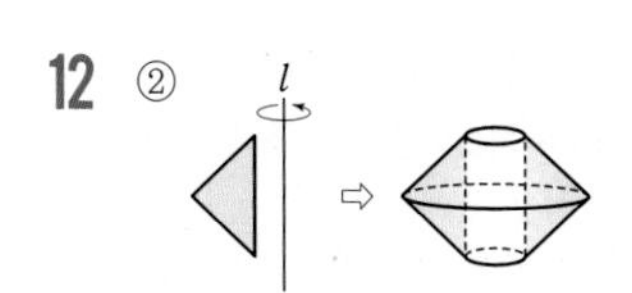

13 회전체를 회전축에 수직인 평면으로 자르면 그 단면의 경계는 항상 원이다.

14

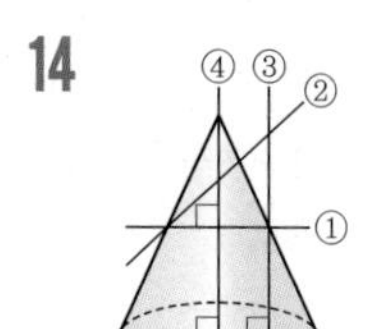

15 주어진 평면도형을 직선 l을 회전축으로 하여 1회전 시킬 때 생기는 회전체는 오른쪽 그림과 같고 회전축에 수직인 평면으로 자른 단면은 원이 된다.
따라서 넓이가 가장 작은 단면은 반지름의 길이가 4 cm인 원이므로 그 넓이는
$\pi\times4^2=16\pi(\text{cm}^2)$

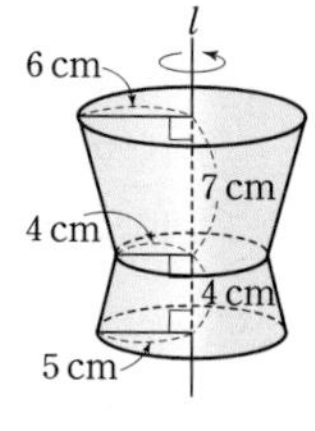

16 변 BC를 회전축으로 하여 1회전 시킬 때 생기는 회전체는 오른쪽 그림과 같다.
따라서 이 회전체를 회전축을 포함하는 평면으로 자른 단면의 모양은 네 변의 길이가 같은 사각형인 마름모이다.

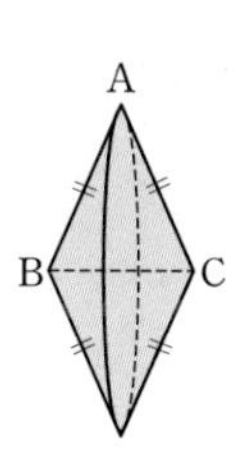

17 원뿔대의 두 밑면 중 큰 원의 반지름의 길이를 r cm라고 하면
$2\pi\times8\times\frac{120}{360}=2\pi r$ $\therefore r=\frac{8}{3}$
따라서 큰 원의 반지름의 길이는 $\frac{8}{3}$ cm이다.

18 ①, ② 회전체를 회전축에 수직인 평면으로 자른 단면의 경계는 항상 원이지만 단면이 항상 합동인 것은 아니다.
③ 다음 그림과 같이 원뿔이 아닐 수도 있다.

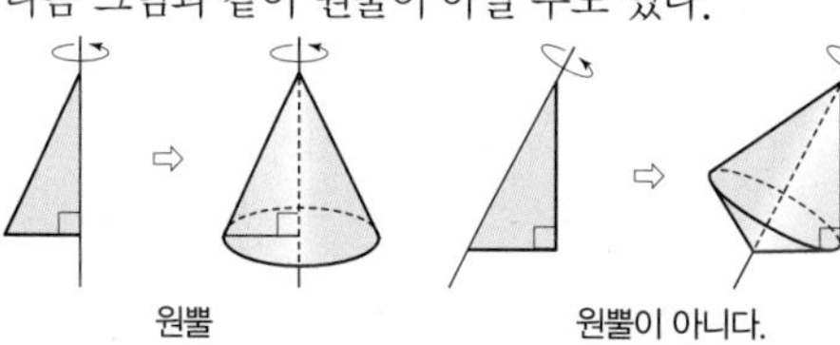

⑤ 구의 중심을 지나는 직선은 모두 구의 회전축이 될 수 있다.
따라서 옳지 않은 것은 ①, ③이다.

STEP 3 쓱쓱 서술형 완성하기 P. 112~113

〈과정은 풀이 참조〉

따라 해보자 유제 1 50 유제 2 $\frac{16}{9}\pi\text{ cm}^2$

연습해 보자 **1** 육면체 **2** 36
3 그림은 풀이 참조, $21\pi\text{ cm}^2$
4 $(20\pi+14)$ cm

따라 해보자

유제 1 (1단계) 꼭짓점의 개수가 24개인 각기둥을 n각기둥이라고 하면

$2n=24$ $\therefore n=12$, 즉 십이각기둥 … (i)

(2단계) 십이각기둥의 면의 개수는 $12+2=14$(개)이고, 모서리의 개수는 $12\times3=36$(개)이므로

$a=14$, $b=36$ … (ii)

(3단계) $a+b=14+36=50$ … (iii)

채점 기준	비율
(i) 각기둥 구하기	40 %
(ii) a, b의 값 구하기	40 %
(iii) $a+b$의 값 구하기	20 %

유제 2 (1단계) 밑면인 원의 반지름의 길이를 r cm라고 하면 (부채꼴의 호의 길이)=(밑면인 원의 둘레의 길이)이므로

$2\pi\times8\times\frac{60}{360}=2\pi r$

$\frac{8}{3}\pi=2\pi r$ $\therefore r=\frac{4}{3}$

따라서 밑면인 원의 반지름의 길이는 $\frac{4}{3}$ cm이다. … (i)

(2단계) 전개도로 만든 원뿔의 밑면인 원의 넓이는

$\pi\times\left(\frac{4}{3}\right)^2=\frac{16}{9}\pi(\text{cm}^2)$ … (ii)

채점 기준	비율
(i) 밑면인 원의 반지름의 길이 구하기	60 %
(ii) 밑면인 원의 넓이 구하기	40 %

연습해 보자

1 (나), (다)에서 주어진 다면체는 각뿔이다.
구하는 각뿔을 n각뿔이라고 하면 밑면은 n각형이므로

$\frac{n(n-3)}{2}=5$, $n(n-3)=10=5\times2$

$\therefore n=5$, 즉 오각뿔 … (i)

따라서 오각뿔의 면의 개수는 $5+1=6$(개)이므로 육면체이다. … (ii)

채점 기준	비율
(i) 조건을 모두 만족시키는 다면체 구하기	70 %
(ii) 조건을 모두 만족시키는 다면체는 몇 면체인지 구하기	30 %

2 한 꼭짓점에 모인 면의 개수가 4개인 정다면체는 정팔면체이고, 정팔면체의 꼭짓점의 개수는 6개이므로 $x=6$ … (i)
면의 모양이 정오각형인 정다면체는 정십이면체이고, 정십이면체의 모서리의 개수는 30개이므로 $y=30$ … (ii)

$\therefore x+y=6+30=36$ … (iii)

채점 기준	비율
(i) x의 값 구하기	40 %
(ii) y의 값 구하기	40 %
(iii) $x+y$의 값 구하기	20 %

3 회전체를 회전축에 수직인 평면으로 자른 단면의 모양은 오른쪽 그림과 같다. … (i)

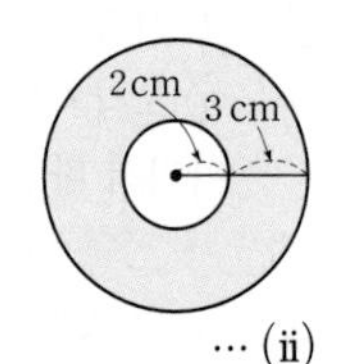

$\therefore$ (단면의 넓이)$=\pi\times5^2-\pi\times2^2$
$=25\pi-4\pi$
$=21\pi(\text{cm}^2)$ … (ii)

채점 기준	비율
(i) 회전축에 수직인 평면으로 자른 단면의 모양 그리기	50 %
(ii) (i)의 단면의 넓이 구하기	50 %

4 원뿔대의 전개도는 오른쪽 그림과 같으므로 작은 원의 둘레의 길이는

$2\pi\times4=8\pi(\text{cm})$ … (i)

큰 원의 둘레의 길이는

$2\pi\times6=12\pi(\text{cm})$ … (ii)

따라서 옆면을 만드는 데 사용된 종이의 둘레의 길이는

$8\pi+12\pi+7\times2=20\pi+14(\text{cm})$ … (iii)

채점 기준	비율
(i) 전개도에서 작은 원의 둘레의 길이 구하기	40 %
(ii) 전개도에서 큰 원의 둘레의 길이 구하기	40 %
(iii) 옆면을 만드는 데 사용된 종이의 둘레의 길이 구하기	20 %

역사 속 수학 P. 114

답 **정육면체**

정다면체의 각 면의 한가운데에 있는 점을 꼭짓점으로 하는 정다면체는 처음 정다면체의 면의 개수만큼 꼭짓점을 가진다.
따라서 구하는 정다면체는 꼭짓점의 개수가 정팔면체의 면의 개수와 같이 8개인 정육면체이다.

참고 정다면체의 각 면의 한가운데에 있는 점을 꼭짓점으로 하는 정다면체는 다음과 같다.
① 정사면체 ⇨ 정사면체 ② 정육면체 ⇨ 정팔면체
③ 정팔면체 ⇨ 정육면체 ④ 정십이면체 ⇨ 정이십면체
⑤ 정이십면체 ⇨ 정십이면체

1 기둥의 겉넓이와 부피

P. 118

개념 확인 (1) ㉠ 4 ㉡ 10 ㉢ 8π (2) $16\pi\text{ cm}^2$ (3) $80\pi\text{ cm}^2$ (4) $112\pi\text{ cm}^2$

(1) ㉢ $2\pi\times4=8\pi$

(2) (밑넓이)$=\pi\times4^2=16\pi(\text{cm}^2)$

(3) (옆넓이)$=8\pi\times10=80\pi(\text{cm}^2)$

(4) (겉넓이)$=16\pi\times2+80\pi=112\pi(\text{cm}^2)$

필수 문제 1 (1) 78 cm^2 (2) $54\pi\text{ cm}^2$

(1) (밑넓이)$=3\times3=9(\text{cm}^2)$
(옆넓이)$=(3+3+3+3)\times5=60(\text{cm}^2)$
∴ (겉넓이)$=9\times2+60=78(\text{cm}^2)$

(2) (밑넓이)$=\pi\times3^2=9\pi(\text{cm}^2)$
(옆넓이)$=(2\pi\times3)\times6=36\pi(\text{cm}^2)$
∴ (겉넓이)$=9\pi\times2+36\pi=54\pi(\text{cm}^2)$

1-1 (1) 360 cm^2 (2) 296 cm^2

(1) (밑넓이)$=\frac{1}{2}\times5\times12=30(\text{cm}^2)$
(옆넓이)$=(5+12+13)\times10=300(\text{cm}^2)$
∴ (겉넓이)$=30\times2+300=360(\text{cm}^2)$

(2) (밑넓이)$=\frac{1}{2}\times(6+12)\times4=36(\text{cm}^2)$
(옆넓이)$=(6+5+12+5)\times8=224(\text{cm}^2)$
∴ (겉넓이)$=36\times2+224=296(\text{cm}^2)$

P. 119

개념 확인 (1) $4\pi\text{ cm}^2$ (2) 4 cm (3) $16\pi\text{ cm}^3$

(1) (밑넓이)$=\pi\times2^2=4\pi(\text{cm}^2)$

(2) (높이)$=4\text{ cm}$

(3) (부피)$=4\pi\times4=16\pi(\text{cm}^3)$

필수 문제 2 (1) 240 cm^3 (2) 336 cm^3 (3) $72\pi\text{ cm}^3$

(1) (밑넓이)$=\frac{1}{2}\times6\times8=24(\text{cm}^2)$
(높이)$=10\text{ cm}$
∴ (부피)$=24\times10=240(\text{cm}^3)$

(2) (밑넓이)$=6\times7=42(\text{cm}^2)$
(높이)$=8\text{ cm}$
∴ (부피)$=42\times8=336(\text{cm}^3)$

(3) (밑넓이)$=\pi\times3^2=9\pi(\text{cm}^2)$
(높이)$=8\text{ cm}$
∴ (부피)$=9\pi\times8=72\pi(\text{cm}^3)$

2-1 $60\pi\text{ cm}^3$

(큰 원기둥의 부피)$=(\pi\times4^2)\times5=80\pi(\text{cm}^3)$
(작은 원기둥의 부피)$=(\pi\times2^2)\times5=20\pi(\text{cm}^3)$
∴ (구멍이 뚫린 원기둥의 부피)
=(큰 원기둥의 부피)−(작은 원기둥의 부피)
$=80\pi-20\pi=60\pi(\text{cm}^3)$

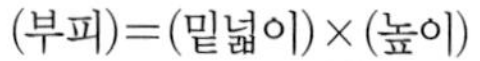
다른 풀이

주어진 입체도형에서 밑면은 오른쪽 그림의 색칠한 부분과 같으므로

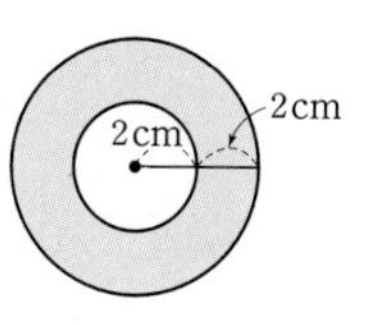

(부피)=(밑넓이)×(높이)
$=(\pi\times4^2-\pi\times2^2)\times5$
$=60\pi(\text{cm}^3)$

STEP 1 쏙쏙 개념 익히기 P. 120

1	184 cm^2	**2**	4 cm	**3**	$(56\pi+80)\text{ cm}^2$
4	180 cm^3	**5**	③	**6**	$(900-40\pi)\text{ cm}^3$

1 (겉넓이)$=\left(\frac{1}{2}\times6\times4\right)\times2+(5+6+5)\times10$
$=24+160=184(\text{cm}^2)$

2 정육면체의 한 모서리의 길이를 a cm라고 하면
정육면체의 겉넓이는 정사각형 6개의 넓이의 합과 같으므로
$(a\times a)\times6=96$에서 $a^2=16=4^2$
∴ $a=4$
따라서 정육면체의 한 모서리의 길이는 4 cm이다.

3 (겉넓이)$=\left(\frac{1}{2}\times\pi\times4^2\right)\times2+\left(\frac{1}{2}\times2\pi\times4+4+4\right)\times10$
$=16\pi+40\pi+80$
$=56\pi+80(\text{cm}^2)$

4 (부피)$=20\times9=180(\text{cm}^3)$

5 사각기둥의 높이를 h cm라고 하면
$\left(\frac{1}{2}\times5\times4+\frac{1}{2}\times3\times4\right)\times h=64$
$16h=64$ ∴ $h=4$
따라서 사각기둥의 높이는 4 cm이다.

6 (구멍이 뚫린 입체도형의 부피)
=(사각기둥의 부피)−(원기둥의 부피)
$=(10\times9)\times10-(\pi\times2^2)\times10$
$=900-40\pi(\text{cm}^3)$

2 뿔의 겉넓이와 부피

P. 121~122

개념 확인 (1) ㉠ 9 ㉡ 3 ㉢ 6π (2) $9\pi\ \text{cm}^2$ (3) $27\pi\ \text{cm}^2$ (4) $36\pi\ \text{cm}^2$

(1) ㉢ $2\pi\times3=6\pi$

(2) (밑넓이)$=\pi\times3^2=9\pi(\text{cm}^2)$

(3) (옆넓이)$=\frac{1}{2}\times9\times6\pi=27\pi(\text{cm}^2)$

(4) (겉넓이)$=9\pi+27\pi=36\pi(\text{cm}^2)$

필수 문제 1 (1) $340\ \text{cm}^2$ (2) $224\pi\ \text{cm}^2$

(1) (밑넓이)$=10\times10=100(\text{cm}^2)$

(옆넓이)$=\left(\frac{1}{2}\times10\times12\right)\times4=240(\text{cm}^2)$

$\therefore$ (겉넓이)$=100+240=340(\text{cm}^2)$

(2) (밑넓이)$=\pi\times8^2=64\pi(\text{cm}^2)$

(옆넓이)$=\frac{1}{2}\times20\times(2\pi\times8)=160\pi(\text{cm}^2)$

$\therefore$ (겉넓이)$=64\pi+160\pi=224\pi(\text{cm}^2)$

1-1 (1) $120\ \text{cm}^2$ (2) $216\pi\ \text{cm}^2$

(1) (겉넓이)$=6\times6+\left(\frac{1}{2}\times6\times7\right)\times4$

$=36+84$

$=120(\text{cm}^2)$

(2) (겉넓이)$=\pi\times9^2+\frac{1}{2}\times15\times(2\pi\times9)$

$=81\pi+135\pi$

$=216\pi(\text{cm}^2)$

필수 문제 2 (1) $9\pi\ \text{cm}^2$ (2) $36\pi\ \text{cm}^2$ (3) $63\pi\ \text{cm}^2$ (4) $108\pi\ \text{cm}^2$

(1) (작은 밑면의 넓이)$=\pi\times3^2=9\pi(\text{cm}^2)$

(2) (큰 밑면의 넓이)$=\pi\times6^2=36\pi(\text{cm}^2)$

(3) (옆넓이)=(큰 부채꼴의 넓이)−(작은 부채꼴의 넓이)

$=\frac{1}{2}\times14\times(2\pi\times6)-\frac{1}{2}\times7\times(2\pi\times3)$

$=84\pi-21\pi$

$=63\pi(\text{cm}^2)$

(4) (겉넓이)$=9\pi+36\pi+63\pi$

$=108\pi(\text{cm}^2)$

2-1 ④

(두 밑면의 넓이의 합)$=2\times2+5\times5$

$=29(\text{cm}^2)$

(옆넓이)$=\left\{\frac{1}{2}\times(2+5)\times4\right\}\times4$

$=56(\text{cm}^2)$

$\therefore$ (겉넓이)$=29+56=85(\text{cm}^2)$

P. 122~123

필수 문제 3 (1) $80\ \text{cm}^3$ (2) $8\pi\ \text{cm}^3$

(1) (밑넓이)$=\frac{1}{2}\times6\times8=24(\text{cm}^2)$

(높이)$=10\,\text{cm}$

$\therefore$ (부피)$=\frac{1}{3}\times24\times10=80(\text{cm}^3)$

(2) (밑넓이)$=\pi\times2^2=4\pi(\text{cm}^2)$

(높이)$=6\,\text{cm}$

$\therefore$ (부피)$=\frac{1}{3}\times4\pi\times6=8\pi(\text{cm}^3)$

3-1 8

$\frac{1}{3}\times(6\times7)\times h=112$

$14h=112$

$\therefore h=8$

3-2 3 cm

(뿔의 부피)$=\frac{1}{3}\times$(밑넓이)$\times$(높이)이므로

$\frac{1}{3}\times$(밑넓이)$\times12=36\pi$에서

$4\times$(밑넓이)$=36\pi$

$\therefore$ (밑넓이)$=9\pi(\text{cm}^2)$

이 원뿔의 밑면인 원의 반지름의 길이를 r cm라고 하면

$\pi r^2=9\pi$에서 $r^2=9=3^2$

$\therefore r=3$

따라서 밑면인 원의 반지름의 길이는 3 cm이다.

필수 문제 4 (1) $384\ \text{cm}^3$ (2) $48\ \text{cm}^3$ (3) $336\ \text{cm}^3$

(1) (큰 사각뿔의 부피)$=\frac{1}{3}\times(12\times12)\times(4+4)$

$=384(\text{cm}^3)$

(2) (작은 사각뿔의 부피)$=\frac{1}{3}\times(6\times6)\times4$

$=48(\text{cm}^3)$

(3) (사각뿔대의 부피)$=384-48$

$=336(\text{cm}^3)$

4-1 $28\pi\ \text{cm}^3$

(원뿔대의 부피)

=(큰 원뿔의 부피)−(작은 원뿔의 부피)

$=\frac{1}{3}\times(\pi\times4^2)\times(3+3)-\frac{1}{3}\times(\pi\times2^2)\times3$

$=32\pi-4\pi$

$=28\pi(\text{cm}^3)$

1 쏙쏙 개념 익히기 P. 124

1 256cm^2 **2** (1) $2\pi\text{ cm}$ (2) 1cm (3) $4\pi\text{ cm}^2$
3 (1) 216cm^3 (2) 36cm^3 (3) 180cm^3
4 $192\pi\text{ cm}^2$, $228\pi\text{ cm}^3$ **5** ②

1 (겉넓이)$=8\times8+\left(\frac{1}{2}\times8\times12\right)\times4$
$=64+192=256(\text{cm}^2)$

2 (1) (옆면인 부채꼴의 호의 길이)$=2\pi\times3\times\frac{120}{360}$
$=2\pi(\text{cm})$
(2) 밑면인 원의 반지름의 길이를 $r\text{cm}$라고 하면
(밑면인 원의 둘레의 길이)=(옆면인 부채꼴의 호의 길이)
이므로
$2\pi r=2\pi \quad \therefore r=1$
따라서 밑면인 원의 반지름의 길이는 1cm이다.
(3) (겉넓이)$=\pi\times1^2+\frac{1}{2}\times3\times2\pi$
$=\pi+3\pi$
$=4\pi(\text{cm}^2)$

3 (1) (처음 정육면체의 부피)$=6\times6\times6$
$=216(\text{cm}^3)$
(2) (잘라 낸 삼각뿔의 부피)$=\frac{1}{3}\times\left(\frac{1}{2}\times6\times6\right)\times6$
$=36(\text{cm}^3)$
(3) (남은 입체도형의 부피)$=216-36$
$=180(\text{cm}^3)$

4 주어진 평면도형을 직선 l을 회전축으로 하여 1회전 시킬 때 생기는 입체도형은 오른쪽 그림과 같으므로

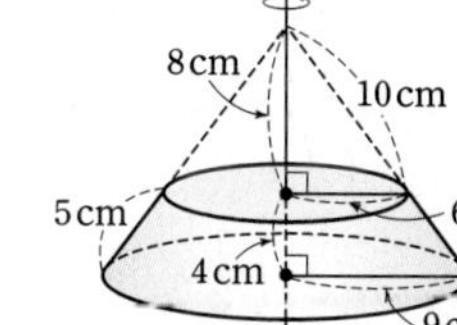

(두 밑면의 넓이의 합)
$=\pi\times6^2+\pi\times9^2$
$=117\pi(\text{cm}^2)$
(옆넓이)$=\frac{1}{2}\times(10+5)\times(2\pi\times9)-\frac{1}{2}\times10\times(2\pi\times6)$
$=135\pi-60\pi$
$=75\pi(\text{cm}^2)$
$\therefore$ (겉넓이)$=117\pi+75\pi$
$=192\pi(\text{cm}^2)$
(부피)=(큰 원뿔의 부피)−(작은 원뿔의 부피)
$=\frac{1}{3}\times(\pi\times9^2)\times(4+8)-\frac{1}{3}\times(\pi\times6^2)\times8$
$=324\pi-96\pi$
$=228\pi(\text{cm}^3)$

5 (그릇의 부피)$=\frac{1}{3}\times(\pi\times5^2)\times18=150\pi(\text{cm}^3)$
따라서 1초에 $3\pi\text{ cm}^3$씩 물을 넣으면 $150\pi\div3\pi=50$(초) 후에 처음으로 물이 가득 차게 된다.

3 구의 겉넓이와 부피

P. 125

개념 확인 $2r$, 4

필수 문제 1 (1) $16\pi\text{ cm}^2$ (2) $75\pi\text{ cm}^2$
(1) (겉넓이)$=4\pi\times2^2=16\pi(\text{cm}^2)$
(2) 반구의 반지름의 길이가 5cm이므로
(겉넓이)$=\frac{1}{2}\times(4\pi\times5^2)+\pi\times5^2$
$=50\pi+25\pi=75\pi(\text{cm}^2)$

1-1 $64\pi\text{ cm}^2$
잘라 낸 부분은 구의 $\frac{1}{4}$이므로 남아 있는 부분은 구의 $\frac{3}{4}$이다.
$\therefore$ (겉넓이)$=\frac{3}{4}\times(4\pi\times4^2)+\left\{\frac{1}{2}\times(\pi\times4^2)\right\}\times2$
$=48\pi+16\pi$
$=64\pi(\text{cm}^2)$

P. 126

개념 확인 (1) $54\pi\text{ cm}^3$ (2) $36\pi\text{ cm}^3$ (3) $3:2$
(1) $(\pi\times3^2)\times6=54\pi(\text{cm}^3)$
(2) $\frac{4}{3}\pi\times3^3=36\pi(\text{cm}^3)$
(3) (원기둥의 부피) : (구의 부피)$=54\pi:36\pi$
$=3:2$

필수 문제 2 (1) $\frac{32}{3}\pi\text{ cm}^3$ (2) $144\pi\text{ cm}^3$
(1) (부피)$=\frac{4}{3}\pi\times2^3=\frac{32}{3}\pi(\text{cm}^3)$
(2) 반구의 반지름의 길이가 6cm이므로
(부피)$=\frac{1}{2}\times\left(\frac{4}{3}\pi\times6^3\right)=144\pi(\text{cm}^3)$

2-1 $30\pi\text{ cm}^3$
(부피)=(원뿔의 부피)+(반구의 부피)
$=\frac{1}{3}\times(\pi\times3^2)\times4+\frac{1}{2}\times\left(\frac{4}{3}\pi\times3^3\right)$
$=12\pi+18\pi=30\pi(\text{cm}^3)$

1 쏙쏙 개념 익히기 P. 127

1 6 cm **2** $57\pi\ cm^2$ **3** $105\pi\ cm^2$
4 $\frac{224}{3}\pi\ cm^3$ **5** $72\pi\ cm^3$

1 구의 반지름의 길이를 r cm라고 하면
$4\pi r^2=144\pi$에서 $r^2=36=6^2$
$\therefore r=6$
따라서 구의 반지름의 길이는 6 cm이다.

2 $(\text{겉넓이})=\frac{1}{2}\times(4\pi\times3^2)+(2\pi\times3)\times5+\pi\times3^2$
$=18\pi+30\pi+9\pi$
$=57\pi(cm^2)$

3 (밑넓이)=(큰 원의 넓이)−(작은 원의 넓이)
$=\pi\times6^2-\pi\times3^2$
$=36\pi-9\pi$
$=27\pi(cm^2)$
$(\text{원뿔의 옆넓이})=\frac{1}{2}\times10\times(2\pi\times6)$
$=60\pi(cm^2)$
$(\text{안쪽 부분의 겉넓이})=\frac{1}{2}\times(4\pi\times3^2)$
$=18\pi(cm^2)$
$\therefore (\text{입체도형의 겉넓이})=27\pi+60\pi+18\pi$
$=105\pi(cm^2)$

4 잘라 낸 부분은 구의 $\frac{1}{8}$이므로 남아 있는 부분은 구의 $\frac{7}{8}$이다.
$\therefore (\text{부피})=\frac{7}{8}\times\left(\frac{4}{3}\pi\times4^3\right)$
$=\frac{224}{3}\pi(cm^3)$

5 주어진 평면도형을 직선 l을 회전축으로 하여 1회전 시킬 때 생기는 입체도형은 오른쪽 그림과 같으므로

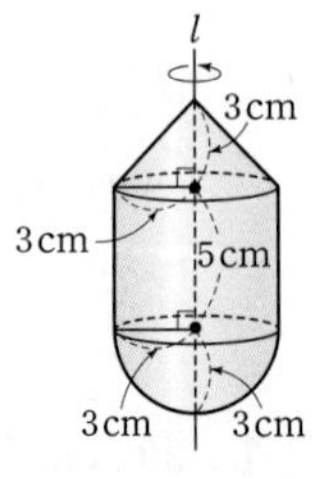

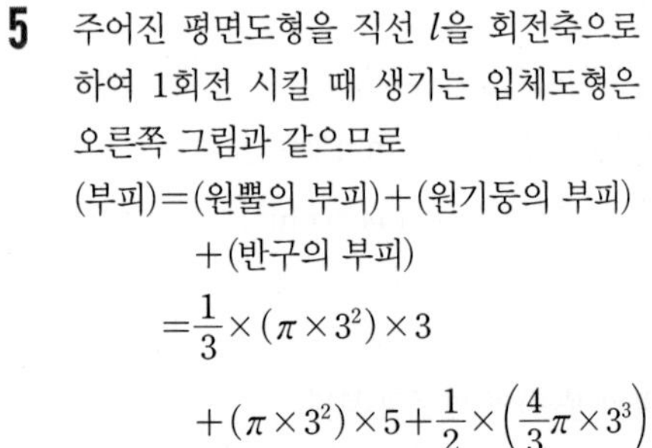

(부피)=(원뿔의 부피)+(원기둥의 부피)
+(반구의 부피)
$=\frac{1}{3}\times(\pi\times3^2)\times3$
$+(\pi\times3^2)\times5+\frac{1}{2}\times\left(\frac{4}{3}\pi\times3^3\right)$
$=9\pi+45\pi+18\pi$
$=72\pi(cm^3)$

2 탄탄 단원 다지기 P. 129~131

1 ③ **2** $(64\pi+120)\ cm^2$ **3** $72\pi\ cm^3$
4 $264\ cm^2$ **5** ⑤ **6** $63\pi\ cm^2$
7 $302\ cm^2$ **8** ③ **9** $576\ cm^3$
10 ④ **11** $312\pi\ cm^3$ **12** ③ **13** ④
14 ③ **15** $\frac{49}{2}\pi\ cm^2$ **16** $162\pi\ cm^3$
17 ④ **18** ③ **19** 2 : 3 **20** ⑤

1 삼각기둥의 높이를 x cm라고 하면
$\left(\frac{1}{2}\times4\times3\right)\times2+(4+3+5)\times x=60$
$12+12x=60,\ 12x=48 \quad \therefore x=4$
따라서 삼각기둥의 높이는 4 cm이다.

2 $(\text{밑넓이})=\pi\times6^2\times\frac{120}{360}=12\pi(cm^2)$
$(\text{옆넓이})=\left(2\pi\times6\times\frac{120}{360}+6+6\right)\times10$
$=40\pi+120(cm^2)$
$\therefore (\text{겉넓이})=12\pi\times2+40\pi+120$
$=64\pi+120(cm^2)$

3 밑면인 원의 반지름의 길이를 r cm라고 하면
$2\pi r=6\pi \quad \therefore r=3$
따라서 밑면인 원의 반지름의 길이는 3 cm이므로
$(\text{원기둥의 부피})=(\pi\times3^2)\times8$
$=72\pi(cm^3)$

4 $(\text{겉넓이})=\left(\frac{1}{2}\times6\times5\right)\times4+(6+6+6+6)\times7+6\times6$
$=60+168+36$
$=264(cm^2)$

5 (겉넓이)=(큰 원뿔의 옆넓이)+(작은 원뿔의 옆넓이)
$=\frac{1}{2}\times6\times(2\pi\times4)+\frac{1}{2}\times5\times(2\pi\times4)$
$=24\pi+20\pi$
$=44\pi(cm^2)$

6 주어진 원뿔의 모선의 길이를 l cm라고 하면 원 O의 둘레의 길이는 원뿔의 밑면인 원의 둘레의 길이의 6배이므로
$2\pi l=(2\pi\times3)\times6$
$2\pi l=36\pi \quad \therefore l=18$
따라서 모선의 길이가 18 cm이므로
$(\text{원뿔의 겉넓이})=\pi\times3^2+\frac{1}{2}\times18\times(2\pi\times3)$
$=9\pi+54\pi$
$=63\pi(cm^2)$

7 (두 밑면의 넓이의 합)$=5\times5+9\times9$
$=106(\text{cm}^2)$
(옆넓이)$=\left\{\frac{1}{2}\times(5+9)\times7\right\}\times4$
$=196(\text{cm}^2)$
$\therefore$ (겉넓이)$=106+196=302(\text{cm}^2)$

8 $\frac{1}{3}\times\left(\frac{1}{2}\times9\times14\right)\times x=63$
$21x=63$
$\therefore x=3$

9 주어진 색종이를 접었을 때 만들어지는 삼각뿔은 오른쪽 그림과 같으므로

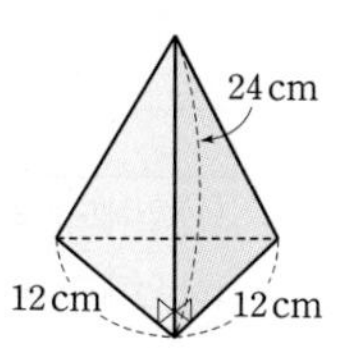

(부피)$=\frac{1}{3}\times\left(\frac{1}{2}\times12\times12\right)\times24$
$=576(\text{cm}^3)$

10 (잘라 낸 입체도형의 부피)$=\frac{1}{3}\times\left(\frac{1}{2}\times4\times4\right)\times4$
$=\frac{32}{3}(\text{cm}^3)$
(남은 입체도형의 부피)$=4\times4\times4-\frac{32}{3}$
$=64-\frac{32}{3}$
$=\frac{160}{3}(\text{cm}^3)$
따라서 구하는 부피의 비는 $\frac{32}{3}:\frac{160}{3}=1:5$

11 (부피)$=\frac{1}{3}\times(\pi\times9^2)\times(4+8)-\frac{1}{3}\times(\pi\times3^2)\times4$
$=324\pi-12\pi$
$=312\pi(\text{cm}^3)$

12 주어진 평면도형을 직선 l을 회전축으로 하여 1회전 시킬 때 생기는 입체도형은 오른쪽 그림과 같으므로

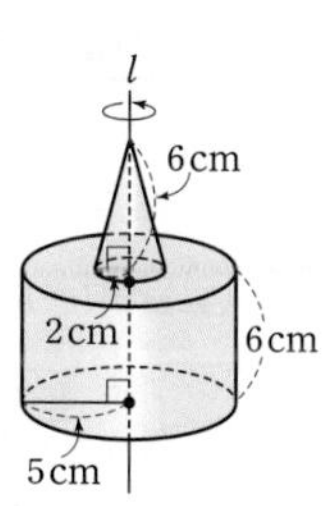

(부피)=(원뿔의 부피)+(원기둥의 부피)
$=\frac{1}{3}\times(\pi\times2^2)\times6$
$+(\pi\times5^2)\times6$
$=8\pi+150\pi$
$=158\pi(\text{cm}^3)$

13 직각삼각형 ABC를 $\overline{AC}$를 회전축으로 하여 1회전 시킬 때 생기는 입체도형은 오른쪽 그림과 같으므로

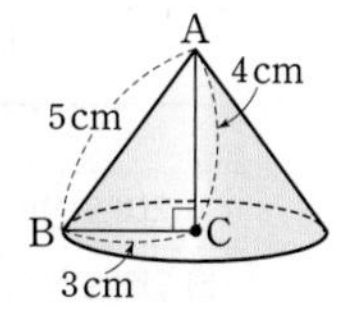

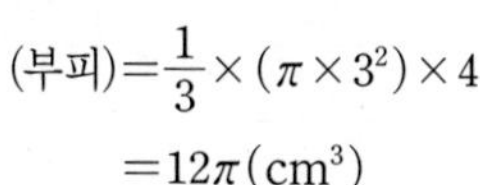

(부피)$=\frac{1}{3}\times(\pi\times3^2)\times4$
$=12\pi(\text{cm}^3)$

직각삼각형 ABC를 $\overline{BC}$를 회전축으로 하여 1회전 시킬 때 생기는 입체도형은 오른쪽 그림과 같으므로

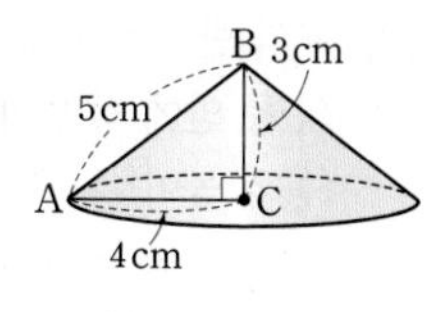

(부피)$=\frac{1}{3}\times(\pi\times4^2)\times3$
$=16\pi(\text{cm}^3)$
따라서 구하는 부피의 비는
$12\pi:16\pi=3:4$

14 (겉넓이)$=\frac{1}{2}\times(4\pi\times7^2)+\pi\times7^2$
$=98\pi+49\pi=147\pi(\text{cm}^2)$

15 가죽 두 조각의 넓이가 구의 겉넓이와 같으므로
(한 조각의 넓이)$=\frac{1}{2}\times$(구의 겉넓이)
$=\frac{1}{2}\times\left\{4\pi\times\left(\frac{7}{2}\right)^2\right\}$
$=\frac{49}{2}\pi(\text{cm}^2)$

16 (작은 반구의 부피)$=\frac{1}{2}\times\left(\frac{4}{3}\pi\times3^3\right)$
$=18\pi(\text{cm}^3)$
(큰 반구의 부피)$=\frac{1}{2}\times\left(\frac{4}{3}\pi\times6^3\right)$
$=144\pi(\text{cm}^3)$
$\therefore$ (부피)$=18\pi+144\pi=162\pi(\text{cm}^3)$

17 (A의 부피)$=\frac{4}{3}\pi\times r^3=\frac{4}{3}\pi r^3(\text{cm}^3)$
(B의 부피)$=\frac{4}{3}\pi\times(3r)^3=36\pi r^3(\text{cm}^3)$
따라서 두 구 A, B의 부피의 비는
$\frac{4}{3}\pi r^3:36\pi r^3=1:27$

18 원뿔 모양의 그릇에 담긴 물의 높이를 h cm라고 하면 원뿔 모양의 그릇에 담긴 물의 부피와 구의 부피가 같으므로
$\frac{1}{3}\times(\pi\times8^2)\times h=\frac{4}{3}\pi\times8^3$
$\therefore h=32$
따라서 물의 높이는 32 cm이다.

19 (구의 부피)$=\frac{4}{3}\pi\times2^3=\frac{32}{3}\pi(\text{cm}^3)$
(원기둥의 부피)$=(\pi\times2^2)\times4=16\pi(\text{cm}^3)$
따라서 구와 원기둥의 부피의 비는
$\frac{32}{3}\pi:16\pi=2:3$

20 구의 반지름의 길이를 r cm라고 하면 구 3개가 원기둥 모양의 통 안에 꼭 맞게 들어 있으므로

(통의 높이)=(구의 지름의 길이)×3

$=2r\times3=6r$(cm)

이때 통의 부피는 162π cm³이므로

$\pi r^2\times6r=162\pi$, $r^3=27=3^3$ $\therefore r=3$

따라서 구의 반지름의 길이는 3 cm이므로

(구 1개의 부피)$=\frac{4}{3}\pi\times3^3=36\pi$(cm³)

원기둥 모양의 통에서 구 3개를 제외한 빈 공간의 부피는

(통의 부피)−(구 3개의 부피)$=162\pi-36\pi\times3$

$=162\pi-108\pi$

$=54\pi$(cm³)

STEP 3 쓱쓱 서술형 완성하기 P. 132~133

〈과정은 풀이 참조〉

따라 해보자 유제 1 168π cm³ 유제 2 96π cm²

연습해 보자 1 224 cm² 2 120° 3 12π cm³ 4 550π cm³

따라 해보자

유제 1 1단계 (큰 원기둥의 부피)$=(\pi\times5^2)\times8$

$=200\pi$(cm³) … (i)

2단계 (작은 원기둥의 부피)$=(\pi\times2^2)\times8$

$=32\pi$(cm³) … (ii)

3단계 (구멍이 뚫린 원기둥의 부피)

=(큰 원기둥의 부피)−(작은 원기둥의 부피)

$=200\pi-32\pi=168\pi$(cm³) … (iii)

채점 기준	비율
(i) 큰 원기둥의 부피 구하기	40 %
(ii) 작은 원기둥의 부피 구하기	40 %
(iii) 구멍이 뚫린 원기둥의 부피 구하기	20 %

유제 2 1단계 주어진 평면도형을 직선 l을 회전축으로 하여 1회전 시킬 때 생기는 입체도형은 오른쪽 그림과 같다. … (i)

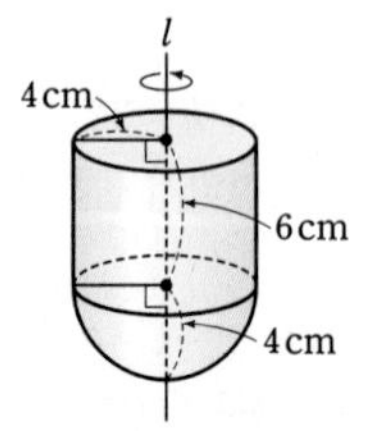

2단계 (겉넓이)

$=\pi\times4^2+(2\pi\times4)\times6$

$+\frac{1}{2}\times(4\pi\times4^2)$

$=16\pi+48\pi+32\pi$

$=96\pi$(cm²) … (ii)

채점 기준	비율
(i) 입체도형의 겨냥도 그리기	40 %
(ii) 입체도형의 겉넓이 구하기	60 %

연습해 보자

1 (밑넓이)$=7\times6-2\times4=34$(cm²) … (i)

(옆넓이)$=(5+4+2+2+7+6)\times6$

$=156$(cm²) … (ii)

$\therefore$ (겉넓이)=(밑넓이)×2+(옆넓이)

$=34\times2+156$

$=224$(cm²) … (iii)

채점 기준	비율
(i) 입체도형의 밑넓이 구하기	40 %
(ii) 입체도형의 옆넓이 구하기	40 %
(iii) 입체도형의 겉넓이 구하기	20 %

2 원뿔의 모선의 길이를 l cm라고 하면

$\pi\times3^2+\frac{1}{2}\times l\times(2\pi\times3)=36\pi$

$9\pi+3l\pi=36\pi$

$3l\pi=27\pi$ $\therefore l=9$

따라서 원뿔의 모선의 길이는 9 cm이다. … (i)

이때 원뿔의 전개도는 오른쪽 그림과 같으므로 부채꼴의 중심각의 크기를 x°라고 하면

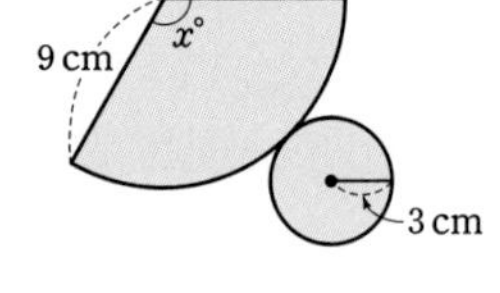

$2\pi\times9\times\frac{x}{360}=2\pi\times3$

$\therefore x=120$

따라서 부채꼴의 중심각의 크기는 120°이다. … (ii)

채점 기준	비율
(i) 원뿔의 모선의 길이 구하기	50 %
(ii) 부채꼴의 중심각의 크기 구하기	50 %

3 (밑넓이)$=\pi\times4^2\times\frac{60}{360}-\pi\times2^2\times\frac{60}{360}$

$=\frac{8}{3}\pi-\frac{2}{3}\pi$

$=2\pi$(cm²) … (i)

(높이)=6 cm … (ii)

$\therefore$ (부피)=(밑넓이)×(높이)

$=2\pi\times6$

$=12\pi$(cm³) … (iii)

채점 기준	비율
(i) 입체도형의 밑넓이 구하기	50 %
(ii) 입체도형의 높이 구하기	10 %
(iii) 입체도형의 부피 구하기	40 %

4 (높이가 12 cm가 되도록 넣은 물의 부피)
$=(\pi\times5^2)\times12$
$=300\pi(\text{cm}^3)$ … (i)
(거꾸로 한 병의 빈 공간의 부피)$=(\pi\times5^2)\times10$
$=250\pi(\text{cm}^3)$ … (ii)
가득 채운 물의 부피는 높이가 12 cm가 되도록 넣은 물의 부피와 거꾸로 한 병의 빈 공간의 부피의 합과 같으므로
(가득 채운 물의 부피)$=300\pi+250\pi$
$=550\pi(\text{cm}^3)$ … (iii)

채점 기준	비율
(i) 높이가 12 cm가 되도록 넣은 물의 부피 구하기	30 %
(ii) 거꾸로 한 병의 빈 공간의 부피 구하기	30 %
(iii) 가득 채운 물의 부피 구하기	40 %

생활 속 수학

P. 134

답 **A 캔**

A, B 두 캔에 같은 양의 음료수를 담을 수 있으므로 겉넓이가 작은 캔을 만드는 것이 더 경제적이다.
(A 캔의 겉넓이)$=(\pi\times4^2)\times2+(2\pi\times4)\times4$
$=32\pi+32\pi$
$=64\pi(\text{cm}^2)$
(B 캔의 겉넓이)$=(\pi\times2^2)\times2+(2\pi\times2)\times16$
$=8\pi+64\pi$
$=72\pi(\text{cm}^2)$
따라서 A 캔의 겉넓이가 B 캔의 겉넓이보다 작으므로 A 캔이 B 캔보다 더 경제적이다.

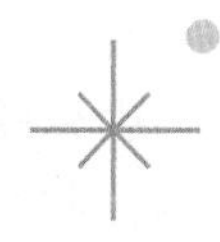

01 줄기와 잎 그림, 도수분포표

P. 138~139

개념 확인 (1) 4, 7 (2) 4

필수 문제 1

가방 무게 (1|5는 1.5 kg)

줄기	잎
1	5 8
2	4 6 7
3	2 3 4 4 6
4	0 9

(1) 4, 6, 7 (2) 3

(2) 잎이 가장 많은 줄기는 잎의 개수가 5개인 줄기 3이다.

1-1

1분당 맥박 수 (6|7은 67회)

줄기	잎
6	7 8 8 9 9 9
7	1 2 3 3 4 6 9 9
8	0 2 3 4
9	0 1

(1) 0, 2, 3, 4 (2) 9 (3) 91회, 67회

(2) 잎이 가장 적은 줄기는 잎의 개수가 2개인 줄기 9이다.

(3) 맥박 수가 가장 높은 학생의 맥박 수는 줄기가 9이고 잎이 1이므로 91회, 가장 낮은 학생의 맥박 수는 줄기가 6이고 잎이 7이므로 67회이다.

필수 문제 2 (1) 20명 (2) 166 cm (3) 4명

(1) 전체 학생 수는 전체 잎의 개수와 같으므로
$4+8+6+2=20$(명)

(2) 키가 큰 학생의 키부터 차례로 나열하면
173 cm, 171 cm, 166 cm, …이므로
키가 큰 쪽에서 3번째인 학생의 키는 166 cm이다.

(3) 키가 150 cm 미만인 학생 수는 줄기 14에 해당하는 잎의 개수와 같은 4명이다.

2-1 (1) 24명 (2) 31세 (3) 6명 (4) 25 %

(1) 전체 회원 수는 전체 잎의 개수와 같으므로
$4+6+8+5+1=24$(명)

(2) 나이가 적은 회원의 나이부터 차례로 나열하면
23세, 25세, 28세, 29세, 31세, …이므로
나이가 적은 쪽에서 5번째인 회원의 나이는 31세이다.

(3) 나이가 50세 이상인 회원 수는 줄기 5, 6에 해당하는 잎의 개수와 같은 6명이다.

(4) 나이가 50세 이상인 회원은 6명이므로 전체의
$\frac{6}{24}\times100=25(\%)$이다.

P. 140~141

개념 확인

책의 수(권)	학생 수(명)	
5이상 ~ 10미만	///	3
10 ~ 15	𝍸	5
15 ~ 20	////	4
20 ~ 25	///	3
합계	15	

필수 문제 3

가슴둘레(cm)	학생 수(명)
60이상 ~ 65미만	2
65 ~ 70	6
70 ~ 75	8
75 ~ 80	4
합계	20

(1) 4개 (2) 5 cm (3) 6명

(1) 계급의 개수는 60이상~65미만, 65~70, 70~75, 75~80의 4개이다.

(2) (계급의 크기)$=65-60=70-65=75-70=80-75$
$=5$(cm)

(3) 가슴둘레가 65 cm인 민수가 속하는 계급은 65 cm 이상 70 cm 미만이므로 이 계급의 도수는 6명이다.

3-1 (1)

나이(세)	참가자 수(명)
10이상 ~ 20미만	3
20 ~ 30	5
30 ~ 40	7
40 ~ 50	3
합계	18

(2) 30세 이상 40세 미만 (3) 5명

(2) 도수가 가장 큰 계급은 도수가 7명인 30세 이상 40세 미만이다.

(3) 나이가 21세인 참가자가 속하는 계급은 20세 이상 30세 미만이므로 이 계급의 도수는 5명이다.

필수 문제 4 (1) 9 (2) 10개 (3) 500 kcal 이상 600 kcal 미만

(1) $4+7+A+10+8+2=40$에서
$A=40-(4+7+10+8+2)=9$

(2) $8+2=10$(개)

(3) 열량이 600 kcal 이상인 식품은 2개, 500 kcal 이상인 식품은 $8+2=10$(개)이므로 열량이 높은 쪽에서 8번째인 식품이 속하는 계급은 500 kcal 이상 600 kcal 미만이다.

4-1 ㄴ, ㄹ

ㄱ. (계급의 크기)$=20-0=40-20=\cdots=120-100$
$=20$(분)

ㄴ. $1+3+10+14+5+2=35$(명)

ㄷ. 컴퓨터 사용 시간이 100분 이상인 학생은 2명, 80분 이상인 학생은 $5+2=7$(명)이므로 컴퓨터 사용 시간이 긴 쪽에서 7번째인 학생이 속하는 계급은 80분 이상 100분 미만이다.

ㄹ. 컴퓨터 사용 시간이 80분 이상인 학생은 $5+2=7$(명)이므로 전체의 $\frac{7}{35}\times100=20(\%)$이다.

따라서 옳은 것은 ㄴ, ㄹ이다.

3 등산 횟수가 10회 이상 15회 미만인 회원 수는
$20-(5+4+3+1)=7$(명)

ㄱ. 도수가 가장 큰 계급은 도수가 7명인 10회 이상 15회 미만이다.

ㄴ. 등산 횟수가 가장 많은 회원의 정확한 등산 횟수는 알 수 없다.

ㄷ. 등산 횟수가 25회 이상인 회원은 1명, 20회 이상인 회원은 $3+1=4$(명)이므로 등산 횟수가 많은 쪽에서 4번째인 회원이 속하는 계급은 20회 이상 25회 미만이다.

ㄹ. 등산 횟수가 15회 미만인 회원은 $5+7=12$(명)이므로 전체의 $\frac{12}{20}\times100=60(\%)$이다.

따라서 옳지 않은 것은 ㄴ, ㄹ이다.

쏙쏙 개념 익히기 P. 142

1 ㄷ, ㅁ
2 (1) 25 (2) 30분 이상 60분 미만 (3) 40 %
3 ㄴ, ㄹ

1 ㄱ. 잎이 가장 많은 줄기는 3이므로 학생 수가 가장 많은 점수대는 30점대이다.

ㄴ. 전체 학생 수는 전체 잎의 개수와 같으므로
$3+5+6+7+4=25$(명)

ㄷ. 점수가 10점 미만인 학생은 3명이므로 전체의 $\frac{3}{25}\times100=12(\%)$이다.

ㄹ. 점수가 높은 학생의 점수부터 차례로 나열하면 46점, 42점, 41점, 40점, 38점, 37점, …이므로 점수가 높은 쪽에서 6번째인 학생의 점수는 37점이다.

ㅁ. 호진이보다 점수가 높은 학생 수는 35점, 37점, 38점, 40점, 41점, 42점, 46점의 7명이다.

따라서 옳지 않은 것은 ㄷ, ㅁ이다.

2 (1) (계급의 크기)$=30-0=60-30=\cdots=150-120$
$=30$(분)
$\therefore a=30$
계급의 개수는 $0^{\text{이상}}\sim30^{\text{미만}}$, $30\sim60$, $60\sim90$, $90\sim120$, $120\sim150$의 5개이다.
$\therefore b=5$
$\therefore a-b=30-5=25$

(2) 독서 시간이 30분 미만인 학생은 2명, 60분 미만인 학생은 $2+4=6$(명)이므로 독서 시간이 적은 쪽에서 6번째인 학생이 속하는 계급은 30분 이상 60분 미만이다.

(3) 독서 시간이 90분 이상인 학생은 $5+3=8$(명)이므로 전체의 $\frac{8}{20}\times100=40(\%)$이다.

2 히스토그램과 도수분포다각형

P. 143

개념 확인

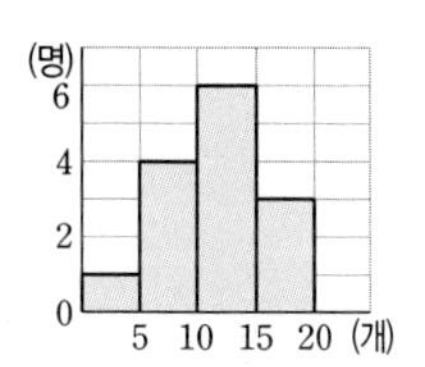

필수 문제 1 (1) 2점 (2) 21명 (3) 74

(1) (계급의 크기)$=$(직사각형의 가로의 길이)
$=12-10=14-12=\cdots=20-18$
$=2$(점)

(2) $9+12=21$(명)

(3) (모든 직사각형의 넓이의 합)
$=$(계급의 크기)$\times$(도수의 총합)
$=2\times(4+9+12+7+5)$
$=2\times37=74$

1-1 (1) 5개 (2) 30명 (3) 120

(1) (계급의 개수)$=$(직사각형의 개수)
$=5$개

(2) $8+10+9+2+1=30$(명)

(3) (모든 직사각형의 넓이의 합)
$=$(계급의 크기)$\times$(도수의 총합)
$=4\times30=120$

P. 144

개념 확인 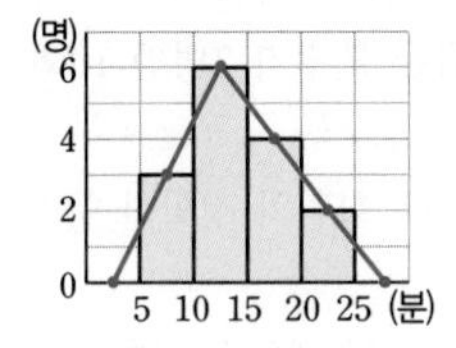

필수 문제 2 (1) **4개 이상 6개 미만** (2) **28 %**

(1) 도수가 가장 큰 계급은 도수가 8명인 4개 이상 6개 미만이다.

(2) 전체 학생 수는

$4+8+6+5+2=25$(명)

인형의 수가 8개 이상인 학생은 $5+2=7$(명)이므로

전체의 $\frac{7}{25}\times100=28(\%)$이다.

2-1 (1) **12회 이상 15회 미만** (2) **120**

(1) 턱걸이 횟수가 15회 이상인 학생은 5명, 12회 이상인 학생은 $9+5=14$(명)이므로 턱걸이 횟수가 많은 쪽에서 7번째인 학생이 속하는 계급은 12회 이상 15회 미만이다.

(2) (도수분포다각형과 가로축으로 둘러싸인 도형의 넓이)

=(히스토그램의 모든 직사각형의 넓이의 합)

=(계급의 크기)×(도수의 총합)

$=3\times(4+10+12+9+5)$

$=3\times40=120$

쏙쏙 개념 익히기 P. 145~146

1 (1) 6개 (2) 8명 (3) 24 % (4) 40 m 이상 45 m 미만
2 70 **3** (1) ③ (2) 30 % (3) 300
4 ㄷ, ㄹ **5** (1) 7명 (2) 28 %
6 12.5 %

1 (2) 던지기 기록이 26 m인 학생이 속하는 계급은 25 m 이상 30 m 미만이므로 이 계급의 도수는 8명이다.

(3) 던지기 기록이 30 m 미만인 학생은 $4+8=12$(명)이므로

전체의 $\frac{12}{50}\times100=24(\%)$이다.

(4) 멀리 던진 계급부터 학생 수를 차례로 나열하면

45 m 이상 50 m 미만: 3명

40 m 이상 45 m 미만: 9명

따라서 10번째로 멀리 던진 학생이 속하는 계급은 40 m 이상 45 m 미만이다.

2 계급의 크기는 5 mm,

도수가 가장 큰 계급의 도수는 12명,

도수가 가장 작은 계급의 도수는 2명이므로

구하는 직사각형의 넓이의 합은

$5\times12+5\times2=70$

3 (1) ③ 성적이 5번째로 좋은 학생의 정확한 점수는 알 수 없다.

(2) 반 전체 학생 수는 $4+6+10+9+1=30$(명)이고,

수학 성적이 80점 이상 90점 미만인 학생은 9명이므로

전체의 $\frac{9}{30}\times100=30(\%)$이다.

(3) (도수분포다각형과 가로축으로 둘러싸인 도형의 넓이)

=(히스토그램의 모든 직사각형의 넓이의 합)

=(계급의 크기)×(도수의 총합)

$=10\times30=300$

4 ㄱ. (1반 학생 수)$=3+7+9+4+2=25$(명)

(2반 학생 수)$=1+2+5+8+6+3=25$(명)

즉, 두 반의 학생 수는 같다.

ㄴ. 기록이 가장 좋은 학생은 18초 이상 19초 미만인 계급에 속하므로 2반에 있다.

ㄷ. 기록이 16초 이상 17초 미만인 계급에서 2반에 대한 그래프가 더 위쪽에 있으므로 이 계급에 속하는 학생은 2반이 더 많다.

ㄹ. 2반에 대한 그래프가 1반에 대한 그래프보다 전체적으로 오른쪽으로 치우쳐 있으므로 2반이 1반보다 기록이 대체적으로 더 좋은 편이다.

따라서 옳은 것은 ㄷ, ㄹ이다.

5 (1) 독서량이 8권 이상 12권 미만인 학생 수는

$25-(4+5+7+2)=7$(명)

(2) 독서량이 8권 이상 12권 미만인 학생은 전체의

$\frac{7}{25}\times100=28(\%)$이다.

6 통학 시간이 30분 이상 35분 미만인 학생 수는

$40-(2+5+8+10+9+1)=5$(명)

따라서 통학 시간이 30분 이상 35분 미만인 학생은 전체의

$\frac{5}{40}\times100=12.5(\%)$이다.

3 상대도수와 그 그래프

P. 147

개념 확인 (차례로) 5, 0.25, 0.5, 0.1, 1

필수 문제 1 (1) $A=0.1$, $B=12$, $C=10$, $D=0.2$, $E=1$
(2) 0.15

(1) $A=\frac{4}{40}=0.1$

$B=40\times0.3=12$

$C=40\times0.25=10$

$D=\frac{8}{40}=0.2$

$E=1$

(2) 용돈이 2만 원 미만인 학생은 4명, 3만 원 미만인 학생은 4+6=10(명)이므로 용돈이 적은 쪽에서 10번째인 학생이 속하는 계급은 2만 원 이상 3만 원 미만이다.
따라서 이 계급의 상대도수는 0.15이다.

1-1 (1) $A=0.15$, $B=100$, $C=0.3$, $D=80$, $E=1$
(2) 40 %

(1) $A=\frac{60}{400}=0.15$

$B=400\times0.25=100$

$C=\frac{120}{400}=0.3$

$D=400\times0.2=80$

$E=1$

(2) 키가 155 cm 미만인 계급의 상대도수의 합은
$0.15+0.25=0.4$
$\therefore 0.4\times100=40(\%)$

P. 148

개념 확인

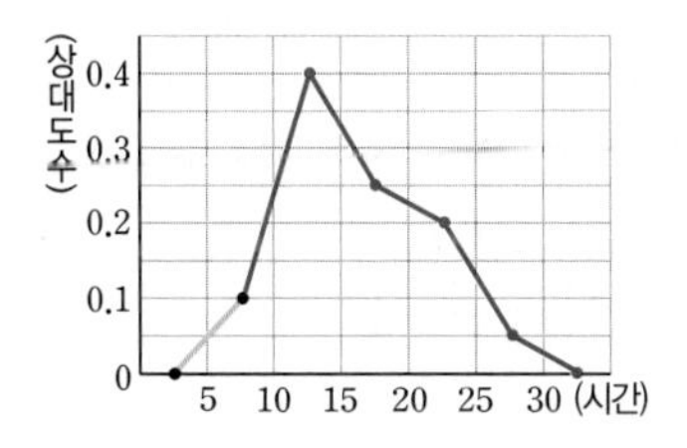

필수 문제 2 (1) 12세 이상 16세 미만 (2) 16명

(1) 각 계급의 상대도수는 그 계급의 도수에 정비례하므로 도수가 가장 작은 계급은 상대도수가 0.05로 가장 작은 계급인 12세 이상 16세 미만이다.

(2) (나이가 20세 이상 24세 미만인 계급의 도수)
=(도수의 총합)×(그 계급의 상대도수)
$=40\times0.4=16$(명)

2-1 (1) 0.4 (2) 12편

(1) 각 계급의 상대도수는 그 계급의 도수에 정비례하므로 도수가 가장 큰 계급은 상대도수가 0.4로 가장 큰 계급인 120분 이상 130분 미만이다.

(2) (어떤 계급의 도수)
=(도수의 총합)×(그 계급의 상대도수)
이고, 상영 시간이 110분 미만인 계급의 상대도수의 합은 $0.05+0.1=0.15$이므로 구하는 영화의 수는
$80\times0.15=12$(편)

P. 149

개념 확인 (1) 풀이 참조 (2) 여학생

(1)

앉은키(cm)	여학생		남학생	
	학생 수(명)	상대도수	학생 수(명)	상대도수
75이상 ~ 80미만	6	0.15	4	0.16
80 ~ 85	8	0.2	5	0.2
85 ~ 90	16	0.4	7	0.28
90 ~ 95	10	0.25	9	0.36
합계	40	1	25	1

(2) 앉은키가 75 cm 이상 80 cm 미만인 계급의 상대도수는
여학생: 0.15, 남학생: 0.16
따라서 앉은키가 75 cm 이상 80 cm 미만인 학생의 비율은 여학생이 더 낮다.

필수 문제 3 (1) 12명 (2) A 중학교 (3) B 중학교

(1) 만족도가 50점 이상 60점 미만인 계급의 학생 수는
A 중학교: $100\times0.28=28$(명)
B 중학교: $200\times0.2=40$(명)
따라서 학생 수의 차는
$40-28=12$(명)

(2) 만족도가 60점 미만인 계급들의 상대도수는 모두 A 중학교가 B 중학교보다 더 크므로 그 계급에 속하는 학생의 비율은 A 중학교가 B 중학교보다 더 높다.

(3) B 중학교에 대한 그래프가 A 중학교에 대한 그래프보다 전체적으로 오른쪽으로 치우쳐 있으므로 만족도는 대체적으로 B 중학교가 A 중학교보다 더 높다고 할 수 있다.

3-1 (1) 3개 (2) A 정류장

(1) B 정류장보다 A 정류장의 상대도수가 더 큰 계급은
5이상~10미만, 10~15, 15~20의 3개이다.

(2) A 정류장에 대한 그래프가 B 정류장에 대한 그래프보다 전체적으로 왼쪽으로 치우쳐 있으므로 버스를 기다리는 시간이 대체적으로 A 정류장이 B 정류장보다 더 적다고 할 수 있다.

STEP 1 쏙쏙 개념 익히기 P. 150~151

1 (1) ○ (2) × (3) ○ (4) ×
2 0.36 **3** 40명 **4** (1) 55 % (2) 6개
5 (1) 50명 (2) $A=20$, $B=0.2$, $C=8$, $D=0.16$, $E=1$
6 (1) 32명 (2) 0.16
7 (1) 350명 (2) 0.4 (3) 140명 **8** 여학생 **9** ㄱ, ㄷ

1 (2) 상대도수의 총합은 항상 1이다.
(4) 상대도수의 총합은 항상 1이므로 상대도수의 분포를 나타낸 도수분포다각형 모양의 그래프와 가로축으로 둘러싸인 도형의 넓이는 계급의 크기와 같다.

2 전체 학생 수는 $1+5+6+9+4=25$(명)
한문 성적이 85점인 학생이 속하는 계급은 80점 이상 90점 미만이고, 이 계급의 도수는 9명이다.
따라서 한문 성적이 85점인 학생이 속하는 계급의 상대도수는
$\frac{9}{25}=0.36$

3 (전체 학생 수)$=\frac{(\text{도수})}{(\text{상대도수})}=\frac{8}{0.2}=40$(명)

4 (1) 무게가 60 g 이상 80 g 미만인 계급의 상대도수의 합은
$0.3+0.25=0.55$
$\therefore 0.55\times100=55(\%)$
(2) 상대도수의 총합이 1이므로 무게가 50 g 이상 60 g 미만인 계급의 상대도수는
$1-(0.1+0.3+0.25+0.2)=0.15$
∴ (구하는 토마토의 개수)$=40\times0.15=6$(개)

5 (1) 전체 회원 수는 $\frac{7}{0.14}=50$(명)
(2) $A=50\times0.4=20$, $B=\frac{10}{50}=0.2$
$C=50-(7+20+10+5)=8$
$D=\frac{8}{50}=0.16$, $E=1$

6 (1) 입장 대기 시간이 50분 이상인 계급의 상대도수의 합은
$0.1+0.06=0.16$
따라서 입장 대기 시간이 50분 이상인 관객 수는
$200\times0.16=32$(명)
(2) 입장 대기 시간이 20분 미만인 관객 수는
$200\times0.08=16$(명)
입장 대기 시간이 20분 이상 30분 미만인 관객 수는
$200\times0.16=32$(명)
따라서 입장 대기 시간이 40번째로 적은 관객이 속하는 계급은 20분 이상 30분 미만이므로 구하는 상대도수는 0.16이다.

7 (1) (전체 학생 수)$=\frac{70}{0.2}=350$(명)
(2) 상대도수의 총합은 1이므로 몸무게가 50 kg 이상 55 kg 미만인 계급의 상대도수는
$1-(0.12+0.16+0.2+0.08+0.04)=0.4$
(3) 전체 학생 수가 350명이므로 몸무게가 50 kg 이상 55 kg 미만인 학생 수는
$350\times0.4=140$(명)

8 국어 성적이 80점 이상 90점 미만인 계급의 상대도수는
남학생: $\frac{15}{100}=0.15$, 여학생: $\frac{8}{50}=0.16$
이므로 국어 성적이 80점 이상 90점 미만인 학생의 비율은 여학생이 더 높다.

9 ㄱ. 음악 감상 시간이 90분 이상 120분 미만인 학생 수는
1학년: $200\times0.2=40$(명)
2학년: $150\times0.24=36$(명)
따라서 음악 감상 시간이 90분 이상 120분 미만인 학생은 1학년이 더 많다.
ㄴ. 2학년에 대한 그래프가 1학년에 대한 그래프보다 전체적으로 오른쪽으로 치우쳐 있으므로 2학년이 1학년보다 음악 감상 시간이 더 긴 편이다.
ㄷ. 1학년과 2학년에 대한 각각의 그래프에서 계급의 크기와 상대도수의 총합이 각각 같으므로 그래프와 가로축으로 둘러싸인 부분의 넓이는 서로 같다.
따라서 옳은 것은 ㄱ, ㄷ이다.

STEP 2 탄탄 단원 다지기 P. 152~155

1 ④ **2** (1) 남학생 (2) 많은 편
3 (1) 90분 이상 110분 미만 (2) 30 % **4** 4
5 9명 **6** ⑤ **7** (1) 25명 (2) 8명 **8** ㄴ, ㄹ
9 ③ **10** 0.225 **11** ⑤ **12** 6마리
13 (1) 40명 (2) 0.3 **14** ② **15** 15명
16 (1) B 제품 (2) 30세 이상 40세 미만 **17** 5 : 2
18 ㄴ, ㄷ

1 ① 잎이 가장 많은 줄기는 잎의 개수가 8개인 1이다.
② $6+8+7+5+2=28$(명)
⑤ 팔굽혀펴기 기록이 적은 학생의 기록부터 차례로 나열하면 4회, 5회, 6회, 7회, 8회, 9회, 10회, 11회, 12회, 13회, …이므로 팔굽혀펴기 기록이 적은 쪽에서 10번째인 학생의 기록은 13회이다.
따라서 옳은 것은 ④이다.

2 (1) 휴대 전화에 등록된 친구 수가 많은 학생의 친구 수부터 차례로 나열하면
53명, 52명, 52명, 51명, 51명, 50명, 49명, ⋯이므로 휴대 전화에 등록된 친구 수가 많은 쪽에서 7번째인 학생은 등록된 친구 수가 49명인 남학생이다.
(2) 전체 학생 수는 30명이고, 휴대 전화에 등록된 친구 수가 43명인 학생은 등록된 친구 수가 적은 쪽에서 20번째, 많은 쪽에서 11번째이므로 많은 편이다.

3 (1) 인터넷을 사용한 시간이 90분 이상 110분 미만인 계급의 도수는
$30-(3+7+11+1)=8$(명)
따라서 도수가 두 번째로 큰 계급은 90분 이상 110분 미만이다.
(2) 인터넷을 사용한 시간이 90분 이상인 학생은
$8+1=9$(명)이므로 전체의 $\frac{9}{30}\times 100=30(\%)$이다.

4 줄넘기 기록이 80회 이상 100회 미만인 학생이 전체의 35 % 이므로
$\frac{A}{40}\times 100=35 \qquad \therefore A=14$
$\therefore B=40-(6+8+14+2)=10$
$\therefore A-B=14-10=4$

5 통화 시간이 40분 미만인 학생 수를 x명이라고 하면 통화 시간이 40분 이상인 학생 수가 40분 미만인 학생 수의 2배이므로 통화 시간이 40분 이상인 학생 수는 $2x$명이다.
이때 전체 학생 수가 27명이므로
$x+2x=27$, $3x=27 \qquad \therefore x=9$
따라서 통화 시간이 40분 미만인 학생 수는 9명이다.

6 ② $4+7+10+9+2=32$(명)
④ 키가 140 cm 미만인 학생은 4명, 150 cm 미만인 학생은 $4+7=11$(명)이므로 키가 12번째로 작은 학생이 속하는 계급은 150 cm 이상 160 cm 미만이다.
⑤ (모든 직사각형의 넓이의 합)
=(계급의 크기)×(도수의 총합)
$=10\times 32=320$

7 (1) 기록이 190 cm 미만인 학생은 $2+5=7$(명)이고, 전체의 28 %이므로
(전체 학생 수)$\times\frac{28}{100}=7$
∴ (전체 학생 수)=25(명)
(2) 기록이 210 cm 미만인 학생 수는
$25\times\frac{4}{4+1}=20$(명)이므로
기록이 190 cm 이상 200 cm 미만인 계급의 도수는
$20-(2+5+5)=8$(명)

8 ㄱ. $1+6+12+10+3=32$(명)
ㄴ. (계급의 크기)$=5-3=7-5=\cdots=13-11=2$(회)
계급의 개수는 $3^{이상}\sim5^{미만}$, 5~7, 7~9, 9~11, 11~13의 5개이다.
ㄷ. $1+6=7$(명)
ㄹ. 자유투 성공 횟수가 11회 이상인 학생은 3명, 9회 이상인 학생은 $10+3=13$(명)이므로 자유투 성공 횟수가 많은 쪽에서 10번째인 학생이 속하는 계급은 9회 이상 11회 미만이다.
따라서 옳지 않은 것은 ㄴ, ㄹ이다.

9 ㄱ. 줄기와 잎 그림에서는 실제 변량의 정확한 값을 알 수 있다.
ㄴ. 도수분포표에서 계급의 개수가 너무 많거나 적으면 자료의 분포 상태를 파악하기 어려우므로 계급의 개수는 5~15개가 적당하다.
ㄷ. 히스토그램에서 각 직사각형의 가로의 길이는 계급의 크기이므로 일정하다.
ㅁ. 도수의 총합에 따라 도수가 큰 쪽의 상대도수가 더 작을 수도 있다.
따라서 옳은 것은 ㄷ, ㄹ이다.

10 전체 연극의 수는 $2+4+5+7+9+8+4+1=40$(편)
도수가 가장 큰 계급의 도수는 9편이므로
구하는 상대도수는 $\frac{9}{40}=0.225$

11 변량의 개수가 다른 두 자료, 즉 도수의 총합이 다른 두 집단의 분포를 비교할 때는 상대도수끼리 비교하는 것이 적합하므로 구하는 가장 편리한 것은 ⑤ 상대도수의 분포표이다.

12 (구하는 유기견의 수)=(전체 유기견의 수)×(상대도수)
$=40\times 0.15=6$(마리)

13 (1) 기록이 0 m 이상 10 m 미만인 계급의 도수는 2명, 상대도수는 0.05이므로 전체 학생 수는
$\frac{2}{0.05}=40$(명)
(2) 기록이 10 m인 학생이 속하는 계급은 10 m 이상 20 m 미만이고, 이 계급의 도수는 12명이다.
따라서 이 계급의 상대도수는
$\frac{12}{40}=0.3$

14 나이가 30세 이상 35세 미만인 동물의 수는
$80\times 0.05=4$(마리)
나이가 25세 이상 30세 미만인 동물의 수는
$80\times 0.15=12$(마리)
따라서 나이가 많은 쪽에서 16번째인 동물이 속하는 계급은 25세 이상 30세 미만이므로 이 계급의 상대도수는 0.15이다.

15 (전체 학생 수)$=\frac{4}{0.08}=50$(명)
앉은키가 80 cm 이상 85 cm 미만인 계급의 상대도수는
$1-(0.08+0.18+0.26+0.16+0.02)=0.3$
따라서 구하는 학생 수는
$50\times0.3=15$(명)

16 (1) A 제품을 구매한 20대 고객 수는 $1800\times0.18=324$(명)
B 제품을 구매한 20대 고객 수는 $2200\times0.17=374$(명)
따라서 20대 고객들이 더 많이 구매한 제품은 B 제품이다.

(2)

나이(세)	상대도수		고객 수(명)	
	A 제품	B 제품	A 제품	B 제품
10이상 ~ 20미만	0.09	0.16	162	352
20 ~ 30	0.18	0.17	324	374
30 ~ 40	0.22	0.18	396	396
40 ~ 50	0.31	0.26	558	572
50 ~ 60	0.2	0.23	360	506
합계	1	1	1800	2200

따라서 A, B 두 제품의 구매 고객 수가 같은 계급은 30세 이상 40세 미만이다.

17 도수의 총합의 비가 1 : 2이므로 도수의 총합을 각각 a, $2a$ (a는 자연수)라 하고,
어떤 계급의 도수의 비가 5 : 4이므로 이 계급의 도수를 각각 $5b$, $4b$ (b는 자연수)라고 하면
이 계급의 상대도수의 비는
$\frac{5b}{a}:\frac{4b}{2a}=5:2$

18 ㄱ. 2학년에 대한 그래프가 1학년에 대한 그래프보다 전체적으로 오른쪽으로 치우쳐 있으므로 2학년이 1학년보다 독서 시간이 더 긴 편이다.
ㄴ. 2학년에 대한 그래프가 1학년에 대한 그래프보다 위쪽에 있는 계급을 찾으면 5시간 이상 6시간 미만, 6시간 이상 7시간 미만이다.
ㄷ. 독서 시간이 4시간 이상 5시간 미만인 학생 수는
1학년: $100\times0.3=30$(명)
2학년: $125\times0.28=35$(명)
따라서 독서 시간이 4시간 이상 5시간 미만인 학생은 1학년보다 2학년이 더 많다.
ㄹ. 2학년에서 독서 시간이 5시간 이상인 계급의 상대도수의 합은 $0.28+0.08=0.36$이므로
2학년 전체의 $0.36\times100=36$(%)이다.
따라서 옳은 것은 ㄴ, ㄷ이다.

STEP 3 쓱쓱 서술형 완성하기

P. 156~157

〈과정은 풀이 참조〉

따라 해보자 유제 1 12일 유제 2 10명
연습해 보자 1 22명, 47 kg 2 8권
3 30 %
4 (1) 볼링 동호회 (2) 볼링 동호회

따라 해보자

유제 1 (1단계) 기온이 20 ℃ 이상 22 ℃ 미만인 날수는 전체의 20 %이므로
$40\times\frac{20}{100}=8$(일) … (i)
(2단계) 기온이 22 ℃ 이상 24 ℃ 미만인 날수는
$40-(4+7+8+6+3)=12$(일) … (ii)

채점 기준	비율
(i) 기온이 20 ℃ 이상 22 ℃ 미만인 날수 구하기	50 %
(ii) 기온이 22 ℃ 이상 24 ℃ 미만인 날수 구하기	50 %

유제 2 (1단계) 기록이 10 m 이상 15 m 미만인 계급의 상대도수는 0.05, 도수는 2명이므로
(전체 학생 수)$=\frac{2}{0.05}=40$(명) … (i)
(2단계) 기록이 30 m 이상인 계급의 상대도수의 합은 $0.2+0.05=0.25$이므로
구하는 학생 수는
$40\times0.25=10$(명) … (ii)

채점 기준	비율
(i) 전체 학생 수 구하기	50 %
(ii) 기록이 30 m 이상인 학생 수 구하기	50 %

연습해 보자

1 전체 학생 수는 전체 잎의 개수와 같으므로
(전체 학생 수)$=6+7+5+4=22$(명) … (i)
몸무게가 가벼운 학생의 몸무게부터 차례로 나열하면
41 kg, 43 kg, 45 kg, 46 kg, 47 kg, …이므로 몸무게가 가벼운 쪽에서 5번째인 학생의 몸무게는 47 kg이다. … (ii)

채점 기준	비율
(i) 전체 학생 수 구하기	50 %
(ii) 몸무게가 가벼운 쪽에서 5번째인 학생의 몸무게 구하기	50 %

2 전체 학생 수는
$5+7+9+4+3+2=30$(명)이므로 … (i)
상위 30 % 이내에 속하는 학생 수는
$30\times\frac{30}{100}=9$(명) … (ii)

읽은 책의 수가 많은 계급부터 학생 수를 차례로 나열하면
12권 이상 14권 미만인 계급의 학생 수는 2명,
10권 이상 12권 미만인 계급의 학생 수는 3명,
8권 이상 10권 미만인 계급의 학생 수는 4명이다.
따라서 읽은 책의 수가 많은 쪽에서 9번째인 학생이 속하는 계급은 8권 이상 10권 미만이므로 상위 30 % 이내에 속하려면 8권 이상의 책을 읽어야 한다. … (iii)

채점 기준	비율
(i) 전체 학생 수 구하기	30 %
(ii) 상위 30 % 이내에 속하는 학생 수 구하기	30 %
(iii) 상위 30 % 이내에 속하려면 몇 권 이상의 책을 읽어야 하는지 구하기	40 %

3 (전체 학생 수)$=\frac{5}{0.1}=50$(명)이므로 … (i)
타자 수가 300타 이상 350타 미만인 계급의 상대도수는
$\frac{11}{50}=0.22$ … (ii)
따라서 타자 수가 300타 이상인 계급의 상대도수의 합은 $0.22+0.08=0.3$이므로 타자 수가 300타 이상인 학생은 전체의 $0.3\times100=30$(%)이다. … (iii)

채점 기준	비율
(i) 전체 학생 수 구하기	30 %
(ii) 타자 수가 300타 이상 350타 미만인 계급의 상대도수 구하기	30 %
(iii) 타자 수가 300타 이상인 학생은 전체의 몇 %인지 구하기	40 %

4 (1) 전체 회원 수는
테니스 동호회가 $\frac{120}{0.4}=300$(명),
볼링 동호회가 $\frac{80}{0.25}=320$(명)이므로 … (i)
전체 회원 수가 더 많은 곳은 볼링 동호회이다. … (ii)
(2) 볼링 동호회에 대한 그래프가 테니스 동호회에 대한 그래프보다 전체적으로 오른쪽으로 치우쳐 있으므로 회원들의 연령대는 볼링 동호회가 테니스 동호회보다 더 높다고 할 수 있다. … (iii)

채점 기준	비율
(i) 테니스 동호회와 볼링 동호회의 전체 회원 수 구하기	40 %
(ii) 전체 회원 수가 더 많은 동호회 구하기	10 %
(iii) 회원들의 연령대가 대체적으로 더 높은 동호회 구하기	50 %

생활 속 수학 P. 158

답 **60곳**
농도가 $60\,\mu g/m^3$ 이상 $70\,\mu g/m^3$ 미만인 계급의 상대도수는
$1-(0.05+0.05+0.25+0.2+0.15)=0.3$
따라서 농도가 $60\,\mu g/m^3$ 이상 $70\,\mu g/m^3$ 미만인 계급의 지역의 수는
$200\times0.3=60$(곳)

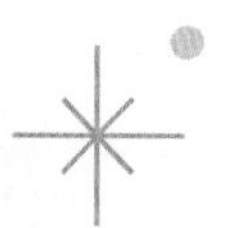

memo

memo

memo

정답만 모아 스피드 체크

1 기본 도형

1 점, 선, 면, 각

유형 1 P. 6

1 (1) ○ (2) ○ (3) ×
2 교점: 8개, 교선: 12개
3 (1) 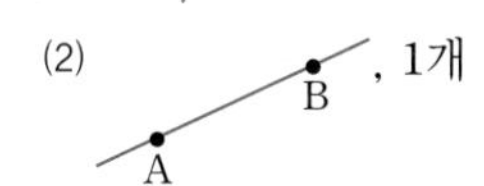

, 무수히 많다.
(2) A, B, 1개
4 (1) A, B, C
(2) A, C, B
(3) A, C, B
5 (1) $\overrightarrow{MN}$ (2) $\overline{MN}$($\text{또는 }\overline{NM}$)
(3) $\overrightarrow{NM}$ (4) $\overleftrightarrow{MN}$($\text{또는 }\overleftrightarrow{NM}$)
6 (1) = (2) ≠ (3) = (4) =

유형 2 P. 7

1 (1) 8 cm (2) 9 cm
2 (1) $\frac{1}{2}$, $\frac{1}{2}$, 3 (2) 2, 2, 10
3 (1) $\frac{1}{2}$ (2) $\frac{1}{2}$, $\frac{1}{4}$ (3) 2, 4 (4) 8, 16
4 (1) 2배 (2) 6 cm

유형 3 P. 8

1 (1) 예 (2) 둔 (3) 예 (4) 직 (5) 평 (6) 예 (7) 둔
2 (1) 180, 60 (2) 180, 80
3 (1) 30° (2) 30°

유형 4 P. 9

1 (1) ∠BOD (2) ∠AOF (3) ∠COE
(4) ∠DOE (5) ∠BOC (6) ∠BOF
2 (1) 140, 180, 40 (2) x, 30, 180, 150
3 (1) 80 (2) 20
4 (1) 70° (2) 50°

유형 5 P. 10

1 (1) $\overleftrightarrow{CD}$ (또는 $\overleftrightarrow{CO}$ 또는 $\overleftrightarrow{OD}$)
(2) 점 O
(3) $\overleftrightarrow{AB}\perp\overleftrightarrow{CD}$
(4) $\overline{AO}$
(5) $\overleftrightarrow{AB}$ (또는 $\overleftrightarrow{AO}$ 또는 $\overleftrightarrow{OB}$)
2 (1) 점 B (2) 점 A (3) $\overline{AB}$
3 (1) 점 B (2) 점 D (3) $\overline{BD}$
4 6 cm

쌍둥이 기출문제 P. 11~13

1 ④ 2 ③ 3 ③ 4 6 5 ①
6 ③ 7 (1) 3개 (2) 6개 8 (1) 6개 (2) 12개
9 ② 10 30 cm 11 ③ 12 50°
13 $\angle a=120°$, $\angle b=60°$ 14 ② 15 ③
16 25 17 ①, ⑤ 18 ④

유형편 라이트

2 점, 직선, 평면의 위치 관계

유형 6 P. 14

1 (1) 점 B, 점 E
(2) 점 A, 점 C, 점 E
(3) 점 A, 점 C, 점 D
(4) 점 D

2 (1) 점 A, 점 B
(2) 점 A, 점 B, 점 C, 점 D
(3) $\overline{AC}$, $\overline{BC}$, $\overline{CF}$
(4) 점 A, 점 D

3 (1) $\overline{AB}$, $\overline{BF}$, $\overline{CD}$, $\overline{CG}$
(2) $\overline{AD}$, $\overline{EH}$, $\overline{FG}$
(3) $\overline{AE}$, $\overline{DH}$, $\overline{EF}$, $\overline{HG}$

4 (1) $\overline{CD}$ (2) $\overline{BD}$ (3) $\overline{BC}$

유형 7 P. 15

1 (1) 면 ABCD, 면 AEHD
(2) 면 ABFE, 면 CGHD
(3) 면 BFGC, 면 EFGH

2 (1) $\overline{AB}$, $\overline{BC}$, $\overline{CD}$, $\overline{DA}$
(2) $\overline{AE}$, $\overline{BF}$, $\overline{CG}$, $\overline{DH}$
(3) $\overline{AB}$, $\overline{EF}$, $\overline{HG}$, $\overline{DC}$
(4) $\overline{AB}$, $\overline{BC}$, $\overline{CD}$, $\overline{DA}$

3 (1) $\overline{BC}$
(2) 면 ABCD, 면 ABFE, 면 EFGH, 면 CGHD
(3) 면 ABCD, 면 BFGC, 면 EFGH, 면 AEHD
(4) 면 BFGC

4 (1) × (2) ○ (3) ×

쌍둥이 기출문제 P. 16

1 ③ 2 $\overline{CG}$, $\overline{DH}$, $\overline{EH}$, $\overline{FG}$ 3 ⑤
4 ⑤ 5 ② 6 ㄴ, ㄷ

3 동위각과 엇각

유형 8 P. 17

1 (1) 130 (2) e, 50 (3) c, 110 (4) 70
2 $\angle a=125^\circ$, $\angle b=55^\circ$, $\angle c=55^\circ$
3 $\angle d=80^\circ$, $\angle e=80^\circ$, $\angle f=100^\circ$, $\angle g=80^\circ$, $\angle h=100^\circ$
4 $\angle x=60^\circ$, $\angle y=60^\circ$
5 $\angle x=50^\circ$, $\angle y=70^\circ$, $\angle z=70^\circ$
6 $\angle x=75^\circ$, $\angle y=45^\circ$

유형 9 P. 18

1 80° 2 100° 3 58° 4 125° 5 100°
6 40° 7 130° 8 15°

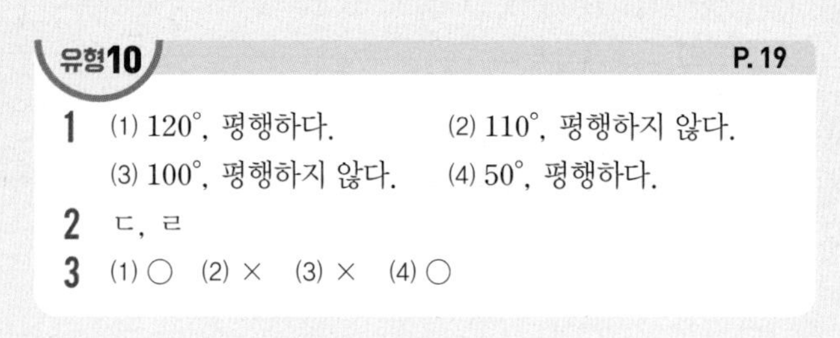

유형10 P. 19

1 (1) 120°, 평행하다. (2) 110°, 평행하지 않다.
(3) 100°, 평행하지 않다. (4) 50°, 평행하다.
2 ㄷ, ㄹ
3 (1) ○ (2) × (3) × (4) ○

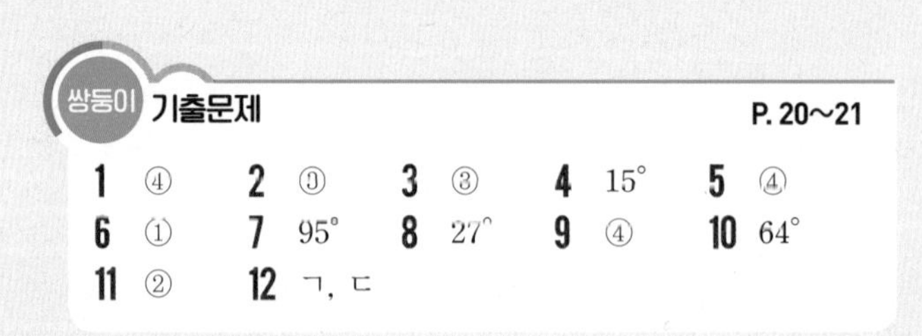

쌍둥이 기출문제 P. 20~21

1 ④ 2 ③ 3 ③ 4 15° 5 ④
6 ① 7 95° 8 27° 9 ④ 10 64°
11 ② 12 ㄱ, ㄷ

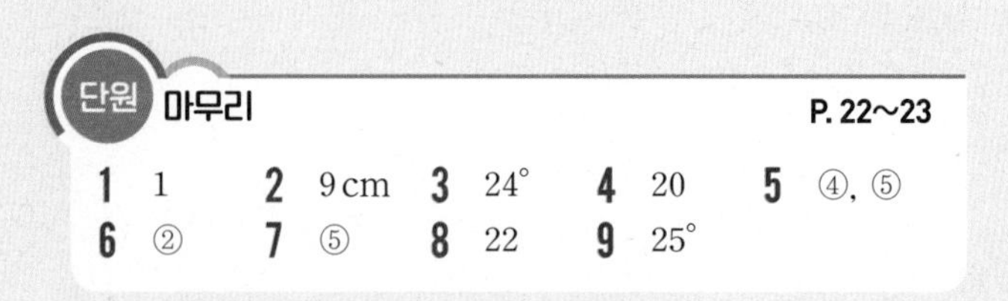

단원 마무리 P. 22~23

1 1 2 9 cm 3 24° 4 20 5 ④, ⑤
6 ② 7 ⑤ 8 22 9 25°

2 작도와 합동

1 삼각형의 작도

유형 1 P. 26

1 ㄱ, ㄹ
2 (1) × (2) × (3) ○ (4) ○
3 컴퍼스
4 P, $\overline{AB}$, P, $\overline{AB}$, Q
5 ㉢ → ㉠ → ㉡

유형 2 P. 27

1 A, B, C, $\overline{AB}$
2 (1) ㉣, ㉤, ㉥ (2) 동위각
3 (1) ㉥, ㉤, ㉠ (2) 엇각

유형 3 P. 28

1 (1) $\overline{BC}$ (2) $\overline{AC}$ (3) $\overline{AB}$ (4) $\angle C$ (5) $\angle A$ (6) $\angle B$
2 (1) 3 cm (2) 4 cm (3) 80°
3 (1) × (2) × (3) ○ (4) × (5) ○ (6) ○ (7) ○ (8) ×

유형 4 P. 29

1 (1) × (2) ○ (3) ○ (4) ○
2 a, $\angle XBC$, $\angle YCB$, A

유형 5 P. 30

1 (1) ×
이유: (가장 긴 변의 길이)>(나머지 두 변의 길이의 합)이므로 삼각형이 그려지지 않는다.
(2) ○
이유: (가장 긴 변의 길이)<(나머지 두 변의 길이의 합)이므로 삼각형이 하나로 정해진다.
(3) ×
이유: 두 변의 길이와 그 끼인각이 아닌 다른 한 각의 크기가 주어졌으므로 삼각형이 하나로 정해지지 않는다.
(4) ○
이유: 두 변의 길이와 그 끼인각의 크기가 주어졌으므로 삼각형이 하나로 정해진다.
(5) ○
이유: 한 변의 길이와 그 양 끝 각의 크기가 주어졌으므로 삼각형이 하나로 정해진다.
(6) ○
이유: $\angle B=180°-(30°+60°)=90°$, 즉 한 변의 길이와 그 양 끝 각의 크기를 알 수 있으므로 삼각형이 하나로 정해진다.
(7) ×
이유: 세 각의 크기가 주어지면 모양은 같고 크기가 다른 삼각형이 무수히 많이 그려진다.
2 (1) ○ (2) ○ (3) × (4) ×

쌍둥이 기출문제 P. 31~33

1 ⑤ 2 ②, ④ 3 ㉡ → ㉠ → ㉢ 4 ④
5 ㉡ → ㉣ → ㉠ → ㉢ → ㉤ 6 ③ 7 ②, ⑤
8 ③ 9 ③ 10 ⑤ 11 ㄱ, ㄹ 12 ③
13 ④ 14 ① 15 ㄴ 16 ㄱ, ㄴ, ㄷ

2 삼각형의 합동

유형 6 P. 34

1 (1) $\overline{EF}$, 10 (2) 5 cm (3) 60° (4) 30°
2 $a=60$, $b=75$, $c=60$, $x=6$
3 (1) ○ (2) ○ (3) ○ (4) × (5) × (6) ○ (7) ○

유형 7 P. 35

1 (1) SAS 합동 (2) SSS 합동 (3) ASA 합동
2 $\triangle ABC \equiv \triangle HIG \equiv \triangle PRQ$
3 (1) $\triangle ABD \equiv \triangle CDB$ (2) ASA 합동

쌍둥이 기출문제 P. 36~37

1 ④ 2 ①, ④ 3 ③ 4 $x=5$, $a=60$
5 ① 6 ㄱ과 ㄷ, SAS 합동 7 ①, ④
8 ③ 9 (가) ∠DMC (나) ∠D (다) ASA
10 ③ 11 (가) $\overline{OC}$ (나) $\overline{OD}$ (다) ∠O (라) SAS
12 (1) △COB, SAS 합동 (2) 98°

단원 마무리 P. 38~39

1 ㉤ → ㉢ → ㉠ → ㉣ → ㉡ 2 ③ 3 ⑤
4 ㄴ, ㄹ 5 ③ 6 ③, ⑤ 7 3개 8 ⑤

3 다각형

1 다각형

유형 1 P. 42

1 ㄱ, ㅁ 2 (1) 내각 (2) 외각 (3) 180
3 (1) 180, 130 (2) 95° (3) 65°
4 (1) 정오각형 (2) 정구각형
5 (1) ○ (2) ○ (3) × (4) ×

유형 2 P. 43

1 (1) 3개 (2) 5개
2 (1) 4개, 1개, 2개 (2) 5개, 2개, 5개
(3) 6개, 3개, 9개 (4) 7개, 4개, 14개
3 (1) 35개 (2) 54개 (3) 90개 (4) 170개
4 (1) 십일각형 (2) 44개
5 20, 40, 8, 8, 팔각형 6 십삼각형

쌍둥이 기출문제 P. 44

1 25 2 ⑤ 3 ③ 4 ①
5 정십팔각형 6 ② 7 ④ 8 ②

2 삼각형의 내각과 외각

유형 3 P. 45

1 (1) 25° (2) 115° 2 (1) 16 (2) 35
3 45° 4 (1) 105° (2) 135°
5 (1) 120° (2) 60° 6 (1) 35° (2) 30°

한 걸음 더 연습 P. 46

1 (1) 30° (2) 105° 2 180, 50, 180, 130
3

∴ $\angle x=$ 90°

4 $a+c$, $b+e$, $\angle a+\angle c$, $\angle b+\angle e$, 180

쌍둥이 기출문제 P. 47~48

1 30° 2 50 3 15° 4 90° 5 ④
6 40° 7 ③ 8 40° 9 (1) 26° (2) 74°
10 80° 11 110° 12 83° 13 105° 14 34°
15 ③ 16 45°

3 다각형의 내각과 외각

유형 4 P. 49

1

다각형	한 꼭짓점에서 대각선을 모두 그었을 때 만들어지는 삼각형의 개수	내각의 크기의 합
오각형	3개	180°×3=540°
육각형	4개	180°×4=720°
칠각형	5개	180°×5=900°
팔각형	6개	180°×6=1080°
⋮	⋮	⋮
n각형	$(n-2)$개	$180°\times(n-2)$

2 (1) 1440° (2) 1800° (3) 2340° (4) 2880°
3 (1) 육각형 (2) 구각형 (3) 십일각형 (4) 십사각형
4 (1) 135° (2) 100° 5 (1) 130° (2) 82°

유형 5 P. 50

1 5, 3, 5, 3, 360, 360　**2** (1) 360° (2) 360°
3 (1) 100° (2) 110°　**4** (1) 100° (2) 53°
5 (1) 55° (2) 60° (3) 70°

유형 6 P. 51

1 (1) 10, 8, 1440, 144 (2) 360, 36

2

정다각형	한 내각의 크기
(1) 정오각형	$\frac{180^\circ\times(5-2)}{\boxed{5}}=\boxed{108}^\circ$
(2) 정팔각형	$\frac{180^\circ\times(8-2)}{8}=135^\circ$
(3) 정십오각형	$\frac{180^\circ\times(15-2)}{15}=156^\circ$

3

정다각형	한 외각의 크기
(1) 정육각형	$\frac{360^\circ}{\boxed{6}}=\boxed{60}^\circ$
(2) 정구각형	$\frac{360^\circ}{9}=40^\circ$
(3) 정십이각형	$\frac{360^\circ}{12}=30^\circ$

4 (1) 정구각형 (2) 정십팔각형
5 (1) 정십오각형 (2) 정이십각형
6 1, 45, 45, 8, 정팔각형

쌍둥이 기출문제 P. 52~53

1 1267　**2** 900°　**3** ③　**4** 정십각형
5 110°　**6** 90°　**7** ③　**8** ②　**9** 144°
10 ⑤　**11** ①　**12** 정십이각형
13 (1) 20° (2) 정십팔각형　**14** ①

단원 마무리 P. 54~55

1 55　**2** ③, ⑤　**3** ⑤　**4** 45°　**5** 36°
6 ⑤　**7** ④　**8** 177　**9** 5개
10 정육각형

4 원과 부채꼴

1 원과 부채꼴

유형 1 P. 58

1

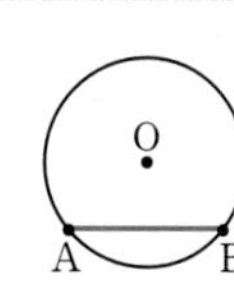

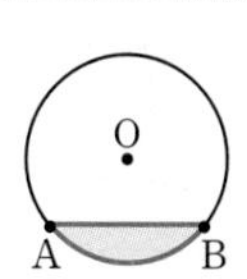

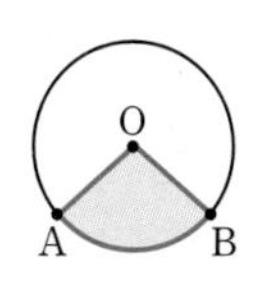

2 (1) $\overline{OA}$, $\overline{OB}$, $\overline{OE}$ (2) $\overline{BE}$, $\overline{CD}$ (3) $\overline{BE}$
(4) $\widehat{AB}$ (5) $\angle AOE$ (6) 180°

3 (1) × (2) ○ (3) × (4) ○

유형 2 P. 59

1

중심각의 크기	호의 길이	부채꼴의 넓이
$\angle a$	2 cm	4 cm²
$2\angle a$	4 cm	8 cm²
$3\angle a$	6 cm	12 cm²
$4\angle a$	8 cm	16 cm²

⇨ 정비례

2 (1) 12 (2) 55　**3** (1) 30 (2) 6
4 (1) 120 (2) 4　**5** (1) 6 (2) 30
6 ㄱ, ㄴ, ㄹ, ㅁ

쌍둥이 기출문제 P. 60~61

1 ④　**2** ②, ③　**3** 120°　**4** ③　**5** 2 cm²
6 60　**7** 168°　**8** 72°
9 40, 40, 180, 100, 40, 100, 4　**10** ②　**11** ②
12 ⑤

2 부채꼴의 호의 길이와 넓이

유형 3 P. 62

1 (1) l: 6π cm, S: 9π cm^2
(2) l: 14π cm, S: 49π cm^2
(3) l: $(6\pi+12)$ cm, S: 18π cm^2

2 (1) l: 24π cm, S: 24π cm^2
(2) l: 12π cm, S: 12π cm^2
(3) l: 14π cm, S: 12π cm^2
(4) l: 16π cm, S: 24π cm^2

유형 4 P. 63

1 (1) l: π cm, S: $\frac{3}{2}\pi$ cm^2
(2) l: 14π cm, S: 84π cm^2

2 (1) $72°$ (2) $160°$

3 (1) 2π cm^2 (2) 135π cm^2

4 (1) 10 cm (2) 3 cm

5 (1) $\frac{4}{3}\pi$ cm (2) 3π cm

6 (1) $(6\pi+20)$ cm (2) 30π cm^2

한 걸음 더 연습 P. 64

1 l: 16π cm, S: 32π cm^2

2 $\frac{10}{3}\pi$ cm

3 $216°$

4 (1) $(72\pi-144)$ cm^2 (2) $(8\pi-16)$ cm^2

5 (1) 32 cm^2 (2) 200 cm^2

쌍둥이 기출문제 P. 65~67

1 (1) 24π cm (2) 48π cm^2

2 20π cm, 12π cm^2

3 $(\pi+8)$ cm, 2π cm^2

4 $(12\pi+18)$ cm, 54π cm^2

5 ⑤

6 $80°$

7 6 cm

8 ②

9 $(6\pi+6)$ cm, 9π cm^2

10 $\left(\frac{9}{2}\pi+10\right)$ cm, $\frac{45}{4}\pi$ cm^2

11 (1) $(10\pi+10)$ cm (2) $\frac{25}{2}\pi$ cm^2

12 $(8\pi+8)$ cm, 8π cm^2

13 9π cm, $\left(\frac{81}{2}\pi-81\right)$ cm^2

14 $(6\pi+24)$ cm, $(72-18\pi)$ cm^2

15 49 cm^2

16 $(25\pi-50)$ cm^2

17 12π cm^2

18 8π cm^2

단원 마무리 P. 68~69

1 ③ 2 ③ 3 15 cm 4 ④ 5 ①
6 6π cm 7 ④ 8 8π cm^2

5 다면체와 회전체

1 다면체

유형 1 P. 72~73

1

입체도형							
다면체이면 ○, 아니면 ×	○	○	○	×	×	○	○

2

입체도형					n각기둥
이름	삼각기둥	사각기둥	오각기둥	육각기둥	
몇 면체?	오면체	육면체	칠면체	팔면체	$(n+2)$면체
꼭짓점의 개수	6개	8개	10개	12개	$2n$개
모서리의 개수	9개	12개	15개	18개	$3n$개

3

입체도형					n각뿔
이름	삼각뿔	사각뿔	오각뿔	육각뿔	
몇 면체?	사면체	오면체	육면체	칠면체	$(n+1)$면체
꼭짓점의 개수	4개	5개	6개	7개	$(n+1)$개
모서리의 개수	6개	8개	10개	12개	$2n$개

4

입체도형					n각뿔대
이름	삼각뿔대	사각뿔대	오각뿔대	육각뿔대	
몇 면체?	오면체	육면체	칠면체	팔면체	$(n+2)$면체
꼭짓점의 개수	6개	8개	10개	12개	$2n$개
모서리의 개수	9개	12개	15개	18개	$3n$개

5 (1) 구면체 (2) 구면체 (3) 십일면체

6 (1) 직사각형 (2) 삼각형 (3) 사다리꼴

7 (1) 16개, 24개 (2) 10개, 18개 (3) 14개, 21개

8 팔각기둥 **9** 육각뿔대 **10** 오각뿔

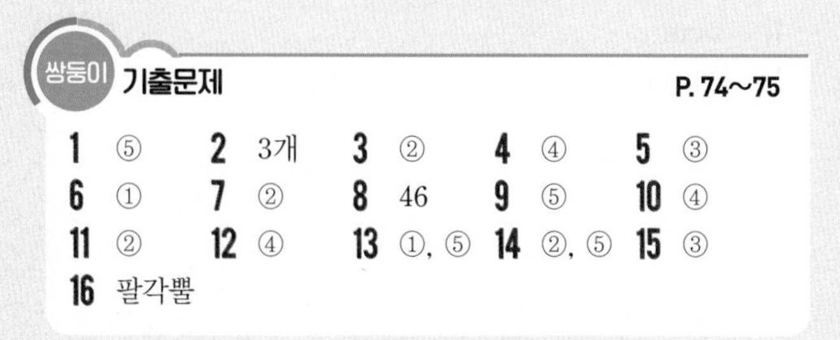

쌍둥이 기출문제 P. 74~75

1 ⑤ **2** 3개 **3** ② **4** ④ **5** ③
6 ① **7** ② **8** 46 **9** ⑤ **10** ④
11 ② **12** ④ **13** ①, ⑤ **14** ②, ⑤ **15** ③
16 팔각뿔

2 정다면체

유형 2 P. 76

1

겨냥도					
이름	정사면체	정육면체	정팔면체	정십이면체	정이십면체
면의 모양	정삼각형	정사각형	정삼각형	정오각형	정삼각형
한 꼭짓점에 모인 면의 개수	3개	3개	4개	3개	5개
꼭짓점의 개수	4개	8개	6개	20개	12개
모서리의 개수	6개	12개	12개	30개	30개
면의 개수	4개	6개	8개	12개	20개

2 (1) × (2) ○ (3) ○ (4) × (5) ×

3 정사면체 **4** 정육면체

유형 3 P. 77

1 (1) 정사면체 (2) 4, 6

(3)

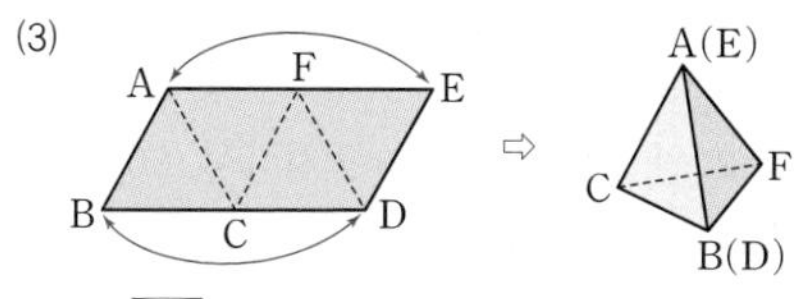

(4) E, $\overline{ED}$

2 (1) 정육면체 (2) 8개, 12개

(3)

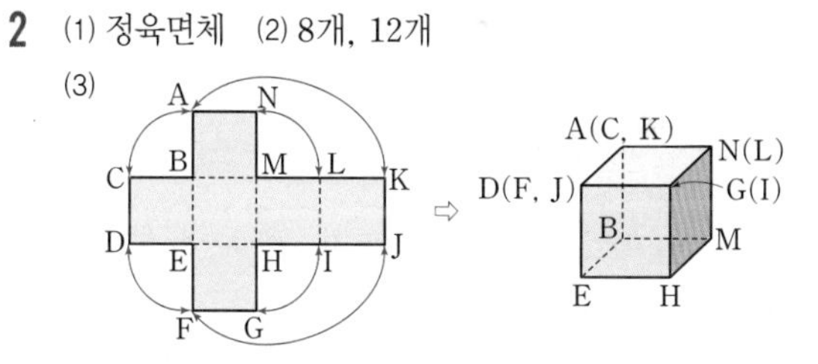

(4) 4개

3 (1) 정팔면체 (2) 6개, 12개 (3) 4개

(4)

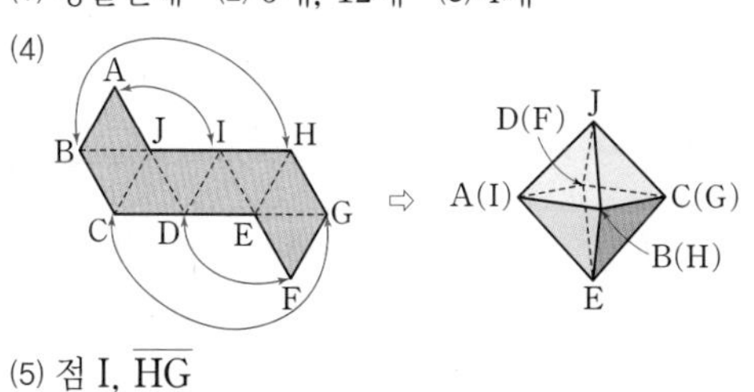

(5) 점 I, $\overline{HG}$

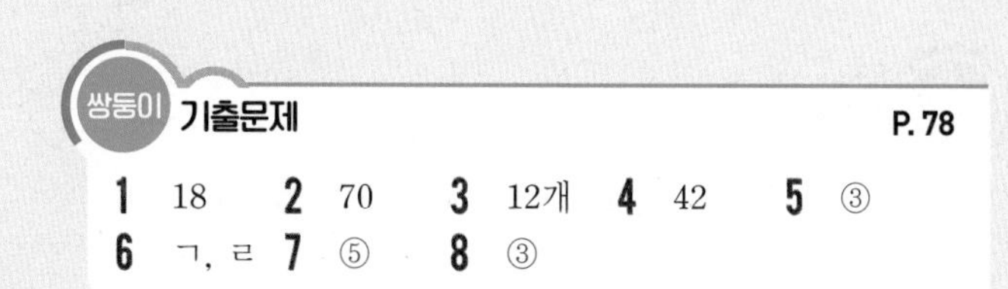

쌍둥이 기출문제 P. 78

1 18 **2** 70 **3** 12개 **4** 42 **5** ③
6 ㄱ, ㄹ **7** ⑤ **8** ③

3 회전체

유형 4 P. 79

1 ㄱ, ㄷ, ㅁ

2

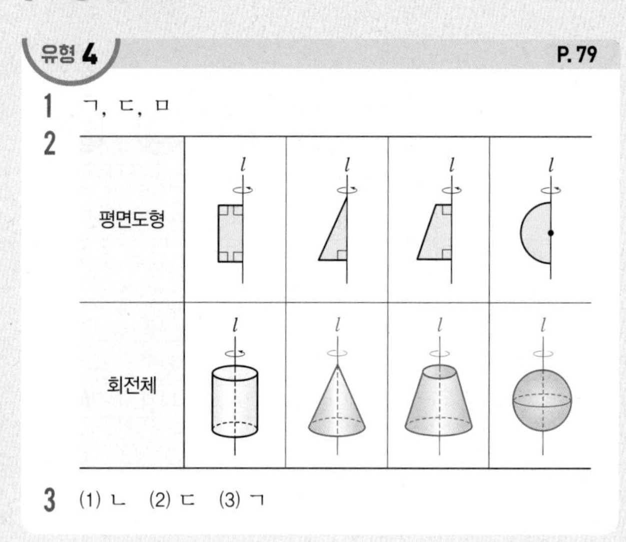

3 (1) ㄴ (2) ㄷ (3) ㄱ

유형 5 P. 80

1 (1) ㉣ (2) ㉣ (3) ㉣ (4) ㉣

2 (1) ㉣ (2) ㉡ (3) ㉠ (4) ㉢

3 (1) 원기둥 (2) 원, $25\pi\,\text{cm}^2$ (3) 직사각형, $80\,\text{cm}^2$

4 (1) 원뿔 (2) 이등변삼각형, $28\,\text{cm}^2$

유형 6 P. 81

1 (1) $a=5$, $b=8$ (2) $a=10$, $b=6$ (3) $a=8$, $b=5$

2 10π, 5, 5 3 둘레, 5, 10π

쌍둥이 기출문제 P. 82~83

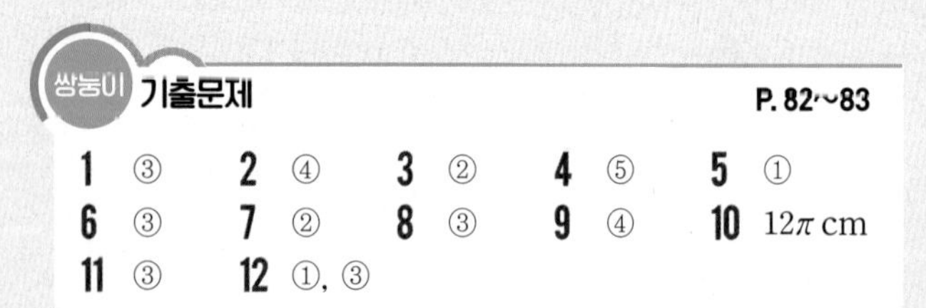

1 ③ 2 ④ 3 ② 4 ⑤ 5 ①
6 ③ 7 ② 8 ③ 9 ④ 10 $12\pi\,\text{cm}$
11 ③ 12 ①, ③

단원 마무리 P. 84~85

1 ⑤ 2 8 3 21개 4 ②, ③ 5 ⑤
6 ④ 7 ③ 8 ㄱ, ㄴ

6 입체도형의 겉넓이와 부피

1 기둥의 겉넓이와 부피

유형 1 P. 88

1 5, 3, (1) $6\,\text{cm}^2$ (2) $96\,\text{cm}^2$ (3) $108\,\text{cm}^2$

2 6π, (1) $9\pi\,\text{cm}^2$ (2) $42\pi\,\text{cm}^2$ (3) $60\pi\,\text{cm}^2$

3 (1) $236\,\text{cm}^2$ (2) $300\,\text{cm}^2$ (3) $130\pi\,\text{cm}^2$ (4) $276\,\text{cm}^2$

유형 2 P. 89

1 (1) $160\,\text{cm}^3$ (2) $100\pi\,\text{cm}^3$

2 (1) $9\,\text{cm}^2$, $7\,\text{cm}$, $63\,\text{cm}^3$
(2) $12\,\text{cm}^2$, $5\,\text{cm}$, $60\,\text{cm}^3$
(3) $24\,\text{cm}^2$, $8\,\text{cm}$, $192\,\text{cm}^3$
(4) $16\pi\,\text{cm}^2$, $7\,\text{cm}$, $112\pi\,\text{cm}^3$
(5) $25\pi\,\text{cm}^2$, $6\,\text{cm}$, $150\pi\,\text{cm}^3$

3 (1) $45\,\text{cm}^2$ (2) $360\,\text{cm}^3$

4 108π, 12π, 120π

5 80π, 5π, 75π

쌍둥이 기출문제 P. 90~91

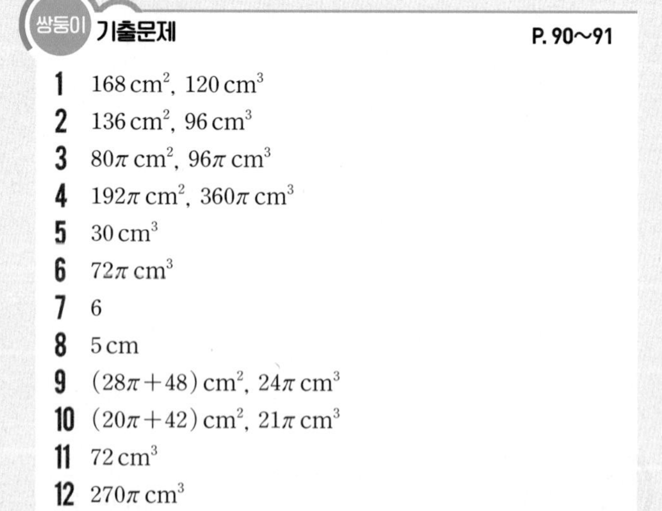

1 $168\,\text{cm}^2$, $120\,\text{cm}^3$
2 $136\,\text{cm}^2$, $96\,\text{cm}^3$
3 $80\pi\,\text{cm}^2$, $96\pi\,\text{cm}^3$
4 $192\pi\,\text{cm}^2$, $360\pi\,\text{cm}^3$
5 $30\,\text{cm}^3$
6 $72\pi\,\text{cm}^3$
7 6
8 $5\,\text{cm}$
9 $(28\pi+48)\,\text{cm}^2$, $24\pi\,\text{cm}^3$
10 $(20\pi+42)\,\text{cm}^2$, $21\pi\,\text{cm}^3$
11 $72\,\text{cm}^3$
12 $270\pi\,\text{cm}^3$

2 뿔의 겉넓이와 부피

유형 3 P. 92~93

1 12, (1) 64 cm^2 (2) 192 cm^2 (3) 256 cm^2
2 (1) 161 cm^2 (2) 95 cm^2
3 12, (1) $8\pi\text{ cm}$ (2) $16\pi\text{ cm}^2$ (3) $48\pi\text{ cm}^2$ (4) $64\pi\text{ cm}^2$
4 (1) $96\pi\text{ cm}^2$ (2) $90\pi\text{ cm}^2$
5 (1) 9 (2) 25 (3) 16, 64 (4) 34, 64, 98
6 (1) 224 cm^2 (2) 120 cm^2
7 (1) 9π (2) 36π (3) 60π, 15π, 45π (4) 45π, 45π, 90π
8 (1) $38\pi\text{ cm}^2$ (2) $66\pi\text{ cm}^2$

유형 4 P. 94

1 (1) 80 cm^3 (2) $70\pi\text{ cm}^3$
2 (1) 36 cm^2, 7 cm, 84 cm^3
(2) 10 cm^2, 6 cm, 20 cm^3
(3) $25\pi\text{ cm}^2$, 12 cm, $100\pi\text{ cm}^3$
(4) $49\pi\text{ cm}^2$, 9 cm, $147\pi\text{ cm}^3$
3 (1) 72, 9, 63 (2) 96π, 12π, 84π
4 (1) 56 cm^3 (2) $105\pi\text{ cm}^3$

쌍둥이 기출문제 P. 95~96

1 ④ 2 $48\pi\text{ cm}^2$ 3 117 cm^2
4 $99\pi\text{ cm}^2$ 5 (1) 75 cm^3 (2) 93 cm^3
6 (1) $32\pi\text{ cm}^3$ (2) $416\pi\text{ cm}^3$
7 (1)

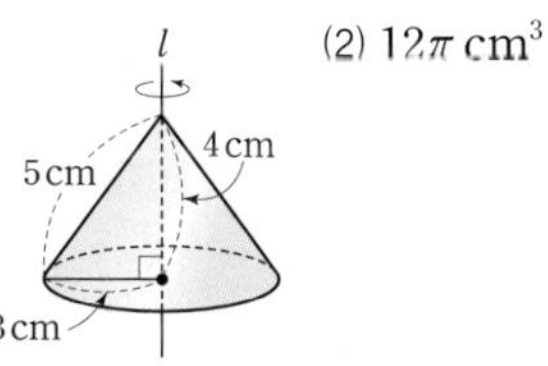

(2) $12\pi\text{ cm}^3$
8 $96\pi\text{ cm}^3$
9 (1) 10 cm^2 (2) 20 cm^3 10 $\frac{32}{3}\text{ cm}^3$
11 21 cm^3 12 ①

3 구의 겉넓이와 부피

유형 5 P. 97

1 (1) 10^2(또는 100), 400π (2) $324\pi\text{ cm}^2$
2 (1) 72π, 36π, 108π (2) $192\pi\text{ cm}^2$
3 (1) $65\pi\text{ cm}^2$ (2) $50\pi\text{ cm}^2$ (3) $115\pi\text{ cm}^2$
4 (1) $12\pi\text{ cm}^2$ (2) $4\pi\text{ cm}^2$ (3) $16\pi\text{ cm}^2$

유형 6 P. 98

1 (1) 9^3(또는 729), 972π (2) $\frac{500}{3}\pi\text{ cm}^3$
2 (1) $\frac{16}{3}\pi$ (2) $\frac{686}{3}\pi\text{ cm}^3$
3 $\frac{63}{2}\pi\text{ cm}^3$
4 (1) $18\pi\text{ cm}^3$ (2) $36\pi\text{ cm}^3$ (3) $54\pi\text{ cm}^3$ (4) 1 : 2 : 3

쌍둥이 기출문제 P. 99

1 $144\pi\text{ cm}^2$ 2 $300\pi\text{ cm}^2$ 3 $132\pi\text{ cm}^2$
4 $68\pi\text{ cm}^2$ 5 $216\pi\text{ cm}^3$ 6 $\frac{560}{3}\pi\text{ cm}^3$
7 2 : 3 8 $16\pi\text{ cm}^3$

단원 마무리 P. 100~101

1 $100\pi\text{ cm}^2$ 2 ③ 3 $\frac{100}{3}\pi\text{ cm}^3$
4 15 cm 5 $\frac{485}{3}\text{ cm}^3$ 6 6 cm
7 ③ 8 ⑤ 9 ②

7 자료의 정리와 해석

1 줄기와 잎 그림, 도수분포표

유형 1 P. 104

1 주민들의 나이

(1|0은 10세)

줄기	잎
1	0 1 3 5 6 7
2	1 3 4 4 9
3	3 5 6 7 7 8 8
4	0 1 2 4
5	2 7

2 (1) 십, 일 (2) 3, 4, 5, 24 (3) 3, 4, 4, 9
3 2 4 20명 5 6명 6 34회

유형 2 P. 105

1

봉사 활동 시간(시간)	학생 수(명)	
0이상 ~ 4미만	/	1
4 ~ 8	𝍸 ///	8
8 ~ 12	𝍸 𝍸 /	11
12 ~ 16	𝍸	5
16 ~ 20	//	2
합계	27	

2 (1) 5 (2) 4 (3) 11, 8, 12
3 6권 4 12권 이상 18권 미만
5 18명 6 6권 이상 12권 미만

쌍둥이 기출문제 P. 106~107

1 (1) 70점대 (2) 89점 (3) 10명
2 ④ 3 ④ 4 ②, ④
5 (1) 5개 (2) 0.5 kg (3) 2명
(4) 3.0 kg 이상 3.5 kg 미만 (5) 20 %
6 ③, ⑤ 7 (1) 7명 (2) 8명
8 $A=9$, $B=8$

2 히스토그램과 도수분포다각형

유형 3 P. 108

1
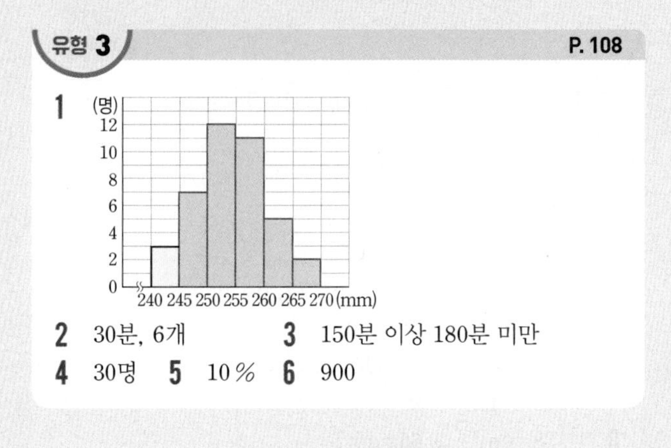

2 30분, 6개 3 150분 이상 180분 미만
4 30명 5 10 % 6 900

유형 4 P. 109

1
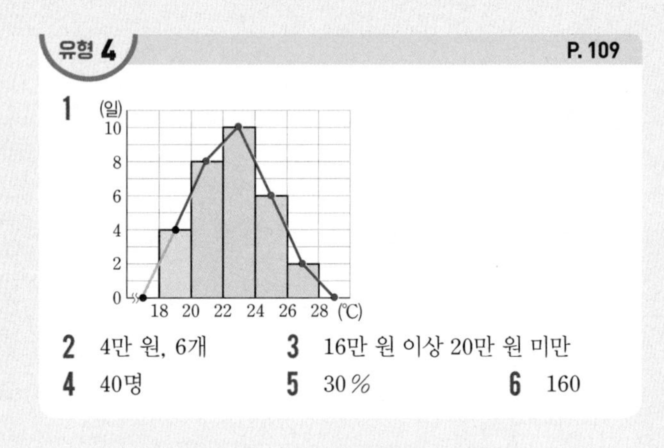

2 4만 원, 6개 3 16만 원 이상 20만 원 미만
4 40명 5 30 % 6 160

한 번 더 연습 P. 110

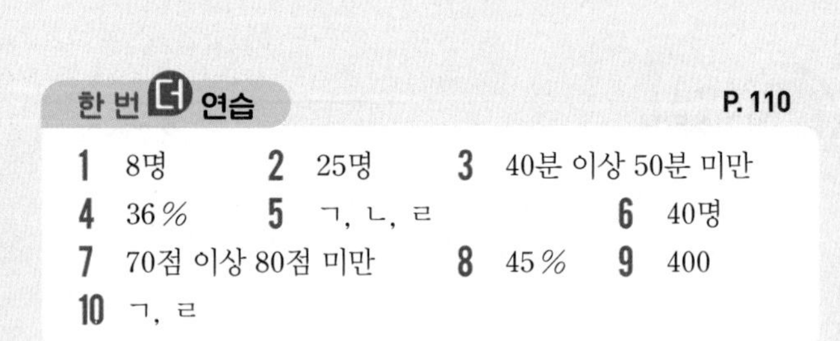

1 8명 2 25명 3 40분 이상 50분 미만
4 36 % 5 ㄱ, ㄴ, ㄹ 6 40명
7 70점 이상 80점 미만 8 45 % 9 400
10 ㄱ, ㄹ

쌍둥이 기출문제 P. 111~112

1 (1) 32명 (2) 64 2 120
3 (1) 9명 (2) 40 % 4 25 %
5 (1) 20명 (2) 75회 이상 80회 미만 (3) 30 %
6 ④ 7 (1) 10명 (2) 15명
8 12명

3 상대도수와 그 그래프

유형 5 P. 113

1

줄넘기 기록(회)	학생 수(명)	상대도수
80이상~100미만	4	0.08
100 ~120	6	0.12
120 ~140	16	0.32
140 ~160	14	0.28
160 ~180	8	0.16
180 ~200	2	0.04
합계	50	A

2 1 **3** (1) 0.3, 9 (2) 0.48, 25
4 $A=20$, $B=0.15$, $C=5$, $D=2$
5 0.3 **6** 15 %

유형 6 P. 114

1

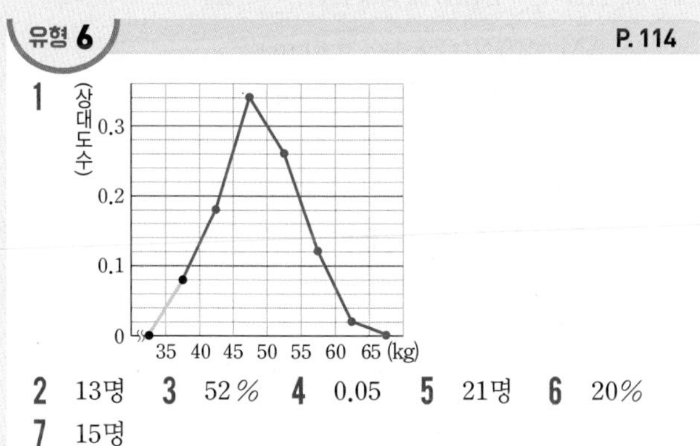

2 13명 **3** 52 % **4** 0.05 **5** 21명 **6** 20%
7 15명

유형 7 P. 115

1

걸리는 시간(분)	A 중학교		B 중학교	
	학생 수(명)	상대도수	학생 수(명)	상대도수
10이상~20미만	40	0.08	8	0.02
20 ~30	90	0.18	20	0.05
30 ~40	150	0.3	120	0.3
40 ~50	130	0.26	128	0.32
50 ~60	80	0.16	100	0.25
60 ~70	10	0.02	24	0.06
합계	500	1	400	1

2 30분 이상 40분 미만
3 B 중학교
4 A 모둠
5 8시간 이상 9시간 미만, 9시간 이상 10시간 미만
6 B 모둠

쌍둥이 기출문제 P. 116~118

1 (1) 40명 (2) 0.2 **2** (1) 20명 (2) 0.3
3 (1) $A=0.1$, $B=12$, $C=1$ (2) 20 %
4 (1) 50명 (2) $A=0.1$, $B=15$, $C=0.2$ (3) 64 %
5 (1) 7명 (2) 0.16 **6** (1) 18그루 (2) 0.25
7 (1) 40명 (2) 14명 **8** 6명
9 (1) 1학년 (2) 2개 **10** (1) A 중학교 (2) 3개
11 (1) 5명 (2) B반 **12** ㄹ, ㅁ

단원 마무리 P. 119~120

1 ③ **2** $A=17$, $B=4$ **3** 9명 **4** ②, ④
5 (1) 64 % (2) 4명 **6** 0.2 **7** ④

1 점, 선, 면, 각

유형 1 P. 6

1 (1) ○ (2) ○ (3) ×

2 교점: 8개, 교선: 12개

3 (1) 그림은 풀이 참조, 무수히 많다.
(2) 그림은 풀이 참조, 1개

4 (1)

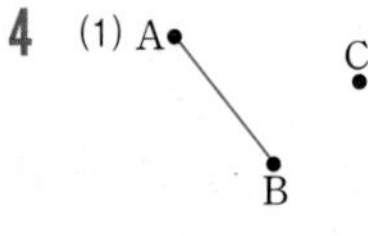

(2) A C B

(3)

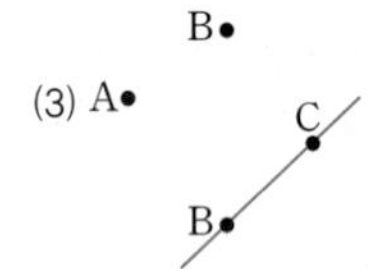

5 (1) $\overrightarrow{\mathrm{MN}}$ (2) $\overline{\mathrm{MN}}$(또는 $\overline{\mathrm{NM}}$)
(3) $\overrightarrow{\mathrm{NM}}$ (4) $\overleftrightarrow{\mathrm{MN}}$(또는 $\overleftrightarrow{\mathrm{NM}}$)

6 (1) = (2) ≠ (3) = (4) =

1 (3) 오른쪽 그림과 같이 교점은 선과 면이 만나는 경우에도 생긴다.

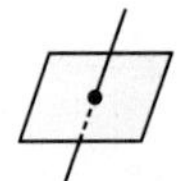

2 (교점의 개수)=(꼭짓점의 개수)=8(개)
(교선의 개수)=(모서리의 개수)=12(개)

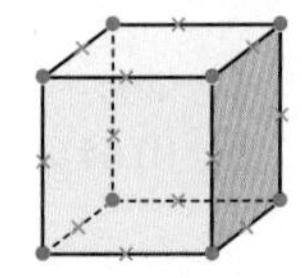

참고 평면으로만 둘러싸인 입체도형에서
- (교점의 개수)=(꼭짓점의 개수)
- (교선의 개수)=(모서리의 개수)

3 (1) A

⇨ 한 점을 지나는 직선은 무수히 많다.

(2)

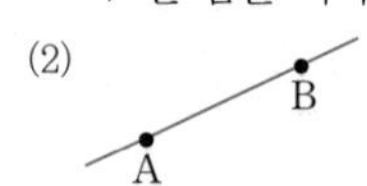

⇨ 서로 다른 두 점을 지나는 직선은 오직 하나뿐이다.

6 (2) $\overrightarrow{\mathrm{BA}}$와 $\overrightarrow{\mathrm{BC}}$는 시작점은 점 B로 같지만 뻗어 나가는 방향이 다르므로 서로 다른 반직선이다.

유형 2 P. 7

1 (1) 8 cm (2) 9 cm

2 (1) $\frac{1}{2}$, $\frac{1}{2}$, 3 (2) 2, 2, 10

3 (1) $\frac{1}{2}$ (2) $\frac{1}{2}$, $\frac{1}{4}$ (3) 2, 4 (4) 8, 16

4 (1) 2배 (2) 6 cm

2 (1) $\overline{\mathrm{AM}}=\boxed{\frac{1}{2}}\overline{\mathrm{AB}}=\frac{1}{2}\times6=\boxed{3}(\mathrm{cm})$
(2) $\overline{\mathrm{AB}}=\boxed{2}\overline{\mathrm{AM}}=2\times5=\boxed{10}(\mathrm{cm})$

3 (1) $\overline{\mathrm{AM}}=\overline{\mathrm{MB}}=\boxed{\frac{1}{2}}\overline{\mathrm{AB}}$
(2) $\overline{\mathrm{AN}}=\overline{\mathrm{NM}}=\boxed{\frac{1}{2}}\overline{\mathrm{AM}}$
$=\frac{1}{2}\times\frac{1}{2}\overline{\mathrm{AB}}=\boxed{\frac{1}{4}}\overline{\mathrm{AB}}$
(3) $\overline{\mathrm{AB}}=\boxed{2}\overline{\mathrm{AM}}=2\times2\overline{\mathrm{AN}}=\boxed{4}\overline{\mathrm{AN}}$
(4) $\overline{\mathrm{AM}}=2\overline{\mathrm{AN}}=2\times4=\boxed{8}(\mathrm{cm})$
$\overline{\mathrm{AB}}=2\overline{\mathrm{AM}}=2\times8=\boxed{16}(\mathrm{cm})$

4 (1) 두 점 M, N이 각각 $\overline{\mathrm{AB}}$, $\overline{\mathrm{BC}}$의 중점이므로
$\overline{\mathrm{AB}}=2\overline{\mathrm{MB}}$, $\overline{\mathrm{BC}}=2\overline{\mathrm{BN}}$
$\therefore\ \overline{\mathrm{AC}}=\overline{\mathrm{AB}}+\overline{\mathrm{BC}}$
$=2\overline{\mathrm{MB}}+2\overline{\mathrm{BN}}$
$=2(\overline{\mathrm{MB}}+\overline{\mathrm{BN}})=2\overline{\mathrm{MN}}$
따라서 $\overline{\mathrm{AC}}$의 길이는 $\overline{\mathrm{MN}}$의 길이의 2배이다.
(2) $\overline{\mathrm{AC}}=2\overline{\mathrm{MN}}$이므로
$\overline{\mathrm{MN}}=\frac{1}{2}\overline{\mathrm{AC}}=\frac{1}{2}\times12=6(\mathrm{cm})$

유형 3 P. 8

1 (1) 예 (2) 둔 (3) 예 (4) 직 (5) 평 (6) 예 (7) 둔

2 (1) 180, 60 (2) 180, 80

3 (1) 30° (2) 30°

3 (1) $60°+\angle x+90°=180°$이므로
$\angle x+150°=180°$ $\quad\therefore\ \angle x=30°$
(2) $\angle x+3\angle x+2\angle x=180°$이므로
$6\angle x=180°$ $\quad\therefore\ \angle x=30°$

유형 4 P. 9

1 (1) $\angle BOD$ (2) $\angle AOF$ (3) $\angle COE$
(4) $\angle DOE$ (5) $\angle BOC$ (6) $\angle BOF$
2 (1) 140, 180, 40 (2) x, 30, 180, 150
3 (1) 80 (2) 20
4 (1) $70°$ (2) $50°$

3 (1) 오른쪽 그림에서 맞꼭지각의 크기는 서로 같으므로
$30+x+70=180$ $\therefore x=80$

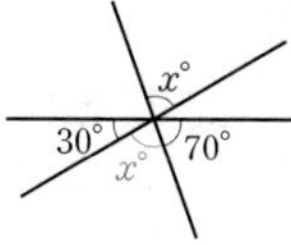

(2) 오른쪽 그림에서 맞꼭지각의 크기는 서로 같으므로
$90+3x+(x+10)=180$
$4x=80$ $\therefore x=20$

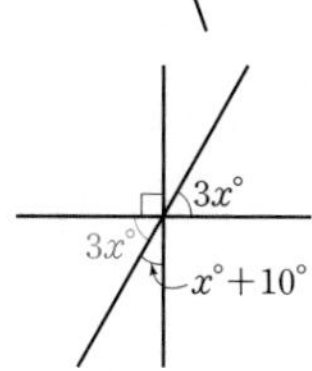

4 (1) 맞꼭지각의 크기는 서로 같으므로
$\angle x+50°=120°$ $\therefore \angle x=70°$
(2) 맞꼭지각의 크기는 서로 같으므로
$90°+\angle x=2\angle x+40°$ $\therefore \angle x=50°$

유형 5 P. 10

1 (1) $\overleftrightarrow{CD}$ (또는 $\overleftrightarrow{CO}$ 또는 $\overleftrightarrow{OD}$) (2) 점 O
(3) $\overleftrightarrow{AB}\perp\overleftrightarrow{CD}$ (4) $\overline{AO}$ (5) $\overleftrightarrow{AB}$ (또는 $\overleftrightarrow{AO}$ 또는 $\overleftrightarrow{OB}$)
2 (1) 점 B (2) 점 A (3) $\overline{AB}$
3 (1) 점 B (2) 점 D (3) $\overline{BD}$
4 6 cm

4 점 P와 직선 l 사이의 거리는 점 P에서 직선 l에 내린 수선의 발 B까지의 거리, 즉 $\overline{PB}$의 길이와 같으므로 6 cm이다.

쌍둥이 기출문제 P. 11~13

1	④	2	③	3	③	4	6	5	①
6	③	7	(1) 3개 (2) 6개			8	(1) 6개 (2) 12개		
9	②	10	30 cm			11	③	12	50°
13	$\angle a=120°$, $\angle b=60°$					14	②	15	③
16	25	17	①, ⑤	18	④				

[1~4] 점, 선, 면 ⇨ 도형의 기본 요소
평면으로만 둘러싸인 입체도형에서
• (교점의 개수)=(꼭짓점의 개수)
• (교선의 개수)=(모서리의 개수)

1 ④ 오른쪽 그림과 같은 경우에는 세 점을 모두 지나는 직선이 존재하지 않는다.

A• C• •B

2 ① 점이 움직인 자리는 선이 된다.
② 평면과 평면이 만나면 교선이 생긴다.
④ 삼각기둥에서 교점의 개수는 꼭짓점의 개수와 같다.
⑤ 점 A에서 점 B에 이르는 가장 짧은 거리는 $\overline{AB}$의 길이다.
따라서 옳은 것은 ③이다.

3 교점, 즉 꼭짓점의 개수는 6개이므로 $a=6$
교선, 즉 모서리의 개수는 10개이므로 $b=10$
$\therefore a+b=6+10=16$

4 교점, 즉 꼭짓점의 개수는 12개이므로 $x=12$
교선, 즉 모서리의 개수는 18개이므로 $y=18$
$\therefore y-x=18-12=6$

[5~6] 직선, 반직선, 선분
A B C 에서 $\overleftrightarrow{AB}=\overleftrightarrow{BC}=\overleftrightarrow{AC}$이지만
$\overrightarrow{AB}=\overrightarrow{AC}$, $\overrightarrow{AC}\neq\overrightarrow{BC}$, $\overrightarrow{BA}\neq\overrightarrow{BC}$
즉, 시작점과 뻗어 나가는 방향이 모두 같아야 같은 반직선이다.

5 $\overrightarrow{AC}$와 같은 반직선은 점 A를 시작점으로 하고 점 C의 방향으로 뻗어 나가는 반직선이므로 ① $\overrightarrow{AB}$이다.

6 ③ 시작점은 점 C로 같지만 뻗어 나가는 방향이 다르므로
$\overrightarrow{CA}\neq\overrightarrow{CD}$

[7~8] 직선, 반직선, 선분의 개수
어느 세 점도 한 직선 위에 있지 않을 때, 두 점을 이어서 만들 수 있는 서로 다른 직선, 반직선, 선분 사이의 관계는 다음과 같다.
• (직선의 개수)=(선분의 개수)
• (반직선의 개수)=(직선의 개수)×2
($\overrightarrow{AB}\neq\overrightarrow{BA}$, $\overleftrightarrow{AB}=\overleftrightarrow{BA}$)

7 (1) $\overleftrightarrow{AB}$, $\overleftrightarrow{AC}$, $\overleftrightarrow{BC}$의 3개이다.
(2) $\overrightarrow{AB}$, $\overrightarrow{AC}$, $\overrightarrow{BA}$, $\overrightarrow{BC}$, $\overrightarrow{CA}$, $\overrightarrow{CB}$의 6개이다.

다른 풀이
세 점이 한 직선 위에 있지 않으므로
(반직선의 개수)=(직선의 개수)×2
$=3\times2=6$(개)

8 (1) $\overline{AB}$, $\overline{AC}$, $\overline{AD}$, $\overline{BC}$, $\overline{BD}$, $\overline{CD}$의 6개이다.
(2) $\overrightarrow{AB}$, $\overrightarrow{AC}$, $\overrightarrow{AD}$, $\overrightarrow{BA}$, $\overrightarrow{BC}$, $\overrightarrow{BD}$, $\overrightarrow{CA}$, $\overrightarrow{CB}$, $\overrightarrow{CD}$, $\overrightarrow{DA}$, $\overrightarrow{DB}$, $\overrightarrow{DC}$의 12개이다.

다른 풀이

어느 세 점도 한 직선 위에 있지 않으므로
(반직선의 개수)=(선분의 개수)×2
=6×2=12(개)

[9~10] 선분의 중점과 두 점 사이의 거리

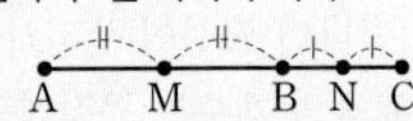

(1) $\overline{AM}=\overline{MB}=\frac{1}{2}\overline{AB}$, $\overline{AB}=2\overline{AM}=2\overline{MB}$

(2) $\overline{BN}=\overline{NC}=\frac{1}{2}\overline{BC}$, $\overline{BC}=2\overline{BN}=2\overline{NC}$

(3) $\overline{AC}=2\overline{MN}$, $\overline{MN}=\frac{1}{2}\overline{AC}$

9

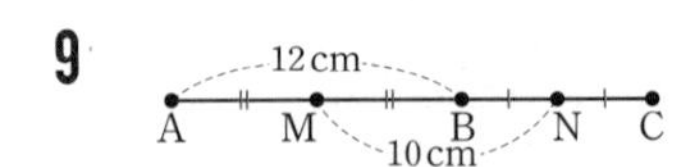

점 M이 $\overline{AB}$의 중점이므로

$\overline{MB}=\frac{1}{2}\overline{AB}=\frac{1}{2}\times 12=6(\text{cm})$

$\therefore \overline{BN}=\overline{MN}-\overline{MB}$
$=10-6=4(\text{cm})$

점 N이 $\overline{BC}$의 중점이므로

$\overline{BC}=2\overline{BN}=2\times 4=8(\text{cm})$

10

15 cm
A M B N C

두 점 M, N이 각각 $\overline{AB}$, $\overline{BC}$의 중점이므로

$\overline{AB}=2\overline{MB}$, $\overline{BC}=2\overline{BN}$ ··· (i)

$\therefore \overline{AC}=\overline{AB}+\overline{BC}=2\overline{MB}+2\overline{BN}$
$=2(\overline{MB}+\overline{BN})=2\overline{MN}$
$=2\times 15=30(\text{cm})$ ··· (ii)

채점 기준	비율
(i) $\overline{AB}=2\overline{MB}$, $\overline{BC}=2\overline{BN}$임을 설명하기	40 %
(ii) $\overline{AC}$의 길이 구하기	60 %

[11~16] 각의 크기 구하기

(1) 평각의 크기는 180°임을 이용한다.
⇨ $\angle a+\angle b+\angle c=180°$

(2) 두 개 이상의 직선이 한 점에서 만날 때, 맞꼭지각의 크기는 서로 같음을 이용한다.

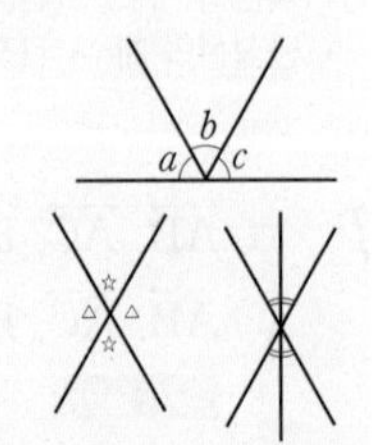

11 $\angle x+90°+30°=180°$이므로
$\angle x=60°$

12 $\angle DOE+50°=90°$
$\therefore \angle DOE=90°-50°=40°$
$\angle x+\angle DOE=90°$이므로
$\angle x=90°-\angle DOE=90°-40°=50°$

13 $\angle a=120°$ (맞꼭지각)
$\angle b+120°=180°$ $\therefore \angle b=60°$

14 맞꼭지각의 크기는 서로 같으므로
$x+40=3x$, $2x=40$
$\therefore x=20$

15 오른쪽 그림에서 맞꼭지각의 크기는 서로 같으므로
$\angle x+(2\angle x-80°)+50°=180°$
$3\angle x=210°$ $\therefore \angle x=70°$

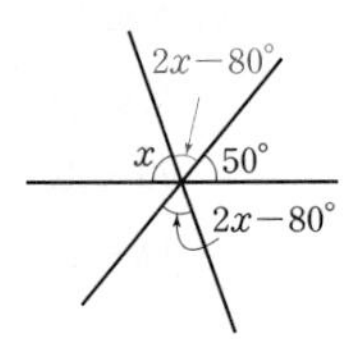

16 오른쪽 그림에서 맞꼭지각의 크기는 서로 같으므로
$(2x+25)+(x-10)+90=180$
$3x=75$ $\therefore x=25$

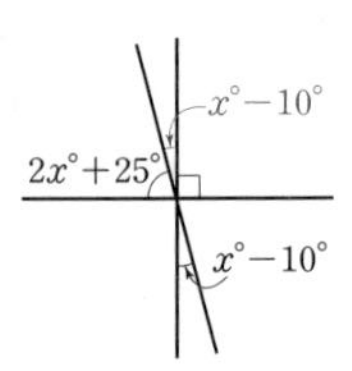

[17~18] 직교와 수선

(1) 직교 ⇨ $\overline{AB}\perp l$
(2) 점 A에서 직선 l에 내린 수선의 발 ⇨ 점 B
(3) 점 A와 직선 l 사이의 거리 ⇨ $\overline{AB}$의 길이

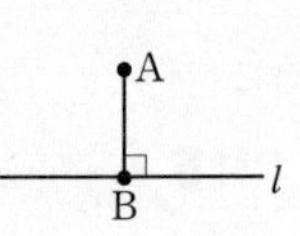

17 ② $\overline{AD}$의 수선은 $\overline{AB}$, $\overline{CD}$이다.
③ $\overline{AD}$와 $\overline{CD}$의 교점은 점 D이다.
④ 점 D에서 $\overline{AB}$에 내린 수선의 발은 점 A이다.
⑤ 점 A와 $\overline{BC}$ 사이의 거리는 $\overline{AB}$의 길이인 3 cm이다.
따라서 옳은 것은 ①, ⑤이다.

18 ④ 오른쪽 그림에서 점 D와 $\overline{BC}$ 사이의 거리는 $\overline{AB}$의 길이와 같은 4 cm이다.

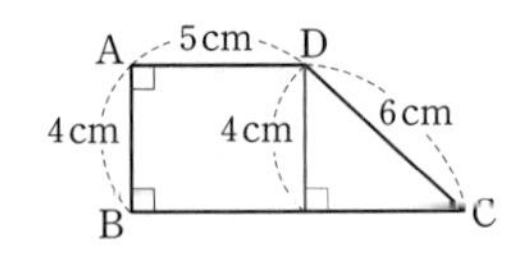

2 점, 직선, 평면의 위치 관계

유형 6 P. 14

1 (1) 점 B, 점 E (2) 점 A, 점 C, 점 E
(3) 점 A, 점 C, 점 D (4) 점 D

2 (1) 점 A, 점 B (2) 점 A, 점 B, 점 C, 점 D
(3) $\overline{AC}$, $\overline{BC}$, $\overline{CF}$ (4) 점 A, 점 D

3 (1) $\overline{AB}$, $\overline{BF}$, $\overline{CD}$, $\overline{CG}$
(2) $\overline{AD}$, $\overline{EH}$, $\overline{FG}$
(3) $\overline{AE}$, $\overline{DH}$, $\overline{EF}$, $\overline{HG}$

4 (1) $\overline{CD}$ (2) $\overline{BD}$ (3) $\overline{BC}$

3 (3) 모서리 BC와 꼬인 위치에 있는 모서리는 모서리 BC와 만나지도 않고 평행하지도 않은 모서리이므로 $\overline{AE}$, $\overline{DH}$, $\overline{EF}$, $\overline{HG}$이다.

유형 7 P. 15

1 (1) 면 ABCD, 면 AEHD
(2) 면 ABFE, 면 CGHD
(3) 면 BFGC, 면 EFGH

2 (1) $\overline{AB}$, $\overline{BC}$, $\overline{CD}$, $\overline{DA}$
(2) $\overline{AE}$, $\overline{BF}$, $\overline{CG}$, $\overline{DH}$
(3) $\overline{AB}$, $\overline{EF}$, $\overline{HG}$, $\overline{DC}$
(4) $\overline{AB}$, $\overline{BC}$, $\overline{CD}$, $\overline{DA}$

3 (1) $\overline{BC}$
(2) 면 ABCD, 면 ABFE, 면 EFGH, 면 CGHD
(3) 면 ABCD, 면 BFGC, 면 EFGH, 면 AEHD
(4) 면 BFGC

4 (1) × (2) ○ (3) ×

4 (1) $l /\!/ P$, $m /\!/ P$이면 서로 다른 두 직선 l, m은 다음 그림과 같이 평행하거나 한 점에서 만나거나 꼬인 위치에 있을 수 있다.

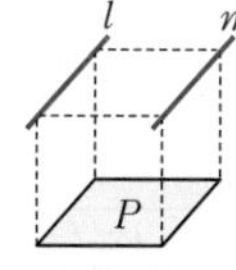

평행하다.

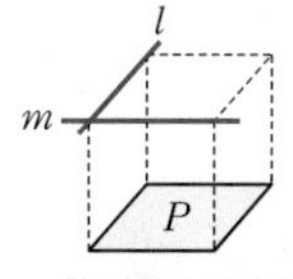

한 점에서 만난다.

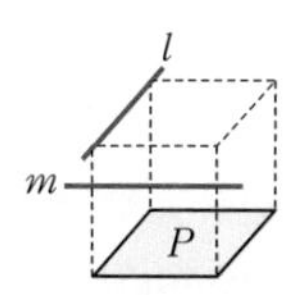

꼬인 위치에 있다.

(3) $P \perp Q$, $P \perp R$이면 서로 다른 두 평면 Q, R는 다음 그림과 같이 평행하거나 한 직선에서 만날 수 있다.

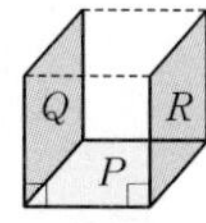

평행하다.

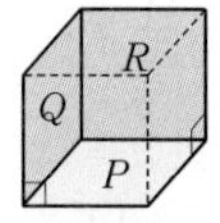

한 직선에서 만난다.

쌍둥이 기출문제 P. 16

1 ③ 2 $\overline{CG}$, $\overline{DH}$, $\overline{EH}$, $\overline{FG}$ 3 ⑤
4 ⑤ 5 ② 6 ㄴ, ㄷ

[1~2] 꼬인 위치
입체도형에서 어떤 모서리와 꼬인 위치에 있는 모서리는
① 한 점에서 만나는 모서리
② 평행한 모서리
를 제외한 나머지 모서리이다.

1 모서리 BC와 꼬인 위치에 있는 모서리는 모서리 BC와 만나지도 않고 평행하지도 않은 모서리이므로 $\overline{AD}$, $\overline{DE}$, $\overline{DF}$의 3개이다.

2 $\overline{AB}$와 꼬인 위치에 있는 모서리는 $\overline{AB}$와 만나지도 않고 평행하지도 않은 모서리이므로 $\overline{CG}$, $\overline{DH}$, $\overline{EH}$, $\overline{FG}$이다.

[3~6] 공간에서의 위치 관계

직선과 직선	직선과 평면	평면과 평면
• 한 점에서 만난다. • 일치한다. • 평행하다. • 꼬인 위치에 있다.	• 한 점에서 만난다. • 포함된다. • 평행하다.	• 한 직선에서 만난다. • 일치한다. • 평행하다.

3 ③ $\overline{AB}$, $\overline{BC}$, $\overline{CA}$의 3개이다.
④ 면 ADEB, 면 BEFC, 면 ADFC의 3개이다.
⑤ $\overline{BC}$, $\overline{EF}$의 2개이다.
따라서 옳지 않은 것은 ⑤이다.

4 ① $\overline{AF}$, $\overline{BG}$의 2개이다.
② $\overleftrightarrow{AB}$와 $\overleftrightarrow{CD}$는 한 점에서 만난다.
③ 면 AFJE, 면 EJID, 면 CHID의 3개이다.
④ 면 ABCDE, 면 FGHIJ의 2개이다.
따라서 옳은 것은 ⑤이다.

5 ① 한 평면에 평행한 서로 다른 두 직선은 다음 그림과 같이 평행하거나 한 점에서 만나거나 꼬인 위치에 있을 수 있다.

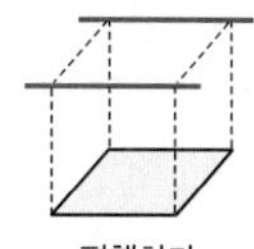
평행하다.

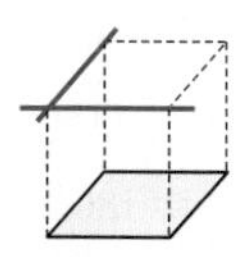
한 점에서 만난다.

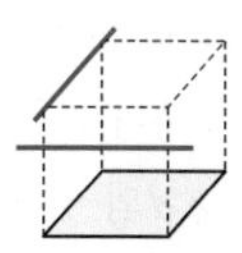
꼬인 위치에 있다.

② 한 평면에 평행한 서로 다른 두 평면은 오른쪽 그림과 같이 평행하다.

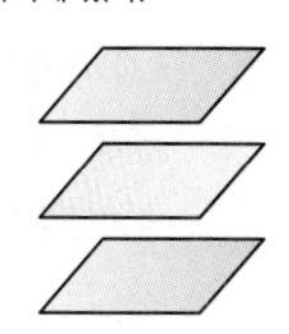

③ 한 평면에 수직인 서로 다른 두 평면은 다음 그림과 같이 평행하거나 한 직선에서 만날 수 있다.

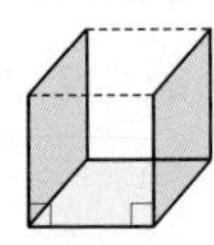
평행하다.

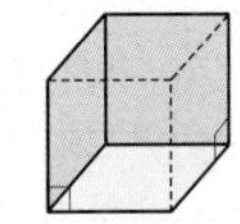
한 직선에서 만난다.

④ 한 직선에 수직인 서로 다른 두 직선은 다음 그림과 같이 평행하거나 한 점에서 만나거나 꼬인 위치에 있을 수 있다.

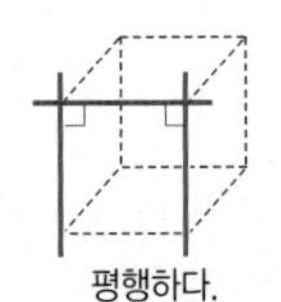
평행하다.

한 점에서 만난다.

꼬인 위치에 있다.

⑤ 한 직선에 평행한 서로 다른 두 평면은 다음 그림과 같이 평행하거나 한 직선에서 만날 수 있다.

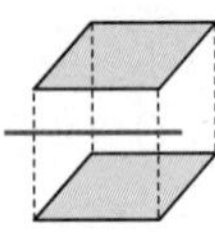
평행하다.

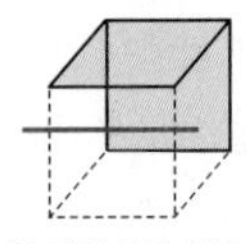
한 직선에서 만난다.

따라서 옳은 것은 ②이다.

6 ㄱ. 서로 다른 두 직선 l과 m이 만나지 않으면 평행하거나 꼬인 위치에 있을 수 있다.
ㄹ. $l /\!/ m$, $l /\!/ n$이면 $m /\!/ n$이다.
따라서 옳은 것은 ㄴ, ㄷ이다.

3 동위각과 엇각

유형 8 P. 17

1 (1) 130 (2) e, 50 (3) c, 110 (4) 70
2 $\angle a=125°$, $\angle b=55°$, $\angle c=55°$
3 $\angle d=80°$, $\angle e=80°$, $\angle f=100°$, $\angle g=80°$, $\angle h=100°$
4 $\angle x=60°$, $\angle y=60°$
5 $\angle x=50°$, $\angle y=70°$, $\angle z=70°$
6 $\angle x=75°$, $\angle y=45°$

1 (1) $\angle a$의 동위각: $\angle d=$ [130]° (맞꼭지각)
(2) $\angle b$의 동위각: $\angle$[e]$=180°-130°=$ [50]°
(3) $\angle d$의 엇각: $\angle$[c]$=180°-70°=$ [110]°

2 $l /\!/ m$이므로
$\angle a=125°$ (동위각)
$\angle b=180°-\angle a=180°-125°=55°$
$\angle c=\angle b=55°$ (맞꼭지각)

3 $l /\!/ m$이므로
$\angle d=80°$ (동위각)
$\angle e=80°$ (엇각)
$\angle f=180°-\angle d=180°-80°=100°$
$\angle g=80°$ (맞꼭지각)
$\angle h=180°-80°=100°$

4 $l /\!/ m$이므로 $\angle x=60°$ (동위각)
$p /\!/ q$이므로 $\angle y=60°$ (동위각)

5 $l /\!/ m$이므로 $\angle x=50°$ (동위각)
$\angle y=180°-(\angle x+60°)$
$=180°-(50°+60°)=70°$
$l /\!/ m$이므로 $\angle z=\angle y=70°$ (엇각)

6 오른쪽 그림에서

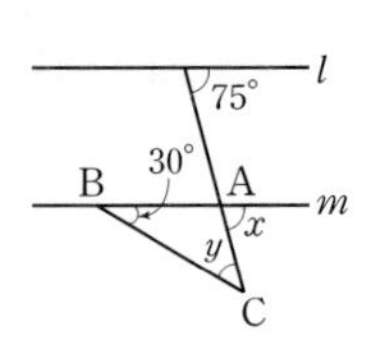

$l /\!/ m$이므로 $\angle x=75°$ (동위각)
$\therefore \angle BAC=180°-\angle x$
$=180°-75°=105°$
즉, 삼각형 ABC에서
$105°+30°+\angle y=180°$
$135°+\angle y=180°$ $\quad\therefore \angle y=45°$

유형 9 P. 18

1 80° **2** 100° **3** 58° **4** 125° **5** 100°
6 40° **7** 130° **8** 15°

1 오른쪽 그림과 같이
$l /\!/ m /\!/ n$인 직선 n을 그으면
$\angle x=30°+50°=80°$

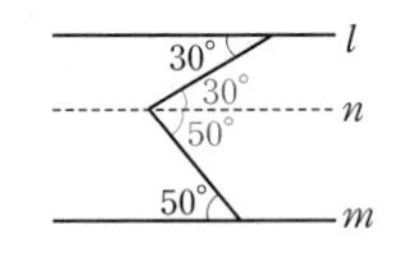

2 오른쪽 그림과 같이
$l /\!/ m /\!/ n$인 직선 n을 그으면
$\angle x=60°+40°=100°$

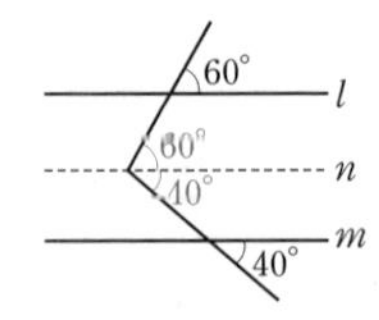

3 오른쪽 그림과 같이
$l /\!/ m /\!/ n$인 직선 n을 그으면
$\angle x=58°$ (동위각)

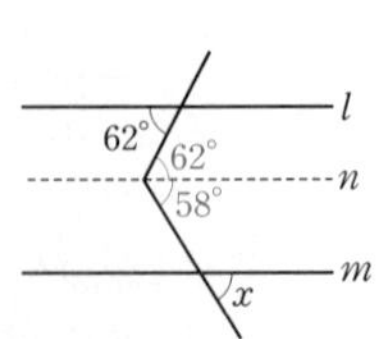

4 오른쪽 그림과 같이
$l /\!/ m /\!/ n$인 직선 n을 그으면
$\angle x=180°-55°=125°$

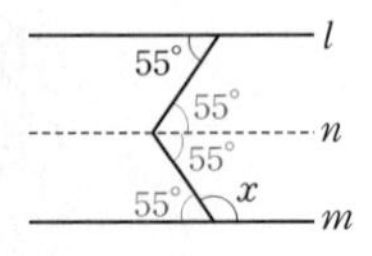

5 오른쪽 그림과 같이 $l /\!/ m /\!/ p /\!/ q$인 두 직선 p, q를 그으면
$\angle x = 50^\circ + 50^\circ = 100^\circ$

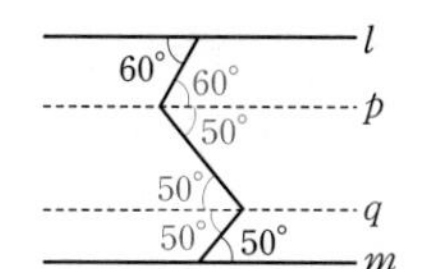

6 오른쪽 그림과 같이 $l /\!/ m /\!/ p /\!/ q$인 두 직선 p, q를 그으면
$\angle x = 25^\circ + 15^\circ = 40^\circ$

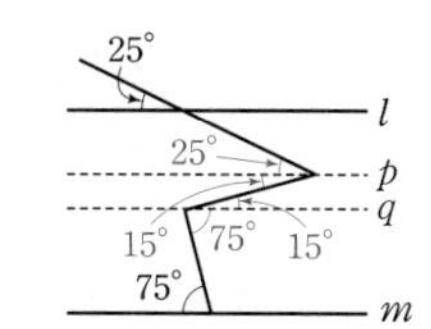

7 오른쪽 그림과 같이 $l /\!/ m /\!/ p /\!/ q$인 두 직선 p, q를 그으면
$\angle x = 30^\circ + 100^\circ = 130^\circ$

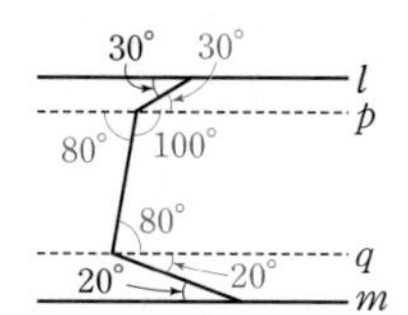

8 오른쪽 그림과 같이 $l /\!/ m /\!/ p /\!/ q$인 두 직선 p, q를 그으면
$\angle x = 15^\circ$(엇각)

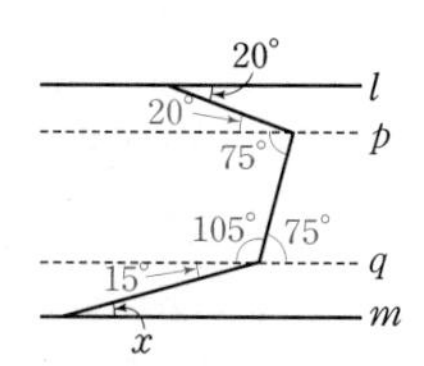

유형10 P. 19

1 (1) 120°, 평행하다. (2) 110°, 평행하지 않다.
(3) 100°, 평행하지 않다. (4) 50°, 평행하다.

2 ㄷ, ㄹ

3 (1) ○ (2) × (3) × (4) ○

1 (1) 오른쪽 그림에서
$\angle x = 180^\circ - 60^\circ = 120^\circ$
즉, 동위각의 크기가 같으므로 두 직선 l, m은 평행하다.

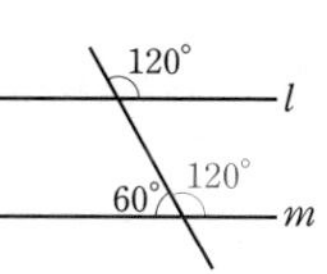

(2) 오른쪽 그림에서
$\angle x = 180^\circ - 70^\circ = 110^\circ$
즉, 동위각의 크기가 같지 않으므로 두 직선 l, m은 평행하지 않다.

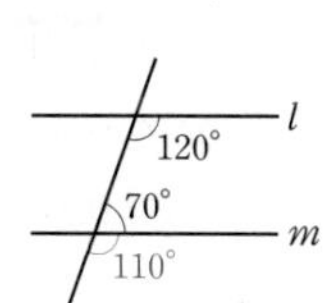

(3) 오른쪽 그림에서
$\angle x = 100^\circ$(맞꼭지각)
즉, 동위각의 크기가 같지 않으므로 두 직선 l, m은 평행하지 않다.

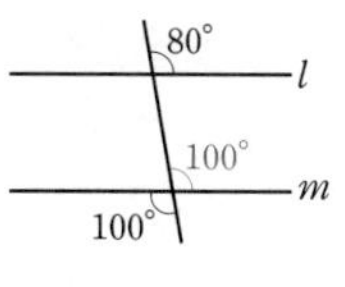

(4) 오른쪽 그림에서
$\angle x = 180^\circ - 130^\circ = 50^\circ$
즉, 엇각의 크기가 같으므로 두 직선 l, m은 평행하다.

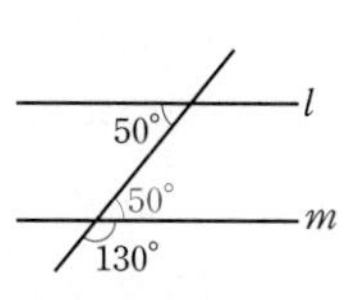

2 ㄱ. 오른쪽 그림과 같이 동위각의 크기가 같지 않으므로 두 직선 l, m은 평행하지 않다.

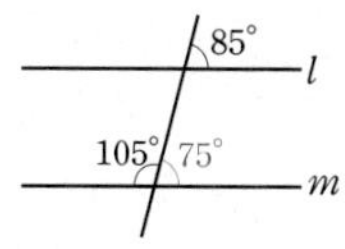

ㄴ. 동위각의 크기가 같지 않으므로 두 직선 l, m은 평행하지 않다.

ㄷ. 오른쪽 그림과 같이 엇각의 크기가 같으므로 두 직선 l, m은 평행하다.

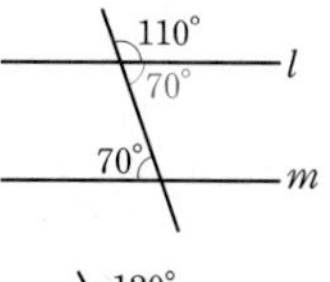

ㄹ. 오른쪽 그림과 같이 동위각의 크기가 같으므로 두 직선 l, m은 평행하다.

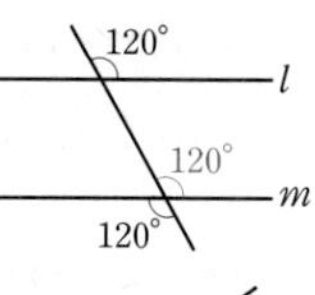

ㅁ. 오른쪽 그림과 같이 동위각의 크기가 같지 않으므로 두 직선 l, m은 평행하지 않다.

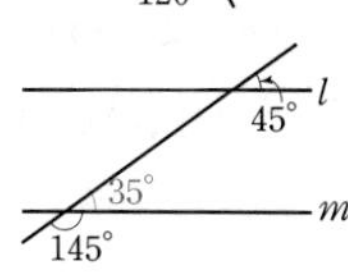

ㅂ. 오른쪽 그림과 같이 엇각의 크기가 같지 않으므로 두 직선 l, m은 평행하지 않다.

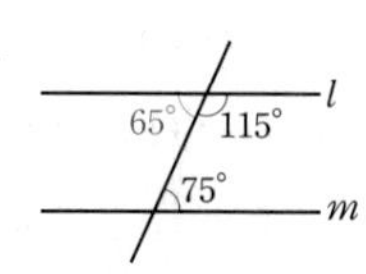

따라서 두 직선 l, m이 평행한 것은 ㄷ, ㄹ이다.

3 (1) $l /\!/ m$이면 $\angle a = \angle e$(동위각)이다.
(2), (4) $\angle c = \angle g$(동위각) 또는 $\angle c = \angle e$(엇각)이면 $l /\!/ m$이다.
(3) $l /\!/ m$이면 $\angle b = \angle f$(동위각) 또는 $\angle b = \angle h$(엇각)이다.

쌍둥이 기출문제 P. 20~21

1 ④	**2** ③	**3** ③	**4** 15°	**5** ④
6 ①	**7** 95°	**8** 27°	**9** ④	**10** 64°
11 ②	**12** ㄱ, ㄷ			

[1~2] 동위각과 엇각
서로 다른 두 직선이 다른 한 직선과 만나서 생기는 각 중에서
(1) 동위각: 같은 위치에 있는 각
(2) 엇각: 엇갈린 위치에 있는 각

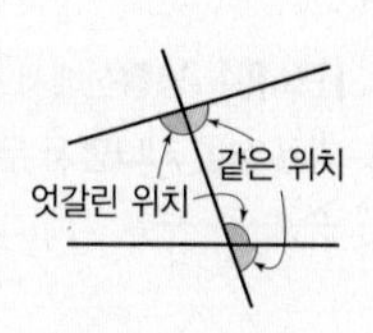

1 ① $\angle a$의 맞꼭지각은 $\angle c$이다.
② $\angle b$의 동위각은 $\angle f$이다.
③ $\angle d$의 엇각은 $\angle f$이다.
⑤ $\angle g$의 동위각은 $\angle c$이다.
따라서 옳은 것은 ④이다.

2 ① $\angle a$의 동위각은 $\angle e$이므로 $\angle e=180°-70°=110°$
③ $\angle c$의 엇각은 $\angle e$이므로 $\angle e=110°$
④ 두 직선 l, m이 평행하면 $\angle c=\angle g$(동위각)이다.
⑤ $\angle c=110°$이면 $\angle c=\angle e$(엇각)이므로 두 직선 l, m은 평행하다.
따라서 옳지 않은 것은 ③이다.

[3~4] 평행선의 성질
• $l /\!/ m$이면 동위각, 엇각의 크기가 각각 같다.
• $\angle a+\angle b=180°$

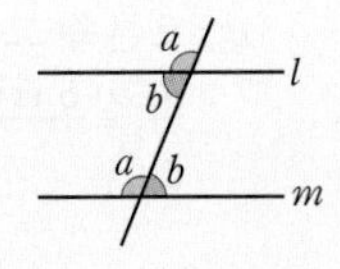

3 $l /\!/ m$이므로
$\angle x=60°$(동위각), $\angle y=70°$(엇각)
$\therefore \angle x+\angle y=60°+70°=130°$

4 $l /\!/ m$이므로
$\angle x=70°$(엇각)
$\angle y=180°-125°=55°$
$\therefore \angle x-\angle y=70°-55°=15°$

[5~6] 평행선에서 삼각형 모양이 주어질 때, 각의 크기 구하기
동위각 또는 엇각의 크기를 이용하여 삼각형의 세 각의 크기를 구한 후 삼각형의 세 각의 크기의 합이 180°임을 이용한다.

5 오른쪽 그림에서
$45°+(2\angle x+15°)+\angle x=180°$
$3\angle x=120°$
$\therefore \angle x=40°$

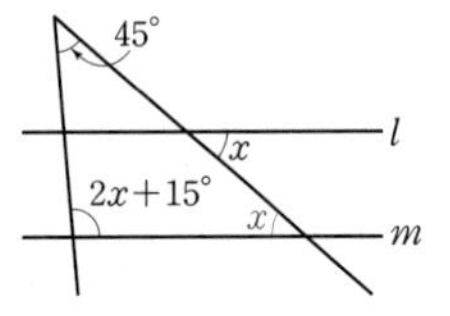

6 오른쪽 그림에서
$135°+30°+\angle x=180°$
$\angle x+165°=180°$
$\therefore \angle x=15°$

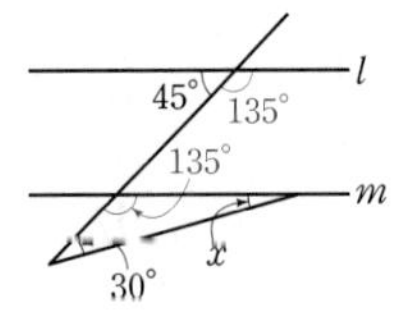

[7~10] 평행선에서 보조선을 그어 각의 크기 구하기
꺾인 점을 지나면서 두 직선 l, m에 평행한 보조선을 긋는다.

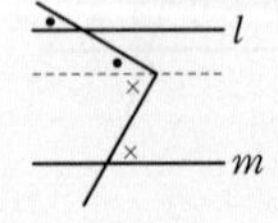

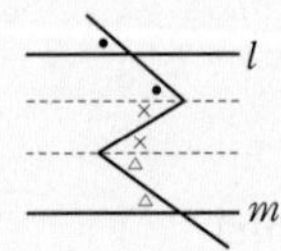

•: 동위각
×, △: 엇각

7 오른쪽 그림과 같이
$l /\!/ m /\!/ n$인 직선 n을 그으면
$\angle x=35°+60°=95°$

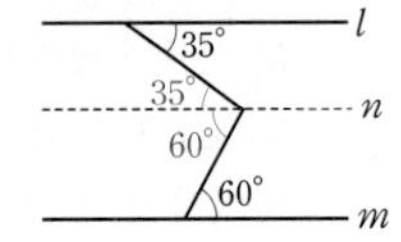

8 오른쪽 그림과 같이
$l /\!/ m /\!/ n$인 직선 n을 그으면
$\angle x=90°-63°=27°$

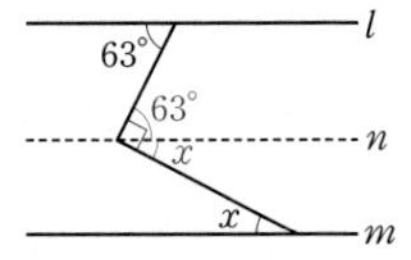

9 오른쪽 그림과 같이
$l /\!/ m /\!/ p /\!/ q$인 두 직선 p, q를 그으면
$\angle x=32°+23°=55°$

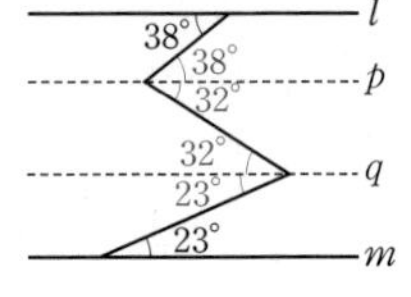

10 오른쪽 그림과 같이
$l /\!/ m /\!/ p /\!/ q$인 두 직선 p, q를 그으면 … (i)
$l /\!/ p$이므로 $\angle a=60°$(엇각)
$\angle b=90°-\angle a$
$=90°-60°=30°$
$p /\!/ q$이므로 $\angle c=\angle b=30°$(엇각)
$q /\!/ m$이므로 $\angle d=34°$(엇각) … (ii)
$\therefore \angle x=30°+34°=64°$ … (iii)

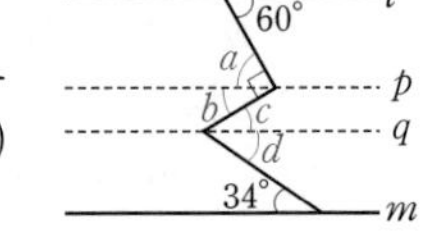

채점 기준	비율
(i) $l /\!/ m /\!/ p /\!/ q$인 두 직선 p, q 긋기	20 %
(ii) 평행선의 성질을 이용하여 $\angle a$, $\angle b$, $\angle c$, $\angle d$의 크기 구하기	60 %
(iii) $\angle x$의 크기 구하기	20 %

[11~12] 평행선이 되기 위한 조건

(1)
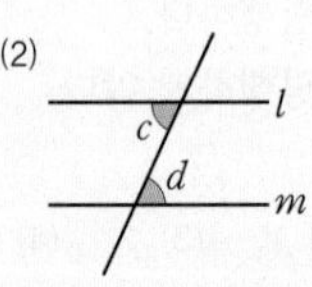

$\angle a=\angle b$이면 $l /\!/ m$

(2)
$\angle c=\angle d$이면 $l /\!/ m$

11 ① 동위각의 크기가 같으므로 두 직선 l, m은 평행하다.
② 오른쪽 그림과 같이 동위각의 크기가 같지 않으므로 두 직선 l, m은 평행하지 않다.

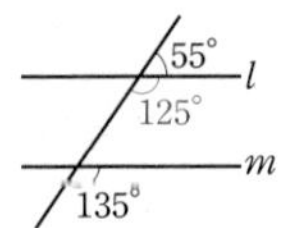

③ 오른쪽 그림과 같이 동위각의 크기가 같으므로 두 직선 l, m은 평행하다.

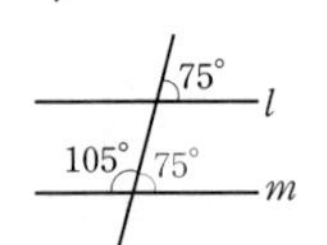

④ 오른쪽 그림과 같이 엇각의 크기가 같으므로 두 직선 l, m은 평행하다.

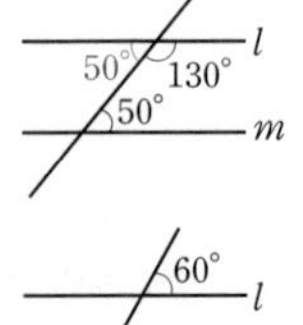

⑤ 오른쪽 그림과 같이 동위각의 크기가 같으므로 두 직선 l, m은 평행하다.

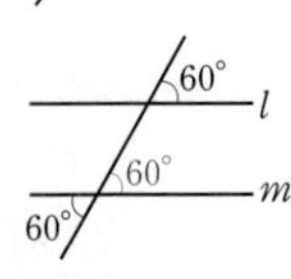

따라서 두 직선 l, m이 평행하지 않은 것은 ②이다.

12 ㄱ. 오른쪽 그림과 같이 동위각의 크기가 같으므로 두 직선 l, m은 평행하다.

ㄴ. 오른쪽 그림과 같이 동위각의 크기가 같지 않으므로 두 직선 l, m은 평행하지 않다.

ㄷ. 오른쪽 그림과 같이 동위각의 크기가 같으므로 두 직선 l, m은 평행하다.

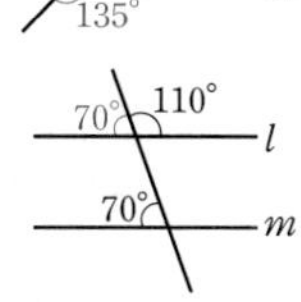

ㄹ. 동위각의 크기가 같지 않으므로 두 직선 l, m은 평행하지 않다.

따라서 두 직선 l, m이 평행한 것은 ㄱ, ㄷ이다.

단원 마무리 P. 22~23

1	1	**2**	9 cm	**3**	24°	**4**	20	**5**	④, ⑤
6	②	**7**	⑤	**8**	22	**9**	25°		

1 두 점을 이어서 만들 수 있는 서로 다른 직선은 $\overleftrightarrow{AB}$의 1개이므로 $x=1$

반직선은 $\overrightarrow{AB}$, $\overrightarrow{BA}$, $\overrightarrow{BC}$, $\overrightarrow{CB}$, $\overrightarrow{CD}$, $\overrightarrow{DC}$의 6개이므로 $y=6$

선분은 $\overline{AB}$, $\overline{AC}$, $\overline{AD}$, $\overline{BC}$, $\overline{BD}$, $\overline{CD}$의 6개이므로 $z=6$

$\therefore x-y+z=1-6+6=1$

2

두 점 B, D가 각각 $\overline{AC}$, $\overline{CE}$의 중점이므로

$\overline{BC}=\frac{1}{2}\overline{AC}$, $\overline{CD}=\frac{1}{2}\overline{CE}$

$$\therefore \overline{BD}=\overline{BC}+\overline{CD}$$
$$=\frac{1}{2}\overline{AC}+\frac{1}{2}\overline{CE}=\frac{1}{2}(\overline{AC}+\overline{CE})$$
$$=\frac{1}{2}\overline{AE}=\frac{1}{2}\times 18=9(\text{cm})$$

3 $90°+\angle x+(2\angle x+18°)=180°$

$3\angle x=72°$ $\quad\therefore \angle x=24°$

4 오른쪽 그림에서 맞꼭지각의 크기는 서로 같으므로

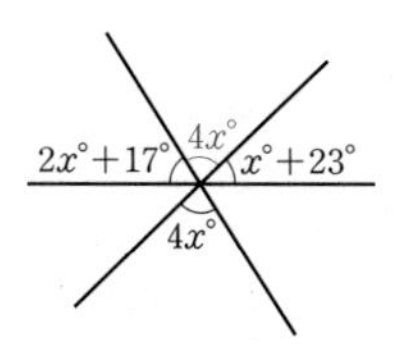

$(2x+17)+4x+(x+23)=180$

$7x=140$

$\therefore x=20$

5 모서리 AB와 만나지도 않고 평행하지도 않은 모서리, 즉 꼬인 위치에 있는 모서리는 $\overline{CD}$, $\overline{DE}$이다.

6 ① $\overline{AB}$와 $\overline{DH}$는 꼬인 위치에 있다.

③ 면 ABCD와 면 EFGH, 면 ABFE와 면 DCGH, 면 AEHD와 면 BFGC의 3쌍이다.

④ $\overline{AE}$, $\overline{DH}$, $\overline{EF}$, $\overline{HG}$의 4개이다.

⑤ $\overline{CD}$, $\overline{CG}$, $\overline{DH}$, $\overline{GH}$의 4개이다.

따라서 옳은 것은 ②이다.

7 ⑤ $\angle d$의 크기와 $\angle g$의 크기가 같은지는 알 수 없다.

8 $l /\!/ m$이므로

$\angle ABC=3x°+8°$(엇각) $\quad\cdots$ (i)

삼각형 ABC에서

$(2x+14)+(3x+8)+48=180$

$5x=110 \quad\therefore x=22 \quad\cdots$ (ii)

채점 기준	비율
(i) $\angle$ABC의 크기를 x를 사용하여 나타내기	50 %
(ii) x의 값 구하기	50 %

9 오른쪽 그림과 같이 $l /\!/ m /\!/ n$인 직선 n을 그으면

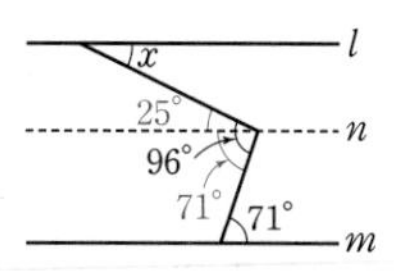

$\angle x=96°-71°=25°$

1 삼각형의 작도

유형 1 P. 26

1 ㄱ, ㄹ
2 (1) × (2) × (3) ○ (4) ○
3 컴퍼스
4 P, $\overline{AB}$, P, $\overline{AB}$, Q
5 ㉢ → ㉠ → ㉡

2 (1) 두 선분의 길이를 비교할 때는 컴퍼스를 사용한다.
(2) 두 점을 연결하는 선분을 그릴 때는 눈금 없는 자를 사용한다.

3 선분의 길이를 재어서 옮길 때는 컴퍼스를 사용한다.

유형 2 P. 27

1 A, B, C, $\overline{AB}$
2 (1) ㉣, ㉤, ㉥ (2) 동위각
3 (1) ㉥, ㉤, ㉠ (2) 엇각

2 (1) 작도 순서는 다음과 같다.

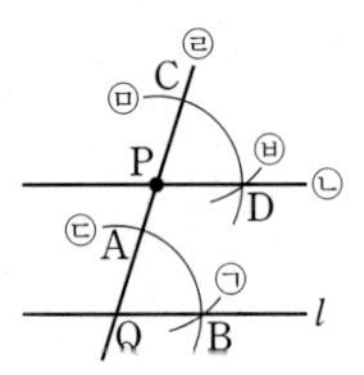

㉣ 점 P를 지나는 직선을 그어 직선 l과의 교점을 Q라고 한다.
㉢ 점 Q를 중심으로 원을 그려 $\overleftrightarrow{PQ}$, 직선 l과의 교점을 각각 A, B라고 한다.
㉤ 점 P를 중심으로 반지름의 길이가 $\overline{QA}$인 원을 그려 $\overleftrightarrow{PQ}$와의 교점을 C라고 한다.
㉠ $\overline{AB}$의 길이를 잰다.
㉥ 점 C를 중심으로 반지름의 길이가 $\overline{AB}$인 원을 그려 ㉤의 원과의 교점을 D라고 한다.
㉡ $\overleftrightarrow{PD}$를 그으면 $l /\!/ \overleftrightarrow{PD}$이다.
따라서 작도 순서는 ㉣ → [㉢] → ㉤ → [㉠] → ㉥ → [㉡]이다.

3 (1) 작도 순서는 다음과 같다.

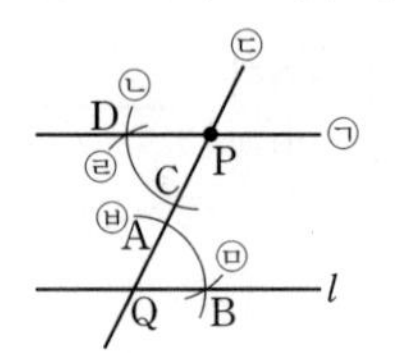

㉢ 점 P를 지나는 직선을 그어 직선 l과의 교점을 Q라고 한다.
㉥ 점 Q를 중심으로 원을 그려 $\overleftrightarrow{PQ}$, 직선 l과의 교점을 각각 A, B라고 한다.
㉡ 점 P를 중심으로 반지름의 길이가 $\overline{QA}$인 원을 그려 $\overleftrightarrow{PQ}$와의 교점을 C라고 한다.
㉤ $\overline{AB}$의 길이를 잰다.
㉣ 점 C를 중심으로 반지름의 길이가 $\overline{AB}$인 원을 그려 ㉡의 원과의 교점을 D라고 한다.
㉠ $\overleftrightarrow{PD}$를 그으면 $l /\!/ \overleftrightarrow{PD}$이다.
따라서 작도 순서는 ㉢ → [㉥] → ㉡ → [㉤] → ㉣ → [㉠]이다.

유형 3 P. 28

1 (1) $\overline{BC}$ (2) $\overline{AC}$ (3) $\overline{AB}$ (4) ∠C (5) ∠A (6) ∠B
2 (1) 3 cm (2) 4 cm (3) 80°
3 (1) × (2) × (3) ○ (4) × (5) ○ (6) ○ (7) ○ (8) ×

2 (1) ∠A의 대변은 $\overline{BC}$이므로 그 길이는 3 cm이다.
(2) ∠C의 대변은 $\overline{AB}$이므로 그 길이는 4 cm이다.
(3) 변 AC의 대각은 ∠B이므로 그 크기는 80°이다.

3 (1) $6>1+3$ ⇨ 삼각형의 세 변의 길이가 될 수 없다.
(2) $9=2+7$ ⇨ 삼각형의 세 변의 길이가 될 수 없다.
(3) $5<4+4$ ⇨ 삼각형의 세 변의 길이가 될 수 있다.
(4) $13>5+6$ ⇨ 삼각형의 세 변의 길이가 될 수 없다.
(5) $12<6+8$ ⇨ 삼각형의 세 변의 길이가 될 수 있다.
(6) $15<7+9$ ⇨ 삼각형의 세 변의 길이가 될 수 있다.
(7) $10<8+10$ ⇨ 삼각형의 세 변의 길이가 될 수 있다.
(8) $24>11+12$ ⇨ 삼각형의 세 변의 길이가 될 수 없다.

유형 4 P. 29

1 (1) × (2) ○ (3) ○ (4) ○
2 a, ∠XBC, ∠YCB, A

1 (1) 두 변인 $\overline{AB}$, $\overline{BC}$의 길이와 그 끼인각이 아닌 ∠A의 크기가 주어졌으므로 △ABC를 하나로 작도할 수 없다.
(2) 한 변인 $\overline{AB}$의 길이와 그 양 끝 각인 ∠A, ∠B의 크기가 주어졌으므로 △ABC를 하나로 작도할 수 있다.
(3) 두 변인 $\overline{AC}$, $\overline{BC}$의 길이와 그 끼인각인 ∠C의 크기가 주어졌으므로 △ABC를 하나로 작도할 수 있다.
(4) 세 변인 $\overline{AB}$, $\overline{BC}$, $\overline{AC}$의 길이가 주어지고 $\overline{AC}<\overline{AB}+\overline{BC}$이므로 △ABC를 하나로 작도할 수 있다.

유형 5 P. 30

1 (1) ×
이유: (가장 긴 변의 길이)>(나머지 두 변의 길이의 합)이므로 삼각형이 그려지지 않는다.
(2) ○
이유: (가장 긴 변의 길이)<(나머지 두 변의 길이의 합)이므로 삼각형이 하나로 정해진다.
(3) ×
이유: 두 변의 길이와 그 끼인각이 아닌 다른 한 각의 크기가 주어졌으므로 삼각형이 하나로 정해지지 않는다.
(4) ○
이유: 두 변의 길이와 그 끼인각의 크기가 주어졌으므로 삼각형이 하나로 정해진다.
(5) ○
이유: 한 변의 길이와 그 양 끝 각의 크기가 주어졌으므로 삼각형이 하나로 정해진다.
(6) ○
이유: $\angle B=180°-(30°+60°)=90°$, 즉 한 변의 길이와 그 양 끝 각의 크기를 알 수 있으므로 삼각형이 하나로 정해진다.
(7) ×
이유: 세 각의 크기가 주어지면 모양은 같고 크기가 다른 삼각형이 무수히 많이 그려진다.

2 (1) ○ (2) ○ (3) × (4) ×

2 (1) 세 변의 길이가 주어진 경우이고, 이때 $\overline{AB}+\overline{AC}>\overline{BC}$이므로 △ABC가 하나로 정해진다.
(2) ∠A가 $\overline{AB}$와 $\overline{AC}$의 끼인각이므로 두 변의 길이와 그 끼인각의 크기가 주어진 경우이다.
즉, △ABC가 하나로 정해진다.
(3) ∠B가 $\overline{AB}$와 $\overline{AC}$의 끼인각이 아니므로 △ABC는 하나로 정해지지 않는다.
(4) ∠C가 $\overline{AB}$와 $\overline{AC}$의 끼인각이 아니므로 △ABC는 하나로 정해지지 않는다.

쌍둥이 기출문제 P. 31~33

1 ⑤	**2** ②, ④	**3** ㉡ → ㉠ → ㉢		**4** ④
5 ㉡ → ㉣ → ㉠ → ㉢ → ㉤			**6** ③	**7** ②, ⑤
8 ③	**9** ③	**10** ⑤	**11** ㄱ, ㄹ	**12** ③
13 ④	**14** ①	**15** ㄴ	**16** ㄱ, ㄴ, ㄷ	

[1~2] 작도
작도: 눈금 없는 자와 컴퍼스만을 사용하여 도형을 그리는 것
• 눈금 없는 자: 두 점을 지나는 선분을 그리거나 선분을 연장할 때 사용
• 컴퍼스: 원을 그리거나 선분의 길이를 옮길 때 사용

2 ② 작도할 때는 각도기를 사용하지 않는다.
④ 선분의 길이를 잴 때는 컴퍼스를 사용한다.

[3~4] 길이가 같은 선분의 작도
$\overline{AB}$와 길이가 같은 선분의 작도 순서는 다음과 같다.

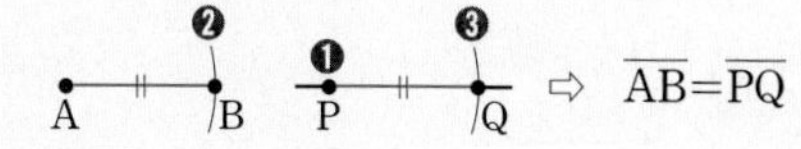

4 ㉢ $\overline{AB}$의 길이를 잰다.
㉠ 두 점 A, B를 중심으로 반지름의 길이가 $\overline{AB}$인 원을 각각 그려 두 원의 교점을 C라고 한다.
㉡ $\overline{AC}$, $\overline{BC}$를 그으면 삼각형 ABC는 정삼각형이다.
따라서 작도 순서는 ㉢ → ㉠ → ㉡이다.

[5~8] 크기가 같은 각의 작도
∠XOY와 크기가 같은 각의 작도 순서는 다음과 같다.

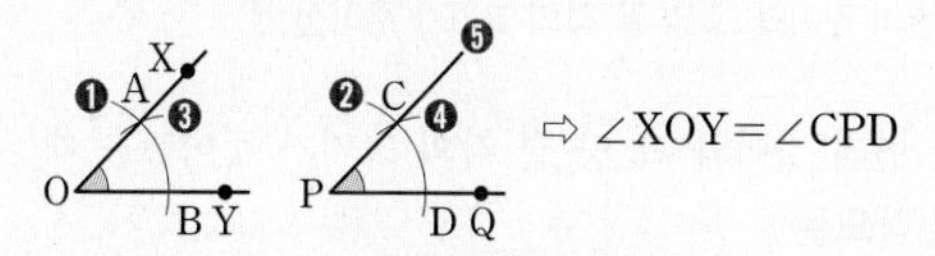

이때 $\overline{OA}=\overline{OB}=\overline{PC}=\overline{PD}$, $\overline{AB}=\overline{CD}$이다.

6 ① 점 D를 중심으로 반지름의 길이가 $\overline{AB}$인 원을 그리므로 $\overline{AB}=\overline{CD}$
② 두 점 O, P를 중심으로 반지름의 길이가 $\overline{OA}$인 원을 각각 그리므로
$\overline{OA}=\overline{OB}=\overline{PC}=\overline{PD}$
③ $\overline{OX}=\overline{PQ}$인지는 알 수 없다.
따라서 옳지 않은 것은 ③이다.

7 두 점 A, P를 중심으로 반지름의 길이가 같은 원을 각각 그리므로
$\overline{AB}=\overline{AC}=\overline{PQ}=\overline{PR}$
따라서 $\overline{AB}$와 길이가 같은 선분이 아닌 것은 ②, ⑤이다.

8 ① 두 점 A, P를 중심으로 반지름의 길이가 같은 원을 각각 그리므로
$\overline{AB}=\overline{AC}=\overline{PQ}=\overline{PR}$
② 점 Q를 중심으로 반지름의 길이가 $\overline{BC}$인 원을 그리므로
$\overline{BC}=\overline{QR}$
③ $\angle QPR=\angle QRP$인지는 알 수 없다.
따라서 옳지 않은 것은 ③이다.

[9~10] 삼각형의 세 변의 길이 사이의 관계
(가장 긴 변의 길이)<(나머지 두 변의 길이의 합)

9 ① $4<3+3$
② $5<4+2$
③ $7>4+2$
④ $8<6+6$
⑤ $9<6+4$
따라서 삼각형의 세 변의 길이가 될 수 없는 것은 ③이다.

10 ① $1<1+1$
② $2<2+1$
③ $4<3+2$
④ $5<4+4$
⑤ $5=2+3$
따라서 삼각형을 작도할 수 없는 것은 ⑤이다.

[11~12] 삼각형의 작도
다음의 각 경우에 삼각형을 하나로 작도할 수 있다.
(1) 세 변의 길이가 주어질 때
(2) 두 변의 길이와 그 끼인각의 크기가 주어질 때
(3) 한 변의 길이와 그 양 끝 각의 크기가 주어질 때

11 한 변의 길이와 그 양 끝 각의 크기가 주어졌을 때, 삼각형의 작도는
ㄱ. 한 변을 작도한 후 두 각을 작도하거나
ㄹ. 한 각을 작도한 후 한 변을 작도하고 다른 한 각을 작도하면 된다.

12 작도 순서는
④ → ①(또는 ②) → ②(또는 ①) → ③
또는
①(또는 ②) → ④ → ②(또는 ①) → ③
따라서 가장 마지막에 해당하는 것은 ③이다.

[13~16] 삼각형이 하나로 정해지는 경우
(1) 세 변의 길이가 주어질 때
(2) 두 변의 길이와 그 끼인각의 크기가 주어질 때
(3) 한 변의 길이와 그 양 끝 각의 크기가 주어질 때

13 ① 세 변의 길이가 주어진 경우이지만 $10>4+5$이므로 삼각형이 그려지지 않는다.
② $\angle A$는 $\overline{AB}$와 $\overline{BC}$의 끼인각이 아니므로 삼각형이 하나로 정해지지 않는다.
③ $\angle A$는 $\overline{BC}$와 $\overline{CA}$의 끼인각이 아니므로 삼각형이 하나로 정해지지 않는다.
④ $\angle B=180^\circ-(30^\circ+75^\circ)=75^\circ$이므로 한 변의 길이와 그 양 끝 각의 크기가 주어진 경우와 같다.
⑤ 세 각의 크기가 주어지면 모양은 같고 크기가 다른 삼각형이 무수히 많이 그려진다.
따라서 $\triangle ABC$가 하나로 정해지는 것은 ④이다.

14 ① 세 각의 크기가 주어지면 모양은 같고 크기가 다른 삼각형이 무수히 많이 그려진다.
② 세 변의 길이가 주어진 경우이고, 이때 $12<6+8$이므로 삼각형이 하나로 정해진다.
③ 두 변의 길이와 그 끼인각의 크기가 주어진 경우이다.
④ 한 변의 길이와 그 양 끝 각의 크기가 주어진 경우이다.
⑤ $\angle C=180^\circ-(40^\circ+60^\circ)=80^\circ$이므로 한 변의 길이와 그 양 끝 각의 크기가 주어진 경우와 같다.
따라서 $\triangle ABC$가 하나로 정해지지 않는 것은 ①이다.

15 ㄱ. 한 변의 길이와 그 양 끝 각의 크기가 주어진 경우이다.
ㄴ. $\angle B$가 $\overline{AB}$와 $\overline{AC}$의 끼인각이 아니므로 $\triangle ABC$는 하나로 정해지지 않는다.
ㄷ. $\angle B$와 $\angle C$의 크기가 주어졌으므로 $\angle A$의 크기도 알 수 있다. 즉, 한 변의 길이와 그 양 끝 각의 크기가 주어진 경우와 같다.
ㄹ. 두 변의 길이와 그 끼인각의 크기가 주어진 경우이다.
따라서 $\triangle ABC$가 하나로 정해지기 위해 필요한 나머지 한 조건이 될 수 없는 것은 ㄴ이다.

16 ㄱ. 한 변의 길이와 그 양 끝 각의 크기가 주어진 경우이다.
ㄴ, ㄷ. $\angle C=180^\circ-(65^\circ+40^\circ)=75^\circ$이므로 한 변의 길이와 그 양 끝 각의 크기가 주어진 경우와 같다.
ㄹ. 세 각의 크기가 주어지면 모양은 같고 크기가 다른 삼각형이 무수히 많이 그려진다.
따라서 $\triangle ABC$가 하나로 정해지기 위해 필요한 나머지 한 조건이 될 수 있는 것은 ㄱ, ㄴ, ㄷ이다.

2 삼각형의 합동

유형 6 P. 34

1 (1) $\overline{EF}$, 10 (2) 5 cm (3) 60° (4) 30°
2 $a=60$, $b=75$, $c=60$, $x=6$
3 (1) ○ (2) ○ (3) ○ (4) × (5) × (6) ○ (7) ○

1 $\triangle ABC \equiv \triangle DEF$이므로
(2) $\overline{AB}=\overline{DE}=5$ cm
(3) $\angle E=\angle B=60°$
(4) $\angle F=\angle C=180°-(90°+60°)=30°$

2 $\angle B=\angle F=75°$
$\therefore b=75$
사각형의 네 각의 크기의 합이 360°이므로
$\angle A=360°-(75°+78°+147°)=60°$
$\therefore a=60$
$\angle E=\angle A=60°$
$\therefore c=60$
$\overline{GF}=\overline{CB}=6$ cm
$\therefore x=6$

3 (4) 오른쪽 그림의 두 정삼각형은 모양은 같지만 합동은 아니다.

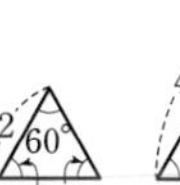

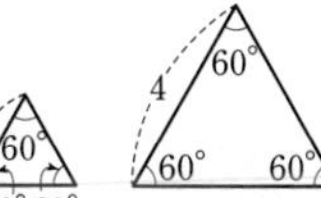

(5) 오른쪽 그림의 두 직사각형의 넓이는 12로 같지만 합동은 아니다.

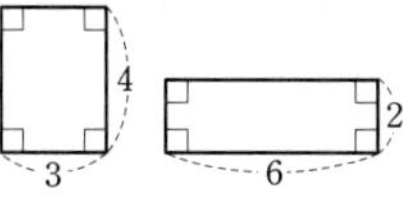

유형 7 P. 35

1 (1) SAS 합동 (2) SSS 합동 (3) ASA 합동
2 $\triangle ABC \equiv \triangle HIG \equiv \triangle PRQ$
3 (1) $\triangle ABD \equiv \triangle CDB$ (2) ASA 합동

1 (1) $\triangle ABC$와 $\triangle DEF$에서
$\overline{AB}=\overline{DE}$, $\overline{AC}=\overline{DF}$, $\angle A=\angle D$
$\therefore \triangle ABC \equiv \triangle DEF$ (SAS 합동)
(2) $\triangle ABC$와 $\triangle DEF$에서
$\overline{AB}=\overline{DE}$, $\overline{BC}=\overline{EF}$, $\overline{CA}=\overline{FD}$
$\therefore \triangle ABC \equiv \triangle DEF$ (SSS 합동)
(3) $\triangle ABC$와 $\triangle DEF$에서
$\angle A=\angle D$, $\overline{AC}=\overline{DF}$, $\angle C=\angle F$
$\therefore \triangle ABC \equiv \triangle DEF$ (ASA 합동)

2 $\triangle ABC$와 $\triangle HIG$에서
$\overline{AC}=\overline{HG}$, $\angle C=\angle G=60°$,
$\angle A=180°-(30°+60°)=90°=\angle H$이므로
$\triangle ABC \equiv \triangle HIG$ (ASA 합동)
$\triangle ABC$와 $\triangle PRQ$에서
$\overline{BC}=\overline{RQ}$, $\overline{AC}=\overline{PQ}$,
$\angle C=\angle Q=180°-(90°+30°)=60°$이므로
$\triangle ABC \equiv \triangle PRQ$ (SAS 합동)
$\therefore \triangle ABC \equiv \triangle HIG \equiv \triangle PRQ$

3 $\triangle ABD$와 $\triangle CDB$에서
$\angle ADB=\angle CBD$, $\overline{BD}$는 공통,
$\angle ABD=180°-(\angle A+\angle ADB)$
$=180°-(\angle C+\angle CBD)$
$=\angle CDB$
$\therefore \triangle ABD \equiv \triangle CDB$ (ASA 합동)

쌍둥이 기출문제 P. 36~37

1 ④ **2** ①, ④ **3** ③ **4** $x=5$, $a=60$
5 ① **6** ㄱ과 ㄷ, SAS 합동 **7** ①, ④
8 ③ **9** (가) $\angle DMC$ (나) $\angle D$ (다) ASA
10 ③ **11** (가) $\overline{OC}$ (나) $\overline{OD}$ (다) $\angle O$ (라) SAS
12 (1) $\triangle COB$, SAS 합동 (2) 98°

[1~4] 도형의 합동
(1) 합동: 한 도형을 모양과 크기를 바꾸지 않고 다른 도형에 완전히 포갤 수 있을 때, 이 두 도형을 서로 합동이라고 한다.
(2) 두 도형이 서로 합동이면
① 대응변의 길이는 서로 같다.
② 대응각의 크기는 서로 같다.

1 ④ 합동인 두 도형은 모양과 크기가 각각 같다.

2 ② 오른쪽 그림의 두 평행사변형은 한 변의 길이가 2로 같지만 합동은 아니다.

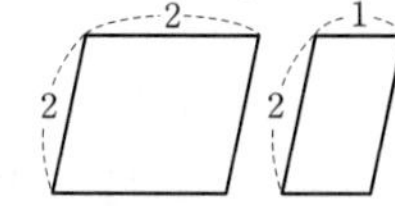

③ 오른쪽 그림의 두 이등변삼각형은 둘레의 길이가 10으로 같지만 합동은 아니다.

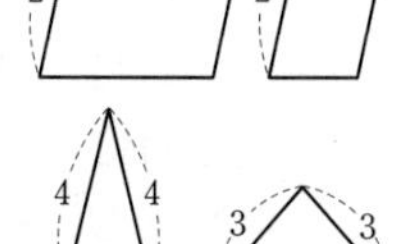

⑤ 오른쪽 그림의 두 삼각형은 세 각의 크기가 같지만 합동은 아니다.

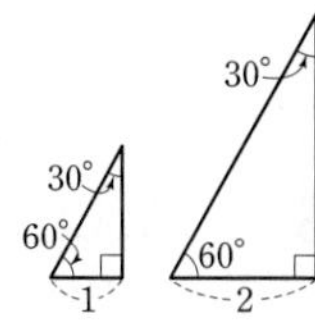

따라서 두 도형이 항상 합동인 것은 ①, ④이다.

3 $\triangle ABC \equiv \triangle PQR$이므로
$\angle C = \angle R = 180^\circ - (80^\circ + 30^\circ) = 70^\circ$

4 $\overline{AD} = \overline{EH} = 5\,\text{cm}$
$\therefore x = 5$
$\angle E = \angle A = 85^\circ$, $\angle F = \angle B = 80^\circ$이고
사각형의 네 각의 크기의 합이 360°이므로
$\angle G = 360^\circ - (85^\circ + 80^\circ + 135^\circ) = 60^\circ$
$\therefore a = 60$

[5~6] 합동인 삼각형 찾기
(1) 대응하는 세 변의 길이가 각각 같을 때 (SSS 합동)
(2) 대응하는 두 변의 길이가 각각 같고, 그 끼인각의 크기가 같을 때 (SAS 합동)
(3) 대응하는 한 변의 길이가 같고, 그 양 끝 각의 크기가 각각 같을 때 (ASA 합동)

5 ①의 삼각형에서 나머지 한 각의 크기는
$180^\circ - (80^\circ + 40^\circ) = 60^\circ$
따라서 보기의 삼각형과 ①의 삼각형은 ASA 합동이다.

6 ㄷ의 삼각형에서 나머지 한 각의 크기는
$180^\circ - (45^\circ + 65^\circ) = 70^\circ$
따라서 ㄱ의 삼각형과 ㄷ의 삼각형은 SAS 합동이다.

[7~8] 두 삼각형이 합동이 되기 위해 필요한 한 조건 찾기
(1) 두 변의 길이가 각각 같을 때
⇨ 나머지 한 변의 길이 또는 그 끼인각의 크기가 같아야 한다.
(2) 한 변의 길이와 그 양 끝 각 중 한 각의 크기가 같을 때
⇨ 그 각을 끼고 있는 변의 길이 또는 다른 한 각의 크기가 같아야 한다.
(3) 두 각의 크기가 각각 같을 때
⇨ 대응하는 한 변의 길이가 같아야 한다.

7 $\triangle ABC$와 $\triangle DEF$에서 $\overline{AB} = \overline{DE}$, $\angle A = \angle D$이므로
① $\angle B = \angle E$이면
$\triangle ABC \equiv \triangle DEF$ (ASA 합동)
④ $\overline{AC} = \overline{DF}$이면
$\triangle ABC \equiv \triangle DEF$ (SAS 합동)

8 $\triangle ABC$와 $\triangle DFE$에서 $\overline{AB} = \overline{DF}$, $\overline{AC} = \overline{DE}$이므로
③ $\angle D = \angle A = 50^\circ$이면
$\triangle ABC \equiv \triangle DFE$ (SAS 합동)

[9~12] 삼각형의 합동 조건
(1) $\overline{AB} = \overline{DE}$, $\overline{BC} = \overline{EF}$, $\overline{AC} = \overline{DF}$
이면
$\triangle ABC \equiv \triangle DEF$ (SSS 합동)
(2) $\overline{AB} = \overline{DE}$, $\overline{BC} = \overline{EF}$, $\angle B = \angle E$
이면
$\triangle ABC \equiv \triangle DEF$ (SAS 합동)
(3) $\overline{BC} = \overline{EF}$, $\angle B = \angle E$, $\angle C = \angle F$
이면
$\triangle ABC \equiv \triangle DEF$ (ASA 합동)

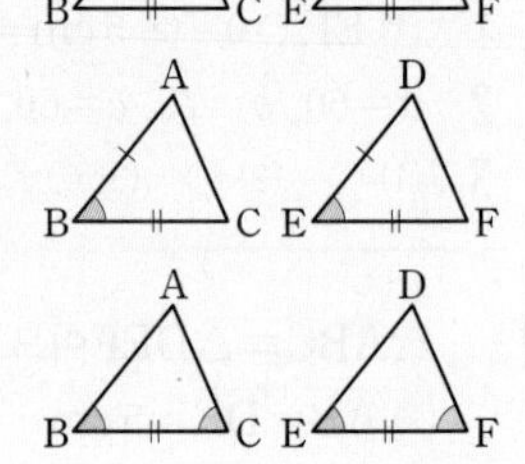

10 $\triangle ABM$과 $\triangle DCM$에서
$\overline{AM} = \overline{DM}$, $\angle AMB = \angle DMC$ (맞꼭지각),
$\overline{AB} /\!/ \overline{CD}$이므로 $\angle BAM = \angle CDM$ (엇각) (⑤)
따라서 $\triangle ABM \equiv \triangle DCM$ (ASA 합동)이므로
$\overline{AB} = \overline{CD}$ (①), $\overline{BM} = \overline{CM}$ (②), $\angle ABM = \angle DCM$ (④)
따라서 옳지 않은 것은 ③이다.

12 (1) $\triangle AOD$와 $\triangle COB$에서
$\overline{OA} = \overline{OC}$, $\angle O$는 공통,
$\overline{OD} = \overline{OC} + \overline{CD} = \overline{OA} + \overline{AB} = \overline{OB}$
$\therefore \triangle AOD \equiv \triangle COB$ (SAS 합동)
(2) $\angle OCB = \angle OAD = 180^\circ - (32^\circ + 50^\circ) = 98^\circ$

단원 마무리 P. 38~39

1	ㅁ → ㄷ → ㄱ → ㄹ → ㄴ	**2**	③	**3**	⑤
4 ㄴ, ㄹ	**5** ③	**6** ③, ⑤	**7** 3개	**8** ⑤	

2 ③ $\overline{AQ} = \overline{BQ} = \overline{CP} = \overline{DP}$, $\overline{AB} = \overline{CD}$이지만 $\overline{AB} = \overline{CP}$인지는 알 수 없다.

3 a에 주어진 값을 대입하여 세 변의 길이를 각각 구하면
① 5, 9, 7 ⇨ $9 < 5+7$ (○)
② 5, 9, 9 ⇨ $9 < 5+9$ (○)
③ 5, 9, 11 ⇨ $11 < 5+9$ (○)
④ 5, 9, 13 ⇨ $13 < 5+9$ (○)
⑤ 5, 9, 15 ⇨ $15 > 5+9$ (×)
따라서 a의 값이 될 수 없는 것은 ⑤이다.

4 ㄱ. 세 변의 길이가 주어진 경우이지만 $9 = 4+5$이므로 삼각형이 그려지지 않는다.
ㄴ. 두 변의 길이와 그 끼인각의 크기가 주어진 경우이다.
ㄷ. $\angle B$는 $\overline{AB}$와 $\overline{CA}$의 끼인각이 아니므로 삼각형이 하나로 정해지지 않는다.
ㄹ. $\angle B = 180^\circ - (35^\circ + 60^\circ) = 85^\circ$이므로 한 변의 길이와 그 양 끝 각의 크기가 주어진 경우와 같다.
따라서 $\triangle ABC$가 하나로 정해지는 것은 ㄴ, ㄹ이다.

5 ① 두 변의 길이와 그 끼인각의 크기가 주어진 경우이다.
② 한 변의 길이와 그 양 끝 각의 크기가 주어진 경우이다.
③ 세 각의 크기가 주어지면 모양은 같고 크기가 다른 삼각형이 무수히 많이 그려진다.
④ $\angle A=180^\circ-(\angle B+\angle C)$이므로 한 변의 길이와 그 양 끝 각의 크기가 주어진 경우와 같다.
⑤ 한 변의 길이와 그 양 끝 각의 크기가 주어진 경우이다.
따라서 더 필요한 조건이 아닌 것은 ③이다.

6 ① $\angle C=\angle F=45^\circ$
② $\angle D=\angle A=30^\circ$
③ $\angle E=180^\circ-(45^\circ+30^\circ)=105^\circ$
④ $\overline{AB}$의 길이는 알 수 없다.
⑤ $\overline{EF}=\overline{BC}=4\,\text{cm}$
따라서 옳은 것은 ③, ⑤이다.

7 ㄱ. $\triangle ABC$와 $\triangle EFD$에서
$\overline{AB}=\overline{EF}$, $\overline{BC}=\overline{FD}$, $\overline{AC}=\overline{ED}$
$\therefore$ $\triangle ABC\equiv\triangle EFD$ (SSS 합동)
ㄴ. $\triangle ABC$와 $\triangle GIH$에서
$\overline{AB}=\overline{GI}$, $\overline{BC}=\overline{IH}$, $\angle B=\angle I$
$\therefore$ $\triangle ABC\equiv\triangle GIH$ (SAS 합동)
ㄷ. $\triangle LJK$에서 $\angle L=180^\circ-(42^\circ+60^\circ)=78^\circ$
$\triangle ABC$와 $\triangle LJK$에서
$\overline{AC}=\overline{LK}$, $\angle A=\angle L$, $\angle C=\angle K$
$\therefore$ $\triangle ABC\equiv\triangle LJK$ (ASA 합동)
따라서 $\triangle ABC$와 합동인 삼각형은 ㄱ, ㄴ, ㄷ의 3개이다.

8 $\triangle AMC$와 $\triangle DMB$에서
$\overline{CM}=\overline{BM}$, $\angle AMC=\angle DMB$ (맞꼭지각),
$\overline{AC}\,/\!/\,\overline{BD}$에서 $\angle ACM=\angle DBM$ (②)이므로
$\triangle AMC\equiv\triangle DMB$ (ASA 합동) (①)
$\therefore$ $\overline{AC}=\overline{BD}$ (③), $\overline{AM}=\overline{DM}$ (④)
⑤ $\overline{AD}=\overline{BC}$인지는 알 수 없다.
따라서 옳지 않은 것은 ⑤이다.

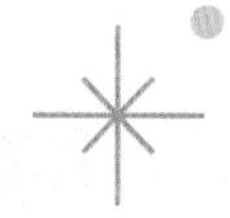

01 다각형

유형 1 P. 42

1 ㄱ, ㅁ 2 (1) 내각 (2) 외각 (3) 180
3 (1) 180, 130 (2) 95° (3) 65°
4 (1) 정오각형 (2) 정구각형
5 (1) ○ (2) ○ (3) × (4) ×

1 ㄴ, ㄹ, ㅂ. 평면도형이 아니므로 다각형이 아니다.
ㄷ. 반원의 일부는 곡선이므로 다각형이 아니다.
따라서 다각형은 ㄱ, ㅁ이다.

3 다각형의 한 꼭짓점에서 내각과 외각의 크기의 합은 180°이므로
(2) (∠A의 외각의 크기)$=180°-85°=95°$
(3) (∠A의 외각의 크기)$=180°-115°=65°$

4 (1) (가)에서 정다각형이고, (나)에서 오각형이므로 주어진 다각형은 정오각형이다.
(2) (가)에서 구각형이고, (나)에서 정다각형이므로 주어진 다각형은 정구각형이다.

5 (3) 네 내각의 크기가 모두 같은 사각형은 직사각형이다.
(4) 마름모는 네 변의 길이가 모두 같지만 네 내각의 크기가 모두 같지는 않으므로 정다각형이 아니다.

유형 2 P. 43

1 (1) 3개 (2) 5개
2 (1) 4개, 1개, 2개 (2) 5개, 2개, 5개
(3) 6개, 3개, 9개 (4) 7개, 4개, 14개
3 (1) 35개 (2) 54개 (3) 90개 (4) 170개
4 (1) 십일각형 (2) 44개
5 20, 40, 8, 8, 팔각형 6 십삼각형

1 (1) 주어진 다각형은 육각형이므로 한 꼭짓점에서 그을 수 있는 대각선의 개수는
$6-3=3$(개)
(2) 주어진 다각형은 팔각형이므로 한 꼭짓점에서 그을 수 있는 대각선의 개수는
$8-3=5$(개)

2 (1) 한 꼭짓점에서 그을 수 있는 대각선의 개수는 $4-3=1$(개)
대각선의 개수는 $\frac{4\times1}{2}=2$(개)
(2) 한 꼭짓점에서 그을 수 있는 대각선의 개수는 $5-3=2$(개)
대각선의 개수는 $\frac{5\times2}{2}=5$(개)
(3) 한 꼭짓점에서 그을 수 있는 대각선의 개수는 $6-3=3$(개)
대각선의 개수는 $\frac{6\times3}{2}=9$(개)
(4) 한 꼭짓점에서 그을 수 있는 대각선의 개수는 $7-3=4$(개)
대각선의 개수는 $\frac{7\times4}{2}=14$(개)

3 (1) $\frac{10\times(10-3)}{2}=35$(개) (2) $\frac{12\times(12-3)}{2}=54$(개)
(3) $\frac{15\times(15-3)}{2}=90$(개) (4) $\frac{20\times(20-3)}{2}=170$(개)

4 (1) 한 꼭짓점에서 그을 수 있는 대각선의 개수가 8개인 다각형을 n각형이라고 하면
$n-3=8$ $\therefore n=11$, 즉 십일각형
(2) $\frac{11\times(11-3)}{2}=44$(개)

6 대각선의 개수가 65개인 다각형을 n각형이라고 하면
$\frac{n(n-3)}{2}=65$에서
$\underline{n}(n-3)=130=\underline{13}\times10$이므로 $n=13$
따라서 주어진 다각형은 십삼각형이다.

쌍둥이 기출문제 P. 44

1 25 2 ⑤ 3 ③ 4 ①
5 정십팔각형 6 ② 7 ④ 8 ②

[1~4] 다각형의 대각선의 개수
(1) n각형의 한 꼭짓점에서 그을 수 있는 대각선의 개수 ⇨ $(n-3)$개
(2) n각형의 한 꼭짓점에서 대각선을 모두 그었을 때 만들어지는 삼각형의 개수 ⇨ $(n-2)$개
(3) n각형의 대각선의 개수 ⇨ $\frac{n(n-3)}{2}$개

1 팔각형의 한 꼭짓점에서 그을 수 있는 대각선의 개수는
$8-3=5$(개) $\therefore a=5$
모든 대각선의 개수는
$\frac{8\times5}{2}=20$(개) $\therefore b=20$
$\therefore a+b=5+20=25$

2 한 꼭짓점에서 그을 수 있는 대각선의 개수가 13개인 다각형을 n각형이라고 하면
$n-3=13 \quad \therefore n=16$
따라서 십육각형의 대각선의 개수는
$\frac{16\times(16-3)}{2}=104$(개)

3 대각선의 개수가 27개인 다각형을 n각형이라고 하면
$\frac{n(n-3)}{2}=27$, $\underline{n}(n-3)=54=\underline{9}\times6$
$\therefore n=9$
따라서 주어진 다각형은 구각형이다.

4 대각선의 개수가 44개인 다각형을 n각형이라고 하면
$\frac{n(n-3)}{2}=44$, $\underline{n}(n-3)=88=\underline{11}\times8$
$\therefore n=11$
따라서 십일각형의 변의 개수는 11개이다.

[5~8] 정다각형
정다각형은 모든 변의 길이가 같고, 모든 내각의 크기가 같아야 한다.
(1) 모든 변의 길이가 같아도 내각의 크기가 같지 않은 다각형은 정다각형이 아니다.

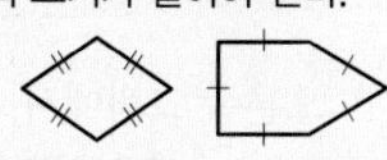

(2) 모든 내각의 크기가 같아도 변의 길이가 같지 않은 다각형은 정다각형이 아니다.

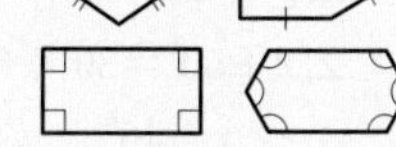

5 (나)에서 모든 변의 길이가 같고, 모든 내각의 크기가 같은 다각형은 정다각형이므로 정n각형이라고 하면 (가)에서
$n-3=15 \quad \therefore n=18$
따라서 주어진 다각형은 정십팔각형이다.

6 (가)에서 모든 변의 길이가 같고, 모든 내각의 크기가 같은 다각형은 정다각형이므로 정n각형이라고 하면 (나)에서
$\frac{n(n-3)}{2}=14$, $\underline{n}(n-3)=28=\underline{7}\times4$
$\therefore n=7$
따라서 주어진 다각형은 정칠각형이다.

7 ① 최소 3개의 변이 있어야 다각형이 될 수 있다.
② 삼각형에는 이웃하지 않는 두 꼭짓점이 없으므로 대각선을 그을 수 없다.
④ n각형의 한 꼭짓점에서 그을 수 있는 대각선의 개수는 $(n-3)$개이다.
⑤ 오각형의 대각선의 개수는 $\frac{5\times(5-3)}{2}=5$(개)이다.
따라서 옳지 않은 것은 ④이다.

8 ② 변의 길이가 모두 같은 사각형은 마름모이다.
③ 칠각형의 한 꼭짓점에서 그을 수 있는 대각선의 개수는 $7-3=4$(개)이다.
④ 육각형과 정육각형은 모두 꼭짓점이 6개인 다각형이므로 대각선의 개수가 $\frac{6\times(6-3)}{2}=9$(개)로 서로 같다.
⑤ 다각형이 정다각형이려면 모든 변의 길이가 같고, 모든 내각의 크기가 같아야 하지만 삼각형은 세 내각의 크기만 같아도 정삼각형이 된다.
따라서 옳지 않은 것은 ②이다.

2 삼각형의 내각과 외각

유형 3 P. 45

1	(1) 25° (2) 115°	**2**	(1) 16 (2) 35
3	45°	**4**	(1) 105° (2) 135°
5	(1) 120° (2) 60°	**6**	(1) 35° (2) 30°

1 (1) $65^\circ+\angle x+90^\circ=180^\circ \quad \therefore \angle x=25^\circ$
(2) $35^\circ+\angle x+30^\circ=180^\circ \quad \therefore \angle x=115^\circ$

2 (1) $108+40+2x=180$
$2x=32 \quad \therefore x=16$
(2) $x+50+(2x+25)=180$
$3x=105 \quad \therefore x=35$

3 $180^\circ\times\frac{3}{3+4+5}=180^\circ\times\frac{3}{12}=45^\circ$

4 (1) $\angle x=50^\circ+55^\circ=105^\circ$
(2) $\angle x=25^\circ+110^\circ=135^\circ$

5 (1) 오른쪽 그림에서
$\angle x=70^\circ+50^\circ=120^\circ$

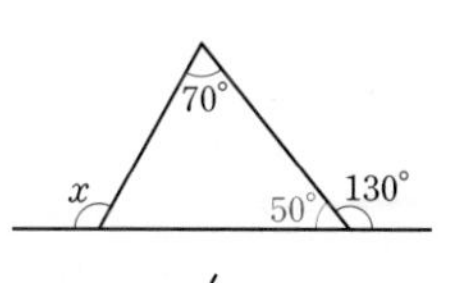

(2) 오른쪽 그림에서
$\angle x+45^\circ=105^\circ$
$\therefore \angle x=60^\circ$

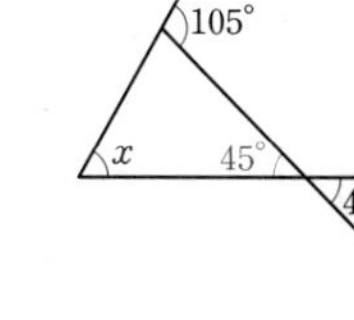

6 (1) 오른쪽 그림에서
$3\angle x+15^\circ=85^\circ+\angle x$
$2\angle x=70^\circ \quad \therefore \angle x=35^\circ$
(2) 오른쪽 그림에서
$3\angle x+10^\circ=70^\circ+\angle x$
$2\angle x=60^\circ \quad \therefore \angle x=30^\circ$

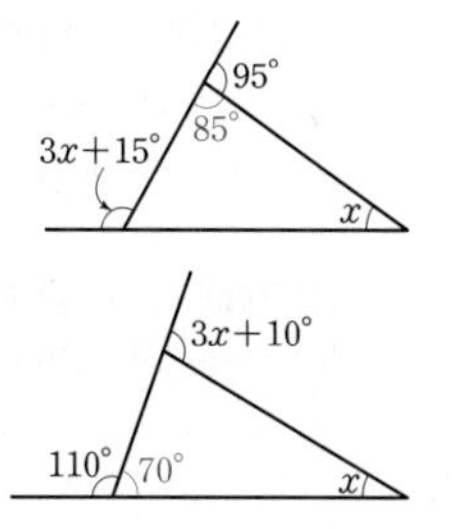

한 걸음 더 연습 P. 46

1 (1) 30° (2) 105° **2** 180, 50, 180, 130
3 그림은 풀이 참조, 90
4 $a+c$, $b+e$, $\angle a+\angle c$, $\angle b+\angle e$, 180

1 (1) △ABC에서
$\angle BAC=180°-(45°+75°)=60°$이므로
$\angle BAD=\frac{1}{2}\angle BAC=\frac{1}{2}\times60°=30°$
(2) △ABD에서
$\angle x=180°-(45°+30°)=105°$
다른 풀이
$\angle CAD=\angle BAD=30°$이므로
△ADC에서 $\angle x=30°+75°=105°$

3

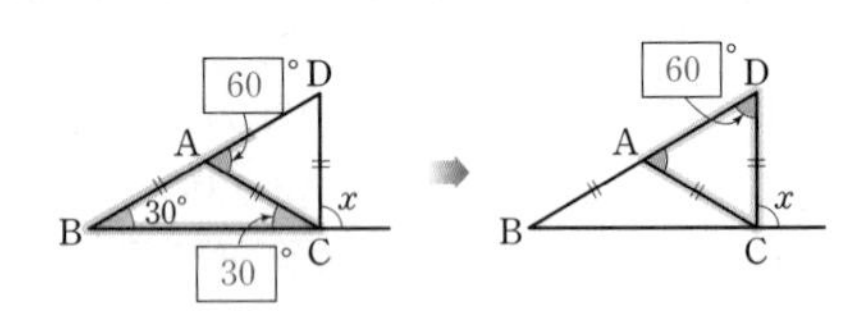

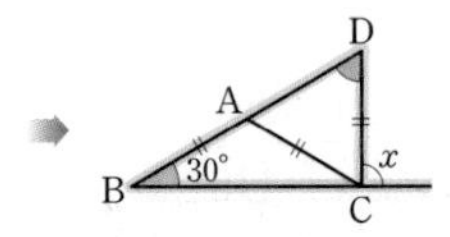

△ABC는 $\overline{AB}=\overline{AC}$인 이등변삼각형이므로
$\angle ACB=\angle ABC=30°$
$\therefore\ \angle CAD=30°+30°=60°$
△CDA는 $\overline{CA}=\overline{CD}$인 이등변삼각형이므로
$\angle CDA=\angle CAD=60°$
따라서 △DBC에서
$\angle x=30°+60°=\boxed{90}°$

쌍둥이 기출문제 P. 47~48

1	30°	**2**	50	**3**	15°	**4**	90°	**5**	④
6	40°	**7**	③	**8**	40°	**9**	(1) 26°		(2) 74°
10	80°	**11**	110°	**12**	83°	**13**	105°	**14**	34°
15	③	**16**	45°						

[1~10] 삼각형의 내각과 외각
(1) 삼각형의 세 내각의 크기의 합은 180°이다.
⇨ $\angle a+\angle b+\angle c=180°$
(2) 삼각형에서 한 외각의 크기는 그와 이웃하지 않는 두 내각의 크기의 합과 같다.

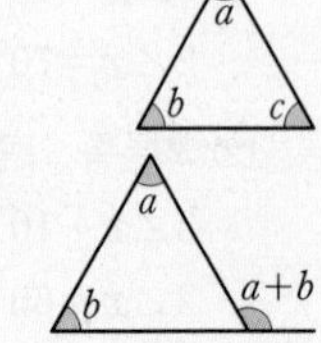

1 $3\angle x+\angle x+60°=180°$
$4\angle x=120°$ $\therefore\ \angle x=30°$

2 $(x+10)+20+2x=180$
$3x=150$ $\therefore\ x=50$

3 $180°\times\frac{1}{1+4+7}=180°\times\frac{1}{12}=15°$

4 $180°\times\frac{9}{4+5+9}=180°\times\frac{9}{18}=90°$

5 $\angle x+72°=125°$ $\therefore\ \angle x=53°$

6 $\angle x+60°=2\angle x+20°$ $\therefore\ \angle x=40°$

7 오른쪽 그림에서
$\angle x+55°=75°+30°$
$\therefore\ \angle x=50°$

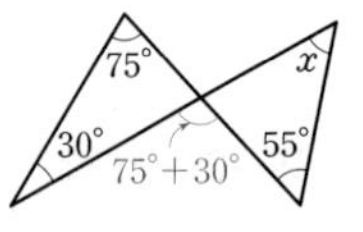

8 오른쪽 그림에서
$\angle x+50°=30°+60°$
$\therefore\ \angle x=40°$

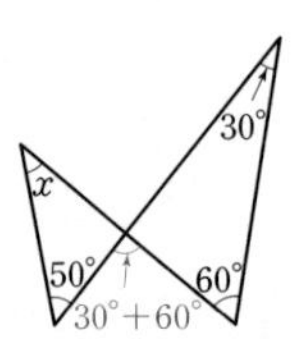

9 (1) △DBC에서
$\angle BCD=180°-(100°+54°)=26°$
(2) $\angle C=2\angle BCD=2\times26°=52°$이므로
△ABC에서
$\angle x=180°-(54°+52°)=74°$
다른 풀이
$\angle ACD=\angle BCD=26°$이므로
△ADC에서 $\angle x+26°=100°$ $\therefore\ \angle x=74°$

10 △ABC에서
$\angle BAC=180°-(40°+60°)=80°$이므로
$\angle CAD=\frac{1}{2}\angle BAC=\frac{1}{2}\times80°=40°$
따라서 △ADC에서
$\angle x=180°-(40°+60°)=80°$
다른 풀이
△ABC에서
$\angle BAC=180°-(40°+60°)=80°$이므로
$\angle BAD=\frac{1}{2}\angle BAC=\frac{1}{2}\times80°=40°$
따라서 △ABD에서
$\angle x=\angle BAD+\angle ABD=40°+40°=80°$

[11~16] 삼각형의 내각과 외각의 성질을 이용하여 각의 크기 구하기

(1)

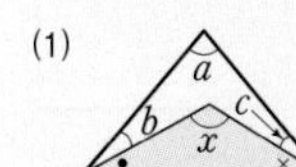

⇨ $\angle x+\bullet+\times=\angle a+(\angle b+\bullet)+(\angle c+\times)$

$\therefore \angle x=\angle a+\angle b+\angle c$

(2)

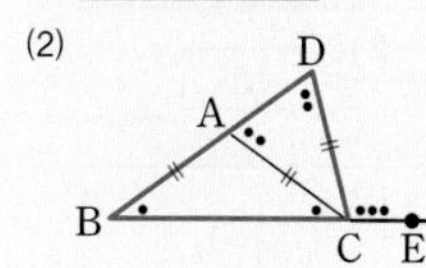

⇨ △DBC에서

$\angle DCE=\angle B+\angle D=3\bullet$

(3)

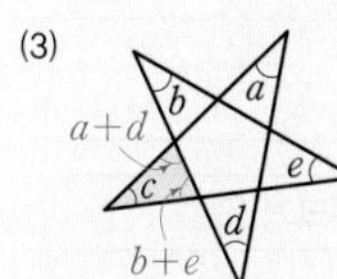

⇨ $\angle a+\angle b+\angle c+\angle d+\angle e=180°$

11 △ABC에서

$\angle DBC+\angle DCB=180°-(60°+20°+30°)$

$=70°$

따라서 △DBC에서

$\angle x=180°-70°=110°$

12 △DBC에서

$\angle DBC+\angle DCB=180°-125°=55°$

따라서 △ABC에서

$\angle x=180°-(17°+25°+55°)=83°$

13 △ABC는 $\overline{AB}=\overline{AC}$인 이등변삼각형이므로

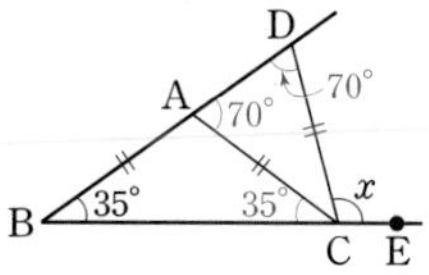

$\angle ACB=\angle ABC=35°$

$\therefore \angle CAD=35°+35°=70°$

△CDA는 $\overline{CA}=\overline{CD}$인 이등변삼각형이므로

$\angle CDA=\angle CAD=70°$

따라서 △DBC에서

$\angle x=35°+70°=105°$

14 △ABC는 $\overline{AB}=\overline{AC}$인 이등변삼각형이므로

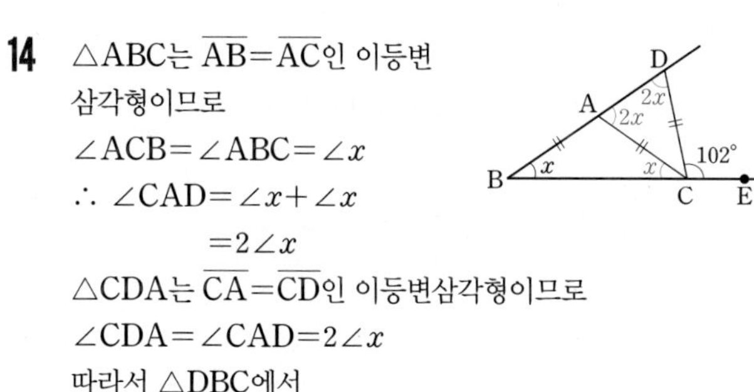

$\angle ACB=\angle ABC=\angle x$

$\therefore \angle CAD=\angle x+\angle x$

$=2\angle x$

△CDA는 $\overline{CA}=\overline{CD}$인 이등변삼각형이므로

$\angle CDA=\angle CAD=2\angle x$

따라서 △DBC에서

$\angle x+2\angle x=102°$

$3\angle x=102°$ $\therefore \angle x=34°$

15 오른쪽 그림에서

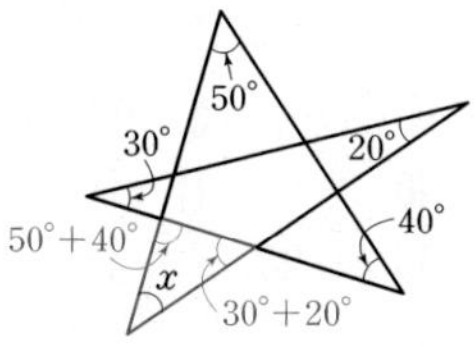

$(50°+40°)+\angle x+(30°+20°)$

$=180°$

$\therefore \angle x=40°$

16 오른쪽 그림에서

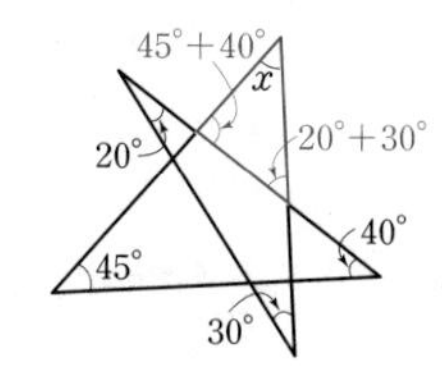

$\angle x+(45°+40°)+(20°+30°)$

$=180°$

$\therefore \angle x=45°$

3 다각형의 내각과 외각

유형 4 P. 49

1

다각형	한 꼭짓점에서 대각선을 모두 그었을 때 만들어지는 삼각형의 개수	내각의 크기의 합
오각형	3개	$180°\times3=540°$
육각형	4개	$180°\times4=720°$
칠각형	5개	$180°\times5=900°$
팔각형	6개	$180°\times6=1080°$
⋮	⋮	⋮
n각형	$(n-2)$개	$180°\times(n-2)$

2 (1) 1440° (2) 1800° (3) 2340° (4) 2880°

3 (1) 육각형 (2) 구각형 (3) 십일각형 (4) 십사각형

4 (1) 135° (2) 100° **5** (1) 130° (2) 82°

2 (1) $180°\times(10-2)=1440°$ (2) $180°\times(12-2)=1800°$

(3) $180°\times(15-2)=2340°$ (4) $180°\times(18-2)=2880°$

3 주어진 다각형을 n각형이라고 하면

(1) $180°\times(n-2)=720°$, $n-2=4$

$\therefore n=6$, 즉 육각형

(2) $180°\times(n-2)=1260°$, $n-2=7$

$\therefore n=9$, 즉 구각형

(3) $180°\times(n-2)=1620°$, $n-2=9$

$\therefore n=11$, 즉 십일각형

(4) $180°\times(n-2)=2160°$, $n-2=12$

$\therefore n=14$, 즉 십사각형

4 (1) 오각형의 내각의 크기의 합은

$180°\times(5-2)=540°$이므로

$105°+\angle x+90°+110°+100°=540°$

$\angle x+405°=540°$ $\therefore \angle x=135°$

(2) 육각형의 내각의 크기의 합은

$180°\times(6-2)=720°$이므로

$(\angle x+20°)+130°+110°+120°+\angle x+(\angle x+40°)$

$=720°$

$3\angle x=300°$ $\therefore \angle x=100°$

5 (1) 오각형의 내각의 크기의 합은
$180° \times (5-2) = 540°$이므로
$80° + 100° + \angle x + (180° - 70°) + 120° = 540°$
$\angle x + 410° = 540°$ $\quad \therefore \angle x = 130°$
(2) 육각형의 내각의 크기의 합은
$180° \times (6-2) = 720°$이므로
$(\angle x + 30°) + \angle x + (180° - 40°) + 164°$
$+ (\angle x + 20°) + 120° = 720°$
$3\angle x = 246°$ $\quad \therefore \angle x = 82°$

유형 5 P. 50

1 5, 3, 5, 3, 360, 360 **2** (1) 360° (2) 360°
3 (1) 100° (2) 110° **4** (1) 100° (2) 53°
5 (1) 55° (2) 60° (3) 70°

3 (1) $\angle x + 110° + 150° = 360°$
$\angle x + 260° = 360°$ $\quad \therefore \angle x = 100°$
(2) $120° + \angle x + 130° = 360°$
$\angle x + 250° = 360°$ $\quad \therefore \angle x = 110°$

4 (1) $80° + 105° + \angle x + 75° = 360°$
$\angle x + 260° = 360°$ $\quad \therefore \angle x = 100°$
(2) $60° + 50° + 75° + 60° + 62° + \angle x = 360°$
$\angle x + 307° = 360°$ $\quad \therefore \angle x = 53°$

5 (1) 오른쪽 그림에서 오각형의 외각의 크기의 합은 360°이므로
$65° + \angle x + 80° + 75° + 85° = 360°$
$\angle x + 305° = 360°$
$\therefore \angle x = 55°$

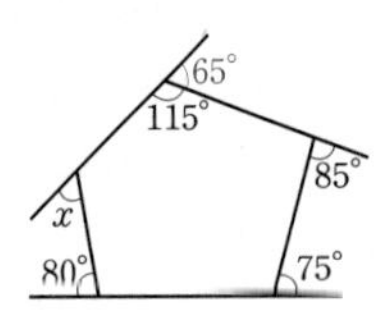

(2) 오른쪽 그림에서 오각형의 외각의 크기의 합은 360°이므로
$\angle x + 80° + 67° + 83° + 70° = 360°$
$\angle x + 300° = 360°$
$\therefore \angle x = 60°$

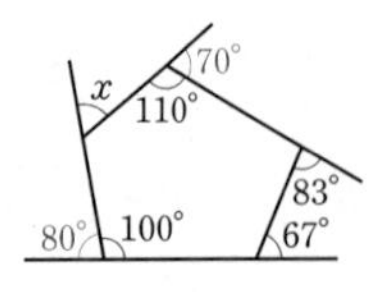

(3) 오른쪽 그림에서 사각형의 외각의 크기의 합은 360°이므로
$80° + 110° + (180° - \angle x) + 60°$
$= 360°$
$430° - \angle x = 360°$
$\therefore \angle x = 70°$

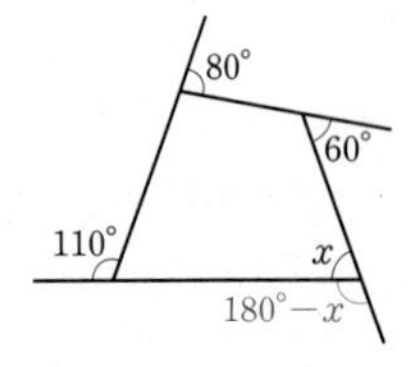

유형 6 P. 51

1 (1) 10, 8, 1440, 144 (2) 360, 36

2

정다각형	한 내각의 크기
(1) 정오각형	$\dfrac{180° \times (5-2)}{\boxed{5}} = \boxed{108}°$
(2) 정팔각형	$\dfrac{180° \times (8-2)}{8} = 135°$
(3) 정십오각형	$\dfrac{180° \times (15-2)}{15} = 156°$

3

정다각형	한 외각의 크기
(1) 정육각형	$\dfrac{360°}{\boxed{6}} = \boxed{60}°$
(2) 정구각형	$\dfrac{360°}{9} = 40°$
(3) 정십이각형	$\dfrac{360°}{12} = 30°$

4 (1) 정구각형 (2) 정십팔각형
5 (1) 정십오각형 (2) 정이십각형
6 1, 45, 45, 8, 정팔각형

4 주어진 정다각형을 정n각형이라고 하면
(1) $\dfrac{180° \times (n-2)}{n} = 140°$, $180° \times n - 360° = 140° \times n$
$40° \times n = 360°$ $\quad \therefore n = 9$, 즉 정구각형
(2) $\dfrac{180° \times (n-2)}{n} = 160°$, $180° \times n - 360° = 160° \times n$
$20° \times n = 360°$ $\quad \therefore n = 18$, 즉 정십팔각형

다른 풀이
(1) 한 외각의 크기가 $180° - 140° = 40°$이므로
$\dfrac{360°}{n} = 40°$ $\quad \therefore n = 9$, 즉 정구각형
(2) 한 외각의 크기가 $180° - 160° = 20°$이므로
$\dfrac{360°}{n} = 20°$ $\quad \therefore n = 18$, 즉 정십팔각형

5 주어진 정다각형을 정n각형이라고 하면
(1) $\dfrac{360°}{n} = 24°$ $\quad \therefore n = 15$, 즉 정십오각형
(2) $\dfrac{360°}{n} = 18°$ $\quad \therefore n = 20$, 즉 정이십각형

쌍둥이 기출문제 P. 52~53

1 1267 **2** 900° **3** ③ **4** 정십각형
5 110° **6** 90° **7** ③ **8** ② **9** 144°
10 ⑤ **11** ① **12** 정십이각형
13 (1) 20° (2) 정십팔각형 **14** ①

[1~6] 다각형의 내각의 크기의 합

(1) n각형의 한 꼭짓점에서 대각선을 모두 그었을 때 만들어지는 삼각형의 개수 ⇨ $(n-2)$개
(2) n각형의 내각의 크기의 합 ⇨ $180° \times (n-2)$

1 구각형은 한 꼭짓점에서 그은 대각선에 의해 $9-2=7$(개)의 삼각형으로 나누어지므로
$a=7$
구각형의 내각의 크기의 합은 $180° \times (9-2)=1260°$이므로
$b=1260$
$\therefore a+b=7+1260=1267$

2 한 꼭짓점에서 그을 수 있는 대각선의 개수가 4개인 다각형을 n각형이라고 하면
$n-3=4 \quad \therefore n=7$
따라서 칠각형의 내각의 크기의 합은
$180° \times (7-2)=900°$

3 내각의 크기의 합이 1080°인 다각형을 n각형이라고 하면
$180° \times (n-2)=1080°$
$n-2=6 \quad \therefore n=8$
따라서 팔각형의 꼭짓점의 개수는 8개이다.

4 모든 변의 길이와 모든 내각의 크기가 각각 같은 다각형은 정다각형이다.
내각의 크기의 합이 1440°인 정다각형을 정n각형이라고 하면
$180° \times (n-2)=1440°$
$n-2=8 \quad \therefore n=10$
따라서 주어진 다각형은 정십각형이다.

5 육각형의 내각의 크기의 합은 $180° \times (6-2)=720°$이므로
$(\angle x+30°)+95°+115°+(\angle x+30°)+\angle x+120°=720°$
$3\angle x=330° \quad \therefore \angle x=110°$

6 오각형의 내각의 크기의 합은 $180° \times (5-2)=540°$이므로
$(180°-75°)+\angle x+130°+(180°-85°)+120°=540°$
$\angle x+450°=540° \quad \therefore \angle x=90°$

[7~8] 다각형의 외각의 크기의 합

(1) 다각형의 한 꼭짓점에서 내각과 외각의 크기의 합은 180°이다.
(2) 다각형의 외각의 크기의 합은 항상 360°이다.

7 $90°+\angle x+80°+45°+(180°-105°)=360°$
$\angle x+290°=360° \quad \therefore \angle x=70°$

8 $45°+100°+50°+(180°-\angle x)+85°=360°$
$460°-\angle x=360° \quad \therefore \angle x=100°$

[9~14] 정다각형의 한 내각과 한 외각의 크기

(1) 정n각형의 한 내각의 크기 ⇨ $\frac{180° \times (n-2)}{n}$
(2) 정n각형의 한 외각의 크기 ⇨ $\frac{360°}{n}$

9 한 꼭짓점에서 대각선을 모두 그었을 때 만들어지는 삼각형의 개수가 8개인 정다각형을 정n각형이라고 하면
$n-2=8 \quad \therefore n=10$, 즉 정십각형 … (i)
따라서 정십각형의 한 내각의 크기는
$\frac{180° \times (10-2)}{10}=144°$ … (ii)

채점 기준	비율
(i) 정다각형의 이름 말하기	40 %
(ii) 정다각형의 한 내각의 크기 구하기	60 %

10 대각선의 개수가 9개인 정다각형을 정n각형이라고 하면
$\frac{n(n-3)}{2}=9$, $n(n-3)=18=6\times3$
$\therefore n=6$
따라서 정육각형의 한 외각의 크기는 $\frac{360°}{6}=60°$

11 한 외각의 크기가 36°인 정다각형을 정n각형이라고 하면
$\frac{360°}{n}=36° \quad \therefore n=10$, 즉 정십각형

12 한 내각의 크기가 150°인 정다각형을 정n각형이라고 하면
$\frac{180° \times (n-2)}{n}=150°$, $180° \times n-360°=150° \times n$
$30° \times n=360° \quad \therefore n=12$
따라서 주어진 정다각형은 정십이각형이다.

다른 풀이

한 외각의 크기가 $180°-150°=30°$이므로
$\frac{360°}{n}=30° \quad \therefore n=12$
따라서 주어진 정다각형은 정십이각형이다.

13 (1) 한 내각과 한 외각의 크기의 합은 180°이므로
(한 외각의 크기)$=180° \times \frac{1}{8+1}=180° \times \frac{1}{9}=20°$
(2) 주어진 정다각형을 정n각형이라고 하면
$\frac{360°}{n}=20° \quad \therefore n=18$
따라서 주어진 정다각형은 정십팔각형이다.

14 한 내각과 한 외각의 크기의 합은 180°이므로
(한 외각의 크기)$=180° \times \frac{2}{3+2}=180° \times \frac{2}{5}=72°$
주어진 정다각형을 정n각형이라고 하면
$\frac{360°}{n}=72° \quad \therefore n=5$
따라서 주어진 정다각형은 정오각형이다.

마무리 P. 54~55

1 55 **2** ③, ⑤ **3** ⑤ **4** 45° **5** 36°
6 ⑤ **7** ④ **8** 177 **9** 5개
10 정육각형

1 $n-2=9 \quad \therefore n=11$
즉, 십일각형의 대각선의 개수는
$\frac{11\times(11-3)}{2}=44$(개) $\quad \therefore m=44$
$\therefore n+m=11+44=55$

2 ③ 오른쪽 그림의 정육각형처럼 대각선의 길이가 다른 경우도 있다.

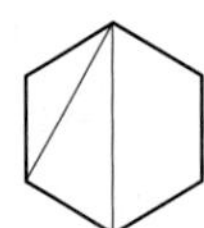

④ 십각형의 대각선의 개수는 $\frac{10\times(10-3)}{2}=35$(개)
⑤ 대각선이 27개인 다각형을 n각형이라고 하면
$\frac{n(n-3)}{2}=27$, $\underline{n}(n-3)=54=\underline{9}\times6$
$\therefore n=9$, 즉 구각형
따라서 옳지 않은 것은 ③, ⑤이다.

3 $3x-30=50+(x+20)$
$2x=100 \quad \therefore x=50$

4 △ADC에서
$\angle DAC+\angle DCA=180°-120°=60°$
따라서 △ABC에서
$\angle x=180°-(35°+40°+60°)=45°$

5 △ABC는 $\overline{AB}=\overline{AC}$인 이등변삼각형이므로
$\angle ACB=\angle ABC=\angle x$
$\therefore \angle CAD=\angle x+\angle x=2\angle x$ … (i)

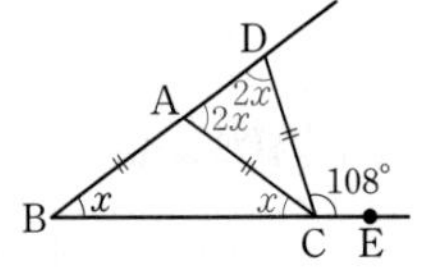

△ACD는 $\overline{AC}=\overline{CD}$인 이등변삼각형이므로
$\angle CDA=\angle CAD=2\angle x$ … (ii)
△DBC에서 $\angle x+2\angle x=108°$
$3\angle x=108° \quad \therefore \angle x=36°$ … (iii)

채점 기준	비율
(i) ∠CAD의 크기를 ∠x를 사용하여 나타내기	30 %
(ii) ∠CDA의 크기를 ∠x를 사용하여 나타내기	30 %
(iii) ∠x의 크기 구하기	40 %

6 내각의 크기의 합이 1980°인 다각형을 n각형이라고 하면
$180°\times(n-2)=1980°$, $n-2=11$
$\therefore n=13$
따라서 십삼각형의 변의 개수는 13개이다.

7 $75°+30°+\angle x+(180°-110°)+53°+\angle y=360°$
$\angle x+\angle y+228°=360° \quad \therefore \angle x+\angle y=132°$

8 정이십각형의 한 내각의 크기는
$\frac{180°\times(20-2)}{20}=162°$이므로 $a=162$
정이십사각형의 한 외각의 크기는
$\frac{360°}{24}=15°$이므로 $b=15$
$\therefore a+b=162+15=177$

9 한 내각의 크기가 135°인 정다각형을 정n각형이라고 하면
$\frac{180°\times(n-2)}{n}=135°$, $180°\times n-360°=135°\times n$
$45°\times n=360° \quad \therefore n=8$
따라서 정팔각형의 한 꼭짓점에서 그을 수 있는 대각선의 개수는 $8-3=5$(개)

다른 풀이 n의 값 구하기
한 외각의 크기가 $180°-135°=45°$이므로
$\frac{360°}{n}=45° \quad \therefore n=8$

10 정다각형의 한 내각과 한 외각의 크기의 합은 180°이므로
(한 외각의 크기)$=180°\times\frac{1}{2+1}=180°\times\frac{1}{3}=60°$ … (i)
주어진 정다각형을 정n각형이라고 하면
$\frac{360°}{n}=60° \quad \therefore n=6$
따라서 주어진 정다각형은 정육각형이다. … (ii)

채점 기준	비율
(i) 정다각형의 한 외각의 크기 구하기	50 %
(ii) 정다각형의 이름 말하기	50 %

1 원과 부채꼴

유형 1 P. 58

1

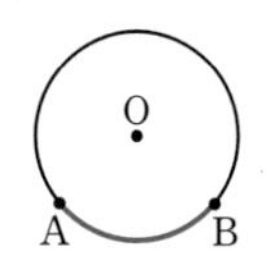
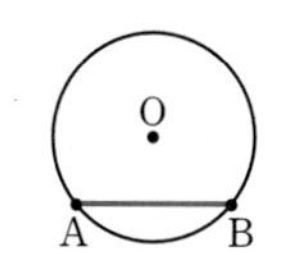
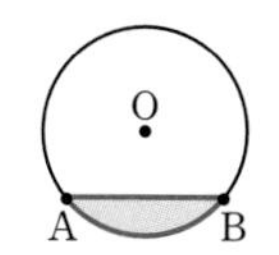
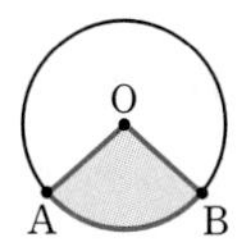
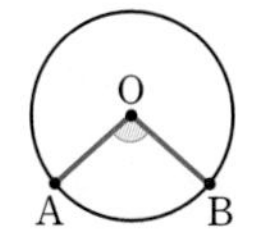

2 (1) $\overline{OA}$, $\overline{OB}$, $\overline{OE}$ (2) $\overline{BE}$, $\overline{CD}$ (3) $\overline{BE}$
(4) $\widehat{AB}$ (5) $\angle AOE$ (6) $180°$

3 (1) × (2) ○ (3) × (4) ○

3 (1) 현은 원 위의 두 점을 이은 선분이다.
(3) 부채꼴은 두 반지름과 호로 이루어진 도형이다.
(4) 한 원에서 부채꼴과 활꼴이 같을 때는 오른쪽 그림과 같이 부채꼴이 반원인 경우이다.

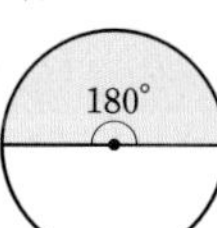

유형 2 P. 59

1

중심각의 크기	호의 길이	부채꼴의 넓이
$\angle a$	2 cm	4 cm²
$2\angle a$	4 cm	8 cm²
$3\angle a$	6 cm	12 cm²
$4\angle a$	8 cm	16 cm²

⇨ 정비례

2 (1) 12 (2) 55 **3** (1) 30 (2) 6
4 (1) 120 (2) 4 **5** (1) 6 (2) 30
6 ㄱ, ㄴ, ㄹ, ㅁ

3 (1) $2:8=x°:120°$, $8x=240$
$\therefore x=30$
(2) $3:x=45°:90°$, $45x=270$
$\therefore x=6$

4 (1) $4:8=60°:x°$, $4x=480$
$\therefore x=120$
(2) $12:x=90°:30°$, $90x=360$
$\therefore x=4$

6 ㄱ. $\widehat{AB}=\widehat{BC}$에서 $\angle AOB=\angle BOC$이므로
$\overline{AB}=\overline{BC}$
ㄷ. 현의 길이는 중심각의 크기에 정비례하지 않으므로
$\overline{AC}\neq 2\overline{AB}$
ㅂ. ($\triangle AOC$의 넓이)$<2\times$($\triangle AOB$의 넓이)
따라서 옳은 것은 ㄱ, ㄴ, ㄹ, ㅁ이다.

쌍둥이 기출문제 P. 60~61

1 ④ **2** ②, ③ **3** 120° **4** ③ **5** 2 cm²
6 60 **7** 168° **8** 72°
9 40, 40, 180, 100, 40, 100, 4 **10** ② **11** ②
12 ⑤

[1~2] 원과 부채꼴에 대한 용어

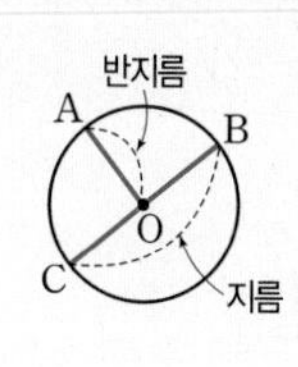

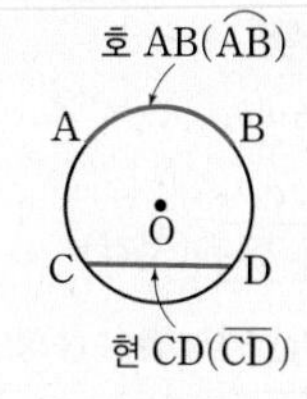

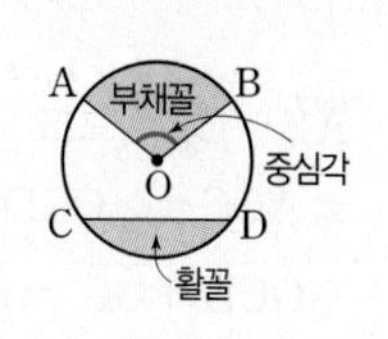

1 ④ $\angle BOC$에 대한 호는 $\widehat{BC}$이다.

2 ① $\overline{OA}$, $\overline{OB}$는 원의 중심 O와 원 위의 점 A, B를 각각 이은 선분으로 원의 반지름이다.
④ $\widehat{AB}$와 두 반지름 OA, OB로 둘러싸인 도형은 부채꼴이다.
⑤ $\widehat{AB}$와 $\overline{AB}$로 둘러싸인 도형은 활꼴이다.
따라서 옳은 것은 ②, ③이다.

[3~8] 부채꼴의 중심각의 크기와 호의 길이, 넓이 사이의 관계
한 원 또는 합동인 두 원에서
부채꼴의 호의 길이와 넓이는 각각 중심각의 크기에 정비례한다.

3 $5:15=40°:\angle AOB$, $5\angle AOB=600°$
$\therefore \angle AOB=120°$

4 $21:\widehat{BC}=135°:45°$, $135\widehat{BC}=945$
$\therefore \widehat{BC}=7$(cm)

5 부채꼴 COD의 넓이를 $S\,\text{cm}^2$라고 하면

$3:S=60°:40°$, $60S=120$ $\quad\therefore S=2$

따라서 부채꼴 COD의 넓이는 $2\,\text{cm}^2$이다.

6 $8:24=20°:x°$, $8x=480$

$\therefore x=60$

7 $\widehat{AB}:\widehat{BC}:\widehat{CA}=2:6:7$이므로

$\angle AOB:\angle BOC:\angle COA=2:6:7$

$\therefore \angle AOC=360°\times\frac{7}{2+6+7}=360°\times\frac{7}{15}=168°$

8 $\widehat{AB}:\widehat{BC}=3:2$이므로

$\angle AOB:\angle BOC=3:2$

$\therefore \angle BOC=180°\times\frac{2}{3+2}=180°\times\frac{2}{5}=72°$

[9~10] 평행선, 이등변삼각형의 성질을 이용하여 호의 길이 구하기

(1)

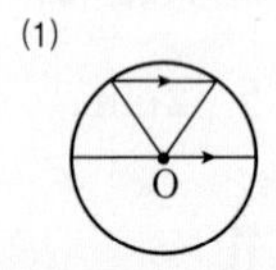

⇨ 엇각 이등변삼각형

(2)

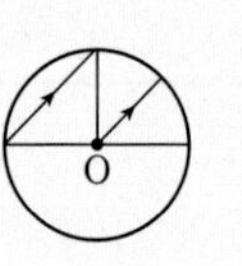

⇨ 이등변삼각형

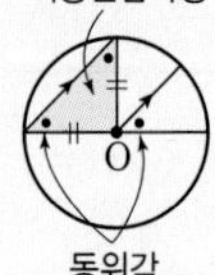

동위각

9 $\overline{AB}\,/\!/\,\overline{CD}$이므로

$\angle AOC=\angle OCD=\boxed{40}°$ (엇각)

$\triangle OCD$가 $\overline{OC}=\overline{OD}$인 이등변삼각형이므로

$\angle ODC=\angle OCD=\boxed{40}°$

이때 삼각형의 세 내각의 크기의 합은 $\boxed{180}°$이므로

$\angle COD=180°-(40°+40°)=\boxed{100}°$

호의 길이는 중심각의 크기에 정비례하므로

$\widehat{AC}:10=\boxed{40}°:\boxed{100}°$, $100\widehat{AC}=400$

$\therefore \widehat{AC}=\boxed{4}\,(\text{cm})$

10 $\triangle ODC$가 $\overline{OC}=\overline{OD}$인 이등변삼각형이므로

$\angle ODC=\angle OCD=30°$

$\overline{AB}\,/\!/\,\overline{CD}$이므로

$\angle BOD=\angle ODC=30°$ (엇각)

또 $\triangle ODC$에서

$\angle COD=180°-(30°+30°)=120°$

호의 길이는 중심각의 크기에 정비례하므로

$\widehat{BD}:26=30°:120°$, $120\widehat{BD}=780$

$\therefore \widehat{BD}=\frac{13}{2}\,(\text{cm})$

[11~12] 중심각의 크기와 현의 길이 사이의 관계

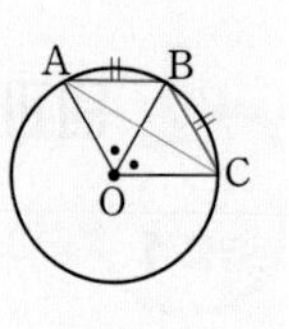

한 원 또는 합동인 두 원에서

(1) 중심각의 크기가 같은 두 현의 길이는 같다.

⇨ $\angle AOB=\angle BOC$이면 $\overline{AB}=\overline{BC}$

(2) 현의 길이는 중심각의 크기에 정비례하지 않는다.

⇨ $\angle AOC=2\angle AOB$이면

$\overline{AC}\neq2\overline{AB}$ $(\overline{AC}<2\overline{AB})$

11 ② 현의 길이는 중심각의 크기에 정비례하지 않는다.

12 ① $\overline{AB}\,/\!/\,\overline{CD}$인지는 알 수 없다.

② $\angle AOB=\frac{1}{2}\angle COD$이므로 $\widehat{AB}=\frac{1}{2}\widehat{CD}$

③ 현의 길이는 중심각의 크기에 정비례하지 않으므로

$\overline{AB}\neq\frac{1}{2}\overline{CD}$

④ ($\triangle COD$의 넓이)$<2\times$($\triangle AOB$의 넓이)

⑤ $\angle COD=2\angle AOB$이므로

(부채꼴 COD의 넓이)$=2\times$(부채꼴 AOB의 넓이)

따라서 옳은 것은 ⑤이다.

2 부채꼴의 호의 길이와 넓이

유형 3 P. 62

1 (1) l: 6π cm, S: $9\pi\,\text{cm}^2$

(2) l: 14π cm, S: $49\pi\,\text{cm}^2$

(3) l: $(6\pi+12)$ cm, S: $18\pi\,\text{cm}^2$

2 (1) l: 24π cm, S: $24\pi\,\text{cm}^2$

(2) l: 12π cm, S: $12\pi\,\text{cm}^2$

(3) l: 14π cm, S: $12\pi\,\text{cm}^2$

(4) l: 16π cm, S: $24\pi\,\text{cm}^2$

1 (1) $l=2\pi\times3=6\pi\,(\text{cm})$

$S=\pi\times3^2=9\pi\,(\text{cm}^2)$

(2) $l=2\pi\times7=14\pi\,(\text{cm})$

$S=\pi\times7^2=49\pi\,(\text{cm}^2)$

(3) $l=(2\pi\times6)\times\frac{1}{2}+12=6\pi+12\,(\text{cm})$

$S=(\pi\times6^2)\times\frac{1}{2}=18\pi\,(\text{cm}^2)$

2 (1) $l=2\pi\times7+2\pi\times5=14\pi+10\pi=24\pi(\text{cm})$
$S=\pi\times7^2-\pi\times5^2=49\pi-25\pi=24\pi(\text{cm}^2)$
(2) $l=2\pi\times4+2\pi\times2=8\pi+4\pi=12\pi(\text{cm})$
$S=\pi\times4^2-\pi\times2^2=16\pi-4\pi=12\pi(\text{cm}^2)$
(3) $l=(2\pi\times7)\times\frac{1}{2}+(2\pi\times4)\times\frac{1}{2}+(2\pi\times3)\times\frac{1}{2}$
$=7\pi+4\pi+3\pi=14\pi(\text{cm})$
$S=(\pi\times7^2)\times\frac{1}{2}-(\pi\times4^2)\times\frac{1}{2}-(\pi\times3^2)\times\frac{1}{2}$
$=\frac{49}{2}\pi-8\pi-\frac{9}{2}\pi=12\pi(\text{cm}^2)$
(4) $l=(2\pi\times8)\times\frac{1}{2}+(2\pi\times3)\times\frac{1}{2}+(2\pi\times5)\times\frac{1}{2}$
$=8\pi+3\pi+5\pi=16\pi(\text{cm})$
$S=(\pi\times8^2)\times\frac{1}{2}+(\pi\times3^2)\times\frac{1}{2}-(\pi\times5^2)\times\frac{1}{2}$
$=32\pi+\frac{9}{2}\pi-\frac{25}{2}\pi=24\pi(\text{cm}^2)$

유형 4 P. 63

1 (1) l: π cm, S: $\frac{3}{2}\pi$ cm^2 (2) l: 14π cm, S: 84π cm^2
2 (1) 72° (2) 160° **3** (1) 2π cm^2 (2) 135π cm^2
4 (1) 10 cm (2) 3 cm **5** (1) $\frac{4}{3}\pi$ cm (2) 3π cm
6 (1) $(6\pi+20)$ cm (2) 30π cm^2

1 (1) $l=2\pi\times3\times\frac{60}{360}=\pi(\text{cm})$
$S=\pi\times3^2\times\frac{60}{360}=\frac{3}{2}\pi(\text{cm}^2)$
(2) $l=2\pi\times12\times\frac{210}{360}=14\pi(\text{cm})$
$S=\pi\times12^2\times\frac{210}{360}=84\pi(\text{cm}^2)$

2 (1) 부채꼴의 중심각의 크기를 x°라고 하면
$2\pi\times5\times\frac{x}{360}=2\pi \quad \therefore x=72$
따라서 부채꼴의 중심각의 크기는 72°이다.
(2) 부채꼴의 중심각의 크기를 x°라고 하면
$\pi\times6^2\times\frac{x}{360}=16\pi \quad \therefore x=160$
따라서 부채꼴의 중심각의 크기는 160°이다.

3 (1) $\frac{1}{2}\times4\times\pi=2\pi(\text{cm}^2)$
(2) $\frac{1}{2}\times15\times18\pi=135\pi(\text{cm}^2)$

4 (1) 반지름의 길이를 r cm라고 하면
$\frac{1}{2}\times r\times5\pi=25\pi \quad \therefore r=10$
따라서 반지름의 길이는 10 cm이다.
(2) 반지름의 길이를 r cm라고 하면
$\frac{1}{2}\times r\times4\pi=6\pi \quad \therefore r=3$
따라서 반지름의 길이는 3 cm이다.

5 (1) 호의 길이를 l cm라고 하면
$\frac{1}{2}\times9\times l=6\pi \quad \therefore l=\frac{4}{3}\pi$
따라서 호의 길이는 $\frac{4}{3}\pi$ cm이다.
(2) 호의 길이를 l cm라고 하면
$\frac{1}{2}\times10\times l=15\pi \quad \therefore l=3\pi$
따라서 호의 길이는 3π cm이다.

6 (1) (둘레의 길이)=❶+❷+❸×2
$=2\pi\times20\times\frac{36}{360}+2\pi\times10\times\frac{36}{360}+10\times2$
$=4\pi+2\pi+20=6\pi+20(\text{cm})$
(2) (넓이)$=\pi\times20^2\times\frac{36}{360}-\pi\times10^2\times\frac{36}{360}$
$=40\pi-10\pi=30\pi(\text{cm}^2)$

한 걸음 더 연습 P. 64

1 l: 16π cm, S: 32π cm^2 **2** $\frac{10}{3}\pi$ cm
3 216°
4 (1) $(72\pi-144)$ cm^2 (2) $(8\pi-16)$ cm^2
5 (1) 32 cm^2 (2) 200 cm^2

1 $l=2\pi\times6+2\pi\times2$
$=12\pi+4\pi=16\pi(\text{cm})$
$S=\pi\times6^2-\pi\times2^2$
$=36\pi-4\pi=32\pi(\text{cm}^2)$

2 $\overset{\frown}{AB}:\overset{\frown}{BC}:\overset{\frown}{CA}=2:3:4$이므로
$\angle AOB:\angle BOC:\angle COA=2:3:4$
$\angle BOC=360°\times\frac{3}{2+3+4}=360°\times\frac{1}{3}=120°$
$\therefore$ (부채꼴 BOC의 호의 길이)$=2\pi\times5\times\frac{120}{360}$
$=\frac{10}{3}\pi(\text{cm})$

3 부채꼴의 반지름의 길이를 r cm라고 하면
$\frac{1}{2}\times r\times12\pi=60\pi \quad \therefore r=10$
따라서 부채꼴의 반지름의 길이는 10 cm이다.
부채꼴의 중심각의 크기를 x°라고 하면
$2\pi\times10\times\frac{x}{360}=12\pi \quad \therefore x=216$
따라서 부채꼴의 중심각의 크기는 216°이다.

4 (1) 12cm, 12cm $=\left(\right.$ 12cm, 12cm $-$ 12cm, 12cm $\left.\right)\times 2$

$=\left(\pi\times 12^2\times\frac{90}{360}-\frac{1}{2}\times 12\times 12\right)\times 2$

$=(36\pi-72)\times 2$

$=72\pi-144(\text{cm}^2)$

(2) 4cm, 4cm $=\left(\right.$ 4cm, 4cm $-$ 4cm, 4cm $\left.\right)\times 2$

$=\left(\pi\times 4^2\times\frac{90}{360}-\frac{1}{2}\times 4\times 4\right)\times 2$

$=(4\pi-8)\times 2$

$=8\pi-16(\text{cm}^2)$

5 (1) 오른쪽 그림과 같이 색칠한 부분을 이동하면

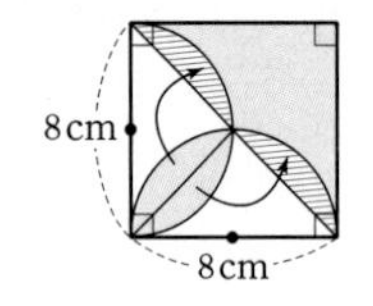

(색칠한 부분의 넓이)

$=$(직각삼각형의 넓이)

$=\frac{1}{2}\times 8\times 8=32(\text{cm}^2)$

(2) 오른쪽 그림과 같이 색칠한 부분을 이동하면

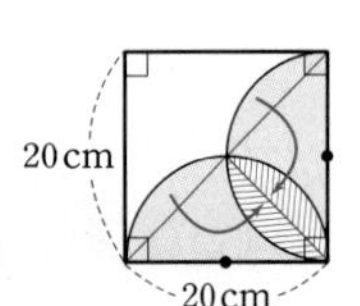

(색칠한 부분의 넓이)

$=$(직각삼각형의 넓이)

$=\frac{1}{2}\times 20\times 20=200(\text{cm}^2)$

쌍둥이 기출문제 P. 65~67

1 (1) 24π cm (2) 48π cm^2
2 20π cm, 12π cm^2
3 $(\pi+8)$ cm, 2π cm^2
4 $(12\pi+18)$ cm, 54π cm^2 5 ⑤ 6 $80°$
7 6 cm 8 ②
9 $(6\pi+6)$ cm, 9π cm^2
10 $\left(\frac{9}{2}\pi+10\right)$ cm, $\frac{45}{4}\pi$ cm^2
11 (1) $(10\pi+10)$ cm (2) $\frac{25}{2}\pi$ cm^2
12 $(8\pi+8)$ cm, 8π cm^2
13 9π cm, $\left(\frac{81}{2}\pi-81\right)$ cm^2
14 $(6\pi+24)$ cm, $(72-18\pi)$ cm^2
15 49 cm^2 16 $(25\pi-50)$ cm^2
17 12π cm^2 18 8π cm^2

[1~2] 원의 둘레의 길이와 넓이
반지름의 길이가 r인 원의 둘레의 길이를 l, 넓이를 S라고 하면
$l=2\pi r,\ S=\pi r^2$

1 (1) (색칠한 부분의 둘레의 길이)$=2\pi\times 8+2\pi\times 4$

$=16\pi+8\pi$

$=24\pi(\text{cm})$

(2) (색칠한 부분의 넓이)$=\pi\times 8^2-\pi\times 4^2$

$=64\pi-16\pi$

$=48\pi(\text{cm}^2)$

2 (색칠한 부분의 둘레의 길이)$=2\pi\times 5+2\pi\times 2+2\pi\times 3$

$=10\pi+4\pi+6\pi$

$=20\pi(\text{cm})$

(색칠한 부분의 넓이)$=\pi\times 5^2-\pi\times 2^2-\pi\times 3^2$

$=25\pi-4\pi-9\pi$

$=12\pi(\text{cm}^2)$

[3~8] 부채꼴의 호의 길이와 넓이
(1) 반지름의 길이가 r, 중심각의 크기가 $x°$인 부채꼴의 호의 길이를 l, 넓이를 S라고 하면
$l=2\pi r\times\frac{x}{360},\ S=\pi r^2\times\frac{x}{360}$
(2) 반지름의 길이가 r, 호의 길이가 l인 부채꼴의 넓이를 S라고 하면
$S=\frac{1}{2}rl$

3 (둘레의 길이)$=2\pi\times 4\times\frac{45}{360}+4\times 2$

$=\pi+8(\text{cm})$

(넓이)$=\pi\times 4^2\times\frac{45}{360}=2\pi(\text{cm}^2)$

4 (둘레의 길이)$=2\pi\times 9\times\frac{240}{360}+9\times 2$

$=12\pi+18(\text{cm})$

(넓이)$=\pi\times 9^2\times\frac{240}{360}=54\pi(\text{cm}^2)$

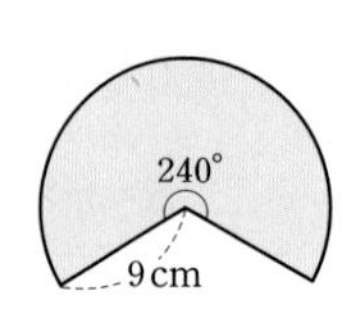

5 부채꼴의 중심각의 크기를 $x°$라고 하면

$2\pi\times 5\times\frac{x}{360}=4\pi\qquad\therefore x=144$

따라서 부채꼴의 중심각의 크기는 $144°$이다.

6 부채꼴의 중심각의 크기를 $x°$라고 하면

$\pi\times 3^2\times\frac{x}{360}=2\pi\qquad\therefore x=80$

따라서 부채꼴의 중심각의 크기는 $80°$이다.

7 부채꼴의 반지름의 길이를 r cm라고 하면

$\frac{1}{2}\times r\times\pi=3\pi\qquad\therefore r=6$

따라서 부채꼴의 반지름의 길이는 6 cm이다.

8 부채꼴의 반지름의 길이를 r cm라고 하면

$\frac{1}{2}\times r\times 2\pi=5\pi\qquad\therefore r=5$

따라서 부채꼴의 반지름의 길이는 5 cm이다.

[9~10] 부채꼴에서 색칠한 부분의 둘레의 길이와 넓이 구하기

오른쪽 그림과 같은 부채꼴에서

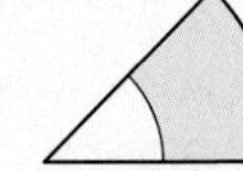

(1) (색칠한 부분의 둘레의 길이)

=(큰 호의 길이)+(작은 호의 길이)

+(선분의 길이)×2

(2) (색칠한 부분의 넓이)

=(큰 부채꼴의 넓이)−(작은 부채꼴의 넓이)

9 (색칠한 부분의 둘레의 길이)

$=2\pi\times6\times\frac{120}{360}+2\pi\times3\times\frac{120}{360}+3\times2$

$=4\pi+2\pi+6=6\pi+6(\text{cm})$

(색칠한 부분의 넓이)

$=\pi\times6^2\times\frac{120}{360}-\pi\times3^2\times\frac{120}{360}$

$=12\pi-3\pi=9\pi(\text{cm}^2)$

10 (색칠한 부분의 둘레의 길이)

$=2\pi\times7\times\frac{90}{360}+2\pi\times2\times\frac{90}{360}+5\times2$

$=\frac{7}{2}\pi+\pi+10=\frac{9}{2}\pi+10(\text{cm})$

(색칠한 부분의 넓이)

$=\pi\times7^2\times\frac{90}{360}-\pi\times2^2\times\frac{90}{360}$

$=\frac{49}{4}\pi-\pi=\frac{45}{4}\pi(\text{cm}^2)$

[11~18] 색칠한 부분의 넓이 구하기

(1) 전체의 넓이에서 색칠하지 않은 부분의 넓이를 빼어서 색칠한 부분의 넓이를 구한다.

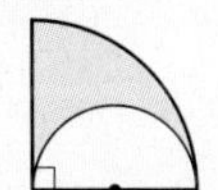 = 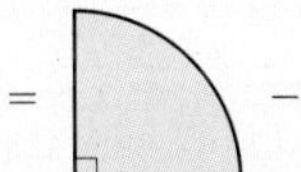 − 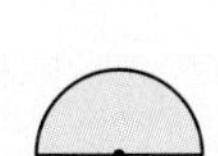

이때 같은 부분이 있으면 한 부분의 넓이를 구하여 같은 부분의 개수를 곱한다.

(2) 도형의 일부분을 적당히 이동하여 넓이를 구한다.

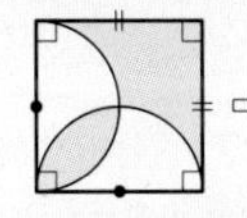 ⇨ 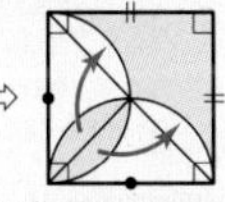 ⇨ 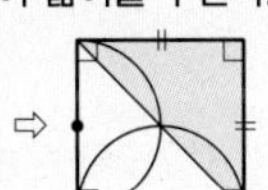 = 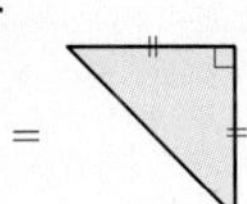

11 (1) (색칠한 부분의 둘레의 길이)

$=2\pi\times10\times\frac{90}{360}+(2\pi\times5)\times\frac{1}{2}+10$

$=5\pi+5\pi+10=10\pi+10(\text{cm})$ ⋯ (i)

(2) (색칠한 부분의 넓이)

$=\pi\times10^2\times\frac{90}{360}-(\pi\times5^2)\times\frac{1}{2}$

$=25\pi-\frac{25}{2}\pi=\frac{25}{2}\pi(\text{cm}^2)$ ⋯ (ii)

채점 기준	비율
(i) 색칠한 부분의 둘레의 길이 구하기	50 %
(ii) 색칠한 부분의 넓이 구하기	50 %

12 (색칠한 부분의 둘레의 길이)

$=2\pi\times8\times\frac{90}{360}+(2\pi\times4)\times\frac{1}{2}+8$

$=4\pi+4\pi+8=8\pi+8(\text{cm})$

(색칠한 부분의 넓이)

$=\pi\times8^2\times\frac{90}{360}-(\pi\times4^2)\times\frac{1}{2}$

$=16\pi-8\pi=8\pi(\text{cm}^2)$

13 (색칠한 부분의 둘레의 길이) $=\left(2\pi\times9\times\frac{90}{360}\right)\times2$

$=9\pi(\text{cm})$

오른쪽 그림과 같이 보조선을 그으면

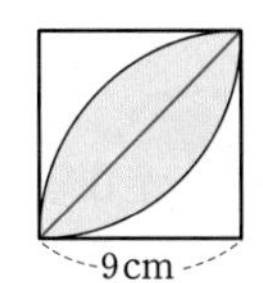

(색칠한 부분의 넓이)

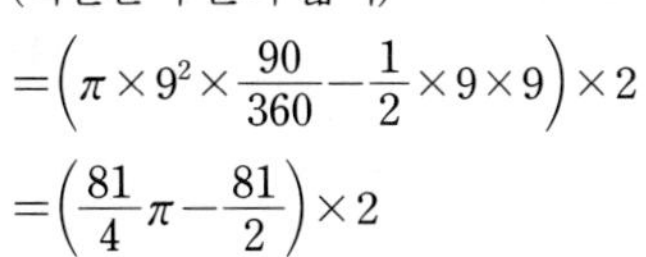

$=\left(\pi\times9^2\times\frac{90}{360}-\frac{1}{2}\times9\times9\right)\times2$

$=\left(\frac{81}{4}\pi-\frac{81}{2}\right)\times2$

$=\frac{81}{2}\pi-81(\text{cm}^2)$

14 (색칠한 부분의 둘레의 길이) $=\left(2\pi\times6\times\frac{90}{360}\right)\times2+6\times4$

$=6\pi+24(\text{cm})$

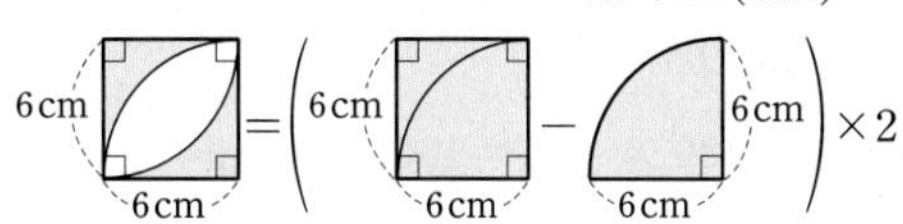

∴ (색칠한 부분의 넓이) $=\left(6\times6-\pi\times6^2\times\frac{90}{360}\right)\times2$

$=(36-9\pi)\times2$

$=72-18\pi(\text{cm}^2)$

15 오른쪽 그림과 같이 색칠한 부분을 이동하면

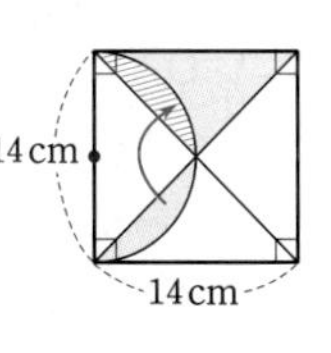

(색칠한 부분의 넓이) $=\frac{1}{4}\times14\times14$

$=49(\text{cm}^2)$

16 다음 그림과 같이 색칠한 부분을 이동하면

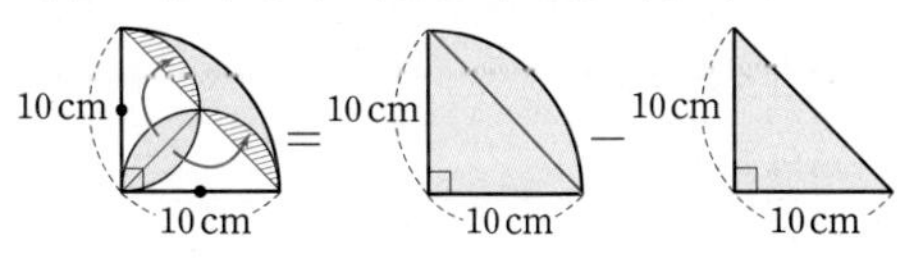

∴ (색칠한 부분의 넓이) $=\pi\times10^2\times\frac{90}{360}-\frac{1}{2}\times10\times10$

$=25\pi-50(\text{cm}^2)$

17

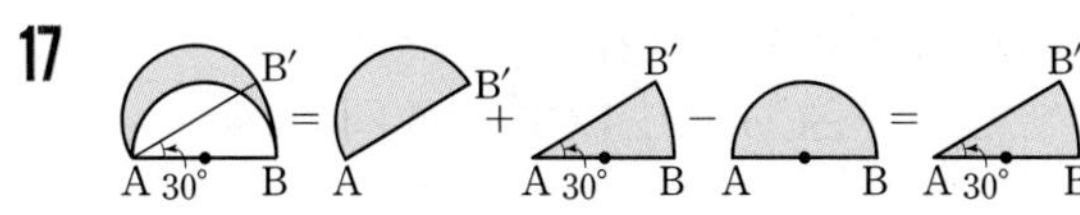

∴ (색칠한 부분의 넓이) = (부채꼴 B′AB의 넓이)

$=\pi\times12^2\times\frac{30}{360}$

$=12\pi(\text{cm}^2)$

18

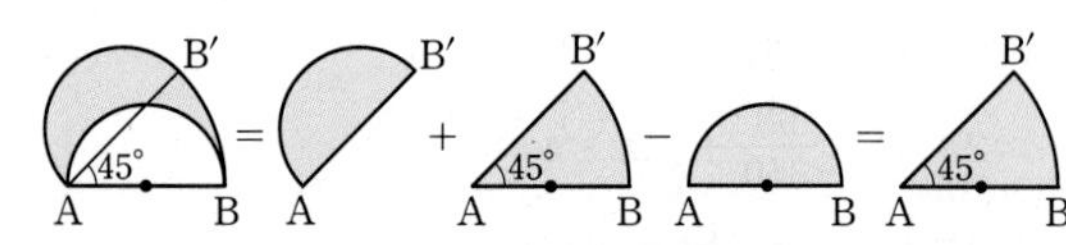

∴ (색칠한 부분의 넓이)=(부채꼴 B′AB의 넓이)

$=\pi\times8^2\times\frac{45}{360}$

$=8\pi(\text{cm}^2)$

단원 마무리 P. 68~69

1	③	**2**	③	**3**	15 cm	**4**	④	**5**	①
6	6π cm			**7**	④	**8**	$8\pi\text{ cm}^2$		

1 $6:x=20^\circ:30^\circ$, $20x=180$ ∴ $x=9$

$6:24=20^\circ:y^\circ$, $6y=480$ ∴ $y=80$

2 $\overset{\frown}{AC}:\overset{\frown}{CB}=1:3$이므로

$\angle AOC:\angle COB=1:3$

∴ $\angle AOC=180^\circ\times\frac{1}{1+3}=180^\circ\times\frac{1}{4}=45^\circ$

3 $\overline{AC}\,/\!/\,\overline{OD}$이므로

$\angle OAC=\angle BOD=40^\circ$ (동위각) ⋯ (i)

오른쪽 그림과 같이 $\overline{OC}$를 그으면

$\triangle OCA$가

$\overline{OA}=\overline{OC}$인 이등변삼각형이므로

$\angle OCA=\angle OAC=40^\circ$ ⋯ (ii)

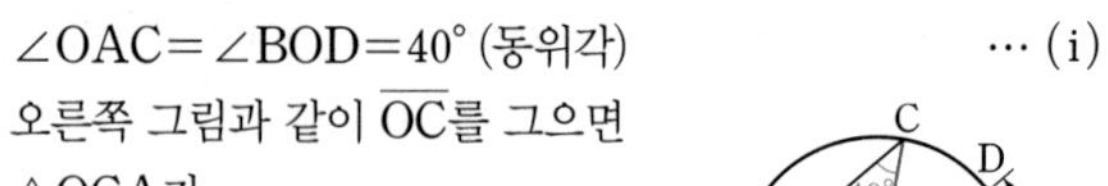

∴ $\angle AOC=180^\circ-(40^\circ+40^\circ)=100^\circ$ ⋯ (iii)

호의 길이는 중심각의 크기에 정비례하므로

$\overset{\frown}{AC}:6=100^\circ:40^\circ$, $40\overset{\frown}{AC}=600$

∴ $\overset{\frown}{AC}=15(\text{cm})$ ⋯ (iv)

채점 기준	비율
(i) $\angle OAC$의 크기 구하기	20 %
(ii) $\angle OCA$의 크기 구하기	20 %
(iii) $\angle AOC$의 크기 구하기	20 %
(iv) $\overset{\frown}{AC}$의 길이 구하기	40 %

4 $\overline{AB}=\overline{CD}=\overline{DE}$이므로

$\angle COD=\angle DOE=\angle AOB=40^\circ$

∴ $\angle COE=\angle COD+\angle DOE=40^\circ+40^\circ=80^\circ$

5 (색칠한 부분의 둘레의 길이)

$=(2\pi\times4)\times\frac{1}{2}+(2\pi\times3)\times\frac{1}{2}+(2\pi\times1)\times\frac{1}{2}$

$=4\pi+3\pi+\pi=8\pi(\text{cm})$

6 부채꼴의 호의 길이를 l cm라고 하면

$\frac{1}{2}\times10\times l=30\pi$ ∴ $l=6\pi$

따라서 부채꼴의 호의 길이는 6π cm이다.

다른 풀이

부채꼴의 중심각의 크기를 x°라고 하면

$\pi\times10^2\times\frac{x}{360}=30\pi$에서 $x=108$

따라서 부채꼴의 호의 길이는

$2\pi\times10\times\frac{108}{360}=6\pi(\text{cm})$

7 (색칠한 부분의 둘레의 길이)

$=2\pi\times8\times\frac{72}{360}+2\pi\times5\times\frac{72}{360}+3\times2$

$=\frac{16}{5}\pi+2\pi+6$

$=\frac{26}{5}\pi+6(\text{cm})$

8 다음 그림과 같이 색칠한 부분을 이동하면

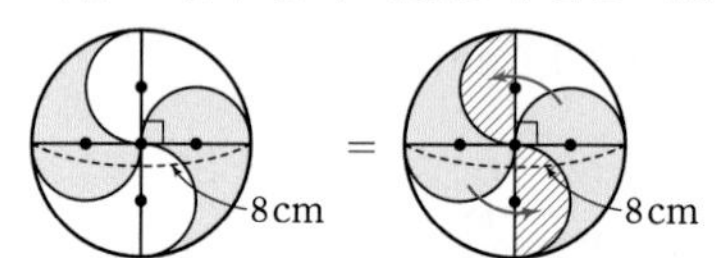

∴ (색칠한 부분의 넓이)$=(\pi\times4^2)\times\frac{1}{2}$

$=8\pi(\text{cm}^2)$

1 다면체

유형 1 P. 72~73

1~4 풀이 참조
5 (1) 구면체 (2) 구면체 (3) 십일면체
6 (1) 직사각형 (2) 삼각형 (3) 사다리꼴
7 (1) 16개, 24개 (2) 10개, 18개 (3) 14개, 21개
8 팔각기둥 9 육각뿔대 10 오각뿔

1

입체도형							
다면체이면 ○, 아니면 ×	○	○	○	×	×	○	○

2

입체도형					n각기둥
이름	삼각기둥	사각기둥	오각기둥	육각기둥	
몇 면체?	오면체	육면체	칠면체	팔면체	$(n+2)$면체
꼭짓점의 개수	3×2 $=6$(개)	4×2 $=8$(개)	10개	6×2 $=12$(개)	$2n$개
모서리의 개수	3×3 $=9$(개)	4×3 $=12$(개)	5×3 $=15$(개)	18개	$3n$개

3

입체도형					n각뿔
이름	삼각뿔	사각뿔	오각뿔	육각뿔	
몇 면체?	사면체	오면체	육면체	칠면체	$(n+1)$면체
꼭짓점의 개수	$3+1$ $=4$(개)	$4+1$ $=5$(개)	6개	$6+1$ $=7$(개)	$(n+1)$개
모서리의 개수	3×2 $=6$(개)	4×2 $=8$(개)	5×2 $=10$(개)	12개	$2n$개

4

입체도형					n각뿔대
이름	삼각뿔대	사각뿔대	오각뿔대	육각뿔대	
몇 면체?	오면체	육면체	칠면체	팔면체	$(n+2)$면체
꼭짓점의 개수	3×2 $=6$(개)	4×2 $=8$(개)	10개	6×2 $=12$(개)	$2n$개
모서리의 개수	3×3 $=9$(개)	4×3 $=12$(개)	5×3 $=15$(개)	18개	$3n$개

참고 n각뿔대는 n각기둥과 꼭짓점, 모서리, 면의 개수가 각각 같다.

5 (1) 면의 개수: $7+2=9$(개) ∴ 구면체
(2) 면의 개수: $8+1=9$(개) ∴ 구면체
(3) 면의 개수: $9+2=11$(개) ∴ 십일면체

7 (1) 꼭짓점의 개수: $8\times2=16$(개)
모서리의 개수: $8\times3=24$(개)
(2) 꼭짓점의 개수: $9+1=10$(개)
모서리의 개수: $9\times2=18$(개)
(3) 꼭짓점의 개수: $7\times2=14$(개)
모서리의 개수: $7\times3=21$(개)

8 (가), (나), (다)에서 주어진 다면체는 각기둥이므로
n각기둥이라고 하면
(라)에서 $n+2=10$ ∴ $n=8$
따라서 조건을 모두 만족시키는 다면체는 팔각기둥이다.

9 (가), (나)에서 주어진 다면체는 각뿔대이므로
n각뿔대라고 하면
(다)에서 $2n=12$ ∴ $n=6$
따라서 조건을 모두 만족시키는 다면체는 육각뿔대이다.

10 (가), (나)에서 주어진 다면체는 각뿔이므로
n각뿔이라고 하면
(다)에서 $2n=10$ ∴ $n=5$
따라서 조건을 모두 만족시키는 다면체는 오각뿔이다.

쌍둥이 기출문제 P. 74~75

1 ⑤ 2 3개 3 ② 4 ④ 5 ③
6 ① 7 ② 8 46 9 ⑤ 10 ④
11 ② 12 ④ 13 ①, ⑤ 14 ②, ⑤ 15 ③
16 팔각뿔

[1~2] 다면체: 다각형인 면으로만 둘러싸인 입체도형

1 ⑤ 원뿔은 옆면이 곡면으로 이루어져 있으므로 다면체가 아니다.

2 다면체는 ㄴ. 사각뿔, ㄷ. 정육면체, ㄹ. 오각뿔대의 3개이다.

[3~4] 다면체의 면의 개수

다면체	n각기둥	n각뿔	n각뿔대
면의 개수	$(n+2)$개	$(n+1)$개	$(n+2)$개
몇 면체?	$(n+2)$면체	$(n+1)$면체	$(n+2)$면체

3 주어진 입체도형은 사각뿔이므로 면의 개수는 $4+1=5$(개)가 되어 오면체이다.

4 면의 개수는 각각 다음과 같다.
① $4+2=6$(개) ⇨ 육면체
② $3+1=4$(개) ⇨ 사면체
③ $3+2=5$(개) ⇨ 오면체
④ $5+2=7$(개) ⇨ 칠면체
⑤ $5+1=6$(개) ⇨ 육면체
따라서 칠면체인 것은 ④이다.

[5~10] 다면체의 꼭짓점, 모서리의 개수

다면체	n각기둥	n각뿔	n각뿔대
꼭짓점의 개수	$2n$개	$(n+1)$개	$2n$개
모서리의 개수	$3n$개	$2n$개	$3n$개

5 꼭짓점의 개수는 각각 다음과 같다.
① $5+1=6$(개) ② 8개 ③ $5\times2=10$(개)
④ $6\times2=12$(개) ⑤ $10+1=11$(개)
따라서 바르게 짝 지은 것은 ③이다.

6 모서리의 개수는 각각 다음과 같다.
① $5\times3=15$(개) ② $6\times2=12$(개) ③ $4\times3=12$(개)
④ $4\times2=8$(개) ⑤ $3\times3=9$(개)
따라서 모서리의 개수가 가장 많은 것은 ①이다.

7 삼각기둥의 면의 개수는 $3+2=5$(개)이므로 $a=5$
오각뿔의 모서리의 개수는 $5\times2=10$(개)이므로 $b=10$
사각뿔대의 꼭짓점의 개수는 $4\times2=8$(개)이므로 $c=8$
$\therefore a+b-c=5+10-8=7$

8 육각기둥의 모서리의 개수는 $6\times3=18$(개)이므로
$a=18$ … (i)
칠각뿔의 면의 개수는 $7+1=8$(개)이므로 $b=8$ … (ii)
십각뿔대의 꼭짓점의 개수는 $10\times2=20$(개)이므로
$c=20$ … (iii)
$\therefore a+b+c=18+8+20=46$ … (iv)

채점 기준	비율
(i) a의 값 구하기	30 %
(ii) b의 값 구하기	30 %
(iii) c의 값 구하기	30 %
(iv) $a+b+c$의 값 구하기	10 %

9 모서리의 개수가 24개인 각기둥을 n각기둥이라고 하면
$3n=24$ $\therefore n=8$, 즉 팔각기둥
따라서 팔각기둥의 면의 개수는 $8+2=10$(개)

10 꼭짓점의 개수가 18개인 각뿔대를 n각뿔대라고 하면
$2n=18$ $\therefore n=9$, 즉 구각뿔대
따라서 구각뿔대의 밑면의 모양은 구각형이다.

[11~12] 다면체의 옆면의 모양

다면체	각기둥	각뿔	각뿔대
옆면의 모양	직사각형	삼각형	사다리꼴

11 ① 삼각기둥 – 직사각형 ③ 오각뿔 – 삼각형
④ 육각뿔대 – 사다리꼴 ⑤ 칠각기둥 – 직사각형
따라서 바르게 짝 지은 것은 ②이다.

12 옆면의 모양은 각각 다음과 같다.
① 사다리꼴 ② 직사각형 ③ 직사각형
④ 삼각형 ⑤ 사다리꼴
따라서 사각형이 아닌 것은 ④이다.

[13~16] 다면체의 이해
(1) 각기둥: 두 밑면은 서로 평행하고 합동인 다각형이며, 옆면은 모두 직사각형인 다면체
(2) 각뿔: 밑면은 다각형이고, 옆면은 모두 삼각형인 다면체
(3) 각뿔대: 각뿔을 밑면에 평행한 평면으로 잘라서 생기는 두 다면체 중 각뿔이 아닌 쪽의 도형

13 ② 육각뿔의 꼭짓점의 개수는 $6+1=7$(개)이다.
③ 각뿔대의 옆면의 모양은 사다리꼴이다.
④ 각기둥의 두 밑면은 서로 평행하다.
따라서 옳은 것은 ①, ⑤이다.

14 ② 옆면의 모양은 사다리꼴이다.
⑤ n각뿔대의 모서리의 개수는 $3n$개이다.

15 ㈏, ㈐에서 주어진 입체도형은 각뿔대이므로
n각뿔대라고 하면
㈎에서 $n+2=6$ $\therefore n=4$
따라서 조건을 모두 만족시키는 입체도형은 사각뿔대이다.

16 ㈎, ㈏에서 주어진 다면체는 각뿔이므로
n각뿔이라고 하면
㈐에서 $2n=16$ $\therefore n=8$
따라서 조건을 모두 만족시키는 다면체는 팔각뿔이다.

2 정다면체

유형 2 P. 76

1

겨냥도					
이름	정사면체	정육면체	정팔면체	정십이면체	정이십면체
면의 모양	정삼각형	정사각형	정삼각형	정오각형	정삼각형
한 꼭짓점에 모인 면의 개수	3개	3개	4개	3개	5개
꼭짓점의 개수	4개	8개	6개	20개	12개
모서리의 개수	6개	12개	12개	30개	30개
면의 개수	4개	6개	8개	12개	20개

2 (1) × (2) ○ (3) ○ (4) × (5) ×

3 정사면체 4 정육면체

2 (1) 정다면체는 정사면체, 정육면체, 정팔면체, 정십이면체, 정이십면체의 다섯 가지뿐이다.
(4) 정다면체의 이름은 면의 개수에 따라 결정된다.
(5) 모든 면이 합동인 정다각형이고, 각 꼭짓점에 모인 면의 개수가 같은 다면체를 정다면체라고 한다.

3 (가) 모든 면이 합동인 정삼각형이다.
⇨ 정사면체, 정팔면체, 정이십면체
(나) 한 꼭짓점에 모인 면의 개수는 3개이다.
⇨ 정사면체, 정육면체, 정십이면체
따라서 조건을 모두 만족시키는 정다면체는 정사면체이다.

4 (가) 한 꼭짓점에 모인 면의 개수는 3개이다.
⇨ 정사면체, 정육면체, 정십이면체
(나) 모서리의 개수는 12개이다.
⇨ 정육면체, 정팔면체
따라서 조건을 모두 만족시키는 정다면체는 정육면체이다.

유형 3 P. 77

1 (1) 정사면체 (2) 4, 6 (3) 풀이 참조 (4) E, $\overline{ED}$
2 (1) 정육면체 (2) 8개, 12개 (3) 풀이 참조 (4) 4개
3 (1) 정팔면체 (2) 6개, 12개 (3) 4개
(4) 풀이 참조 (5) 점 I, $\overline{HG}$

1 (3) 주어진 전개도로 만들어지는 정사면체는 다음 그림과 같다.

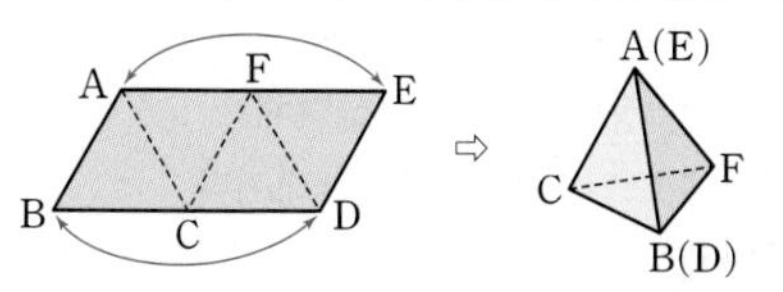

(4) 점 A와 겹치는 꼭짓점은 점 E, $\overline{AB}$와 겹치는 모서리는 $\overline{ED}$이다.

2 (3) 주어진 전개도로 만들어지는 정육면체는 다음 그림과 같다.

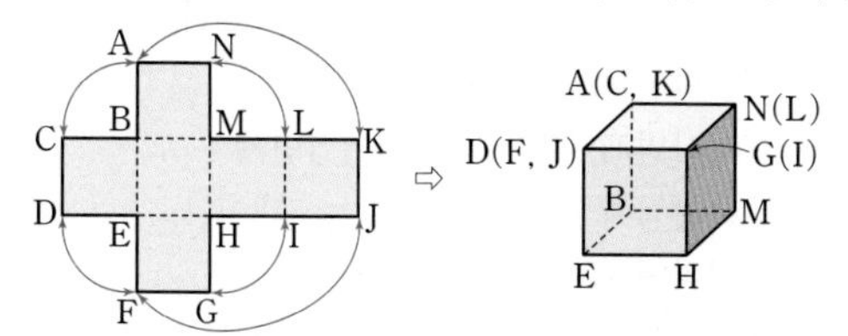

(4) 오른쪽 그림에서 $\overline{AB}$와 꼬인 위치에 있는 모서리는 $\overline{DG}$, $\overline{EH}$, $\overline{GN}$, $\overline{HM}$의 4개이다.

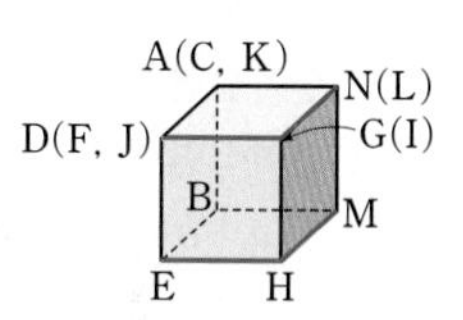

3 (4) 주어진 전개도로 만들어지는 정팔면체는 다음 그림과 같다.

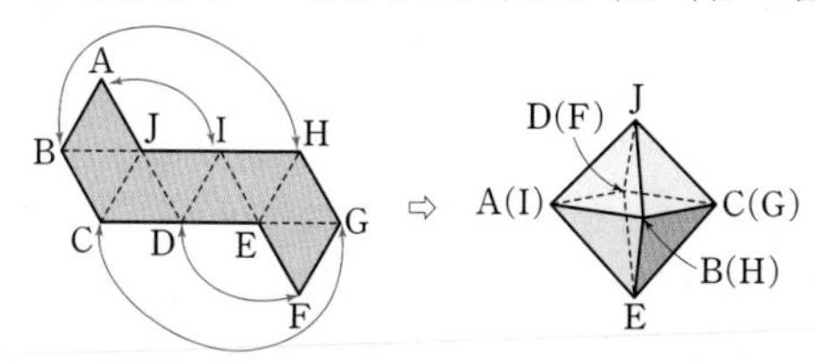

(5) 점 A와 겹치는 꼭짓점은 점 I, $\overline{BC}$와 겹치는 모서리는 $\overline{HG}$이다.

쌍둥이 기출문제 P. 78

1 18 2 70 3 12개 4 42 5 ③
6 ㄱ, ㄹ 7 ⑤ 8 ③

1 정육면체의 모서리의 개수는 12개이므로 $a=12$
정팔면체의 꼭짓점의 개수는 6개이므로 $b=6$
$\therefore a+b=12+6=18$

2 정십이면체의 꼭짓점의 개수는 20개이므로 $a=20$
정이십면체의 모서리의 개수는 30개이므로 $b=30$
$\therefore 2a+b=2\times20+30=70$

3 ㈎, ㈏에서 주어진 다면체는 정다면체이다.
㈎ 모든 면이 합동인 정삼각형이다.
⇨ 정사면체, 정팔면체, 정이십면체
㈏ 각 꼭짓점에 모인 면의 개수는 4개이다.
⇨ 정팔면체
따라서 조건을 모두 만족시키는 다면체는 정팔면체이므로 그 모서리의 개수는 12개이다.

4 ㈎, ㈏에서 주어진 다면체는 정다면체이다.
㈎ 모든 면이 합동인 정삼각형이다.
⇨ 정사면체, 정팔면체, 정이십면체
㈏ 각 꼭짓점에 모인 면의 개수는 5개이다.
⇨ 정이십면체
따라서 조건을 모두 만족시키는 다면체는 정이십면체이다.
정이십면체의 꼭짓점의 개수는 12개이므로 $a=12$
정이십면체의 모서리의 개수는 30개이므로 $b=30$
$\therefore a+b=12+30=42$

5 ③ 정다면체의 면의 모양은 정삼각형, 정사각형, 정오각형의 세 가지이다.

6 ㄴ. 정사면체의 면의 모양은 정삼각형이다.
ㄷ. 정다면체는 정사면체, 정육면체, 정팔면체, 정십이면체, 정이십면체의 다섯 가지뿐이다.
따라서 옳은 것은 ㄱ, ㄹ이다.

[7~8] 정다면체의 전개도

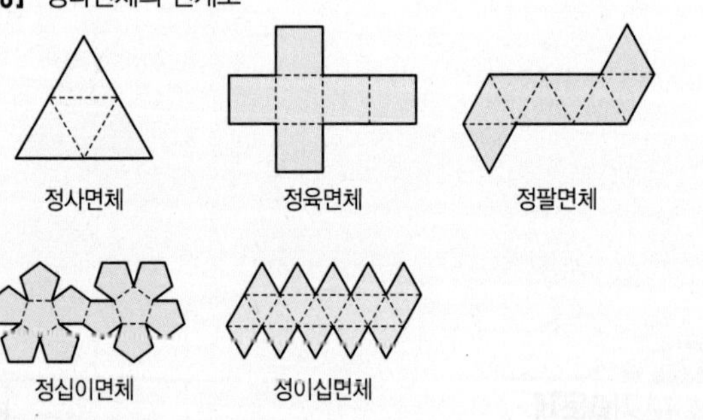

7 주어진 전개도로 만들어지는 정육면체는 오른쪽 그림과 같으므로 $\overline{EF}$와 겹치는 모서리는 ⑤ $\overline{KJ}$이다.

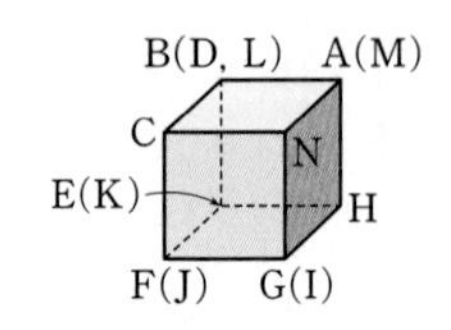

8 주어진 전개도로 만들어지는 정팔면체는 오른쪽 그림과 같으므로 $\overline{AB}$와 꼬인 위치에 있는 모서리가 아닌 것은 ③ $\overline{CG}$이다.

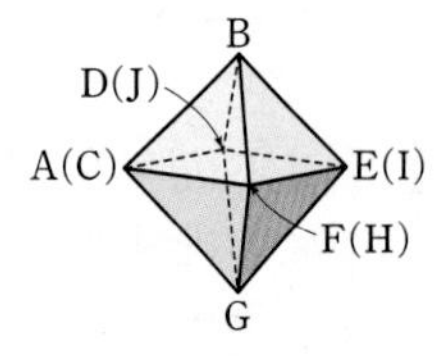

3 회전체

유형 4 P. 79

1 ㄱ, ㄷ, ㅁ

2

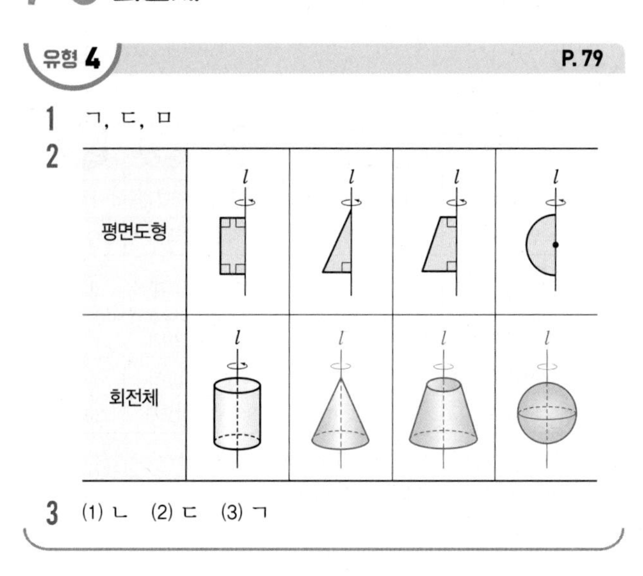

3 (1) ㄴ (2) ㄷ (3) ㄱ

1 ㄱ, ㄷ, ㅁ. 회전체 ㄴ, ㄹ, ㅂ. 다면체

유형 5 P. 80

1 (1) ㉣ (2) ㉣ (3) ㉣ (4) ㉣
2 (1) ㉣ (2) ㉡ (3) ㉠ (4) ㉢
3 (1) 원기둥 (2) 원, $25\pi\ \text{cm}^2$ (3) 직사각형, $80\ \text{cm}^2$
4 (1) 원뿔 (2) 이등변삼각형, $28\ \text{cm}^2$

3 (1) 주어진 평면도형을 직선 l을 회전축으로 하여 1회전 시킬 때 생기는 회전체는 오른쪽 그림과 같은 원기둥이다.

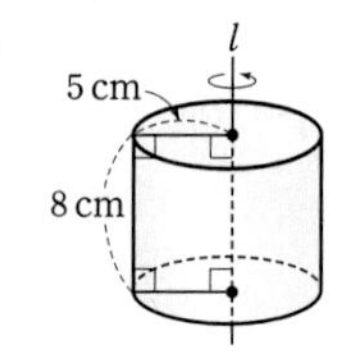

(2) 이 원기둥을 회전축에 수직인 평면으로 자를 때 생기는 단면은 반지름의 길이가 5 cm인 원이므로
(단면의 넓이)$=\pi\times5^2=25\pi(\text{cm}^2)$
(3) 이 원기둥을 회전축을 포함하는 평면으로 자를 때 생기는 단면은 가로의 길이가 $5\times2=10(\text{cm})$, 세로의 길이가 8 cm인 직사각형이므로
(단면의 넓이)$=10\times8=80(\text{cm}^2)$

4 (1) 주어진 평면도형을 직선 l을 회전축으로 하여 1회전 시킬 때 생기는 회전체는 오른쪽 그림과 같은 원뿔이다.

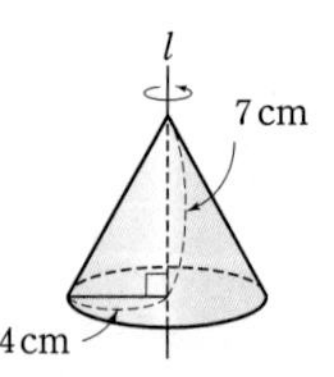

(2) 이 원뿔을 회전축을 포함하는 평면으로 자를 때 생기는 단면은 밑변의 길이가 $4\times2=8(\text{cm})$, 높이가 7 cm인 삼각형이므로
(단면의 넓이)$=\frac{1}{2}\times8\times7=28(\text{cm}^2)$

유형 6 P. 81

1 (1) $a=5$, $b=8$ (2) $a=10$, $b=6$ (3) $a=8$, $b=5$
2 10π, 5, 5 3 둘레, 5, 10π

쌍둥이 기출문제 P. 82~83

1	③	2	④	3	②	4	⑤	5	①
6	③	7	②	8	③	9	④	10	12π cm
11	③	12	①, ③						

[1~4] 회전체: 평면도형을 한 직선을 축으로 하여 1회전 시킬 때 생기는 입체도형

1 ③ 오각기둥은 회전체가 아닌 다면체이다.

2 ㄱ, ㄹ, ㅁ. 다면체
ㄴ, ㄷ, ㅂ. 회전체

3 주어진 평면도형을 각각 1회전 시키면 다음과 같다.

① 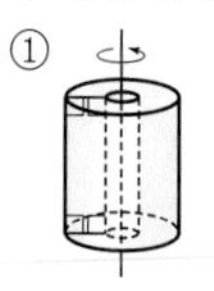
② 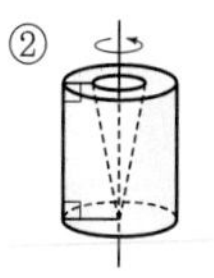
③ 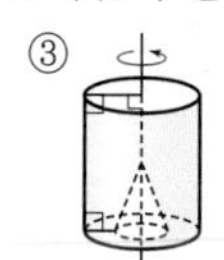
④ 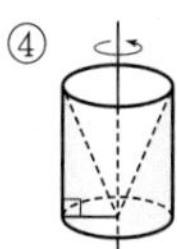
⑤ 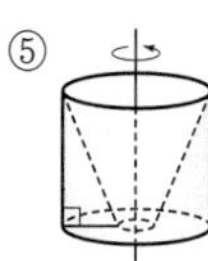

따라서 주어진 입체도형은 ②를 1회전 시켜 만든 것이다.

4 ① 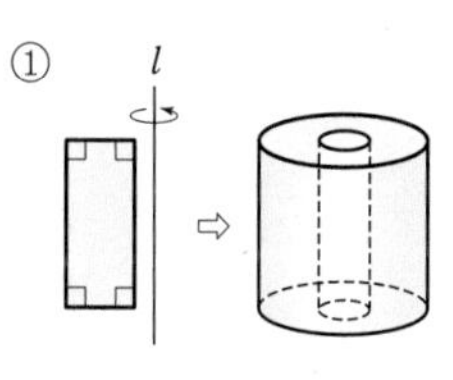

② 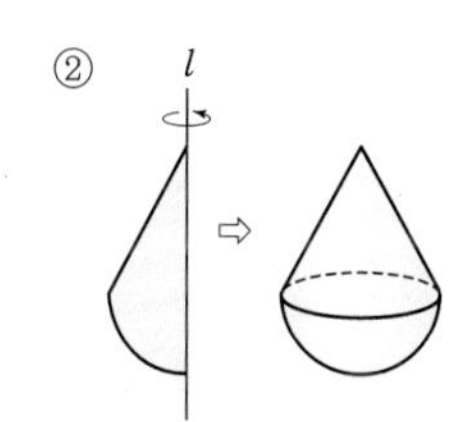

③ 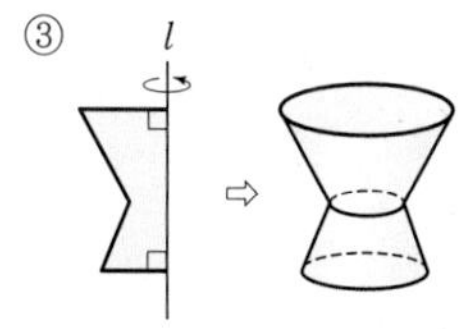

④ 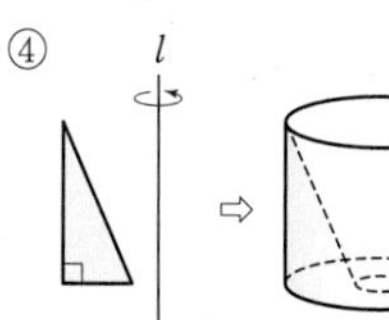

따라서 옳은 것은 ⑤이다.

[5~8] 회전체의 성질
(1) 회전체를 회전축에 수직인 평면으로 자른 단면의 경계
⇨ 항상 원이다.
(2) 회전체를 회전축을 포함하는 평면으로 자른 단면
⇨ 모두 합동이고, 회전축에 대하여 선대칭도형이다.

5 ① 원기둥 – 직사각형

6 ① 원뿔 – 회전축을 포함하는 평면 – 이등변삼각형
② 원뿔대 – 회전축을 포함하는 평면 – 사다리꼴
④ 반구 – 회전축에 수직인 평면 – 원
⑤ 원기둥 – 회전축에 수직인 평면 – 원
따라서 바르게 짝 지은 것은 ③이다.

7 원뿔을 회전축을 포함하는 평면으로 잘랐을 때 생기는 단면은 오른쪽 그림과 같이 밑변의 길이가 8 cm, 높이가 6 cm인 이등변삼각형이므로

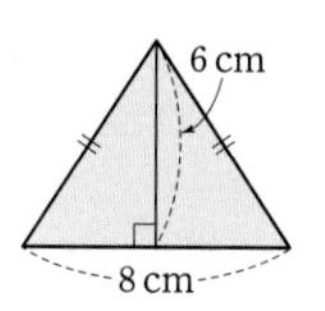

(단면의 넓이)$=\frac{1}{2}\times8\times6=24(\text{cm}^2)$

8 주어진 평면도형을 직선 l을 회전축으로 하여 1회전 시킬 때 생기는 회전체는 오른쪽 그림과 같은 원뿔대이다.
이 원뿔대를 회전체를 회전축을 포함하는 평면으로 잘랐을 때 생기는 단면은 윗변의 길이가 8 cm, 아랫변의 길이가 10 cm, 높이가 6 cm인 사다리꼴이므로

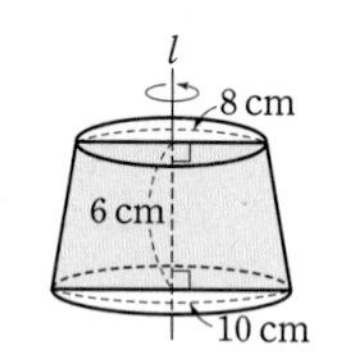

(단면의 넓이)$=\frac{1}{2}\times(8+10)\times6=54(\text{cm}^2)$

[9~10] 회전체의 전개도
(1) 원기둥의 전개도 (2) 원뿔의 전개도 (3) 원뿔대의 전개도

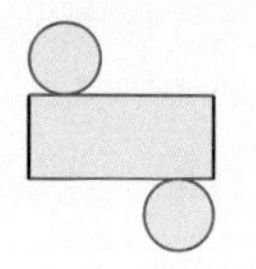
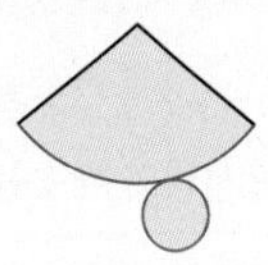
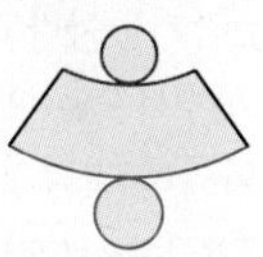

9 밑면인 원의 반지름의 길이를 r cm라고 하면
$2\pi r=8\pi$ $\therefore r=4$
따라서 밑면인 원의 반지름의 길이는 4 cm이다.

10 (옆면인 부채꼴의 호의 길이)=(밑면인 원의 둘레의 길이)
$=2\pi\times6=12\pi(\text{cm})$

11 ③ 원기둥을 회전축에 평행한 평면으로 자른 단면은 직사각형이다.

12 ① 구는 전개도를 그릴 수 없다.
③ 원뿔대를 회전축을 포함하는 평면으로 자른 단면은 모두 합동인 사다리꼴이다.

단원 마무리 P. 84~85

1	⑤	**2**	8	**3**	21개	**4**	②, ③	**5**	⑤
6	④	**7**	③	**8**	ㄱ, ㄴ				

1 면의 개수는 각각 다음과 같다.
① $5+2=7$(개) ② $8+1=9$(개) ③ 6개
④ $6+2=8$(개) ⑤ $8+2=10$(개)
따라서 면의 개수가 가장 많은 것은 ⑤이다.

2 주어진 각뿔을 n각뿔이라고 하면
면의 개수가 10개이므로
$n+1=10$ $\therefore n=9$, 즉 구각뿔 … (i)
구각뿔의 모서리의 개수는 $9\times2=18$(개)이므로
$a=18$ … (ii)
구각뿔의 꼭짓점의 개수는 $9+1=10$(개)이므로
$b=10$ … (iii)
$\therefore a-b=18-10=8$ … (iv)

채점 기준	비율
(i) 주어진 각뿔이 몇 각뿔인지 구하기	40 %
(ii) a의 값 구하기	20 %
(iii) b의 값 구하기	20 %
(iv) $a-b$의 값 구하기	20 %

3 (나), (다)에서 주어진 입체도형은 각기둥이므로
n각기둥이라고 하면
(가)에서 $2n=14$ $\therefore n=7$, 즉 칠각기둥
따라서 칠각기둥의 모서리의 개수는
$7\times3=21$(개)

4 (가), (나)를 모두 만족시키는 다면체는 정다면체이다.
① 모든 면이 합동인 정다각형이 아니므로 정다면체가 아니다.
② 정육면체
③ 정사면체
④ 모든 면이 합동인 정다각형이 아니고, 각 꼭짓점에 모인 면의 개수도 3개 또는 4개로 같지 않으므로 정다면체가 아니다.
⑤ 각 꼭짓점에 모인 면의 개수가 4개 또는 5개로 같지 않으므로 정다면체가 아니다.
따라서 두 조건을 동시에 만족시킬 수 있는 것은 ②, ③이다.

5 ① 모든 면이 합동인 정다각형이고, 각 꼭짓점에 모인 면의 개수가 같은 다면체를 정다면체라고 한다.
② 한 꼭짓점에 모인 면의 개수가 4개인 정다면체는 정팔면체이다.
③ 정다면체의 한 면이 될 수 있는 다각형은 정삼각형, 정사각형, 정오각형의 세 가지뿐이다.
④ 정육면체의 꼭짓점의 개수는 8개, 정팔면체의 꼭짓점의 개수는 6개이므로 정육면체와 정팔면체의 꼭짓점의 개수는 다르다.
⑤ 모든 면이 정오각형인 정다면체는 정십이면체로 한 꼭짓점에 모인 면의 개수는 3개이다.
따라서 옳은 것은 ⑤이다.

6 주어진 평면도형을 직선 l을 회전축으로 하여 1회전 시킬 때 생기는 입체도형은 오른쪽 그림과 같다.

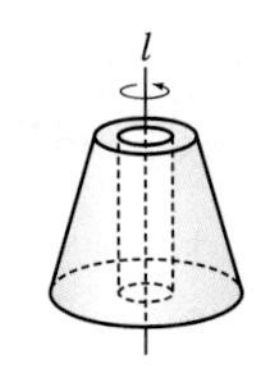

7 ③ 원기둥을 회전축에 수직인 평면으로 자른 단면은 항상 합동인 원이다.

8 ㄷ. 원뿔대를 회전축을 포함하는 평면으로 자른 단면은 사다리꼴이다.
ㄹ. 구를 회전축에 수직인 평면으로 자른 단면은 모두 원이지만, 그 크기는 다르다.
ㅁ. 원뿔의 전개도에서 부채꼴의 반지름의 길이는 원뿔의 모선의 길이와 같고, 부채꼴의 호의 길이는 밑면인 원의 둘레의 길이와 같다.
따라서 옳은 것은 ㄱ, ㄴ이다.

1 기둥의 겉넓이와 부피

유형 1 P. 88

1 5, 3, (1) $6\,\text{cm}^2$ (2) $96\,\text{cm}^2$ (3) $108\,\text{cm}^2$
2 6π, (1) $9\pi\,\text{cm}^2$ (2) $42\pi\,\text{cm}^2$ (3) $60\pi\,\text{cm}^2$
3 (1) $236\,\text{cm}^2$ (2) $300\,\text{cm}^2$ (3) $130\pi\,\text{cm}^2$ (4) $276\,\text{cm}^2$

1

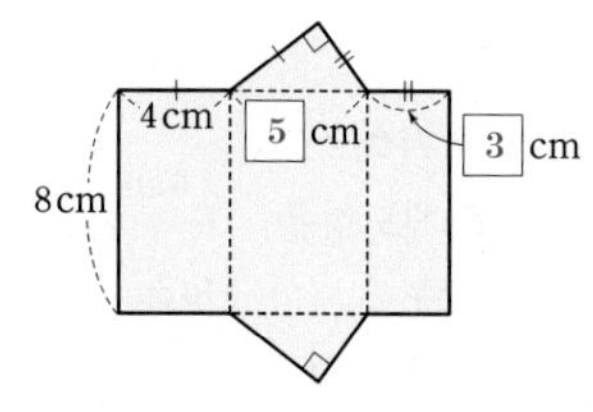

(1) (밑넓이)$=\frac{1}{2}\times4\times3=6(\text{cm}^2)$
(2) (옆넓이)$=(4+5+3)\times8=96(\text{cm}^2)$
(3) (겉넓이)=(밑넓이)×2+(옆넓이)
$=6\times2+96=108(\text{cm}^2)$

2 원기둥의 전개도에서 옆면의 가로의 길이는 밑면인 원의 둘레의 길이와 같으므로
(옆면의 가로의 길이)$=2\pi\times3$
$=6\pi(\text{cm})$

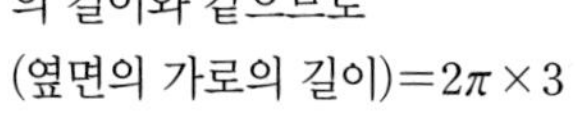

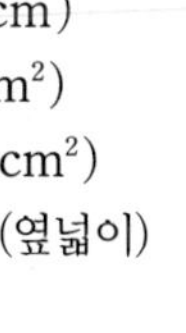

(1) (밑넓이)$=\pi\times3^2=9\pi(\text{cm}^2)$
(2) (옆넓이)$=6\pi\times7=42\pi(\text{cm}^2)$
(3) (겉넓이)=(밑넓이)×2+(옆넓이)
$=9\pi\times2+42\pi$
$=60\pi(\text{cm}^2)$

3 (1) (겉넓이)=(밑넓이)×2+(옆넓이)
$=(6\times5)\times2+(6+5+6+5)\times8$
$=60+176$
$=236(\text{cm}^2)$
(2) (겉넓이)=(밑넓이)×2+(옆넓이)
$=\left(\frac{1}{2}\times12\times5\right)\times2+(5+12+13)\times8$
$=60+240=300(\text{cm}^2)$
(3) (겉넓이)=(밑넓이)×2+(옆넓이)
$=(\pi\times5^2)\times2+(2\pi\times5)\times8$
$=50\pi+80\pi$
$=130\pi(\text{cm}^2)$
(4) (겉넓이)=(밑넓이)×2+(옆넓이)
$=\left\{\frac{1}{2}\times(4+8)\times3\right\}\times2+(4+3+8+5)\times12$
$=36+240$
$=276(\text{cm}^2)$

유형 2 P. 89

1 (1) $160\,\text{cm}^3$ (2) $100\pi\,\text{cm}^3$
2 (1) $9\,\text{cm}^2$, $7\,\text{cm}$, $63\,\text{cm}^3$
(2) $12\,\text{cm}^2$, $5\,\text{cm}$, $60\,\text{cm}^3$
(3) $24\,\text{cm}^2$, $8\,\text{cm}$, $192\,\text{cm}^3$
(4) $16\pi\,\text{cm}^2$, $7\,\text{cm}$, $112\pi\,\text{cm}^3$
(5) $25\pi\,\text{cm}^2$, $6\,\text{cm}$, $150\pi\,\text{cm}^3$
3 (1) $45\,\text{cm}^2$ (2) $360\,\text{cm}^3$
4 108π, 12π, 120π
5 80π, 5π, 75π

1 (1) (부피)$=32\times5=160(\text{cm}^3)$
(2) (부피)$=25\pi\times4=100\pi(\text{cm}^3)$

2 (1) (밑넓이)$=\frac{1}{2}\times6\times3=9(\text{cm}^2)$
(높이)=7 cm
∴ (부피)=(밑넓이)×(높이)
$=9\times7=63(\text{cm}^3)$
(2) (밑넓이)$=3\times4=12(\text{cm}^2)$
(높이)=5 cm
∴ (부피)=(밑넓이)×(높이)
$=12\times5=60(\text{cm}^3)$
(3) (밑넓이)$=\frac{1}{2}\times(6+10)\times3$
$=24(\text{cm}^2)$
(높이)=8 cm
∴ (부피)=(밑넓이)×(높이)
$=24\times8$
$=192(\text{cm}^3)$
(4) (밑넓이)$=\pi\times4^2=16\pi(\text{cm}^2)$
(높이)=7 cm
∴ (부피)=(밑넓이)×(높이)
$=16\pi\times7$
$=112\pi(\text{cm}^3)$
(5) (밑넓이)$=\pi\times5^2=25\pi(\text{cm}^2)$
(높이)=6 cm
∴ (부피)=(밑넓이)×(높이)
$=25\pi\times6$
$=150\pi(\text{cm}^3)$

3 (1) (밑넓이)$=\frac{1}{2}\times10\times3+\frac{1}{2}\times10\times6$
$=15+30$
$=45(\text{cm}^2)$
(2) (부피)$=45\times8$
$=360(\text{cm}^3)$

4 (큰 원기둥의 부피)$=(\pi\times6^2)\times3$
$=108\pi(\text{cm}^3)$
(작은 원기둥의 부피)$=(\pi\times2^2)\times3$
$=12\pi(\text{cm}^3)$
∴ (부피)=(큰 원기둥의 부피)+(작은 원기둥의 부피)
$=\boxed{108\pi}+\boxed{12\pi}$
$=\boxed{120\pi}(\text{cm}^3)$

5 큰 원기둥의 밑면인 원의 반지름의 길이는
$1+3=4(\text{cm})$이므로
(큰 원기둥의 부피)$=(\pi\times4^2)\times5$
$=80\pi(\text{cm}^3)$
(작은 원기둥의 부피)$=(\pi\times1^2)\times5$
$=5\pi(\text{cm}^3)$
∴ (부피)=(큰 원기둥의 부피)−(작은 원기둥의 부피)
$=\boxed{80\pi}-\boxed{5\pi}$
$=\boxed{75\pi}(\text{cm}^3)$

기출문제 P. 90~91

1 168cm^2, 120cm^3 **2** 136cm^2, 96cm^3
3 $80\pi\text{cm}^2$, $96\pi\text{cm}^3$ **4** $192\pi\text{cm}^2$, $360\pi\text{cm}^3$
5 30cm^3 **6** $72\pi\text{cm}^3$ **7** 6
8 5cm **9** $(28\pi+48)\text{cm}^2$, $24\pi\text{cm}^3$
10 $(20\pi+42)\text{cm}^2$, $21\pi\text{cm}^3$ **11** 72cm^3
12 $270\pi\text{cm}^3$

[1~10] 기둥의 겉넓이와 부피
(1) (각기둥의 겉넓이)=(밑넓이)×2+(옆넓이)
(2) 원기둥의 겉넓이(S)
밑면인 원의 반지름의 길이를 r, 높이를 h라고 하면
$S=2\pi r^2+2\pi rh$
(3) (각기둥의 부피)=(밑넓이)×(높이)
(4) 원기둥의 부피(V)
밑면인 원의 반지름의 길이를 r, 높이를 h라고 하면
$V=\pi r^2h$

1 (겉넓이)$=\left(\frac{1}{2}\times6\times8\right)\times2+(6+8+10)\times5$
$=48+120=168(\text{cm}^2)$
(부피)$=\left(\frac{1}{2}\times6\times8\right)\times5=120(\text{cm}^3)$

2 (겉넓이)$=\left\{\frac{1}{2}\times(3+9)\times4\right\}\times2+(3+5+9+5)\times4$
$=48+88=136(\text{cm}^2)$
(부피)$=\left\{\frac{1}{2}\times(3+9)\times4\right\}\times4=96(\text{cm}^3)$

3 밑면인 원의 반지름의 길이가 4cm이므로
(겉넓이)$=(\pi\times4^2)\times2+(2\pi\times4)\times6$
$=32\pi+48\pi=80\pi(\text{cm}^2)$
(부피)$=(\pi\times4^2)\times6=96\pi(\text{cm}^3)$

4 주어진 직사각형을 직선 l을 회전축으로 하여 1회전 시킬 때 생기는 입체도형은 오른쪽 그림과 같은 원기둥이므로

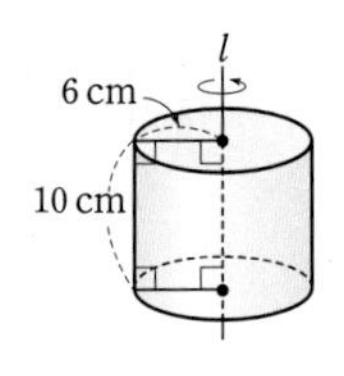

(겉넓이)$=(\pi\times6^2)\times2+(2\pi\times6)\times10$
$=72\pi+120\pi$
$=192\pi(\text{cm}^2)$
(부피)$=(\pi\times6^2)\times10=360\pi(\text{cm}^3)$

5 (밑넓이)$=\frac{1}{2}\times4\times3=6(\text{cm}^2)$
(높이)=5cm
∴ (부피)$=6\times5=30(\text{cm}^3)$

6 (밑넓이)$=\pi\times3^2=9\pi(\text{cm}^2)$
(높이)=8cm
∴ (부피)$=9\pi\times8=72\pi(\text{cm}^3)$

7 사각기둥의 겉넓이가 148cm^2이므로
$(5\times4)\times2+(5+4+5+4)\times h=148$
$40+18h=148$, $18h=108$ ∴ $h=6$

8 원기둥의 높이를 $x$cm라고 하면
원기둥의 부피가 $20\pi\text{cm}^3$이므로
$(\pi\times2^2)\times x=20\pi$ ⋯ (i)
$4\pi x=20\pi$ ∴ $x=5$
따라서 원기둥의 높이는 5cm이다. ⋯ (ii)

채점 기준	비율
(i) 원기둥의 높이를 구하는 식 세우기	60 %
(ii) 원기둥의 높이 구하기	40 %

9 (겉넓이)$=\left\{\frac{1}{2}\times(\pi\times2^2)\right\}\times2+\left\{\frac{1}{2}\times(2\pi\times2)+4\right\}\times12$
$=4\pi+24\pi+48$
$=28\pi+48(\text{cm}^2)$
(부피)$=\left\{\frac{1}{2}\times(\pi\times2^2)\right\}\times12=24\pi(\text{cm}^3)$

10 (겉넓이)$=\left(\pi\times3^2\times\frac{120}{360}\right)\times2$

$+\left(3+3+2\pi\times3\times\frac{120}{360}\right)\times7$

$=6\pi+42+14\pi$

$=20\pi+42(\text{cm}^2)$

(부피)$=\left(\pi\times3^2\times\frac{120}{360}\right)\times7=21\pi(\text{cm}^3)$

[11~12] 구멍이 뚫린 기둥의 부피
(구멍이 뚫린 기둥의 부피)=(큰 기둥의 부피)−(작은 기둥의 부피)

11 (큰 사각기둥의 부피)$=(4\times4)\times6=96(\text{cm}^3)$
(작은 사각기둥의 부피)$=(2\times2)\times6=24(\text{cm}^3)$
∴ (구멍이 뚫린 사각기둥의 부피)
=(큰 사각기둥의 부피)−(작은 사각기둥의 부피)
$=96-24$
$=72(\text{cm}^3)$

12 큰 원기둥의 밑면인 원의 반지름의 길이는
$3+3=6(\text{cm})$이므로
(큰 원기둥의 부피)$=(\pi\times6^2)\times10=360\pi(\text{cm}^3)$
(작은 원기둥의 부피)$=(\pi\times3^2)\times10=90\pi(\text{cm}^3)$
∴ (구멍이 뚫린 원기둥의 부피)
=(큰 원기둥의 부피)−(작은 원기둥의 부피)
$=360\pi-90\pi$
$=270\pi(\text{cm}^3)$

2 뿔의 겉넓이와 부피

유형 3 P. 92~93

1 12, (1) $64\,\text{cm}^2$ (2) $192\,\text{cm}^2$ (3) $256\,\text{cm}^2$
2 (1) $161\,\text{cm}^2$ (2) $95\,\text{cm}^2$
3 12, (1) 8π cm (2) $16\pi\,\text{cm}^2$ (3) $48\pi\,\text{cm}^2$
(4) $64\pi\,\text{cm}^2$
4 (1) $96\pi\,\text{cm}^2$ (2) $90\pi\,\text{cm}^2$
5 (1) 9 (2) 25 (3) 16, 64 (4) 34, 64, 98
6 (1) $224\,\text{cm}^2$ (2) $120\,\text{cm}^2$
7 (1) 9π (2) 36π (3) 60π, 15π, 45π
(4) 45π, 45π, 90π
8 (1) $38\pi\,\text{cm}^2$ (2) $66\pi\,\text{cm}^2$

1 (1) (밑넓이)$=8\times8=64(\text{cm}^2)$
(2) (옆넓이)$=\left(\frac{1}{2}\times8\times12\right)\times4=192(\text{cm}^2)$
(3) (겉넓이)=(밑넓이)+(옆넓이)
$=64+192=256(\text{cm}^2)$

2 (1) (겉넓이)=(밑넓이)+(옆넓이)
$=7\times7+\left(\frac{1}{2}\times7\times8\right)\times4$
$=49+112$
$=161(\text{cm}^2)$
(2) (겉넓이)=(밑넓이)+(옆넓이)
$=5\times5+\left(\frac{1}{2}\times5\times7\right)\times4$
$=25+70$
$=95(\text{cm}^2)$

3 (1) 원뿔의 전개도에서 옆면인 부채꼴의 호의 길이는 밑면인 원의 둘레의 길이와 같으므로
(부채꼴의 호의 길이)$=2\pi\times4=8\pi(\text{cm})$
(2) (밑넓이)=(밑면인 원의 넓이)
$=\pi\times4^2=16\pi(\text{cm}^2)$
(3) (옆넓이)=(옆면인 부채꼴의 넓이)
$=\frac{1}{2}\times12\times8\pi=48\pi(\text{cm}^2)$
(4) (겉넓이)=(밑넓이)+(옆넓이)
$=16\pi+48\pi=64\pi(\text{cm}^2)$

4 (1) (겉넓이)=(밑넓이)+(옆넓이)
$=\pi\times6^2+\frac{1}{2}\times10\times(2\pi\times6)$
$=36\pi+60\pi$
$=96\pi(\text{cm}^2)$
(2) (겉넓이)=(밑넓이)+(옆넓이)
$=\pi\times5^2+\frac{1}{2}\times13\times(2\pi\times5)$
$=25\pi+65\pi$
$=90\pi(\text{cm}^2)$

5 (1) (작은 밑면의 넓이)$=3\times3=\boxed{9}(\text{cm}^2)$
(2) (큰 밑면의 넓이)$=5\times5=\boxed{25}(\text{cm}^2)$
(3) (옆넓이)=(사다리꼴의 넓이)$\times4$
$=\left\{\frac{1}{2}\times(3+5)\times4\right\}\times4$
$=\boxed{16}\times4$
$=\boxed{64}(\text{cm}^2)$
(4) (겉넓이)=(두 밑면의 넓이의 합)+(옆넓이)
$=(9+25)+64$
$=\boxed{34}+\boxed{64}$
$=\boxed{98}(\text{cm}^2)$

6 (1) (두 밑면의 넓이의 합)$=4\times4+8\times8=80(\text{cm}^2)$

(옆넓이)$=\left\{\frac{1}{2}\times(4+8)\times6\right\}\times4=144(\text{cm}^2)$

∴ (겉넓이)$=80+144=224(\text{cm}^2)$

(2) (두 밑면의 넓이의 합)$=2\times2+6\times6=40(\text{cm}^2)$

(옆넓이)$=\left\{\frac{1}{2}\times(2+6)\times5\right\}\times4=80(\text{cm}^2)$

∴ (겉넓이)$=40+80=120(\text{cm}^2)$

7 (1) (작은 밑면의 넓이)$=\pi\times3^2=\boxed{9\pi}(\text{cm}^2)$

(2) (큰 밑면의 넓이)$=\pi\times6^2=\boxed{36\pi}(\text{cm}^2)$

(3) (옆넓이)=(큰 부채꼴의 넓이)−(작은 부채꼴의 넓이)

$=\frac{1}{2}\times10\times(2\pi\times6)-\frac{1}{2}\times5\times(2\pi\times3)$

$=\boxed{60\pi}-\boxed{15\pi}$

$=\boxed{45\pi}(\text{cm}^2)$

(4) (겉넓이)=(두 밑면의 넓이의 합)+(옆넓이)

$=(9\pi+36\pi)+45\pi$

$=\boxed{45\pi}+\boxed{45\pi}$

$=\boxed{90\pi}(\text{cm}^2)$

8 (1) (두 밑면의 넓이의 합)$=\pi\times2^2+\pi\times4^2$

$=4\pi+16\pi=20\pi(\text{cm}^2)$

(옆넓이)$=\frac{1}{2}\times6\times(2\pi\times4)-\frac{1}{2}\times3\times(2\pi\times2)$

$=24\pi-6\pi=18\pi(\text{cm}^2)$

∴ (겉넓이)$=20\pi+18\pi=38\pi(\text{cm}^2)$

(2) (두 밑면의 넓이의 합)$=\pi\times3^2+\pi\times5^2$

$=9\pi+25\pi=34\pi(\text{cm}^2)$

(옆넓이)$=\frac{1}{2}\times10\times(2\pi\times5)-\frac{1}{2}\times6\times(2\pi\times3)$

$=50\pi-18\pi=32\pi(\text{cm}^2)$

∴ (겉넓이)$=34\pi+32\pi=66\pi(\text{cm}^2)$

유형 4

P. 94

1 (1) $80\,\text{cm}^3$ (2) $70\pi\,\text{cm}^3$

2 (1) $36\,\text{cm}^2$, $7\,\text{cm}$, $84\,\text{cm}^3$

(2) $10\,\text{cm}^2$, $6\,\text{cm}$, $20\,\text{cm}^3$

(3) $25\pi\,\text{cm}^2$, $12\,\text{cm}$, $100\pi\,\text{cm}^3$

(4) $49\pi\,\text{cm}^2$, $9\,\text{cm}$, $147\pi\,\text{cm}^3$

3 (1) 72, 9, 63 (2) 96π, 12π, 84π

4 (1) $56\,\text{cm}^3$ (2) $105\pi\,\text{cm}^3$

1 (1) (부피)$=\frac{1}{3}\times$(밑넓이)$\times$(높이)

$=\frac{1}{3}\times48\times5$

$=80(\text{cm}^3)$

(2) (부피)$=\frac{1}{3}\times$(밑넓이)$\times$(높이)

$=\frac{1}{3}\times30\pi\times7$

$=70\pi(\text{cm}^3)$

2 (1) (밑넓이)$=6\times6=36(\text{cm}^2)$

(높이)$=7\,\text{cm}$

∴ (부피)$=\frac{1}{3}\times$(밑넓이)$\times$(높이)

$=\frac{1}{3}\times36\times7$

$=84(\text{cm}^3)$

(2) (밑넓이)$=\frac{1}{2}\times5\times4=10(\text{cm}^2)$

(높이)$=6\,\text{cm}$

∴ (부피)$=\frac{1}{3}\times$(밑넓이)$\times$(높이)

$=\frac{1}{3}\times10\times6$

$=20(\text{cm}^3)$

(3) (밑넓이)$=\pi\times5^2=25\pi(\text{cm}^2)$

(높이)$=12\,\text{cm}$

∴ (부피)$=\frac{1}{3}\times$(밑넓이)$\times$(높이)

$=\frac{1}{3}\times25\pi\times12$

$=100\pi(\text{cm}^3)$

(4) (밑넓이)$=\pi\times7^2=49\pi(\text{cm}^2)$

(높이)$=9\,\text{cm}$

∴ (부피)$=\frac{1}{3}\times$(밑넓이)$\times$(높이)

$=\frac{1}{3}\times49\pi\times9$

$=147\pi(\text{cm}^3)$

3 (1) (큰 사각뿔의 부피)$=\frac{1}{3}\times(6\times6)\times6=72(\text{cm}^3)$

(작은 사각뿔의 부피)$=\frac{1}{3}\times(3\times3)\times3=9(\text{cm}^3)$

∴ (부피)=(큰 사각뿔의 부피)−(작은 사각뿔의 부피)

$=\boxed{72}-\boxed{9}=\boxed{63}(\text{cm}^3)$

(2) (큰 원뿔의 부피)$=\frac{1}{3}\times(\pi\times6^2)\times8=96\pi(\text{cm}^3)$

(작은 원뿔의 부피)$=\frac{1}{3}\times(\pi\times3^2)\times4=12\pi(\text{cm}^3)$

∴ (부피)=(큰 원뿔의 부피)−(작은 원뿔의 부피)

$=\boxed{96\pi}-\boxed{12\pi}=\boxed{84\pi}(\text{cm}^3)$

4 (1) (부피)=(큰 사각뿔의 부피)−(작은 사각뿔의 부피)

$=\frac{1}{3}\times(6\times4)\times8-\frac{1}{3}\times(3\times2)\times4$

$=64-8=56(\text{cm}^3)$

(2) (부피)=(큰 원뿔의 부피)−(작은 원뿔의 부피)

$=\frac{1}{3}\times(\pi\times6^2)\times10-\frac{1}{3}\times(\pi\times3^2)\times5$

$=120\pi-15\pi=105\pi(\text{cm}^3)$

쌍둥이 기출문제 P. 95~96

1 ④ **2** $48\pi\text{ cm}^2$ **3** 117 cm^2
4 $99\pi\text{ cm}^2$ **5** (1) 75 cm^3 (2) 93 cm^3
6 (1) $32\pi\text{ cm}^3$ (2) $416\pi\text{ cm}^3$
7 (1) 풀이 참조 (2) $12\pi\text{ cm}^3$ **8** $96\pi\text{ cm}^3$
9 (1) 10 cm^2 (2) 20 cm^3 **10** $\frac{32}{3}\text{ cm}^3$
11 21 cm^3 **12** ①

[1~2] 뿔의 겉넓이

(1) (각뿔의 겉넓이)=(밑넓이)+(옆넓이)

(2) 원뿔의 겉넓이(S)

밑면인 원의 반지름의 길이를 r, 모선의 길이를 l이라고 하면

$S=\pi r^2+\pi rl$

1 (겉넓이)$=3\times3+\left(\frac{1}{2}\times3\times5\right)\times4$

$=9+30=39(\text{cm}^2)$

2 (밑넓이)$=\pi\times4^2=16\pi(\text{cm}^2)$ ⋯ (i)

(옆넓이)$=\frac{1}{2}\times8\times(2\pi\times4)=32\pi(\text{cm}^2)$ ⋯ (ii)

∴ (겉넓이)$=16\pi+32\pi=48\pi(\text{cm}^2)$ ⋯ (iii)

채점 기준	비율
(i) 원뿔의 밑넓이 구하기	40 %
(ii) 원뿔의 옆넓이 구하기	40 %
(iii) 원뿔의 겉넓이 구하기	20 %

[3~4] 뿔대의 겉넓이

(뿔대의 겉넓이)=(두 밑면의 넓이의 합)+(옆넓이)

참고 (원뿔대의 옆넓이)=(큰 부채꼴의 넓이)−(작은 부채꼴의 넓이)

3 (두 밑면의 넓이의 합)$=3\times3+6\times6=45(\text{cm}^2)$

(옆넓이)$=\left\{\frac{1}{2}\times(3+6)\times4\right\}\times4=72(\text{cm}^2)$

∴ (겉넓이)$=45+72=117(\text{cm}^2)$

4 (두 밑면의 넓이의 합)$=\pi\times3^2+\pi\times6^2$

$=9\pi+36\pi=45\pi(\text{cm}^2)$

(옆넓이)$=\frac{1}{2}\times12\times(2\pi\times6)-\frac{1}{2}\times6\times(2\pi\times3)$

$=72\pi-18\pi=54\pi(\text{cm}^2)$

∴ (겉넓이)$=45\pi+54\pi=99\pi(\text{cm}^2)$

[5~8] 뿔과 뿔대의 부피

• 뿔의 부피

(1) 각뿔의 부피(V)

밑넓이를 S, 높이를 h라고 하면 $V=\frac{1}{3}Sh$

(2) 원뿔의 부피(V)

밑면인 원의 반지름의 길이를 r, 높이를 h라고 하면 $V=\frac{1}{3}\pi r^2h$

• 뿔대의 부피

(뿔대의 부피)=(큰 뿔의 부피)−(작은 뿔의 부피)

5 (1) (부피)$=\frac{1}{3}\times(5\times5)\times9=75(\text{cm}^3)$

(2) (큰 사각뿔의 부피)$=\frac{1}{3}\times(7\times7)\times7=\frac{343}{3}(\text{cm}^3)$

(작은 사각뿔의 부피)$=\frac{1}{3}\times(4\times4)\times4=\frac{64}{3}(\text{cm}^3)$

∴ (부피)$=\frac{343}{3}-\frac{64}{3}=93(\text{cm}^3)$

6 (1) (부피)$=\frac{1}{3}\times(\pi\times4^2)\times6=32\pi(\text{cm}^3)$

(2) (큰 원뿔의 부피)$=\frac{1}{3}\times(\pi\times12^2)\times9=432\pi(\text{cm}^3)$

(작은 원뿔의 부피)$=\frac{1}{3}\times(\pi\times4^2)\times3=16\pi(\text{cm}^3)$

∴ (부피)$=432\pi-16\pi=416\pi(\text{cm}^3)$

7 (1) 직각삼각형을 직선 l을 회전축으로 하여 1회전 시킬 때 생기는 회전체의 겨냥도는 오른쪽 그림과 같다. ⋯ (i)

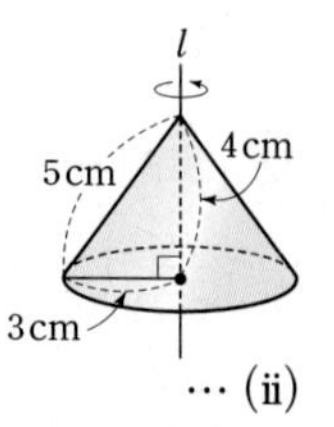

(2) (부피)$=\frac{1}{3}\times(\pi\times3^2)\times4$

$=12\pi(\text{cm}^3)$ ⋯ (ii)

채점 기준	비율
(i) 회전체의 겨냥도 그리기	40 %
(ii) 회전체의 부피 구하기	60 %

8 주어진 평면도형을 직선 l을 회전축으로 하여 1회전 시킬 때 생기는 회전체는 오른쪽 그림과 같으므로

(부피)=(원뿔의 부피)+(원기둥의 부피)

$=\frac{1}{3}\times(\pi\times4^2)\times3$

$\quad+(\pi\times4^2)\times5$

$=16\pi+80\pi=96\pi(\text{cm}^3)$

[9~10] 직육면체에서 잘라 낸 삼각뿔의 부피

(잘라 낸 삼각뿔 G−BCD의 부피)

$=\frac{1}{3}\times(\triangle\text{BCD의 넓이})\times\overline{\text{CG}}$

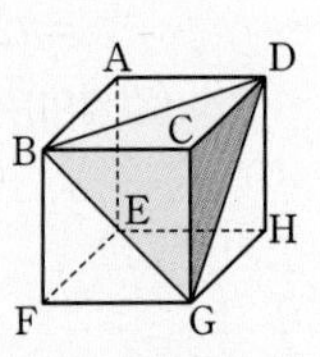

9 (1) $(\triangle\text{BCD의 넓이})=\frac{1}{2}\times\overline{\text{BC}}\times\overline{\text{CD}}$

$=\frac{1}{2}\times5\times4=10(\text{cm}^2)$

(2) (삼각뿔 G−BCD의 부피)

$=\frac{1}{3}\times(\text{밑넓이})\times(\text{높이})$

$=\frac{1}{3}\times(\triangle\text{BCD의 넓이})\times\overline{\text{CG}}$

$=\frac{1}{3}\times10\times6=20(\text{cm}^3)$

10 (삼각뿔 G−BCD의 부피)

$=\frac{1}{3}\times(\text{밑넓이})\times(\text{높이})$

$=\frac{1}{3}\times(\triangle\text{BCD의 넓이})\times\overline{\text{CG}}$

$=\frac{1}{3}\times\left(\frac{1}{2}\times4\times4\right)\times4$

$=\frac{32}{3}(\text{cm}^3)$

[11~12] 그릇에 담긴 물의 부피

직육면체 모양의 그릇에 담긴 물의 부피는 그릇을 기울였을 때 생기는 삼각뿔의 부피와 같다.

11 물의 부피는 삼각뿔의 부피와 같으므로

$(\text{물의 부피})=\frac{1}{3}\times\left(\frac{1}{2}\times6\times7\right)\times3=21(\text{cm}^3)$

12 물의 부피는 삼각뿔의 부피와 같으므로

$(\text{물의 부피})=\frac{1}{3}\times\left(\frac{1}{2}\times50\times30\right)\times10=2500(\text{cm}^3)$

3 구의 겉넓이와 부피

유형 5 P. 97

1 (1) 10^2(또는 100), 400π (2) $324\pi\text{ cm}^2$

2 (1) 72π, 36π, 108π (2) $192\pi\text{ cm}^2$

3 (1) $65\pi\text{ cm}^2$ (2) $50\pi\text{ cm}^2$ (3) $115\pi\text{ cm}^2$

4 (1) $12\pi\text{ cm}^2$ (2) $4\pi\text{ cm}^2$ (3) $16\pi\text{ cm}^2$

1 (1) $(\text{구의 겉넓이})=4\pi\times\boxed{10^2}=\boxed{400\pi}(\text{cm}^2)$

(2) $(\text{구의 겉넓이})=4\pi\times9^2=324\pi(\text{cm}^2)$

2 (1) $(\text{반구의 겉넓이})=\frac{1}{2}\times(\text{구의 겉넓이})+(\text{원의 넓이})$

$=\frac{1}{2}\times(4\pi\times6^2)+\pi\times6^2$

$=\boxed{72\pi}+\boxed{36\pi}=\boxed{108\pi}(\text{cm}^2)$

(2) $(\text{반구의 겉넓이})=\frac{1}{2}\times(\text{구의 겉넓이})+(\text{원의 넓이})$

$=\frac{1}{2}\times(4\pi\times8^2)+\pi\times8^2$

$=128\pi+64\pi=192\pi(\text{cm}^2)$

3 (1) $(\text{원뿔의 옆넓이})=\frac{1}{2}\times13\times(2\pi\times5)=65\pi(\text{cm}^2)$

(2) $(\text{반구 부분의 겉넓이})=\frac{1}{2}\times(4\pi\times5^2)=50\pi(\text{cm}^2)$

(3) $(\text{입체도형의 겉넓이})=65\pi+50\pi=115\pi(\text{cm}^2)$

4 (1) $\left(\text{구의 겉넓이의 }\frac{3}{4}\right)=\frac{3}{4}\times(4\pi\times2^2)=12\pi(\text{cm}^2)$

(2) $(\text{잘린 단면의 넓이의 합})=\left\{\frac{1}{2}\times(\pi\times2^2)\right\}\times2$

$=4\pi(\text{cm}^2)$

(3) $(\text{입체도형의 겉넓이})=12\pi+4\pi=16\pi(\text{cm}^2)$

유형 6 P. 98

1 (1) 9^3(또는 729), 972π (2) $\frac{500}{3}\pi\text{ cm}^3$

2 (1) $\frac{16}{3}\pi$ (2) $\frac{686}{3}\pi\text{ cm}^3$

3 $\frac{63}{2}\pi\text{ cm}^3$

4 (1) $18\pi\text{ cm}^3$ (2) $36\pi\text{ cm}^3$ (3) $54\pi\text{ cm}^3$ (4) 1 : 2 : 3

1 (1) $(\text{구의 부피})=\frac{4}{3}\pi\times\boxed{9^3}=\boxed{972\pi}(\text{cm}^3)$

(2) $(\text{구의 부피})=\frac{4}{3}\pi\times5^3=\frac{500}{3}\pi(\text{cm}^3)$

2 (1) (반구의 부피)$=\frac{1}{2}\times$(구의 부피)

$=\frac{1}{2}\times\left(\frac{4}{3}\pi\times2^3\right)=\boxed{\frac{16}{3}\pi}(\text{cm}^3)$

(2) (반구의 부피)$=\frac{1}{2}\times$(구의 부피)

$=\frac{1}{2}\times\left(\frac{4}{3}\pi\times7^3\right)=\frac{686}{3}\pi(\text{cm}^3)$

3 (부피)$=\frac{7}{8}\times\left(\frac{4}{3}\pi\times3^3\right)=\frac{63}{2}\pi(\text{cm}^3)$

4 (1) (원뿔의 부피)$=\frac{1}{3}\times(\pi\times3^2)\times6=18\pi(\text{cm}^3)$

(2) (구의 부피)$=\frac{4}{3}\pi\times3^3=36\pi(\text{cm}^3)$

(3) (원기둥의 부피)$=(\pi\times3^2)\times6=54\pi(\text{cm}^3)$

(4) $18\pi:36\pi:54\pi=1:2:3$

기출문제 P. 99

1	$144\pi\text{ cm}^2$	2	$300\pi\text{ cm}^2$	3	$132\pi\text{ cm}^2$
4	$68\pi\text{ cm}^2$	5	$216\pi\text{ cm}^3$	6	$\frac{560}{3}\pi\text{ cm}^3$
7	$2:3$	8	$16\pi\text{ cm}^3$		

[1~4] 구의 겉넓이

반지름의 길이가 r인 구의 겉넓이를 S라고 하면

$S=4\pi r^2$

1 구의 반지름의 길이는 $12\times\frac{1}{2}=6(\text{cm})$이므로

(겉넓이)$=4\pi\times6^2=144\pi(\text{cm}^2)$

2 (겉넓이)$=\frac{1}{2}\times(4\pi\times10^2)+\pi\times10^2$

$=200\pi+100\pi=300\pi(\text{cm}^2)$

3 (겉넓이)$=\frac{1}{2}\times4\pi\times6^2+\frac{1}{2}\times10\times(2\pi\times6)$

$=72\pi+60\pi=132\pi(\text{cm}^2)$

4 잘라 낸 부분은 구의 $\frac{1}{8}$이므로 남아 있는 부분은 구의 $\frac{7}{8}$이다.

$\therefore$ (겉넓이)$=\frac{7}{8}\times(4\pi\times4^2)+\frac{3}{4}\times(\pi\times4^2)$

$=56\pi+12\pi=68\pi(\text{cm}^2)$

[5~6] 구의 부피

반지름의 길이가 r인 구의 부피를 V라고 하면

$V=\frac{4}{3}\pi r^3$

5 잘라 낸 부분은 구의 $\frac{1}{4}$이므로 남아 있는 부분은 구의 $\frac{3}{4}$이다.

$\therefore$ (부피)$=\frac{3}{4}\times\left(\frac{4}{3}\pi\times6^3\right)=216\pi(\text{cm}^3)$

6 (입체도형의 부피)=(작은 반구의 부피)+(큰 반구의 부피)

$=\frac{1}{2}\times\left(\frac{4}{3}\pi\times4^3\right)+\frac{1}{2}\times\left(\frac{4}{3}\pi\times6^3\right)$

$=\frac{128}{3}\pi+144\pi$

$=\frac{560}{3}\pi(\text{cm}^3)$

[7~8] 원뿔, 구, 원기둥의 부피 사이의 관계

(원뿔의 부피) : (구의 부피) : (원기둥의 부피)$=1:2:3$

7 (구의 부피)$=\frac{4}{3}\pi\times6^3=288\pi(\text{cm}^3)$

(원기둥의 부피)$=(\pi\times6^2)\times12=432\pi(\text{cm}^3)$

$\therefore$ (구의 부피) : (원기둥의 부피)$=288\pi:432\pi=2:3$

8 원뿔의 밑면인 원의 반지름의 길이를 r cm라고 하면

원뿔의 높이는 $2r$ cm이고, 부피는 $\frac{16}{3}\pi\text{ cm}^3$이므로

$\frac{1}{3}\times\pi r^2\times2r=\frac{16}{3}\pi$

$\frac{2}{3}\pi r^3=\frac{16}{3}\pi$, $r^3=8=2^3$

$\therefore r=2$

따라서 밑면인 원의 반지름의 길이가 2 cm이므로

(원기둥의 부피)$=(\pi\times2^2)\times4$

$=16\pi(\text{cm}^3)$

다른 풀이

(원뿔의 부피) : (원기둥의 부피)$=1:3$이므로

$\frac{16}{3}\pi$: (원기둥의 부피)$=1:3$

$\therefore$ (원기둥의 부피)$=\frac{16}{3}\pi\times3=16\pi(\text{cm}^3)$

단원 마무리 P. 100~101

1	$100\pi\text{ cm}^2$	2	③	3	$\frac{100}{3}\pi\text{ cm}^3$
4	15 cm	5	$\frac{485}{3}\text{ cm}^3$	6	6 cm
7	③	8	⑤	9	②

1 (겉넓이)$=(\pi\times5^2)\times2+(2\pi\times5)\times5$
$=50\pi+50\pi$
$=100\pi(\text{cm}^2)$

2 (밑넓이)$=4\times3-\pi\times1^2$
$=12-\pi(\text{cm}^2)$
(옆넓이)$=(4+3+4+3)\times5+(2\pi\times1)\times5$
$=70+10\pi(\text{cm}^2)$
$\therefore$ (겉넓이)$=(12-\pi)\times2+70+10\pi$
$=94+8\pi(\text{cm}^2)$

3 (부피)$=\left(\pi\times5^2\times\frac{60}{360}\right)\times8$
$=\frac{100}{3}\pi(\text{cm}^3)$

4 원뿔의 모선의 길이를 $l$cm라고 하면
$\pi\times6^2+\frac{1}{2}\times l\times(2\pi\times6)=126\pi$
$36\pi+6\pi l=126\pi$
$6\pi l=90\pi$ $\quad\therefore l=15$
따라서 원뿔의 모선의 길이는 15 cm이다.

5 (부피)=(큰 사각뿔의 부피)−(작은 사각뿔의 부피)
$=\frac{1}{3}\times(8\times8)\times8-\frac{1}{3}\times(3\times3)\times3$
$=\frac{512}{3}-9$
$=\frac{485}{3}(\text{cm}^3)$

6 정육면체의 한 모서리의 길이를 $a$cm라고 하면
(삼각뿔 F−ABC의 부피)
$=\frac{1}{3}\times(\triangle\text{ABC}$의 넓이$)\times\overline{\text{BF}}$
$=\frac{1}{3}\times\left(\frac{1}{2}\times a\times a\right)\times a$
$=\frac{1}{6}a^3(\text{cm}^3)$ $\cdots$ (i)
이때 삼각뿔 F−ABC의 부피가 36 cm³이므로
$\frac{1}{6}a^3=36,\ a^3=216=6^3$
$\therefore a=6$
따라서 정육면체의 한 모서리의 길이는 6 cm이다. $\cdots$ (ii)

채점 기준	비율
(i) 삼각뿔 F−ABC의 부피를 a를 사용하여 나타내기	50 %
(ii) 정육면체의 한 모서리의 길이 구하기	50 %

7 (겉넓이)$=\pi\times3^2+\frac{1}{2}\times(4\pi\times3^2)$
$=9\pi+18\pi$
$=27\pi(\text{cm}^2)$

8 (부피)=(두 반구의 부피)+(원기둥의 부피)
$=\left\{\frac{1}{2}\times\left(\frac{4}{3}\pi\times3^3\right)\right\}\times2+(\pi\times3^2)\times4$
$=36\pi+36\pi$
$=72\pi(\text{cm}^3)$

9 (그릇에 남아 있는 물의 부피)
=(원기둥 모양의 그릇의 부피)−(구 모양의 공의 부피)
$=(\pi\times5^2)\times10-\frac{4}{3}\pi\times5^3$
$=250\pi-\frac{500}{3}\pi$
$=\frac{250}{3}\pi(\text{cm}^3)$

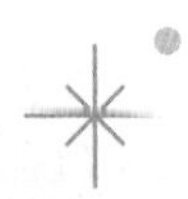

1 줄기와 잎 그림, 도수분포표

유형 1 P. 104

1 주민들의 나이

(1|0은 10세)

줄기	잎
1	0 1 3 5 6 7
2	1 3 4 4 9
3	3 5 6 7 7 8 8
4	0 1 2 4
5	2 7

2 (1) 십, 일 (2) 3, 4, 5, 24 (3) 3, 4, 4, 9

3 2 4 20명 5 6명 6 34회

4 전체 학생 수는 전체 잎의 개수와 같으므로
$4+6+7+3=20$(명)

5 제기차기 기록이 10회 이상 20회 미만인 학생 수는 줄기 1에 해당하는 잎의 개수와 같은 6명이다.

6 제기차기를 가장 많이 한 학생의 횟수는 35회,
제기차기를 가장 적게 한 학생의 횟수는 1회이므로
그 차는 $35-1=34$(회)

유형 2 P. 105

1

봉사 활동 시간(시간)	학생 수(명)	
$0^{이상}\sim 4^{미만}$	/	1
$4 \sim 8$	𝍸 ///	8
$8 \sim 12$	𝍸 𝍸 /	11
$12 \sim 16$	𝍸	5
$16 \sim 20$	//	2
합계	27	

2 (1) 5 (2) 4 (3) 11, 8, 12

3 6권 4 12권 이상 18권 미만

5 18명 6 6권 이상 12권 미만

2 (1) 계급의 개수는 $0^{이상}\sim 4^{미만}$, $4\sim 8$, $8\sim 12$, $12\sim 16$, $16\sim 20$의 5개이다.
(2) (계급의 크기)$=4-0=8-4=\cdots=20-16=4$(시간)

3 (계급의 크기)$=6-0=12-6=\cdots=30-24=6$(권)

4 대출한 책의 수가 13권인 학생이 속하는 계급은 12권 이상 18권 미만이다.

5 대출한 책의 수가 18권 이상 24권 미만인 학생이 10명, 24권 이상 30권 미만인 학생이 8명이므로 대출한 책의 수가 18권 이상인 학생은
$10+8=18$(명)

6 대출한 책의 수가 적은 계급부터 학생 수를 차례로 나열하면
0권 이상 6권 미만: 4명
6권 이상 12권 미만: 2명
따라서 대출한 책의 수가 적은 쪽에서 6번째인 학생이 속하는 계급은 6권 이상 12권 미만이다.

쌍둥이 기출문제 P. 106~107

1 (1) 70점대 (2) 89점 (3) 10명

2 ④ 3 ④ 4 ②, ④

5 (1) 5개 (2) 0.5 kg (3) 2명
(4) 3.0 kg 이상 3.5 kg 미만 (5) 20 %

6 ③, ⑤ 7 (1) 7명 (2) 8명

8 $A=9$, $B=8$

[1~2] 줄기와 잎 그림

(단위: 회)

26 10 13 22
21 22 17 30
28 35 19 36

변량 ⇨

(1|0은 10회)

줄기	잎
1	0 3 7 9
2	1 2 2 6 8
3	0 5 6

1 (1) 잎이 가장 많은 줄기는 7이므로 학생 수가 가장 많은 점수대는 70점대이다.
(2) 수학 성적이 높은 학생의 성적부터 차례로 나열하면 98점, 97점, 95점, 89점, …이므로 수학 성적이 높은 쪽에서 4번째인 학생의 수학 성적은 89점이다.
(3) 수학 성적이 77점 이상 84점 이하인 학생 수는 77점, 78점, 78점, 79점, 79점, 81점, 82점, 83점, 84점, 84점의 10명이다.

2 ① 잎이 가장 많은 줄기는 잎의 개수가 7개인 줄기 3이다.
② 전체 학생 수는 전체 잎의 개수와 같으므로
$4+5+7+4=20$(명)
③ 인터넷 사용 시간이 가장 긴 학생의 인터넷 사용 시간은 줄기가 4이고 잎이 8이므로 48분이다.
④ 인터넷 사용 시간이 34분 이상인 학생은 34분, 35분, 36분, 37분, 40분, 41분, 45분, 48분의 8명이므로
전체의 $\frac{8}{20}\times 100=40(\%)$이다.
⑤ 인터넷 사용 시간이 많은 학생의 인터넷 사용 시간부터 차례로 나열하면 48분, 45분, 41분, …이므로 인터넷 사용 시간이 많은 쪽에서 3번째인 학생의 인터넷 사용 시간은 41분이다.
따라서 옳지 않은 것은 ④이다.

[3~8] 도수분포표

횟수(회)	학생 수(명)
(계급) $10^{이상}\sim 20^{미만}$	3 (도수)
$20\sim 30$	5
$30\sim 40$	2
합계	10

(1) 계급의 개수: $10^{이상}\sim 20^{미만}$, $20\sim 30$, $30\sim 40$의 3개
(2) 계급의 크기: $20-10=30-20=40-30=10$(회)
(3) (어떤 계급이 차지하는 비율)$=\frac{(\text{그 계급의 도수})}{(\text{도수의 총합})}\times 100(\%)$

4 ② 변량을 나눈 구간의 너비를 계급의 크기라고 한다.
④ 도수분포표에서 각 변량의 정확한 값을 알 수 없다.

5 (1) 계급의 개수는 $2.0^{이상}\sim 2.5^{미만}$, $2.5\sim 3.0$, $3.0\sim 3.5$, $3.5\sim 4.0$, $4.0\sim 4.5$의 5개이다.
(2) (계급의 크기)$=2.5-2.0=3.0-2.5=\cdots=4.5-4.0$
$=0.5(\text{kg})$
(3) 몸무게가 2.5 kg 이상 3.0 kg 미만인 신생아 수는
$15-(1+5+4+3)=2$(명)
(4) 몸무게가 3.5 kg 이상인 신생아 수는 $4+3=7$(명), 3.0 kg 이상인 신생아 수는 $5+7=12$(명)이므로 몸무게가 무거운 쪽에서 8번째인 신생아가 속하는 계급은 3.0 kg 이상 3.5 kg 미만이다.
(5) 몸무게가 3.0 kg 미만인 신생아는 $1+2=3$(명)이므로
전체의 $\frac{3}{15}\times 100=20(\%)$이다.

6 ① (계급의 크기)$=20-10=30-20=\cdots=70-60=10$(개)
② $x=30-(2+3+9+6+3)=7$
③ 도수가 가장 큰 계급은 도수가 9회인 40개 이상 50개 미만이다.
④ 던진 공의 개수가 40개 미만인 경기 수는
$2+3+7=12$(회)
⑤ 던진 공의 개수가 50개 이상인 경기는 $6+3=9$(회)이므로
전체의 $\frac{9}{30}\times 100=30(\%)$이다.
따라서 옳지 않은 것은 ③, ⑤이다.

7 (1) 기록이 24 m 이상 28 m 미만인 학생이 전체의 20 %이므로 그 수는
$35\times\frac{20}{100}=7$(명)
(2) 기록이 32 m 이상 36 m 미만인 학생 수는
$35-(2+7+14+4)=8$(명)

8 대기 시간이 15분 이상인 방문객이 전체의 40 %이므로 그 수는
$30\times\frac{40}{100}=12$(명)
$\therefore B=12-4=8$ … (i)
$\therefore A=30-(3+6+8+4)=9$ … (ii)

채점 기준	비율
(i) B의 값 구하기	60 %
(ii) A의 값 구하기	40 %

2 히스토그램과 도수분포다각형

유형 3 P. 108

1 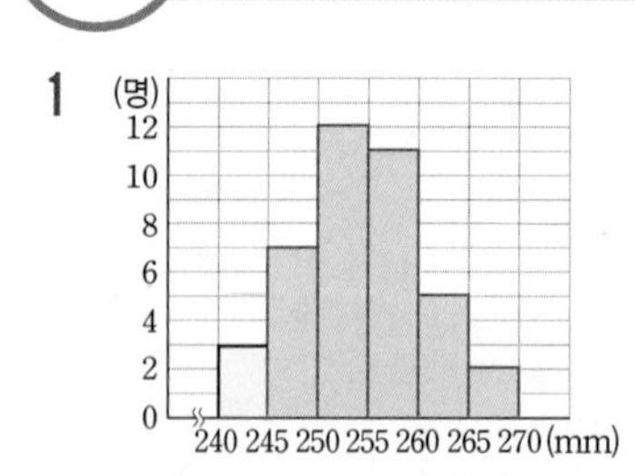

2 30분, 6개 **3** 150분 이상 180분 미만
4 30명 **5** 10 % **6** 900

2 계급의 크기는 직사각형의 가로의 길이와 같으므로
$30-0=60-30=\cdots=180-150=30$(분)이고,
계급의 개수는 직사각형의 개수와 같으므로
$0^{이상}\sim 30^{미만}$, $30\sim 60$, $60\sim 90$, $90\sim 120$, $120\sim 150$, $150\sim 180$의 6개이다.

3 도수가 가장 작은 계급은 도수가 1명인 150분 이상 180분 미만이다.

4 반 전체 학생 수는
$3+5+9+10+2+1=30$(명)

5 컴퓨터 사용 시간이 120분 이상 180분 미만인 학생은
$2+1=3$(명)이므로
전체의 $\frac{3}{30}\times100=10(\%)$이다.

6 (모든 직사각형의 넓이의 합)
$=$(계급의 크기)$\times$(도수의 총합)
$=30\times30=900$

유형 4 P. 109

1

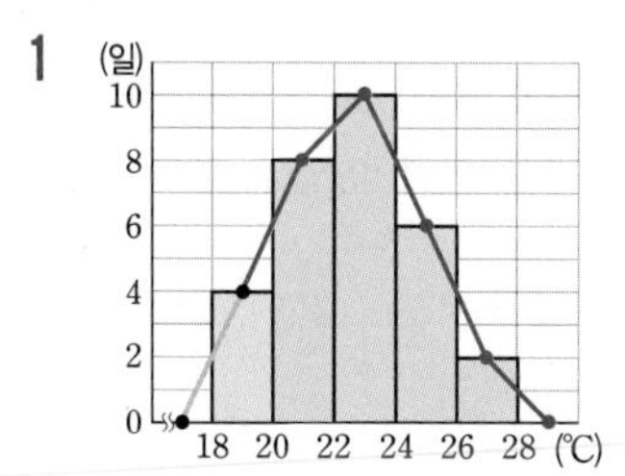

2 4만 원, 6개 **3** 16만 원 이상 20만 원 미만
4 40명 **5** 30 % **6** 160

2 계급의 크기는 $8-4=12-8=\cdots=28-24=4$(만 원)이고, 계급의 개수는 $4^{이상}\sim8^{미만}$, $8\sim12$, $12\sim16$, $16\sim20$, $20\sim24$, $24\sim28$의 6개이다.

3 도수가 가장 큰 계급은 도수가 11명인 16만 원 이상 20만 원 미만이다.

4 반 전체 학생 수는
$3+4+10+11+7+5=40$(명)

5 저축한 금액이 20만 원 이상 28만 원 미만인 학생은
$7+5=12$(명)이므로
전체의 $\frac{12}{40}\times100=30(\%)$이다.

6 (도수분포다각형과 가로축으로 둘러싸인 도형의 넓이)
$=$(계급의 크기)$\times$(도수의 총합)
$=(8-4)\times40$
$=4\times40=160$

한 번 더 연습 P. 110

1 8명 **2** 25명 **3** 40분 이상 50분 미만
4 36 % **5** ㄱ, ㄴ, ㄹ **6** 40명
7 70점 이상 80점 미만 **8** 45 % **9** 400
10 ㄱ, ㄹ

1 관람 시간이 35분인 관람객이 속하는 계급은 30분 이상 40분 미만이므로 이 계급의 도수는 8명이다.

2 전체 관람객 수는
$3+6+8+7+1=25$(명)

3 관람 시간이 50분 이상인 관람객은 1명, 40분 이상인 관람객은 $7+1=8$(명)이므로 관람 시간이 많은 쪽에서 5번째인 관람객이 속하는 계급은 40분 이상 50분 미만이다.

4 관람 시간이 30분 미만인 관람객은 $3+6=9$(명)이므로
전체의 $\frac{9}{25}\times100=36(\%)$이다.

5 ㄷ. 히스토그램에서 각 계급에 속하는 변량의 정확한 값은 알 수 없으므로 우유를 가장 많이 마시는 학생이 마신 우유의 양은 알 수 없다.

6 반 전체 학생 수는
$2+6+14+11+7=40$(명)

7 영어 성적이 60점 미만인 학생은 2명, 70점 미만인 학생은 $2+6=8$(명), 80점 미만인 학생은 $8+14=22$(명)이므로 영어 성적이 낮은 쪽에서 9번째인 학생이 속하는 계급은 70점 이상 80점 미만이다.

8 영어 성적이 80점 이상인 학생은 $11+7=18$(명)이므로
전체의 $\frac{18}{40}\times100=45(\%)$이다.

9 (도수분포다각형과 가로축으로 둘러싸인 도형의 넓이)
$=$(계급의 크기)$\times$(도수의 총합)
$=(60-50)\times40$
$=10\times40$
$=400$

10 ㄱ. 방문 횟수가 24회 이상인 학생 수는 $3+2=5$(명)이다.
ㄴ, ㄹ. 전체 학생 수는 $2+5+7+11+5+3+2=35$(명)이고, 방문 횟수가 12회 미만인 학생은 $2+5=7$(명)이므로 전체의 $\frac{7}{35}\times100=20(\%)$이다.
ㄷ. 방문 횟수가 13회인 학생이 속하는 계급은 12회 이상 16회 미만이므로 이 계급의 도수는 7명이다.
따라서 옳지 않은 것은 ㄱ, ㄹ이다.

기출문제 P. 111~112

1 (1) 32명 (2) 64 **2** 120
3 (1) 9명 (2) 40 % **4** 25 %
5 (1) 20명 (2) 75회 이상 80회 미만 (3) 30 %
6 ④ **7** (1) 10명 (2) 15명
8 12명

[1~4] 히스토그램

횟수(회)	학생 수(명)
10이상~20미만	3
20 ~30	5
30 ~40	2
합계	10

⇨

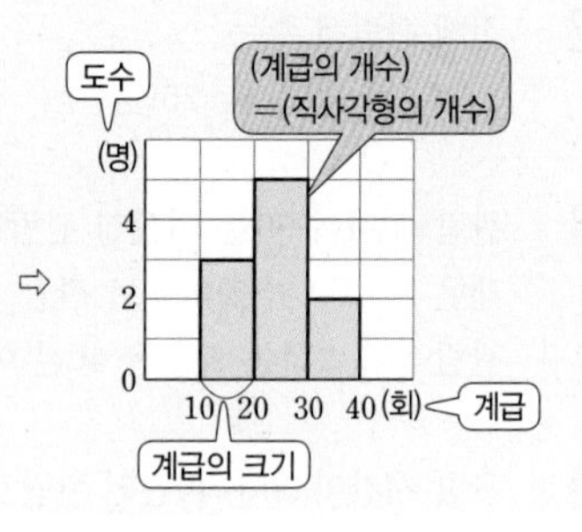

1 (1) $2+6+11+8+5=32$(명)
(2) (모든 직사각형의 넓이의 합)
$=$(계급의 크기)$\times$(도수의 총합)
$=(4-2)\times 32$
$=2\times 32=64$

2 도수가 가장 큰 계급은 도수가 12명인 70점 이상 80점 미만이므로
(구하는 직사각형의 넓이)
$=$(계급의 크기)$\times$(도수)
$=(80-70)\times 12$
$=10\times 12=120$

3 (1) $35-(3+8+10+5)=9$(명)
(2) 키가 160 cm 이상 170 cm 미만인 학생이 9명, 170 cm 이상 180 cm 미만인 학생이 5명이다.
따라서 키가 160 cm 이상인 학생은 $9+5=14$(명)이므로 전체의 $\frac{14}{35}\times 100=40(\%)$이다.

4 운동 시간이 7시간 이상 8시간 미만인 학생 수는
$40-(5+3+7+9+6)=10$(명) … (i)
따라서 운동 시간이 7시간 이상 8시간 미만인 학생은 전체의 $\frac{10}{40}\times 100=25(\%)$이다. … (ii)

채점 기준	비율
(i) 운동 시간이 7시간 이상 8시간 미만인 학생 수 구하기	50 %
(ii) 운동 시간이 7시간 이상 8시간 미만인 학생은 전체의 몇 %인지 구하기	50 %

[5~8] 히스토그램 ⇨ 도수분포다각형

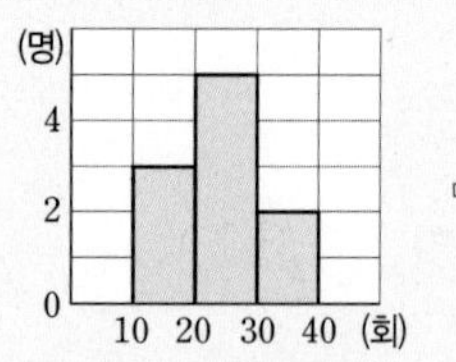

⇨
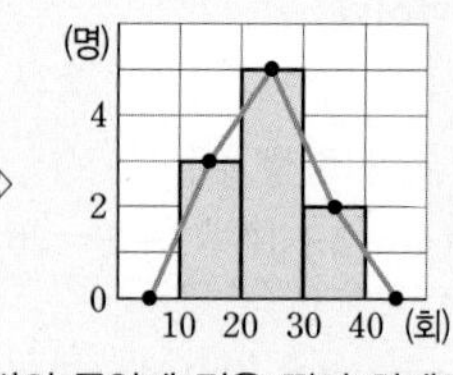

(1) 히스토그램의 각 직사각형의 윗변의 중앙에 점을 찍어 차례로 선분으로 연결 ⇨ 도수분포다각형
(2) 히스토그램과 도수분포다각형에서는 같은 정보를 얻을 수 있다.

5 (1) $2+4+8+3+3=20$(명)
(2) 도수가 가장 큰 계급의 도수는 8명이고, 도수가 두 번째로 큰 계급의 도수는 4명이므로 구하는 계급은 75회 이상 80회 미만이다.
(3) 1분당 맥박 수가 85회 이상인 학생은 $3+3=6$(명)이므로 전체의 $\frac{6}{20}\times 100=30(\%)$이다.

6 ① 계급의 개수는 $20^{이상}\sim 30^{미만}$, $30\sim 40$, $40\sim 50$, $50\sim 60$, $60\sim 70$, $70\sim 80$의 6개이다.
② 전체 학생 수는
$3+7+9+12+10+4=45$(명)
③ 도수가 가장 큰 계급은 도수가 12명인 50분 이상 60분 미만이다.
④ (도수분포다각형과 가로축으로 둘러싸인 도형의 넓이)
$=$(계급의 크기)$\times$(도수의 총합)
$=(30-20)\times 45$
$=10\times 45$
$=450$
⑤ TV 시청 시간이 60분 이상인 학생 수는
$10+4=14$(명)
따라서 옳지 않은 것은 ④이다.

7 (1) 여행을 다녀온 횟수가 8회 이상 10회 미만인 학생 수는
$40\times\frac{25}{100}=10$(명)
(2) 여행을 다녀온 횟수가 6회 이상 8회 미만인 학생 수는
$40-(3+6+10+4+2)=15$(명)

8 미술 성적이 70점 이상 80점 미만인 학생 수는
$45\times\frac{20}{100}=9$(명) … (i)
따라서 미술 성적이 60점 이상 70점 미만인 학생 수는
$45-(2+7+9+9+5+1)=12$(명) … (ii)

채점 기준	비율
(i) 미술 성적이 70점 이상 80점 미만인 학생 수 구하기	50 %
(ii) 미술 성적이 60점 이상 70점 미만인 학생 수 구하기	50 %

3 상대도수와 그 그래프

유형 5 P. 113

1 풀이 참조 2 1
3 (1) 0.3, 9 (2) 0.48, 25
4 $A=20$, $B=0.15$, $C=5$, $D=2$
5 0.3 6 15 %

1

줄넘기 기록(회)	학생 수(명)	상대도수
80이상 ~ 100미만	4	$\frac{4}{50}=0.08$
100 ~ 120	6	$\frac{6}{50}=0.12$
120 ~ 140	16	$\frac{16}{50}=0.32$
140 ~ 160	14	$\frac{14}{50}=0.28$
160 ~ 180	8	$\frac{8}{50}=0.16$
180 ~ 200	2	$\frac{2}{50}=0.04$
합계	50	A

2 상대도수의 총합은 항상 1이므로 $A=1$

3 (1) (계급의 도수)=(도수의 총합)×(그 계급의 상대도수)
$=30\times\boxed{0.3}=\boxed{9}$
(2) (도수의 총합)$=\dfrac{\text{(그 계급의 도수)}}{\text{(어떤 계급의 상대도수)}}=\dfrac{12}{\boxed{0.48}}$
$=\boxed{25}$

4 국어 성적이 80점 이상 85점 미만인 계급의 도수가 4명이고, 이 계급의 상대도수가 0.2이므로
$\frac{4}{A}=0.2$ $\therefore A=\frac{4}{0.2}=20$
$B=\frac{3}{20}=0.15$
$C=20\times0.25=5$
$D=20\times0.1=2$
참고 $\frac{4}{0.2}=4\div0.2=4\div\frac{2}{10}=4\times\frac{10}{2}=20$

5 도수가 가장 큰 계급은 도수가 6명인 85점 이상 90점 미만이므로 이 계급의 상대도수는 0.3이다.

6 국어 성적이 75점 이상 80점 미만인 계급의 상대도수가 0.15이므로
전체의 $0.15\times100=15(\%)$이다.
다른 풀이 $\frac{3}{20}\times100=15(\%)$
참고 (백분율)=(상대도수)×100(%)

유형 6 P. 114

1
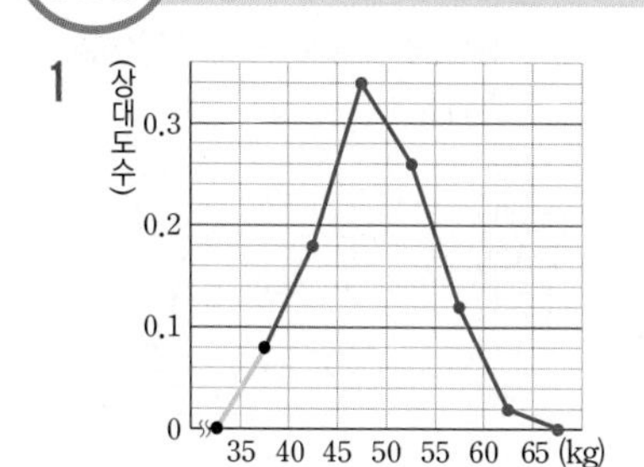

2 13명 3 52 % 4 0.05 5 21명 6 20 %
7 15명

2 몸무게가 50 kg 이상 55 kg 미만인 계급의 상대도수는 0.26이고, 전체 학생 수는 50명이므로 이 계급의 학생 수는
$50\times0.26=13$(명)

3 몸무게가 40 kg 이상 50 kg 미만인 계급의 상대도수의 합은
$0.18+0.34=0.52$이므로 전체의 $0.52\times100=52(\%)$이다.

4 각 계급의 상대도수는 그 계급의 도수에 정비례하므로 도수가 가장 작은 계급은 상대도수가 가장 작은 계급이다.
따라서 도수가 가장 작은 계급은 150 cm 이상 155 cm 미만이므로 이 계급의 상대도수는 0.05이다.

5 상대도수가 가장 큰 계급의 상대도수는 0.35이고, 전체 학생 수는 60명이므로 이 계급의 도수는
$60\times0.35=21$(명)

6 키가 160 cm 미만인 계급의 상대도수의 합은
$0.05+0.15=0.2$이므로
전체의 $0.2\times100=20(\%)$이다.

7 키가 170 cm 이상인 계급의 상대도수의 합은
$0.15+0.1=0.25$이므로
$60\times0.25=15$(명)

유형 7 P. 115

1 풀이 참조 2 30분 이상 40분 미만
3 B 중학교 4 A 모둠
5 8시간 이상 9시간 미만, 9시간 이상 10시간 미만
6 B 모둠

1

걸리는 시간(분)	A 중학교		B 중학교	
	학생 수(명)	상대도수	학생 수(명)	상대도수
10이상 ~ 20미만	40	0.08	8	0.02
20 ~ 30	90	$\frac{90}{500}=0.18$	20	$\frac{20}{400}=0.05$
30 ~ 40	150	$\frac{150}{500}=0.3$	120	$\frac{120}{400}=0.3$
40 ~ 50	130	$\frac{130}{500}=0.26$	128	$\frac{128}{400}=0.32$
50 ~ 60	80	$\frac{80}{500}=0.16$	100	$\frac{100}{400}=0.25$
60 ~ 70	10	$\frac{10}{500}=0.02$	24	$\frac{24}{400}=0.06$
합계	500	1	400	1

3 등교하는 데 걸리는 시간이 40분 이상 50분 미만인 계급의 상대도수는
A 중학교: 0.26, B 중학교: 0.32
따라서 등교하는 데 걸리는 시간이 40분 이상 50분 미만인 학생의 비율은 B 중학교가 더 높다.

4 공부 시간이 7시간 미만인 계급들의 상대도수는 모두 A 모둠이 B 모둠보다 더 크므로 그 계급에 속하는 학생의 비율은 A 모둠이 B 모둠보다 더 높다.

6 B 모둠에 대한 그래프가 A 모둠에 대한 그래프보다 전체적으로 오른쪽으로 치우쳐 있으므로 공부 시간은 B 모둠이 A 모둠보다 대체적으로 더 많다고 할 수 있다.

쌍둥이 기출문제 P. 116~118

1 (1) 40명 (2) 0.2 **2** (1) 20명 (2) 0.3
3 (1) $A=0.1$, $B=12$, $C=1$ (2) 20 %
4 (1) 50명 (2) $A=0.1$, $B=15$, $C=0.2$ (3) 64 %
5 (1) 7명 (2) 0.16 **6** (1) 18그루 (2) 0.25
7 (1) 40명 (2) 14명 **8** 6명
9 (1) 1학년 (2) 2개 **10** (1) A 중학교 (2) 3개
11 (1) 5명 (2) B반 **12** ㄹ, ㅁ

[1~2] 상대도수
(1) (어떤 계급의 상대도수)$=\frac{\text{(그 계급의 도수)}}{\text{(도수의 총합)}}$
(2) 상대도수의 총합은 항상 1이고,
상대도수는 0 이상이고 1 이하의 수이다.
(3) 각 계급의 상대도수는 그 계급의 도수에 정비례한다.

1 (1) $2+5+9+12+8+4=40$(명)
(2) 체육 실기 점수가 30점 이상 35점 미만인 계급의 도수는 8명이므로 이 계급의 상대도수는
$\frac{8}{40}=0.2$

2 (1) $2+2+5+6+3+2=20$(명)
(2) 버스를 기다린 시간이 14분인 승객이 속하는 계급은 12분 이상 15분 미만이고, 이 계급의 도수는 6명이다.
따라서 버스를 기다린 시간이 14분인 승객이 속하는 계급의 상대도수는
$\frac{6}{20}=0.3$

[3~4] 상대도수의 분포표
상대도수의 분포표: 각 계급의 상대도수를 나타낸 표

계급	도수	상대도수
	☆	$\frac{☆}{S}$
	△	$\frac{△}{S}$
	□	$\frac{□}{S}$
합계	S	1

상대도수 ← $\frac{\text{(도수)}}{\text{(도수의 총합)}}$
(도수의 총합)×(상대도수) → 도수
S → ☆+△+□$=S$
1 → $\frac{☆}{S}+\frac{△}{S}+\frac{□}{S}=\frac{☆+△+□}{S}=\frac{S}{S}=1$

3 (1) $A=\frac{4}{40}=0.1$
$B=40\times0.3=12$
상대도수의 총합은 항상 1이므로
$C=1$
(2) 기록이 19초 이상 20초 미만인 계급의 도수는 2명이므로 이 계급의 상대도수는
$\frac{2}{40}=0.05$
기록이 18초 이상인 계급의 상대도수의 합은
$0.15+0.05=0.2$이므로
전체의 $0.2\times100=20(\%)$이다.

4 (1) 윗몸일으키기 기록이 10회 이상 20회 미만인 계급의 도수는 12명이고, 이 계급의 상대도수는 0.24이므로
(전체 학생 수)$=\frac{12}{0.24}=50$(명)
(2) $A=\frac{5}{50}=0.1$
$B=50\times0.3=15$
$C=1-(0.1+0.24+0.3+0.16)=0.2$
(3) 윗몸일으키기 기록이 30회 미만인 계급의 상대도수의 합은
$0.1+0.24+0.3=0.64$이므로
전체의 $0.64\times100=64(\%)$이다.

[5~8] 상대도수의 분포를 나타낸 그래프
가로축에는 각 계급의 양 끝 값을, 세로축에는 상대도수를 차례로 표시하여 히스토그램이나 도수분포다각형과 같은 모양으로 나타낸 그래프

5 (1) 상대도수가 가장 큰 계급은 160 cm 이상 180 cm 미만이므로 이 계급의 도수는
$25\times0.28=7$(명)
(2) 기록이 240 cm 이상 260 cm 미만인 학생 수는
$25\times0.04=1$(명)
기록이 220 cm 이상 240 cm 미만인 학생 수는
$25\times0.16=4$(명)
따라서 기록이 좋은 쪽에서 5번째인 학생이 속하는 계급은 220 cm 이상 240 cm 미만이므로 이 계급의 상대도수는 0.16이다.

6 (1) 상대도수가 가장 큰 계급은 15년 이상 20년 미만이므로 이 계급의 도수는
$60\times0.3=18$(그루)
(2) 나이가 30년 이상 35년 미만인 나무의 수는
$60\times0.05=3$(그루)
나이가 25년 이상 30년 미만인 나무의 수는
$60\times0.2=12$(그루)
나이가 20년 이상 25년 미만인 나무의 수는
$60\times0.25=15$(그루)
따라서 나이가 많은 쪽에서 16번째인 나무가 속하는 계급은 20년 이상 25년 미만이므로 이 계급의 상대도수는 0.25이다.

7 (1) 과학 성적이 70점 이상 80점 미만인 계급의 도수는 10명이고, 이 계급의 상대도수는 0.25이므로
(전체 학생 수)$=\frac{10}{0.25}=40$(명)
(2) 과학 성적이 80점 이상 90점 미만인 계급의 상대도수는
$1-(0.05+0.2+0.25+0.15)=0.35$
따라서 과학 성적이 80점 이상 90점 미만인 학생 수는
$40\times0.35=14$(명)

8 독서 시간이 8시간 이상 10시간 미만인 계급의 도수는 4명이고, 이 계급의 상대도수는 0.2이므로
(전체 학생 수)$=\frac{4}{0.2}=20$(명) … (i)
독서 시간이 6시간 이상 8시간 미만인 계급의 상대도수는
$1-(0.05+0.25+0.2+0.2)=0.3$ … (ii)
따라서 독서 시간이 6시간 이상 8시간 미만인 학생 수는
$20\times0.3=6$(명) … (iii)

채점 기준	비율
(i) 전체 학생 수 구하기	30 %
(ii) 독서 시간이 6시간 이상 8시간 미만인 계급의 상대도수 구하기	30 %
(iii) 독서 시간이 6시간 이상 8시간 미만인 학생 수 구하기	40 %

[9~12] 도수의 총합이 다른 두 집단의 분포 비교
(1) 어떤 계급에 속하는 학생의 비율을 비교할 때는 상대도수를 비교한다.
(2) 두 집단 중 변량이 대체적으로 큰(작은) 것을 찾을 때는 그래프가 전체적으로 어느 쪽으로 치우쳐 있는지를 확인한다.

9 각 계급의 상대도수를 구하면 다음 표와 같다.

책의 수(권)	상대도수	
	1학년	2학년
2이상 ~ 4미만	$\frac{4}{40}=0.1$	$\frac{6}{50}=0.12$
4 ~ 6	$\frac{10}{40}=0.25$	$\frac{8}{50}=0.16$
6 ~ 8	$\frac{14}{40}=0.35$	$\frac{17}{50}=0.34$
8 ~ 10	$\frac{8}{40}=0.2$	$\frac{10}{50}=0.2$
10 ~ 12	$\frac{4}{40}=0.1$	$\frac{9}{50}=0.18$
합계	1	1

(1) 두 학년에서 읽은 책의 수가 6권 이상 8권 미만인 계급의 상대도수는 각각 다음과 같다.
1학년: 0.35, 2학년: 0.34
따라서 이 계급의 상대도수는 1학년이 2학년보다 더 크므로 읽은 책의 수가 6권 이상 8권 미만인 회원의 비율은 1학년이 2학년보다 더 높다.
(2) 읽은 책의 수에 대한 회원의 비율이 1학년보다 2학년이 더 높은 계급은 2권 이상 4권 미만, 10권 이상 12권 미만의 2개이다.

10 각 계급의 상대도수를 구하면 다음 표와 같다.

최고 기록(kg)	상대도수	
	A 중학교	B 중학교
100이상 ~ 120미만	$\frac{2}{25}=0.08$	$\frac{3}{20}=0.15$
120 ~ 140	$\frac{11}{25}=0.44$	$\frac{9}{20}=0.45$
140 ~ 160	$\frac{5}{25}=0.2$	$\frac{5}{20}=0.25$
160 ~ 180	$\frac{4}{25}=0.16$	$\frac{2}{20}=0.1$
180 ~ 200	$\frac{3}{25}=0.12$	$\frac{1}{20}=0.05$
합계	1	1

(1) 두 중학교에서 기록이 160 kg 이상 180 kg 미만인 계급의 상대도수는 각각 다음과 같다.
A 중학교: 0.16, B 중학교: 0.1
따라서 이 계급의 상대도수는 A 중학교가 B중학교보다 더 크므로 기록이 160 kg 이상 180 kg 미만인 학생의 비율은 A 중학교가 B 중학교보다 더 높다.
(2) 기록에 대한 학생의 비율이 A 중학교보다 B 중학교가 더 높은 계급은
100 kg 이상 120 kg 미만, 120 kg 이상 140 kg 미만, 140 kg 이상 160 kg 미만의 3개이다.

11 (1) A반에서 봉사 활동 시간이 16시간 이상인 계급의 상대도수는 0.2이므로
A반에서 봉사 활동 시간이 16시간 이상인 학생 수는
$25\times0.2=5$(명)
(2) B반에 대한 그래프가 A반에 대한 그래프보다 전체적으로 오른쪽으로 치우쳐 있으므로 봉사 활동 시간은 B반이 A반보다 더 길다고 할 수 있다.

12 ㄱ. 기록이 17초인 학생이 속하는 계급은 16초 이상 18초 미만이고, 여학생의 이 계급의 상대도수는 0.3이다.
따라서 기록이 17초인 학생이 속하는 계급의 여학생 수는 $50\times0.3=15$(명)이다.
ㄴ. 남학생 중 기록이 16초 미만인 계급의 상대도수의 합은 $0.12+0.2=0.32$이므로
전체의 $0.32\times100=32(\%)$이다.
ㄷ. 상대도수의 분포를 나타낸 그래프만으로는 도수의 총합을 알 수 없으므로 전체 남학생 수와 전체 여학생 수는 알 수 없다.
ㄹ. 두 그래프에서 기록이 14초 이상 16초 미만인 계급의 상대도수는 각각 다음과 같다.
남학생: 0.2, 여학생: 0.1
따라서 이 계급의 상대도수는 남학생이 여학생보다 더 크므로 기록이 14초 이상 16초 미만인 학생의 비율은 남학생이 여학생보다 더 높다.
ㅁ. 계급의 크기가 같고, 상대도수의 총합이 같으므로 남학생과 여학생에 대한 각각의 그래프와 가로축으로 둘러싸인 부분의 넓이는 서로 같다.
따라서 옳은 것은 ㄹ, ㅁ이다.

단원 마무리

P. 119~120

1 ③ **2** $A=17$, $B=4$ **3** 9명 **4** ②, ④
5 (1) 64 % (2) 4명 **6** 0.2 **7** ④

1 ① 줄기가 3인 잎의 개수는 6개, 줄기가 4인 잎의 개수는 4개이므로 나이가 30세 이상인 회원 수는 10명이다.
② 잎이 가장 많은 줄기는 2이므로 회원 수가 가장 많은 줄기는 2이다.
③ 나이가 가장 적은 회원은 17세이고,
가장 많은 회원은 42세이므로 두 회원의 나이의 차는
$42-17=25$(세)
④ 나이가 적은 쪽에서부터 차례로 나열하면
17세, 18세, 19세, 20세, ⋯
이므로 나이가 적은 쪽에서 4번째인 회원의 나이는 20세이다.
⑤ 나이가 26세 미만인 회원은 8명이므로
전체의 $\frac{8}{20}\times100=40(\%)$이다.
따라서 옳은 것은 ③이다.

2 대기 시간이 30분 미만인 관객이 전체의 75 %이므로
$\frac{4+9+A}{40}\times100=75$
$4+9+A=30$
$\therefore A=17$
$\therefore B=40-(4+9+17+6)=4$

3 영화 관람 횟수가 9회 미만인 학생은
$5+7=12$(명) ⋯ (i)
이때 영화 관람 횟수가 9회 미만인 학생이 전체의 40 %이므로
$(전체 학생 수)\times\frac{40}{100}=12$
$\therefore$ (전체 학생 수)$=30$(명) ⋯ (ii)
따라서 영화 관람 횟수가 9회 이상 12회 미만인 학생 수는
$30-(5+7+4+3+2)=9$(명) ⋯ (iii)

채점 기준	비율
(i) 영화 관람 횟수가 9회 미만인 학생 수 구하기	20 %
(ii) 전체 학생 수 구하기	50 %
(iii) 영화 관람 횟수가 9회 이상 12회 미만인 학생 수 구하기	30 %

4 ① 계급의 개수는 220^이상^~230^미만^, 230~240, 240~250, 250~260, 260~270, 270~280의 6개이다.
② (계급의 크기)$=230-220=240-230=\cdots=280-270$
$=10$(mm)
③ 도수가 10명인 계급은 260 mm 이상 270 mm 미만이다.
④ 신발 크기가 240 mm 이상 250 mm 미만인 학생은 15명이므로
전체의 $\frac{15}{50}\times100=30(\%)$이다.
⑤ 신발 크기가 230 mm 미만인 학생은 2명,
240 mm 미만인 학생은 $2+5=7$(명),
250 mm 미만인 학생은 $7+15=22$(명)
이므로 신발 크기가 작은 쪽에서 9번째인 학생이 속하는 계급은 240 mm 이상 250 mm 미만이다.
따라서 옳은 것은 ②, ④이다.

5 (1) 통학 거리가 2 km 미만인 계급의 상대도수의 합은
$0.36+0.28=0.64$이므로
전체의 $0.64\times100=64(\%)$이다.
(2) 통학 거리가 4 km 이상 5 km 미만인 계급의 상대도수는
$1-(0.36+0.28+0.23+0.11)=0.02$
따라서 통학 거리가 4 km 이상 5 km 미만인 학생 수는
$200\times0.02=4$(명)

6 무게가 150 g 이상 170 g 미만인 감자는
$50\times0.16=8$(개)
무게가 130 g 이상 150 g 미만인 감자는
$50\times0.2=10$(개)
따라서 무게가 무거운 쪽에서 10번째인 감자가 속하는 계급은 130 g 이상 150 g 미만이므로 이 계급의 상대도수는 0.2이다.

7 ① 전체 여학생 수는 알 수 없다.
② 기록이 160 cm 이상 180 cm 미만인 계급의 상대도수는
남학생: 0.08, 여학생: 0.06
즉, 이 계급의 학생의 비율은 남학생이 여학생보다 더 높다.
③ 각 계급의 상대도수는 그 계급의 도수에 정비례하므로 여학생 중에서 도수가 가장 큰 계급은 상대도수가 가장 큰 계급인 80 cm 이상 100 cm 미만이다.
④ 남학생에 대한 그래프가 여학생에 대한 그래프보다 전체적으로 오른쪽으로 치우쳐 있으므로 남학생이 여학생보다 기록이 더 좋은 편이다.
⑤ 계급의 크기가 같고, 상대도수의 총합이 같으므로 여학생과 남학생에 대한 각각의 그래프와 가로축으로 둘러싸인 부분의 넓이는 서로 같다.
따라서 옳은 것은 ④이다.

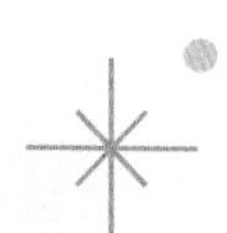

memo

memo

memo

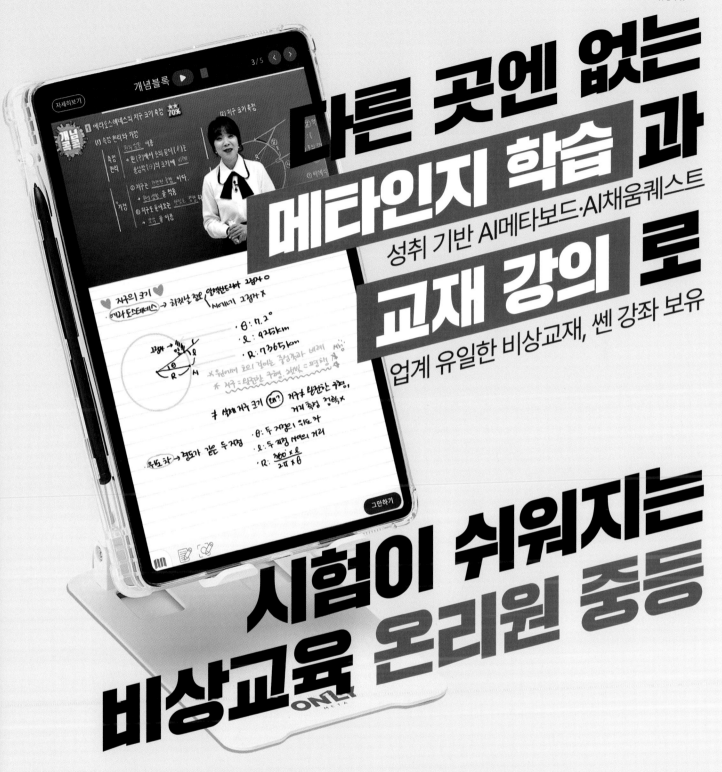

✚ 개념·플러스·유형·시리즈 개념과 유형이 하나로! 가장 효과적인 수학 공부 방법을 제시합니다.

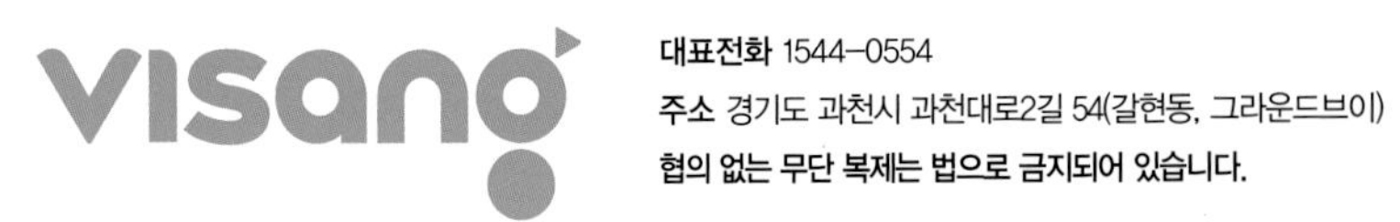
대표전화 1544-0554
주소 경기도 과천시 과천대로2길 54(갈현동, 그라운드브이)

visang
개념부터
연산까지
빠르고
정확하게!

✣ 개념·플러스·유형·시리즈 개념과 유형이 하나로! 가장 효과적인 수학 공부 방법을 제시합니다.

비상교재 누리집에 방문해보세요

http://book.visang.com/

발간 이후에 발견되는 오류 비상교재 누리집 〉 학습자료실 〉 중등교재 〉 정오표

본 교재의 정답 비상교재 누리집 〉 학습자료실 〉 중등교재 〉 정답 • 해설

품질혁신코드 VS01QI24_4